D1998347

Hess/Fechner/Freund/Körner Sanierungshandbuch

Sanierungshandbuch

3. Auflage

von

Dr. Harald Hess
Rechtsanwalt,
vereidigter Buchprüfer
und Fachanwalt
für Arbeitsrecht,
Mainz

Dietrich Fechner
Diplom-Betriebswirt (BA),
Wertheim

Konrad Freund
Wirtschaftsprüfer,
Alzey

Friederike Körner
Diplom-Soziologin und
Unternehmensberaterin,
Berlin

Luchterhand

CIP-Titelaufnahme der Deutschen Bibliothek

Sanierungshandbuch / von Harald Hess ... - 3. Aufl. - Neuwied ;
Kriftel ; Berlin : Luchterhand, 1998
Bis 2. Aufl. u.d.T.: Hess, Harald: Sanierungshandbuch
ISBN 3-472-02648-0

Bearbeiterangaben

Hess	Teil G I–V1, VI–XIV, H, I, K
Fechner	Teil A–E
Freund	Teil G V2–5
Körner	Teil F

© 1998 by Hermann Luchterhand Verlag, Neuwied · Kriftel/Ts. · Berlin
Das Werk einschließlich aller seiner Teile ist urheberrechtlich geschützt. Jede Verwertung außerhalb der engen Grenzen des Urheberrechtsgesetzes ist ohne Zustimmung des Verlages unzulässig und strafbar. Das gilt insbesondere für Vervielfältigungen, Übersetzungen, Mikroverfilmungen und die Einspeicherung und Verarbeitung in elektronischen Systemen.
Umschlag- und Einbandgestaltung: Ute Weber GrafikDesign, München
Satz: Fotosatz Froitzheim AG, Bonn
Druck: Betz-Druck, Darmstadt
Bindung: Buchbinderei Fikentscher, Darmstadt
Printed in Germany, Dezember 1997

Gedruckt auf säurefreiem, alterungsbeständigem und chlorfreiem Papier

Vorwort zur 3. Auflage

Wiedervereinigungsbedingt hat die Unternehmens- und Standortsanierung große Bedeutung erlangt. Die neueren Erfahrungen und die mit der Standortentwicklung verbundenen Arbeitsabläufe werden in der 3. Auflage dargestellt. Auch in Zukunft werden solche Formen der weitergehenden Sanierung in einer sich wandelnden Industrielandschaft immer öfter in West und Ost angewandt werden müssen, um das Entstehen von Industriebrachen zu vermeiden.

Dargestellt ist auch das ab dem 1. 1. 1999 geltende Insolvenzrecht, das über den Insolvenzplan die Sanierung von Unternehmen und Betrieben fördern will. Das ist um so notwendiger, als Jahr für Jahr die Insolvenzzahlen steigen und es ein dringendes Bedürfnis ist, soweit als möglich insolvenzbedingte Arbeitslosigkeit zu vermeiden.

Die Autoren

Vorwort zur 2. Auflage

Die positive Aufnahme der 1. Auflage des Buches und die Anregungen aus dem Leserkreis haben uns veranlaßt, nunmehr die überarbeitete und erweiterte 2. Auflage vorzulegen.
Zwischenzeitlich ist deutlich geworden, daß die »Sanierung« zur permanenten Aufgabe des Wirtschaftens gehört und die Realisierung solcher Aufgaben nicht nur dem kleinen Kreis der Sanierungspraktiker möglich sein darf.
Sobald in den fünf neuen Bundesländern die Scherben der Planwirtschaft weggeräumt sind und die überschäumende Konjunktur im westlichen Teil der Bundesrepublik abflacht, wird es den Unternehmensleitern obliegen, dafür Sorge zu tragen, in den Unternehmen, soweit möglich, Krisen zu vermeiden bzw. zu meistern.
Die Verfasser hoffen, daß die angebotenen Instrumente für die zu bewältigenden Aufgaben hilfreich sein können.
Für Anregungen und Kritik aus dem Leserkreis sind die Verfasser dankbar.

Dr. Harald Hess/Dietrich Fechner

Gesamtinhaltsübersicht

Abkürzungsverzeichnis

A 3	Kategorisierung im Altlastenkataster
a.a.O.	am angegebenen Ort
AbfBestV	Abfallbestimmungsverordnung
AbfG	Abfallgesetz
AbfRestÜberwV	Abfall- und Reststoffüberwachungsverordnung
ABM	Arbeitsbeschaffungsmaßnahme
Abs.	Absatz
a.F.	alte Fassung
AfA	Absetzung für Abnutzung
AFG	Arbeitsförderungsgesetz
AFRG	Arbeitsförderungs-Reformgesetz
AG	Aktiengesellschaft
AG	Amtsgericht
AG	Auftraggeber
AGB	Allgemeine Geschäftsbedingungen
AktG	Aktiengesetz
AltölV	Altölverordnung
AN	Auftragnehmer
Anl.	Anlage
AO	Abgabenordnung
AP	Arbeitsrechtliche Praxis (Nachschlagewerk des BAG)
AR-Blattei	Arbeitsrecht-Blattei
ArbG	Arbeitsgericht
Aufl.	Auflage
AVB	Allgemeine Vertragsbedingungen
AVB ING-WAS	Allgemeine Vertragsbestimmungen für Ingenieurleistungen im Bereich der Wasserwirtschaft
AXP 3	kombinierter Schutzfilter für niedrig siedende organische Verbindungen und giftige und sehr giftige Staubpartikel
BA	Bauabschnitt
BA	Bundesanstalt fürArbeit
BAG	Bundesarbeitsgericht
BAnz	Bundesanzeiger
BauGB	Baugesetzbuch
BauNVO	Baunutzungsverordnung
BB	Betriebsberater
BBiG	Berufsbildungsgesetz
BCG	Boston Consulting Group
BddW	Blick durch die Wirtschaft
BErzGG	Gesetz über die Gewährung von Erziehungsgeld und Erziehungsurlaub (Bundeserziehungsgeldgesetz)
BetrAVG	Gesetz zur Verbesserung der betrieblichen Altersversorgung
BetrVG	Betriebsverfassungsgesetz
BFH	Bundesfinanzhof
BFuP	Betriebswirtschaftliche Forschung und Praxis

BGB	Bürgerliches Gesetzbuch
BGBl.	Bundesgesetzblatt
BGH	Bundesgerichtshof
BImSchG	Bundesimmissionsschutzgesetz
BLZ	Bankleitzahl
BNatSchG	Bundesnaturschutzgesetz
BSG	Bundessozialgericht
BTX	Benzol, Toluol, Xylol
BVerfG	Bundesverfassungsgericht
BVerwG	Bundesverwaltungsgericht
BVerwGE	Entscheidung des Bundesverwaltungsgerichts
BvS	Bundesanstalt für vereinigungsbedingte Sonderaufgaben
bzw.	beziehungsweise
ca.	circa
ChemG	Chemikaliengesetz
cm	Zentimeter
d	Tag
DB	Der Betrieb (Zeitschrift)
DBW	Die Betriebswirtschaft (Zeitschrift)
DCF	Discounted Cash Flow
DDR	Deutsche Demokratische Republik
d.h.	das heißt
DIN	Deutsche Industrienorm
Dipl.-Ing.	Diplom-Ingenieur
DN	Nenndurchmesser
DÖV	Die Öffentliche Verwaltung
DRK	Deutsches Rotes Kreuz
DStR	1. Deutsche Steuer-Rundschau (bis 1961) 2. Deutsches Steuerrecht (ab 1962)
DSWR	Zeitschrift Datenverarbeitung Steuer Wirtschaft Recht
dto.	dasselbe, ebenso
DVO	Durchführungsverordnung
DVIPOG	Durchführungsverordnung zum Polizeiorganisationsrecht
ECU	Europäische Währung
EGJusO	Einführungsgesetz zur Insolvenzordnung
einschl.	einschließlich
EnergWG	Gesetz zur Förderung der Energiewirtschaft (Energiewirtschaftsgesetz)
Entsch.	Entscheidung
EOX	extrahierbare organisch gebundene Halogene
E-Preis	Einheitspreis
erf.	erforderlich
EStG	Einkommensteuergesetz
ET	Elektrotauchlackierung
EU	Europäische Union
e.V.	eingetragenerVerein
EVM	Einheitliche Vergabemuster
EVN	Entsorger- und Verwerternachweis
evtl.	eventuell

EW-Schutzanzug	Einweg-Schutzanzug
EWG	Europäische Wirtschaftsgemeinschaft
Ex-Meter	Meßgerät für giftige und explosionsgefährliche Gase
F	France
f.	folgende
FAZ	Frankfurter Allgemeine Zeitung
ff.	fortfolgende
FN	Fußnote
GA	Gemeinschaftsaufgabe (zur Verbesserung der regionalen Wirtschaftsstruktur)
GB	Great Britain
GBL	Gesetzblatt
gem.	gemäß
GenG	Genossenschaftsgesetz
GEP	Generalentwässerungsplan
GesVO	Gesamtvollstreckungsordnung
GewO	Gewerbeordnung
gez.	gezeichnet
GG	Grundgesetz
ggf.	gegebenenfalls
GmbH	Gesellschaft mit beschränkter Haftung
GmbHG	GmbH-Gesetz
GS	Geprüfte Sicherheit
GVB	Grundbuchverfahrensbeschleunigung
GVB-AV	Allgemeine Verfahrensvorschrift zur Grundbuchverfahrens-beschleunigung
GVV	Gesellschaft zur Verwahrung und Verwertung stillgelegter Bergwerke
h	Stunde
HAOI	Verordnung über Honorare für Leistungen der Architekten und Ingenieure
HGB	Handelsgesetzbuch
h.M.	herrschende Meinung
Hrsg.	Herausgeber
hrsg.	herausgegeben
HWF	Handwörterbuch der Finanzwirtschaft
ImSchZustVO	Immissionsschutz Zuständigkeitsverordnung
inkl.	inklusive
InsO	Insolvenzordnung
InvHBesG	Investitionshemmnissebeseitigungsgesetz
IO	Industrielle Organisation (Zeitschrift)
i.S.	im Sinne
i.S.d.	im Sinne des
i.S.v.	im Sinne von
i.V.m.	inVerbindung mit
i.w.S.	im weiteren Sinne
Jg.	Jahrgang
JUS	Juristische Schulung
K 3	Kategorisierung im Kontaminationskataster

Kaug	Konkursausfallgeld
KEVM	Kommunale Vergabemuster
Kfz	Kraftfahrzeug
KG	Kommanditgesellschaft
kg	Kilogramm
km	Kilometer
KO	Konkursordnung
KrW-/AbfG	Kreislaufwirtschaft-/Abfallgesetz
KSchG	Kündigungsschutzgesetz
KStG	Körperschaftsteuergesetz
Kto	Konto
KTS	Zeitschrift »Konkurs-, Treuhand- und Schiedsgerichtswesen« (Fortsetzung von KUT)
KV	Konkursverwalter
kV	Kilovolt
kW	Kilowatt
KWG	Kreditwesengesetz
LAG	Landesarbeitsgericht
LAGA	Landesarbeitsgemeinschaft Abfall
LCKW	leichtflüchtige Chlorkohlenwasserstoffe
LEG	Landesentwicklungsgesellschaft
LHKW	Leichtflüchtige halogenierte Kohlenwasserstoffe
LKK	Landeskulturgesetz
lt.	laut
LVA	Landesversicherungsanstalt
LVwA	Landesverwaltungsamt
m	Meter
m^2	Quadratmeter
m^3	Kubikmeter
MBO	Management-buy-out
MDR	Monatsschrift für Deutsches Recht
MKW	Mineralische Kohlenwasserstoffe
MM	Manager-Magazin
mm	Milimeter
MS	Mittelspannungs-(Anlagen)
MuSchG	Mutterschutzgesetz
MW	Megawatt
NJW	Neue juristische Wochenschrift
Nr.	Nummer
NS	Niederspannungs-(Anlagen)
O2-Messung	Sauerstoffmessung
o.a.	oben angegeben
OFD	Oberfinanzdirektion
öffentl	öffentlich
o.g.	oben genannte
OGH	Offene Handelsgesellschaft
o.V.	ohneVerfasser
OVG	Oberverwaltungsgericht
OVGE	Entscheidung des Oberverwaltungsgerichts

PAK	Poliaromatische Kohlenwasserstoffe
PCB	Polychlorierte Biphenyle
PKW	Personenkraftwagen
Pos.	Position
%	Prozent
psch	pauschal
PublG	Publizitätsgesetz
RdA	Recht derArbeit (Zeitschrift)
RKW	Rationalisierungs-Kuratorium der DeutschenWirtschaft e.V.
RL	Rentabilitäts- und Liquiditäts-Kennzahlen-System
ROC	Return On Capital
ROG	Raumordnungsgesetz
ROI	Return On Investment
RVO	Reichsversicherungsordnung
Rz.	Randziffer
s.	siehe
S.	Seite
SchwbG	Schwerbehindertengesetz
SGE	Strategische Geschäftseinheit
Sp.	Spalte
St.	Stück
staatl.	staatlich
Std.	Stück mal Tag
Sth.	Stück mal Stunde
StGB	Strafgesetzbuch
StUA	Staatliches Umweltamt
StVO	Straßenverkehrsordnung
StWO	Stück mal Woche
t	Tonne
TA	technische Anleitung
ThDSchG	Thüringer Denkmalschutzgesetz
THA	Treuhandanstalt
ThAbfAG	Thüringer Abfallwirtschafts- und Altlastengesetz
Thür AbmG	Thüringer Abmarkungsgesetz
Thür Abw AG	Thüringer Ausführungsgesetz zum Abwasserabgabengesetz
Thür ArchivG	Thüringer Archivgesetz
ThürGefGZustVO	Thüringer Gefahrgutzuständigkeitsverordnung
Thür KatG	Thüringer Katastergesetz
Thür KostG	Thüringer Verwaltungskostengesetz
Thür VwVfG	Thüringer Verwaltungsverfahrensgesetz
TMSG	Thüringer Ministerium für Soziales und Gesundheit
TSA	Thüringer Sonderabfallgesellschaft
TÜV	Technischer Überwachungsverein
u.a.	und andere, unter anderem, unter anderen
u.a.m.	und andere mehr
Umwelt HG	Umwelthaftungsgesetz
UR Nr.	Urkundenrolle Nummer
Urt.	Urteil
US	United States

UStG	Umsatzsteuergesetz
v.	von
Verm.	Vermessungs-(Techniker)
vgl.	vergleiche
VglO	Vergleichsordnung
VglVerf	Vergleichsverfahren
v.H.	vom Hundert
V-Maske	Voll-Maske
VOB	Verdingungsordnung für Bauleistungen
VOL	Verdingungsordnung für Leistungen
VUW	Umspannwerk
WaWiZuVo	Verordnung zur Änderung von Zuständigkeiten auf dem Gebiet der Wasserwirtschaft
WG	Wassergesetz (DDR)
WHG	Wasserhaushaltsgesetz
WiSt	Wirtschaftswissenschaftliches Studium (Zeitschrift)
WM	Wertpapiermitteilungen (Zeitschrift)
Wo	Woche
WP	Wirtschaftsprüfer
WPg	Zeitschrift »DieWirtschaftsprüfung«
WP-Hdb.	Wirtschaftsprüfer-Handbuch
Z 2	Deponieklassifikation
z.B.	zum Beispiel
ZBB	Zero Base Budgeting
ZfB	Zeitschrift für Betriebswirtschaft
ZfbF.	Zeitschrift für betriebswirtschaftliche Forschung
ZfO	Zeitschrift für Organisation
Ziff.	Ziffer
ZGR	Zeitschrift für Unternehmens- und Gesellschaftsrecht
ZIP	Zeitschrift für Wirtschaftsrecht und Insolvenzpraxis
ZPO	Zivilprozeßordnung
Zust. VOWaWi	Verordnung über Zuständigkeiten auf dem Gebiet der Wasserwirtschaft

Literaturverzeichnis

Albach, Horst (Hrsg.) Frühwarnsysteme, ZfB Ergänzungsheft 2/1979, Wiesbaden 1979

ders. Strategische Unternehmensplanung bei erhöhter Unsicherheit Zfb 1978, S. 207 ff.

Ansoff, H. Igor Managing Surprise and Discontinuity-Strategic, Response to Weak Signals, ZfbF, 1976, S. 129–152

Apitz, K. Konflikte Krisen Katastrophen: Präventivmaßnahmen gegen Imageverlust, Frankfurt/Wiesbaden 1987

Auler, Wolf-D. Der Überschuldungsstatus als Bewertungsproblem, DB 1976, S. 2169 ff.

Autenrieth, Karlheinz Die Konkretisierung der Sanierungsbedürftigkeit im Steuerrecht, DStZ 1991, S. 491

Baetge, Jörg Möglichkeiten der Objektivierung des Jahreserfolges, Düsseldorf 1970

ders. Früherkennung negativer Entwicklungen der zu prüfenden Unternehmung mit Hilfe von Kennzahlen, Wpg. 1980, S. 651 ff.

Balz, Manfred Sanierung von Unternehmen oder von Unternehmensträgern, 1986

Bauer Konkurs- und Vergleichsrecht, 1979

Basty, Gregor Die Interessen der Gläubiger in einem künftigen Sanierungs-Reorganisationsverfahren, München 1988

Baumann, Walter Auffanggesellschaften als Instrument von Sanierungsversuchen, Bankarchiv 1988, S. 46

Baun, E. Die Prüfung von Sanierungskonzepten, Die Wirtschaftsprüfung 1989, S. 683

Baur, Walter Sanierungen, Wege aus Unternehmenskrisen, 2. Aufl., Wiesbaden 1979

Bea, F./Kötzle, A. Ursachen von Unternehmenskrisen und Maßnahmen zur Krisenvermeidung, DB 1983, S. 565 ff.

Becker, H. Krise als Herausforderung – Was nutzt »Organisationsentwicklung« ZfO 1982, S. 276 ff.

ders. Krisenmanagement in konjunkturpolitisch betroffenen Betrieben, VuB 1975, S. 139 ff.

ders. Unternehmenskrise und Krisenmanagement, ZfB 1978, S. 672 ff.

Becker, Reimund Die Sanierungsfähigkeit der Unternehmung: Ein durch die Kommission für Insolvenzrecht aktualisierter Begriff in betriebswirtschaftlicher Sichtweise, Bergisch Gladbach 1986

ders. Beurteilung der Sanierungsfähigkeit, DB 1988, S. 561

Becker/Etzel/Friedrich/Gröninger/Hillebrecht/Rost/Weigand/I. Wolf/M. Wolff KR-Gemeinschaftskommentar zum Kündigungsschutzgesetz und sonstigen kündigungsschutzrechtlichen Vorschriften, 4. Aufl., Neuwied 1996

Bellinger, B. Unternehmenskrisen und ihre Ursachen in Festschrift für C. Ruberg zum 70. Geburtstag Wiesbaden 1962, S. 49 ff.

Berg, Claus Theoretische Grundlagen und praktische Ansatzpunkte zum Aufbau von Frühwarnsystemen im Bereich der Materialwirtschaft, in: Frühwarnsysteme, ZfB Ergänzungsheft 2/1979, hrsg. v. Horst Albach u. a., Wiesbaden 1979, S. 135–144

Berg, Claus/Treffert, J. Die Unternehmenskrise, ZfB 1979, S. 459

Berger, Klaus Peter Unternehmensübernahmen in Europa, ZIP 1991, S. 1644

Berger, Reimund Eine Krise muß rechtzeitig erkannt werden (1. Teil), Wie führe ich heute einen Mittelbetrieb (Teil 30), in: Blick durch dieWirtschaft vom 2. 1. 1974, (1974 a) S. 3

ders. Eine Krise muß rechtzeitig erkannt werden (2. Teil), Wie führe ich heute einen Mittelbetrieb (Teil 31), in: Blick durch dieWirtschaft vom 5. 1. 1974, (1974 b) S. 3

ders. Sanierung und Konkursabwendung in Christians (Hrsg.) Finanzierungshandbuch, Wiesbaden 1987, S. 783

Berger-Delhey, Ulf Betriebsbedingte Änderungskündigung: Gestaltungsmittel der Sanierung oder Zwang zur Pleite?, DB 1991, S. 1571

Berkowsky Die betriebsbedingte Kündigung, 3. Aufl. 1997

Berscheid, Ernst D. Konkurs – Gesamtvollstreckung – Sanierung (Hrsg.) Oehmann, Werner 1992, Schriftenreihe zu Arb.-Recht-Blattei 25

Berth, Rolf in Harvard Manager: »Deckungsbeiträge im Kreuzfeuer«, Heft 1, 1984

Binz, Fritz/Hess, Harald Lexikon des Insolvenzrechts, Neuwied/Frankfurt 1991

Birk/Kreuzer (Hrsg.) Das Unternehmen in der Krise. Probleme der Insolvenzvermeidung aus rechtsvergleichender Sicht, Frankfurt a.M. 1986

Blake, R. R./Monton, J. S. Effektives Krisenmanagement, Personal 1/1986, S. 8 ff.

Bleder, Ernst Insolvenzfrüherkennung mittels praktischer Anwendung der Diskriminanzanalyse, Wien 1985

Böckenförde, Björn Unternehmenssanierung, 2. Aufl. 1996

Borngräber Das Arbeitsverhältnis bei Betriebsübergang, 1977

Bodgan, Michael Das neue schwedische Schuldensanierungsgesetz, Zeup 1995, S. 617

Brandstätter, Jörn Die Prüfung der Sanierungsfähigkeit notleidender Unternehmen, München 1993

Braun, Eberhard Die Prüfung von Sanierungskonzepten, Wpg, 1989, S. 683 ff.

ders. Betriebswirtschaftliche Checkliste zur Prüfung der Sanierungsfähigkeit von Unternehmen, in: Baetge, Jörg (Hrsg.): Rechnungslegung, Finanzen, Steuern und Prüfung in den neunziger Jahren: Eine Vortragsreihe, Düsseldorf 1990, S. 95 ff.

ders. Sanierung im gerichtlichen Gesamtvollstreckungsverfahren der DDR?, DB 1990, S. 3163 ff.

Braun, N. Die Planbilanz als Instrument der Sanierungsfähigkeit insolventer Unternehmen, Diss. 1983 Berlin

Bratschitsch, Rudolf/Schnellinger, Wolfgang (Hrsg.) Unternehmenskrisen – Ursachen, Frühwarnung, Bewältigung, Stuttgart 1981

Bretzke, Ulrike Der Begriff der »drohenden Zahlungsunfähigkeit« im Konkursstrafrecht – Analyse und Darlegung der Konsequenzen aus betriebswirtschaftlicher Sicht, München/Köln 1984

Bretzke, Wolf-Rüdiger Das Prognoseproblem bei der Unternehmungsbewertung, Düsseldorf 1975

ders. Wann ist ein Unternehmen insolvent?, DBW 1985, S. 405 ff.

Britt, Alexander Krisenmanagement zur Sicherung der Unternehmung, in: IO, 1973, S. 437–444

Brüning, Gert Die Bilanz als Vergangenheits- oder Zukunftsrechnung, ZfB 1979, S. 1099 ff.

Brunn, E. Betriebswirtschaftliche Checkliste zur Prüfung der Sanierungsfähigkeit von Unternehmen, in: Baetge (Hrsg.) Finanzen und Steuern im neuen Recht, Düsseldorf 1990

Buchmüller, Pia Besteuerung und Unternehmenssanierung zur Bedeutung des Steuerrechts für die Sanierung von Unternehmen, 1992

Büschgen, Hans E. (Hrsg.) in: HWF, hrsg. von Hans E. Büschgen, Stuttgart 1976

Bunselmeyer, Reinhard Das Verhalten des Staates bei der Sanierung notleidender Unternehmungen der Privatwirtschaft, Diss. München 1969

Burgstaller, Alfred Sanierung der natürlichen Person im Konkurs? Jur Bl. 1991, S. 440

Canaris, Claus-Wilhelm Kreditkündigung und Kreditverweigerung gegenüber sanierungsbedürftigen Bankkunden, ZHR 1979, S. 113 ff.

Chaluysky, Ernst/Ennockl, Wolfgang Unternehmensfortführung im Konkurs, Wien 1985

Christians, Friedrich W. (Hrsg.) Finanzierungshandbuch, 2. Aufl., Wiesbaden 1988

Clemm, Hermann Frühwarnung durch den Abschlußprüfer, in: Müller, Hans-Erich (Hrsg.): Wirtschaftsprüfung und Mitbestimmung, Stuttgart 1989, S. 59 ff.

Coenenberg, Adolf G. Jahresabschluß und Jahresabschlußanalyse, 15. Aufl., Landsberg 1994

ders. Entscheidungsorientierte Unternehmensbewertung und »Ertragsschwäche«, BFuP 1984, S. 496

Dazert, Franz J. Unternehmens-Sanierung, Zaudern wäre tödlich, in: Manager Magazin, 1977, Heft 1, S. 77–80

Dietrich, Hans-Joachim Ansatzpunkte zur Früherkennung von Insolvenzen, in: Die Bank 1977, S. 34 ff.

Dietz, Rolf/Richardi, Reinhard Betriebsverfassungsgesetz, 6. Aufl., München 1982

Diez, B. Krisenunternehmen Empirische Identifikation und Finanzierungsverhalten, München 1988

Dirschwigl, Helmut Durchführung von Sanierung und Krisenmanagement 1996

Drexl, Andreas/Kayser, Georg Überschuldungsfeststellung mittels Monte-Carlo-Simulation, BB 1981, S. 401 ff.

Drukarczyk, Jochen Bilanzielle Überschuldungsmessung, Zur Interpretation der Vorschriften von § 92 Abs. 2 AktG und § 64 Abs. 1 GmbHG, ZGR, 1979, S. 553–582

ders. Kapitalerhaltungsrecht, Überschuldung und Konsistenz, WM 1994, 1737

Egner, Henning/Wolff, Gerhardt Zur Unbrauchbarkeit des Überschuldungstatbestands als gläubigerschützendes Instrument, AG 1978, S. 99 – 106

Eisele, Wolfgang Technik des betrieblichen Rechnungswesens, 5. Aufl., München 1993

Farr, Wolf Michael Insolvenzprophylaxe durch Wirtschaftsprüfung, Frankfurt 1986

Fischer, Werner Die Überschuldungsbilanz, Köln, Berlin, Bonn, München 1980

Felscher, Klaus Krisenursachen und rechnungsgestützte Früherkennung, Pfaffenweiler 1988

Ferrand, Frederique Das französische Schuldensanierungsgesetz vom 31. 12. 1989 und seine Anwendung durch die Zivilgerichte, ZEuP 1995, 600

Fichtelmann, Helmar Die steuerlichen Probleme der Unternehmenssanierung, 2. Aufl., Heidelberg 1990

ders. Unternehmenssanierung: Der Steuerberater ist gefordert, DSWR 1991, S. 283–287

Flessner, Axel Sanierung und Reorganisation: Insolvenzverfahren für Großunternehmen in rechtsvergleichender und rechtspolitischer Untersuchung, Tübingen 1982

ders. Das rechtspolitische Für und Wider eines Sanierungsverfahrens, ZIP 1981, S. 1283–1288

ders. Grundfragen des künftigen Sanierungsrechts, ZIP 1981, S. 113–119

Forguet, K.P. Sanierungswürdigkeitsanalyse Betriebswirtschaftliche Schriften zur Unternehmensführung Bd. 48 Düsseldorf 1987

Franke, Günter Zur rechtzeitigen Auslösung von Sanierungsverfahren, ZfB 1984, 160, 692

Franzheim, Horst Das Tatbestandsmerkmal der Krise im Bankrottstrafrecht, NJW 1980, 2500

Gabele, Eduard Ansatzpunkte für ein betriebswirtschaftliches Krisenmanagement, ZfO 1981, S. 150–158

ders. Reorganisation, in: Frese, Erich (Hrsg.): Handwörterbuch der Organisation, 3. Aufl., Stuttgart 1992, S. 2196–2211

Gälweiler, Aloys Unternehmenssicherung und strategische Planung, ZfbF 1976, S. 362–379

Gebhardt, Günther Insolvenzprognosen aus aktienrechtlichen Jahresabschlüssen, Wiesbaden 1980

Geßler, E. Die Umwandlung von Krediten in haftendes Kapital in: Festschrift für Möhnig München 1975, S. 173 ff.

Glaser, Ulrich Sanierung und Konkurs 1996 (Gabler-Stadt-Texte)

Goldbeck, Klaus-Jürgen Dynamische Elemente in Insolvenzbilanzen, in: Konkurs-, Treuhand und Schiedsgerichtswesen 1962, S. 154–162

ders. Insolvenzgefahren rechtzeitig erkennen und vorbeugend bekämpfen, Frankfurt a.M. 1974

Goldbeck, Klaus-Jürgen/Gauer, Herbert Insolvenzgefahren rechtzeitig erkennen und vorbeugend bekämpfen, hrsg. vom RKW, 8. Aufl., Eschborn 1981

Goldbeck, Klaus-Jürgen/Wahlen, Hans-Jürgen/Gauer, Herbert Der Berater bei Analyse und Abwehr von Insolvenzgefahren, Bonn 1983

Gosser, Dominik Das neue Sanierungsverfahren, Blätter für Schuldbeitreibung und Konkurs, 1993, 201

Gottwald (Hrsg.) Insolvenzrechtshandbuch, München 1990

Greiner, L. E. Evolution and revolution as organizations grow. In: Harvard Business Review 1972, S. 37 ff.

Grenz, Thorsten Dimensionen und Typen der Unternehmenskrise – Analysemöglichkeiten auf der Grundlage von Jahresabschlußinformationen, Frankfurt u.a. 1987

Grönwaldt, Jens Das Bilanzrichtlinien-Gesetz und die Pflichten des Registergerichts bei überschuldeter Jahresbilanz, BB 1988, S. 1494 ff.

Groß, Paul J. Sanierung durch Fortführungsgesellschaften, 2. Aufl., Köln 1988

ders. Grundsatzfragen der Unternehmenssanierung, DStR 1991, S. 1572–1576

Grüner, Martin Kriterien staatlicher Hilfen für existenzbedrohte Unternehmen, DB 1986, S. 682

Gruhler, Wolfram Indikatoren der Insolvenzhäufigkeit. IW-Trends, Hrsg. Institut der deutschenWirtschaft, Köln, 1982, S . 26 ff.

Grunsky, Wolfgang Das Arbeitsverhältnis im Konkurs und Vergleichsverfahren, 3. Aufl. 1993

Guilino, E./Ophoff, R. Unternehmenssanierung durch Kooperation von Unternehmer, Bank und Unternehmensberater, Die Bank 1983, S. 257 ff.

Haak, Michael Bewertungsprobleme bei der Überschuldungsfeststellung, in: BB, 1981, S. 883–888

Haarmeyer/Wutzke/Förster Gesamtvollstreckungsordnung, 3. Aufl., Köln 1995

Haberland, Günther Checkliste für das Krisen-Management, 3. Aufl., München 1978

Haegele, Karl/Hess, Harald/Theobald, Günter Konkurs, Vergleich, Gläubigeranfechtung, 5. Aufl., Herne/Berlin 1990

Hahn, Dietger »Planungs- und Kontrollrechnung«, 3. Aufl., Wiesbaden 1985

Hahn, Oswald Finanzwirtschaft, München 1975

Hahn, Dietger/Taylor, Bernhard Strategische Unternehmungsplanung, Heidelberg, 6. Aufl., Wien 1992

Haje, Raimund Zur Fundierung von Insolvenzentscheidungen, in: ZfbF, 1980, S. 1–15

Hake, Bruno Was tun? Wenn Produktionseinschränkungen drohen, in: Blick durch dieWirtschaft vom 13. 1. 1975

Hantschel, Michael Insolvenzprophylaxe bei mittelständigen Unternehmen als Aufgabe von Steuerberatern und Wirtschaftsprüfern, DB 1994, S. 105

Harbauer, Walter Unternehmen in der Krise, DB 1993, S. 2447

Harrer, Herbert Von Kursrisiken bei Verpflichtung zur Zahlung von Aufgeld mit Absicherung durch Verrechnungsabrede in GmbH-Satzung? GmbHR 1994, S. 361

Hauptfachausschluß des IDW Stellungnahme HFA 2/1983: Grundsätze zur Durchführung von Unternehmensbewertungen, Wpg 1983, S. 468–480

Hauschildt, Jürgen Erfolgs-, Finanz- und Bilanzanalyse, 9. Aufl. 1996

ders. (Hrsg.) Krisendiagnose durch Bilanzanalyse, Köln 1988

Hausschild, Jürgen/Grenz, Thorsten/Gemünden, Hans Georg Entschlüsselung von Unternehmenskrisen durch Erfolgsspaltung? – Vor und nach dem Bilanzrichtlinie-Gesetz, DB 1985, S. 877–885

Hauschild, Jürgen/Rösler, Joachim/Gemünden, Hans Georg Der Cash Flow – ein Krisensignalwert?, in: Hauschild, Jürgen (Hrsg.): Krisendiagnose durch Bilanzanalyse, Köln 1988, S. 64 – 90

Hautz, Uwe Betriebswirtschaftliche Inhalte des Liquiditätsbegriffs, in: DB 1974, S. 149–155

Hax, Herbert/ Marschdorf, Hans-Joachim Anforderungen an ein Insolvenzrecht aus betriebswirtschaftlicher Sicht, BFuP 1983, S. 112 – 130

Heinen, Edmund Betriebswirtschaftliche Kostenlehre, 12. Aufl., Wiesbaden 1986

ders. Handelsbilanzen, 12. Aufl., Wiesbaden 1986

Herrhausen, Alfred Die Rollen der Banken bei der Unternehmenssanierung, in: Die Bank, 1979, S. 358–363

Hess, Harald Konkursausfallgeld, 5. Aufl., Neuwied 1991

Hess, Harald/Knörig, Klaus Das Arbeitsrecht bei Sanierung und Konkurs, Neuwied/Frankfurt 1991

Hess, Harald Kommentar zur Konkursordnung, 5. Aufl., Neuwied 1995

Hess, Harald/Binz, Fritz/Wienberg, Rüdiger Gesamtvollstreckungsordnung, 3. Aufl., Neuwied 1997

Hess, Harald/Obermüller, Manfred Die Rechtsstellung der Verfahrensbeteiligten nach der InsO, Heidelberg 1996

Hess, Harald/Pape InsO und EGInsO Grundzüge des neuen Insolvenzrechts, Köln 1996

Hess, Harald/Schlochauer, Ursula/Glaubitz, Werner Kommentar zum Betriebsverfassungsgesetz, 4. Aufl., Neuwied 1993

Hesselmann, Stephan/ Stefan, Ute Sanierung oder Zerschlagung insolventer Unternehmen: Betriebswirtschaftliche Überlegungen und empirische Ergebnisse, Stuttgart 1990

Hielscher, Udo Instrumente der Kreditwürdigkeitsprüfung, in: WiSt, 1979, S. 308–315

Höhn, Reinhard Das Unternehmen in der Krise, Krisenmanagement und Krisenstab, Bad Harzburg 1974

Hoffmann, Günther Zahlungsunfähigkeit und Zahlungseinstellung, MDR 1979, S. 713–717

Hoffmann, Wolf Dieter Die Sanierung einer Kapitalgesellschaft durch Forschungsverzicht des Gesellschafters, BB 1991, S. 773

Hohloch, Gerhard Sanierung durch »Sanierungsverfahren« – Ein rechtsvergleichender Beitrag zur Insolvenzrechtsreform, ZGR 1982, S. 145 – 198

Hommelhoff, Peter Frühwarnsysteme und Auslösemechanismen für das Insolvenzverfahren, ZfB 1984, S. 698

Hopt, Klaus J. Rechtspflichten der Kreditinstitute zur Kreditversorgung, Kreditbelassung und Sanierung von Unternehmen, ZHR 1979, S. 139 – 173

Horvath, Peter Einsatzmöglichkeiten des Zero Base Budgeting als Krisenbewältigungsinstrument, in: Unternehmenskrisen – Ursachen, Frühwarnung, Bewältigung, hrsg. v. Rudolf Bratschitsch und Wolfgang Schnellinger, Stuttgart 1981, S. 319 ff.

Hürlimann, Werner Liquidation der Unternehmung – die »endgültige Finanzierungsart«, in: IO 1975, S. 376–379

ders. Finanzmittelbeschaffung, in: IO 1978, S. 465–472

Industriemagazin AEG-Turnaround: Der Elektrokonzern hat den Vergleich erfüllt, in: Industriemagazin, 1984, S. 16–32

Industriemagazin Erfolgreiche Unternehmen, in: Industriemagazin 1984, S. 182–188

Inhoffen, Anton Personalabbau oder Entlassung, DB 1979, S. 1997–2003

Institut der Wirtschaftsprüfer (Hrsg.) Die Beurteilung der Sanierungskonzepte der Treuhandanstalt, IdW-Sonderrundschreiben vom 13. Dezember 1990

dies. (Hrsg.) Wirtschaftsprüfer-Handbuch 1992, Band 1, Düsseldorf 1992

Jaeger-Henckel, Ernst Wolfram Kommentar zur Konkursordnung, 9. Aufl., Berlin und New York 1977, §§ 1–9

ders. Kommentar zur Konkursordnung, 9. Aufl., Berlin und New York 1980, §§ 10–18 *ders.* Kommentar zur Konkursordnung, 9. Aufl., Berlin und New York 1982, §§ 19–28

Jaeger-Weber Kommentar zur Konkursordnung, 8. Aufl., Berlin und New York 1973

Janke, Günther Insolvenzen: – Warnzeichen – Prophylaxe – Verhinderung, BuW 1996, S. 193

Jehner, Hansgeorg Steuervorsorge, in: FAZ vom 20. 7. 1984

Jung, Willi Insolvenzgefahren aufgrund von Planungsfehlern und Überwachungsmängeln, in: BFuP, 1975, S. 110–162

Junge, Werner Verhandlungen des 54. Deutschen Juristentages, Band II, Teil M. Ständige Deputation des Deutschen Juristentages (Hrsg.), München 1982

Kayser, Georg Sanierung oder Auflösung – Eine Analyse zur Bestimmung der Sanierungsfähigkeit von Unternehmen im Vorfeld der Insolvenz, Hamburg/Frankfurt/Bern 1983

ders. Sanierungsfähigkeitsprüfung insolvenzbedrohter Unternehmen, BB 1983, S. 415–419

Kayser, Georg/Preisenberger, Markus Unternehmenssanierung und Jahresabschluß – eine empirische Analyse. ZfB 1983, S. 951 – 969

Kilger, Joachim Die Reorganisation insolventer Genossenschaften, ZRP 1984, S. 46

Kilger, Wolfgang Einführung in die Kostenrechnung, 3. Aufl., Wiesbaden 1987

ders. Flexible Plankostenrechnung und Deckungsbeitragsrechnung, 10. Aufl., Wiesbaden 1993

Klee, Josef In der Flaute überleben, Krisen-Management Liquidität, in: Manager Magazin, 1974, S. 58–65

Konercny, Andreas Insolvenz und Sanierung in Österreich, DZWir 1994, S. 227

Koober, Markus Unternehmenssanierung durch die Treuhand – Finanzielle Grenzen und alternative Finanzierungsansätze, DZWir 1993, S. 221

Korndörfer, Wolfgang Unternehmensführungslehre, Lehrbuch der Unternehmensführung, 7. Aufl., Wiesbaden 1993

Krahnen, H. Joachim Rechtzeitig mit der Hausbank sprechen, Empfehlungen zur Liquiditätssicherung, in: Manager Magazin 1974, S. 65

Kraljic, Peter Versorgungsmanagement statt Einkauf, in: Harvard Manager 1985, S. 6–14

Krystek, Ulrich Organisatorische Möglichkeiten des Krisen-Managements, in: ZfO 1980, S. 63–71

ders. Krisenbewältigungs-Management und Unternehmensplanung, Wiesbaden 1981

ders. Unternehmenskrisen, Beschreibung, Vermeidung und Bewältigung überlebenskritischer Prozesse in Unternehmungen, Wiesbaden 1987

ders. Reorganisationsplanung, ZfB 1985, S. 583 – 612

Kübler, Bruno M. Die deutschen Nachkriegsinsolvenzen im Bankensektor, Chronik – Ursachenanalyse – Konsequenzen, in: BFuP, 1975, S. 162–178

ders. Sondersituationen bei Unternehmensfortführung und Unternehmenskauf im Konkurs, in: ZGF, 1982, S. 498 ff.

ders. Die Gesamtvollstreckung als Instrument der Sanierung insolventer Unternehmen, in: Hommelhoff, Peter (Hrsg.) Treuhandunternehmen im Umbruch, Köln 1991

Küffner/Kuhlmann/Müller-Heidenreich/Stinner Insolvenzen und Sanierung – wann müssen Sie eingreifen? in: Information Steuer und Wirtschaft 1985, Heft 9, III, Heft 10, IV

dies. Insolvenzen und Sanierung – Praktische Insolvenzprophylaxe, Information Steuer und Wirtschaft 1985, Heft 11, III

Kühn, Günther Bewertungsprobleme bei Feststellung der Überschuldung einer GmbH, DB 1970, S. 549 – 555

Künne, Karl Der Liquidationsvergleich im gerichtlichen und außergerichtlichen Vergleichsverfahren, Düsseldorf 1968

Küting, Karlheinz Wesentliche Neuerungen des künftigen Bilanzrechts, Informationsbroschüre im Rahmen des Informationsservice der Landesgirokasse Baden-Württemberg 1985

Kuhlmann, Manfred Risikovorsorge versus Insolvenzvorsorge, in: Blick durch dieWirtschaft vom l6. 7. 1984

Kuhn, Georg/Uhlenbruck, Wilhelm Kommentar zur Konkursordnung, 11. Aufl., München 1994

Kupsch, Peter Zur Problematik der Überschuldungsmessung, BB 1984, S. 159165

Lachnit, Laurenz Wesen, Ermittlung und Aussage des Cash Flow, ZfbF 1973, S. 59–77

ders. Betriebliche Früherkennung auf Prognosebasis, in: Jacob, Herbert (Hrsg.): Früherkennung und Steuerung von Unternehmensentwicklungen, Wiesbaden 1986, S. 5 – 29

ders. Externe Erfolgsanalyse auf der Grundlage der GuV nach dem Gesamtkostenverfahren, BFuP 1987, S. 33 – 53

Landfermann, Hans-Georg Sanierungsförderung und Gesamtvollstreckung, ZIP 1991, S. 826

Leffson, Ulrich Bilanzanalyse, 3. Aufl., Stuttgart 1984

Leutiger, Ingo Cash-Flow: Entscheidungsgrundlage für die Gestaltung der Unternehmenszukunft, Landsberg/Lech 1987

Löhneysen v. G. Die rechtzeitige Erkennung von Unternehmenskrisen und Hilfen von Frühwarnsystemen als Voraussetzungen für ein wirksames Krisenmanagement, Diss. Göttingen 1982

Lutter, Marcus/Hommelhoff, Peter/Timm, Wolfram Finanzierungsmaßnahmen zur Krisenabwehr in der Aktiengesellschaft, BB 1980, S. 737 – 750

Lutz, Harald Zum Konsens und Dissens in der Unternehmensbewertung, BFuP 1981, S. 146 – 155

Maiss, J. Die Kodifizierung einer Sonderprüfung im GmbH-Recht zur Insolvenzprophylaxe zugleich ein Vorschlag zur Prüfung der Sanierungsfähigkeit, Diss. Hamburg 1974

Management Wissen Optimale Produkte durch Kostensenkung, in: Management Wissen 1985, Heft 4, S. 28

Mann, Rudolf Praxis strategisches Controlling, 5. Aufl., Landsberg/Lech 1989

Mann, Gerhard Grundprobleme der externen Sanierungsprüfung, in: Linhardt, Hanns; Penzkofer, Peter; Scherpf, Peter (Hrsg.): Dienstleistungen in Theorie und Praxis, Festschrift für Otto Hintner, Stuttgart 1970, S. 237 – 255

Matschke, Manfred, Jürgen Die Bewertung ertragsschwacher Unternehmungen bei der Fusion, BFuP 1984, S. 544 ff.

ders. Insolvenzprognose aus vergangenheitsorientierten Jahresabschlüssen als Basis von Kreditentscheidungen, BFuP 1979, S. 485 – 504 *ders.* Unternehmensbewertung, in: Lück, Wolfgang (Hrsg.): Lexikon der Betriebswirtschaft, 4. Aufl., Landsberg/Lech 1990, S. 1164–1166

Maus, Karl Heinz Sanierungskonzepte als Voraussetzung für den Kauf von Krisenunternehmen, DB 1991, S. 1133 f.

Mayr, Karl Insolvenzprognosen mittels Jahresabschlußinformationen, Frankfurt/Zürich 1976

Merlicke, Wienand Die Kapitalaufbringungsvorschriften als Sanierungsbremse – Ist die deutsche Interpretation des § 27 Abs. 2 AktG richtlinienkonform?, DB 1989, Teil I: S. 1067–1075, Teil II: S. 1119–1124

Mertens, Hans-Joachim Empfiehlt sich die Einführung eines konzernbezogenen Reorganisationsverfahrens?, ZGR 1984, S. 542 ff.

ders. Zur Bankenhaftung wegen Gläubigerbenachteiligung, ZHR 1979, S. 174 ff.

Meyer-Cording, Ulrich Konkursverzögerung durch erfolglose Sanierungsversuche, NJW 1981, S. 1242 ff.

Meyer-Piening, A./Schierz, J. Radikalkur, in: Manager Magazin, 1978, S. 51–54

Mischon, Claudia/Mortsiefer, Hans-Jürgen Zum Stand der Insolvenzprophylaxe in mittelständischen Betrieben, Göttingen 1981

Möschel, Wernhard Privatisierung, Entflechtung, Sanierung von DDR-Unternehmen in: Festschrift für Kellermann, Berlin 1991, S. 309

Mohrbutter Handbuch des gesamten Vollstreckungs- und Insolvenzrechts, 2. Aufl. 1974

Mohr, Randolf Bankrottdelikte und übertragene Sanierung – zur Konkursstrafbarkeit des GmbH-Geschäftsführers bei Vermögensverschiebungen im Zusammenhang mit der Krise der Gesellschaft, Köln 1993

Moxter, Adolf Grundsätze ordnungsmäßiger Unternehmensbewertung, Wiesbaden 1976

ders. Kreditwürdigkeitsbeurteilung auf Eigenkapital, in: Die Bank 1978, S. 321 ff.

Müller, Heinz D. Gesetz zur Privatisierung und Reorganisation des volkseigenen Vermögens (Treuhandgesetz), Wpg 1990, S. 413 ff.

Müller, Rainer Krisenmanagement in der Unternehmung, Frankfurt und Bern 1986

Müller-Gattermann Sanierung und Mantelkauf? Ein Willensspruch?, DStR 1991, S. 597

Müller-Merbach, Heiner Operations Research, 3. Aufl., München 1973

ders. Frühwarnsysteme zur betrieblichen Krisenerkennung und Modelle zur Beurteilung von Krisenabwehrmaßnahmen, in Plötzenedterm, Hans D. (Hrsg.) Computergestützte Unternehmensplanung, Band 1, Stuttgart u. a. 1977, S. 419 ff.

Müller-Stemens, G. Krisenmanagement, Frühaufklärung, Insolvenzen, Issue-Management, Krisenmanagement, Risiko-Management, Sanierung, DBW 1989, S. 639 ff.

Münsch, Dieter Der betriebswirtschaftliche Erkenntnisgehalt der Cash-Flow-Analyse, DB 1969, S. 1301 ff.

Nettenheimer, Konstantin Steuerrechtliche Folgen von Sanierungsmaßnahmen, in: Aderhold u. a. (Hrsg.) Festschrift für Hans Hanisch, Köln 1994

Neubauer, Franz-Friedrich Portfolio-Management, 5. Aufl., Neuwied 1989

Neuhof, Rudolf ‚Aktuelle Rechtsfragen der Sicherheitenfreigabe« und »Die Rolle der Kreditinstitute bei der Sanierung von Unternehmen«, WM 1994, S. 1705

Niehaus, Hans-Jürgen Früherkennung von Unternehmenskrisen, Düsseldorf 1987
Nieschlag, Robert/Dichtl, Erwin/Hörschgen, Hans Marketing, 9. Aufl., Berlin 1996
Nitsche, Peter Aktuelle Fragen zur Insolvenzsicherung, BetrAVG 1985, S. 5
Obermüller, Manfred Handbuch Insolvenzrecht für die Kreditwirtschaft 4. Aufl. 1991
ders. Die Gewährung neuer Kredite in der Krise, ZIP 1987 S. 1059 ff.
ders. Sofortmaßnahmen bei drohender Insolvenz, Kp 1985, S. 33
ders. Kredite vor Konkurseröffnung, in: ZIP, 1980, S. 337–344
o.V. Bank-Beteiligungen: Motive und Mechanismen, in: Die Bank, 1977, S. 4–9
Obermüller, Manfred/Hess, Harald InsO, Heidelberg 1995
Papke, Horst Zum Begriff der Zahlungsunfähigkeit, DB 1969, S. 735 f.
Pausenberger, Ehrenfried Die finanzielle Sanierung, in: Finanzierungs-Handbuch, 2. Aufl., hrsg. v. Hans Janberg, Wiesbaden 1964
Peat/Marwick/Mitchell & Co. Bilanzrichtlinien-Gesetz, Der Leitfaden für die Praxis, München 1986
Peemöller, Volker, H./Weigert, Stefan Die Prüfung eines leistungswirtschaftlichen Sanierungskonzepts, BB 1995, S. 2311
Perker, Susanne Das Reorganisationsverfahren im englischen Insolvenzrecht im Vergleich zur geplanten deutschen Insolvenzordnung, München 1994
Peters, Thomas J./Watermann, Robert H. In search of excellence, New York und Toronto 1982
ders. Auf der Suche nach Spitzenleistungen, Landsberg am Lech 1988
Picot, G. Kauf und Restrukturierung von Unternehmen, München 1995
Plate, Georg Entscheidung zwischen sofortiger Stillegung und einstweiliger Unternehmensfortführung auf der Grundlage einer Deckungsbeitragsrechnung, KTS 1981, S. 325 ff.
Porter, Michael E. Wettbewerbsstrategie, Frankfurt 1985
Potthoff, Erich Insolvenzen, in: HWF, hrsg. von Hans E. Büschgen, Stuttgart 1976, Sp. 818–828 (1976 a)
ders. Sanierung, in: HWF, hrsg. von Hans E. Büschgen, Stuttgart 1976, Sp. 1558–1568 (1976 b)
Priester, Hans-Joachim Gläubigerrücktritt zur Vermeidung der Überschuldung, DB 1977 S. 2429 ff.
Pütz, H.C. Insolvenzrisiken in der EG, Die Bank 1990, S. 582
Pumpin, Cuno Management strategischer Erfolgspositionen, Bern und Stuttgart 1982
Raithel, Helmutt Mißmanagement bei Marker, Professionelle Krisenmanager müssen den einstigen Branchenführer retten, in: Manager Magazin, 1981, S. 26–30
Reichmann, Thomas/Lachnit, Laurenz Das Rechnungswesen als Management-Informationssystem zur Krisenerkennung und Krisenüberwindung, 1978, S. 203–210
Reineke, Wolfgang Die Bewährung der Führung in der Krise, Wie halte ich meinen Markt (16. Folge), in: Blick durch die Wirtschaft vom 29. 6. 1972, S. 5
Reinicke, Dietrich/Tiedtke, Klaus Insolvenzrisiko im Finanzierungsleasing, DB 1986, S. 575

Reiß, Wolfram/Kretschmer, Bettina Steuerfreie Sanierungsgewinne, Investitionszulagen und § 15a EStG, DB 1994, S. 1846
Reutner, Friedrich Turn around: Strategie einer erfolgreichen Umstrukturierung, 3. Aufl. Landsberg/Lech 1991
Rick, Heino Insolvenzrechtliche und steuerrechtliche Ansätze zur Lösung des Finanzierungsproblems in einem Reorganisationsverfahren, Frankfurt a.M./ Bern/ New York 1985
Riebel, Paul Einzelkosten- und Deckungsbeitragsrechnung, 7. Aufl., Wiesbaden 1994
Rinklin, Th. H. Die vergleichsfähige und die konkursreife Unternehmung, Versuch einer Typologie notleidender Unternehmungen, Stuttgart 1960
Risse, Winfried Betriebswirtschaftliche Aspekte der Sanierung durch Unternehmensfortführung nach der Insolvenzordnung, KTS 1994, S. 465
Röthig, Peter Organisation und Krisen-Management, Zur organisatorischen Gestaltung der Unternehmung unter den Bedingungen eines Krisen-Management, in: ZfO, 1976, S. 13–20
Rohlmann, Peter Absatzpolitische Strategien zur Krisenbewältigung – dargestellt am Beispiel der Produktpolitik in konjunkturellen Absatzmärkten, in: BFuP, 1978, S. 220–234
Rost, Friedhelm Die betriebsbedingte Kündigung in der Unternehmenskrise und bei Insolvenz, Köln 1987
Rümker, Dietrich Gläubigerbenachteiligung durch Gewährung und Belassung von Krediten, ZHR 1979, S. 195 ff.
ders. Verhaltenspflichten der Kreditinstitute in der Krise des Kreditnehmers, KTS 1981, S. 493 ff.
ders. Zur Bankenhaftung bei fehlgeschlagenem Sanierungsversuch – Anmerkungen zum Urteil des Schleswig-Holsteinischen OLG vom 2. 10. 1981, WM 1982, S. 286 ff.
Rüschenpöhler, Hans S. Die Kunst des Krisen-Management, in: Plus, 1973, S. 32–37
Rüschenpöhler, Hans J. Überleben hat Vorrang, Management in der Krise (II), in: Blick durch die Wirtschaft vom 18. 1. 1973
Rütschi, K. Sanierungsmanagement bei Unternehmenskrisen, JO 1989, S. 32 ff.
Ruppe, Hans-Georg Unternehmenssanierung aus der Sicht der Ertrags- und Umsatzbesteuerung, in: Ruppe, Hans Georg (Hrsg.) Rechtsprobleme der Unternehmenssanierung, Wien 1983, S. 257 ff.
Schanze, Erich/Kern, Hans Gütner Sanierungsversuch und Konzernhaftung, AG 1991, S. 421
Schaub, Bernhard Die GmbH in der Krise – Kriterien für die Feststellung von Zahlungsunfähigkeit, Überschuldung und Kreditwürdigkeit, DStR 1993, 1483
Schaub, Günther Arbeitsrechts-Handbuch, 8. Aufl., München 1996
Schedelbauer, Hans Auslösung und Durchführung von Insolvenzprüfungen, DB 1984, S. 2205
Schedelbauer, Hans Sanierungsfähigkeitsprüfung – Eine neue Herausforderung für die Beratungspraxis, DStR 1993, S. 218
Scheffler, Eberhard Bilanzen als Prognose- und Steuerungsinstrument, DStR 1993, S. 1569
Schildbach, Thomas Insolvenzgefahren durch Geldentwertung, in: BFuP, 1975, S. 179–188

Schimke, Ernsl/Töpfer, Armin Krisenmanagement und Sanierungsstrategien, Landsberg am Lech 2. Aufl. 1986, Schimmelpfeng GmbH (Hrsg.) Aktuelle Beiträge über Insolvenzen, Berichte namhafter Sachkenner, Frühsignale und Schutzmaßnahmen, Konkursursachen sowie Zahlen, Schimmelpfeng-Schriftenreihe Band 7, 1. Aufl., Frankfurt a.M. 1975

ders. Aktuelle Beiträge über Insolvenzen, Berichte namhafter Sachkenner. Frühsignale und Schutzmaßnahmen, Konkursursachen sowie Zahlen, Schimmelpfeng-Schriftenreihe Band 7, 2. Aufl., Frankfurt a.M. 1977

Schlecht, Otto Darf der Staat sanierungsreifen Unternehmen helfen?, in: Wirtschaftsdienst 1982, S. 423 ff.

Schlüchter, Ellen Die Krise im Sinne des Bankrottstrafrechts, MDR, 1978, S. 265–269

Schmalenbach, Eugen Dynamische Bilanz, 13. Aufl., Köln und Opladen 1988

Schmid, Markus Überschuldung und Sanierung, 1984

Schmidt, Karsten Organverantwortlichkeit und Sanierung im Insolvenzrecht der Unternehmen, in: ZIP, 1980, S. 328–336

ders. Konkursgründe und präventiver Gläubigerschutz, AG 1978, S. 334 ff.

ders. Insolvenzprophylaxe durch Wirtschaftsaufsicht? Überlegungen zu den Grenzen des Wirtschaftsverwaltungsrechts, DB 1982, S. 1044 ff.

ders. Die sanierende Kapitalerhöhung im Recht der Aktiengesellschaft; GmbH und Personengesellschaft, ZGR 1982, S. 519 ff.

ders. Sinnwandel und Funktion des Überschuldungstatbestands, JZ 1982 S. 165 ff.

ders. Insolvenzrisiko und gesellschaftsrechtliche Haftung, JZ 1985, 301

Schmiedel, Ekkehard Die Prüfung der Sanierungswürdigkeit unter betriebswirtschaftlichen Gesichtspunkten, ZfB 1984, 761

Schmidt, Karsten Die isolierte Verlustdeckungszusage unter verbundenen Unternehmen als Insolvenzabwendungsinstrument in: Handels- und Wirtschaftsrecht in der Bankpraxis, Festschrift für Winfried Werner, Berlin 1984

Schmidt, Karsten/Uhlenbruck, Wilhelm Die GmbH in Krise, Sanierung und Insolvenz, Köln 1997

Schmidt, Reinhard H. Ökonomische Analyse des Insolvenzrechts, Wiesbaden 1980

Schneider, Dieter Eine Warnung vor Frühwarnsystemen, DB 1985, S. 1489 ff.

Schwarzecker, Josef/Spandl, Friedrich Krisenmanagement mit Kennzahl, mit Stufenplan zur Sanierung, 2. Aufl. 1996

Sieben, Günter/Bönig, Winfried/Hafner, Ralf Expertensysteme zur Bewertung ganzer Unternehmen? BFuP 1986, S. 532 ff.

Sieben, Günter/Schildbach, Thomas K. Zum Stand der Entwicklung der Lehre von der Bewertung ganzer Unternehmungen, DStR 1979, S. 455 ff.

Siegwart, Hans/Mahari, Julian J./Caytas, Ivo G./Bochenföch, Björn (Hrsg.) Bd. 2, Meilensteine im Management, Restrukturierungen und Turnarounds, Basel/ Frankfurt 1990

Simon, Harald Wenn Unternehmer die eigenen Probleme nicht erkennen, Führungs- und Organisationsprobleme in mittleren Unternehmungen: Erfahrungen aus der Beratungspraxis, in: IO 1980, S. 297–301

Sinz, Ralf Fortführungsvergleich oder Liquidation: Das Konzept der Fortführungserfolgsrechnung, 1990, S. 2177

Smid, Stefan Probleme von Unternehmenssanierung und Gesamtvollstreckung, WM 1991, S. 1621
Spiegelberger, Karl Kauf von Krisenunternehmen, Wiesbaden 1996
Statistisches Bundesamt (Hrsg.) Kostenstruktur der Unternehmen im Bergbau, Grundstoff- und Produktionsgütergewerbe, Reihe 4.3.1, Fachserie 4, Juli 1984
Steiner, Manfred Prognoseorientierte Insolvenzauslösungstatbestände, BFuP 1986, S. 420 ff.
Strobel, Wilhelm Das Krisenwarnproblem des Wirtschaftsprüfers nach § 166 II AktG, in: DB, 1977, S. 2153–2156
Ströfer, Joachim Unternehmenssanierung und Steuerrecht, StuW 1982, S. 231 ff.
Stüdemann, Klaus Der Konkursverwalter als Unternehmer, in: Einhundert Jahre Konkursordnung 1877–1977, hrsg. v. Wilhelm Uhlenbruck u. a., Köln 1977, S. 401–458
Stürner, Rolf Möglichkeiten der Sanierung von Unternehmen durch Maßnahmen im Unternehmens- und Insolvenzrecht, in: ZIP, 1982, S. 761–772
ders. Konkursverwalter und Gläubiger, 1982
Stützel, Wolfgang Bemerkungen zur Bilanztheorie, in: ZfB 1967, S. 314–340
Swoboda, Peter Instrumente der Unternehmensanierung aus betriebswirtschaftlicher Sicht, in: Ruppe, Hans Georg (Hrsg.) Rechtsprobleme der Unternehmenssanierung, Wien 1983, S. 3 ff.
ders. Die Prüfung der Sanierungsfähigkeit von Unternehmungen, in: Albach, Horst, Held, Thomas (Hrsg.) Betriebswirtschaftslehre mittelständischer Unternehmen, Wissenschaftliche Tagung des Verbandes der Hochschullehrer für Betriebswirtschaft e.V. 1984, Stuttgart 1984
Timm, Wolfram Die Sanierung der sogenannten »Treuhandunternehmen« zwischen Marktkonformität und Insolvenzrecht, ZIP 1991, S. 413
Turnheim, Georg Sanierungsstrategien, Wien 1988
Uhlenbruck, Wilhelm Die GmbH & Co KG in Krise, Konkurs und Vergleich, Die rechtlichen und betriebswirtschaftlichen Zusammenhänge bei Insolvenzen der KG und der GmbH, 2. Aufl. Köln 1988
ders. Das neue Insolvenzrecht, 1994
ders. Sitzverlegung zum Zwecke der Konkursvermeidung, GmbHR 1986, S. 65
ders. Typische Symptome in den durch Strukturwandel gefährdeten Betrieben – Versuch einer Insolvenzanalyse, in: DBW 1977, S. 311–322
ders. Überlegungen vor einer Eröffnung und bei Abwicklung gerichtlicher Insolvenzgefahren, in: Wpg 1978, S. 661–680
ders. Krise, Konkurs, Vergleich und Sanierung als neue Aufgabe der Betriebswirtschaft, in: Unternehmenskrisen – Ursachen, Frühwarnung, Bewältigung, hrsg. v. Rudolf Bratschitsch und Wolfgang Schnellinger, Stuttgart 1981, S. 173–214
ders. Die anwaltliche Beratung bei Konkurs-, Vergleichs- und Gesamtvollstrekkungsantrag, 2. Aufl. 1996
ders. Gläubigerberatung in der Insolvenz, Köln 1983
Uhlir, Helmut Bedeutung von Kennzahlenanalysen zur Früherkennung negativer Unternehmensentwicklung aus der Sicht der Anteilseigner, in: Frühwarnsysteme (ZfB Ergänzungsheft 2/1979), hrsg. v. Horst Albach u. a., Wiesbaden 1979, S. 89–103
Ulrich, Hans Unternehmenspolitik, 3. Aufl., Bern und Stuttgart 1990
Vollmer, Lothar Bestandssicherung existenzgefährdeter Unternehmen durch Kürzung von Löhnen und Leistungen, DB 1982, S. 1670 ff.

Vollmer, Lothar/Maurer, Thorsten Die Ergänzung von Sanierungsdarlehen zur Abwehr der Überschuldung, DB 1993, S. 2315

dies. Die Eignung von sanierenden stillen Beteiligungen und Sanierungsgenußscheinen zur Abwehr der Überschuldung, DB 1994, S. 1173

Vormbaum, Herbert Finanzierung der Betriebe, 9. Aufl., Wiesbaden 1995

Wallace, Thomas F. MRP II: Making it happen, 1985 by Oliver Wright Limited Publications, Inc. Distributed to the trade by Kampmann & Company, Inc., New York

Walter, Horst Betriebssanierung – Was ist arbeitsrechtlich zu beachten? AuA 1991, S. 357

Warrikoff, Alexander Die Möglichkeiten zum Unternehmenserhalt nach dem neuen Insolvenzrecht, KTS 1996, S. 489

Wegmann, Jürgen Die Sanierungsprüfung, Bergisch Gladbach/Köln 1987

ders. Die Sanierungsprüfung (Reorganisationsprüfung) – Möglichkeiten der formellen und materiellen Konkretisierung, DB 1987, S. 1901 ff.

ders. Die Unternehmensbewertung der Sanierungsprüfung, BB 1988, S. 801 ff.

Wendling, Gerhard Rechtsgeschäftlicher Betriebsübergang und Arbeitsverhältnis, 1980

Weng, Rudolf Außerordentliche Kündigung altersgesicherterArbeitnehmer, 1977, S. 676–678

Wenzel, Frank Der Saldenausgleich im Sanierungs-Pool-Vertrag, WiB 1995, S. 458

ders. Der Sanierungs-Pool-Vertrag, WM 1996, S. 561

Weyand, Raimund Konkursdelikte, 3. Aufl., Bielefeld 1997

Wild, Jürgen Grundlagen der Unternehmensplanung, 4. Aufl., Wiesbaden 1982

Wimmer, Richard Gesellschaftsrechtliche Maßnahmen zur Sanierung von Unternehmen, DStR 1996, S. 1249

Wirtschaftsprüfer-Handbuch (Wp-Hdb. 1996) Institut der Wirtschaftsprüfer in Deutschland e. V. (Hrsg.), Wirtschaftsprüfer-Handbuch 1996, Band I, Düsseldorf 1996, Band II, Düsseldorf 1996

Witte, Eberhard Die Unternehmenskrise – Anfang vom Ende oder Neubeginn?, in: Unternehmenskrisen – Ursachen, Frühwarnung, Bewältigung, hrsg. v. Rudolf Bratschitsch und Wolfgang Schnellinger, Stuttgart 1981, S. 7–24

Woeste, Karl Friedrich Aufgaben des Krisenmanagements im Bereich der Unternehmensfinanzierung, in: ZfB, 1977, S. 255–238

ders. Vorbeugende Maßnahmen gegen (finanzielle) Krisen im Unternehmen, ZfB 1980, S. 620 ff.

Wolff, Eberhard Kredite an Fortführungsgesellschaften, in: ZIP, 1984, S. 669–676

Zimmerer, Carl Die Bilanzwahrheit und die Bilanzlüge, 2. Aufl., Wiesbaden 1982

ders. Strategien zur Überwindung der Finanzierungskrisen, in: BFuP, 1978, S. 237

Zierau, Britta Die Stillegung der Gläubiger im französischen Sanierungsverfahren im Hinblick auf die Entwicklung des deutschen Insolvenzrechts, Heidelberg 1991

Teil A
Einleitung

Inhaltsübersicht **Rz.**

I. Anliegen und Adressaten

Das vorliegende Buch ist das **Gemeinschaftswerk** eines in der Praxis tätigen Rechtsanwalts-Konkursverwalters und eines in der Industrie tätigen krisen- und sanierungserfahrenen Betriebswirtes. 1

Entsprechend sind die Schwerpunkte der Arbeit gesetzt. Nicht die wirtschafts- oder rechtswissenschaftliche Untersuchung von Krisen- und Sanierungsaspekten ist das Anliegen, auch nicht das Bemühen, den zahlreichen theoretischen Lösungsvorschlägen einen weiteren hinzuzufügen, sondern der Versuch, dem Praktiker eine **Gesamtdarstellung** des Komplexes »Unternehmenssanierung« an die Hand zu geben.

Diesem Ziel diente u.a. die Auswertung der einschlägigen gesetzlichen Vorschriften und der gesicherten betriebswirtschaftlichen Erkenntnisse. In zahlreichen Anmerkungen wird auf vertiefende Darstellungen und gelegentlich auf abweichende oder interessante Randbereiche der das Sanierungsproblem berührenden Meinungen von Rechtswissenschaftlern, Wirtschaftswissenschaftlern und Praktikern verwiesen, ohne daß die im Schrifttum vertretenen Auffassungen eingehend referiert werden.

2 Diese Schrift soll als **Leitfaden und Entscheidungshilfe** bei akuten, unmittelbar existenzbedrohenden Unternehmenskrisen hilfreich sein.
Ausgangspunkt der Überlegungen zur ersten Auflage war die Feststellung, daß die einschlägige Literatur sich der unternehmerischen Zentralaufgabe »Unternehmenssanierung« überwiegend entweder nur in
- gesellschaftsrechtlicher
- arbeitsrechtlicher
- und insolvenzrechtlicher Hinsicht

  oder
- betriebswirtschaftlichen Teilbereichen

  oder
- aufbau- und ablauforganisatorischen Führungsaspekten

widmete *(Uhlenbruck* in *Bratschitsch/Schnellinger,* S. 203).

3 Seit Ende der 70er Jahre zeigt sich allerdings ein wachsendes Interesse von Wissenschaftlern und Praktikern an einer grundsätzlichen Aufarbeitung des Komplexes »Unternehmenskrise« (ähnlich *Müller,* S. 23).
Es ist zu vermuten, daß erst die Insolvenzwelle der 70er Jahre, die 1978 auch zur Einberufung einer Kommission für Insolvenzrecht führte, die Probleme in das Blickfeld der Fachinteressierten rückte.
Die von Anfang bis Mitte der achtziger Jahre bedrohlich ansteigende zweite Insolvenzwelle in Verbindung mit der Diskussion um die Reformvorschläge der Kommission regte dann die heute vorliegenden Publikationen an.
Inzwischen kann die thematische Lücke um das Problemfeld Unternehmenskrise und -sanierung als weitgehend geschlossen betrachtet werden.

4 Bei der Durchsicht der Literatur konnten zwei Gruppen unterschieden werden.
Zum einen sind dies die Arbeiten der Rechts- und Wirtschaftswissenschaftler, die meist in beeindruckend klarer Weise die Thematik beleuchten, aber denen es teilweise an der Möglichkeit der praktischen Umsetzbarkeit mangelt, da einerseits die theoretisch angenommenen Ausgangssituationen in der Praxis nicht in Reinform vorliegen, und andererseits die akademisch geprägten Lösungsansätze für den unter Zeitnot und Erfolgsdruck stehenden Praktiker zu abstrakt sind.
Zum anderen liegen zahlreiche Erfahrungsberichte von Praktikern vor, die von Pragmatismus, betrieblicher Realität, sozialen Zwängen und Entscheidungssituationen unter größter Unsicherheit geprägt sind. Bei diesen Berichten fehlt es oft an der Möglichkeit der methodischen Nachvollziehbarkeit, weil sie einzelfallorientiert lediglich über die Beherrschung konkreter Krisen- und Sanierungsstadien berichten.

5 Die vorliegende Arbeit versucht, die Erkenntnisse der Wissenschaft und die Erfahrungen der Praktiker zusammenzufassen, so daß die sich hieraus ergebende Synthese sowohl dem Wissenschaftler als auch dem Praktiker bei der täglichen Arbeit hilfreich sein kann.

Die Wissenschaftler finden die Krisenarten, -herde, -stadien, die Stufen der Diagnose-, Analyse-, Bewertungs-, Entscheidungs- und Durchsetzungsprozesse um praktische Beispiele und Maßnahmenkataloge ergänzt. **6**
Es wird verdeutlicht, daß der Praktiker oft (notgedrungen) zur einfachsten Analyse oder zu Entscheidungsverfahren gezwungen ist, weil z.B. das betriebliche Rechnungswesen, wie es eher die Regel als die Ausnahme im Krisenunternehmen ist, keine gegenwartsnahen Daten zu liefern vermag.

Den betrieblichen Praktikern wird ein theoretisches Wissen an die Hand gegeben, das es erleichtert, die gewonnenen Erfahrungen in jedem auch schwierigen Einzelfall anzuwenden. Die zahlreichen Verweise auf vertiefende Literaturquellen geben Hilfestellung bei den speziellen Problemen, die in großer Vielfalt in den konkreten Sanierungsfällen auftauchen. Der Leitfaden weist den Weg zu schnellem Erkennen und Handeln und kombiniert intuitives und konzeptionelles Vorgehen. **7**
Randprobleme, die von einem gewissen Interesse sind, werden wegen der Übersichtlichkeit und der leichteren Lesbarkeit in den Randbemerkungen referiert.

Vergleichs- und Konkursverwaltern, die meist Juristen sind, soll die Kombination von betriebswirtschaftlichen und juristischen Aspekten die tägliche Arbeit erleichtern. **8**
Für betriebswirtschaftliche Berater von Kammern und Verbänden, für Steuerberater und Steuerbevollmächtigte, für Unternehmensberater und Krisenmanager soll das Handbuch als Checkliste dienen.
Studenten an wirtschaftswissenschaftlichen Fakultäten und insbesondere an Managementinstituten soll das Buch einen raschen und prozeßlogisch geführten Einstieg in den Komplex »Unternehmenssanierung« geben. Die Verfasser sind dankbar für alle Hinweise, die ihnen der engagierte Leser gibt, damit den Anregungen nachgegangen werden kann.

II. Begriffsabgrenzungen

1. Die Bedeutung der Begriffsabgrenzungen

Die Kernbegriffe im Rahmen der »Sanierung« werden, um Mißverständnisse und Unklarheiten zu vermeiden, eigenständig definiert. **9**
Diese Definitionen umfassen nicht das ganze Bedeutungsspektrum des Begriffes, sondern nur denjenigen Bedeutungsteil, der dem Begriff im Rahmen der Sanierung zukommt.

2. Begriffsdefinitionen

Definiert werden die Begriffe **10**
- **Unternehmen**
- **Krise**
- **Insolvenz**
- **Sanierung**
- **Krisenmanagement.**

2.1 Unternehmen

11 Ein Unternehmen ist eine organisatorisch-rechtliche Einheit, die erwerbswirtschaftliche Zwecke verfolgt. Es wird davon ausgegangen, daß das betroffene Unternehmen
- private Eigentumsträger hat,
- in der Rechtsform einer Personen- oder Kapitalgesellschaft betrieben wird und
- kein beherrschtes Unternehmen i.S.d. §§ 291 ff. AktG ist.

12 Hinsichtlich der Unternehmensgröße gibt es keine grundsätzlichen Einschränkungen, jedoch decken die Feststellungen hauptsächlich die Probleme von Unternehmen ab, deren
- Umsatz zwischen 5 Mio und 500 Mio DM liegt und deren
- Beschäftigtenzahl rund 20 bis rund 5000 beträgt.

13 Außerdem liegt der **Schwerpunkt** bei den Unternehmen des Grundstoff- und Produktionsgütergewerbes. Übertragbar sind die wesentlichen Grundsätze auch auf Handels- und einen Teil der Dienstleistungsunternehmen.
Nur mit großen Einschränkungen sind die nachfolgenden Ausführungen auf Versicherungs- und Kreditinstitute anzuwenden.

14 Auch bei Kleinstbetrieben können die noch darzustellenden Grundgedanken der Unternehmenssanierung nur eingeschränkt übernommen werden, da es meist sowohl an der kapitalmäßigen als auch an der personellen Ausstattung für die Erstellung des betriebswirtschaftlichen und juristischen Maßnahmenkatalogs fehlt.

2.2 Krise

15 Eine (Unternehmens-)Krise ist das Endstadium eines vom betroffenen Unternehmen ungewollten Prozesses, in dessen Verlauf die Erfolgspotentiale als Reinvermögen und/oder die Liquidität des Unternehmens sich so ungünstig entwikkelt haben, daß die Existenz des Unternehmens **akut bedroht** ist.

16 Die Erfolgspotentiale (*Müller,* S. 35 ff. m.w.N.) repräsentieren die Gesamtheit der im Unternehmen vorhandenen Voraussetzungen zur Erzielung von Vermögenszuwächsen. Diese Voraussetzungen wirken in der Regel langfristig. Beispiele sind rentable und verkäufliche Produkte, qualifizierte und engagierte Mitarbeiter, rationelle Fertigungsverfahren, Markennamen, »treue« Kunden und dergleichen mehr.

17 Die Bedrohung des Unternehmens konkretisiert sich in den Konkursantragspflichten.
Nach Eintritt der Konkursgründe, bis zum Abschluß der Konkursabwicklung, besteht die eingetretene Krise fort.
Es geht mithin nicht um die Krise einer Person, etwa des Einzelunternehmers oder des Alleingeschäftsführers. Ebensowenig liegt eine Krise im Sinne der nachfolgenden Ausführungen vor, wenn einzelnen unselbständigen Unternehmensteilen die Schließung droht, weil nachhaltige Verluste eintreten (z.B. profitcenter) oder kostenungünstig produzieren (z.B. Zweigwerke).

18 Eine Krise liegt dann vor, wenn das betroffene Unternehmen »die Selbständigkeit besitzt, an ihr zugrunde zu gehen« (*Witte* in *Bratschitsch/Schnellinger,*

S. 10). Bei einem konzernverbundenen Unternehmen kann eine Krise dann auftreten, wenn zwar faktisch mit »verwandtschaftlicher« Unterstützung gerechnet werden kann und möglicherweise auch ein entsprechender Anspruch gegen die Konzernmutter besteht, aber rechtlich das Unternehmen der Gefahr ausgesetzt ist, »fallengelassen« und dadurch insolvent zu werden.
Die Verfehlungen von Unternehmenszielen oder Diskontinuitäten in der Unternehmensentwicklung stellen für sich allein, ohne das Merkmal der akuten Existenzgefährdung, noch keine Krise dar.

2.3 Insolvenz

Die Insolvenz liegt vor, wenn die Konkursgründe **Überschuldung** oder **Zahlungsunfähigkeit** gegeben sind. **19**

Überschuldung ist gegeben, wenn das Vermögen des Schuldners seine Verbindlichkeiten nicht mehr deckt, wenn also die Passiven (alle gegenwärtigen im Falle der Konkurseröffnung aus der Masse zu begleichenden Schulden) die Aktiven (alle mit ihren wirklichen Gegenwartswerten einzusetzenden Vermögensgüter) überwiegen. Ob der Bewertung die sog. Zerschlagungswerte oder die Betriebsfortführungswerte zugrunde zu legen sind, war in der Wissenschaft lange umstritten. **20**

Inzwischen hat sich der Ansatz der **Betriebsfortführungswerte als herrschende Meinung** durchgesetzt. Dies gilt jedenfalls dann, wenn der Fortführungswert höher ist als der Zerschlagungswert (*Groß,* S. 208 ff. m.w.N.). **21**
Wegen der Bewertungsunsicherheit ist das Merkmal der Überschuldung nur dann zu bejahen, wenn das negative Ergebnis nach allen betriebswirtschaftlich anerkannten Bewertungsmethoden eindeutig ist.

Zahlungsunfähigkeit liegt vor, wenn der Schuldner wirklich und voraussichtlich dauernd ganz oder im wesentlichen außerstande ist, seine sofort zu berichtigenden Verbindlichkeiten zu erfüllen. Die Meinungen darüber, bis zu welchem Prozentsatz der Betrag an ungedeckten Schulden noch als unwesentlich anzusehen ist, gehen auseinander. Jedenfalls wird überwiegend eine Unterdekkung von mehr als 25 % der fälligen Verbindlichkeiten als wesentlich erachtet. **22**
Auch ist streitig, welcher **Zeitraum** zugrunde zu legen ist, um eine »voraussichtlich dauernde« Zahlungsunfähigkeit anzunehmen. Dauert der Mangel an flüssigen Geldmitteln länger als sechs Wochen an, so wird eine Zahlungsunfähigkeit angenommen werden können.

Zahlungsunfähigkeit droht, wenn die konkrete Gefahr ihres Eintritts besteht, ihr alsbaldiger Eintritt somit nach den Umständen des Einzelfalles wahrscheinlich ist. **23**
Indizien für die drohende Zahlungsunfähigkeit ergeben sich aus einem raschen Ertragsverfall, ohne daß ausreichende Reserven vorhanden sind, das Unternehmen keinen Bankkredit mehr erhält, wenn Wechselproteste bekannt werden, wenn aus vorliegenden Titeln erfolglos vollstreckt wird oder wenn der Geschäftsführer zur Abgabe der eidesstattlichen Versicherung geladen wird.

Der Begriff »Insolvenz« wird somit verwendet für Unternehmenskrisen, in denen das Vorliegen der Konkursantragspflicht aus juristischer Sicht bejaht werden muß. **24**

25 **Konkursantragspflichtig** sind bei der Aktiengesellschaft die Vorstandsmitglieder (§§ 92 Abs. 2, 93 Abs. 3, 26 g Abs. 2, 401 Abs. 1 Nr. 2 und Abs. 2 AktG). Bei der Gesellschaft mit beschränkter Haftung ist der Geschäftsführer konkursantragspflichtig (§§ 64, 71, 84 GmbHG).
Im Falle einer OHG sind alle Gesellschafter konkursantragsverpflichtet.
Im Konkurs der Kommanditgesellschaft trifft die Verpflichtung die persönlich haftenden Gesellschafter, nicht auch die Kommanditisten.
Auch der Erbe ist nach § 1980 Abs. 1 BGB verpflichtet, die Eröffnung des Nachlaßkonkurses oder des nach § 113 VglO zulässigen konkursabwendenden Vergleichsverfahrens zu beantragen, sobald er von einer Überschuldung des Nachlasses Kenntnis erlangt.

2.4 Sanierung

26 Das Wort Sanierung stammt aus dem Lateinischen und bedeutet **Heilung.** Sanierung ist der Sammelbegriff für alle Maßnahmen unternehmenspolitischer, führungstechnischer, organisatorischer, finanz- und leistungswirtschaftlicher Art, die der Wiederherstellung existenzerhaltender und späteren Gewinn versprechender Grundlagen des Unternehmens dienen.

2.5 Krisenmanagement

27 Der Begriff Krisenmanagement hat zwei Bedeutungen.
a) dem Krisenmanagement im **institutionellen Sinne** sind alle natürlichen Personen zuzurechnen, die als Bevollmächtigte der Kapitaleigner oder kraft Gesetzes das Unternehmen in der Krise mit dem Ziel der Sanierung führen.
b) Das Krisenmanagement im **funktionellen Sinne** stellt die Leitung eines Unternehmens dar, die das Ziel verfolgt, das Unternehmen aus der Krise zu führen und langfristig überlebensfähig zu machen.

III. Betriebliche Ausgangssituation

1. Die Krise des Unternehmens

28 Entsprechend den vorstehenden Definitionen beschäftigen sich die nachfolgenden Ausführungen mit den akut existenzgefährdeten Unternehmen. Bildlich gesprochen sind dies Unternehmen, die wegen der gesetzlichen Konkursantragspflichten kurz davorstehen, zum »Konkursrichter« zu gehen und deshalb »Notoperationen« brauchen, oder die gerade »vom Amtsrichter kommen« und die nun bei weiterer betrieblicher Tätigkeit die Regeln der Konkurs- oder Vergleichsordnung zu beachten haben.

29 Weiterhin wird angenommen, daß (wenigstens auf den ersten Anschein) eine **»Ambivalenz der Entwicklungsmöglichkeiten«** (*Müller,* erste, vergriffene Auflage S. 21) vorliegt. Dies bedeutet, es muß die Chance bestehen, die Krise durch geeignete Sanierungsmaßnahmen zu bewältigen, ohne daß diese günstige Wendung in der Unternehmensentwicklung determiniert ist.

30 Außerdem müssen einflußfähige Organe die Krise als solche erkennen oder zumindest ihr Vorhandensein vermuten. Diese Organe, die auch als Initiatoren des Krisenbewältigungsprozesses in Frage kommen, sind:

- Kontrollorgane (Aufsichtsrat, Beiräte, Konzernleitung, Holding, Gesellschafter)
- Top-Management (Vorstand, Geschäftsführer, Geschäftsleitung)
- Middle-Management
- Kreditgeber (insbesondere die Kreditsachbearbeiter der Banken)
- Geschäftspartner (insbesondere die Lieferanten)
- der Betriebsrat
- Unternehmensberater
- Konkurs- und Vergleichsverwalter

2. Grundsätzliches zum Thema »Sanierung«

»Wohl ist es möglich und kein seltener Fall, daß selbst der beste ›Betriebs- **31**
steuermann‹ den Niedergang des Unternehmens nicht aufhalten kann. Gegen den Strom kann man in der Wirtschaft nicht fahren, dazu ist die Strömung zu stark. Aber rechtzeitig liquidieren und nicht erst den vollkommenen Verlust des Vermögens abwarten, das kann man, und kein tüchtiger Betriebsleiter wird es unterlassen« (*Schmalenbach*, S. 50).
»Ich wehre mich deshalb immer gegen das Schlagwort von der Wertvernichtung durch den Konkurs; der Konkurs macht sichtbar, daß eine längere Unternehmensfehlentwicklung zu Ende geht, daß die Werte bereits verloren sind ... Die Fortführung eines insolventen Unternehmens (geht) zu Lasten der gesunden Mitbewerber ... Dieses insolvente Unternehmen arbeitet ... ohne Abschreibungen, ohne Zinszahlungen; im Moment hat es keine Prozesse; es kann sehr viel billiger anbieten und kann gesunde Konkurrenten in den Folgekonkurs führen« (*Junge,* S. 50 f.).

Diese beiden Zitate, von einem Betriebswirt und einem Juristen stammend, be- **32**
leuchten sehr deutlich, warum es häufig als durchaus fragwürdig gelten kann, eine Unternehmenssanierung in einem fortgeschrittenen Krisenstadium durchzuführen. Kritische rechtliche Aspekte von Sanierungsversuchen, die sich in dem Problem der Konkursverschleppung und der Gläubigerbenachteiligung verdeutlichen, sind dabei noch nicht berücksichtigt.

Ist jedoch im Einzelfall trotz bestehender Bedenken aufgrund einer besonderen **33**
Situation eine Sanierung, aus welchen Gründen auch immer, erwünscht, muß, bevor eine Sanierungsmaßnahme in dem angeschlagenen Unternehmen ergriffen wird, eine sorgfältig durchgeführte Analyse mit erfolgversprechenden Resultaten vorausgesetzt werden, so daß hinreichend sicher ist, daß nach volks- und betriebswirtschaftlichen Gesichtspunkten ein Sanierungsversuch sinnvoll ist. Diese Sanierungsprüfung ist insbesondere deshalb von Nöten, weil das deutsche Konkursrecht auf eine forcierte Wertezerschlagung im Liquidationsfall angelegt ist (*Stüdemann,* S. 402; *Uhlenbruck* DBW 1977, S. 311–322; *Heilmann,* in *Schimmelpfeng,* S. 51–64).

Das Konkursrecht negiert nahezu völlig die immateriellen Werte eines Unter- **34**
nehmens (Organisation, Mitarbeiterqualifikation, Kombination der Produktionsfaktoren) und bürdet der Liquidationsmasse zugleich weitere Verpflichtungen auf (Sozialplan, Abwicklungskosten).

Strobel (in *Schimmelpfeng,* S. 31) führt dazu aus: »Die moderne hochmechanisierte Unternehmung stellt einen Komplex von einzelnen Vermögensteilen dar, die ihren Wert in erster Linie aus der Kombination der Produktionsmittel erhalten, und daher im Liquidationsfall – abgesehen von Grundstücken und dergleichen – weitgehend wertlos sind. Hinzu kommen spezifische Liquidationskosten des Vermögensverkaufs, der Abwicklung bestehender Verträge und dergleichen mehr. Darüber hinaus aber entstehen neuerdings zusätzlich liquidationsbedingte Verpflichtungen aus dem Sozialplan«.

IV. Systematik der Arbeit

1. Aspekte der Krisenbewältigung

35 Die Frage, wie bei der Krisenbewältigung vorzugehen ist, wird unterschiedlich beantwortet, je nachdem, ob die Frage von den Praktikern oder von den Wissenschaftlern beantwortet wird.

1.1 Auffassung der Praktiker

36 Die Praktiker weisen darauf hin, daß die Krise **schnelles Erkennen und Handeln** erfordert, es bleibe keine Zeit für umfangreiche Untersuchungen (ähnlich *Müller,* S. 314 f.). Mit dem Zeitablauf verschärfe sich die Situation, die Probleme würden größer und das Spektrum erfolgversprechender Sanierungsmaßnahmen kleiner. Ein erfolgreicher Sanierer könne ohnehin nur der sein, der Kraft seiner Erfahrung, Intuition und Willensstärke aus dem Stand die richtigen Schlüsse ziehe, Ziele setze, Maßnahmen einleite und durchsetze. Führungspersönlichkeiten mit solchen Eigenschaften seien aber nicht auf umfangreiche und deshalb zwangsläufig langwierige Diagnose-, Analyse-, Zielsuch-, Zielfindungs- und Planungsprozesse angewiesen.

37 Diese Auffassung wird wie folgt verdeutlicht:
»In einem unter Zeitdruck stehenden Krisenmanagement bleibt keine Zeit für lange Diskussionen ... Wie in einer militärischen Notlage wird man durchgreifen« (*Rüschenpöhler* BddW 1973, S. 3).
»In der akuten Krise ist die Zeit begrenzt. Die Situation verschlechtert sich progressiv. Rasches Handeln tut not ... Es darf keine Zeit verlorengehen, etwa durch die Schockwirkung der Überraschung oder durch langes ›Wieso-und-werwar-schuld-Palaver‹. Unwichtige Fragen müssen verschoben werden. Es muß rascher gehandelt werden als sonst. Der übliche Instanzenweg muß umgangen werden, man muß sich Kompetenzen nehmen« (*Britt* IO 1973, S. 442).
»Jegliches Zaudern und Zögern ist für den Erfolg des neuen Starts – eines neuen Vorstandes tödlich. Es ist nicht damit getan, Strategien zu entwickeln, es muß vor allem sichergestellt sein, daß der Alltag gemeistert wird. Vor lauter Gestaltungsvorstellungen über das Morgen darf nicht vergessen werden, für das Heute Lösungen parat zu halten ...
Die Konsolidierung muß sofort beginnen ... Dringlicher als das Entwickeln strategischer Konzeptionen und als großangelegte Unternehmenspläne sind sichtbare Erfolge« (*Dazert* MM 1977, S. 80).

Im übrigen ist dieses »**Primat des Handelns**« auch ein wesentliches Merkmal von besonders erfolgreichen Unternehmen (*Peters/Waterman* 1982, 149 ff.).

1.2 Auffassung der Wissenschaft

Auch die wissenschaftliche Literatur erkennt die Zeitnot bei Sanierungsbemühungen (*Krystek,* S. 222 ff. m.w.N., *Müller,* S. 411). Sie verweist aber mit Nachdruck auf die Risiken und die ausgelassenen Chancen bei »improvisiertem Vorgehen«. **38**

Kritisiert werden:

- das Fehlen einer gründlichen Analyse der Krisenursachen und Krisenauswirkungen,
- das Fehlen einer Formulierung operationeller Ziele,
- das Fehlen eines bewußten Vergleiches zu anderen Lösungsmodalitäten.

Daraus drohen Gefahren, weil **39**

- langfristige Konsequenzen nicht genügend durchdacht und
- die Einzelmaßnahmen mangelhaft abgestimmt sind sowie
- die Gefahr der Überreaktion bestehe (*Müller,* erste, vergriffene Auflage, S. 10; *Berger* BddW 1974 a, S. 3).

Stellvertretend für viele sei hier als Gesamtmodell *Krysteks* »Prozeß des repulsiven Krisenmanagements« abgebildet (S. 10) (Schaubild 1). **40**

Die praktische Anwendbarkeit dieses Modelles ist wegen der Kompliziertheit in Notsituationen sehr beschränkt, es kann kaum als Handlungsschema dienen.

1.3 Sanierung als Führungsaufgabe

Eine Unternehmenssanierung ist die Führungsaufgabe per se. Es erscheint deshalb sinnvoll, an dieser Stelle die Sachfunktionen des Führens in Erinnerung zu rufen. *Wild* (S. 33 ff.) beschreibt die Fachfunktionen als »Phasen eines sich ständig wiederholenden **Managementzyklus** . . . (der) durch Vor- und Rückkoppelungsbeziehungen gekennzeichnet (ist) . . . und in einfachster Form mit Hilfe des **kybernetischen Regelkreises** beschrieben werden (kann). **41**

Vereinfacht werden mit dem kybernetischen Regelkreis die Entscheidungs-, Handlungs- und Kontrollabläufe dargestellt und dienen als Ausgangspunkt für weitere an der ursprünglichen Zielsetzung orientierten Entscheidungen (Schaubild 2, S. 11).

1.4 Managementzyklus und Sanierungspraxis

Das improvisierte und intuitive Vorgehen des Praktikers ist ein unverzichtbares Krisenbewältigungsprinzip. Dies ergibt sich zwangsläufig aus der Ausgangssituation, die die Bewältigung akuter Krisen kurz vor oder kurz nach Eintritt der Insolvenz beschreibt. **42**

Der Zeitfaktor ist in einer solchen Situation eine erfolgsentscheidende Größe, und es gibt im Grunde nur die Möglichkeiten des sich rasch abzeichnenden Erfolges oder der Existenzaufgabe. Wie aber kann man den zweifellos zutreffenden Einwänden der Wissenschaft Rechnung tragen? Die Antwort lautet: Es gibt keinen zwangsläufigen Widerspruch zwischen den beiden Auffassungen, weil nämlich **43**

a) der Sanierungspraktiker bei seinem »improvisierten und intuitiven Vorgehen« selbstverständlich auch die Regeln des Managementzyklus beachtet. Aller- **44** dings geschieht dies nicht immer in sichtbarer und dokumentierter Form, sondern im Verborgenen.

Schaubild 1: Prozeß des repulsiven Krisenmanagements

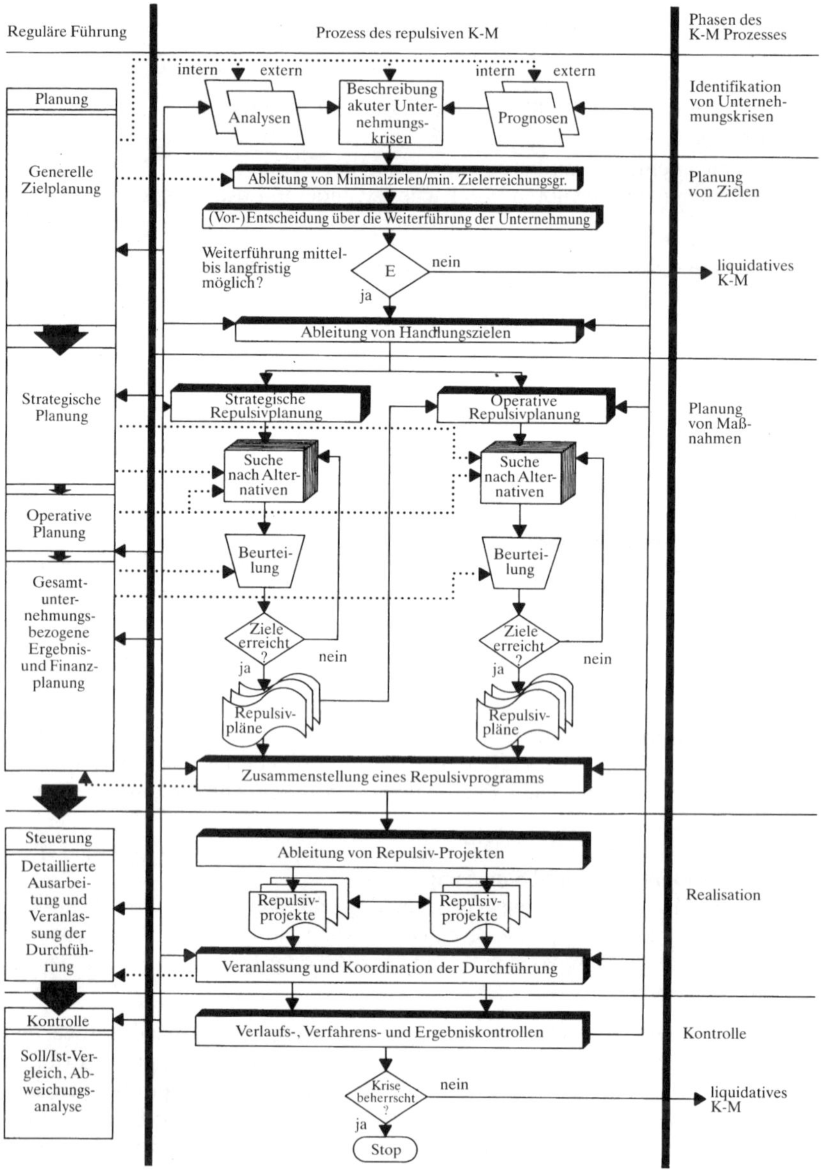

Quelle: Krystek 1981, S. 226

Der Praktiker läßt, wenn er zu raschem Handeln gezwungen ist, den Managementzyklus »beschleunigt« ablaufen. Wenn er sich zu einer Maßnahme entschließt, dann erst, nachdem die Einzelphasen des Managementzyklus durchgeprüft sind.

b) die Managementzyklen permanent mit völlig unterschiedlichen Zykluszeiten und Einzelzielen ablaufen. Die Sanierung eines Unternehmens ist deshalb nicht ein Zyklus, sondern ein Zyklensystem mit einem Makrozyklus (Sanierung) und vielen sich ständig wiederholenden Mikrozyklen (Sanierungsschritten) (*Wild,* S. 38). **45**

c) der Wissenschaftler akzeptiert, daß in höchster Zeitnot den Verantwortlichen gar keine andere Wahl bleibt, als intuitiv zu handeln, und der Praktiker gern bereit ist, die Einzelphasen des Managementzyklus sorgfältig, vollständig und nachvollziehbar zu bewältigen, wenn Zeit sowie sachliche und menschliche Ressourcen verfügbar sind. **46**

Schaubild 2: Phasenstruktur des Führungsprozesses (Managementzyklus)

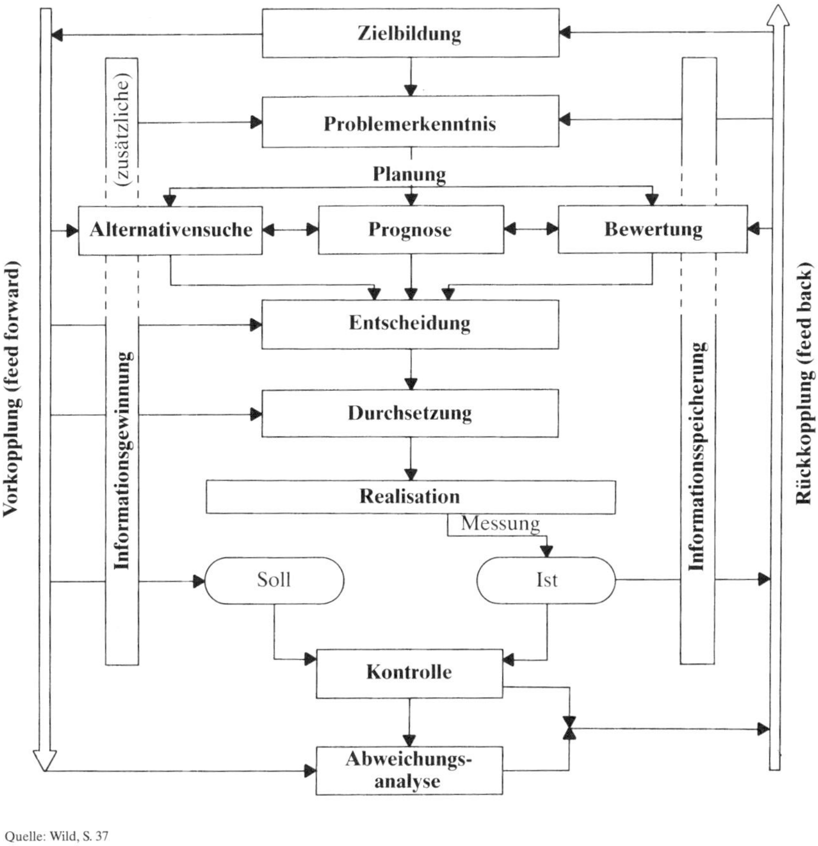

Quelle: Wild, S. 37

2. Sanierungssystematik

2.1 Fachfunktionen der Sanierung

47 Die Sanierung eines Unternehmens ist eine Führungsaufgabe. *Wild* (S. 33) hat die Führungsfunktionen des Managementzyklus wie folgt aufgeteilt:
Es sind
a) Zielbildung,
b) Problemerkenntnis und -analyse,
c) Alternativensuche, Prognose, Bewertung,
d) Entscheidung,
e) Durchsetzung,
f) Kontrolle,
g) Abweichungsanalyse.

2.2 Fachfunktionen und Gliederung

48 Die vorgenannten Fachfunktionen werden nachfolgend in **logisch-genetischer Folge** beschrieben. Dadurch wird entsprechend der nachfolgenden Systematik in logischer Folge von einer Sanierungsphase zur nächsten geführt.

49 Phasen des Managementzyklus nach *Wild:*
a) Zielbildung
Diese Phase ist nicht beschrieben, weil stillschweigend vorausgesetzt wird, daß das Handlungsziel »Sanierung« vorgegeben ist.
b) Problemerkenntnis und -analyse
Das Problem heißt »Krise«.
Teil B beschreibt die Erkennung von Krisen (Diagnose),
Teil C die Ermittlung der Krisenmerkmale (Analyse).
c) Alternativensuche, Prognose, Bewertung.
Teil D beschreibt die Festlegung der Handlungsziele (Zielsetzungsentscheidung).
d) Entscheidung
e) Durchsetzung
Teil E beschreibt die Erstellung des Maßnahmenkatalogs.
Teil F gibt Hinweise zur Durchführung der Sanierungsmaßnahmen.
f) Kontrolle
Teil G erläutert die Überwachung der Sanierungsmaßnahmen.
g) Abweichungsanalyse
Damit beginnt ein neuer Managementzyklus, er setzt bei Teil B oder Teil C ein.

V. Organisation des Krisenmanagements

1. Grundsätzliche Überlegungen

50 Durch die organisatorische Gestaltung des Sanierungsmanagements muß der Rahmen geschaffen werden, um die erforderlichen Maßnahmen zu konzipieren und durchzusetzen. Wegen der in der Regel weitreichenden personellen Wirkungen ist diese Aufgabe einer der schwierigsten, aber auch einer der entscheidenden.

Wenn hier der Organisation des Sanierungs- (oder Krisenmanagements) kein breiter Raum gegeben wird, dann deshalb, weil eine umfassende Beschreibung nur von einem übergeordneten neutralen Standpunkt aus möglich sein dürfte.

Anstelle einer Darstellung der Aufgaben eines Krisenmanagements aus überparteilicher außenstehender Position sollen den Verantwortlichen einer Sanierungsaufgabe, wer immer das sein mag, praktikable Problemlösungsansätze aufgezeigt werden (zu Organisationsfragen des Krisenmanagements vgl. *Müller*, S. 140 ff., der sich eingehend mit dieser Frage auseinandersetzt). Von der Ausgangssituation her drängen sich drei Fragen auf. **51**

a) Wer gibt den Anstoß zur Sanierung (Initiatoren des Krisenmanagements)?
b) Wer führt die Sanierung durch (Träger des Krisenmanagements)?
c) Welche Handlungsregeln sollen gelten (Führungsstil beim Krisenmanagement)?

2. Aspekte des Krisenmanagements

2.1 Initiatoren des Krisenmanagements

Den Anstoß zur Einleitung von Sanierungsmaßnahmen kann geben, wer eine Krise als solche erkennt. Daß die Möglichkeit zur Krisenerkennung zu allererst der **Unternehmensführung** gegeben ist, bedarf keiner weiteren Erläuterung. Damit kommt die Unternehmensführung als Initiator des Krisenmanagements als erstes in Frage. **52**

Bei Versagen oder Ausfall der Unternehmensführung fällt die Aufgabe den **Kontrollorganen** (Aufsichtsrat, Beirat, Gesellschafterversammlung, Konzernleitung, Holding) zu. **53**
Als weitere Initiatoren kommen in Frage
- Middle-Management,
- Kreditgeber,
- Unternehmensberater,
- Geschäftspartner,
- Betriebsrat.

Im Falle der Insolvenz kann die Initiative zur Sanierung auch vom Vergleichs- oder Konkursverwalter ausgehen.

2.2 Träger des Krisenmanagements

Die Unternehmensführung, die ihre Funktion gerade in schwierigen Situationen erfüllen sollte, kann generell als ungeeignet zur Krisenbewältigung eingestuft werden, wenn nicht bereits die Initiative von ihr ausging. **54**
Leider hat die Wissenschaft auf die Frage: »Kontinuität oder Auswechseln der verantwortlichen Personen in Krisen?« keine Antwort. In der Praxis sind gegensätzliche Positionen anzutreffen . Es heißt: »Wenn man den Fluß überquert, sollte man nicht die Pferde wechseln« oder »Neue Besen kehren besser«.
Es gibt keine einfache Antwort auf die schwierige Frage des Führungswechsels, da diese Frage am Einzelfall orientiert entschieden werden muß.

Die Sanierungsmaßnahme kann deshalb durchgeführt werden von (vertiefende Darstellungen finden sich u.a. bei *Höhn, Krystek, Müller* m.w.N.) **55**

- der Unternehmensführung (alt oder neu),
- Kontrollorganen,
- Beratern,
- Managern auf Zeit,
- Middle-Management,

wobei davon auszugehen ist, daß dann die ursprünglich untergeordneten Kräfte die Aufgaben der Unternehmensführung übernehmen.

2.3 Führungsstil beim Krisenmanagement

56 Die Bandbreite der Führungsstile wird begrenzt von den Extremen
- autoritärer Führungsstil und
- kooperativer Führungsstil.

Dazwischen liegen zahllose Ausprägungen, teilweise auch mit andersartigen Komponenten.
Eine umfassende Beschreibung der Führungsstile würde den Rahmen des vorliegenden Buches sprengen. Deshalb seien einige krisenrelevante Aspekte der beiden vorgenannten Führungsstile erläutert. Im übrigen wird auf die Spezialliteratur *(Höhn, Müller, Korndörfer, Krystek)* verwiesen.

57 a) Autoritärer Führungsstil
- Die Vorgesetzten entscheiden alleine ohne Beratung mit ihren Mitarbeitern,
- schnelle Entscheidungen sind möglich,
- es besteht die Gefahr, daß Entscheidungsgesichtspunkte übersehen, vernachlässigt oder falsch gewichtet werden,
- die Betroffenen zeigen eine verringerte Akzeptanz gegenüber den Inhalten der Entscheidung. Es besteht die Gefahr der Demotivation,
- die Ausgewogenheit des Vorgehens leidet bei autoritären Entscheidungen,
- der Führungsstil entspricht häufig der Erwartungshaltung von Belegschaften, da diese bei Unternehmenskrisen eher ein »entschiedenes Durchgreifen« der Führungsinstanzen erwarten.
- ein autoritärer Führungsstil ist eher geeignet, den Erfolgswillen, die Entschlußkraft und die Durchsetzungsstärke der Führung zu unterstreichen. Dies stärkt bei der Belegschaft die Hoffnung auf eine erfolgreiche Krisenbewältigung.

58 b) Kooperativer Führungsstil
- Er entspricht dem Gedanken des »gemeinsamen Handelns«, der gerade in Krisensituationen richtig ist, weil die Problemlösungspotentiale möglichst vollständig auszuschöpfen sind,
- durch Einbeziehung mehrerer Auffassungen wird eine gegebene Intransparenz der Krisenherde und -ursachen abgebaut,
- die Motivation und Leistungsbereitschaft der Beteiligten wird verbessert,
- es besteht die Gefahr der Verwässerung von Sanierungsstrategien,
- Entscheidungswege sind länger, Zeit kann verlorengehen,
- die Akzeptanzbereitschaft ist hoch.

59 Die Frage nach dem richtigen Führungsstil in der Krise läßt sich nicht mit einem Satz beantworten. Es gibt keine Patentrezepte. Weder markige Sprüche

(»... Zügel selbst fest in die Hand nehmen«) noch vertrauensselige Loyalitätsbekundungen (»... freiwillig an einem Strang ziehen«) helfen weiter.
Der Führungsstil muß der konkreten Unternehmenssituation angepaßt werden, wobei folgende Faktoren von Bedeutung (vgl. *Müller,* S. 136) sind:
- die Merkmale der Krise (Krisenherd, Krisenart, Krisenstadium),
- die Bestimmtheit der Sanierungsmaßnahmen (sind die Krisenursachen bekannt? Muß das Sanierungskonzept noch gesucht werden?),
- die Art der geplanten Sanierungsmaßnahmen,
- die persönliche Art der Beteiligten (nicht jeder Vorgesetzte kann autoritär führen, nicht jeder Untergebene ist geeignet, kooperativ geführt zu werden).

Es ist erkennbar, daß weder ein autoritärer noch ein kooperativer Führungsstil in **60**
ihrer extremen Ausprägung zur Krisenbewältigung geeignet sind. Bildlich gesprochen heißt das, daß der Krisenmanager weder eingeschlossen im Elfenbeinturm sitzen und einsame Entscheidungen treffen darf, noch seine Zeit in Dauersitzungen mit allen eventuell Beteiligten und endlosem Palaver zubringen sollte.
Statt dessen muß er
- Erfolgswillen, Entschlußkraft und Durchsetzungsstärke ausstrahlen,
- die anstehenden Fragen und Entscheidungen mit wenigen wesentlich Beteiligten zügig und in wichtigen Punkten erörtern,
- Vorschläge der Beteiligten, insbesondere der für die Durchsetzung von Entscheidungen Verantwortlichen einholen,
- zügig entscheiden, seine Entscheidung bekanntgeben und knapp begründen,
- die Durchführung der Entscheidung ohne weitere Diskussion anordnen und
- die Ergebnisse kontrollieren.

Dabei kann ein freundlicher Umgangsstil Wunder wirken, weil er für die Betroffenen die Streßsituationen besser ertragen läßt.

Ergänzend sei noch vermerkt, daß *Müller* (S. 136) eine Befragung bei Unterneh- **61**
mensführungen, Krisenmanagern und Konkursverwaltern, Beratern und Banken durchgeführt hat. Von den 22 Befragten führen in Krisensituationen 15 autoritärer, fünf kooperativer und zwei ohne Unterschied zu bisher.

2.4 Neue empirische Erkenntnisse zum Führungsstil

»Effektives Krisenmanagement« ist der Titel eines 1986 erschienenen Aufsatzes **62**
von *Blake/Monton.*
Darin werden aus empirischen Untersuchungen über das Verhalten von Flugzeugbesatzungen bei Unfällen Führungsstile beschrieben, die krisenverstärkend oder krisenlösend wirken können.
Müller und *Krystek* (1987) haben daraus Führungsempfehlungen abgeleitet, die nachfolgend, ergänzt um eigene Erfahrungen, zusammengefaßt werden:

a) Vor Entscheidungen sollten möglichst viele heterogene Empfehlungen der **63**
zweiten Führungsebene und von Fachkräften eingeholt werden.
b) Es empfiehlt sich anschließend schnell und entschlossen zu entscheiden.
c) Die Entscheidungen sollten zügig, mit ständigem Blick auf ihre Wirkungen durchgesetzt werden.

Teil B
Erkennung von Krisen (Diagnose)

Inhaltsübersicht **Rz.**

I. Typologie der Unternehmenskrisen

1. Begriff und Übersicht

1 Ergänzend zu der Definition des Krisenbegriffs sei auf einen weiteren Aspekt der (Unternehmens-)Krise hingewiesen.
Voraussetzung für die Identifizierung einer Unternehmensentwicklung als »krisenhaft« ist
a) das Vorhandensein von Vorstellungen über bestimmte (erwünschte) Merkmale des Unternehmens und
b) die Kenntnis von Konkursantragspflichten.

2 Beide Voraussetzungen liegen nicht zwangsläufig vor. Neben dem Problem, die Insolvenztatbestände betriebswirtschaftlich eindeutig abzugrenzen (vgl. Rz. B 59 ff.), hat die vielgehörte Bemerkung »Manche Unternehmer sind pleite, sie wissen es nur nicht« ihren Ursprung darin, daß die Krisensymptome unbemerkt sind. Zur Erkennung und Einordnung von krisenverdächtigen Erscheinungen werden die Krisenmerkmale dargestellt.

3 Unternehmenskrisen sind durch drei Merkmale gekennzeichnet:
- **Krisenherd,**
- **Krisenart,**
- **Krisenstadium.**

Die Kenntnis der Krisenmerkmale hilft bei Verdacht des Vorhandenseins einer Krise, zielgerichtet die Identifizierung und Diagnose einer Unternehmensentwicklung durchzuführen.

4 Bei der Typologisierung der Krise sind alle drei Merkmale von Bedeutung. Innerhalb der Merkmale Krisenherd und Krisenart sind auch mehrere Merkmalsausprägungen möglich.
So kann eine Krise sowohl **endogene als auch exogene** Ursachen haben.
Eine Liquiditätskrise ist häufig durch eine gleichzeitige Erfolgskrise gekennzeichnet.

5 In dem nachfolgenden Schaubild 3 sind die Krisenmerkmale in dreidimensionaler Form dargestellt.

6 a) Der Krisenherd gibt an, woher die Krise kommt. Dabei ist zu unterscheiden in
- **endogene Krisen,** d.h. im Unternehmen selbst entstandene und in
- **exogene Krisen,** d.h. solche, die von außerhalb auf das Unternehmen einwirken.

7 b) Die Krisenart gibt an, ob es sich um eine
- **strategische Krise,** bei der die Erfolgspotentiale gestört oder zerstört sind,

um eine
- **Erfolgskrise,** bei der Verluste entstehen,

oder um eine
- **Liquiditätskrise,** bei der die Zahlungsfähigkeit des Unternehmens bedroht oder erloschen ist,

handelt.

8 c) Das Krisenstadium gibt an, ob es sich um eine
- **existenzbedrohende**

oder um eine

– **existenzvernichtende,** d.h. eine zur Aufgabe der bisherigen Unternehmensform zwingende Krise handelt.

2. Krisenherde

2.1 Begriff

Unter Krisenherd wird die Entstehungsart der Krise verstanden. Die grobe 9
Klassifizierung »endogen« und »exogen« kann verfeinert werden, indem eine endogene Krise dahingehend untersucht wird, ob es sich z.B. um Krisenursachen aus den Bereichen Konstruktion, Kalkulation, Marketing usw. handelt.

Schaubild 3: Krisenmerkmale

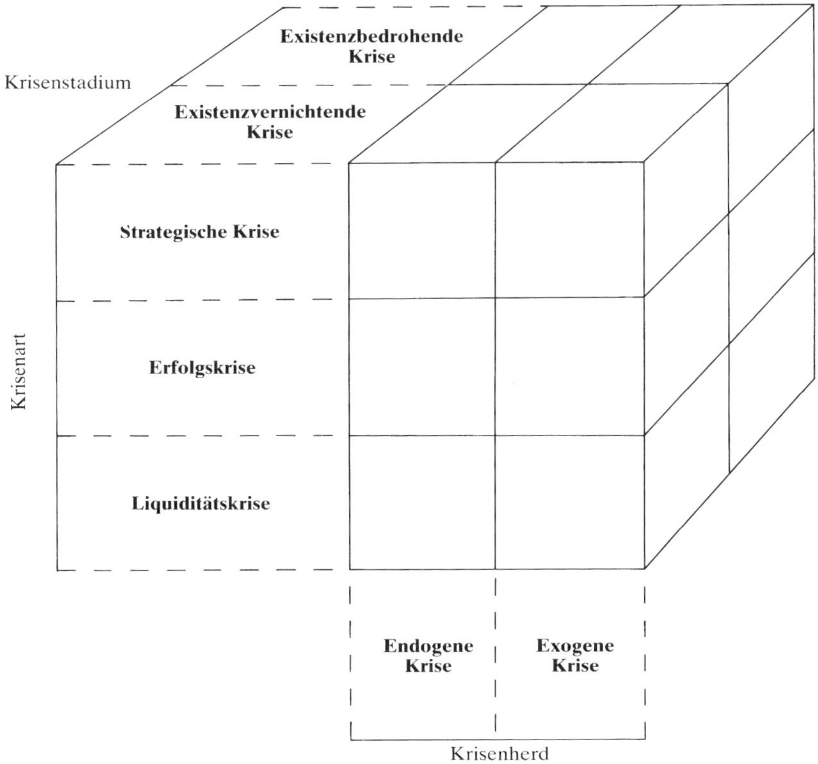

Quelle: Verfasser

Gleiches ist beim Begriff »exogene Krise« möglich. Denkbare Verfeinerungen sind hier die Aufteilung der Krisen, die durch die Branchenentwicklung, Zinsentwicklung, Wechselkursschwankungen oder anderes entstanden sind.

2.2 Beispiele

a) Beispiele für endogene Krisen sind: 10
   – Fehlkalkulation,

- Qualitätsmangel,
- falsche Finanzvorschau,
- desolater Vertriebsapparat.

(Weitere Beispiele siehe *Goldbeck/Wahlen/Gauer,* S. 22.)

11 b) Beispiele für exogene Krisen sind:
- extrem hohe Zinsen,
- Arbeitskräftemangel,
- Unterbrechung der Rohstoffversorgung,
- Streiks.

(Weitere Beispiele siehe *Goldbeck/Wahlen/Gauer,* S. 22.)

3. Krisenarten

3.1 Begriff

12 Unter Krisenart wird die prozessuale Ausprägung der **konkreten Zielbedrohung** verstanden.

Jedes Unternehmen hat bestimmte Zielsetzungen. Diese sind teilweise klar definiert oder ausgesprochen und den Teilnehmern am Unternehmensprozeß bekannt. Teilweise sind diese Ziele unausgesprochen vorhanden und Inhalt eines stillen Paktes der Teilnehmer oder aber nur Teil der persönlichen Zielsetzung der Unternehmensführung.

13 Innerhalb dieses Zielsystems gibt es zwei Ziele, deren Erreichung unabdingbare Voraussetzung für den Bestand des Unternehmens ist. Diese Ziele sind

a) die **Aufrechterhaltung der Zahlungsfähigkeit,**
b) die **Vermeidung der Überschuldung.**

14 Bei Verfehlung des Zieles »Aufrechterhaltung der Zahlungsfähigkeit« haben
- Einzelfirmen,
- Personengesellschaften,
- Kapitalgesellschaften,
- Genossenschaften

die Pflicht zur Einleitung eines gerichtlichen **Insolvenzverfahrens.**

15 Bei Verfehlung des Zieles »Vermeidung der Überschuldung« haben
- Kapitalgesellschaften,
- Genossenschaften

ebenfalls die Pflicht zur Einhaltung des gerichtlichen **Insolvenzverfahrens.**

16 In Anlehnung an diese Zielsysteme wird unter einer
- Liquiditätskrise eine Entwicklung verstanden, die die konkrete und akute Gefahr der Zahlungsunfähigkeit in sich birgt oder die bereits zum Erlöschen der Zahlungsfähigkeit geführt hat.

17 Eine
- Erfolgskrise

liegt vor, wenn das Unternehmen Verluste macht und diese Verluste zum Aufbrauchen des Eigenkapitals führen, mit der (zukünftig) drohenden Gefahr der Überschuldung.

Von einer **18**
- strategischen Krise wird gesprochen, wenn die (in der Regel langfristig wirkenden) Erfolgsfaktoren (Erfolgspotentiale) gestört oder zerstört sind.

3.2 Beispiele

a) Beispiele für Liquiditätskrisen sind: **19**
  - Wechselfälligkeiten ohne Deckung,
  - Zinsfälligkeit ohne Deckung,
  - Lohnzahlungen, für die weder ausreichende Geldmittel noch zusätzliche Kreditlinien vorhanden

sind.

b) Beispiele für Erfolgskrisen sind: **20**
  - anhaltende Verluste aufgrund von Umsatzrückgängen, Kostensteigerungen und Preisverfall.

c) Beispiele für strategische Krisen sind: **21**
  - falscher Standort,
  - hohe Fertigungskosten wegen jahrelanger Investitionszurückhaltung,
  - fehlende Nachfolgeprodukte für absterbende Umsatz- oder Ertrags-»renner«,
  - überalterte und unterqualifizierte Belegschaft.

3.3 Zeitliche Verknüpfung

Die drei Krisenarten sind gekennzeichnet durch interessante zeitliche Verknüpfungen. *Müller* (erste, vergriffene Auflage, S. 26) verwendet die Adjektive **22**
- **langfristig** (für strategische Krisen),
- **mittelfristig** (für Erfolgskrisen),
- **kurzfristig** (für Liquiditätskrisen).

In der Regel lautet die Entstehungsfolge: **23**
1. strategische Krise
   (z.B. das Fehlen von Nachfolgeprodukten für absterbende Umsatz-»Renner«),
2. Erfolgskrise
   (z.B. Umsatzrückgang durch das Absterben eines »Renners« führt zum Lageraufbau, der zwangsweise fremdfinanziert wird),
3. Liquiditätskrise
   (z.B. Kreditrestriktionen der Gläubiger, nachdem die Fremdfinanzierungen stark ausgeweitet wurden).

Häufig läuft die **Erkennungsfolge** der **Entstehungsfolge** entgegen. **24**
1. Die Liquiditätskrise wird offenkundig, nachdem die Banken weitere Kredithingaben verweigern.
   Bei der Ursachensuche erkennt man die
2. Erfolgskrise, die sich in einer drastisch gesunkenen Eigenkapitalquote ausdrückt, weil beispielsweise der Lageraufbau durch Fremdkapital finanziert wurde.
   Die weitere Ursachensuche führt zur Entdeckung der
3. strategische Krise.

Diese liegt vor, weil beispielsweise versäumt wurde, rechtzeitig Nachfolgeprodukte zu fertigen und damit dem Umsatzrückgang des »Kenners« zu begegnen. Die weiterlaufende Fertigung führt nicht mehr zu Umsätzen, sondern zum Aufbau von Lagerbeständen.

25 Die zeitliche Verknüpfung läßt sich am folgenden Schaubild 4 verdeutlichen.

Schaubild 4

Krisenart	Reihenfolge der Entstehung	Reihenfolge der Entdeckung
Strategische Krise	1	3
Erfolgskrise	2	2
Liquiditätskrise	3	1

3.4 Häufigkeitsverteilung

26 Einer Schätzung zufolge (*Müller,* S. 55 f.) entfallen 60 % der Unternehmenskrisen auf den oben beschriebenen, nachfolgend »Krisentyp A« genannten Fall, in dem alle drei Krisenarten auftreten.

Schaubild 5

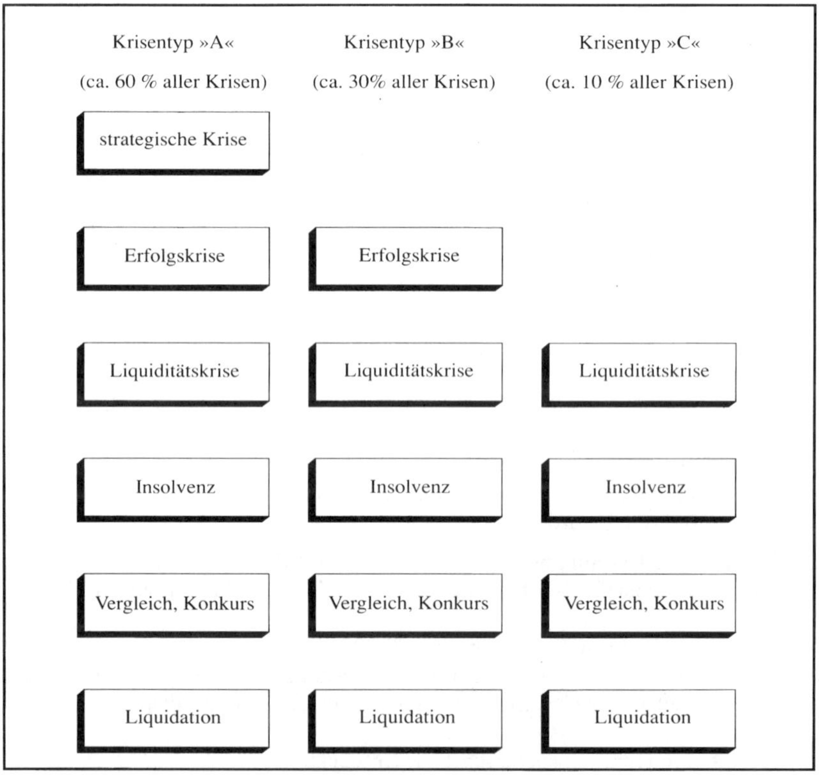

»Die Mehrzahl aller Krisen stellt einen langjährigen Erosionsprozeß dar, bei dem zuerst das Erfolgspotential verfällt, sodann Verluste eintreten und schließlich die Zahlungsunfähigkeit oder Überschuldung eintritt.«

Quelle: Müller, S. 56

4. Krisenstadien

4.1 Begriff

Unter dem **Krisenstadium** ist der Grad der Bedrohung dominanter und unverzichtbarer Unternehmensziele zu verstehen. 27
Die Kenntnis des Krisenstadiums ist unabdingbare Voraussetzung einer richtigen Reaktion auf die Krise, weil durch den Zeitablauf zahlreiche Handlungsmodalitäten unmöglich werden.

Entsprechend der angesprochenen Zielsetzung spielen hier nur zwei Krisenstadien eine Rolle. Es sind dies: 28

- die **existenzbedrohende Krise,**
  die das Unternehmen zwar konkret bedroht, aber noch die Möglichkeit beinhaltet, durch rasches und richtiges Gegensteuern das Unternehmen zu erhalten,
- die **existenzvernichtende Krise,**
  bei der die Möglichkeit zur Fortführung des Unternehmens in der bisherigen Form nicht mehr gegeben ist.

4.2 Beispiele

a) Beispiele für existenzbedrohende Krisen: 29
   - Illiquidität droht, aber durch raschen Verkauf von Vermögensteilen ist sie vermeidbar,
   - Überschuldung droht, aber die Gesellschafter haben sich bereit erklärt, unverzüglich weiteres Haftungskapital zuzuführen.

b) Beispiele für existenzvernichtende Krisen: 30
   - Illiquidität herrscht, und es können keine flüssigen Mittel zugeführt werden,
   - Überschuldung liegt vor, und weder die Gläubiger können zum Forderungsverzicht noch die Gesellschafter zur Eigenkapitalzuführung veranlaßt werden.

5. Kybernetische Verknüpfung der Krisenarten

In Anlehnung an *Wild* (S. 181 f.), der die Begriffe strategische, taktische und operative Planung im Sinne von lang-, mittel- und kurzfristig verwendet, und an *Müller* (S. 26 f.) werden die zeitlichen Verknüpfungen der drei Krisenarten zu einer kybernetischen Beziehung zusammengefaßt und anhand nachfolgenden Schaubildes 6 (S. 24) dargestellt. 31
Aus dem Schaubild ist erkennbar, wie lang-, mittel- und kurzfristige Unternehmensentscheidungen je nach Richtigkeit bzw. Fehlerhaftigkeit über die Krisenstadien zu Erfolg oder Insolvenz führen.
Auf der linken Seite des Schaubildes ist der direkte Erfolgspfad vorgezeichnet. Bei fehlerhaften Entscheidungen wird der direkte Weg zum Erfolg verlassen, es kommt zu Krisensituationen, die, je nachdem, ob sie erkannt oder nicht erkannt werden, in weitere Krisenstadien münden oder neue Entscheidungsprozesse auslösen. Werden nur die richtigen Entscheidungen getroffen, so kann das Unternehmen auf dem »Umweg« zum Erfolg kommen.

Schaubild 6: Kybernetische Beziehung der Krisenarten

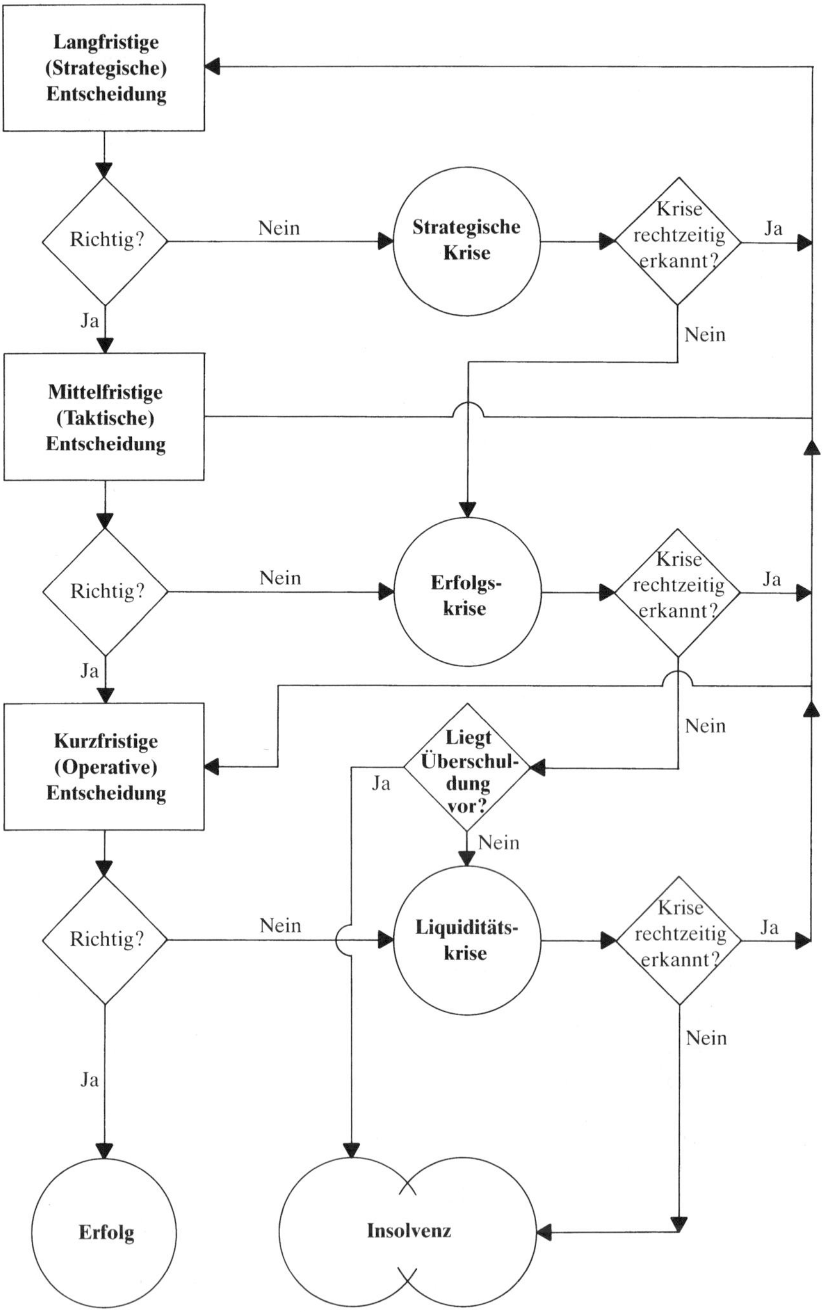

Quelle: Verfasser

II. Erkenntnisquellen für Unternehmenskrisen

1. Betriebliches Rechnungswesen

Das betriebliche Rechnungswesen besteht in der Regel aus den Funktionen **32**
- Finanzbuchhaltung und
- Betriebsbuchhaltung.

Teilweise wird auch das
- Controlling

zum betrieblichen Rechnungswesen gezählt.

Hauptaufgaben dieser Teilfunktionen sind **33**
a) die **Finanzbuchhaltung:**
Ermittlung und Dokumentation des Nominalgüterumlaufs und dessen Aufbereitung zur Darstellung in der vom Gesetzgeber vorgeschriebenen Form (vgl. §§ 238 ff. HGB).
b) die **Betriebsbuchhaltung:**
Ermittlung und begriffliche Abgrenzung der angefallenen Kosten sowie die Bereitstellung von situationsbezogenen Kosteninformationen für die praktische Planung und Kontrolle des Betriebsgeschehens (vgl. *Heinen,* S. 35; *WP-Hdb.* 1985, S. 1230 ff.).
c) **Controlling:**
Rechnerische Konkretisierung der Unternehmensziele, permanente Ermittlung des Zielerreichungsgrades, Abweichungsanalyse, Suche und Bewertung von Handlungsmodalitäten.

In Anbetracht dieser Aufgabenstellung erscheint das betriebliche Rechnungswesen prädestiniert dazu, Informationen zur Krisenerkennung zu geben. **34**
Leider erfüllt das Rechnungswesen diese Aufgaben gerade in Krisenunternehmen meist nicht oder nur teilweise. Vielmehr ist es häufig so, daß eine Krise nur deshalb entstehen kann, weil das Rechnungswesen versagt und deshalb die krisenhafte Entwicklung nicht oder zu spät entdeckt wird. Ausgenommen von dieser Feststellung sind Unternehmen, die von plötzlich auftretenden exogenen Krisenursachen überrascht werden.
Mit dieser Einschränkung kann festgestellt werden, daß es in krisengeschüttelten Unternehmen selten ein funktionierendes Controlling gibt, das dazu noch in der Lage ist, sich Gehör zu verschaffen und Gegenmaßnahmen zu erzwingen.

Eine Betriebsbuchhaltung existiert nicht in allen Fällen, und wenn doch, ist sie lediglich vergangenheitsorientiert und auf die zur Bilanzierung erforderlichen Aufgaben (z.B. Bestandsbewertung) beschränkt. Situationsbezogene Kosteninformationen, die für Planungs- und Kontrollzwecke geeignet sind, fehlen meist. Lediglich eine Finanzbuchhaltung ist, da sie zur Erfüllung der steuer- und handelsrechtlichen Vorschriften zwingend erforderlich ist, häufig teilweise vorhanden. **35**
Ihre Leistungsfähigkeit im Hinblick auf die
- Vollständigkeit,
- Übersichtlichkeit,
- Genauigkeit,
- Gegenwartsnähe

der Buchhaltungsunterlagen läßt gerade bei Krisenunternehmen meist zu wünschen übrig (vgl. dazu *Kayser* S. 110, *Groß,* S. 34).

36 Diese für Konkursverwalter und Krisenmanager nicht überraschenden Feststellungen führen zu der nüchternen Einsicht, daß das betriebliche Rechnungswesen als Erkenntnisquelle zur Identifizierung von Unternehmenskrisen häufig ungeeignet ist.
Da indessen die Krisenerkennung und spätere Krisenanalyse nur mit Hilfe quantifizierbarer Größen objektiviert werden kann, führt an der Aufbereitung der im Rechnungswesen gespeicherten Daten kein Weg vorbei.
Es müssen **Kennzahlen** ermittelt und in einem **Führungskennzahlensystem** kompakt, aber vollständig wiedergegeben werden (vgl. *Reichmann/Lachnit* BFuP 1978, S. 203 ff., *Becker* S. 111 ff.).
Die Ermittlung von Kennzahlen ist unabdingbarer Bestandteil der Krisenanalyse. Auf sie wird in Teil C noch gesondert eingegangen.

2. Andere Erkenntnisquellen

37 Sofern das betriebliche Rechnungswesen versagt, muß zur Identifizierung von Unternehmenskrisen auf andere Erkenntnisquellen zurückgegriffen werden.
Sie sind aber spätestens in der Analysephase wieder erforderlich, wenn es darum geht, die gefundenen quantitativen Ergebnisse qualitativ abzurunden und zu verifizieren. Denn es gibt »nicht immer Übereinstimmung zwischen den persönlichen Eindrücken und den Aussagen der Bücher« (*Dazert* MM 1977, S. 80).

a) **Mitarbeiter**

38 Das Erfahrungs- und Wissenspotential der Belegschaften wird von Geschäftsleitungen häufig unterschätzt und selten zur Krisenidentifizierung eingesetzt. Fälschlicherweise gehen die oberen Führungskräfte dabei von der Annahme aus, daß die Lage des Unternehmens sich immer nur aus einem übergeordneten Blickwinkel beurteilen lasse. Sie verkennen dabei, daß Mitarbeiter in untergeordneten Funktionen in der Regel näher am Produkt sind. So erkennen beispielsweise

- Montagearbeiter Qualitätsverschlechterungen von Vorprodukten rasch und sicher. Sie sind schneller als eine Qualitätsprüfung, die erst stichprobenweise statistisch relevante Prüfmengen testen muß.
- Versandfahrer Umsatzgefahren, weil sie im Gespräch von »Arbeiter zu Arbeiter« durch das Lagerpersonal des Kunden von langsamerem oder stockendem Lagerabfluß ihres Produktes erfahren.
- Außendienstmitarbeiter den drohenden Verlust von Marktanteilen, weil sie in den Verkaufsräumen ihrer Kunden immer häufiger Displays der Konkurrenz auftauchen sehen.
- Kundendiensttechniker die Reaktionen von Kunden auf eine schlechtere Qualität des Produktes, lange bevor Umsatzrückgänge dies offenkundig machen.

Diese Reihe ließe sich fast beliebig fortsetzen, die exemplarische Darstellung soll als Anregung zum **Mitarbeitergespräch** verstanden werden.

b) **Betriebsratsgespräche**

Der Betriebsrat ist, sofern er die Aufforderung, »zum Wohl der Arbeitnehmer und des Betriebes« mit dem Arbeitgeber zusammenzuarbeiten (§§ 2 Abs. 1, 74 BetrVG), beachtet, einer der wertvollsten Gesprächspartner der Unternehmensleitung. Er bündelt im Idealfall die Krisenerkennungschancen der Mitarbeiter und kann aufgrund seiner Vertrauensstellung die Informationsquellen bestmöglich ausnutzen. **39**

Das Gespräch mit einem fairen und konstruktiven Betriebsrat gehört zu den unabdingbaren Schritten zur Krisenerkennung.

c) **Betriebsbegehungen**

Die zahlreichen »Management by . . .«-Varianten wurden vor Jahren ergänzt um das scherzhaft gemeinte »Management by walking around«. **40**

So lustig und modern dies auch klingen mag, es ist nicht neu, aber außerordentlich wichtig für Unternehmensleitungen, aus ihrem Elfenbeinturm herabzusteigen, sich das Geschehen vor Ort anzusehen und erläutern zu lassen.

Sie entdecken dort

- überquellende Lager, lange bevor das Rechnungswesen gestiegene Bestände und die dadurch bedrohte Liquidität anzeigt,
- volle Abfallcontainer, bevor die Betriebsberichte die gesunkenen Quoten der ordnungsgemäß produzierten Teile anzeigen,
- unsaubere Sozialräume, lange bevor gute Mitarbeiter kündigen, weil sie sich unwohl fühlen und kein Vertrauen mehr in das Unternehmen haben.

Auch diese Reihe der Erkenntnismöglichkeiten eines Rundganges durch den Betrieb ließe sich fortsetzen.

d) **Kundengespräche**

Eines der Merkmale der »bestgeführten US-Unternehmen« ist die »Nähe zum Kunden« *(Peters/Waterman* 1983, S. 189 ff.). **41**

»Auf die Kunden hören« ist aber nicht nur ein erfolgversprechender Weg, wenn es darum geht, aus einem guten Unternehmen ein sehr gutes zu machen, sondern insbesondere auch bei der Krisenerkennung und Krisenanalyse, denn »als erstes reagiert der Markt, hier gehen Anteile verloren, Konkurrenten werden stärker, Kunden unzufriedener« *(Dazert* MM 1977, S. 77).

Kunden kennen die

- Aktivitäten der Wettbewerber,
- Marktwiderstände gegen das eigene Produkt,
- Qualitätsschwächen und Qualitätsstärken des eigenen Produkts,
- Schwächen des Innendienstes ihres Lieferanten,
- Schwächen der Distribution und Logistik,
- Schwächen im Preisleistungsverhältnis.

Vereinzelt können Interpretationsgefahren auftreten, sie lassen sich jedoch bei ordnungsgemäßer Analyse vermeiden.

e) **Branchengespräche**

Krisenhafte Branchenentwicklungen beginnen oft (insbesondere Strukturkrisen) schleichend und werden deshalb erst in einem späteren Stadium offenkundig, sie zeigen anfangs nur schwache Krisensignale (mit diesem Phänomen der »weak signals« hat sich insbesondere *Ansoff* ZfbF 1977, S. 129 ff. auseinandergesetzt). **42**

Deshalb sind **Unternehmergespräche über Branchenprobleme,** die beispielsweise anläßlich von Verbandtagungen oder Tarifverhandlungen stattfinden, geeignete Maßnahmen zur Identifizierung von Branchenkrisen, lange bevor die Verbandsstatistik die Krise belegen kann.

f) **Gespräche mit Kreditinstituten**

43 Gespräche dieser Art werden im Falle drohender Krisen von den Kreditgebern oder den Kreditnehmern initiiert. Sie sind in jedem Fall ein geeignetes Mittel zur Verbesserung des Informationsstandes, zur Schaffung oder Beibehaltung einer vertrauensvollen Zusammenarbeit und zur Vorbereitung von krisenbekämpfenden Maßnahmen.
Die **Diagnoseleistung** der Kreditinstitute hängt bei endogenen Krisen allerdings von den durch das betriebliche Rechnungswesen bereitgestellten Daten ab.
Bei exogenen Krisen können die Kreditinstitute jedoch auch ohne die Kenntnis der betrieblichen Rechenwerke Diagnosehilfe bieten, beispielsweise bei Konjunktureinbrüchen, bei Wechselkursrisiken und bei Zinssteigerungen.

g) **Lieferantengespräche**

44 Gespräche mit Lieferanten bieten die Chance, Informationen darüber zu erhalten, was die Konkurrenten anders und besser machen. Insbesondere die Anbieter von Produkten, die im Fertigungsprozeß eingesetzt werden, erhalten oft die Chance oder werden dazu aufgefordert, bei der Lösung von Fertigungsproblemen ihrer Kunden behilflich zu sein. Dadurch erlangen sie Kenntnisse über Fertigungsverfahren, Neuentwicklungen oder Problemlösungen, wie sie sonst nur Betriebsangehörige besitzen. Darüber hinaus bieten Lieferantengespräche die Chance, ähnlich wie Branchengespräche krisenhafte Strukturentwicklungen des eigenen Wirtschaftszweiges frühzeitig zu erkennen, weil die jeweils schwachen Signale aus den einzelnen Unternehmen bei Lieferanten, die an die gesamte Branche verkaufen, gebündelt auftreten und deshalb früher erkennbar sind.

h) **Prüfungsberichte**

45 Bestimmte Unternehmen sind, abhängig von ihrer Rechtsform und Größe, verpflichtet, eine jährliche Prüfung von Jahresabschluß, Lagebericht und Anhang durch einen Abschlußprüfer vornehmen zu lassen (vgl. §§ 33–33 h, 53–63 a GenG; §§ 316–324 HGB; §§ 264 ff., 290 ff. AktG; §§ 1–16 PublG).
Inwieweit sich aus den Ergebnissen der Prüfungstätigkeit und dem Prüfungsbericht Rückschlüsse auf das Vorliegen einer Unternehmungskrise ziehen lassen, hängt auch von der Qualifikation des Prüfers ab.

46 Mit der Präzisierung und Erweiterung der Vorschriften für den Jahresabschluß und den Lagebericht durch das Bilanzrichtliniengesetz vom 19. 12. 1985 ist seit 1987 der **Zwang zur Selbstinformation** verstärkt, **die Informationsdichte** erhöht und die **Richtigkeit und Vollständigkeit durch** den Einsatz externer Abschlußprüfer einer Kontrolle unterworfen.
Welches Maß an Transparenzerhöhung das Bilanzrichtliniengesetz tatsächlich bringt, bleibt abzuwarten.

47 Im Jahre 1988 wurden von Mitarbeitern der Universität Kiel die Ergebnisse eines Forschungsprogrammes veröffentlicht, dessen Ziel es war, **krisendiagnostische Untersuchungen im Rahmen von Bilanzanalysen** zu untersuchen *(Hauschildt, Hrsg.).* Die Ergebnisse, basierend auf Publikationen nach altem Recht, waren ermutigend und zeigten Möglichkeiten zur externen Diagnose auf. Hinsichtlich der durch das Bilanzrichtliniengesetz zu erwartenden Verbesserungen waren die Autoren vorsichtig optimistisch. Jedenfalls, so wurde festgehalten, biete die neue Rechtslage »eine erheblich bessere Ausgangsposition ... (für) kritische Fragen« (*Hauschildt* S. 59 ff.).

Eine Verpflichtung zur **Offenlegung von Gefährdungstatbeständen** war bisher schon in § 166 Abs. 2 AktG normiert (siehe nunmehr § 325 HGB). **48**
Dort heißt es:
»Stellen die Abschlußprüfer bei Wahrnehmung ihrer Aufgaben Tatsachen fest, die den Bestand des Unternehmens gefährden oder seine Entwicklung wesentlich beeinträchtigen können, so haben sie auch darüber zu berichten.«

In der praktischen Umsetzung dieser Vorschrift treten aber Probleme auf. *Strobel* **49**
(DB 1977, S. 2156) hat sich mit dieser Frage beschäftigt und kommt zu folgenden Schlüssen:
1. Die Krisenwarnfunktion des Abschlußprüfers »hat den Zweck, die Aufsichtsratsarbeit zu unterstützen«.
2. Die Krisenwarnung »muß in besonders geeigneter Weise erfolgen«.
3. Die »Bedingtheit der Krisensituation« ist darzustellen, »die Veränderbarkeit der Krisenbedingungen aufzuzeigen und damit ein Weg zur Krisenvermeidung zu weisen«.
4. Der Prüfer benötigt eine plan- und insolvenzanalytische Qualifikation. »Ob eine solche Qualifikation berufsüblich ist ... steht auf einem anderen Blatt«.
5. Die Krisenwarnung und Krisenvermeidung ist »primär eine Aufgabe des Aufsichtsrats und nur sekundär eine solche des Wirtschaftsprüfers«.

Im übrigen geht *Strobel* davon aus, daß es sich um »künftige Krisensituationen« **50**
handelt. »Aktuelle Krisen« müßten dem Vorstand wie auch dem Aufsichtsrat »zwangsläufig bekannt sein«.
Damit stößt man wieder auf die Funktion des betrieblichen Rechnungswesens. Wenn nämlich der Abschlußprüfer aufgrund seiner Tätigkeit einen Krisenhinweis gibt, dann basiert dieser Hinweis in der Regel aus den Daten des betrieblichen Rechnungswesens, insbesondere der Finanzbuchhaltung.
Diese Daten sollten aber auch der Unternehmensleitung bekannt sein.
Die **Krisenwarnfunktion des Abschlußprüfers** beschränkt sich somit auf das Aufzeigen künftiger Krisen, sofern seine Qualifikation dies zuläßt. Beim Erkennen aktueller Krisen spielt der Abschlußprüfer nur im Falle restlosen Versagens der Unternehmensleitung eine Rolle.

III. Krisensymptome

Bei der Beschreibung der Krisensymptome soll zunächst davon ausgegangen **51**
werden, daß das betriebliche Rechnungswesen in der Lage ist, die Unternehmenssituation im Diagnosezeitpunkt quantitativ abzubilden. Es wird vorausgesetzt, daß die beiden ersten Teilfunktionen des Rechnungswesens
- Finanzbuchhaltung und
- Betriebsbuchhaltung

ihre Hauptaufgaben erfüllen.

52 Hier sei zur Vermeidung von Mißverständnissen nochmals an die oben (Rz A 15 ff.) gegebene Definition des Begriffes »Krise« erinnert.

53 **Diskontinuitäten** in der Unternehmensentwicklung, Verfehlung von Unternehmenszielen konkretisieren sich auf die vielfältigste Weise in den betrieblichen Kennzahlen. Sie erfüllen jedoch nicht die Kriterien des hier verwendeten Krisenbegriffes. Eine »Krise« i.S. dieser Arbeit ist entscheidend durch das Merkmal der **akuten Existenzgefährdung** gekennzeichnet.

54 Die akute Existenzgefährdung eines Unternehmens liegt vor, wenn Überschuldung oder Zahlungsunfähigkeit eingetreten sind oder ihr Eintritt unmittelbar bevorsteht.
Deshalb beschreibt der nachfolgende Abschnitt Wege zur Identifizierung von Zahlungsunfähigkeit und Überschuldung.

55 Weitergehende Informationen, beispielsweise über die mittelfristig zu erwartende Liquiditätsentwicklung, sind für die Identifizierung einer akuten Krise nicht erforderlich. Auf eine mittelfristig drohende Krise, für deren rechtzeitiges Erkennen diese Informationen erforderlich waren, soll hier nicht eingegangen werden. (Zum Themenkreis Krisenvorsorge, Krisenvermeidung, Insolvenzprophylaxe vgl. *Albach* ZfB 1979, m.w.N., *Krystek* 1987, S. 121–211).

56 Leider ist in der Praxis festzustellen, daß gerade in Krisenunternehmen das betriebliche Rechnungswesen seine Aufgaben nicht erfüllt. Das bereits erwähnte Wort »Viele Unternehmer sind pleite, sie wissen es nur nicht« drückt diese Praxiserfahrung zynisch aus. Sie findet ihre Bestätigung immer wieder in Veröffentlichungen über Krisenindikatoren (vgl. *Hauschildt, Hrsg., S.* 3 ff. m.w.N.).
Deshalb ist es notwendig, auch Identifizierungsmöglichkeiten zu beschreiben, die ohne Mithilfe des betrieblichen Rechnungswesens gegeben sind.
Dies wird im zweiten Teil dieses Kapitels beschrieben.

1. Fall: Das betriebliche Rechnungswesen erfüllt seine Aufgaben

57 Eine akute Unternehmenskrise liegt nach der hier vorstehenden Auffassung vor, wenn Umstände eingetreten sind, für die bei der jeweiligen Unternehmensform die Konkursantragsverpflichtung vorliegt oder ihr Eintritt unmittelbar droht.
Konkursgründe sind:

a) die Zahlungsunfähigkeit von potentiellen Gemeinschuldnern, nämlich
   - natürliche Personen (§ 102 KO),
   - offene Handelsgesellschaften (§ 209 KO),
   - Kommanditgesellschaften (§ 209 KO),
   - Genossenschaften (§ 98 GenG),
   - Aktiengesellschaften (§§ 102, 207 KO),
   - Gesellschaften mit beschränkter Haftung (§ 102 KO, § 63 GmbHG),
   - Kommanditgesellschaften auf Aktien (§ 102 KO),
   - sonstige juristische Personen (§ 102 KO),
   - und nicht rechtsfähige Vereine (§ 102 KO),
b) oder die Überschuldung
   bei einem Teil dieser potentiellen Gemeinschuldner, nämlich
   - Aktiengesellschaften (§ 207 KO),

- Gesellschaften mit beschränkter Haftung (§ 63 GmbHG),
- Kommanditgesellschaften auf Aktien (§ 209 KO),
- OHG und KG im Falle des § 209 Abs. 1 Satz 3 KO,
- sonstige juristische Personen und nicht rechtsfähige Vereine (§ 213 KO),
- zum Teil Genossenschaften (§ 98 GenG).

Zahlungsunfähigkeit und Überschuldung können gleichzeitig auftreten. **58**

1.1 Zahlungsunfähigkeit

1.1.1 Begriff

Die Zahlungsunfähigkeit muß sich über einen längeren Zeitraum erstrecken, um **59** die juristischen Voraussetzungen des »Konkursgrundes« zu erfüllen (*Goldbeck/ Gauer,* S. 12 m.w.N.).

»Unter Zahlungsunfähigkeit wird das auf Mangel an Zahlungsmittel beruhende, **voraussichtlich dauernde Unvermögen** verstanden, die fälligen, sofortige Befriedigung erheischenden Geldschulden wenigstens zu einem wesentlichen Teil zu erfüllen.«

Eine bloße **»Zahlungsstockung«** stellt noch keinen Konkursgrund dar, sofern sich der Schuldner ungeachtet seiner Vermögenslage **kurzfristig** weitere Zahlungsmittel beschaffen kann (*Hess* KO, § 30 Rz. 5).

Die vom Schuldner erklärte **»Zahlungseinstellung«** führt zur Vermutung der Zahlungsunfähigkeit (§ 102 Abs. 2 KO)

Sie liegt vor wenn der Schuldner wegen eines Mangels an Zahlungsmitteln aufhört, seine fälligen Verbindlichkeiten zu erfüllen, und dadurch sein Unvermögen zur Zahlung für die Geschäftspartner des Schuldners erkennbar wird. Deutliche Indizien der Zahlungseinstellung sind die Nichtzahlung von Löhnen und Gehältern, der Sozialversicherungsbeiträge, der Energielieferung, das Vorliegen von Vollstreckungsaufträgen und Anträgen zur Abgabe der eidesstattlichen Versicherung.

1.1.2 Die Ermittlungen der Zahlungsunfähigkeit

Die Zahlungsunfähigkeit wird durch Liquiditätsbetrachtungen ermittelt und er- **60** folgt auf der Grundlage eines Finanzstatus und eines daraus abzuleitenden Finanzplanes, der die gesamte Finanzentwicklung des Schuldnerunternehmens dokumentiert.

Liquiditätsbetrachtungen sind möglich durch Bildung sogenannter **»Schichtenbilanzen«** *(Hahn,* S. 47), die ergänzt werden um alle Finanzierungsreserven. Die Mobilisierung dieser Finanzierungsreserven führt in bilanztechnischer Hinsicht entweder zur

a) Bilanzverlängerung durch Aufnahme weiteren Eigen- oder Fremdkapitals oder zum
b) Aktivtausch durch »Verflüssigung« von Gegenständen des Anlage- oder Umlaufvermögens oder zum
c) Passivtausch durch Umschichtung von kurzfristig befristetem Fremdkapital in langfristig befristetes.

Die Bilanzverkürzung, etwa in der Form von Forderungsverzichten der Gläu- **61** biger, spielt in diesem Zusammenhang keine Rolle. Sinnvollerweise ist im Hinblick auf die Liquiditätsbetrachtungen ein Liquiditätsstatus über mehrere Zeiträume vorzunehmen, und zwar

Status (1): Insolvenzindizierender **Liquiditätsstatus heute** (t 0),
Status (2): Insolvenzindizierender **Liquiditätsstatus 30 Tage** (t 30),
Status (3): Insolvenzindizierender **Liquiditätsstatus 90 Tage** (t 90),

62 In der betriebswirtschaftlichen Literatur werden zahlreiche andere Darstellungsmöglichkeiten und Begriffsabgrenzungen vorgeschlagen (vgl. *Hautz, DB* 1974, S. 149-155 m.w.N.; *Heinen,* S. 499–501; *Haiber* in *Christians,* S. 357–391). Gebräuchlich ist die Unterscheidung in statische Liquidität und dynamische Liquidität. In der Literatur wird der Ausdruck »**shiftability**« für die kurzfristige Liquidationsmöglichkeit von Vermögensgegenständen des Anlage- und Umlaufvermögens verwendet.

1.1.3 Interpretation

63 Die Frage, wann »Zahlungsunfähigkeit« im juristischen Sinne vorliegt, wird weder vom Gesetz noch von der Rechtsprechung oder der Literatur eindeutig beantwortet. Es wird davon ausgegangen, daß

a) die Zahlungsunfähigkeit dann vorliegt, wenn Status (1) und (2) Liquiditätsunterdeckungen zeigen,
b) drohende Zahlungsunfähigkeit vorliegen kann, wenn Status (2) und/oder (3) Liquiditätsunterdeckungen zeigen,
c) nur eine Zahlungsstockung vorliegt, wenn nur Status (1) Liquiditätsunterdeckung zeigt.

Status (1)

Insolvenzindizierender Liquiditätsstatus heute (t 0)

a – Bargeld	a – heute fällige Verbindlichkeiten
b – Bankguthaben, heute fällig	
c – Portefeuilleschecks mit ihrem wahrscheinlichen Wert, Gutschrift heute	
d – Portefeuillewechsel, sofern diskontfähig oder heute fällig	
e – Forderungen, heute fällig	
f – Forderungen, heute bar verkäuflich	
g – andere Vermögensgegenstände, heute bar verkäuflich	
h – Wertpapiere, heute beleihbar	
i – andere Vermögensgegenstände, heute beleihbar	
j – nicht ausgeschöpfte Kreditlinien	
k – Zielverlängerungsmöglichkeiten von heute fälligen Lieferantenkrediten	
l – Fälligkeitsstreckungen von anderen, heute fälligen Verbindlichkeiten	

m – Liquiditätshilfen von verbundenen Unternehmen	
Summe	Summe
Saldo Status (1) Liquiditätsunterdeckung	Saldo Status (1) Liquiditätsüberdeckung

Status (2)

Insolvenzindizierender Liquiditätsstatus 30 Tage (t 30)

Saldo Status (1) a – Zahlungseingänge mit Gutschrift innerhalb t 1–t 30 b – Portefeuillewechsel, sofern innerhalb t 31–t 90 diskontfähig oder fällig ohne die in (1) und (2) erfaßten Papiere c – Positionen f bis m aus (1), jedoch innerhalb t 31–t 90 realisierbar	Saldo Status (1) a – Verbindlichkeiten, fällig t 31–t 90
Summe	Summe
Saldo Status (3) Liquiditätsunterdeckung	Saldo Status (3) Liquiditätsüberdeckung

Selbstverständlich dürfen diese Zuordnungen weder als starre noch als allgemeingültige Regeln verstanden werden. Sie sind lediglich Hinweise, die den vom Gesetzgeber freigelassenen Entscheidungsspielraum mit Anhaltspunkten versehen sollen.

Die konkrete Zuordnung hängt wesentlich davon ab, in welchem Maße die Li- 64
quidität durch Ausnutzung der »shiftability«, der Fälligkeitsstreckungen und durch Außerachtlassung von Geldeingangsrisiken »verbessert« wurde. Sofern eine Liquiditätsunterdeckung nur durch Ausnutzung der »shiftability« oder durch Fälligkeitsstreckungen vermieden wurde, wird man das Vorhandensein einer Unternehmenskrise konstatieren müssen.

Auch das sog. **»asset stripping«** (Veräußerung von Teilen des Anlagevermögens. 65
Meist wird der Begriff verwendet für Transaktionen, mit denen ein neuer Mehrheitsgesellschafter die vorhandenen stillen Reserven aufdeckt, um sie anschließend im Wege der Ausschüttung entnehmen zu können) kann eine Liquiditätsunterdeckung verhindern, ohne jedoch eine nachhaltige Beseitigung der Liquiditätsstörungen herbeizuführen. Die Identifizierung einer »Krise« kann, wenn die Unternehmenssituation keine unmittelbar drohenden Insolvenzgefahren auf-

weist, nur durch Bestimmung der Abweichung von Unternehmenszielen geschehen, d.h. es sind weitere Analysen erforderlich (vgl. unten Teil C).

1.2 Überschuldung

1.2.1 Begriff

66 Der Begriff der »**Überschuldung**« ist weder in der Vergleichs- noch in der Konkursordnung definiert. Die gesetzlichen Vorschriften der §§ 92 Abs. 2 AktG, 64 Abs. 1 GmbHG, 130 a HGB besagen lapidar, daß eine Überschuldung dann vorliegt, wenn »das Vermögen der Gesellschaft nicht mehr die Schulden deckt«.
Der Überschuldungsbegriff ist zunächst von ähnlichen Termini abzugrenzen (vgl. *Fischer,* S. 5 ff. m.w.N.).
Verschuldung im wirtschaftlichen Sinne liegt vor, wenn zu einer wirtschaftlichen Betätigung außer eigenem Kapital auch fremdes eingesetzt wurde und diese Verbindlichkeit noch nicht beglichen ist. Der Verschuldungsgrad ist der Quotient aus Fremdkapital : Eigenkapital. Zwischen den Begriffen Verschuldung und Überschuldung gibt es einen Berührungspunkt dort, wo das Eigenkapital = Null ist.

67 Eine **Unterbilanz** liegt bei Kapitalgesellschaften vor, wenn das Vermögen zwar noch größer ist als das Fremdkapital, die Differenz zwischen beiden aber nicht mehr die Höhe des Grund- oder Stammkapitals erreicht. Bei Personengesellschaften wird das Eigenkapital in variabler Höhe ausgewiesen. Deshalb liegt eine Unterbilanz dort erst vor, wenn das Eigenkapital gänzlich verloren ist und ein Verlustposten auf der Aktivseite der Bilanz erscheint.
Das Vorhandensein einer Unterbilanz ist bei der Personengesellschaft deshalb gleichbedeutend mit dem Vorliegen einer Überschuldung.

68 Mit **Unterkapitalisierung** bezeichnet man ein Mißverhältnis zwischen dem langfristigen Kapital einer Unternehmung und deren Betriebsgröße, zwischen dem Eigenkapital und dem unternehmerischen Risiko, zwischen dem Eigenkapital und dem Anlagevermögen. Inwieweit die Fristigkeit des Fremdkapitals bei der Frage, ob Unterkapitalisierung vorliegt, eine Rolle spielt, ist umstritten. Die Unterkapitalisierung (»zu geringe Eigenmittel«) ist nach den Ergebnissen einer Befragung von Konkursverwaltern (vgl. *Schimmelpfeng* 1977, S. 79 f.) der bedeutendste Konkursgrund.

69 Die oben erwähnte Arbeit von *Hauschildt* (S. 126) hat bestätigt, daß ein zu geringes Eigenkapital schon Jahre vor Eintritt der Insolvenz ein signifikantes Merkmal der betroffenen Unternehmen war.

1.2.2 Die Ermittlung der Überschuldung

70 »Zur Feststellung der Überschuldung ist eine Bilanz aufzustellen« (vgl. *Heinen,* S. 501; *Drukarczyk* ZGR 1979, S. 554).
Diese Bilanz ist nicht identisch mit der Jahresabschlußbilanz. Auch sind die dort gültigen Wertansätze gemäß § 150 ff. AktG bzw. § 41 ff. GmbHG nicht maßgebend (vgl. *Drukarczyk* ZGR 1979, S. 560 f.; *Haak* BB 1981, S. 883 m.w.N., *WP-Hdb.* 1985, S. 1371).
Für Geschäftsjahre, die nach dem 31. 12. 1986 begannen, sind die §§ 238–342 HGB in der Fassung vom 19. 12. 1985 maßgebend zur Erstellung des ordentlichen Jahresabschlusses.

Auf die dort normierte **Fortführungsprämisse,** die ausdrücklich ein Abweichen zuläßt, sofern »tatsächliche oder rechtliche Gegebenheiten entgegenstehen« (§ 252 Abs. 1 Nr. 2 HGB), wird im nächsten Abschnitt eingegangen.

Weiterhin ist die Überschuldungsbilanz zu unterscheiden von der Konkursbilanz gem. § 124 KO und dem Vergleichsstatus nach §§ 4 bis 6 VglO. **71**
Die Überschuldungsbilanz ist eine Gegenüberstellung eigener Art von Vermögen und Schulden. Sie dient allein dem Zweck, das Vorliegen des Insolvenztatbestandes »Überschuldung« zu überprüfen (vgl. *Fischer,* S. 45–51).

Wissenschaft (vgl. *K. Schmidt,* zit. bei *Groß,* S. 10 m.w.N.) und Rechtsprechung **72** (z.B. BGH, Urt. vom 27. 10. 1982 – VIII ZR 187/81 ZIP 1982, 1435 und Urt. vom 3. 2. 1987 – VI ZR 268/85 ZIP 1987, 509) sind sich darin einig, daß der Tatbestand der Überschuldung theoretisch nicht sauber abzugrenzen und in der Praxis oft schwierig nachzuvollziehen ist, und deshalb nicht selten höchst strittige Meinungen aufeinanderprallen.

Nach h.M. sind die »Vermögensgegenstände und Schulden nach dem Wert anzu- **73** setzen, der ihnen im Zeitpunkt der Aufstellung beizulegen ist« (vgl. *Haak* BB 1981, S. 883; *Drukarczyk* ZGR 1979, S. 561; *Heinen,* S. 501; WP-Hdb. 1985, S. 1365 ff. m.w.N.).

Allgemeine Bewertungsgrundsätze sind in § 252 HGB für den handelsrechtlichen **74** Jahresabschluß normiert. Sie hatten sich als **»Grundsätze ordnungsgemäßer Buchführung«** (GoB) durch das Zusammenwirken von Vertretern der Betriebswirtschaftslehre, fachkundigen Praktikern und der Rechtsprechung herausgebildet.

In § 40 HGB a.F. war der **»beizulegende Wert«** normiert. Er stellte eine allge- **75** meine Bewertungsvorschrift dar, forderte keinen spezifischen Wertansatz, sondern lediglich eine »zielentsprechende« (vgl. *Heinen,* S. 501 f.), »zweckkonforme« (vgl. *Drukarczyk* ZGR 1979, S. 561) Bewertung. Dieser frühere »beizulegende Wert« war Gegenstand zahlreicher Publikationen, die, obwohl der Begriff vom Gesetzgeber aus dem HGB gestrichen wurde, nach wie vor zur Konkretisierung der Bewertungsgrundsätze geeignet sind.

1.2.3 Die Bewertungsprämissen

Eine »zielentsprechende« oder »zweckkonforme« Bewertung der Vermögens- **76** gegenstände und Schulden setzt zunächst die Bestimmung des Zweckes voraus. Nach h.M. sollen die Vorschriften des § 92 Abs. 2 AktG und § 64 Abs. 1 GmbHG dem Schutz der Gläubiger dienen. Deren Interesse ist in der Regel darauf gerichtet, daß ihnen die gewährten Kredite zurückerstattet werden, und häufig auch darauf, weiterhin in Geschäftsbeziehung mit dem Schuldnerunternehmen bleiben zu können.
Der Zweck der Überschuldungsfeststellung liegt mithin darin, die Voraussetzungen (Beschränkung der Verfügungsgewalt von Eigentümern und Organen, Zwangsverwaltung durch Konkurs- oder Vergleichsverwalter) zur Vermeidung weiterer Vermögensverluste beim Schuldnerunternehmen zu schaffen, weil solche Verluste nicht mehr von den Eigentümern, sondern von den Gläubigern zu tragen wären.

Die Ermittlung des Überschuldungstatbestandes erfordert demnach nicht nur eine Bestandsaufnahme der Augenblickswerte, sondern muß die **zukünftige Werteentwicklung** der Vermögensgegenstände und Schulden antizipieren.
Der (zukünftige) Wert der Vermögensgegenstände wird aber entscheidend von der Art der Verwertung bestimmt. Es liegt auf der Hand, daß im Falle der Unternehmensliquidation andere Werte anzusetzen sind als im Falle der Unternehmensfortführung (vgl. *Uhlenbruck* WPg 1978, S. 666: »Jede Bewertung nach Liquidationsgesichtspunkten führt fast automatisch zur Überschuldung«).
Deshalb kommt der **hypothetischen Wahl der Verwertungsabsichten** entscheidende Bedeutung zu.

77 In der Literatur werden vier wichtige Verwertungsannahmen diskutiert (vgl. *Drukarczyk* ZGR 1979, S. 561 ff.; *Haak* BB 1981, S. 883 ff.):
a) die Fortführung des Unternehmens,
b) die Zerschlagung des Unternehmens,
c) die Verwertung gemäß einer zuvor außerbilanziell zu prüfenden Strategie,
d) die Bewertung der Vermögensgegenstände als Ergebnis einer vom Bilanzierenden zweistufig vorgenommenen Prüfung.

78 Die überwiegend vertretene Auffassung neigt der **zweistufigen Prüfungsmethode** zu (vgl. *WP-Hdb.* S. 1370. Dort wird eine fünfte Verwertungsannahme erwähnt, auf die nachfolgend nicht eingegangen wird.)

79 Da der Gesetzgeber mit dem Bilanzrichtliniengesetz die Fortführungsprämisse zum »Normalfall« erklärt hat, ohne andere Möglichkeiten auszuschließen (§ 252 HGB), ist davon auszugehen, daß die zweistufige Prüfungsmethode sachgerecht ist und ein pflichtgemäßes Vorgehen der Verantwortlichen beschreibt. In der ersten Stufe sind die Überlebenschancen des Unternehmens in einer Fortbestehensprognose zu beurteilen. Dabei ist auszugehen von einem Unternehmenskonzept. Die zahlenmäßigen Auswirkungen der Umsetzung dieses Konzeptes werden in der Finanzplanung unter dem Gesichtspunkt der Liquidität abgebildet. Diese Finanzplanung bildet sodann die Grundlage zur Beurteilung der Fortbestehensprognose. Das Ergebnis der Fortbestehensprognose gibt Aufschluß darüber, ob das Unternehmen in der konzeptgemäßen Form fortgeführt werden kann. Die Fortbestehensprognose ist das qualitative, wertende Gesamturteil über die Lebensfähigkeit des Unternehmens in der vorhersehbaren Zukunft bzw. über dessen Verwertungsaussichten. Sie wird auf Grundlage des Unternehmenskonzeptes und der Finanzplanung getroffen.
Eine positive Fortbestehensprognose setzt die Fortführungsfähigkeit des Unternehmens voraus. Diese ist als gegeben anzusehen, wenn die Finanzplanung des Unternehmens plausibel macht, daß das finanzielle Gleichgewicht im Prognosezeitraum gewahrt bleibt oder wiedererlangt wird. Dem Fortbestehen des Unternehmens steht nicht entgegen, wenn eine Teilliquidation (Veräußerung von konzeptgemäß nicht betriebsnotwendigen Vermögensteilen) erforderlich ist.
Eine negative Fortbestehensprognose ist zu treffen, wenn sich aus der Finanzplanung für den Prognosezeitraum eine finanzielle Unterdeckung ergibt. In diesen Fällen ist die Realisierbarkeit eines Liquidationskonzeptes zur Abwendung des Insolvenzverfahrens zu prüfen. Dabei sind ausgehend von einem entsprechend geänderten Unternehmenskonzept die zahlenmäßigen Auswirkungen der angenommenen Verwertungsintensität (Veräußerung von Teilbetrieben bis hin

zur Einzelveräußerung) und der Verwertungsgeschwindigkeit (stille Liquidation bei weiterlaufendem Geschäftsbetrieb bis hin zur sofortigen Zerschlagung) in der Finanzplanung abzubilden.
In der zweiten Stufe sind Vermögen und Schulden des Unternehmens in einem stichtagsbezogenen Status gegenüberzustellen. Die im Rahmen der Fortbestehensprognose getroffenen Annahmen prägen zugleich Ansatz und Bewertung im Status.
Nach den von Wirtschaftsprüfer/Steuerberater *Früh* auf der IdW Arbeitstagung 1996 gemachten Ausführungen erfolgt die Überschuldungsprüfung nach folgendem Schema:

Schaubild 7

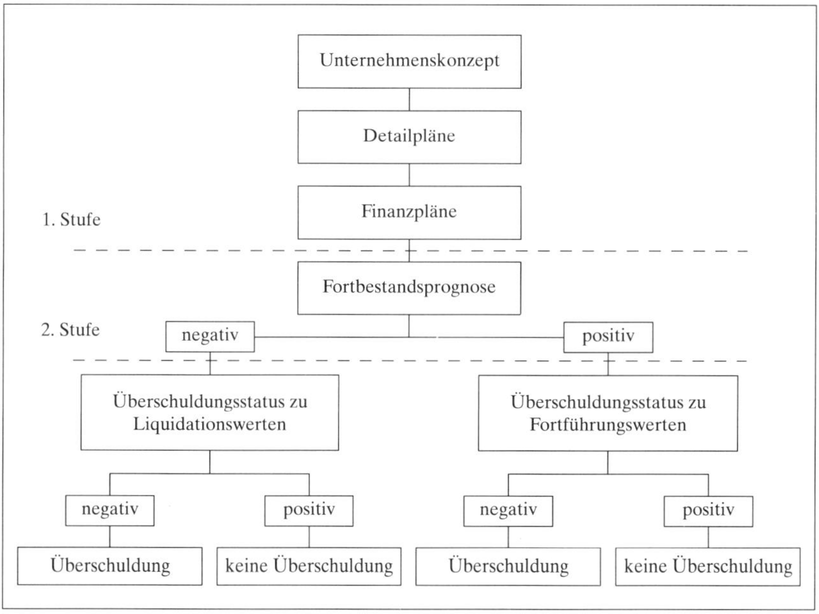

Wegen der grundlegenden Probleme bei der Überschuldungsmessung einerseits **80**
und der im Falle einer nicht zeitgerechten Konkurs- oder Vergleichsanmeldung drohenden Sanktionen (s. unten Teil G XIII und XIV) andererseits, werden nachfolgend die vier Bewertungsannahmen diskutiert:

Zu a)

Gegen die Bewertung der Vermögensgegenstände unter **Fortführungsgesichts-** **81**
punkten spricht die praktische Unmöglichkeit, das Vermögen einer Gesellschaft bilanziell zu messen, weil hierzu der Gesamtwert des Unternehmens (als Kombination **von Ertrags- und Substanzwert**) errechnet werden müßte (wegen des zu wählenden Zinsfußes vgl. *Drukarczyk* ZGB 1979, S. 561).
Die Ermittlung des Ertragswertes ist aber nicht objektiv möglich, weil die zugrunde liegenden Prognosen, insbesondere aber der zu wählende **Barwertfaktor** (Multiplikator zur Diskontierung von Zukunftserträgen), einen erheblichen

Freiraum lassen (vgl. das Beispiel zur Diskontierung des Ertragswertes bei *Haak* BB 1981, S. 886). Dadurch sind weitreichende Manipulationen möglich, ohne daß die Ergebnisse, selbst bei vollständiger Dokumentation, objektivierbar wären.

Zu b)

82 Der Ansatz von Zerschlagungswerten führt regelmäßig zum Überschuldungstatbestand (vgl. *Fischer,* S. 53), weil nicht nur die Veräußerungswerte der Vermögensgegenstände durch die freihändige Verwertung geringer sind, sondern noch zusätzliche Schulden entstehen (z.B. Pensions- und Sozialplanverpflichtungen). *Uhlenbruck* (WPg 1978, S. 666) spricht vom »gedankenlosen Übergang auf Zerschlagungswerte«, der »auch unter dem Gesichtspunkt des Gläubigerschutzes falsch« sei. Dies ergebe sich aus dem hohen Anteil »konkursfester« Forderungen. Beim Ansatz von Zerschlagungswerten sind darüber hinaus **»unbillige Eigentümerschädigungen«** und Nachteile für die Arbeitnehmer zu erwarten.
Selbst unter der Annahme, daß auf die **»Verschleuderung«** verzichtet und das Unternehmen geordnet verwertet werden kann und dadurch günstigere Einzelverkaufspreise erzielbar sind, bestehen erhebliche Ermessensspielräume für den Bilanzierenden, weil keine Marktpreise existieren (vgl. *Egner/Wolf,* zit. bei *Drukarczyk* ZGR 1979, S. 569).

Zu c)

83 Die **außerbilanzielle Suche** nach einer verlustminimierenden oder ertragsmaximierenden Strategie als Vorbereitung zur Festlegung der Verwertungsannahmen wird von *Drukarczyk* abgelehnt (vgl. *Drukarczyk* ZGR 1979, S. 562 f.). Er wendet ein, daß die »Preisgabe« der bilanziellen Messung der Überschuldung zur Abkehr von Rechnungslegungsvorschriften führe.
Dadurch steige die »Manipulationsanfälligkeit«, es bestünde nur noch eine begrenzte Möglichkeit der Überprüfung durch unabhängige Dritte«. Er wendet sich damit gegen alle Ansätze, den »Zweck« der Überschuldungsmessung durch nicht-normierte Meßverfahren, z.B. Finanzpläne und Ertragswertberechnungen, zu präjudizieren, weil die Auslösung eines Vergleichs- oder Konkursverfahrens vom Schuldner zum Schaden der Gläubiger verzögert werden könne.

Zu d)

84 Auch diese Lösung stößt nicht überall auf Beifall, sie findet in der Literatur jedoch zunehmend Zustimmung (*WP-Hdb.,* S. 1370; *Drukarczyk* ZGR 1979, S. 564; jeweils m.w.N.) und wird deshalb kurz skizziert:
Zunächst entscheiden Vorstand oder Geschäftsführung, ob das Unternehmen **fortführungswürdig** ist. Dazu sind in der Regel sorgfältige betriebswirtschaftliche Analysen erforderlich, nicht zuletzt deshalb, weil der Entscheidungsprozeß dokumentierbar und objektivierbar sein muß. Im Gegensatz zu dem unter c) besprochenen Verfahren sollen aber nicht nur quantifizierbare Werte, sondern auch qualitative Werte in die Entscheidung eingehen (z.B. Firmenwert, Good-will, Marktstellung, Know-How, Organisation, Bekanntheitsgrad usw.). Wird die Fortführungswürdigkeit bejaht, so sind »Weiterbestehenswerte« (Fortführungswerte, Going-Concern-Prinzip) anzusetzen.
Sofern die nach der Fortführungsannahme erstellte Überschuldungsbilanz einen **Überschuß des Vermögens über den Schulden** zeigt, gilt die Richtigkeit der Annahme als bestätigt und der Überschuldungsverdacht als widerlegt.

Führt die Bewertung unter Fortführungsgesichtspunkten zu einem Überschuldungsausweis, so ist die Annahme aufzugeben und eine Überschuldungsbilanz mit Zerschlagungswerten zu erstellen (vgl. *Zilias,* zit. bei *Haak* BB 1981).
Drukarczyk (ZGR 1979, S. 564–567) wendet gegen das zweistufige Verfahren ein, daß

- der Startpunkt manipulationsfällig,
- die der Überschuldungsbilanz übertragene Meßfunktion teilweise aufgehoben sei und
- »Betriebsbestehenswerte« interpretationsbedürftig seien.

Trotz der Einwendungen von *Drukarczyk* ist die Anwendung des unten skizzierten zweistufigen Verfahrens zu empfehlen, weil **85**

- die »Manipulationsfälligkeit des Startpunktes« letztlich immer gegeben ist. Der Gesetzgeber hat dieses Problem ignoriert, die Rechtsprechung (vgl. *Schmidt* ZIP 1980, S. 332 m.w.N.) nicht gelöst, und auch in der Literatur finden sich, wie dargelegt, keine befriedigenden Ansätze. Dem Vorwurf der Manipulation können die Gesellschaftsorgane jedoch dadurch entgegentreten, daß sie objektiv nachvollziehbar entscheiden, sich vom Bild des »ordentlichen Kaufmannes« leiten lassen und die Entscheidungsgrundlagen sorgfältig dokumentieren;
- die der Überschuldungsbilanz übertragene Meßfunktion kein Bilanzzweck per se ist, sondern nur dem Ziel des Gläubigerschutzes dient. Kann dieses Ziel ohne eine sehr spezifische Meßfunktion der Überschuldungsbilanz erreicht werden, so ist dies zweckkonform;
- die Interpretationsbedürftigkeit der »Betriebsbestehenswerte« zwar vorliegt, dies aber ein Grundproblem jeder Bilanz ist.

Auch die Bewertungsansätze der Jahresabschlußbilanz, denen sich Gesetzgeber, Rechtsprechung und Wissenschaft in erschöpfender Weise seit der Industrialisierung gewidmet haben, lassen beachtliche Spielräume für die Bilanzierenden (für viele *Stützel* ZfB 1967; *Zimmerer*).

Zusammenfassend kann man mit der h.M. davon ausgehen, daß entsprechend den Vorschlägen des Instituts der Wirtschaftsprüfer (*WP-Hdb.,* S. 1371 f.) **86**

a) Weiterführungswerte (Going-Concern-Prinzip) anzusetzen sind, wenn die Unternehmensleitung aufgrund »sorgfältiger betriebswirtschaftlicher Analyse der Rentabilität des Unternehmens seiner Finanzierung sowie fundierter Erwartungen hinsichtlich der künftigen Entwicklung zu der Überzeugung (gelangt), daß die Gesellschaft lebensfähig ist und auf absehbare Zeit nicht mit ihrer Liquidation gerechnet werden muß«;
b) Zerschlagungswerte anzusetzen sind, wenn »die Prüfung aller maßgeblichen Umstände zu dem Ergebnis führt, daß die Gesellschaft nicht existenzfähig . . . oder die Liquidation der Gesellschaft aus anderen Gründen in absehbarer Zeit zu erwarten ist«.

Wenn zu Zerschlagungswerten bilanziert werden muß, dann stellen sich eine Reihe von **Bewertungsfragen,** die von der Art, Zeitdauer und dem Zeitpunkt der Liquidation bestimmt werden. Zu denken ist dabei an Sozialplanansprüche. Mindererlöse bei Zwangsveräußerungen, Wertberichtigungen für eigene Aktien, um nur einige Beispiele zu nennen (vgl. *WP-Hdb.,* S. 1371 ff. auch mit Literaturhinweisen zu Einzelfragen; *Zimmer,* S. 121; *Heinen,* S. 518; *Goldbeck* 1962, S. 159–161).

87 Im übrigen sei an dieser Stelle vermerkt, daß vereinzelt Forderungen an die Unternehmer gestellt werden, nämlich im Rahmen der Krisenvorsorge eine »Sonderbilanz« zu erstellen. Diese Sonderbilanz sollte anstelle der »Buchhaltungswerte die wirklichen Marktwerte, und zwar die Veräußerungserlöse netto zum Bilanzstichtag, die echten Verbindlichkeiten, wozu auch die Abfindungen an die zum Stichtag zu kündigenden Belegschaftsmitglieder gehören, ferner die Vertragsstrafen und Verluste aus nicht mehr einzuhaltenden Kontrakten und die Abwicklungskosten des Unternehmens« enthalten.
Nur wer in einer solchen Bilanz noch einen Überschuß der Vermögenswerte über die Schulden habe, besitze noch echtes Eigenkapital (*Zimmerer* 1978, S. 237).
Kein Zweifel, es ist fraglich, ob es viele Unternehmen gibt, die bei einer solchermaßen erstellten Bilanz nicht mit Überschuldungsindizien zu kämpfen hatten.

1.2.4 Bewertungsansätze

88 Nachfolgend werden einige wichtige Bewertungsansätze dargestellt. Zur Erhaltung von Prägnanz und Authentizität wird das *WP-Hdb.,* S. 1373 f. zitiert. Dort finden sich in den Fußnoten weitere und vertiefende Hinweise, insbesondere zur Frage, wann Wertansätze für Firma, Kundschaft und Betriebsgeheimnisse zulässig sind.

Text:

89 »Unabhängig davon, ob unter Fortführungs- oder Liquidationsgesichtspunkten zu bewerten ist, besteht Einigkeit darüber, daß die für die Jahresbilanz geltenden Bewertungsbestimmungen nicht anzuwenden sind; es gilt insbesondere nicht das Anschaffungswertprinzip, das Prinzip der Einzelbewertung, das Imparitätsprinzip oder das Realisationsprinzip.

90 Wird bei positiver Fortbestehensprognose unter Fortführungsgesichtspunkten bewertet, so sind die Vermögenswerte und Schulden grundsätzlich mit dem Betrag anzusetzen, der ihnen als Bestandteil des Gesamtkaufpreises des Unternehmens bei konzeptgemäßer Fortführung beizulegen wäre. Es werden als Zeitwerte in der Regel die Wiederbeschaffungskosten in Frage kommen. **Nicht betriebsnotwendige Vermögensteile** können mit Liquidationswerten angesetzt werden. **Immaterielle Vermögensgegenstände,** die selbständig verkehrsfähig sind (Patente, Know-how, Konzessionen), können angesetzt werden, auch wenn es sich um selbstgeschaffene Werte handelt. Ein **derivativer Firmenwert** kann fortgeführt werden; ein **originärer Firmenwert** kann nur dann und insoweit angesetzt werden, wenn auch unter »going concern«-Gesichtspunkten Betriebe oder Betriebsteile veräußert werden sollen, wobei eine konkrete Veräußerungsmöglichkeit für das Unternehmen als Ganzes oder eines entsprechenden Unternehmensteiles nachzuweisen ist. Es dürfte auch nichts dagegenstehen, **langfristige Passiva** statt mit ihrem Rückzahlungsbetrag mit dem Barwert anzusetzen. Für **eigene Aktien** kann ein Wertansatz gerechtfertigt sein, wenn mit ihrer Veräußerung sicher gerechnet werden kann. Bei **schwebenden Geschäften** (insbesondere langfristige Auftragsfertigung) ist eine Gewinn- oder Verlustrealisierung nach jeweiligem Auftragsfortschritt möglich; auch der Ansatz des gesamten Ergebnisbeitrags eines langfristigen Auftrags erscheint zulässig.

91 Bei der Bewertung unter Liquidationsgesichtspunkten sind die Vermögenswerte und Schulden unter Liquidationsgesichtspunkten zu ihren Veräußerungswerten

anzusetzen. Mit der Liquidation des Unternehmens im Zusammenhang stehende Kosten und steuerliche Lasten sind grundsätzlich zu berücksichtigen. Die **nicht selbständig verwertbaren immateriellen Vermögenswerte** (z.B. Firmenwerte) **können** nur berücksichtigt werden, wenn zu erwarten ist. daß ganze Betriebe oder Teilbetriebe veräußert werden können und der Kaufpreis voraussichtlich über der Summe der Werte der einzelnen Gegenstände des Betriebsvermögens liegt. In solchen Fällen kann ein **Differenzbetrag als Geschäftswert** in den Status eingestellt werden, es können aber auch die zur Veräußerung stehenden Betriebe oder Betriebsteile als Ganzes bewertet und als einheitliches Aktivum eingestellt werden. Eigene Aktien sind unter der Liquidationsprämisse nicht anzusetzen.«

Eine sehr anschauliche und zugleich tiefgehende Darstellung der Besonderheiten von

- Sanierungsbilanzen, 92
- Liquidationsbilanzen und
- Konkursbilanzen

hat *Eisele,* S. 780–879, erarbeitet.

1.2.5 Die Interpretation der Überschuldungsbilanz

Die entscheidungsorientierte Interpretation einer Überschuldungsbilanz kann 93
leicht anhand des Vorzeichens des schuldnerischen Reinvermögens vorgenommen werden.

Allerdings muß im Hinblick auf das unter 1.2.2 vorgeschlagene Verfahren zu den daraus entwickelten Bilanzen folgendes angemerkt werden:

a) Bilanzen, die nach den allgemeinen gültigen »Grundsätzen ordnungsgemäßer Buchführung« erstellt sind, wird von den Kritikern die Fähigkeit »zum Vermögensausweis« abgesprochen. Für die Kapitalgesellschaften hat *Stützel* (ZfB 1967, S. 314 ff.) diese Kritik in drastischer Weise formuliert.

b) Die Wahl des bei der Bilanzierung anzulegenden Wertmaßstabes hat entscheidenden Einfluß auf die Höhe der anzusetzenden Vermögenswerte, weil Zerschlagungswerte regelmäßig nur einen Bruchteil der Fortführungswerte darstellen. Entscheidend für den Ansatz der einen oder anderen Wertalternative ist aber die vorangegangene **Überlebensprognose.**

   Im Ergebnis führt dies dazu, daß die »Aufstellung der Überschuldungsbilanz ... dann lediglich der Bestätigung des Ergebnisses der vorangegangenen Überlebensprognose dient und ... dadurch überflüssig wird« (*Heinen,* S. 504).

1.2.6 Die Ausweispflicht seit dem 31. 12. 1986

Die Neufassung und Ergänzung des HGB durch das Bilanzrichtliniengesetz vom 94
19. 12. 1985 verlangt für Jahresabschlüsse von Geschäftsjahren, die nach dem 31. 12. 1986 begannen, einen gegenüber der bisherigen Bilanzierungspraxis erheblich veränderten Eigenkapitalausweis (vgl. *Peat/Marwick*).

Insbesondere ist ein »Überschuß der Passivposten über die Aktivposten ... unter der Bezeichnung ›**Nicht durch Eigenkapital gedeckter Fehlbetrag**‹ am Schluß der Bilanz auf der Aktivseite gesondert auszuweisen« (§ 268 Abs. 3 HGB).

Der aktivische Ausweis eines solchen Fehlbetrages ist gleichzusetzen mit der bilanziellen Überschuldung, nicht jedoch mit der Überschuldung i.S.d. Insolvenzrechts.

»Denn zur Feststellung der Überschuldung (im Sinne des Insolvenzrechts) sind nach herrschender Meinung nicht die Buchwerte, sondern vielmehr die Zeitwerte maßgeblich. Die buchmäßige Überschuldung kann daher, muß aber nicht, zu einer Überschuldung im Sinne des Insolvenzrechts führen, wenn die Unternehmung über entsprechende stille Reserven verfügt« (*Küting,* S. 43).
Küting empfiehlt bei der Existenz eines aktivischen Differenzpostens eine **Erläuterung im Anhang.** Insbesondere müsse dargelegt werden, warum keine Überschuldung i.S.d. Insolvenzrechts vorliege.
Da praktische Bilanzierungsprobleme erst seit 1988 in nennenswerter Zahl auftreten (für das Geschäftsjahr 1987), kann die betriebswirtschaftliche und juristische Diskussion gegenwärtig noch nicht resümiert werden.
Die weitere Entwicklung der Standpunkte von Wissenschaft und Praxis zu Fragen des Überschuldungsausweises muß deshalb abgewartet werden.

95 In Zusammenhang mit der Einreichungspflicht des Jahresabschlusses beim Handelsregister ist die Frage aufgetaucht, welche Anzeige- oder Meldepflichten dem Rechtspfleger beim Handelsregister auferlegt sind.

96 *Grönwoldt* kommt zu dem Ergebnis, daß sich solche Pflichten möglicherweise aus internen Dienstvorschriften ergeben, wenn ein besonderes öffentliches Interesse besteht. Aus der durch den Gesetzgeber im HGR vorgenommenen Größenklassenbildung sei zu schließen, daß dieser ein öffentliches Interesse in Abhängigkeit von der Größe der Kapitalgesellschaften wolle und deshalb auch die Mitteilungspflicht des Rechtspflegers an die Staatsanwaltschaft größenabhängig zu beurteilen sei.

2. Fall: Das betriebliche Rechnungswesen erfüllt seine Aufgaben nicht

97 Sofern das betriebliche Rechnungswesen seine Aufgaben nicht erfüllt, liegt

a) ein **Verstoß gegen §§ 238 ff. HGB** sowie weiterer gesetzlicher Vorschriften vor und wird
b) eine unabdingbare unternehmerische Nebenfunktion nicht erfüllt, was zumindest eine **»organisatorische Krise«** indiziert.

Das Vorhandensein von Insolvenztatbeständen muß dann überprüft werden (*Goldbeck/Gauer,* S. 17).
Selbstverständlich sollte sich die Unternehmensleitung auch unverzüglich um die Beseitigung der organisatorischen Mißstände im betrieblichen Rechnungswesen bemühen.
Falls das Unternehmen trotz dieses Organisationschaos weiterarbeitet, verkauft und einkauft, Verbindlichkeiten begleicht und Forderungsausgleiche erhält, ist es für die Unternehmensleitung unumgänglich, die »nicht-monetären« Krisensymptome zu beachten.
Mag das Unternehmen nach außen hin noch als gesund erscheinen, so kann der »Krisenbazillus« dennoch in ihm stecken. Im Falle des desolaten betrieblichen Rechnungswesens liegt häufig ein Fall der **Selbsttäuschung** vor.

98 Die im folgenden beschriebenen Krisensymptome sind funktionell geordnete Feststellungen aus verschiedenen Quellen (*Dazert* MM 1977; *Herrhausen; Woeste*

ZfB 1977; *Hielscher* WiSt 1979; *Krystek* 1981; *Groß*) und beruhen teils auf eigenen Erfahrungen.

a) **Der Absatzmarkt**
- Als erster reagiert der Markt (als letztes die Bilanz), deshalb sinken die Auftragseingänge bei gleichzeitigem Verlust von Marktanteilen.
- Kunden sichern sich durch Aufnahme neuer Geschäftsbeziehungen ab.
- Kunden fordern größere Preiszugeständnisse, weil sie den Eindruck haben, der Lieferant werde schwach und nachgiebig.
- Verkäufer fordern größere Rabattspielräume oder neue Produkte, weil der Marktwiderstand ansteigt.
- Reklamationen nehmen zu.
- Die durchschnittlichen Auftragsgrößen sinken.

b) **Beschaffungsmarkt** **99**
- Lieferanten werden »wie auf Verabredung« vorsichtiger, kürzen Kreditlinien und Zahlungsziele und mahnen schneller.
- Lieferanten liefern langsamer, sie verzögern Auslieferungen mit oder ohne Erklärung.
- Mahnungen häufen sich, es werden Mahnbescheide beantragt und Zahlungsklagen erhoben.

c) **Personalbereich** **100**
- Selbstsichere und qualifizierte Mitarbeiter kündigen.
- Einstellungsmöglichkeiten verschlechtern sich, gute Bewerber springen ab, qualifizierte Mitarbeiter sind kaum oder nur mit überzogenen Einkommenszusagen zu gewinnen.
- Personalüberhänge entstehen, häufig aber nur im produktiven Bereich.
- Steigende Fehlzeitquoten weisen auf latente Führungsprobleme hin.
- Sinkende Fehlzeitquoten können anzeigen, daß die Mitarbeiter eine Unternehmenskrise vermuten und deshalb aus Angst vor Kündigung trotz Erkrankung am Arbeitsplatz erscheinen.
- Zunehmende Feindseligkeiten, Aggressionen, Gerüchte werden zu bevorzugten Diskussionsthemen.

d) **Führungsorganisation** **101**
- Autorität der Führung schwindet, sie greift nicht mehr durch, um die Mitarbeiter nicht zu verärgern.
- Die Häufigkeit und Intensität von »Hahnenkämpfen« steigt.
- Die Zahl der Konferenzen und ihrer Teilnehmer nimmt zu.
- Die Führungsmannschaft wirkt verkrampft, verstört und inhomogen.
- Einzelne Bereiche versuchen, sich durchzusetzen und ihren Einfluß zu verstärken.
- Die einheitliche Ausrichtung geht verloren.
- Klare Entscheidungen werden verzögert, es zeigen sich Lähmungserscheinungen.
- Lethargie wechselt sich ab mit riskantem Aktionismus.
- Kommunikationslücken treten auf, der Informationsfluß wird langsamer.

e) **Fremdkapitalquellen** **102**
- Geldgeber kontaktieren sich.
- Banken verlangen dingliche Sicherungen und kürzen Kreditlinien.

- Banken kündigen Kredite. Sie stützen sich dabei hauptsächlich auf Gespräche mit dem Kreditnehmer und die Jahresabschlußanalysen.
- Es kommt zu Wechselprotesten und Scheckrückgaben.

103 f) **Leistungswirtschaftlicher Bereich**

- Unterauslastung der betrieblichen Anlagen.
- Überalterte, unwirtschaftliche und störanfällige Anlagen und Maschinen machen sich durch Leistungsschwächen bemerkbar.
- Zu hohe oder zu niedrige, überalterte, unkurrante oder schlecht verwertbare Bestände sind zu beobachten.
- Es treten Lieferschwierigkeiten auf, Qualitätsstandards und Termine werden nicht mehr eingehalten.
- Die Produktion verlagert sich von hochwertigen (teuren) Produkten in geringwertige (billige) Produkte, ohne daß sich die Struktur des Unternehmens ändert.

Teil C
Ermittlung der Krisenmerkmale (Analyse)

Inhaltsübersicht **Rz.**

I. Grundsätzliches

1. Einführung und Übersicht

Die Ermittlung der Krisenmerkmale ist eine unabdingbare **Voraussetzung für die zielgerichtete Auswahl der Handlungsmodalitäten und Sanierungsmaßnahmen.** 1
Die zeitliche Dauer, das Vorgehen und die Untersuchungsfelder sind von Fall zu Fall völlig unterschiedlich und können nicht schematisch dargestellt werden.
Bei allen Sanierungsfällen ist aber die Aufgabenstellung in der Analysephase gleich:

a) Es sind die Krisenursachen (Krisenherde, Krisenarten) zu ermitteln.
b) Es ist das Krisenstadium zu ermitteln.
Zusammengefaßt ergeben sich daraus die oben (vgl. Teil B I) beschriebenen Krisenmerkmale in dreidimensionaler Ordnung.
c) Die Ergebnisse sind anschließend als Unternehmensstatus zusammenzufassen. Dieser Status wird
   - qualitativ und
   - quantitativ beschrieben und
   - um betriebswirtschaftliche Kennzahlen zur gegenwärtigen Unternehmenssituation ergänzt.

2. Begründung

Die Notwendigkeit, Krisenmerkmale zu der Planung und Durchführung von Sanierungsmaßnahmen zu erfassen, ist jedem, der als Träger einer Sanierungsaufgabe in Frage kommt, geläufig und soll deshalb nur kurz angerissen werden. 2

a) Die Kenntnis der Krisenherde ist erforderlich, um die Angriffsziele der in Frage kommenden Sanierungsmaßnahmen zu bestimmen. **Nebulöse Krisenherde gestatten keinen gezielten Gegenangriff.** Der Vergleich mit militärischen Problemstellungen ist durchaus zutreffend.
b) Die Kenntnis der Krisenart ist Voraussetzung für die richtige Auswahl der Gegenmaßnahmen. Eine Krise bestimmter Art muß **artgleich bekämpft** werden.

c) Die Kenntnis des Krisenstadiums ist erforderlich zur Beurteilung der **Dringlichkeit von Gegenmaßnahmen.** Da im Zeitablauf regelmäßig Handlungsmodalitäten als wirksame Mittel nicht oder nicht mehr in Frage kommen, muß die Bestimmung des Krisenstadiums frühzeitig den Gefährdungsgrad für das Unternehmen aufzeigen.

d) Die Erstellung eines Unternehmensstatus ist Voraussetzung für die situationsadäquate **Suche und Auswahl der Handlungsziele.** Die Extrema der Palette der Handlungsziele sind die
   - Fortführung des Unternehmens bei vollständiger Aufrechterhaltung seiner rechtlichen Struktur und die
   - Nichtfortführung (ähnlich *Haje* ZfbF 1980, S. 6 f.).

Der Unternehmensstatus ist Ausgangspunkt für die dann betriebswirtschaftlich und juristisch zu bewertenden Handlungsziele.

3 Die unter a) bis c) beschriebenen Aufgaben müssen regelmäßig in ihrer Gesamtheit erfüllt werden.
Selbstverständlich gibt es eine Vielzahl unterschiedlicher Ausprägungen der Bedeutung dieser Aufgaben. Keine Unternehmenssanierung ist einer anderen völlig gleich, so daß die Analyseziele
- Bestimmung des Krisenherdes,
- Bestimmung der Krisenart,
- Bestimmung des Krisenstadiums,
- Bestimmung des Unternehmensstatus

entsprechend dem jeweiligen Sanierungsfall völlig unterschiedliche Bedeutung und Gewicht haben können.

3. Zeitliche Aspekte

4 Es wird auf die Unterscheidung der Analysetätigkeit in Grob- und Feinanalyse verzichtet. Eine solche Unterscheidung wäre der untaugliche Versuch, die riesige Palette der Erscheinungsformen von Krisen in eine zeitliche Ablaufordnung bringen zu wollen. Ein solcher Versuch kann nur für theoretische Abhandlungen sinnvoll sein, deren praktische Anwendbarkeit beschränkt sein wird. Es sollen die Aufgaben und Ziele der Krisenanalyse in einer Form beschrieben werden, die es dem Anwender überläßt, mehr oder weniger intensive Analysen vorzunehmen. Da es sich bei denTrägern des Krisenmanagements um betriebswirtschaftlich und juristisch vorgebildete Unternehmerpersönlichkeiten handeln muß (andere dürften kaum in der Lage sein, Sanierungsaufgaben erfolgreich zu bewältigen), ist es gerechtfertigt und sinnvoll, diese die Intensität der Analyse bestimmen zu lassen. Um den Zeitrahmen der Analysetätigkeit einzugrenzen, wird erwähnt,
- daß *Bauer* (S. 98) den für eine **»Statusaufnahme«** erforderlichen Zeitaufwand auf ein halbes bis ganzes Jahr schätzt. Für eine **»Grobaufnahme«** setzt er einige Wochen bzw. Monate an.
- daß *Müller* (S. 343) darauf hinweist, daß eine »**systematische Lagebeurteilung** im Rahmen der Krisenbewältigung . . . oftmals nur einigeTage oder gar Stunden« dauere.

Die kurzen Fristen sind bei Insolvenzfällen die Regel. Zeiträume, die über ein Jahr hinausgehen, sind bei akut gefährdeten Unternehmen erst vertretbar, wenn zuvor durch Sofortmaßnahmen die akute Gefährdung beseitigt worden ist.

4. Rechtliche Aspekte

Trotz der Feststellung, wonach die Wahl der Analyseintensität den Sanierungsverantwortlichen zu überlassen sei, wird vorsorglich in C I 5 ein **4-Punkte-Schema zur »ersten Lagebeurteilung«** wiedergegeben. **5**
Eine solche »Lagebeurteilung« ist im Hinblick auf die gesetzliche 3-Wochen-Konkurs-Antragsfrist im Insolvenzfall erforderlich. »Die angesichts der Krise zur Entscheidung berufener Vertreter der betroffenen Unternehmen müssen daher in eine den Insolvenz-Indikatoren entsprechende Untersuchung ihrer Ursachen eintreten« (*Goldbeck/Gauer,* S. 17).

Liegen die Voraussetzungen einer Konkursantragspflicht vor, kann anstelle des Konkursverfahrens das gerichtliche Vergleichsverfahren beantragt werden. **6**
Ein solcher Antrag muß jedoch ohne **schuldhaftes Zögern** erfolgen (§§ 83 Abs. 2, 209 Abs. 2, §§ 64 Abs. 1, 71 Abs. 2 GmbHG, § 99 Abs. 1 GenG, §§ 42 Abs. 2, 1980 BGB). Die Entscheidung darüber, welcher Antrag gestellt werden soll, liegt im pflichtmäßigen Ermessen der Antragspflichtigen. Der Antragspflicht wird durch die Stellung des Vergleichsantrages auch dann genügt, wenn die Eröffnung des Vergleichsverfahrens abgelehnt wird oder das einmal eröffnete Vergleichsverfahren scheitert. Ein weiterer Konkursantrag braucht dann nicht gestellt zu werden, da das Anschlußkonkursverfahren von Amts wegen eröffnet oder mangels Masse abgewiesen wird.

Verstößt die Geschäftsleitung gegen ihre Konkursantragspflichten schuldhaft, so stellen die die Konkursantragspflicht normierenden Vorschriften Schutzgesetze i.S.d. § 823 Abs. 2 BGB dar, so daß die Unternehmensleitung gegenüber ihren Mitgliedern (Aktionäre, Gesellschafter, Genossen) und gegenüber ihren Gläubigern **schadensersatzpflichtig** werden kann. **7**
Neben der zivilrechtlichen Verantwortlichkeit ist die Konkursantragspflicht auch strafbewehrt. Mit **Freiheitsstrafe** bis zu drei Jahren oder mit Geldstrafe wird bestraft, wer es entgegen § 130 a Abs. 1 oder 4 HGB unterläßt, als organschaftlicher Vertreter oder Liquidator bei Zahlungsunfähigkeit oder Überschuldung der Gesellschaft die Eröffnung des Konkursverfahrens oder des gerichtlichen Vergleichsverfahrens zu beantragen.
Handelt die Unternehmensleitung fahrlässig, so ist die Freiheitsstrafe bis zu einem Jahr oder Geldstrafe angedroht (§ 130 b Abs. 2 HGB).

5. Die Lagebeurteilung

Die Lagebeurteilung ist eine **geraffte Voruntersuchung,** die dazu dient, in stark vereinfachter Form die **8**
- Situation des Unternehmens zu analysieren,
- Krisenursachen zu ermitteln,
- Handlungsziele zu finden und
- Sofortmaßnahmen einzuleiten.

Sie umfaßt damit alle Fachfunktionen der Sanierung in konzentrierter Form.
Ziele der Lagebeurteilung sind:
a) die Erfüllung der in C I 4. beschriebenen gesetzlichen Vorschriften,
b) die Verhinderung des Verlustes von Handlungsmodalitäten,
c) die Vorauswahl von Handlungszielen und Sanierungsmaßnahmen.

9 Die Lagebeurteilung wird nicht als Grobanalyse verstanden, sondern als geraffte Form der beschriebenen und noch zu beschreibenden Fachfunktionen der Sanierung. In Anlehnung an *Müller* (S. 343 ff.) wird ein 4-Punkte-Schema mit folgenden Fragestellungen zur Lagebeurteilung vorgeschlagen:

10 1. In welcher **Situation** befindet sich das Unternehmen und wie wird es sich in nächster Zeit entwickeln, wenn keine Maßnahmen zur Krisenbekämpfung ergriffen werden?
z.B.:
- gegenwärtige Liquidität
- Kreditlinien
- kurzfristige Verbindlichkeiten (Höhe und Fälligkeit)
- kurzfristige Forderungen (Höhe, Fälligkeit und Eingangsrisiken)
- Auftragsbestand
- Trend des Auftragseingangs
- Kurzfristige Umsatzchancen durch neue Produkte, Märkte oder Kunden
- Kurzfristige Umsatzrisiken bei bestehenden Produkten, Kunden oder in Märkten
- verbleibender Handlungszeitraum
- bestehender Handlungsrahmen

11 2. Welches sind die **wesentlichen Ursachen** der Krise?
z.B.:
- innerbetriebliche Gründe
- Konjunktur
- neue Wettbewerber
- neue Produkte der Wettbewerber
- Kostenexplosionen
- Preisverfall
- Mengeneinbrüche
- Qualitätsprobleme

Nachfolgend ist das zusammengefaßte Ergebnis einer sog. Gap-Analyse abgebildet (Schaubild 8).

12 3. Welche **vorläufigen Ziele** sind zu verfolgen?
z.B.:
- Liquidität sichern oder erhöhen
- Verbindlichkeiten strecken
- Forderungen sichern oder einziehen
- Überschuldung beseitigen
- organisatorische Schwächen beseitigen
- Kostenblöcke abbauen
- neue Produkte einführen
- neue Kunden gewinnen

Schaubild 8

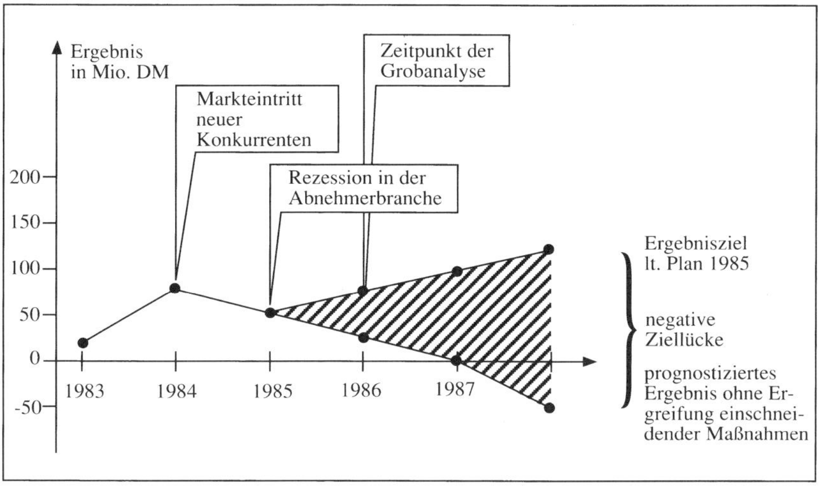

Untersuchungsbereich	Problembeschreibung (Lage 1986)	Prognose der Krisenentwicklung (ohne Gegenmaßnahme)
1. Situation der Branche	• Marktvolumen schrumpft • Überkapazitäten • Überwiegend Verlustaufträge • Branchenrendite negativ	• leichte Erholung der Nachfrage ab 1988, • Fortbestehen der Überkapazitäten, keine Marktaustritte
2. Auftragslage	• Auftragseingang 20 % unter Vorjahresniveau • Auftragsbestand 1,5 Jahre • Kapazitätsauslastung rückläufig (z.Z. 80 %)	• Halbierung des Auftragseingangs gegenüber 1984 • Auftragsbestand 6 Monate • Kapazitätsauslastung weiter abnehmend (60 % in 1988)
3. Ergebnis	• seit 1984 rückläufiges Betriebsergebnis • Auftragsergebnis seit 1982 rückläufig • Gemeinkostenverrechnungsergebnis noch ausgeglichen	• ab 1987 in der Verlustzone, 1988 Verlust 50 Mio. DM • Stabilisierung des Auftragsergebnisses fraglich • Gemeinkostenunterdeckung ca. 40 Mio. DM p. a.
4. Bilanzstruktur		
5. Liquidität		

Die Gap-Analyse geht davon aus, daß zwischen den Zielen einerseits und der bei der Fortsetzung der bisherigen Marktentwicklung und Wettbewerbskonstellation zu erwartenden Zielerreichung andererseits eine immer größere – hier negative – Differenz, d.h. eine sogenannte *Ziellücke,* entsteht. Zur Prognose des Zielerreichungsgrades wird bei diesem in den 60er Jahren dominierenden Denkraster vor allem auf die Extrapolation von Vergangenheitswerten zurückgegriffen.
Im obigen Beispiel wird die quantitative Gap-Analyse in Verbindung mit einem qualitativen Krisenszenario zu einer ersten Abschätzung der weiteren Unternehmungsentwicklung verwendet. *Szenarien* sind markante, in sich stimmige Zukunftsbilder einschließlich der Beschreibung der Entwicklungslinien in diese Zukunftssituationen. Sie werden zweckmäßigerweise durch das Zusammenwirken von Führungskräften und Experten aus den unterschiedlichsten Fachrichtungen entwickelt.

Quelle: Müller, S. 345

13 Im Ergebnis soll die Frage beantwortet werden, welche Gefährdungsart besonders bedrohlich ist und welches Ziel damit Priorität besitzt:
a) die Vermeidung oder Beseitigung der Illiquidität, oder
b) die Vermeidung oder Beseitigung der Überschuldung oder
c) beide Ziele.

14 4. Welche **Sofortmaßnahmen** dienen diesen Zielen, ohne das Unternehmen in eine Richtung zu zwingen, die die Realisierung eines späteren, sorgfältiger erarbeiteten Konzeptes erschwert?
Sofortmaßnahmen die den genannten Zielen dienen können sind:

15 a) Liquiditätsverbesserung
Leasing statt Kauf
Farfaitierung (Forderungsverkauf)
Straffung des Mahnwesens
Beschleunigung der Rechnungsstellung
Ausnutzung von Zahlungszielen
Vereinbarung von Kundenanzahlungen
Investitionsstopp
Bestandsabbau
Verschiebung von Wartungs- und Reparaturarbeiten
Sonderverkaufsaktionen
Sale and lease back

16 b) Überschuldungsvermeidung – oder -beseitigung
(Damit wird bei fast allen Maßnahmen auch die Liquidität verbessert, deshalb auch c)
Einstellungsstopp
Kurzarbeit
Abbau freiwilliger Sozialleistungen
Beförderungsstopp
Entlassungen
Einstellung riskanter Forschungsprojekte
Beschleunigung erfolgversprechender Forschungsprojekte
Verkauf von Grundstücken und Beteiligungen, wenn diese stille Reserven enthalten.

17 Die Grobanalyse sollte auf keinen Fall zum Verzicht auf eine sorgfältige Analyse verführen. Letztere muß ohne Zögern eingeleitet werden, auch wenn, was gelegentlich der Fall sein mag, die eingeleiteten Sofortmaßnahmen Wirkung zeigen und dem Unternehmen etwas Luft verschaffen.

18 – Der Mißerfolg kündigt sich zum ersten Mal etwa vier Jahre vor seinem Bekanntwerden. Er deutet sich mit einem Abfallen des ordentlichen Betriebserfolgs an.
– Erstaunlicherweise steigt im Jahr darauf der ordentliche Betriebserfolg wieder an. Das hat in der Regel zwei Ursachen: Man ist aufgewacht. Es werden tatsächlich in der Unternehmung alle zusätzlichen Erfolgsmöglichkeiten wahrgenommen, namentlich strenge Einsparungen durchgesetzt. Man kann aber auch oft beobachten, daß die Abschreibungen »zurückgefahren« werden, d.h., man nutzt nicht alle Abschreibungsmöglichkeiten aus und wählt für

Schaubild 9: Typische Entwicklung des ordentlichen betrieblichen Erfolgs vor Bekanntwerden einer Unternehmenskrise

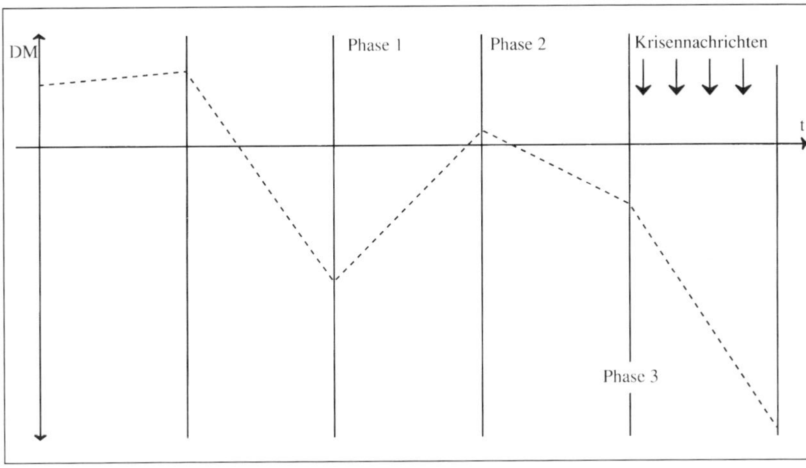

Quelle: Hauschildt, S. 115 ff

Investitionen möglichst niedrige Abschreibungssätze etc. Dadurch steigt der ordentliche Betriebserfolg optisch wieder an – ein Strohfeuer.

– Im zweiten Jahr vor Bekanntwerden des Miß-Managements sinkt der ordentliche Betriebserfolg dann wieder sehr stark ab. Offenkundig hat man alle innerbetrieblichen Reserven ausgeschöpft und alle marktgerichteten Sonderaktionen durchgespielt. In dieser Phase kommt es zu Konflikten, oft auch zur Fluktuation im Top-Management. Der sinkende oder schon negative Betriebserfolg wird in dieser Phase üblicherweise noch voll ausgeglichen, indem Finanzerträge durchVerbundunternehmnen mobilisiert und außerordentliche und sonstige betriebliche Erträge ausgewiesen werden. Die eigentlichen Probleme wurden nicht gelöst. Die Reserven sind erschöpft. **19**
– Im letzten Jahr vor Bekanntwerden des Miß-Managements sinkt dann der ordentliche Betriebserfolg ein weiteres Mal stark ab. In dieser Phase kommt es zu ersten Liquidationen, d.h., zu weiteren außerordentlichen und sonstigen betrieblichen Erträgen.

Aus diesem Verhaltensmuster läßt sich unmittelbar ableiten, daß die Beobachtung des gegenläufigenVerlaufs der einzelnen Erfolgskomponenten wichtige Hinweise auf das Vorliegen von Mis-Management gibt. Treten hohe »außerordentliche und sonstige betriebliche Erträge« auf und sinken die steuerrechtlich zulässigen Sonderabschreibungen auffällig, so hat sich die Grundtendenz der Bewertung umgekehrt. Die Bilanz dient der Verschönerung des Unternehmensbildes. Man kann davon ausgehen, daß die Unternehmungsleitung bestrebt ist, ihre bilanzpolitischen Möglichkeiten zur Erhöhung des Gewinns voll wahrzunehmen. **20**

In aller Regel handelt es sich dabei nämlich nur um ein **»Strohfeuer«.** Dies gilt jedenfalls dann, wenn mit den Sofortmaßnahmen nicht mehr oder weniger zufäl- **21** lig die tieferliegende Ursache der Krise beseitigt worden ist. Die oben beispielhaft erwähnten Maßnahmen sind ihrer Natur entsprechend nicht geeignet, strategische Mangel zu beseitigen. (Einzige Ausnahme mag die Beschleunigung von Forschungsprojekten sein.)

22 Die Entwicklungsstadien einer Unternehmenskrise mit »Strohfeuer« wurden von *Hauschildt* (Schaubild 9) sehr anschaulich beschrieben.

II. Analyseziele

1. Ziele der Analyse

23 Die Analyse einer krisenhaften Unternehmensentwicklung muß die Entscheidungsgrundlagen zur Bestimmung von
- Handlungszielen und
- Sanierungsmaßnahmen

schaffen.
In **krisengenetischer Folge** ist deshalb darzustellen,
- die **Unternehmensentwicklung** bis hin zur Krise (z.B. die 3–5 Jahre),
- die **gegenwärtige Lage** des Unternehmens,
- die **voraussichtliche weitere Entwicklung** beim Ausbleiben von Sanierungsmaßnahmen.

24 Die unten aufgelisteten Einzelinformationen (Profile, Charakteristika, Daten, Kennziffern) sind in funktionalem Zusammenhang aufgelistet. Das sollte nicht zur streng funktionalen Beschreibung des Unternehmens und seiner Entwicklung anregen.

25 Entscheidend ist die Herstellung, genauer, die Beschreibung von **Wirkungszusammenhängen.**
Symptome, Ursachen, Wirkungen sind meist interaktiv verkettet und oft nicht eindeutig als das eine oder andere identifizierbar.

26 Ziel der Analyse ist es, die Ursache – Wirkungszusammenhänge zu erkennen, zu beschreiben und damit die Basis zu schaffen für die Prüfung der Sanierungsfähigkeit, die Suche nach Handlungszielen und die Erstellung eines Sanierungskonzeptes.

27 Zur Darstellung sind deshalb quantitative Beschreibungsformen keinesfalls ausreichend. Vielmehr bedarf es zusätzlich einer **ausführlichen verbalen Beschreibung** der krisenhaften Entwicklung. *Dazert* (MM 1977, S. 78) weist darauf hin, daß qualitative Bestandsaufnahmen, etwa durch Gespräche mit Mitarbeitern, Kunden, Lieferanten und Banken, zu Erkenntnissen führen können, die nicht mit »den Aussagen der Bücher« übereinstimmen. Gerade aber das Abwägen der einander widersprechenden Gesichtspunkte gehört zum Entstehungsprozeß eines Sanierungskonzeptes. Im folgenden werden die Darstellungsformen und -inhalte der Krisenanalyse beschrieben.

2. Quantitative Darstellung der Unternehmenskrise

2.1 Darstellungszeiträume und -formen

Zur Darstellung einer Unternehmenskrise bedarf es in der Regel eines Analysezeitraumes von wenigstens drei zurückliegenden Jahren. Kürzere Zeiträume sind nur in Ausnahmefällen, etwa bei monokausalen exogenen Krisenherden, denkbar. Da die genaue Kenntnis der Krisenmerkmale aber nicht vorausgesetzt werden kann, sollte der **Dreijahreszeitraum die Untergrenze** sein. **28**
Zur Abbildung der zukünftigen Unternehmensentwicklung erscheint ein **Prognosehorizont von drei Jahren** als ausreichend.
Stichtagsbezogene Darstellungen sind aus Gründen der Vergleichbarkeit auf einheitliche Jahres-, Halbjahres-, Quartals- oder Monatsstichtage abzustellen. Die zeitraumbezogenen Daten sind auf diese Stichtage abzustimmen.

Als **Darstellungsformen** werden Kennzahlen, Tabellen, Kurven-, Flächen-, Balkendiagramme, Bilanzen und andere quantitative Ausdruckmittel verwendet. **29**

Zur **Betrachtung des Unternehmens als Ganzes** wurden Kennzahlensysteme, d.h., mathematisch verknüpfte Kombinationen von Einzelkennzahlen, entwickelt. **30**
Die wichtigsten sind (*WP-Hdb.* S. 1264 ff.):
- das »Du Pont System of Financial Control« (US),
- die »Pyramid Structure of Ratios« (GB),
- die »Ratios au Tableau de Bord« (F)
- die entscheidungstheoretischen Ansätze, z.B. das Rentabilitäts- und Liquiditäts-Kennzahlen-System (RL)

Darüber hinaus gibt es einige komplexe, auf empirischen Erkenntnissen aufbauende Analyseverfahren, die die Erfolgspotentiale und deren Einfluß auf die Gesamtrendite bewerten. Sie werden unter IV 1.10 beschrieben.

Die im folgenden genannten Analysedaten und -kennziffern sind unvollständig und müssen ggf. bei Bedarf ergänzt werden. Eine Beschränkung auf die wichtigsten Größen ist zwingend geboten, um den Rahmen dieser Arbeit nicht zu sprengen. In der Literatur wird ein Vielfaches der hier erwähnten Daten und Kennziffern angeboten (*Coenenberg; WP-Hdb.* S. 1264–1272, 1383–1393, 1492–1501, 1695–1712). Dort ist auch detailliert beschrieben, welche Inhalte diese Daten haben und wie sie ermittelt werden. **31**
In Teil C IV sind ausgewählte analytische Rechenverfahren zu einigen der nachfolgenden Daten beschrieben. Es handelt sich dabei um Daten, die unverzichtbar zur Krisenanalyse sind.

2.2 Darstellungsinhalte der Analyse

2.2.1 Gesamtwirtschaftliche Daten

a) Entwicklung der industriellen Bestellaufträge **32**
b) Entwicklung der industriellen Produktion
c) Entwicklung des realen Bruttosozialproduktes
d) Entwicklung der Nettoanlageinvestitionen
e) Entwicklung der industriellen Erzeugerpreise
f) Entwicklung der Lebenshaltungskosten
g) Entwicklung der Kapital- und Geldmarktzinsen
h) Entwicklung der Handels- und Leistungsbilanz
i) Entwicklung der Wechselkurse

j) Entwicklung der Arbeitslosenquote
k) Entwicklung der Bevölkerung
l) Entwicklung der durchschnittlichen Familiengröße
m) Entwicklung des verfügbaren Einkommens
n) Entwicklung der öffentlichen Nachfrage
o) Entwicklung der Sparquote

2.2.2 Branchen- und Marktdaten

33 a) Branchendaten wie unter 2.2.1, soweit verfügbar
b) Entwicklung des
  - inländischen und
  - Weltmarktvolumens
c) Entwicklung von Frühindikatoren der Branchenkonjunktur, soweit bekannt
d) Entwicklung des Geschäftsklimas
e) Auftragseingänge und -bestände
f) Produktionsziffern
g) Branchenumsätze nachWert und Menge
h) Saisonverläufe
i) Branchenumsätze nach Vertriebskanälen
j) Branchenrendite
k) Branchenexporte und -importe
l) Kapazitätsauslastungsgrade
m) Kapitalintensität
n) Beschäftigtenzahl der Branche
o) Durchschnittsstückerlöse
p) Kostenentwicklung
q) Umsatzpotentiale
r) Kaufkraftkennziffern
s) Bekanntheitsgrade

2.2.3 Absatzwirtschaftliche Unternehmensdaten

34 a) Auftragseingänge und -bestände nach
  - Produkten
  - Kundengruppen
  - Vertriebskanälen
  - Verkaufsgebieten

  jeweils wert- und mengenmäßig
b) dto. Umsätze
c) Durchschnittsrabatte und -erlöse nach
  - Produkten
  - Kundengruppen
  - Vertriebskanälen
  - Verkaufsgebieten
d) dto. Marktanteile
  - nach Wert
  - nach Mengen
e) Auftrags- und Kundengrößenklassen
f) Erfolgsquote derAngebote
g) Kundenfluktuationsquote

h) Reklamationsvolumen und -häufigkeit
i) Distributionsdichte

2.2.4 Produktspezifische Daten

a) Lebenszyklen der Produkte, wert- und mengenmäßig **35**
b) Gesamtumsatzprofil als Ergebnis der Produktlebenszyklen
c) strategische Umsatzlücken
d) Deckungsbeiträge pro Produkt
e) ABC – Verteilung nach
   - Umsätzen
   - Deckungsbeiträgen
f) strategische Produkt-Portfoliomatrix
g) Warenbestände. ggf. auch von Vorprodukten, ggf. auch bei Lieferanten und Abnehmern

2.2.5 Leistungs- und Kostendaten und -kennziffern

a) Wertschöpfung mit **36**
   - Entstehungsrechnung und
   - Verteilungsrechnung
b) Pro-Kopf-Umsätze nach Menge und Wert
c) Pro-Kopf-Produktion in Mengeneinheiten und auf verschiedene Beschäftigtengruppen bezogen
d) betriebsnotwendiges Vermögen pro Kopf
e) Fertigungsstunden und Beschäftigungsgrad
f) Personalaufwand pro
   - Mengeneinheit
   - Fertigungsstunde
   - Kopf nach gewerblichen und angestellten Arbeitnehmern
g) dto. indexiert zur Tarifentwicklung
h) Fluktuationsquote
i) Fehlzeitenquote
j) Angestelltenquote
k) Altersstruktur
l) Umsatzanteil der
   - Abschreibungen
   - Materialaufwendungen
   - Personalaufwendungen
   - Forderungsausfälle
   - Zinsen
   - Werbeaufwendungen
   - Entwicklungskosten
   - Herstellkosten
   - Sondereinzelkosten der Fertigung
   - Verwaltungsgemeinkosten
   - Sondereinzelkosten des Vertriebs
m) Kapazitätshöhe und -auslastung
n) Ausbringung
o) Ausschußquote
p) Veredlungsgrad

2.2.6 Finanzwirtschaftliche Kennzahlen

37 a) Cash Flow als
- Netto Cash Flow
- Brutto Cash Flow
- Discounted Cash Flow

b) Verschuldungsfaktor
c) durchschnittliches Lieferantenziel
d) durchschnittliches Kundenziel
e) dynamische Liquidität
- 1. Grades
- 2. Grades
- 3. Grades

f) Abschreibungsquote vom Anlagevermögen
g) Investitionsquote vom Anlagevermögen
h) Nettoinvestitionshöhe und -quote
i) Umschlagshäufigkeit des/der
- Gesamtkapitals
- Eigenkapitals
- Anlagevermögens
- Vorräte
- Forderungen

2.2.7 Ergebnisdaten und -kennziffern

38 a) Unternehmensergebnis, aufgeteilt und dargestellt sowohl absolut als auch in Relation zum Umsatz als
- betriebliches
- betriebsfremdes
- neutrales
- ordentliches
- außerordentliches Ergebnis

b) Jahresüberschuß, -fehlbetrag
c) Bilanzgewinn, -verlust
d) Rentabilität, dargestellt als
- Umsatzrentabilität
- Eigenkapitalrentabilität
- Gesamtkapitalrentabilität
- Betriebsrentabilität des langfristigen Kapitals
- Rentabilität des betriebsnotwendigen Vermögens

e) Price-Earnings-Ratio
f) Break-Even-Point
g) Return-On-Investment
h) Ergebnisbeiträge der nicht bilanzierten Risiken
i) Ergebnisbeiträge aus der Auflösung stiller Reserven
j) Deckungsbeiträge von
- Produkten
- Produktgruppen
- Verkaufsgebieten
- Kunden

- Vertriebskanälen

ermittelt nach dem Direct Costing-Schema

2.2.8 Vermögens- und Kapitalstruktur

a) Bilanz zu **39**
- Weiterführungswerten
- Zerschlagungswerten (vgl. B III 1.2)

b) Überschuldungsstatus
c) Eigenkapitalquote
d) Fremdkapitalquote
- gesamt
- nach Fristigkeit

e) statistische Liquidität (unter Berücksichtigung dynamischer Elemente s. B III 1.)
- 1. Grades
- 2. Grades
- 3. Grades

f) Kreditanspannung
g) Kapitalflußrechnung
h) Verhältnis von
- Eigenkapital zu Anlagevermögen
- langfristigem Kapital zu Anlagevermögen

i) Bilanzsummenquote des/der
- Anlagevermögens
- Umlaufvermögens
- Vorratsvermögens
- Forderungen
- liquiden Mittel

j) Nicht bilanzierte Risiken, z.B.
- Sonderabschreibungen auf Sachanlagen
- Sonderabschreibungen auf Beteiligungen und Finanzanlagen
- Forderungswertberichtigungen
- Pensionsrückstellungen
- Rückstellungen für Garantieleistungen
- Rückstellungen für Abnahmeverpflichtungen
- Rückstellungen für Lieferverpflichtungen
- Rückstellungen für Sozialplanansprüche
- Leasingverträge
- Bürgschaften
- Wechselobligo

k) stille Reserven
l) Working Capital
m) betriebsnotwendiges Vermögen
n) Verteilung der Gesellschafts- oder Kapitalanteile

2.2.9 Unternehmenswerte

a) Ertragswert **40**
b) Substanzwert
c) Unternehmenswert
d) Liquidationswert

2.3 Betriebsvergleiche

41 Ständige Vergleiche der Entwicklung des Unternehmens mit der von Konkurrenten, Branche und Gesamtwirtschaft sind in Zeiten eines »geordneten« Geschäftsganges hilfreich. In Krisensituationen sind sie unverzichtbar zur Beurteilung der Sanierungs- und weiteren Marktchancen des Unternehmens (*Jung* BFuP 1975, S. 130 f.). Leider aber sind die verfügbaren Daten in aller Regel fragmentarisch. Die **Analyse veröffentlichter (Konkurrenz-)Bilanzen** kann zwar Hinweise auf die Entwicklung des publizierenden Unternehmens geben, eine sichere Interpretation der Bilanzinhalte ist indessen kaum möglich (*Stützel* ZfB 1967; *Zimmerer* 1982). Außer der Möglichkeit, veröffentlichte Bilanzen für Betriebsvergleiche heranzuziehen, kommen

- Wirtschaftsverbände,
- Statistische Bundes- und Landesämter (z.B. Schaubilder 10 a, 10 b und 10 c)
- sowie gelegentliche Veröffentlichungen in Zeitschriften (z.B. Schaubilder 11 a und 11 b)

als Quellen in Frage.

Schaubild 10 a

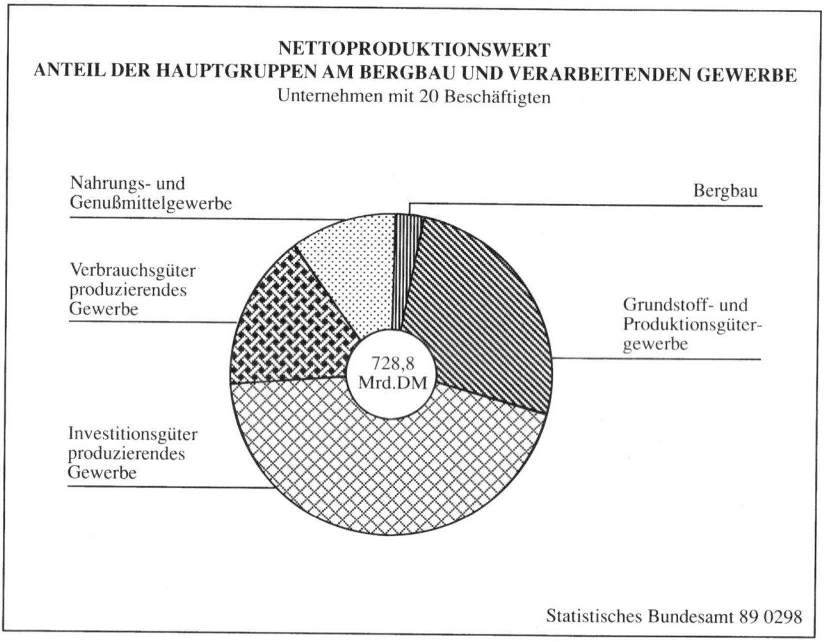

Zur Eliminierung unternehmensspezifischer Eigenheiten, die dieVergleichbarkeit beeinträchtigen, wird die Gruppenbildung vorgeschlagen. Unternehmen mit gemeinsamen Merkmalen werden zusammengefaßt. Die verschiedenen Arten von Betriebsvergleichen werden gegliedert in

a) zwischenbetrieblicheVergleiche,
b) Betriebsgruppenvergleiche,
c) Zeitvergleich (*WP-Hdb.* S. 1256 ff.).

Schaubild 10 b

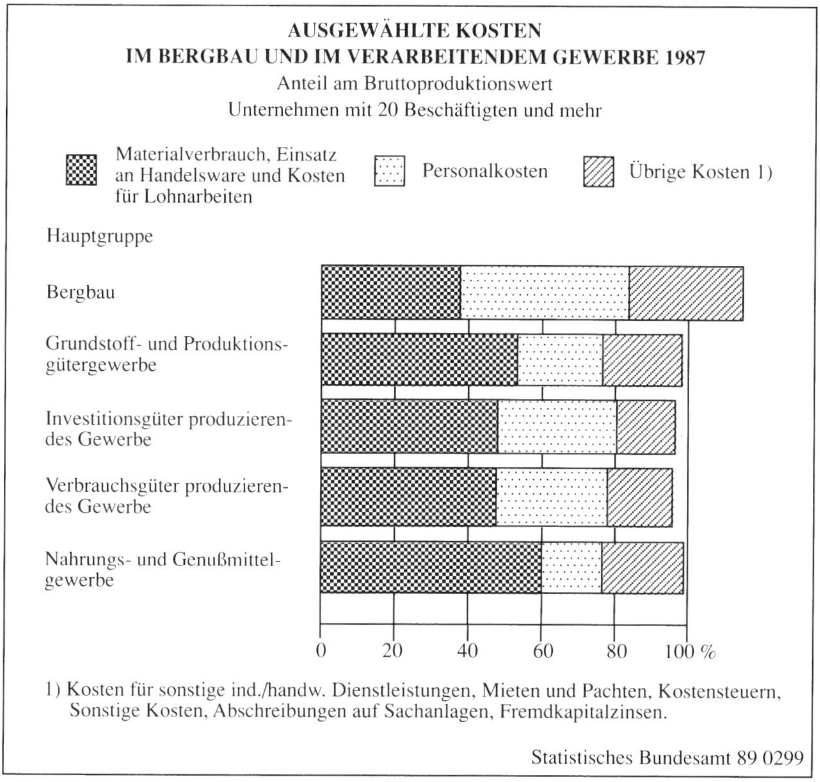

3. Qualitative Darstellung der Unternehmenskrise

3.1 Darstellungszeiträume und -formen

Die Betrachtungszeiträume der qualitativen Unternehmensanalyse sind generell größer als die der quantitativen Analyse. Idealerweise werden die beiden Darstellungsmethoden jedoch verknüpft und decken die gleichen Zeiträume ab. Der bei geringerer Genauigkeit der Aussage größere Betrachtungszeitraum einer qualitativen Analyse ist durch die Verwendung von **Erfahrungs- und Beobachtungswissen** bedingt. **42**
Die Wissensträger können ohne großen Aufwand entfernte Zeiträume bei allerdings tendenziell zunehmender Unsicherheit einbeziehen.

Als Darstellungsformen kommen in Frage: **43**
- Schilderungen,
- Szenarien
- Profile,
- Pro/Contra-, Stärken/Schwächen, Plus/Minus-Tabellen

Schaubild 10 c: Ermittlung der Krisenmerkmale

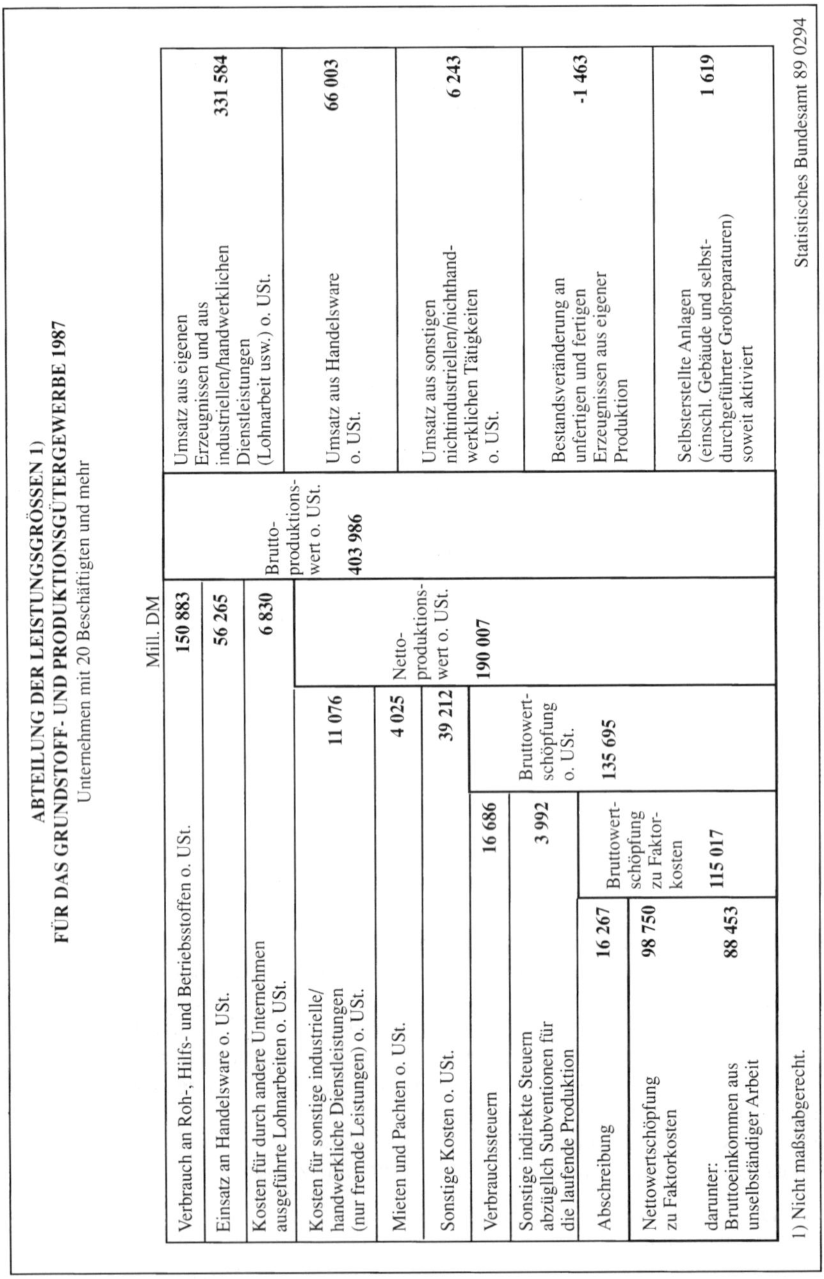

Quelle: Statistisches Bundesamt 1982, S. 6

Schaubild 11 a: Handelssparten

Handelssparten	**Produktivitätskennziffern für den Einzelhandel**					
	Umsatz je Beschäftigten		**Umsatz pro Quadratmeter**		**Lagerumschlag pro Jahr**	
	1979	**Anstieg 1976–79**	**1979**	**Anstieg 1976–79**	**1976**	**1979**
	in Mark	**in Prozent**	**in Mark**	**in Prozent**	**...mal**	
Lebensmittel	217800	+ 9,6	5760	+ 16,1	14,6	14,8
Reformhäuser	155500	+ 3,5	5180	+ 11,2	7,6	7,2
Tabakwaren	273700	+ 10,9	12460	– 8,0	8,3	8,4
Textil	152100	+ 15,6	4040	+ 7,7	2,6	2,4
davon mit vorwiegend						
Herren- und Knabenoberbekleidung	181500	+ 12,7	4110	+ 6,7	2,6	2,4
Herren-, Damen- und Kinderoberbekleidung	158200	+ 15,7	3740	+ 14,0	2,4	2,2
Herrenausstattung	195600	+ 20,5	5810	+ 9,0	2,3	2,0
Haus- und Bettwäsche, Bettwaren	138200	+ 12,3	3160	+ 16,2	2,5	2,7
Teppichen, Möbelstoffen und Gardinen	165600	+ 16,5	3100	+ 10,7	2,5	2,0
gemischtem Sortiment	128000	+ 12,5	3150	+ 15,0	2,4	2,3
Schuhe	142200	+ 22,9	3380	+ 19,0	2,0	1,9
Möbel	226300	+ 18,9	1180	+ 5,4	3,7	3,2
Glas, Porzellan, Keramik	138600	+ 16,9	2800	+ 9,8	2,5	2,3
Eisenwaren und Hausrat	178300	+ 20,1	2610	+ 13,0	3,8	3,6
davon mit vorwiegend						
Haus- und Küchengeräten	135100	+ 18,0	2030	+ 11,5	2,7	2,5
Haushaltstechnik	179000	+ 16,1	2800	+ 17,6	4,2	3,8
Baubeschlägen, Kleineisenwaren u. Werkzeugen	207600	+ 20,3	4050	+ 12,5	4,3	4,2
gemischtem Sortiment	147600	+ 15,2	2010	+ 9,8	3,0	2,7
Radio und Fernsehen	147300	+ 9,3	5000	+ 6,8	4,2	3,6
Tapeten und Bodenbelag	151100	+ 5,4	2440	+ 0,4	3,9	3,2
Drogerien	135500	+ 14,1	3470	+ 7,4	4,1	3,6
Parfümerien	138000	+ 18,3	6190	+ 8,0	3,3	2,9
Leder- und Galanteriewaren	143100	+ 13,7	4340	+ 13,6	3,0	2,6
Photo	199400	+ 25,8	8000	+ 28,2	4,9	5,1
Uhren, Juwelen, Gold- und Silberwaren	169700	+ 21,9	9680	+ 31,5	1,3	1,2
Sportartikel	166700	+ 13,7	4340	+ 8,0	2,9	2,4
Sortimentsbuchhandel	173900	+ 17,0	7590	+ 10,0	5,3	5,1
Bürofachhandel	172000	+ 25,5	4230	+ 17,3	5,8	6,0
Medizinisch-technischer Fachhandel	292700	+ 29,7	8930	+ 8,0	8,3	9,5
Blumenbindereien	86400	+ 10,0	3880	+ 3,5	21,3	21,0

Quelle: Impulse 1981 c. S. 81–84

Schaubild 11 b: Sparten in Handwerk und Industrie

Sparten in Handwerk und Industrie	Nettoproduktionswert je Beschäftigten nach Betriebsgrößen*							
	Anzahl der Mitarbeiter							Zuwachs 1977–80 in Prozent (Produktivitätsfortschritt)
	20 bis 49	50 bis 99	100 bis 199	200 bis 499	500 bis 999	1000 und mehr	Spartendurchschnitt	
	Angaben für 1980 in Mark							
Grundstoffe								
Steine und Erden	76120	72350	72950	75620	73180	77190	74890	+ 7,8
NE-Metalle (Erzeugung, Bearbeitung)	115460	91650	70410	77050	86300	76720	78830	+ 21,4
NE-Metalle (Gießerei)	54060	55210	47060	50990	53080		51870	+ 12,2
Eisen-, Stahl- und Tempergießerei	46480	48560	48540	49160	55620		53290	+ 3,7
Chemie	93090	92970	95280	104420	108640	110870	108500	+ 18,3
Holzbearbeitung	60430	59500	69600	69970	68730	71510	66690	+ 14,4
Papier- und Pappeerzeugung	70360	74240	68400	66370	71880	90920	79530	+ 10,0
Gummiverarbeitung	49190	52530	51270	47850	61500	58810	57230	+ 10,8
Investitionsgüter								
Stahl- und Leichtmetallbau	49320	49800	53970	54140	60410	63460	57400	+ 8,8
Maschinenbau	55010	55190	55960	58530	61580	61780	59740	+ 9,3
Straßenfahrzeugbau	37000	43880	50120	52560	52600	68360	64030	+ 4,4
Elektrotechnik	46290	53380	51440	52890	58290	60140	58340	+ 7,6
Feinmechanik, Optik, Uhren	42820	47490	48850	48420	45540	50190	47780	+ 2,0
Stahlverformung	60390	63330	58530	57300	57610	51010	58710	+ 17,4
Herstellung von Eisen-, Blech-, Metallwaren	56950	59000	59380	61050	68680	63300	61620	+ 17,5
Verbrauchsgüter								
Feinkeramik	41800	41310	41530	38060	34200	45370	41210	– 0,4
Holzverarbeitung	45570	47540	53780	55290	60520	60830	51050	+ 1,9
Musikinstrumente, Spielwaren	41040	38500	44360	42330	57440	42740	43270	– 10,8
Papier- und Pappeverarbeitung	54540	53510	60250	70850	65500	68550	64240	+ 17,4
Herstellung von Kunststoffwaren	50040	53810	50130	55070	60670	61400	54750	+ 1,6
Herstellung von Schuhen	29220	34070	34050	36150	34150		34160	– 1,4
Sonstige Lederverarbeitung	35270	37200	32660	36540	34820		35620	– 5,7
Textilgewerbe	43580	47180	48800	48780	50300	50650	49090	+ 16,9
Bekleidungsgewerbe	27950	27460	31900	34430	34480	37990	31910	– 2,9
Nahrungs- und Genußmittel								
Herstellung von Süßwaren	45680	49470	59070	59580	65940	69120	64320	+ 9,0
Molkerei, Käserei	62010	70060	83890	73470	74180	82180	75060	+ 20,6
Fleischwarenindustrie	54080	51200	56230	57380	49910	52490	54120	+ 3,9
Brauerei	75010	90750	103140	113870	134460	120170	109970	+ 9,5
Herstellung von Spirituosen	207250	207950	226220	225860	209200	–	215810	+ 15,6

Quelle: Impulse 1981 c. S. 81–84

– Strukturbeschreibungen,
– Positionsmatrizes.

Sofern bei Beschreibungen »Verschleierungsbegriffe« wie z.B.:
– Marktschrumpfung,
– Kostenexplosion,
– Anlaufschwierigkeiten,
– Bereinigung, Konsolidierung

verwendet werden, sind diese quantitativ zu belegen.

Ebenso wie in Teil C II 2 erhebt die Palette der Darstellungsinhalte nicht den Anspruch der Vollständigkeit.

Die Betrachtungszeiträume umfassen Vergangenheits-, Gegenwarts- und Zukunftsperioden. Bei Prognosen sollten wichtige Grundannahmen erläutert werden

3.2 Darstellungsinhalte

3.2.1 Gesamtwirtschaft, Weltwirtschaft

a) politische Veränderungen, Stabilität **44**
b) Gesetzesinitiativen
c) Gewerkschaftsforderungen
d) Konsumklima, Geschäftsklima
e) Messeergebnisse
f) militärische Auseinandersetzungen
g) Spannungen
h) klimatische Veränderungen
i) Naturkatastrophen, Unfälle

3.2.2 Branche

a) Wettbewerbsbeschränkungen, z.B. **45**
   – Absprachen, Kartelle
   – Monopole, Oligopole, Polypole
   – politische, gesetzliche Maßnahmen
   – Lizenzen, Patente
b) wirtschaftliche Lage der Kunden/Anwender sowie deren Kunden
   – Marktbarrieren für Eintritt/Austritt
   – Rohstoff-, Energieabhängigkeiten
c) Makro-Unzufriedenheit mit
   – Werbemethoden
   – gesundheitlichen Risiken
   – Umweltschädigungen
   – verwendeten Rohstoffen
   – Ursprungsland
d) Modetrends
   – neue Fertigungsverfahren, Produkttechnologien
   – Differenzierungsmöglichkeiten
e) fremde Substitutionsprodukte
   – Konkurrenzintensität
f) Stärken-/Schwächenprofil der Konkurrenz
g) Branchenübliche Wettbewerbsstrategien
   – »Preiskämpfe«
   – sporadische Sonderverkaufsaktionen

- »Werbeschlachten«
- Hofierung der Kunden durch zusätzliche Dienstleistungen
- »friedliche Koexistenz«

3.2.3 Absatzmarkt

46 a) (Un-)Zufriedenheitsgründe, z.B. durch
- Produktgestaltung
- Produktleistung
- Service, Qualität, Wartungsintervalle
- Werbemethoden, Verpackung
- Konditionen, Vertragsbedingungen
- Alterungsverhalten
- Termintreue

b) Marktanteils-, Marktwachstums-Matrix, Werbeaktivitäten, Marktreaktionen

c) Produktgestaltung, z.B.
- Innovationsgrad
- Grundnutzen, Zusatznutzen
- Qualität, Marktappeal
- Preis/Leistungs-Verhältnis
- Form, Farbe, Design
- Alterungsverhalten

d) Wirksamkeit absatzpolitischer Instrumente, z.B.:
- Preis, Rabatte
- Konditionen
- Vertriebsorganisation
- Werbung
- Verpackung
- Vertriebswege, -kanäle

e) neue Anwendungen bestehender Produkte

f) eigene Substitutionsprodukte

g) neue Kundengruppen und Märkte

h) Preiselastizitäten

i) Stärken-/Schwächen-Profil beim Kunden
- des Produktes des Unternehmens
- derVertriebswege

j) Bekanntheitsgrad, Image, Marke

k) Kunden-, Anwenderprofil
- Verhandlungsstärke des Kunden

l) Sortimentspolitik
- Sortimentsstruktur

m) Preisakzeptanz

n) Testergebnisse

o) Marktwiderstände

p) vertriebslogistische Leistungen, z.B.:
- Termintreue
- Entladen,Verbringen, Einräumen
- Auspacken, Inbetriebnahme
- Service

q) Mikro-(Un-)Zufriedenheit, wie 3.2.2.c

r) (Un-)Zufriedenheit in der
   - Vorkaufsphase
   - Kaufphase
   - Nachkaufphase
s) Kundenreaktionen, die sich ausdrücken als
   - Abwanderung/Zugewinne
   - Widersprüche/Bestätigungen
   - Reklamationen/Wiederholungskäufe
t) Tenor von Kundenschreiben

3.2.4 Beschaffungsmarkt

a) Stärken-/Schwächen-Profil bei Lieferanten **47**
   - Verhandlungsstärke der Lieferanten
b) Beschaffungsmarktposition, Beschränkungen
c) Preiselastizitäten, Preisbildungsfaktoren
d) Monopole, Oligopole, Polypole
e) Substitutionsprodukte
f) Nachfrage- und Angebotsentwicklung
g) Versorgungssicherheit, -störungen
h) Dauer der Geschäftsverbindungen, Vertrauensverhältnis
i) Nachfragemacht der Konkurrenten
j) Beschränkungen der Beschaffungsmöglichkeiten

3.2.5 Kapitalmarkt

a) Stärken-/Schwächen-Profil bei Kreditinstituten am Kapitalmarkt **48**
b) Dauer der Bankverbindungen
c) Vertrauensverhältnis
d) Kontakttiefe
e) Ansehen/Image der Geschäftsleitung
f) Inhalte von Kreditauskünften
g) nicht quantifizierbare Vermögensrisiken
   - des Unternehmers
   - der Gesellschafter
   - von Kunden
h) Emmissionsklima
i) Zinstrend, Geldmengenänderung

3.2.6 Arbeitsmarkt

a) Stärken-/Schwächen-Profil an Teilarbeitsmärkten **49**
b) Lohnniveau
c) Qualifikationsstruktur
d) Pendelbereitschaft, Verkehrswege
e) Schulen, Ausbildungsstätten, Hochschulen
f) Sozialprestige der zu vergebenden Arbeiten
g) konkurrierende Branchen, Betriebe, Arbeitsplätze

3.2.7 Leistungserstellungsbereiche

a) Qualifikation und Motivation der Mitarbeiter **50**
b) Bereitschaft zur Kurzarbeit oder Mehrarbeit

c) Maschinen und Anlagen, insbesondere deren
- Rationalität
- Qualität
- Performance
- Flexibilität

d) dto. Fertigungsverfahren
e) Liefergenauigkeit hinsichtlich des
- Inhalts
- Unfangs
- Termins

f) Forschungs- und Entwicklungsaktivitäten, z.B.:
- Projekte und Ziele
- Erfolge, Mißerfolge
- Vorsprung, Rückstände
- Förderungsmöglichkeiten

g) Strukturen des Forschungs- und Entwicklungsbereiches
- personell
- technisch

h) dto. Fertigungsbereich
i) dto. Verwaltungsbereich
j) dto. Vertriebsbereich
k) Fachabteilungen mit auffallend
- guter Leistungsfähigkeit
- schlechter Leistungsfähigkeit

l) Qualität des Lagerwesens und der innerbetrieblichen Logistik

3.2.8 Organisation und Führung

51 a) Eignung der Aufbauorganisation hinsichtlich
- Transparenz
- Ressortabgrenzungen
- Fehlfunktionen
- Hierarchiestufen

b) Eignung der Ablauforganisation hinsichtlich
- Transparenz
- Eindeutigkeit
- Informationsfluß
- Entscheidungswege
- Kompetenzen
- Vollständigkeit

c) Führungsmethoden, insbesondere
- Stile
- Grundsätze

d) Stellenbeschreibungen
e) Top-Management, dessen
- Qualifikation
- Motivation, Leistungsbereitschaft
- Identifikation, Opferbereitschaft
- Homogenität, Integrität
- Streßstabilität

- Loyalität
- Durchsetzungsstärke
- Konfliktbereitschaft

f) dto. Middle-Management
g) Personalpolitik hinsichtlich der
- Entgelte, Zusatzleistungen
- Beförderungsgrundsätze
- Ausbildung, Fortbildung

h) EDV-Organisation, z.B. deren
- Leistungsfähigkeit
- Integrationsdichte

3.2.9 Struktur und Erscheinungsbild

a) Eignung der Rechtsform **52**
b) Eignung der (des) Standorte(s)
c) Qualitative Unternehmenswerte, ausgedrückt als
- Image, Ruf, Bekanntheitsgrad
- Corporate Identity, Company Culture
- derivativer Firmenwert
- Marken

d) Kapitaleigner, insbesondere deren
- Struktur
- finanzielle Stärke
- unternehmerisches Können
- Risikobereitschaft
- Neigung zur Einflußnahme
- Sanierungsbereitschaft
- Opferbereitschaft

e) Aufsichtsgremien, deren
- Qualifikation
- Motivation
- Identifikation
- Homogenität, Integrität
- Streßstabilität
- Durchsetzungsstärke
- Konfliktbereitschaft

f) Belegschaft, deren
- Unternehmensidentifikation
- Opferbereitschaft
- Homogenität

g) Betriebsrat, dessen
- Unabhängigkeitsgrad
- Kooperationsbereitschaft
- Durchsetzungskraft
- Ansehen
- Streßstabilität

h) Wirtschaftsausschuß, dessen
- Fachkompetenz
- Verschwiegenheit

- Kooperationsbereitschaft

i) Öffentlichkeit hinsichtlich
- Bekanntheitsgrad
- Aufmerksamkeitsgrad
- Presseecho

j) Behörden, deren
- Probleme
- Hilfestellungen
- Interessengegensätze

k) Strukturelle Gründe früherer Erfolge

III. Krisenursachen

1. Einleitung

53 Ebenso wie bei der Beurteilung der Situation des Unternehmens durch die Führungsverantwortlichen häufig Uneinsichtigkeit herrscht und Krisen zu spät erkannt werden, kommt es bei der Ursachensuche zu Managementfehlern. Wenn Unternehmensberater ihre Arbeit aufnehmen, stellen sie nicht selten fest, daß das **Management die falschen Krisenursachen vermutet.** So kommt es immer wieder zu einem »krassen Auseinanderklaffen zwischen dem ursprünglichen Anliegen der Kunden und der Problemanalyse des Beraters« (*Simon* ID 1980, S. 297).

Da aber Krisenursachen von Sanierungsverantwortlichen leichter erkannt werden, wenn sie bekannt sind (Groß 1988, S. 27: »Zweckbewußte Sanierungsmaßnahmen setzen das Verständnis der Krisenursachen voraus.«), wurden aus zahlreichen Literaturquellen (*Rinklin; Kübler* BFuP 1975; *Schildbach* BFuP 1975; *Jung* BFuP 1975; *Woest* ZfB 1977; *Uhlenbruck* DBW 1977; *Hansen* in Albach ZfB 1979; *Berg* in Albach ZfB 1979; *Simon* IO 1980; *Goldbeck/Gauer; Raithel* MM 1981; *Krystek* 1981; *Bratschitsch/Schnellinger; Müller, Peters/Watermann, Krystek* 1987; *Groß*), aus Gesprächen mit anderen Praktikern und aus eigenen Beobachtungen Krisenursachen zusammengetragen und zweidimensional nach
- Krisenherden und Krisenarten

geordnet (vgl. B I).

54 Die Zuordnungen sind nicht immer eindeutig, weil die drei definierten Krisenarten im Grunde ein zu grobes Raster darstellen. Dasselbe gilt für die Krisenherde, die häufig beide wegen der vielfältigen Wechselwirkungen in Frage kommen. Dennoch kann die zweidimensionale Ordnung als ein geeignetes Strukturierungsverfahren angewendet werden. Die sehr speziellen Krisenursachen wie kriminelle Handlungen oder Katastrophenfälle wurden der Übersichtlichkeit wegen in das Ordnungsschema eingebracht, obwohl dabei gewisse Ungenauigkeiten in Kauf genommen werden mußten.

Im übrigen sei darauf hingewiesen, daß Unternehmenskrisen **»fast nie monokausal«** sind (*Herrhausen* S. 359). Ferner ist zu beachten, daß offenkundig erscheinende Ursachen die Krise oft nur ausbrechen lassen, aber nicht die eigentlichen Gründe der lange Zeit schon vorhandenen latenten Krise sind. Letztere

Feststellung weist auf die Rolle der Banken beim Ausbruch offener Unternehmenskrisen hin.
Auf dieses spezielle Problem wird in einem Exkurs (C III 4.) eingegangen.

2. Häufige Krisenursachen

Im folgenden werden Krisenursachen beschrieben, die in der Praxis häufig anzutreffen sind. **55**

2.1 Endogene Krisenursachen
2.1.1 Endogene strategische Krisen

a) Die Wahl des richtigen **Standortes** kann aus mehreren Gründen entscheidend für den Erfolg des Unternehmens sein. Kritische Faktoren sind: **56**
- die Verkehrsanbindung, sofern Kunden Werksbesuche wünschen, möglicherweise die Nähe eines Verkehrsflughafens speziell bei intensiver Exporttätigkeit,
- die Transportwege bei aufwendigem oder terminkritischem An- und Abtransport von Gütern,
- die Grundstückspreise bei flächenintensiver Fertigung,
- das Lohnniveau bei lohnintensiver Fertigung,
- die Energiekosten bei energieintensiver Fertigung,
- das Vorhandensein von spezifischen Qualifikationen der Erwerbsbevölkerung,
- die Entfernung zu Komplementärindustrien.

b) Ein weiterer Erfolgsfaktor ist die richtige Wahl des **Vertriebsweges**. Produkte mit mehreren Distributionsstufen müssen mehrfach Kaufwiderstände überwinden. Dabei spielt der (Groß- und/oder Einzel-)Handel häufig die Rolle des **»Nadelöhrs«**. **57**
Produkte, die beim Endverwender gute Absatzchancen hatten, können durch Handel abgeblockt werden, z.B. weil sie keine ausreichenden Handelsspannen bieten. Umgekehrt geht der Handel, wie übrigens auch der eigene Außendienst, fast immer den »Weg des geringsten Widerstandes«. Das bedeutet, daß der Handel auch ein Produkt mit gutem Nutzen oder interessantem Preis-/Leistungsverhältnis fallen läßt, wenn es ihm schwerfällt, den Endverwender vom Produkt zu überzeugen.
Der bereits erwähnte **Außendienst** kommt alsVerstärker von Krisenursachen insofern in Frage, als beim
   - angestellten Reisenden hohe Fixkosten auch im Falle von Umsatzrückgängen zu tragen sind, während der
   - Handelsvertreter schwerer zu steuern ist, schlechter informiert und beim Auftreten von Marktwiderständen gern auf andere Produkte ausweicht, die er ebenfalls vertreibt.

Logistische Probleme, verursacht durch schlechte Organisation und mangelhafte Transparenz des Transportwesens, führen nicht nur zu überhöhten Kosten, sondern insbesondere auch zu Unzufriedenheit auf der Abnehmerseite, weil Termine nicht eingehalten werden oder sonstige Versorgungsstörungen auftreten.

58 c) Die **Sortimentsbreite** ist einer der entscheidenden Erfolgsfaktoren. Vereinfacht läßt sich sagen, daß ein

- zu kleines Sortiment dem Kunden keine umfassende Problemlösung bietet und der Lieferant deshalb uninteressant ist. Außerdem kann das Marktrisiko nicht gestreut werden. Umgekehrt verursacht ein
- zu großes Sortiment erhebliche Aufwendungen, beginnend bei der Produktionsentwicklung, bis hin zur Ersatzteilhaltung. Wegen der häufig zu kleinen Produktions- und Verkaufsmengen können die mit der Produktionsbereitstellung verbundenen Fixkosten nicht kalkulatorisch umgelegt werden.

Als beobachtbare Krisenursache kommen zu kleine Sortimente kaum vor, während das ausgeuferte, kaum mehr überschaubare Sortiment fast als Regelfall bei Krisenunternehmen zu bezeichnen ist.

59 d) Da strategische Entscheidungen immer auf bestimmten **Zukunftserwartungen und Prognosen** aufbauen, besteht die latente Gefahr von Fehlentscheidungen aufgrund falscher Prognosen. Die wichtigsten Fehlerquellen sind:
die falsche Einschätzung des Marktvolumens,
die falsche Einschätzung des Markterschließungsgrades,
die falsche Einschätzung der Preisentwicklung,
die falsche Einschätzung des Wettbewerbsdruckes,
die falsche Einschätzung der Technologieentwicklung.

60 e) Starke **Saisonschwankungen** mit dem Zwang, die betriebliche Kapazität (Gebäude, Maschinen, Vorräte, Mitarbeiter) am Spitzenbedarf auszurichten.

61 f) **Falsche Diversifikationspolitik,** die zur Bindung von Erfolgsfaktoren und Ressourcen führt, sei es durch Erwerb anderer Firmen oder durch Diversifikation innerhalb der angestammten Rechtsform.
Diversifikationen sind seltener erfolgreich i.S. einer Verbesserung der wirtschaftlichen Ergebnisse des Unternehmens als gemeinhin angenommen wird. *Müller* (m.w.N.) nennt Gründe für die **»Diversifikations-Falle«**:

- Finanzielle Reserven und Managementkapazitäten werden gebunden und aufgezehrt,
- Diversifikationen werden zu spät und überhastet eingeleitet und
- Erfolgskritische Faktoren im neuen Geschäftsfeld sind dem branchenfremden Management nicht bekannt; die Gefahr, entscheidende Fehler zu machen, ist groß.

62 g) **Unklare Aufbauorganisation**, dadurch Ressortüberschneidungen, die einerseits zu doppelten Informations- und Entscheidungswegen führen und andererseits Verantwortlichkeiten verwässern. Die Folgen sind Verantwortungs-, Handlungs- und Informationslücken.

63 h) **Fehlendes Unternehmensleitbild**, fehlende Weichenstellung, fehlende Firmenkultur, Konzeptionslosigkeit. Als Folge verpufft die Leistungskraft der Mitarbeiter ergebnislos, das vorhandene Leistungspotential wird nicht ausgeschöpft.

64 i) Aufgeblähter, verfilzter, **ineffizienter Verwaltungsapparat**, der unkoordinierte Papierfluten produziert. Hohe Overhead-Kosten bei geringer Qualifikation, Motivation und Leistung der Beschäftigten.

Die Überlastung der Unternehmensspitze, sei es durch fehlenden oder mangelhaft qualifizierten Unterbau oder durch unzureichende Delegationsbereitschaft, kann dazu führen, daß das Top-Management sich ausschließlich um Tagesprobleme kümmert und dabei die strategischen Weichenstellungen vernachlässigt. **65**

j) Eine **ungünstige Belegschaftsstruktur,** die sehr häufig bei Unternehmen anzutreffen ist, die ihre Beschäftigtenzahl drastisch in Anpassung an gesunkene Umsätze reduziert haben. Die Unternehmensleitungen gingen denWeg des geringstenWiderstandes und entließen junge Arbeitnehmer, deren Kündigung keine arbeitsrechtlichen Probleme aufwirft und nur geringe Ahfindungssummen erfordert. Übrig bleiben – überspitzt formuliert – die Betriebsräte, Schwerbehinderten, Schwangeren und altersgeschützten Arbeitnehmer. Diesen kann es, menschlich verständlich, in Anbetracht ihrer arbeitsrechtlich gesicherten Position vereinzelt an Leistungsbereitschaft mangeln. **66**

k) **Mangelhafte oder extrem einseitige Qualifikation** der ersten und zweiten Führungsebene. Realitätsverlust, Isolation, unzureichende Führungsmentalität, Reibereien und Streitigkeiten. Illoyalitäten und Fraktionsbildungen innerhalb der Unternehmensleitung. Fehlende Leistungsbereitschaft, ungenügende Zusammenarbeit bis hin zur gegenseitigen Behinderung. **67**

l) **Charakterliche Mängel** der Führungskräfte, die sich beispielsweise in Protektionspolitik, Günstlingswirtschaft, ungerechtfertigter oder verletzender Kritik äußern. In einem Sanierungsfall wurde festgestellt, daß der (erfolglose) Firmeninhaber sich seinen (falschen) Kurs durch Gespräche mit einigen ihm besonders gewogenen (aber sehr unkritischen) Kunden immer wieder bestätigen ließ. **68**

m) Ein besonderes Problem stellt sich immer wieder in Familienunternehmen durch die von dem Gesellschafter erwünschte **Mitarbeit von Familienmitgliedern.** Dabei wird nicht immer auf ausreichende Qualifikation geachtet. Da Familienmitglieder einerseits fast ausschließlich in der Unternehmensspitze tätig sind und da andererseits eine unabhängige Kontrolle selten stattfindet, bilden sie im Falle unzureichender Qualifikation einen latenten Krisenherd. **69**

Eine Expertenbefragung von *Müller* hat die im folgenden Schaubild dargestellten Ergebnisse erbracht:

Schaubild 12: Ursachen von Managementfehlern

befragte Expertengruppen / Wesentliche Ursachen für Mißmanagement bilden:	Unternehmungen	Krisenmanager, Konkursverwalter	Berater, Banken	Nennungen insgesamt
1) Ungenügende fachliche Qualifikation der Führungsmitglieder (fehlende Markt- bzw. Branchenkenntnisse, mangelndes funktionsspezifisches Wissen).	4	(2)	(6)	12
2) Mängel in der Führungsorganisation (insbes. unklare Kompetenz- bzw. Ressortabgrenzungen, mangelnde Kommunikation innerhalb des Vorstandes bzw. der Geschäftsleitung, Überlastung der Unternehmungsführung durch Routineaufgaben).	(6)	—	1	7
3) Persönlichkeitsstrukturbedingte Mängel (fehlende Entscheidungsfreude, Manipulation wichtiger Geschäftsdaten zur Verschleierung eigener Fehler, mangelnder Realitätssinn, Überheblichkeit aufgrund früherer Erfolge, Opportunismus usw.).(2)	3	1	2	6
4) Bildung rivalisierender Fraktionen im Management.	4	1	1	6
5) Unangebrachter, autoritärer oder Laissez-faire-Führungsstil. (3)	2	(2)	1	5

(N = 20, hierin sind alle Befragten enthalten, die in der Frage 6 Managementfehler als Krisen-Ursache nannten; Mehrfachnennungen möglich)

Quelle: Müller, S. 369

70 n) **Fehlende Fähigkeit zur internen Anpassung** des Unternehmens an geänderte Umweltbedingungen trotz vorliegender Verbesserungsvorschläge.

71 o) **Unzureichende Bewältigung von Wachstumsschwellen.** Eine führungsorganisatorische Schwelle liegt, in Abhängigkeit von Markt und Fertigungstiefe, bei einer Belegschaftsstärke zwischen 100 und 150 Mitarbeitern.
An dieser Schwelle muß der Übergang von der inhaberbezogenen, improvisierten Führung zu straffer funktioneller Organisation stattfinden.

72 *Greiner* (S. 41) hat die Abfolge »evolutionärer« und »revolutionärer« Perioden im Laufe der Unternehmensentwicklung dargestellt und die alterstypischen Krisen zugeordnet.

Schaubild 13: Zusammenhang zwischen Unternehmensentwicklung und Unternehmenskrisen

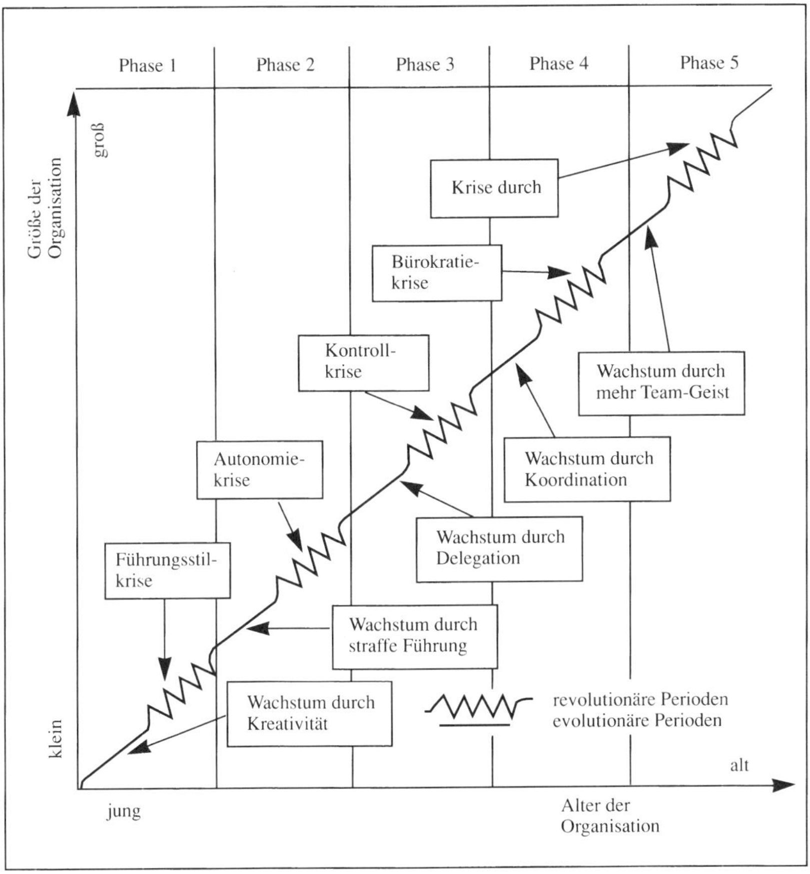

Quelle: Greiner (S. 41)

p) **Planlose Produktentwicklung** ohne Prioritätenskala und Zeitraster, zu lange Entwicklungszeiten. Versäumnisse in der Produktentwicklung führen mit mehr oder weniger großer Verzögerung zu Absatzproblemen. 73

q) **Investitionen,** die sich nicht am Bedarf orientieren, sondern allein wegen reizvoller Steuervorteile oder wegen angebotener öffentlicher Finanzhilfen vorgenommen wurden, stellen eine latente Krisenursache dar. 74

Die Krisengefahren scheinen – wie die PIMS-Untersuchungen zeigen – mit steigendem Verhältnis von Anlagevermögen (und Working Capital) am Umsatz zuzunehmen. Hierfür gibt es mehrere Erklärungen, die wichtigsten in diesem Zusammenhang sind: 75

- Das Ansteigen des Break-Even-Points,
- das Anwachsen von Kapitaldienstverpflichtungen und

– das Schrumpfen der Fremdfinanzierungsmöglichkeiten.

Den Zusammenhang zwischen Kapitalbindung und Renditen zeigen folgende Graphiken:

Schaubild 14: Anlage und Working Capital/Umsatz (%)

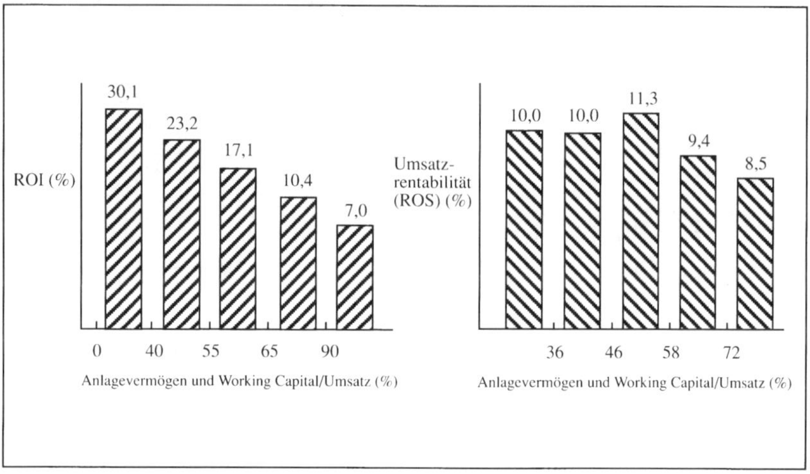

Quelle: Hahn D./Taylor B., Hrsg., S. 190f

76 r) Übermäßige, **einseitige Abhängigkeit** von wenigen Lieferanten, Abnehmern und Finanzierungsquellen. Sonstige schwerpunktartige Abhängigkeiten beispielsweise von Verkaufsregionen, Modetrends, Zeiterscheinungen.

77 s) Eine zu **große Lieferantenzahl** führt leicht zu Versorgungsstörungen, weil die Einwirkungsmöglichkeiten zur Sicherung von termintreuer Lieferung beschränkt sind. Darüber hinaus ist der Verwaltungsaufwand in Einkauf und Warenannahme größer und die Verhandlungsposition schwächer.

78 t) **Mangelhafte Qualitätskontrollen** sowohl beim Wareneingang als auch beim Warenausgang. Qualitätsprobleme können zu allmählichen Kundenverlusten wie auch zu gebündelten Regreßansprüchen führen.

79 u) **Überkapazitäten,** die hohe Fixkostenbelastungen verursachen, können nicht flexibel zur Herstellung oder zum Vertrieb anderer Produkte mit besseren Marktchancen eingesetzt werden.

v) Qualitativ **ungenügende maschinelle und sonstige technische Ausstattung.** Überalterte Anlagen mit schlechtem Wirkungsgrad und hohen spezifischen Fertigungskosten. Rationalisierungsrückstände.

80 w) Der **»After-Sales-Service«** (insbesondere der Kundendienst) ist ein entscheidendes Kriterium für den Zufriedenheitsgrad des Kunden. Treten hier ernsthafte Störungen auf, so führt dies fast zwangsläufig zu einer schwächeren Marktposition des Lieferanten.

81 x) Krisen werden wohl selten durch das betriebliche Finanz- und Rechnungswesen ausgelöst i.S. eines kausalen Zusammenhangs. Allerdings versagt die-

ser Bereich häufig bei der Bereitstellung von Krisenabwehrmechanismen. Beispiele sind:
- fehlende Vorkalkulationen,
- fehlende Nachkalkulationen.

Bilanzierungspraktiken sind als strategische Krisenursachen ebenfalls kaum bekannt. Durch gezielte Manipulationen der Unternehmensführungen und unzureichende Kontrollen der Aufsichtsgremien sind jedoch **Täuschungen** und **Fälschungen** von Bilanzen und Gewinn- und Verlustrechnungen möglich. Diese Praktiken tragen dazu bei strategische, d.h. in der Regel latente Krisen zu verschleiern und die rechtzeitige Initiierung von Gegenmaßnahmen zu verzögern. Beispiele sind: **82**
- Überbewertung von Sacheinlagen,
- Aktivierung von Kosten, ohne daß ein verwertbarer Vermögenszuwachs erreicht wurde,
- Unterlassung von Wertberichtigungen,
- Nicht-Passierung von Verbindlichkeiten oder Auflösung von Rückstellungen trotz bestehender Verpflichtungen,
- falsche Periodenabgrenzungen, insbesondere die Nichtbeachtung des Imparitätsprinzips,
- verspätete Erstellung der Jahresabschlüsse.

y) Quantifizierbare Fehlentwicklungen können in gut geführten Unternehmen durch ein straffes, aber dennoch flexibles Controllingsystem rechtzeitig aufgezeigt werden. Wenn ein solches System fehlt, so hat dies in der Regel keinen Kausalzusammenhang mit einer Unternehmenskrise. **83**
Das **Fehlen eines Controllingsystems** muß aber dennoch als Krisenursache bewertet werden, weil die Unternehmensleitung durch ihr Unterlassen die **systemimmanente Krisengefahr** mißachtet. Gleiches gilt sinngemäß beim Fehlen eines ausreichenden Planungssystems. Integrierte Planungen der wichtigsten betrieblichen Kennzahlen und Funktionen sind dieVoraussetzung für zielgerichtetes Handeln. Das Fehlen solcher (integrierter) Plandaten führt zu unabgestimmtem und **ziellosem Handeln,** dieses aber steht im Kausalzusammenhang mit krisenhaften Entwicklungen.

z) **Zu hohe Gewinnausschüttungen** (Entnahmen) verschlechtern die Bilanzrelationen des Unternehmens und erhöhen dadurch die Abhängigkeit von Fremdkapitalgebern. Die Ermittlung des »richtigen« Gewinnes und die Bemessung des Ausschüttungsbetrages sind Problemfelder, denen sich die betriebswirtschaftliche Forschung seit ihrer Begründung widmet. Es würde den Rahmen dieser Arbeit sprengen, wenn versucht würde, auch nur eine Übersicht über Theorien und Meinungen zu geben. Insoweit wird auf die umfangreiche Literatur verwiesen. Lediglich zwei Gesichtspunkte seien angemerkt: **84**
- Der jährliche Ausschüttungsbetrag sollte den Jahresüberschuß nicht übersteigen (außer in Fällen krasser Überkapitalisierung).
- Zur Vermeidung der **Ausschüttung von Scheingewinnen** (hervorgerufen durch Geldentwertung) sollten Rücklagen für Substanzerhaltung gebildet werden.

za) Generell wird als wesentliche endogene Krisenursache die zu **geringe Eigenkapitalausstattung** angesehen. Sie wird bedrohlich zum einen als Folge an- **85**

haltender Verluste (s. unten: »Endogene Erfolgskrisen«), ist aber zum anderen auch häufigstes insolvenzverursachendes Merkmal der schon in den ersten Jahren nach ihrer Gründung insolventen Unternehmen.
Eine geringe Eigenkapitalquote bedeutet einerseits, daß ein Krisenpolster fehlt und andererseits, daß die Gefahr, unter »**Verschuldungsdruck**« zu geraten, wächst (vgl. *Krystek* 1987, S. 70).

86 Der »Verschuldungsdruck« ist ein recht sicherer Frühwarnindikator. Er wird berechnet als Faktor aus dem Kapitalmarktzins (lang- und kurzfristige Ausleihungen) multipliziert mit dem Reziprokwert der vertikalen Eigenkapitalquote. (Beispiel: Ek-Quote von 8 %; Reziprokwert 12,5)
Die nachfolgende Graphik von *Gruhler* zeigt den Zusammenhang zwischen der Entwicklung des Verschuldungsdruckes und der Insolvenzhäufigkeit:

Schaubild 15: Verschuldungsdruck und Insolvenzhäufigkeit

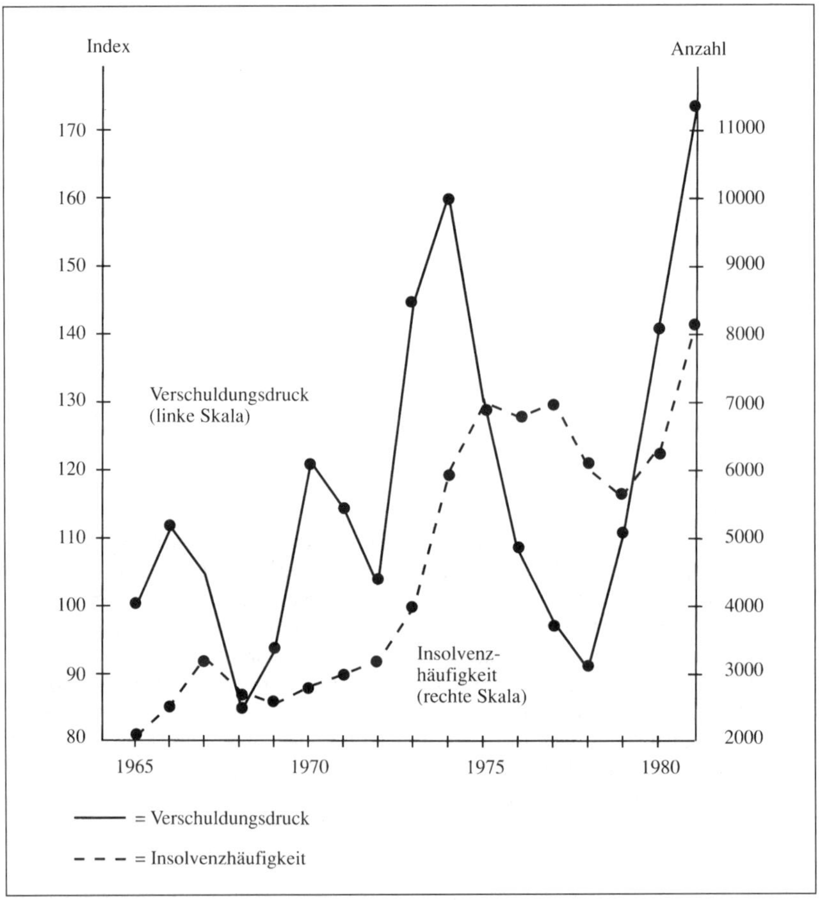

Quelle: Gruhler, S. 29

zb) **Bilanzmanipulation, Bilanzfälschungen, Bilanzkosmetik** führen häufig zu einem Problemstau, der in einer akuten Krise aufbricht. Dies gilt insbesondere auch für nicht konsolidierte Konzerngesellschaften. Abschreibungen auf Beteiligungen werden unterlassen, um die Bilanz der Muttergesellschaft zu schonen. **87**

2.1.2 Endogene Erfolgskrisen

a) **Verzögerte Produktentwicklungserfolge** oder erhöhte Entwicklungskosten durch unerwartet auftretende Probleme. **88**

b) Produkte mit **ungünstigem Preis-Leistungs-Verhältnis** haben diesen Mangel oft schon seit ihrer Entwicklung und Konstruktion. Sie wurden zu aufwendig konstruiert, weil zu viele und/oder zu teure Vormaterialien und/oder zu aufwendige Fertigungsverfahren erforderlich sind.
Der Markt ist nicht bereit, diesen Aufwand zu bezahlen. Das gleiche Problem tritt auf, wenn das eigene, im Grunde wettbewerbsfähige Produkt, subventionierten Importwaren gegenübersteht.

c) Eine **»veraltete« Produktpalette** läßt in der Regel kein gutes Preis-Leistungs-Verhältnis mehr zu, weil »alte« Produkte bereits zu viele Wettbewerber an den Markt gelockt haben. Der Kunde wird mit **Preiszugeständnissen** umkämpft, Gewinne sind kaum mehr zu erzielen; es tummeln sich zu viele Grenzanbieter am Markt. **89**

d) Umsatzrückgänge infolge **überhohter Preisforderungen**. Manche Unternehmer scheinen vergessen zu haben, daß es der Markt ist, der die Preise bestimmt. Sie versuchen erfolglos, ihr ungünstiges innerbetriebliches Kostengefüge durch den Markt »subventionieren« zu lassen, anstatt energisch Kostendämpfungsmaßnahmen zu ergreifen. Der Markt lehnt die überteuerten Produkte ab, der Umsatz sinkt trotz höherer Preise wegen des überkompensierenden Mengenrückgangs. **90**

e) Umsatzexpansion zu **Preisen unter Selbstkosten.** Dabei kann es sich sowohl um bewußt festgesetzte »Kampfpreise« als auch um fehlerhafte, unvollständige oder veralterte Vorkalkulationspreise handeln. Letztgenannte Ursache tritt häufig auf, weil das betriebliche Rechnungswesen vielfach unterentwickelt ist. **91**

f) **Verlustbringende Großprojekte**.

g) **Kostensteigerungen** bei gleichzeitig durch Verträge oder Marktverhältnisse **festgeschriebenen Preisen**. **92**
So besiegelte Anfang der 70er Jahre ein einziger Vertrag (neben schlechtem Finanzmanagement und Entwicklungsverzögerungen) das Schicksal des britischen Nationalmonuments Rolls-Royce. Der Triebwerkhersteller hatte sich, um sich gegen die amerikanische Konkurrenz durchzusetzen, zur Lieferung gegen Festpreise verpflichtet. Unterdessen liefen die Kosten durch Inflation und Konstruktionsprobleme davon.

h) **Umsatzrückgänge** führen regelmäßig zu **verminderter Fixkostendeckung** und damit zu schlechteren Ergebnissen. Die Gründe der Umsatzrückgänge sind sehr vielfältig. Ohne Anspruch auf Vollständigkeit werden einige der besonders interessanten angeführt: **93**

- fehlende Qualitätszeichen am Produkt (Stempel von TPV, IAS, GS),
- Komfortdefizit des Produktes (unhandliche, komplizierte Bedienung),
- geringe Produktdifferenzierung,
- falsche Preispolitik, möglicherweise als Konsequenz eines nicht marktadäquaten Kalkulationsschemas,
- Veröffentlichung schlechter Testergebnisse.

94 i) Bei stark diversifizierten Unternehmen kommt es immer wieder vor, daß **einzelne Sparten Verluste** einbringen. Sie können häufig, das ist auch einer der wichtigsten Diversifikationszwecke, durch Gewinne anderer Sparten ausgeglichen werden. Sobald aber die mit Gewinn arbeitenden Sparten ebenfalls in Schwierigkeiten geraten, kann es für das Gesamtunternehmen kritisch werden.

95 j) **Aufkäufe maroder Firmen**, deren negatives Ergebnis das der Muttergesellschaft verschlechtert.

k) Falsche oder stark eingeschränkte **Werbemaßnahmen** können insbesondere bei Konsumartikeln zu erheblichen Umsatzrückgängen führen.

96 l) Eine der häufigsten Krisenursachen liegt in einer **schlechten Materialwirtschaft**. Die Erscheinungsformen sind vielfältig, sie lassen sich aber meist auf wenige Grundprobleme reduzieren:

- zu **hohe Warenbestände**
  Bestände verursachen durch Zinsen, Alterung, Schwund, Lagerung, Transport, Überwachung usw. (selbst bei mäßigem Zinsniveau) Kosten von 20–25 % des Anschaffungs- oder Herstellungswertes pro Jahr.
- technisch oder qualitativ **veraltete Warenbestände**
- **falsch strukturierte Warenbestände**

Die tieferen Ursachen sind fast immer Qualifikationsmängel der Verantwortlichen, Nachlässigkeit wegen fehlenden Problembewußtseins, schlechte Organisation.

97 m) **Überhöhte Personalkosten** sind eine weit verbreitete Krisenursache. Sie ergeben sich entweder aus einer

- zu hohen Beschäftigtenzahl oder aus
- zu hohen Pro-Kopf-Aufwendungen.

Die tieferen Ursachen sind vielfältig:

- falsche Personalplanung,
- Besserungshoffnungen, die dazu verleiten, Personal zu halten,
- fehlendes Durchsetzungsvermögen der Unternehmensleitung,
- fehlende Konfliktbereitschaft,
- falsche Entlohnungspolitik,
- ungünstige Personalstruktur, der Kündigungen erschwert,
- Kündigungen, die aus juristischen Gründen unwirksam blieben.

98 n) **Überproportional steigende Organisations- und Verwaltungsaufwendungen** wegen unzureichender Bewältigung neuartiger organisatorischer Aufgaben bei Wachstumsschüben.

o) **Hohe Zinslasten** als Produkte aus großem Kreditvolumen und/oder hohen Zinssätzen.

p) Ungenügende Abdeckung **betrieblicher Risiken** (Forderungsausfälle, Feuer, Betriebsunterbrechung, Hochwasser, Vertrauensschäden, Haftpflicht) durch Versicherungen. **99**
q) **Betrügereien, Unterschlagungen, Bestechlichkeit**, namentlich von Einkäufern und Buchhaltern, können neben Erfolgskrisen auch akute Liquiditätskrisen hervorrufen.

2.3.1 Endogene Liquiditätskrisen

a) Das Gebot der **Fristenkongruenz** wurde nicht beachtet. Langfristige Investitionen wurden kurzfristig finanziert. **100**
b) Es wurden **keine Liquiditäts-/Finanzierungsreserven** für unerwartete Kapitalbedarfe vorgesehen.
c) **Schlechte Finanzdisposition** mit gebündelten (Wechsel-)Fälligkeiten.

d) Bei **unzureichender Debitorenüberwachung** und entsprechendem Mahnwesen steigt regelmäßig der Forderungsbestand, bindet Liquidität und verlangt zusätzliche Kapitalbereitstellung. **101**
e) Die **Hingabe ungesicherter Kredite**, besonders an ausländische Abnehmer, bringt die latente Gefahr von Liquiditätskrisen bei Forderungsausfällen.

f) Zu **große Investitionen,** insbesondere auch in unproduktiven Bereichen (Verwaltung, Lager), die bei Umsatzrückgängen nicht amortisiert werden können. **102**
g) **Pessimistische Äußerungen** von Geschäftsleitungsmitgliedern führen zum Vertrauensschwund bei Geschäftspartnern und beeinträchtigen die Kreditwürdigkeit. Die gleiche Reaktion tritt ein, wenn die Gesellschafter den Gläubigern Kreditsicherheiten entziehen.

h) Eigenkapital wird durch **Kündigung des Gesellschaftsvertrages** entzogen. **103**
i) Gesellschaftsdarlehen werden bei **Streitigkeiten der Gesellschafter** untereinander aufgekündigt.
j) Aufkäufe maroder Firmen verursachen **Liquiditätsabflüsse** nicht nur zur Begleichung der Kaufpreise, sondern auch zur Stützung der Beteiligungsgesellschaft.

k) **Wachstumsschübe oder Großprojekte** führen zu erhöhten Forderungs- und Warenbeständen, die vorfinanziert werden müssen. **104**
l) Wenn Absatzrückgänge nicht entsprechende Produktionsanpassungen zur Folge haben, entstehen **höhere Bestände**, die zusätzliches Kapital binden. Das gleiche Problem tritt auf, wenn aufgrund von Fehlplanungen die falschen Produkte aufs Lager genommen werden.

m) Kurzfristig auftretende, wenn auch vorübergehende Absatzstockungen können zu Liquiditätskrisen bei schwach finanzierten Unternehmen führen. Eine Absatzstockung kann schon durch die vorzeitige Ankündigung eines verbesserten Produktes eintreten. Die Kunden **stellen ihre Kaufabsichten zurück**, weil sie nicht mehr das veraltete, sondern nur gleich das neue Produkt erwerben wollen. Sofern es in dieser Phase zu Verzögerungen im Fertigungsanlauf kommt, treten Finanzierungslücken auf. **105**

2.2 Exogene Krisen

106 Die »schlechteWirtschaftslage«, die »ausländische Konkurrenz«, das »hohe Zinsniveau«, die »maßlosen Lohnforderungen« sind die wohl am häufigsten bemühten Ursachen von Unternehmenskrisen. Indessen läßt sich immer wieder feststellen, daß von **Branchenkrisen keineswegs alle Anbieter** gleichermaßen erfaßt werden. Die einen gehen zugrunde, während die anderen ihre Position auch in der Rezession ausbauen und (relativ) gestärkt daraus hervorgehen. Dies läßt im Grund nur einen Schluß zu:

> Eine allgemeine Rezession oder Branchenkrise hebt die **Meßlatte des wirtschaftlichen Erfolgs höher**. Unternehmen, die aufgrund ihrer Konstitution sowie der Qualifikation und Motivation ihrer Führung und Belegschaft nicht in der Lage sind, den erhöhten Anforderungen zu genügen, bleiben unter der Meßlatte und müssen deshalb aus dem Markt ausscheiden. **Die Rezession ist die »Stunde der Wahrheit«**.

Exogene Einflüsse sind erfahrungsgemäß nur sehr bedingt als eigentliche Ursachen einer Unternehmenskrise verantwortlich. In aller Regel lösen exogene Einflüsse die latent vorhandenen Krisen nur aus. Trotz dieser Einschränkung werden im folgenden die wesentlichen und häufig genannten exogenen Krisenursachen dargelegt.

2.2.1 Exogene strategische Krisen

107 a) **Veränderungen im Kaufverhalten** der Konsumenten, die durch gesellschaftspolitische oder publizistische Strömungen ausgelöst werden. Beispiele sind die jähe Unterbrechung der »Kunststoffeuphorie« 1974 als Folge des Ölschocks oder die seit Beginn der 80er Jahre gewachsene Bedeutung der **Umweltverträglichkeit** von Industrieprodukten (neuerdings als »medium und macro marketing-Unzufriedenheit« bezeichnet).

108 b) **Sinkende reale Kaufkraft** der Konsumenten oder von Konsumentengruppen als Folge von sinkenden Reallöhnen oder Arbeitslosigkeit.

c) **Kontraktive gesamtwirtschaftliche Entwicklungen** (Rezessionen) mit zahlreichen Ursachen-/Wirkungskomponenten wie Überkapazitäten, Rückgang der Investitionsneigung, politischen Krisen, schrumpfenden Märkten, Geldmengenentwicklung, Höhe der Leitzinsen, Gewerkschaftsforderungen, Handelsbilanzen, Wahlergebnisse, Bevölkerungswachstum.

109 d) Veränderungen in der **Politik der Vorratshaltung** der Marktteilnehmer verstärken die **Konjunkturzyklen**. Die Pufferfunktion der Lagerhaltung spielt eine Nebenrolle. Der **»Lagerzyklus«** wirkt hinsichtlich der Konjunktur also prozyklisch und kann Absatzkrisen verschärfen.

e) **Saisonschwankungen** die über die in der Vergangenheit beobachteten Ausschläge hinausgehen.

f) **Marktsättigungen** treten auf bei Produkten, die weder modeabhängig sind noch deren Nutzen sich durch technische Fortentwicklung verbessert und die darüber hinaus keinem Verschleiß unterliegen (z.B. Fernsehantennen).

110 g) **Extreme Abhängigkeit** von einem Abnehmer oder einer Branche kann leicht zum Lieferantenkonkurs führen, wenn die Kunden zusammenbrechen oder in eine Krise geraten. 1984 mußte die Sattelfabrik Denfeld GmbH & Co. KG Konkursantrag stellen, nachdem zuvor die Kunden Kreidler (1982), Maico

(1983) und Zündapp (1984) zusammengebrochen waren. Denfeld war Erstausstatter aller namhaften deutschen Motorradhersteller. Von diesen konnte aber nur einer, nämlich BMW, mit der ausländischen Konkurrenz mithalten.

h) **Branchenkrisen** werden hervorgerufen durch Billigimporte, Substitutionsprodukte, Beschaffungsprobleme oder gesetzgeberische Maßnahmen. So gerieten die deutschen Bürostuhlhersteller zu Beginn der 80er Jahre in eine freilich leicht vorhersehbare Absatzkrise, weil aufgrund der gesetzlich verordneten Umstellung von 4strahligen auf 5strahlige Drehfüße viele Verwender gleich neue Stühle gekauft hatten und der Stuhlbestand in den Verwaltungen relativ jung war. Es handelte sich mithin Anfang der 80er Jahre nur um eine Umsatzlücke als Folge der Ende der 70er Jahre vorgezogenen Beschaffungen. **111**

i) **Wechselkursänderungen** können die Absatz- oder Beschaffungsmöglichkeiten auf den Weltmärkten entscheidend verändern.

j) Auf den Beschaffungsmärkten drohen Versorgungsschwierigkeiten bei **Kartellbildungen, politischen Krisen, militärischen Auseinandersetzungen**. Die Abnahme der geologischen Reichweite wichtiger Industrierohstoffe stellt ein strategisches Risiko dar. Häufig treten time-lags auf, die den Ursache-Wirkungs-Zusammenhang verdecken. **112**
So könnte beispielsweise gezeigt werden, daß Streiks in der amerikanischen Stahlindustrie mit einjähriger Verzögerung den Auftragsbestand der europäischen Stahlindustrie beeinflussen. Der Ursache-Wirkungs-Zusammenhang ist außerdem dann schwer erkennbar, wenn es sich nur um schwache Signale (vgl. B 112.) handelt.

2.2.2 Exogene Erfolgskrisen

a) Plötzliche, **politisch induzierte Rohstoffverteuerungen** sind nicht aufzufangen. **113**

b) **Streiks** bei Kunden, bei Lieferanten oder im eigenen Haus können zu schweren Schäden führen.

c) **Katastrophen**, Hochwasser, Schadenfeuer, Unfälle und – immer bedeutender – Produzentenhaftung und Betreiberhaftung.

d) Das Ansteigen der **Leitzinsen**, erhöhte **Kreditnachfrage** oder **Verknappung der Geldmenge** führen zu Kreditverteuerungen. **114**

e) **Hohe Tarifabschlüsse** verteuern insbesondere arbeitsintensive Fertigungsverfahren. Knappheitserscheinungen am Arbeitsmarkt, beispielsweise bei Fachkräften, verteuern tendenziell die entsprechend qualifizierte Arbeitskraft.

f) Probleme können entstehen, wenn Wettbewerber die **Patent- oder Markenrechte verletzen**. Oft ist es schwierig, den Schädiger zu ermitteln und Nachweis zu führen. **115**

g) **Fiskalische Maßnahmen** aus ordnungspolitischen Gründen, § 7 b-Aussetzung, § 6 b-Diskussion oder zur Konjunktursteuerung.
Investitionssteuer, Investitionshilfe verschieben Kaufzeitpunkte. Subventionsangebote oder deren Abbau verschieben Marktgleichgewichte.

h) Das Auftreten von **Billigpreiskonkurrenten** kann zum Umsatzeinbruch und/oder Preisverfall, beides mit der Folge vonVerlusten, führen. Billigpreiskonkurrenten treten auf, weil sie mit Kampfpreisen Marktanteile erobern wollen, **116** kostengünstigere Fertigungsbedingungen oder Rohstoffquellen besitzen, Währungsvorteile nutzen können, subventioniert werden oder schlicht falsch kalkulieren.

i) **Substitutionsprodukte** können zu heftigen Markt- und Präferenzverschiebungen führen.

j) Auslandsmärkte gehen durch **dirigistische Eingriffe**, Blockaden, Boykotte, Kriege, Nationalisierungsbestrebungen, Wechselkursverschiebungen, Importverbote verloren.

2.2.3 Exogene Liquiditätskrisen

117 a) Durch **Namensgleichheit** eines Unternehmens mit Personen oder Institutionen, die »ins Gerede kommen«, können Mißtrauenswellen ausgelöst werden. Solche Fälle sind allerdings sehr selten. Aufsehen erregte 1963 die durch Namensgleichheit hervorgerufene Insolvenz der Hugo-Stinnes-Bank.

b) In anderen Fällen, wie dem der BCT Computer AG, scheinen die **»außerordentlich abträglichen Berichte in Wirtschaftsmagazinen«**, die einen »finanziellen Teufelskreis« ausgelöst hatten, durchaus die Unternehmenssituation richtig geschildert und die latente Krise nur ausgelöst zu haben.

c) Bei **ungeprüfter Kreditvergabe** und nachlässiger Debitorenüberwachung steigt die Gefahr von Forderungsausfällen. Dies gilt in besonderem Maße bei langen Zahlungszielen und hohen Einzelrisiken, in Krisenbranchen, Rezessions- und Hochzinsphasen.

3. Ursachengruppen und Krisentypen

118 Die zahlreichen, als Krisenursachen wirkenden Strukturmerkmale und Handlungsmuster wurden auch von *Hauschildt* gesammelt und systematisch mit Hilfe einer Clusteranalyse verdichtet. Sie bilden nach Überzeugung der Verfasser der vorliegendenArbeit die **vorherrschenden Grundtypen von Krisenunternehmen** zutreffend ab. Deshalb werden im nachfolgenden die Ergebnisse der Arbeit von *Hauschildt* fast ungekürzt dargestellt: (Quelle: Hauschildt, S. 7–13)

3.1 Mißerfolgsursachen und Mißerfolgssegmente

Schaubild 16: Mißerfolgsursachen und Mißerfolgssegmente 119

Viele Mißerfolgsursachen sind janusköpfig – ein Zuviel und Zuwenig erscheint den Kritikern als gleichermaßen schädlich. Derartige Effekte wurden durch einen Schrägstrich gekennzeichnet.

1. Person des Unternehmers
- Ein-Mann-Regiment.
- Starres Festhalten an früher erfolgreichen Konzepten.
- Entscheidungsschwäche, umgekehrt: Politik der vollendeten Tatsachen.
- Fluktuation des Managements.

2. Führungsfehler
- Zentralistischer Führungsstil, mangelnde Delegation.
- Koordinationsmängel.
- Fehlende Kontrolle, Konfliktscheu.

3. Organisation oder Konsituation
- Unübersichtliche Organisation.
- Fehlen organisatorischer Anpassung.
- Zu großspurige Umstrukturierungen.
- Rechtsformnachteile.
- Konflikte mit Arbeitnehmern.

4. Überhastete Expansion
- Fanatisches Streben nach Umsatzerhöhung oder Marktanteilsausweitung.
- Aufbau von Leerkapazitäten.
- Unkritisches externes Wachstum.
- Zu früher Start mit nicht fertig entwikkelten Produkten.

5. Mängel im Absatzbereich
- Unzeitgemäße Produkteigenschaften, zu hohe/zu niedrige Qualität.
- Zu breites/zu schmales Programm, kein bewußtes Portfolio.
- Falsche Hochpreispolitik/falsche Niedrigpreispolitik.
- Keine Wertsicherung, keine Gleitpreise.
- Mängel des Vertriebsweges

6. Mängel im Produktionsbereich
- Veraltete/zu neue, noch unerprobte Technologie.
- Hoher Produktionsausschuß.
- Mangelhafte Fertigungssteuerung bei zersplitterter Produktion.
- Zu starre Bindung an eine einzige Produktfamilie/sprunghafter Wechsel der Produktion.
- Unwirtschaftliche Eigenfertigung statt Fremdbezug.

7. Mängel in der Beschaffung und Logistik
- Starre Bindung an Lieferanten und Rohstoffquellen.
- Politische und Währungsrisiken bei Rohstoffimport.
- Großlager am falschen Standort.
- Bau statt Biete von Gebäuden
- Verquickung von Beschaffung mit Gewinnverwendung.
- Nepotismus, Ämterpatronage.
- Unangemessener patriarchischer Führungsstil.
- Unkündbarkeit, Krankheit, Tod.

8. Mängel im Personalwesen
- Fehlende Personalplanung.
- Schnelle Entlassung unbequemer Mitarbeiter.
- Scheu vor Belegschaftsabbau.
- Konfliktscheu und mangelnde Härte bei Verhandlungen über Löhne, Gehälter, Sozialpläne, Sachbezüge.
- Unsachgemäße Sparsamkeit bei leistungsfähigen Mitarbeitern.

9. Mängel im Investitionssektor
- Fehlendes Investitionskalkül.
- Fehleinschätzung des Investitionsvolumens.
- Koordinationsmängel bei der Investitionsabwicklung.
- Zu frühe/zu späte Investition.
- Unterlassen von Investitionen (Investitionsmüdigkeit/unzweckmäßige Investitionshektik).

10. Mängel in der Forschung und Entwicklung
- Zu geringe F + E-Tätigkeit, keine Portfoliopflege.
- F + E ohne Konzeption.
- Deteilbesessenheit.
- Mangelnde Sachkontrolle/zu starke Kontrolle.
- Starres Budgetdenken.

11. Mangel an Eigenkapital
- Hohe Zinsbelastung.
- Niedrige Kreditwürdigkeit.
- Keine Möglichkeit des Verlustausgleichs.
- Überschätzung der Rücklagen.
- Mangelnde Fristenkongruenz im Langfristbereich.

12. Mangelhaftes Planungs- und Kontrollsystem
- Fehlen eines konsolidierten Abschlusses.
- Defekte in Kostenrechnung und Kalkulation.
- Mangelhafte Erfolgsaufschlüsselung (nach Sparten, Produkten, Kundengruppen, Filialen et cetera).
- Fehlende Finanzplanung.
- Mangelhafte Projektplanung.

Quelle: Hauschildt, S. 7 f.

3.2 Gesamtbild aller untersuchten Krisenunternehmen

120 Das Schaubild zeigt jenes Bild, das sich als Gesamtergebnis aller in die Untersuchung einbezogenen »Miß-Management-Porträts« ergibt.

Schaubild 17 a: Relative Häufigkeit der Erfolgssegmente in ausgewählten Miß-Management-Porträts

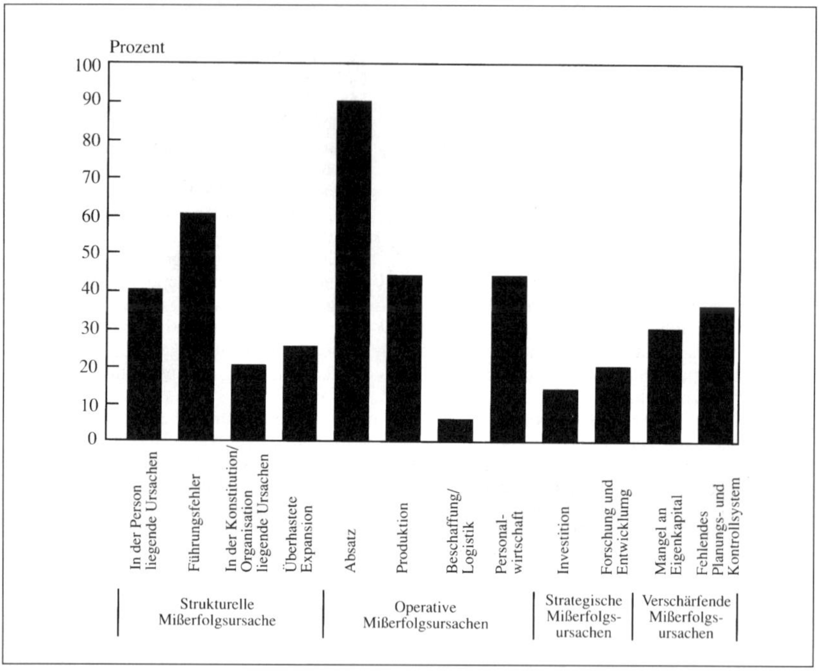

Quelle: Hauschildt, S. 7

Im folgenden sind die Relativen Häufigkeiten der Mißerfolgssegmente in den vier wichtigsten Grundtypen dargestellt.

3.3 Typ 1: Das Unternehmen auf brechenden Stützpfeilern

Schaubild 17 b: Relative Häufigkeit der Mißerfolgssegmente im Miß-Management-Typ 1 **120 a**

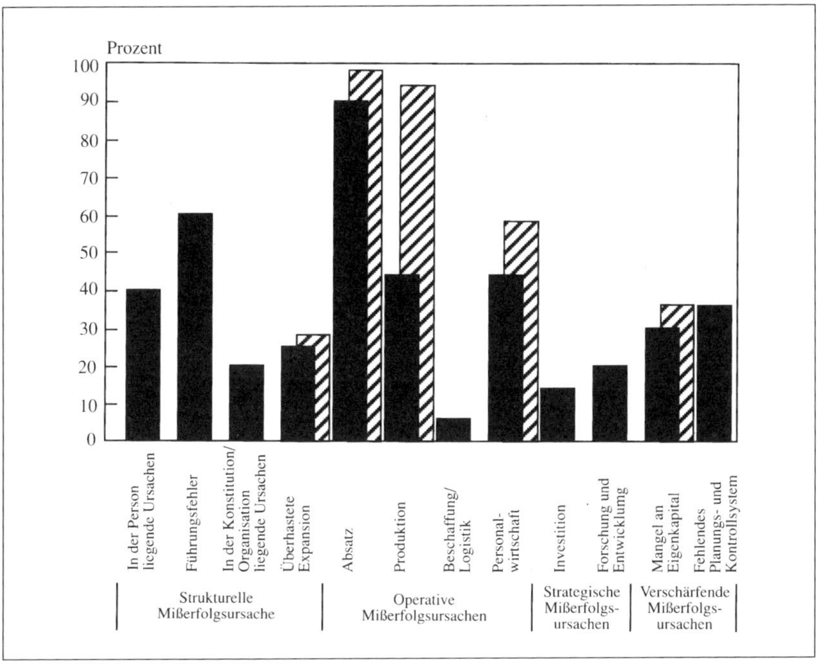

Quelle: Hauschildt, S. 10

3.4 Typ 2: Das technologisch gefährdete Unternehmen

120 b *Schaubild 17 c:* Relative Häufigkeit der Mißerfolgssegmente im Miß-Management-Typ 2

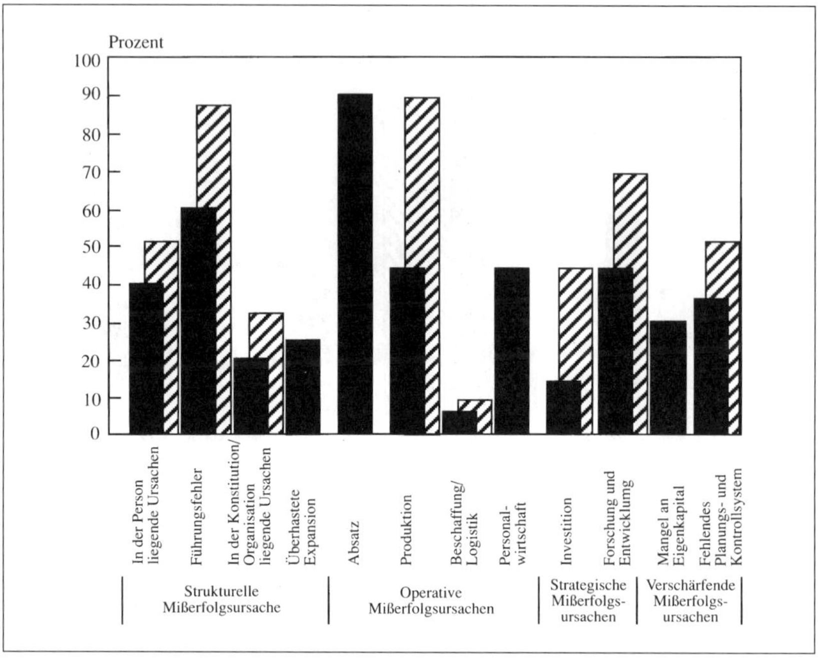

Quelle: Hauschildt, S. 11

3.5 Typ 3: Das unvorbereitete expandierende Unternehmen

Schaubild 17 d: Relative Häufigkeit der Mißerfolgssegmente im Miß-Management-Typ 3. **120 c**

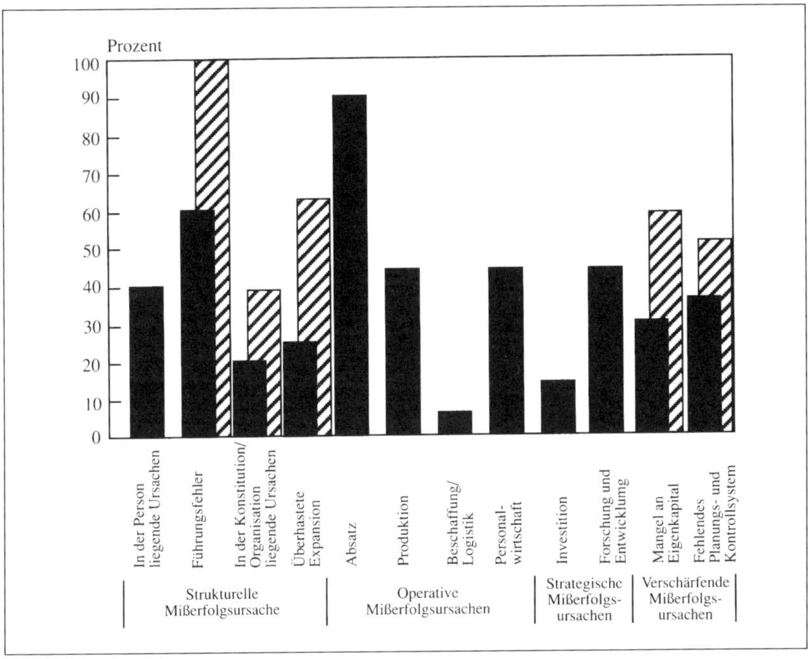

Quelle: Hauschildt, S. 12

3.6 Typ 4: Der konservative, starrsinnige und uninformierte Patriarch

120 d *Schaubild 17 e:* Relative Häufigkeit der Mißerfolgssegmente im Miß-Management-Typ 4.

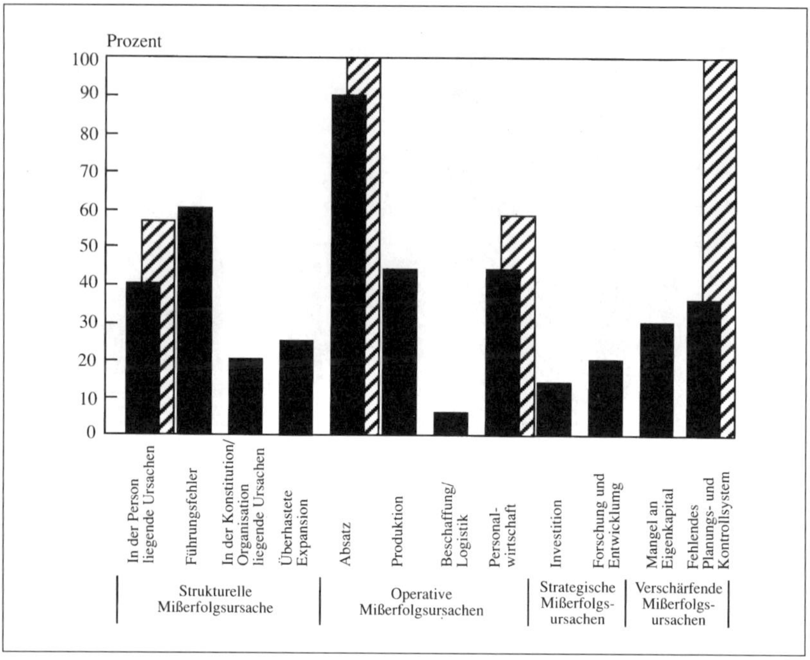

Quelle: Hauschildt, S. 13

4. Exkurs: Die Rolle der Banken

121 Die Frage, inwieweit **Kreditrestriktionen** von Banken Unternehmenszusammenbrüche verursachen, wird sehr kontrovers diskutiert.

Kritiker werfen den Banken vor, sich zunächst selbst Sicherheiten zu beschaffen und dann, sobald das Restrisiko überschaubar ist, den Kreditsuchenden seinem Schicksal zu überlassen. Bissig formuliert heißt es dann, Banken seien Institutionen, die einen Regenschirm anbieten, wenn die Sonne scheint, und ihn wieder einziehen, sobald es regnet.

Die Zeitschrift »Impulse« brachte im Jahre 1981 eine dreiteilige Serie unter dem Titel »Der vermeidbare Konkurs« (*Impulse* 1981 a, Hefte 5, 6, 7). Darin wurde der Zusammenbruch eines mittelständigen Unternehmens geschildert. Der Leser mußte bei dieser Berichterstattung den Eindruck gewinnen, daß der Konkurs des Unternehmens hauptsächlich auf die Inkompetenz und Rücksichtslosigkeit der Hausbank zurückzuführen sei. Die wesentlichen Vorwürfe an die Hausbank waren:

- die Bank habe bereitwillig und unkritisch die Expansion des Unternehmens finanziert,

- die hohen Kredite hätten der Bank dann die Möglichkeit zu massiver Einflußnahme gegeben,
- auf Druck der Bank habe die Geschäftsleitung dann eine Sanierung mit Unternehmensberatern versuchen müssen,
- dies sei gescheitert, nicht zuletzt wegen der Kungeleien zwischen Unternehmensberatern und Bank,
- schließlich seien die Konten gesperrt und der Konkurs damit unvermeidlich geworden.

Diesen exemplarisch genannten Vorwürfen entgegnen Bankvertreter (z.B. *Herrhausen*) mit folgenden Argumenten: **122**

- Banken verleihen nicht ihr eigenes Geld, sondern das ihrer Kunden. Sie stehen deshalb einem Dritten gegenüber in Verantwortung.
- Banken stellen keinen Kredit fällig und bedrohen damit die Existenz des Kreditnehmers. Sie kündigen vielmehr, wenn und weil seine Existenz bedroht und damit der Bestand der aus ihren Einlagen finanzierten Forderungen gefährdet ist.
- Banken sind nicht dazu da, Grenzanbieter durch immer neue Finanzspritzen künstlich am Leben zu erhalten und dadurch möglicherweise den Wettbewerb zu verzerren.
- Banken dürfen sich nicht dem Vorwurf aussetzen, den Konkurs verschleppt und damit andere Gläubiger sittenwidrig benachteiligt zu haben.

Neben den geschilderten konträren Standpunkten ist das Ergebnis einer Untersuchung von Interesse, die *Reske* (in *Schimmelpfeng* 1977, S. 48) vorgenommen hat. Er kam zu dem Schluß, daß »sich der Bankensektor sicherlich **nicht als einer der wesentlichen Entstehungsbereiche** betrieblicher Insolvenzgefährdung« darstellt. »Maßnahmen der Kreditinstitute verstärkten ... meist nur bereits wirkende andere Insolvenzursachen. Sie wurden ... fast ausschließlich ... erst in einem schon relativ weit fortgeschrittenen Stadium des Insolvenzprozesses wirksam.« **123**

Interessant ist in diesem Zusammenhang, daß nach den Feststellungen von *Hielscher* (WiSt 1979, S. 308–315) die Kreditinstitute von den ihnen zur Verfügung stehenden Instrumenten **124**

a) Gespräche mit dem Kreditnehmer,
b) Auskunft,
c) Betriebsbesichtigungen,
d) Kreditstatus,
e) Jahresabschluß,
f) Kennzahlen aus d) und e),
g) Finanzpläne

im allgemeinen nur

- das Gespräch mit dem Kreditnehmer und
- die Jahresabschlußanalyse sowie die dabei gebildeten Kennzahlen einsetzen.

Woeste (ZfB 1977, S. 228, 229) nennt »Symptome«, die von Kreditinstituten als Indikatoren für eine negative Entwicklung angesehen werden: **125**

- schlechte Konjunkturentwicklung,
- schlechte Branchenaussichten,
- verspätete und lückenhafte Rechnungswerke,

- Unzulänglichkeiten im Management,
- geringe Ertragskraft,
- geringe Kapitalausstattung,
- fehlende Fristenkongruenz,
- sprunghafte Umsatzentwicklung,
- zu viele oder zu wenige Investitionen,
- Vernachlässigung von Forschung, Entwicklung, Werbung,
- einseitige Abhängigkeiten des Unternehmens,
- Umstrukturierungen und Verschachtelungen zur Haftungsbeschränkung,
- Veränderungen der Zahlungsweise,
- starker Anstieg der Kundenforderungen und Vorräte,
- starker Anstieg der Lieferanten-(Akzepte-)verbindlichkeiten,
- plötzlicher Mehrkreditbedarf,
- verwehrte Anfragen über die Bonität,
- Verschlechterung der Qualität des Wechselmaterials.

IV. Ausgewählte Analyseverfahren

1. Quantitative Verfahren

1.1 Gesamtwirtschaftliche Daten

126 Diese Daten sind in erster Linie erhältlich über das Statistische Bundesamt
Auslieferung: Verlag Metzler-Poeschel
Holzwiesenstraße 2
72127 Kusterdingen

die Deutsche Bundesbank
Pressestelle
Postfach 10 06 02
60006 Frankfurt/Main
Tel. 0 69/9 56 61

das Institut der deutschen Wirtschaft
Auslieferung: Deutscher Instituts-Verlag GmbH
Gustav-Heinemann-Ufer 84–88
50968 Köln

1.2 Branchen- und Marktdaten

127 Die erste grobe Differenzierung nach Industriezweigen liegt den Veröffentlichen des Statistischen Bundesamtes zugrunde. In den Schaubildern 10 a, 10 b und 10 c sind beispielhaft Grafiken zu Kosten- und Leistungsgrößen verschiedener Industriezweige dargestellt.
Feiner differenzieren Wirtschaftsverbände, die aus Befragungen und regelmäßigen Erhebungen der betriebswirtschaftlichen Daten ihrer Mitglieder die **Branchen- und Marktentwicklung** darstellen.
Verschiedene Institutionen (z.B. das RKW Frankfurt) haben sich auf die Erarbeitung von **Branchenvergleichen** spezialisiert. Darüber hinaus geben Banken entsprechende Publikationen heraus.

Eine weitere Möglichkeit zur Standortbestimmung besteht in der **Analyse veröffentlichter Unternehmensabschlüsse.** Da aber nicht alle der Pflicht zur Veröffentlichung ihrer Abschlüsse unterliegen, sind die daraus gewinnbaren Informationen unvollständig. Die Analyse veröffentlichter Daten ist außerdem mit erheblichen Interpretationsunsicherheiten verbunden.

Das Bilanzrichtliniengesetz vom 19. 12. 1985 hat den Kreis der publizitätspflich- **128**
tigen Unternehmen wesentlich erweitert.
Die Erwartungen hinsichtlich einer erheblich größeren Zahl von Veröffentlichungen wurden nach eigenen Beobachtungen jedoch nicht erfüllt.

Zum einen schränkt die Herausnahme der Personengesellschaften, insbesondere **129**
der Kommanditgesellschaften, den Kreis der publizitätspflichtigen Unternehmen ein, zum anderen ist festzustellen, daß insbesondere kleinere GmbH ihre Veröffentlichungspflicht nicht erfüllen.

1.3 Absatzwirtschaftliche Unternehmensdaten

1.3.1 Auftragseingänge

Für Auftragseingänge, Auftragsbestände und Umsätze gilt gleichermaßen das **130**
Primat der **Aktualität**. Die Daten sollten täglich, längstens im Wochenrhythmus erstellt werden. Für einen retro- und prospektiven Mehrjahresvergleich im Rahmen der Krisenanalyse genügen Monats- oder Quartalswerte.
Bei der Prognose der weiteren Entwicklung stützt man sich zunächst auf **Trendextrapolationen**. Wenn eine große Zahl externer und interner Einflußfaktoren zu berücksichtigen ist, dann sind **Korrelationsrechnungen** erforderlich, um die zwischen den verschiedenen Faktoren bestehenden Beziehungen zu erfassen. Darüber hinaus sind **Regressionsrechnungen** geeignet, die Zusammenhänge zwischen den umsatzbestimmenden Einflußgrößen und dem Umsatz selbst mathematisch korrekt und zugleich praktikabel zu erfassen (zu den mathematischen Grundlagen vgl. *Müller-Merbach*).
Reichmann/Lachnit (in *Albach* ZfB 1979, S. 70) haben, mit zahlreichen weiteren Literaturhinweisen, ein leicht verständliches Absatzprognosemodell beschrieben.

1.3.2 Erlöse

Durchschnittserlöse und -rabatte geben Hinweise auf Verlustquellen. Bei ihrer **131**
Berechnung müssen Freimuster, Gutschriften und andere **Erlösschmälerungen** einbezogen werden.

1.3.3 Umsätze

Im Falle von Umsatzrückgängen (oder nur durch Preiszugeständnisse gehaltenen **132**
Umsätzen) kommt den Informationen, die als **Kundenreklamationen** oder -beschwerden auf den Hersteller treffen, größte Bedeutung zu.
Deshalb wird seit einigen Jahren empfohlen (vgl. *Hansen* in *Albach* ZfB 1979, S. 120), alle nicht produkt- oder serviceverbessernden Versuche zur Minimierung von Beschwerden zu unterlassen und statt dessen die Verbraucher zur Äußerung zu ermutigen. Die psychischen Barrieren des Beschwerdevorganges sollten abgebaut (z.B. durch gebührenverbilligtes Telefonieren im Service 130 oder beigepackte Beurteilungsabrisse) und die Beschwerdeinformationen standardisiert werden, um vergleichbare Daten in statistisch ausreichender Zahl zu erhalten.

Bei der Prognose der künftigen Umsatzentwicklung ist allerdings ein ganz wesentlicher Gesichtspunkt zu beachten, auf den *Rinklin* (S. 73) schon 1960 hingewiesen hat: »Ist eine Umsatzprognose ... schon bei einer gesunden Unternehmung mehr als bedenklich, dann ist sie bei notleidenden Unternehmungen gänzlich absurd, weil hier wirksame Sanierungsmaßnahmen notwendig sein können, deren Durchführung eine tiefgreifende Zäsur in der kontinuierlichen Entwicklung der Unternehmung mit sich bringt.«
Dieser Feststellung bleiben nur zwei Bemerkungen hinzuzufügen.

a) Durch die Intensivierung der Kommunikation breiten sich Neuigkeiten heute schneller und dichter aus. Eine abrupte Trendänderung ist deshalb noch eher zu erwarten.
b) Die Umsatzprognose in dieser Unternehmensphase mag man zwar als »absurd« einstufen. Sie ist aber unabdingbar.

1.4 Produktspezifische Daten

1.4.1 Lebenszyklus eines Produktes

133 Die Analyse der Lebenszyklen von Produkten ist eine zentrale Aufgabe im Rahmen der Unternehmenssanierung. Sie drückt sich aus in einer Unternehmenstheorie, die die **Unternehmung als »Umhüllung ihrer wichtigsten Produkte«** sieht (*Mertens/Rackelmann* in *Albach* ZfB 1979, S. 70).
Der Lebenszyklus wird idealtypisch in einem Kurvendiagramm dargestellt. Die Abszisse zeigt die Lebensjahre, auf der Ordinate werden Umsätze oder Dekkungsbeiträge ausgewiesen. Das Schaubild 18 zeigt den Lebenszyklus eines Produktes in 4 Phasen. Verschiedentlich werden auch 5-Phasen-Modelle vorgeschlagen.
Aus dem beispielhaft dargestellten Lebenszyklus ist erkennbar, daß das Produkt die **Reifephase** durchschritten hat und in die **Degenerationsphase** eintritt.

134 »Im Lebenszyklus manifestieren sich Mode-, Geschmacks- und Stilwandlungen ebenso wie der technische Fortschritt und die technische oder psychologische Veralterung« (*Nieschlag/Dichtl/Hörschgen* 1975, S. 170). Es sind die Lebenszyklen und gegenwärtigen Phasen der für den Gesamtumsatz und das Unternehmensergebnis wichtigsten Produkte aufzuzeigen.
Die Kurve wird zunächst aus Vergangenheitswerten gebildet und anschließend durch Schätzung weitergeführt.
In der Spezialliteratur werden mathematische Prognoseverfahren beschrieben (*Mertens/Rackelmann* in *Albach* ZfB 1979 m.w.N.).

Schaubild 18: Schematische Darstellung der Beziehungen zwischen Umsatz- und Deckungsbeitragskurve

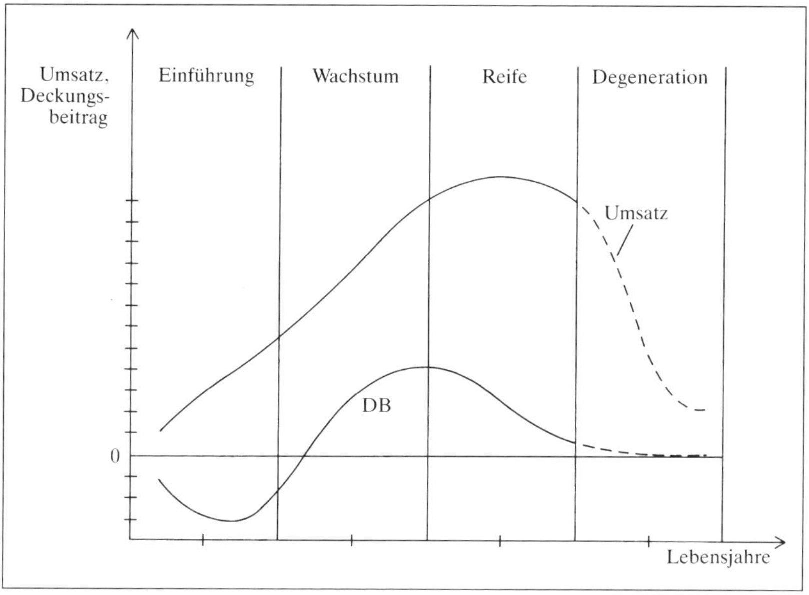

Quelle: Nieschlag/Dichtl/Hörschgen S. 170

Die Entwicklung und Markteinführung neuer Produkte führt in der Regel zunächst zu **Mittelabflüssen.** Liquiditätsprobleme sind nicht selten auf solche Phasen zurückzuführen. Sie sichtbar zu machen kann helfen, die Intensität und Dauer von Liquiditätsproblemen zu beurteilen. *Hahn* hat die Auszahlungs- und Einzahlungsphasen dargestellt: **135**

Schaubild 19: Lebenszyklusphasen und zugehörige Aus- und Einzahlungen

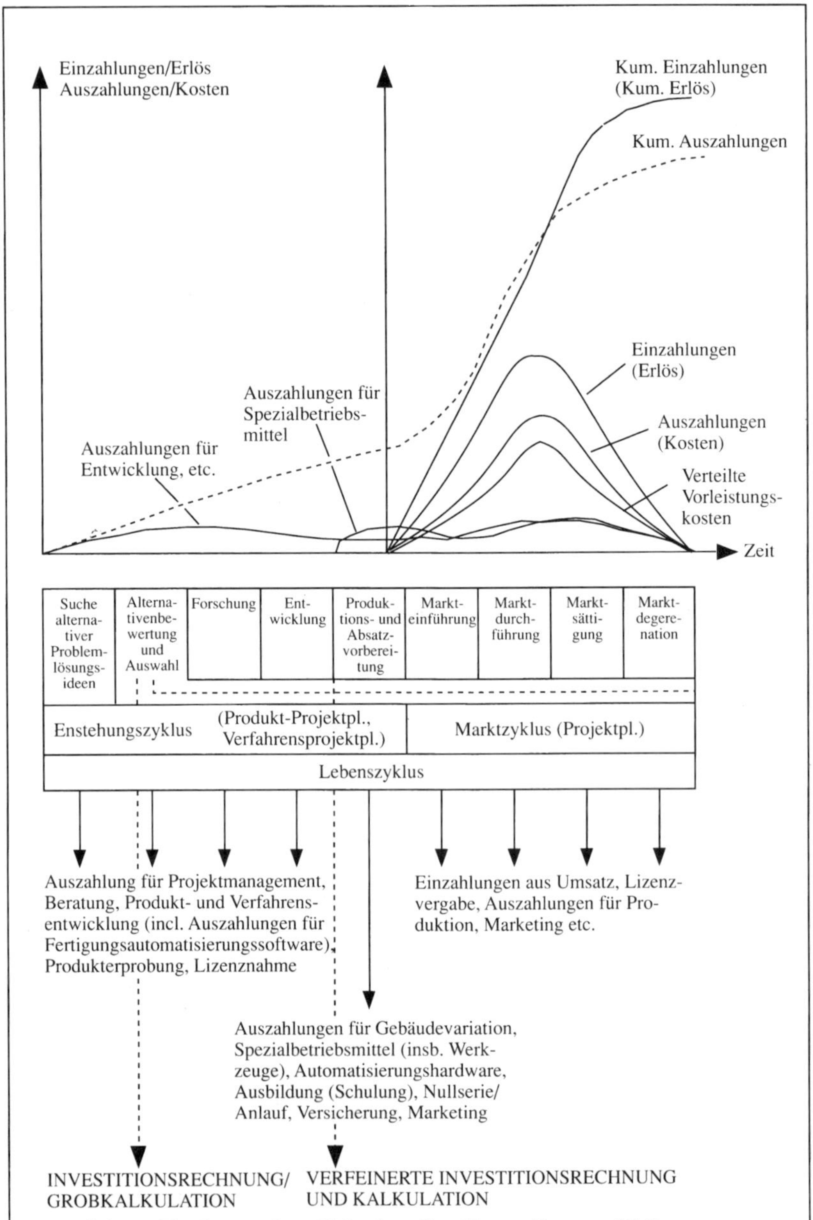

Lebenszyklusphasen und zugehörige Aus-, Einzahlungen, Kosten und Erlöse neu entwickelter Produkte und Verfahren

Quelle: Hahn, S. 199

1.4.2 Gesamtlebenszyklus aller Produkte

136 Das Gesamtumsatz-(oder Deckungsbeitrags-)profil eines Unternehmens ergibt sich aus der Zusammenfassung der Produktlebenszyklen (Schaubild 20).

Schaubild 20: Gesamtumsatzprofil eines Unternehmens

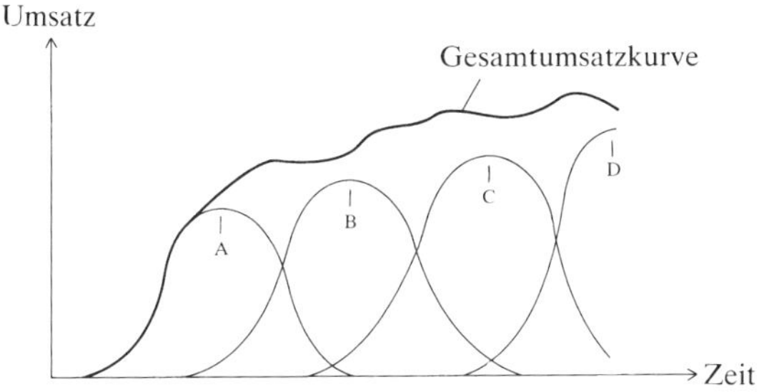

Quelle: Verfasser

Schaubild 21: Gesamtumsatzprofil eines Unternehmens

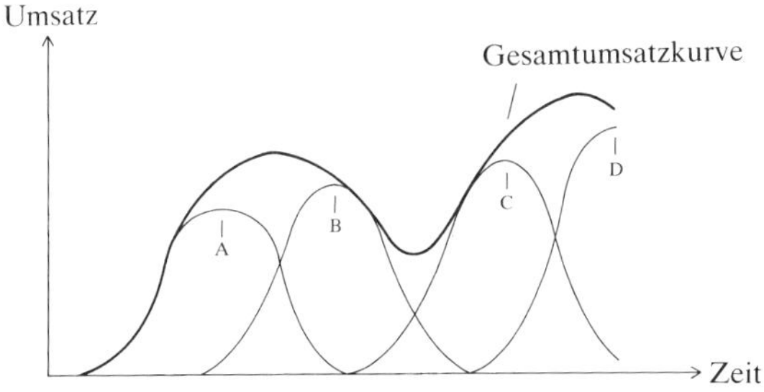

Quelle: Mertens/Rackelmann in: Albach, S. 70

Die Ordinatenwerte der Produktkurven werden addiert und ergeben damit den Gesamtunternehmenswert.
Während die Darstellung eines einzelnen Produktlebenszyklus Hinweise auf das weitere Schicksal des jeweiligen Produktes gibt, **dient das Gesamtumsatzprofil dazu, strategische Umsatz-(Ergebnis-)lücken** aufzuzeigen. In Schaubild 21 wurde die Annahme getroffen, daß Produkt B früher in die Degenerationsphase gerät und Produkt C verspätet eingeführt wird.
Als Folge davon sinkt der Gesamtumsatz des Unternehmens vorübergehend stark ab. Es liegt eine strategische Umsatzlücke vor.

137 Die graphische Darstellung in der oben gezeigten Form ist streng genommen falsch, weil absolute Umsatz- und Deckungsbeitragswerte zeitraumbezogen sind und die Perioden deshalb infinitesimal zu wählen wären. Dennoch ist diese Darstellung zu empfehlen, weil sie stark visualisiert die Entwicklung aufzeigt. Eine korrekte Wertetabelle, wie sie im Schaubild 22 für die Entwicklung der Deckungsbeiträge der Produkte A bis L für 18 Perioden beispielhaft dargestellt ist, sollte das Kurvendiagramm ergänzen.

Schaubild 22: Einzeldeckungsbeiträge (der Deckungsbeitrag ist die Differenz zwischen den Umsatzerlösen und den variablen Kosten) der Produkte A bis L während der Perioden 1–18, Summe nach Perioden (S_t), Summe nach Produkten (S_P)

t \ P	A	B	C	D	E	F	G	H	I	J	K	L	S_t
1	+ 480	+ 350	+ 290	– 150	– 160								**+ 810**
2	+ 300	+ 120	+ 270	– 170	0								**+ 520**
3	+ 125	+ 80	+ 260	– 100	+ 200	– 230							**+ 335**
4	+ 75	+ 50	+ 250	+ 80	+ 350	– 230	– 350						**+ 225**
5		+ 25	+ 200	+ 260	+ 290	– 150	– 400						**+ 225**
6			+ 130	+ 380	+ 85	0	– 330						**+ 265**
7			+ 80	+ 400		+ 100	– 240						**+ 340**
8			+ 25	+ 310		+ 160	– 110	– 270					**+ 115**
9				+ 130		+ 190	+ 100	– 320	– 200				**– 100**
10				+ 70		+ 140	+ 180	– 300	– 320	– 200			**– 430**
11						+ 45	+ 170	– 260	– 400	– 250			**– 695**
12							+ 70	– 200	– 400	– 270	– 120		**– 920**
13							+ 10	– 100	– 250	– 250	– 130		**– 720**
14								0	– 60	– 170	– 110		**– 340**
15								+ 90	+ 50	+ 110	– 50	– 200	**0**
16								+ 150	+ 120	+ 200	+ 30	– 300	**+ 200**
17								+ 150	+ 100	+ 190	+ 70	– 370	**+ 140**
18								+ 90	+ 80	+ 60	+ 80	– 300	**+ 10**
S_P	**+ 980**	**+ 625**	**+ 1505**	**+ 1210**	**+ 765**	**+ 25**	**– 900**	**– 970**	**– 1280**	**– 580**	**– 230**	**– 1170**	**– 20**

Quelle: Nieschlag/Dichtl/Hörschgen, S. 211

Schaubild 23: Marktlebenszyklus – Strategische Phasencharakteristika

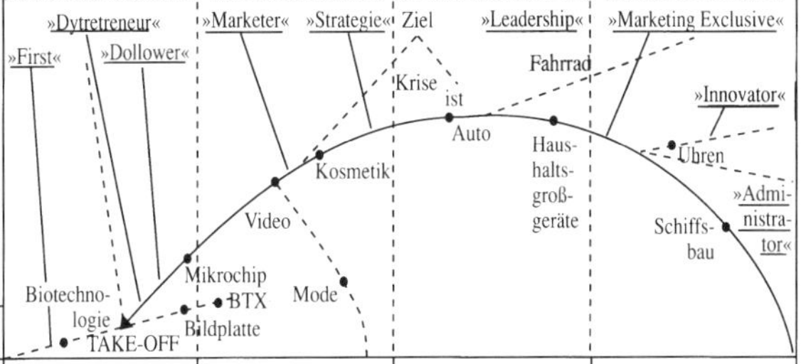

Taxonomie	Indikatoren	EINFÜHRUNGSPHASE	WACHSTUMSPHASE	STAGNATIONSPHASE	SCHRUMPFUNGSPH.
»STRATEGISCHE PHASENCHARAKTERISTIKA«	Wachstumsrate	• bis »take-off«: schwache Wachstumsrate • nach »take-off«: schnelle steigende W.	• steigendes Wachstum	• stagnierende Wachstumsrate	• negative Wachstumsrate
	Marktpotential	• noch nicht erkennbar	• Unsicherheit in der Bestimmung • ansteigendes Ausschöpfen potentieller Nachfrage	• begrenzt und überschaubar • häufig ersetzbar	
	Risiko	ansteigend (←)			
	Konsumenten	wachsende Erfahrung (→) • Innovatoren (oft mit hohen Einkommen) • Überredung zum Produkttest erforderlich	• Massenmarkt	• Massenmarkt • Wiederholungskäufe • Auswahl unter Marken	• Nachzügler • Ersatzbedarf • hohe Qualitätsansprüche
	Absatzmärkte	Globale Märkte	Internationale Märkte	Multinationale Märkte	Substitution
	Wettbewerb (Barrieren)	• bis »take-off«: wenige Pioniere • nach »take-off«: zunehmende Markteintritte • Markteintrittsbarrieren • keine Spielregeln	• Markteintritte • hohe Markteintrittsbarrieren • viele Wettbewerber • steigende Konkurrenzintensität • zahlreiche Fusionen	• höchste Konkurrenzintensität • hohe Marktein- und -austrittsbarrieren	• weniger Wettbewerber • Marktaustritte • hohe Marktaustrittsbarrieren
	Technologie	• technische Innovationen • Dominanz von Schrittmachertechnologien	• Produkt- und Verfahrensinnovationen • Schlüsseltechnologien	• Dominanz von Basistechnologien	
	Marktanteile	• Entwicklung nicht abschätzbar • starke Schwankungen/hohe Instabilität	• Ansätze zur Konzentration • Schwankungen	• Konzentration • relative Stabilität	
	Schlüsselfaktoren	• Technologie/Marketing • Zeit	• Produktion/Marketing	• Marketing	• Kostenmanagement/Rationalisierung
	Hauptprobleme	• Markteintritt, Markteintrittsbarrieren • Marktpenetration • Technologieentwickl. • Kundenbedürfnisse • Management des »take-off« • Substitutions technologien, -produkte • Flexibilität	• Dynamik der Marktanteilsverschiebung • Konkurrenz	• Marktwachstumsrate • Kundenorientierung • Veränderung im Käuferverhalten • Flexibilität	• Kundenorientierung • Desinvestition • Marktaustrittsbarrieren • Veränderung im Käuferverhalten

Quelle: Meffert (in: Hahn/Taylor), S. 663

1.4.3 Marktlebenszyklus

138 Als hilfreich, nicht nur zur Analyse einer gegebenen Situation, sondern insbesondere zur danach folgenden Strategieentwicklung, hat sich die Darstellung des Marktlebenszyklus erwiesen.

Je nachdem, wie eng oder wie weit man den Begriff »Markt« verwendet, stimmen die Zyklen von »Produkt« und »Markt« überein oder divergieren. *Meffert* (in *Hahn/Taylor* 1986) hat die **»Strategischen Phasencharakteristika«** dargestellt (Schaubild 23). Sie können wertvolle Hinweise zum Erkennen und Analysieren einer konkreten Situation geben. Synchron zu diesen Phasencharakteristika hat *Meffert* ein strategisches Maßnahmenbündel aufgezeigt. In Teil E werden diese Maßnahmen beschrieben.

1.4.4 ABC-Verteilung

139 Die ABC-Verteilung der Umsätze und Deckungsbeiträge gibt Hinweise auf Möglichkeiten zur **Programmbereinigung.**

Bei der Analyse sollten Umsatz- bzw. Deckungsbeitragsanteile vergeben und die Anzahl der jeweils zuzuordnenden Produkte ermittelt werden.

Als Verteilvorgabe empfehlen sich

a) jene umsatzstärksten oder deckungsbeitragsstärksten Produkte als A-Produkte zu bezeichnen, mit denen 50 % des Umsatzes erzielt wurden.
b) jene nächstfolgenden umsatzstärksten oder deckungsbeitragsstärksten Produkte als B-Produkte zu bezeichnen, mit denen die nächsten 25 % des Umsatzes erzielt werden.
c) die restlichen schwächsten Produkte als C-Produkte als C-Produkte zu bezeichnen, mit denen kein oder restlicher 25 %iger Anteil des Gesamtumsatzes erzielt wird (Schaubild 24).

Ein Produkt in diesem Zusammenhang ist gekennzeichnet durch eine deutliche Abgrenzbarkeit gegenüber anderen Produkten in konstruktiver und fertigungstechnischer Hinsicht.

Schaubild 24: ABC-Analyse der Produktumsätze

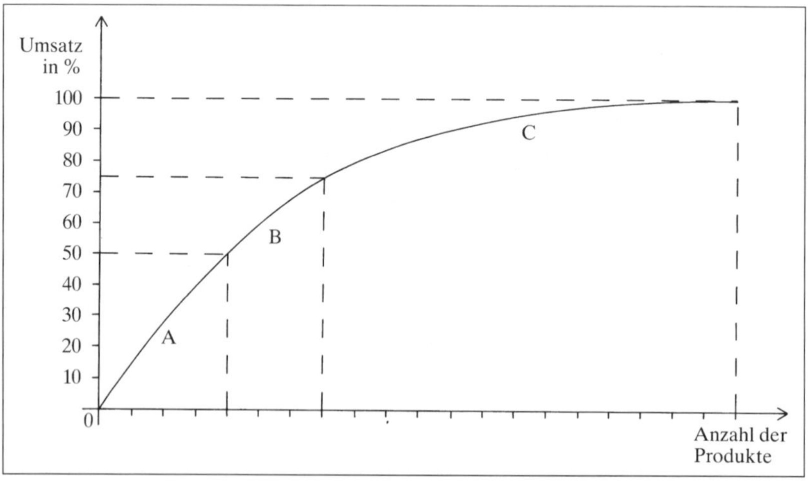

Quelle: Nieschlag/Dichtl/Hörschgen, S. 209

Statt einzelner Produkte werden auch sogenannte »Strategische Geschäftseinheiten« ABC-verteilt, um große Programme, heterogene Märkte oder stark differenzierte Vertriebswege anschaulich zu analysieren. **140**
Der Begriff **»Strategische Geschäftseinheit«** (SGE) wird bei der Portfolio-Analyse verwendet. Er bezeichnet eine Teilmenge der den Unternehmenserfolg bestimmenden Faktoren. Dies sind z.B. Produktgruppen, Marktregionen oder Rohstoffquellen.
Sofern die Produkte in jeweils mehreren Ausführungen (Produktvarianten) angeboten werden, die ihre eigenen Einsatzmaterialien, Fertigungsgänge oder Lagerhaltung erfordern, empfiehlt sich die Verteilung der Produktumsätze auf Varianten (Schaubild 25).

Schaubild 25: Programmanalyse nach Produktvarianten

Produkt	Zahl der Varianten	Produkt-Umsätze in TDM	Ø Umsatz pro Variante in TDM	Produkt-Umsatz-anteil in %	Varianten-umsatzteil in %
A	1	1 020	1 020	3,1	3,1
B	4	6 780	1 695	20,4	5,1
C	15	15 650	1 043	47,2	3,2
D	7	9 700	1 385	29,3	4,2
		33 150		100	

Quelle: Verfasser

1.4.5 Deckungsbeitragsquote

Die Ergebnisse aus 1.4.4 werden ergänzt um die Stück-Deckungsbeitragsquote je Produkt. **141**
Anschließend sind die Produkte (oder Strategischen Geschäftseinheiten) in ein der Portfolio-Matrix (vgl. C IV 2.5) ähnliches Koordinatensystem (Produkterfolgs-Matrix) einzubringen (Schaubild 26).
Die darin verwendeten Bezeichnungen (question marks, stars, cash cows, dogs) sind der **Portfolio-Matrix der Boston Consulting Group** entlehnt.
Sie stimmen wegen der unterschiedlichen Klassifizierungskriterien aber inhaltlich nicht überein.
Die Lage der Trennlinien muß gegebenenfalls geändert und unternehmens- oder marktspezifischen Gegebenheiten angepaßt werden.

Insbesondere im Hinblick auf die »cash cows« ist zur Vermeidung von Miß- **142**
verständnissen streng darauf zu achten, daß es sich bei den Ordinatenwerten nicht um die Gesamtdeckungsbeitragsquoten, sondern um Stück-Quoten handelt.

So kann eine »Cash cow« durchaus einen höheren Gesamtdeckungsbeitrag er- **143**
wirtschaften, während bei »Fragezeichen« die umgekehrte Möglichkeit besteht.
Dafür sind zwei Ursachen verantwortlich:
a) Der Gesamtdeckungsbeitrag ist abhängig vom Stückdeckungsbeitrag und der Gesamtmenge, die wiederum mit dem relativen Umsatzanteil korreliert.

Schaubild 26: Produkterfolgs-Matrix

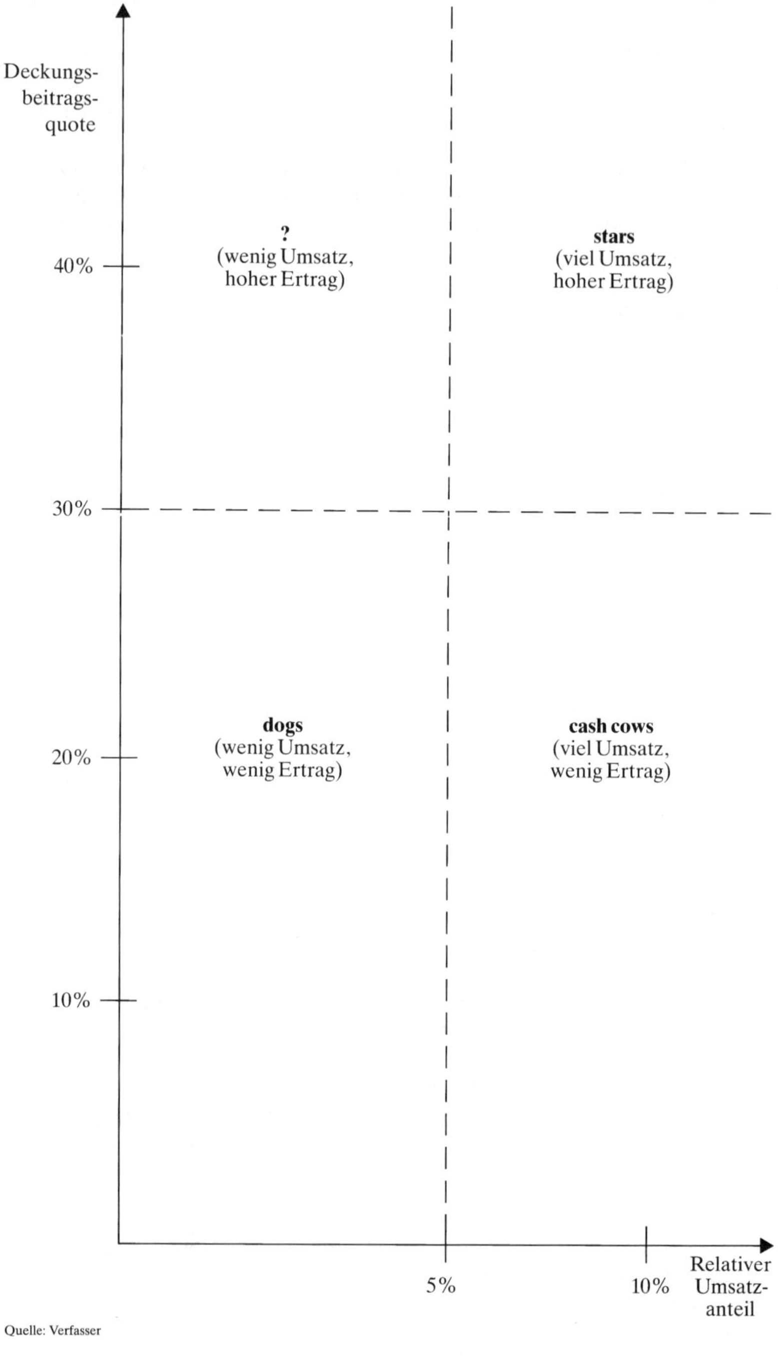

Quelle: Verfasser

b) Der Begriff Deckungsbeitrag ist im Grunde genommen zu unscharf. Die verschiedenen DB-Stufen, vgl. *Mann* (S. 92), die sich hinsichtlich der Subtraktion von Fixkostenbestandteilen unterscheiden, zeigen erheblich Abweichungen zwischen »Fragezeichen« und »cash cows«. Während die »Fragezeichen« mit einem hohen Stück-DB auf der DB-Stufe I starten, der DB sich jedoch auf den weiteren Stufen infolge der hohen Fixkostenanteile stark verringert, ist bei »cash cows« die Situation grundlegend anders. Da keine größeren Aufwendungen mehr erbracht werden, um das Produkt zu fördern (z.B. Werbung, moderne Maschinen, Forschungsaufwand), reduziert sich der Stück-DB nur unwesentlich. »Cash cows« mit niedrigen Stück-DB erbringen wegen geringer Fix- oder Folgekostenverursachungen dennoch einen hohen Gesamt-DB. **144**

1.5 Leistungs- und Kostendaten und -kennziffern

Die Rechenverfahren zur Ermittlung dieser Daten (vgl. C II 2.2.5) sind einfach und jedem versierten Kaufmann geläufig. Für Nicht-Kaufleute sei auf die in Teil C II 2.1 erwähnte Literatur hingewiesen. **145**
Zur Vertiefung hinsichtlich der Kennzahlensysteme vgl. *Leffson.*

Eine besondere Bedeutung hat das Konzept der **»Erfahrungskurve«**. **146**
Lange (zitiert bei *Becker* S. 146) formuliert das »Erfahrungsgesetz« wie folgt: »Mit jeder Verdoppelung der im Zeitablauf kumulierten Produktionsmenge (×) fallen die in der Wertschöpfung eines Produktes enthaltenen, realen Stückkosten (k) potentiell um 20–30 % sowohl im Industriezweig als Ganzes als auch beim einzelnen Anbieter«.

Schaubild 27: Erfahrungskurven in doppelt-logarithmischer Darstellung

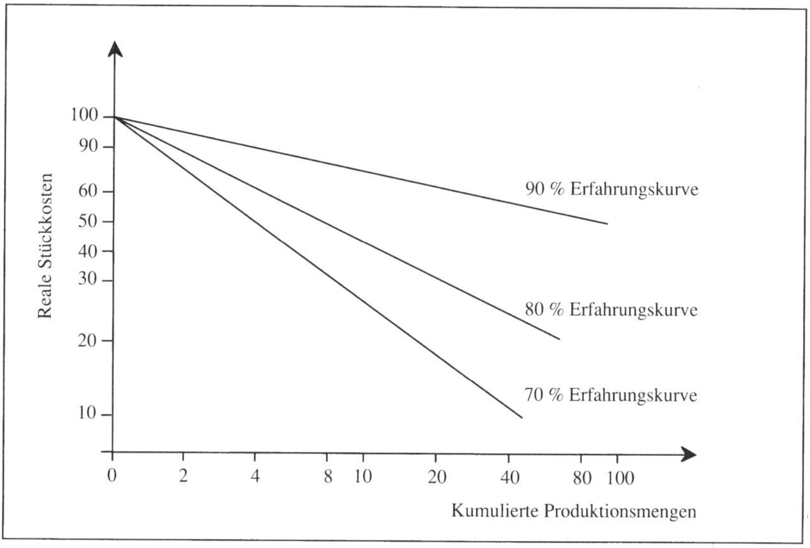

Quelle: Becker, S. 147

Die Erfahrungskurve wird interpretiert als Ergebnis mehrerer Faktoren. Dies sind:
- Fixkostendegression
- Technischer Fortschritt
- Lernprozesse
- Rationalisierung

(vgl. *Becker* S. 147 f.).

147 Als Erklärungsmodell ist die Erfahrungskurve geeignet. Ihre Brauchbarkeit bei der Entscheidung über Sanierungsstrategien ist jedoch begrenzt. Eine Anwendung könnte darin liegen, die durch die Erfahrungskurve aufgezeigten **Kostensenkungspotentiale über einen Preiswettbewerb auszuschöpfen**.
(Preissenkung ▶ Mengenzuwachs ▶ Erfahrungskurveneffekt ▶ Kostenreduzierung ▶ Gewinn)
Der Erfolg einer solchen Strategie ist jedoch höchst zweifelhaft, weil die Erfahrungskurve natürlich nicht die Qualität eines Naturgesetzes hat. Oft ist die tatsächlich erzielte Kostensenkung geringer als dies nach dem Kurvenverlauf zu erwarten war (vgl. *Becker* S. 152 m.w.N.).

1.6 Finanzwirtschaftliche Kennzahlen

1.6.1 Cash flow

148 Der Begriff »cash flow« wird uneinheitlich verwendet. Er stammt aus den USA, wo vor Jahrzehnten Banken versuchten, eine verläßliche und dennoch einfach ermittelbare Kennziffer zur Risikoabwägung bei Kreditengagements zu finden. Der cash flow, häufig übersetzt mit **»Einzahlungsüberschuß«**, soll aufzeigen, welche Finanzmittel ein Unternehmen während einer definierten Periode zur Schuldentilgung verwenden kann.
Die praktische Anwendbarkeit ist indessen beschränkt, weil die Inhalte des cash flow umstritten sind.
Hahn (S. 56) nennt vier »Grundelemente«:
1. Bilanzgewinn ohne Erfolgsvortrag (minus Gewinn-, plus Verlustvortrag),
2. Nettozunahme der Rücklagen (plus Rücklagenzuführung minus Rücklagenauflösung),
3. Nettozunahme der Rücklagen (plus Rücklagenzuführung minus Auflösung),
4. Abschreibungen auf Sachanlagen und Wertberichtigungen auf Umlaufvermögen.

Ein nach diesem Schema ermittelter cash flow ist vergangenheitsorientiert und liefert keine sicheren Daten über die zukünftige finanzielle Manövriermasse. Zur Sichtbarmachung des tatsächlich vorhandenen Liquiditätsspielraumes bedarf es der Einbeziehung weiterer Größen.

149 Das nachfolgende Rechenschema zeigt – insbesondere auch durch Einbeziehung der Zwischenergebnisse in strategische Überlegungen – die **»erweiterte strategische Manövriermasse«**:

1.6.2 Verschuldungsfaktor

150 Der Verschuldungsfaktor ist der Quotient aus Gesamtverschuldung und cash flow. Er gibt an, wie oft der cash flow der verwendeten Geschäftsperiode erwirtschaftet werden muß, um sämtliche Schulden zu tilgen.

Dieser Faktor, insbesondere seine Entwicklung über mehrere Perioden, gilt als recht guter Indikator einer drohenden Insolvenz (vgl. *Wegmann* S. 95 ff., m.w.N.).

	Ergebnis (Gewinn oder Verlust) vor Zinsen, Steuern, Dividenden/Umlagen und nach planmäßigen Abschreibungen sowie außerplanmäßigen Abschreibungen, d.h. Sonderabschreibungen für Kapazitätsabbau zur Strukturbereinigung oder wegen Katastrophenverschleiß, und außerordentlichen Aufwendungen zur Strukturbereinigung
–	planmäßige Abschreibungen
+	Zuführung zu Rückstellungen
=	maximaler finanzieller Spielraum
./.	Investitionen und Abführungen zur Aufrechterhaltung des laufenden Geschäftsbetriebs (Zinsen, Steuern, Dividenden/Umlagen; Sicherstellung der Produktion, Instandhaltung, Umweltschutz usw.)
=	verbleibender strategischer Finanzspielraum
./.	Investitionen für bereits begonnene, kaum reversible strategische Programme (z.B. Werksneubau, Hochregallager, Firmenakquisitionen)
=	tatsächlicher finanzieller Spielraum für strategische Investitionen zur Krisenbewältigung (strategische Manövriermasse)
–	Desinvestitionen, d.h. außerordentliche Erträge aus Verkauf bzw. Liquidation von Sachanlagen und Finanzanlagen im Zuge der Strukturbereinigung (Ressourcenabbau)
–	Abbau von Vorräten (Kostensenkung)
–	Verringerung der Außenstände, Erhöhung von Kundenanzahlungen und eigenen Verbindlichkeiten (Cash-Management)
=	**erweiterte strategische Manövriermasse zur Krisenbewältigung**

Berechnungsschema für den effektiven Spielraum zur Finanzierung von Investitionen zur Krisenbewältigung aus eigener Kraft

Quelle: Müller, S. 111

1.6.3 Liquiditätsstatus

Die Erstellung eines Liquiditätsstatus zur Überprüfung des Vorliegens eines **151** Insolvenztatbestandes wurde in Teil B III 1.1 beschrieben. Im Rahmen der Krisenanalyse empfiehlt sich die Erstellung einer Liquiditätsrechnung mit **Auszahlungs- und Einzahlungsplänen** unter ceteris paribus-Bedingungen.

In den Schaubildern 28 a, 28 b und 28 c sind Formen dieser Tabellen abgebildet. Schaubild 29 zeigt eine Darstellung verschiedener finanzwirtschaftlicher Daten. Einige davon werden an anderer Stelle gesondert erläutert.

Schaubild 28 a: Auszahlungsplan (jeweils 1 000 DM)

Ausgaben-Monat	Prod.-Menge (1000 St.)	Ausgaben	Auszahlungen											
			Januar	Febr.	März	April	Mai	Juni	Juli	August	Sept.	Okt.	Nov.	Dez.
Variable Kosten														
Vorjahr			504	360	288	–	–	–	–	–	–	–	–	–
Januar	9	720	216	144	72	288	–	–	–	–	–	–	–	–
Februar	10	800	–	240	160	80	320	–	–	–	–	–	–	–
März	10	800	–	–	240	160	80	320	–	–	–	–	–	–
April	11	880	–	–	–	264	176	88	352	–	–	–	–	–
Mai	11	880	–	–	–	–	264	176	88	352	–	–	–	–
Juni	11	880	–	–	–	–	–	264	176	88	352	–	–	–
Juli	11	880	–	–	–	–	–	–	264	176	88	352	–	–
August	11	880	–	–	–	–	–	–	–	264	176	88	352	–
September	9	720	–	–	–	–	–	–	–	–	216	144	72	288
Oktober	9	720	–	–	–	–	–	–	–	–	–	216	144	72
November	9	720	–	–	–	–	–	–	–	–	–	–	216	144
Dezember	9	720	–	–	–	–	–	–	–	–	–	–	–	216
Summe der variablen Kosten	120	9600	720	744	760	792	840	848	880	880	832	800	784	720
Lfd. liquiditätswirksame Kosten		1440	120	120	120	120	120	120	120	120	120	120	120	120
Einmalige liquiditätswirksame Fixkosten		1130			240	325					240	325		
Gesamte liquiditätswirksame Kosten		12170	840	864	1120	1237	960	968	1000	1000	1192	1245	904	840

Quelle: (27 a – 27 c): Hahn, S. 127 – 129

Schaubild 28 b: Einzahlungsplan (Werte in 1 000 DM)

Einnahme-Monat	Absatzmenge (1000 St.)	Einnahmen	Einzahlungsmonate												
			Januar	Febr.	März	April	Mai	Juni	Juli	August	Sept.	Okt.	Nov.	Dez.	(Nächstes Jahr)
Vorjahr			598	767	364	169	–	–	–	–	–	–	–	–	–
Januar	3	390	39	78	156	78	39	–	–	–	–	–	–	–	–
Februar	4	520	–	52	104	208	104	52	–	–	–	–	–	–	–
März	6	780	–	–	78	156	312	156	78	–	–	–	–	–	–
April	12	1560	–	–	–	156	312	624	312	156	–	–	–	–	–
Mai	23	2990	–	–	–	–	299	598	1196	598	299	–	–	–	–
Juni	20	2600	–	–	–	–	–	260	520	1040	520	260	–	–	–
Juli	16	2080	–	–	–	–	–	–	208	416	832	416	208	–	–
August	12	1560	–	–	–	–	–	–	–	156	312	624	312	156	–
September	6	780	–	–	–	–	–	–	–	–	78	156	312	156	78
Oktober	3	390	–	–	–	–	–	–	–	–	–	39	78	156	117
November	2	260	–	–	–	–	–	–	–	–	–	–	26	52	182
Dezember	13	1690	–	–	–	–	–	–	–	–	–	–	–	169	1521
	120	15600	637	897	702	767	1066	1690	2314	2366	2041	1495	936	689	1898

Schaubild 28 c: Liquiditätsplan (Januar–Dezember)

	Einzahlungen (1 000 WE)	Auszahlungen	Saldo	Kumulativ
Januar	637	840	– 203	– 203
Februar	897	864	+ 33	– 170
März	702	1 120	– 418	– 588
April	767	1 237	– 470	– 1 058
Mai	1 066	960	+ 106	– 952
Juni	1 690	968	+ 722	– 230
Juli	2 314	1 000	+ 1 314	+ 1 084
August	2 366	1 000	+ 1 366	+ 2 450
September	2 041	1 192	+ 849	+ 3 299
Oktober	1 495	1 245	+ 250	+ 3 549
November	936	904	+ 32	+ 3 581
Dezember	689	840	– 151	+ 3 430
	15 600	12 170	3 430	3 430

1.6.4 Zeitreihentabelle

152 Die wichtigsten finanzwirtschaftlichen Kennzahlen sollten in einer Zeitreihentabelle zusammengefaßt werden.
Schaubild 30 zeigt das Beispiel einer solchen Tabelle.

1.7 Ergebnisdaten und -kennziffern

1.7.1 Ergebnisanalyse

153 Zunächst sind die fünf verschiedenen Ergebnisbegriffe inhaltlich abzugrenzen (Schaubild 31).
Die Ermittlung der Ergebnisarten hat *Coenenberg* (S. 683–686) in Tabellen (Schaubild 32 a bis d) anschaulich dargestellt. Sie lassen sich leicht aus einer nach handelsrechtlichen Vorschriften erstellten Gewinn- und Verlustrechnung ableiten. Bei anders bilanzierenden Unternehmen sind entsprechende Anpassungen erforderlich.

1.7.2 Zeitreihentabelle

154 Zur Veranschaulichung sind die Daten in eine Zeitreihentabelle zu übertragen.
In Schaubild 33 ist eine von *Reichmann/Lachnit* (BFuP 1978, S. 210) vorgeschlagene Tabelle abgebildet. Sie enthält außer den Ergebnisdaten noch weitere Kennzahlen, die an anderer Stelle erwähnt sind.
Die Herleitung der verwendeten Begriffe ist im Schaubild 34 abgebildet.

1.7.3 Bilanzrisiken

155 Die in den Unternehmensbilanzen ausgewiesenen Ergebnisse sind, gerade in Krisenunternehmen, häufig zu günstig. Es kann fast als die Regel angesehen werden, daß im Verlaufe einer Sanierung zusätzlicher **Wertberichtigungs- oder Rückstellungsbedarf** auftaucht.
Deshalb ist es dringend zu empfehlen, bereits bei der Krisenanalyse dem Problem der (noch) nicht bilanzierten latenten oder offenkundigen Risiken die größte Aufmerksamkeit zu schenken.

Schaubild 29: Finanzwirtschaftliche Daten

Nr.	Kennzahl	1975	Δ %	1976	Δ %	1977
L 1	Liquide Mittel	30000	– 33,3	20000	– 50,0	10000
L 2	Cash Flow	–		35000	– 157,1	– 20000
L 3	Working Capital	– 10000		0		– 5000
L 4	$\frac{\text{Cash Flow}}{\text{Umsatz}}$	–		+ 10,3 %		– 7,1 %
L 5	Liquiditäts-koeffizient	20,0 %		13,3 %		6,1 %
L 6	Anlagendeckung	95,2 %		100,0 %		96,4 %

Quelle: Reichmann/Lachnit BFuP 1978, S. 209

Schaubild 30: Zeitreihentabelle zur Liquiditätsanalyse

Periode / Kennzahl	Vergangenheit						Gegenwart	Zukunft			
	t_{-3}	$\Delta \frac{t_{-2}}{t_{-3}}$	t_{-2}	$\Delta \frac{t_{-1}}{t_{-2}}$	t_{-1}	$\Delta \frac{t_0}{t_{-1}}$	t_0	$\Delta \frac{t_1}{t_0}$	t_1	$\Delta \frac{t_2}{t_1}$	t_2
Liquidität 1. Grades											
2. Grades											
3. Grades											
Cash Flow											
Verschuldungsfaktor											
Anlagendeckung											
Eigenkapitalquote											

Quelle: Verfasser

Schaubild 31: Ergebnisbegriffe

Regelmäßigkeit / Ergebnisquellen	Regelmäßig anfallende Erfolgskomponenten	Unregelmäßig anfallende (außergewöhnliche oder periodenfremde) Erfolgskomponenten
Betriebliche Erfolgskomponenten	Ordentliches Betriebsergebnis ①	Außerordentliches Ergebnis ③
Betriebsfremde Erfolgskomponenten	Ordentliches betriebsfremdes Ergebnis ②	

Quelle: Verfasser

Die folgenden Risiken treten erfahrungsgemäß besonders häufig hervor: **156**

a) Abschreibungsbedarf auf
   - die gesamten Sachanlagen (je nach dem Grad der Stillegungswahrscheinlichkeit muß das Going-Concern-Prinzip aufgegeben werden)
   - Beteiligungen (erhebliche Verluste bei Tochtergesellschaften)

b) Wertberichtigungsbedarf auf
   - Vorräte (verlustfreie Bewertung)
   - Forderungen
   - Wechsel
   - Forderungen an verbundene Unternehmen

c) Rückstellungsbedarf für
   - Pensionen (vollständig erfaßt?)
   - Gewährleistungen und Garantiezusagen
   - Einkommen- und Ertragsteuern (drohende Nachzahlungen?)
   - drohende Verluste aus schwebenden Geschäften
   - Sozialplanansprüche

d) Verbindlichkeiten an verbundene Unternehmen

e) Wechsel- und Bürgschaftsrisiken

Schaubild 32 a:
Ordentliches Betriebsergebnis Ø ermittelt aus einer GuV nach dem Gesamtkostenverfahren

GuV-Position gemäß § 275 Abs. 2 HGB		Bezeichnung der Position
1		Umsatzerlöse
2	+	Erhöhung (– Verminderung des Bestandes an fertigen und unfertigen Erzeugnissen)
3	+	andere aktivierte Eigenleistungen
5a	/	Aufwendungen für Roh-, Hilfs- und Betriebsstoffe und für bezogene Waren
5b	/	Aufwendungen für bezogene Leistungen
6a	/	Löhne und Gehälter
6b	/	soziale Abgaben und Aufwendungen für Altersversorgung und für Unterstützung, davon für Altersversorgung
7a	/	Abschreibungen auf immaterielle Vermögensgegenstände des Anlagevermögens und Sachanlagen sowie auf aktivierte Aufwendungen für die Ingangsetzung und Erweiterung des Geschäftsbetriebs
7c	/	außerplanmäßige Abschreibungen auf immaterielle Vermögensgegenstände des Anlagevermögens und Sachanlagen
7d	/	Abschreibungen auf Vermögensgegenstände des Umlaufvermögens zur Vorwegnahme künftiger Wertschwankungen
8	/	Sonstige betriebliche Aufwendungen
19	/	Sonstige Steuern
	=	ordentliches Betriebsergebnis

Schaubild 32 b:
Ordentliches Betriebsergebnis Ø ermittelt aus einer GuV nach dem Umsatzkostenverfahren

GuV-Position gemäß § 275 Abs. 2 HGB		Bezeichnung der Position
1		Umsatzerlöse
2	/	Herstellungskosten der zur Erzielung der Umsatzerlöse erbrachten Leistungen
4	/	Vertriebskosten
5	/	allgemeine Verwaltungskosten
7	/	sonstige betriebliche Aufwendungen
7a	/	außerplanmäßige Abschreibungen auf immaterielle Vermögensgegenstände des Anlagevermögens und Sachanlagen
7b	/	Abschreibungen auf Vermögensgegenstände des Umlaufvermögens zur Vorwegnahme künftiger Wertschwankungen
18	/	sonstige Steuern (soweit nicht unter Position 2, 4 oder 5 ausgewiesen)
	=	ordentliches Betriebsergebnis

Quelle: (31 a–31 d) Coenenberg, S. 683–686

Schaubild 32 c:
Ordentliches betriebsfremdes Ergebnis

GuV-Position gemäß		Bezeichnung der Position
§ 275 Abs. 2	§ 275 Abs. 3 HGB	
9	8	Erträge aus Beteiligungen. davon aus verbundenen Unternehmen
10	9	+ Erträge aus anderen Wertpapieren und Ausleihungen des Finanzvermögens. davon aus verbundenen Unternehmen
10a	9a	+ Erträge aus Gewinngemeinschaften, Gewinnabführungs- und Teilgewinnabführungsverträgen
11	10	+ sonstige Zinsen und ähnliche Erträge, davon aus verbundenen Unternehmen
12	11	/ Abschreibungen auf Finanzanlagen und auf Wertpapiere des Umlaufvermögens
12a	11a	/ Abschreibungen auf Finanzanlagen
12b	11b	/ Abschreibungen auf Wertpapiere des Umlaufvermögens zur Vorwegnahme künftiger Wertschwankungen
12d	11d	/ Aufwendungen aus Verlustübernahme
13	12	/ Zinsen und ähnliche Aufwendungen, davon an verbundene Unternehmen
		= ordentliches betriebsfremdes Ergebnis (Finanzergebnis)

Schaubild 32 d:
Außerordentliches Ergebnis

GuV-Position gemäß		Bezeichnung der Position
§ 275 Abs. 2	§ 275 Abs. 3 HGB	
15	14	außerordentliche Erträge
4a	6a	+ Erträge aus der Auflösung des Sonderpostens mit Rücklageanteil
4	6	+ sonstige betriebliche Erträge
16	16	/ außerordentliche Aufwendungen
7b	Pos fehlt	/ Abschreibungen auf Vermögensgegenstände des Umlaufvermögens, soweit diese die in der Kapitalgesellschaft üblichen Abschreibungen überschreiten
8a	7c	/ Einstellungen in den Sonderposten mit Rücklageanteil
		= ordentliches Ergebnis

Schaubild 33: Zeitreihentabelle zur Rentabilitätsanalyse

N5r.	Kennzahl	1975	Δ %	1976	Δ %	1977
R 1	Ordentliches Ergebnis	18600	– 288,2	– 35000	– 128,6	– 80000
R 2	Eigenkapital-rentabilität	14,3 %		7,1 %		– 40,0 %
R 3	Gesamtkapital-rentabilität	6,9 %		4,5 %		– 11,3 %
R 4	Return on Investment	5,3 %		– 10,6 %		– 26,7 %
R 5	Kapitalumschlags-häufigkeit	1,14	– 9,7	1,03	– 9,7	0,93
R 6	Umsatz-rentabilität	1,3 %		– 14,7 %		– 32,1 %
R 7	Neutrales Ergebnis	15000	+ 300,0	60000	– 16,7	50000
R 8	Erzeugnis-umschlagszeit	18 Tge	+ 133,3	42 Tge	+ 52,4	64 Tge
R 9	Material-umschlagszeit	70 Tge	– 35,7	45 Tge	+ 2,2	46 Tge
R 10	Forderungs-umschlagszeit	45 Tge	+ 42,2	64 Tge	+ 20,3	77 Tge
R 11	Betriebs-ergebnis	5000	– 1100,0	– 50000	– 80,0	– 90000
R 12	Außerordentliches Ergebnis	1400		45000		40000
R 13	Betriebsfremdes Ergebnis	13600	+ 10,3	15000	– 33,3	10000

Quelle: Reichmann/Lachmann BFuP 1978, S. 210

Schaubild 34: Herleitung der Begriffe

Allgemeiner Teil Rentabilität:

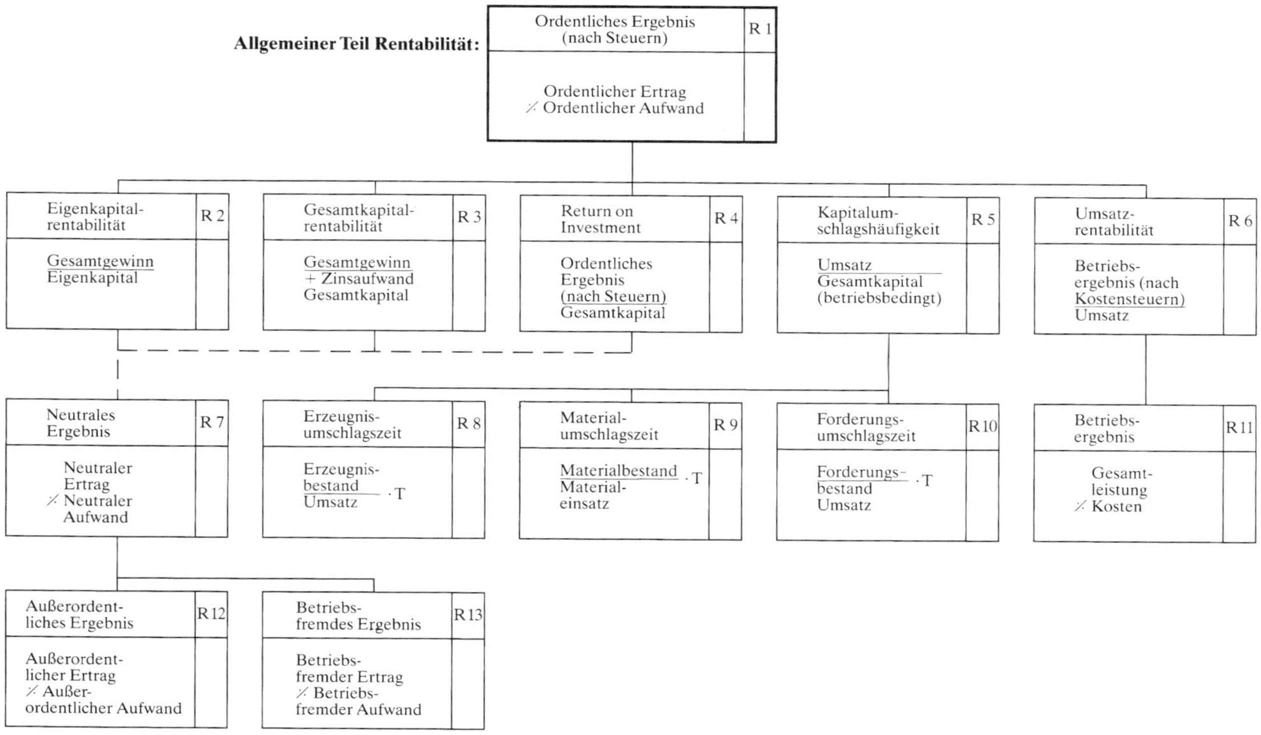

Quelle: Reichmann/Lachnit BFuP 1978, S. 207

1.7.4 Stille Reserven

157 Der umgekehrte Fall, das Vorhandensein stiller Reserven, ist selten, weil in der Vorphase der krisenhaften Entwicklung und während ihrer Zuspitzung diese **Reserven regelmäßig aufgelöst werden**. Es kommt immer wieder vor, daß Unternehmen Gewinne ausweisen und sogar ausschütten, die längst nicht mehr dem betrieblichen Zweck entstammen, sondern aus der Auflösung stiller Reserven hervorgegangen sind. Sofern stille Reserven vorhanden sind, stecken sie meist in

- Grundstücken und Gebäuden,
- Konzessionen, gewerblichen Schutzrechten u.a.,
- Beteiligungen,
- Vorräten,
- Wertpapieren,
- Rückstellungen.

Die Möglichkeit, stille Reserven aufzulösen, bildet eine gute Voraussetzung zur finanziellen Konsolidierung des Unternehmens. Sie birgt jedoch die Gefahr, daß damit lediglich ein **Strohfeuer** entfacht wird. Ein solcher Fall kann eintreten, wenn Grundstücke mit geringem Buchwert veräußert und anschließend zurückgemietet werden. Dem raschen Buchgewinn stehen dann dauerhafte Mietbelastungen gegenüber, die in den Folgejahren zu überhöhten Aufwendungen zwingen können (vgl. oben C I 5).

1.7.5 Deckungsbeiträge

158 Die Deckungsbeitragsrechnung ist eine spezifische Art der **Teilkostenrechnungen** (vgl. *WP-Hdb.* S. 1245 f.). Als Deckungsbeitragsrechnung werden solche Kostenrechnungsverfahren bezeichnet, bei denen der Überschuß (= Deckungsbeitrag) der Erlöse über bestimmte Teilkosten ausgewiesen wird. Aus der Gruppe der Deckungsbeitragsrechnungen ist im Falle der Unterbeschäftigung das **Direct costing mit summarischer Fixkostendeckung** geeignet. Direct costs sind Kosten, die sich nach der Produktionsmenge (proportional) ändern. Sie sind in der Regel mit den Einzelkosten bzw. den direkt zurechenbaren Kosten identisch. Verwendet wird auch das Begriffspaar Variable Kosten (Kv) und Fixkosten (Kf). Ein sehr einfaches Beispiel ist in Schaubild 35 dargestellt. Für A, B, C oder D können Produkte, Produktgruppen, Verkaufsgebiete, Kunden oder Vertriebskanäle stehen.

Zur Vertiefung verweisen wir auf die Spezialliteratur (*Kilger* 1987; *ders.* 1988; *Riebel*).

1.7.6 Break-Even-Point

159 Der Break-Even-Point (Gewinnschwelle) ist jene Umsatzhöhe, oberhalb derer die Gewinnzone des Unternehmens liegt. Dieser Betrachtung liegt eine sehr modellhafte Annahme der Kosten- und Erlösstruktur zugrunde, nämlich, daß

a) Erlöse und variable Kosten linear verlaufen und
b) keine Sprünge bei den fixen Kosten auftreten.

Im obigen Beispiel (Schaubild 35) würde der Break-Even-Point erreicht, wenn es gelänge, die Summe der Deckungsbeiträge auf 8 Mio DM zu erhöhen, beispielsweise durch Verdoppelung der Erlöse des Produktes B. Voraussetzung wäre eine konstante Kosten- und Erlösstruktur. Eine andere Möglichkeit zur Erreichung des Break-Even-Points liegt in der Reduzierung der fixen Kosten um 2 Mio DM. Der Break-Even-Point würde dadurch verschoben.

Schaubild 35: Rechnung nach dem Direct costing-Schema mit einstufiger summarischer Fixkostenzurechnung

alle Werte in TDM	A	B	C	D	Σ
Erlöse	2000	6000	5500	4500	18000
·/. Variable Kosten K_V	·/. 1800	·/. 4000	·/. 2700	·/. 3500	·/. 12000
Deckungsbeiträge	200	2000	2800	1000	6000
·/. Fixe Kosten K_F					·/. 8000
Ergebnis (Verlust)					·/. 2000

Quelle: Verfasser

Das Break-Even-Schema läßt sich am einfachsten grafisch darstellen (Schaubild 36). **160**

Der Break-Even-Point liegt im grafischen Beispiel bei Umsatzerlösen von 24 Mio DM (= M2).

Er ließe sich (bei konstanter Kostenstruktur) erreichen durch

a) **Erhöhung der Verkaufsmenge** (die Umsatzerlöse stiegen auf 18 auf 24 Mio DM, die Gesamtkosten stiegen von 20 auf 24 Mio DM).

Er ließe sich (bei konstanter Kostenstruktur) senken durch

b) **Erhöhung der Erlöse** pro Stückeinheit (Winkel α [= alpha] würde größer, die Erlöskurve U schnitte die Gesamtkurve KG bereits bei M1, das entspräche z.B. Umsatzerlösen und Gesamtkosten von jeweils 20 Mio DM).

Er ließe sich (bei konstanter Erlösstruktur) zurückführen durch

c) **Senkung der fixen Kosten** (von 8 auf 6 Mio DM; KG und KF würden parallel nach unten verschoben. KG schnitte U bereits bei M1. Erlöse und Gesamtkosten betrügen jeweils 18 Mio DM).

d) **Senkung der variablen Kosten pro Stückeinheit** (Winkel β würde kleiner. KG schnitte U z.B. bereits bei M1, Erlöse und Gesamtkosten betrügen jeweils 18 Mio DM).

Das Break-Even-Point-Schema ist – obwohl sehr modellhaft und idealtypisch angelegt – hervorragend geeignet, die Wirkung aller Sanierungsmaßnahmen

Schaubild 36: Break-Even-Point-Schema

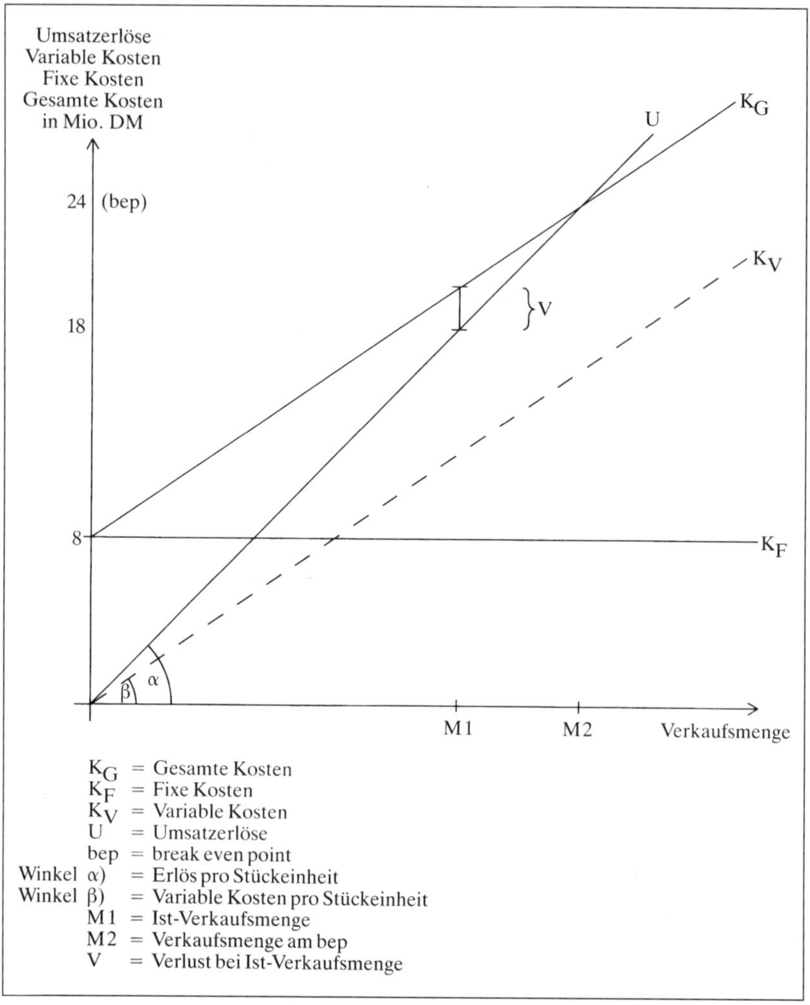

Quelle: Verfasser

aufzuzeigen. Mit den vier beschriebenen Modellstrategien a) bis d) lassen sich ausnahmslos alle Maßnahmen zur Erreichung der Gewinnschwelle beschreiben.

Schaubild 37 a: Beispiel einer Bilanz
(die Spalten »02« und »01« bezeichnen aufeinanderfolgende Perioden)

Bilanz der Südbräu AG zum 31. Dezember 02 (in Mio DM)		
AKTIVA	02	01
A. Anlagevermögen		
I. Immaterielle Vermögensgegenstände	12	10
II. Sachanlagen		
1. Grundstücke und Bauten	65	55
2. Technische Anlagen	40	43
3. Betriebs- und Geschäftsausstattung	10	12
III. Finanzanlagen	42	28
B. Umlaufvermögen		
I. Vorräte	70	89
II. Forderungen und sonstige Vermögensgegenstände:		
1. Forderungen aus Lieferungen und Leistungen	32	20
– davon mit einer RLZ > 1 Jahr	(6)	(4)
2. Sonstige Vermögensgegenstände	4	5
– davon Forderungen mit RLZ > 1 Jahr	(1)	(3)
III. Wertpapiere	10	12
IV. Flüssige Mittel	40	44
C. Rechnungsabgrenzungsposten	4	2
PASSIVA	02	01
A. Eigenkapital		
I. Gezeichnetes Kapital	96	90
II. Kapitalrücklage	20	15
III. Gewinnrücklagen	28	18
IV. Bilanzgewinn	15	13
B. Schuldverschreibungen	4	0
C. Rückstellungen		
1. Pensionsrückstellungen	26	23
2. Steuerrückstellungen	3	3
3. Sonstige Rückstellungen	6	16
D. Verbindlichkeiten		
1. Erhaltene Anzahlungen auf Bestellungen	28	20
2. Verbindlichkeiten gegenüber Kreditinstituten	16	45
– davon mit einer RLZ > 1 Jahr	(13)	(37)
– davon mit einer RLZ > 5 Jahren	(8)	(10)
3. Verbindlichkeiten aus Lieferungen und Leistungen	86	74
– davon mit einer RLZ > 1 Jahr	(38)	(28)
– davon mit einer RLZ > 5 Jahren	(12)	(7)
E. Rechnungsabgrenzungsposten	1	3
Bilanzsumme	329	320

Quelle: Coenenberg (36 a–36 c), S. 617–621

Schaubild 37 b:
Beispiel der Veränderungsbilanz

Mittelverwendung		Mittelquellen	
I. Aktivzunahmen (A^+):		I. Passivzunahmen (P^+):	
Immaterielles Anlagevermögen	2	Gezeichnetes Kapital	6
Grundstücke	10	Kapitalrücklage	5
Finanzanlagen	14	Gewinnrücklagen	10
Forderungen aus Lieferungen und Leistungen	12	Bilanzgewinn	2
Rechnungsabgrenzungsposten	2	Schuldverschreibungen	4
		Pensionsrückstellungen	3
		Erhaltene Anzahlungen auf Bestellungen	8
		Verbindlichkeiten aus Lieferungen und Leistungen	12
II. Passivabnahmen (P^-):		II. Aktivabnahmen (A^-):	
Sonstige Rückstellungen	10	Technische Anlagen	3
Verbindlichkeiten gegenüber Kreditinstituten	29	Betriebs- und Geschäftsausstattung	2
Rechnungsabgrenzungen	2	Vorräte	19
		sonstige Vermögensgegenstände	1
		Wertpapiere	2
		Flüssige Mittel	4
Summe:	81	Summe:	81

1.8 Vermögens- und Kapitalstruktur

1.8.1 Bilanzierung

161 Zu wesentlichen Fragen der Bilanzierung bei vermuteter oder bestätigter Überschuldung wurde in Teil B III 1.2 Stellung genommen. Ebenso wurden Liquiditätsfragen bei der Erörterung des Tatbestandes der Zahlungsunfähigkeit behandelt.

Deshalb sei an dieser Stelle nur auf die dort getroffenen Feststellungen und bezeichneten Literaturquellen hingewiesen.

1.8.2 Die Kreditanspannung

162 Als Kreditanspannung bezeichnet man den Quotienten aus Wechselverbindlichkeiten und Lieferantenkrediten. Je höher die Kreditanspannung ist, desto geringer sind in der Regel die Möglichkeiten zu weiterer Inanspruchnahme von Lieferantenkrediten. Die starke Erhöhung der Kreditanspannung innerhalb eines kurzen Zeitraumes ist ein Indiz für drohende Liquiditätsprobleme.

1.8.3 Die Kapitalflußrechnung

163 Die Kapitalflußrechnung ist eine Bewegungstabelle, die für einen definierten Zeitraum (beispielsweise zwischen zwei Bilanzstichtagen) die Herkunft und Verwendung liquiditätswirksamer Mittel (Geld, Güter, Leistungen) darstellt.

Relativ leicht durchzuführen ist eine **Kapitalflußrechnung als Differenzrechnung** der sich entsprechenden Positionen zweier Bilanzen.

Schaubild 37 c:
Beispiel der Beständedifferenzenbilanz

AKTIVA	02	01	D
A. Anlagevermögen			
I. Immaterielle Vermögensgegenstände	12	10	+ 2
II. Sachanlagen			
1. Grundstücke und Bauten	65	55	+ 10
2. Technische Anlagen	40	43	- 3
3. Betriebs- und Geschäftsausstattung	10	12	- 2
III. Finanzanlagen	42	28	+ 14
B. Umlaufvermögen			
I. Vorräte	70	89	- 19
II. Forderungen und sonstige Vermögensgegenstände:			
1. Forderungen aus Lieferungen und Leistungen	32	20	+ 12
- davon mit einer RLZ > 1 Jahr	(6)	(4)	(+ 2)
2. Sonstige Vermögensgegenstände	4	5	- 1
- davon Forderungen mit einer RLZ > 1 Jahr	(1)	(3)	+ 2
III. Wertpapiere	10	12	- 2
IV. Flüssige Mittel	40	44	- 4
C. Rechnungsabgrenzungsposten	4	2	+ 2
PASSIVA	**02**	**01**	**D**
A. Eigenkapital			
I. Gezeichnetes Kapital	96	90	+ 6
II. Kapitalrücklage	20	15	+ 5
III. Gewinnrücklagen	28	18	+ 10
IV. Bilanzgewinn	15	13	+ 2
B. Schuldverschreibungen	4	0	+ 4
C. Rückstellungen			
1. Pensionsrückstellungen	26	23	+ 3
2. Steuerrückstellungen	3	3	+ 0
3. Sonstige Rückstellungen	6	16	- 10
D. Verbindlichkeiten			
1. Erhaltene Anzahlungen auf Bestellungen	28	20	+ 8
2. Verbindlichkeiten gegenüber Kreditinstituten	16	45	- 29
- davon mit einer RLZ > 1 Jahr	(13)	(37)	(- 24)
- davon mit einer RLZ > 5 Jahren	(8)	(10)	(- 2)
3. Verbindlichkeiten aus Lieferungen und Leistungen	86	74	+ 12
- davon mit einer RLZ > 1 Jahr	(38)	(28)	(+ 10)
- davon mit einer RLZ > 5 Jahren	(12)	(7)	(+ 5)
E. Rechnungsabgrenzungsposten	1	3	- 2
Bilanzsummen (differenz)	329	320	+ 9

Das Ergebnis wird als Veränderungsbilanz abgebildet (Schaubilder 37 a, 37 b und 37 c) und kann aufzeigen, wozu beispielsweise die Mittel aus dem Vorratsabbau verwendet wurden.

1.9 Unternehmenswert

164 Bei der Sanierung von Unternehmen stellt sich früher oder später die Frage nach dem Wert des Unternehmens. Er wird benötigt beim Verkauf des Ganzen, bei Ein- und Austritt von Gesellschaftern, bei Fusionen und Umwandlungen. Die Werte von Tochtergesellschaften sind relevant, wenn im Zuge der Sanierung Unternehmensteile veräußert werden sollen.

1.9.1 Liquidationswert

165 Der Liquidationswert ist der Barwert aller bei der Zerschlagung des Unternehmens zu- oder abfließenden Geldbeträge. Es sind die bei freihändiger Veräußerung der Vermögensteile zu erzielenden Erlöse, die Fremdverbindlichkeiten einschließlich aller bei der Zerschlagung neu entstehenden Kosten sowie alle steuerlichen Erstattungen oder Nachforderungen einzubeziehen (vgl. B III 1.2 soweit zu Detailfragen, *Eisele* S. 823–850; *Heinen* S. 496–499, *WP-Hdb.* S. 1139–1141).

1.9.2 Fortführungswert

166 Der Wert gesunder Unternehmen wird als
a) Ertragswert oder
b) Substanzwert oder
c) eine Kombination aus a) und b) ermittelt.

Während früher der Substanzwert bestimmend war, geht die Wirtschaftswissenschaft heute in der Regel vom **Ertragswert** aus, der als **Barwert der zukünftigen Gewinne** ermittelt wird. Da diese Prognoserechnung erhebliche Risiken beinhaltet, wird der Substanzwert als Hilfslinie zur Risikoabschätzung verwendet.

Sehr ausführlich widmet sich das *WP-Hdb.* S. 1053–1152, der Unternehmensbewertung.

Ein sehr einfaches und bestenfalls für den ersten Überblick geeignetes Rechenverfahren hat 1981 die Zeitschrift »Impulse« veröffentlicht (*Impulse* 1981 b Nr. 5, S. 70 f.). Es ist in Schaubild 37 dargestellt.

Die Unternehmensbewertung zu den oben in C IV 1.9 genannten Zwecken muß einem neutralen und qualifizierten Steuerberater oder Wirtschaftsprüfer überlassen bleiben.

1.9.3 Bewertung unrentabler oder insolventer Unternehmen

167 Für die Bewertung solcher Unternehmen sind keine besonderen, konzeptionell von den allgemeinen Bewertungsregeln abweichenden Verfahren entwickelt worden, und nach h.M. auch nicht erforderlich (für viele: *Wegmann*, S. 131 ff. m.w.N.).

168 Zielwert der Bewertung ist der Barwert der zukünftigen Erträge. Diese werden unter Einbeziehung der geplanten Sanierungsmaßnahmen und der zu ihrer Realisierung erforderlichen Aufwendungen mit kaufmännischer Vorsicht prognostiziert.

169 Der Liquidationswert hat die Funktion eines **Kontrollwertes.** Wenn er höher ist als der Ertragswert, ist – zumindest für die Gesellschafter – die Liquidation des Unternehmens die beste Lösung.

Schaubild 38: Berechnung des Substanz-, Ertrags- und Unternehmenswertes

So bewerten Sie Ihren Betrieb

Bewertungsfaktoren	Bewertungsziffern 0 bis 7
1. Standort	
2. Marktstellung	+
3. Produktqualität	+
4. Sortimentsbreite	+
5. Lagerumschlagshäufigkeit	+
6. Ertragslage	+
7. Qualität und Ausbaufähigkeit des Kundenstammes	+
8. Qualität von Kundendienst und Service	+
9. Stand der Technologie	+
10. Konkurrenzvorteile durch Schutzrechte	+
11. Entwicklungsgrad der innerbetrieblichen Organisation	+
12. Entwicklungsgrad des Vertriebs	+
13. Entwicklungsgrad des Marketing, z. B. Werbung	+
14. Mitarbeiterqualität	+
15. Image gegenüber Öffentlichkeit und Behörden	+
Addieren Sie hier die Bewertungsziffern aller Faktoren	=

So errechnen Sie den Substanzwert

Grundstücke Tragen Sie den Verkehrswert ein. Was für Betriebsgrundstücke in Ihrer Gegend derzeit bezahlt wird, können Sie beim Katasteramt erfragen.	**Mark**	
Gebäude Auch hier kommt es auf den Verkehrswert an, der bei Bedarf von Bausachverständigen ermittelt wird (Namen nennt die Industrie- und Handelskammer)	**Mark**	+
Maschinen und Anlagen Tragen Sie vereinfacht den Buchwert ein	**Mark**	+
Warenbestände Hier sollten Sie die niedrigsten Anschaffungskosten ansetzen	**Mark**	+
Geldwerte Tragen Sie den Kassenbestand, Bank- und Postscheckguthaben sowie kurzfristige Forderungen ein	**Mark**	+
Wert der vorhandenen Aktiva	**Mark**	=
abzüglich Verbindlichkeiten und Kredite	**Mark**	–
Substanz des Unternehmens	**Mark**	=

So errechnen Sie den Ertragswert

➡ Bewertungsziffern der Faktoren 1–15		
Dividieren Sie durch die Zahl der für Ihren Betrieb relevanten Bewertungsfaktoren		:
Als Resultat erhalten Sie die individuelle Bewertungsziffer für Ihren Betrieb		=
Tragen Sie hier den erwarteten Jahresgewinn ein und multiplizieren Sie den Betrag mit der Bewertungsziffer	**Mark**	×
Der pauschale Ertragswert	**Mark**	=

So errechnen Sie den Unternehmenswert

Substanzwert	**Mark**	
Pauschaler Ertragswert	**Mark**	+
Unternehmenswert	**Mark**	=

Quelle: Impulse 5/1981, S. 70–71

1.10 Potentialanalysen, insbesondere PIMS

170 Erfolgspotentiale lassen sich in drei »Potentialgruppen« zusammenfassen:
- Management- und Organisationsbereich,
- absatzwirtschaftlicher Bereich und
- produktionswirtschaftlicher Bereich

(vgl. *Groß,* S. 44).

Die vorangehenden Analyseverfahren hatten die Ermittlung von Kennzahlen, Kennzahlengruppen und Trends zur Beurteilung **selektiver Erfolgspotentiale** zum Ziel. »Potentialanalysen« versuchen, das Vorhandensein, die Stärke, die Aktivierbarkeit von Erfolgspotentialen einer **Potentialgruppe** als Komplex zu erfassen und zu bewerten.

Darauf aufbauend können strategische Entscheidungen getroffen werden mit guten Erfolgschancen, mindestens jedoch auf anerkannt seriöser Basis und deshalb auch willkürfrei.

171 Die wichtigste Quelle strukturierter Potentialanalysen ist das **PIMS-Programm**. In Kontinentaleuropa gewann das PIMS-Programm erst in der zweiten Hälfte der achtziger Jahre eine gewisse Bedeutung, nachdem es in den USA und Großbritannien zuvor stürmische Zustimmung aber auch Ablehnung gefunden hatte (Quellen bei *Neubauer,* S. 107; *Becker,* S. 171).

Weitere, hier nicht näher erläuterte Methoden zur Potentialanalyse sind:

171
- das **»Strategische Spielbrett«** von McKinsey,
- die **»Analyse des Geschäftssystems«** von McKinsey,
- die **»Value Chain-Analyse«** von Porter,
- die **»Branchen-Wettbewerbsvorteils-Matrix«** von der Boston Consulting Group,
- die **GAP-Analysen** sowie
- weitere **Portfolio-Analysen,** von denen in dieser Arbeit nicht alle erwähnt werden.

1.10.1 Profit Impact of Market Strategies

173 PIMS steht für »Profit of Market Strategies«, übersetzt als »Marktstrategien und ihr Einfluß auf den Gewinn«.

Es handelt sich dabei um ein auf empirischen Daten basierendes Verfahren zur Identifizierung von »Marktgesetzen«.

Das Verfahren erwies sich sowohl als ein zur Analyse geeignetes Instrumentarium, als auch als **Filter bei der Auswahl erfolgversprechender Zukunftsstrategien** (vgl. *Neubauer* in *Hahn/Taylor,* S. 179).

PIMS wurde in den 60er Jahren auf Anregung von General Electric in den USA entwickelt und später vom Strategic Planning Institute in Cambridge (Massachusetts) fortgeführt.

Im Kern handelt es sich um eine umfangreiche Datensammlung, die statistisch ausgewertet wurde um zu erkennen, **welche Faktoren** in welcher Ausprägung und mit welcher Intensität **den Erfolg einer Geschäftseinheit bestimmen**.

174 Geschäftseinheiten (SGE = Strategische Geschäftseinheit) sind Unternehmen, Divisionen oder Geschäftsbereiche von Unternehmen, Produktgruppen, die durch Homogenität aus Sicht des Marktes gekennzeichnet sind.

Die nachfolgenden Ausführungen stützen sich weitgehend auf die Arbeit von *Neubauer.*

1.10.2 Das Arbeitsschema von PIMS

Schaubild 39: Suche nach Erfolgsdeterminanten **174 a**

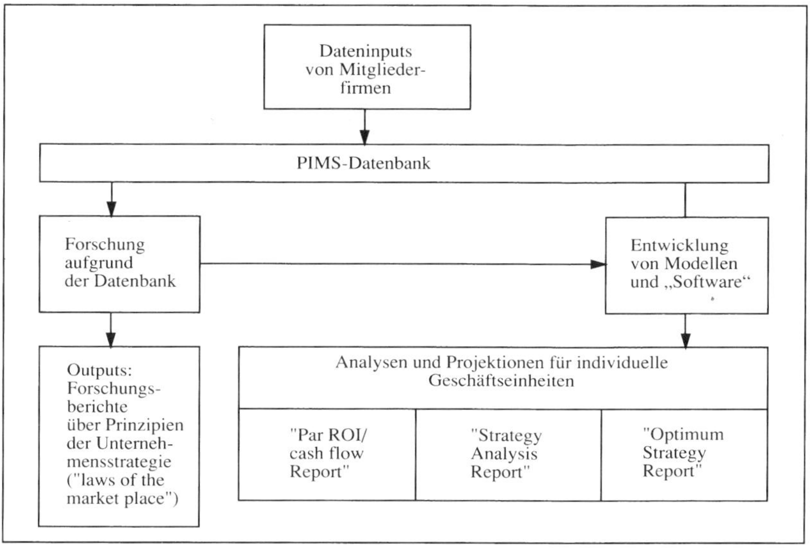

Quelle: Neubauer, S. 74

1.10.3 Die PIMS-Datenbasis

Im nachfolgenden Schaubild ist der geographische Ursprung der Datenbasis dargestellt.

Schaubild 40: Geographische Verteilung der Geschäftseinheiten **174 b**

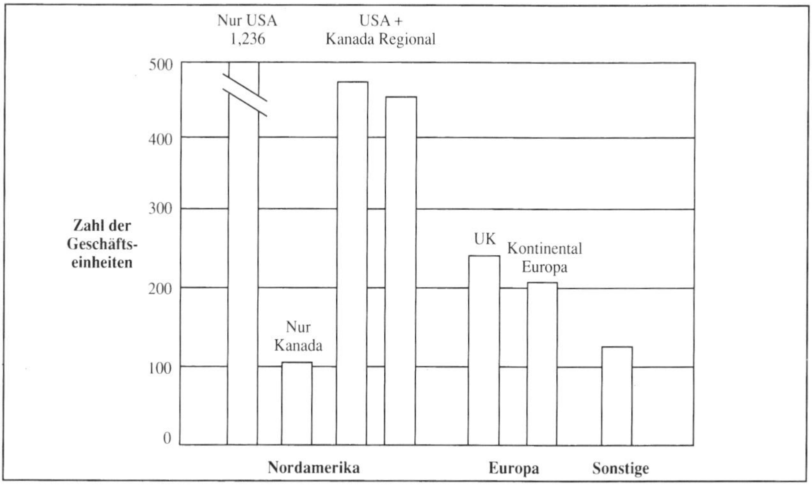

Quelle: Neubauer, S. 71

Die folgende Tabelle zeigt die Anteile der Gewerbegruppen in der Datensammlung:

Ursprung der Geschäftseinheiten in der PIMS-Datenbank	
Konsumgüterhersteller	29 %
Investitionsgüterhersteller	19 %
Rohmateriallieferanten	11 %
Komponentenhersteller	23 %
Hersteller von industriellem Zubehör (industrial supplies)	14 %
Dienstleistungsunternehmen	4 %
	100 %

Quelle: Neubauer, S. 70

1.10.4 Die erfaßten Daten

174 c *Typische Merkmale der Geschäftstätigkeit*

- Langfristige Wachstumsrate des Marktes
- Kurzfristige Wachstumsrate des Marktes
- Verfügbarkeit und Nutzung von Verteilerfirmen
- Inflationsraten der Verkaufspreise
- Inflationsraten der Kosten
- Anzahl und Größe der belieferten Zwischenabnehmer
- Anzahl und Größe der Endabnehmer
- Bestellungshäufigkeit und Bestellungsumfang

Wettbewerbsposition

- Anteil am belieferten Markt
- Marktanteil im Verhältnis zu den Anteilen der drei stärksten Konkurrenten
- Produktqualität im Vergleich zur Konkurrenz
- Preise im Vergleich zur Konkurrenz
- Lohnkosten im Vergleich zur Konkurrenz
- Marketinganstrengungen im Vergleich zur Konkurrenz
- Rate der Einführung neuer Produkte

Struktur des Produktionsablaufs

- Kapitalintensität (Stand der Automation usw.)
- Ausmaß der vertikalen Integration
- Kapazitätsauslastung
- Produktivität der Anlagegüter
- Personalproduktivität
- Umfang der Lagerbestände

Budgetposten

- Forschungs- und Entwicklungsbudgets
- Werbe- und Verkaufsförderungsbudget
- Aufwand für den Außendienst

»strategic moves« (Strategieanstrengungen)

- Bewußt herbeigeführte Veränderungen in den oben aufgeführten Faktoren, die beeinflußbar sind.

Betriebsergebnisse

- Rentabilitätsentwicklung
- Cash-flow-Entwicklung
- Wachstumsraten des Umsatzes

Quelle: Neubauer, S. 72

1.10.5 Die Ergebnisse der Datenauswertungen

Durch die Auswertung des Datenmaterials konnten mehr als 30 Erfolgsfaktoren identifiziert werden. **175**

Als »Erfolg« wurde die Verzinsung der Investitionen definiert (**Return on Investment**):

$$\text{ROI} = \frac{\text{Gewinn vor Steuern}}{\text{Durchschnittlich gebundenes Kapital}}$$

Der ROI war besonders stark **positiv korreliert** mit den Faktoren **176**
- Marktanteil
- Produkt-/Servicequalität
- Arbeitsproduktivität und
- vertikale Integration

Stark **negative Korrelationen** waren festzustellen mit **177**
- der Kapitalintensität,
- (hohen) Vorräten und
- der Rate der Einführung neuer Produkte.

Neubauer (S. 78–99) hat drei besonders auffallende Erfolgsfaktoren erläutert. Sie werden im folgenden kurz dargestellt:

a) Der **Marktanteil** (als absoluter Marktanteil, relativer Marktanteil oder Rang, Schaubilder 41, 42 und 43) scheint wegen **178**
   - der Wirkung der »economies of scale« und der Erfahrungskurve (vgl. C IV 1.5),
   - der Marktmacht,
   - der Risikoaversion der Käufer

ein wichtiger positiver Erfolgsfaktor zu sein.

Schaubild 41: Stärke des Zusammenhangs zwischen absolutem Marktanteil und ROI

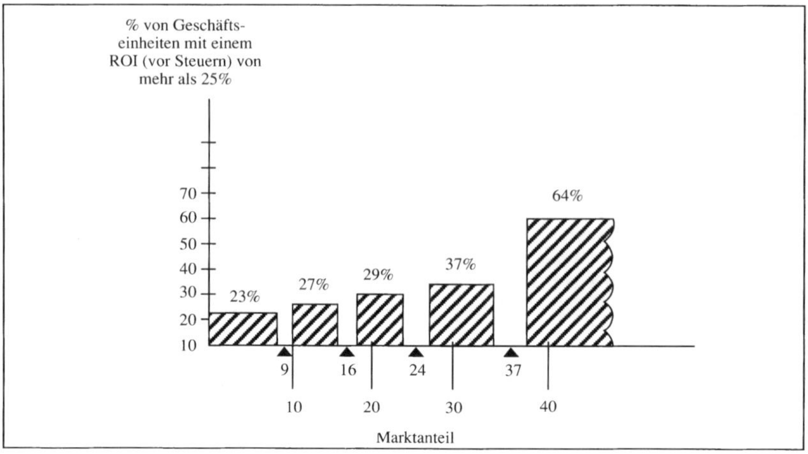

Quelle: Neubauer, S. 82

Schaubild 42: Beziehungszusammenhang zwischen relativem Marktanteil und ROI

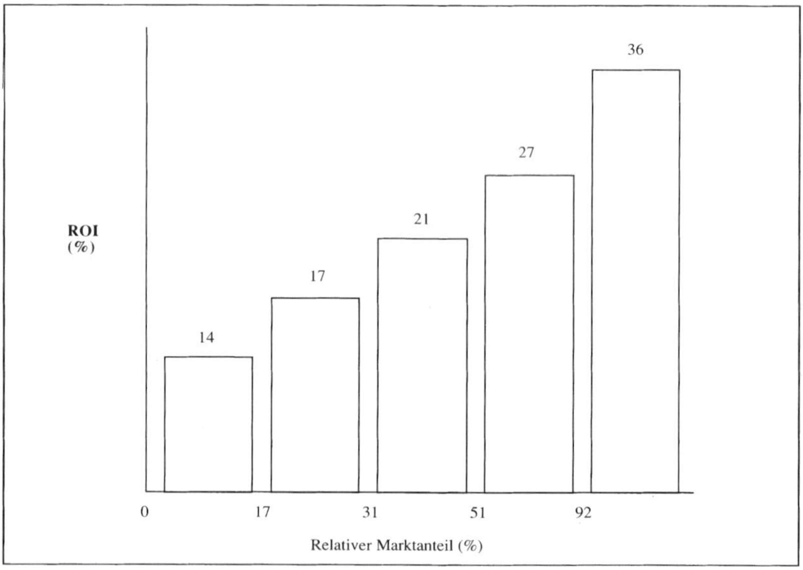

Quelle: Neubauer, S. 79

Schaubild 43: Beziehungszusammenhang zwischen Rang im Markt und ROI

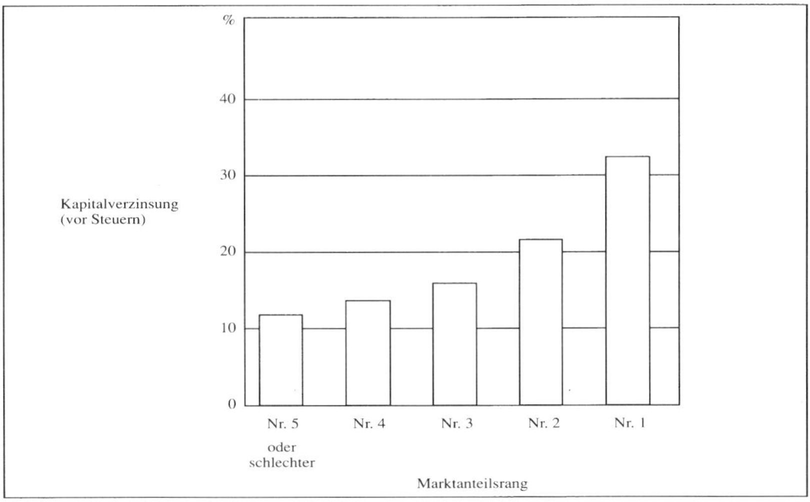

Quelle: Neubauer, S. 82

b) Die **Produkt-/Service-Qualität** scheint aus sehr heterogenen Gründen, die teilweise einfach zu beschreiben sind (z.B. ausgeprägte Kundenloyalität, die zu Folgekäufen veranlaßt), sich teilweise aber nur über Kausalketten erklären lassen, auf die hier nicht weiter eingegangen wird, einen wichtigen Erfolgsbeitrag zu leisten. **179**

Eindeutig sind die auf Schaubild 44 gezeigten Ergebnisse:

Schaubild 44: Beziehungszusammenhang zwischen Qualität und ROI bzw. ROS

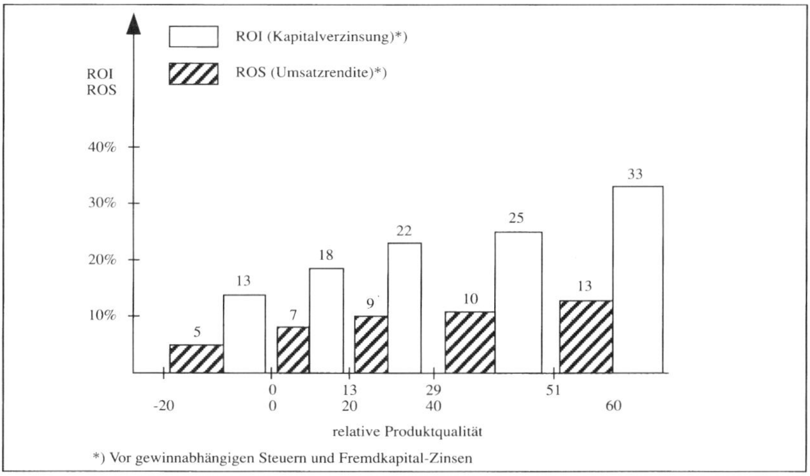

Quelle: Neubauer, S. 88

Interessant und vielleicht überraschend ist der nachfolgend gezeigte Zusammenhang:

Schaubild 45: Preis-Qualitäts-Diagramm und ROI

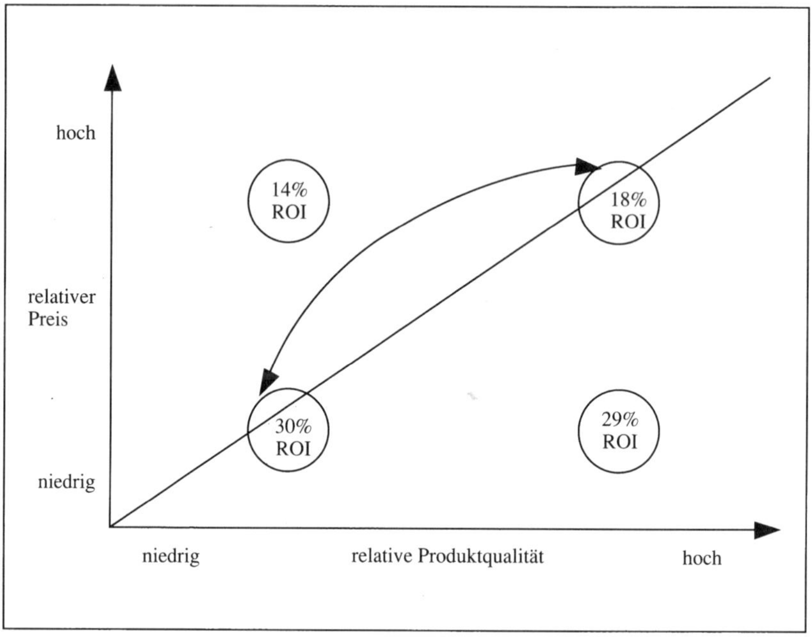

Quelle: Neubauer, S. 92

Es scheint, daß eine relativ hohe Produktqualität immer mit einem hohen ROI einhergeht, während der relative Preis nicht eindeutig mit dem ROI korreliert.

180 c) Die **Kapitalintensität** (Investition dividiert durch Wertschöpfung) korreliert negativ mit dem ROI und dem ROS (Return on Sales, Umsatzrendite; vgl. auch C III 2.1.1).

Die PIMS-Erfolgsdeterminanten dürfen trotz ihrer hohen Signifikanz nicht unkritisch zu Handlungsmaßstäben erhoben werden.

Deshalb eine ergänzende Warnung von *Neubauer* (S. 99):

181 »PIMS erhebt nicht den Anspruch, präzise ›Gesetze der Strategie‹ gefunden zu haben, vergleichbar etwa mit denen der Physik. Die Verfechter von PIMS stehen vielmehr auf dem Standpunkt, daß die von ihnen beobachteten Regelmäßigkeiten **wertvolle Leitlinien** für Manager darstellen. Einige von ihnen gelten buchstäblich für alle Geschäftseinheiten in der Datenbank, andere nur für spezielle SGE-Typen. Das PIMS-Programm erhebt auf keinen Fall den Anspruch, einen einfachen, präzisen Satz von Regeln gefunden zu haben, die eine griffige Antwort für alle Strategiesituationen erlauben.«

1.10.6 Par – ein wichtiges PIMS-Modell

Das Par-Modell ist ein Analysemodell, dessen Ergebnisse die Auswahl konkreter Maßnahmen zur ROI-Erhöhung wesentlich erleichtern.
»Par« ist der Begriff aus dem Golfsport, der den Platzstandard angibt. Der Par-ROI ist ein »Standard-ROI«. Er entspricht jenem ROI, der für eine SGE »normal« ist. Mit anderen Worten:

Der Par-ROI einer konkreten SGE wird erreicht, wenn das Potential, das diese **182**
SGE besitzt, ausgeschöpft wird.
Erläuterungen zu Schaubild 46:
Liegt der tatsächlich erzielte ROI unter dem Par-ROI (linke Felder), so deutet dies Verbesserungsmöglichkeiten an. Im Sanierungsfall sind durch Verbesserung des operativen Management bessere Resultate zu erzielen, weil offensichtlich die bestehenden Potentiale bisher unausgeschöpft sind. Investitionen erscheinen erfolgversprechend.
Liegt der tatsächliche erzielte ROI jedoch über dem Par-ROI (rechte Felder), so bedeutet dies, daß durch offensichtlich geschicktes operatives Management Ergebnisse erzielt wurden, die besser sind als zu erwarten gewesen wäre.
Ein niedriger Par-ROI (untere Felder) legt die Aufgabe der strategischen Geschäftseinheit nahe, Investitionen versprechen keine positiven Resultate.

Schaubild 46: Analyse des Produkt-Portfolios und des operationalen Management

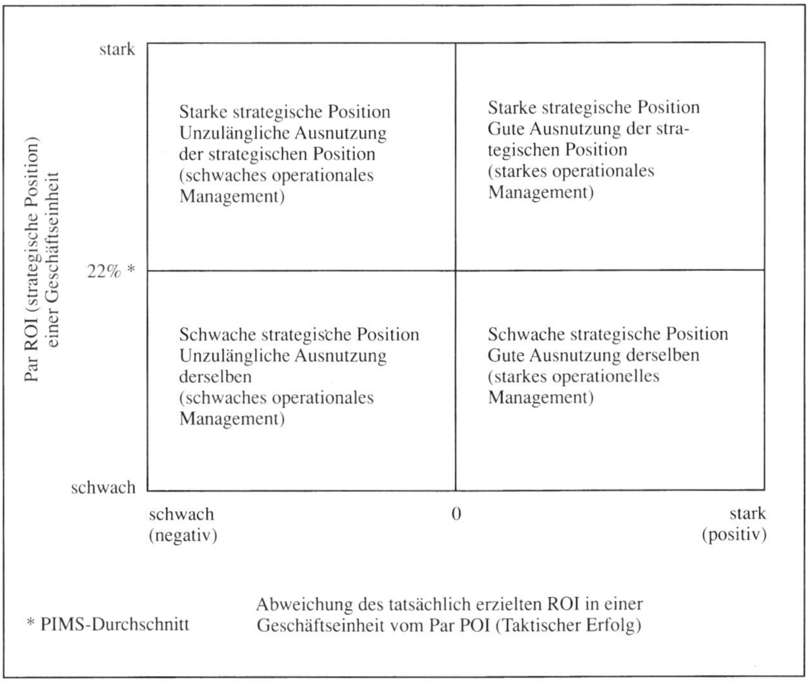

Quelle: Neubauer in: Hahn/Taylor, S. 200

183 Die Ergebnisse der Untersuchung von Par-ROI und tatsächlichem ROI können anschaulich in einer Portfolio-Darstellung auch für mehrere Geschäftseinheiten oder einzelne Produkte gezeigt werden (Schaubild 47):

Schaubild 47: Einfache Form des Portfolio-Managements gemäß PIMS

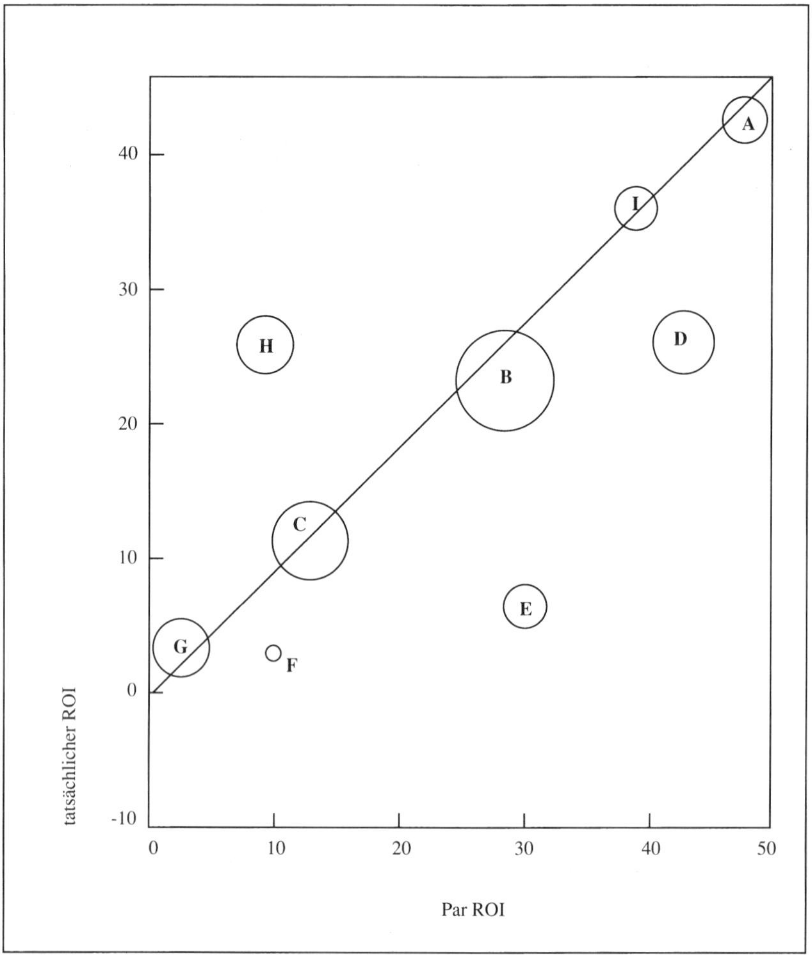

Quelle: Neubauer, S. 103

Neubauer (S. 103) erklärt die Ergebnisse wie folgt:

»Liegt eine SGE auf der Diagonalen (wie das beispielsweise bei den Einheiten G, C, I und A der Fall ist), dann entspricht ihr tatsächlicher ROI dem ›Par‹. Diese Einheiten **schöpfen also ihr Potential** aus. Liegt eine SGE unterhalb der Diagonalen (wie beispielsweise die Einheiten F, E, B und D), dann ist das Potential höher als der tatsächlich erzielte Gewinn. Es sind also gewissermaßen noch **Gewinnreserven** vorhanden, über die sich das operationale Management dieser Einheiten u. U. nicht im klaren ist. Wird eine SGE oberhalb der Diagonalen eingeordnet (Einheit H), dann erzielt sie einen höheren Gewinn als nach ihrer strategischen Position zu erwarten ist. Eine solche Position ist entweder das Resultat eines überdurchschnittlich geschickten operationalen Managements, oder aber das Management von H unterläßt Maßnahmen, die langfristig für die Gesundheit dieser Einheit nötig wären (z.B. Forschung und Entwicklung). **184**

Die Analyse läßt sich u.a. bei der Diskussion von Investitionsplänen benutzen: **185** Sie erweist sich dabei der Vorgehensweise überlegen, die den gegenwärtigen tatsächlichen Gewinn als **Grundlage für Investitionsentscheidungen** verwendet. Diese Vorgehensweise soll am Beispiel der Geschäftseinheiten G und E gezeigt werden: Beide erzielen in etwa den gleichen tatsächlichen ROI (knapp 10 %). Es ist jedoch unter strategischen Gesichtspunkten wesentlich sinnvoller, in E zu investieren als in G. Die Geschäftseinheit G schöpft ihr Potential offensichtlich völlig aus. Dagegen münzt E im Augenblick erst rund die Hälfte seines Potentials (30 % ›Par‹) in tatsächliche Gewinne um. Ähnliches läßt sich für die Einheiten H und D sagen: D ist ein wesentlich aussichtsreicherer Investitionskandidat als H. Das gilt umso mehr, als nach den Erfahrungen des PIMS-Programms die Gewinnleistung von H langfristig auf den ›Par‹ für diese Einheit (rund 10 %) zudriften wird.«

2. Qualitative Verfahren

2.1 Gesamtwirtschaft, Weltwirtschaft

Das Geschäftsklima wird beispielsweise dargestellt im »Konjunkturspiegel« des **186**
IFO-INSTITUT für Wirtschaftsforschung
Abt.: Konjunktur-Umfragen
Poschingerstraße 5
81679 München

2.2 Märkte

Sofern sich das Unternehmen in mehreren voneinander unabhängigen Märkten **187** bewegt, ist es sinnvoll, diese Teilmärkte in eine Matrix einzubringen. Zur Überleitung auf das später folgende Technologie-Portfolio wird die Vier-Felder-Matrix auf neun Felder erweitert (Schaubild 48). Diese verfeinerte Matrix stellt keine prinzipiell abweichende Methode dar, sie erlaubt aber ein subtileres Arbeiten und beugt der unkritischen Anwendung der unten gezeigten »Normenstrategien« vor (vgl. auch *Neubauer,* S. 66 m.w.N.).
Die einzelnen Märkte sind durch Kreise A, B, C und D dargestellt. Ihre jeweilige Größe repräsentiert das Marktvolumen.

Schaubild 48: Marktwachstum-/Marktvolumen-Matrix

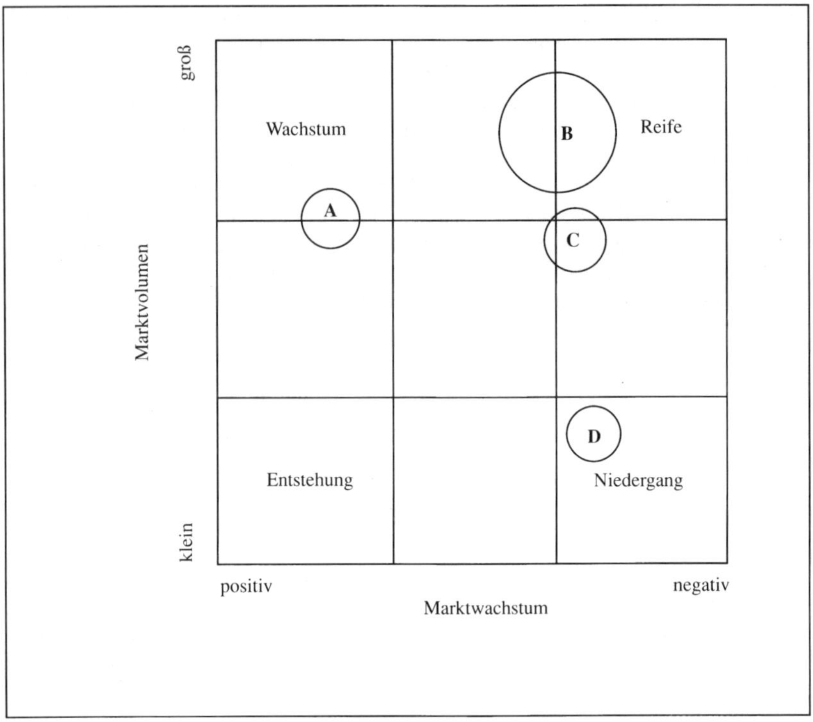

Quelle: Verfasser

2.3 Wettbewerber

Das Verhalten der Wettbewerber, ausgehend von der Marktstruktur, beeinflußt **188**
wesentlich das Ergebnis des eigenen Unternehmens. Deshalb ist die Kenntnis dieser Strukturen und der Verhaltensweisen von Wettbewerbern in aller Regel wichtig bei der Erarbeitung von Sanierungsstrategien.
Dabei sind sowohl retrospektive als auch prospektive Betrachtungen erforderlich.
Die Retrospektive kann zur **Aufhellung der Krisenursachen** beitragen und eine Vorauswahl von Sanierungsstrategien einleiten.

Die Prospektive dient ebenfalls der **Vorauswahl von Sanierungsstrategien.** Dar- **189**
über hinaus hilft sie bei der **Beurteilung von Sanierungschancen.** Es darf nicht außer acht gelassen werden, daß sowohl konformes Verhalten von Wettbewerbern (z.B. durch Preissenkung nach eigener, vorangehender Preissenkung) als auch **konterkarierendes Verhalten** den Erfolg der eigenen Sanierungsstrategie vereiteln können (vgl. hierzu *Müller,* S. 179 ff. und S. 187 ff.).
Zunächst ist jedoch im Rahmen der Analysephase die Bedeutung der Miß-Erfolgsfaktoren Marktstrukturen und Marktverhalten zu untersuchen.

Becker (S. 156–167) hat in seiner Arbeit untersucht, inwieweit die Betrachtung **190**
unterschiedlicher **Wettbewerbsintensitäten,** die ihrerseits (empirischen Studien zufolge) zu unterschiedlichen Gewinnraten führen, dem Insolvenzverwalter bei der Beurteilung der Sanierungsfähigkeit einer Unternehmung helfen können.
Diese Studien der »Industrial Organization« gehen davon aus, daß
die **Marktstruktur**
das **Marktverhalten** prägt, und dies
wiederum das **Marktergebnis** bestimmt.

Die wesentlichen »Marktstrukturvariablen« sind **191**
der Konzentrationsgrad der Branche,
die Höhe der Marktbarrieren, das Marktwachstum usw.
Die Variablen des Marktverhaltens sind Preise, Werbung, Produktdifferenzierung u.a. Marktergebnisgrößen sind Güterpreise, Gewinnraten usw.
Positive Zusammenhänge wurden empirisch nachgewiesen zwischen der Unternehmensgröße, den Marktanteilen und dem Marktwachstum, des weiteren zwischen der Gewinnrate und den Marktbarrieren.
Becker untersucht weiterhin die Eignung gemeinsamer Merkmale von »Strategischen Gruppen« für die Beurteilung der Sanierungsfähigkeit.

Die Ergebnisse lassen den Schluß zu, daß sowohl das Konzept der »Industrial **192**
Organization« als auch jenes der »Strategischen Gruppen« wegen ihrer Wettbewerbsorientierung erfolgversprechende Ansätze darstellen. Zwingende Voraussetzung für eine erfolgreiche praktische Anwendung sind jedoch ausgezeichnete Kenntnisse über die Branche, deren Usancen, Möglichkeiten, Erfolgsfaktoren, Strukturen und genaue Informationen und Prognosemöglichkeiten hinsichtlich der Wettbewerber und ihres Verhaltens.

Schaubild 49: Stärken-/Schwächen-Profil einer Unternehmung

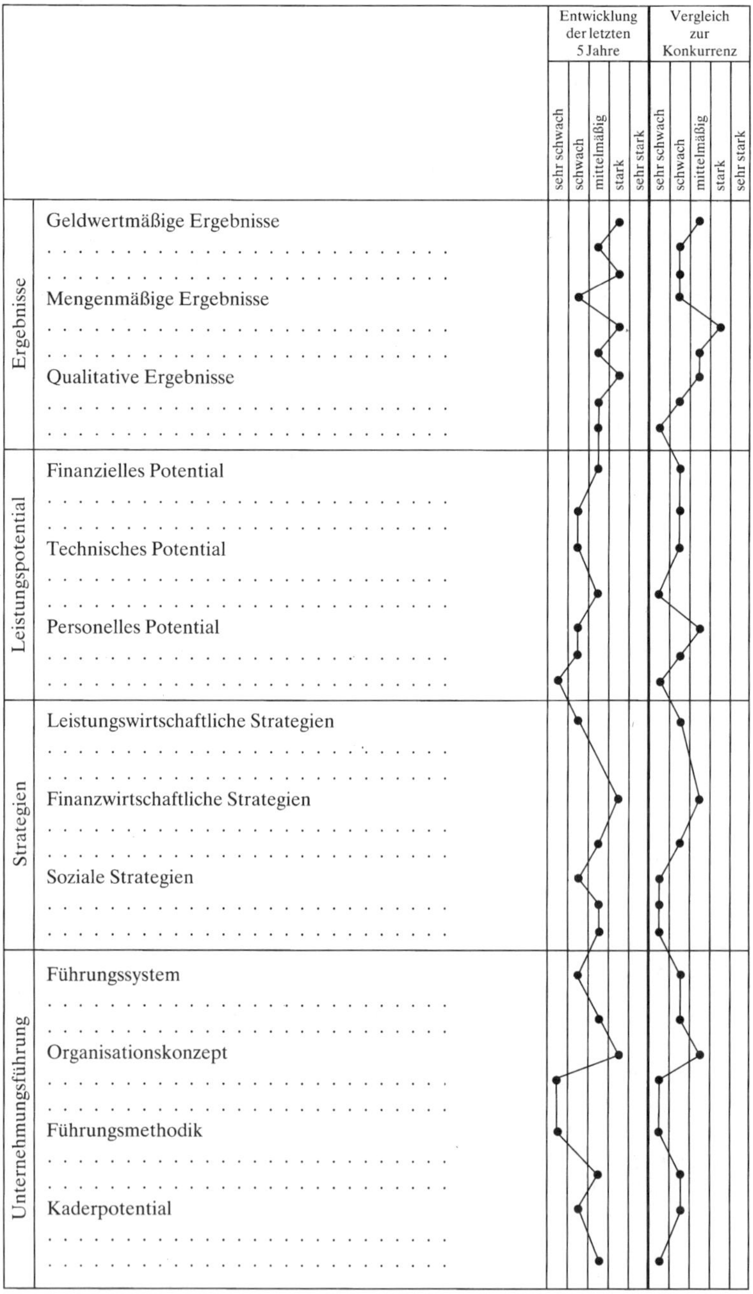

Quelle: Ulrich, S. 65

2.4 Stärken und Schwächen

Stärken-/Schwächenprofile werden in der im Schaubild 49 abgebildeten Form für **192 a** das eigene Unternehmen und für Konkurrenten erstellt (*Ulrich,* S. 65).

2.5 Klassische Portfolio-Matrixes

2.5.1 Vier-Felder-Produkt-Matrix

In einer Portfolio-Matrix (Boston-Matrix) werden die strategischen Geschäfts- **193** einheiten (vgl. C IV 1.4.4) eines Unternehmens schematisch nach ihrem **Marktwachstum** und **Marktanteil** abgegrenzt.
Aus der Verteilung der strategischen Geschäftseinheit (SGE) auf die vier Matrixfelder sind strategische Lücken und zukünftige Entwicklungen im Modellfall leicht zu erkennen.
Planungs- und Analysemethoden, die das Portfolio als wesentlichen Betrachtungsgegenstand verwenden, haben inzwischen eine überragende Bedeutung, vor allem bei Großunternehmen gewonnen. *Neubauer* weist auf eine amerikanische Untersuchung hin, die belegt, daß 75 % der 1 000 größten Unternehmen »Planungsmethoden benutzen, die als Portfolio-Management bezeichnet werden können« (vgl. *Neubauer,* m.w.N.).

Es besteht allerdings die Gefahr der **Simplifizierung** und **Vernachlässigung wich-** **194** **tiger Zusammenhänge.** Im Schaubild 50 ist eine Portfolio-Matrix der Boston Consulting Group abgebildet. A bis J sind SGE (z.B. Produktfamilien), die Pfeile geben die »normalen« Entwicklungsrichtungen der SGE an.
Trotz der oben erwähnten Gefahr der Simplifizierung, ist die Verwendung von Portfolio-Techniken auch kleinen oder mittleren und insbesondere krisengeplagten Unternehmen zu empfehlen.

Die Portfolio-Techniken zwingen dazu, interne Strukturmerkmale, Trends und **195** Tätigkeitsschwerpunkte in Beziehungszusammenhänge mit dem Markt zu bringen und sich mit den Entwicklungsrichtungen sowohl der Vergangenheit als auch der Zukunft auseinanderzusetzen.

Ein **ausgewogenes Portfolio** weist eine Verteilung auf, die Kapitalbedarfe (für **196** Stars und Fragezeichen) und Kapitalfreisetzungen (insbesondere durch cash cows) im Gleichgewicht hält. Anhaltspunkte für eine idealtypische Verteilung sind Umsatz- oder Gesamtdeckungsbeitragsanteile von 40 % bis 60 % für cash cows, ca. 30 % für stars, mindestens 10 % für Fragezeichen und maximal 10 % bis 20 % für die poor dogs (vgl. *Müller,* S. 80 m.w.N.).
Aus der deutschsprachigen Fachliteratur seien drei Quellen zur Vertiefung empfohlen: *Mann,* ein anwendungsbezogenes Werk; *Neubauer,* ein ausgezeichnetes Kompendium, das die Brücke schlägt zu PIMS (»Profit Impact of Market Strategies«, vgl. oben) und *Hahn/Taylor,* eine Auswahl von vertiefenden Aufsätzen zu Stand und Entwicklungstendenzen der Strategischen Unternehmensplanung.

2.5.2 Neun-Felder-Portfolio-Matrix

Zur späteren Ableitung von Strategien ist die Erstellung einer Neun-Felder- **197** Portfolio-Matrix sinnvoll. Die Dimensionen dieser Matrix sind:

- die relative Wettbewerbssituation und
- die relative Branchen- oder Marktattraktivität.

Schaubild 50: Portfolio-Matrix der Boston Consulting Group

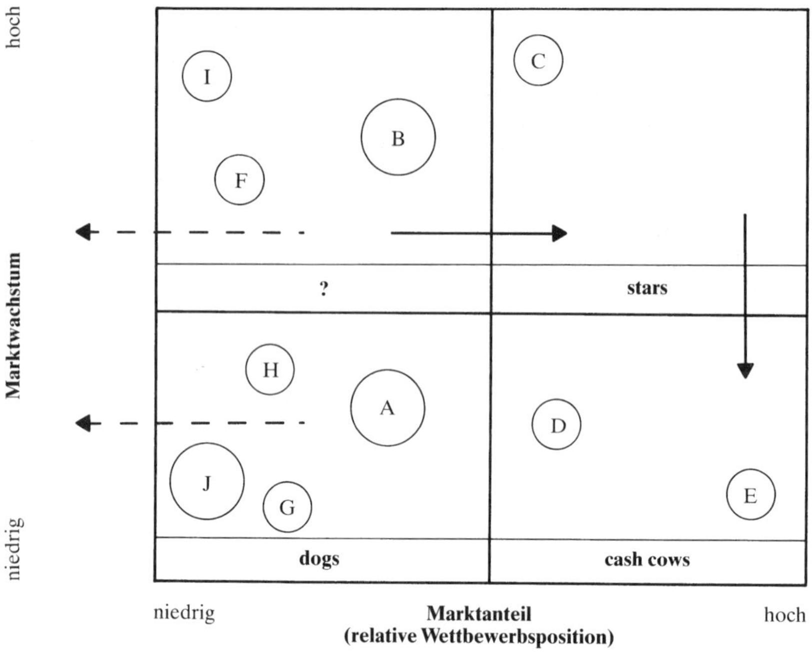

Quelle: Neubauer, zweite, vergriffene Auflage, S. 27

Als Bestimmungsfaktoren werden die in Schaubild 51 beispielhaft genannten vorgeschlagen.

Schaubild 51:

Kriterien zur Beurteilung der Marktattraktivität (Auswahl)	Kriterien zur Beurteilung der Wettbewerbsposition (Auswahl)
1. Gewinnpotential ● Marktvolumen ● Marktwachstum ● Preis-/Kostenentwicklung ● Kapazitätsauslastung ● Konkurrenzintensität/-struktur ● gegenwärtige Branchenrendite 2. Anforderungen des Marktes ● Höhe des Kapitaleinsatzes ● Notwendiges Know-how (FuE, Fertigung, Marketing) ● Erforderliche Flexibilität (Beschaffung, Fertigung, Vertrieb) ● Notwendigkeit von Innovationen (Produkttechnologie, Verfahrenstechnologie, Geschäftsqualität) 3. Chancen und Risiken des Marktes ● Substitionsmöglichkeiten/-gefahren ● Marktbarrieren für Eintritt/Austritt ● Produktlebensdauer/Modische Trends ● Differenzierungsmöglichkeiten/-grenzen für das Produkt ● Synergien mit anderen Unternehmungsbereichen ● saisonale/konjunkturelle Schwankungen ● Verhandlungsstärke von Abnehmern und Zulieferern ● Verhalten der Banken ● staatl. Eingriffe/Gesetzgebung/Protektionismus/Subventionen ● Einfluß der Gewerkschaften ● öffentliche Meinung zum Produkt ● Export-/Importabhängigkeit ● Rohstoff-/Energieabhängigkeit ● Patent-/Lizenzsituation ● Wechselkurse ● Inflation	● Marktanteil (absolut, relativ) ● Preis-/Kostenposition ● Preissenkungs-/Kosteneinsparungspotential ● Technologische Produktqualität mit Unterkriterien wie: Verfügbarkeit, Leistung, Verbrauch, Styling usw. ● Geschäftsqualität mit Unterkriterien wie: Lieferzeit, Auftragsabwicklung, Service usw. ● Entwicklungspotential von Produktqualität und Geschäftsqualität ● Marktpräsenz ● Sortimentsstruktur ● Patent-/Lizenzstärke ● Finanzkraft ● Schlagkraft der Führungsmannschaft ● Referenzen/Image ● Kapazitätsauslastung ● Wachstumsrate ● Rendite ● spezielle Sensitivität für Chancen und Risiken des Marktes ——— Alle Kriterien in Relation zum Branchendurchschnitt und dem bzw. den Hauptwettbewerbern

Quelle: Müller, S. 362

Ein praktikabler Vorschlag zur Quantifizierung der Dimensionen ist nachfolgend abgebildet:

Schaubild 52: Tabelle zur Vorbereitung der 9-Felder-Portfolio-Matrix (Beispiel)

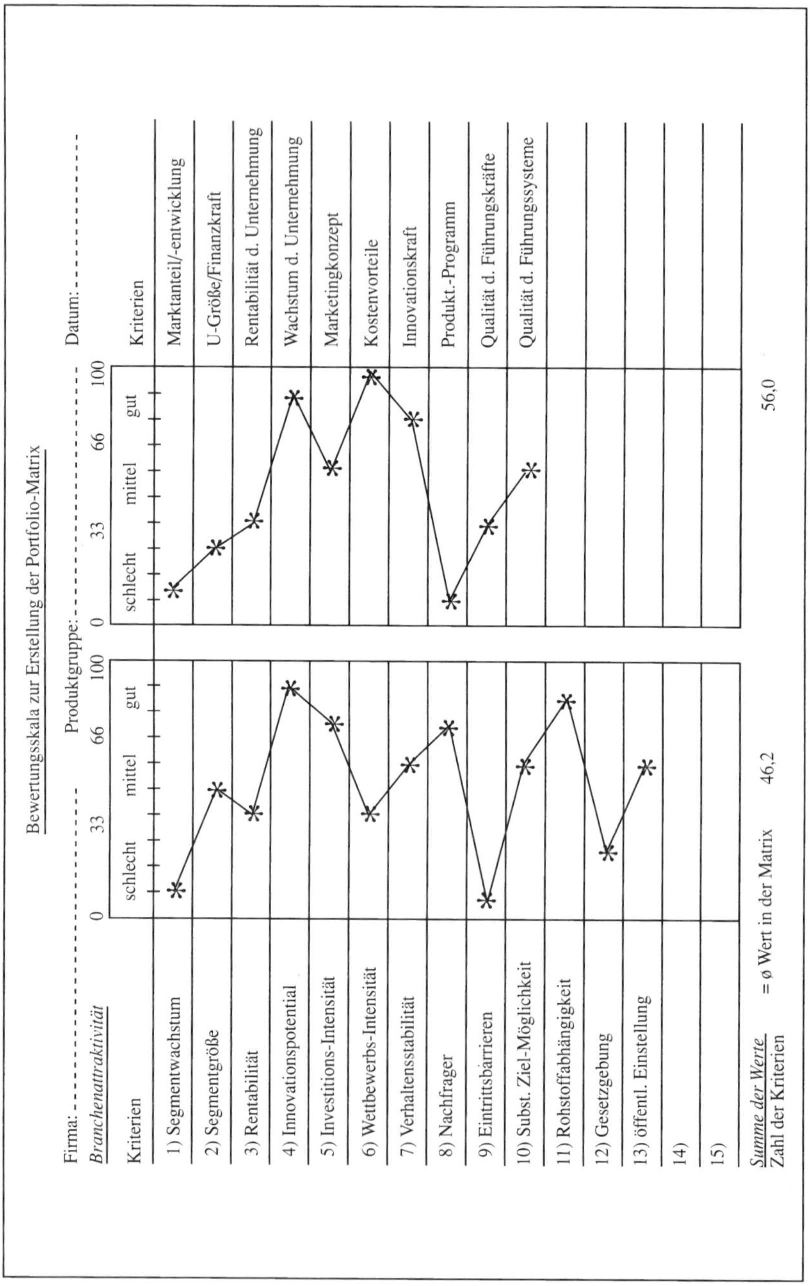

Quelle: Mann, S. 108

Das Beispiel einer **unausgewogenen Matrix** ist nachfolgend (Schaubild 53) dargestellt. Die Größe der Kreise entspricht den jeweiligen Umsatzvolumina: **198**

Schaubild 53:

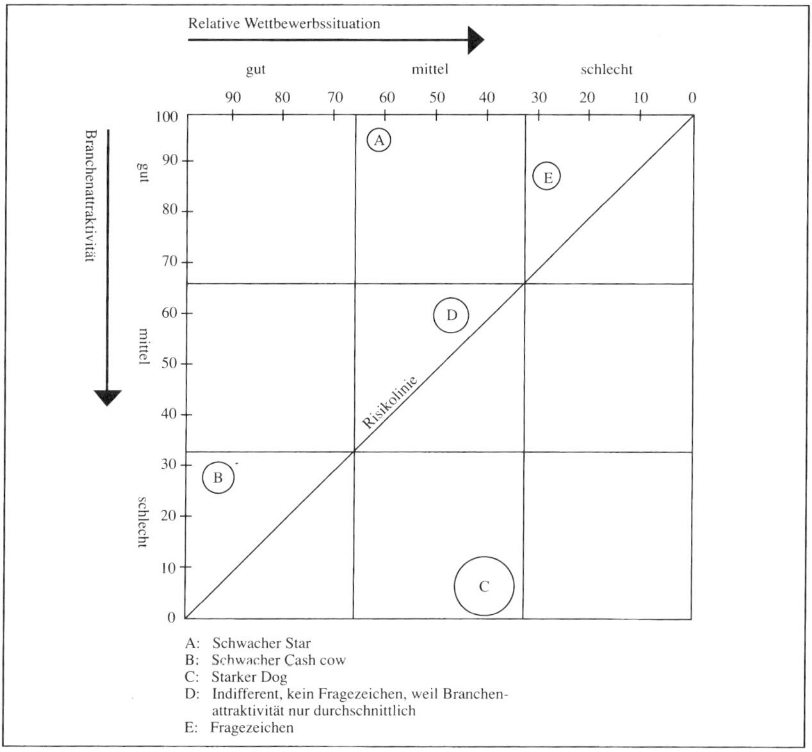

Quelle: Verfasser

2.6 Technologie-Portfolio

Veränderungen bei **Basistechnologien** sind oft zentrale Ursache für das Entstehen oder den Niedergang ganzer Märkte. Sie sind darüber hinaus wichtige Faktoren beim Kampf von Unternehmen um Marktanteile. Die allgemein verkürzten Marktzyklen belohnen in immer stärkerem Maße den **technologischen Pionier.** Der Pionier muß sich Marktanteile nicht erkämpfen und erzielt höhere Preise als die Nachzügler. Insbesondere in den Märkten der Informationselektronik gibt es zahllose Beispiele. Man denke nur an Personalcomputer, Videorecorder und Empfangsanlagen für Satelliten-TV. **199**
Eine vertiefende Darstellung des Ausgangsproblems findet sich bei *Pfeiffer/Döge* (in: *Hahn/Taylor,* S. 149 ff.).
Die nachfolgende Graphik (Schaubild 54) stellt die Unterschiede zwischen den früher typischen Marktzyklen und den heutigen Entwicklungsphasen dar.

Schaubild 54:

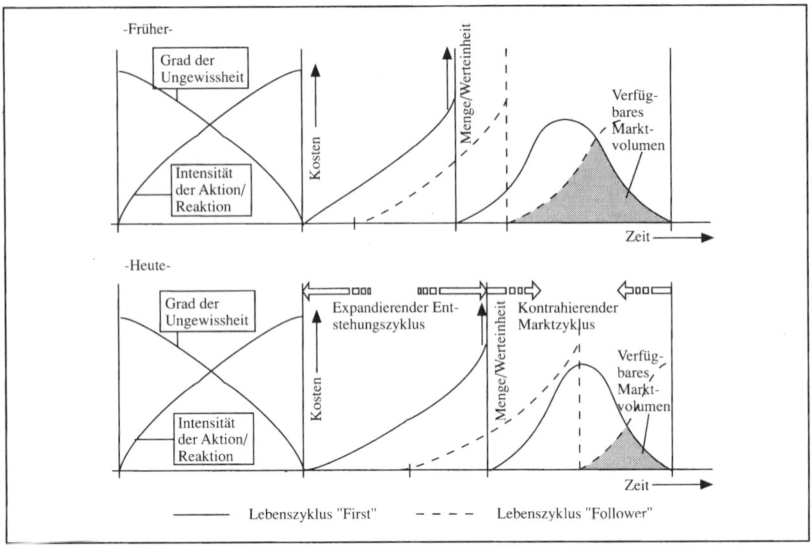

Quelle: Pfeiffer/Döge (in: Hahn/Taylor), S. 151

Bei der **Analyse des Technologie-Portfolios** werden die Produkt- und/oder Prozeßtechnologien des Unternehmens hinsichtlich ihrer Relevanz für den Markterfolg und ihrer relativen Stärke (der »Position«) untersucht.

200 **Relevanz:**
Eine Technologie gilt als sehr relevant, wenn ihre Anwendung Marktvorteile (niedrige Herstellungskosten, attraktiven Anwendernutzen, vielseitige Verwendbarkeit u.a.) verspricht oder wenn sie neuartige Einsatzmöglichkeiten erwarten läßt.
Geringe Relevanz besitzt eine Technologie, die als ausgereift gelten kann oder deren Anwendungsmöglichkeit schrumpft.

201 **Position:**
Die Technologie-Position zeigt, welche relative Stärke das Unternehmen gegenüber seinen Wettbewerbern besitzt.
Stark ist die Position, wenn das Unternehmen einen Entwicklungsvorsprung oder Schutzrechte, Anwendungserfahrung, Fachpersonal und ähnliche Potentiale besitzt. Auch hohe, vom Unternehmen jedoch bereits überwundene Eintrittsbarrieren erhöhen die Technologie-Position.

202 Niedrige Eintrittsbarrieren, das Fehlen von Know-how, Schutzrechte anderer kennzeichnen, bedeuten eine schwache Position.
Neubauer (S. 62 f.) hat die **Grundaussagen der Technologie-Matrix** dargestellt (Schaubild 55):

203 »Der mit I bezeichnete Bereich der Matrix ist vom Konzept her ein idealer Bereich: Nicht nur ist eine hier eingeordnete Technologie sehr relevant, sondern das

Schaubild 55: Grundaussagen der Technologie-Matrixe

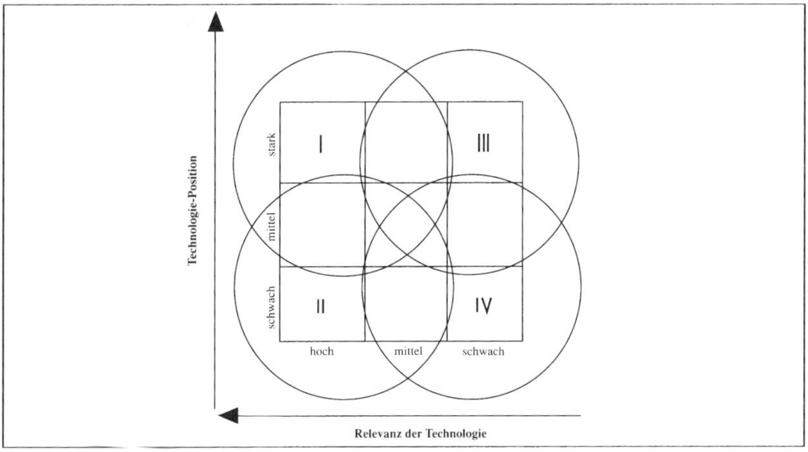

Quelle: Neubauer, S. 62

Unternehmen besitzt in ihrem Fall auch eine starke Position. Diese Technologien sind naturgemäß Kandidaten für weitere Forschungs- und Entwicklungsinvestitionen.

Der mit II bezeichnete Matrix-Bereich stellt dagegen in der Regel eine Gefahrenzone dar. Er zeichnet sich darüber hinaus durch Instabilität aus. Die Technologien, die hier eingeordnet werden, sind außerordentlich wichtig für das Unternehmen. Allerdings ist die Stellung des Unternehmens in bezug auf diese Technologie schwach. Entweder muß diese Position gestärkt werden (durch Forschungsprojekte, Hereinnahme von Lizenzen, strategische Allianzen), oder man muß sich langfristig aus den Geschäftseinheiten zurückziehen, die diese Technologien benötigen. **204**

Bei Technologien im Bereich III ist das Unternehmen zwar sehr stark, die Technologien sind jedoch vom Markt her gesehen wenig attraktiv. Fälle dieser Art treten vor allem in Hochtechnologie-Unternehmen auf, wo neue Technologien häufig rasch vorangegangene ersetzen. **205**

Weniger eindeutig ist die Situation für Technologien im Bereich IV. In diesen Fällen ist es einerseits möglich, daß das Unternehmen eine schwache Position in einer weniger relevanten (weil beispielsweise älteren) Technologie hat. Dahinter könnte sich eine alarmierende Situation verbergen, die drastische Maßnahmen erfordert. Auf der anderen Seite ist es jedoch auch möglich, daß das Unternehmen diese zweifache technologische Schwäche durch andere Stärken ausgleicht.« **206**
Das nachfolgende **Beispiel** wurde ebenfalls von *Neubauer* entnommen.
Die Fallbeschreibung wurde erweitert und auf die hypothetische Situation eines Krisenunternehmens übertragen. Dargestellt sind drei Stadien der Unternehmensentwicklung.

1. Phase: Wachstum, aber falsche Technologie-Förderung (Schaubild 56 a, links). **207**

Schaubild 56 a: Phase 1

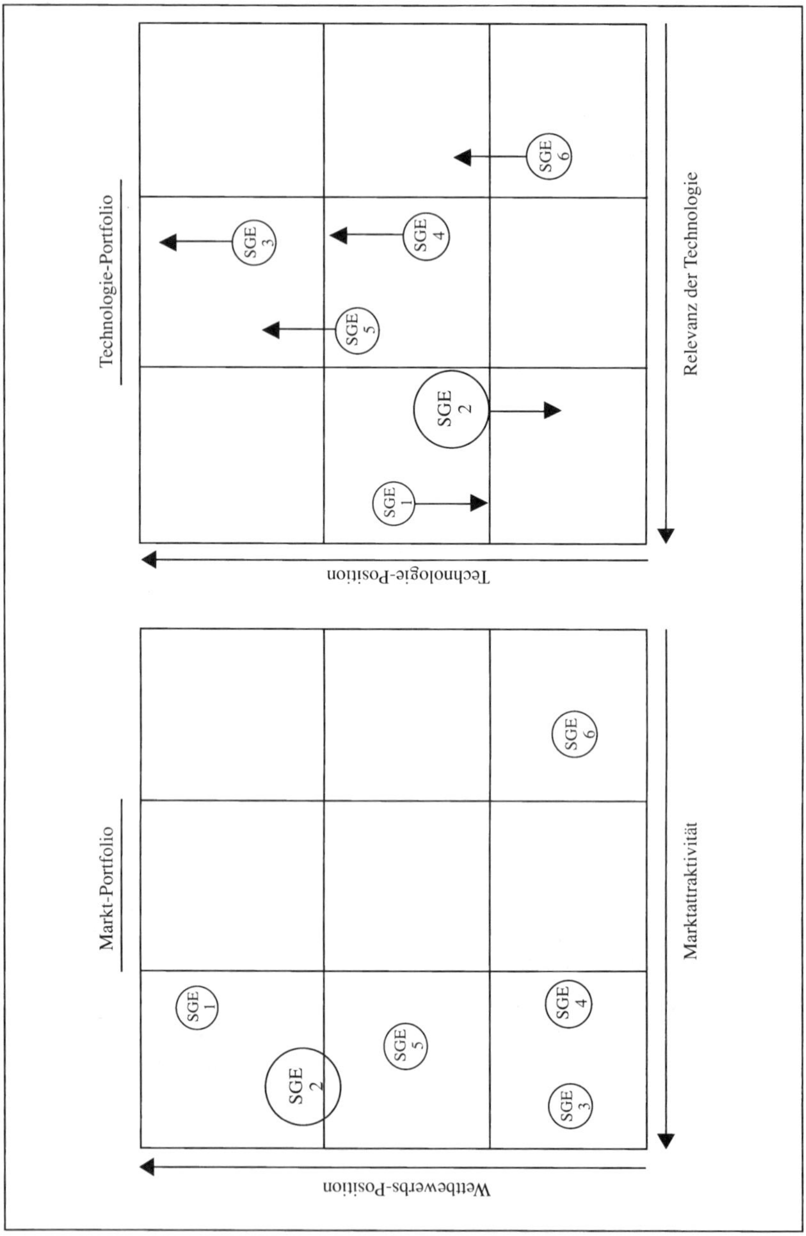

Quelle: Neubauer, S. 64

Das Unternehmen ist mit seinen Produkten SGE 1 bis SGE 5 (Fragezeichen und Stars) gut positioniert in einem wachsenden Markt. Das Produkt SGE 6 spielt eine untergeordnete Rolle als poor dog.
Eine cash cow ist nicht vorhanden.
(Schaubild 56 a, rechts)
Die Technologie-Position der SGE 1 und SGE 2 ist bei hoher Relevanz nur durchschnittlich. Durch Budgetumschichtungen verschlechtert sich die Position weiter, während die Technologie-Relevanz hoch bleibt. Die SGE 3 bis SGE 6 werden stärker gefördert. Ihre Position verbessert sich bei durchschnittlicher bis geringer Relevanz.

2. Phase: Stagnation wegen falsch gewichteter Technologien (Schaubild 56 b). **208**
Die Budgetumschichtungen zu Lasten von SGE 1 und SGE 2 haben deren Technologie-Position verschlechtert. Wegen der hohen Technologie-Relevanz hat auch deren Wettbewerbsposition gelitten; sie sind zu Fragezeichen zurückgefallen.
Zwar wurden die Technologie-Positionen von SGE 3 bis SGE 5 ausgebaut, aber wegen deren nur durchschnittlicher bis geringer Relevanz zeigte sich kein markanter Erfolg bei den Wettbewerbspositionen.
SGE 6 scheidet als poor dog aus. Ein neues Produkt, SGE 7, ist hinzugekommen. Es hat eine hohe Technologie-Relevanz und wird deshalb stark gefördert. Weil seine Technologie-Position aber noch schwach ist, hat es auch keine gute Wettbewerbs-Position.

3. Phase: Krise wegen fehlender Liquidität (Schaubild 56 c). **209**
Die Marktattraktivität von SGE 1 und SGE 2 hat abgenommen; die Produkte sind zu poor dogs geworden. Wenn sie ihre Technologie-Position und damit wegen deren Relevanz auch ihre Wettbewerbs-Position gehalten hätten, wären sie nun cash cows. Eine nur durchschnittliche Wettbewerbs-Position haben SGE 3 bis SGE 5 erreicht. Ihre starke Technologie-Position ist teuer erkauft, aber im Wettbewerb nicht entscheidend.
SGE 7 ist vorangekommen und nähert sich bei anhaltend hoher Marktattraktivität einer starken Wettbewerbsposition. Es ist aber das einzige Produkt, das verspricht, ein Star zu werden.

Nach Ablauf dieser drei Phasen droht Illiquidität. **210**
Diese Bedrohung läßt sich ableiten aus dem anhaltenden Fehlen von cash cow, und, mit Ausnahme der ersten Phase, von stars. Krisenursache ist die technologische Förderung von Produkten mit geringer Technologie-Relevanz und die Vernachlässigung von Produkten mit hoher Technologie-Relevanz. Geringe Relevanz hat verhindert, daß Technologie-Fortschritte in Markterfolge umgewandelt werden konnten.

2.7 Andere qualitative Darstellungsinhalte zur Krisenanalyse

In C II 3.2.4 bis 3.2.9 sind weitere Darstellungsinhalte der Krisenanalyse aufgezeigt. Zu jedem einzelnen ließe sich erläutern, wo mit welchen Fragestellungen welche Erkenntnisse zu gewinnen sind. **211**
Diese Erläuterungen sind indessen überflüssig, wenn hinsichtlich der Zielsetzungen Klarheit besteht. Deshalb seien die Ziele noch einmal explizit dargestellt:

Schaubild 56 b: Phase 2

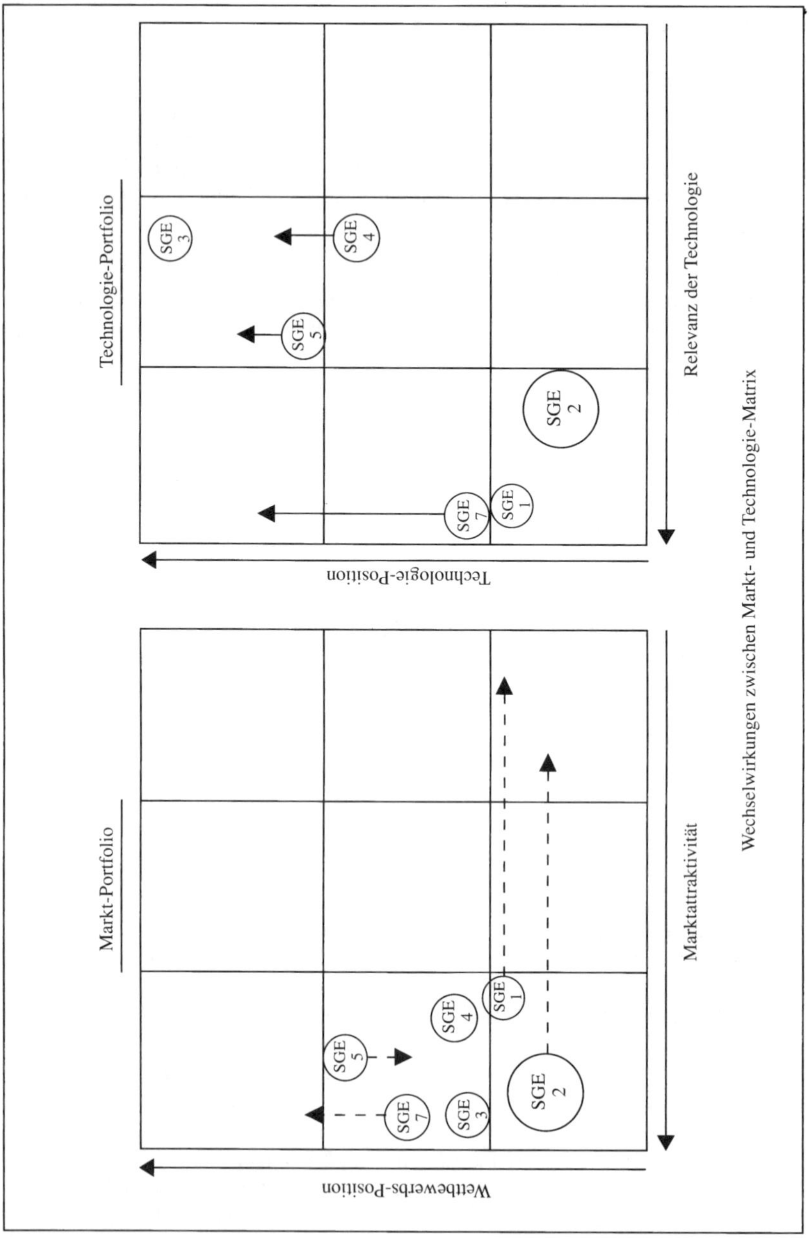

Quelle: Verfasser auf der Basis Neubauer

Schaubild 56 c: Phase 3

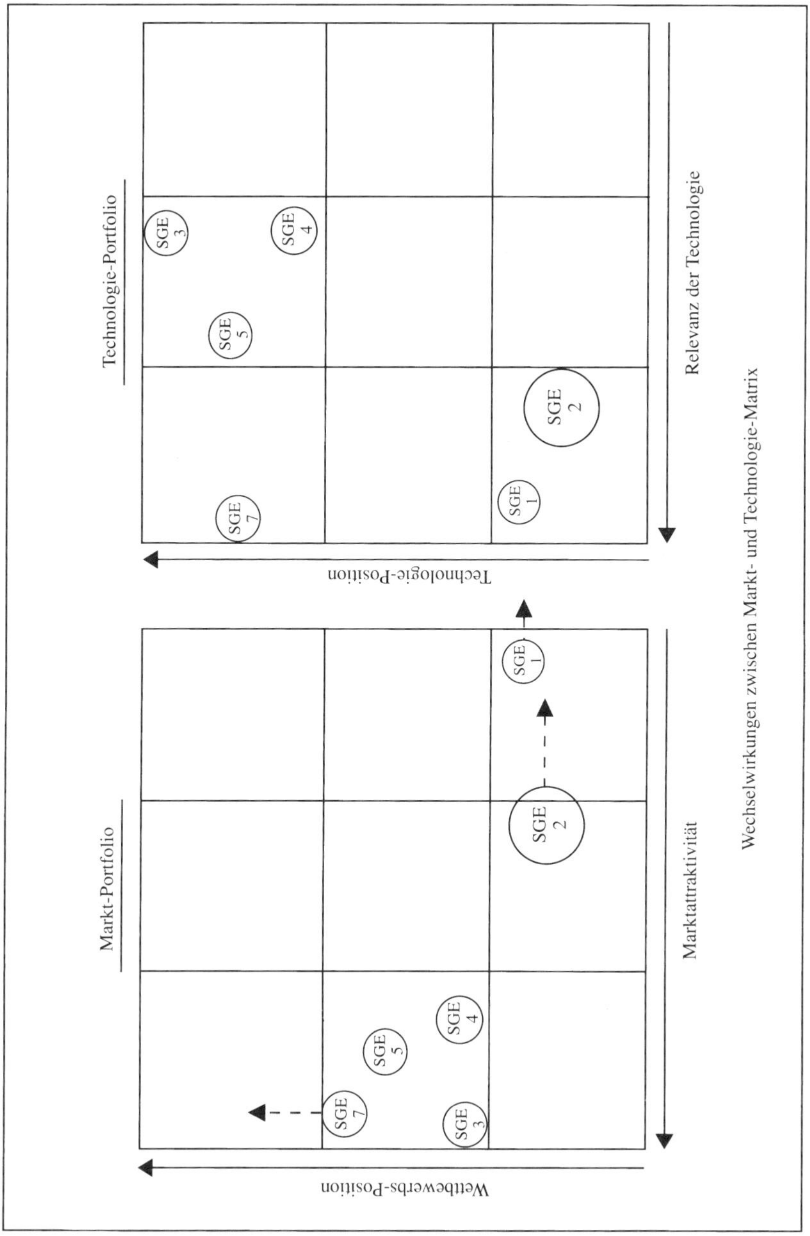

Quelle: Verfasser auf der Basis Neubauer

a) Die Lage des Unternehmens soll verbal oder grafisch in nicht quantifizierender (unexakter) Form dargestellt werden.
b) Die Darstellung soll die in C II 2 und C IV 1 beschriebenen qualitativen Analysen ergänzen.
c) Darzustellen sind (sofern relevant):
   a) die Entwicklung in der Vergangenheit,
   b) der gegenwärtige Stand,
   c) die zukünftige Entwicklung, soweit vorhersehbar.
d) Verschleierungsbegriffe sind zu vermeiden.
e) Die Erkenntnisquellen sollten möglichst direkt befragt werden, um Interpretationseinflüsse zu vermeiden.
f) Genauigkeit und Klarheit in der Sprache ist oberstes Gebot.

2.8 Fünf Grundregeln der qualitativen Analyse

212 1. **Untersuchungsziel definieren**
Ausgehend von den Ergebnissen der Diagnose (Teil B) sind die Ziele der Analyse zu beschreiben:
- Welchem Zweck dient die Analyse?
- Was soll herausgefunden werden?
- Welche möglichen Ergebnisse wären unbrauchbar, weil nicht weiterverwertbar?

213 2. **Hypothesen bilden**
Die Hypothesenbildung gibt der Untersuchung einen roten Faden. Sie hilft, die richtigen Fragen zu stellen und Untersuchungsgebiete einzugrenzen. Im Zuge der Analyse sollten die Hypothesen bestätigt oder aber verworfen werden.

214 3. **Kernprobleme herausarbeiten**
Jedes Unternehmen, und insbesondere jedes Krisenunternehmen, hat ein Bündel großer oder kleiner Probleme. Entscheidende Frage bei der Analyse ist, ob es gelingt, die Kernprobleme, die Hauptursachen der Krise zu identifizieren. Im Sinne späterer Gegenmaßnahmen ist es günstiger, beispielsweise die drei wichtigsten Ursachen zu identifizieren als ungewichtet zehn verschiedene Krisenursachen zu erkennen.

215 4. **Informationen beschränken**
Der Umfang der erarbeiteten Informationen sollte die Verwertbarkeitsgrenze nicht überschreiten. Sinnvoller sind eher wenige, aber prägnante und überschaubare Ergebnisse.

216 5. **Informationen aufbereiten**
Im Zuge einer Sanierung müssen Analyseergebnisse häufig außenstehenden Interessenten (Banken, Lieferanten, Gewerkschaftsvertretern) dargestellt werden. Sinnvoll sind deshalb verdichtete, die Kernaussage belegende Ergebnisse. Mit Hilfe von Personalcomputern sind auf einfachste und schnelle Weise auch aussagekräftige Graphiken anzufertigen.

3. Exkurs: Externe Berater

3.1 Einsatzarten

Die Einsatzarten externer Berater mit dem Ziel der Krisenbewältigung lassen sich in drei Gruppen zusammenfassen.

3.1.1 Diagnostische, analytische, operationale und strategische Beratung

Diese, dem klassischen Beratungsmuster folgende Tätigkeit ist sinnvoll, wenn die amtierende Unternehmungsleitung ihrer Führungsaufgabe im allgemeinen gewachsen ist, jedoch partielle Hilfe benötigt. Beispiele sind: **217**

a) Bei der Analyse der Krisenursachen herrscht Unsicherheit. Das Urteil außenstehender **Spezialisten** soll für Klarheit sorgen.

b) Ein bisher erfolgreiches Unternehmen ist überraschend in eine Krise geraten. Die Unternehmensleitung besitzt weder Erfahrung in der Krisenbewältigung noch die methodischen Kenntnisse und Verfahren, um eine **systematische Problemlösung** einzuleiten. **218**

c) Aufgrund einer akuten Zeitnot müssen **temporäre Hilfen** in Anspruch genommen werden. **219**

d) Eine vorausschauende Unternehmensleitung befürchtet nachteilige Folgen durch »Betriebsblindheit« und holt sich deshalb ein **unabhängiges Urteil** (vgl. *Simon,* S. 297–301). **220**

3.1.2 Fortdauernde Unterstützung der Unternehmensleitung als gleichwertige Partner

Bei dieser Art der Tätigkeit ist die Souveränität der Unternehmensleitung stark eingeschränkt. Die Berater nehmen Einfluß auf die Diagnose, Analyse und strategische Zielfindung als Teil der Entscheidungsinstanz. Beispiele sind: **221**

a) Gesellschafter oder Gläubiger haben **kein Vertrauen** in die Fähigkeit der amtierenden Unternehmensleitung zur Krisenbewältigung, möchten diese aber aus anderen Gründen dauerhaft halten.

b) Wichtige Funktionsbereiche (z.B. Vertrieb, Marketing, Controlling) werden von der Unternehmensleitung infolge des **Ausscheidens** von Mitgliedern fachlich nicht abgedeckt. **222**

c) Die amtierende Unternehmensleitung wird ausscheiden. Aus bestimmten Gründen (z.B. besondere Branchenkenntnisse, gute Beziehungen zu wichtigen Kunden, Rücksichtnahme auf Ansehen und Ruf) soll sie jedoch zunächst **ohne Entscheidungsbefugnisse** im Amt bleiben. **223**

3.1.3 Krisenmanagement auf Zeit

Es handelt sich um eine von Anfang an befristete Tätigkeit, die mit Erreichung des Zieles (Sanierung) ihr Ende finden soll. Der »Berater« übernimmt die Funktion des Unternehmens. Beispiele sind: **224**

a) Die bisherige Unternehmensleitung ist ausgeschieden. Es herrscht eine akute Erfolgs- oder Liquiditätskrise. Der Zeitraum der Suche und Einarbeitung einer neuen Unternehmensleitung muß **überbrückt** werden. **225**

226 b) Infolge von Unfällen oder Krankheiten ist eine **Führungslücke** bei gleichzeitig akuter Krisenlage entstanden.

227 c) Ein neuer Gesellschafter überträgt die **Verantwortung vorübergehend** einem Manager seines Vertrauens, um eine akute Krise zu überwinden und das Unternehmen strategisch neu zu positionieren.

3.2 Chancen und Risiken des Einsatzes externer Berater

228 Die Ergebnisse externer Beratung bei Sanierungsfällen werden überwiegend positiv beurteilt (so *Krystek* 1987, S. 237; *Groß*, S. 160, jeweils m.w.N.).
Als wesentliche Erfolgsfaktoren werden genannt:
- Methodik und Systematik bei Diagnose, Analyse und strategischer Zielfindung,
- Ersatz fehlender Fachkenntnisse (Arbeitsrecht, Gesellschaftsrecht, Finanzierung, Controlling, Marketing),
- Vermeidung von »Betriebsblindheit«,
- Sanierungserfahrung,
- taktisches Geschick im Umgang mit Banken, Betriebsräten, Lieferanten usw.,
- Zeitgewinn.

229 Indessen gibt es auch **warnende Stimmen** (so *Müller*, S. 454), weil der Einsatz Externer zu Widerständen auf allen Hierarchiestufen führen kann. Komplexe psychologische Strömungen können zu einer völligen Ablehnung des Beraters führen. **»Not invented here«** steht für die gelegentlich anzutreffende irrationale Zurückweisung von Vorschlägen Außenstehender. Hier sei auch auf die Arbeiten von *Höhn* verwiesen. Auch darf nicht verkannt werden, daß ein Berater, insbesondere, wenn er dem klassischen Beratungsmuster (oben 3.1.1) folgt, letztlich die Folgen seiner Arbeit nicht tragen muß.
Warnend sei auch darauf hingewiesen, daß es zahlreiche höchst unseriöse Anbieter gibt, die rasche Besserung zusichern und offensichtlich darauf bauen, daß der in Not Geratene nach jedem Strohhalm greift.
Eine Sanierung ist immer ein höchst ungewisses, sehr anspruchsvolles Vorhaben. Es gibt einige **spektakuläre Beispiele gescheiterter Sanierungsversuche,** an denen renommierteste Beratungsgesellschaften beteiligt waren. Bislang ist jedoch kein sicher und schnell wirkendes »Sanierungspatent« bekannt geworden.

3.3 Beratungsschwerpunkte bekannter Consultingfirmen

Nachfolgend sind die Recherchen von *Müller* (S. 450–451) abgebildet: **230**

Beratungsgesellschaft (Hauptsitz)	Bezeichnung der Krisenberatung	Anmerkungen
Kienbaum Unternehmensberatung GmbH (Gummersbach)	Zeit- und Krisenmanagement	Krisenberatung 1980–82 durchschnittlich 10 %–15 % der Beratungstätigkeit, Tendenz steigend
Roland Berger & Partner GmbH (München)	Strategische Unternehmensprüfung, Sanierungsberatung	Anfang 1982 neu geschaffener Geschäftsbereich für Sanierungsberatung/aktives Durchführungsmanagement
Baumgartner & Partner (Sindelfingen)	Sanierungsberatung	Krisenberatung Mitte der 80er Jahre durchschnittlich 5 %–10 % der Beratungstätigkeit, Tendenz gleichbleibend
Angermann Consult GmbH (Hamburg)	Zeit- und Krisenmanagement	Leistungsspektrum der Angermann-Gruppe schließt Firmen-Verkäufe und -Liquidationen mit ein
Fraser Gesellschaft für Unternehmensberatung mbH (Essen)	Konsolidierungsberatung	Spezialisiert auf Schnelldiagnosen zur Krisenbewältigung
intra Unternehmensberatung GmbH (Düsseldorf)	Sanieren durch Revitalisieren	Spezialisiert auf Sofortprogramme zur Krisenbewältigung
UDF Unternehmensberatung Dr. Dr. Fischer GmbH (Stuttgart)	Zeit- und Krisenmanagement, Sanierungs- und Liquidationsberatung	Bekannt durch die Sanierung bereits insolventer Unternehmungen in der Funktion des Konkursverwalters
Textil-Beratungs-Gruppe (Frankfurt a. Main)	Krisenmanagement, Management-Assistenz	Krisenberatung Anfang der 80er Jahre über 50 % der Beratungstätigkeit, spezialisiert auf Textil- und Bekleidungsindustrie
Gesellschaft für Projektmanagement mbH (GfP)	Sanierungsmanagement/ Management auf Zeit	Sparte Sanierungsmanagement macht ca. 70 % des Geschäftsvolumens aus

Krisenberatung durch bekannte deutsche Consultingfirmen (Auswahl)

Quelle: Müller, S. 450–451

Teil D
Die Suche nach Handlungszielen (Zielsetzungsentscheidung)

Inhaltsübersicht **Rz.**

I. Die Suche nach Zielmodalitäten zur Beseitigung der Krise

1. Grundfragen der Zielfindung

1 Die Interpretation der Analyseergebnisse kann nicht schematisch dargestellt werden, weil

a) das System von Einflußfaktoren zu komplex ist,
b) Unternehmenskrisen selten monokausal sind und ein äußerst vielfältiges Erscheinungsspektrum aufweisen,
c) es hinsichtlich der Gewichtung von Fakten keine allgemein gültigen Regeln (von Überschuldung und Illiquidität abgesehen) gibt.

2 Statt dessen müssen die Entscheidungsträger – und das sind in dieser Situation immer die Eigentümer – ein Handlungsziel definieren.
»Das Sanieren beginnt immer beim Eigentümer des Unternehmens.« (*Turnheim,* S. 125)
Bei der Suche nach Zielmodalitäten werden die Eigentümer von Sanierungsmanagern und externen Beratern unterstützt. Die Entscheidung zur Ansteuerung eines konkreten Zieles bleibt ihnen jedoch immer vorbehalten.
Die Suche nach Zielmodalitäten und die Interpretation der Analyseergebnisse sind Elemente eines kybernetischen Prozesses, die sich wechselseitig beeinflussen.
In den folgenden Abschnitten wird zunächst der **Zielbildungsprozeß** sehr allgemein unter rechtlich-organisatorischen Aspekten dargestellt. Diese Darstellung soll helfen, den Zielbildungsprozeß als Teil der Organpflichten im Krisenfall zu verstehen.
Dabei wird die Entscheidungsfindung als konkurs- und vergleichsrechtlicher Prozeß verstanden.
Anschließend werden Sanierungsziele in einen strategischen Zusammenhang gestellt. Es wird – aufbauend auf zwei grundlegenden deutschsprachigen Veröffentlichungen – gezeigt, welche strategischen Optionen in Betracht kommen. Dieser Abschnitt ist von besonderer Bedeutung für rechtlich unselbständige Sanierungsobjekte, z.B. Betriebsstätten, Divisionen oder Organgesellschaften, bei denen konkursrechtliche Vorschriften unbeachtlich sind.

2. Die Handlungsziele

In Teil C I 5 wurde die Lagebeurteilung als geraffter Ablauf der ersten Sanierungsschritte definiert. **3**
Die dort gestellten ersten beiden Fragen können nach vollständiger Analyse und Interpretation beantwortet werden.
Es herrscht Klarheit über
1. die Situation, in der sich das Unternehmen befindet, und wie es sich entwickeln wird, wenn keine Maßnahmen zur Krisenbekämpfung ergriffen werden,
2. die Ursachen der Krise.

Als nächstes ist die Frage »Welche Ziele sind mit welchen Normstrategien (= Verhaltensmodalitäten) zu verfolgen?« zu beantworten.

2.1 Allgemeine Handlungsziele

Der Zielbildungsprozeß im Unternehmen stellt einen »logischen Zirkel« dar (*Wild,* S. 41). **4**
»Einerseits sind Ziele **Voraussetzung der Planung,** da ohne Ziele keine Probleme erkannt, keine geeigneten Handlungsalternativen oder Maßnahmen gefunden, keine Ressourcen zugeordnet und keine Bewertungen vorgenommen werden können.«
Diesem Umstand ist hier Rechnung getragen, als bereits oben (vgl. Rz. A 28–49) die Unternehmenssanierung als stillschweigend vereinbartes »Arbeitsziel« definiert wurde.
»Andererseits sind die endgültig ausgewählten und als realisierbar gefundenen Ziele erst **Ergebnis der Planung**« (*Wild,* S. 41).

Mit der Herleitung solcher Ziele setzen sich die folgenden Kapitel auseinander. **5**
Dabei geht es zunächst um das Finden der strategischen Oberziele. Die Suche danach bestätigt im Idealfall das **vorläufige »Arbeitsziel Sanierung«.** Denkbar ist natürlich auch, daß das Arbeitsziel aufgegeben werden muß und entsprechend den juristischen und wirtschaftlichen Zwängen das neue strategische Oberziel **»Minimierung der Gläubigerverluste durch die Liquidation der Unternehmung«** lautet.
Nach der Festlegung des strategischen Oberzieles sind konkretisierte oberzielkonforme Unterziele und daraus wiederum abgeleitete Bereichsziele zu definieren. Ein mögliches Zielsystem ist in Schaubild 57 abgebildet.
Bei jeder Bildung und Ableitung weiterer Ziele droht die Gefahr, auf unrealisierbare Zielinhalte zu stoßen. Im Sinne des logischen Zirkels spricht *Wild* (S. 39) von **»Ausgangszielen«** und **»Planzielen«.** Deshalb kann die Zielbildung nicht als einmaliger, abgeschlossener Prozeß angesehen werden. Vielmehr stellt sich die Zielbildung als Makrozyklus mit Vor- und Rückkopplungsbeziehung dar.

2.2 Typologie der Handlungsziele in der Krise

»Wer das Ziel nicht kennt, kann den Weg nicht wissen« (Christian Morgenstern). **6**
Die **»Zielsetzungsentscheidung«** (*Stüdemann,* S. 402, verwendet dienen Begriff für die Entscheidung des Unternehmers, bestimmte Ziele anzustreben. In den **»Zielerreichungsentscheidungen«** werden die Mittel zur Realisierung dieser Ziele festgelegt) wird durch die Typologisierung der Handlungsziele vorbereitet.
Eine »Alternativpalette« bietet sich dem Entscheidungsträger nach *Haje* (S. 7) in zwei Ebenen:

Die **erste Ebene** ist die der Unternehmung als rechtlicher und wirtschaftlich-finanzieller Mantel der Vermögensmasse.

Schaubild 57: Zielsystem

Strategische Oberziele (5 Jahre)	Konkretisierte strategische Unterziele	Bereichsziele (3. Zielebene)
12 % Return on Investment (nach Steuer)	Umsatzsteigerung auf 300 Mio. DM in 5 Jahren	– Ausdehnung des Marktanteils – Werbeanstrengungen – Erschließung neuer Märkte – Produktanpassung – Neuproduktentwicklung
	Bruttogewinn-Steigerung auf 12 Mio. DM in 5 Jahren	– Abbau von Gemeinkosten durch Reorganisation – Verkauf unrentabler Anlagen – Kostensenkung durch Wertanalyse – Senkung der Marketing-Kosten
Wachstum des Leistungspotentials	Errichtung neuer Betriebsstätten mit jährlicher voller Auslastung	– Errichtung von Neubauten – Erneuerung von Werkzeugen – Rationalisierung der Produktion – Abbau von Lagerbeständen – Höhere Kapazitätsauslastung – Ausschußsenkung
	Förderung der Qualifikation der Mitarbeiter	– Management-Trainee-Programme – Stellen- und Karriereplanung für Führungskräfte – Einstellung neuer Führungskräfte
Verbesserung der Marktstellung	Förderung von Produkt- und Firmenimage, bessere Marktpräsenz	– Werbung, Sales Promotion, USP – PR-Arbeit – Ausbau von Vertriebswegen – Sortimentsgestaltung

Quelle: Wild, S. 60

Als Handlungsziele kommen in Frage: **7**
a) Fortführung bei vollständiger Aufrechterhaltung der rechtlichen Struktur,
b) Fortführung bei teilweiser Aufrechterhaltung der rechtlichen Struktur,
c) Nichtfortführung des Unternehmens.

Die **zweite Ebene** ist die des Betriebes als der technisch-organisatorischen Kombination, des Ortes der Leistungserstellung. Die Handlungsziele unter a–c können auf der betrieblichen Ebene mit folgenden Handlungszielen gekoppelt werden: **8**
a) unter Erhaltung des Betriebes
    aa) in unveränderter Form
    bb) in modifizierter Form
b) unter Auflösung des Betriebes
    aa) in zeitlich konzentrierter Weise
    bb) in zeitlich gestreckter Weise

Die Typologisierung von *Haje* entspringt dem abstrakt entscheidungsorientierten Ansatz seiner Arbeit und ist für diesen Zweck treffend geeignet.

Zur Darstellung von Handlungszielen unter handlungs-(sanierungs-)orientierten **9**
Gesichtspunkten bedarf es einer etwas **abweichenden Typologie.** Deshalb werden die folgenden Gruppen alternativer Handlungsziele definiert:
Handlungsziel 1: **Erhaltung der bisherigen Unternehmensform**
Handlungsziel 2: **Aufgabe der bisherigen Unternehmensform unter**
    2.1 Erhaltung des Betriebes
    2.2 Auflösung des Betriebes

Die Entscheidung für ein bestimmtes Handlungsziel, die »Zielsetzungsentscheidung«, kann selbstverständlich nicht losgelöst von den zur Zielerreichung erforderlichen Strategien erfolgen. Im Falle der Insolvenz ist die Palette der zur Verfügung stehenden Handlungsziele durch determinierte Maßnahmen (Konkurs- oder Vergleichsantrag) beschränkt.

II. Die Normstrategien

1. Übersicht

10 *Stüdemann* (S. 402) nennt den folgenden Prozeß »Zielerreichungsentscheidung«. Die in D I 2.2 genannten Handlungsziele erfordern die folgenden Normstrategien:

Handlungsziel	Normstrategie
1. Erhaltung der bisherigen Unternehmensform	a) Autonome Sicherung b) Heteronome Sanierung mit aa) gerichtlichem Vergleich als Erlaß -(Quoten-) oder Stundenvergleich (Moratorium) bb) außergerichtlichen Vergleich oder vergleichsähnlichen Vereinbarungen cc) Umwandlung von Fremd- in Eigenkapital
2. Aufgaben der bisherigen Unternehmensform unter	a) Freiwillige Veräußerung vor Konkurs
2.1 Erhaltung des Betriebes	b) Sanierung im Konkurs (»übertragene Sanierung«) c) Betriebsfortführung des Konkursverwalters bis zur Entscheidung
2.2 Auflösung des Betriebes	a) Freiwillige Liquidation b) Liquidationsvergleich c) Liquidation im Konkurs

2. Normstrategien zur Erhaltung der bisherigen Unternehmensform

a) Autonome Sanierung

11 Eine »autonome Sanierung« ist die Durchführung von Maßnahmen organisatorischer, betriebstechnischer und finanzwirtschaftlicher Art zur Wiederherstellung gesunder Bilanzrelationen und einer angemessenen Ertragslage.
Die Maßnahmen erfordern weder die Zustimmung noch die Mitwirkung von Gläubigern (zu den Besonderheiten s. § 58 GmbHG und § 225 AktG).
Hingegen umfassen sie in der Regel die Mitwirkung der Eigenkapitalgeber. Die Palette der organisatorischen und betriebstechnischen Maßnahmen ist vielfältig und wird in Teil E I 1. ausführlich beschrieben.

12 Finanztechnische Maßnahmen unter **Mitwirkung der Eigenkapitalgeber** sind insbesondere solche, die zu **Veränderungen des Eigenkapitals** führen:
aa) **Auflösung offener Rücklagen** nach Maßgabe der jeweiligen, der Unternehmensform entsprechenden Regelung und nach Maßgabe des Gesellschaftsvertrages.

bb) **Formelle Kapitalherabsetzung** durch
- Herabsetzung des Aktiennennwertes (Abstempelung)
- Zusammenlegung von Aktien
- Aktieneinziehung
- Herabsetzung des Stammkapitals

cc) **Zuführung weiteren Eigenkapitals** durch
- freiwillige Zuschüsse
- Zuzahlung (alternativ zur Abstempelung)
- Kapitalerhöhung (nach Kapitalherabsetzung)
- Leistung von Nachschüssen bzw. Zubußen
- Kapitaleinlagen

b) **Heteronome Sanierung**

Hierunter sind Sanierungsmaßnahmen zu verstehen, die über die autonomen Sanierungsmaßnahmen insofern hinausgehen, als sie die Mitwirkung von Gläubigern erfordern: **13**

aa) **gerichtlicher Vergleich** als
- Erlaß-(Quoten-)vergleich zum Abbau von Verbindlichkeiten durch Forderungsverzichte von Gläubigern
- Stundungsvergleich (Moratorium) zur Verbesserung der Liquidität durch Streckung der Zahlungsziele

bb) **außergerichtliche Vergleiche** oder vergleichsähnliche Vereinbarungen, z.B. Umwandlung von Krediten in Eigenkapital zur Verbesserung der Bilanzstruktur der Liquidität.

Die Maßnahmen sind in Teil E I 2. erläutert.

3. Normstrategien zur Aufgabe der bisherigen Unternehmensform bei

3.1 Erhaltung des Betriebes

a) Die **freiwillige Veräußerung** vor Konkurseröffnung stellt isoliert betrachtet keine Sanierungsmaßnahme dar. Sie wird deshalb nur der Vollständigkeit wegen erwähnt. **14**

b) **Sanierung im Konkurs** (»übertragene Sanierung«)

Die Übertragung des Betriebes im Konkurs nach kurzzeitiger Betriebsfortführung durch den Konkursverwalter ist die im Konkursfall am besten geeignete Form der Unternehmenssanierung. Dabei werden die Vermögensteile und die Organisation des insolventen Unternehmens, soweit wirtschaftlich sinnvoll, auf eine neu zu gründende **»Auffanggesellschaft«** übertragen. **15**

Diese **»übertragene Sanierung«** wird häufig angewandt, weil die Sanierungsmaßnahmen ohne Zeitverzug wirksam werden. Sie stellt einen neuen Unternehmensstart dar, mit gezielt gewählten
- Betriebsteilen,
- Belegschaftsteilen,
- Produkten,
- Organisationsformen.

c) **Betriebsfortführung des Konkursverwalters**

16 Weitere Erläuterungen zur Betriebsfortführung des KV finden sich bei *Wolf* (S. 669–676), *Groß* und *Kübler,* wobei es jedoch streitig ist, ob nach dem geltenden Recht der Konkursverwalter berechtigt wäre, den Betrieb sozusagen als **Ersatzunternehmer ohne zeitliche Beschränkung** bis zur Entschuldung weiterzuführen. Da eines der Prinzipien des Konkursrechts die Gläubigerselbstverwaltung ist, ist es nicht zu beanstanden, wenn die Gläubiger eine dauerhafte **Betriebsfortführung durch den Konkursverwalter wünschen,** zumal gesamtwirtschaftliche Rahmenbedingungen oft einen kurzfristigen Verkauf des Betriebs nicht möglich erscheinen lassen.

Alle Handlungsmodalitäten im Konkurs erfordern die **»freie Einigung der Beteiligten«** (*Stürner,* S. 763). Die vorliegende Arbeit beschreibt diese Handlungsmodalitäten i. S. v. *Stüdemann* (»Der Konkursverwalter als Unternehmer«). Sie rückt ab vom »eingefahrenen Denk- und Handlungsschema mit seinen unheilvollen Konsequenzen, der Vernichtung von Arbeitsplätzen, wirtschaftlichen Werten und menschlichen Existenzen« (*Stüdemann,* S. 402).

3.2 Auflösung des Betriebes

17 Entsprechend der Themensetzung werden die Formen der Unternehmensliquidation nicht unten beschrieben, sondern nur kurz erwähnt.

a) Die **freiwillige Liquidation** stellt keine Sanierung dar, sondern führt zur Existenzbeendigung der Gesellschaft nach Veräußerung aller Vermögensteile und Ausgleich aller Verbindlichkeiten. Der verbleibende Überschuß wird an die Gesellschafter verteilt.

b) Der **Liquidationsvergleich** ist ein Vergleichsverfahren, bei dem ein von den Gläubigern gewählter Treuhänder das Vermögen des Schuldners liquidiert, um mit dem Liquidationserlös die Gläubiger (teilweise) zu befriedigen.
Da es sich nicht um eine Sanierungsmaßnahme handelt, wird sie nicht weiter erörtert.

c) Die **Liquidation im Konkurs** ist der vom Gesetzgeber vorgesehene »Normfall«. Aktionsräume gibt es im Grunde nur hinsichtlich der »Liquidationsgeschwindigkeit« und der »Liquidationsintensität« (*Haje,* S. 6).

4. Prognose und Entscheidung

4.1 Problemstellung und Entscheidungsweg

18 Im vorhergehenden Kapitel wurden die alternativen Handlungsziele und Normstrategien aufgezeigt. Nun gilt es, die weitere Unternehmensentwicklung bei Wahl der verschiedenen Handlungsziele zu prognostizieren und das Handlungsziel sowie die Normstrategie auszuwählen. Ausgangspunkt der Prognose sind die im konkreten Einzelfall gewonnenen Analysedaten.

19 Für die Entscheidungsfindung, ob eine Sanierung möglich ist, stellen sich folgende Fragen:

Liegt Überschuldung und/oder Zahlungsunfähigkeit vor?

Wenn ja:

a) Bei Vergleichswürdigkeit und Vergleichsfähigkeit kann Vergleichsantrag gestellt und eine gerichtliche heteronome Sanierung oder ein Liquidationsvergleich durchgeführt werden.
b) Bei fehlender Vergleichswürdigkeit oder -fähigkeit muß ein Konkursantrag gestellt werden. Die weitere Unternehmensentwicklung wird vom Konkursgericht, Konkursverwalter und dem Gläubigerausschuß bestimmt.

Wenn nein: siehe nächste Frage

Ist das Unternehmen sanierungswürdig?

Wenn nein: freiwillige Liquidation

Wenn ja: siehe nächste Frage

Ist die Sanierung autonom durchführbar?

Wenn ja: autonome Sanierung (s. unten E I 1.)

Wenn nein: siehe nächste Frage

Sind außergerichtliche Vergleiche oder vergleichsähnliche Vereinbarungen zu erreichen?

Wenn ja: außergerichtliche heteronome Sanierung (vgl. unten E I 2.)

Wenn nein: freiwillige Liquidation oder Verkauf

4.2 Erläuterung des Fragenkatalogs

4.2.1 Überschuldung und/oder Zahlungsunfähigkeit?

Überschuldungstatbestand und Zahlungsunfähigkeit wurden in Teil B III ausführlich besprochen. Deshalb muß auf die Fragestellung nicht weiter eingegangen werden: **20**

4.2.2 Vergleichswürdigkeit und Vergleichsfähigkeit?

Von entscheidender Bedeutung ist jedoch die Folgefrage, ob (bei Vorliegen von Konkursgründen) die Durchführung eines **Vergleichsverfahrens** in Frage kommt. Die Organe der Gesellschaft haben nach Feststellung des Vorliegens von Konkursgründen noch drei Wochen Zeit. Spätestens dann muß ein Konkurs- oder Vergleichsantrag gestellt sein. **21**

Es wird, wie schon mehrfach erwähnt, die Sanierungsabsicht der Entscheidungsträger unterstellt. Es wird weiterhin unterstellt, daß die Sanierung bei gleichzeitiger Erhaltung der bisherigen Unternehmensform angestrebt wird. Andere Strategien, beispielsweise die Einleitung eines Konkursverfahrens trotz vorhandener Vergleichswürdigkeit und -fähigkeit, sind **regelmäßig gläubigerschädigend** und werden nicht erörtert.

Die Voraussetzungen zur Eröffnung eines Vergleichsverfahrens sind: **22**

a) das Vorliegen eines **Konkursgrundes** (§ 2 VglO),
b) die Bestimmtheit des **Vergleichsvorschlages mit einem Mindestsatz** (Befriedigungsquote) von 35 %. Der Mindestsatz erhöht sich auf 40 %, wenn der Schuldner eine Zahlungsfrist von mehr als einem Jahr beansprucht.
   Eine Zahlungsfrist von mehr als achtzehn Monaten erfordert einen Satz von mehr als 40 % (§ 7 VglO).
   Der Vergleich muß **allen von ihm betroffenen Gläubigern gleiche Rechte** gewähren.
   Eine ungleiche Behandlung der Gläubiger ist nur zulässig, wenn

1. die Mehrheit der zurückgesetzten, im Vergleichstermin anwesenden stimmberechtigten Vergleichsgläubiger zustimmt; hierbei werden die schriftlich zustimmenden wie anwesende behandelt; und
2. die Gesamtsumme der Forderungen der zustimmenden Gläubiger mindestens drei Viertel der Forderungen der zurückgesetzten stimmberechtigten Gläubiger beträgt.

c) Die **Vergleichswürdigkeit** des Schuldners.

23 Die Eröffnung eines Vergleichsverfahrens ist vom Gericht abzulehnen, wenn die Voraussetzungen der in §§ 17, 18 VglO bezeichneten Gründe vorliegen. Danach kann ein Vergleichsverfahren nicht stattfinden, wenn der Schuldner keinen dem Gesetz entsprechenden Vergleichsantrag gestellt und die gesetzlich geforderten Unterlagen und Erklärungen nicht vorgelegt hat, obwohl ihm eine entsprechende Frist gesetzt worden war (§§ 3–7, 10 VglO).

24 Weiter wird die Vergleichseröffnung abgelehnt:
- wenn den Erfordernissen der §§ 3–7 VglO nicht genügt ist und der Mangel auch nicht innerhalb einer nach § 10 VglO gesetzten Frist beseitigt wird;
- wenn der Schuldner flüchtig ist oder sich verborgen hält oder auf eine an ihn ergehende Ladung des Gerichts (§ 116 VglO) ohne genügende Entschuldigung ausbleibt;
- wenn gegen den Schuldner wegen Bankrotts nach §§ 283 Abs. 1 bis 3, 283 a StGB eine gerichtliche Untersuchung oder ein wiederaufgenommenes Verfahren anhängig oder der Schuldner wegen einer solchen Straftat rechtskräftig verurteilt ist;
- wenn innerhalb der letzten fünf Jahre vor dem Tage des Antrags auf Eröffnung des Vergleichsverfahrens im Inlande ein Konkursverfahren oder ein Vergleichsverfahren über das Vermögen des Schuldners rechtskräftig eröffnet oder mangels Masse rechtskräftig abgelehnt worden ist;
- wenn das Vermögen des Schuldners nicht ausreicht, um die voraussichtlich entstehenden gerichtlichen Kosten des Verfahrens einschließlich der einem Verwalter (§§ 11, 20 VglO) zu gewährenden Vergütung zu decken; die Ablehnung unterbleibt, wenn ein zur Deckung dieser Kosten ausreichender Geldbetrag bei Stellung des Antrags vorgeschossen oder sonst hinreichend sichergestellt wird;
- wenn der Schuldner dem vorläufigen Verwalter die Einsicht in seine Bücher und Geschäftspapiere oder ohne genügenden Grund eine Auskunft oder eine Aufklärung verweigert;
- wenn die geschäftlichen Aufzeichnungen des Schuldners so mangelhaft sind, daß sie einen hinreichenden Überblick über seine Vermögensanlage nicht ermöglichen;
- wenn der Schuldner einer nach § 12 VglO erlassenen Anordnung des Gerichts zuwiderhandelt und sein Verhalten nicht entschuldbar ist

25 oder sich ergibt,
- daß der Schuldner seinen Vermögensverfall durch Unredlichkeit, Preisschleuderei oder Leichtsinn herbeigeführt hat oder
- daß der Vergleichsvorschlag der Vermögenslage des Schuldners nicht entspricht, es sei denn, daß der Schuldner zuwenig oder zuviel bietet oder

– daß im Falle der Fortführung des Unternehmens seine Erhaltung durch den Vergleich offenbar nicht zu erwarten ist.

d) Die **Vergleichsfähigkeit** des Schuldners (§§ 108 ff. VglO)
Die Vergleichsfähigkeit entspricht der Konkursfähigkeit. **26**
Zulässig ist demnach die Eröffnung des Vergleichsverfahrens über das Vermögen einer natürlichen Person, einer juristischen Person und eines Vereins, welcher als solcher verklagt werden kann.
Die §§ 108–111, 113, 114, 114 a, 114 b VglO enthalten weitere besondere Vorschriften für das Vergleichsverfahren über das Vermögen von juristischen Personen, Handelsgesellschaften und nicht rechtsfähigen Vereinen, über einen Nachlaß, über das Gesamtgut einer fortgesetzten Gütergemeinschaft sowie über das (von Ehegatten gemeinschaftlich verwaltete) Gesamtgut einer Gütergemeinschaft. In § 112 Abs. 1 VglO wird bestimmt, daß über das Vermögen beaufsichtigter Versicherungsunternehmungen und Bausparkassen ein Vergleichsverfahren nicht stattfindet. Bei beaufsichtigten Kreditinstituten, die nicht Bausparkassen sind, kann der Antrag auf Eröffnung der Vergleichsverfahren nur mit Zustimmung des Bundesaufsichtsamtes für das Kreditwesen gestellt werden (§ 112 Abs. 2 VglO).

e) Der **ordnungsgemäße Vergleichsantrag**
In dem Vergleichsantrag kann der Schuldner einen Vergleichsvorschlag unterbreiten und angeben, ob und wie er den Vergleich sicherstellen will. **27**
Darüber hinaus sind in dem Antrag anzugeben:
– ob und wann er innerhalb der letzten fünf Jahre vor dem Tage des Antrags sich mit seinen Gläubigern außergerichtlich verglichen hat,
– ob und wann innerhalb der selben Frist im Inland ein Konkursverfahren oder ein Vergleichsverfahren über sein Vermögen rechtskräftig eröffnet oder die Eröffnung eines dieser Verfahren mangels Masse rechtskräftig abgelehnt worden ist,
– ob, wann und mit welchem Ergebnis er innerhalb derselben Frist im Inland in einem Zwangsvollstreckungsverfahren wegen einer Geldforderung zur Abgabe einer eidesstattlichen Versicherung geladen worden ist,
– wann und wo er geboren ist.
Die Richtigkeit der vorstehenden Angaben ist von dem Schuldner eidesstattlich zu versichern.

Dem Antrag sind beizufügen: **28**
– eine Übersicht des Vermögensstandes des Schuldners (§ 5 VglO),
– je ein Verzeichnis der Gläubiger und der Schuldner unter Angabe der einzelnen Forderungen und Schulden (§ 6 VglO),
– eine Erklärung des Schuldners darüber,
1) ob innerhalb des letzten Jahres vor dem Tage des Antrags zwischen ihm und seinem Ehegatten vor oder während der Ehe oder einem sonstigen nahen Angehörigen (Abs. 2) eine Vermögensauseinandersetzung stattgefunden hat, sowie darüber,
2) ob und welche Verfügungen über Vermögensgegenstände er innerhalb der letzten zwei Jahre vor dem Tage des Antrags zugunsten seines Ehegatten vor oder während der Ehe oder eines sonstigen nahen Angehörigen vor-

genommen hat; Verfügungen, die ausschließlich gebräuchliche Gelegenheitsgeschenke zum Gegenstand hatten, bleiben außer Betracht;
- wenn für die Erfüllung des Vergleichs Sicherheit geleistet werden soll, die genaue Bezeichnung der Sicherheiten, und wenn die Sicherheit in einer Bürgschaft besteht, die Bürgschaftserklärung;
- die Erklärung des Schuldners, daß er bereit ist, die in § 69 Abs. 2 VglO vorgesehene eidesstattliche Versicherung abzugeben.

29 In der Übersicht des Vermögensstandes (§ 4 Abs. 1 Nr. 1 VglO) müssen sämtliche Vermögensgegenstände (Aktiven) und Verbindlichkeiten (Passiven) einzeln unter Angabe ihres Betrages oder Wertes angeführt und einander gegenübergestellt werden. Uneinbringliche oder zweifelhafte Aktiven sind als solche kenntlich zu machen. Bei Grundstücken und eingetragenen Schiffen und Schiffsbauwerken, die zu den Aktiven gehören, sind ihre Grundbuchblätter oder Registerblätter anzugeben.

30 Ist der Schuldner nach Handelsrecht verpflichtet, Bücher zu führen, so hat er die Bilanzen und nach Möglichkeit die Gewinn- und Verlustrechnungen vorzulegen; betreibt er sein Geschäft länger als drei Jahre, so genügt die Vorlage der Bilanzen und der Gewinn- und Verlustrechnungen über die letzten drei Jahre.

31 In die Verzeichnisse der Gläubiger und Schuldner (§ 4 Abs. 1 Nr. 2 VglO) sind alle Gläubiger und Schuldner aufzunehmen. Bei jeder Forderung und Verbindlichkeit sind der Betrag und der Schuldgrund anzugeben. Nebenrechte, insbesondere zur Sicherung übertragenes Eigentum, Eigentumsvorbehalte, Hypotheken, Grundschulden, Schiffshypotheken, Pfandrechte und Bürgschaften sowie Ansprüche aus zur Deckung erhaltenen oder begebenen Wechseln sind zu bezeichnen; bei Forderungen sind auch die vorhandenen Beweismittel auszuführen; bei Hypotheken und Grundschulden sind die Grundbuchblätter anzugeben, auf denen die belasteten Grundstücke eingetragen sind, bei Schiffshypotheken wie Registerblätter, auf denen die belasteten Schiffe oder Schiffsbauwerke eingetragen sind. Ist eine Forderung oder eine Schuld streitig, so ist dies anzugeben. Gläubiger, die nicht zu den Vergleichsgläubigern gehören, sind gesondert anzugeben. Kann der Gläubiger im Fall des Konkurses abgesonderte Befriedigung beanspruchen, so ist auch die Höhe des mutmaßlichen Ausfalls anzugeben.

32 Ist ein Gläubiger oder ein Schuldner naher Angehöriger (§ 4 Abs. 2 VglO) des Vergleichsschuldners oder seines gesetzlichen Vertreters, so ist dies anzugeben. Ebenso ist anzugeben, wenn ein Gläubiger oder ein Schuldner ein Angestellter des Vergleichsschuldners oder seines gesetzlichen Vertreters ist oder mit dem Schuldner oder seinem gesetzlichen Vertreter in einem Gesellschafts- oder anderen Gemeinschaftsverhältnis steht; das Gesellschafts- oder Gemeinschaftsverhältnis ist genau zu bezeichnen.

33 Bei allen Gläubigern und Schuldnern ist die Anschrift anzugeben. Wohnt ein Gläubiger im Ausland oder ist sein Wohnort unbekannt, ist jedoch dem Vergleichsschuldner ein im Inland wohnender, zur Empfangnahme von Zustellungen befugter Vertreter bekannt, so ist auch dessen Anschrift anzugeben.

4.2.3 Sanierungswürdigkeit?

Die »Sanierungswürdigkeit« liegt vor, wenn der **Barwert der zukünftigen Jahresergebnisse** (unter der Annahme einer erfolgreichen Sanierung einschließlich des Liquidationserlöses am Ende der Betrachtungsperiode) größer ist als der Tages-Liquidationswert. Ein nach dieser Definition ermittelter Barwert ist der »Discounted Cash Flow« (DCF). **34**

Der DCF ist eine Variante des Ertragswertes des Unternehmens. Demzufolge geht es bei der Frage nach der Sanierungswürdigkeit im Grunde genommen darum, Ertrags- und Liquidationswert zu vergleichen. Der Problemkreis ist sehr umfassend und kann deshalb nicht ausführlich dargestellt werden. Im übrigen hat sich die wirtschaftswissenschaftliche Literatur diesem Thema zahlreich gewidmet (vgl. *WP-Hdb.*, S. 1134–1138). »Sanierungswürdigkeit« wird ausschließlich wirtschaftlich begründet. Weder die »moralische Würdigkeit des Unternehmensträgers« noch die Schutzwürdigkeit der Arbeitnehmer und ihrer Arbeitsplätze (*Stürner,* S. 762) spielen dabei eine Rolle. Solche Aspekte, so wichtig sie für die Betroffenen auch sein mögen, können nicht in Zusammenhang mit einer Entscheidungsregel gebracht werden, die Anspruch auf allgemeine Gültigkeit erhebt. Vielmehr kann nur der jeweilige Entscheidungsträger seine eigenen Wertvorstellungen einfließen lassen.

Allgemein gültige Voraussetzungen der Sanierungswürdigkeit sind: **35**

a) die realistische Möglichkeit, durch Verbesserung des Aufwands-/Ertragsverhältnisses **zukünftige Gewinne** zu erzielen,
b) die realistische Möglichkeit, **gesunde Bilanzstrukturen** zu erreichen,
c) die realistische Möglichkeit, eine **stabile Liquiditätssituation** herbeizuführen.

4.2.4 Autonome Sanierung?

Bei der Frage nach den Möglichkeiten zur autonomen Sanierung sind insbesondere die zahlreichen generellen und speziellen Risiken zu beachten. Voraussetzungen zur autonomen Sanierung sind in der Regel **36**

a) das Vorhandensein stiller (Vermögens-)reserven,
b) das Vorhandensein von (Eigen- oder Fremdkapital-)reserven,
c) sicher realisierbare Ertragsverbesserungen.

Einige Aspekte: **37**

Zu a) Bei Krisenunternehmen sind **selten stille Reserven** vorhanden; sie werden meist schon im Vorstadium der Krise aufgelöst.

Zu b) Die Zuführung von haftendem oder nichthaftendem Kapital ist – bei eventuellem späteren Konkurs – mit **Risiken für die Kapitalgeber** verbunden. Diese Risiken ergeben sich beispielsweise aus

- § 32 a und 32 b GmbHG
  (kapitalersetzende Gesellschafterdarlehen) (vgl. Teil E I 1.1.1)
- § 138 BGB
  (Nichtigkeit von Vereinbarungen wegen Sittenwidrigkeit)
- § 826 BGB
  (Schadensersatzpflicht bei sittenwidrigem Zusammenwirken von Schuldner und Sanierungsgläubiger)
- § 812 BGB
  (ungerechtfertigte Bereicherung)

Zu c) Eine Faustregel besagt, daß bei Produktionsunternehmen die **Summe aus den Umsatzanteilen der Personalaufwendungen und des Materialaufwands 75 % nicht übersteigen sollte.** Die Regel wird durch die Kostenstrukturerhebungen des Statistischen Bundesamtes gestützt (vgl. die Relationen auf Schaubild 10 b).
Angemessene Erträge werden unterhalb der 75 %-Grenze erzielt. Bei mehr als 80 % treten regelmäßig Verluste auf.

4.2.5 Außergerichtliche Vergleiche oder vergleichsähnliche Vereinbarungen?

38 Wegen des Fehlens eines gerichtlichen (geordneten) Reorganisationsverfahrens bilden außergerichtliche Vergleiche bei nicht vorliegenden Konkursgründen die einzige Möglichkeit zur Durchführung von heteronomen Sanierungsmaßnahmen.
Wegen der Risiken sei auch auf Teil D Rz. 37 verwiesen.
Die **praktische Durchführung** solcher Maßnahmen ist **sehr schwierig,** weil
a) mit den Gläubigern einzeln neue Vereinbarungen zu treffen sind,
b) kein Gläubiger zum Mitmachen gezwungen werden kann,
c) vereinzelte Sonderzugeständnisse an widerstrebende Gläubiger fast unvermeidbar sind,
d) der Vollstreckungsschutz nur nach allgemeinen Regeln erfolgen kann.
Andererseits gibt es **gewisse Vorteile:**
e) die Öffentlichkeit kann ausgeschlossen werden, es sind keine Bekanntmachungen erforderlich,
f) keine Mindestbedingungen hinsichtlich Ausschüttungshöhe und -frist,
g) geringere Kosten als beim gerichtlichen Vergleich.

III. Die Sanierungsstrategien

1. Allgemeine Strategieelemente

39 Eine Sanierungsstrategie ist eine planvoll zusammengefaßte Auswahl operativer Maßnahmen, die drei Merkmale besitzt. Sie ist:

a) Zielgerichtet
Eine Sanierungsstrategie ist auf ein klar definiertes Ziel gerichtet und **schließt i.d.R. auch den Verzicht** auf andere, ebenfalls wünschenswerte Ziele **ein.**

b) Systembezogen
Die Strategie ist strukturiert und systembezogen. D.h. die Einzelmaßnahmen sind **abgestimmt, konvergent und integriert.** Das Sanierungskonzept und seine Umwelt werden als System mit wechselseitig wirkenden Subsystemen verstanden.

c) Komplex
Die Komplexität der Umwelt, des Sanierungsobjektes und der Krise spiegelt sich wider in der Komplexität der Sanierungsstrategie.

40 **Allgemeine Strategieelemente** hat *Hinterhuber* (in: *Hahn/Taylor,* S. 42 f.) beschrieben:

»1. *Ziele:* Diese leiten sich aus dem strategischen Ausblick und dem Leitbild der Unternehmung ab und geben in zeitlicher Profilierung die angestrebte Stellung der Unternehmung in ihrer Umwelt an. Konkret bedeutet dies Bestimmung der Märkte, in denen die Unternehmung operieren soll, und der Produkte und Dienstleistungen, die für diese Märkte im Hinblick auf die Eroberung und/ oder Haltung bestimmter Marktanteile innerhalb bestimmter Zeiten hervorzubringen oder bereitzustellen sind (Produkt/Markt-Kombinationen).
Die Ziele müssen folgende Anforderungen erfüllen:
a) Die Ziele müssen *bedeutsam* sein. Jede Unternehmung hat Zeit und Ressourcen, die für die Erreichung nur weniger Ziele ausreichen; die Ziele müssen deshalb für die Unternehmung wichtig sein und zur Lösung gesellschaftlicher Probleme beitragen.
b) Die Ziele müssen *sinnvoll* sein. Die Ziele müssen unter Berücksichtigung der verfügbaren Ressourcen, der voraussichtlichen Anstrengungen der Konkurrenz und der durch die Umwelt gesetzten Grenzen erreichbar sein.
c) Die Ziele müssen eine *Herausforderung* darstellen, von den Mitarbeitern geteilt werden und ihren Loyalitätssinn gegenüber der Unternehmung verstärken.
d) Die Ziele müssen *spezifisch* und *meßbar* sein. Beispiele hierfür sind: Eroberung von 40 % des Marktes X in der Region Y bis Ende 1982; Umsatzwachstum von 12 % p. a. über die nächsten fünf Jahre in der Region 7, wobei in keinem Jahr die reale Wachstumsrate unter 8 % liegen soll.
e) Die Ziele müssen untereinander *konsistent* sein.
f) Die Ziele müssen *mit dem Entgeltsystem der Unternehmung gekoppelt sein.*

2. *Mittel und Verfahren zur Umwandlung der Ressourcen:* Bestimmung der Mittel und Verfahren, mit denen die unter 1. genannten Produkte hervorgebracht bzw. Dienstleistungen unter Erzielung von relativen Wettbewerbsvorteilen bereitgestellt werden und Ermittlung der dafür notwendigen personellen, finanziellen und materiellen Ressourcen. Welche Produkte will die Unternehmung selbst mit Hilfe welcher Verfahren herstellen und welche Produkte will sie von welchen Lieferanten zu Bedingungen kaufen, die die Erzielung relativer Versorgungsvorteile erlauben?
3. *Zuteilung der Ressourcen, Nutzung von Synergieeffekten, Timing und Abfolge der Hauptschritte im Hinblick auf die Realisierung des gewünschten Kurses der Unternehmung:* Können durch einen differenzierten Ansatz in der Ressourcenzuteilung Synergieeffekte erzielt werden? Welche Entscheidungen müssen heute, welche können später getroffen werden?
4. Festsetzung von *Zielen und Zwischenzielen:* Mit Hilfe welcher Kriterien werden die Fortschritte gemessen? Welche Zielerreichungsgrade werden erwartet?«

2. Die vier »Grundtypen« von Turnheim

Der folgende Abschnitt beschreibt im wesentlichen die von *Turnheim* in dem Buch »Sanierungsstrategien« beschriebenen Grundtypen. Auf eine Wiederholung der Quellenangabe wird nachfolgend verzichtet. **41**

Turnheim stellt seine Grundtypen in einem **»Konflikt-Portfolio«** (Schaubild 58) dar. **42**
Zu dieser Lösungsstruktur kommt der Autor durch **Analogieschlüsse,** die er von menschlichem oder tierischem Verhalten ableitet.

Den Sanierungsprozeß beschreibt er als »**Konfliktlösung**« (Lösung eines zwischen dem Unternehmen und seiner Umwelt bestehenden Konfliktes).
Aus dem tierischen Bereich sind die eine rasche Entscheidung (bei stark unterschiedlichem Kampfpotential) erzwingenden Lösungswege

- **Kampf** und
- **Flucht** entlehnt.

Die menschliche Gesellschaft hat ergänzende und subtilere Lösungswege entwickelt, die bei ausgewogenem Kampfpotential oder bei Kampfunwilligkeit beschritten werden:

- **Delegation** und
- **Kompromiß und Konsens.**

Schaubild 58: Konflikt-Portfolio

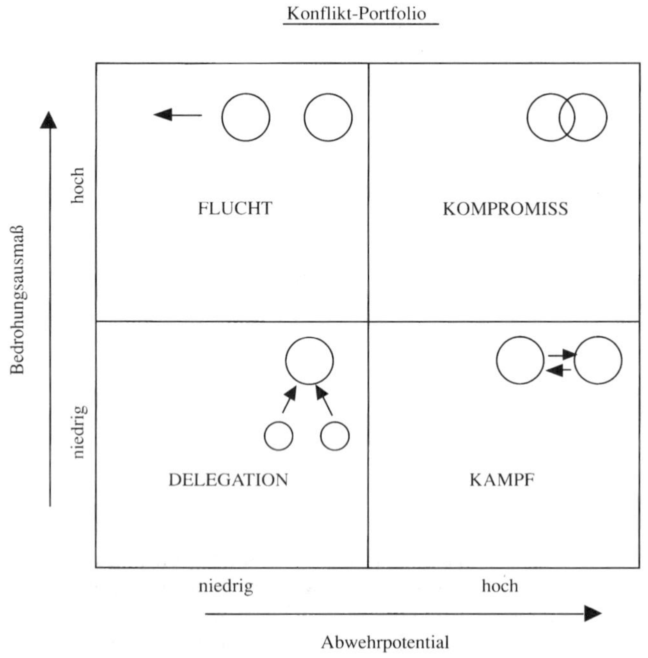

KAMPF: Vorwärtsstrategie (Investitionen in Innovationen, Qualität, Technologie und Markt; Akquisition)

KOMPROMISS: Kooperationsstrategie (Anpassung der Fabrik an den Markt, Bündnispolitik)

DELEGATION: Nischenstrategie (selektive Strategie des teilweisen Rückzuges, der Kooperation, der Innovation, der Investition und Akquisition)

FLUCHT: Rückzugsstrategie (geordneter Rückzug aus dem Markt, Veräußerung)

Quelle: Turnheim, S. 98

2.1 Kampfstrategie

Der Erfolg von Kampfstrategien ist abhängig von sechs Faktoren, die insgesamt die »**Unternehmensstärke**« bestimmen: 43

1. Ermittlung des *Differenzierungspotentials*
   Abgrenzung der eigenen Abwehrpotentiale als Stärken gegenüber den Mitbewerbern, wie auf dem Gebiete der Qualität, dem Image, der Produktpalette bzw. Technologie, der Vertriebsorganisation u.a. m.
2. Ermittlung der *Effizienzpotentiale*
   Quantifizierung von Vorteilen gegenüber seinen Mitbewerbern auf dem Gebiete der Kostenstruktur, der Wertschöpfung, der Fertigungstiefe u.a.m.
3. Ermittlung von *Synergieeffekten*
   Klärung eigener Stärken und vorhandener *Synergieeffekte* in der Unternehmensorganisation.
4. Überlegungen zur *Konzentration der Kräfte*
   ABC-Analysen über die wichtigsten Differenzierungs- und Effizienzmaßnahmen bei den wichtigsten strategischen Geschäftseinheiten, also einer Potentialübersicht nach Frontabschnitten.
5. Abschätzung der *Risikofaktoren*
   Der Erfolg einer Kampfstrategie kann wesentlich von den verfügbaren Ressourcen – je Zeiteinheit – abhängig sein. Solche besonders wichtigen Ressourcen sind das Kapital, das Mitarbeiter-Know-how, Management, Forschung und Entwicklung, Marketing.
   Zur Risikoabschätzung gehört auch die Prüfung, inwieweit die vorhandenen Ressourcen auch voll freigesetzt werden können, d.h. inwieweit der Eigentümer oder die Aktionäre die Zustimmung erteilen werden oder inwieweit Zulieferanten bereit sind, im Rahmen der Kampfstrategie ihren Ressourcenanteil zur Verfügung zu stellen.
6. Festlegung des *Timing* der Kampfstrategie
   Der richtige Zeitpunkt im Verhältnis zu den Mitbewerbern kann den Erfolg der Kampfstrategie entscheiden. So kann ein guter Zweiter oft effizienter sein.

Kampfstrategien sind angebracht bei **hohem eigenen Potential** und einer **eher schwachen Bedrohung.**

Turnheim differenziert weiter und beschreibt den Grundtypen »Kampf« mit vier Ausprägungen (Schaubild 59).

2.1.1 Angriff

Eine weitere Differenzierung erfährt die Angriffsstrategie, in dem *Turnheim* zwischen »**Flankenangriff**« und »**Frontalangriff**« trennt. 44

a) Für den **Flankenangriff** gibt es 5 Möglichkeiten:
   - die **geographische Flanke,** 45
     (Angriff, z.B. im Wege einer Expansionsstrategie dort, wo die eigenen Potentiale relativ hoch, jene der Gegner relativ niedrig sind.)
   - die **Technologieflanke** 46
     (Angriff dort, wo eigene technologische Stärken, aber relative Schwächen der Gegner vorliegen.)

Schaubild 59: Kampfstrategie – Konflikt-Portfolio

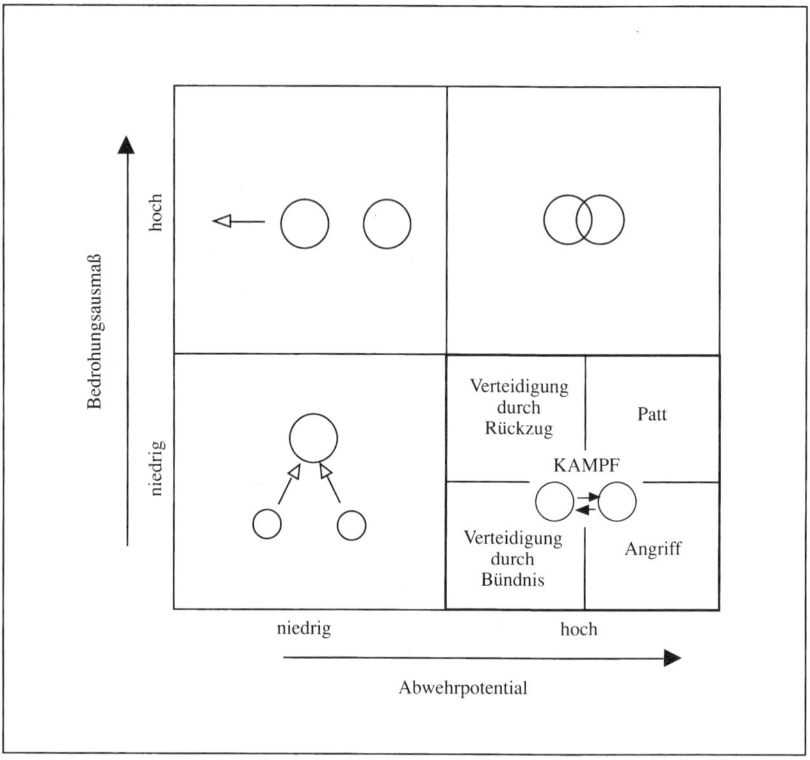

Quelle: Turnheim, S. 98

47 – die **Vertriebsflanke**
(Angriff dort, wo der Gegner relative Schwächen zeigt, z.B. after-sales-service, Lieferzeit, Konditionspolitik usw.)

48 – die **Qualitätsflanke**
(Angriff, indem eigene Qualitätsvorteile als entscheidende Produktleistung herausgehoben werden.)

49 – die **Produktlinienflanke**
(Angriff durch offensive Produktangebote in Sortimentsbereichen, in denen der Gegner schwach ist.)

50 b) Ein **Frontalangriff** setzt immer Ressourcenvorteile gegenüber den potentiellen Gegnern voraus. Er wird deshalb für krisengeschwächte Unternehmen nur in Ausnahmefällen zu empfehlen sein.

Schaubild 60: Kampfstrategie-Portfolio (Angriff)

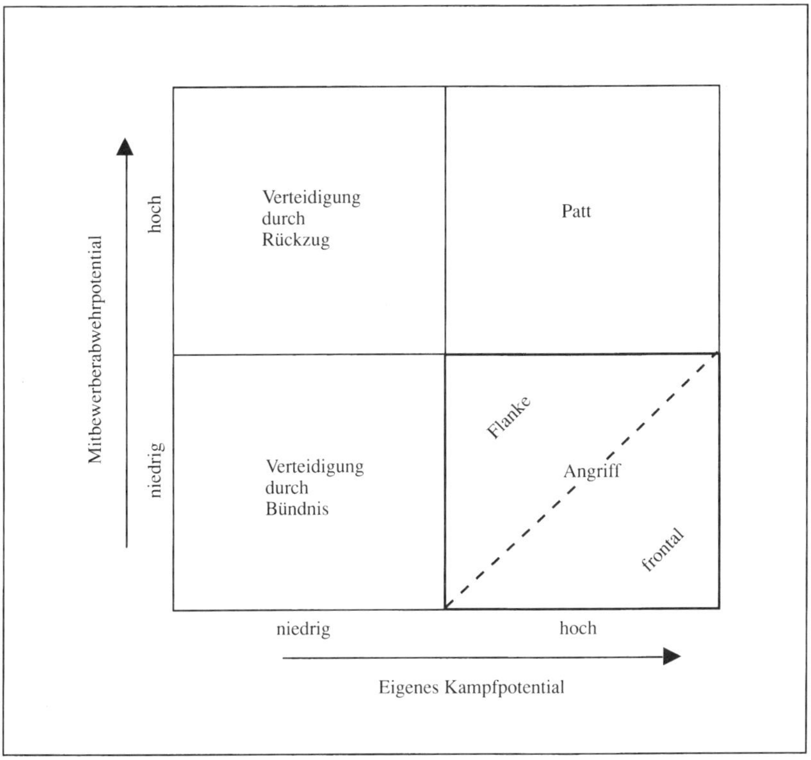

Quelle: Turnheim, S. 104

2.1.2 Verteidigung

Verteidigung ist dann angebracht, wenn das **eigene Kampfpotential niedrig** ist. 51
Abhängig von der relativen Stärke des Gegners mündet die Verteidigung entweder in

- einen (späteren) **Rückzug** oder in 52
- ein (späteres) **Bündnis.**

Der Ausgang ist jeweils abhängig vom Kampfpotential des Gegners.
Turnheim nennt mit Verweis auf die »Kriegskunst und die Natur« »drei taktische Regeln«:

a) Der Verteidiger muß das **»Kriegstheater«** festlegen. 53
   Damit sind Regionalmärkte oder Teilmärkte, Branchen, Nischen oder Kundengruppen gemeint.
b) Die **»Anwendung einer abschreckenden Gestik«** wird empfohlen.
   Vier Grundsätze werden genannt:
   - Verkündigung der Glaubwürdigkeit
     (»Ich meine es ernst.«)

- Dokumentation der Macht
  (»Ich kann es auch!«)
- Einsatz der Kommunikation
  (»Intensiv auf jemanden einreden.«)
- Appell an die Vernunft
  (»Wir wollen doch nicht . . .«)

c) Die **zeitliche Begrenzung** der Verteidigungsphase
Die Verteidigung ist kein Handlungsziel. Sie ist nur als Zwischenphase sinnvoll, die, wie dargestellt, in Rückzug oder Bündnis mündet.

2.2 Fluchtstrategie

54 Eine Fluchtstrategie wird von einer Situation erzwungen, die gekennzeichnet ist durch ein **hohes Maß an Bedrohung** bei gleichzeitig **geringem Abwehrpotential.** »In dieser kritischen Situation geht es eigentlich nur darum, das Beste daraus zu machen.«
Turnheim differenziert auch bei der Fluchtstrategie modellhaft in vier Ausprägungen (Schaubild 61).

Schaubild 61: Fluchtstrategie – Portfolio

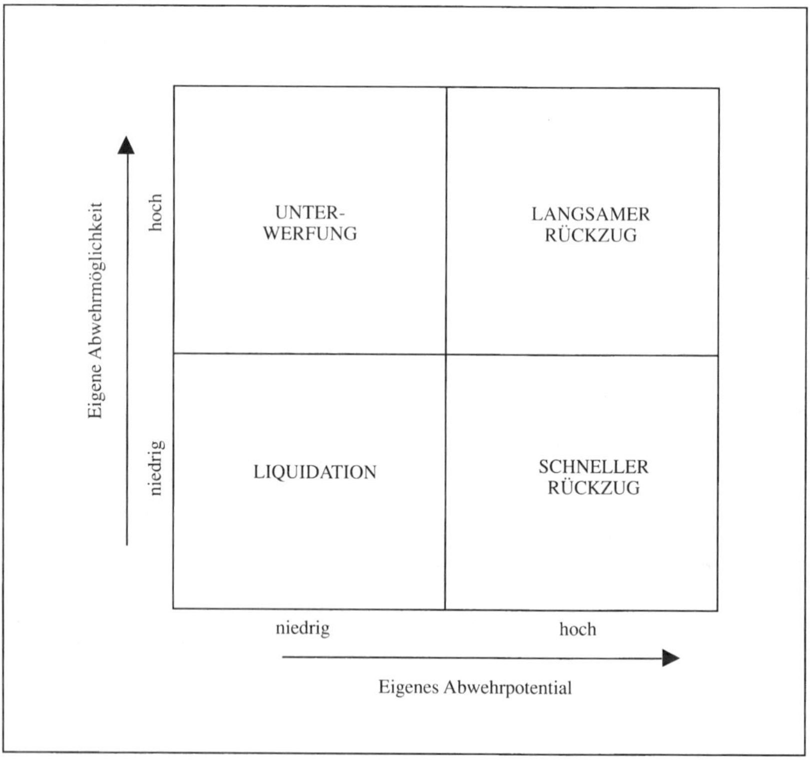

Quelle: Turnheim, S. 116

2.3 Delegationsstrategie

Bei relativ geringer Bedrohungsintensität, aber gleichzeitig niedrigem Abwehrpotential ist die Verbesserung des eigenen Potentials erforderlich. **55**
Durch »Delegation des Problems« an
- Eigentümer,
- Interessenten,
- öffentliche Hand oder
- Gläubiger

wird der Versuch unternommen, die Potentialstärkung herbeizuführen.
Gemeint sind damit Kapitalerhöhungen, Beteiligungen, Bürgschaften, Forderungsverzichte u.a.
Es ist offenkundig, und *Turnheim* weist nachdrücklich darauf hin, daß diese »Strategie« nur **temporären Charakter** haben darf.
Im Sinne des hier vorliegenden »Sanierungshandbuches« handelt es sich bei diesen Schritten auch nicht um »Strategien«, sondern um Einzelmaßnahmen, die nur als Teile eines Gesamtkonzeptes vertretbar sind.

Sie werden deshalb in anderem Zusammenhang, nämlich im »Maßnahmenkatalog« (Teil E) besprochen. **56**

2.4 Kompromißstrategie oder Konsensstrategie

Hohe eigene Potentiale bei gleichzeitig intensiver Bedrohung machen diese Strategien sinnvoll. **57**
Sie haben Bündnisse (Notgemeinschaften) zum Ziel und zeigen zwei Ausprägungen, die *Turnheim* in Analogie mit
- **Jiu-Jitsu-Prinzip** und
- **Tai-Chi-Prinzip** bezeichnet (Schaubild 62).

a) Das **Jiu-Jitsu-Prinzip (Kompromißstrategie)** beschreibt eine Allianz zwischen zwei oder mehreren Wettbewerbern, die sich gegen andere Wettbewerber richtet. Oft wird der stärkste Gegner, dem die Alliierten Partner nicht einzeln entgegenzutreten vermögen, attackiert. **58**

b) Das **Tai-Chi-Prinzip (Konsensstrategie)** geht davon aus, daß sich »zwei Unternehmen trotz ihrer Gegensätze . . . gleichsam durchdringen, miteinander verschmelzen, so daß erst Yin und Yang das Ganze ergeben«. **59**
Auf betriebswirtschaftliche Begriffsinhalte übertragen, sind dies **qualitative Synergien,** die dadurch entstehen, daß die Partner sich mit ihren jeweiligen **Stärken-/Schwächen-Profilen** wechselseitig ergänzen.

2.5 Sanierung und Struktur

Turnheim gibt für jeden Grundtypen Hinweise zur Beibehaltung oder Veränderung von Strukturen (Schaubild 63). **60**
Zwar handelt es sich auch hierbei um »Maßnahmen« i.S.d. hier vorliegenden Arbeit (vgl. Teil E), sie sollen jedoch nicht unerwähnt bleiben, weil sie mit der Entscheidung für einen Grundtyp einhergehen müssen:

Schaubild 62: Kompromiß- oder Konsensstrategie

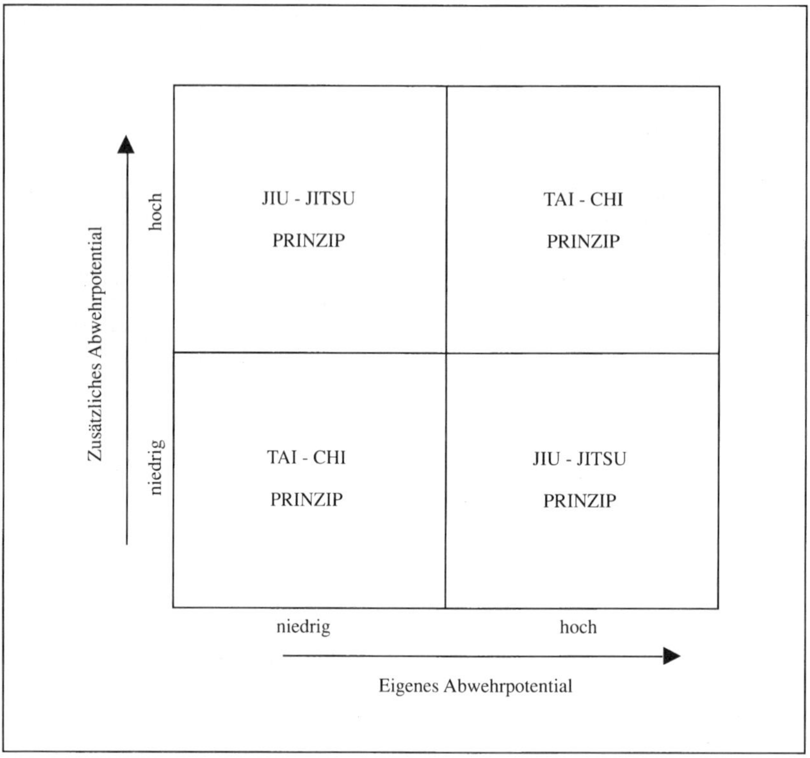

Quelle: Turnheim, S. 112

61 Die **Hauptstrukturen eines Unternehmens** sind nach *Turnheim:*
- Kapitalstruktur
- Organisationsstruktur
- Mitarbeiterstruktur (Managementstruktur, Quantität und Qualität des Mitarbeiterstabes)
- Technologiestruktur
- Markt/Produkt-Struktur
- Innovationsstruktur.

Schaubild 63: Sanierung und Struktur

Konflikt SGE Umfeld  ein Gegensatz entsteht	Inhalt	Struktur
Kampf 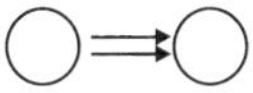	Umfeldsituation wird erkannt. Angriff (Markt neu erobern) oder Verteidigung (Position halten).	Strukturen so schnell wie möglich ändern.
Delegation (Hilfe!) 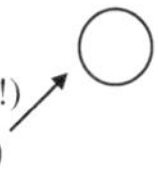	SGE hat zu geringe Abwehrpotentiale, daher Ruf nach Subventionen, Protektionismus. Gefahr: Wenn die »höhere Instanz« nicht die richtige Problemlösung wählt, bleibt Konflikt bestehen.	Strukturen so weit als notwendig ändern.
Kompromiß 	SGE sucht Kooperation, da man bereits die Erfahrung gemacht hat, daß Kampf oder Delegation den Konflikt nicht lösen werden. (Tai-chi oder Jiu-Jitsu)	Strukturen gemeinsam mit dem Partner ändern.
Flucht 	SGE entfernt sich vom Markt und von Mitbewerbern (Konflikt vor sich herschieben, verdrängen, ignorieren, leugnen). »Es wird schon wieder besser.«	Keine Strukturen ändern.

Quelle: Turnheim, S. 118

Schaubild 64: Krisenspirale

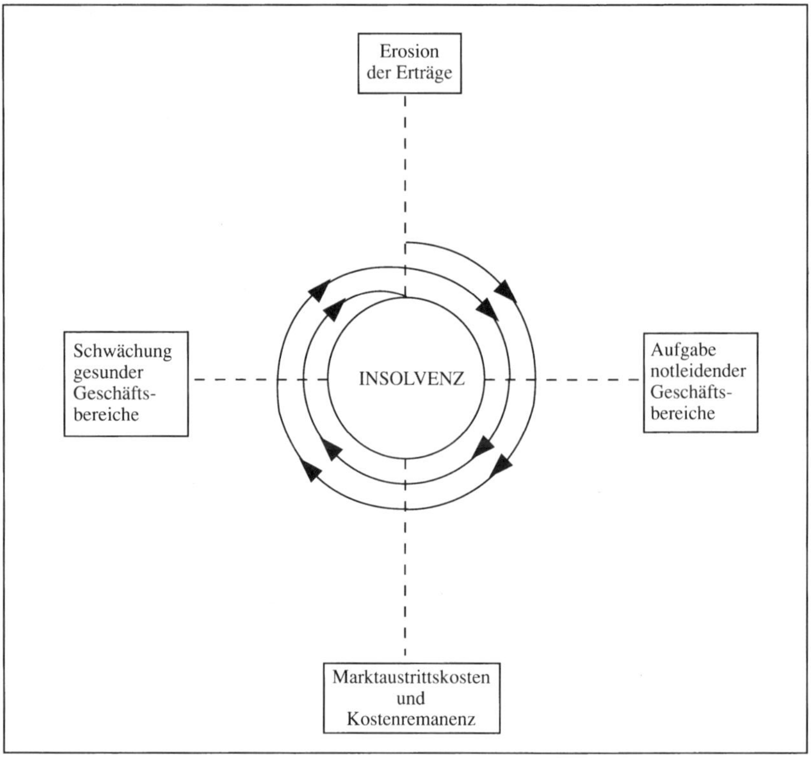

Quelle: Müller, S. 65

3. Die »strategischen Optionen« von Müller

62 Im folgenden werden die von *Müller* (S. 92 ff.) beschriebenen vier »strategischen Optionen« als Grundmuster verwendet.
Entsprechend dem krisengenetischen Aufbau und dem handlungsorientierten Ansatz der hier vorliegenden Arbeit war eine eigenständige Darstellung erforderlich.
Dabei haben neben den Erfahrungen und Überzeugungen der Autoren auch die grundlegenden Arbeiten von *Porter* und *Pumpin* Eingang gefunden.

3.1 Grundlagen

3.1.1 Die Krisenspirale

63 In Teil B wurden drei Krisenarten, ihre Entstehungs- und ihre Erkennungsfolge dargestellt. In der Regel sind auch Erfolgs- und Liquiditätskrisen auf strategische Probleme zurückzuführen.

Die **Korrektur der** die unternehmerischen Erfolge ausschließenden **strategischen Positionierung** muß deshalb das mittel- oder langfristige Ziel einer Sanierung sein.
Das Dilemma eines krisenbefallenen Unternehmens liegt darin, daß die strategische Repositionierung regelmäßig finanzielle Ressourcen beansprucht.
Gerade diese werden im Krisenverlauf zunehmend knapper. Damit vermindern sich nicht nur die Möglichkeiten zur Repositionierung, sondern die Verschlechterung der gegenwärtigen Positionen schreitet durch die erzwungene Ressourcenkürzung fort.

Die Unternehmensentwicklung verläuft gleichsam in Spiralform, d.h. beschleunigt und auf determinierter Bahn auf die Insolvenz zu. **64**
Müller nennt dies den »strategischen Teufelskreis« (Schaubild 64).
Aufgabe der strategischen Neupositionierung ist es, diese **Krisenspirale** zu **durchbrechen.**

3.1.2 Basisstrategien

Allgemein gültige Basisstrategien für das Krisenmanagement sind: **65**
a) Sicherung der noch verbliebenen Erfolgspotentiale.
b) Aufgabe jener Potentiale, die keine Erfolge mehr erwarten lassen.
c) Erschließung neuer Erfolgspotentiale.
(Zum Begriff vgl. Teil A II Rz. 16)
Diese Basisstrategien sind allerdings für konkrete Maßnahmenplanungen zu allgemein. Sie werden im folgenden spezifiziert.

3.1.3 Planungsobjekte

Als Objekte strategischer Planungen – insbesondere auch von Sanierungsstrategien – sind »Strategische Geschäftseinheiten« besonders geeignet. **66**
Sofern solche SGE bislang im Unternehmen nicht definiert sind, sollte dies vor der Erarbeitung der Sanierungsstrategie geschehen.
Die Bildung Strategischer Geschäftseinheiten wurde in der Literatur eingehend beschrieben (für viele: *Link* in *Hahn/Taylor,* S. 519–530).
Eine knappe Charakterisierung hat *Müller* vorgenommen (Schaubild 65).

3.1.4 Kritischer Faktor – Liquidität

Der häufigste Insolvenzgrund ist Illiquidität. Finanzielle Ressourcen sind erforderlich, um neue Erfolgspotentiale aufzubauen, meist auch um bestehende Erfolgspotentiale abzusichern und nicht selten sogar um sich von früheren Erfolgspotentialen zu trennen. **67**
Es bedarf deshalb wohl keiner weiteren Darlegungen, um die **Verfügbarkeit finanzieller Ressourcen** als den **entscheidenden Faktor** zur Auswahl einer Sanierungsstrategie zu verwenden.

Bei der Betrachtung von Alternativen muß deshalb immer wieder eine Abstimmung zwischen Mittelherkunft und Mittelverwendung erfolgen. **68**

Dabei sind konservative Annahmen zu treffen, die Sanierungsstrategie muß Raum für Reserven lassen. Der Finanzierungsplan muß alle Risiken mindestens **nennen,** in angemessenem Maße – entsprechend der Eintrittswahrscheinlichkeit – auch **berücksichtigen.** **69**

Schaubild 65: Strategische Geschäftseinheit

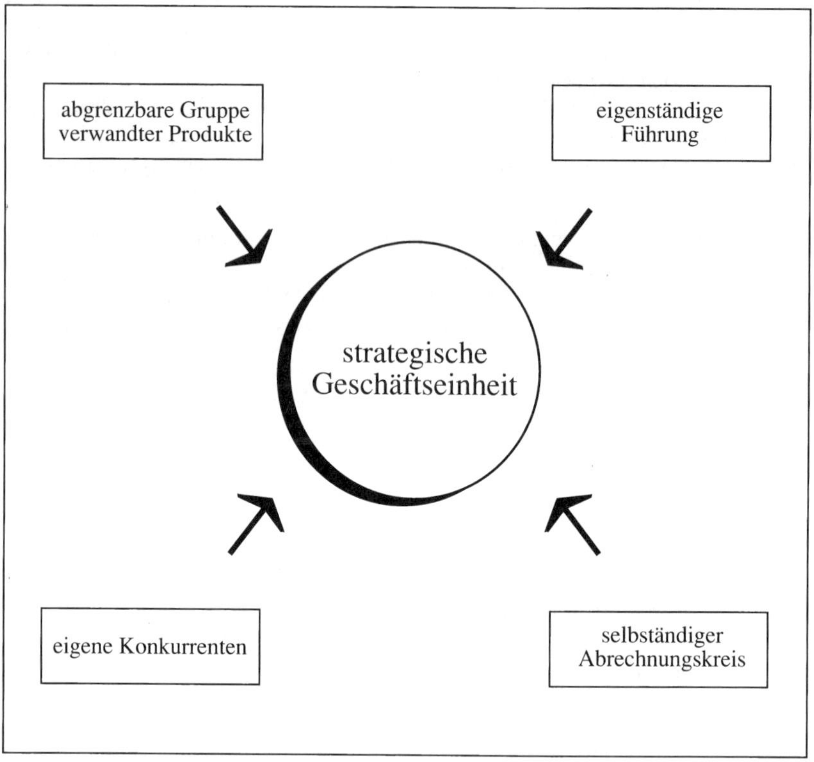

Quelle: Müller, S. 103

70 »Die **Budgetplanung als ›Worst-case-Planung‹** ist für ein zu sanierendes Unternehmen die Realplanung« (*Turnheim,* S. 147). *Müller* (S. 109) nennt »wesentliche Elemente«:

- »Investitionen zur Aufrechterhaltung des laufenden Geschäftsbetriebs und zur Fortführung bereits vor Ausbruch der Krise begonnener strategischer Programme (Mittelverwendung),
- planmäßige Abschreibungen (Mittelherkunft),
- außerplanmäßige Abschreibungen zur Strukturbereinigung (Mittelherkunft),
- außerordentliche Erträge durch Abgänge im Sachanlage- und im Finanzanlagevermögen (Mittelherkunft),
- außerordentliche Aufwendungen zur Strukturbereinigung, z.B. Sozialpläne (Mittelverwendung),
- Veränderungen der Vorräte (Aufstockung als Mittelverwendung, Abbau als Mittelherkunft),
- Veränderungen der Kundenanzahlungen bei Geschäften mit langfristiger Fertigung (Erhöhung als Mittelherkunft, Verringerung als Mittelverwendung),

- Veränderungen der Forderungen als Lieferung und Leistung (Erhöhung als Mittelverwendung, Verminderung als Mittelherkunft),
- Veränderungen der Rückstellungen (Erhöhung als Mittelherkunft, Verringerung als Mittelverwendung),
- Veränderungen der Verbindlichkeiten aus Lieferung und Leistung (Zunahme als Mittelherkunft, Abnahme als Mittelverwendung),
- Ergebnis nach Zinsen, Steuern und Dividende/Abführung von Verwaltungskostenumlagen, d.h. für die Selbstfinanzierung verfügbare Ergebnisanteile (positives Ergebnis als Mittelherkunft, negatives Ergebnis als Mittelverwendung).«

3.2 Strategische Optionen

Die Strategischen Optionen sind in Abhängigkeit von den finanziellen Ressourcen in zwei Gruppen zu unterteilen: **71**

a) Finanzielle Ressourcen verfügbar oder freisetzbar:
Offensivstrategien **72**
Offensivstrategien sind gekennzeichnet durch aktives Handeln mit dem Ziel, neue, größere oder andere Märkte, Kunden oder Anwendungsgebiete zu gewinnen.
Defensive Elemente sind oft enthalten.

b) Finanzielle Ressourcen sehr knapp oder nicht mehr verfügbar:
Defensivstrategien **73**
Defensivstrategien sehen einen Rückzug des Unternehmens oder der SGE aus Regionen, Märkten, Kundengruppen oder aus bisherigen Größenordnungen vor.
Offensive Elemente sind nicht oder nur in unwesentlichem Anteil enthalten.

3.2.1 Offensivstrategien

3.2.1.1 Diversifikationsstrategien

a) **Eigenentwicklung** **74**
Die SGE versucht, durch Neu- oder Fortentwicklung von Produkten das angestammte Sortiment attraktiver zu gestalten. Eine andere Möglichkeit besteht darin, durch diesen Weg neue Märkte, Kunden oder Anwendungsbereiche zu erschließen. Weitere Hinweise in Teil E I.

b) **Erwerb von Produkten, Lizenzen oder Unternehmen**
Dieser Weg wird für krisenbefallene Unternehmen in der Regel verschlossen sein, weil attraktive Erfolgspotentiale – und nur der Erwerb solcher ist sinnvoll – kostspielig sind.
Eine günstige Konstellation liegt vor, wenn der Verkäufer deshalb ein Interesse am Verkauf hat, weil er selbst die Erfolgspotentiale nicht nutzen kann.
Der Grundgedanke beider Partner ist in diesem Fall, daß 1 + 1 mehr als 2 ergibt, daß also **Synergieeffekte zum Nutzen beider** entstehen.
Denkbare Fälle sind jene, in denen der eine Partner über eine passende Vertriebsorganisation, aber kein Produkt, der andere über das Produkt aber keinen Markt verfügt.

3.2.1.2 Verdrängungsstrategien

75 a) **Marktführerstrategie**

Diese Strategie zielt darauf ab, im Gesamtmarkt die höchsten oder mindestens die zweithöchsten Marktanteile zu gewinnen (Schaubild 66).

Schaubild 66: Grundzüge einer Marktführerstrategie

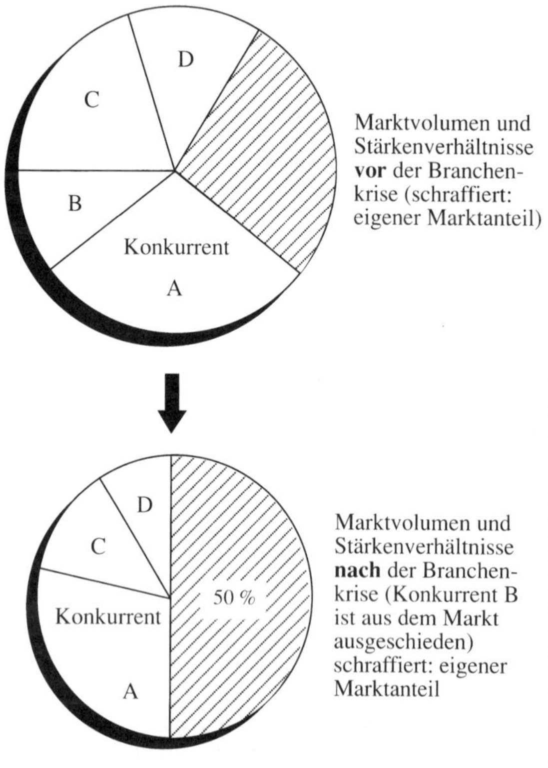

Quelle: Müller, S. 139

Diese Positionen sind deshalb interessant, weil sie einem

- **geringeren Konkurrenzdruck** ausgesetzt sind als jene der kleineren Anbieter,
- über höhere Mengen bessere Chancen zur **Kostendegression** bieten und
- dauerhaft **höhere Umsatzrenditen** versprechen als im Durchschnitt aller Anbieter.

Vor allem diese zuletzt genannte Folge, die durch die **PIMS-Untersuchungen** bestätigt wird (vgl. Teil C) ist von entscheidender Bedeutung. Sie schließt die anderen positiven Folgen der Marktführerschaft mit ein.

Der Weg zur Marktführerschaft ist **bei Vorliegen einer Branchenkrise schwierig,** in einer stabilen Branche für ein sich in einer endogenen Krise (vgl. Teil B I) befindliches Unternehmen nahezu ausgeschlossen. **76**
Handelt es sich bei dem Sanierungsprojekt um eine SGE, die finanzielle Ressourcen anderer SGEs beanspruchen kann, kommt die Marktführerstrategie auch im Falle einer endogenen Krise in Betracht.
In der Regel wird ein Bündel von Maßnahmen erforderlich sein, um das Ziel zu erreichen.

Dieses Bündel muß die Kosten-/Nutzen-Relation für die Kunden verbessern. Die Aufgabe reduziert sich also auf die Erhöhung des Produktnutzens und/oder die Reduzierung der Produktkosten. **77**
Beides führt zu einer (weiteren) **Verschlechterung der Ertragslage, sofern nicht durch eine**

– **Herstellungskostendegression oder eine** **78**
– **Gesamtkostenteilung**

die Relation wieder zurechtgerückt wird.
Unter der Annahme, daß Rationalisierungsmöglichkeiten erschöpft sind, ist eine Herstellkostendegression nur über größere Ausbringungsmengen möglich. Diese setzen höhere Marktanteile und die Erreichung des angestrebten Zieles voraus.
Es ist offenkundig, daß Versuche, auf diesem Weg Marktführer zu werden, äußerst riskant sind.

Eine Teilung der Gesamtkosten über Lizenzpartner, Joint-Ventures oder andere Kooperationen ist demgegenüber risikoärmer. Allerdings bedarf es eines Partners mit komplementärer Interessenlage. Sofern dieser Weg beschritten werden kann, bieten sich gute Chancen bei geringerem Risiko. **79**

b) **Segmentierungsstrategie** **80**
Diese Strategie zielt darauf ab, eine Führungsposition in Teilen des bisher bedienten Gesamtmarktes zu erobern (Schaubild 67).
Hinsichtlich der Vorzüge, die eine Spitzenposition i.d.R. mit sich bringt, gilt das zur Marktführerstrategie Gesagte.
Eine Segmentierungsstrategie ist darüber hinaus durch **folgende Besonderheiten** gekennzeichnet:

- Die erforderlichen finanziellen Ressourcen können ggf. aus der Aufgabe anderer Marktsegmente gewonnen werden.
- Die Differenzierungsmöglichkeiten gegenüber Wettbewerbern sind größer und nicht auf Kosten-/Nutzen-Relationen beschränkt.

- Die Zahl oder der Widerstand von Wettbewerbern im Marktsegment ist regelmäßig geringer. **81**

- Firmenspezifische Stärken und Schwächen können bei der Auswahl von Marktsegmenten berücksichtigt werden. **82**
- Es bietet sich die Chance, die wachstumsstärksten oder lukrativsten Marktsegmente auszuwählen. Dem steht allerdings ein entsprechendes Risiko gegenüber.

Schaubild 67: Grundzüge einer Segmentierungsstrategie

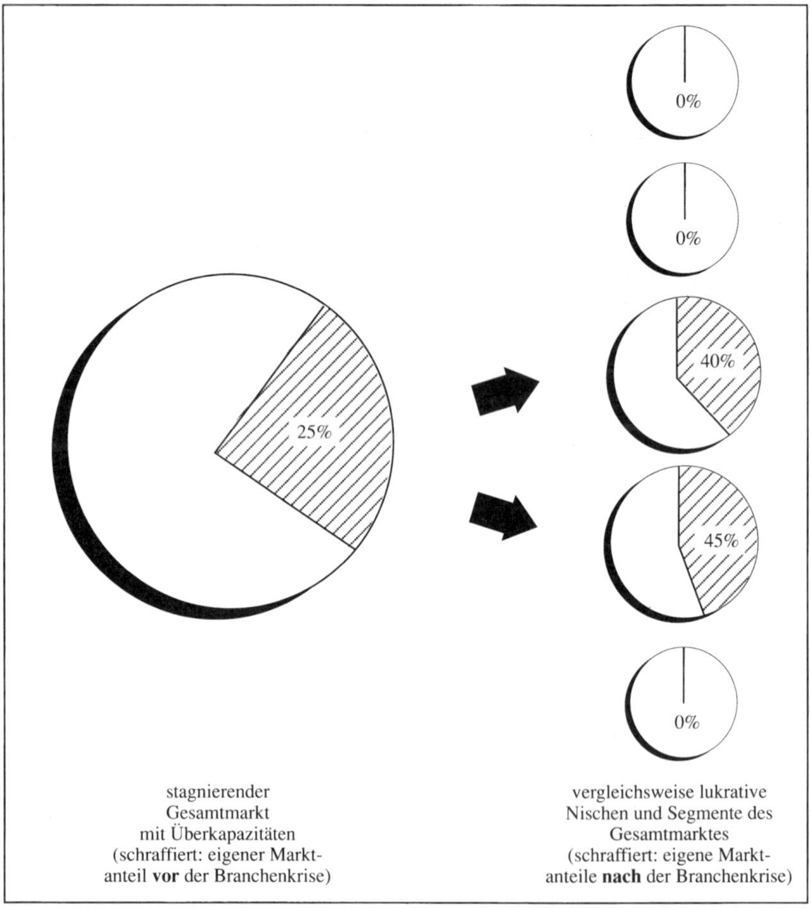

Quelle: Müller; S. 147

Segmentierungsstrategien bieten nach den hier vorliegenden Erkenntnissen **gute Erfolgsaussichten,** wenn

83 – die finanziellen Ressourcen noch nicht völlig erschöpft sind,
– die Größenordnungen von Marktsegment und Unternehmen oder SGE in Einklang gebracht werden können (Marktvolumen versus Fertigungskapazität)
und
– die ausgewählten Marktsegmente lukrativ sind.

Zur Lösung von Segmentierungsproblemen wird auf die Arbeiten von *Cunnings/Greenthal* und *Kotler* verwiesen.

Schaubild 68: Grundzüge einer Gesundschrumpfungsstrategie

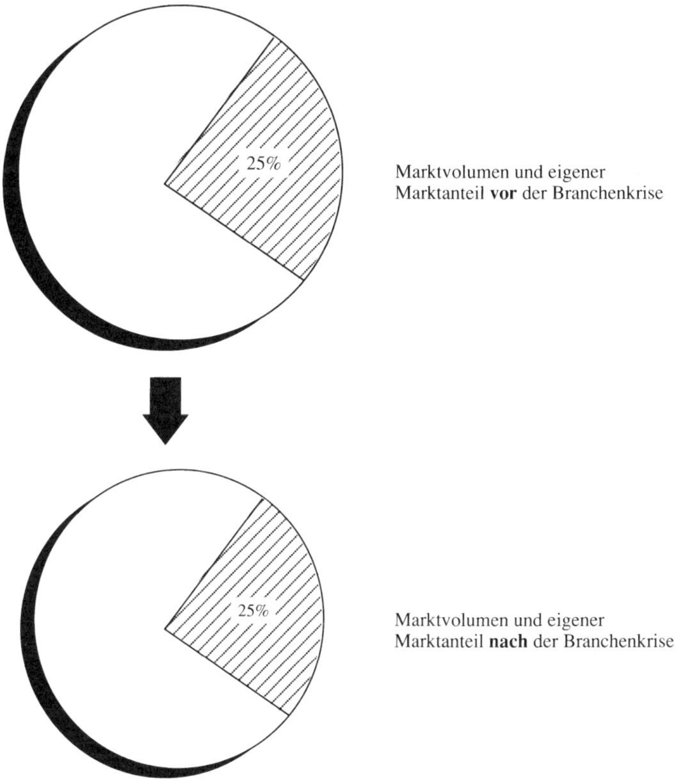

Quelle: Müller, S. 133

3.2.2 Defensivstrategien
3.2.2.1 Konsolidierungsstrategien

a) **Gesundschrumpfungsstrategie** 84

Die am häufigsten verfolgte Sanierungsstrategie ist die der Gesundschrumpfung. 85
Sie gilt zugleich als jene mit den geringsten Erfolgsaussichten (Schaubild 68; vgl. *Müller,* S. 181).

»Gesundschrumpfen« wird, und wurde in den sechziger und siebziger Jahren noch ausgeprägter, mit »Sanieren« gleichgesetzt.

Gründe hierfür lassen sich mehrere finden: 86

– Krisen sind meist Absatzkrisen, d.h. betriebliche Kapazitäten und Aufnahmebereitschaft der Märkte klaffen auseinander. Häufig ist dies der Fall, wenn sich ein Verkäufermarkt zum Käufermarkt verwandelt hat. Es ist **naheliegend, auf die neue Situation durch Kapazitätsabbaumaßnahmen zu reagieren.**

87 – Diese Strategie **bedarf i.d.R. keiner großen finanziellen Ressourcen,** sie kommt deshalb auch für extrem gefährdete Unternehmen in Frage.

88 – Sie **bedarf keiner »strategischen Neuorientierung«** (*Müller,* S. 133), keiner langen Vorbereitung und keines Betretens von Neuland.

Zugleich sind diese **Gründe für die geringen Erfolgsaussichten** verantwortlich:

89 – Weil diese Strategie naheliegend, gangbar und einfach ist, wird sie gern von mehreren, sich in gleicher Situation befindlichen Unternehmen einer Branche verfolgt. Als Folge bleibt die Relation von Stärken und Schwächen in labilem Status erhalten. Sobald ein Marktteilnehmer eine Offensivstrategie wählt und sich für den Kunden in positiv erkennbarer Weise, abhebt, verschieben sich die Marktanteile zu seinen Gunsten.

– Das Gesundschrumpfen, der Kostenabbau, geht oft nicht so zügig voran wie es erforderlich wäre. Die geringen Finanzmittel werden früher als geplant aufgebracht.

– Das Fehlen einer Neuorientierung, oft auch das Beibehalten alter und erfolgloser Marketingkonzepte, **wirkt demotivierend** auf Mitarbeiter und Führungskräfte. Jene Beschäftigten, die im Zuge eines Kapazitätsabbaues das Unternehmen freiwillig verlassen, sind regelmäßig solche, die aufgrund ihrer Qualifikation vom Arbeitsmarkt gesucht werden, mithin also nicht die Schwächsten.

90 Eine Gesundschrumpfungsstrategie verfolgt die nachstehenden Ziele:

a) Beibehaltung oder Wiedererlangung des Marktanteils in einer insgesamt schrumpfenden Branche.
b) Wiederherstellung der Ertragsfähigkeit durch Senkung der Gewinnschwelle.
c) Die Senkung der Gewinnschwelle (vgl. Teil C IV) wird angestrebt durch:
   - Abbau der Fixkostenblöcke (Personal, Abschreibungen, Zinsen, Verwaltungskosten) und
   - Abbau der Einzelherstellkosten (Fertigungslöhne, Fertigungsmaterial).

   Die Senkung der Gewinnschwelle durch Erhöhung der Stückerlöse ist kein vorrangig verfolgtes Ziel!

91 b) **Nischenstrategie**

Hierbei handelt es sich um eine **defensive Schutzstrategie** mit folgenden Merkmalen:

– Das Unternehmen oder die SGE verzichtet auf die Bedienung des »rauhen« oder schrumpfenden Gesamtmarktes.
– Es versucht stattdessen, in einem Teil des bisherigen Marktes eine geschützte Nische zu finden und zu besetzen.
– Es achtet darauf, daß diese Nische mindestens **drei Bedingungen** erfüllt:

92 (1) Die Nische muß geschützt sein durch hohe Eintrittsbarrieren oder wenigstens gut zu verteidigen sein mittels der eigenen spezifischen Stärken.
(2) Die Nische darf nicht schrumpfen.
(3) Die Nische muß gute Gewinnchancen bieten.

Aktives Handeln ist unverzichtbar und setzt eine strategische Umorientierung des Unternehmens (der SGE) voraus.

Schaubild 69: Grundzüge einer Nischenstrategie

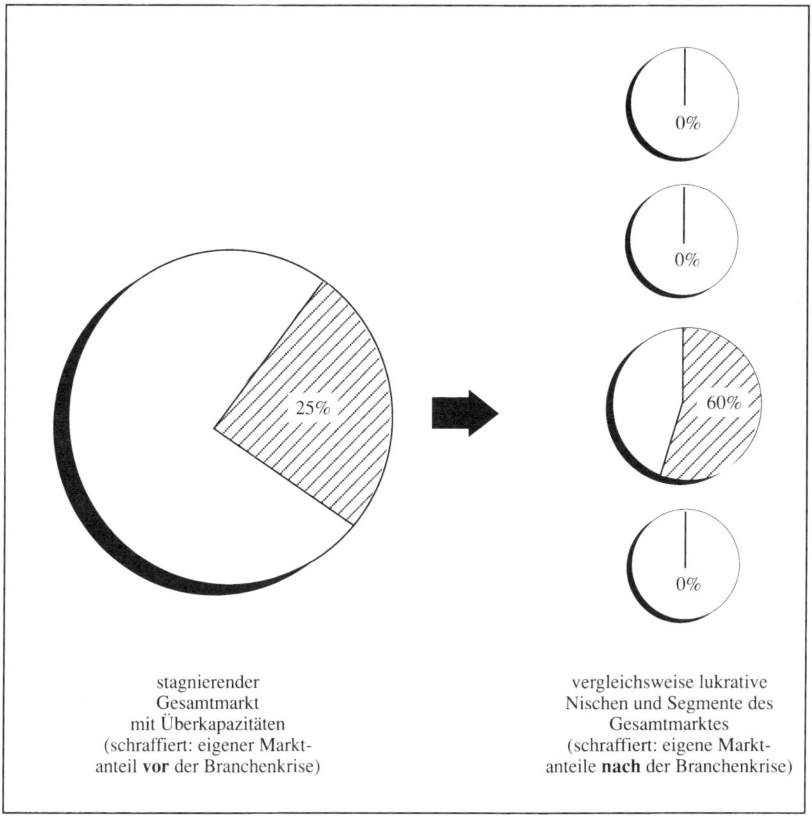

Quelle: Müller, S. 135

Wichtig sind insbesondere die folgenden Schritte:

1. Sorgfältige Untersuchung, ob die ins Auge gefaßte Nische die o.g. Bedingungen jetzt und in Zukunft erfüllt.
2. Sorgfältige Überprüfung, ob das **Volumen** der Nische in Einklang steht mit den eigenen Kapazitäten oder ob ein Abbau erforderlich ist.

3. Darlegung der **spezifischen Anforderungen** des Teilmarktes. Insbesondere muß herausgearbeitet werden, ob das Krisenunternehmen qualitativ und organisatorisch überhaupt in der Lage ist, die i.d.R. äußerst spezifischen Kundenwünsche, die oft auch noch individuell verschieden sind, zu erfüllen. **93**

3.2.2.2 Aufgabenstrategien

a) **Stillegung der Geschäftseinheit** **94**

Die Stillegung des Unternehmens oder der SGE ist keine eigentliche Sanierungsstrategie.

Hinzuweisen ist lediglich auf drei Punkte:

a) Auch eine Stillegung bedarf einer sorgfältigen Planung und Kontrolle, um unnötige Vermögensverluste im Interesse der Gesellschafter und der Gläubiger zu vermeiden und um Kunden und Mitarbeitern einen verläßlichen Terminrahmen zu geben.

95 b) Die Kosten eines Personalabbaues (Sozialplan) sind i.d.R. beträchtlich und machen bei vorsichtiger Prognose gelegentlich andere Sanierungsstrategien interessanter.

96 c) Verkauf der Geschäftseinheit.
In Teil E werden einige Aspekte beleuchtet. In Teil G sind juristische Besonderheiten, insbesondere die Folgen des § 613 a BGB, erläutert.

3.3 Probleme und Gefahren

97 Die oben beschiedenen Strategien sind zahlreichen Risiken ausgesetzt, von denen vier wichtige besonders erwähnenswert sind.

3.3.1 Preissenkungsspirale

Preissenkungen erwecken naturgemäß nicht nur das Interesse potentieller Kunden, sondern provozieren auch Reaktionen der Mitbewerber.
Für ein Krisenunternehmen erwachsen aus einer allgemeinen Preissenkungsrunde besondere Probleme, wenn es selbst diese Strategie verfolgt, um Marktanteile zu gewinnen und durch Mengenerhöhung eine bessere Kostenposition zu erreichen:

1. Das **Ziel der Mengenerhöhung** und damit verbundener Stückkostendegression **wird verfehlt.**
2. Die **verbleibenden Umsätze** werden **mit niedrigeren Erlösen erzielt.**

Daraus kann das endgültige Aus folgen, mindestens jedoch eine Verschärfung der Krise erwachsen.

3.3.2 »Langsame« Qualitätsstrategien

98 Strategien, die durch Erhöhung des Kundennutzens, namentlich der Qualität, eine bessere Position zu erlangen suchen, wirken langsam.
Früchte tragen diese Strategien erst, wenn die Kunden den höheren Produktnutzen erfahren haben und sie von dessen Fortbestehen überzeugt sind. Davor liegen indessen **unternehmensinterne Vorbereitungen** (Entwicklungszeiten, Produktionsumstellung, Lagerdurchlauf etc.), die individuell unterschiedliche **Verlaufzeiten** haben.
Ein weiterer Faktor ist der **Kaufrhythmus,** der, je kürzer er ist, desto rascher die Chance bietet, viele Kunden von einem höheren Produktnutzen zu überzeugen.
Darüberhinaus liegt ein Risiko darin, daß Qualitätsstrategien mit Vorliebe **durch Preissenkungen attackiert werden.**
Diese führen, selbst wenn sie den Erfolg der Qualitätsstrategie nicht verhindern können, zu mindestens einer vorübergehenden Ertragsbelastung und ebenfalls zu einer Krisenverschärfung.

3.3.3 Fixkostenremanenz

99 Betriebliche Gemeinkosten (»Fixkosten«) bleiben i.d.R. erhalten oder **sinken unterproportional,** wenn Teile des Produktionsprogrammes (oder Teilmärkte) aufgegeben werden.

Die Folgen einer solchen Strategie müssen deshalb schon im Planungsstadium prognostiziert werden. Geeignete Instrumente sind die verschiedenen Spielarten der Deckungsbeitragsrechnungen.

3.3.4 Diversifikationsrisiken

Diversifikationen sind unter »normalen« Bedingungen riskant. Schätzungen von **100** Unternehmensberatern gehen dahin, acht von zehn Diversifikationsprojekten als nicht erwartungsgemäß oder als gescheitert einzustufen.

Wenn bei regulären Geschäftsabläufen die Erfolgsquote aber nur 20 % beträgt, dann ist auf das sicher noch höhere **Risiko in Krisensituationen** besonders hinzuweisen.

- Die besondere Zeitnot,
- die beschränkten finanziellen Mittel,
- die eingeschränkte Palette an Diversifikationsmöglichkeiten und
- die das Management besonders belastenden Umstände der Unternehmenskrise geben Anlaß vor einer **schnellen Entscheidung für diese Strategie zu warnen.**

3.4 Executive Summary

Müller (1986, S. 183) hat **»Grundregeln für das Wettbewerbsverhalten in Krisenbranchen«** zusammengefaßt: **101**

Schaubild 70:

Regel 1

Erfolgsstrategien in Krisensituationen sind von Unternehmung zu Unternehmung höchst unterschiedlich. Maßgeblich für die Strategiefindung sind die spezifischen Wettbewerbsvorteile der einzelnen Unternehmung.
Diese lassen sich grob in zwei Kategorien einteilen: Preis-/Kostenvorteile einerseits und Vorteile in der Qualität (Produktqualität oder Geschäftsqualität) andererseits.

Regel 2

Anzustreben ist stets die Position Eins oder Zwei im bedienten Markt – dies kann der Gesamtmarkt, ein Marktsegment oder eine Marktnische sein. Nur einer der beiden vorderen Plätze gewährleistet gute Überlebenschancen in Branchenkreisen.

Regel 3

Es ist entscheidend, sich frühzeitig, d.h. vor der Masse der Konkurrenten, auf eine bestimmte Strategie festzulegen und diese dann konsequent zu verfolgen. Halbherzig verfolgte »Warte-Strategien« kosten Zeit und Geld, ohne Entscheidendes zu bewirken.

Regel 4

Konformes Wettbewerbsverhalten schafft Patt-Situationen. Diese Gefahr besteht insbesondere bei über den Preis operierenden Strategien zur Marktbehauptung, da sie sich lediglich auf ein Wettbewerbsinstrument stützen und nur einen geringen Imitationsschutz gewährleisten.

Regel 5

Jede Krisenstrategie kann durch einen entschlossen operierenden Konkurrenten mit einer anderen Krisenstrategie unterlaufen werden.

Quelle: Müller, S. 183

Teil E
Planung der Sanierungsmaßnahmen

Inhaltsübersicht **Rz.**

I. Matrix der Sanierungsmaßnahmen

1. Die Dimensionen von Sanierungsmaßnahmen

1.1 Überblick

1 Im vorstehenden Teil D wurden sowohl die Norm- als auch die Sanierungsstrategien beschrieben. Nachfolgend werden die diesen Strategien dienenden Maßnahmen aufgezeigt.

Die Inhalte eines Maßnahmenpaketes werden in Abschnitten II und III vorgestellt. Im Sinne einer ersten Vorauswahl wurden die Maßnahmen dabei in zwei Gruppen aufgeteilt. Es handelt sich um jene Normstrategien (Erhaltung bzw. Aufgabe der bisherigen Unternehmensform), die jeweils konträre gesellschaftsrechtliche Entwicklungen bedingen und sich auch hinsichtlich der zu ergreifenden Maßnahmen deutlich abgrenzen lassen.

Zuvor soll mit Hilfe der Maßnahmen-Matrix, die die drei relevanten Dimensionen veranschaulicht, ein Überblick gegeben werden.

1.2. Maßnahmen-Matrix

1.2.1 Begriffe

Hauptziele

2 Die genannten Hauptziele stellen im Falle von 1 die Sanierung unter Erhaltung der bisherigen Unternehmensform, im Fall 2 die Sanierung unter Aufgabe der bisherigen Unternehmensform dar. Diese gegensätzlichen Handlungsziele werden in Teilen D II und D III als Zielmodalitäten der Normstrategien beschrieben. Es handelt sich um eine gesellschaftsrechtliche Zielsetzung. Sie ist unabhängig von der gewählten Sanierungsstrategie zu treffen.

Sanierungsmaßnahmen

3 **»Autonome Sanierungsmaßnahmen«** sind die Aktivitäten, die Geschäftsleitung, Aufsichtsgremien oder Gesellschafterversammlung des Krisenunternehmens ohne Zustimmungserfordernis Außenstehender zur Krisenbewältigung beschließen können.

4 **»Heteronome Sanierungsmaßnahmen«** sind durch die Mitwirkung Außenstehender gekennzeichnet. Es handelt sich dabei meist um Gläubiger. Aber auch Kunden, Wettbewerber oder öffentliche Körperschaften sind oft an Sanierungen beteiligt. Die Maßnahmen werden – gegliedert in »autonome« und »heteronome« – in Abschnitt II dargestellt.

Strategien

5 **»Einzelmaßnahmen ohne Strategieänderungen«** sind operative Maßnahmen, die durchgeführt werden, ohne daß das Krisenunternehmen eine neue Unternehmensstrategie verfolgt.

Schaubild 71: Planung der Sanierungsmaßnahmen

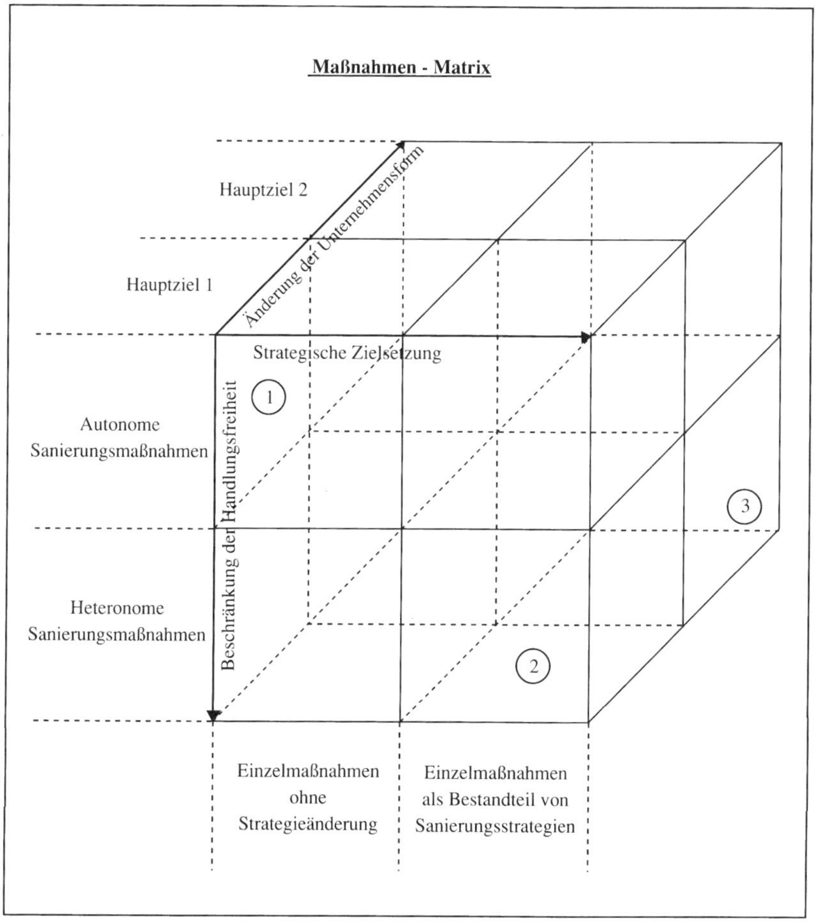

Quelle: Verfasser

Diese können sinnvoll sein, sofern zur Bewältigung beherrschbarer Unternehmenskrisen keine grundlegende Neuausrichtung notwendig erscheint. Solche Maßnahmen haben dann meist kurz- oder mittelfristigen Charakter. 6

Im Gegensatz hierzu stehen die »**Einzelmaßnahmen als Bestandteil von Sanierungsstrategien**«.

Diese Maßnahmen dienen einer grundlegenden und langfristigen Neuausrichtung des Unternehmens.

1.2.2 Die Dimensionen und ihre Funktionswerte

Die Funktionswerte der Dimensionen bewegen sich zwischen Null und Unendlich. Das eine Extrem (unten als »**best case**« beschrieben) bedeutet: 7

- keine Änderung der Unternehmensform,
- keine (neue) Strategische Zielsetzung und
- keine Beschränkung der Handlungsfreiheit.

Im anderen Extrem (unten als **»worst case«** bezeichnet) führen die Maßnahmen zu
- vollständiger Änderung der Unternehmensform,
- vollständig neuer Strategischer Zielsetzung und
- vollständiger Beschränkung der Handlungsfreiheit.

Dieser »Würfel« soll die Verbindung zwischen den Sanierungsmaßnahmen und den verschiedenen Strategien herstellen. Gleichzeitig zeigt diese Graphik, in welchen verschiedenartigen Ausgangslagen, abhängig von verschiedenen Krisensituationen, sich bedrohte Unternehmen befinden können.
Hierfür werden nachfolgend Beispiele beschrieben.

1.2.3 Beispiele aus der Maßnahmen-Matrix

8 Die **Position** ① beschreibt die für das Krisenunternehmen relativ unproblematische und nur wenig besorgniserregende Situation. Denn zum einen ist keine Änderung der rechtlichen Struktur (Unternehmensform) notwendig, zum anderen muß keine Strategieänderung erfolgen. Die erforderlichen Einzelmaßnahmen können auch unabhängig von Dritten ergriffen werden, insofern ist dieser erste »Teilwürfel« ein Raum, in dem nur geringe Komplikationen zu erwarten sind. Der »best case« ist am »Nullpunkt« gegeben, da dort die problemloseste Beseitigung einer Krise zu erwarten ist.

9 Ganz anders stellt sich die Lage für ein Unternehmen in **Position** ② dar. Zwar kann die bisherige Unternehmensform noch erhalten bleiben, teilweise muß bei Entscheidungen jedoch Rücksicht auf Außenstehende genommen werden, bestimmte Maßnahmen können vom Krisenmanagement nicht autonom getroffen werden. Es ist auch eine Strategieänderung notwendig, da isolierte Einzelmaßnahmen unter Beibehaltung der bisherigen Strategie keinen Sanierungserfolg versprechen.

10 Die ungünstigste Konstellation ist bei **Position** ③ gegeben.
Neben den wie bei ② zu lösenden Aufgaben tritt das Problem hinzu, die bisherige Rechtsform aufgeben zu müssen.
In einer Schwierigkeits-Skala rangiert dieser »worst case« ganz oben. Eine Sanierung unter diesem Vorzeichen erfordert ein virtuoses Zusammenspiel aller Beteiligten, einen erfahrenen und visionären Sanierungsmanager und ist nur erfolgversprechend und damit vertretbar, wenn die Strategische Neupositionierung glänzende Zukunftsergebnisse verspricht.

2. Sanierungsstrategien versus Einzelmaßnahmen

11 *Turnheim* beschränkt sich in seiner Arbeit auf die Darstellung der vier »Grundtypen von Sanierungsstrategien« und ordnet diesen nicht die entsprechenden Einzelmaßnahmen zu. Auch *Müller* verzichtet darauf bei der Beschreibung seiner »Strategischen Optionen«, er stellt lediglich die Handlungsziele in detaillierter Form dar.
Soweit erkennbar, hat bislang kein seriöser Verfasser den Versuch unternommen, Maßnahmenpakete zu schnüren, die wie Rezepturen zur Realisierung bestimm-

ter Sanierungsziele dienen sollten. Auch in der vorliegenden Arbeit wird der Versuch unterlassen.

Bei der Verfolgung einer der oben genannten Strategien handelt es sich immer um ein Bündel ausgewählter Einzelmaßnahmen, die aufeinander abgestimmt sein müssen. Dieses Maßnahmenbündel muß immer dem jeweiligen Krisenunternehmer selbst, der momentanen Situation und der Art der Krise angepaßt werden. Es ist **nicht möglich, bestimmten Sanierungsstrategien einen festen Maßnahmenkatalog zuzuordnen.** **12**
Die Sanierung eines durch eine Krise bedrohten Unternehmens ist zu komplex, als daß man nach Festlegung der zielführenden Strategie gemäß Checkliste die vorgegebenen Maßnahmen nacheinander ergreifen könnte. Zur Zusammenstellung der nötigen Einzelmaßnahmen gibt es kein Patentrezept. Dies hängt immer von der individuellen Krisensituation ab. Ebenfalls muß berücksichtigt werden, daß Sanierungsstrategien nicht im »luftleeren« Raum konzipiert werden dürfen, sondern stets den »Handlungsspielraum« berücksichtigen müssen, die überhaupt noch auf operativer Ebene besteht (so auch *Müller,* S. 207).
Die im folgenden beschriebenen Maßnahmen wurden in jene beiden Zielgruppen (»Handlungsziele«) unterteilt, die, da juristisch abgegrenzt, noch am ehesten Zuordnungen gestatten.

II. Maßnahmen-Katalog zur Verwirklichung des Handlungsziels 1: Sanierung unter Erhaltung der bisherigen Unternehmensform

Im folgenden werden, unter **Erhaltung der Unternehmensform,** was in der Literatur auch unter **Rechtsidentität** beschrieben wird (*Groß,* S. 138), mögliche Maßnahmen gezeigt, die zur Erreichung dieses grob formulierten Sanierungszieles geeignet sind. Diese Darstellung erhebt keinen Anspruch auf Vollzähligkeit, behandelt jedoch eine große Vielzahl potentieller Einzelmaßnahmen. **13**
Nachfolgend wird zwischen **autonomen und heteronomen Sanierungsmaßnahmen** unterschieden (vgl. Maßnahmen-Matrix Teil E I 1). Diese Klassifikation ist selbstverständlich auch für die Maßnahmen aus III möglich, sie wurde dort aber, weil nicht zielführend, unterlassen.

1. Autonome Sanierungsmaßnahmen

Der Begriff wurde in E I 1.2.1 eingeführt.

1.1 Liquiditätsverbessernde Maßnahmen

Illiquidität, d.h., die Unfähigkeit, bestehende Zahlungsverpflichtungen termingerecht zu erfüllen, ist für natürliche und juristische Personen ein Konkursgrund. Der **Erhaltung der Zahlungsfähigkeit** ist deshalb zunächst die absolute Priorität unter allen Sanierungsmaßnahmen einzuräumen. **14**
Liquiditätsverbessernde autonome Maßnahmen sind:
- Bareinzahlung der Gesellschafter,
- Umschichtung von Vermögensteilen,
- Ausgabenstopp.

Im einzelnen:

1.1.1 Bareinzahlungen der Gesellschafter

15 Bareinzahlungen der Gesellschafter mit dem Ziel, die Liquidität des Unternehmens zu verbessern, können erfolgen durch Aufstockung des

- Haftungskapitals bzw. der Erweiterung von
- Gesellschafterdarlehen.

a) **Die Erhöhung des Haftungskapitals**

16 Die Zuführung weiteren Haftungs-(Grund-, Stamm-)kapitals ist bei allen Gesellschaftsformen möglich. Sie ist bei Personengesellschaften in der Regel einfacher durchzuführen als bei Kapitalgesellschaften, weil häufig geschäftsführendes Organ und Gesellschafter in einer Person vereinigt sind. Bei Kapitalgesellschaften sind regelmäßig längere und schwierige Entscheidungsprozesse erforderlich und auch strenge Formvorschriften zu beachten. Regelungen finden sich für die AG in §§ 182–221 AktG und für die GmbH in §§ 55–57 GmbHG.

17 Häufig ist es erforderlich, der **Kapitalzuführung,** oft als **»Zuzahlungssanierung«** bezeichnet, eine Kapitalherabsetzung vorausgehen zu lassen.
In der Literatur wird der Begriff **»doppelstufige Sanierung«** verwendet (*Eisele,* S. 709).

18 **Kapitalherabsetzungen** sind Maßnahmen zur Reduzierung des nominellen Haftungskapitals bei Kapitalgesellschaften. Bei Personengesellschaften werden Verluste direkt vom Kapitalkonto des Inhabers oder Gesellschafters abgebucht.
Die Kapitalherabsetzungen sind erforderlich, um

- eine Unterbilanz zu beseitigen und/oder
- den Aktienkurs vor einer Kapitalerhöhung über pari zu heben.

19 Mit der anschließenden **Kapitalerhöhung** werden dem Unternehmen die zur Sanierung notwendigen neuen Mittel zugeführt, wobei die Einlage aus Gläubigerschutzgründen und um die Wirksamkeit der Sanierung nicht zu gefährden, bar geleistet werden muß (*Eisele,* S. 709).

20 Soweit es sich bei einer Kapitalherabsetzung um eine »reine Sanierung« (der Begriff stammt wohl von *Erich Schmalenbach,* vgl. auch *Potthoff* in *Büschgen,* Sp. 1561) handelt, also um eine Verringerung des nominellen Haftungskapitals ohne Entschädigung der Gesellschafter und ohne Zuführung neuer Mittel, ist sie für die Liquidität des Unternehmens ohne Belang und wird deshalb vernachlässigt. Diese Merkmale finden sich beispielsweise dann, wenn die Verwaltung einer **Aktiengesellschaft** eine Kapitalherabsetzung vorschlägt, um sich den gesetzlichen Folgen einer **Unterbilanz** zu entziehen oder der Kapitalschnitt eine Maßnahme der Dividendenpolitik ist.
Meist dient die Kapitalherabsetzung der Aktiengesellschaft aber dem Ziel, den **Börsenkurs** über pari zu heben, um die **Emission** neuer Aktien zu ermöglichen. Dieses Erfordernis ergibt sich aus § 9 Abs. 1 AktG, der eine Unterpari-Emission verbietet.

21 Die Kapitalherabsetzung der AG ist möglich als

- ordentliche Kapitalherabsetzung (§§ 222–228 AktG),
- vereinfachte Kapitalherabsetzung (§§ 229–236 AktG),
- Kapitalherabsetzung durch Einziehen von Aktien (§§ 237–239 AktG).

Voraussetzung ist jeweils ein Hauptversammlungsbeschluß mit einer Mehrheit von 75 % des vertretenen Grundkapitals.

Für die **GmbH** ist die Kapitalherabsetzung in § 58 GmbHG geregelt. Sie entspricht der ordentlichen Kapitalherabsetzung der AG und bedarf der notariell zu beurkundenden Zustimmung von 75 % der abgegebenen Gesellschafterstimmen. Zum Gläubigerschutz ist die Veröffentlichung in den Gesellschaftsblättern vorgeschrieben. Erst nach dreimaliger Veröffentlichung und Auflauf der einjährigen Sperrfrist erfolgt die Eintragung im Handelsregister. **22**

Zur Durchführung einer Zuzahlungssanierung sind oft **besondere Gegenleistungen von Gesellschaft oder Altgesellschaftern** erforderlich. Es handelt sich dabei um Anreize, die das besondere Risiko der Hingabe von Haftungskapital an ein Krisenunternehmen kompensieren sollen. **23**
Zum Beispiel kommen in Frage:

aa) die Einräumung von Vorrechten **24**
- bei der Gewinnausschüttung (Vordividende, höhere Dividende),
- in der Verwaltung,
- bei der Beteiligung am Liquidationserlös;

bb) die Einräumung von Sonderrechten, wie z.B. **25**
- die Ausgabe von Genußscheinen,
- Umwandlung von Stamm- in Vorzugsaktien,
- Sonderkonditionen.

Alle Anreize müssen so gestaltet werden, daß unter Berücksichtigung des Gleichbehandlungsgrundsatzes der Schutz der (Alt-)Gesellschafter gewahrt bleibt.

Bei der AG bedarf es zur Ausgabe von **Vorzugsaktien** und **Genußrechten** einer ¾-Mehrheit des bei der Beschlußfassung vertretenen Grundkapitals (§ 179 i.V.m. § 23 Abs. 3 Nr. 4, § 221 Abs. 2 AktG). **26**
Dieselben Anreize zur Gewinnung neuen Haftungskapitals sind im Grundsatz auch bei der GmbH gegeben. Als Besonderheit gibt es darüber hinaus bei der GmbH die Möglichkeit, gesellschaftsvertragliche **Nachschußpflichten** zu verankern (§ 26 GmbHG).

Als Kapitalgeber kommen die Altgesellschafter oder neue Anleger in Frage. **27**
Kapitalzuführungen aus dem Kreis der Altgesellschafter demonstrieren das Vertrauen von »Insidern« und können dadurch Kreditgeber zum Stillhalten oder zu weiterem Engagement ermutigen.
Voraussetzung zur Gewinnung neuer Gesellschafter sind neben den oben dargestellten Anreizen in der Regel:
- ein klares realistisches Sanierungskonzept,
- das Vorliegen guter Chancen, rasch in die Gewinnzone zu kommen und
- die Bereitschaft zum (teilweisen) Verzicht auf Entscheidungsbefugnisse.

Sofern **Tochtergesellschaften** vorhanden sind, ist auch die Möglichkeit zu prüfen, durch die Aufnahme neuer Gesellschafter bei den Tochtergesellschaften Kapitalrückflüsse zu der Muttergesellschaft herbeizuführen. **28**

Wenn bei der Sanierung einer Aktiengesellschaft mit Hilfe einer Kapitalerhöhung Mittel zugeführt werden sollen, spielt das spekulative Interesse des breiten Aktionärspublikums eine besondere Rolle.
Die erzielbaren **Ausgabekurse** sind in Sanierungsfällen tendenziell gedrückt.
Um dem entgegenzuwirken, versuchen die Aktiengesellschaften in solchen Situationen häufig, ihre Großgläubiger – insbesondere die Hausbanken – zur Aktienübernahme zu bewegen (*Ratjen* in *Christians,* S. 69 m.w.N.).

29 Zu Detailfragen der bilanziellen Gestaltung und ihrer Folgen wird auf die Fachliteratur verwiesen. Insbesondere *Eisele* ist zu nennen, der auf S. 701 ff. auch einige anschauliche Beispiele liefert.

b) **Gesellschafterdarlehen**

30 Die Darlehensgewährung durch Gesellschafter ist – im Falle eines späteren Konkurses – mit großen Risiken für die Darlehensgeber verbunden.
Neben dem Risiko, das jeder Kreditgeber bei unbesicherter Hingabe trägt, besteht im Falle des GmbH-Konkurses eine Besonderheit darin, daß bei Vorliegen bestimmter Voraussetzungen das **Gesellschaftsdarlehen als Haftungskapital** behandelt wird.
Nach § 32 a GmbHG kann ein Gesellschafter, der der Gesellschaft in einem Zeitpunkt, in dem ihr die Gesellschafter als ordentliche Kaufleute Eigenkapital zugeführt hätten, statt dessen ein Darlehen gewährt, den Anspruch auf Rückgewähr des Darlehens im Konkurs über das Vermögen der Gesellschaft oder im Vergleichsverfahren zur Abwendung des Konkurses nicht geltend machen. Das gewährte Darlehen wird dadurch gegenüber den Ansprüchen von Drittgläubigern **zurückgestuft** (nimmt aber gemäß § 32 a Abs. 1 Satz 2 GmbHG an einem Zwangsvergleich teil). Der Sinn der Regelung liegt darin, die Gesellschafter an der Verringerung des Risikos einer notwendigen Eigenkapitalzuführung auf Kosten der Gesellschaftsgläubiger zu hindern. § 32 a KO ergänzt diese Regelung, in dem solche Rechtshandlungen der Anfechtung unterworfen werden, die dem Gläubiger einer derartigen Forderung/Sicherung oder (im letzten Jahr vor der Verfahrenseröffnung, § 32 a Satz 2) Befriedigung gewähren.

1.1.2 Umschichtung von Vermögensteilen

a) **Auflösung stiller Reserven**

31 »Stille Reserven sind Teile des Eigenkapitals, deren Höhe aus der Bilanz nicht ersichtlich ist« (*Coenenberg,* S. 195). Die Höhe der stillen Reserven auf der Aktivseite entspricht der Differenz zwischen Buchwerten und (höheren) tatsächlichen Werten. Auf der Passivseite gilt das gleiche mit umgekehrten Vorzeichen.
Die Auflösung stiller Reserven erfolgt durch
- Veräußerung von Vermögensteilen (Grundstücken, Gebäuden, Beteiligungen, Wertpapieren, Lizenzen, Patenten),
- Zuschreibung (keine unmittelbare Liquiditätswirkung, aber ggf. verbesserte Kreditwürdigkeit) gemäß §§ 154, 155 AktG und § 6 EStG,
- Korrektur der in Passivposten enthaltenen stillen Reserven (keine Liquiditätswirkung).

b) **Leasing**

32 Unter dem Begriff »Leasing« werden miet- oder pachtähnliche Verträge zwischen Vermieter (Leasinggeber) und Mieter (Leasingnehmer) über die Nutzung von beweglichen oder unbeweglichen Anlagegegenständen subsumiert. Im Gegensatz zu normalen Mietverträgen nach §§ 535 ff. BGB erwachsen dem Mieter aus Leasingverträgen jedoch oftmals **erhebliche Risiken und Pflichten.** Charakteristisches Merkmal der meisten Leasingverträge ist nämlich die Gefahrenüberwälzung auf den Leasingnehmer, ohne daß dadurch dessen Leistungsverpflichtung, also die Entrichtung der Leasinggebühr, berührt wird.

Das »Leasen« von Vermögensgegenständen, insbesondere nach deren vorherigem Verkauf mit Auflösung stiller Reserven **(»sale and lease back«)**, ist eine der wirksamsten Methoden zur Liquiditätsverbesserung. Allerdings ist Leasing auf mittel- und langfristige Sicht fast immer teurer als der Einsatz von gekauften Vermögensteilen. Solvente Unternehmen leasen deshalb in der Regel nur solche Objekte, die einer raschen technischen Alterung unterliegen (z.B. EDV-Anlagen) und deren Ausbauzustand sich häufig ändert (Telefonanlagen) oder deren Leasingkonditionen wegen der Verbindung zwischen Hersteller und Leasinggeber besonders günstig sind (z.B. Pkw-Leasing). **33**
Indessen kann Leasing in den Anfangsperioden nicht nur zu Liquiditätsvorteilen, sondern auch zu höheren Nettoerträgen führen, wie das nachfolgende Beispiel zeigt.

Annahmen:

- Investitionsobjekt:
  Bruttoertrag des Investitionsobjektes DM 100 000,– p.a.
  Zinssatz der Barwertberechnung 8,5 % p.a.
  Investitionsobjekt mit Anschaffungswert DM 200 000,–
  Lineare Abschreibung über 5 Jahre mit 20 % p.a.
  Technische Nutzungsdauer 4,5 Jahre
  Verkaufserlös nach 4,5 Jahren DM 20 000,–
- Leasingkonditionen: (Teilamortisation)
  Mietdauer 4,5 Jahre
  Monatsmiete 2,05 % vom Anschaffungswert
- Finanzierungskonditionen bei Kauf:
  Fremdkapitalzins 8,0 % p.a.
  Zins und Tilgung nachträglich
- Steuern:
  Keine ertragsabhängigen Steuern, da Verlustsituationen
  Gewerbekapitalsteuer 0,6 %

Leasing (Beträge in TDM)

Jahre	Bruttoerträge	Leasingraten	Nettoerträge	Barwert-faktoren	Barwert der Nettoerträge
1	100	49,2	50,8	0,9217	46,822
2	100	49,2	50,8	0,8495	43,155
3	100	49,2	50,8	0,7829	39,771
4	100	49,2	50,8	0,7216	36,657
5	50	24,6	25,4	0,6650	16,891
	450	221,4	228,6		183,296

Kauf (Beträge in TDM)

Jahre	Brutto-erträge	AfA	Gewerbe-kapital-steuer	Zinsen	Netto-erträge	Barwert-faktoren	Barwert der Netto-erträge
1	100	40	1,200	16,0	42,800	0,9217	39,448
2	100	40	0,960	12,8	46,240	0,8495	39,280
3	100	40	0,720	9,6	49,680	0,7829	38,894
4	100	40	0,480	6,4	53,120	0,7216	38,331
5	50	20	0,240	1,6	28,160	0,6650	18,726
	450	180	3,600	46,4	220,000		174,679

Restbuchwert: 20,0

34 Die Liquidität entwickelt sich wie folgt:

	Leasing	Kauf
1. Jahr	+ 50,80	– 117,20
2. Jahr	+ 50,80	+ 86,24
Saldo	+ 101 60	– 30,96
3. Jahr	+ 50,80	+ 89,68
Saldo	+ 152,40	+ 58,72
4. Jahr	+ 50,80	+ 93,12
Saldo	+ 203,20	+ 151,84
5. Jahr	+ 22,40	+ 48,16
Saldo	+ 228,60	+ 200,00
Restbuchwert	–	+ 20,00
Gesamter Kapitalrückfluß	+ 228,60	+ 220,00

Das Leasingverfahren bringt im angegebenen Beispiel erhebliche Liquidationsvorteile in den Anfangsperioden.

c) **Verkauf des nicht betriebsnotwendigen Vermögens**

35 Sofern der Verkauf in einer Notlage erfolgt, muß immer mit Wertabschlägen gerechnet werden. Liegt der Verkaufserlös unter dem Buchwert, so führt dies zur buchhalterischen Verlustrealisierung. Deshalb sind die sich daraus für das Eigenkapital ergebenden Konsequenzen zu prüfen. Der Verkauf kommt dem Übergang von dem Bewertungsprinzip des Going-Concern zur Zerschlagung gleich und kann zur Überschuldung führen (vgl. oben B III 1.2).

d) **Abbau von Vorräten**

36 Schlecht organisierte und geführte Unternehmen haben häufig zu hohe Warenbestände. Nicht selten lassen sich die Bestände um bis zu über 30 % abbauen. Meist treten dabei keine Versorgungslücken und erhöhte Beschaffungskosten auf, vielmehr wird die gesamte Materialwirtschaft dadurch transparenter, genauer, sicherer und kostengünstiger.

Der erste Schritt besteht (nach Maßgabe der durchgeführten Analyse) in einer **klaren Zielvorgabe** an Einkäufer und Disponenten. Es sind zu definieren: 37
Die taktischen und strategischen Ziele der Materialwirtschaft.
Beispielsweise:
Ziel 1: Die Warenbestände sollen höchstens 1,5 Monatsumsätze betragen.
Ziel 2: Die Verfügbarkeit soll zwischen 90 % und 95 % liegen.
Ziel 3: Die Anschaffungs- oder Herstellungskosten dürfen nicht steigen.
Bei der Zielvorgabe ist die Nennung quantitativer Größen erfolgversprechender als die Verwendung von Begriffen wie »minimieren« oder »maximieren«. Zielvorgaben sollten wenn möglich verfeinert werden, indem aus den Oberzielen konforme Unterziele abgeleitet werden.
So beispielsweise aus Ziel 1:

Rohstoffe	höchstens 0,5 Monatsumsätze
Hilfs- und Betriebsstoffe	höchstens 0,1 Monatsumsätze
Halbfabrikate	höchstens 0,5 Monatsumsätze
Fertigwaren	höchstens 0,4 Monatsumsätze

Eine andere Ableitung führt zu Bestandsvorgaben je Einkaufsdisponenten und läßt damit eine unmittelbare Verantwortungsabgrenzung zu.

Der zweite Schritt besteht in der Schaffung einer **klaren Aufbau und Ablauforganisation.** Im Mittelpunkt stehen dabei folgende Fragen (liquidationsentscheidende Fragen sind mit * gekennzeichnet): 38
1) Wer bestimmt die Art der zu fertigenden oder zu beschaffenden Ware?
2) Wer definiert die Qualitätsanforderungen?
3)* Wer legt die Beschaffungsmengen fest?
4)* Wer legt den Beschaffungszeitpunkt fest?
5)* Wer legt die Beschaffungsquellen fest?
6)* Wer überwacht und wer genehmigt die Beschaffungspreise und gibt Beschaffungsaufträge frei?
7)* Wer überwacht die Termine?
8)* Wer kontrolliert bei den Wareneingängen Qualität und Menge?
9)* Wer kontrolliert auf welche Weise die Eingangsrechnungen?

Es zeigt sich immer wieder, daß selbst Unternehmen mit einer Umsatzgröße von mehreren -zig Millionen DM völlig verwaschene Strukturen im Bereich der Materialwirtschaft haben und dadurch erhebliche Liquiditätsreserven ungenutzt lassen.

Als dritter Schritt sind stichwortartig die **konkreten Bestandssenkungsmaßnahmen** zu nennen: 39
1) Durchführung einer **ABC-Analyse** (die ABC-Analyse der Einkaufs- und Fertigungsteile wird analog der in Teil C IV 1.4.4 für Verkaufsartikel beschriebenen Analyse durchgeführt. An Stelle der Verkaufsumsätze werden Einkaufsumsätze verwendet), die Grundlagen schafft zur
   - selektiven Reduzierung der Sicherheitsbestände,
   - selektiven Reduzierung der die Bestellung (Fertigung) auslösenden Bestandshöhe und zur
   - Festlegung optimierter Bestell- und Fertigungslosgrößen;
2) Einrichtung von **Konsignationslägern;**
3) Abschluß von **Rahmenverträgen** mit der Möglichkeit, bedarfsgerechte Teilmengen abzurufen;

40 4) Konzentration der (Sicherheits-)Lagerhaltung auf **nur eine Veredlungsstufe.** Es ist nicht sinnvoll, ein mit Beschaffungsrisiken behaftetes Produkt auf der Rohstoffebene, Halbfabrikatebene und Fertigwarenebene gleichzeitig zu bevorraten. Eine solche Bestandspolitik bindet unnötig viel Liquidität und verstellt mitunter den Blick auf das Risiko. Sie wird meist unkoordiniert betrieben, wenn die Verantwortung für die Versorgung der Veredlungsstufen in verschiedenen Händen liegt. Da im Laufe der Zeit jede Veredlungsstufe zwangsläufig von Versorgungsschwierigkeiten betroffen ist, legt sich jeder Verantwortliche (zur eigenen Sicherheit) überhöhte Bestände zu.
5) Zusammenlegung von hochwertigen, bisher an verschiedenen Orten gelagerten Waren, um durch die **kumulierte Pufferung** die Sicherheitsbestände insgesamt zu senken;
6) exakte und zeitnahe **Lagerbuchführung;**
7) und besonders wirkungsvoll: **Verringerung der Produktvielfalt.**

41 Diese **Sortimentsbereinigung** zielt auf die Eliminierung von Produkten, die einen geringen Deckungsbeitrag erbringen. Dabei kann sowohl der relative als auch der absolute Deckungsbeitrag als Auswahlgröße dienen.

e) **Abbau von Forderungen**

42 Forderungen sind im »Geldwerdungsprozeß« der Unternehmen die Vorstufe der Barliquidität. Deshalb führen Anstrengungen in diesem Bereich sehr rasch zur Liquiditätserhöhung.
Folgende Maßnahmen können ergriffen werden:
1) Intensivierung des **Mahnwesens**
Längstens im 2-Wochen-Rhythmus sollte gemahnt werden. Nach der dritten Mahnung setzt das gerichtliche Mahnverfahren ein.
Verzugszinsen, die ab der zweiten Mahnung oder die aufgrund kalendermäßiger Leistungsbestimmung (§ 284 Abs. 2 BGB) berechnet werden können, erhöhen die Wahrnehmungsbereitschaft beim Kunden.

43 2) **Zahlungsziele** sollten wenn möglich verkürzt werden. Dies gilt auch im Lieferungs- und Leistungsverkehr zwischen verbundenen Unternehmen.
Mit Dauerkunden sind bei gemeinsamen Interessen am Erhalt des Lieferungsunternehmens auch Vorauszahlungsvereinbarungen denkbar. Außerdem ist bei sehr akuter Liquiditätsenge das (teure) Instrument der Eilskontierung zu prüfen. Dabei wird ein um 1 % erhöhter Skontoabzug zugelassen, wenn der Kunde am Tage des Waren- oder Rechnungserhalts bar bezahlt.

44 3) **Wechselzahlungen** oder das **Scheck-Wechsel-Verfahren** schaffen Liquidität (durch Diskontkredite), wenn Lieferant und Kunde auf diese Art der Fremdfinanzierung angewiesen sind. Wechselkredite können je nach Bonität der Beteiligten und der Zinssituation günstiger sein als andere Arten der Fremdfinanzierung durch Kreditinstitute. Sie bergen aber immer das Einlöserisiko. Es verdoppelt sich im Falle des Scheck-Wechsel-Verfahrens für den Aussteller (Lieferant), da beide Papiere das Einlösungsrisiko tragen (*Christians,* S. 130).

45 4) Die **Beschleunigung der Fakturierung,** etwa durch Dezentralisierung, führt letztlich auch zum Forderungsabbau, obwohl sich die Buchforderungen zunächst erhöhen. Sollte es beispielsweise gelingen, die Fakturierung dauerhaft

um eine Woche vorzuziehen, so entspräche dies immerhin einer Liquiditätsverbesserung in Höhe von ca. 2 % des Jahresumsatzes!

5) Der **Forderungsverkauf (Factoring)** schafft rasch und sicher Liquidität. Allerdings entstehen zusätzliche Kosten, die sich aus den Verwaltungskosten des Factors einschließlich seiner Gewinne, seiner Risikoprämie und Zinskosten, die von der Forderungslaufzeit abhängen, zusammensetzen. Der Factor kauft Geldforderungen mit Ausnahme von Darlehensforderungen gegen Barzahlung. Er übernimmt in der Regel das Bonitätsrisiko sowie das Mahn- und Inkassowesen. Die Laufzeit der Forderungen sollte 180 Tage nicht überschreiten. **46**

f) **Straffung des Zahlungsverkehrs**

Die Gelddisposition des Unternehmens wird vereinfacht und damit erleichtert, wenn alle Auszahlungen, idealerweise auch jene von verbundenen Unternehmen, von ein und demselben Konto ausgeführt werden. Kundeneinzahlungen lassen sich kaum so genau steuern und zwingen deshalb zu kundengerechter Bereitstellung mehrerer Konten, wenn lange Banklaufzeiten vermieden werden sollen. Gegen das Konzept der zentralisierten Auszahlungen sprechen möglicherweise kreditpolitische Zwänge. Wenn es verwirklicht werden kann, ist über die Guthabensalden täglich zu verfügen. **47**

Das vorteilhafteste Zahlungsmittel ist, von Kleinbeträgen abgesehen, der Scheck als **Verrechnungs- oder Orderscheck.** Die Wirtschaftlichkeit von Wechselzahlungen hängt, wie bereits erwähnt, von der jeweiligen Zinssituation und Bonität ab. Im übrigen ist dieVerwendung vonWechseln eine Frage der Kreditpolitik und -möglichkeiten. Die reinen Transferkosten sind beim Wechsel durch die Gebühren und Steuern höher als beim Scheck. Alle liquiditätsverbessernden Maßnahmen sind mit Ein- und Auszahlungstableaus zu steuern und zu überwachen. Beispiele sind oben in den Teilen B III und C IV aufgezeigt. Eine umfassende Zusammenstellung unter dem Titel »Das Liquiditätsproblem und die Finanzplanung der Unternehmung« findet sich bei Haiber (in *Christians,* S. 357). **48**

Volle **Ausnutzung des Zahlungszieles,** d.h. Inanspruchnahme von Lieferantenkrediten, sowie Zahlungsaufschub (Stundung) sind typische, wenngleich auch meist sehr »teure« Maßnahmen zur Hinauszögerung von Zahlungen. **49**
Hinzu tritt die Verschlechterung der Bonität.
Gerade ein Unternehmen, das sich in der Krise befindet, ist auf die Erhaltung seiner Kreditwürdigkeit angewiesen. Ein geplatzter Zahlungstermin mindert die Kreditwürdigkeit und damit zwangsläufig das zur Verfügung stehende Kreditvolumen. Neue, verschärfte Schwierigkeiten sind damit vorprogrammiert.

Das Unternehmen gerät in den Teufelskreis aus verschlechterter Kreditwürdigkeit und wachsendem Kreditbedarf. **50**

1.1.3 Ausgabenstopp

Maßnahmen zur Reduzierung des Auszahlungsstromes haben neben der kurzfristigen Liquiditätsverbesserung natürlich auch unerwünschte mittel- und langfristige Wirkungen. Deshalb sollte ein Ausgabenstopp immer nur in einer Weise gehandhabt werden, die die Beachtung mittel- und langfristiger Unternehmensziele zuläßt. Dies geschieht sinnvollerweise dadurch, daß die Bestell-(Beschaf- **51** fungs-, Einkaufs-)grenzen gesenkt werden und das für den Finanzbereich zuständige Geschäftsleitungsmitglied sich auch die Genehmigung kleinerer Bestellaufträge vorbehält. Ebenso restriktiv ist beim Abschluß von Mietverträgen, Anstellungsverträgen und bei der Fremdvergabe von Lohnarbeiten zu verfahren.

a) **Investitionsstopp**

52 Alle nicht zwingend notwendigen Investitionen sind zu stoppen. Dabei ist auch an bereits genehmigte oder laufende Projekte zu denken. Leasingmöglichkeiten sind zu prüfen und über die Verlängerung von Zahlungszielen sollte verhandelt werden, wenn die Investition nicht verschoben werden kann. Im Falle erforderlicher Kapazitätserweiterungen ist zu untersuchen, ob dieses Ziel auch durch Einrichtung einer weiteren Arbeitsschicht erreicht werden kann.

b) **Restriktive Materialeinkäufe**

52 a – siehe oben E II 1.1.2 d

c) **Restriktive Fertigungsplanung**

53 Auch die Fertigung selbst (»Veredlung«) führt zur Kapitalbindung in Form von Fertigungslöhnen, Energie usw. Daher kann dieser Weg zur Liquiditätsschonung bestritten werden.

d) **Hereinnahme von Großaufträgen**

54 Großaufträge erfordern regelmäßig erhebliche finanzielle Vorleistungen des Lieferanten und führen zu Liquiditätsbelastungen. Deshalb sind die Finanzierungsbedingungen mit den Liquiditätsbedingungen des Lieferanten abzustimmen. Ähnliches gilt für die allgemeinen Zahlungsbedingungen. Zielverlängerungen oder Valutierungen bedürfen immer der Zustimmung der obersten Führungsebene.

e) **Andere Maßnahmen**

55 Andere Maßnahmen zur Ausgabenkürzung sind nicht nur liquiditäts-, sondern insbesondere aufwandswirksam (Einstellungen, Überstunden, Reisekosten usw.). Sie werden deshalb an anderer Stelle behandelt.

1.2 Aufwandssenkende Maßnahmen

56 Unter aufwandssenkenden Maßnahmen sind solche zu verstehen, bei denen die rasche Kostensenkung im Vordergrund steht. Selbstverständlich haben diese Maßnahmen fast immer Auswirkungen auf die Liquidität und auf das Kosten-/Leistungsverhältnis des Unternehmens. Ohne den Versuch einer klaren Abgrenzung vornehmen zu wollen, sollen hier nur die kurzfristig wirksamen aufwandssenkenden Maßnahmen genannt werden. Dabei muß ein besonders wichtiger Aspekt vorangestellt werden, nämlich das **Verhalten der Geschäftsleitung.**
Heinz Dürr (hat als Vorstandsvorsitzender die AEG seit 1980 in ihrer schwierigsten Phase geleitet und den gerichtlichen Vergleich 1984 erfüllt) hat den leider häufig vorhandenen Widerspruch zwischen den Forderungen der Manager nach Kostenreduzierung und deren eigenem Verhalten treffend ausgedrückt:
»Man kann doch einem Arbeiter nicht erklären, daß er an seinem Arbeitsplatz sparen soll, wenn er auf Perser-Teppichen steht.«

Dürr ordnete an, die teuren Teppiche in den Verwaltungsräumen der AEG zu verkaufen. Wichtiger als die finanzielle Wirkung dieser Maßnahmen aber war: Der Vorgang sprach sich im Konzern herum. Was bisher undenkbar erschien, wurde plötzlich wahr. Diese Entscheidung wurde angesichts der schwierigen Lage nicht nur akzeptiert, sie wurde geradezu erwartet (*Industriemagazin* 9/94, S. 18 f.).

Vorbildliches Verhalten der obersten Führungsebene, das durchaus auch einmal etwas übertrieben werden kann, ist die **unabdingbare Voraussetzung zur Akzeptanz und Realisierung von Sparplänen.** Widersprüchliches Verhalten der Vorgesetzten erzeugt bei den Mitarbeitern wegen des Gefühls, zu Sonderopfern gezwungen zu sein, Unwillen und Widerstand. **57**
Selbstverständlich muß sich die Geschäftsleitung auf die Hauptkostenblöcke konzentrieren. Sollten jedoch Akzeptanz- oder Durchsetzungsschwierigkeiten auftreten, so kann durch beispielgebendes Verhalten auch bei unbedeutenden Kostenfaktoren die prinzipielle Notwendigkeit zum Sparen besser verdeutlicht werden. Entscheidend ist immer, daß es den Führungskräften gelingt, eine Sparmentalität in der Belegschaft zu erzeugen.
Kein Repräsentationsgehabe, keine Lippenbekenntnisse sind vonnöten, sondern Worte und Taten, die von jedem Belegschaftsmitglied verstanden und vertreten werden.

Aus der Vielzahl der Aufwendungen eines Produktionsunternehmens können vier Gruppen abgegrenzt werden: **58**
- strukturelle Aufwendungen zur Schaffung und Erhaltung der Leistungsbereitschaft,
- produktionsabhängige Aufwendungen ohne Personalaufwendungen,
- Personalaufwendungen,
- Aufwendungen für Administration und Leistungsverwertung.

Die Abgrenzungen sind nicht immer zweifelsfrei vorzunehmen. Das Schema bietet jedoch einen guten Ansatz zur Strukturierung der aufwandssenkenden Maßnahmen.

1.2.1 Strukturelle Aufwendungen zur Schaffung und Erhaltung der Leistungsbereitschaft

Erfolgversprechende Ansatzpunkte zur Kostensenkung sind: **59**

a) **Fremdleistungen intensivieren bzw. abbauen**
Läßt sich der Einsatz fremder Dienstleistungen reduzieren oder muß er erhöht werden?
Beide Strategien können richtig sein.
Die Erfahrungen zahlreicher Unternehmen mit Dienstleistungsunternehmen sind positiv. Eigene Mitarbeiter werden nur dort eingesetzt, wo rasche, jederzeitige Verfügbarkeit und eine spezielle Qualifikation erforderlich ist.
Zum Beispiel: Betriebselektriker, Maschineneinsteller, Werksschutzmänner.
In den übrigen Bereichen konnte in den letzten Jahren ein Trend zum Einsatz fremder Dienstleistungen festgestellt werden, weil von kleinen Handwerksbetrieben oft effizienter und damit billiger angeboten werden kann.

Beispiele sind Putzdienste, Versand, Fuhrpark, Maurer, Schreiner, Maler, Küchendienste.

Aber auch qualifizierte Aufgaben werden oft von externen selbständigen Fachkräften kostengünstiger, häufig verantwortungsvoller und qualifizierter erledigt:
- Betriebsarztzentrum
- Designer
- Fachleute für Öffentlichkeitsarbeit
- Werbeagenturen usw.

b) **Investitionen vorziehen oder verschieben**

60 Den Themen »Investitionen« und »Wirtschaftlichkeitsrechnung« hat sich die betriebswirtschaftliche Literatur und ein unübersehbarer Kreis von Praktikern ausführlich seit Jahrzehnten gewidmet.

Deshalb soll an dieser Stelle, ohne den Versuch einer Darstellung des Themenkreises vorzunehmen, exemplarisch auf die Veröffentlichungen von *Merkle* (in *Christians* 1980, S. 441 ff.) und *Hahn* (S. 67 ff.) verwiesen werden.

Lediglich zwei Gesichtspunkte sind besonders hervorzuheben:

1) **Pay-back-period**

   Die Pay-back-period (Rückflußzeit) einer Investition (durch Erträge oder verminderte Aufwendungen) ist bei Krisenunternehmen eine entscheidende Größe. Sie muß aus Liquiditätsgründen so kurz wie möglich sein. Einer kurzen Pay-back-period ist der Vorrang von hoher Spät-Rentabilität zu geben.

2) Leasing

   Leasing-Offerten sind in Sanierungsfällen sehr kritisch zu prüfen (vgl. oben E II 1.1.2 b).

   Einerseits bietet sich aus Liquiditätsgründen oft keine Alternative, andererseits ist Leasing trotz des heute unter den Leasing-Anbietern herrschenden Wettbewerbs häufig teurer als Kauf.

c) **Organisation straffen, entrümpeln**

61 Die Aufbau- und Ablauforganisation eines Unternehmens sollte die folgenden Forderungen erfüllen:
- vollständige Abdeckung aller Arbeitsaufgaben ohne isolierendes Ressortdenken und Redundanzen,
- genaue und deckungsgleiche Abgrenzung von Verantwortung und Kompetenz,
- große Transparenz, einfache Strukturen,
- gute Durchlässigkeit für Informationen,
- höchste Wirtschaftlichkeit durch wenige Ebenen und kurze Aktionswege,
- Sicherheit, Geradlinigkeit, Einheitlichkeit.

Nach Maßgabe dieser Merkmale können sowohl Entzerrungen als auch Komprimierungen geboten sein. Wirtschaftlichkeit und Effizienz eines Unternehmens werden ganz entscheidend von seiner Struktur bestimmt.

Spezifische Organisationsmerkmale des Krisenunternehmens werden in Teil G XII beschrieben.

1.2.2 Produktionsabhängige Aufwendungen ohne Personalaufwendungen

a) **Fertigungstiefe der Produktion**

62 Sowohl eine Erweiterung als auch eine Einschränkung der Fertigungstiefe können zur Kostenreduzierung im Produktionsbereich führen. Die jeweils richtige Strategie läßt sich nur nach Kenntnis und genauer Analyse der konkreten betrieblichen Situation bestimmen.

1) **Erweiterung** der Fertigungstiefe
Vorteile
- Größere Unabhängigkeit
- Rasche Verfügbarkeit
- Totaler Einfluß auf Fertigungspläne
- Bessere Fixkostenabdeckung
- Niedrigere Einzelkosten bei hohen
- Stückzahlen
- Direkte Qualitätskontrolle

Nachteile
- Erhöhte Regie- und Planungskosten
- Investitionsbedarf
- Häufig kleinere Losgrößen und dadurch relativ hohe Rüstkosten
- Erfahrungsdefizite führen zu Startschwierigkeiten
- Typenvielfalt im Bereich der Vorprodukte nimmt zu
- Fixkostenblock wird größer

2) **Einschränkung** der Fertigungstiefe **63**
Vorteile
- Leistungsträger können sich auf das Wesentliche konzentrieren
- Verantwortung kann nach draußen delegiert werden
- einfache und verläßliche Preiskalkulation
- geringere Typenvielfalt

Nachteile
- Fertigungskapazität wird frei, Problem der Kostenremanenz
- Abhängigkeit von fremden Einflüssen steigt
- Preiserhöhungen drohen bei bestimmten Marktkonstellationen

Generell läßt sich sagen, daß **64**
- **A-Teile,** versorgungsgefährdete Eile, hochspezifizierte Teile selbst gefertigt und
- **C-Teile,** Massenartikel, Normteile überwiegend eingekauft werden sollten.
- **B-Teile,** anspruchsvolle oder verbreitete Artikel sollten nur dann selbst gefertigt werden, wenn erhebliche Gründe aus Kosten- oder strategischen Gesichtspunkten dies verlangen.

b) **Kostensenkung durch Wertanalyse**

Zum Entscheidungsprozeß über die Einsatzmaterialien gehören die wertanalytischen Methoden (siehe Schaubild 72: Wertanalyse Arbeitsplan). Damit sollen insbesondere Antworten auf die Frage gesucht werden, ob bestimmte Einkaufsteile auch tatsächlich den technisch-qualitativen Erfordernissen entsprechen. Die Fragestellung erstreckt sich auch auf Einsatzmengen und Hilfsstoffe (z.B. Verpackungsmaterial). **65**

Wertanalyse (*Krystek* 1981, S. 123) umfaßt als Begriff allerdings weitere Bereiche. Es ist eine übergreifende Rationalisierungs- und Analysetechnik, mit deren Hilfe versucht wird, **66**
- Produktkomponenten zu verbilligen, ohne die Produktleistung zu verringern (Minimierungsprinzip),
- bestehende Produkte kostengünstig zu verbessern (Maximierungsprinzip),

- Administrationsabläufe effizienter und zugleich kostengünstiger zu gestalten (Gemeinkostenwertanalyse).

67 Wertanalyse kann demnach zu zwei verschiedenen Aktionsrichtungen führen:
- Reduzierung der Qualitätsanforderungen, weil der Verbraucher die Qualität nicht nutzen kann oder zu bezahlen bereit ist oder
- Erhöhung der Qualitätsanforderungen, weil der Verbraucher dies verlangt und bezahlt.

c) **Kostensenkung im Materialbeschaffungsbereich**

68 Die beiden wichtigsten Voraussetzungen für eine kostengünstige Beschaffung, nämlich
- die Zielvorgabe an den Einkauf und
- die Schaffung einer klaren Aufbau- und Ablauforganisation

wurden bereits oben unter E II 1.1.2 d definiert.

69 Alle weiteren Maßnahmen sind beschaffungsspezifisch und sollten jedem Einkäufer geläufig sein. Sie werden deshalb nur stichwortartig zusammengestellt.

1) **Einkaufskonditionen**

Der Themenkreis ist weit und kann deshalb nur angedeutet werden. Beachtenswerte Punkte sind:
- Preise, Laufzeiten, Höchstpreisklauseln
- Gleitpreisklauseln, Teuerungszu- und -abschläge
- Musterrabatte, Gratisstücke, Zugaben
- Boni, Treuerabatte, Rückvergütungen
- Zahlungsziele und -bedingungen
- Verpackung, Fracht, Rückfracht
- Verladen, Ausladen, Vertragen
- Gefahrübergang
- Qualitätsprüfung

2) **Bestandshöhe**

70 Überhöhte Bestände verschlechtern nicht nur die Liquidität des Unternehmens, sondern sind auch ausgesprochen kostspielig. Die Kosten setzen sich zusammen aus:

Schaubild 72: Wertanalyse-Arbeitsplan nach DIN 69 910

Grundschritt 1 Vorbereitende Maßnahmen	Teilschritt 1 Auswählen des WA-Objekts und Stellen der Aufgabe Teilschritt 2 Festlegen des quantifizierten Ziels Teilschritt 3 Bilden der Arbeitsgruppe Teilschritt 4 Planen des Ablaufs
Grundschritt 2 Ermitteln des Ist-Zustands	Teilschritt 1 Informationen beschaffen und Beschreiben des WA-Objekts Teilschritt 2 Beschreiben der Funktion Teilschritt 3 Ermitteln der Funktionskosten

noch *Schaubild 72:*

Grundschritt 3 Prüfen des Ist-Zustands	Teilschritt 1 Prüfen der Funktionserfüllung Teilschritt 2 Prüfen der Kosten
Grundschritt 4 Ermitteln der Lösungen	Suche nach allen denkbaren Lösungen
Grundschritt 5 Prüfen der Lösungen	Teilschritt 1 Prüfen der sachlichen Durchführbarkeit Teilschritt 2 Prüfen der Wirtschaftlichkeit
Grundschritt 6 Vorschlag und Verwirklichung einer Lösung	Teilschritt 1 Auswählen der Lösung(en) Teilschritt 2 Empfehlen einer Lösung Teilschritt 3 Verwirklichung der Lösung

Quelle: Management Wissen 1985, Nr. 4, S. 28

Zinsen	ca. 8 % – 12 %
Vermögensteuer	ca. 1 %
Gewerbekapitalsteuer	ca. 2 %
Gebäude, Regale, Heizung, Transport	ca. 5 %
Personal	ca. 1 % – 3 %
Alterung, Schwund, Unverwertbarkeit	3 %
Gesamt	20 % – 26 % pro Jahr

d) **Andere kosten- und leistungsbestimmende Faktoren**

Stichwortartig werden im Hinblick auf die sonstigen kosten- und leistungsbestimmenden Faktoren die Ansatzpunkte zur Kostensenkung aufgezählt, ohne daß eine Vollständigkeit angestrebt wird: **71**

- Anzahl der Arbeitsschichten
- Durchlaufzeiten der Fertigungsaufträge
- Anzahl und Höhe der Zwischenläger
- Maßstäbe der (Eingangs- und Ausgangs-)qualitätskontrolle
- Energieverbrauch
- Abfallverwertung (Edelmetalle!)
- Losgrößenveränderung
- Übernahme von Lohnarbeit
- Reparaturen mit eigenen Kräften
- Reduzierung des Materialverbrauches
- Nutzung von Typung und Normung

e) **Standardisierte Kostensenkungsprogramme**

Aktionsprogramme zur Krisenbewältigung prägen das Bild der Sanierungspraxis **72**
auf operativer Ebene. Ziel derartiger Aktionsprogramme ist die Reduzierung sämtlicher Kosten und Leistungen in allen Funktionsbereichen auf den für den Unternehmenserfolg unbedingt notwendigen »harten Kern«. McKinsey spricht deshalb auch vom sogenannten »Kernkostenkonzept«. Vom Kostendruck befreit,

erhält so die Unternehmung wieder Handlungsspielraum für neue strategische Initiativen *(Müller,* S. 208 ff.).

73 Das folgende Schaubild 73 zeigt eine Auswahl standardisierter Aktionsprogramme zur Kostensenkung und Effizienzsteigerung.

Schaubild 73:

Programmbezeichnung (1)	Kurzbeschreibung	entwickelt/vermarktet durch	Kostensenkungspotential
VWA (Vermögens-Wertanalyse)	Freisetzung von Liquiditätsreserven auf der gesamten Vermögensseite der Bilanz und in den korrespondierenden Passiva	Mc Kinsey	Liquiditätsfreisetzung von 15 %–25 %
ZBB (Zero-Base-Budgeting)	Reallokation der in den Gemeinkostenbereichen eingesetzten Finanzmittel*)	A. T. Kearney	10 %–20 %
Programm-Wertanalyse	Senkung des Zeitbedarfs und der Kosten für FuE-Projekte	Mc Kinsey	bis zu 20 %

*) über den reinen Gemeinkostenabbau hinausgehendes Verfahren

Programmbezeichnung (1)	Kurzbeschreibung	entwickelt/vermarktet durch	Kostensenkungspotential
OVA/GWA (overhead Value Analysis/Gemeinkosten-Wertanalyse)	Kostenreduzierung im Gemeinkostenbereich durch Abbau überflüssiger administrativer Tätigkeiten	Mc Kinsey	bis zu 20 %
GSE (Gemeinkosten-Systems-Engineering)	deutschen Verhältnissen angepaßte Variante der amerikanischen OVA	Kienbaum*)	bis zu 35 %
OPI Operative Productivity Improvement/Direktkostenwertanalyse	Kostenreduzierung im Bereich der Herstellkosten sowie an vor- und nachgelagerten Schnittstellen zur Produktion	Mc Kinsey	10 %–20 % der untersuchten Kostenblöcke
VVA (Vorratsvermögensabbau)	Kostenabbau im Bereich Materialwirtschaft/Logistik	Mc Kinsey	Verringerung der Vorräte um 20 %–30 %

* Entsprechende Programme werden in leicht abgewandelter Form auch von Baumgartner & Partner sowie von Roland Berger & Partner angeboten.

Quelle: Müller S. 209–210

1.2.3 Personalaufwendungen

Die Personalaufwendungen stellen in Produktionsunternehmen neben den Materialaufwendungen den größten Kostenblock dar. Da jedoch die Einsparungsmöglichkeiten beim Materialaufwand in der Regel beschränkt bzw. erschöpft sind, konzentrieren sich Sanierungskonzepte häufig auf den Personalbereich. Eine solche Vorgehensweise wird von vielen Seiten, insbesondere von den Gewerkschaften, stark kritisiert und als stupide, einfallslos und menschenverachtend angeprangert. **74**

- »Stupide« dürfen diese Maßnahmen niemals sein, sondern sind nur gerechtfertigt als logischer und integraler Bestandteil eines Gesamtkonzeptes.
- »Einfallslos« sind sie nur dann, wenn es andere, weniger einschneidende Maßnahmen gibt, die mit mindestens der gleichen Erfolgschance ergriffen werden könnten.
- »Menschenverachtend« dürfen Kostenanpassungen durch Maßnahmen im personellen Bereich niemals sein. Es ist die vornehmste Pflicht einer Geschäftsleitung, bei unumgänglichen Einschnitten in das soziale Gefüge der Belegschaft mit größtem menschlichen Anstand und unter Beachtung der sozialen Verantwortung eines Unternehmens zu handeln.

Das Handeln muß jedoch getragen sein von Entschlossenheit, Charakterstärke und Durchsetzungskraft.

In Teil G werden sehr ausführlich die arbeitsrechtlichen Möglichkeiten von Personalreduzierung erörtert. Deshalb wird an dieser Stelle nur auf die betriebswirtschaftlichen Ansätze eingegangen. Es sind dies **75**

- personelle Kapazität (als Produkt aus Belegschaftsstärke und individueller Arbeitszeit),
- spezifische Kosten der Arbeitskräfte (ausgedrückt in Kosten pro Arbeitsstunde),
- Personalstruktur und
- Personalnebenkosten.

a) **Kostensenkung durch Anpassung der personellen Kapazität**

Vorab wird eine provozierende These aufgestellt: **76**

> »Die erforderliche Personalkapazität läßt sich mit vertretbarem Aufwand und in überschaubarer Zeit nur bei vorbildlich strukturierten Unternehmen ermitteln.«

Folgt man dieser These, dann bleibt für Sanierungsunternehmen meist nur der Weg, über eine anspruchsvolle Zielvorgabe die volle Leistungsfähigkeit der Belegschaft auszuschöpfen. Praktisch bedeutet dies, daß die Belegschaftsstärke so lange und so weit reduziert werden muß, solange der ordnungsgemäße Geschäftsablauf gesichert ist. Auf welchem Wege und innerhalb welchen Zeitraumes die Personalreduzierung durchzuführen ist, wird bestimmt vom Willen, das Unternehmen überlebensfähig zu machen sowie der sozialen Abstimmung zwischen Geschäftsleitung und Betriebsrat.
Die oben dargestellte These beruht auf den umfangreichen Sanierungserfahrungen zahlreicher Unternehmer.
Beispielhaft sei folgendes Ereignis geschildert:

Ein mittelständisches Metallunternehmen mit 600 Beschäftigten arbeitete als Zulieferer für die Automobilindustrie. Es war ausgezeichnet organisiert, zeigte keine Strukturschwächen und arbeitete sehr rentabel.
Infolge von Markteinflüssen kürzten die Automobilhersteller kurzfristig die Abrufmengen. Das Metallunternehmen meldete Kurzarbeit mit drei statt bisher fünf Arbeitstagen pro Woche an und kürzte seinerseits, im Hinblick auf die Kurzarbeit, die Beschaffung von Vormaterial.
Als die Kurzarbeit durchgeführt wurde, war das überraschende Ergebnis, daß plötzliche Versorgungslücken beim Vormaterial auftraten. Was war geschehen?
Die Belegschaft war im Hinblick auf den Beschäftigungsrückgang und drohende Entlassungen leistungsbereiter geworden. Was bisher in fünf Tagen produziert wurde, war nun schon nach drei Tagen hergestellt.

77 Nicht nur für Sanierungsunternehmen, sondern allgemein gilt die Feststellung, daß Arbeitnehmer, die objektiv unterbeschäftigt sind und dies auch selbst wissen, häufig diesen Umstand entweder

- zu verbergen suchen oder
- Arbeit an sich ziehen, die nicht zwingend erforderlich ist.

Dieses Verhalten der Arbeitnehmer, insbesondere der minderqualifizierten und leistungsgestörten, ist Ausdruck des (verständlichen) Bemühens um Erhaltung des eigenen Arbeitsplatzes. Sie vermitteln durch ihr Verhalten den Eindruck, gut beschäftigt, vielleicht sogar überlastet zu sein. Eine sorgfältige Analyse der tatsächlichen Arbeitseffizienz im Rahmen des Gesamtzielsystems des Unternehmens ist nur mit Hilfe differenzierter Methoden möglich. Diese Verfahren (z.B. Methoden der Refa-Lehre, Gemeinkostenwertanalyse, Zero-Base-Budgeting) sind sehr kosten- und zeitaufwendig.

78 Für akut gefährdete Unternehmen bleibt deshalb als Sofortmaßnahme nur der mutige und entschlossene Personal(Kapazitäts-)abbau.
Im einzelnen:

1) Einstellungsstopp
Freie Stellen sind durch Umsetzungen zu belegen. Neueinstellungen dürfen nur in extremen Ausnahmefällen durch die Geschäftsleitung vorgenommen werden.
2) Überstundenverbot
Das Verbot, Überstunden anzuordnen, sollte insbesondere auch im Angestelltenbereich angesprochen werden.
Falls zwingend erforderlich, sollte mit dem Betriebsrat die Leistung von Vorarbeit vereinbart werden. Die Arbeitsstunden werden gutgeschrieben und bei nächster Gelegenheit abgefeiert.
3) Kurzarbeit (auch in den administrativen Bereichen)
Kurzarbeit ist bei hoher Personalkostenquote teuer, weil überproportionale Sozialversicherungsbeiträge des Arbeitgebers anfallen. Außerdem verlangen manche Tarifverträge die Zahlung von Zuschüssen (Rechtsgrundlagen sind §§ 63–72 AFG, § 87 BetrVG und zahlreiche Tarifverträge).

79 4) Aufhebungsverträge
Abfindungszahlungen des Arbeitgebers sind überwiegend steuer- und sozialversicherungsfrei.

5) Vorzeitige Pensionierung
Durch Vorruhestandsgesetz und Tarifverträge können hohe Folgebelastungen entstehen. Sehr hohe Kosten fallen an, wenn die Regelung des § 128 AFG greift.
6) Gezielte Urlaubsplanung
Die Urlaubsplanung des Unternehmens sollte gegebenenfalls verbunden werden mit der Gewährung von unbezahltem Urlaub.
7) Umwandlung von Voll- in Teilzeitverträge
Ein Verfahren, das sich bei vielen Firmen bewährt hat, weil es die Arbeitskraft im Unternehmen hält und die Chance zur problemlosen Steigerung der Kapazität eröffnet, wenn wieder genügend Beschäftigung vorhanden ist.
8) Unbefristetes oder befristetes Ruhen des Arbeitsverhältnisses
9) Einsatz von eigenen Mitarbeitern in fremden Unternehmen
10) Kündigung von Dienstverträgen freier Mitarbeiter oder Aushilfen
11) Kündigung von Dienstverträgen mit Fremdfirmen (z.B. Montagefirmen, Leihfirmen, Ingenieurbüros)
12) Betriebsbedingte Kündigungen **80**
Die rechtlichen Aspekte dieser Maßnahmen werden in Teil F erläutert. Dort wird auch auf die schwierigen Komplexe
- Betriebsbedingtheit,
- Betriebsänderung,
- Interessenausgleich,
- Sozialplan

eingegangen.
13) Verhaltens- oder personenbedingte Kündigungen **81**
Kündigungen, die im Sanierungsfall aus diesen Gründen erfolgen, haben neben der kostensenkenden insbesondere auch eine psychologische Wirkung. Die Belegschaft hat in ihrer Gesamtheit meist ein außerordentlich gutes Gespür für Schwachpunkte und Störfaktoren. Wenn die Geschäftsleitung Entschlossenheit zeigt, die oberen Führungsebenen zu bereinigen und schwache oder destruktive Kräfte zu ersetzen, so wird ihr dies bei der Gesamtbelegschaft nicht nur billige Zustimmung aus Schadenfreude einbringen. Wichtiger ist, daß die Glaubwürdigkeit der Geschäftsleitung wächst, wenn die Belegschaft erkennt, daß alles unternommen wird, was sachlich geboten ist und nicht nur der einfache Weg des »Holens beim kleinen Mann« gesucht wird.

b) **Kostensenkung durch Verminderung der spezifischen Kosten der Arbeitskräfte**

Die wichtigsten Lohn- und Gehaltsbestandsteile sind: **82**
- Tarif- oder Grundlohn bzw. -gehalt,
- Leistungszulagen,
- Arbeitsplatzzulagen,
- Dienstalters(Treue-)zulagen,
- tarifliche Sonderzahlungen,
- ergebnisbezogene Sonderzahlungen,
- freiwillige, einmalige Sonderzahlungen,
- dienstaltersbezogene Sonderzahlungen.

83 Darüber hinaus gibt es eine Vielzahl betrieblicher Sonderleistungen, die durch betriebliche Übung, Individualarbeitsvertrag, Betriebsvereinbarung oder Tarifvertrag begründet sind.
Zu nennen sind:
- betriebliche Alters- und Hinterbliebenenversorgung,
- verbilligte Werkswohnungen, Mietzuschüsse,
- Fahrtkostenzuschüsse
- private Nutzung von Dienstfahrzeugen,
- Essenszuschüsse, Werkskantine,
- Belegschaftsrabatte etc.

84 Die Erfassung, Zusammenstellung und Analyse dieser Kostenarten (vgl. Teil C II 2.2.5) zeigt in Verbindung mit Pro-Kopf-Leistungsdaten die Ansatzpunkte zur Reduzierung der gesamten Personalaufwendungen. Eine immer wieder sich ergebende Feststellung zeigt, daß nicht oder nicht nur die Anzahl der Arbeitskräfte (personelle Kapazität) für überhöhte Personalaufwendungen verantwortlich ist, sondern insbesondere die spezifischen Aufwendungen pro Kopf bzw. Arbeitsstunde.
Eine solche Konstellation findet sich überwiegend in Unternehmen, die während einer sich lange hinziehenden Krise ihren **Personalbestand unausgewogen reduziert haben.** Dabei wurden aus arbeitsrechtlichen Gründen (längere Kündigungsschutzfristen und Abfindungsbedarf bei langjährigen und teuren Mitarbeitern) mit Vorrang die Arbeitsverhältnisse dienstjüngerer und niedriger bezahlter Arbeitskräfte aufgehoben.

85 Als Folge dieser Maßnahmen ergab sich eine Personalstruktur von Mitarbeitern mit hohem Alter, wobei gleichzeitig die durchschnittlichen Personalaufwendungen je Arbeitnehmer überproportional anstiegen.
Daß nun die verbliebenen (kostenintensiven) Mitarbeiter die Aufgaben der ausgeschiedenen (kostengünstigen) mit übernehmen mußten, hat sich darüber hinaus nicht in deren Entlohnung niedergeschlagen.
Die Korrektur einer solchen Fehlentwicklung ist eine zentrale Aufgabe des Krisenmanagements.

86 Daneben sind auch alle freiwilligen oder widerruflichen sozialen Leistungen einzuschränken. Belegschaften zeigen in aller Regel Verständnis dafür, wenn das Unternehmen solche Leistungen, die in gesunden Zeiten finanzierbar waren, in Krisenzeiten nicht mehr gewährt.
Im einzelnen:

1) **Tarif- oder Grundlohn**

87 Die tarifliche Eingruppierung der Arbeitnehmer ist zu überprüfen. Im Falle falscher Eingruppierungen sind Änderungen unter Berücksichtigung von Individual- und Tarifverträgen vorzunehmen.
Sofern die Eingruppierung allein deklaratorischen Charakter hat, entstehen Probleme nur bei Geltendmachung des Bestandsschutzes. Sind Änderungskündigungen erforderlich, gelten die bekannten Verfahrensregeln. Im Falle tarifvertraglich vereinbarter Unkündbarkeit für bestimmte Arbeitnehmergruppen sind Kündigungen aus wichtigem Grund möglich. Die 14-Tage-Frist ist zu beachten.

2) **Leistungszulagen**
Die Leistungsbeurteilungen als Grundlage der Leistungszulagen sind sorgfältig mit dem Ziel größter Korrektheit zu überprüfen. Über- bzw. Unterbewertungen können vermieden werden, indem man Durchschnittswerte zum Vergleich heranzieht. **88**
Leistungszulagen müssen sowohl für den Arbeitnehmer als auch für den Arbeitgeber attraktiv sein.

3) **Sonstige Zulagen und Sonderzahlungen**
Die Einschränkbarkeit betrieblicher Zulagen läßt sich erst nach Prüfung der rechtlichen Grundlagen beurteilen. **89**
Sonderzahlungen sind am besten auf einen oder zwei Termine im Jahr zu konzentrieren. Bei Teilzeitkräften ist darauf zu achten, daß die Beitragsbemessungsgrenze in der Sozialversicherung nicht überschritten wird.

4) **Betriebliche Alters- und Hinterbliebenenversorgung**
Die Ansprüche der Arbeitnehmer sind durch das »Gesetz zur Verbesserung der betrieblichen Altersversorgung« vom 19. 12. 1974 (BetrAVG) geschützt und müssen deshalb beachtet werden (vgl. §§ 1–6 BetrAVG). **90**

5) **Verbilligte Werkswohnungen**
Der Verkauf von Werkswohnungen an Arbeitnehmer kann nicht nur zur Kostenentlastung führen, sondern auch die Liquidität verbessern. **90 a**

6) **Private Nutzung von Dienstwagen**
Der Einsatz firmeneigener Pkw ist erst bei einer Jahreskilometerleistung von mehr als ca. 35 000 km rentabel. Geringer genutzte Fahrzeuge sollten abgestoßen werden. Privat gefahrene Kilometer sind im Fahrtenbuch zu erfassen und monatlich mit kostendeckenden Sätzen abzurechnen (je nach Fahrzeugtyp DM 0,40/km und mehr). **90 b**

7) **Werkskantine**
Werkseitiges Kochen ist nur bei Unternehmen mit mindestens 500 Arbeitnehmern kostengünstig durchzuführen, sofern die Belegschaft nicht bereit ist, hohe Essenpreise zur Vollkostendeckung zu akzeptieren. **90 c**
Kostengünstige Alternativen bieten die Fernküchen, die häufig ein abwechslungsreiches Angebot haben.

8) **Sonstige Zuschüsse und Vergünstigungen**
Sonstige Zuschüsse und Vergünstigungen, die meist nur gewohnheitsrechtlichen Charakter haben, können abgelehnt werden, so daß sich leichte Einsparungsmöglichkeiten ergeben. **91**
Nach Maßgabe der unternehmens- und personalpolitischen Vorstellungen können im Wege der Betriebsvereinbarung allgemeine Arbeitsbedingungen, die entweder auf einer arbeitsvertraglichen Einheitsregelung bestehen oder sich aus betrieblicher Übung ergeben, geändert werden (vgl. zu den Einzelheiten *Dietz/Richardi,* § 77 Rz 118 ff.).

c) **Kostensenkung durch Veränderung der Personalstruktur**

92 Im vorausgegangenen Kapitel wurde beschrieben, wie es in Krisenunternehmen zu einer unausgewogenen Personalstruktur kommen kann. Selbstverständlich gibt es darüber hinaus eine Vielzahl anderer Entwicklungswege, die aber alle zu denselben Konsequenzen führen:

- Auseinanderklaffen von Arbeitnehmerqualifikation und Arbeitsplatzanforderung,
- Auseinanderklaffen von Leistungsfähigkeit und Leistungsbedarf,
- Auseinanderklaffen von Kosten und Ertrag.

93 Eine kontinuierliche Fehlentwicklung läßt sich nicht kurzfristig korrigieren.
Die Sanierungsaufgaben bestehen darin, mit den schon besprochenen Kostensenkungsmaßnahmen die Weichen für eine Optimierung der Personalstruktur zu stellen.
Unmittelbare Kostenwirkung haben nur solche Maßnahmen, die zur Beendigung des Arbeitsverhältnisses bzw. zur Entgeltkürzung führen.
Strukturverbesserung kann aber auch Neueinstellung, Beförderung, Weiterbildung und Gehaltserhöhung bedeuten.
Deshalb ist die Korrektur der Personalstruktur eine mittel- bis langfristige Aufgabe, bei der die Wirtschaftlichkeitserfolge oft erst nach Jahren eintreten.
Ansatzpunkte:

94 – **Aufbauorganisation**
Die Zusammenlegung von Abteilungen und Bereichen kann zu einer spürbaren Verminderung der Leitungskosten führen. Daneben bietet sie die Chance, kürzere Berichtswege zu schaffen, die Zusammenarbeit benachbarter Organisationsteile zu verbessern und die Anzahl der Leitungsebenen zu reduzieren. Beim Ausscheiden eines leitenden Mitarbeiters sollte deshalb die Möglichkeit der Zusammenlegung seines bisherigen Verantwortungsbereiches mit einem anderen Bereich erwogen werden, bevor ein Nachfolger gesucht wird.

95 – **Personaleinsatzplanung**
Die Frequenzerfassung ist Basis für eine gezielte Personaleinsatzplanung. Die Mitarbeiter sollen nicht für die Anwesenheit bezahlt werden, sondern sie sollen da sein, wenn sie gebraucht werden.

96 – **Auslagerung von Arbeit**
Bestimmte Arbeiten, die im Betrieb nötig sind, können oft kostengünstiger von Vertragspartnern übernommen werden, z.B. die Buchhaltung vom Steuerberater.

1.2.4 Aufwendungen für Administration und Leistungsverwertung

97 So zahlreich wie diese Kostenarten für Administration und Leistungsverwertung sind, so vielfältig sind die Möglichkeiten zur Einsparung.
Die Beschreibung aller Möglichkeiten würde sehr viel Raum der Darstellung beanspruchen, ohne jeweils die entscheidenden Sanierungsansätze aufzuzeigen.
Aufwendungen für Administration und Leistungsverwertung machen im Regelfall nicht mehr als 10–15 % des Umsatzes bei Industrieunternehmen aus.

Schaubild 74: Einzelstufen des Zero Base Budgeting

9	Das Controlling überwacht die Einhaltung der Budgets und berichtet über wesentliche Abweichungen.
8	Die Budget-Abteilung erarbeitet aus den Entscheidungspaketen die Budgets als Vorgabe für künftige Entscheidungen und Maßnahmen.
7	Die Unternehmensleitung faßt alle Entscheidungspakete zusammen u. entscheidet über Prioritäten, Aktivitätsniveaus (Leistungsniveaus) u. Mitteleinsatz.
6	Die übergeordnete Unternehmenshierarchie fügt die ihnen jeweils zugeordneten Entscheidungspakete zusammen und verändert die Rangordnung aus ihrer Sicht.
5	Die Abteilungsleiter setzen Prioritäten, wie aus ihrer Sicht die verfügbaren Mittel eingesetzt werden sollen. Sie erstellen eine Rangordnung der Entscheidungspakete.
4	Die Abteilungsleiter bestimmen alternative Verfahren, die zur Erreichung des Leistungsniveaus möglich sind und ermitteln die zugehörigen Kosten (Entscheidungspakete).
3	Die Abteilungsleiter bestimmen unterschiedliche Leistungen für die Entscheidungseinheiten.
2	Die Abteilungsleiter bestimmen die Teilziele innerhalb des vorgegebenen Rahmens und teilen die ihnen übertragenen Aufgaben/Funktionen in Aktivitätseinheiten (Entscheidungseinheiten) auf.
1	Die Unternehmensleitung setzt strategische und operative Ziele, legt die verfügbaren Mittel fest und entscheidet über die ZBB-Bereiche.

Quelle: Meyer-Piening, in: Manager Magazin 4/1978, S. 51–54

a) **Einsparungsmethoden**

Eine Einzeldarstellung ist nicht sinnvoll, es sollen jedoch zwei Verfahren ge- **98**
nannt werden, die geeignete Sparpotentiale aufzeigen.

1) **Zero Base Budgeting (ZBB)**

Das Zero Base Budgeting ist eine Kostenplanungsmethode, die vom Nullpunkt **99**
(Zero Base) ausgeht. Grundgedanke ist die Idee, daß keinerlei Kosten vorbestimmt sind, etwa weil sie in der Vorperiode auftraten. Statt dessen muß jede Kostenart, jede Aufwendung immer wieder von neuem begründet werden. Man tut so, als würde das Unternehmen auf der grünen Wiese neu errichtet und fragt dann, welche Aufgaben erfüllt werden müssen, um die vorgesehene Leistung zu erstellen. Das ZBB zielt auf den Gemeinkostenbereich und umfaßt die neun Einzelstufen, wie sie im Schaubild 74 dargestellt sind.

Die Nachteile des ZBB liegen darin, daß es

- nur mit einer erheblichen Verzögerung wirksam wird,
- einen hohen Zeit- und Arbeitsaufwand erfordert,

- oft beachtliche Umstellungsschwierigkeiten verursacht (vgl. *Horvath* »Einsatzmöglichkeiten des Zero Base Budgeting als Krisenbewältigungsinstrument« in *Bratschitsch/Schnellinger,* S. 319 ff. m.w. Literaturnachweisen).

Die Bedeutung des ZBB als operative Handlungsmöglichkeit im Hinblick auf Unternehmenskrisen liegt auch im Bereich der **Krisenvermeidung.** Durch die Festlegung unterschiedlicher Leistungsniveaus für die einzelnen Entscheidungspakete können dort mögliche Soll-/Ist-Abweichungen vorhergesehen und entsprechende Korrekturmaßnahmen geplant werden. Zum anderen wird ein Schwerpunkt des ZBB gerade auch im Rahmen der Maßnahmenplanung beherrschbarer Unternehmenskrisen gesehen (*Krystek* 1987, S. 242).

2) **Gemeinkostenwertanalyse (GWA)**

100 Die Gemeinkostenwertanalyse verfolgt mit etwas abweichenden Arbeitshypothesen die gleichen Ziele wie das ZBB. Sie ist wegen ihres analytisch ausgerichteten Konzeptes für Kostenbereiche mit übergeordneten Aufgaben (Stäbe, Rechtsabteilungen, Strategische Planungsgruppen, Personalwesen) besser geeignet.

Ausgangspunkt für die Analyse sind Arbeits-Projektteams, die versuchen herauszufinden, welche Aktivitäten überflüssig, unwichtig oder redundant sind. Daraus ergeben sich dann Einsparungsmöglichkeiten.

Ebenso wie das ZBB kann die GWA nur mit einer gewissen Verzögerung wirksam werden. Der »Papierkrieg« allerdings nimmt nicht das Ausmaß des ZBB an. Auch treten keine Umstellungsschwierigkeiten auf. Der Zeit- und Qualifikationsaufwand dagegen ist erheblich.

Auch stellvertretend für andere Unternehmensberatungen hat jedoch McKinsey mit seiner GWA große Kritik auf sich gezogen. Viele Mitarbeiter in den untersuchten Bereichen erlebten die rigorose Budget- und Tätigkeitsanalysen, bei denen sie verwaltungsmäßigen Leerlauf selbst herausfinden mußten, als demotivierende Vernichtung von Freiräumen.

Zudem können die meisten Einsparungsziele nur in vollem Umfang erreicht werden, wenn nicht nur die natürliche Fluktuation ausgenutzt wird, sondern auch Personalentlassungen erfolgen. Betriebsräte und Gewerkschaften entwickelten deshalb schon bald wirksame Taktiken, um die GWA zu blockieren bzw. zu unterlaufen. Insgesamt ist die Bedeutung der GWA für die meisten Berater rückläufig (*Müller,* S. 210).

b) **Ansätze zur Kostenreduzierung im Administrations- und Leistungsverwertungsbereich**

101 In Stichworten:

1) Administration
- Besprechungskreise verkleinern
- Anzahl der Standardbesprechungen einschränken
- Statistiken entrümpeln
- Fremdvergabe von Verwaltungsarbeiten
- Teilvermietung der EDV-Anlage
- Büromaterialverbrauch einschränken
- günstige Postgebühren nutzen
- Fernsprechverkehr und Zahl der Teilnehmer beschränken
- Telexverkehr intensivieren

- Fachliteratur durchforsten
- Abonnements kündigen
- Arbeitsabläufe durch Beschränkung auf das Notwendigste beschleunigen
- Kreditversicherungen abschließen
- Währungsrisiken absichern

2) Außenbeziehungen **102**
- Mitgliedschaften kündigen
- Bewirtungsaufwendungen durch GL kontrollieren
- Reise- und Spesenaufwendungen vor Anfall zur Genehmigung vorlegen lassen.

3) Leistungsverwertung **103**
- Kreditsicherungsabreden in konkursfester Form
- Bonitätsprüfungen intensivieren, Auskünfte einholen
- fortlaufende offene Posten- und Wechselüberwachung
- konsequentes Mahnen
- straffere Außendienstkontrolle mit lückenlosem Berichtswesen, gezielte Besuchs- und Routenplanung
- Abbau unnötiger Sozialleistungen.

1.3 Erlöserhöhende Maßnahmen

Die Wirksamkeit erlöserhöhender Maßnahmen hängt in sehr starkem Maße vom Verhalten der Marktpartner ab. Deshalb sind kurzfristig Einwirkungsmöglichkeiten selten zu realisieren. Sofortmaßnahmen zur Liquiditäts- und Ergebnisverbesserung greifen auf der Ausgabenseite rascher und sicherer. **104**

Im folgenden sind erlöserhöhende Maßnahmen genannt, die bei günstiger Konstellation rasch wirksam werden können, aber in der Regel strategischen Charakter haben.

Alle Maßnahmen sollten durch ein System kurzfristig rollierender **Umsatzprognosen** gestützt werden. Dabei sind Mengen- und Einzelpreisentwicklung getrennt auszuweisen, um den (Miß-)Erfolg der ergriffenen Maßnahmen aufzuzeigen.

1.3.1 Preiserhöhungen

Verkaufspreise sind ein strategisches Marketinginstrument mit überragender Bedeutung. Jede Preiserhöhung ist deshalb hinsichtlich ihrer Verträglichkeit mit der Unternehmensstrategie sorgfältig zu überprüfen. Gerade aber in Verlustsituationen sollten die Verantwortlichen auch den Mut zu operativen Preiserhöhungen besitzen. Die Kunden haben oft insgeheim Verständnis für erforderliche Anhebungen. Hinweise gegenüber Außendienstmitarbeitern, die Produkte seien zu teuer, sind nicht selten Scheinargumente, um den Außendienst »abzuwimmeln«. **105**

Diese Feststellungen gelten nicht bei extremer Unterbeschäftigung des Unternehmens und sehr transparenten, preisreagiblen Absatzmärkten. Die Ergebniswirkung von Preiserhöhungen wird nicht immer ausreichend gewürdigt, obwohl sie offenkundig und leicht nachvollziehbar ist. Deshalb ein kurzes Rechenbeispiel: **106**

a) Vor Preiserhöhung

Umsatzerlöse	(Erträge)	100	
Kosten	(Aufwendungen)		110
Verlust	(Fehlbetrag)	10	
	= 10 % vom Umsatz		

b) nach Preiserhöhung um 5 %

Umsatzerlöse	(Erträge)	105	
Kosten	(Aufwendungen)		110
Verlust	(Fehlbetrag)	5	
	= 4,8 % vom Umsatz		

Im Beispiel wird der absolute Verlust durch eine Preiserhöhung von lediglich 5 % bereits halbiert.

107 Bei bestimmten Vertriebsstrukturen sind Erlösverbesserungen auch ohne (Listen-)preiserhöhungen möglich. Dann nämlich, wenn die **Rabattspielräume** des Außendienstes beschränkt werden können. Es kann als Grundregel gelten, daß gut geführte Unternehmen ihren Außendienstmitarbeitern sehr genau definierte Rabattkompetenzen einräumen und deren Einhaltung auch überwachen. Sollte dies im Krisenunternehmen (noch) nicht der Fall sein, so ist eine entsprechende Regelung unverzüglich durchzusetzen. Preise und Rabatte dürfen nur oberhalb eines Levels, das annähernd Vollkostendeckung bringt, dem Außendienst überlassen werden, sofern keine sehr differenzierte und straff kontrollierte Teilkosten-(Deckungsbeitrags-)kalkulation gut eingeführt ist und von ertragsbewußten Vorgesetzten beherrscht wird.

1.3.2 Außendienstprovision

108 Außendienstprovisionen sollten gestaffelt sein, um nicht nur Anreize zu Umsatzerfolgen zu bieten, sondern um ein Preisbewußtsein beim Verkäufer zu wekken. Als ideal gelten **steile Provisionsstaffeln,** die nach Deckungsbeiträgen definiert und EDV-gestützt sind. Anstelle absoluter Deckungsbeitragswerte verwendet man oft Faktoren, die mit einer bestimmten Kalkulationsstufe gleich Hundert gesetzt und als Relativzahlen ausgedrückt werden.
Mangels einer differenzierten und EDV-gestützten Deckungsbeitragsstaffel eignen sich auch Provisionssysteme, die aus absoluten Preisen oder Rabattsätzen abgeleitet sind.
Ziel solcher Staffeln ist es immer, die Verkäufer zur Durchsetzung höherer Preise zu veranlassen.

109 Sofern das Unternehmen unterbeschäftigt ist oder der Absatzmarkt sehr enge Preisspielräume hat, ist das Schwergewicht auf Umsatzsteigerungen zu legen. Anstelle preis- oder rabattorientierter Provisionssätze sind solche Entlohnungsmodelle zu wählen, die **Umsatzzuwächse besonders honorieren.** Dies geschieht beispielsweise dadurch, daß Umsätze bis zur Vorjahreshöhe mit einem niedrigeren Satz vergütet werden, als Umsätze, die darüber hinaus gehen. Die Stichworte heißen Umsatzpflegeprovision und Umsatzzuwachsprovision.

1.3.3 Gutschriften

Gutschriften an Kunden werden aus den verschiedensten Gründen erstellt: **110**
- Preisnachlässe, Rückvergütungen
- Reklamationen
- Warenrückgaben, Falschlieferungen
- Stornierungen

Die sachliche Veranlassung liegt meist in der Verkaufsabteilung, bzw. wird dort überprüft. Keinesfalls aber sollte die Genehmigung von Gutschriften, von Bagatellbeträgen abgesehen, der Verkaufsleitung überlassen werden, weil sie aus ihrer Kundennähe und dem (hoffentlich) tief verwurzelten Bemühen, den Kunden zufriedenzustellen, zu **überhöhter Kulanzbereitschaft** neigt. Deshalb sollte die Genehmigung von Gutschriften einem Geschäftsleitungsmitglied vorbehalten sein. Dies hat im übrigen den Vorteil, daß die Geschäftsleitung über die Gründe, die zu Gutschriften führen, lückenlos und unmittelbar informiert wird. Auf diese Weise ist ein schnelles Eingreifen und eine zügige Mängelbeseitigung möglich.

1.4 »Strategische« Maßnahmen

Der Begriff »Strategische Maßnahmen« wird hier nicht in unmittelbarem Zusammenhang zu den zuvor beschriebenen Norm- und Sanierungsstrategien verwendet und soll auch keine Zugehörigkeit zu diesen implizieren. Die angeführten Maßnahmen können durchaus auch als Einzelmaßnahmen durchgeführt werden. »Strategisch« ist hier in seiner Bedeutung als mittel- bis langfristige Wirkung gemeint. **111**

Viele der in E II 1.1 bis 1.3 beschriebenen Maßnahmen haben strategischen Charakter, obwohl sie als Sofortmaßnahmen wirken sollen. Eine genaue Abgrenzung zwischen operativen (kurzfristig wirksamen) und strategischen Maßnahmen ist nicht möglich. Man denke dabei nur an die Zuführung von Eigenkapital, einen erheblichen Personalabbau oder den Übergang von der Eigen- zur Fremdfertigung (ähnlich auch *Krystek* 1981, S. 229). **112**

Die nachfolgend beschriebenen Maßnahmen bestimmen entscheidend die strategische Entwicklung des Unternehmens. Aus Gründen der Übersichtlichkeit werden die Maßnahmen dreier Zielrichtungen gebündelt: **113**
- Zielrichtung Absatzmärkte
- Zielrichtung Beschaffungsmärkte
- Zielrichtung Kosten-/Leistungsverhältnis

1.4.1 Die strategische Bearbeitung des Absatzmarktes

Die Maßnahmen zur strategischen Bearbeitung der Absatzmärkte sind für den langfristigen Erfolg des Unternehmens entscheidend. Alle Kostensenkungsmaßnahmen müssen, mögen sie noch so wirkungsvoll sein, schließlich ins Leere führen, wenn es dem Unternehmen nicht gelingt, seine Produkte zu auskömmlichen Preisen zu verkaufen. Alle Maßnahmen zur finanziellen Sanierung können nur kurzfristig Löcher stopfen, wenn es nicht gelingt, ein Umsatzniveau zu erreichen oder wenigstens zu halten, das es erlaubt, bei übersehbarer Kostenentwicklung neues Eigenkapital aus der Geschäftstätigkeit des Unternehmens zu bilden. **114**

Die Gewinnung von Absatzmärkten, der Verkauf der eigenen Produkte ist die unternehmerische Aufgabe per se.
Voraussetzungen zu ihrer erfolgreichen Bewältigung sind Ideenreichtum, Klugheit, Dynamik und Durchsetzungsvermögen.
Allein der Versuch, auf wenigen Buchseiten Erfolgsrezepte anbieten zu wollen, wäre vermessen. Ein solches Kapital müßte zutreffend mit »Wie werde ich erfolgreicher Unternehmer?« überschrieben werden. Weder gibt es bislang seriöse Veröffentlichungen, die diesen Anspruch erheben und erfüllen, noch soll mit den vorliegenden Ausführungen der Versuch hierzu unternommen werden. Statt dessen sind im folgenden Kapital Arbeitsansätze, Erfahrungen, allgemeine Regeln und interessante Gesichtspunkte beschrieben, die bei der Auseinandersetzung mit den Absatzmärkten von Bedeutung sind.

115 In Anlehnung an *Nieschlag/Dichtl/Hörschgen* (unter Verzicht auf Einzelverweise an den jeweiligen Textstellen wird darauf hingewiesen, daß sich Teil E I 1.4.1 überwiegend auf *Nieschlag/Dichtl/Hörschgen* stützt) werden vier »Elemente des Marketing-Mix« unterschieden und erläutert.
Bevor Einzelfragen des Marketing-Mix aufgegriffen werden, sind aber im Sinne einer strategischen Zielbestimmung die Eckpunkte der Absatzpolitik zu definieren:
a) Welcher **Umsatz** wird in welchem Zeitraum angestrebt?
b) Welche **(Teil-)Märkte** sollen mit welchen **Marktanteilen** gewonnen werden?
c) Welche **Produkte** werden zu welchen Preisen heute, morgen und übermorgen nachgefragt?
d) Welchen relativen Anteil sollen diese Produkte im **Produktionsprogramm** des Unternehmens haben?

116 Die Entscheidung dieser Fragen wird von der Unternehmensphilosophie beeinflußt, aus der sich ergibt, ob beispielsweise
- die Bedarfsbefriedigung bestimmter Verbraucher,
- die sichere Beschäftigung der Mitarbeiter oder
- die Gewinnmaximierung Ziel des Unternehmens ist.

Im folgenden werden die vier Elemente des Marketing-Mix dargestellt, deren Handhabung die strategische Absatzentwicklung des Unternehmens bestimmt.

1.4.1.1 Produkt- und Programmpolitik

117 Zur Produkt- und Programmpolitik zählen alle Entscheidungen und Maßnahmen, die hinsichtlich eines (Verkaufs-)artikels getroffen werden.
Es sind insbesondere
- Entwicklungs-, Gestaltungs-, Designfragen,
- Sortimentsüberlegungen,
- Zeitpunkte von Produkteinführung und -lebensdauer,
- Festlegungen zur Produktqualität.

a) **Produktpolitik**

118 Wenn die Absatzanalyse ergibt, daß die angebotenen Produkte nicht oder nicht mehr auf Marktinteresse stoßen, sind Anstrengungen auf die
- Entwicklung neuer Produkte, die
- Suche nach vorhandenen, aber ungenutzten Produkten und die
- Verbesserung (verbesserungswürdiger) Produkte zu richten.

Soweit erforderlich, ist die Entwicklung durch Neueinstellungen oder Versetzungen zu verstärken. Die Geschäftsleitung muß sich dieser Aufgabe vorrangig widmen. **119**

Phasen des **Entwicklungsprozesses** sind:

1. Ideensuche
   (Analyse der Verbraucherbedürfnisse und Konkurrenzaktivitäten, Erfahrungen des Außendienstes usw.)
2. Ideenprüfung
   (Bewertungsmatrizen, Profil-, Wertskala- oder Punktewertverfahren)
3. Analyse
   (mit Hilfe finanzmathematischer Wirtschaftlichkeitsrechnungen oder der Frage nach Chancen)
   - Marktanteil
   - Gewinne
   - Lebensdauer und Risiken
   - Anlaufkosten
   - Konkurrenzverhalten, Substitution
   - Marktattraktivität
   - Fertigungsprobleme
   - Finanzierungsbedarf
4. Produktentwicklung
   (Konzepte, Beschreibungen, Prototypen)
5. Tests
   (technische Versuche, Fertigungsversuche, Qualitätsprüfungen, Marktforschungsverfahren wie Store-Tests, Produkttestpanels)

Die Berufung von **Produktmanagern,** die schon während der Entwicklungs- und Einführungsphase verantwortlich zeichnen, hilft, Zeit zu gewinnen und Koordinationsprobleme zu vermeiden. **120**

Qualitative Produktvariationen können aus den Ergebnissen der oben beschriebenen Wertanalyse abgeleitet werden.

Verbesserungen der **Fertigungsqualität** lassen sich oft ohne großen Aufwand erzielen, indem die Geschäftsleitung die Qualitätsanhebung zu ihrer eigenen Aufgabe macht, am Ort der Fertigung immer in Erinnerung ruft und mit einfachen Mitteln das Arbeitsklima verbessert. Qualitätsprodukte sind nicht zuletzt eine Frage der Motivation, der Einstellung und Glaubwürdigkeit der Vorgesetzten. **121**

Die nachfolgende Grafik (Schaubild 75) bietet einen Überblick über diese »Strategischen Maßnahmen« und beleuchtet sie anhand verschiedener Indikatoren. Die Einteilung in vier Phasen stellt den »Lebensweg« des jeweiligen Produktes dar.

Die Elemente des Marketing-Mix sind hier als »Marketinginstrumentenstrategien« bezeichnet und auch in den jeweiligen Phasen kurz beschrieben. **122**

b) **Programmpolitik**

Die Bestimmung des Verkaufsprogrammes ist eine der schwierigsten und entscheidenden Aufgaben. **123**

Schaubild 75:

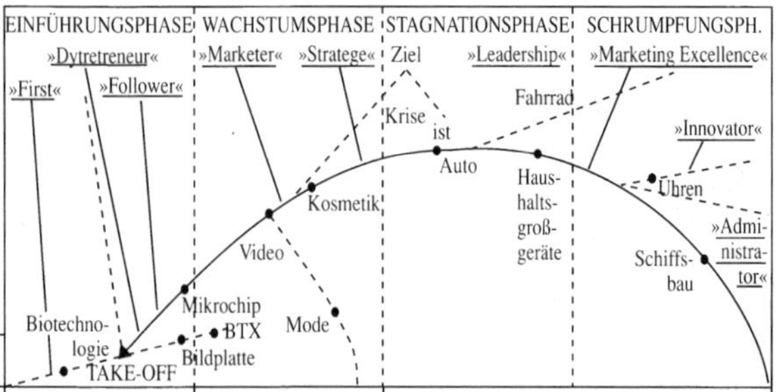

Taxonomie	Indikatoren				
»STRATEGISCHE MASSNAHMEN«	Zielsetzung	•Wachstum • Prestigemotive • Sicherheitsziele (insbes. bei diversifizierten Unternehmen)	• Wachstum • Marktanteilsziele • offensive Marketingziele	• Rentabilität • Sicherung/Stabilisierung/Konsolidierung	
	Strategieschwerpunkt	• bis »take off«: Technologie • nach »take off«: Konsument	• Konsument/ Konkurrenz	• Konkurrenz/ Konsument	• Konkurrenz/Technologie
	Ausrichtung der Strategie	• Markteintritt (Timing, Schnelligkeit) • Marktschaffung, Marktaufbau/Markterschließung • Aufbau/Überwindung von Markteintrittsbarrieren	• Markteintritt (Timing, Schnelligkeit) • Aufbau von Wettbewerbsvorteilen • Marktanteilsausdehnung/Marktdurchdringung • Standardisierung	• Sicherung von Wettbewerbsvorteilen/ Marktbehauptung • Standardisierung • Rationalisierung	• Aufbau neuer Wettbewerbsvorteile (Überlebensstrategie) • Marktbehauptung • Austritt in neue Segmente • Rationalisierung
	Marketing-Invest.	sehr hoch	hoch, aber fallend	weiter fallend	gering
	Marketing-schwerpunkt	• Überwindung von Marktwiderständen • Aufklärung • Gewinnung von Erstkäufern • Bekanntheitsgrad aufbauen • Aufbau von Markentreue Initiierung von Wiederholungskäufern	• Markenpräferenzen festigen • Qualitätsoptimierung • Produktdifferenzierung • Markenstrategien	• Erhaltung von Markentreue • Marktsegmentierung • Qualitätsverbesserung • Imagesicherung • Erhaltung der Firmen- und Markentreue	
	Marketinginstrumente-strategie	Strategieabhängig/ Generell: • Produktpolitik: Standardisierung mit wenigen Produktvarianten; regelmäßige Produktverbesserungen • Preispolitik: Wahl zwischen Skimming- und Penetration-Pricing • Kommunikation: Information und Überzeugung; persönlicher Verkauf • Distribution: Aufbau von Distributionssystemen; Kooperationsstrategien mit Handel	Strategieabhängig/ Generell • Produktpolitik: Marktprofilierung;Steigerung des psychologischen Produktnutzens • Preispolitik: Wettbewerbsorientierte Preisfestsetzung; Orientierung an Massenmarkt • Kommunikation: Markenwerbung; Nutzenvorteile kommunizieren • Distribution: Sicherung der Lieferkapazität; intensive Distribution	Strategieabhängig/Generell: • Produktpolitik: Ausnutzung von Synergien; Systemkonzepte • Preispolitik: Defensive Preispolitik; keine enge Kopplung an Marktanteilsentwicklungen • Kommunikation: Starke Corporate Identity; flankierende Emotionalisierung; persönlicher Verkauf • Distribution: Kooperation mit Handel (Vertragliche Vertriebssysteme) oder Umgebung (Direktvertrieb); flexible Lieferungspolitik	

Quelle: Meffert in Hahn/Taylor, S. 663

Als Hilfsinstrument steht u.a. die oben beschriebene
- ABC-Analyse,
- Portfolio-Analyse,
- Lebenszyklus-Kurve und die
- Deckungsbeitragsrechnung zur Verfügung.

Ein einfacher Klassifizierungsansatz ist die Zuordnung der Produkte zu folgenden »Strategien«: **124**
I. Aufhören, nicht weitermachen, es lohnt sich nicht
II. Verteidigen, aber nicht um jeden Preis
III. Es ist zwar Vorsicht geboten, aber keine Resignation
IV. Angreifen, die Chancen sind gut
V. Durchbruch, nicht kleckern, sondern klotzen

Immer wieder läßt sich feststellen, und diese Erfahrung wird von zahlreichen Krisenmanagern und Unternehmensberatern geteilt, daß die Sortimente viel zu groß sind. »Unverdrossen bauen die Manager auch dann auf ein Mengenwachstum, wenn der Absatz stockt. Ist nicht mehr genügend Umsatz da, müssen eben ganz einfach neue Produkte her. Doch die Auffächerung des Angebotes ist nicht immer der richtige Ausweg. Sie kann, wenn nicht echte Neuerungen präsentiert werden, wenn sich das Unternehmen in allzu viele Einzelaktivitäten zersplittert, automatisch in die Krise führen« (*Karl Baumgartner,* Unternehmensberater). **125**

»Eliminierungsstrategien« führen zu **126**
- Freisetzung materieller, finanzieller und personeller Reserven und dadurch zu
- Kostenabbau oder
- Kapazitätszuwachs,
- effizienter Verwendung begrenzter Mittel,
- Abbau von Barrieren für die Einführung neuer oder die Förderung rentabler Produkte

und machen daher »den Weg zur Ertragsverbesserung und zu neuem Wachstum frei« (*Rohlmann,* BFuP 30/78, S. 231; ein altes Bonmot lautet: »Ja sagen macht arm, nein sagen macht reich«).
Die Sortimentsbereinigung muß deshalb mit Mut und Durchsetzungswillen realisiert werden. Sofern Einzelaufträge abgewickelt werden (z.B. im Maschinen- oder Anlagenbau), ist die Hereinnahme riskanter oder unrentabler Aufträge zu vermeiden.

C-Artikel, Sonderprodukte, Randsortimente sollen nicht selbst gefertigt, sondern zugekauft, eventuell importiert werden. **127**

Durch die Sortimentsbereinigung muß eine ausgewogene Umsatzstruktur, z.B. mit folgender Verteilung erreicht werden: **128**

	Umsatzanteil	Sortimentsanteil
A-Artikel	60 %	15 %
B-Artikel	30 %	50 %
C-Artikel	10 %	35 %

Alternativ kann die in Teil C IV 1.4.4 beispielhaft erwähnte Verteilung des Umsatzes auf die Sortimentsbestandteile angestrebt werden.
Im konkreten Fall sind markt- und fertigungstechnische Besonderheiten sowie die Differenzierungstiefe der Produkte ausschlaggebend.

c) **Sortimentspolitik**

128 a Im Zusammenhang mit der Sortimentspolitik werden zwei Begriffe verwendet, auf die kurz einzugehen ist:

1) **Teilkostenrechnung**

129 Die Teilkostenrechnung kann wertvolle Dienste leisten bei der

- Vollbeschäftigung
- Unterbeschäftigung
- Berechnung von Preisuntergrenzen und bei
- Rechnungen zur Programmoptimierung (ähnlich *WP-Hdb.,* S. 1245 f.)

Bei Anwendung der Teilkostenrechnung werden nur Teile des Gesamtkostenblockes den einzelnen Produkten zugerechnet.

Zur **Unternehmenssteuerung bei Unterbeschäftigung**, insbesondere zur Gestaltung der Preis- und Programmpolitik, werden zwei Spielarten der Teilkostenrechnungen angewandt:

130 (1) Mit Hilfe der **Deckungsbeitragsrechnung** wird versucht, jene Produkte zu identifizieren, die einen hohen Überschuß über ihre variablen Kosten erbringen und deshalb geeignet erscheinen, die kurzfristig unbeweglichen Fixkosten abzudecken. Als variabel sind hierbei nur jene Kosten einzustufen, die im Betrachtungszeitraum tatsächlich auf- oder abbaubar sind.

131 (2) Die **Grenzkostenrechnung** zielt auf die Ermittlung der Kostenänderungen bei Veränderung der Ausbringungsmenge. Grenzkosten sind die Mehrkosten (Minderkosten), die die Mengeneinheit bei Vergrößerung (Verminderung) Ausbringungsmenge erzeugt.

132 Bei diesen Anwendungen (»**Teilkosteneuphorie**«, weil Deckungsbeiträge fast immer positiv sind und Grenzkosten niedrig erscheinen im Vergleich zu den Erlösen) gerät allzu leicht in Vergessenheit, daß im Unternehmen keine Teilkosten, sondern Vollkosten anfallen. Außerdem ist die Frage, welche Kosten variabel oder fix sind, nur für einen bestimmten Betrachtungszeitraum eindeutig zu beantworten.

133 Als **typische variable Kosten** gelten die Materialaufwendungen und die Fertigungslöhne. Diese sind aber dann nicht variabel, wenn es Materialabnahmeverpflichtungen gibt oder wenn die Fertigungslöhne wegen der bestehenden Arbeitnehmerschutzvorschriften nicht vermindert werden können.

134 Als **typische Fixkosten** gelten Abschreibungen. Diese sind aber immer nur für einen gewissen Zeitraum fix, solange nämlich, solange die Anlage nicht abgeschrieben ist und nicht veräußert werden kann.

»Wer den Pferdefuß von Teilkostenrechnungen übersieht, kann buchstäblich an Deckungsbeiträgen verhungern« (*Berth,* S. 32, zitiert bei *Müller*)

135 Auch *Müller* (S. 166 f.) weist auf die Gefahren von Teilkostenrechnungen hin und schreibt diesen einen wesentlichen Anteil am Zustandekommen ruinöser **Preiskämpfe** zu (vgl. Schaubild 76).

136 Über kurz oder lang muß das Unternehmen mindestens seine Vollkosten abdekken, alles andere sind Zahlenspielereien.

Schaubild 76: Gefahren von Preisstrategien im Licht einer Break-even-Beratung

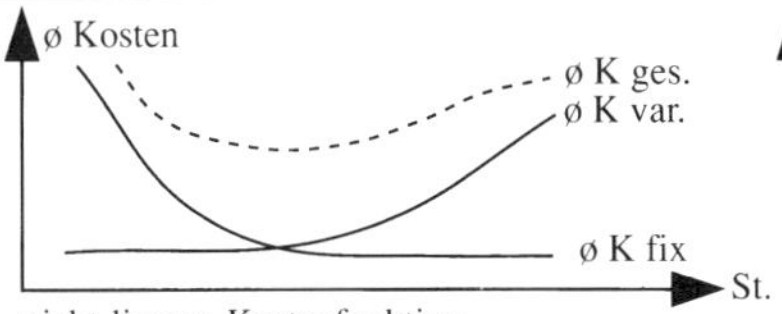

nicht-lineare-Kostenfunktion

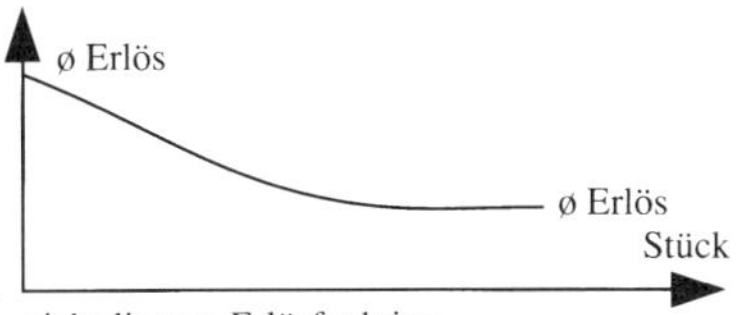

nicht-lineare-Erlösfunktion

1. *Ausgangssituation:* Stagnierende Märkte, homogene Produkte, oligopolitische Anbieterstruktur, kapitalintensive Fertigung, Verdrängungswettbewerb.

2. *Mögliche Maßnahmen zur Verbesserung des Preissenkungsspielraumes:*
   - Veränderung der *Anlagengröße* (Auslegungskapazität). Bei einer Vergrößerung der Anlage erfolgt durch Rationalisierungseffekte und technologische Verbesserungen eine Verschiebung der Durchschnittskostenfunktionen nach links unten.
   - Veränderung der *Anlagenauslastung*:
     Bei gegebener Anlagengröße werden Auslastungsänderungen durch Bewegungen auf den Kurven dargestellt (sinkende Auslastung ≙ Bewegung nach links, steigende Auslastung ≙ Bewegung nach rechts).

3. *Ermittlung von Break-even-Points (BEP):*

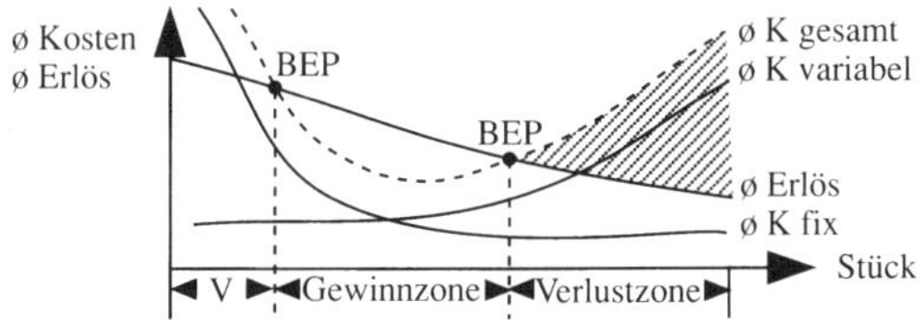

Sofern sich Durchschnittskosten- und Durchschnittserlösfunktion überhaupt schneiden, ergibt sich lediglich eine begrenzte Gewinnzone. Kapazitätserhöhungen, die eine Durchschnittskostensenkung bewirken, führen zu einer Verbreiterung der Gewinnzone bei gleichzeitiger Verschiebung nach rechts. Der Spielraum für Änderungen der Anlagenauslastung vergrößert sich somit, allerdings auf einem erhöhten Stückzahlniveau.

4. *Folgen konformen Wettbewerbsverhaltens:* Erweitern jedoch alle Anbieter ihre Kapazitäten, so sinken bereits bei stagnierender und erst recht bei rückläufiger Nachfrage die Durchschnittserlöse. Die Durchschnittserlösfunktion verschiebt sich nach unten. In vielen Krisenbranchen tritt jetzt der Fall ein, daß die Durchschnittskostenfunktion der Durchschnittserlösfunktion »hinterherläuft«, sie aber nicht erreicht und somit auch kein BEP mehr zustande kommt. Die gesamte Branche wird dann früher oder später notleidend.

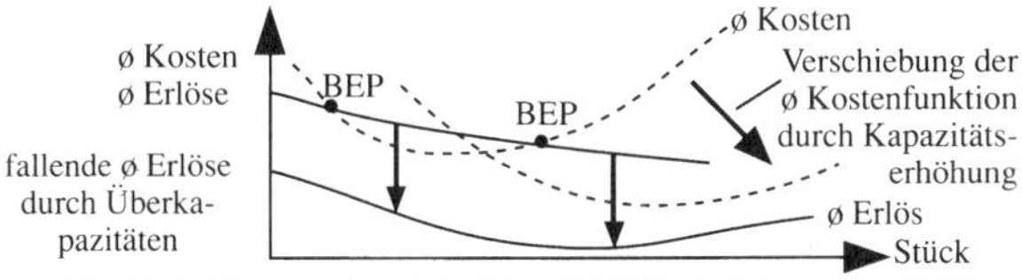

Quelle: Müller, S. 167

Trotz der hinreichend bekannten Umlageprobleme der Vollkostenkalkulation bietet sie beachtliche Vorteile:

- Die Meßlatte, das Anspruchsniveau an die Verkaufsmannschaft, liegt höher.
- Abweichungen zwischen geplanter und realisierter Umsatzstruktur haben weniger schwerwiegende Auswirkungen.

Ohne die Teilkostenrechnung grundsätzlich in Frage stellen zu wollen, muß darauf hingewiesen werden, daß sie als Preisfindungsinstrument nur von sehr erfahrenen, nüchternen Managern verwendet werden sollte (vgl. *Jung* BFuP 27/1975, S. 143–145).

2) **Diversifikation**

137 Aus dem Gesamtkomplex sollen beispielhaft nur jene Strategien herausgegriffen werden, die für Sanierungsfälle relevant sind:

138 **Markttreue Diversifikation** am Beispiel »Head«:
Ursprünglich Ski-Hersteller, nutzte Head seinen Bekanntheitsgrad und seine Marktbeziehungen, um der Zielgruppe seines Produktes (Skiläufer) ein völlig anderes Produkt (Tennisschläger) anzubieten. Die Idee war erfolgreich, weil das Diversifikationsprodukt über bestehende Vertriebskanäle an markenorientierte Verbraucher verkauft werden konnte.

139 **Produktionstreue Diversifikation** am Beispiel »Fischer«:
Fischer-Dübel als Vorläufer-Produkt schufen die fertigungstechnischen Grundlagen für das Diversifikationsprodukt Fischer-Technik (Spielwaren).
Die beim Vorläufer-Produkt gewonnenen Fertigungserfahrungen und ein großer Teil der Investitionen konnten verwendet werden.
Bei beiden Arten der Diversifikation halten sich die Aufwendungen in Grenzen, und es können bereits vorhandene Strukturen, Erfahrungen, Investitionen, Kontakte genutzt werden.
Das Unternehmen muß gleichsam »nur einen Fuß vorsetzen«.
Indessen muß davor gewarnt werden, die Diversifikation als »Rettungsanker« auswerfen zu wollen.
Unternehmen mit endogenen Krisenursachen haben in aller Regel weder die materiellen noch die personellen Ressourcen noch die erforderliche Strukturstabilität, um solche Anstrengungen durchzustehen.
Diversifikationen sind für die Unternehmen mit exogenem Krisenherd geeignete Strategien.

1.4.1.2 Entgeltpolitik

140 In den frühen Entwicklungsstadien in der ökonomischen Theorie galt der Preis als die einzige Variable, mit der sich die Verkaufsmenge beeinflussen lasse.
Je differenzierter die Produkte der Industrie aber wurden, desto geringer wurde der Einfluß des Preises und desto mehr rückten Merkmale wie

- Qualität
- Service,
- Werbung,
- Image, Marke

in den Vordergrund.

141 Im Konsumgüterbereich ist heute der Preis nur noch bei ganz wenigen, nahezu völlig identischen Produkten ohne erkennbaren **»Zusatznutzen«** allein entschei-

dend. »Zusatznutzen« ist jene Produktleistung, die der Konsument neben dem eigentlichen Gebrauchs- oder Verbrauchszweck (»Grundnutzen«) erwirbt. Beispielsweise: Markenappeal, gutes Design, moderne Farben, schicke Verpackung, Gebrauchsimage.
Kaum einen Zusatznutzen erwirbt der Kunde bei Produkten wie Benzin, Heizöl und mit Einschränkung: Salz, Butter, Mineralwasser.

Im **industriellen oder öffentlichen Beschaffungssektor** hat der Preis als Aus- **142** wahlkriterium seine Funktion weitgehend behalten. Dies ist aber überwiegend darauf zurückzuführen, daß die Kunden den gewünschten Leistungsumfang genau definieren und geringes Interesse an Markenappeal und Image zeigen. Der Preis bleibt deshalb als letztes und objektives Entscheidungskriterium in diesem Beschaffungssektor wichtig.

Ohne auf einzelne Marktsektoren einzugehen gilt allgemein: **143**
Preissenkungen führen meist nur zu kurzfristigen Umsatzverbesserungen. Spätestens wenn die Konkurrenz nachzieht – und sie kann dies situationsgemäß besser verkraften als das Krisenunternehmen –, treffen sich alle wieder auf niedrigerem Preisniveau. Da aber nicht, wie von der früheren ökonomischen Theorie dargestellt, sinkende Preise zu verstärkter (Gesamt-)Nachfrage führen, sondern in gesättigten Märkten, wie sie in reifen Volkswirtschaften vorherrschen, nur **Marktanteile verschoben** werden, bleibt die Verkaufsmenge konstant.
Am Schluß erzielen alle Anbieter für ihre konstanten Verkaufsmengen niedrigere Erlöse.
Dies ist eine Entwicklung, die für das Krisenunternehmen tödlich sein kann.
Anders verhält es sich, wenn das preisaggressive Unternehmen aufgrund seiner günstigen Kostenverhältnisse sich das Vorpreschen erlauben kann. In einer solchen Situation befindet sich aber kaum ein Krisenunternehmen.
Anstelle von Preissenkungen empfehlen sich eher:

a) **Produkt- bzw. Leistungsdifferenzierung,** um sich besser von der Konkurrenz **144** abzuheben.
Solche Differenzierungen sind häufig ohne zusätzliche finanzielle Aufwendungen möglich, etwa durch
- Verbesserung der Fertigungsqualität,
- Verkürzung der Lieferzeiten,
- Termintreue,
- Verbesserung des Lieferservice,
- Verbesserung der Kundenbetreuung.

b) **Vorsichtige Preisanhebungen,** die in Sonderfällen sogar die Nachfrage stimu- **145** lieren können, weil:
- die Verbraucher Preiserhöhungen mit Qualitätsverbesserungen identifizieren,
- die Käufer Wert auf »snobappeal« legen, der nur teuren Gütern eigen ist,
- aus einer Preiserhöhung auf rege Nachfrage geschlossen wird, deren Ursache man in der Produktattraktivität vermutet.

Sofern der Mengenabsatz wenigstens gehalten wird, bringt eine Preiserhöhung mindestens eines: mehr Geld in die Kasse.

c) **Strenge Preis- und Konditionenkontrolle**

146 Bei der Suche nach Möglichkeiten zur Gewährung von Preisnachlässen entfaltet ein schlecht geführter Vertriebsapparat eine ungeahnte Phantasie.
Es gibt:
- Grundrabatte
- Zusatzrabatte
- Treuerabatte
- Objektrabatte
- Musterrabatte
- Spitzenrabatte
- Messerabatte
- Eröffnungsrabatte
- Jubiläumsrabatte u.v.m.

Aufgabe der Geschäftsleitung ist es, eine klare, ausgewogene Preispolitik durchzusetzen.
Ausnahmen sind auf ein Minimum zu beschränken und von der Zustimmung der Geschäftsleitung abhängig zu machen.
Von der Preisliste abweichende Preise sind nur zu gestatten bei
- verschiedenen Absatzwegen,
- verschiedenen geographischen Sitz der Kunden oder
- verschiedenen Auftragsgrößen.

147 **Preiszugeständnisse** werden oft skeptisch aufgenommen.
- Man rechnet damit, daß das billigere Produkt bald durch ein anderes oder neues ersetzt wird.
- Man vermutet qualitative Mängel, die zum Absatzrückgang geführt haben und nun zu Zugeständnissen zwingen.
- Man sieht in der Preissenkung die Folge einer bewußten Qualitätsverschlechterung.
- Man argwöhnt, das Unternehmen befinde sich in Schwierigkeiten und die weitere Versorgung, insbesondere mit Ersatzteilen, sei gefährdet.
- Man erwartet, daß der Preissenkung weitere folgen und wartet ab.

d) **Zurückhaltung bei der Kreditgewährung**

148 Kundenkredite kosten nicht nur Zinsen und Liquidität, sie erhöhen insbesondere auch die Forderungsrisiken durch
- Zunahme des Forderungsbestandes,
- Verlängerung des Informationshorizontes und
- Verschiebung des Interventionszeitpunktes.

1.4.1.3 Distributionspolitik

a) **Absatzwege**

149 Die Wahl der Absatzwege eines Unternehmens ist eine entscheidende strategische, langfristig wirksame Entscheidung. Im Rahmen des Krisenmanagements spielt sie wegen ihrer **Wirkungsverzögerung** eine Sonderrolle. Rasche Erfolge sind nicht zu erwarten, aber die Weichen müssen richtig gestellt werden, um die fernere Zukunft des Unternehmens zu sichern. Es können keine Patentrezepte gegeben werden; die Wahl der Absatzwege muß sich folgerichtig aus der Unternehmensphilosophie, dem Zielsystem ergeben.

Deshalb seien ohne Wertung die Teilnehmer an der Absatzfunktion genannt: **150**
Ein Produzent (P) kann seine Produkte absetzen

1) an die Verbraucher oder Verwender (v) unter Einschaltung bestimmter Verkaufsorgane oder -organisationen, deren wirtschaftliche und rechtliche Stellung zum Unternehmen stark differenziert. Hierbei handelt es sich um:
   - Mitglieder der Geschäftsführung (GF)
   - Reisende (RS)
   - Handelsvertreter (HV)
   - regionale Verkaufsniederlassungen und Fabrikfilialen (FF)
   - werksgebundene Unternehmen (WU)
   - Kommissionäre (KO)
   - Verkaufssyndikate (VS)
   - Makler (MA)
2) an den Großhandel (GH) oder an den Einzelhandel (EH) direkt oder unter Einschaltung einer oder mehrerer oben genannter Zwischenstufen.

Das nachfolgende Schaubild 77 zeigt die typischen praxisrelevanten Kombinationen. **151**

Schaubild 77: Schematische Darstellung alternativer Absatzwege

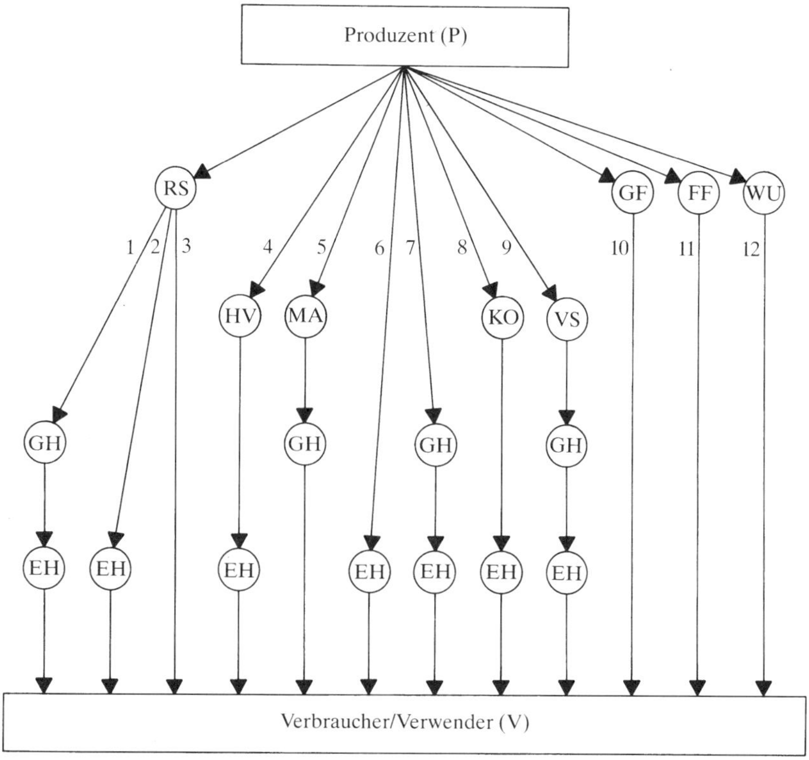

Quelle: Nieschlag/Dichtl/Hörschgen

152 Ohne näher auf das Problem eingehen zu wollen, sind im folgenden einige wichtige Gesichtspunkte aufgezeigt:
- Die Märkte ändern sich ständig. Die heute gebräuchlichen Absatzwege können sich morgen verengen. Eine Strategie für morgen muß am Übermorgen ausgerichtet sein.
- Je näher man an den Endverbraucher herangeht, desto höher werden die erzielbaren Preise. Aber die Zahl der Wettbewerber wächst, weil man in Konkurrenz zu Handelsstufen tritt.
- Exportmärkte bieten oft interessante Möglichkeiten, weil die verschiedenen Volkswirtschaften sich markttechnisch nicht im Gleichschritt befinden. Konjunkturzyklen und Innovationsschübe treten zu verschiedenen Zeitpunkten ein und erlauben daher ein Abkoppeln vom Inlandsmarkt.
- Ebenso wie bei der Verkleinerung des Produktionsprogrammes kann auch der Verzicht (oder die preisliche Diskriminierung) auf Kleinkunden positive Folgen haben. So kann sich die Vertriebsorganisation den interessanten Kunden verstärkt widmen, die Reisezeiten und -strecken des Außendienstes werden kürzer, die administrative Betreuung der Kunden wird intensiver und sorgfältiger. Ausgangsmaterial liefert eine ABC-Analyse der Kunden, eine Einteilung in Kundengrößenklassen.
- Sofern andere Absatzwege beschritten werden sollen, empfiehlt es sich, die Strategien auf Test-, Teil- oder Regionalmärkten zu überprüfen. Regionales Marketing ist einfacher zu planen, schneller und billiger zu realisieren, leichter zu kontrollieren und nur mit einem begrenzten Risiko behaftet.

b) **Physische Distribution der auszuliefernden Produkte**

153 Die physische Produktdistribution hat drei Dimensionen:
- der Zeitraum, innerhalb dessen geliefert wird,
- das Transportmittel, das verwendet wird und
- der Lieferservice, der geboten wird.

1) **Lieferzeitraum**

154 Kurze Lieferzeiten sind zweifellos gute Verkaufsargumente, oft sogar die entscheidenden.

Sie sind in aller Regel aber teuer, wobei die Kosten relativ stärker steigen als die Lieferzeit sinkt.

Die Anforderungen an die Lieferzeiten sind von Branche zu Branche und von Produkt zu Produkt völlig verschieden (Pharma, Bücher, Ersatzteile, Automobile, Möbel).

Allgemein gültige Regeln gibt es mit einer Ausnahme nicht. Die Ausnahme lautet: Termintreue. Ein bestätigter Liefertermin, ob kurz oder lang, muß eingehalten werden. Deshalb ist Terminwahrheit oft wichtiger als kurze Lieferzeiten.

2) **Transportmittel** zur Verteilung der Produkte

155 Für den Kunden ist das Transportmittel für die Produkte meist ohne große Bedeutung.

Anders ist die Interessenlage beim Hersteller:
- Bei zahlreichen, weit verstreuten Anlieferstellen empfiehlt sich der Einsatz von Frachtmittlern (Speditionen, Post, Bahn).

- Bei wenigen Anlieferstellen kurzen Strecken oder transportkritischen Produkten (empfindliche Geräte, verderbliche Waren) arbeitet ein eigener Fuhrpark besser.

Inzwischen gibt es von zahlreichen Beratungsunternehmen Analysepakete zur Optimierung und Rationalisierung der lange Zeit vernachlässigten Logistikfunktionen.
Die Wirtschaftlichkeitsreserven sind nach Praktikererfahrungen größtenteils beachtlich.

3) **Lieferservice** des Lieferanten
Mit Lieferservice sind in diesem Zusammenhang die Zusatzfunktionen des Lie- **156**
feranten bei der Anlieferung gemeint. Sie erlauben eine positive Differenzierung oft ohne großen Aufwand.
Beispielsweise durch:

- telefonische oder schriftliche Mitteilung des genauen Liefertermins kurz vor der Lieferung,
- Ausladen und Austragen der Ware,
- Auspacken und Einräumen der Ware,
- Montage, Installation, Zusammenbau,
- Einweisung, Ingangsetzung,
- Beseitigung des Verpackungsmaterials.

Entscheidend ist meist, mit welcher Motivation, Produktkenntnis und Firmenidentifikation die Fahrer und das andere Lieferpersonal ihre Aufgabe erfüllen.

1.4.1.4 Kommunikationspolitik des Unternehmens

Werbung, Verkaufsförderung und Öffentlichkeitsarbeit sind oft teuer. Ihre Wirk- **157**
samkeit läßt sich kaum messen; eine Erfolgskontrolle ist nur mit großem Zusatzaufwand möglich.
Gerade aber für Krisenunternehmen ist es wichtig, positive Informationen zu geben.
Die Kunden dürfen nicht den Eindruck gewinnen, das Unternehmen »melde sich vom Markt ab«.
Mit der Presse ist ein intensiver, konstruktiver Dialog zu führen. Interviews, Stellungnahmen und Fachartikel der Geschäftsleitung sollten über PR-Berater in die redaktionellen Teile der Zeitungen und Branchenpublikationen gebracht werden. Dieser Weg ist preiswerter und glaubwürdiger als die konventionelle Werbung.
In der schwierigsten Phase ihrer Firmengeschichte, als ständig über den bevorstehenden Zusammenbruch gemutmaßt wurde, schaltete die AEG immer wieder kleine einspaltige und vermutlich preiswerte Anzeigen in die redaktionellen Teile der Tageszeitungen, um über konkrete Verkaufserfolge zu berichten. Das Unternehmen teilte dadurch permanent mit, daß es sich noch mit anderem beschäftigt als mit Krisenkonferenzen. Es rief in Erinnerung, daß das Tagesgeschäft weitergeht, daß weiterhin entwickelt, verkauft, produziert und geliefert wird. Es gelang der AEG, sich als leistungsfähige und zukunftsorientierte Marke in der Erinnerung der Verbraucher und Verwender zu halten.
Die Kommunikationspolitik des Unternehmens umfaßt jedoch auch noch andere Bereiche:

- Kommunikation zwischen den Trägern des Krisenmanagements,

- und die Kommunikation zwischen Unternehmensführung und den von den Maßnahmen zur Krisenbewältigung betroffenen Unternehmensmitgliedern.

158 Nach *Müller* bestehen die **Aufgaben der Kommunikation bei der Krisenbewältigung** darin,
- die informationelle Basis für eine fundierte und zügige Konzipierung und Einführung der Maßnahmen zur Krisenbewältigung durch die unternehmensinternen und -externen Träger des Krisenmanagement zu schaffen,
- den Ausgleich widerstrebender Interessen der einzelnen Konfliktparteien durch einen offenen und sachlichen Informationsaustausch zu erleichtern,
- und Demotivation innerhalb der Unternehmung entgegenzuwirken, sowie das Ansehen der Unternehmung und das Vertrauen in ihre Führung auch in der Umwelt zu wahren.

1.4.2 Die strategische Bearbeitung der Beschaffungsmärkte

159 Hinsichtlich ihrer praktischen Anwendung stehen die strategischen Analysemethoden für die Beschaffungsmärkte – im Gegensatz zu den Absatzmärkten – eher noch im Anfangsstadium.
Eine **Einkaufs-Portfolio-Analyse** kann Strategieansätze aufzeigen, die über eine funktionsbegrenzte Einkaufspolitik hinausgehen. Sie liefert Eckdaten zur Bestimmung der Fertigungstiefe, der Verhandlungsführung mit Lieferanten, der Vertragsgestaltung und der Bestandspolitik.
Im folgenden sollen die Lösungsansätze von *Kraljic* (S. 6 ff.) für das Sanierungsproblem nutzbar gemacht werden.

160 Der **Einsatz strategischer Analysemethoden** und – daraus abgeleitet – die Entwicklung einer Beschaffungsstrategie wird bestimmt
a) vom Anteil der Aufwendungen für Roh-, Hilfs-, Betriebsstoffe, zugekaufte Halbfabrikate und Handelswaren sowie für Lohnarbeiten am Umsatz.
b) von der Variantenanzahl der Einkaufsteile und
c) von der Komplexität des Beschaffungsmarktes.

Zu a)

161 Der **Materialanteil** am Umsatz ist von Branche zu Branche sehr verschieden. Er lag 1987 beim verarbeitenden Gewerbe bei 51 % (*Statistisches Bundesamt,* 1987, S. 6: genau: Anteil des Materialverbrauchs, Einsatzes von Handelswaren und der Kosten für Lohnarbeiten am Bruttoproduktionswert bei Unternehmen mit 20 Beschäftigten und mehr). Als Faustregel kann gelten, daß ein Materialanteil von
- weniger als 35 %

als relativ gering und ein Anteil von
- mehr als 60 %

als sehr hoch angesehen werden kann.
Oberhalb von 40–45 % und einem Einkaufsvolumen von mehr als 10 Mio. DM empfiehlt sich der Einsatz strategischer Analysemethoden in jedem Fall. Aber auch bei geringeren Sätzen kann ein solches Vorgehen wichtige Beiträge zur Unternehmenspolitik leisten.

Zu b)

162 Bei geringer **Variantenzahl** ist die Verwendung der Einkaufs-Portfolio-Matrix relativ leicht möglich, da der erforderliche Analyseumfang beschränkt bleibt.

Schwierig und arbeitsaufwendig ist das Verfahren bei großer Teileanzahl. Hier empfiehlt sich zunächst eine Grobanalyse und beim weiteren Vorgehen eine Beschränkung auf Teilegruppen. Bei der Bildung von Teilegruppen ist nicht auf technische Ähnlichkeit, sondern auf externe Beschaffungsmerkmale – insbesondere Versorgungsrisiken – abzustellen.

Zu c)
Die **Komplexität des Beschaffungsmarktes** wird bestimmt durch die **163**
- Knappheit des Beschaffungsgutes, das
- Tempo des technischen Wandels, den
- Substitionsmöglichkeiten, den
- Eintrittsbarrieren, den
- Logistikbedingungen und den
- Marktverhältnissen (*Kraljic,* S. 7).

Im folgenden werden die von *Kraljic* in erster Linie wohl für Großunternehmen vorgeschlagenen Arbeitsschritte etwas vereinfacht, um auch den Möglichkeiten kleinerer Unternehmen Rechnung zu tragen.

Schaubild 78: 1. Schritt: Klassifizierung

Bedeutung des Einkaufs (Hoch ↑ – Gering ↓)

Kriterien: Materialkosten im Verhältnis zu den Gesamtkosten. Wertschöpfungsprofil. Ergebnisprofil usw.

II. Materialwirtschaft

Beschaffungsschwerpunkt
Hebelprodukte (z.B. Elektromotoren, Heizöl, EDV-Hardware)

Hauptleistungskriterien
Kosten/Preis- und Materialflußmanagement

Typische Bezugsquellen
Eine Vielzahl vorwiegend inländischer Lieferanten

Zeithorizont
Unterschiedlich; typischerweise 12 bis 24 Monate

Einkaufsartikel
Eine Mischung aus Standardprodukten und Sonderbedarf

Angebot
Reichlich

Entscheidungsbefugnis
Überwiegend dezentralisiert

IV. Versorgungsmanagement

Beschaffungsschwerpunkt
Strategische Artikel (z.B. Benzol, Hexamethylen, seltene Metalle, hochwertige Einzelaggregate)

Hauptleistungskriterien
Langfristige Verfügbarkeit

Typische Einkaufsquellen
Etablierte Lieferanten, weltweit

Zeithorizont
Bis zu 10 Jahren; abhängig vom langfristigen strategischen Einfluß (Mischung aus Risiko und vertraglicher Absicherung)

Einkaufsartikel
Seltene und/oder hochwertige Materialien

Angebot
Natürliche Knappheit

Entscheidungsbefugnis
Zentralisiert

I. Einkaufsmanagement

Beschaffungsschwerpunkt
Nichtkritische Artikel (z.B. Stabstahl, Kohle, Büromaterial)

Hauptleistungskriterien
Funktionale Effizienz

Typische Bezugsquellen
Etablierte inländische Lieferanten

Zeithorizont
Begrenzt; normalerweise 12 Monate oder weniger

Einkaufsartikel
Standardprodukte, teilweise Sonderbedarf

Angebot
Reichlich

Entscheidungsbefugnis
Dezentralisiert

III. Bezugsquellenmanagement

Beschaffungsschwerpunkt
Engpaßmaterial (z.B. elektronische Bauteile, Katalysatormaterialien, externe Dienstleistungen)

Hauptleistungskriterien
Kostenmanagement und zuverlässige, kurzfristige Belieferung

Typische Bezugsquellen
Weltweiter Einkauf, vorwiegend neue Lieferanten mit neuen Technologien

Zeithorizont
Unterschiedlich; Ausgleich zwischen Verfügbarkeit und kurzfristiger Flexibilität

Einkaufsartikel
Vorwiegend Sonderbedarf

Angebot
Produktionsbedingte Knappheit

Entscheidungsbefugnis
Dezentralisiert, aber zentral koordiniert

Gering ← → Hoch

Komplexität der Beschaffungsmärkte

Kriterien: Angebot Monopol- oder Oligopolbedingungen, Tempo des technologischen Wandels. Eintrittsbarrieren, Komplexität und Kosten der Logistik usw.

Quelle: Kraljic, S. 8

Schaubild 79: Normstrategien

Beschaffungs-schwerpunkte (Sektoren)	Hauptaufgaben	Erforderliche Informationen	Entscheidungs-ebene
Strategische Artikel	Präzise Bedarfs-prognose, genaue marktforschung, Schaffung langfristiger Beziehungen zu Lieferanten, Ent-scheidungen über Eigenfertigung oder Zukauf, Staffel-verträge, Risikoanalyse, Notfallplanung, Logistik-, Bestands- und Lieferanten-kontrolle	Sehr detaillierte Marktdaten, Informationen über langfristige Angebots- und Bedarfsentwick-lungen, gute Kenntnis des Wettbewerbs, Industrie-Kostenkurven	Oberste Ebene (z.B. Vice-President Einkauf)
Engpaß-artikel	Mengensicherung (wenn notwendig gegen Aufpreis), Lieferanten-kontrolle, Bestandssicherheit, Ausweichpläne	Prognosen über die mittelfristige Entwicklung von Angebot und Nachfrage, sehr gute Marktdaten, Bestandskosten, Erhaltungspläne	Höhe Ebene (z.B. Bereichsleiter)
Hebel-produkte	Ausnutzung der vollen Einkaufs-macht, Lieferantenauswahl, Produktsubstitution, gezielte Preis- und Verhandlungsstrate-gien, Mischung aus Vertragseinkäufen und Einkäufen auf den Spotmärkten, Auftragsmengen-optimierung	Gute Marktdaten, kurz- bis mittel-fristige Bedarfs-planung, exakte Lieferantendaten, Prognose von Preis-entwicklungen und Frachtraten	Mittlere Ebene (z.B. Chefeinkäufer)
Unkritische Artikel	Produktstandardi-sierung, Über-wachung und Optimierung der Auftragsmengen, effiziente Bearbei-tung, Bestands-optimierung	Gute marktüber-sicht, kurzfristige Bedarfsprognosen, optimale Bestands-höhe für wirtschaft-liche Auftrags-größen	Untere Ebene (z.B. Einkäufer)

Quelle: Kraljic, S. 9

Schaubild 80: Bewertungskriterien

Lieferantenmacht	Nachfragemacht
1 Marktgröße im Verhältnis zur Lieferantenkapazität	Einkaufsmenge im Verhältnis zur Kapazität der wichtigsten Produktionseinheiten
2 Marktwachstum im Verhältnis zur Kapazitätsausweitung	Nachfragewachstum im Verhältnis zur Kapazitätsausweitung
3 Kapazitätsauslastung oder Engpaßrisiken	Kapazitätsauslastung der wichtigsten Produktionseinheiten
4 Wettbewerbssituation	Marktanteil im Vergleich zu den wichtigsten Wettbewerbern
5 ROI und/oder ROC	Ergebnisbeiträge der wichtigsten Fertigprodukte
6 Kosten- und Preisstruktur	Kosten- und Preisstruktur
7 Gewinnschwelle	Kosten bei Lieferausfall
8 Besonderheit des Produkts und technologische Stabilität	Möglichkeiten zur Eigenfertigung bzw. Integrationstiefe
9 Eintrittsbarrieren (wegen des erforderlichen Kapitals oder Know-hows)	Eintrittskosten für neue Bezugsquellen im Verhältnis zu den Kosten einer Eigenfertigung
10 Logistische Situation	Logistik

Quelle: Kraljic, S. 10

Schaubild 81: 4. Schritt: Strategische Positionierung

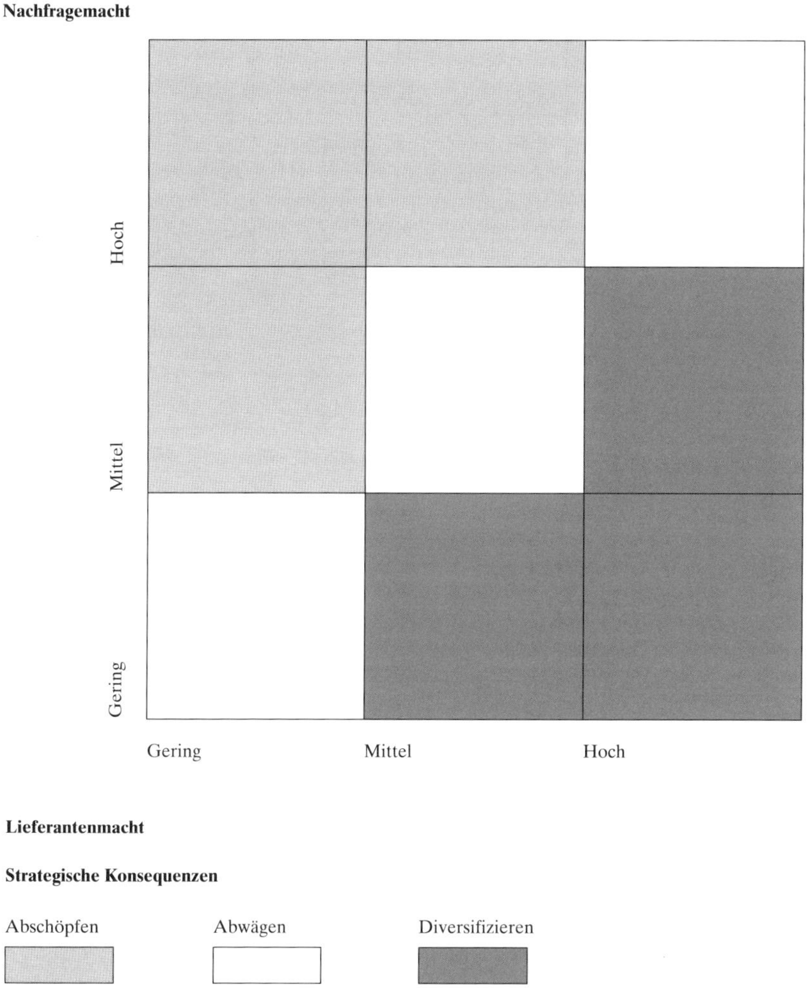

Quelle: Kraljic, S. 11

Schaubild 82: 5. Schritt: Auswahl strategischer Konsequenzen

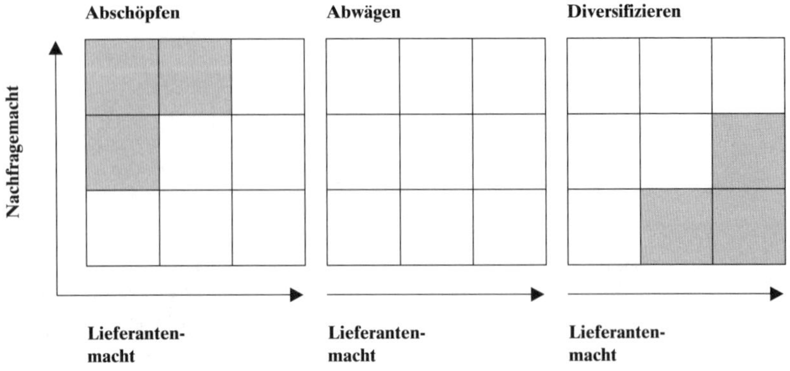

Ansätze	**Handlungsnormen**		
Menge	Verteilen	Beibehalten oder vorsichtig verändern	Zentralisieren
Preis	Reduzierungen erzwingen	Opportunistisch verhandeln	Thema nicht zu sehr betonen
Vertragliche Absicherung	Auf den Spotmärkten kaufen	Gleichermaßen Spotmarktkäufe wie Vertragskäufe	Bedarf über Verträge sichern
Neue Lieferanten	In Kontakt bleiben	Ausgewählte Lieferanten	Intensiv danach suchen
Bestände	Niedrig halten	Bestände als Puffer einsetzen	Bestandspolster aufbauen
Eigenfertigung	Verringern bzw. überhaupt nicht anfangen	Selektiv entscheiden	Verstärken bzw. neu anfangen
Substitution	In Kontakt bleiben	Guten Gelegenheiten nachgehen	Aktiv danach suchen
Wertanalyse	Lieferanten dazu zwingen	Auf selektiver Basis durchführen	Ein eigenes Programm starten
Logistik	Kosten minimieren	Selektiv optimieren	Ausreichende Bestände aufbauen

Quelle: Kraljic, S. 12

1. Schritt: Klassifizierung

Alle Einkaufsteile oder Teilegruppen werden entsprechend ihres Anteiles am gesamten wertmäßigen Einkaufsvolumen und ihres Beschaffungsrisikos in die »Einkaufs-Portfolio-Matrix« eingebracht (Schaubild 78). **164**

- »Hohe Bedeutung des Einkaufs« ist jenen Teilen zu eigen, bei denen das Produkt aus Einkaufsmenge und Einzelpreis hoch ist (die Ergebnisse der in Teil E II 1.1.2 vorgeschlagenen ABC-Analyse sind als Zuordnungsgrößen geeignet).
- »Hohe Komplexität der Beschaffungsmärkte« kennzeichnet jene Teile, deren Beschaffung mit besonderen Risiken verbunden ist.

Das Ergebnis ist die Verteilung aller Einkaufsteile auf vier verschiedene »Sektoren der Einkaufsorganisation«.

2. Schritt: Auswahl der Normstrategien

Im Schaubild 79 sind den »Beschaffungsschwerpunkten« der vier Sektoren die wichtigsten Elemente von Normstrategien (Hauptaufgaben, erforderliche Informationen, Entscheidungsebene) zugeordnet. **165**

Aus diesen Vorschlägen sind die für das Krisenunternehmen geeigneten und realisierbaren auszuwählen. Sie bilden die Grundlage der strategischen Beschaffungspolitik.

3. Schritt: Beschaffungsmarktanalyse der strategischen Artikel

Die als »strategische Artikel« (auf Schaubild 78 in Sektor IV Versorgungsmanagement) identifizierten Einkaufsteile beinhalten die wichtigsten Chancen und Risiken der Beschaffungspolitik. Deshalb setzen dort weitergehende Untersuchungen an. Gegenstand der Analyse sind nun die Beschaffungsquellen, die Lieferanten. Sie werden nach den in Schaubild 80 genannten Bewertungskriterien artikelbezogen untersucht. **166**

Die Ergebnisse sollen zeigen, wie stark Nachfragemacht und Lieferantenmacht bei den einzelnen strategischen Artikeln ausgeprägt sind.

4. Schritt: Strategische Positionierung

Die strategischen Artikel werden entsprechend der ermittelten Nachfrage- und Lieferantenmacht in die »Portfolio-Matrix strategischer Artikel« (Schaubild 81) eingebracht. **167**

Durch abgestufte Tönung sind dort drei Risikokategorien unterschieden.

Je nach Ausprägung von Nachfrage- und Lieferantenmacht (Dominanz der einen oder der anderen oder Gleichgewicht) erfolgt so die Zuordnung zu einer der Risikokategorien, die jeweils unterschiedliche strategische Konsequenzen erfordern.

5. Schritt: Auswahl strategischer Konsequenzen

Die im 4. Schritt gefundenen strategischen Konsequenzen führen zu Handlungsnormen, von denen die wichtigsten im Schaubild 92, geordnet nach beschaffungspolitischen Elementen, dargestellt sind. **168**

1.4.3 Die strategische Beeinflussung des Kosten-/Leistungsverhältnisses

Die Optimierung des Kosten-/Leistungsverhältnisses ist ein Grundproblem des Wirtschaftens. Optimieren heißt, die spezifischen Kosten (ausgedrückt in DM) **169**

pro Leistungseinheit (Stückzahl, Gewichts-, Längen-, Maßeinheit usw.) zu minimieren und/oder das Entgelt (ausgedrückt in DM) pro Leistungseinheit zu maximieren.
Maßnahmen zur Reduzierung der Aufwendungen und zur Steigerung von Umsatz und Erlösen, wie oben beschrieben, dienen diesem Ziel. Im folgenden Abschnitt werden die wichtigsten Möglichkeiten und Wege genannt, um das Kosten-/Leistungsverhältnis im Produktionsbereich zu beeinflussen.

1.4.3.1 Fertigungstiefe, Make-or-buy-Entscheidungen

170 Zur Frage der richtigen Fertigungstiefe wurde bereits oben in E II 1.2.2 Stellung genommen.
Da es sich um ein Problem mit großer strategischer Bedeutung handelt, sind Ergänzungen erforderlich.

a) Nicht nur C- und bestimmte B-Artikel sollten zugekauft werden, sondern auch Neuheiten, sofern sie nicht 5–8 % Umsatzanteil nachhaltig zu erreichen vermögen. Das gilt zumindest für jene Unternehmen, die nicht extrem kapitalintensiv sind und vorhandene Anlagen nutzen können.
b) Kleinere Zuliefererbetriebe sind meist flexibler als große Einheiten. Sie sind eher bereit, auf sehr spezielle Forderungen des Kunden, beispielsweise nach fertigungssynchroner Anlieferung (»Just-in-time«, »Kanban«), einzugehen.

171 Das »Kanban«-System wurde vom führenden japanischen Automobilhersteller, der Toyota Motor Corp., entwickelt. Kanban bedeutet auf deutsch »Karte« oder »Zettel«. Dieser Begriff steht für eine Produktion auf Abruf (Bestellkarte), die im wesentlichen ohne Zwischenlager auskommt. Das Kanban-System wird seit Anfang der 80er Jahre als Vorbild für auf europäische Verhältnisse zugeschnittene hochintegrierte logistische Versorgungsketten, die nicht nur die eigene Unternehmung erfassen, sondern nach Möglichkeit auch Zulieferer und Kunden einbeziehen, diskutiert. Diese zielen nach dem Prinzip der »just-in-time«-Versorgung auf eine weitgehende Verschmelzung der traditionell getrennten Funktionen Einkauf, Bevorratung, Transport, Fertigungssteuerung und Distribution ab. Neben einer drastischen **Bestandsminderung** können dadurch auch die **Durchlaufzeiten** vermindert und der **Lieferservicegrad** erhöht werden (*Müller*, S. 211).

172 c) Die Vorteile von **Typung und Normung** müssen intensiv genutzt werden. Überzogene Differenzierungswünsche von Vertrieb, Entwicklung, Konstruktion sind zurückzuführen. **Standardisierungs- und Baukastensysteme** können oft im eigenen Haus entwickelt werden und treffen auch beim Vertrieb auf Zustimmung.
d) In der Fertigung sollte konsequent beachtet werden, daß maschinelle Ausstattung und Fertigungsmengen in Einklang stehen. Unter Umständen kann es sinnvoll sein, Fertigungsaufträge nach draußen zu vergeben und gleichzeitig andere Teile zurückzuholen, um einen **anlagengerechten Fertigungsfluß** zu schaffen.
e) Erfahrene Produktionsleiter wissen, daß eine Fertigungsmannschaft dann am besten (schnell, genau, sorgfältig) arbeitet, wenn sie unter Leistungsdruck steht. **Beschäftigungslücken führen zu Nachlässigkeit und Produktivitätsrückgang**. U. U. kann es sinnvoll sein, »künstliche« Beschäftigungsmöglichkeiten zu schaffen.

1.4.3.2 Kapazitätsauslastung des Unternehmens

Aus produktionswirtschaftlicher Sicht gibt es drei Möglichkeiten, um einem Nachfragerückgang zu begegnen und die Fertigungskapazität auszulasten (Marketingmaßnahmen ebenso wie Preissenkungen wurden oben beschrieben). **173**

a) **Fertigung auf Lager**

Letztlich ist dies nur eine Notlösung, die nicht lange sinnvoll ist. Weil die Bestände

- finanziert werden müssen, wird sich die Liquidität verschlechtern,
- altern, unmodern werden und hinsichtlich ihrer Zusammensetzung Risiken bergen, entstehen weitere Zukunftsgefahren,
- Lagerplatz benötigen, sind auch physische Grenzen gesetzt.

Im übrigen stehen Kreditgeber solchen notgeborenen Bestandserhöhungen sehr kritisch gegenüber.

b) **Füllaufträge**

Wenn der Blick über die eigene Branche gerichtet wird, können sich interessante, auch langfristig begehbare Wege zeigen. **174**

Einzelschritte (*Hake* in *BddW* vom 13. 1. 1975):

1. Erfassung der unterbeschäftigten Maschinen und Maschinengruppen und Schätzung der erwarteten Stillstandzeiten.
2. Ermittlung der Fremdbranchen, die gleiche oder ähnliche Maschinen und Fertigungsverfahren einsetzen. Hilfestellung leisten die Hersteller der eigenen Maschinen und ggf. Rohstofflieferanten.
3. Auswahl derjenigen Branchen oder Firmen, die gut beschäftigt sind und bei denen die Bereitschaft zur Vergabe von Lohnaufträgen erwartet werden kann.
4. Auswahl der potentiellen Auftraggeber.
5. Angebotserstellung mit Schwerpunkt bei der Beschreibung der technischen Möglichkeiten und der Kapazität.
6. Auswertung der Antworten und Erstellung eines Stärken-/Schwächenprofils.
7. Gezielte Wiederholung.

Dieses Verfahren kann auch als **Einstieg in eine Diversifikationsstrategie** dienen.

c) **Kapazitätseinschränkung**

Manche Unternehmen oder Manager scheuen vor dem Schritt der Kapazitätseinschränkung zurück, weil er oft schwierig durchsetzbar ist. **175**

Dennoch ist dieser »Weg des größten Widerstandes« meist der einzig Richtige.

Das gilt um so mehr, als heute überwiegend »Käufermärkte« anzutreffen sind. Nur wenige Branchen sind in Europa vollbeschäftigt: viele haben Überkapazitäten.

In diesen Branchen ist nicht mit einer baldigen Vollbeschäftigung zu rechnen; die Nachfragelücken bleiben. **Verdrängungswettbewerb** führt nur zu **Preiseinbrüchen**. Auf Dauer muß deshalb die strukturelle Kostenbelastung sinken und die Angebotsmenge zurückgehen. Dies geschieht durch Kapazitätseinschränkungen. Sie müssen zu synchronem Abbau von variablen und fixen Kosten führen; an keiner Stelle des Unternehmens oder der Bilanz dürfen Ungleichgewichte entstehen.

1.4.3.3 Produktionssteuerung, Bestell- und Fertigungslosgrößen

Der Produktionsbereich ist das Hauptanwendungsgebiet der Methoden des **»Operations Research«** in der betrieblichen Praxis (*Müller-Merbach,* S. 505. Auf **176** dieses Werk stützen sich auch die weiteren in Absatz 1.4.3.3 gegebenen Ausführungen).

Mit »Operations Research« wird der Einsatz mathematischer Entscheidungsverfahren zur **Optimierung quantifizierbarer Planungen** bezeichnet.

Leider scheitert der Einsatz solcher Verfahren bei der Lösung betrieblicher Probleme oft an trivialen Einflüssen:

- es fehlt Material, weil Buchbestände und Lagerbestände nicht übereinstimmen,
- eine Maschine fällt aus, die Reparatur verzögert sich,
- Mitarbeiter werden krank usw.

Das Haupthindernis liegt aber vermutlich in Qualifikationsmängeln und fehlender Akzeptanz bei Sachbearbeitern und Vorgesetzten.

177 Dort aber, wo Methoden des Operations Research eingesetzt werden können, lassen sich meist beachtliche Produktivitätsfortschritte erzielen.

An dieser Stelle sei beispielhaft eine der einfachsten und ältesten Entscheidungshilfen erläutert, die Andler-Formel in der Fassung von *Müller-Merbach.*

Die Andler-Formel dient zur Optimierung von **Bestell- oder Fertigungsgrößen**. Sie lautet:

$$X\,opt = \sqrt{\frac{V\,200\,m\,E}{p\,s}}$$

wobei gilt:

X opt	=	optimale Bestell- oder Fertigungsgröße
200	=	konstante Rechengröße, die durch Umformen aus dem durchschnittlichen Lagerbestand, dem Stückpreis und den Kosten des gebundenen Kapitals entstanden ist
m	=	Jahresbedarf in Stück
E	=	bestell- bzw. auftragsfixe Kosten (z.B. fixe Frachtkosten, Administrationslasten einer Bestellung, Rückkosten)
p	=	Kosten des gebundenen Kapitals. Nicht nur Zinsen, sondern auch alle Zusatzkosten sind einzusetzen, 20 % bis 26 % sind realistisch (vgl. Absatz 1.2.3 c). Die Angabe erfolgt in Prozenten.
s	=	Stückpreis

1.4.4 Moderne Ansätze – MRP II

178 Die größtenteils bescheidenen Erfolge der Operations Research-Methoden einerseits und signifikant verbesserte EDV-Möglichkeiten andererseits haben auch in Europa die Aufmerksamkeit auf **integrierte Produktionsplanungssysteme** (PPS) gelenkt.

Mit diesen Systemen wird der vielversprechende Versuch unternommen, die betrieblichen Funktionen und ihre Kapazitäten so zu verknüpfen, daß eine optimale Ressourcenauslastung mit kürzesten Durchlaufzeiten und minimalen Kosten erfolgt. Das zugrundeliegende Konzept – MRP II – wurde von Oliver Wright entwickelt. »MRP« steht für »Manufacturing Ressource Planning«. (Die Ziffer II dient der Unterscheidung von der älteren »Material Requirements Planning«.)

179 Die Implementierung eines MRP-II-Konzeptes ist langwierig und aufwendig. Für Sanierungsfälle ist die Eignung daher begrenzt. Zur Vertiefung: *Wallace.*

2. Heteronome Sanierungsmaßnahmen

»Heteronome Sanierungsmaßnahmen« sind gekennzeichnet durch die **Mitwirkung Außenstehender**. Es handelt sich dabei in erster Linie um Gläubiger, die durch Gewährung von Sanierungskrediten oder durch Erlaß, Stundung oder Umwandlung ihrer Altforderungen zur Herbeiführung des finanziellen Gleichgewichts des Krisenunternehmens beitragen. Aber auch Kunden, Wettbewerber (vor allem bei Bankkrisen) oder öffentliche Körperschaften sind aus privat- oder marktwirtschaftlichen oder ordnungspolitischen Motiven an Sanierungen beteiligt. Ihre Beteiligung beruht auf freiwillig eingegangenen, vertraglich oder gesetzlich begründeten Verpflichtungen. **180**

2.1 Finanzierungshilfen, Fremdbeteiligungen und Sanierungskredite
2.1.1 Finanzierungshilfen der öffentlichen Hände

a) **Bürgschaften zur Absicherung von Sanierungskrediten**

Bürgschaften werden von allen Gebietskörperschaften übernommen. Die größte **181**
Bedeutung haben Landesbürgschaften; der Bund handelt nur subsidiär, wenn
- eine anderweitige Finanzierung des Verfahrens nicht möglich ist,
- ein allgemeines »überregionales volkswirtschaftliches Interesse« besteht und
- das Vorhaben die Finanzkraft des betreffenden Landes überfordert (vgl. *Groß,* S. 677 ff. m.w.N.).

Die **Vergaberichtlinien** für Landesbürgschaften sind länderweise verschieden. Ansprechpartner sind die Wirtschaftsministerien. Das Antragsverfahren erfolgt über die Hausbanken.

Da es sich um behördlich geregelte Verfahrensgänge handelt, sind eine Reihe von Formvorschriften zu beachten und eine Vielzahl von Informationen aufzubereiten.

Je sorgfältiger der Antrag erstellt wird, desto kürzer ist die Bearbeitungszeit und desto besser sind die Erfolgsaussichten.

Entscheidungskriterien sind unter anderem:
- die Qualifikation der obersten Führungsebene,
- das Sanierungskonzept und
- die Unternehmensziele.

Schaubild 83 zeigt beispielhaft das Antrags- und Bewilligungsverfahren des Landes Nordrhein-Westfalen. **182**

Dort wurden durch Runderlaß des Finanzministers vom 31. 5. 1978 »Bürgschaftsrichtlinien des Landes NRW für die Wirtschaft und die freien Berufe« aufgestellt.

Sie sehen unter anderem vor:
- eine Mithaftung der Gesellschafter und
- eine Begrenzung des landesverbürgten Kreditanteils auf das 1,5fache der bankmäßig gesicherten Kredite.

b) **Investitionszulagen**

Investitionszulagen (vgl. Investitionszulagengesetz in der Fassung vom 28. 1. **183**
1986) haben durch die Neufassung des Gesetzes etwas an Bedeutung verloren. Wichtig sind Investitionszulagen nach wie vor

- im früheren Zonenrandgebiet und anderen förderungsbedürftigen Gebieten (§ 1),
- für Forschungs- und Entwicklungsinvestitionen (§ 4),
- für Investitionen auf dem Gebiet der Energieerzeugung und -verteilung zwecks Förderung der Energieeinsparung.

Die Anträge werden bei den zuständigen Finanzämtern gestellt; bei Vorliegen der Voraussetzungen besteht ein gesetzlicher Anspruch auf Gewährung.

c) **Finanzhilfen der Bundesanstalt für Arbeit**

184 Die Bundesanstalt für Arbeit gewährt unter den Voraussetzungen des § 54 AFG **»Eingliederungsbeihilfen«**

- für bestimmte, schwer vermittelbare Arbeitnehmer,
- in strukturschwachen Gebieten,
- nach vollzogenem Arbeitgeberwechsel (Arbeitgeberwechsel liegt vor, wenn
  - der Antrag auf Eröffnung des Konkursverfahrens gestellt oder
  - der Anschlußkonkurs eröffnet ist oder bei
  - Wechsel aller Gesellschaft (vgl. *Groß,* S. 68 ff.)

Ein Rechtsanspruch auf Eingliederungsbeihilfen besteht nicht, die Gewährung liegt im Ermessen der Bundesanstalt für Arbeit.

2.1.2 Steuerliche Entlastungen

a) **Stundung**

185 Die Finanzbehörden (Legaldefinition in § 6 AO) können Ansprüche aus dem Steuerschuldverhältnis ganz oder teilweise stunden, wenn die Einziehung bei Fälligkeit eine erhebliche Härte für den Schuldner bedeuten würde. Die Stundung soll in der Regel nur auf Antrag und gegen Sicherheitsleistung gewährt werden (§ 222 AO).

Die folgenden Angaben beziehen sich alle auf den Erlaß der oberen Finanzbehörden der Länder vom 2. August 1982. Dieser wurde im Bundessteuerblatt unter der Nummer I 1982, 688 veröffentlicht und besitzt bis heute Gültigkeit.

186 **Entscheidungsbefugt** sind (vgl. *Groß,* S. 656 m.w.N.):

- die Finanzämter;
- bei Beträgen bis zu DM 150 000,– einschließlich zeitlich unbegrenzt, höhere Beträge bis zu 6 Monaten;
- die Oberfinanzdirektion, bei Beträgen bis zu DM 400 000,– einschließlich zeitlich unbegrenzt, höhere Beträge bis zu 12 Monaten;
- die obersten Finanzbehörden der Länder bei höheren Beträgen über längere Zeiträume.

Die obersten Finanzbehörden der Länder sind ihrerseits angewiesen, bei Stundungen über DM 400 000,– und für einen Zeitraum von mehr als 12 Monaten die vorherige Zustimmung des Bundesfinanzministers einzuholen.

»Für die Feststellung der Zuständigkeitsgrenzen sind jede Steuerart und jeder Veranlagungszeitraum für sich zu rechnen« (gleichlautende Erlasse der obersten Finanzbehörden der Länder zitiert bei *Groß,* S. 656 Fußn. 23).

187 Für die Dauer einer gewährten Stundung werden **Zinsen** in Höhe von 6 % erhoben. Sie können erlassen werden, »wenn ihre Erhebung nach Lage des einzelnen Falles unbillig wäre« (§§ 234, 238 AO).

Schaubild 83: Antrags- und Bewilligungsverfahren des Landes Nordrhein-Westfalen

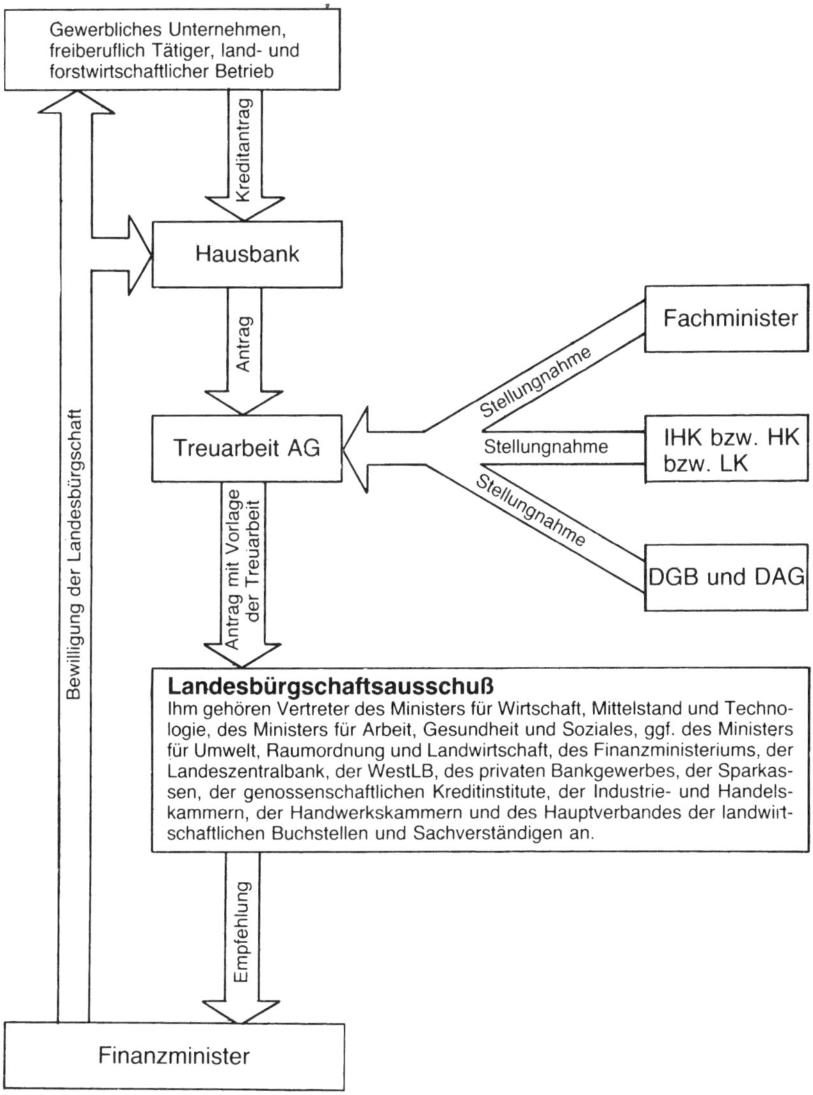

Quelle: Der Finanzminister des Landes Nordrhein-Westfalen, Presse- und Informationsreferat. »Der Finanzminister informiert«, Heft 46

188 Über den Stundungsantrag entscheiden die Finanzbehörden im pflichtmäßigen Ermessen.
Voraussetzungen sind,
daß die Einziehung eine erhebliche Härte bedeutet (ist im Falle von Liquiditätsproblemen in der Regel gegeben) und der Schuldner **»stundungswürdig«** ist (stundungswürdig ist nur, wer »zum Fälligkeitszeitpunkt aus einem von ihm zu vertretenden Grunde weder über die erforderlichen Mittel verfügt, noch in der Lage ist, sich diese Mittel auf zumutbare Weise zu beschaffen«).
Die Forderung, daß die Stundung »in der Regel nur gegen Sicherheitsleistung« gewährt werden soll, wird in der Praxis kaum je erfüllt, weil die Schuldner im allgemeinen keine freien Sicherheiten mehr besitzen (vgl. *Groß,* S. 657 f.).
Abwälzbare Steuern und Abzugssteuern (insbesondere Umsatz- und Lohnsteuer) sind nach h.M. nicht stundungsfähig.

b) **Vollstreckungsaufschub**

189 Der Vollstreckungsaufschub gemäß § 258 AO hat für den Steuerschuldner eine ähnliche Wirkung wie eine Steuerstundung (vgl. auch zu den folgenden Ausführungen *Groß,* S. 658 ff.). Allerdings wird die Fälligkeit der Steuerschuld nicht verändert und die Säumniszuschläge sind mit einem Prozent pro Monat doppelt so hoch wie die Stundungszinsen nach §§ 234, 238 AO.
Auch der Vollstreckungsaufschub ist Ergebnis einer Ermessensentscheidung, die Voraussetzungen sind aber weniger streng als bei der Stundung.

c) **Steuererlaß**

190 Gemäß § 227 AO können die Finanzbehörden »Ansprüche aus dem Steuerschuldverhältnis ganz oder zum Teil erlassen, wenn deren Einziehung nach Lage des einzelnen Falles unbillig wäre; unter den gleichen Voraussetzungen können bereits entrichtete Beträge erstattet oder angerechnet werden«.
Entscheidungsbefugt sind (vgl. *Groß,* S. 661 ff.):
- die Finanzämter bis zu DM 30 000,–,
- die Oberfinanzdirektion bis zu DM 150 000,–,
- die obersten Finanzbehörden über höhere Beträge.

Bei Erlassen über mehr als DM 150 000,– sind die obersten Finanzbehörden angewiesen, die Zustimmung des Bundesfinanzministers einzuholen.

191 Es handelt sich um keine reine Ermessensentscheidung, da der unbestimmte Rechtsbegriff »unbillig« mit einem Ermessenstatbestand gekoppelt ist. Die Entscheidung der Finanzbehörde kann gerichtlich überprüft werden.
Unbilligkeit wird vermutet, wenn »durch die Zahlung von Steuern die Fortführung des Unternehmens erheblich gefährdet wird« (*Potthoff* in *Büschgen,* S. 1566).

192 Im übrigen haben sich aus der umfangreichen Literatur und Rechtsprechung zwei Merkmale herausgebildet, die allgemein als Voraussetzungen für das Vorliegen des Unbilligkeitstatbestandes gelten (vgl. auch zu den folgenden Ausführungen *Groß,* S. 661 ff. m.w.N.):
- **Erlaßbedürftigkeit** wird nach der BFH-Rechtsprechung vermutet, wenn bei Ablehnung des Steuererlasses die wirtschaftliche Existenz des Steuerpflichtigen gefährdet ist.
  Obwohl volkswirtschaftliche und arbeitsmarktpolitische Gesichtspunkte keine unmittelbare Bedeutung für die Frage der Unbilligkeit im Falle des be-

treffenden Steuerpflichtigen haben, gewinnen diese Gesichtspunkte im Zeichen hoher Arbeitslosigkeit immer mehr an Gewicht. Entsprechend steigt der öffentliche Druck auf die Finanzbehörden, Sanierungsmaßnahmen durch Steuererlasse nach der Unbilligkeitsregel des § 227 AO zu flankieren.

- **Erlaßwürdigkeit** ist die zur Stundungswürdigkeit (vgl. *Groß,* S. 664 ff. m.w.N.) analoge Voraussetzung.
  »Unsachgemäße Geschäftsführung, die auf unvollkommenen kaufmännischen Fähigkeiten oder mangelhafter Geschäftserfahrung beruht, schließt die Erlaßwürdigkeit nicht aus« (vgl. *Groß,* S. 664 Fußn. 88).

d) **Abweichende Steuerfestsetzung**

In § 163 Abs. 1 AO heißt es: »Steuern können niedriger festgesetzt werden, und einzelne Besteuerungsgrundlagen, die die Steuern erhöhen, können bei der Festsetzung der Steuer unberücksichtigt bleiben, wenn die Erhebung der Steuer nach Lage des einzelnen Falles unbillig wäre.« **193**

Die Anwendung dieser Regel kommt im Ergebnis einem Steuererlaß gleich. Hinsichtlich der »Unbilligkeit« gelten die gleichen Grundsätze wie für den Steuererlaß.

Weiter heißt es in § 163 Abs. 1 AO:

»Mit Zustimmung des Steuerpflichtigen kann bei Steuern vom Einkommen zugelassen werden, daß einzelne Besteuerungsgrundlagen, soweit sie die Steuer erhöhen, bei der Steuerfestsetzung erst zu einer späteren Zeit und, soweit sie die Steuern mindern, schon zu einer früheren Zeit berücksichtigt werden.«

Entscheidungsbefugt sind **194**

- die Finanzämter bis zu DM 60 000,–,
- die Oberfinanzdirektionen bis zu DM 300 000,–,
- die obersten Finanzbehörden über höhere Beträge.

Die zeitverschobene Berücksichtigung von Besteuerungsgrundlagen hat »im Ergebnis stundungsartigen Charakter« (*Tipke-Kruse,* zitiert bei *Groß,* S. 665).

2.1.3 Kapitalbeteiligungsgesellschaften

In der Bundesrepublik gab es Anfang 1985 25 Kapitalbeteiligungsgesellschaften. Diese Unternehmen sehen sich nicht in erster Linie als Sanierer und lehnen solche Beteiligungen meist ab. Ausnahmen sind möglich, wenn das Krisenunternehmen allein an Liquiditätsproblemen leidet, die Ertragssituation aber zufriedenstellend ist oder in einer Verlustsituation ausgezeichnete Sanierungschancen bestehen. Die Kontakte zu Kapitalbeteiligungsgesellschaften werden durch die Hausbanken vermittelt. **195**

2.1.4 Beteiligung neuer Gesellschafter

Für Krisenunternehmen ist es in der Regel schwierig, neue Gesellschafter zu gewinnen. **196**

Meist genügt es nicht, den Neugesellschaftern besondere Vorrechte einzuräumen (vgl. Teil E II. 1.1.1 a), sondern es bedarf spezifischer Merkmale, um das Krisenunternehmen attraktiver erscheinen zu lassen.

Zum Beispiel:

- eine zukunftsträchtige Produktpalette
- ein hoher, positiver Bekanntheitsgrad
- Patente, Lizenzen mit Zukunftspotential

– ein leistungsfähiger Vertriebsapparat
– spekulativ interessante Immobilien.

Eine Ausnahme bilden Krisenunternehmen, die lediglich Liquiditätsprobleme haben, deren Ertragssituation aber wenigstens befriedigend ist. Für sie stellt die Suche nach neuen Gesellschaftern in der Regel kein unüberwindliches Hindernis dar.

197 Banken kommen als Neugesellschafter nur in Frage, wenn es darum geht, ihre Darlehen in Haftungskapital umzuwandeln. Ausnahmen bilden solche Sanierungsfälle, bei denen »ohne ein bestehendes Engagement« eine Mitwirkung angezeigt ist, weil »übergeordnete Gesichtspunkte, z.B. die Wahrung des Vertrauens der Anleger in den Bankenapparat, einen Einsatz erfordern« (*Die Bank* 1977 Nr. 6, S. 5). Beispiele sind Gerling-Herstatt und die SMH-Bank.

Da die Umwandlung von Fremdkapital in Haftungskapital im nachfolgenden erläutert wird, braucht an dieser Stelle nicht weiter darauf eingegangen zu werden.

198 Statt dessen sind die Motive von Neugesellschaftern darzustellen, um die **»Partnersuche«** gezielt durchführen zu können.

a) **Motive für die Beteiligung von Neugesellschaftern** (Die folgenden Ausführungen stützen sich teilweise auf *Groß,* S. 118–130.)

Im folgenden werden nur erwerbswirtschaftliche Motive für eine Beteiligung erläutert, arbeitsmarkt- und strukturpolitische Gründe bleiben außer Betracht. Außerdem werden Motive persönlicher Art, etwa als Frage persönlichen Macht- oder Prestigestrebens, vernachlässigt.

Damit reduzieren sich die Motive auf die Absicht, durch Ausnutzen von **Verbundeffekten (Synergien)** wirtschaftliche Vorteile zu erzielen. Synergien treten auf als

– Management-Synergien,
– absatzwirtschaftliche Synergien,
– leistungswirtschaftliche Synergien und
– finanzwirtschaftliche Synergien.

Sie können sowohl positive als auch negative Wirkungen entfalten. Für die Darstellung der Motive sind an dieser Stelle nur die positiven Wirkungen relevant. Im einzelnen:

199 **Management-Synergien** treten auf, wenn beim Neugesellschafter (oder in Ausnahmefällen auch beim Krisenunternehmen) Managementkapazitäten vorhanden und nutzbar sind, die beim anderen Teil gebraucht werden. Häufig ist dies der Fall, wenn der Neugesellschafter gleichartige oder ähnliche Managementprobleme, wie sie beim Krisenunternehmen vorliegen, bereits kennt oder gelöst hat. Dies trifft üblicherweise zu, wenn die Unternehmen sich auf denselben Absatz- oder Beschaffungsmärkten bewegen. Management-Synergien sind kurzfristig wirksame Effekte, die gute Voraussetzungen zum Erkennen, Aufgreifen und Lösen der Sanierungsaufgaben bieten.

200 **Absatzwirtschaftliche Synergien** entstehen, wenn beide Unternehmen sich auf denselben Absatzmärkten behaupten müssen und die Produktpaletten oder Vertriebs-, Logistik- und Kundendienstorganisationen sich sinnvoll ergänzen. Unter anderen Vorzeichen können Kostenvorteile entstehen, wenn ein Werbeverbund oder eine gemeinsame absatzwirtschaftliche Organisation gebildet werden kann. Sofern die Marktverhältnisse es zulassen, kann auf diese Weise oft eine ganze Vertriebsorganisation eingespart werden.

Leistungswirtschaftliche Synergien ergeben sich bei Konzentration der beiden Seiten auf die jeweiligen Fertigungsschwerpunkte. Durch gemeinsame Entwicklungen, größere Losgrößen, Beseitigung von Engpässen oder Leerkapazitäten, Bündelung und Austausch von Know-how kann insgesamt ein besseres Kosten-/Leistungsverhältnis erzielt werden. Beschaffungsmärkte sind durch Zusammenfassung von Einkaufsmengen oft besser zu bearbeiten, was letztlich zu günstigeren Beschaffungsbedingungen führen muß. **201**

Finanzwirtschaftliche Synergien wirken am schnellsten. Dies gilt insbesondere, wenn der Neugesellschafter über eine ausreichende Barliquidität verfügt, um teure Kontokorrentkredite zurückzuzahlen, Wechsel durch Scheckzahlungen abzulösen und zur Skontierung zurückzukehren, die bei Krisenunternehmen in der Regel nicht (mehr) praktiziert wird.

Gleichzeitig wird die Bonität des Krisenunternehmens wiederhergestellt. Positive Folgen einer Befreiung von Liquiditätssorgen sind in fast allen Unternehmensbereichen zu erkennen und können weitere Synergien auslassen.

Beispielsweise kann ein aufwendiges und daher teures Liquiditätsmanagement zurückgeführt werden, können Rationalisierungsinvestitionen durchgeführt werden und kann die Absatzmarktbearbeitung wieder an den zu lösenden Aufgaben und nicht in erster Linie an der knappen Liquiditätsdecke ausgerichtet werden.

Zur Gruppe der finanzwirtschaftlichen Synergien zählen auch die **»Sanierungsrücklagen«** (geregelt in § 6 d EStG in der Fassung vom 7. 9. 1990). Für einen begrenzten Zeitraum hat der Gesetzgeber steuerliche Vorteile jenen Unternehmen angeboten, die eine Kapitalanlage vornehmen, die geeignet ist, »den Fortbestand eines Betriebes, Teilbetriebes oder einer Betriebsstätte zu sichern«, die »stillgelegt oder von der Stillegung bedroht war«.

Die wichtigsten weiteren Voraussetzungen für die Bildung einer befristeten Sanierungsrücklage sind: **202**

- Der (Kapitalanlage-)Vertrag oder gleichstehende Rechtsakt muß nach dem 30. 9. 1982 oder vor dem 1. 1. 1987 abgeschlossen sein.
- Es handelt sich um eine Kapitalanlage im Sinne des § 6 d Abs. 1 EStG.
- Bestehende Dauerarbeitsplätze werden nachhaltig gesichert.
- Die Kapitalanlage ist wettbewerbsrechtlich unbedenklich.
- Das (steuerpflichtige) Unternehmen hatte im Wirtschaftsjahr, das vor dem Erwerb der Kapitalanlage endete, weniger als 200 Millionen DM Umsatz.
- Der Steuerpflichtige ermittelt den Gewinn nach § 4 Abs. 1 oder § 5 EStG. Die Gewinnermittlung erfolgt durch Vermögensvergleich. Über § 8 Abs. 2 KStG trifft dies für alle Kapitalgesellschaften zu.
- Das Maßgeblichkeitsprinzip der Handelsbilanz für die Steuerbilanz wird beachtet.

Die Rücklage kann in Höhe von 30 % der Anschaffungskosten der Kapitalanlage gebildet werden. Falls der Umsatz des Steuerpflichtigen weniger als 50 Millionen DM betragen hat, erhöht sich der Prozentsatz auf 40. Spätestens vom sechsten Jahr nach ihrer Bildung ist die Rücklage mit mindestens 20 % pro Jahr gewinnerhöhend aufzulösen.

b) **Partnersuche**

203 Eine gezielte Partnersuche muß sorgfältig vorbereitet und ausgeführt werden. Leider wird sie häufig zu spät eingeleitet, so daß das Krisenunternehmen unter Zeitdruck steht und die Suche von lückenhaften Unterlagen, Daten und Informationen sowie von Hast geprägt ist.

204 **Zielgerichtetes Suchen läuft in fünf Schritten ab:**

1. Die eigenen Zielvorstellungen werden definiert. (Nachdem die Analyse der Krisensituation durchgeführt ist, vgl. Teil C.)
   Klarheit muß herrschen über die erwünschte
   - Beteiligungsquote, -höhe und -form,
   - Kapitalzuführung,
   - Mitwirkung an der Unternehmensführung,
   - Integration der Unternehmen,
   - Mitwirkung an der Unternehmensführung.
2. Das Anforderungsprofil des neuen Gesellschafters muß definiert werden. Wesentliche Punkte sind:
   - Größe,
   - Rechtsform,
   - Produktionsprogramm,
   - Betriebs- und Fertigungsstrukturen,
   - Standort.
3. Das eigene Unternehmensprofil wird objektiv mit allen wesentlichen und interessanten Merkmalen dargestellt.
4. Die in Frage kommenden Partner werden ermittelt. Dabei leisten Firmenmakler wertvolle Dienste, weil sie in der Regel Kaufinteressenten vorhalten.
5. Interessenten werden selektiert (sofern überhaupt Auswahl besteht) und die Kontakte möglichst unter Beteiligung seriöser Gesprächsbegleiter (Banken, höhere Beamte aus dem Wirtschaftsministerium, renommierter Firmenmakler u.a.) aufgenommen.

2.1.5 Patronatserklärungen

205 Patronatserklärungen sind bürgschaftsähnliche Erklärungen Dritter, die auf eine Verbesserung der Kreditwürdigkeit des Schuldners abzielen.
Ursprünglich wurde der Begriff nur verwendet für Erklärungen von Konzerngesellschaften zugunsten ihrer Töchter (*Geiger* in *Christians,* S. 13 f.).
Inzwischen zählen zu den Patronatserklärungen (i.w.S.) unter anderem (*Krystek,* S. 231 f. m.w.N.):

- Rangrücktritte von Gläubigern bezüglicher ihrer Forderungen,
- Ausstattungs- oder Liquiditätsgarantien Dritter,
- Verpflichtungen Dritter, zukünftig Sicherheit zu stellen,
- Abkaufsverpflichtungen.

2.1.6 Sanierungskredite

206 Sanierungskredite, Kredite also, die von Gläubigern in Kenntnis und zur Durchführung wirtschaftlicher Sanierungsmaßnahmen gewährt werden, sind Gegenstand eines seit Jahren geführten heftigen Meinungsstreites. Vereinfacht ausgedrückt geht es um zwei entgegengesetzt wirkende Fragen:

a) Sind die Kreditinstitute (namentlich die Hausbanken) aufgrund ihrer öffentlich-rechtlichen Funktion oder wegen besonderer Treuebindungen zur Gewährung von Sanierungskrediten verpflichtet?
b) Muß dem Kreditgeber von der Gewährung von Sanierungskrediten wegen der unübersehbaren, über den Forderungsverlust hinausgehenden Risiken dringend abgeraten werden?

Die beiden Fragen verdeutlichen den Zwiespalt, in dem sich insbesondere die Hausbank des Schuldners befindet (*Rümker* meint, daß sich ein Kreditinstitut in der Situation befinde, »zwischen Scylla und Charybdis wählen zu müssen«; zitiert bei *Uhlenbruck,* S. 104).

Zu a)

Die Diskussion um eine mögliche zwingende Verpflichtung der Bank des Schuldners zur Deckung des »unerläßlichen, kurzfristigen Liquiditätsbedarfes« entzündete sich Ende der siebziger Jahre an einem Urteil der Handelskammer der Cour de cassation, Paris (*Obermüller,* S. 337 m.w.N.). **207**
Sie ist bis heute nicht abgeschlossen, die Rechtsprechung hat der »besonderen Konfliktsituation« (*Uhlenbruck,* S. 104) noch nicht Rechnung getragen.
Überwiegend wird in der Literatur das Bestehen einer rechtlichen Verpflichtung verneint (vgl. *Uhlenbruck,* S. 103–105; *Wolff,* S. 671; jeweils mit zahlreichen weiteren Nachweisen).

Uhlenbruck (S. 110 f.) nennt mit Blick auf die dort bezeichnete Literatur vier »festumrissene Tatbestände, aufgrund derer ein Kreditinstitut verpflichtet sein kann, Sanierungskredite zu gewähren«: **208**

1. Die Zusage von Sanierungskrediten
   Mit Ausnahme der lediglich zur Liquiditätssicherung zugesagten und aufgrund einer Prüfung der Sanierungschancen fragwürdig gewordenen Kredite besteht die Verpflichtung ohne Rücksicht auf eintretende Vermögensverschlechterungen.
2. Sehr starke wirtschaftliche Abhängigkeit des Kreditsuchenden von seiner Hausbank insbesondere dann, wenn die Abhängigkeit auf Veranlassung der Bank entstanden ist.
3. Vorhandensein eines vom Kreditinstitut geschaffenen Vertrauenstatbestandes.
4. Duldung eines vertragswidrigen Verhaltens des Kreditnehmers. Konkret: Der Verzicht des Kreditinstitutes auf fristlose Kündigung des Kredites führt zum Wegfall des Kündigungsrechtes.

Sanierungsbeteiligten ist die Verfolgung des weiteren Fortgangs der Diskussion und der Entwicklung der Rechtsprechung zu empfehlen.

Zu b)

Die unter b) formulierte Frage, ob den Kreditgebern von der Hingabe von Sanierungskrediten abgeraten werden muß, wird von namhaften Kennern des Insolvenzrechts bejaht oder sehr eingehend mit zustimmender Tendenz diskutiert (vgl. *Goldbeck/Gauer,* S. 61–63; *Uhlenbruck,* S. 673; für Fortführungsgesellschaften *Wolff,* S. 669 ff.). **209**
Wie oben erwähnt, befinden sich insbesondere die Kreditinstitute in einer schwierigen Entscheidungssituation.

»Die Frage, wann und inwieweit eine Bank, die ein in Schwierigkeiten geratenes Unternehmen durch (gesicherte) Kredite stützt, sich gegenüber anderen Gläubigern haftbar machen kann, gehört zu den schwierigsten Fragen des Bankrechts« (*Coing*, zitiert bei *Uhlenbruch*, S. 109).

210 Stichwortartig werden im folgenden die **Risiken der Kreditgewährung, -belastung und -sicherung** aufgezeigt:

1. **Konkursantrag** gegen den Bankkunden

210 a Eine Verpflichtung zur Antragstellung durch das Kreditinstitut ist auch bei hohem Informationsstand nicht erkennbar. Unter Beachtung des Rechtsberatungsmißbrauchsgesetzes ist die Bank in der Regel aber ein Gesprächspartner, der dem Schuldner helfen kann, den richtigen Zeitpunkt zur Stellung des Konkurs- oder Vergleichsantrages zu treffen.

2. **Kreditkündigung** wegen wirtschaftlicher Notlage

210 b Eine grundsätzliche Beschränkung des Kündigungsrechtes der Bank ist nicht gegeben. Allerdings gibt es einen allgemeinen Rechtsgrundsatz, wonach die Kündigung zur Unzeit eine Schadensersatzpflicht der Bank auslösen kann.

3. **Nachträgliche Kreditsicherung**

211 Die nachträgliche Besicherung eines ungesicherten Kredites nach Eintritt der Konkursreife verstößt gegen die guten Sitten, wenn dem Kreditgeber dadurch zu Lasten der anderen Gläubiger Sondervorteile erwachsen.

4. **Prüfungspflichten** bei der Kreditgewährung

211 a Zur Vermeidung des Tatbestandes der Konkursverschleppung muß der Kreditgeber bestimmte, aus Rechtsprechung und Literatur entwickelte Prüfungspflichten beachten.

5. **Knebelung, Aussaugung, Stille Geschäftsinhaberschaft**

212 Die rechtlichen Grenzen der Einflußnahme werden durch sittenwidriges Handeln dann überschritten, wenn als deren Folge Chancen und Risiken unausgewogen verteilt sind. Dies ist der Fall, wenn »der ganze Gewinn dem Sicherungsnehmer zufließt, ein etwaiger Verlust aber von ihm nicht getragen und jede Haftung für die Geschäftsschulden auch bei fehlender Deckung von ihm abgelehnt wird« (zitiert bei *Groß*).

Gleiches gilt, wenn der Umfang der Kreditsicherheiten den Kreditnehmer lähmt, ihn seiner Verfügungsgewalt gänzlich beraubt, seine Bewegungsfreiheit so einengt und sein Unternehmen aussaugt mit der Folge des Konkurses zum Schaden anderer Gläubiger.

Zur Klärung von Einzelfragen wird auf die Spezialliteratur verwiesen (beispielsweise *Uhlenbruck* 1983, S. 103–127; *Obermüller* 1972 und 1980, S. 337–344; *Groß,* S. 237 ff.; *Wolff,* S. 669–676; *Büschgen* in *HWF* 1976, S. 492–504; *Hielscher,* S. 308–315).

2.2 Außergerichtliche, vergleichsähnliche Vereinbarungen

2.2.1 Allgemeines

213 Außergerichtliche, vergleichsähnliche Vereinbarungen erfolgen auf freiwilliger Basis. Keinem Beteiligten können gegen seinen Willen Pflichten auferlegt oder Rechte aberkannt werden. Es gelten die Grundsätze der Vertragsfreiheit.

Der Begriff »vergleichsähnliche Vereinbarungen« wird verwendet, um auch Einzelvereinbarungen zu erfassen. Wenn mehrere solcher Einzelvereinbarungen, insbesondere mit verschiedenen Gläubigern, zustande kommen, ist es üblich, vom **»außergerichtlichen Vergleich«** zu sprechen.
Der außergerichtliche Vergleich ist im allgemeinen Sprachgebrauch gekennzeichnet durch:
- ein Bündel von Sanierungsmaßnahmen,
- die Beteiligung mehrerer Gläubiger und
- eine abgestimmte zielgerichtete Sanierungsstrategie.

Die Abgrenzung zwischen **214**
a) »außergerichtlichen, vergleichsähnlichen Vereinbarungen«
und
b) »außergerichtlichem Vergleich«
ist erforderlich, weil für a) die Grundsätze der Vertragsfreiheit uneingeschränkt gelten (unter Beachtung der allgemeinen Rechtsregeln, wie z.B. § 138 BGB), während sich für b) aus Rechtsprechung und Literatur gewisse Regeln entwickelt haben. (Die grundlegende Arbeit hat *Künne* verfaßt. »Sein Werk entwickelt für außergerichtliche Sanierungsverfahren eine Systematik ähnlichen Niveaus wie die VglO für gerichtliche Verfahren«, *Groß,* S. 499).

- Zur Sicherstellung einer »sachgerechten und rechtlich wie moralisch unanfechtbaren Durchführung« (*WP-Hdb.* 1985, S. 1491) sollte ein qualifizierter und integrer Treuhänder oder Vergleichsberater bestellt werden. **215**
- »Eine außergerichtliche Sanierung ohne juristische Beratung ist weitgehend hoffnungslos« (*Uhlenbruck,* S. 159).
- Der außergerichtliche Vergleich sollte auf einem realistischen und geschlossenen Sanierungsplan basieren, alle Einzelmaßnahmen sind klar und verständlich vorzubereiten, durchzuführen und zu dokumentieren.
- Anstelle des Grundsatzes der gleichmäßigen Befriedigung gemäß § 8 VglO beim gerichtlichen Vergleich tritt im außergerichtlichen Vergleich der »modifizierte Gleichbehandlungsgrundsatz«.

Die Gewährung von Sondervorteilen an einzelne Gläubiger ist zulässig. »Der einzelne Gläubiger kann aber vom Vergleich zurücktreten, wenn er seine Zustimmung nur auf die berechtigte Erwartung gestützt hat, alle anderen Gläubiger würden in gleicher Weise Opfer bringen müssen . . .«.
»Die volle Befriedigung von Kleingläubigern bis etwa 10 % der Gesamtforderungen ist rechtlich unbedenklich.« (*Uhlenbruck,* S. 160)

Die im folgenden beschriebenen Vereinbarungen können einzeln getroffen werden oder Teil eines außergerichtlichen Vergleichs sein. **216**
Meist werden verschiedene Verfahren zur finanziellen Entlastung des Schuldners kombiniert.
Beispiele:
- **Stundungsabrede mit teilweisem Schulderlaß**
  Die Gläubiger erlassen einen Teil ihrer Forderungen und erhalten den Rest zu einem späteren Zeitpunkt in mehreren Raten.
- **Stundungsabrede, teilweiser Schulderlaß und Besserungsscheine**
  Wie oben, mit der zusätzlichen Verpflichtung des Schuldners, bei Eintritt günstiger wirtschaftlicher Bedingungen weitere Zahlungen zu leisten.

– **Abgestufte Schulderlasse**
  Kleingläubiger werden voll befriedigt, andere Gläubiger stunden oder erlassen die Schuld oder einen Teil davon.

217 Außergerichtliche Vergleiche können für die Beteiligten Vor- und Nachteile mit sich bringen.
Goldbeck/Gauer (S. 70 f.) weist auf die **Gefahren** hin:
– die »bevorzugte oder einseitige Gläubigerbefriedigung« (*Uhlenbruck,* S. 160: »Wer am härtesten pokert, erhält am meisten. Verweist der Schuldner auf den Gleichbehandlungsgrundsatz, so ist er auf die Möglichkeit hinzuweisen, entweder die Forderung über einen Dritten ›abzukaufen‹ oder die Forderung im Vermögen eines Dritten abzusichern bzw. erhöhte Zahlungen durch Dritte leisten zu lassen.«),
– die »Ausmergelung der Masse«,
– der Zeitverlust, der beim Scheitern von außergerichtlichen Vergleichsversuchen auch den gerichtlichen Vergleich verhindert,
– strafrechtliche Verfolgung und bürgerlich-rechtliche Haftung des Unternehmens aufgrund von §§ 138, 826 BGB, insbesondere mit der Konsequenz der »Durchgriffshaftung«.

218 Weitere **Nachteile** sind:
– Vereinbarungen müssen mit allen Gläubigern einzeln getroffen werden. Jeder einzelne Gläubiger kann sich querlegen (»Einzelne Zugeständnisse an Vergleichsstörer zur Erreichung des Gesamtzieles sind erfahrungsgemäß unvermeidbar.« *WP-Hdb.* 1985, S. 1492); *Uhlenbruck,* S. 675, Fn. 75, erwähnt den Aufkauf von Forderungen über »Strohmänner« und rät zu einem solchen Vergleich, »wenn die Voraussetzungen für das gerichtliche Vergleichsverfahren nicht vorliegen«.
– Vollstreckungsschutz ist nur nach allgemeinen Vollstreckungsregeln zu erlangen, es gibt keine umfassend wirkende Abwehr.

219 **Vorteile** des außergerichtlichen Vergleichs sind (vgl. *WP-Hdb.* 1985, S. 1492; *Künne/Groß,* S. 489–498):
– geringere Kosten,
– größere Diskretion,
– keine Mindestbedingungen hinsichtlich Ausschüttungshöhe und -frist,
– kein Erfordernis der Vergleichswürdigkeit und Vergleichsfähigkeit,
– leichtere Informationsbeschaffung für Gläubiger,
– bessere Einflußnahme der Gläubiger als beim gerichtlichen Vergleich.

2.2.2 Banken

220 Ohne die Mitwirkung der kreditgebenden Banken sind heteronome Sanierungsmaßnahmen nicht denkbar. Sie können Unterstützung geben durch
– finanztechnische Maßnahmen,
– Management- und Beratungshilfen und durch
– Vertrauenszuwachs, der sich auf Seiten anderer Gläubiger im Falle eines Bankenengagements entwickelt.

Die Voraussetzung für Sanierungshilfen von Bankseite ist, neben einem realistischen und aussichtsreichen Sanierungskonzept, vor allem ein gutes **Vertrauensverhältnis**.

Nicht erst im Falle drohender Insolvenz, sondern schon in Zeiten eines normalen Geschäftsganges sollte dieses Vertrauensverhältnis langfristig aufgebaut werden. Die Bank sollte auf zusätzlichen **Kreditbedarf frühzeitig hingewiesen werden**. Dadurch zeigt der Kreditnehmer, daß er seine zukünftige Liquiditätsentwicklung übersieht, und er vermeidet, seine Bank in Zeitnot zu bringen. Denn »nichts fürchten Banken mehr, als unter Zeitdruck über zusätzliche Kredite entscheiden zu müssen« (*Krahnen* in *Manager Magazin* 1974, S. 65). **221**
»Die Bank sollte offen über die Krisensituation unterrichtet werden, aber mit einer Darlegung der geschäftlichen Planung, wie die Krise gemeistert werden soll, und des daraus abgeleiteten Finanzbedarfs« (*Woeste,* S. 232 und 238).

Im Bereich der finanztechnischen Hilfen sind die im folgenden bezeichneten Einzelmaßnahmen von Bedeutung. Die Hingabe von Sanierungskrediten wurden oben beschrieben, deshalb ist hier nicht weiter darauf einzugehen.

a) **Zahlungsaufschub (Moratorium)**
Moratorien werden hinsichtlich der Tilgungsraten und/oder der Zinszahlungen gewährt. Sie sind relativ schwache Eingriffe in das Vertragsverhältnis und treten im täglichen Geschäftsleben häufig auf. Sie zeigen ausschließlich liquiditätsmäßige Wirkungen, im Falle der Überschuldung sind sie nur als Begleitmaßnahmen zu Eigenkapitalzuführungen sinnvoll. **222**

b) **Zinsreduktion und Zinserlaß**
Beide Hilfsmaßnahmen zielen auf die Beseitigung von Illiquidität und (drohender) Überschuldung gleichermaßen. Für das Kreditinstitut stellen sie Ertragsausfälle dar. **223**

c) **Schulderlaß**
Der Schuldenerlaß zeigt am deutlichsten die Vergleichsmerkmale der finanztechnischen Hilfen. Das Erlöschen des Schuldverhältnisses führt (im Gegensatz zum Konkurs) zur dauerhaften Befreiung des Schuldners von der Leistungspflicht. Die Kreditinstitute verbinden mit einem Schulderlaß in der Regel die Hoffnung, durch fortdauernde Geschäftstätigkeit mit dem Schuldner wieder Gewinne zu erzielen oder durch Konkursvermeidung größere Verluste vermeiden zu können. **224**
Gelegentlich werden Schuldenerlasse gegen die Ausgabe von **Besserungsscheinen** gewährt (die Ausgabe von Besserungsscheinen ist im gerichtlichen Vergleichsverfahren nur unter den strengen Voraussetzungen des § 8 VglO möglich). Ein Besserungsschein ist das schriftliche Versprechen des Schuldners zur Leistung von Zahlungen an den Gläubiger nach Eintritt bestimmter günstiger Ereignisse. Die Eintrittsbedingungen und die Höhe der Zahlungen werden entweder vorher bestimmt oder der Entscheidung einer Person oder Personengruppe überlassen. Aktiengesellschaften sind gemäß § 160 Abs. 3 Nr. 6 AktG zu Angaben über Besserungsscheine im Geschäftsbericht verpflichtet.

Die durch Schuldenerlasse entstellenden Vermögensmehrungen werden als **»Sanierungsgewinne«** bezeichnet. Sie sind gemäß § 3 Nr. 66 EStG steuerfrei. In Verbindung mit § 8 Abs. 1 KStG gilt die Befreiungsregel auch für die Körperschaftssteuer der Kapitalgesellschaften. **225**
Unter folgenden Voraussetzungen, die gleichzeitig gegeben sein müssen, gewähren die Finanzämter Steuerfreiheit (vgl. *Jehner,* S. 1; *Groß,* S. 429 f):

1. Es liegt eine objektive Sanierungsbedürftigkeit des Unternehmens vor.
2. Es muß ein rechtsverbindlicher Schuldenerlaß eines Gläubigers vorliegen.
3. Die Gläubiger müssen mit ihren Schuldenerlassen die Sanierung des Unternehmens beabsichtigen.
4. Der Schuldenerlaß muß eine geeignete Maßnahme sein, um die Ertragskraft des Unternehmens wiederherzustellen.

Zahlungen aufgrund der Verpflichtungen aus Besserungsscheinen sind keine den steuerpflichtigen Gewinn mindernde Betriebsausgaben, wenn die Besserungsscheine für Schuldenerlasse hingegeben wurden, die zu steuerfreien Sanierungsgewinnen geführt hatten.

d) **Beteiligungen am Gesellschaftskapital**

226 Die Beteiligung von Kreditinstituten am Gesellschaftskapital des Krisenunternehmens wird herbeigeführt durch

- Umwandlung von Darlehen in Haftungskapital oder durch
- Bareinlagen der Bank.

Beide Wege führen beim Krisenunternehmen zur **Eigenkapitalstärkung** und sind prinzipiell geeignet, den **Überschuldungstatbestand zu beseitigen**. Liquiditätswirkung zeigt nur die Bareinlage der Bank oder eine als Folge der Eigenkapitalstärkung eingeräumte Erweiterung des Kreditvolumens. Bankbeteiligungen verbessern nicht nur die finanzielle Lage des Krisenunternehmens sondern wirken sich auch in besonderem Maße auf dessen »Good-will« bei Lieferanten und Kunden aus (vgl. *o. V.* in *Die Bank* 1977 Nr. 6, S. 6).

227 Sie bergen indessen beachtliche Risiken für das Kreditinstitut, weil die Kreditforderungen der Bank als Folge von deren gesellschaftsrechtlichem Engagement als **kapitalersetzende Gesellschafterdarlehen** qualifiziert werden könnten. Dadurch verlören die Bankdarlehen im Konkursfalle ihre gesicherte Qualität. Die Bank geht also nicht nur das Risiko ein, ihr Haftungskapital zu verlieren, sondern auch die Sicherung ihrer Darlehen (vgl. auch Teil E II 1.1.1.). Das Risiko besteht nach einem *BGH*-Urteil vom 21. 9. 1981 selbst dann, wenn die Bank »eine hundertprozentige Tochtergesellschaft die Mehrheit der Geschäftsanteile erwerben läßt und alsdann ihre zunächst gekündigten Kredite bestehen läßt sowie weitere Kredite einräumt« (*Uhlenbruck,* S. 118).

228 Ein weiteres Risiko für den Neugesellschafter birgt die sogenannte **»Differenzhaftung«** im Falle eines späteren Konkurses.

Nach herrschender Meinung handelt es sich bei der Umwandlung von Krediten in Haftungskapital um **Sacheinlagen** (*Uhlenbruck,* S. 163 m.w.N.). Deshalb wird der Konkursverwalter prüfen, welchen wirtschaftlichen Wert die Kreditforderung zum Zeitpunkt der Verrechnung (der Umwandlung) mit der Einlageforderung hatte.

Kommt er zu dem Ergebnis, daß der wirtschaftliche Wert der **Kreditforderung unter deren Nominalwert** lag und wurde bei der Umwandlung der Nominalwert der Kreditforderung mit dem der Kapitaleinlage eins zu eins verrechnet, so wird er die Neugesellschafter zur **Nachzahlung der Differenz** zwischen wirtschaftlichem und nominellem Wert auffordern. Der Neugesellschafter wird so behandelt, als habe er seine Kapitaleinlage in Höhe der Differenz noch nicht erbracht (vgl. *Uhlenbruck,* S. 164 f.).

Untrennbare Folge einer kapitalmäßigen Bankbeteiligung ist die **Einflußnahme des Kreditinstituts** auf die Unternehmensführung. Der neue Gesellschafter wird Positionen im Aufsichtsrat oder Beirat besetzen und seine konzeptionellen Vorstellungen hinsichtlich der Unternehmensstrategie einbringen. Er wird regelmäßig dafür Sorge tragen, daß auf die kaufmännischen, insbesondere finanzverantwortlichen Managementpositionen Persönlichkeiten seines Vertrauens berufen werden. Für die bisherigen Kapitaleigner geht mit einer Fremdbeteiligung immer ein Teil ihrer Selbständigkeit verloren. Indessen steigen durch eine Bankbeteiligung aber die Sanierungschancen und rechtfertigen dadurch solche Veränderungen. **229**
Bei der Bemessung des Beteiligungsumfangs müssen die Banken die vorgegebenen Grenzen des Kreditwesengesetzes (KWG) in der Fassung vom 25. 6. 1990 beachten.
Nach (erfolgreicher) Durchführung der Sanierung und dem Wegfall des Beteiligungsmotives wird das Kreditinstitut die erworbenen Anteile »im allgemeinen für einen Zeitraum von mehreren Jahren« halten, sofern nicht Ertragsaspekte oder »Gründe außerhalb der Bank« eine Fortführung des Engagements verlangen (*o. V.* in *Die Bank* 1977 Nr. 6, S. 6; andere Meinung: *Groß,* S. 108 ff.).

Herrhausen hat die »Rolle der Banken bei Unternehmenssanierung« anhand konkreter Beispiele dargestellt. Sie sollen stichwortartig als abschließende Übersicht zusammengestellt werden: **230**

- Einschaltung eines versierten **Beraters** zur Schwächen- und Fehleranalyse auf Kosten der Hausbank
- Auswechslung des Managements
- Hilfe bei der Beschaffung von Landesbürgschaften, die es ermöglichen. langfristige Gelder bei Hypothekenbanken und Versicherungsgesellschaften aufzunehmen
- Gemeinsame **Stillhalteverpflichtung** der Banken, Bereitstellung zusätzlicher Betriebsmittelkredite
- Mehrheitsbeteiligung der Hausbank; Forderungsverzicht, der zu einem Sanierungsgewinn führt
- Anregung und Vermittlung eines Beteiligungsgespräches durch die Hausbank, das zur Übernahme des Krisenunternehmens durch eine andere Gesellschaft führte, die an der Abrundung eines Produktionsprogrammes interessiert war
- Organisation eines **Bankenpools** zur Bereitstellung langfristiger Kredite
- Hilfe bei der Suche nach Kooperationspartnern, Kontaktherstellung, Ausarbeitung des **Sanierungskonzeptes**
- **Delegation eines hochbewerteten Bankmanagers** in den Vorstand eines Krisenunternehmens

Weitere Hinweise finden sich bei *Müller,* S. 443 f.

2.2.3 Lieferanten

Die vergleichsähnlichen Sanierungshilfen der Lieferanten entsprechen weitgehend den finanztechnischen Maßnahmen der Banken. **231**
Steuerliche Regeln gelten in gleicher Weise ebenso, wie die Gefahr der Differenzhaftung eintreten kann. Außerdem besteht das gleichartige Risiko des Ver-

lustes von Kreditsicherung durch die Vermutung über kapitalersetzende Gesellschafterdarlehen.
Anstelle der Beschränkungen des KWG können wettbewerbsrechtliche Beschränkungen vorliegen. Die **Fusionskontrolle** durch das Bundeskartellamt gilt auch für Sanierungsbeteiligungen. »**Sanierungsfusionen mit Marktbeherrschungseffekt** können nur dann ausnahmsweise an einer Untersagung vorbeikommen, wenn sich entweder zeigen läßt, daß auf dem relevanten Markt der anderenfalls eintretende Konkursfall eine gleichgroße oder noch größere Marktbeherrschungswirkung hätte, oder eine Verbesserung der Wettbewerbsbedingungen auf anderen Märkten nachgewiesen werden kann« (*Markert, K.* in BddW 1977, zitiert bei *Groß*).

232 Die Beteiligungsmotive der Lieferanten unterscheiden sich meist von denen der Banken. Oft geht es den Lieferanten darum, die **drohenden Umsatzverluste** zu vermeiden. Besonders, wenn es sich bei dem Krisenunternehmen um einen bedeutenden Kunden des Lieferanten handelt, der erhebliche Teile der Fertigungskapazität belegt, spielt dieser Gesichtspunkt die dominierende Rolle.
Zu vermuten ist auch, daß manche Gläubiger bei totalem Forderungsausfall selbst in Schwierigkeiten kämen (nach einer Untersuchung der Schimmelpfeng-Marktforschung liegt der Konkursgrund »Auswirkungen der Insolvenzen anderer Unternehmen« an 9. Stelle (von 38) aller Konkursgründe; vgl. *Schimmmelpfeng* 1977, S. 81). Zwar sind sicher auch im Falle von Sanierungsvorhaben vor Eintritt des Insolvenzfalles die in der Gläubigerbilanz ausgewiesenen Forderungen wertzuberichtigen, der Wertberichtigungsumfang kann aber nur geschätzt werden. Dadurch haben die Gläubiger selbst bei der Beteiligung an nahezu aussichtslosen Sanierungsvorhaben größere Ermessensspielräume als im Konkursfall.
Sie werden diese Ermessensspielräume bei ihrer eigenen Bilanzierung unter den genannten Voraussetzungen zu nutzen suchen.

2.2.4 Sonstige Beteiligte

233 Von den sonstigen am Unternehmensschicksal beteiligten Gruppen sind in Zusammenhang mit vergleichsähnlichen Vereinbarungen zwei zu erwähnen:

a) **Kunden**

Kunden geraden durch Unternehmenskrisen in Bedrängnis, wenn sie ihre eigene Unternehmenspolitik stark auf die bedrohten Zulieferungen aufgebaut haben. Sie sind deshalb Lieferunternehmens interessiert. Dies gilt insbesondere, wenn langfristige Planungs- oder Fertigungszeiträume die Leistungserstellung kennzeichnen oder ein spezielles Know-how, besondere Herstellungsverfahren oder entscheidende Standortmerkmale vorhanden sind. Häufig sind Kunden auch gleichzeitig Gläubiger von Anzahlungsforderungen, die zwar regelmäßig durch Bankbürgschaften abgesichert werden, aber auch in diesen Fallen oft nur mit zeitlicher Verzögerung zurückzuerlangen sind.
Das oben in E II 2.2.3. zu den wettbewerbsrechtlichen Beschränkungen von Sanierungsfusionen Gesagte gilt für Kundenbeteiligungen gleichermaßen.

b) **Arbeitnehmer**

234 In der jüngeren Vergangenheit ist, hervorgerufen durch die hohe Arbeitslosigkeit, den wenigen Fällen von Arbeitnehmer-Beteiligungsgesellschaften großes öffentliches Interesse entgegengebracht worden. Indessen sind diese Fälle

zahlenmäßig wohl bedeutungslos. Auch haben sich weder in der Praxis noch in der Wissenschaft Modelle herausgebildet, die Anspruch auf Bedeutung über den Einzelfall hinaus erheben könnten. Grundsätzliche Stellungnahmen der gesellschaftlichen Interessengruppen stehen noch aus.
Dieser Weg der Beteiligungssanierung zeigt in den bekanntgewordenen Fällen oft besondere Merkmale im Bereich der Führungsorganisation (vgl. auch zu weiteren Aspekten der Arbeitnehmer-Fortführungsgesellschaften *Groß,* S. 116 ff.). Finanztechnische Zwänge führen im pagatorischen Bereich in der Regel zu konventionellen Lösungsansätzen. Bestimmte, häufig gewählte Finanzierungsquellen lenken den Blick auf rechtspolitisch umkämpfte Themen. In der Regel bringen die Arbeitnehmer ihre Sozialplanforderungen als Gesellschaftskapital ein. Diese Zahlungen gehen aber immer zu Lasten des von den Eigentümern oder Kreditgebern zur Verfügung gestellten Kapitals.
Daraus resultiert die Frage nach dem Sinn (oder der Rechtfertigung) einer solchen Transposition. Ist es gerechtfertigt, den Arbeitnehmern Ansprüche zuzuerkennen, mit deren Hilfe sie Eigentumsrechte erwerben, die zuvor den Eigen- und Fremdkapitalgebern entzogen wurden, um eben diese Ansprüche zu befriedigen?

2.3 Gerichtlicher Vergleich

Das Vergleichsverfahren gibt einem vertrauenswürdigen Schuldner die Möglichkeit, die **Abwendung des Konkurses** über sein Vermögen zu versuchen und damit seine wirtschaftliche Existenz zu erhalten. Im Falle der Durchführung eines Konkurses geht diese dagegen meist – zum mindesten auf längere Zeit – verloren (§ 1 VglO). Ohne Hilfe des Gerichts würde der Schuldner allerdings vielfach einen Vergleich mit seinen Gläubigern nicht zustande bringen, da dieser bereits am Widerstand auch nur eines Gläubigers scheitern könnte. Das gerichtliche Vergleichsverfahren bietet dagegen dem Schuldner – der die Verwaltungs- und Verfügungsbefugnis über seinen Betrieb behält die Möglichkeit des Abschlusses eines Vergleichs für und gegen alle Gläubiger auch dann, wenn nur ein Teil von ihnen – die Gläubigermehrheit – dem vom Schuldner vorgelegten Vergleichsvorschlag zustimmt, mag auch ein kleinerer Teil der Gläubiger dem Vergleichsvorschlag (ausdrücklich oder stillschweigend) widersprechen. **235**

Die Wirkungen der **Verfahrenseröffnung** gehen insbesondere dahin, daß der Schuldner während des Verfahrens gegen Vollstreckungsmaßnahmen der Vergleichsgläubiger geschützt ist. Derartige Vollstreckungen können nicht mehr betrieben werden, bereits anhängige Verfahren sind einzustellen, auf Antrag des Vergleichsverwalters auch endgültig aufzuheben, wenn die Verfügung über den betroffenen Gegenstand im Interesse der Vergleichsgläubiger geboten ist. Die Entscheidung über einen Konkursantrag bleibt von der Stellung des Vergleichsantrags bis zur Rechtskraft der Entscheidung, die das Vergleichsverfahren abschließt, ausgesetzt. **236**

Der Schuldner behält – anders als im Konkursverfahren – grundsätzlich trotz der Eröffnung des Vergleichsverfahrens die **Verwaltungs- und Verfügungsbefugnis** über sein Vermögen. Nur in seiner Geschäftsführung wird er durch den Vergleichsverwalter überwacht. Verbindlichkeiten, die nicht zum gewöhnlichen Geschäftsbetrieb gehören, soll der Schuldner nur mit Zustimmung des Vergleichsverwalters eingehen, auch im übrigen die Eingehung von Verbindlichkeiten unterlassen, wenn der Vergleichsverwalter widerspricht. Für sich und seine Familie **237** darf der Schuldner nur die zu einer bescheidenen Lebensführung unerläßlichen Mittel verwenden. Das Gericht kann dem Schuldner Verfügungsbeschränkungen, auch ein allgemeines Veräußerungsverbot, auferlegen.

238 Der **Vergleichsverwalter** hat den Schuldner in seiner Geschäftsführung zu überwachen. Er hat dessen wirtschaftlichen Verhältnisse zu überprüfen. Werden dem Vergleichsverwalter Tatsachen bekannt, die ein gerichtliches Einschreiten rechtfertigen können, so hat er dem Vergleichsgericht unverzüglich Mitteilung zu machen. Er hat ferner im Vergleichstermin über die Ursachen des Zusammenbruchs des Schuldners und über die Aussichten des Vergleichs zu berichten, auch Forderungen, gegen die begründete Bedenken bestehen, zu bestreiten.

239 Zur Unterstützung und Überwachung des Vergleichsverwalters kann das Gericht einen **Gläubigerbeirat** bestellen, wenn dies mit Rücksicht auf den Umfang des Betriebs des Schuldners geboten ist.

240 Vergleichsgläubiger sind diejenigen Gläubiger, die dann, wenn über den Schuldner ein Konkursverfahren anhängig wäre, gewöhnliche – also nicht bevorrechtigte – Konkursgläubiger wären. Das ist die Masse aller Gläubiger, die im Konkurs abgesonderte Befriedigung beanspruchen können. Insbesondere Hypotheken- und Pfandgläubiger. Gläubiger aus **Sicherheitsübereignung** können vergleichsweise Befriedigung nur insoweit verlangen, als ihnen der Schuldner auch persönlich haftet und sie auf abgesonderte Befriedigung verzichten oder bei ihr ausgefallen sind. Gläubiger, die im Konkursverfahren einen Anspruch auf **Aussonderung** haben (an zur Masse nicht gehörenden Sachen: Beispiel: **Eigentumsvorbehalt**) und Gläubiger, deren Ansprüche im Grundbuch durch eine Vormerkung gesichert sind, sind nicht Vergleichsgläubiger. Ferner sind Gläubiger, deren Forderungen auf einem gegenseitigen Vertrag beruhen, nicht Vergleichsgläubiger, wenn zur Zeit der Eröffnung des Verfahrens der Vertrag noch von keiner Seite voll erfüllt ist.

241 Die Erfüllung oder weitere Erfüllung eines noch von keiner Seite voll erfüllten Vertrags kann der Schuldner mit Ermächtigung des Vergleichsgerichts ablehnen. Sofern es sich nicht um bestimmte Verträge über Miet-, Pacht- oder Dienstverhältnisse handelt.

242 **Vergleichstermin** zur Abstimmung über den vom Schuldner gemachten Vergleichsvorschlag hat das Gericht bereits bei der Eröffnung des Verfahrens anzuberaumen. Zu ihm müssen der Schuldner und der Vergleichsverwalter persönlich erscheinen.
Im Vergleichstermin werden zunächst die Forderungen der Gläubiger aufgrund des Gläubigerverzeichnisses und der etwaigen Anmeldung geprüft. Wird eine Forderung weder vom Schuldner noch von dem Vergleichsverwalter noch von einem Vergleichsgläubiger bestritten, so ist sie stimmberechtigt. Die Forderung ist nach **Bestätigung des Vergleichs** gegen den Vergleichsschuldner und etwaige Vergleichsbürgen nach Maßgabe des Inhalts des Vergleichs vollstreckbar, und zwar bildet der bestätigte Vergleich in Verbindung mit dem Gläubigerverzeichnis einen **vollstreckbaren Titel** (§§ 85 ff. VglO). Wird eine Forderung im Vergleichstermin bestritten, so ist zunächst die Herbeiführung einer Einigung zwischen den Beteiligten zu versuchen. Gelingt es nicht, so entscheidet das Gericht. Die be-

strittene Forderung gilt aber durch Zubilligung des Stimmrechts noch nicht als festgestellt.

Die **unbedingte Mehrheit** der anwesenden stimmberechtigten Gläubiger unter Einrechnung der Gläubiger, die dem Vergleichsvorschlag bereits schriftlich zugestimmt haben, muß sich für den Vergleichsvorschlag aussprechen. **243**
Die Forderungen der zustimmenden Gläubiger müssen insgesamt wenigstens drei Viertel der Forderungen aller stimmberechtigten – also nicht nur der anwesenden oder vertretenen oder schriftlich zustimmenden – Vergleichsgläubiger ausmachen. Lautet der Vergleichsvorschlag auf weniger als 50 v.H. der Forderungen, so muß diese Mehrheit vier Fünftel betragen. Die Mehrheiten werden nach dem durch die Entscheidung über das Stimmrecht berichtigten Gläubigerverzeichnis berechnet.

Wird der Vergleichsvorschlag nicht von der erforderlichen Mehrheit angenommen, also abgelehnt, so hat das Gericht das Vergleichsverfahren einzustellen und zugleich über die Eröffnung des Konkursverfahrens zu entscheiden. Auf Antrag des Schuldners ist aber eine – einmalige – **Wiederholung des Vergleichstermins** zulässig, wenn nur eine der zum Vergleichsabschluß erforderlichen Mehrheiten erreicht ist, auf Antrag von drei Vierteln erschienenen Vergleichsgläubiger dann, wenn zu erwarten ist, daß der neue Termin zu einem Vergleich führen wird (§ 77 VglO). **244**

Die **Bestätigung des Vergleichsvorschlags** hat durch das Gericht zu erfolgen, wenn der Vergleichsvorschlag des Schuldners mit der erforderlichen Mehrheit von den Vergleichsgläubigern angenommen wird. Diese Bestätigung ergeht nach Anhören des Schuldners, des Vergleichsverwalters und des etwaigen Gläubigerbeirats. Sie ist sofort oder im einem besonderen Termin binnen einer Woche zu verkünden, auch den Gläubigern mitzuteilen. Die Bestätigung ist unanfechtbar. **245**

Die **Wirkungen des bestätigten Vergleichs** gehen dahin, daß der Vergleich für und gegen alle Vergleichsgläubiger wirkt. Die Vergleichsgläubiger können vom Schuldner und von dem Vergleichsbürgen Zahlungen nur nach Maßgabe des Vergleichs verlangen, und zwar auch solche Vergleichsgläubiger, die gegen den Vergleichsvorschlag gestimmt haben. **246**

Die Ansprüche der Vergleichsgläubiger gegen **Mitschuldner** und **Bürgen** (außer dem hiervor genannten Vergleichsbürgen) werden dagegen durch den Vergleich nicht betroffen, können also von den Vergleichsgläubigern wie bisher im voller Höhe geltend gemacht werden. **247**

Wird der Vergleich bestätigt, so gilt ein Antrag auf Konkurseröffnung, über den die Entscheidung ausgesetzt wurde, als nicht gestellt. **248**

Der Vergleich bildet für unbestrittene und im Gläubigerverzeichnis aufgenommene Forderungen einen **Vollstreckungstitel**. **249**

III. Maßnahmen zur Verwirklichung des Handlungszieles 2: Sanierung unter Aufgabe der bisherigen Unternehmensform

250 Für den Tatbestand der Beibehaltung der Unternehmensform wird von *Groß,* S. 133, der Begriff **»Rechtsidentität«** verwendet, um das Verhältnis des Krisenunternehmens zur Sanierungsgesellschaft zu definieren. In seiner Typologie, die auch Grundlage des nachfolgenden Absatzes ist, kann die Rechtsidentität bei der **»Sanierungsgesellschaft«** (zum Begriff vgl. unten E III 1.2) erhalten bleiben, abhängig jeweils von der Frage, durch welchen gesellschaftsrechtlichen Vorgang neues Eigenkapital eingebracht wird. Bei allen anderen Formen der Fortführungsgesellschaften geht die Rechtsidentität verloren.

251 Die vorliegende Arbeit subsumiert unter dem o.a. Handlungsziel »Aufgabe der Rechtsidentität« alle gesellschaftsrechtlichen Vorgänge, die zur Änderung
- der Rechtsform,
- der wesentlichen Merkmale der Gesellschaftsstruktur und/oder des Rechtsverhältnisses zwischen Betriebsstätte (»Betriebsstätten«, auch »Betriebe«, »Werke«, »Betriebsteile«, »Teilbetriebe«, »Zweigwerke«, sind technisch organisatorische Einheiten. Es sind die materiell faßbaren, real vorhandenen Gebäude, Maschinen, Produktionseinrichtungen zur Leistungserstellung des Unternehmens) und rechtlichem Mantel (zum »rechtlichen Mantel« – »Unternehmen« – vgl. Teil A II 2.1; *Groß,* S. 1 f. m.w.N.) führen.

1. Fortführungsgesellschaften

1.1 Begriffe

252 In der Rechtsprechung, Literatur, Praxis und vor allem in den Tagespublikationen bestehen terminologische und sachliche Unklarheiten über die Verwendung von Begriffen wie:
»Sanierungsgesellschaft«, »Auffanggesellschaft«, »Gläubigergesellschaft«, »Betriebsübernahmegesellschaft«.
Erst 1982 hat *Groß* (1. Auflage 1982, S. 53 ff., siehe auch *Groß,* S. 135) eine Typologie entwickelt, die auf Zustimmung in der Literatur stößt und dort Anwendung findet (so bei *Uhlenbruck,* S. 429 ff.: *Wolff,* S. 671 f.).
»Der Oberbegriff für alle Gesellschaften, deren Zweck es ist, den Betrieb notleidender, vor allem insolventer Unternehmungen zu retten und fortzuführen« ist »Fortführungsgesellschaft« (*Groß,* S. 135).

253 Fortführungsgesellschaften sind
- »Sanierungsgesellschaften«,
- »Betriebsübernahmegesellschaften«,
- und die »Auffanggesellschaften«.

Sanierungs- und Betriebsübernahmegesellschaften sind rechtliche Konstruktionen, die auf Dauer angelegt sind, während Auffanggesellschaften Zwischenformen darstellen. Letztere haben den Zweck, den an der Sanierung Beteiligten mehrere Optionen offenzuhalten oder in einer unübersichtlichen und ambivalenten Situation ohne Zwischenbasis zu schaffen (das Krisenunternehmen »aufzufangen«).

Nach Aufhellung der Lage gehen Auffanggesellschaften in Sanierungs- oder in Betriebsübernahmegesellschaften über.

Bestimmungsmerkmal (vgl. *Groß*, S. 136) für die Wahl der Fortführungsform sind allein Sanierungszweck und -strategie. **254**
Die Begriffe geben demnach auch keine Hinweise auf die zu wählende Rechtsform, ebensowenig tauchen sie als Bestandteil der Firma auf.
Alle Rechtsformen sowohl der Kapital- als auch der Personengesellschaften können gewählt werden.
Einige bekanntgewordene Sanierungsfälle hat *Groß*, (S. 137 ff.) beispielhaft in die von ihm entwickelte begriffliche Systematik eingebracht.
Im folgenden werden, gestützt auf *Groß*, (S. 13 ff.: »Strukturen und Gestaltungsprobleme der Fortführungsgesellschaften«), die wichtigsten **Merkmale der verschiedenen Formen** von Fortführungsgesellschaften dargestellt.

1.2 Sanierungsgesellschaften

Die Form der Sanierungsgesellschaft wird gewählt, wenn dem Unternehmen **255** **neues Haftungskapital** zugeführt werden soll. Als Kapitalgeber kommen alte und neue Gesellschafter in Frage. Eine Neugründung ist nicht erforderlich (insofern kann die Sanierungsgesellschaft auch bei den in Teil E II 1 beschriebenen autonomen Maßnahmen unter Einhaltung der Rechtsidentität identifizierbar sein). Von einer Sanierungsgesellschaft wird man aber nicht sprechen können, wenn ohne Änderung der Rechtsform und ohne wesentliche Veränderung der Gesellschafterstruktur lediglich neues Haftungskapital zugeführt wird. Dieser Weg, die »Standardlösung« im Falle unzureichender Finanzausstattung, stellt eine regelmäßig autonome (wenn auch oft unter dem Druck von Gläubigern erfolgende) Entscheidung der Alt-Gesellschafter dar. Er ist in Teil E II beschrieben. Eine Sanierungsgesellschaft im Sinne dieser Arbeit hat demnach folgende Merkmale:

1.2.1 Das rechtliche Ziel der Sanierungsgesellschaft

Ziel der Sanierungsgesellschaft ist es, dem Krisenunternehmen weiteres Haf- **256** tungskapital durch Änderung der Rechtsform und/oder durch Aufnahme neuer Gesellschafter zuzuführen. Die Einlagen von Neugesellschaftern müssen bei Beibehaltung der Rechtsform so erheblich sein, daß dies wirtschaftlich einer Neugründung gleichkommt.

1.2.2 Rechtsformen der Sanierungsgesellschaften

Bei Neugründungen kommen alle Rechtsformen, sowohl Kapitalgesellschafts- **257** als auch Personengesellschaftsformen in Betracht.

1.2.3 Rechtsnachfolge als Regelfall der Bildung einer Sanierungsgesellschaft

Die Rechtsidentität von Sanierungsgesellschaft und Krisenunternehmen stellt **258** den Ausnahmefall der (vgl. oben E III 1.2.1). Regelmäßig geht die Rechtsidentität durch eine **Gesamtrechtsnachfolge** im Wege der

- Verschmelzung (Fusion),
- Umwandlung,
- Anwachsung

oder durch eine **Einzelrechtsnachfolge** verloren.

Als Konsequenz der Rechtsidentität oder -nachfolge bleiben der Sanierungsgesellschaft die unternehmerischen Chancen und Risiken der Vorläuferin weitgehendst erhalten. Daraus erwachsen Vor- und Nachteile. Vorteile insofern, als eine größtmögliche Kontinuität gegeben ist und günstigstenfalls ohne Unterbrechung und ohne öffentliches Aufsehen weitergearbeitet werden kann. Nachteile liegen darin, daß die bekannten Lasten und Pflichten ebenso wie die latenten, nicht bilanzierten Risiken mitgeführt werden müssen.
Zu Einzelfragen der Bilanzierung und steuerlicher Aspekte, insbesondere zu Auf- und Abwertungsfragen sowie den Möglichkeiten zur Nutzung von Verlustvorträgen bei Wegfall der Rechtsidentität vergleiche *Groß,* S. 266 ff.

1.3 Betriebsübernahmegesellschaften

259 Betriebsübernahmegesellschaften sind **Neugründungen** oder **»leere« Firmenmäntel**, die zur Fortführung eines Betriebes (zur Definition des »Betriebes« vgl. oben E II) des Krisenunternehmens oder seines Leistungsangebotes gegründet oder »herangezogen« werden. Rechtsidentität liegt in keinem Fall vor. *Uhlenbruck* (S. 675 676, FN 77), verwendet den Begriff »unechte Auffanggesellschaft« anstelle der Betriebsübernahmegesellschaft und schreibt: »sie liegt vor, wenn der Sanierungszweck fehlt, weil z.B. ohne Umwandlung von Gläubigerforderungen in haftendes Kapital eine Auffanggesellschaft von Gläubigern oder Dritten in rechtlich selbständiger Form gegründet wird, um das Anlage- oder Umlaufvermögen oder beides nach Eröffnung eines gerichtlichen Insolvenzverfahrens vom Konkurs- oder Vergleichsverwalter käuflich zu erwerben, ohne dabei die Schulden zu übernehmen.«

1.3.1 Das rechtliche Ziel der Betriebsübernahmegesellschaft

260 Das Ziel der Betriebsübernahmegesellschaft ist »Herausnahme« (*Uhlenbruck,* S. 431) des Betriebs oder des Leistungsangebotes aus dem Krisenunternehmen zum Zwecke der Sanierung und Fortführung ohne Übernahme der Schulden.

1.3.2 Rechtsformen der Betriebsübernahmegesellschaften

261 Für die Betriebsübernahmegesellschaften kommen alle Rechtsformen in Betracht.

1.3.3 Rechtsnachfolge im Falle der Betriebsübernahmegesellschaften

262 Die Herausnahme des Betriebs erfolgt durch »Kauf, Übereignung und der Abtretung von Rechten, in seltenen Fällen auch durch Zuschlag in der Zwangsversteigerung« (*Groß,* 380 ff. S.418) der Vermögensgegenstände. Daß dies im Falle von Krisenunternehmen, die selten über ihr Vermögen frei verfügen können, schwierig, riskant und oft langwierig ist, liegt auf der Hand.
In die **Verpflichtungen** des Krisenunternehmens muß die Betriebsübernahmegesellschaft zumindest soweit eintreten, als gemäß § 613 a BGB die Arbeitsverhältnisse übergehen (vgl. Teil G). Weitere Haftungen kommen »nicht oder nur beschränkt zum Zuge« (*Groß,* S. 421 ff.).
Es ist aber auf Risiken hinzuweisen, die sich bei einer **Sanierung aus »eigennützigen Motiven«** (»Die Sanierung eines Unternehmens aus eigennützigen Motiven und ohne Sicherstellung einer konkursmäßigen Befriedigung der übrigen Gläubiger ist wegen möglicher Gläubigergefährdung der Gefahr der Nichtigkeit

nach § 138 BGB oder der Anfechtung nach §§ 29 ff. KO ausgesetzt« (*Uhlenbruck* 1977, S. 320)) ergeben.
Verlustvorträge des Krisenunternehmens können nicht genutzt werden, grunderwerbssteuerliche Erleichterungen sind nach Landesgesetzen geregelt. Zu Einzelfragen vergleiche *Groß* (S. 349 ff.).

1.4 Auffanggesellschaften

1.4.1 Das rechtliche Ziel der Auffanggesellschaften

Auffanggesellschaften »treten neben das Krisenunternehmen, um im eigenen **263**
Namen den Betrieb oder bestimmte Funktionen des Krisenunternehmens fortzuführen (*Groß,* 1988, S. 440). Sie sind in der Regel **auf Zeit angelegt**, um das Krisenunternehmen aufzufangen, seinen vollständigen Untergang zu verhindern, ohne sich dabei weder – wie die Sanierungsgesellschaft – die gesamten Verpflichtungen der Vorgängerin noch – wie die Betriebsübernahmegesellschaft – die finanziellen Belastungen des Vermögenserwerbs aufzuladen.
Mit der Auffanggesellschaft wird versucht, die meist ungewissen **Chancen der Fortführung zu wahren, ohne die regelmäßig drohenden Risiken voll zu übernehmen**.

1.4.2 Rechtsformen der Auffanggesellschaften

Für die Auffanggesellschaften kommen prinzipiell alle Rechtsformen in Frage. **264**
Wegen des Übergangscharakters der Gesellschaft und dem Erfordernis die Risikobegrenzung durch flexibles Handeln und häufige, komplexe Vertragsgestaltung herbeizuführen, erscheinen alle Formen von Publikumsgesellschaften ungeeignet.

1.4.3 Rechtsnachfolge im Falle der Auffanggesellschaften

Wie bereits erwähnt, sind bei Auffanggesellschaften **komplexe Vertragsgestal-** **265**
tungen regelmäßig erforderlich, um die in Teilbereichen (z.B. Versorgung mit Zulieferteilen, Motivierung von Mitarbeitern) widerstreitenden Teilziele zu erreichen.
Es erscheint deshalb ausreichend darauf hingewiesen, daß die rechtliche Verbundenheit der Auffanggesellschaften mit dem Krisenunternehmen Merkmale der Sanierungs- und der Betriebsübernahmegesellschaft mit wechselnden Schwerpunkten zeigt.
Zur Klärung von Einzelfragen wird auf *Groß* (S. 440 ff.) und die dort bezeichnete Spezialliteratur verwiesen.

2. Die Entscheidungssituation des Konkursgerichts, Konkursverwalters und Gläubigerbeirates

Ist ein Konkursverfahren eröffnet, hat der Konkursverwalter mit dem Gläubi- **266**
gerbeirat zu prüfen, wie die Konkursmasse – das Unternehmen – am besten verwertet wird.
Er kann die Gegenstände **freihändig veräußern, zwangsversteigern** oder in der Form des **Pfandverkaufs** verwerten.
Gegenstände, die im Miteigentum Dritter stehen, darf der Konkursverwalter nicht ohne Zustimmung des Miteigentümers verwerten (*BGH* WM 1958, 900).

Der Konkursverwalter hat die öffentlich-rechtlichen Verwaltungsvorschriften über die Durchführung von Sonderveranstaltungen (beispielsweise Ausverkauf) zu beachten.
Preisabsprachen, die der Gemeinschuldner getroffen hat, binden den Konkursverwalter nicht.
Bei der Verwertung von Grundstückszubehör ist zu beachten, daß dieses den Grundpfandrechten haftet (§ 1120 BGB), falls das haftende Zubehör nicht in den Grenzen einer ordnungsgemäßen Wirtschaft veräußert wird.

3. Verwalter-Sanierung im Konkurs

267 Im Rahmen der Verwertung kann auch eine **kurzzeitige Geschäftsfortführung** erforderlich werden, wenn sich absehen läßt, daß sich bei der Veräußerung des Gesamtbetriebes ein höherer Erlös erzielen läßt, als wenn die einzelnen Gegenstände verwertet werden (vgl. zu den Einzelheiten *Kuhn/Uhlenbruck* KO. § 117 Rz 14).
Der Konkursverwalter hat bei seinen Maßnahmen die Mitbestimmungsrechte des Betriebsrates zu beachten (*Kuhn/Uhlenbruck,* KO, § 117 Rz 15 m.w.N.). Siehe auch unten Teil E IV 1.4 und Teil G.
Diese Betriebsfortführung kann und sollte auf eine Sanierung, d.h., auf eine Krisenbewältigung gerichtet sein (zu den einzelnen Maßnahmen vgl. *Hess/Kropshofer,* KO vor § 1 Rz 413 ff.).

IV. Institutionelle und personelle Aspekte des Sanierungsmanagements

268 In Teil A V wurde der personelle Aspekt des Sanierungsmanagements bereits kurz erwähnt. Die nachfolgenden Ausführungen beschäftigen sich nun ausführlich mit den **Trägern des Sanierungsmanagements,** wobei zunächst die Personen oder Personengruppen beschrieben werden, die als Träger des Sanierungsmanagements in Frage kommen.
Unter Berücksichtigung der schon zuvor in Teil D verwendeten Quellen von *Turnheim* und *Müller* werden dann verschiedene Modelle zu personellen Besetzungen des Sanierungsmanagements dargestellt.

1. Mögliche Träger des Sanierungsmanagements

269 Als **Sanierungsmanagement** im institutionellen Sinne bezeichnet man jene, Personen oder Personengruppen, die die treibende Kraft bei der Planung, Durchsetzung und Kontrolle von Zielen, Strategien und Maßnahmen zur Krisenvermeidung oder Krisenbewältigung sind und die damit die faktische Führung der krisenbefallenen Unternehmung für die Dauer des überlebenskritischen Prozesses übernehmen (*Krystek,* 1987, S. 97).

270 Diese Definition beschränkt den Begriff des Sanierungs- oder Krisenmanagements auf den personellen Aspekt; in diesem Sinne ist er im folgenden Abschnitt gebraucht.

Die folgenden Ausführungen entstanden unter Verwendung von *Krystek* (1987, S. 97 – S. 105). Auf detaillierte Quellenangaben wird verzichtet.

1.1 Sanierungsmanagement durch die Unternehmensleitung

Grundsätzlich ist der zentrale Träger des Sanierungsmanagements bei allen Unternehmenskrisen, die außerhalb gerichtlicher Verfahren bewältigt werden, die Unternehmensleitung. **271**

Neben Vorstand und Geschäftsführung gehören dieser auch die Führungskräfte der oberen Hierarchieebenen an. Zum einen ist sie zur Erhaltung und Entwicklung des Krisenunternehmens verpflichtet, zum anderen kann sie für die während ihrer Amtszeit verursachte Krise verantwortlich sein.
Aufgrund dieses Sachverhaltes können Konfliktsituationen entstehen, die die Bekämpfung von Unternehmenskrisen durch die bisherige Führung als beste Lösung in Zweifel stellen.
So können z.B. die beabsichtigte Erhaltung und Rechtfertigung bisher verfolgter Strategien der Einsicht in die Notwendigkeit neuer Konzepte im Wege stehen.
Andererseits birgt die Bewältigung von akuten Krisen durch die bestehende Führung klare Vorteile in sich. Möglicherweise führt eine Ablösung der Unternehmensleitung, und sei sie auch nur teilweise, zu zusätzlicher Verunsicherung innerhalb und außerhalb des Unternehmens.

In der Praxis ist jedoch eine **Auswechslung der »alten« Führungsmannschaft** bei akuten Krisen nicht selten zu beobachten, insbesondere wenn diese objektiv verantwortlich für diese Situation ist. Aber auch Vertrauensverluste gegenüber Fremdkapitalgebern, Kunden und Lieferanten oder offensichtliche oder vermeintliche Überforderung mit der Bewältigung der akuten Krisensituation können Ursachen für Führungswechsel sein. **272**

1.2 Sanierungsmanagement durch Aufsichtsgremien

Die Aufsichtsgremien des Unternehmens sind je nach Rechtsform der Aufsichtsrat oder der Beirat, im Falle des Konzernverbundes die Holding oder die oberste Konzernleitung. **273**

Im Rahmen ihrer Überwachungs- und Kontrollfunktion kommt diesen eine zentrale Bedeutung beim Sanierungsmanagement zu. Grundsätzlich besteht innerhalb einer AG (anders bei der GmbH!) zwar kein direktes Weisungsrecht gegenüber der Unternehmensführung, doch kann z.B. durch ein Zustimmungsrecht zu wesentlichen Rechtsgeschäften die Krisenbekämpfung entscheidend beeinflußt werden. **274**
Aber allein aus der Zusammensetzung eines Aufsichtsrates oder Beirates ergeben sich auch hier Interessenkonflikte.

So gehören diesen Gremien auf der Arbeitgeberseite neben Vertretern der Anteilseigner häufig Vertreter von Banken, wesentlichen Geschäftspartnern sowie des öffentlichen Lebens an. Der mögliche Zielkonflikt der Vertreter der Banken besteht nun darin, daß sie die zur Krisenbewältigung des betroffenen Unternehmens notwendigen Erhöhungen der Kreditlinien nicht mit einem erheblichen Risiko für das eigene Institut vereinbaren können. **275**

Die Arbeitnehmervertreter im Aufsichtsrat unterliegen ähnlichen Konflikten. Das für sie wichtigste Ziel, die Erhaltung von Arbeitsplätzen, steht einer notwendigen Reduzierung im Rahmen der Sanierungsmaßnahmen regelmäßig entgegen.

1.3 Sanierungsmanagement durch externe Berater

276 In der Krisensituation des Unternehmens können externe Berater wertvolle Unterstützung oder effektiven Ersatz für die bisherige Führung bedeuten. Sie können für die Lösung von Einzelproblemen oder zur Beratung der Unternehmensführung in allen strategisch relevanten Fragen eingesetzt werden. Im Extremfall können sie auch als faktische Führung des Krisenunternehmens, als **Krisenmanager auf Zeit,** tätig sein. Zwar besteht für externe Berater die Schwierigkeit, sich mit der individuellen Problematik des zu sanierenden Unternehmens schnell auseinandersetzen zu müssen. Allerdings können die vorauszusetzende Krisenerfahrung und umfangreiche Kenntnis rechtlicher und betriebswirtschaftlicher Fragen dies aufwiegen.

1.4 Sanierungs-/Krisenmanagement durch Sequester, Vergleichs- oder Konkursverwalter

277 Führt eine akute Unternehmenskrise zu einem Insolvenzverfahren, wird gemäß den Vorschriften der Vergleichs- und Konkursordnung das Krisenmanagement um die Personen des Sequesters, des Vergleichs- oder Konkursverwalters erweitert oder ersetzt.

1.4.1 Sequester

278 Oft ist das Gericht noch unschlüssig, ob das Konkursverfahren eröffnet werden soll oder ob der Konkursantrag mangels Masse abzulehnen ist. In diesem Fall ist die Sequestration üblich, um das Vermögen des Schuldners zu sichern und im gewissem Maße zu verwalten, bis die Entscheidung gefallen ist. Der Sequester wird vom Gericht eingesetzt und nimmt, gleichsam einem **»vorläufigem Konkursverwalter«**, Aufgaben und Funktionen des späteren Konkursverwalters vorweg (vgl. *Hess* KO § 106, Rz 9 ff.).

1.4.2 Vergleichsverwalter

279 Das Vergleichsverfahren wird im der Vergleichsordnung (VglO) zunächst als ein gerichtliches Verfahren beschrieben, das dem Schuldner durch gerichtlich bestätigte Parteivereinbarung den Konkurs ersparen will (vgl. § 1 VglO).

280 Laut Gesetz liegen die wesentlichen Aufgaben des Vergleichverwalters in der **Prüfung** der wirtschaftlichen Lage des Schuldners und die **Überwachung** der Geschäftsführung des Schuldners (§§ 11, 39 VglO). Die erstgenannte Funktion ist von ausschlaggebender Relevanz für die Annahme des Vergleichsverfahrens. Bei zutreffender Amtsausführung des Vergleichsverwalters wird sich die bloße Überwachung zur aktiven Mitwirkung an Planung und Durchführung notwendiger Maßnahmen im Rahmen des Insolvenzverfahrens ausweiten. Dies läßt in der Praxis den Vergleichsverwalter zu einem wesentlichen Träger des Krisenmanagements werden.

1.4.3 Konkursverwalter

Im Konkursfall ersetzt gemäß den Vorschriften der KO der vom Gericht ernannte und meistens von der Gläubigerversammlung bestätigte Konkursverwalter die bisherige Geschäftsführung. Er **verwaltet** das Vermögen des Unternehmens, soweit es zur Konkursmasse zählt, und hat die Aufgabe, dieses zu **verwerten.** Die Verwaltung des konkursfreien Vermögens obliegt weiterhin der Unternehmensführung. **281**

Die Verwertung bedeutet eine Veräußerung der einzelnen Vermögensgegenstände und hat regelmäßig die **Zerschlagung** des Krisenunternehmens zur Folge. Es besteht jedoch nach KO auch die Möglichkeit der (zeitweiligen) Unternehmensfortführung. In beiden Fallen übernimmt der Konkursverwalter faktisch die Funktion der obersten Führung, oft als alleiniger Träger des Krisenmanagements. **282**

1.5 Kombination von Trägern des Sanierungsmanagements

In der Praxis besteht ein Sanierungsmanagement in einer reinen zuvor genannten Form oder als Kombination mehrerer Träger. **283**
Zur Krisenvermeidung kann eine Kombination aus bestehender Unternehmensführung und externen Beratern von großem Vorteil sein, wobei sich die Aufgabe der externen Beratung auf die Hilfe bei der Lösung von Einzelproblemen beschränkt.

Anders bei der Bewältigung **akuter Unternehmenskrisen**: Außerhalb eines Insolvenzverfahrens kann die obige Kombination ebenfalls effizienzsteigernd sein. Die Beratung wird sich dann jedoch auf alle relevanten Probleme ausweiten. Im Vergleichsfall ist eine Aufgabenteilung zwischen Vergleichsverwalter und Geschäftsführung nicht vorgesehen.
Während des Konkursverfahrens wird die amtierende Führung gleichsam gelähmt und durch den Konkursverwalter ersetzt.
Somit scheidet sie als Träger des Krisenmanagements aus, es bleibt die Möglichkeit der Hilfestellung durch Berater.
Ob ein Krisenmanagement durch nur eines der genannten Organe oder durch eine Kombination von Trägern vorzuziehen ist, muß individuell auf die jeweilige Krisensituation abgestimmt werden.
Im Falle mehrerer beteiligter Träger des Sanierungsmanagements kann eine größere Zahl von Perspektiven eine einseitige Betrachtungsweise verhindern und durch größere Sachkompetenz von externen Beratern von Vorteil sein. Dann müssen die einzelnen Kompetenzen jedoch klar definiert sein, um nicht in die Situation der Köche zu geraten, derer viele oft den Brei verderben.

2. Organisationsformen für das Zusammenwirken der Träger des Sanierungsmanagements

Im vorangegangenen Abschnitt wurden einzelne mögliche Träger des Sanierungs- oder Krisenmanagements dargestellt und mögliche Kombinationen andeutungsweise beschrieben. Es sollen nun mögliche Organisationsformen dieser Träger aufgezeigt werden, die in der Praxis Anwendung finden. **284**

2.1 Die Arbeitsgruppen des Sanierungsmanagements

284 a *Müller* (S. 517 ff.), der die wesentlichen Grundgedanken des nachfolgenden Abschnittes erstmals beschrieb, unterschied vier Arten von eigens zur Krisenbewältigung gebildeten Gruppen:
- Konzeptionierungs- oder Entscheidungsgruppen,
- Beratergruppen,
- Detaillierungsgruppen und
- Unterstützungsgruppen.

2.1.1 Konzeptionierungs- oder Entscheidungsgruppe

285 Diese Gruppe stellt das oberste Gremium bei der Krisenbewältigung dar. Typische Möglichkeiten ihrer personellen Kombination sind:

- Vorstandsangehörige, Angehörige der Geschäftsleitung, Berater oder Führungskräfte der Bank. Bei dieser Konstellation ist die Unternehmensführung dominanter Träger des Sanierungsmanagements.
- Mitglieder des Aufsichtsrates, des Beirates, der Konzernleitung und/oder leitende Vertreter der Beratungsgesellschaft bzw. der Banken. Oft werden hier die Kontrollorgane zum dominanten Träger.

286 Die wesentlichen Aufgaben der Konzeptionierungsgruppe sind:
- Durchführung der Grobanalyse,
- organisatorische Gestaltung des Krisenmanagements,
- Vorgabe der Ziele der Krisenbewältigung,
- Entwicklung der Grobkonzeption zur Krisenbewältigung,
- Auswahl und Billigung der wichtigsten Maßnahmen,
- Überwachung.

287 Die Entscheidungsgruppe ist im Innenverhältnis hierarchiefrei organisiert, es besteht lediglich ein formeller Vorsitz. Meist sind Berater und Banken »tonangebend« in diesen Gremien.

2.1.2 Beratergruppe

288 Sie ist das interne **Koordinierungsgremium** und besteht aus
- Beratern,
- Führungskräften von Banken,
- im Falle von Insolvenzverfahren Konkurs- bzw. Vergleichsverwaltern.

Unter Ausschluß der Unternehmensführung werden in der Beratergruppe wichtige Absprachen zum Vorgehen in der Krisenbewältigung und Vor- und endgültige Entscheidungen über Sanierungsmaßnahmen getroffen.

Die Gruppe ist überwiegend hierarchisch gegliedert.

2.1.3 Detaillierungsgruppe

289 Sie trägt die zeitliche Hauptlast, da sie die konkrete Detaillierung und Ausführung der von den zuvor genannten Gruppen getroffenen Entscheidungen durchführt. Je nach Umfang der anfallenden Aufgaben werden mehrere dieser Gruppen gebildet. Die personelle Zusammensetzung umfaßt alle Bereiche, speziell jedoch Mitglieder des **Middle- und Lower-Management, Fachbereichsmitglieder und interne Spezialisten**. Hierarchiefrei oder streng hierarchisch aufgebaut: beide Versionen sind im Innenverhältnis möglich.

2.1.4 Unterstützungsgruppen

Nach Bedarf werden diese Untergruppen zur Unterstützung der Detaillierungsgruppen gebildet. Mögliche Aufgaben sind: **290**
- Durchführung spezieller Studien
- Analysen im Rahmen der Problemdiagnose
- Detaillierung ausgewählter Maßnahmen und die Vorbereitung ihrer Einführung.

Die Unterstützungsgruppen bestechen aus Mitglieder n aus den gleichen Bereichen wie die Detaillierungsgruppen.

2.2 Die vier typischen Grundformen des Zusammenwirkens der Träger des Krisenmanagements.

Müller (S. 521) unterscheidet vier Grundformen: **291**
- das teamorientierte Projektgruppen-Modell
- das Management-Assistenz-Modell
- das Krisenkollegium-Modell und
- das unipersonale (»Einzelkämpfer«)-Modell

Diese unterscheiden sich im Hinblick auf
- die Verteilung der Entscheidungsbefugnisse und
- das Ausmaß der Gruppenbildung,

was die nachfolgende Graphik verdeutlichen soll (Schaubild 84).
Die Aussagen der befragten Experten geben einen Eindruck über die Verbreitung der vier Grundformen in der Sanierungspraxis.

2.2.1 Teamorientiertes Projektgruppen-Modell

Wie Schaubild 84 zeigt, ist nach Angaben der Experten dieses Modell die häufigste Organisationsform bei der Krisenbewältigung. Bei diesem teamorientierten Projektgruppen-Modell können Berater, Banken oder hinzugezogene Krisenmanager, aber auch die Führung des betroffenen Unternehmens selbst dominante Träger des Krisenmanagements sein. **292**
Kennzeichnend für diese Organisationsform ist die Situation, daß mehrere unterschiedliche Personengruppen, sowohl unternehmensinterne als auch -externe, zur Krisenbewältigung zusammenwirken, zwischen denen in den zuvor bestehenden Strukturen keine unmittelbare Zusammenarbeit möglich war. Oft hat die Krise noch nicht das Stadium erreicht, im dem sofortiger Handlungsbedarf gegeben ist, daher ist das teamorientierte Gruppemodell besonders für strategische Krisen und Erfolgskrisen geeignet.

Wie auch in Schaubild 84 zu erkennen ist, weist dieses Modell die **höchste Entscheidungsdezentralisation** und die **stärkste Gruppenbildung** auf. Oft treten alle vier Typen der unter 2.1 beschriebenen Arbeitsgruppen auf, wobei Berater- und Unterstützungsgruppen nicht unbedingt notwendig sind. **293**

2.2.2 Management-Assistenz-Modell

Lediglich wenn das bestehende Management des Krisenunternehmens nicht mehr handlungsfähig bzw. -berechtigt ist und die Rolle des dominanten Trägers des Krisenmanagements eine Beratungsgesellschaft oder ein Konkursverwalter einnimmt, kommt das Management-Assistenz-Modell zur Anwendung. **294**

Schaubild 84: Unterscheidung der Organisationsformen der Krisenbewältigung nach den Merkmalen »Entscheidungszentralisation« und »Gruppenbildung«

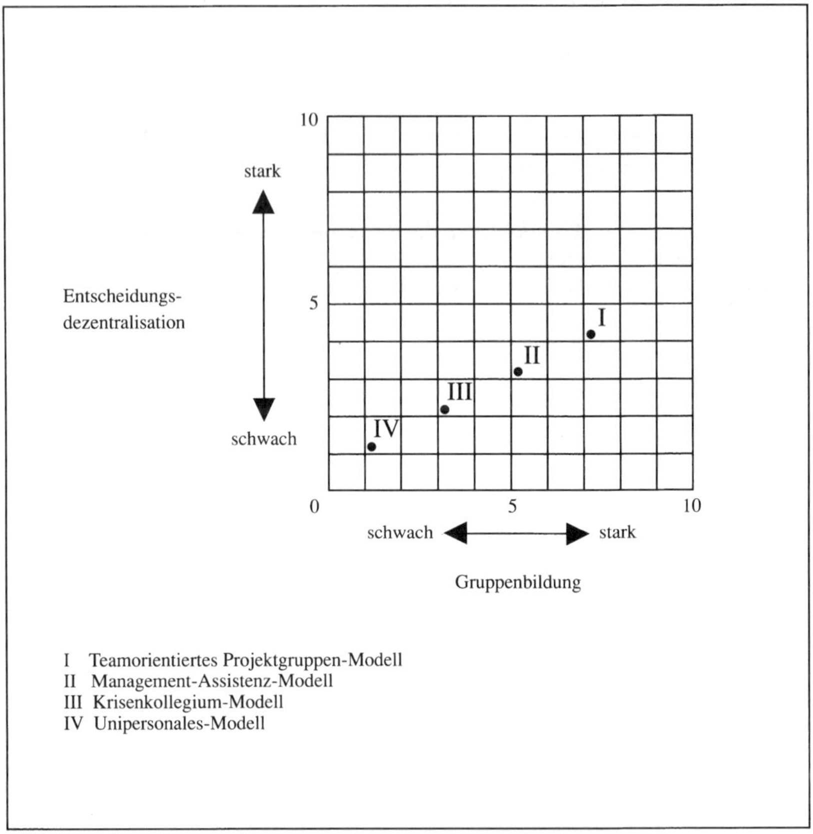

Quelle: Müller S. 521

295 Hierbei ist ein enges Zusammenwirken zwischen Beratern bzw. Konkursverwalter und Unternehmensleitung nötig, das in Gestalt einer Assistenz oder Anleitung des »alten« Managements erscheint. Die Krise ist in diesem Fall so weit fortgeschritten, daß die drohende **Gefahr der Illiquidität** schon sehr groß oder das Konkursverfahren beantragt oder bereits in der Ausführung ist. Diese Organisationsform ist durch die Bildung von einer Beratergruppe und mehreren Detaillierungsgruppen gekennzeichnet und hauptsächlich für **Mittel- und Kleinbetriebe** geeignet.

2.2.3 Krisenkollegium-Modell

296 Bei dieser Organisationsform ist die bisherige Unternehmensleitung der dominante Träger des Krisenmanagements und ist bestrebt, schnell auf eine überraschend eingetretene, oft extern verursachte Krise zu reagieren.

Schaubild 85: Verbreitung der unterschiedlichen Organisationsformen der Kreisbewältigung (N = 22)

befragte Expertengruppe / Das Zusammenwirken der Träger des Krisenmanagement vollzog bzw. vollzieht sich in folgenden Organisationsformen:	Unternehmungen	Krisenmanager, Konkursverwalter	Berater, Banken	Nennungen insgesamt
1) Teamorientiertes Projektgruppen-Modell.	(4)	(2)	(5)	11
2) Management-Assistenz-Modell.	-	(2)	3	5
3) Krisenkollegium-Modell.	2	-	-	2
4) Unipersonales (»Einzelkämpfer«)-Modell.	2	-	2	4

Quelle: Müller, S. 522

297 Es handelt sich hierbei meistens um Erfolgs- oder Liquiditätskrisen. Mitglieder der Unternehmensleitung formieren sich zu einer einzigen **Konzeptionierungs- bzw. Entscheidungsgruppe,** die alle notwendigen Entscheidungsbefugnisse besitzt. So kann durch kurzgefaßte Entscheidungen schnell gehandelt werden, ohne großes Aufhebens um die Bedrohung durch die Unternehmenskrise zu machen.

2.2.4 Unipersonales-Modell

298 Dieses **»Einzelkämpfer«-Modell** zeichnet sich dadurch aus, daß nicht die Unternehmensführung, sondern eine mit umfangreichen Vollmachten ausgestattete Führungskraft, aus einer übergeordneten Gesellschaft beispielsweise, dominanter Träger des Krisenmanagements ist. Es kann jedoch auch ein von Eignern oder Banken beauftragter Berater bzw. Krisenmanager sein. Der »Sanierer« hat zur Aufgabe, völlig allein oder mit wenigen Mitarbeitern die bedrohende Krise abzuwenden.

299 Dies ist die typische Organisationsform für **Erfolgs- oder Liquiditätskrisen in Klein- und Mittelbetrieben.**
Dieser Überblick über Organisationsformen für das Zusammenwirken der Träger des Sanierungs- oder Krisenmanagements ist bei *Müller* (S. 517–36) ausführlich behandelt und mit zahlreichen Beispielen dokumentiert.

3. Das Profil des Sanierungsmanagers

300 Das zuvor beschriebene unipersonale Modell ist geprägt durch den Sanierungsmanager als Einzelperson. Welche Eigenschaften muß aber ein solcher »Einzelkämpfer« besitzen, welche verschiedenen **»Managertypen«** eignen sich am besten?

Turnheim (S. 133) bietet zu diesen Fragen interessante Ausführungen und verdeutlicht diese mit Hilfe der Portfoliodarstellung. Seine Arbeit dient hier als Quelle, wobei auf einzelne Literaturangaben verzichtet wird.

3.1 Das Profil des Managers

3.1.1 Allgemeine Voraussetzungen

301 Ein Sanierungsmanager kann nicht »allwissend« sein und für jedes Problem des Krisenunternehmens schnell die richtige Lösung bereit haben. Dennoch fordert *Turnheim* drei unabdingbare Voraussetzungen.

Der Sanierungsmanager soll
- das erforderliche **Denkmuster** besitzen,
- den nötigen **Erfahrungswert** mitbringen,
- und den für **diesen** Sanierungsfall notwendigen **Individualwert** aufweisen.

302 **Denkmuster** steht im diesem Zusammenhang für die Werthaltung des Managers, welche seine wirtschaftspolitischen Entscheidungen entscheidend beeinflußt. Bei
303 der Auswahl eines zu bestellenden Sanierungsmanagers sollte im diesem Punkt große Sorgfalt aufgebracht werden, um sicherzustellen, daß die Werthaltungen beider beteiligten Parteien (Gesellschafter und Manager) harmonieren. Der Erfahrungswert ergibt sich daraus, wie lange und auf welcher Tätigkeitsebene der Manager bisher gewirkt hat.

304 Die psychologischen Eigenschaften, wie zwischenmenschliche Verhaltensweisen, Temperament oder Werthaltung, die genau für diesen Sanierungsfall erforderlich sind, beschreiben den notwendigen Individualwert.

3.1.2 Manager-Portfolio

305 Durch Systemdenken und Gestaltungswillen bzw. Gestaltungsfähigkeit kam man das nötige Profil des Sanierungsmanagers symbolisieren. Diese zwei Merkmale beschreiben die Flexibilität und den Erfahrungsschatz, die Kreativität und Dynamik des Managers.

Die nachfolgende Graphik (Schaubild 86) teilt unter diesen Gesichtspunkten den Manager in vier Grundtypen ein.

306 Derjenige Managertyp, der beide Merkmale in hohem Maß besitzt, kann als optimal für eine Sanierungsaufgabe betrachtet werden. Daher wird er hier als der **»Sanierer«** bezeichnet.

Beim **»Realisator«** ist das Systemdenken nicht so hoch. Es ist möglich, ihn für den Sanierungsprozeß für bestimmte strategische Geschäftseinheiten, sozusagen an der Front, einzusetzen, er braucht jedoch einen übergeordneten Manager, den Systemdenken besonders auszeichnet.

Bei den Typen **»Berater«** oder **»Administrator«** sind die relevanten Fähigkeiten nur unterdurchschnittlich ausgeprägt, sie sind daher nicht unbedingt für einen Sanierungsprozeß geeignet.

Schaubild 86: Manager-Portfolio

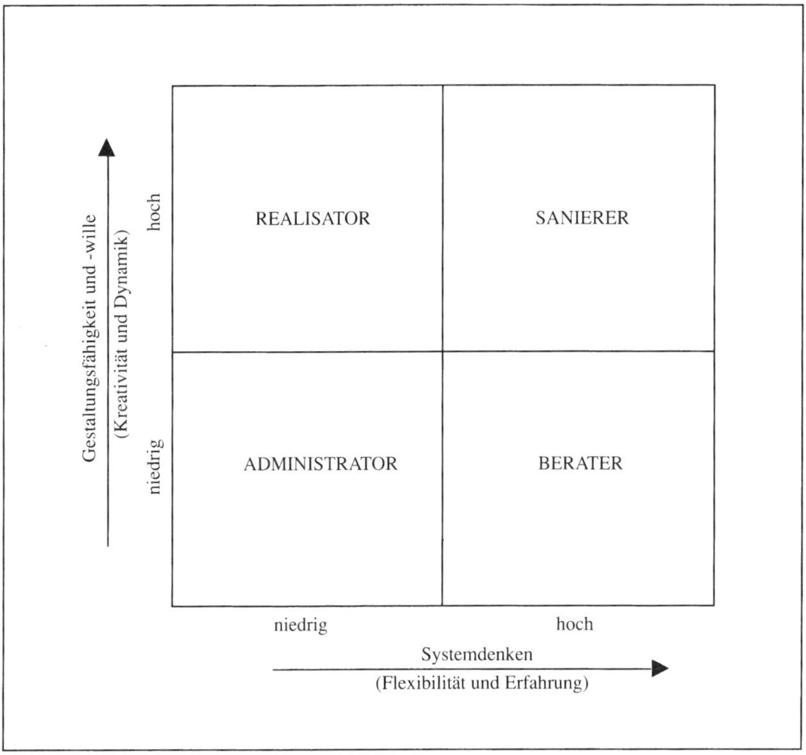

Quelle: Turnheim S. 136

3.1.3 Sonderfall »Überläufer«

Manchmal gelingt es dem Krisenunternehmen, eine Führungskraft von Mitbe- **307** werbern abzuwerben, einen »Überläufer« für sich zu gewinnen. Diese haben meist ein hohes Fachwissen über die jeweilige Branche und die damit verbundenen Technologien.

Harmonieren ihre Vorstellungen über Werthaltung und mögliche Strategien mit **308** denen des Eigentümers oder der Unternehmensleitung des Krisenunternehmens, können sie **ausgezeichnete Sanierungsmanager** darstellen. Der »Überläufer« kann jedoch auch **Konfliktpotential** für den Sanierungsprozeß darstellen, wenn er noch emotionale Bindungen, sei es Haß oder Liebe, zu seinem früheren Unternehmen besitzt.

Kann er aus diesen Gründen seinen Informationsstand und seine Erfahrung, **309** seine als Vorteil geltenden strategischen Potentiale, nicht voll in den Sanierungsprozeß seines neuen Unternehmens einsetzen, ist er eher ein **Hemmnis** für den Sanierungsvorgang.

Schaubild 87: Top-Manager-Portxfolio

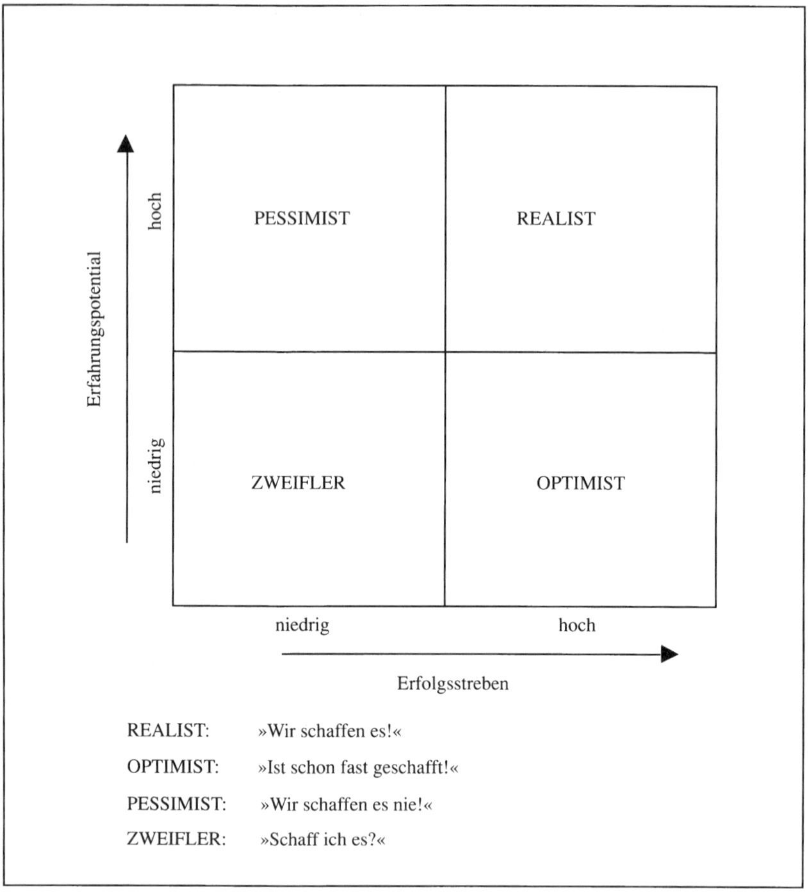

Quelle: Turnheim S. 138

3.2 Der Top-Manager

310 Der Top-Manager als Sanierungsmanager ist kein »Macher«, sondern ein »Denker«, ein »Innovator« und »Entwickler«. Für den Sanierungsfall werden beim Top-Manager vier weitere Profilmuster unterschieden, deren Dimensionen das **Erfahrungspotential** und das **Erfolgsstreben** sind (Schaubild 87).

311 Der **»Realist«** weist beide Fähigkeiten im hohem Maße auf und ist daher der geeignetste Sanierungsmanager.

312 Der **»Optimist«** hat lediglich den Erfolg vor Augen und ist daher nur bedingt geeignet, da ihm das bloße Erfolgsstreben zeitweise den Blick auf wesentlichere Probleme verwehrt.

313 Der **»Pessimist«** wird im Sanierungsfall nur eine Art Nachlaßverwalter sein, der das Unternehmen seinem endgültigen Zerfall entgegenführt.

Den »**Zweifler**« beschäftigen mehr seine eigenen Probleme, als die des zu sanierenden Unternehmens. Er kommt daher für eine Sanierung kaum in Frage. **314**

Turnheim (S. 139) nennt abschließend **neun Auswahlkriterien** für den Sanierungsmanager: **315**
- Intelligenz
- Sachkompetenz
- Kooperationsbereitschaft
- Erfolgsstreben
- Erfahrungspotential
- Gestaltungsfähigkeit und -wille
- Systemdenken
- Flexibilität
- Wertvorstellung.

3.3 Der Sanierungsmanager im Team

Wurde bisher der Sanierer und der Top-Manager als Einzelperson betrachtet, so **316** steht nun das Zusammenwirken verschiedener Manager im **Sanierungsteam** im Vordergrund. Der Qualifikation des Managements, insbesondere dem **Konfliktpotential** ist im Sanierungsfall große Aufmerksamkeit zu widmen, wenn die Sanierung schnell und problemlos ablaufen soll.

3.3.1 Das Manager-Konflikt-Portfolio

Bei der Zusammensetzung eines Sanierungsteams sollten einige **Grundregeln der** **317** **Gruppendynamik** beachtet werden. Dazu muß jedoch der einzelne Mitarbeiter richtig charakterisiert werden.

Hilfreich hierfür kann das Manager-Konflikt-Portfolio sein, das der Kooperations- **318** tionsfähigkeit eines Managers dessen Sachkompetenz gegenüberstellt (Schaubild 88).

Ein **»robust-dynamischer Manager«,** der Sachkompetenz und Kooperations- **319**
bereitschaft in hohem Maß besitzt, ist als Leiter eines Sanierungsteams im Hin- **320**
blick auf die Konfliktminimierung der Idealtyp.

Der **»Einzelkämpfer«** (Typ B) als Kopf der Gruppe, z.B. als Vorstandsvor- **321** sitzender, kann bei der Sanierung ebenfalls eine sehr gute Besetzung darstellen. Lediglich wenn in seinem Team ein weiterer Managertyp dieser Kategorie vorhanden ist, entsteht ein relativ hohes Konfliktpotential.

Ist der Leiter des Teams aus der Klasse **»Kamerad«**, wird dieser z.B. mit Mit- **322** arbeitern des Typ B aufgrund deren hoher Sachkompetenz und niedriger Kooperationsbereitschaft viele Probleme haben.

Die nachfolgende Tabelle stellt alle vier Möglichkeiten der Teamleiter und die **323** damit verbundenen »günstigen« Kombinationen dar, wobei Team 1 und Team 2 das geringste Konfliktpotential bieten.

Schaubild 88: Manager-Konflikt-Portfolio

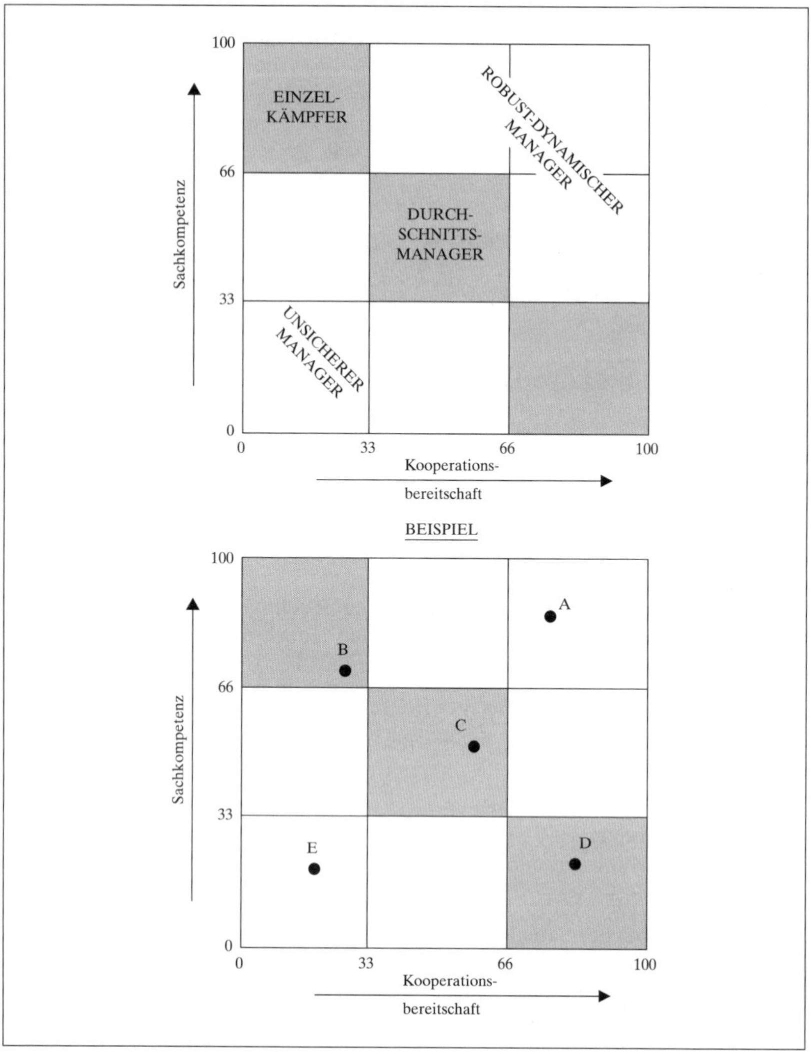

Quelle: Turnheim S. 66

Schaubild 89:

	Teamleiter	mögliche Teammitglieder	auszuschließende Teammitglieder
Team 1	A	A, B, C, D	E
Team 2	B	A, –, C, D	E, B
Team 3	C	A, –, –, D	E, B
Team 4	D	A, –, –, –,	E, B, C

Quelle: Turnheim S. 69

3.3.2 Das Manager-Durchsetzungs-Portfolio

Der Faktor »Zeit«, der für den Sanierungsprozeß von großer Bedeutung ist, wird wesentlich von der **Durchsetzungsfähigkeit** eines Managers bestimmt. Das Manager-Durchsetzungs-Portfolio enthält als Kriterien **Intelligenz** und **Vitalität**. **324**

Im Sanierungsfall sind die effizienten Manager als Teamleiter die eindeutigen Favoriten, alle anderen Managertypen sollten nicht an der Spitze eines Sanierungsteams stehen obwohl diese oft als **»Arbeitstiere«** gelten. **325**

Bei Sanierungsteams wie Projekt- oder Beratergruppen kann jedoch ein Zusammenwirken effizienter Manager, seien es »Arbeitstiere« oder **»Konzeptionsriesen«**, sehr von Vorteil sein. **326**

Schaubild 90: Manager-Durchsetzungs-Portfolio

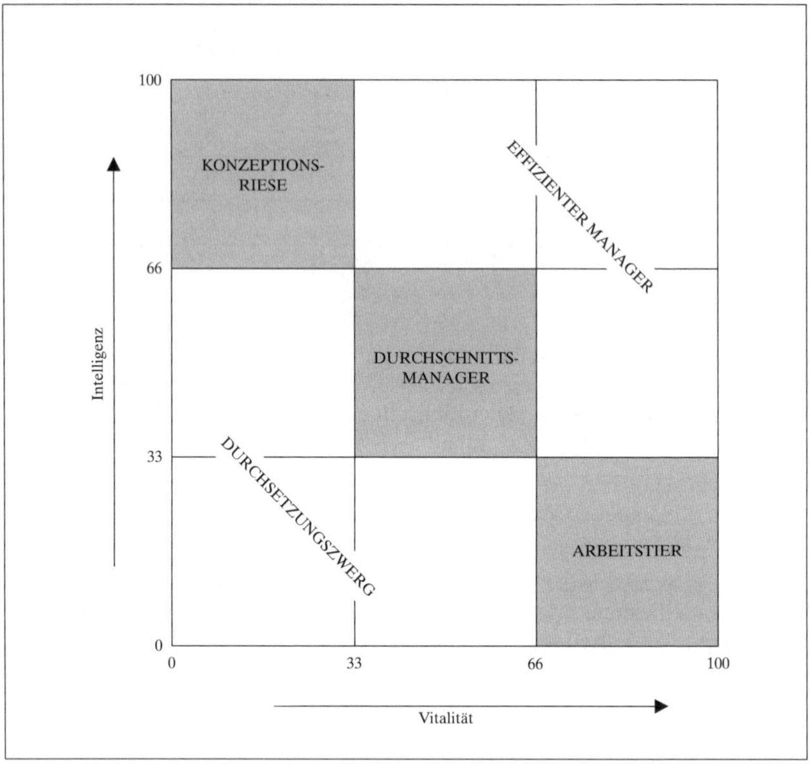

Quelle: Turnheim S. 68

Teil F
Integrierte Standortentwicklung als eine besondere Form der Sanierung

Inhaltsübersicht **Rz.**

I. Die unterschiedlichen Ausgangssituationen einer Sanierung

1. Einleitung

Die klassische Sanierung eines Unternehmens unter Beibehaltung des Unternehmenszwecks und im wesentlichen unter Beibehaltung der Produktionsschwerpunkte und Produkte ist ein, wenn auch nicht alltäglicher, so doch nicht ungewöhnlicher Vorgang im Lebenszyklus eines Unternehmens. **1**

2 Kennziffern, Ursachen und Auswege aus einer Unternehmenskrise, die nur mit Hilfe von Sanierungsmaßnahmen gelingen, sind in den Teilen B – H ausführlich dargestellt worden.

3 Die Maßnahmen einer Sanierung gehen oft weit über das Handlungs- und Entscheidungsrepertoire einer Geschäftsführung hinaus.
Bei entsprechender Unterstützung von Außen können auch während und nach Durchführung umfangreicher Maßnahmen zur Umstrukturierung des Unternehmens spezifische interne Kenntnisse aus dem bisherigen Unternehmensumfeld relevant bleiben.
Diese Tatsache kann für den teilweisen Erhalt der bisherigen Geschäftsleitung und des bisherigen Mitarbeiterstabes sprechen, um spezifisches Wissen und Kenntnisse über den Standort zu erhalten.

4 In diesem Sinne als klassisch zu bezeichnen sind auch die Sanierungen, in denen Teile eines Unternehmens durch Verkauf ausgegliedert oder geschlossen und nur Kernbereiche aufrechterhalten werden.
Hier erfolgen die Sanierungsmaßnahmen unter dem Dach des bisherigen Unternehmensträgers.

5 Die insbesondere bei der Sanierung von Unternehmen in den neuen Bundesländern vorgefundene Situation erweitert und erneuert den Sanierungsbegriff grundlegend um Aspekte, die auf lange Sicht nicht nur für die neuen Länder bedeutsam sind.

6 Der Begriff der integrierten Standortentwicklung umfaßt die Änderung des ursprünglichen Geschäftszwecks, die Sanierung eines Unternehmens durch Umgestaltung und eine marktfähige Ausrichtung des Standortes einschließlich der Ansiedlung weiterer Unternehmen.

7 Von besonderem Interesse ist diese Sanierungsform zunächst für diejenigen Stellen der öffentlichen Hand, deren besondere Aufmerksamkeit der industriellen und wirtschaftlichen Entwicklung ganzer Regionen im allgemeinen und einzelner Standorte im speziellen als eine Aufgabe der Wirtschaftspolitik gilt.

8 Die Sanierungsgrundsätze der integrierten Standortentwicklung können auf alle Unternehmen übertragen werden, bei denen sich im Rahmen einer »klassischen« Sanierung herausstellt, daß auf ganze Betriebsstätten oder nur auf bestimmte Grundstücke des Unternehmens verzichtet werden kann. Insbesondere dann, wenn die bis dahin industriell genutzten Flächen weder durch Verkauf noch durch Versteigerung erfolgversprechend verwertet werden können, so daß eine Industriebrache entstehen würde, die nicht gewünscht wird.

9 Die nachfolgenden Ausführungen sollen praxisnah die Durchführung einer Sanierung in Form der integrierten Standortentwicklung in allen Phasen detailliert beschreiben und Informationen vermitteln, die in vergleichbaren Fällen herangezogen werden können. Zwei Unternehmen werden beispielhaft beschrieben, die, ausgehend von völlig unterschiedlichen Ausgangssituationen und Branchen, im Rahmen der integrierten Standortentwicklung saniert wurden.

2. Die Sanierung von THA/BvS-Unternehmen

Die Sanierungsform der integrierten Standortentwicklung ist in Unternehmen bedeutsam geworden, bei denen die Treuhandanstalt (THA) bzw. deren Rechtsnachfolgerin, die Bundesanstalt für vereinigungsbedingte Sonderaufgaben (BvS), als alleinige Gesellschafterin nach Beurteilung durch Wirtschaftsprüfungs- und/oder Unternehmensberatungsgesellschaften, die allgemein betriebliche Sanierungsfähigkeit, d.h. die Weiterführung der bisherigen Produktion bei Kostenreduzierung oder Ertragssteigerung, verneint hat. **10**

Mit dieser Beurteilung stand fest, daß mit einer Veräußerung des Unternehmens nicht gerechnet werden konnte, weil entweder der Markt für die Produkte des Unternehmens weggefallen ist oder das Unternehmen nicht in der Lage war, rentabel zu arbeiten. **11**
In dieser Situation hatte die Gesellschafterin zu prüfen, ob das Unternehmen in der Form des Liquidations- oder des Konkurs-/Gesamtvollstreckungsverfahrens abgewickelt werden soll.
Die Abwicklungsform wird nicht nur durch die Verfahrenskosten, sondern davon bestimmt, ob die Konkurs- /Gesamtvollstreckungsgründe beseitigt werden können.

Entscheidet sich die Gesellschafterin für die Abwicklung in Form der Liquidation, ist ein Liquidator (bei einer GmbH bzw. ein Abwickler bei einer AG) zu bestellen, der wegen der mannigfaltigen Geschäftsvorgänge im Laufe des Verfahrens – in Anlehnung an die Konkursordnung – ein wirtschaftlich erfahrener Jurist, Wirtschaftsprüfer oder Steuerberater sein sollte. **12**
Es spricht einiges dafür, als Liquidator oder Abwickler einen Außenstehenden einzusetzen und nicht die bisherige Geschäftsführung zu belassen.

Die Entscheidung zur Liquidation eines Unternehmens wird durch den Beschluß der Gesellschafterin umgesetzt, die bisherige Geschäftsführung einer GmbH abzulösen und einen Liquidator einzusetzen. **13**
Bei einer AG wird der Beschluß der Gesellschafterin zur Entscheidung an den Aufsichtsrat der Aktiengesellschaft weitergeleitet und mit der Entscheidung der Hauptversammlung und der Einsetzung des Abwicklers sowie der Abberufung des alten Vorstandes vollzogen.

Bei den Unternehmen, in denen die THA/BvS nicht Gesellschafterin ist, richtet sich die Vorgehensweise bei der Entscheidungsfindung über die Einstellung des Geschäftsbetriebes – soweit vorhanden – nach den gesellschaftsvertraglichen Regeln und den gesellschaftsvertraglichen bzw. den handelsrechtlichen Formerfordernissen. **14**

Das Liquidationsverfahren zeichnet sich gegenüber dem Gesamtvollstreckungs-/Konkursverfahren dadurch aus, daß die Gesellschafter auf das Hauptziel – Einstellung des Geschäftsbetriebes und Verwertung des Anlagevermögens – sowie auf die Erhaltung oder Umstrukturierung erhaltensfähiger Kerne Einfluß nehmen. **15**

Der Begriff der Verwertung des Vermögens (Anlage- und Umlaufvermögen) ist nicht nur unter dem Aspekt der sofortigen Zerschlagung zu sehen. **16**

Es muß geprüft werden, ob eine spätere Verwertung erfolgreicher ist, wenn zuvor alle Maßnahmen durchgeführt werden, die darauf gerichtet sind, die Existenzfähigkeit des Unternehmens wieder herzustellen, das in der bisherigen Unternehmensform in finanzielle Schwierigkeiten geraten ist.

17 Bei dieser Prüfung ist der spätere geplante Liquidationserfolg maßgeblich. Unerheblich ist der ursprünglich vor der Liquidationsanordnung definierte Unternehmenszweck.

18 Der Beginn der Liquidation ist durch die Erstellung des Abwicklungskonzeptes geprägt. Das Bestreben nach Reduzierung der Kosten bei einer Einstellung des Geschäftsbetriebes wird regelmäßig verfolgt. Die Kostenreduzierung kann durch die Einstellung der Produktion, die Kündigung der Belegschaft sowie die Kündigung abgeschlossener Verträge zur Vermeidung zukünftiger Verbindlichkeiten erfolgen.

19 Der Abbau der Belegschaft erfolgt nach Maßgabe der allgemeinen arbeitsrechtlichen Vorschriften. Die Anordnung der Liquidation läßt auch die Mitbestimmungsrechte des Betriebsrates nach dem BetrVG unberührt. Im Falle einer Betriebsänderung ist – soweit gebildet – mit dem Betriebsrat über den Abschluß eines Interessenausgleiches und eines Sozialplanes zu verhandeln. Im Falle anzeigepflichtiger Entlassungen ist rechtzeitig die Anzeige beim zuständigen Arbeitsamt bzw. Landesarbeitsamt einzureichen. Vor Ausspruch der Kündigung der Belegschaft muß über den Versuch eines Interessenausgleiches abschließend verhandelt worden sein. Der Versuch eines Interessenausgleiches ist erst gescheitert, wenn die Einigungsstelle angerufen wurde oder seit der rechtzeitigen und umfassenden Information des Betriebsrates 2 Monate im Falle der Anrufung der Einigungsstelle 3 Monate vergangen sind, so daß die Kündigungen erst nach diesem Zeitpunkt ausgesprochen werden können.
Bei Ausspruch der Kündigungen muß der Sozialplan noch nicht abgeschlossen sein.

20 Im Rahmen der Liquidation sind alle Verbindlichkeiten vom Abwickler/Liquidator zu regulieren. Insoweit kann der Versuch einer vergleichsweisen Erledigung zweckdienlich sein. In Anlehnung an die quotale Regulierung von Verbindlichkeiten bei Konkursverfahren ist eine Vergleichsquote zu ermitteln, auf deren Basis die verbliebene Masse an die Gläubiger ausgeschüttet wird. Dies kann im Rahmen des Liquidationsverfahrens nur auf dem Verhandlungswege gelingen.
Ebenso sind alle Forderungen im Rahmen des Verfahrens einzutreiben.
Die nicht realisierbaren Forderungen sind auszubuchen.

21 Soll ein Kerngeschäft aufrechterhalten werden, muß eine Analyse darüber erfolgen, welche der vorhandenen Aufträge ausgeführt werden und welches Personal beibehalten werden soll.

22 Es ist des weiteren festzustellen, in welchem Umfang eine Auslaufproduktion kostengünstiger ist als eine kurzfristige Geschäftseinstellung.
Die Entscheidung hat unmittelbaren Einfluß auf das Personalabbaukonzept und die Kündigungen sowie auf die zeitweilige Aufrechterhaltung von Lieferverträgen.
Die Durchführung der Liquidation setzt in ihrem Hauptzweck – Verwertung des Vermögens und Regulierung der Verbindlichkeiten – erst ein, wenn o.g. einschneidenden Entscheidungen getroffen sind und ein Konzept über die Erhaltung

und Teilsanierung einzelner Produktionszweige und ein Verwertungskonzept für die Vermögenswerte des Liquidationsunternehmens erstellt und die Grundsatzentscheidung über Sanierung und Zerschlagung einzelner Betriebsteile getroffen wurde.

II. Die integrierte Standortentwicklung als Sanierungskonzept

1. Restrukturierung von Industriestandorten

Im Rahmen der Abwicklung von Unternehmen in den neuen Bundesländern haben sich Aufgaben herauskristallisiert, die über die normale Liquidationstätigkeit hinausgehen. **23**
Hier waren nicht nur Kernbereiche aus Unternehmen oder Kombinaten herauszulösen, die abgewickelt werden und einer Privatisierung zuzuführen waren. Die Wiederbelebung von zuvor industriell und gewerblich genutzten Flächen aus abzuwickelnden Unternehmen war nicht nur partiell, sondern für ganze Landstriche zu bewirken.
Dies erfolgte überwiegend durch staatliche Förderung.

Ein Auslöser für diese Maßnahmen ergab sich vor dem Hintergrund, daß durch die Wirtschafts- und Währungsunion und durch die Wiedervereinigung in einem bis dahin ungeahnten Ausmaß Konkurrenzdruck auf die Unternehmen zukam und gleichzeitig angestammte Absatzmärkte im Ausland wegbrachen. **24**
Eine Konkurrenzfähigkeit mit Wettbewerbern aus den Altbundesländern und dem westlichen Ausland konnte nicht gelingen, da sich die seit Jahrzehnten marktwirtschaftlich geführten Unternehmen selbst bereits in einer Absatzkrise befanden. Neue Marktanteile zu erobern war vor diesem Hintergrund für Unternehmen, die über Jahrzehnte nach völlig anderen Prämissen geführt worden waren, nur in Ausnahmefällen möglich. Die Globalisierung der Märkte führte, verbunden mit der Öffnung des östlichen Auslands, vermehrt zu der Tendenz, Unternehmen und Unternehmensteile ins Ausland zu verlagern, um den preiswerteren Produktionsfaktor »Arbeit« zu nutzen, ohne dabei zu große Entfernungen überwinden zu müssen.

Ohne den Einsatz offensiver Maßnahmen hätten die rein marktwirtschaftlichen Regularien dazu geführt, daß ganze Landstriche deindustrialisiert worden wären mit der Folge, daß die Bevölkerung, die ansonsten weiterhin Chancen auf dem Arbeitsmarkt hat, in andere Gebiete abgewandert wäre. Wie die allgemeine wirtschaftliche Entwicklung zeigt, trifft das nicht nur für die neuen Bundesländer zu, sondern zeichnet sich als Tendenz in allen Industrieländern ab, wenngleich durch den krassen politisch-wirtschaftlichen Wandel die Merkmale in den neuen Bundesländern besonders deutlich hervortreten. Ebenso trifft für alle Industrieländer zu, daß gerade hochentwickelte Technologien, verbunden mit ökonomisch erforderlichen Rationalisierungen, mit einem kontinuierlich geringer werdenden Bedarf an Arbeitskräftepotential einhergehen. Die aus diesem Automatismus entstehenden sozialpolitischen Auswirkungen in Form von Massenarbeitslosigkeit, die Auswirkungen auf die öffentliche Hand durch das entstehende Ungleichgewicht wegen der Ausfälle an Steuereinnahmen und Ausfällen an Einnahmen der Sozialversicherungsträger, verbunden mit den im gleichen Umfang **25** steigenden Sozialausgaben, die aus der Massenarbeitslosigkeit resultieren, sind als bedeutende Problematik des Zeitgeschehens allgegenwärtig. Die volkswirtschaftlichen Auswirkungen dieses Prozesses, z.B. durch Kaufzurückhaltung und Kaufkraftschwund sind langfristig kaum überschaubar. Trotz mannigfaltiger Versuche im einzelnen regulierend einzuwirken, scheint hinsichtlich eines Gesamtkonzeptes, das sozialpolitisch greift und gesamtwirtschaftlich bei diesem hohen Industrialisierungsstand wirkungsvoll ist, allgemein Ratlosigkeit zu bestehen.

26 Die integrierte Standortentwicklung stellt kein gesamtwirtschaftliches Konzept dar, sondern beschreibt eine wirtschaftlich sinnvolle und sozialpolitisch zweckmäßige Vorgehensweise zur Wiederbelebung von Unternehmen oder Flächen, die anderenfalls brachliegen würden.

Kern der integrierten Standortentwicklung ist die aktive Restrukturierung eines industriellen Standortes nach marktfähigen Standards durch das von dem Gesellschafter mit Liquidität ausgestattete Abwicklungsunternehmen in enger Abstimmung und Unterstützung durch alle an der Standortentwicklung interessierten öffentlichen Stellen (wie Landesregierung, Landrat, Bürgermeister, Arbeitsamt u.a.m.).

27 Ziel der integrierten Standortentwicklung ist, nach Durchführung der Maßnahmen den Standort mit Hilfe eines Verwertungskonzeptes, das sich an den Marktchancen der Region orientiert, durch Vermietung, Verpachtung und Verkauf wiederzubeleben. Wirtschaftliche Wertschöpfung soll damit am Standort gesichert werden, um Arbeitsplätze zu erhalten und zu schaffen.

28 Der Anspruch, der erhoben wird, weist darauf hin, daß die Realisierung der integrierten Standortentwicklung in vielen Fällen nicht nur auf Basis betriebswirtschaftlicher Überlegungen und kurzfristig wirksamer Kosten-/Nutzenüberlegungen umgesetzt werden kann.

Die Kalkulation einer integrierten Standortentwicklung muß daher auch volkswirtschaftliche Gesichtspunkte berücksichtigen. Bei diesem Ansatz ist die Beteiligung öffentlicher Stellen erforderlich. Der volkswirtschaftliche Nutzen der eingesetzten Mittel ist zu bewerten.

Der Erhalt der Kaufkraft in der Region ist Voraussetzung für die erfolgreiche Entwicklung von Dienstleistungen und Handel.

Die Einsparung von Arbeitslosengeld und Sozialhilfe bildet eine Größe, die insbesondere bei umfangreicher öffentlicher Förderung zur Wiederbelebung eines Standortes Berücksichtigung finden muß.

29 Obwohl die Sanierungsform der integrierten Standortentwicklung zunächst rechnerisch zusätzliche Kosten auslöst, ist die Unterstützung der umfangreichen Maßnahmen durch die öffentliche Hand auch ökonomisch sinnvoll, da während der Sanierungsmaßnahmen Investitionen getätigt werden, eine Vielzahl an Aufträgen an regionale Firmen vergeben werden, eine Aufwertung des Standortes erfolgt und der Standort als entstehender regionaler Absatz und Beschaffungsmarkt an Bedeutung gewinnt.

30 Die im Einzelfall zu ermittelnden konkreten Zahlen, wie:

- zusätzliche Kaufkraft und Kaufkraftentwicklung;
- Entlastung des Arbeitsamtes/zusätzliche Einnahmen des Arbeitsamtes;
- zusätzliche Steuereinnahmen

müssen in eine Kalkulation für die finanzielle Unterstützung durch die öffentliche Hand ebenfalls einfließen wie die Tatsache, daß eine zuvor festgestellte Abwanderungsbewegung durch die umfangreichen zukunftsweisenden Maßnahmen an dem Standort gestoppt werden kann.

Die Vielzahl der Aspekte zeigt auf, daß die integrierte Standortentwicklung für die an der Finanzierung der Maßnahmen beteiligten Stellen mittel- und langfristig nicht nur das konstruktivere, sondern das erfolgreichere Konzept der Verwertung darstellt als die »starre« Form der Verwertung durch Zerschlagung. **31**

Das Konzept der integrierten Standortentwicklung hat für die Industrie der neuen Bundesländer Bedeutung erlangt. **32**
In Anbetracht der Tatsache, daß in den Altbundesländern der Prozeß der Deindustrialisierung durch Verlagerung von Produktionsstandorten angestammter Industrien in andere EU-Länder und östliche Nachbarländer voranschreitet, wird dieses Konzept zukünftig zur Wiederbelebung aufgegebener Standorte über die Grenzen der neuen Bundesländer hinaus an Bedeutung gewinnen.

2. Die Ausgangssituation einer Standortentwicklung

In den konkreten Arbeitsschritten umfaßt die integrierte Standortentwicklung über die im Abwicklungsverfahren üblichen Maßnahmen von Abriß, Beräumung, Altlastenbeseitigung und Verwertung hinaus die Erstellung eines Sanierungskonzeptes einschließlich der umfangreichen Maßnahmen zur Erschließung des jeweiligen Geländes. **33**
Des weiteren ist die Entflechtung von Ver- und Entsorgungsleitungen, die Entfernung und Sanierung einzelner Gebäude sowie die Planung und Projektierung von Neubauten – auch auf bereits veräußerten Parzellen – erforderlich. Dies erfolgt im Rahmen einer auf die Gegebenheiten der Region abgestimmten Infrastrukturplanung.

In der praktischen Umsetzung der umfangreichen Maßnahmen zur Umstrukturierung eines Geländes bedeutet dies, daß zeitgleich Abriß- und Beräumungsarbeiten, Gebäuderenovierung sowie Erschließungs- und Neubauarbeiten erfolgen. Organisatorisch und im Zeitablauf muß eine genaue Abstimmung erfolgen, weil Zu- und Abfahrten sowie die Versorgung mit Energie, Wasser, Telekommunikation, Wärme und dergleichen mehr auf dem Gelände sichergestellt werden müssen, da weiterhin produziert wird. **34**

Dieses Konzept der »aufbauenden« Liquidation erfordert einen größeren Aufwand als eine zerschlagende Abwicklung, die derartige Maßnahmen üblicherweise nicht kalkuliert. **35**

3. Die Aufgabenstellung – Ein Unternehmen der Elektrotechnik/Elektronik –

Bei dem nachfolgend beispielhaft beschriebenen Unternehmen handelt es sich um ein in der bestehenden Form nicht mehr sanierungsfähiges Unternehmen der Elektrotechnik/Elektronik. In den vergangenen Jahrzehnten wurden zuletzt mit **36**

ca. 13 000 Mitarbeitern zunächst Erzeugnisse der Präzisionsmechanik, später elektronische Geräte mit überwiegend mechanischen Baugruppen und in der letzten Phase Personal- und Bürocomputer sowie Computerdrucker für den osteuropäischen Markt hergestellt. Das Gelände, das seit 1816 durchgängig als Industriestandort genutzt wurde, umfaßt ca. 570 000 m^2.
Einzige Gesellschafterin der Aktiengesellschaft ist die THA/BvS.
Neben der langen durchgehend industriellen Nutzung ist markant, daß das Gelände direkt an den Stadtkern einer Kreisstadt grenzt, die mit ca. 25 000 Einwohnern wirtschaftlich von dem Unternehmen geprägt war.

37 Ansonsten ist die Region als ländlich zu bezeichnen. Die Verkehrsanbindung ist gut. Ein Bahnhof mit direkter Verbindung zur Landeshauptstadt liegt 500 m vom Werksgelände entfernt.
Das Gelände wird von einer Bundesstraße auf der einen und einem Fluß auf der anderen Seite begrenzt.

39 Hinsichtlich des Unternehmensgeländes handelt es sich um ein vollständig erschlossenes, reines Gewerbe- und Industriegebiet, das topographisch nahezu eben ist. Die ursprünglich städtische Erschließung endete an der Werksgrenze. Das Unternehmen verfügte vor Beginn der Maßnahmen über eine eigene, wenn auch nach modernen Anforderungen eines Industriestandortes veraltete und zu klein dimensionierte Erschließung.

40 Es existierten ein intaktes Straßennetz der Stadt sowie Werksstraßen mit unterschiedlichem Oberflächenaufbau und unterschiedlicher Güte. Das Werksgelände verfügte über einen Bahnanschluß.

41 Sämtliche Gebäude waren über das auf dem Gelände befindliche Heizkraftwerk an die werkseigenen oberirdisch verlegten Versorgungsleitungen angeschlossen. Die Anordnung der Gebäude und die gesamte Geländestruktur waren historisch gewachsen und entsprachen keineswegs modernen Anforderungen hinsichtlich der Bebauungsdichte, der erforderlichen Freiflächen und Parkmöglichkeiten.
Die Medienversorgung verlief ungeordnet über das gesamte Gelände und war in der bestehenden Form nicht trennbar.
Eine Parzellierung des Geländes, die Voraussetzung für Teilprivatisierungen ist, war aufgrund der ungeordneten und nicht trennbaren Medienversorgung nicht möglich.
Hinzu kam, daß durch den ungeordneten Verlauf diverser Leitungen auf dem Gelände Dienstbarkeiten – wie Wege- und Nutzungsrechte sowie Leitungsrechte – hätten entstehen müssen, die eine Einzelverwertung von Teilgrundstücken erschwert hätten.
Die Einräumung von Dienstbarkeiten wäre Voraussetzung gewesen, um Grundstücksverkehrsgenehmigungen zu erlangen, die zur Verschaffung des Eigentums für Käufer einzelner Teilgrundstücke erforderlich sind.
Diese Vorgehensweise ist nicht nur in bezug auf eine weitsichtige Organisation aller Teilverkäufe kompliziert, sie setzt auch die Mitwirkung aller potentiellen Käufer voraus, woraus sich ein Verkaufshemmnis ergibt.

42 Die Umstrukturierung und Umgestaltung des Industriegeländes zu einem Modell der integrierten Standortentwicklung wurde im Rahmen der Abwicklung der Aktiengesellschaft als tragfähiges Konzept der Verwertung des Vermögens in

Verbindung mit einer Sanierung und der von der Gesellschafterin geforderten Privatisierung entwickelt.
Die Entstehung einer Industriebrache am Stadtkern der Kreisstadt, verbunden mit sozialen Unruhen durch ersatzlosen Wegfall des Hauptarbeitgebers und als Folge daraus die Abwanderung der Bevölkerung konnte im wesentlichen vermieden werden.
Auch diese positiven Folgen der integrierten Standortentwicklung zeigen den engen Bezug zu Interessenlagen öffentlicher Stellen auf, die in den hier vorgestellten Beispielen ihre politische Verantwortung erkannt und wahrgenommen haben.

Trotz der gescheiterten Versuche, das Unternehmen als Ganzes zu privatisieren **43**
und obwohl Teilprivatisierungen aufgrund der äußeren Gegebenheiten nicht möglich waren, entschied sich die Gesellschafterin gegen die Einleitung eines Gesamtvollstreckungsverfahrens.
Gegen die Durchführung einer Gesamtvollstreckung und für die Liquidation sprachen:
Ein Gesamtvollstreckungsverfahren hätte ohne Kapitalzuführung mangels Masse abgewiesen werden müssen. Damit wäre das ca. 570 000 m^2 große Gelände weder einer zukünftigen Verwertung und Nutzung zugeführt worden, noch wäre ohne Zuschüsse der Gesellschafterin eine Beräumung möglich gewesen.
Bei Eröffnung des Gesamtvollstreckungsverfahrens hätte der Gesamtvollstreckungsverwalter möglicherweise den Anspruch gegenüber der Gesellschafterin geltend machen können, die Kosten für den Sozialplan – in diesem Fall 10 000 Arbeitnehmer – zu tragen. Dies gilt nur in den neuen Bundesländern in den Fällen, in denen die zwischen der Treuhandanstalt und den Gewerkschaften zur Abfederung sozialer Härten vereinbarte Zweckzuwendungsrichtlinie Anwendung findet. In besonders gelagerten Fällen wurden auf Basis dieser Richtlinie auch Arbeitnehmern, die im Rahmen eines Gesamtvollstreckungsverfahrens ihren Arbeitsplatz verloren haben, Zweckzuwendungen ausgezahlt.
Weitergehende Ansprüche hätte ein Gesamtvollstreckungsverwalter nicht geltend machen können.

Bei einem Gesamtvollstreckungsverfahren ist der Gesamtvollstreckungsverwal- **44**
ter nicht der Gesellschafterin, sondern nur den Gläubigern und dem einzusetzenden Gesamtvollvollstreckungsgericht verantwortlich.
Daraus ergibt sich, daß die Gesellschafterin keinen oder nur geringen Einfluß auf das Verfahren nehmen kann.

Die Möglichkeit, das Gelände im Gesamtvollstreckungsverfahren im Rahmen **45**
einer Zwangsversteigerung zu verwerten, war wegen der offenkundigen Mängel nicht als erfolgversprechend zu bewerten.

Somit hätte die Entscheidung für das aus Kostengründen durchaus naheliegende **46**
Gesamtvollstreckungsverfahren zur Folge gehabt, daß eine Industriebrache erheblichen Ausmaßes entstanden wäre und das auf einem Gelände, über dessen Altlastengefahren zu dieser Zeit keine detaillierten Kenntnisse vorlagen.

Sämtliche daraus resultierenden Haftungsrisiken wären auf unbeschränkte Zeit **47**
bei der Gesellschafterin bzw. deren Rechtsnachfolger verblieben.

Dies macht deutlich, daß der zunächst kostengünstiger erscheinende Weg keine Lösung der gestellten Aufgabe – insbesondere unter Berücksichtigung der vorhandenen Risiken – bedeutet hätte.

48 Unabhängig von der evtl. wirtschaftlichen Fehlentscheidung, das Gelände ungenutzt brach liegen zu lassen, ist vorab nicht erkennbar, ob nicht alleine die Kosten aus dem Haftungsrisiko und der Grundstückssicherungspflicht die gleichen Aufwendungen verursacht hätten, die bei Durchführung der notwendigen Sanierungsmaßnahmen mit anschließender sinnvoller Verwertung entstanden wären.

4. Das Abwicklungskonzept

49 Das für dieses Unternehmen erstellte Abwicklungskonzept richtet sich nach den Prämissen der Gesellschafterin (THA und deren Rechtsnachfolgerin BvS).
Die Gesellschafterin hat aufgrund der Vielzahl von Unternehmen, über deren Abwicklung und Verwertung zu befinden war, eine standardisierte Vorgehensweise festgelegt.

50 Das Abwicklungskonzept besteht aus zwei Teilen, dem Abwicklungsgutachten, das von einer Wirtschaftsprüfungsgesellschaft erstellt und dem Konzept, das von dem von der Gesellschafterin eingesetzten Abwickler bzw. Liquidator erarbeitet wird.

51 Das Abwicklungsgutachten ist ein Gutachten über den Vermögensstatus des zu bewertenden Unternehmens einschließlich eines Kostenvergleiches zu den Aufwendungen der Gesellschafterin bei der Anwendung des Liquidationsverfahrens oder eines Gesamtvollstreckungsverfahrens.

52 Das Gutachten beinhaltet einen allgemeinen Teil, in dem zunächst der Umfang des Auftrages und die Auftragsdurchführung sowie die dem Gutachten zugrunde liegenden Unterlagen benannt werden. Des weiteren werden Angaben zum Unternehmen, dem Unternehmenszweck und der Historie des Unternehmens getroffen. Erforderlich ist eine Beschreibung der Betriebsstätte oder der Betriebsstätten unter Angabe des Betriebszweckes, der dazugehörigen Grundstücke und Gebäude sowie dem einer Betriebsstätte zuzurechnenden Personal.

53 Darüber hinaus werden alle wesentlichen Verträge des Unternehmens und des laufenden Geschäftsbetriebes aufgeführt und deren Laufzeit und Auswirkungen kurz beschrieben.

54 Weitere, die Verwertung oder Abwicklung betreffende Informationen, die aber mit dem bestehenden Unternehmenszweck nicht unmittelbar in Verbindung stehen, wie z.B. die Möglichkeit zur Erschließung von Industrieflächen aufgrund eines bestehenden Bebauungsplanes und anderen Besonderheiten, die mit der Verwertung und der Entscheidung der Gesellschafterin darüber, in welcher Form die Verwertung erfolgen soll, zusammenhängen, werden aufgeführt.

55 Die rechtlichen Verhältnisse des Unternehmens sind ebenfalls Bestandteil des Gutachtens, wie:
Unternehmensstruktur, Handelsregistereintragung, Sitz des Unternehmens, Geschäftsjahr, Grundkapital, Kapitalverhältnisse, Prüfung von Jahresabschlüssen,

Beteiligungen, Organe der Gesellschaft, Geschäftsführung und – wenn vorhanden – Aufsichtsrat der Gesellschaft sowie Auskunft über Tarifzugehörigkeit.

Die wirtschaftliche Situation, bestehend aus finanziellen Verhältnissen, der Vermögens- und Ertragslage, der Umsatz- und Ergebnisentwicklung, den Immobilien, den wesentlichen Mobilien, den Verbindlichkeiten und der Fragen zur Haftung der Gesellschafterin wird dargestellt. **56**
Der Textteil des Gutachtens endet mit einer Empfehlung zur Abwicklungsform.

Ein zweiter Teil des Gutachtens, der Erläuterungsteil, legt den Vermögensstatus des Unternehmens – Aktiva und Passiva – dar. Die Bewertungsgrundlage, ob die Wertermittlung zu Zerschlagungswerten oder unter Fortführungsgesichtspunkten erfolgt, wird kenntlich gemacht und gegebenenfalls gegenübergestellt. **57**

Anschließend erfolgt die Gegenüberstellung der Kosten der beiden möglichen Verfahren, des Gesamtvollstreckungs- und des Liquidationsverfahrens. **58**

Nach den Vorgaben der Gesellschafterin wird als Anlage eine Übersicht über die Bilanzen, der Kostenvergleich mit Abwicklungsempfehlung, ein Liquiditätsplan über die, je nach dem gewählten Verfahren, durch die Gesellschafterin zuzuführenden Finanzmittel und eine Auflistung über die Grundstücke und Gebäude im Anlagevermögen beigefügt. **59**

Das Konzept zur Verwertung wird von dem durch die Gesellschafterin eingesetzten Abwickler bzw. Liquidator erstellt und kann als gesondertes Gutachten ausgearbeitet und der Gesellschafterin vorgelegt werden. Dies bietet sich insbesondere dann an, wenn das Konzept Maßnahmen beinhaltet, die über die Möglichkeiten einer Liquidation oder Gesamtvollstreckung und den im Rahmen des Abwicklungsgutachtens ermittelten Kosten deutlich hinausgehen, wie es bei der integrierten Standortentwicklung der Fall ist. **60**
Sind derartige Maßnahmen nicht empfehlenswert, ist es sinnvoll, die Vorschläge des Abwicklungskonzeptes in das Abwicklungsgutachten einfließen zu lassen.

Wesentliche Bestandteile des Konzeptes sind die Beurteilung und die Bewertung der Auftragslage, verbunden mit der Feststellung, ob Teile des Unternehmens – oder einzelne Produktionsfelder – durch Einzelprivatisierungen aufrechterhalten und verwertet werden können. **61**
Die positive Einschätzung zur Privatisierungsfähigkeit einzelner Produktionsfelder zieht nach sich, daß in diesen Bereichen die Produktion und das zur Produktion notwendige Personal aufrechterhalten werden müssen.
Andernfalls ist je nach vertraglicher Bindung entweder eine Auslaufproduktion oder eine sofortige Produktionseinstellung empfehlenswert.

Die finanziellen Folgen hinsichtlich des Personalkonzeptes, das auf Basis obiger Feststellungen erstellt werden muß, sowie die finanziellen Auswirkungen bis zur möglichen Veräußerung der Produktionsfelder sind gesondert zu bewerten und der Gesellschafterin offenzulegen. Außerdem sind im Rahmen des Konzeptes die Anzahl und die Qualifikation der Mitarbeiter für die Abwicklungsmannschaft festzulegen. **62**

Aus obigen Festlegungen, die von der Gesellschafterin zu treffen sind, ergibt sich der Umfang der erforderlichen Personalreduktion, die nach Maßgabe der gesetzlichen Vorschriften durchgeführt wird. **63**

64 Bei dem hier beispielhaft beschriebenen Unternehmen ergaben die Gutachten folgende Feststellungen, die gleichzeitig Prämissen des Verwertungskonzeptes darstellten:

65 Das Gelände war als Gesamtheit nicht verwertbar.
Auch nach Beräumung des Geländes von Altlasten, nicht nutzbaren Gebäuden und nach Sanierung einzelner Objekte hätte das Gelände voraussichtlich modernen Anforderungen einer Produktionsstätte, die für die Groß- oder mittelständische Industrie geeignet gewesen wären, nicht genügt.
Weder den Anforderungen des Maschinenbaus, noch der Elektrotechnik oder der Computerherstellung, um nur die Branchen zu nennen, die der früheren Nutzung verwandt sind, wäre entsprochen worden.

66 Als Begründung waren folgende Aspekte zu nennen:
Die Größe des Geländes von ca. 570 000 m^2 hätte als Standort für eine Großindustrie ausgereicht. Die Errichtung eines Produktionsstandortes folgt jedoch den Anforderungen, die vom rationellsten Produktionfluß vorgegeben werden. Deshalb werden in den in Frage kommenden Branchen überwiegend Flachbauten in der Anordnung errichtet, die kürzeste Wege im Produktionfluß sicherstellen. Die Anforderungen an den Flächenvorrat werden so gestellt, daß der Flächenvorrat ausreicht, um Raum für An- und Abtransporte von Materialien und Produkten zu sichern und Optionen für mögliche Produktionserweiterungen bestehen. Die Ausrichtung des hier beschriebenen Industriestandortes an diese Anforderungen hätte den Abriß sämtlicher Baulichkeiten auf dem Gelände verlangt.
Diese Entscheidung wäre nicht realisierbar gewesen.
Einerseits standen bereits zum Zeitpunkt des Liquidationsbeginns einige der erhaltenswerten Gebäude unter Denkmalschutz.
Andererseits waren einige Gebäude von bedeutendem Wert vorhanden und konnten mit entsprechend an moderne Anforderungen ausgerichteten Sanierungsmaßnahen einer langfristigen industriellen oder gewerblichen Nutzung zugeführt werden. Als weiterer Aspekt ist zu nennen, daß für eine das Gelände ausfüllende Produktionsstätte der Großindustrie mit einem An- und Ablieferbedarf erheblichen Ausmaßes die Voraussetzungen der Verkehrsanbindung nicht als ideal zu bezeichnen sind. Bei der derzeitigen Vielfalt angebotener Industrieflächen stellte diese Situation ein Ausschlußkriterium dar.
Somit war die Möglichkeit, eine Verwertung des Geländes durch Verkauf an die Großindustrie zu erreichen, aussichtslos und erschien unter Kostengesichtspunkten als nicht vertretbar.

67 Die Verwertung einzelner kleinerer und mittelgroßer Einheiten wurde nach Erfüllung bestimmter Voraussetzungen hingegen als erfolgsversprechend eingeschätzt.
Die zu liquidierende Aktiengesellschaft bot das einzige zusammenhängende Industriegelände für die Kreisstadt und deren Umgebung im Umkreis von 30 km.
Die Analyse der Infrastruktur und der industriell gewerblichen Umgebung führten zu der Entscheidung, das Unternehmensgelände zu einem »Industriepark« auszubauen.
Hierdurch wurde sichergestellt, daß die Ansiedlung von Unternehmen auf dem Gelände organisiert erfolgen konnte.

Die unstrukturierte Ansiedlung von Kleinunternehmen, die sich auf dem gleichen Gelände gegenseitig Konkurrenz gemacht und sich dadurch gestört hätten, anstatt sich gegenseitig im Rahmen der Möglichkeiten zu unterstützen, konnte vermieden werden. **68**
Das bedeutet nicht, daß bei der Ansiedlung von Unternehmen Konkurrenz innerhalb des Industrieparks unterbunden wurde.

Schwerpunkt der strukturierten Ansiedlung war die Schaffung eines Gleichgewichtes aus Unternehmen verschiedener Branchen mit dem Ziel, dem Industriepark langfristig Lebensimpulse zu geben. Es mußte bedacht werden, daß im Laufe der Jahre Fluktuationen im Industriepark entstehen würden. Durch eine ausgewogene Struktur der Unternehmen einerseits und durch die Bedingungen, die der Industriepark als Ansiedlungsort andererseits bietet, wird die Existenz des Industrieparks als solchem durch einzelne Fluktuationen nicht in Frage gestellt. **69**

Das Konzept, die Grundstücke der Liquidationsgesellschaft durch organisierte Ansiedlung von kleinen und mittelständischen Handwerks-, Gewerbe und Industrieunternehmen zu verwerten, wurde von der Gesellschafterin unterstützt, da neben den bereits erwähnten Vorzügen der integrierten Standortentwicklung folgende Vorteile bestanden: **70**
- kurzfristige Nutzungsmöglichkeit,
- vorhandene Gebäudesubstanz stand zur mietweisen Firmenansiedlung und für MBO-Interessenten zur Verfügung,
- der Vorteil des großen Potentials an qualifizierten Arbeitskräften am Altstandort konnte genutzt werden.

Bei der organisierten Ansiedlung von Unternehmen mußten verschiedene Prämissen eingehalten werden. **71**
Der Industriepark sollte insbesondere produzierendes Gewerbe aufnehmen und die damit verbundenen Arbeitsplätze schaffen.

Im Rahmen der öffentlichen Förderung, die für Abriß und Neuerschließung des Geländes gewährt wurde, wurde die Vergabe der Fördermittel so beauflagt, daß die auf dem Industrieparkgelände neu geschaffenen Arbeitsplätze zu über 50 % gewerbliche Arbeitsplätze sein mußten. **72**

Gleichwohl verlangt eine ausgeglichene Struktur auch die Ansiedlung von Dienstleistungsunternehmen sowie die Schaffung strukturell erforderlicher Einrichtungen, um den Industriepark für die Ansiedlung von Investoren attraktiv zu machen. Beispiele hierfür sind eine Tankstelle oder Selbstversorgungseinrichtung, passende gastronomische Einrichtungen zur Versorgung der avisierten Arbeitnehmerzahl auf dem Gelände sowie einige kleine Ladengeschäfte und in kleinem Umfang andere Handelseinrichtungen. **73**

Die Errichtung eines Industrieparks bedurfte von vornherein grundsätzlicher Umstrukturierungsmaßnahmen des Geländes, die in folgende Phasen unterteilbar sind: **74**
- Abriß
- Altlastenbeseitigung
- Erschließung
- Sanierung
- Vermarktung

75 Dem Abriß werden Baulichkeiten zugeführt, die nicht mit vertretbarem finanziellen Aufwand zu sanieren sind. Zur Feststellung, welche Baulichkeiten vom Abriß betroffen sind und welcher Aufwand für sanierungsbedürftige Gebäude erforderlich ist, wurde ein gesondertes Gutachten eines sachverständigen Architektenbüros eingeholt.

76 Ein weiterer Aspekt des Gutachtens ist die Feststellung, mit welcher Dichte der geplante Industriepark nach modernen Anforderungen bebaut werden kann.
Da das Gelände ununterbrochen seit 1816 industriell genutzt wurde, waren je nach aktuellem Bedarf weitere Bauten angefügt worden, so daß zu Liquidationsbeginn eine Bebauungsdichte von 80 % des Geländes erreicht war.
Je nach Art und Branche der industriellen Nutzung sollte ein solches Gelände in einer Dichte von 20 – 30 % bebaut sein.

77 Alleine aus diesem Mißverhältnis ergab sich bei einem Bestand von 311 Gebäuden in 83 baulichen Anlagen, die sich in einem sehr unterschiedlichen Erhaltungszustand befanden, die Notwendigkeit des Abrisses, um das Ziel eines modernen Industrieparks unter diesem Gesichtspunkt zu erreichen.

78 Als Besonderheit war hier zu berücksichtigen, daß die bereits angesiedelten Unternehmen während der Bauarbeiten stets mit Energie und anderen Medien versorgt werden mußten, so daß deren Arbeitsfähigkeit erhalten werden konnte.

5. Beseitigung von Altlasten

Literatur:

Rainer Schmidt Einführung in das Umweltrecht
JuS Schriftenreihe Lernbücher 4. Aufl., Verlag CH Beck
TA Abfall Gesamtfassung der zweiten allgemeinen Verwaltungsvorschrift zum Abfallgesetz Teil I – Technische Anleitung zur Lagerung, chemisch/physikalischen, biologischen Behandlung, Verbrennung und Ablagerung von besonders überwachungsbedürftigen Abfällen – in der ab 1. 4. 1991 geltenden Fassung, Bundesanzeiger
Birgit Spießhofer
Neue Bundesländer: Die »Altlastenfreistellung« nach Umweltrahmengesetz, DB 1995, S. 1897
Andreas Pohl
Die Altlastenregelung der Länder, NJW 1995, S. 1645
Rainald Enders und *Dirk Ower*
BB 1995, S. 629
Birn und *Jung*
Abfallbeseitigungsrecht für die betriebliche Praxis, Band 2
WEKA Fachverlage GmbH Kissing

79 Im Umgang mit dem Themenkomplex – Altlasten – und sonstiger Umweltbelastungen eines Industriegeländes bzw. der darauf befindlichen Gebäude bereitet die grundsätzliche Definition der Begriffe »Altlast, Abfall, Wertstoff und deren Abgrenzung« Probleme.

Eine der Ursachen dafür ist die Tatsache, daß zwar für Immissionsschutz- und Wasserrecht spezielle Gesetze zum Schutz der Umweltmedien »Luft« und »Wasser« bestehen, das Umweltmedium »Boden« hingegen von einer Vielzahl von Regelungsbereichen berührt wird (z.B. BauGB, BNatSchG, ROG, AbfG, BauNVO, ChemG, KrW-/AbfG, Bergrecht). Ein einheitliches Bundesrecht besteht jedoch nicht. **80**

Ein Bundesbodenschutzgesetz ist geplant, bisher aber noch nicht realisiert worden. Im Kern wird eine allgemeingültige Regelung zum Schutz des Bodens und dessen Untergrunds angestrebt. **81**
Dabei muß der Boden in einer Tiefe erfaßt werden, mit der die Speicherfunktionen und ein mögliches Eindringen von Schadstoffen in das Grundwasser Berücksichtigung finden.
Die den Bodenschutz bisher berührenden gesetzlichen Bestimmungen und Verordnungen ziehen Auswirkungen aus der Anreicherungsfunktion des Bodens selten in Betracht.

Derzeit erfolgt der Umgang mit Altlasten des Bodens und deren Beseitigung durch Anwendung des jeweils einschlägigen mittlerweile auch vorhandenen Landesabfallgesetzes, verbunden mit der Anordnungsbefugnis nach dem Polizei- und Ordnungsrecht des jeweiligen Landes. **82**

Rechtsgrundlage für die polizei- und ordnungsrechtlichen Anordnungen ist die sicherheitsrechtliche Generalklausel, nach der die öffentliche Sicherheit und Ordnung gewährleistet sein muß. Das bedeutet, daß mit Sicherheit dann Maßnahmen getroffen werden müssen, wenn aus dem Umgang mit Stoffen oder aus dem Vorhandensein von Stoffen als Altlasten im Boden Gefahren für Leben und Gesundheit der Allgemeinheit oder einzelner Personen zu erwarten sind. **83**

Dieser Zustand ist zumindest dann gegeben, wenn Stoffe im Boden festgestellt werden, die aufgrund der Beschaffenheit von Bodenschichten im Laufe der Zeit in die grundwasserführende Schicht eindringen werden (vgl.: *Schmidt,* Einführung in das Umweltrecht, JUS Schriftenreihe, § 6, 51 ff.). **84**

Als länderübergreifende Anhaltspunkte werden oft die technischen Regeln der LAGA (Länderarbeitsgemeinschaft Abfall) herangezogen. Der LAGA mit ihren ständigen Ausschüssen kommt beim Vollzug der Abfallbeseitigung eine Koordinierungsfunktion zu, da der freiwillige Zusammenschluß zur Abstimmung der Gesetzgebungs- und Verwaltungstätigkeit z.B. bei Abfalltransporten über Ländergrenzen hinweg und bei gemeinsamen Vereinbarungen zur Vereinheitlichung und Abstimmung der Ländergesetze bedeutsam ist (vgl.: *Birn* und *Jung,* Abfallbeseitigungsrecht für die betriebliche Praxis, Teil 15, Kapital 11 S. 1–7). Als Orientierung dienen auch einzelne Länderbestimmungen, wie die »Hessenliste« oder die »Hollandliste«. **85**

Befinden sich gefährliche Stoffe in der Bausubstanz von Gebäuden, besteht grundsätzlich Bestandsschutz zur Fortführung des einmal genehmigten Nutzungszwecks des Gebäudes. **86**
Diese Bestandsgarantie besteht auch dann fort, wenn der oder die Inhaber wechseln und die gleiche oder ähnliche Nutzung fortführen.
Der Bestandsschutz geht jedoch nicht soweit, daß die polizei- und ordnungsrechtlichen Grundsätze außer Kraft gesetzt würden.

87 Im Gegensatz zur Schadstoffbelastung des Bodens gehen von einer Schadstoffbelastung in der Bausubstanz durchweg nicht die gleichen Gefahren aus, wie bei dem Durchsickern von Schadstoffen in grundwasserführende Schichten.

88 Relevant wird die Schadstoffbelastung von Gebäuden in jedem Fall bei einem vorgesehenen Abbruch des Gebäudes oder bei baulichen Maßnahmen, die eine Freisetzung der Schadstoffe verursachen können und den Bestandsschutz aufheben.

89 Die Feststellung von Altlasten und Schadstoffbelastungen eines Geländes bzw. von Gebäuden hat gutachterlich zu erfolgen (siehe hierzu auch Teil III. 2. Rz. 147 ff.).

90 Werden auf einem Industrielände an verschiedenen Stellen Altlasten vorgefunden, erfolgt die Beseitigung der Altlasten sukzessive nach Einstufung in Gefahrenklasen, d.h., die gefährlichsten Stoffe werden vorrangig beseitigt. Diese Vorgehensweise muß im Ablauf organisiert und die Beachtung aller anzuwendenden Vorschriften sichergestellt werden.

91 Im Falle des hier beispielhaft beschriebenen Unternehmens sind auch die Richtlinien der Gesellschafterin – der THA/BvS – zur Einstufung in die Kategorien Abfall und Altlasten zu berücksichtigen, wenn sie gesetzlichen Regelungen nicht entgegenstehen.
Bei Altlasten sind je nach Verunreinigungsgrad unterschiedliche Vorgehensweisen vorgeschrieben.

92 Die THA/BvS, als Gesellschafterin einer Vielzahl altlastenbehafteter Unternehmen, hat zum Zweck der Aufteilung der Kosten zur Altlastenbeseitigung eine grundsätzliche Rahmenvereinbarung mit Bund und Ländern abgeschlossen. Hierin wurden die Unternehmen hinsichtlich der Altlastenproblematik kategorisiert.
Die Rahmenvereinbarung beinhaltete eine unterschiedliche Schlüsselung der Kosten auf Bund, Land und Gesellschafterin, die gemäß der Einstufung des betroffenen Unternehmens angewandt wurde.

93 Da die Rahmenvereinbarung aber keinen Automatismus darstellte, aus Gründen der Praktikabilität aber eine rasche Handlungssicherheit zur Umgestaltung des Geländes unabdingbar war, wurde eine Vereinbarung zur Aufteilung der Altlastenbeseitigungskosten abgeschlossen. Die Aufteilung der Altlastenbeseitigungskosten wurde zwischen dem Liquidationsunternehmen, dem Land und der Gesellschafterin analog einer Rahmenvereinbarung (Bund-Länder-Abkommen) verbindlich vereinbart.
Diese Vereinbarung betrifft sowohl Altlasten, die im Rahmen des Abrisses von Gebäuden entsorgt werden müssen, als auch Altlasten, die im Rahmen der Neuerschließung des Geländes zutage treten.

6. Erschließung

94 Die bedarfsgerechte Neuerschließung des Geländes erfolgte auf der Grundlage eines Bebauungsplanes der Stadt und des mit dem Abwickler abgeschlossenen

Erschließungsvertrages, in dem der Abwickler als Erschließungsbeauftragter der Stadt eingesetzt wurde.
Die Fördermöglichkeiten des Landes im Rahmen der Gemeinschaftsaufgabe »Verbesserung der regionalen Wirtschaftsstruktur« wurden genutzt. Zur Erstellung der Planungs- und Genehmigungsunterlagen wurde ein Planungsbüro eingesetzt.

Die Erschließung beinhaltet den Tiefbau, Aus- und Neubau der Trinkwasser- **95** leitungen und Entwässerung, die Neutrassierung der Elektroversorgung einschließlich der Trafoanlagen auf dem Gelände, die Gas- und Telefonversorgung, die Neuverlegung unterirdischer Fernheiztrassen, den Neubau öffentlicher Straßen im Industriepark einschließlich Rad- und Gehwegen sowie des straßenbegleitenden Grüns. Zusätzlich wurde eine durch das Liquidationsunternehmen finanzierte tangierende Erschließung zur Gestaltung des Geländes – von den neuen Verkehrswegen bis zu den Gebäuden – geplant und durchgeführt.

Für die Umsetzung der Maßnahmen war die Tatsache problematisch, daß der **96** Bebauungsplan seitens der Stadt zu Beginn der Erschließungsmaßnahmen noch nicht fertiggestellt und verabschiedet war.

Ein weiteres Problem bestand darin, daß vor Baubeginn bestehende Trink- **97** wasserschutzzonen, die sich auf dem Unternehmensgelände befanden, aufgehoben werden mußten.

Über die eigentlichen Erschließungsaufgaben hinaus hatte das Liquidations- **98** unternehmen umfangreiche Aufgaben als Versorgungsunternehmen wahrzunehmen. Diese Situation resultierte aus einer historisch gewachsenen Aufgabe aus der Zeit, als das Unternehmen den Lebensnerv der Stadt darstellte.

Die Aufgaben des Unternehmens umfaßten in der früheren DDR systembedingt **99** auch Bereiche, die mit dem eigentlichen Produktionsprofil des Unternehmens nichts zu tun hatten.
Das Liquidationsunternehmen war gleichzeitig Versorgungsunternehmen für Wasser, Abwasser, Elektrizität und Fernwärme. Auf der Grundlage des Einigungsvertrages mußte diese Aufgabe bis zum Abschluß der Erschließung wahrgenommen werden.
Die Versorgungspflicht betraf nicht nur das Unternehmensgelände, sondern vor Durchführung der Neuerschließung auch Teile des Stadtbereiches. Da das Unternehmen im Besitz von Heiztrassen war, bestand auch hier die Verpflichtung zur Wärmeversorgung.

Die Übertragung der Trassen und Leitungen an die zuständigen Versorgungs- **100** unternehmen bzw. die Stadt erfolgt als eine der letzten Maßnahmen nach Abschluß sämtlicher Erschließungsmaßnahmen.

7. Sanierung und Vermarktung

Die Sanierung von Gebäuden erfolgt dann, wenn anderenfalls die Vermark- **101** tungsfähigkeit nicht gegeben ist.

Der Umfang des erforderlichen Sanierungsaufwandes kann sehr unterschiedlich sein und kann sich bis zur völligen Entkernung des Gebäudes mit anschließend völlig neuer Ausstattung des Inneren und Äußeren erstrecken.

102 In anderen Fällen genügt ein neuer Außenanstrich, die Modernisierung der Versorgungsleitungen und gegebenenfalls die Schaffung einer neuen Raumaufteilung, verbunden mit Malerarbeiten, um die Vermietbarkeit der Räume herzustellen. In jedem Fall muß die Bedingung einer abgeschlossenen Versorgung z. B. mit Elektroenergie pro Mieteinheit erfüllt werden.

103 Als Mietobjekte wurden insbesondere Gebäude hergerichtet, die im leeren Zustand nicht verkauft werden konnten und wegen der Gesamtgröße der zur Verfügung stehenden Flächen in mehreren Geschossen die Belegung nur durch ein Unternehmen nicht realistisch war.

104 Die Vermietung von Objekten an verschiedene Mieter hatte Modellcharakter. Hierbei war es besonders vorteilhaft, die konkrete Aufteilung von Mieträumen erst dann vorzunehmen, wenn der bzw. die Mieter bereits bekannt waren und deren Flächenbedarf und Flächenaufteilung feststand.
So konnte vermieden werden, daß durch eine stereotype Raumaufteilung Mieter mit ihren spezifischen Ansprüchen die Ansiedlung im Industriepark abgelehnt hätten.

105 Nachdem auf diesem Wege ein Gebäude überwiegend oder voll vermietet ist, kann das Gebäude wegen der bereits vorweisbaren Mieteinnahmen und der dadurch eingetretenen Erhöhung des Ertragswertes erfolgreich verkauft werden.

106 Zunächst erfolgte jedoch die Verwertung nach der Maxime, schnell und unbürokratisch Produktionsflächen für die Bereiche des Liquidationsunternehmens zu schaffen, die als Einzelunternehmen überlebensfähig waren.
Eine zeitliche Verzögerung hätte zur Folge gehabt, daß mögliche Aufträge aus gewachsenen Liefer- und Leistungsbeziehungen hätten abgelehnt werden müssen. Derartige Verzögerungen hätten aber die Chancen des ausgegründeten Teilunternehmens bzw. MBO deutlich verschlechtert.

107 Bei der Ansiedlung neuer Investoren konnten nicht nur oben bereits genannte Mietflächen zur Verfügung gestellt werden, auch ganze Gebäude waren mit und ohne Sanierungsmaßnahmen zum Verkauf geeignet.

108 Die Prämissen, Investitionshemmnisse möglichst zu vermeiden, hatten zur Folge, daß auf dem umzustrukturierenden Gelände zeitgleich alle aufgeführten Phasen der Umstrukturierung des Geländes, nämlich Abriß, Altlastenbeseitigung, Neuerschließung sowie Sanierungs- und Neubaumaßnahmen bei voller Aufrechterhaltung der Versorgungspflicht für bereits produzierende Unternehmen parallel verliefen.
Diese Tatsache bedeutete eine große Herausforderung für die Organisation der Maßnahmen, da die Verkehrs- und Betriebsfähigkeit der Unternehmen zu jeder Zeit sichergestellt werden mußte.

109 In einem weiteren Schritt wandte sich das Liquidationsunternehmen nach Außen, um durch wiederholte öffentliche Ausschreibungen in regionalen und überregionalen deutschen Zeitungen und weltweit Investoren für verwertungsfähige

Grundstücke und Gebäude zu werben. Durch die Erschließung, die in insgesamt 7 Bauabschnitten erfolgte, wurden die Grundstücke parzellierungsfähig.

Durch Vermietung und Verkauf wurden 50 % der nutzbaren Flächen verwertet, **110**
wodurch 1 700 Arbeitsplätze – überwiegend im produktiven Gewerbe – entstanden.

Darüber hinaus führte diese Vorgehensweise zur »spontanen« Schaffung einer **111**
Ansiedlungsstruktur.

Nachdem sich eine Grundstruktur gefestigt hatte, wurde eine Ansiedlungs- **112**
offensive eingeleitet, durch die dauerhafte Strukturen geschaffen werden sollten, die den langfristigen Bestand des Industrieparks sichern. Es wurden dabei die Ziele verfolgt, konkret fehlende Gewerbe- und Dienstleistungsunternehmen anzusiedeln, deren Start- und Absatzchancen sich schon aus dem Bedarf der bereits auf dem Gelände ansässigen Unternehmen ergibt und diese im Produktionfluß oder Produktangebot folgerichtig ergänzen.

Aus dem offensiven Anspruch der Verwertung von Flächenteilen des Liquida- **113**
tionsunternehmens ergab sich die Notwendigkeit, gezielte Ausschreibungen zur Anwerbung von Investoren durchzuführen. Daher erfolgte in dieser Phase der Verwertung die Ausschreibung von Projekten und klar umrissenen Unternehmenskonzepten, um gezielt in den jeweiligen Fachkreisen potentielle Investoren zu interessieren, deren Startrisiko durch den bereits vorab festgestellten Bedarf der Ansiedlung dieses speziellen Unternehmens deutlich verringert wurde.

Die strukturpolitische Ansiedlung beschränkte sich nicht nur auf Gewerbe- und **114**
Dienstleistungsunternehmen, sondern bezog bewußt auch den Bedarf mit ein, der über die rein unternehmerischen Interessen der bereits auf dem Gelände tätigen Unternehmen hinaus bestand. Gemeint ist der strukturelle Bedarf, der durch ca. 3 000 Arbeitnehmer im Industriepark entsteht, wie eineTankstelle, eine Autowaschanlage, eine Kfz-Werkstatt, Gaststätten und Sporteinrichtungen, um nur einige zu nennen.

Um die Attraktivität der Ansiedlung in diesem entstehenden Industriepark zu **115**
fördern, wurden Unternehmergespräche als feste Einrichtung angeboten. Der Rahmen wurde zum Informationsaustausch und für Vortragsreihen genutzt, die über Themenkomplexe informierten, die für eine Vielzahl der Unternehmen von Interesse waren.

III. Die Umgestaltung eines industriellen Altstandorts in einen »Industriepark« Anwendung der »integrierten Standortentwicklung«

1. Äußere Vorgaben – Bebauungsplan –

Das während der vergangenen 40–50 Jahre durch hohe Mauern nahezu her- **116**
metisch abgeriegelte Werksgelände war nur für Mitarbeiter – und das auch nur eingeschränkt – zugänglich. Das Werk bildete eine »Stadt in der Stadt«.

Eine Zielsetzung war, aus einer sich abzeichnenden Entwicklung zur Industrie- **117**
brache einen Industriepark für mittelständische Gewerbe- und Industrieunternehmen zu schaffen und wegen der besonderen Lage des Unternehmens in un-

mittelbarer Nähe des Stadtkerns der Kreisstadt durch aufgelockerte Gestaltung des Geländes und durch Schaffung von Anziehungspunkten im Industriepark Bürgernähe herzustellen. Im Sinne der Stadtplanung wurde ein integrationsfähiger Stadtteil geschaffen.

118 Diese Besonderheiten waren bei der Umgestaltung des Geländes in einen Industriepark zu berücksichtigen, was auch im Bebauungsplan seinen Niederschlag fand.

119 Bei der Umsetzung des Konzeptes, eine potentielle Industriebrache in einen Industriepark umzuwandeln, gestaltete sich bei dem hier beispielhaft beschriebenen Unternehmen die Tatsache als problematisch, daß der genehmigte Bebauungsplan erst zwei Jahre nach Beginn der Maßnahmen vorlag.

120 Das Fehlen eines Bebauungsplanes bringt das Risiko mit sich, daß durchzuführende einzelne Baumaßnahmen nur nach Überwinden von Hindernissen die erforderlichen Genehmigungsverfahren durchlaufen.
Hinsichtlich der notwendigen Abrißmaßnahmen entstehen zunächst keine Risiken.

121 Die Durchführung von Abrißmaßnahmen ohne Vorliegen eines genehmigten Bebauungsplanes hat zur Folge, daß der Bestandsschutz für die bisherige Nutzung des abzureißenden Gebäudes – verbunden mit Verfahrensweisen und möglichen Umweltrisiken – durch den Abriß verlorengeht, ohne daß die zukünftige Nutzbarkeit des freiwerdenden Geländes bekannt ist.

122 Bei der Umgestaltung des Geländes wurden nur dann Gebäude entfernt, wenn sie nicht mehr mit vertretbarem Aufwand einer zukünftigen Nutzung zugeführt werden konnten. Die andererseits durch Leerlauf und Zeitverzögerung entstehenden Kosten konnten weder der Gesellschafterin noch dem Land, das durch Gewährung von Fördermitteln die Umgestaltung der Industriebrache in einen Industriepark unterstützte, zugemutet werden. Dadurch wogen die durch das Fehlen des Bebauungsplanes auftretenden Hindernisse geringer als eine zweijährige Verzögerung der Maßnahmen bis zur Verabschiedung des Bebauungsplanes.

123 Der Bebauungsplan beinhaltet folgende Festlegungen:
In Angrenzung an die neu zu errichtenden öffentlichen Straßen auf dem Werksgelände, als auch bei dem das Werk begrenzenden Fluß waren Grünstreifen anzulegen und ein Bebauungsabstand freizuhalten, um Geh- und Radwege seitens der Stadt errichten zu können.

124 Unter Berücksichtigung der Nutzbarkeit vorhandener Gebäudesubstanz sowie der Nutzung des angrenzenden Geländes erfolgte eine Einteilung in Industrie- und Gewerbeflächen. Mit den Gewerbeflächen sind höhere Anforderungen hinsichtlich Lärm- und Geräuschschutz für angrenzende Wohngebiete verbunden als bei Industrieflächen.

125 Die Begrenzung des ehemaligen Werksgeländes durch Zäune und Tore entfiel und Freiflächen, die zur Bepflanzung mit straßenbegleitendem Grün und für andere Grünflächen vorgesehen waren, wurden neu und großzügig definiert.

126 Damit wurde festgelegt, daß durch die großzügig bemessenen Industrieflächen im hinteren Teil des Geländes, die durch neu zu bauende Straßen gut zugänglich

gemacht wurden, zahlreiche Arbeitsplätze im produzierenden Gewerbe entstehen konnten.
Ein ebenso großer Teil der Flächen, der als Gewerbefläche ausgewiesen wurde, sollte für die Ansiedlung von Unternehmen und Handwerk sorgen, von denen keine nennenswerte Störung für den angrenzenden Stadtkern ausgeht.

Die Schaffung der erforderlichen Infrastruktur wurde, wenn auch nicht räumlich **127**
skizziert, so doch verbal im Textteil des Bebauungsplanes gewünscht.
Die Ansiedlung von Handelsketten oder Lagerkapazitäten, für die großer Flächenbedarf kennzeichnend ist, die aber nur in geringem Maße Arbeitsplätze schaffen, war nicht gewollt.

Die Grenze zwischen Industriegelände und Stadtkern wird für die Bürger durch **128**
die offene Gestaltung des Industriegeländes mit Wegen und Grünzonen aufgehoben.

Eine weitere sinnvolle Öffnung entsteht durch die Schaffung einer Infrastruktur, **129**
die sowohl die Versorgung der auf dem Gelände tätigen Arbeitnehmer deckt als auch das Angebot an bereits vorhandenen Versorgungsstrukturen im nahegelegenen Stadtkern der Kreisstadt ergänzt.

Die Zielsetzung des Bebauungsplanes, eine enge Verbindung zwischen Industrie/ **130**
Gewerbe und Stadtkern herzustellen, forderte Ansiedlungsmaßnahmen, die über die im Planungswerk ausformulierten Fakten, wie Schaffung entsprechender Grünflächen, öffentlicher Straßen und Wege, weit hinaus gehen.

Neben den oben aufgeführten Einrichtungen bot sich die Schaffung von Sport- **131**
einrichtungen, die Ansiedlung von Ärzten, die Konzentration behördlicher Einrichtungen und Dienstleistungsbetriebe, die den gewerblichen Verkehr ergänzen und die dort Beschäftigten zu versorgen vermögen an. (siehe auch Teil III 1. und Teil IV 2.).

Bei derartigen Ansiedlungen sind zwei Faktoren zu beachten: **132**
Insbesondere in den Randlagen und den Mischgebieten sind Einrichtungen sinnvoll, die aufgrund einer möglichen Geräuschbelästigung, wegen des Platzbedarfs oder wegen des äußeren Erscheinungsbildes nicht in den auf Wohnbebauung und Einzelhandelsgeschäfte ausgerichteten Stadtkern einzugliedern sind.

Zu beachten ist auch eine sinnvolle Abgrenzung zum Kleinhandel und zur Ga- **133**
stronomie, die im angrenzenden Stadtkern ansässig sind. Hier eine Konkurrenzsituation zu schaffen, die entweder die eingesessen Geschäfte oder die neu anzusiedelnden Einrichtungen gefährden, sollte weitgehend vermieden werden.
Die Ergänzung des Gesamtangebotes wird angestrebt.

Um diese Aufgabe ausgewogen erfüllen zu können, ist eine enge Abstimmung **134**
mit allen Stellen, die ebenfalls Ansiedlungspolitik betreiben oder betreiben sollten, anzustreben, wie der Stadtverwaltung und der Wirtschaftsförderung des Landkreises.
Durch eine gemeinsam durchgeführte Stadt- und Ansiedlungsplanung, zumindest aber durch abgestimmte Maßnahmen, können Fehlentwicklungen und Mehrfachaufwand auf ein Minimum reduziert werden.

135 In Anbetracht der Eilbedürftigkeit greifender Maßnahmen und der knappen finanziellen Ressourcen ist dieser Aspekt im Interesse aller Entscheidungsgremien zu berücksichtigen.
Es liegt auf der Hand, daß Fehlentwicklungen bei dem Versuch, neue Unternehmen anzusiedeln, insbesondere daraus resultieren, daß durch öffentliche Stellen und andere externe Stellen, an die Anfragen gerichtet werden,

- Anfragen interessierter Investoren nicht umgehend an entscheidungsbefugte Verhandlungspartner weitergegeben werden,
- Anfragen zu lange unbearbeitet an der falschen Stelle verbleiben,
- bei mehreren unabgestimmten Anbietern von Gewerbeflächen widersprüchliche oder bewußt falsche Auskünfte erteilt werden,
- bei unterschiedlichen Anbietern unterschiedliche Preise und Rahmenbedingungen angeboten werden, die für interessierte Investoren nicht nachvollziehbar sind,
- keine Werbung für Industriezweige und Gewerbe erfolgt, die auf einer Gesamtplanung der Region, des Kreises oder der Stadt basiert,
- der Informationsaustausch der unterschiedlich ansiedelnden Stellen nicht gegeben ist, woraus Mehrfachbemühungen um denselben Investor entstehen.

136 Im Sinne der erfolgreichen Verwertung der im Rahmen der integrierten Standortentwicklung entstehenden Frei- und Mietflächen wird seitens des verwertenden Unternehmens Personalkapazität bereitgestellt, um o.g. Fehlerquellen entgegenzuwirken, sofern dies nicht zufriedenstellend durch übergeordnete Stellen geleistet wird.

137 Die offensive Vorbereitung und Bearbeitung des Marktes durch das verwertende Unternehmen verbessert die Erfolgsaussichten bei der Verwertung des Industrieparks erheblich.

138 Gerade wegen des umfangreichen Aufwandes, den eine integrierte Standortentwicklung verlangt, sollte vor Beendigung der Maßnahmen die Dienstleistung gegenüber dem potentiellen Investor nicht vernachlässigt werden.

139 Wenn zum Beispiel einer Stelle die Veräußerung eines Grundstücks zur Errichtung einer Tankstelle gelungen ist, wird die gleiche Bemühung einer anderen Stelle zur gleichen Ansiedlung hinfällig.

140 Die Fehlerquellen sollen nicht Anlaß sein, den Verwertungsspielraum der einzelnen Anbieter zu beschränken. Vielmehr soll eine zielorientierte Abstimmung erreicht werden, um trotz der verfolgten partikulären Interessen dem Endabnehmer – potentielle Investoren – eine klare Angebotsübersicht vermitteln zu können.

141 Im Hinblick auf das große Überangebot an Industrie- und Gewerbeflächen, verbunden mit dem dringenden Bedarf an Arbeitsplätzen, ist die Vermeidung der angeführten Fehlerquellen insbesondere für die Regionen von Bedeutung, die mit Hilfe neuer attraktiver Ansiedlungskonzepte einer starken Entvölkerung entgegenwirken müssen.

142 Da potentielle Investoren meist über eine Vielzahl von Angeboten verfügen, werden Dienstleistungsfaktoren, wie Schnelligkeit, Interesse und Kompetenz, mit der auf eine Anfrage reagiert wird, ausschlaggebend für die Entscheidungsfindung.

Durch die im Rahmen der integrierten Standortentwicklung vorgesehene offensive Marktbearbeitung kann über die Dienstleistung hinaus auch die wirkungsvollere aktive Werbung um Investoren durch Direktansprache durchgeführt werden, wie sie erfolgreich von Landesentwicklungsgesellschaften der einzelnen Bundesländer betrieben wird. **143**

Da die Problematik des Angebotsüberhangs von Industrie- und Gewerbeflächen ein bundesweites Phänomen darstellt, erscheinen Konzepte zur Gründung und nachhaltigen Förderung kleiner und mittelständischer Unternehmen erfolgreicher und sind deshalb verstärkt in Betracht zu ziehen. **144**

Diese verlangen auch ein Umdenken in bezug auf Verwertungserlöse und den Zeitraum, in dem ein Verwertungserlös fällig wird. Umdenken aber auch hinsichtlich der investitionsbegleitenden Serviceleistungen, die von öffentlichen Trägern als Anreiz zur Schaffung von Jungunternehmen und deren Erhalt bereitgestellt werden sollten. **145**

2. Abriß

2.1 Allgemeine Vorbereitungsmaßnahmen

Zur Vorbereitung von Abrißmaßnahmen im Rahmen der Standortentwicklung müssen die Basisdaten über Grundstücke und Gebäude des zu entwickelnden Geländes ermittelt sowie detaillierte Informationen über Statik, Bauausführung, Bauzustand und auch über die bisherige Nutzung im Zusammenhang mit Altlastenbelastungen zu jedem einzelnen Objekt vorliegen. **146**

Es empfiehlt sich, einen Architekten oder Sachverständigen mit der Begutachtung der Gebäude zu beauftragen. **147**
Dieser hat zu ermitteln, welche Gebäude unter Berücksichtigung des zukünftigen Nutzungskonzeptes und des gegebenenfalls ansonsten entstehenden Aufwandes nicht erhaltensfähig sind und welche saniert werden können.

Kriterien für die Entscheidung über Abriß oder Nutzung sind: **148**
- das Nutzungskonzept des Geländes,
- das Nutzungskonzept und die Nutzungsmöglichkeiten der Baulichkeit,
- Nutzungseinschränkungen aus dem Bauzustand, d.h. Belastungen/Altlasten aus der bisherigen Nutzung,
- erforderlicher Bauaufwand.

Auf Basis der so gewonnenen Informationen wird ein Abrißkonzept erstellt, das sowohl die Kosten der einzelnen Abrißmaßnahmen, als auch die Festlegung des Zeitaufwandes beinhaltet. **149**

Das so erarbeitete Abrißkonzept bedarf der Abstimmung mit den Gesellschaftern und bei einer Aktiengesellschaft der Zustimmung durch den Aufsichtsrat. **150**

Nachdem das zur Durchführung der integrierten Standortentwicklung erstellte Abrißkonzept durch die Gesellschafter bestätigt wurde, empfiehlt sich insbesondere bei begründetem Verdacht auf Altlastenkontamination bei zuvor industriell genutzten Gebäuden eine systematische Aufarbeitung des Datenmaterials **151**

Schaubild 91: Ablaufschema (Abriß)

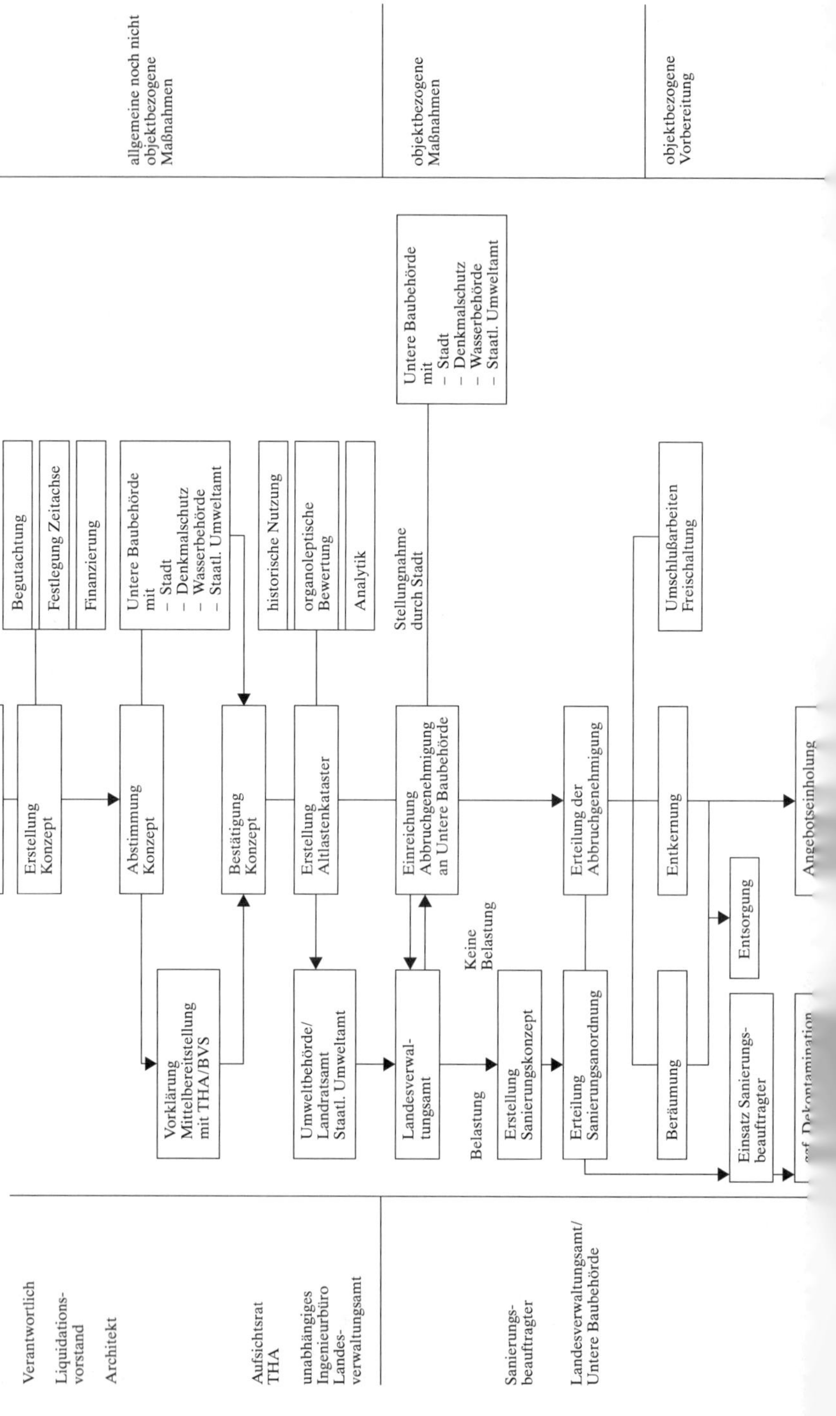

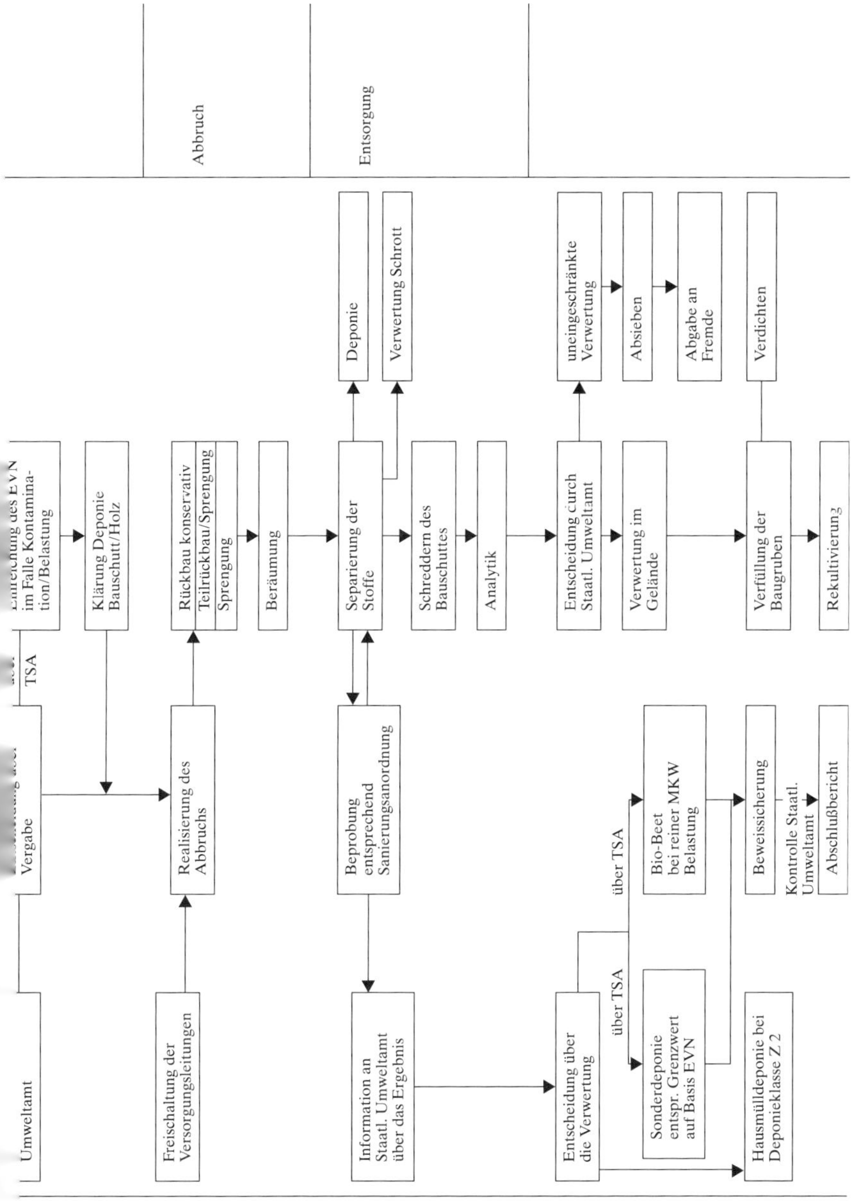
Abbruch
Entsorgung
Umweltamt
Vergabe
TSA
im Falle Kontamina-
tion/Belastung
Klärung Deponie
Bauschutt/Holz
Freischaltung der
Versorgungsleitungen
Realisierung des
Abbruchs
Rückbau konservativ
Teilrückbau/Sprengung
Sprengung
Beräumung
Deponie
Verwertung Schrott
Separierung der
Stoffe
Schreddern des
Bauschuttes
Analytik
Beprobung
entsprechend
Sanierungsanordnung
Information an
Staatl. Umweltamt
über das Ergebnis
Entscheidung über
die Verwertung
über TSA
über TSA
Sonderdeponie
entspr. Grenzwert
auf Basis EVN
Bio-Beet
bei reiner MKW
Belastung
Hausmülldeponie bei
Deponieklasse Z 2
Entscheidung durch
Staatl. Umweltamt
uneingeschränkte
Verwertung
Absieben
Abgabe an
Fremde
Verwertung im
Gelände
Verdichten
Verfüllung der
Baugruben
Rekultivierung
Beweissicherung
Kontrolle Staatl.
Umweltamt
Abschlußbericht

sowie eine transparente Vorgehensweise, um die Abrißgenehmigungen durch Behörden im Rahmen einer sinnvollen Zeitplanung erlangen zu können.

152 Die Finanzierung der Maßnahme muß vor Beginn der Durchführung gesichert sein.

153 Die Abrißmaßnahmen des hier als Beispiel der integrierten Standortentwicklung herangezogenen Unternehmens umfaßten den Abriß der Hälfte aller vorhandenen Gebäude auf dem Gelände.
Bei einem Projekt großen Umfangs empfiehlt es sich, sowohl die zeitlich organisatorische Planung als auch den Finanzbedarf des gesamten Abrißkomplexes in das Abrißkonzept aufzunehmen und als eine Einheit genehmigen zu lassen.

154 Zur Durchführung der Abrißmaßnahmen ist auf der Grundlage des Baugesetzbuches ein Abrißantrag an die Untere Baubehörde einzureichen. Die Untere Baubehörde holt ihrerseits die Zustimmung des Amtes für Denkmalschutz, der Wasserbehörde, des Staatlichen Umweltamtes sowie gegebenenfalls weiterer Behörden ein und erteilt nach Vorliegen von Unbedenklichkeitsbescheinigungen der nachrangigen Behörden die Abrißgenehmigung.

2.2 Trinkwasserschutzzonen

155 Vor Beginn aller Maßnahmen zur integrierten Standortentwicklung war nahezu die Hälfte des Geländes des hier beschriebenen Unternehmens als Trinkwasserschutzzone ausgewiesen.
Im Eigentum des Unternehmens befanden sich 7 Brunnen, wovon 4 direkt auf dem Industriegelände und 3 außerhalb des Geländes im Stadtbereich lagen. Die Brunnen wurden zur Förderung von Trink- und Brauchwasser genutzt. Privathaushalte wurden aus diesen Brunnen nicht versorgt.

156 Es bestanden an verschiedenen Stellen des Geländes technische Anschlußvorrichtungen, um in Notfällen bei Unterversorgung des Stadtbereiches einzelne Brunnen des Werksgeländes an die Trinkwasserversorgung der Kreisstadt anschließen zu können, was in der Vergangenheit auch vereinzelt durchgeführt wurde.

157 Die Errichtung einer Trinkwasserschutzzone dient der Sicherung der Trinkwasserqualität und der Vermeidung aller Verunreinigungen des Trinkwassers mit Stoffen, von denen eine Gefährdung ausgehen kann.
Naturgemäß sind die Anforderungen, die im Rahmen einer Trinkwassergewinnung gestellt werden, sehr hoch.
Insofern war es ungewöhnlich, eine Trinkwasserschutzzone auf einem traditionell als Industriegelände genutzten Areal vorzufinden.

158 Hintergrund hierfür war die Tatsache, daß in der gesamten DDR Trinkwasser stets ein knappes Gut war, so daß auch alte Trinkwasserbrunnen nicht aufgegeben wurden.

159 Die Trinkwasserhärte des auf dem Industriegelände geförderten Wassers lag mit 100 Härtegraden so ungewöhnlich hoch, wie es an kaum einer anderen Stelle in Deutschland bekannt sein dürfte. Dennoch wurde das Wasser gefördert und auf dem Industriegelände als Brauchwasser – aber auch als Trinkwasser – verwendet.

Hinzu kam die Nutzung als Trinkwasserreserve bei Wasserknappheit im Stadtgebiet.

2.2.1 Anforderungen an Trinkwasserschutzzonen

Gesetzliche Grundlagen sind: **160**

- WHG (Wasserhaushaltsgesetz) in der Fassung vom 23. 9. 1986 GBl. I S. 1529, 1654 – zuletzt geändert durch das Gesetz vom 26. 8. 1992 BGBl. I S. 1564
  In § 19 WHG ist beschrieben, daß zur Sicherheit des Wohles der Allgemeinheit Wasserschutzgebiete festgesetzt und darin bestimmte Handlungen nur beschränkt zugelassen werden;
- WG (Wassergesetz der DDR) vom 2. 7. 1982 GBl. I Nr. 26, S. 467
  In den §§ 29 und 30 WG wird auf die Notwendigkeit des Schutzes von Trinkwasserschutzgebieten und Trinkwassergewinnungsanlagen verwiesen;
- DVO zum WG der DDR vom 2. 7. 1982 GBl. I Nr. 26, S. 467
  Der § 8 der dritten Durchführungsverordnung zum Wassergesetz legt die diesbezüglichen Verbote fest.

Des weiteren sind heranzuziehen: **161**

- Zust. VO Wawi (Thüringer Verordnung über Zuständigkeiten auf dem Gebiet der Wasserwirtschaft) vom 28. 11. 1991,
- Thür. VwKostG vom 7. 8. 1991, GVBl. 1991, S. 221
  Das Thüringer Verwaltungskostengesetz, als das zuständige Landesgesetz, wird zur Entscheidung über die Kosten herangezogen

Gemäß dem WG der DDR erfolgte eine Festlegung der Schutzzonen für die Trinkwassergewinnungsanlagen in vier Schutzzonen (Grundlage: TGL 24 348 1979; GBl. I 1970, Nr. 12; GBl. I 1973, Nr. 5; GBl. II 1963, Nr. 43 o.a.). **162**

Schutzzone I – Fassungszone **163**

Die Schutzzone I als Fassungszone definiert einen Raum von ca. 5–10 Meter Abstand im Radius um den Trinkwasserbrunnen.
Der Schutz vor direkter Verunreinigung des Grundwassers war dadurch zu gewährleisten.
Dieses Areal sollte nach Möglichkeit von dem Rechtsträger der Trinkwassergewinnungsanlage erworben, gegen unbefugtes Betreten gesichert und beschildert werden.
Alle nicht unmittelbar der Trinkwassergewinnung dienenden Maßnahmen, Anlagen und Bauten waren verboten.
Bei einer landwirtschaftlichen Nutzung war dies als Mähwiese oder zur kurzzeitigen Schafhütung möglich.
Über eine zielgerichtete Mineraldüngung sollte die zuständige Staatliche Hygieneinspektion entscheiden.
Die forstliche Bewirtschaftung mußte als Sonderforst mit Schutzfunktion erfolgen.

Schutzzone II – engere Schutzzone **164**

Die engere Schutzzone umfaßte einen Raum von mehreren hundert Metern im Radius um den Trinkwasserbrunnen und diente zum Schutz vor mikrobiellen und biologisch abbaubaren Verunreinigungen. Alle Maßnahmen und Bauten sowie Anlagen waren verboten bzw. beschränkt, die mikrobielle, biologisch abbaubaure und chemische Verunreinigungen des Grundwassers hervorriefen.

Eine Neubebauung war untersagt bzw. beschränkt, bestehende Bauten waren zu sanieren.
Eine landwirtschaftliche Nutzung war möglich, wobei auch in dieser Schutzzone die Staatliche Hygieneinspektion den Einsatz von Düngemitteln zu entscheiden hatte.
Die Mineraldüngung war nach der EDV-Düngungsempfehlung erlaubt. Die Düngung mit Jauche, Gülle oder Abwasser war verboten.
Für zu verlegende Gasleitungen war ein Mindestabstand von 150 Metern zur Fassungsanlage erforderlich.

165 **Schutzzone III – weitere Schutzzone**
Die Schutzzone III umfaßt einen Raum von 100–200 Meter und mehr im Radius um den Trinkwasserbrunnen und diente dem Schutz vor Verunreinigungen durch Mineralöl, dessen Nebenprodukte, radioaktive Substanzen sowie andere schwer eliminierbare Stoffe, wie z.B. Salze.
Sämtliche Maßnahmen, Anlagen und Bauten, die eine Verunreinigung des Grundwassers durch solche Stoffe hätten hervorrufen können, waren grundsätzlich nicht gestattet.
Eine landwirtschaftliche Nutzung war möglich, jedoch unterlag der Einsatz von Gülle und organischen Düngemitteln einer Beschränkung.
Über Art und Ausmaß von Tierhaltungen entschied die Trinkwasserschutzzonenkommission.
Bergbauliche Maßnahmen waren mit den wasserwirtschaftlichen Interessen zu koordinieren.
Die Abwasserbodenbehandlung war zulässig, wenn sie durch Beregnung in der Vegetationsperiode erfolgte.
Die Ableitung industrieller Abwässer sowie das Errichten von Kläranlagen war unter Beachtung der Auflagen der Staatlichen Gewässeraufsicht möglich.

166 **Schutzzone IV – weiteste Schutzzone**
Diese weiteste Schutzzone umfaßte einen Radius von bis zu mehreren Kilometern um den Trinkwasserbrunnen.
Sie diente zum Schutz vor nicht eliminierbaren Verunreinigungen sowie vor quantitativen Beeinträchtigungen mit spürbaren Auswirkungen auf die Wassergewinnungsanlage.
Bei baulichen Großmaßnahmen waren vor allem die quantitativen Auswirkungen auf den Grundwasserhaushalt zu berücksichtigen.
Über die Anlage von Entlastungsflächen für flüssigen organischen Dünger und den Bau von Zwischenspeicherbecken bei Entlastungsflächen der Abwasserbodenbehandlung entschied die Schutzzonenkommission.
Bei der Gewinnung, Verarbeitung und Zwischenlagerung von radioaktiven Stoffen war vom Betreiber ein Unbedenklichkeitsnachweis zu erbringen.
Bemerkenswert war der Nachsatz zu den Definitionen der Trinkwasserschutzzonen, der besagte, daß auf die Festlegung einzelner Schutzzonen dann verzichtet werden dürfte, wenn die Standortverhältnisse diese nicht erforderten.

2.2.2 Aufhebung einer Trinkwasserschutzzone

167 Im Rahmen der bei dem beschriebenen Unternehmen integrierten Standortentwicklung ergaben sich zwei Gründe, die die Aufhebung der Trinkwasserschutzzone erforderlich machten:

1. Betriebliche Gründe

Im Rahmen der Neuerschließung des Geländes zur Modernisierung der Versorgungsanlagen waren umfangreiche Tiefbauarbeiten erforderlich. **168**
Die Neuerschließung des Industriegeländes umfaßte die Neudimensionierung gemäß modernen Erfordernissen aller Versorgungseinrichtungen, wie Wasser- und Abwasser-, Fernwärme-, Gas-, Elektrizitäts- und Telefonleitungen.

Wird eine vorhandene Trinkwasserschutzzone nicht aufgehoben, so ergeben sich – wie bereits in Punkt 2.1. ersichtlich – umfangreiche Einschränkungen der Bebauung des Geländes. **169**

Bedeutender als die Bebauungseinschränkungen sind die technischen Anforderungen, die an sämtliche Anlagen im Tiefbaubereich innerhalb einer Trinkwasserschutzzone gestellt werden. **170**
Dies besagt, daß die Neuerschließung des Geländes durch die vorhandene Trinkwasserschutzzone nicht unmöglich geworden wäre, der Kostenfaktor hätte sich aber aufgrund der hohen technischen Anforderungen um ein Vielfaches erhöht.
Beide Aspekte, die Bebauungseinschränkungen und die Kostenfaktoren, wären dem Großprojekt nicht förderlich gewesen.

Die Neuerschließungsplanung des Geländes umfaßte daher die Stillegung aller Trink- und Brauchwasserbrunnen auf dem Gelände und sah den Anschluß an das öffentliche Trinkwassernetz für alle Verbraucher auf dem Gelände vor. **171**

2. Öffentliche Interessen

Die mit der Sicherung der Trinkwasserversorgung befaßten öffentlichen Stellen, wie **172**

- das Land – im Falle des Freistaates Thüringen das Landesverwaltungsamt mit der Abteilung Umwelt und Landesplanung,
- die Obere Wasserbehörde,
- die Kreisverwaltung des Landkreises,
- der Trinkwasserzweckverband der Region,
- der Bürgermeister und Stadtrat der betreffenden Stadt,
- das zuständige Wasser- und Abwasserversorgungsunternehmen

prüfen bei der Aufrechterhaltung bzw. Aufhebung einer Trinkwasserschutzzone im wesentlichen folgende Sachverhalte:

- Versorgungslage des Einzugsgebietes,
- Einhaltung der Anforderungen an die Wasserqualität,
- Kostengesichtspunkte.

Bezüglich der Trink- und Brauchwasserbrunnen des Industriegeländes ergaben analytische Untersuchungen, daß die Qualität des Wassers den Anforderungen, die an eine Trinkwasserversorgung gestellt werden, nicht entsprach. **173**

Die Wasserhärte, die zwischen 85 und 110 Härtegraden schwankte, erschien einzigartig in Deutschland und um ein Vielfaches zu hoch. **174**
Des weiteren ergaben die durchgeführten Analyse, daß Grenzwerte für Schadstoffe im geförderten Wasser, insbesondere der ermittelte Sulfatwert, überschritten wurden.

175 Um die Nutzung der Brunnen auf dem Industriegelände aufrecht zu erhalten, wären zur Verbesserung der Wasserqualität erhebliche Investitionen erforderlich gewesen. Derartige Investitionen sind jedoch nur dann darstellbar, wenn der Trinkwasserbedarf nicht anderweitig zu decken ist.
Da die gesamte Region aber zu dem Zeitpunkt der Entscheidungsfindung durch ein modernisiertes Leitungssystem ihr Trinkwasser im wesentlichen aus einer anderen Region in guter Qualität bezog und weil die auf dem Industriegelände vorhandenen Brunnen nur 50 % des täglichen Bedarfes der Kreisstadt hätten decken können, war die weitere Nutzung dieser Brunnen nicht mehr erforderlich.

176 Um die Brunnen auf dem Industriegelände für eine mögliche Notversorgung nutzen zu können, war die Aufrechterhaltung einer Trinkwasserschutzzone mit den damit verbundenen Auflagen nicht notwendig.

177 Der Antrag zur Aufhebung der Trinkwasserschutzzone wurde wegen der Behinderung der Erschließungsmaßnahmen seitens des Unternehmens – in Thüringen bei dem Landesverwaltungsamt, Abteilung Umwelt und Landesplanung – eingereicht.

178 Folgende Angaben waren dem Antrag beizufügen:
- Formblatt über das Aufhebungsverfahren von Schutzzonen in Wasserschutzgebieten,
- Angaben zur Trinkwassergewinnungsanlage,
- Katasternachweise.

179 Bevor eine endgültige Entscheidung seitens des Landesverwaltungsamtes getroffen werden konnte, mußten alle von der Aufhebung der Trinkwasserschutzzone betroffenen Stellen angehört werden.

180 Von jeder der nachfolgenden Stellen waren zustimmende Stellungnahmen einzuholen:
- seitens des Bürgermeisters durch Beschluß des Stadtrates,
- seitens des Trinkwasserzweckverbandes der Region,
- durch die zuständige Gesellschaft für Wasserversorgung und Abwasserentsorgung,
- durch den Kreistag des Landkreises, vorbereitet durch die Kreisverwaltung.

181 Die abschließende Beurteilung erfolgt durch das Landesverwaltungsamt, Abteilung Umwelt, und kann erst erfolgen, wenn alle berechtigten Bedenken ausgeräumt werden konnten.

182 Aufgrund der langen Dauer dieses Verfahrens und wegen der erheblichen Kostenbeteiligung an den Erschließungsmaßnahmen des Industriegeländes durch Fördermittel des Freistaates Thüringen bestand Übereinstimmung darüber, alle im Rahmen der integrierten Standortentwicklung vorgesehenen Maßnahmen gemäß dem aufgestellten Zeitplan durchzuführen.

183 Da jede Verzögerung eine Erhöhung der Gesamtkosten des Verfahrens bedeutete, wurde das Forum einer regelmäßig stattfinden Projektgruppensitzung unter Beteiligung aller die Aufhebung der Trinkwasserschutzzone auf dem Industriegelände berührenden Beteiligten genutzt, Interessendivergenzen auszugleichen und erforderliche Abarbeitungsschritte abzustimmen.

Im Fall des hier beispielhaft beschriebenen Unternehmens waren Interessendivergenzen vorhanden, so daß die Konsensbildung, die mit der Aufhebung der Trinkwasserschutzzone endete, einen Zeitraum von 3 Jahren beanspruchte. **184**

Die Aufhebung der Trinkwasserschutzzone wurde seitens des Landesverwaltungsamtes, Abteilung Umwelt und Landesplanung, schriftlich dem Unternehmen erklärt. **185**
Die Wirksamkeit der Erklärung erfolgte durch Veröffentlichung im Staatsanzeiger.

Aus der langen Verfahrensdauer ergaben sich Übergangsprobleme, die zu lösen waren. Bis zum Abschluß der Erschließungsarbeiten, in deren Rahmen auch die Erneuerung der Wasserleitungen und der Anschluß an das städtische Trinkwassernetz erfolgte, mußten die alten Trink- und Brauchwasserbrunnen trotz der geringen Wasserqualität vorübergehend weiter genutzt werden, da eine Versorgungspflicht für die bereits auf dem Gelände ansässigen Unternehmen bestand. **186**

Die Überbrückungslösung bestand in einer zeitlich befristeten Sondergenehmigung zur Trink- und Brauchwasserförderung mit der Beauflagung, alle zwei Wochen Wasseranalysen durchzuführen und der Unteren Wasserbehörde zu melden. **187**
Des weiteren mußte nachgewiesen werden, daß die vollständige Trennung der unternehmenseigenen Trink- und Brauchwasserversorgung von der städtischen Versorgung bzw. dem Trinkwassernetz für Privathaushalte gewährleistet war. Dieser Nachweis konnte erbracht werden.

Eine weitere Problematik ergab sich aus den ständig durchzuführenden Tiefbauarbeiten, die zur Neuerschließung und Modernisierung des Industriegeländes erforderlich waren. **188**
Bei sämtlichen Tiefbauarbeiten ist u.a. die Genehmigung der Wasserbehörde erforderlich.
Im hier beschriebenen Fall galten die Besonderheiten zur Erteilung von Baugenehmigungen für Trinkwasserschutzzonen während der Baugenehmigungsverfahren aller zur Neuerschließung des Industriegeländes erforderlichen Bauabschnitte.
Gerade um diese Sonderauflagen nicht erfüllen zu müssen, wurde die Aufhebung der Trinkwasserschutzzone beantragt.

Ohne eine gültige Baugenehmigung – hier insbesondere durch die Wasserbehörde – konnten die grundsätzlich zur Erschließung des Industriegeländes zugesagten Fördermittel des Landes nicht gewährt werden. **189**

Die Lösung dieser Problematik erfolgte in Form von Sonderbaugenehmigungen, in denen das Gelände so gestellt wurde, als sei die Trinkwasserschutzzone bereits aufgehoben worden. **190**

Dieser Lösungsweg wurde möglich, da bereits im Rahmen der Projektgruppensitzung erkennbar wurde, daß dem Antrag auf Aufhebung der Trinkwasserschutzzone überwiegend zugestimmt wurde. Wegen der so eingeschlagenen konstruktiven Lösungswege konnten wesentliche Verzögerungen des Verfahrens vermieden werden. **191**

2.3 Abriß altlastenkontaminierter Gebäude

192 Bei der Durchführung von Abrißmaßnahmen eines industriellen Altstandortes ist damit zu rechnen, daß einzelne Objekte, Freiflächen oder Gewässer mit Altlasten kontaminiert sind.

193 Grundsätzlich gilt für ein gewerblich oder industriell genutztes Objekt Bestandsschutz. Das bedeutet, daß Produktionsprozesse auch dann weitergeführt werden können, wenn sie eine Kontamination des Gebäudes zur Folge haben.

194 Ist jedoch der Abriß eines Objektes geplant, zu dessen Durchführung behördliche Genehmigungen erforderlich sind, erlischt dieser Bestandsschutz. Das betreffende Gebäude ist – insbesondere wenn aufgrund der früheren Nutzung berechtigter Verdacht auf Altlastenkontamination vorliegt – einer Altlastenbewertung zuzuführen.

195 Die Durchführung von Analysen zur Ermittlung einer Altlastenkontamination eines ehemals industriell genutzten Objektes vor Erlangung der Abrißgenehmigung ist dabei keineswegs obligatorisch.

196 Vielmehr sind in unterschiedlichen Bundesländern verschiedene Vorgehensweisen festzustellen. Grundsätzlich richtet sich die behördlich verlangte Untersuchung eines Gebäudes auf Altlastenkontamination nach dem Kenntnisstand der Behörde, die zur Erteilung einer Abrißgenehmigung befugt ist.
Nicht in jedem Bundesland liegen flächendeckende Pläne darüber vor, welchen industriellen, gewerblichen oder anderen Nutzungen die in Frage stehenden Flächen insbesondere in der Vergangenheit ausgesetzt waren.

197 Dieser unterschiedliche Kenntnisstand kann dazu führen, daß ein argloser Käufer eines Grundstückes ein darauf befindliches Objekt abreißen möchte, den dazu erforderlichen Abrißantrag stellt und die Genehmigung ohne weitere Prüfung erhält.

198 Hegt jedoch die über den Abrißantrag befindende Untere Baubehörde den Verdacht einer Altlastenkontamination, verlangt die Behörde in Form einer Prüfungsanordnung die Durchführung von Untersuchungen, die zur Bestätigung oder Zerstreuung des Verdachtes geeignet sind.

199 Bestätigt sich der Verdacht einer Altlastenkontamination nicht, trägt die Behörde, die die Untersuchungen verlangt hat, die entstandenen Kosten. Bestätigt sich der Altlastenverdacht, lasten die Kosten zur Durchführung der entsprechenden Analysen als auch die Folgekosten, die durch fachgerechte Beseitigung der Altlasten entstehen, auf dem Eigentümer des Objektes. Der Eigentümer ist im Sinne des Polizeirechts »Zustandsstörer«.

200 Zu dem Gelände des hier als Beispiel integrierter Standortentwicklung herangezogenen Unternehmens lagen umfangreiche Kenntnisse darüber vor, wie die einzelnen Objekte industriell genutzt wurden, so daß eine Grobeinschätzung über ehemals verwendete Gefahrensstoffe abgegeben werden konnte.
Eine Altlastenfreiheit des Geländes und einzelner Objekte konnte von Anfang an ausgeschlossen werden.

2.3.1 Altlastenkonzept

Die Erstellung eines Altlastenkonzeptes war Bestandteil des Gesamtkonzeptes zur Sanierung des Industriegeländes. **201**
Inhaltlich geht das Altlastenkonzept zunächst auf eine Charakteristik des Standortes ein, beschreibt Besonderheiten des Vorhabens und die geplante Durchführung der Maßnahmen.

Für das beispielhaft herangezogene Unternehmen kam hinzu, daß die Vorhaben aufgrund der Größe, der langen Tradition als Industriestandort und wegen der Bedeutung des Unternehmens als wesentlicher Arbeitgeber der Kreisstadt als Altlastengroßprojekt eingestuft wurden. **202**

Diese Einstufung hatte Auswirkungen auf die Fördermöglichkeiten durch die Landesregierung. Das erarbeitete Altlastenkonzept diente als Entscheidungsgrundlage für die Landesregierung zur Einstufung der Vorhaben als Altlastengroßprojekt. **203**

Als Charakteristik des Standortes ist das äußere Erscheinungsbild des Geländes kurz darzustellen. **204**
Von besonderer Bedeutung für eine erste Einschätzung möglicher Altlastenrisiken ist die Beschreibung des Prodiktionsprofils des Unternehmens.

Bezüglich des Beispielunternehmens waren eine Vielzahl von Produkten und Fertigungsprozessen zu nennen, als da waren: **205**

- Herstellung von Baugruppen und Endmontage von Personalcomputern, Kassen und Druckern verschiedener Wirkungsprinzipien und Leistungsklassen,
- Fertigung von Haushaltsgeräten,
- Teilefertigung für diverse Geräte der mechanischen Fertigung (Druckgießerei, Kunststoffspritzerei, Stanzerei, Dreherei, Fräserei, Schleiferei, Verzahnung, Galvanik, Härterei, Oberflächenbeschichtung u.a.m.),
- Betreiben eines eigenen Industriekraftwerkes, Fuhrpark mit Tanklager, Industriebahnanschluß mit Lokschuppen, Bauabteilung, Sondermaschinenbau, Wasser- und Abwassernetz sowie Elektrizitätsnetz inklusive PCB belasteter Trafostationen.

Eine Besonderheit des Standortes bestand darin, daß eine starke Verknüpfung von Ver- und Entsorgungsleitungen zwischen dem Unternehmen und der Kreisstadt bestand. **206**

Das unternehmenseigene Kraftwerk lieferte zu ca. 50 % seine Leistungen zur Beheizung städtischer Wohnungen über eine teilweise eigene Heiztrasse. **207**

Abwässer der Altstadt flossen durch das Werksgelände und wurden über eine betriebseigene Überpumpstation in eine an der Peripherie des Unternehmens liegende Kläranlage gepumpt. **208**

Bereits aus dieser Charakteristik des Standortes lagen Kenntnisse über folgende im Rahmen der Produktionsprozesse verwendeten kritischen Stoffe vor: **209**

- galvanische Bäder und Salze,
- Härtereisalze auf cyankalischer Basis,
- Nitro- und Alkydharzlackiererei sowie ET-Tauchlackiererei;
- Waschen von Teilen mit Trichlorethylen und Perchlorethylen;
- Verwendung verschiedener Schneid- und Kühlöle bzw. Emulsionen.

210 In einem weiteren Kapitel geht das Altlastenkonzept darauf ein, aus welchen Gründen das Unternehmen in der bisherigen Form nicht mehr überlebensfähig war, beschreibt die wesentlichen Eckdaten der beabsichtigten Sanierung, insbesondere auch im Hinblick auf eine spätere Verwertungsfähigkeit und die voraussichtliche Schaffung von Arbeitsplätzen.

211 Zur Vervollständigung des Altlastenkonzeptes wurden bereits Unterlagen zu einem Beräumungskonzept einzelner Objekte, ein grobes Personalkonzept sowie bereits vorhandene Altlastengutachten beigefügt, die von unabhängigen Gutachtern erstellt worden waren.

212 Alle wesentlichen Bestandteile der integrierten Standortentwicklung wie Sanierung, Abriß, Erschließung und Verwertung des Geländes wurden auch deshalb genau skizziert, da die Landesregierung zur Entscheidungsfindung im Hinblick auf die Einstufung als Altlastengroßprojekt die Plausibilität des Gesamtkonzeptes für diesen Standort auf Basis entsprechender Hintergrundinformationen zur Beurteilung benötigte.

2.3.2 Altlastenkataster

213 Sind im Rahmen von Sanierungsmaßnahmen eines Industrie- oder Gewerbegeländes Abrißmaßnahmen vorgesehen und besteht Verdacht auf Altlastenkontamination, muß ein Altlastenkataster erstellt werden.

214 Das Altlastenkataster wird von einem unabhängigen Ingenieurbüro erarbeitet. In das Altlastenkataster fließen folgende Bewertungskriterien ein:

- historische Nutzung,
- organoleptische Bewertung (Untersuchungen auf Altlastenkontamination),
- Analytik.

215 Das Altlastenkataster enthält gelände- und objektbezogene Angaben und klassifiziert die Gebäudesubstanz in mögliche Belastungsgruppen einschließlich der Festlegung des geschätzten Volumens sowie der Festlegung weiterführender Untersuchungen.

216 Ziel des Altlastenkatasters ist die Erstellung einer systematischen Aufarbeitung möglicher Altlastengefährdungen des gesamten Industriegeländes.
Hierbei spielt die Nutzung der Gebäude und baulichen Anlagen im Laufe ihrer Lebensdauer zur Einschätzung möglicher Kontamination eine große Rolle.
Eine Einschätzung der Belastung wurde durch Ortsbegehungen und Beurteilung des Untergrundes, des visuellen und organoleptischen Eindrucks sowie der Dauer und Intensität der jeweiligen Nutzung vorgenommen.
Aufbauend auf den so gewonnenen Erkenntnissen wird auch gekennzeichnet, in welchen Bereichen welche weiterführenden Untersuchungen notwendig sind.
Um in der späteren behördlichen Beurteilung begriffliche Differenzen vermeiden zu können, werden im Rahmen des Gutachtens folgende Begriffsbestimmungen definiert:

217 **Altstandorte** sind:

- Grundstücke stillgelegter Anlagen und Nebeneinrichtungen,
- nicht mehr verwendete Leitungs- und Kanalsysteme,
- sonstige Betriebsflächen oder Grundstücke, auf denen mit gefährlichen, insbesondere wassergefährdenden Stoffen, umgegangen wurde.

Altablagerungen sind: **218**
- verlassene und stillgelegte Ablagerungsplätze mit kommunalen, industriellen und gewerblichen Abfällen,
- stillgelegte Aufhaldungen und Verfüllungen mit Produktionsrückständen,
- illegale (»wilde«) Ablagerungen aus der Vergangenheit.

Altlasten sind: **219**
- Altablagerungen und Altstandorte, sofern von ihnen Gefährdungen für die menschliche Gesundheit bzw. für die Schutzgüter Boden, Wasser und Luft ausgehen oder zu erwarten sind.

Kontaminationsstandorte sind: **220**
- Grundstücke mit in Nutzung befindlichen Anlagen und Nebeneinrichtungen,
- verwendete Leitungs- und Kanalsysteme,
- sonstige Betriebsflächen oder Grundstücke, auf denen mit gefährlichen, insbesondere wassergefährdenden Stoffen, umgegangen wird.

Kontaminationen sind: **221**
- in Nutzung befindliche Anlagen und Nebengebäude, sofern von ihnen Gefährdungen für die menschliche Gesundheit bzw. für die Schutzgüter Boden, Wasser und Luft ausgehen oder zu erwarten sind.

Die Festlegung von Bewertungsgrundlagen und Randbedingungen im Rahmen des Gutachtens ist ebenfalls empfehlenswert, denn eine Altlast oder eine Kontamination kann grundsätzlich Stoffe enthalten, die das Grundwasser gefährden. Diese Stoffe können ihre nachteilige Wirkung auf das Grundwasser aber nur dann entfalten, wenn sie mit diesem tatsächlich in Berührung kommen. **222**

Bei der Beurteilung einer solchen Grundwassergefährdung sind neben der Gefährlichkeit der in der Altlast/Kontamination enthaltenen Stoffe folgende Prozesse zu unterscheiden: **223**
1. Schadstoffaustrag aus der Altlast
2. Schadstoffeintrag in das Grundwasser
3. Wirkung im Grundwasser.

Aus diesen unterschiedlichen Prozessen ergeben sich folgende Risiken: **224**
- das Ausgangsrisiko, das aus der Stoffgefährlichkeit selbst entsteht,
- das Austragsrisiko, welches das tatsächliche Risiko kennzeichnet, das durch den Schadstoffaustrag aus der Altlast entsteht,
- das Eintragsrisiko, welches das tatsächliche Risiko kennzeichnet, das durch den Schadstoffeintrag in das Grundwasser entsteht,
- das Gefahrenrisiko, welches das Risiko beschreibt, das in Folge des zu erwartenden Schadstofftransportes im Grundwasser und der Schadstoffwirkung auf das Grundwasser beschreibt.

Des weiteren wird im Rahmen des Gutachtens bewertet, auf welchen potentiellen Kontaminationsquellen mögliche Altlasten und Kontaminationsprobleme basieren und auf welche gefahrenverdächtige Flächen und Objekte die potentiellen Gefahren eingegrenzt werden können. **225**

Als besonders gefährdet werden folgende Flächen angesehen: **226**
- Stellen, bei denen gefährliche Stoffe erzeugt, eingesetzt, behandelt oder abgefüllt wurden,

- Lagerstellen für gefährliche Stoffe, z.B. Öllager, Faßlager, Lagerstellen für verunreinigtes Leergut, Abfallzwischenlager, Altlöl- und Emulsionssammelstellen,
- Abwasserbehandlungsanlagen, wie Öl- und Leichtstoffabscheider,
- Schlammtrockenbeete.

227 Alle verfügbaren Informationen und Unterlagen über verdächtige Flächen und Gebäude sowie deren Umgebung werden erhoben und ausgewertet.

228 Eine Material- und Faktensammlung erfolgt durch
- Objektbegehungen,
- Sichtung vorliegender Baugrunduntersuchungen,
- Auswertung von Kartenmaterial,
- Befragung ehemaliger Mitarbeiter,
- Auswertung von Archivmaterial.

229 Im Ergebnis der Untersuchungen erfolgt eine Einteilung nach den Untersuchungsverfahren in Klassifikationen.

230 Hinsichtlich des **visuellen** Zustandes gibt es folgende Kennzeichnung:
- keine Kontamination erkennbar,
- Kontaminationen vereinzelt erkennbar,
- stellenweise starke Verunreinigungen,
- starke Verunreinigungen.

231 Hinsichtlich der **organoleptischen** Bewertung erfolgt nachstehende Klassifikation:
- keine Stoffe wahrnehmbar,
- leichte Wahrnehmbarkeit,
- Wahrnehmbarkeit.

232 Die visuelle Wertung des Untergrundes führt zu folgender Kategorisierung:
- versiegelte Betonflächen,
- Betonfläche mit aufgebrochener Versiegelung,
- geschlossene Betonfläche,
- vereinzelte Risse im Beton,
- Beton rissig bzw. offene Fugen,
- Magerbeton,
- unbefestigter Untergrund.

233 Durch die Baugrunduntersuchung können erste Abschätzungen des Eintragsrisikos in das Grundwasser gegeben werden.

234 Mit Hilfe des vorliegenden Kartenmaterials, Mitarbeiterbefragungen und der Auswertung von Archivmaterial ist die Ermittlung umweltrelevanter Stoffe aufgrund der jeweiligen Nutzung auch in bezug auf die historische Nutzung nachvollziehbar.

235 Die Zusammenführung der verschiedenen ermittelten Fakten führt zu einer Erstbewertung hinsichtlich einer möglichen Altlastenkontamination und führt – bezogen auf das gesamte Gelände – zu folgendem Einordnungsschema:
- kein Altlastenverdacht, die Fläche scheidet aus der Bearbeitung aus,

- kein sehr erheblicher Altlastenverdacht, ein Handlungserfordernis ist zur Zeit nicht zu erkennen, die Fläche wird in der Verdachtsflächenkartei archiviert, die weitere Bearbeitung kann zurückgestellt werden,
- dringender Altlastenverdacht, eine weiterführende technische Erkundung der Altlast ist durchzuführen,
- Altlast mit hohem Gefährdungspotential, es besteht ein akuter Handlungsbedarf.

Die Unterscheidung auch bei dem Einordnungsschema in Altlastenverdacht und Kontamination ist durchaus möglich und sinnvoll. **236**

Bezogen auf den Beispielfall erfolgte zur Orientierung auf dem Gelände eine Gebäudenumerierung, die bereits aus historischem Material übernommen werden konnte, da sie im Laufe der gesamten Historie als Industriestandort beibehalten und kontinuierlich fortgeführt wurde. **237**

Liegen derartige Materialien nicht vor, ist eine vergleichbare Aufstellung zu schaffen, um den Überblick über ein zu sanierendes Gelände auch für Dritte herzustellen. **238**

Somit entsteht als Altlastenkataster eine numerierte Aufstellung über die gesamte vorhandene Gebäudesubstanz mit den namentlichen Bezeichnungen, dem Baujahr, in dem das Gebäude errichtet wurde, sowie der Bezeichnung der Nutzung des Gebäudes. **239**

Eine zweite Aufstellung enthält, neben der Numerierung der Gebäudebezeichnung und dem Baujahr, die Eingruppierung des Objektes gemäß der Sanierungskonzeption des Geländes. **240**

Für das Beispielunternehmen wurde unterschieden in privatisierte Objekte, die zum Zeitpunkt der Erstellung des Altlastenkatasters nicht mehr im Besitz des Unternehmens standen, in Objekte, die noch im Bestand des Unternehmens waren und in Objekte, die zwar im Bestand des Unternehmens waren, der Abriß des Gebäudes aber geplant war. Im Altlastenkataster wurden auch diejenigen Objekte aufgeführt, die zum Zeitpunkt der Erstellung bereits abgerissen worden waren. **241**

Des weiteren weist das Altlastenkataster Standortspezifika aus und macht auf Gefahrenquellen aufmerksam. An diesen bekannten Stellen des Geländes konnte gezielt nach entsprechenden Verunreinigungen untersucht werden. **242**

Für das Beispielunternehmen wurde im Rahmen des Altlastenkatasters auf folgende Stoffgruppen gesondert hingewiesen: **243**

- Mineralöl-Kohlenwasserstoffe (MKW)
- leichtflüchtige Chlorkohlenwasserstoffe (LCKW)
- organische Lösungsmittel (PTX)
- Fluoride, Nitrite, Nitrate, Cyanide
- Schwermetalle (Chrom, Nickel, Zink, Quecksilber, Zinn, Cadmium, Kupfer)
- polychlorierte Biphenyle (PCB).

In einem nächsten Schritt weist das Altlastenkataster – vorgehend nach der bereits beschriebenen Systematik – diejenigen Objekte aus, die aufgrund des im Rahmen der Untersuchungen festgestellten nicht vorhandenen Altlasten-/Kon- **244**

taminationsverdachtes aus der weiteren Bewertung herausgenommen werden konnten.
Auch hier wird wieder nach Numerierung der Gebäude, der Bezeichnung, dem Baujahr und der Nutzung des Objektes vorgegangen.
Zudem werden die Gebäudeflächen und die Zeiträume aufgeführt, für die die jeweilige Nutzung bestand.

245 Anschließend erfolgt die Bezeichnung der Eingruppierung in die Gefahrenklasse gemäß der durchgeführten Bewertung.

246 In dieser Liste sind die Objekte aufgeführt, für die kein Gefahrenverdacht besteht, wie:

- keine Kontamination erkennbar,
- kein Altlastenverdacht, die Fläche scheidet aus der Bearbeitung aus,
- keine Kontamination zur Zeit erkennbar, die Fläche scheidet aus der Bearbeitung aus.

247 Aufgrund der großen Anzahl vorhandener Objekte auf dem Gelände des als Beispiel fungierenden Unternehmens wurde für jede weitere Gefahrenklasse je eine Liste von Objekten im Rahmen des Altlastenkatasters erstellt.

248 Ebenso erfolgte die Aufstellung aller Grundflächen und Etagenaufteilungen der Objekte mit genauer Markierung, in welchem Teil der Gebäude welche Tätigkeiten verrichtet wurden und welche Gefahrenklassen in Frage kommen.

249 Durch diese Vorgehensweise entsteht ein lückenloses Bild über die Altlasten- und Kontaminationssituation des gesamten Geländes.
Die somit klar herausgearbeitete Gefahreneinstufung stellt einen wesentlichen Planungsfaktor dar. Insbesondere hinsichtlich der Objekte und Flächen, für die ein hohes Gefahrenpotential erkannt wurde, ist einsichtig, daß keine willkürliche Einteilung der Bearbeitung und Beseitigung der Gefahren auf der Zeitachse möglich ist.

250 Mit dem Kataster ist eine erste Beweisstufe für die Einordnung in eine Altlasten-/Kontaminationsverdachtsgruppe erreicht.
Ebenso erfolgt durch das Kataster die Herausnahme aus einem möglichen Belastungsverdacht.
An der Quantifizierung der Belastungen ist durch weiterführende technische Erkundungen anschließend zu arbeiten.

251 Das von dem unabhängigen Ingenieurbüro erstellte Altlastenkataster wird je nach Bundesland – z.B. im Freistaat Thüringen – der Umweltbehörde beim Landratsamt eingereicht und bedarf bei großen Objekten der Genehmigung durch das Landesverwaltungsamt bzw. durch das Regierungspräsidium.

252 Die bestätigende Behörde veranlaßt die fachliche Bewertung, die im Normalfall durch das Staatliche Umweltamt erfolgt.
Die Bestätigung des Altlastenkatasters ist eine wesentliche Voraussetzung, um die Abläufe bei der Beantragung von Bau- und Abrißgenehmigungen zu beschleunigen.

Mit der Bestätigung des Altlastenkatasters sind die öffentlich rechtlichen Voraussetzungen erfüllt, um überhaupt konkrete Abrißmaßnahmen vorbereiten zu können. **253**
Hiermit sind die allgemein vorbereitenden Maßnahmen abgeschlossen.

2.3.3 Sanierungskonzept

Auf Basis der mit dem Altlastenkataster vorliegenden Einteilung von Objekten **254** und Flächen in Gefahrenklassen wird als nächster Schritt für jedes einzelne Objekt, in dem eine Belastung vorliegt, ein Sanierungskonzept durch ein anerkanntes und unabhängiges Ingenieurbüro erarbeitet.

Das Sanierungskonzept steht insofern in engem Zusammenhang mit dem Alt- **255** lastenkataster, als die Systematik, die dort erstellt wurde, wieder aufgegriffen, das Gebäude bezeichnet und zukünftige Bestimmung des Gebäudes gemäß des Sanierungskonzeptes für das gesamte Unternehmensgelände dargelegt wird.
Von Bedeutung ist das objektbezogene Sanierungskonzept insbesondere dann, wenn das Objekt für den Abriß bestimmt ist, da in diesem Fall die amtliche Abrißgenehmigung erlangt werden muß.

Die im Altlastenkataster bereits aufgeführte frühere Nutzung des Objektes wird **256** wiederholt und detaillierter beschrieben.
Da das Sanierungskonzept nur bei Altlasten-/Kontaminationsverdacht erforderlich ist, wird die Gefahrengruppe aus dem Altlastenkataster angegeben.

Das objektbezogene Sanierungskonzept beinhaltet des weiteren neben der ge- **257** nauen Objektbeschreibung Angaben über die Lage des Gebäudes und die bisherige Nutzung.

Daraus leiten sich das Schadstoffpotential und die Verteilung möglicher oder **258** tatsächlich gefundener Schadstoffe im Gebäude ab. Des weiteren ist die Schadstoffbelastung der Bausubstanz zu bewerten.
Hieraus ergibt sich die Gefährdungseinschätzung.

Aus der Kenntnis der im Gebäude aufgrund der Nutzung verwendeten Stoffe er- **259** geben sich nahezu sämtliche sicherheitsrelevanten Aspekte, die im Rahmen eines Abrisses oder schrittweisen Rückbaus eines Gebäudes berücksichtigt werden müssen.

Daher ist aus den vorliegenden Erkenntnissen ein **Konzept zur Dekontamination** **260** des Gebäudes – und falls auch die Gebäudesubstanz voraussichtlich belastet ist – zum Rückbau zu erarbeiten.

Weiterer Inhalt des Sanierungskonzeptes ist das **Entsorgungskonzept** des Bau- **261** schutts, das alle vorhandenen Gefahrenklassen von nichtbelastet, über geringbelastet bis zur Kontamination mit konkreten Schadstoffen, den Abbruch, die Beseitigung und die endgültige Entsorgung der Stoffe beinhaltet.

Es wird also Schritt für Schritt detailliert die Vorgehensweise für jede einzelne **262** abbaubare Materialgruppe und Beseitigung der Stoffe beschrieben.

Im Sanierungskonzept müssen auch Maßnahmen zum **Arbeitsschutz,** zur Auf- **263** sicht und zur Personalunterweisung sowie zur persönlichen Schutzausrüstung der Mitarbeiter, die mit den Arbeiten beauftragt werden, getroffen werden.

264 Das Sanierungskonzept wird dem Landesverwaltungsamt zur Genehmigung eingereicht.

265 Falls die Entsorgung von Abbruchstoffen auf Deponien erforderlich ist, muß zur Gewährleistung der Annahme mit den betreffenden Deponien eine Abstimmung und Anmeldung der zu erwartenden Stoffmengen erfolgen.

2.3.4 Sanierungsanordnung

266 Das Staatliche Umweltamt eines Bundeslandes prüft das objektbezogene Sanierungskonzept und reicht die Antwort in Form einer abfallwirtschaftlichen Stellungnahme zum Rückbau des betreffenden Objektes über das Landratsamt an den Antragsteller zurück.

267 Wird der im Sanierungskonzept vorgeschlagenen Vorgehensweise zur Beseitigung potentieller Altlasten/Kontaminationen zugestimmt, verfügt das Staatliche Umweltamt eine **Sanierungsanordnung.**

268 Die Sanierungsanordnung beschreibt die einzelnen Schritte zur Beseitigung der anfallenden Materialien und schreibt vor, in welcher Form sie aus dem Objekt zu beseitigen sind, wie und in welchen Mengenchargen sie einer Prüfung zuzuführen sind und wie die jeweilige Verwertung oder Entsorgung der Stoffe zu erfolgen hat.

269 Mit dem Erlaß der konkreten Sanierungsanordnung wendet das Staatliche Umweltamt die einschlägigen Gesetze und Verordnungen an.

270 Wenn nicht schon im Rahmen des für das Objekt erstellten Sanierungskonzeptes Beprobungen, organoleptische Untersuchungen, Analysenergebnisse und die Ursachen eines vorgefundenen Stoffes mit vorgelegt werden konnten, wird im Rahmen der Sanierungsanordnung auch die genaue Vorgehensweise zur Verifizierung oder Falsifizierung vermutlich vorzufindender Substanzen angeordnet.

271 Die Sanierungsanordnung ist in jedem einzelnen Punkt durchzuführen, die Umsetzung muß belegt werden.

272 Bei großen Sanierungsprojekten ist zur Überwachung und Prüfung der sachgerecht umgesetzten Sanierungsanordnung ein **Sanierungsbeauftragter** einzusetzen.
Der Sanierungsbeauftragte ist sowohl dem Staatlichen Umweltamt als auch dem sanierenden Unternehmen gegenüber für die ordnungsgemäße Umsetzung verantwortlich.
Als Sanierungsbeauftragter kann das gleiche unabhängige Ingenieurbüro eingesetzt werden, das auch das Sanierungskonzept erarbeitet hat, es kann jedoch auch ein zweites Büro mit dieser Aufgabe betraut werden.

273 Aufgrund der bei Großprojekten unabdingbar vorauszusetzenden Sachkenntnis ist die Qualifikation in jedem Fall sicherzustellen, so daß im Fall des hier als Beispiel herangezogenen Unternehmens die Aufgabe in Form eines Auftrages vergeben wurde.

274 Handelt es sich um kleine Sanierungsaufgaben und um leicht überschaubare Sanierungsanordnungen, ist dieser Aufwand nicht unbedingt erforderlich.

275 Beispiel einer Sanierungsanordnung:

Landesverwaltungsamt

Vollzug des Thüringer Gesetzes über die Vermeidung, Verminderung, Verwertung und Beseitigung von Abfällen und die Sanierung von Altlasten (Thüringer Abfallwirtschafts- und Altlastengesetz – ThAbfAG vom 31. 7. 1991

Betr.: Sanierung von Altlasten auf dem Gelände »Unternehmen«
hier: Anordnung zur Untersuchung aller hinreichend kontaminationsverdächtigen Flächen und zur anschließenden Sanierung nachweislich kontaminierter Bereiche auf dem Gelände des Unternehmens

I.
Gemäß §§ 16 Abs. 2 und 3, 18, 19 Abs. 1, 20, 24 Abs. 1 und 25 des Gesetzes über die Vermeidung, Verminderung, Verwertung und Beseitigung von Abfällen und die Sanierung von Altlasten (Thüringer Abfallwirtschafts- und Altlastengesetz (ThAbfAG vom 31. 7. 1991; GVBl. Nr. 16/91 S. 273) ergeht an das Unternehmen als Sanierungsverantwortliche nach § 20 Abs. 1 ThAbfAG folgende

Anordnung

1. Von allen hinreichend kontaminationsverdächtigen Flächen auf dem Betriebsgelände des »Unternehmens« sind Untersuchungen zur Art, Umfang und Ausmaß von etwaigen Kontaminationen durchführen zu lassen.
2. Alle Flächen und Gebäude, für die sich im Rahmen der Untersuchungen gezeigt hat, daß von ihnen eine wesentliche Beeinträchtigung für das Wohl der Allgemeinheit ausgehen, sind entweder im Verlaufe des Abrisses auf Kosten der Gesellschafterin oder nach dem Verkauf an Investoren auf der Basis der Freistellungsanträge zu sanieren.
3. Für die Durchführung der Sanierung sind von einem/oder mehreren Ingenieurbüro/s Sanierungspläne ausarbeiten zu lassen.
4. Die Sanierungspläne sind dem Thüringer Landesverwaltungsamt Abtl. Abfallwirtschaft zur Genehmigung vorzulegen.
5. Die Kosten des Verfahrens hat das Unternehmen zu tragen.

II. Zugrundelegende Unterlagen
1. Schadstoffuntersuchung des Ingenieurbüros für Baugrund, Name, Adresse vom Datum .... zum Bauvorhaben »nähere Bezeichnung«, Unternehmen, Art
2. Bebauungsplan Nr. .... »Gewerbepark« der Stadt vom Datum ....
3. Altlasten- und Kontaminationskataster des »Unternehmens« des Ingenieurbüros, Ort, Datum ....
4. Schreiben des Institutes, Name, Ort (Analyseergebnisse von Wasserproben, die aus Pegeln im Umfeld der »nähere Ortsbezeichnung« entnommen wurden).

III. Nebenbestimmungen
Die Anordnung ergeht unter folgenden Nebenbestimmungen:

1. Für alle die Flächen und Gebäude (im weiteren unter dem Begriff »Objekte« zusammengefaßt), die in die Altlast- bzw. Kontaminationsverdachtsklassen A 3/K 3 oder A 4/K 4 laut Altlasten- und Kontaminationskataster des Unternehmens eingestuft sind, ist eine ständig zu aktualisierende Dokumentation zu erarbeiten, die jeweils folgende Angaben enthält:
- betriebsinterne Bezeichnung und Gebäudenummer des Objektes;
- katasteramtliche Legemerkmale des Objektes (Gemarkung, Flur- und Flurstücksnummer);
- Eigentümer des Objektes;
- Grundriß des betreffenden Gebäudes bzw. Lageplan der betreffenden Fläche mit Kennzeichnung der vermutlich belasteten Bereiche unter Angabe der erwarteten Kontamination;
- kurze Bauart- und Bauzustandsbeschreibung, sofern es sich bei dem betreffenden Objekt um ein Bauwerk handelt;
- kurzer Abriß der Nutzungsgeschichte des Objektes von den Anfängen bis zur Gegenwart, gegebenenfalls unter Berücksichtigung der Aufteilung des betreffenden Objektes in verschiedene Räume/ Teilflächen;
- Hinweise auf Unfälle, Brände, Havarien, Kriegseinwirkungen und dergleichen mit vermuteter oder bestätigter Umweltrelevanz;
- Informationen darüber, an welchen Stellen des betreffenden Objektes über welchen Zeitraum mit welchen umweltrelevanten Stoffen in welchen Mengen umgegangen wurde.

Die Dokumentationen sind dem LVwA und dem Staatlichen Umweltamt, innerhalb von 3 Monaten noch nach Vollziehbarkeit dieser Anordnung zu übergeben.

2. Für folgende Objekte sind Art, Umfang und Ausmaß etwaiger Verunreinigungen der Bausubstanz und/oder des Untergrundes i.S.d. § 17 Abs. 3 ThAbfAG festzustellen:
- alle Flächen und Gebäude, die in die Altlast- bzw. Kontaminationsverdachtsklassen A 3/K 3 oder A 4/K 4 laut Altlasten- und Kontaminationskataster des Unternehmens eingestuft sind;
- alle im Altlasten- und Kontaminationskataster des Unternehmens erwähnten Standorte von Ölabscheidern;
- alle im Altlasten- und Kontaminationskataster des Unternehmens erwähnten Standorte von Transformatorenstationen.

Dazu sind Untersuchungskonzepte zu erarbeiten und dem LVwA und dem StUA zusammen mit den gemäß Ziff. 1 zu erarbeiteten Dokumentationen vorzulegen. Über das Untersuchungskonzept ist für jedes einzelne zu untersuchende Objekt mit dem LVwA Einvernehmen herzustellen. Die Unter-

suchungsergebnisse sind dem LVwA und dem StUA innerhalb von 3 Monaten nach Herstellung des Einvernehmens vorzulegen.
3. Nr. 1 und 2. gelten nicht für folgende Objekte:
- Gebäude Lacklager;
- Gebäude Chemielager;
- Gebäude Plastfertigung;
- Gebäude Alte Härterei;
- Gebäudeteil V-Bau;
- Gebäude Schreibmaschine Altbau;
- Gebäude Nitrolackiererei;
- Gebäude 120 m – Halle.

4. Innerhalb von 3 Monaten nach Vollziehbarkeit dieser Anordnung ist dem LVwA und dem StUA ein Untersuchungsplan zur periodischen Überwachung der Grundwasser-Qualität im An- und Abstrom des vom Bebauungsplans »Gewerbepark« überplanten Gebietes vorzulegen. Sofern zur fachgerechten Überwachung der Grundwasserqualität im An- und Abstrom des Plangebietes die Anlage weiterer Grundwasser- Meßstellen erforderlich erscheint, sind in dem vorzulegenden Untersuchungsplan gleichzeitig Vorschläge für die Standorte solcher Meßstellen und für deren Ausbau zu unterbreiten. Über den Untersuchungsplan ist mit dem LVwA Einvernehmen herzustellen. Anschließend ist der Untersuchungsplan umzusetzen. Die Ausbaupläne der im Rahmen der angeordneten Grundwasser-Überwachung neu errichteten Grundwasser-Meßstellen, die bei deren Errichtung aufgenommen Schichtenverzeichnisse sowie die Ergebnisse der gemäß Untersuchungsplan zu führenden Grundwasser-Untersuchungen sind dem LVwA und der StUA umgehend vorzulegen.
5. Zusammen mit dem gemäß Nr. 4. zu erarbeitenden Untersuchungsplan ist eine Dokumentation vorzulegen, die folgendes enthält:
- Lageplan des Plangebietes »Gewerbepark« im Maßstab 1 : 1 000, in dem sämtliche im Plangebiet befindlichen Grundwasser-Aufschlüsse eingezeichnet sind;
- soweit vorhanden Ausbaupläne der im Plangebiet »Gewerbepark« bestehenden Grundwasser-Aufschlüsse sowie die bei der Anlage der Aufschlüsse aufgenommenen Schichtenverzeichnisse;
- sämtliche verfügbaren Ergebnisse von bisher durchgeführten Wasserstandsmessungen und analytischen Grundwasseruntersuchungen im Bereich des Plangebietes »Gewerbepark«.

6. Das Thüringer Landesverwaltungsamt behält sich weitere Auflagen vor.

IV. Hinweise
1. Die Erarbeitung eines Grundwasser-Untersuchungsplanes (siehe Nr. 4 der Nebenbestimmungen) sollte sinnvollerweise unter Berücksichtigung der hydrogeologischen Verhältnisse im Untersuchungsgebiet erfolgen. Falls

ihnen die benötigten hydrogeologischen Informationen nicht oder nicht in ausreichendem Umfang zur Verfügung stehen, räumen wir ihnen die Möglichkeit ein, im staatlichen Umweltamt ein hydrogeologisches Gutachten zur Region einzusehen.
7. Über Belange des Arbeits-, Gesundheits- und Immissionschutzes kann die Gewerbeaufsichtsbehörde / Amt für Arbeitsschutz Auskunft geben.

V. Begründung
1. Das Unternehmen ist Eigentümerin des o.g. Geländes bzw. der o.g. Objekte. Im Rahmen der Tätigkeit des Unternehmens erhielt es durch das Landesverwaltungsamt im Sinne der §§ 16–18 ThAbfAG den Auftrag, für oben genanntes Gelände eine Gesamtschadensbewertung (Altlasten und Kontaminationskataster) zu erstellen.
Im Rahmen der geplanten Erschließungsmaßnahmen auf dem Gelände des Gewerbeparkes werden aufgrund der umweltrelevanten Nutzungsgeschichte im Sinne des § 16 Abs. 2 und 3 AbfG hinweg auch umwelthygienische Belange berührt.
2. Diese Anordnung wurde unter pflichtgemäßer Ausübung des Ermessens mit Nebenbestimmungen gemäß § 36 Abs. 2 Thüringer Verwaltungsverfahrensgesetz (ThürVwVfG) getroffen. Die Nebenbestimmungen sind zur Wahrung der geltenden Vorschriften unumgänglich und begründen sich wie folgt:
Die geforderten Dokumentationen unter Ziff. 1 der Nebenbestimmungen dienen der Aktualisierung des Altlastenverdachts Flächenkatasters des Unternehmens und ermöglichen gleichzeitig eine Plausibilitätsprüfung der gemäß Ziff. 2 der Nebenbestimmungen vorzulegenden Untersuchungskonzepte.
Die Forderungen nach Untersuchung der in Ziff. 2 der Nebenbestimmungen genannten Objekte folgt aus den ThAbfAG, wonach dem Sanierungsverantwortlichen im Falle einer sogenannten »Anscheinsgefahr« Untersuchungen im Sinne des § 17 Abs. 3 ThAbfAG auf dessen Kosten aufgegeben werden können. Eine Anscheinsgefahr ist bei Flächen und Gebäuden, für die ein dringender Altlast- bzw. Kontaminationsverdacht besteht (Einstufung in Altlast- bzw. Kontaminationsverdachtsklassen A 3/K 3 oder A 4/K 4 laut Altlasten- und Kontaminationskataster des Unternehmens bzw. Standorte von Ölabscheidern und Transformatorenstationen) zweifelsohne gegeben.
Für die in Ziff. 3 der Nebenbestimmungen genannten Objekte sind die umwelttechnischen Untersuchungen im wesentlichen abgeschlossen, zum Teil sind die Objekte bereits saniert. In diesem Zusammenhang wurde den Behörden bereits umfangreiches Informations- und Datenmaterial vorgelegt, so daß sich die in Ziff. 1 und 2 erhobenen Forderungen für die in Ziff. 3 genannten Objekte erübrigen.

Beim Gelände des Unternehmens handelt es sich um einen seit Jahrzehnten intensiv industriell genutzten Standort mit zahlreichen Altlasten und Altlastenverdachtsflächen. Aufgrund des geringen Grundwasser-Flurabstandes im Bereich des Werkes ist eine nachteilige Beeinflussung des Grundwassers dringend zu erwarten und in Einzelfällen auch schon nachgewiesen worden. Durch die enorme Konzentration von Altlasten und Altlastenverdachtsflächen auf engstem Raum und der daraus resultierenden hohen Wahrscheinlichkeit einer gegenseitigen Beeinflussung wird eine komplexe Betrachtung der Problematik erforderlich. Diesen Gegebenheiten wird durch die Forderung nach Realisierung eines Grundwasser-Untersuchungsprogramms im Sinne von Ziff. 4 der Nebenbestimmungen und nach Vorlage einer Dokumentation im Sinne von Ziff. 5 der Nebenbestimmungen Rechnung getragen. Unabhängig davon ist bei derart komplexen und seit Beginn der Industrialisierung genutzten Standorten immer davon auszugehen, daß bisher unerkannte Altlasten existieren, die zu einer nachteiligen Beeinflussung des Grundwassers beitragen können. Durch die angeordnete Grundwasserüberwachung könnten solche nachteiligen Beeinflussungen erkannt werden.

Ansonsten sind die Nebenbestimmungen aus sich heraus verständlich und bedürfen nach § 39 Abs. 2 Nr. 2 ThürVwVfG keiner weiteren Begründung.

Die obere Abfallbehörde kann gemäß § 19 Abs. 1 ThAbfAG die Erstellung eines Sanierungsplanes vom Sanierungsverantwortlichen verlangen. Der Sanierungsplan ist der oberen Abfallbehörde zur Genehmigung vorzulegen. Im Sinne § 20 Abs. 1 Nr. 1 ThAbfAG war das Unternehmen durch das Landesverwaltungsamt als Sanierungsverantwortliche heranzuziehen.

Die Zuständigkeit unserer Behörde folgt aus den §§ 24 und 25 ThAbfAG.

3. Die Kostenentscheidung beruht auf §§ 1, 6, 11, 12 und 21 Thüringer Verwaltungskostengesetz (ThürVwKostG) vom 9. 8. 1991 (GVBl. I S. 321).

Über die Höhe der Kosten (Gebühren und Auslagen) des Verwaltungsverfahrens erfolgt ein gesonderter Bescheid.

VI. Rechtsbehelfsbelehrung

Gegen diesen Bescheid kann innerhalb eines Monats ab Bekanntgabe Widerspruch erhoben werden. Der Widerspruch ist beim Landesverwaltungsamt schriftlich oder zur Niederschrift einzulegen. Bei schriftlicher Einlegung des Widerspruches ist die Widerspruchsfrist nur gewahrt, wenn der Widerspruch noch vor Ablauf dieser Frist bei der Behörde eingegangen ist.

i.A.
Unterschrift

276 Zu einem abzureißenden Objekt wurden sowohl das Sanierungskonzept als auch das Altlastenkataster eingereicht.

Das Staatliche Umweltamt hatte keine grundsätzlichen Bedenken gegen die Vorhaben des Rückbaus. Es wurde festgestellt, daß beim Abriß des Gebäudes ca. 700 m^3 potentiell kontaminierter Bauschutt erwartet wird.

Als schadstoffrelevante Stoffe werden Schwermetalle und Kohlenwasserstoffe erwartet, so daß sich für den Rückbau des Gebäudes folgende abfallwirtschaftlichen Forderungen ergeben, die als Sanierungsanordnung zu verstehen sind.

1. Die anfallenden Abfälle sind entsprechend der Vorgabe der LAGA-Richtlinie (Bauschutt in der neuesten Fassung) zur stofflichen Verwertung von mineralischen Reststoffen zu verwerten, d.h. insbesondere, daß anfallender unkontaminierter Bauschutt einer Recyclinganlage zuzuführen ist.
2. Der kontaminierte Bauschutt ist zu 50-Tonnen-Chargen zusammenzustellen. Davon ist je eine repräsentative Durchschnittsprobe zu entnehmen und je eine vollständige Deklarationsanalyse durchzuführen.
   Die Ergebnisse der Deklarationsanalysen und die dazu gehörige Dokumentation sind beim Staatlichen Umweltamt einzureichen.
3. Der kontaminierte Bauschutt des Fußbodens aus den verschiedenen Bereichen ist getrennt abzutragen und getrennt zu deklarieren.
4. Potentiell unbelasteter Bauschutt ist in Chargen zu je 300 Tonnen zusammenzustellen und zu deklarieren (MKW, EOX, Schwermetalle, PAK).
   Die Ergebnisse sind dem Staatlichen Umweltamt zu übergeben.
5. Die Inhalte der Sammelgrube in der Phosphatierung sind fachgerecht zu deklarieren und die ausgehobene Grube ist auf Schadstoffe zu untersuchen (siehe oben).
   Die Ergebnisse sind dem Staatlichen Umweltamt zu übergeben.
6. Potentielles Bau- und Abbruchholz ist auf die entsprechenden Schadstoffparameter zu untersuchen. Die entsprechenden Untersuchungsergebnisse sind dem Staatlichen Umweltamt zu übergeben.
7. Nicht verwertbare Abfälle, ausgenommen Sonderabfälle, sind durch den Landkreis bzw. durch dessen Beauftragten entsorgen zu lassen.
8. Abfälle dürfen nur auf zugelassenen Deponien entsorgt werden.
9. Anfallende Sonderabfälle sind der dafür zuständigen Deponie zu überlassen.
10. Dachpappe ist gesondert aufzunehmen und zu deklarieren. Teerhaltige Dachpappe ist als Sonderabfall zu entsorgen. Bitumhaltige Dachpappe ist auf einer Hausmülldeponie zu entsorgen.
11. Bauschutt mit anhaftenden teerhaltigen Dachpappen, dessen Deklarationsanalyse einen PAK Gehalt > 1 500 mm/kg ergibt, ist als Sonderabfall zu entsorgen.
12. Nach der vollständigen Entfernung der Bodenplatte des Gebäudes ist der gesamte Untergrund organoleptisch zu bewerten und eine analytische Untersuchung (eine oberflächennahe Mischprobe aus 10 Einzeleinstichen bis 30 cm Tiefe pro 100 m^2) auf die Parameter MKW, EOX, Schwermetalle, Cyanide und Leitfähigkeit durchzuführen.
    Die Ergebnisse dieser Untersuchung und die Dokumentation sind dem Staatlichen Umweltamt zu übergeben.
13. Ansonsten wird der Vorgehensweise aus dem Sanierungskonzept zugestimmt.

Abschließend erfolgt eine Begründung für die vorgeschriebene Vorgehensweise und endet mit verantwortlicher Unterschrift.

2.3.5 Abschlußbericht

Die Einhaltung der Sanierungsanordnung muß in jedem einzelnen Punkt nachweislich belegt werden. **277**

Hierzu ist ein **Abschlußbericht** nach anordnungsgemäßer Durchführung der Beseitigung aller anfallenden Stoffe zu erstellen. **278**
In diesem Abschlußbericht ist nochmals inhaltlich zu jedem Unterpunkt der Sanierungsanordnung Stellung zu nehmen.

Die einzelnen Bewertungsergebnisse sind nachzuweisen. Ebenfalls müssen für den Fall, daß Stoffe auf Deponien eingelagert wurden, die entsprechenden Bestätigungsschreiben eingereicht werden. **279**

Erst wenn der Abschlußbericht vom Staatlichen Umweltamt akzeptiert wurde, ist das Verfahren zur Sanierung oder zum Rückbau eines altlasten-/kontaminationsbelasteten Objektes abgeschlossen. **280**

2.3.6 Sicherheitskonzept

Für den Fall, daß bei Sanierung oder Rückbau eines altlasten-/kontaminationsbelasteten Objektes, die mit den Arbeiten beauftragten Personen einer möglichen Gefährdung ausgesetzt sind, ist zusätzlich zu dem oben beschriebenen Sanierungskonzept, das nur Hinweise zur Arbeitssicherheit enthält, ein gesondertes Sicherheitskonzept zu erstellen. **281**

Da die im Rahmen des Sicherheitskonzeptes vorgeschlagenen Maßnahmen zum Schutz der mit den Arbeiten betrauten Personen weit über die allgemeinen in handwerklichen Berufen geltenden Sicherheitsbestimmungen hinausgehen, sollte mit der Erstellung ein Ingenieurbüro beauftragt werden, das sowohl über die Kenntnisse der erforderlichen technischen Prozesse, als auch über detaillierte Fachkenntnisse zu Arbeitsschutz und Sicherheit verfügt. **282**

Das Sicherheitskonzept wird bei dem Amt für Arbeitsschutz – als der zuständigen Staatlichen Gewerbeaufsichtsbehörde – sowie der Berufsgenossenschaft als Anzeige von Bauarbeiten in kontaminierten Bereichen zur Genehmigung eingereicht. **283**

Die Staatliche Gewerbeaufsichtsbehörde erläßt dann eine Betriebsanweisung sowie Ergänzungen zur Betriebsanweisung, wie im folgenden als Muster dargelegt: **284**

Schaubild 91a: Betriebsanweisung

1. Arbeitsbereich/Platz/Tätigkeit:
   Untergrundsanierung Betriebsmittellager

2. Gefahrstoffbezeichnung:
   leichtflüchtige chlorierte Kohlenwasserstoffe

3. Gefahren für Mensch und Umwelt:
3.1. Gefährliche Reaktionen/Eigenschaften: leichtflüchtig
3.2. Toxikologie: giftig, möglicherweise karzinogen
3.3. Ökologie: Kontamination von Grundwasser und Boden

4. Maßnahmen
4.1. Technische Sicherheitsmaßnahmen: meßtechnische Überwachung Luft
4.2. Persönliche Schutzmaßnahmen: EW-Schutzanzug, V-Maske AXP 3
4.3. Verhaltensregeln und hygienische Maßnahmen:
   Benutzung Schwarz-Weiß-Anlage, Arbeitsschutzbelehrung

5. Verhalten im Gefahrfall:
5.1. Stoffaustritt: Arbeitsunterbrechung, Anlegen V-Maske AXP 3
5.2. Stoffbrand: Einleitung Sofortmaßnahmen, Alarmierung

6. Erste Hilfe:
6.1. Unfälle mit Kontaminationen ohne Verletzung:
   Ersthelfer-Einsatz vor Ort
6.2. Unfälle mit Kontaminationen mit Verletzung:
   Ersthelfer-Einsatz vor Ort/Einleitung Rettungsmaßnahmen DRK
6.3. Verschlucken von kontaminierter Flüssigkeit:
   Einleitung Rettungsmaßnahmen DRK

7. Sachgerechte Entsorgung:
   Bodenwäsche

8. Aushang:
   vor Ort

Schaubild 91b: Ergänzung zur Betriebsanweisung

Erlaubnis zur Untergrundsanierung Betriebsmittellager
Gültigkeitsdauer vom ______ Uhr bis ______ Uhr

1. Arbeitsort/-objekt Unternehmen, Ort
   1.1. Baustelle: Unternehmen Arbeitsstelle: Betriebsmittellager

	Ja	Nein	Bemerkungen/Weitere Angaben*
1.2. Brandgefahr	☐	☒	Arbeitsstelle/Umgebung der Arbeitsstelle
1.3. Explosionsgefahr	☐	☒	Arbeitsstelle/Umgebung der Arbeitsstelle
1.4. Gefährliche Stoffe/ besondere Gefahren	☒	☐	Arbeitsstelle/Umgebung der Arbeitsstelle
Welche? LCKW			
1.5. Alarmsystem vorhanden	☒	☐	Welches? Luftüberwachung

2. Sicherheitsmaßnahmen vor Beginn der Arbeit*
   Gasspürgerät/Ex-Meter/Analyse/O_2-Messung usw.

	Ja	Nein	
2.1. Prüfung der Atmosphäre	☒	☐	vor Inbetriebnahme Arbeitsmaschine
2.2. Behälter/Rohrleitungen spülen/reinigen	☐	☒	
2.3. Anschlußleitungen entfernen/trennen	☐	☒	
2.4. Gebäude lüften	☐	☒	
2.5. Weitere Maßnahmen	☐	☒	

Durchführung der Maßnahmen zu 2.4. bestätigt ./.
(Unterschrift Aufsichtführender)

Prüfung der Maßnahmen unter 2.4. durch Koordinator: ./.
(Name in Druckbuchstaben)

ist erfolgt ./.
(Unterschrift)

Die Erlaubnis ist erst gültig, wenn die Prüfung dieser Maßnahmen durch Unterschrift bestätigt ist.

* Nichtzutreffendes streichen

3. Sicherheitsmaßnahmen während der Arbeit*

	Ja/Nein		mitarbeitend/nicht mitarbeitend
3.1. Sicherungsposten (Kontrolle nach 2.1)	[X]	[ ]	[X] [ ]
			Bemerkungen/Weitere Angaben*
3.2. Belüftung	[ ]	[X]	______
3.3. Atemschutz bereithalten	[X]	[ ]	Vollmaske AXP 3
3.4. Schutzkleidung/-mittel	[X]	[ ]	Einwegschutzanzug
3.5. Feuerlöschgeräte	[X]	[ ]	in Schwarz-Weiß-Anlage
3.6. Rettungsmaßnahmen	[X]	[ ]	Verbandskasten DIN 13157
3.7. Weitere Maßnahmen	[ ]	[ ]	______

4. Maßnahmen nach der Arbeit*

4.1. Duschen/Kleiderwechsel	[X]	[ ]	nach Schichtende
4.2. Erlaubnis abgeben/ Fertigmeldung	[ ]	[X]	an ______
4.3. Weitere Maßnahmen	[ ]	[X]	Sicherung Baustelle

______ Unterschrift des Beschäftigten

______ Unterschrift des Koordinators

______ 19 ______

Aufsichtführender: ______ (Namensangabe in Druckschrift)

Telefon: ______

Unternehmer: ______ (Unterschrift)

* Nichtzutreffendes streichen

Die Einhaltung der Anweisungen ist durch einen zu benennenden Verantwortlichen sicherzustellen und nachzuweisen.

2.3.7 Freistellungsantrag als Besonderheit der neuen Bundesländer

Bedingt durch die Wiedervereinigung bestand die Notwendigkeit der Verwertung **285** von Grundstücken und Unternehmen. Da in den ersten Jahren Unklarheit über die Altlastensituation nahezu aller zu veräußernden Unternehmen und Grundstücke bestand, wurde für die neuen Bundesländer eine zeitlich befristete Sonderlösung hinsichtlich der Kosten zur Beseitigung von Altlasten geschaffen.

Die sogenannte »Freistellungsklausel« des Art. 1 § 4 Abs. 3 des Umweltrahmen- **286** gesetzes wurde in veränderter Form in den Einigungsvertrag übernommen und anschließend durch das sogenannte »Investitionshemmnissebeseitigungsgesetz« (InvHBesG) neu gefaßt und erweitert.

Um die tatsächliche Umsetzung der Freistellungsregelung zu sichern, schloß die **287** Bundesrepublik Deutschland mit den neuen Ländern am 1. 12. 1992 ein Verwaltungsabkommen über die Regelung der Finanzierung der ökologischen Altlasten.

Auf Basis dieser Regelung konnten Eigentümer von Unternehmen, Grundstük- **288** ken und Gebäuden einen Freistellungsantrag zur Befreiung von Kosten zur Beseitigung von Altlasten, die vor dem 1. 7. 1990 verursacht wurden, bei dem zuständigen Bundesland einreichen (*Spießhofer,* Die Altlastenfreistellung nach Umweltrahmengesetz, DB 1995, S. 1897 f.).

Antragsteller mußte der Eigentümer bzw. Veräußerer sein, Begünstigter war der **289** Erwerber. Der Erwerber eines Grundstücks oder Unternehmens konnte selbst nicht wirkungsvoll einen Freistellungsantrag stellen.

Ebenso konnte der Eigentümer und potentielle Veräußerer einen Freistellungs- **290** antrag stellen, er selbst wurde regelmäßig seitens des Landes nicht freigestellt.

Über die Anträge von Eigentümern, bei denen es in der Folgezeit nicht zu einer **291** Veräußerung an einen Erwerber kam, wurde nicht beschieden. Die Frist, Freistellungsanträge einzureichen, ist abgelaufen.

Mit dieser Sonderregelung konnten trotz der Unsicherheit darüber, ob erhebliche **292** Altlasten vorhanden sind, die erst zu einem späteren Zeitpunkt, z.B. bei Bauarbeiten zu Tage treten und deren Beseitigung erhebliche Kosten verursachen können, Privatisierungen durchgeführt werden, bei denen ungewisse Kosten aus dem Risiko einer Altlastenverunreinigung nicht bestanden (vertiefend hierzu *Spießhofer,* Die Altlastenfreifreistellung nach Umweltrahmengesetz, DB 1995, S. 1897).

2.4 Objektbezogene Abrißplanung

Nach Abschluß der allgemeinen – das ganze Gebiet der Standortentwicklung **293** betreffenden Abrißplanung – können im nächsten Schritt objektbezogene Maßnahmen geplant werden.

Diese beginnen damit, daß ein konkreter Antrag auf Erteilung einer Abbruch- **294** genehmigung für das jeweilige Objekt an die Untere Baubehörde eingereicht wird.

295 Die einzuhaltende Vorgehensweise für altlastenkontaminierte Objekte wurde bereits im letzten Unterkapitel behandelt.

296 Die Reihenfolge der abzureißenden Objekte, die nicht altlastenkontaminiert sind, ergibt sich aus dem erstellten Sanierungskonzept für das Unternehmensgelände und dem Zeitplan, der mit den Gesellschaftern – und wenn vorhanden, mit dem Aufsichtsrat der Gesellschaft – abgestimmt wurde.

297 Kapazitäten der einzusetzenden Abbruchtechnik, der Zeitaufwand zur Erstellung der genehmigungsrelevanten Unterlagen und deren voraussichtliche Bearbeitungdauer stellen maßgebliche Planungsgrößen dar.

298 Zu dem Antrag auf Erteilung der Abbruchgenehmigung wird durch die Untere Baubehörde die Stellungnahme der Stadt eingeholt. Weiterhin sind auch Stellungnahmen einzelner Ämter, wie die des Amtes für Denkmalschutz, der Wasserbehörde und des Staatlichen Umweltamtes erforderlich, die auch durch die Untere Baubehörde koordiniert werden. Dort ist ein Zeitaufwand von mehreren Wochen einzuplanen.

299 Liegt keine Belastung des Objektes durch Altlasten vor und stehen auch keine weiteren einschränkenden Bedenken – wie z.B. der Denkmalschutz – entgegen, so wird seitens der Unteren Baubehörde die Abbruchgenehmigung für das Objekt erteilt.

300 In diesem Fall kann sofort mit den objektbezogenen Vorbereitungen des Abrisses – wie der Beräumung, Entkernung und Umschlußarbeiten – begonnen werden.

301 Bei dem Abbruch eines Objektes sind alle ökonomisch nützlichen Verfahrensweisen zu ermitteln, die sowohl die Anforderungen zum Schutz der Öffentlichkeit voll erfüllen, als auch zur Kostenminimierung geeignet sind.

302 Selbst dann, wenn in abgrenzbaren Teilen eines Gebäudes Altlasten vorschriftsmäßig zu beseitigen sind, ist die Nutzung ökonomischer Methoden sowie der Kostenvergleich unterschiedlicher Angebote durchzuführen.

303 Liegt beispielsweise eine starke Ölverschmutzung der Fußböden eines Abrißgebäudes vor, die aufgrund der organoleptischen Untersuchungen als Altlast eingestuft wurde, ist zu prüfen, ob die Ölverschmutzungen nicht durch Reinigungsverfahren – z.B. chemische Verfahren – beseitigt werden können.

304 Auch die Möglichkeit eines partiellen Abbruchs zur Separierung des belasteten Bauschutts ist möglich und unter Kostengesichtspunkten zu prüfen.

305 Die zu diesem Zweck aufzuwendenden Kosten sind häufig geringer als die Kosten, die entstehen, wenn der gesamte Abrißschutt wegen Überschreitung der Grenzwerte einzelner Flächen besonders entsorgt werden muß.

306 Unterläßt man diese Maßnahme zur Beseitigung bzw. Separierung des kontaminierten Bereiches vor Abriß des Objektes, hat das zur Folge, daß der gesamte anfallende Schutt, der aus dem Abriß des Gebäudes entsteht, auf einer Sonderdeponie abgelagert werden muß. Dies deshalb, weil im Normalfall der anfallende Bauschutt nicht mehr in kontaminierten – nach diesem Beispiel ölverschmutzten Schutt – und normalen, nicht belasteten Bauschutt, unterschieden oder getrennt werden kann.

Beachtenswert ist dabei, daß neben den Deponiekosten auch erhebliche Analytik- und Transportkosten entstehen können. Die Zwischenlagerung bis zur Vorlage der analytischen Ergebnisse ist erforderlich, da die Genehmigung des Staatlichen Umweltamtes zur Endlagerung unabdingbar ist. **307**

Ist die Verringerung von Abrißkosten durch Reinigung der belasteten Flächen vor Abriß nicht möglich und sind die Gegebenheiten des Abrißobjektes so gelagert, daß nur ein Teil des Gebäudes, z.B. das Erdgeschoß oder der Keller des Gebäudes stark kontaminiert sind, andere Stockwerke des Objektes aber keinerlei Belastungen aufweisen, ist zu prüfen, ob die Abrißkosten nicht dadurch minimiert werden können, daß durch eine spezielle Technik des Abrisses die Trennung des belasteten von dem unbelasteten Teil erfolgen kann. **308**

Dieser Effekt läßt sich dadurch erzielen, daß z.B. die oberen Etagen eines Gebäudes so gezielt abgesprengt werden, ohne das darunter liegende, stark kontaminierte Erdgeschoß und den Kellerbereich zu beschädigen. **309**

Diese Vorgehensweise führt dazu, daß nach Sprengung der oberen Etagen zunächst der hier angefallene Schutt beseitigt und abtransportiert wird. Im Anschluß daran können für die verbleibenden unteren stark kontaminierten Etagen die Maßnahmen nach den dort anzuwendenden strengen Vorgaben einer Sanierungsanordnung eingeleitet und durchgeführt werden. **310**

Soll bis zur Klärung der Dekontaminierung eines Teilbereiches des Gebäudes der nichtbelastete Teil abgerissen werden, muß dafür eine Teilabrißgenehmigung sowie die Zustimmung des Staatlichen Umweltamtes eingeholt werden. **311**
Über die Einhaltung der vorgegebenen Sanierungsanordnungen wachen der Sanierungsbeauftragte und das Staatliche Umweltamt.

Mit Erteilung der Abbruchgenehmigung durch die Untere Baubehörde – im Freistaat Thüringen das Landratsamt – sind die verwaltungsseitigen objektbezogenen Maßnahmen im Vorfeld des Abbruches abgeschlossen. **312**

2.5 Objektbezogene Abbruchvorbereitungen

Die objektbezogenen Vorbereitungen des Abbruchs beginnen mit der Beräumung des Objektes von beweglichen Gegenständen. **313**

Als wesentliche Maßnahme vor dem Abriß sind Umschlußarbeiten und Freischaltung der zu- und abführenden Leitungen durchzuführen. **314**

Parallel zu diesen, den Abbruch vorbereitenden Arbeiten, sind zunächst Angebote für den Abbruch des Objektes einzuholen. **315**

Anschließend erfolgt die Entkernung des Objektes, in dem das Gebäude faktisch auf den Zustand eines Rohbaus zurückgeführt wird, d.h., es werden Türen, Fenster, Fußbodenbeläge, Metalle, z.B. Heizkörper – gegebenenfalls der Dachstuhl und die Dachmaterialien – getrennt entfernt und entsorgt. **316**

Auch diese Maßnahmen dienen der Kostensenkung, da eine sortenreine Entsorgung der Materialien preisgünstiger ist als die Entsorgung von nicht sortiertem Schutt. **317**
Einzelne Bestandteile lassen sich, nachdem sie getrennt sind, im Einzelfall auch einer weiteren Verwertung zuführen.

318 Unter dem Gesichtspunkt, den eigentlichen Bauschutt einer Verwertung durch recyceln zuzuführen, dürfen möglichst keine fremden Bestandteile – wie Holz – im Steinbruchmaterial enthalten sein, da Schreddermaterial mit einem Holzanteil nicht verwendet werden kann.

319 Die Beräumung und Entkernung eines Abrißgebäudes kann, soweit möglich, von der eigenen Bauabteilung gegebenenfalls im Rahmen einer § 249 h AFG-Maßnahme (oder durch Einsatz von ABM-Kräften) durchgeführt werden.

320 Besteht in dem Unternehmen keine eigene Bauabteilung, müssen Angebote von Fremdfirmen zur Durchführung dieser Arbeiten eingeholt werden. Dabei ist der Aufwand zur Schaffung präziser Aufgabenbeschreibungen nicht unerheblich.

321 Vor der Entscheidung über die Vergabe des Auftrages sollte bei der zuständigen Stelle, dem jeweiligen Landratsamt oder Landesverwaltungsamt-/Regierungspräsidium, angefragt werden, auf welcher Deponie der kontaminierte Schutt abgelagert werden muß, oder auf welcher Deponie abgelagert werden kann.

322 Muß belasteter Schutt entsorgt werden, wird auf der Basis der Sanierungskonzeption ein Entsorger- und Verwerternachweis beschafft. Der Nachweis ist Voraussetzung dafür, daß der Schutt auf einer Deponie abgenommen wird.

323 Im Freistaat Thüringen erfolgt die Einreichung des Entsorgernachweises an die Thüringer Sonderabfallgesellschaft, die anhand der Analysewerte Vorschläge zur Deponie unterbreitet.

324 Über die Entscheidung, welches Unternehmen die Abbrucharbeiten bei Fremdvergabe durchführen wird, ist das Staatliche Umweltamt zu informieren.

325 Dabei ist zu beachten, daß bei Bauschutt oder Erdaushub mit Altlastenbelastung die Verantwortung für die Entsorgung immer beim Erzeuger bleibt und nicht auf den Abbruchbetrieb übertragen werden kann. Sind die beschriebenen Maßnahmen erledigt, ist die objektbezogene Vorbereitung des Abbruchs beendet.

2.6 Die Abbruchmaßnahmen

326 Die Realisierung des Abbruchs kann aufgrund eines abgeschlossenen Werkvertrages bei Fremdvergabe der Maßnahme mit allen anerkannten Abbruchtechniken erfolgen, z.B.

1. konservativer Rückbau
2. Teilrückbau und Teilsprengung, wie bereits geschildert
3. Sprengung des Baukörpers.

327 Im Anschluß an die Niederlegung des Baukörpers, gleich welches Verfahren gewählt wird, erfolgt die Beräumung.

328 Wie bereits erwähnt, können einige der anfallenden unbelasteten Materialien wiederverwendet werden.

329 Es ist möglich, den durch Schreddern zerkleinerten Bauschutt auf dem gleichen Gelände wieder zur Verfüllung zu nutzen, oder ihn für den Straßenbau zu verkaufen.

2.7 Die Entsorgungsmaßnahmen

Nach Durchführung des Abbruchs wird als letzte Phase die Entsorgung eingeleitet. **330**

Vor Abtransport des Schutts erfolgt eine Separierung der unterschiedlichen Stoffe – wie am obigen Beispiel der Teilsprengung aufgezeigt – wenn möglich, nach den unterschiedlichen Altlastenstufen, die dann auf Anordnung der zuständigen Stellen gemäß Sanierungsanordnung beprobt werden. **331**

Über die Ergebnisse der Beprobung ist das Staatliche Umweltamt zu informieren. **332**

Das Staatliche Umweltamt gibt im Falle vorhandener Belastungen die Freigabe zur Deponie. **333**

Die Wiederverwertung bzw. die Entsorgung kann erst erfolgen, wenn die Ergebnisse der Beprobung vorliegen, da sich hieraus ergibt, ob eine Verwertung überhaupt möglich ist, oder wie in Verbindung mit der erlassenen Sanierungsanordnung Bauschutt – oder Teile davon – zu entsorgen sind. Das kann bei einer reinen Belastung durch mineralische Kohlenwasserstoffe auch eine Dekontamination über ein sogenanntes Biobeet sein. **334**

Die Entscheidung trifft das Staatliche Umweltamt nach Vorliegen der Beprobungsergebnisse. **335**

Liegt keine Kontamination vor und ist damit die uneingeschränkte Verwertung möglich, wird darüber entschieden, ob der Schutt zur Verfüllung auf dem eigenen Gelände benötigt wird, oder ob und zu welchen Bedingungen nach Absieben und Zerkleinern eine Abgabe an Fremde erfolgen soll. **336**

Die Kontrolle über die ordnungsgemäße Entsorgung erfolgt durch das Staatliche Umweltamt und schließt mit einem durch den Sanierungsbeauftragten zu erstellenden und durch die Umweltbehörde zu bestätigenden Abschlußbericht ab. **337**

Bei leichter Belastung des Abbruchschuttes – Deponieklasse Z 2 – nach LAGA – (Länderarbeitsgemeinschaft Abfall) wird das Staatliche Umweltamt – ohne Einschaltung weiterer Stellen – die Entsorgung auf der Hausmülldeponie oder Bauschuttdeponie entscheiden. **338**

Der Ablaufplan aller einzuhaltenden Schritte und Maßnahmen im Zusammenhang mit dem Abbruch von Objekten zeigt auf, daß bei Erstellung des Abrißkonzeptes die Festlegung der Zeitachse sorgfältig geplant werden muß. **339**

3. Beschreibung eines Abrißvertrages

3.1 Allgemeines

Wie bereits im Zusammenhang mit den einzelnen Fragen der Planung einer Abrißmaßnahme erläutert wurde, sind vor Vergabe einer Abrißmaßnahme an eine Fremdfirma Vergleichsangebote einzuholen. **340**

Im folgenden sollen die einzelnen Bestandteile des zum Zwecke des Abrisses eines Objektes abzuschließenden Bauwerkverträge näher beleuchtet werden. **341**

342 Der abzuschließende Werkvertrag sollte zumindest folgende Regelungen beinhalten:

- genaue Bezeichnung des Auftraggebers und des Auftragnehmers,
- genaue Bezeichnung des Abrißobjektes,
- Bezugnahme auf das Angebotsdatum sowie die darin enthaltenen Lose,
- Bezugnahme auf die öffentliche Ausschreibung und deren Datum,
- Termin der Auftragsvergabe,
- verbindliche Terminvereinbarung,
- Zahlungsmodalitäten,
- Leistungsabgrenzung zwischen Auftraggeber und Auftragnehmer.

3.2 Vertragsinhalt

343 Im Vertrag über die Ausführung der Abbruch- und Entsorgungsarbeiten der genauer spezifizierten Gebäude besteht Regelungsbedarf zu folgenden Themenkreisen:

3.2.1 Vertragsbestandteile

344 Zur Beschreibung der Aufgabe sollte nochmals auf Ausschreibung, Angebot, Leistungsbeschreibung des Auftraggebers, Ausschreibungsunterlagen, Lageplan und Abrißgenehmigung Bezug genommen werden.

345 Die Unterlagen des Auftraggebers, wie Pläne, Statikaufzeichnungen und die Abrißgenehmigungen sind dem Auftragnehmer zu übergeben.

3.2.2 Vergütung

346 Die Vergütung der vereinbarten Leistung kann entweder nach Aufmaß, auf Basis der Angebotspreise oder zu einem Pauschalpreis vereinbart werden.

347 Bei einer Aufmaßregelung auf Basis des Angebotspreises sollte der Auftragnehmer erklären, daß er sich über den Umfang der Leistungen im klaren ist und die Masseansätze nach Leistungsverzeichnis anerkennt. Bei einem Pauschalangebot muß nachgerechnet und das Angebot entsprechend kalkuliert werden.

348 Bei Festpreisen ist die explizite Festlegung sinnvoll, daß Lohn- und Materialpreiserhöhungen keinen Anspruch auf Erhöhung der vereinbarten Vergütung oder Nachforderungen rechtfertigen.

349 Des weiteren sollten klare Regelungen darüber enthalten sein, wie zu verfahren ist, wenn Leistungen verlangt werden, die im Angebot oder in den Plänen nicht enthalten sind, oder wenn Positionen wegfallen, die in der Ausschreibung bzw. dem Angebot vorgesehen waren.

3.2.3 Ausführungsunterlagen

350 Dem Auftragnehmer sind – soweit vorhanden – vor Beginn der Arbeiten Pläne über Ver- und Entsorgungsleitungen im Baustellenbereich zu übergeben, deren Bestand bei der Ausführung der Arbeiten zu beachten und sicherzustellen ist.

351 Sinnvoll ist auch, den Auftragnehmer zu verpflichten, vor Beginn der Arbeiten konstruktive Gegebenheiten zu prüfen, die einzusetzenden Maschinen und maschinellen Anlagen und entsprechende Sicherungsmaßnahmen festzulegen und diese dem Auftraggeber schriftlich zur Kenntnis zu geben.

Für die Richtigkeit und Einhaltung dieser Festlegung ist dann der Auftragnehmer verantwortlich. **352**
Fehler oder Unklarheiten in den Unterlagen sind vor Arbeitsbeginn von dem Auftragnehmer mit der Bauleitung bzw. dem Planer zu klären und richtigzustellen.

Für Spezialarbeiten hat der Auftragnehmer alle erforderlichen Unterlagen entsprechend den maßgeblichen Vorschriften selbst anzufertigen und nachzuprüfen. Er trägt die Verantwortung für die Stand- und Betriebssicherheit, die Wirtschaftlichkeit und die Dauerhaftigkeit seiner Arbeiten alleine und haftet für mögliche Mängel, die vermeidbar gewesen wären. **353**

Für den Einsatz von genehmigungspflichten Maschinen und maschinellen Anlagen sind die entsprechenden Betriebsgenehmigungen durch den Auftragnehmer beizubringen. **354**

Die Abstimmung mit der Berufsgenossenschaft und die Erfüllung der entsprechenden Auflagen hat der Auftragnehmer durchzuführen. **355**

3.2.4 Ausführung

Die Bauoberleitung für die Maßnahme sowie die örtliche Bauleitung sind vertraglich festzulegen. **356**

Alle Maßnahmen, die erforderlich sind, um eine ununterbrochene Durchführung der Arbeiten zu gewährleisten, wie Beschaffung von Bauteilen, Materialien und Gerätschaften sind zweckmäßigerweise dem Auftragnehmer aufzuerlegen und von ihm sicherzustellen. **357**

Für Materialien und Gerätschaften, die dem Auftragnehmer vom Auftraggeber zur Verfügung gestellt wurden, haftet er im Falle von Diebstahl oder Verschlechterung. **358**

Der Auftragnehmer hat für vorübergehend erforderliche Zufahrtswege und Absperrungen zu sorgen und sie wieder zu beseitigen. **359**
Ebenso ist der Auftragnehmer für die Reinhaltung der Baustelle verantwortlich.

Für den Fall, daß der Auftragnehmer Bedenken bei der Ausführung einer der vereinbarten Arbeiten oder hinsichtlich bestimmter Werkstoffe hat, sind die Arbeiten sofort einzustellen, bis eine Einigung über die Weiterführung der Arbeiten unter seiner Verantwortung mit dem Auftraggeber erzielt wurde. **360**

Alle Angebote sollten so ausgearbeitet werden, daß nachträglich keine Tagelohnarbeiten erforderlich werden. **361**

Alle Durchbrüche, Schlitze für Leitungen und vergleichbare Veränderungen müssen rechtzeitig dem Auftragnehmer in Plänen angegeben werden. **362**

Weitere Tagelohnarbeiten sollten nur dann vergütet werden, wenn deren Ausführung vorher schriftlich vom Auftraggeber genehmigt wurden. **363**

Die Beschaffung von Energie und Betriebsstoffen ist Aufgabe des Auftragnehmers und sollte im Vertrag geregelt sein. **364**

3.2.5 Kündigung durch den Auftraggeber/Auftragnehmer

365 Eine Regelung über die Folgen einer einseitigen Kündigung, insbesondere hinsichtlich der Vergütung der bis dahin erbrachten Leistungen, sollte unbedingt aufgenommen werden.

3.2.6 Stillegezeiten

366 Stillegezeiten oder auch Baustillstandszeiten sind vom Auftragnehmer zu vertreten und geben nicht Anlaß zu Ersatzansprüchen. Zu empfehlen sind auch Regelungen im Zusammenhang mit durch Behörden festgelegte, unerwartete Maßnahmen, wie Baustopp infolge von Altlasten oder durchzuführender Beprobung.

3.2.7 Ausführungszeiten

367 Es sollten genaue Fristen und Termine vereinbart werden über Beginn der Arbeiten, Beschreibung der zu verwendenden Maschinen und maschinellen Anlagen, Ausführungsbeginn und Abschluß der Bauleistungen.

368 Diese terminliche Vereinbarung sollte so präzise sein, daß daraus eine Bauablaufplanung ableitbar ist.

369 Zu empfehlen ist, den Bauablaufplan in Verantwortung des Auftragnehmers bei feststehenden Endterminen bis zu einem im Vertrag fixierten Termin, z.B. 10 Tage nach Vertragsunterzeichnung, vorzulegen.

3.2.8 Vertragsstrafe

370 Zur Sicherung der verbindlich vereinbarten Fristen und Termine können Vertragsstrafen für den Verzögerungsfall vereinbart werden.

3.2.9 Abnahme und Gewährleistung

371 Hierbei sollte sowohl die Form der Abnahme als auch die Art der Beseitigung gerügter Mängel und Fristen zu deren Beseitigung geregelt werden.

372 Für den Fall, daß der Auftragnehmer der Aufforderung des Auftraggebers, die begründet gerügten Mängel zu beseitigen, nicht nachkommt, ist es sinnvoll, Regelungen darüber zu vereinbaren, daß die Kosten für die Beauftragung eines dritten Unternehmens durch den ersten Auftragnehmer zu begleichen sind.

373 Erst nach Durchführung einer ordentlichen Schlußabnahme sollten die Voraussetzungen zur Begleichung einer Abschlußzahlung erfüllt sein.

374 Der Auftragnehmer hat die Haftung für die ordnungsgemäße Ausführung der Arbeiten und die Gewährleistung auch für die Arbeiten zu übernehmen, die er selber an einen Subunternehmer weitergegeben hat.

375 Es kann vertraglich vereinbart werden, daß der Auftragnehmer für die Entsorgung kontaminierter Verdachtsobjekte und Baustoffe entsprechende Beprobungen und Analysen durch autorisierte Labors vornehmen läßt und die Materialien der ordnungsgemäßen Deponierung zuführt, worüber er einen Nachweis erbringen muß.

376 Eine Gewährleistungsfrist für die Arbeiten sollte 10 Jahre betragen. Das entbindet aber den Auftraggeber dennoch nicht von seiner Verantwortung und Haftung gegenüber den Umweltbehörden.

3.2.10 Berufsgenossenschaft und Versicherung

Der Auftraggeber hat darauf zu achten, daß der Auftragnehmer erklärt, Mitglied der zuständigen Berufsgenossenschaft zu sein und den Nachweis über den Abschluß einer Haftpflichtversicherung erbringt, die alle Unfälle und Schäden aus seiner Arbeit und die Haftung seiner alleinigen Verantwortung übernimmt. **377**
Er erklärt auch, die Beiträge zu den Versicherungen laufend zu entrichten, da anderenfalls die Deckung im Schadensfall verloren geht.

Wird eine Bauwesenversicherung abgeschlossen, kann der Auftragnehmer anteilig an der Bezahlung der Prämien beteiligt werden. **378**

3.2.11 Rechnungen

Es empfiehlt sich, die Form der Rechnungslegung bzw. Einreichung von Rechnungen, den Nachweis über deren Fälligkeit sowie Abschlagsrechnung und leistungsbezogene Voraussetzung zu deren Zahlung zu regeln. **379**

Alles, was gesondert bezahlt werden kann, wie z.B. Laborrechnungen oder was nicht gesondert bezahlt wird, wie z.B. Auslagenerstattung oder Auslösesätze, ist vorher festzulegen. **380**

Ebenso ist die Form festzulegen, in der der Nachweis erbracht wird. **381**

3.2.12 Zahlungen

Die Festlegung der Abschlagszahlungen nach Terminablauf und Baufortschritt, die Restzahlung sowie die Zurückhaltung einer kleinen Restsumme als Sicherheitsleistung sollten vereinbart werden. **382**

Hierbei ist jedoch darauf zu achten, daß ein Endtermin für das Zurückbehaltungsrecht vereinbart wird. In diesem Zeitraum sind revisorische Prüfungen über die erbrachten Leistungen abzuschließen. **383**

3.2.13 Gerichtsstand

Der Gerichtsstand kann, wenn beide Seiten Kaufleute sind, für den Fall von Streitigkeiten festgelegt werden. Allgemein üblich ist, den Gerichtsstand des Auftraggebers zu vereinbaren. **384**

3.2.14 Form

Die Schriftform für Nebenabreden, Ergänzungen und Änderungen des Vertrages festzulegen ist generell empfehlenswert. **385**

Ebenso kann vereinbart werden, daß im Falle eines differenzierten Vertrages wie hier beschrieben, die Lieferungs- und Zahlungsbedingungen, die der Auftragnehmer im Rahmen seines Angebotes genannt hat, mit Abschluß dieses Vertrages ihre Gültigkeit verlieren, sofern sich die Regelungen von denen des Angebotes unterscheiden. **386**

Ergänzungen des Vertrages bedürfen grundsätzlich der Schriftform und gelten, wenn die Absprache durch beide Seiten schriftlich bestätigt wurde. **387**

3.2.15 VOB

Die Verdingungsordnung für Bauleistungen (VOB) in ihrer jeweils gültigen Fassung sollte vereinbart werden. **388**

3.2.16 AGB

389 Im Vertrag ist ausdrücklich darauf hinzuweisen, ob es sich bei dem Abschluß des Vertrages um einen Formularvertrag handelt, für den allgemeine Geschäftsbedingungen (AGB) gelten sollen, oder ob das nicht der Fall ist, weil es sich um einen Einzelvertrag handelt.

3.2.17 Salvatorische Klausel

390 Die salvatorische Klausel, wonach die Unwirksamkeit einzelner Vertragsbestandteile die Wirksamkeit des Gesamtvertrages nicht berührt, sollte vorsichtshalber aufgenommen werden.

3.2.18 Auftragssumme

391 Die Ermittlung der Auftragssumme durch Aufaddieren der einzelnen vergebenen Lose dient der Klarheit und Transparenz des Vertrages und ist durchzuführen.

392 Abschließend folgen Ort, Datum und Unterschriften der Auftraggeber und Auftragnehmer oder deren Bevollmächtigten.

4. Muster eines VOB-Bauvertrages

393 Ein Bau-Werkvertrag kann auch anhand eines Muster VOB-Bauvertrages abgeschlossen werden, ohne daß es unbedingt des ausformulierten Einzelvertrages bedarf.

394 Der VOB-Bauvertrag enthält die wesentlichen vertraglich zu regelnden Bestandteile der Vereinbarung zwischen Auftraggeber und Auftragnehmer, wie auch der ausformulierte Vertrag mit dem Unterschied, daß aufgrund der Schematisierung die Präzision des Einzelvertrages verlorengeht. In Streitfällen kann dies nachteilig sein.

395 Dieser Nachteil kann dadurch ausgeglichen werden, daß die Bezugnahme auf ein konkretes und bestätigtes Angebot erfolgt und Qualitätsparameter definiert werden.

396 In den VOB-Bauvertrag sind die genaue Bezeichnung und Adresse des Auftraggebers und die genaue Bezeichnung des Auftragnehmers aufzunehmen.

397 Bestandteile des Mustervertrages sind:

- Gegenstand des Vertrages
- Vergütung
- Lohn- und Stoffpreis-Gleitklauseln
- Umsatzsteuer
- Ausführungsfristen
- Vertragsstrafe
- Zahlungen
- Abnahme.

398 Das Vertragswerk sieht vor, Regelungen durch Ankreuzen von Unterpunkten zu treffen und im Falle zusätzlicher Spezifikationen auf eine jeweilige Anlage zu verweisen, die dann im Detail auszuformulieren ist.

Als eine der Anlagen wird üblicherweise eine bereits standardisierte Schiedsgerichtsvereinbarung zwischen Auftraggeber und Auftragnehmer abgeschlossen, mit der bereits bei Vertragsabschluß zu dem betreffenden Auftrag die Form der Beilegung sämtlicher Streitigkeiten geklärt wird. **399**

Der genaue Weg des Schiedsgerichtsverfahrens wird in 6 Punkten beschrieben und dient einer außergerichtlichen Beilegung eventuell aufkommender Streitigkeiten im Zusammenhang mit der Abwicklung des Auftrages. **400**

Der Muster-VOB-Bauvertrag sieht vor, daß die im Kurzvertrag genannten Anlagen Bestandteil des vereinbarten Vertrages werden. **401**

IV. Erschließung

Literatur:

Battis/Krautzberger/Löhr Baugesetzbuch, 4. Aufl., München 1994 **401 a**
Bielenberg/Krautzberger/Söfker Baugesetzbuch (Leitfaden), 4. Aufl., München/Münster 1994
Driehaus Erschließungs- und Ausbaubeiträge NJW Schriftenreihe, 4. Aufl., München 1995
Ernst/Zinkahn/Bielenberg Baugesetzbuch, Loseblatt-Kommentar, München, Stand März 1994
Pietzcker Der Vorhaben- und Erschließungsplan Kommunalrecht – Kommunalverwaltung Band 12, Baden Baden 1993
Schlichter/Stich Berliner Kommentar zum Baugesetzbuch, Köln 1988
Schrödter Bundesbaugesetz, Kommentar, 5. Aufl., München 1992

1. Einleitung

Die integrierte Standortentwicklung eines Industrie-Altstandortes kann neben dem Abriß der nicht erhaltensfähigen Gebäude mit der Neuerschließung des Geländes verbunden sein, wenn die Erschließungsanlagen und die Verkehrswege auf dem Gelände nicht mehr den industriellen Erfordernissen entsprechen. **402**

Hierzu ist zunächst eine Bestandsaufnahme durchzuführen hinsichtlich aller eine Erschließung betreffenden Einrichtungen wie: **403**

- Verkehrswege,
- Stromversorgung,
- Wasser und Abwasser,
- Gasversorgung,
- Wärmeversorgung,
- Telefonleitungen.

Sollte die Bestandsaufnahme ergeben, daß die Anlagen nicht mehr den modernen industriellen Erfordernissen entsprechen, müssen die erforderlichen Schritte zur teilweisen oder ganzen Neuerschließung des Geländes veranlaßt werden. **404**

Schaubild 91c

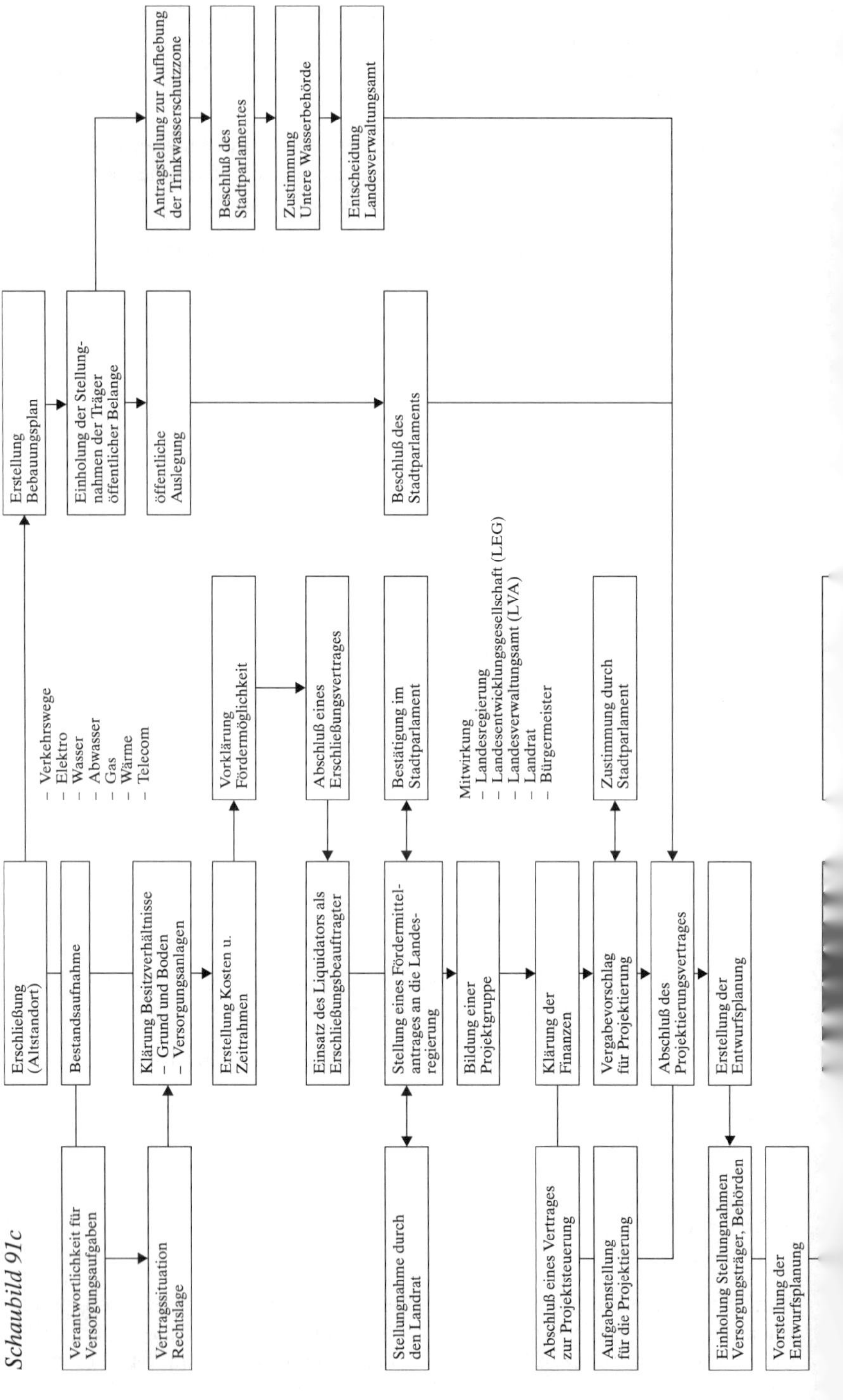

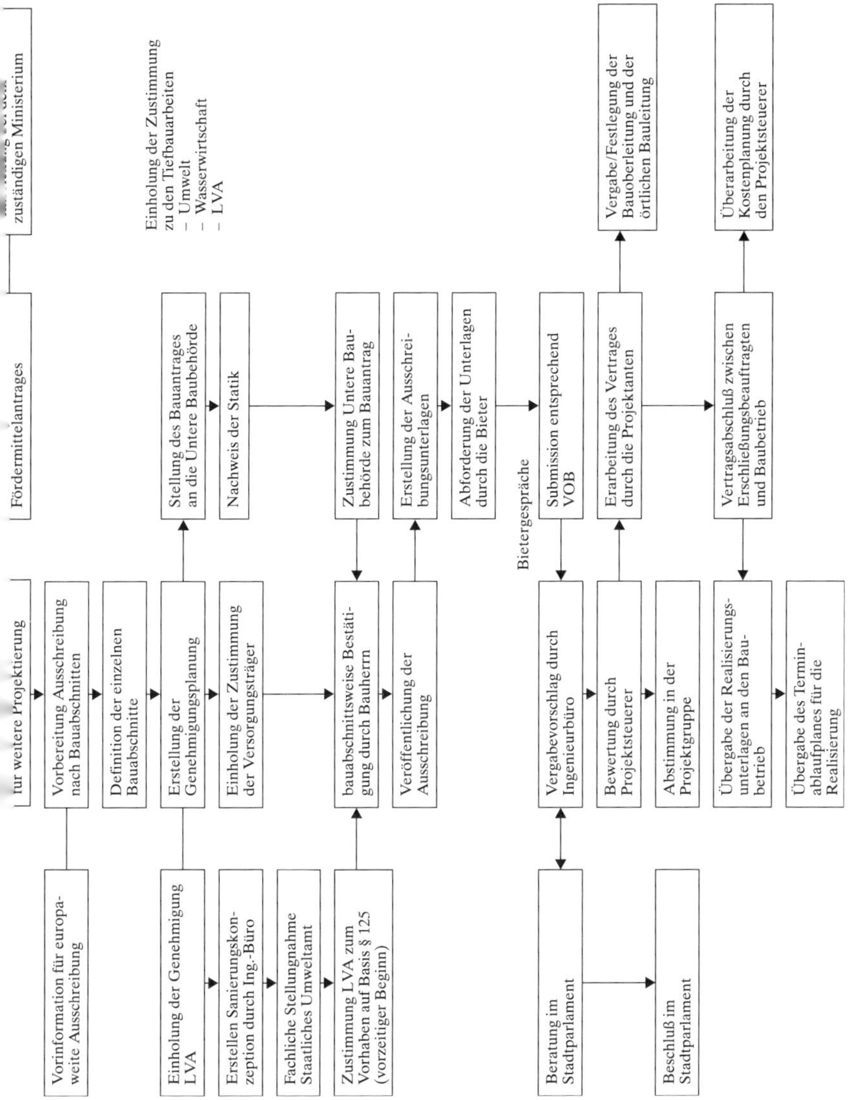
Vorinformation für europaweite Ausschreibung
Vorbereitung Ausschreibung nach Bauabschnitten
für weitere Projektierung
Fördermittelantrages
zuständigen Ministerium
Definition der einzelnen Bauabschnitte
Einholung der Genehmigung LVA
Erstellung der Genehmigungsplanung
Stellung des Bauantrages an die Untere Baubehörde
Einholung der Zustimmung zu den Tiefbauarbeiten – Umwelt – Wasserwirtschaft – LVA
Erstellen Sanierungskonzeption durch Ing.-Büro
Einholung der Zustimmung der Versorgungsträger
Nachweis der Statik
Fachliche Stellungnahme Staatliches Umweltamt
Zustimmung LVA zum Vorhaben auf Basis § 125 (vorzeitiger Beginn)
bauabschnittsweise Bestätigung durch Bauherrn
Zustimmung Untere Baubehörde zum Bauantrag
Veröffentlichung der Ausschreibung
Erstellung der Ausschreibungsunterlagen
Abforderung der Unterlagen durch die Bieter
Bietergespräche
Beratung im Stadtparlament
Vergabevorschlag durch Ingenieurbüro
Submission entsprechend VOB
Bewertung durch Projektsteuerer
Erarbeitung des Vertrages durch die Projektanten
Vergabe/Festlegung der Bauoberleitung und der örtlichen Bauleitung
Beschluß im Stadtparlament
Abstimmung in der Projektgruppe
Übergabe der Realisierungsunterlagen an den Baubetrieb
Vertragsabschluß zwischen Erschließungsbeauftragten und Baubetrieb
Überarbeitung der Kostenplanung durch den Projektsteuerer
Übergabe des Terminablaufplanes für die Realisierung

405 Nach § 125 Abs. 1 BauGB setzt die rechtmäßige Herstellung aller beitragsfähigen Erschließungsanlagen einen Bebauungsplan voraus. Die Herstellung einer beitragsfähigen Erschließungsanlage ohne Bebauungsplan ist rechtswidrig.

406 Anhand des Bebauungsplanes erfolgt die planerische Festsetzung der Flächen als Verkehrsflächen, Grünflächen, Industrie- und Gewerbeflächen. Der Beschluß, einen Bebauungsplan aufzustellen oder ein Planentwurf, reichen zur Erfüllung der Anforderungen nicht aus (*BVerwGE* 35, 222, 224).

407 Tritt ein Bebauungsplan nach Herstellung einer beitragsfähigen Erschließungsanlage in Kraft, wird die Herstellung grundsätzlich erst in diesem Zeitpunkt mit Wirkung ex nunc erschließungsrechtlich rechtmäßig, es sei denn, es liegt ein Ausnahmetatbestand vor.

408 Liegt ein rechtsverbindlicher Bebauungsplan mit Festsetzung für die herzustellenden Anlagen i. S. des § 125 Abs. 1 BauGB nicht vor, etwa weil der Bebauungsplan noch nicht in Kraft getreten ist, dürfen die Erschließungsanlagen ausnahmsweise mit Zustimmung der höheren Verwaltungsbehörde hergestellt werden.

2. Erstellung eines Bebauungsplanes

409 Die Erstellung eines Bebauungsplanes unter den der zu sanierende Industriestandort fällt, wird durch die Gemeinde veranlaßt und sollte von einem sachkundigen Architektur-/Stadtplanungsbüro unter Berücksichtigung aller planungsrelevanten Gegebenheiten und Folgen maßvoll erfolgen (siehe auch Teil F III, 1).

410 Liegt der Bebauungsplan vor, so sind Stellungnahmen der Träger öffentlicher Belange einzuholen, die von dem Bebauungsplan betroffen sind.

411 Nach Ablauf der Frist zur öffentlichen Auslegung wird der Bebauungsplan durch das Stadtparlament beschlossen. Nach Bestätigung dieses Beschlusses durch das Landesverwaltungsamt bzw. die Obere Baubehörde erlangt der Bebauungsplan Rechtskraft.

412 Bei der integrierten Standortentwicklung dieses Geländes wurde der Bebauungsplan mit einer zweijährigen Verspätung verabschiedet.

3. Die gemeindliche Erschließungslast

413 Die Erschließung ist grundsätzlich ein Teil der gemeindlichen Selbstverwaltungsaufgabe, so daß die Gemeinde im Regelfall Träger der Erschließungslast für die Erschließungsanlagen i.S. des § 123 Abs. 2 BauGB ist.

414 Zum teilweisen Ausgleich der ihr auferlegten allgemeinen öffentlichrechtlichen Erschließungspflicht steht der Gemeinde ein öffentlichrechtlicher Erstattungsanspruch für die Aufwendungen zu, die durch erstmalige Herstellung von beitragsfähigen Erschließungsanlagen entstehen.

415 Die Gemeinde kann sich ihrer öffentlich-rechtlichen Verpflichtung nicht entziehen, indem sie wie ein privater Unternehmer ein privatrechtliches, kostendekkendes Entgelt für die Herstellung auch nicht beitragsfähiger Erschließungsanlagen verlangt (*BVerfG,* NJW 1976, 341).

Bevor die Erschließungsmaßnahme als solche einer örtlichen Regelung zugeführt **416**
werden kann, muß eine Klärung dahingehend erfolgen, welche Eigentumsverhältnisse an Grund und Boden der geplanten Versorgungsanlagen bestehen und wer über Nutzungs- und Wegerechte auf den Flächen verfügt, auf denen die neuen Erschließungsanlagen errichtet werden sollen.

Die Ergebnisse der Bestandsaufnahme hinsichtlich der vertraglichen Gegeben- **417**
heiten der bestehenden und der durch den Verlauf der neu auf dem Sanierungsgelände zu errichtenden Versorgungsanlagen sind in der Erschließungsplanung zu berücksichtigen.

4. Die öffentliche Förderung der Infrastrukturmaßnahmen bei Erschließung eines Industrie-Altstandortes

Im Rahmen der Kostenplanung ist zu prüfen, in welchem Umfang Fördermög- **418**
lichkeiten genutzt werden können.
Insbesondere in den neuen Bundesländern können Investitionszuschüsse aus Mitteln der Gemeinschaftsaufgabe (GA) zur Verbesserung der regionalen Wirtschaftsstruktur gewährt werden.

Die Förderung der Gemeinde erfolgt durch Zuwendungsbescheid des zu- **419**
ständigen Ministeriums, wobei die Zuwendungen an die Haushaltsvorschriften im Rahmen der Landeshaushaltsordnung sowie die Allgemeinen Nebenbestimmungen für Zuwendungen zu Projektförderungen an Gebietskörperschaften gebunden sind.

Der Investitionszuschuß kann im Regelfall bis zu 70 %, im Ausnahmefall bis zu **420**
90 % der förderfähigen Ausgaben betragen und orientiert sich an einem verbindlich vorgelegten Investitionsplan, der bei den Erschließungsanlagen zum Beispiel:

- die Kosten für Planung, Projektierung und Bauleitung,
- die Kosten für die Demontage von Anschlußbahn-Anlagen,
- die Kosten für die Bauvorbereitung des Geländes,
- die Versorgungsaufwendungen,
- die Stromversorgungskosten,
- die Fernwärmeaufwendungen,
- die Gasversorgungskosten,
- die Aufwendungen für den Straßenbau einschließlich der Beleuchtung und
- die Aufwendungen für öffentliches Grün umfassen kann.

Die Einzelansätze des Investitionsplanes dürfen nur aus zwingenden Gründen **421**
um bis zu 20 % überschritten werden, soweit die Überschreitung durch entsprechende Einsparungen bei anderen Einzelansätzen ausgeglichen werden kann. Das bedeutet, daß die geplante Gesamtsumme der Erschließung nicht mehr erhöht werden kann.

Nicht zuwendungsfähig sind insbesondere Ausgaben außerhalb des Investitions- **422**
planes, Kosten im Zusammenhang mit Grunderwerb, Finanzierungskosten,

Hausanschlußkosten und Umsatzsteuerbeträge, soweit sie nach § 15 UStG als Vorsteuer abzugsfähig sind.
Der Zuwendungsbescheid über die öffentliche Förderung erfolgt nur dann, wenn im Rahmen des Finanzierungsplans der Anteil des Erschließungsträgers gesichert ist.

423 Die Erschließungsvorhaben sind nach den Grundsätzen der Verdingungsordnung für Bauleistungen (VOB) oder nach der Verdingungsordnung für Leistungen (VOL) öffentlich auszuschreiben, zu vergeben und auszuführen.

424 Die Einnahmen aus der geförderten Erschließungsanlage (z. B. Erschließungsbeiträge und Anschlußbeiträge) und die ausgezahlten öffentlichen Zuwendungen dürfen die Aufwendungen, die im Zusammenhang mit der Erschließungsanlage entstanden sind, nicht übersteigen. Es dürfen also keine Gewinne durch Umlage bzw. Anschluß einzelner Nutzer an die Medienversorgung erzielt werden.
Falls ein Finanzierungsüberschuß entsteht, ist in dieser Höhe die gewährte Zuwendung zurückzuzahlen.

425 Die Wirtschaftsministerien legen fest, mit welchen Formblättern die Zuwendungsteilbeträge angefordert werden können. Die abgerufenen Mittel sind innerhalb von zwei Monaten nach Eingang, und zwar jeweils anteilig mit etwaigen anderen Zuwendungen und den vorgesehenen eigenen Mitteln, zu verwenden.

426 Bei der Erstellung von Erschließungsanlagen wird die Auszahlung eines Investitionszuschusses regelmäßig daran geknüpft, daß folgende Unterlagen vorzulegen sind:

- die Ausschreibungsunterlagen der Erschließungsmaßnahmen,
- die Stellungnahme der Rechtsaufsichtsbehörde der Kommunalaufsicht,
- im Ausnahmefall die Genehmigung zum vorzeitigen Erschließungsbeginn,
- die Zustimmung des jeweiligen Landesverwaltungsamtes,
- die Zustimmung des Straßenbauamtes.

427 Soll der Fördervorteil aus den öffentlichen Zuwendungen zu den Erschließungsmaßnahmen den Investoren auf dem Industrie-Altstandort zugute kommen, muß die Gemeinde auch darüber Nachweis führen, daß bei der Erhebung der Erschließungsbeiträge der Fördervorteil weitergegeben worden ist.

5. Der Erschließungsvertrag

428 Die Gemeinde kann im Rahmen ihrer Erschließungslast die Erschließungsmaßnahme mit eigenen Kräften durchführen oder aber die Erschließungsmaßnahme von Privatunternehmen durch Werkverträge ausführen lassen. In diesem Fall wird die Erschließungsmaßnahme unter Regie der Gemeinde in ihrem Auftrag und auf ihre Kosten ausgeführt.

429 Durch § 124 Abs. 1 BauGB hat der Gesetzgeber den Gemeinden jedoch auch die Möglichkeiten eröffnet, die Erschließung nicht nur einzelner Erschließungsarbeiten, sondern die Erschließung selbst durch Vertrag einem Dritten zu übertragen.

Diese ihrer Natur nach öffentlich-rechtlichen Verträge (*BVerwG,* NJW 1969, 2162; *BGH,* NJW 1970, 2107) werden häufig bei der Erschließung neuer Baugebiete, vor allem durch Wohnungsbauunternehmen, abgeschlossen. Die Wohnungsbauunternehmen erstellen als Erschließungsunternehmer auf regelmäßig ihnen gehörenden Grundstücksflächen die Erschließungsanlagen auf eigene Kosten als eigene Einrichtungen. **430**

Anschließend veräußern die Wohnungsbauunternehmen die nunmehr erschlossenen Einzelgrundstücke im bebauten oder unbebauten Zustand und wälzen dabei die Erschließungskosten, die ihnen entstanden sind, auf die Grundstückserwerber ab. Die hergestellten Erschließungsanlagen werden schließlich an die Gemeinde übergeben. **431**

Bei dieser Vorgehensweise entstehen der Gemeinde bei einer ordnungsgemäßen Abwicklung der Erschließungsmaßnahme keine beitragsfähigen Aufwendungen, so daß für die Erhebung von Erschließungsbeiträgen kein Raum ist. **432**

Es ist jedoch auch die Vorgehensweise zulässig, daß die Gemeinde über einen Erschließungsauftrag die nicht in ihrem Eigentum stehenden Grundstücke durch einen Erschließungsbeauftragten erschließen läßt. Zur Finanzierung der Erschließungsmaßnahmen werden dem Erschließungsauftragnehmer Fördermittel zur Verfügung gestellt. **433**

In diesem Fall ist die Erhebung von Erschließungsbeiträgen im Rahmen der gesetzlichen Vorschriften zulässig, wobei zu beachten ist, daß oft die Vorteile aus der Förderung der Infrastrukturmaßnahmen den Grundstückseigentümern bzw. den zukünftigen Investoren zukommen sollen. **434**

5.1 Der Abschluß des Erschließungsvertrages

Der Erschließungsvertrag i.S. des § 124 BauGB ist ein besonderer Typ der städtebaulichen Verträge. Es besteht grundsätzlich kein Anspruch darauf, daß die Gemeinde mit einem Interessenten einen Erschließungsvertrag abschließt. Die Gemeinde kann die Erschließung in eigener Regie von der eigenen Bauabteilung – sofern vorhanden – durchführen lassen. **435**

Als öffentlich-rechtlicher Vertrag bedarf der Erschließungsvertrag gemäß § 124 Abs. 4 BauGB grundsätzlich der Schriftform. Dies bedeutet nach § 128 Abs. 2 Satz 1 BauGB, daß die Vertragspartner auf derselben Urkunde die Unterschrift leisten (*BGH* NJW 1980, 926) müssen. **436**

Enthält der Vertrag die Verpflichtung zur Übertragung des Eigentums, z.B. an den Flächen der Erschließungsanlagen, bedarf der Vertrag in entsprechender Anwendung des § 313 Satz 1 BGB der notariellen Beurkundung (*BVerwG,* DVBl. 1985, 297). Ein etwaiger Formmangel wird nach § 113 Satz 2 BGB nach Auflassung und Eintragung in das Grundbuch geheilt. Der Vertrag wird dann seinem ganzen Inhalt nach gültig (*OVG Saarland* DÖV 1989, 861). **437**

Abgeschlossen wird der Erschließungsvertrag nach dem Landesrecht, regelmäßig durch den Bürgermeister, der im Innenverhältnis der Zustimmung des Gemeinderates bedarf. Eine Genehmigung der Rechtsaufsichtsbehörde ist nicht erforderlich. **438**

5.2 Gegenstand des Erschließungsvertrages

439 Gegenstand des Erschließungsvertrages sind die nach Bundes- oder nach Landesrecht beitragsfähigen sowie nichtbeitragsfähigen Erschließungsanlagen (§ 124 Abs. 2 Satz 1 BauGB).

440 Erschließungsanlagen sind danach die nach Bundesrecht beitragsfähigen Erschließungsanlagen (§ 127 Abs. 2 BauGB), die nach Landesrecht beitragsfähigen Erschließungsanlagen, wie etwa Wasserversorgungs- und Abwasseranlagen sowie unter Berücksichtigung von Bundes- und Landesrecht beitragsfreie Erschließungsanlagen, wie z.B. Kinderspielplätze oder die Anlagen für die Versorgung mit Elektrizität, Gas und Fernwärme.

441 Wenn die Herstellung der Wasserversorgungs- und Entwässerungseinrichtungen im Erschließungsvertragsgebiet auch Gegenstand des Erschließungsvertrages sind, wie etwa die Verlegung der Kanäle und Anschlußleitungen und der Abwasserbeseitigung, ist zu beachten, daß für die Baugrundstücke in diesem Gebiet mit der betriebsfertigen Herstellung der leitungsgebundenen Anlagen kraft Gesetzes nach Maßgabe der einschlägigen landes- und ortsrechtlichen Vorschriften eine Anschlußbeitragspflicht entsteht (*OVG Münster* OVGE 29, 136).

442 Mit dem zu entrichtenden Anschlußbeitrag beteiligt sich der Grundeigentümer an dem Investitionsaufwand für die Gesamtanlage, die am Beispiel der Abwasserbeseitigung aus dem Zentralklärwerk, den Transportleitungen, eventuellen Hebewerken, den Hauptsammlern und – soweit Teil der öffentlichen Einrichtung – den Grundstücksanschlüssen besteht.

443 Der Beitrag bei den leitungsgebundenen Anlagen stellt mithin keinen Ersatz für die tatsächlichen Kosten der Verlegung von Kanalisation und Anschlußleitungen zu den einzelnen Grundstücken bzw. im Erschließungsvertragsgebiet dar (*Driehaus* Erschließungs- und Ausbaubeiträge, S. 94, 05).

444 Aus diesem Grund ist die Gemeinde selbst dann zur Geltendmachung ihrer Beitragsansprüche gehalten, wenn die Herstellungskosten für das Leitungsnetz in dem betreffenden Gebiet vom Erschließungsunternehmer übernommen werden. Insoweit würde eine uneingeschränkte Überbürdung der Herstellungskosten für das Leitungsnetz auf den Erschließungsunternehmer zu einer unangemessenen Doppelbelastung führen (vgl. *Driehaus* Kommunalabgabenrecht, § 8 Rdn. 1070).

445 Einer solchen Doppelbelastung kann begegnet werden, indem im Erschließungsvertrag vereinbart wird, daß mit der ordnungsgemäßen Erschließung die Anschlußbeitragspflicht für die Grundstücke im Erschließungsgebiet als abgelöst gilt. Über einen Vertrag zugunsten Dritter kann diese Ablösungsfiktion auch Dritteigentümern im Erschließungsgebiet gewährt werden.

5.3 Der Inhalt des Erschließungsvertrages

446 In einem Erschließungsvertrag sollten folgende Punkte geregelt werden:

- die Verpflichtung zur Durchführung der Erschließung durch den Erschließungsauftragnehmer,
- die Festlegung des Erschließungsgebietes,
- die Bezeichnung der maßgeblichen Pläne, wie des Bebauungsplanes sowie die Pläne der Entwässerungs- und Versorgungsanlagen,

- die Beschreibung der von dem Erschließungsauftragnehmer herzustellenden Erschließungsanlagen sowohl nach Art, Umfang und Ausführung,
- die Festlegung des Ausbaustandards der zu erstellenden Erschließungsanlagen,
- die Grundsätze, zu welchen Bedingungen die Erschließungsflächen übertragen werden,
- das Verfahren zur Planung und Ausschreibung,
- der Baubeginn sowie die zeitliche Folge der Erschließungsmaßnahmen,
- die Regeln über die Kontrolle der Bauarbeiten durch die Gemeinde,
- die eventuellen Mängelbeseitigungspflichten des Erschließungsauftragnehmers,
- Regelungen für den Fall des Verzuges des Erschließungsauftragnehmers,
- die Grundsätze über Abnahme der Bauarbeiten und Übernahme der hergestellten Anlagen,
- gegebenenfalls die Art und Form der Sicherheitsleistung durch den Erschließungsauftragnehmer, die bis zur Höhe der geschätzten Baukosten zu übernehmen ist,
- die Gefahrtragungsregeln sowie die Regeln über die Verkehrssicherung und die Haftung des Erschließungsauftragnehmers.

5.4 Einsetzung des Erschließungsbeauftragten

Nachdem der Erschließungsvertrag wie oben beschrieben abgeschlossen und genehmigt wurde und die Gemeinde die Erschließung nicht selbst durchführt, ist der Erschließungsbeauftragte einzusetzen, der das gesamte Erschließungsverfahren mit sämtlichen Maßnahmen leitet, durchführt und überwacht. **447**
Es bietet sich an, den Erschließungsbeauftragten aus dem Kreis derjenigen auszuwählen, die über die Mehrzahl der von der Erschließung betroffenen Grundstücke verfügt.

Bei dem hier zugrundeliegenden Beispiel ist eine Gesellschaft im Besitz der gesamten Grundstücke, die von der Erschließung betroffen sind. Daher bietet es sich an, den Vorstand der Gesellschaft oder eine von ihm benannte Person zum Erschließungsbeauftragten zu bestellen. **448**

Verantwortlich für die Einsetzung des Erschließungsbeauftragten ist der Bürgermeister der zuständigen Gemeinde. **449**

Die Zustimmung der Gesellschafter bzw. Grundstückseigentümer und des Stadtparlaments muß eingeholt werden. **450**

Über die Einsetzung des Erschließungsbeauftragten ist ein notarieller Vertrag abzuschließen. **451**

Nachdem der Bebauungsplan bestätigt und der Erschließungsbeauftragte eingesetzt wurde, stehen die Rahmenbedingungen der Zuständigkeiten und der durchzuführenden Erschließungsmaßnahmen fest. Vor diesem Hintergrund können die bereits in einer früheren Phase grob eingeschätzten Kosten der Schließung konkretisiert und die zeitliche Fälligkeit des Finanzbedarfes konkret geplant werden. **452**

453 Zu diesem Zeitpunkt ist es auch erforderlich, auf Basis des bestätigten Bebauungsplanes den Antrag auf Erteilung von Fördermitteln an die zuständigen Landesstellen und/oder an den Bund zu stellen.

454 Hierfür ist ein gemeinsames Vorgehen der Stadt und des Erschließungsbeauftragten sowie eine zustimmende Stellungnahme durch den Landrat bzw. das Landratsamt erforderlich.

455 Die Auszahlung der Fördermittel, auch die des Landes und des Bundes werden an den Erschließungsträger, in diesem Fall die Stadt, ausgezahlt, die wiederum die Beträge an den Auftraggeber der Erschließung über den Erschließungsbeauftragten, in diesem Fall an die Gesellschaft, weiterleitet.

456 Die Trennung von Erschließungsträger (Stadt) und Erschließungsbeauftragten (hier Vorstand der Eigentümerin der zu erschließenden Grundstücke) erfordert über den gesamten Zeitraum der Erschließungsmaßnahmen eine enge Abstimmung beider Beteiligter, da ohne die Zustimmung des Erschließungsträgers die Fördermittel nicht in Anspruch genommen werden können.

6. Planung der Erschließungsmaßnahmen

457 Die wesentlichen Eckdaten zur Erschließung ergeben sich bereits aus dem Bebauungsplan, ebenso wie der Verlauf von Straßen, deren Breite, der Verlauf des straßenbegleitenden Grüns und öffentlicher Flächen.

458 Der Bebauungsplan des hier beschriebenen Erschließungsgeländes verfolgte das Ziel, vorrangig produzierendes Gewerbe anzusiedeln.
Daraus ergab sich, daß der Bebauungsplan Einschränkungen enthält, mit denen die gesetzlichen Möglichkeiten eines Industrieparks nicht ausgeschöpft werden.

459 Neben dem Bebauungsplan sind die Vorschriften und Regelungen des Baugesetzbuches für die Erschließung eines Geländes zu beachten.

460 Die Projektierung der Erschließungsmaßnahmen wird in nachfolgenden Planungsphasen der einzelnen Bauabschnitte durchgeführt:

- Grundlagensammlung,
- Vorplanung,
- Entwurfsplanung,
- Genehmigungsplanung,
- Ausführungsplanung (inkl. Zeichnungen für den Baubetrieb),
- Vorbereitung der Vergabe.

461 Die Dimensionierung der zu errichtenden Erschließungsanlagen kann sich aus dem Bebauungsplan ergeben. Häufig ist dies jedoch nicht der Fall und ein darauf spezialisiertes Ingenieurbüro muß mit der Planung der auszuführenden Anlagen beauftragt werden.

462 Die Dimensionierung der Anlagen richtet sich nach dem Umfang und den Verwertungszwecken des Geländes. In diesem Fall ergaben sich aus dem Bebauungsplan und dem Verwertungskonzept für das Unternehmen, daß vorrangig produzierendes Gewerbe in Form einer Vielzahl mittelständischer Unternehmen angesiedelt werden sollte, die insgesamt 3 000 Arbeitnehmer beschäftigen sollen.

An diesem Standort waren als Besonderheit bei der Dimensionierung die wasserzuführenden und -abführenden Anlagen zu berücksichtigen, da auch zukünftig Teile der Kreisstadt über diese Anlagen versorgt werden mußten. **463**

Darüber hinaus mußte auf dem entstehenden Industrieparkgelände ein Regenüberlaufbecken für die Stadt im Rahmen der Erschließungsmaßnahmen errichtet werden. **464**

Grundsätzlich bestehen zwei Möglichkeiten, die Planung und Durchführung zu organisieren. Es können zwei unterschiedliche Ingenieurbüros einmal mit der Planung der Erschließungsanlagen und ein weiteres Ingenieurbüro mit der Bauleitung beauftragt werden. **465**
Planung der Anlagen und Durchführung der Bauleitung können aber auch von ein und demselben Ingenieurbüro durchgeführt werden.

Bei diesem Industriepark wurde entschieden, Planung und Oberbauleitung an das gleiche Ingenieurbüro zu vergeben, was in diesem Fall eine Zeit- und Kostenersparnis bedeutete. **466**

6.1 Ingenieurvertrag

Bei einem Erschließungsprojekt großen Ausmaßes empfiehlt es sich, eine Oberbauleitung mit der Überwachung und Koordinierung sämtlicher Einzelleistungen zu beauftragen. Wird, wie in diesem Fall, die Kombination zwischen Planung und Projektierung der Erschließungsanlagen und der Oberbauleitung als quasi Erschließungs-Generalmanagement eingesetzt, ist ein Ingenieurvertrag abzuschließen, der das gesamte Leistungsspektrum des Ingenieurbüros beinhaltet. **467**

Die Oberbauleitung richtet aus ihren Reihen eine örtliche Bauüberwachung ein, mit der die Leistungen aller Bauleitungen der einzelnen durchführenden Firmen abzustimmen sind. **468**

Bei der beschriebenen integrierten Standortentwicklung waren bis zu 70 Unternehmen gleichzeitig mit der Erschließung des Geländes betraut. **469**

Während der gesamten Erschließungsmaßnahmen wacht die Oberbauleitung in enger Zusammenarbeit mit dem Sanierungsbeauftragten über den ordnungsgemäßen Umgang mit Altlasten. **470**

Bei den Auflagen, die für das Gelände bestanden, erfolgte eine ständige Altlastenbetreuung durch das zuständige Umweltamt. **471**

Als Bauherr fungierte ein fachlich versierter Mitarbeiter des zu sanierenden Unternehmens, auf dessen Gelände der Industriepark entstand. Er hat die Aufgabe, den Erschließungsträger, die Stadt, das erschließende Unternehmen – hier das Sanierungsunternehmen – und den Erschließungsbeauftragten – hier den Vorstand des Sanierungsunternehmens – zu vertreten. **472**

Zur Abstimmung aller im Rahmen der Erschließungstätigkeit entstehenden Fragen bietet sich an, mehrmals wöchentlich Bauberatungen durchzuführen. **473**

474 Bei dieser Aufgabe kam erschwerend hinzu, daß der Altbestand an Leitungen im Erdreich des bereits erschlossenen Geländes und deren Verlauf zum Teil nicht bekannt war. Von den vorhandenen Leitungen war nicht immer bekannt, welche davon noch Leistungen in das Versorgungsnetz einspeisten. Störfälle kamen täglich vor.

475 Anhand von Druckverlustmessungen konnte festgestellt werden, daß z.B. in den wasserzuführenden Leitungen erhebliche Verluste durch Rohrbrüche oder undichte Stellen bestanden, ohne den Schaden lokalisieren zu können.

476 Zur Sicherung der Versorgung der bereits ansässigen Unternehmen wurden Überbrückungs- und Hilfsleitungen verlegt. Hierzu mußten zum Teil Probeschürfungen vorgenommen werden.

477 Der Ingenieurvertrag wurde zwischen dem zu sanierenden Unternehmen – vertreten durch dessen Vorstand als Auftraggeber – und dem Ingenieurbüro abgeschlossen.

478 Die in 9 Paragraphen vereinbarten Inhalte des Vertrages umfassen:

- Gegenstand des Vertrages,
- Bestandteile des Vertrages,
- Leistungen des Ingenieurs,
- Leistungen des Auftraggebers,
- Leistungen fachlich Beteiligter,
- Termine und Fristen,
- Vergütung,
- Haftpflichtversicherung des Ingenieurs
- ergänzende Vereinbarungen.

479 Als Anlagen zum Vertrag wurden vereinbart:

- Allgemeine Vertragsbestimmungen – AVB ING-WAS –
- Beschreibung der Leistung,
- Ermittlung der anrechenbaren Kosten,
- Honorarermittlungen
- Zusammenstellung der Honorare.

480 Im Rahmen der hier beschriebenen Erschließungsmaßnahmen umfaßte das Vorhaben folgende Objekte:

1. Verkehrsanlagen
2. Wasseranlagen
3. Regenüberlaufbecken
4. Wasserversorgung
5. Gasversorgung
6. Wärmeversorgung
7. Elektroversorgung
8. Straßenbeleuchtung
9. Kabelgraben Elektro/Beleuchtung
10. Kommunikationsanlagen

481 Die im Rahmen des Ingenieurvertrages erbrachten Leistungen werden gemäß HAOI (Verordnung über Honorare für Leistungen der Architekten und Ingenieure in der jeweils neuesten Fassung) berechnet und vergütet.

482 Der Ingenieurvertrag kann nach folgendem Muster in Verbindung mit den allgemeinen Vertragsbestimmungen für Ingenieurleistungen im Bereich der Wasserwirtschaft – AVB ING-WAS – abgeschlossen werden:

Ingenieurvertrag **483**

nach dem Ingenieurvertragsmuster
für den Bereich der Wasserwirtschaft

zwischen Unternehmen
vertreten durch:
Vorstand
– nachfolgend Auftraggeber genannt –

und Name des Auftragnehmers
– nachfolgend Ingenieur genannt –

wird folgender Vertrag geschlossen:

Inhaltsübersicht:

§ 1 Gegenstand des Vertrages
§ 2 Bestandteile des Vertrages
§ 3 Leistungen des Ingenieurs
§ 4 Leistungen des Auftraggebers
§ 5 Leistungen fachlich Beteiligter
§ 6 Termine und Fristen
§ 7 Vergütung
§ 8 Haftpflichtversicherung des Ingenieurs
§ 9 Ergänzende Vereinbarungen

Anlagen zum Vertrag:

- Allgemeine Vertragsbestimmungen – AVB ING-WAS – (Anl. 1)
- Beschreibung der Leistung (Anl. 2)
- Ermittlung der anrechenbaren Kosten (Anl. 2)
- Honorarermittlungen (Anl. 3–14)
- Zusammenstellung der Honorare (Anl. 15)

§ 1 Gegenstand des Vertrages
Gegenstand des Vertrages sind Ingenieurleistungen für das Vorhaben;

Industriepark auf dem Territorium des Unternehmens.

Das Vorhaben umfaßt folgende Objekte:

1. Verkehrsanlagen
2. Abwasseranlagen
3. Regenüberlaufbecken
4. Wasserversorgung
5. Gasversorgung
6. Wärmeversorung
7. Elektroversorgung
8. Straßenbeleuchtung
9. Kabelgraben Elektro/Beleuchtung
10. Kommunikationsanlagen

§ 2 Bestandteile des Vertrages
Bestandteile des Vertrages sind:
- die Allgemeinen Vertragsbedingungen für Ingenieurleistungen im Bereich der Wasserwirtschaft
- AVB ING-WAS –
- die Anlagen: 3–15
- folgende Forderungen, Hinweise und Unterlagen des Auftraggebers: ./.

§ 3 Leistungen des Ingenieurs
(1) – Der Ingenieur hat die in § 3 (2), (3), (4) und (5) bezeichneten Leistungen zu erbringen.
– Der Ingenieur hat die in Anlage 2–14 beschriebenen Leistungen zu erbringen.

(2) Der Ingenieur hat mit Ausnahme der in § 3 (3) genannten Teilleistungen die Grundleistungen aus folgenden Leistungsphasen (§ 55 HOAI) zu erbringen:

Leistungsphase:
1. Grundlagenermittlung
2. Vorplanung
3. Entwurfsplanung
4. Genehmigungsplanung für
5. Ausführungsplanung
6. Vorbereitung der Vergabe

(3) Der Ingenieur hat von den in § 3 (2) genannten Leistungsphasen Grundleistungen oder Teile von Grundleistungen nicht zu erbringen. Dies drückt sich in der Bewertung der Leistungsphasen in Anlage ./. aus. Die nichtbeauftragten Leistungen werden nach § 4 (3) vom Auftraggeber bzw. nach § 5 (1) Ziffer 1 von anderen fachlich Beteiligten erbracht. Die Verpflichtungen des Ingenieurs nach § 4 (3) und § 5 (1) bleiben unberührt.

Leistungsphase	Leistung	Anlage
./.		

Sie werden nach § 4 vom Auftraggeber bzw. nach § 5 von anderen fachlich Beteiligten erbracht. Verpflichtungen des Ingenieurs nach § 4 Abs. 3 und § 5 Abs. 1 bleiben unberüht.

(4) Der Ingenieur hat zu den Grundleistungen der Objektplanung für die Ingenieurbauwerke außerdem folgende besondere Leistungen zu erbringen:

Leistungsphase 1–6;
Verkehrsanlage: Berücksichtigung des Individualverkehrs/Bahnanlage

Abwasseranlagen:	Berücksichtigung der kontinuierlichen Ableitung des Schmutz- und Regenwassers
Wasserversorgung:	Berücksichtigung der kontinuierlichen Wasserversorgung
Gasversorgung:	Berücksichtigung der kontinuierlichen Gasversorgung
Elektroversorgung:	Berücksichtigung der kontinuierlichen Elektroversorgung

(5) Außerhalb des Leistungsbildes Objektplanung für Ingenieurbauwerke hat der Ingenieur folgende Leistungen zu erbringen:

Teil der HOAI	Objekt	siehe Anlage
VIII	Regenüberlaufbecken	6
IX	Regenüberlaufbecken	7
IX	Wärmeversorgung	10
IX	Elektroversorgung	11
IX	Straßenbeleuchtung	12

(6) Dem Auftraggeber sind folgende Ausfertigungen zu übergeben:
- alle Unterlagen:
  2fach für den Auftraggeber selbst
  (davon einmal in kopier-/pausfähiger Ausführung)
- alle für die öffentlich-rechtlichen Verfahren notwendigen Antragsunterlagen:
  4fach für Wasserrechtsverfahren

Der Ingenieur hat die von ihm zu liefernden Unterlagen rechtsverbindlich zu unterzeichnen.

§ 4 Leistungen des Auftraggebers

(1) Der Auftraggeber liefert folgende Unterlagen:
- Karten
  - Übersichtskarte M 1 : 5 000
- Pläne (pausfähig: ja)
  - Bestandspläne aller Versorgungsleitungen M 1 : 500
  - Lage- und Höhenpläne, digitalisiert M 1 : 500
  - Bebauungsplan M 1 : 500

soweit vorhanden
- Installationspläne der Elektroversorgung
- Übersichtsschaltpläne:
  - MS-Anlagen (MS-Teil, Steuerung und Schutz)
  - NS-Anlagen (von Gebäuden, Etagen u. ä.)
  - Erdungsanlagen und Kompensation

  - Sondernetze, wie Gleichstromversorgungen
    zentrale Störmeldungen, Außenbeleuchtung
- Pläne der Brandmeldeanlagen
  (Verbindungen, Melder, Warneinrichtungen, Zentralen)
- Übersichten von Telefonanlagen (Zentralen, Verbindungen, Standorte)
- Übersichten von Wechselsprechanlagen (Zentralen, Verbindungen, Standorte)
- Übersichten von Ela-Anlagen (Zentralen, Verbindungen, Standorte)
- Bestandspläne für wärmetechnische Verknüpfung

soweit vorhanden.

- Gutachten und Stellungnahmen:
  - Baugrundgutachten
  - Hydrologisches Gutachten
  - Altlastengutachten

soweit vorhanden.

(2) Der Auftraggeber sorgt dafür, daß die für die Erfüllung des Vertrages durch den Ingenieur notwendigen Grundstücke verfügbar sind.

(3) Der Auftraggeber erbringt folgende Leistungen:
Projektsteuerung des Vorhabens
Sie sind vom Ingenieur mit seinen Leistungen abzustimmen und in diese einzubearbeiten.

§ 5 Leistungen anderer fachlich Beteiligter und Beteiligung von Fachbehörden

(1) Folgende Leistungen werden von nachstehend genannten fachlich Beteiligten erbracht:

1. Grundleistungen der Objektplanung (§ 55 [2] HOAI) oder Teile davon:
   ./.
2. Besondere Leistungen (§ 55 [2] HOAI):
   ./.
3. Leistungen außerhalb des Leistungsbildes Objektplanung für Ingenieurbauwerke:

3.1 Teil VI: Landschaftsplanerische Leistungen
(. . . sind noch festzulegen. . .)
3.2 Teil XII: Leistungen für Bodenmechanik, Erd- und Grundbau:
(. . . sind noch festzulegen . . .)
3.3 Teil XIII: Leistungen für Vermessung:
(. . . sind noch festzulegen . . .)

Die vorstehenden Leistungen sind vom Ingenueur mit seinen Leistungen abzustimmen und in diese einzuarbeiten.

(2) Die Leistungen nach § 5 Abs. 1 Nr. 3.2 werden vom Ingenieur im Auftrag des Auftraggebers und nach dessen vorheriger Zustimmung ausgewählt, vergeben und vom Auftraggeber gesondert vergütet.

(3) Die Leistungen nach § 5 Abs. 1 Nr. 3.1 und 3.3 werden vom AG vergeben.

(4) Der Ingenieur hat bei der Abwicklung seines Auftrages folgende Fachbehörden und -dienststellen zu beteiligen:
- Landesverwaltungsamt
- Landesanstalt für Umwelt
- Stadtverwaltung
- Kreisverwaltung
- Bundesbahndirektion – Bahnanschluß
- Straßenbauamt

§ 6 Termine und Fristen
(1) Für die Leistungen des Ingenieurs nach § 3 dieses Vertrages gelten folgende Termine und Fristen:
- sind noch festzulegen nach Übergabe aller Arbeitsunterlagen gem. § 4 Abs. 1.

(2) Für die Leistungen des Auftraggebers nach § 4 dieses Vertrages gelten folgende Termine und Fristen:
- 14 Tage nach Vertragsunterzeichnung

(3) Für die Leistungen anderer fachlich beteiligter nach § 5 gelten folgende Termine und Fristen:
- sind noch abzustimmen.

§ 7 Vergütung
(1) Für die Leistungen des Ingenieurs nach diesem Vertrag wird
- ein Honorar entsprechend Anlage 3–14 dieses Vertrages zuzüglich fälliger Umsatzsteuer vergütet.

(2) Nebenkosten § 7 HOAI
Die Nebenkosten werden pauschal erstattet und zwar:
bei den Leistungsphasen 1 bis 6 mit %
der Honorare zuzüglich fällliger Umsatzsteuer.

(3) Daneben erhält der Ingenieur die Entschädigung für die Verdingungsunterlagen nach § 20 VOL/A oder § 20 VOB/A.

§ 8 Haftpflichtversicherung des Ingenieurs
Die Deckungssummen der Haftpflichtversicherung nach § 10 AVB betragen:
für Personenschäden: DM
für sonstige Schäden: DM

§ 9 Ergänzende Vereinbarungen

(1) Werden durch den Auftraggeber gesondert Ingenieurleistungen beauftragt, die entsprechend § 6 HOAI nach Zeitaufwand zu vergüten sind, so gelten folgende Stundensätze:

Büroleiter:	DM/h
Ingenieur:	DM/h
Techniker/Verm.-Techniker:	DM/h
Zeichner/Laboranten:	DM/h
Hilfskräfte(z.B. bei Vermessung):	DM/h

jeweils zuzüglich der gesetzlich gültigen Mehrwertsteuer.

(2) Nach der Erarbeitung der Vorplanung werden Objekte konkretisiert und im gegenseitigen Einvernehmen die Honorarermittlungen überarbeitet.

Auftraggeber	Auftragnehmer
	Ingenieur
....	....
Unterschrift	Unterschrift

Als Leistungsbeschreibung wurden folgende Informationen zu den Objekten als Anlage dem Vertrag beigefügt:

Verkehrsanlagen (Straßenbau)

484 Die Straßenverkehrsflächen waren grundlegend zu erneuern. Dabei war die Fahrbahn in Bitumen auszuführen. Die notwendigen Gehwege sollten gepflastert werden. Grünzonen waren zu berücksichtigen gemäß Bebauungsplan. Insgesamt war eine Fläche von 38 730 m^2 Verkehrsfläche herzustellen.

Abwasserentsorgung

485 Gemäß Generalentwässerungsplan der Stadt verläuft über das Betriebsgelände ein Hauptsammler zur Kläranlage der Stadt.
Gleichzeitig wurde vorgesehen, auf dem Gelände des Unternehmens ein Regenüberlaufbecken zu errichten.
Bei der Erarbeitung des GEP (Generalentwässerungsplan) wurde davon ausgegangen, daß das vorhandene Entwässerungssystem (Mischsystem) auf dem Betriebsgelände erhalten bleibt. Durch den Ingenieur war im Rahmen der Vorplanung zu untersuchen, ob das vorhandene Werkskanalnetz hydraulisch ausreichend dimensioniert ist.
Danach sollte gegebenenfalls eine Kanalbefahrung durchgeführt werden, um den bautechnischen Zustand der Sammler zu bewerten.
Sollte diese Untersuchung negative Ergebnisse zeigen, wäre die Entwässerung auf dem Werksgelände neu zu konzipieren und eine Veränderung der Entwässerungsrichtung vorzunehmen gewesen.

Durch den Ingenieur waren die Trassen für die verbandseigenen Sammler festzulegen.
Bei der Aufwandseinschätzung für die Abwasserentsorgung wurde von einem generellen Neubau der Abwasserleitungen ausgegangen. Gleichzeitig wurden die sehr schwierigen Bauverhältnisse (sehr hoher Grundwasserstand) berücksichtigt.
Insgesamt waren 3 000 m Abwassersammler, DN 300 bis DN 1 200 zu erstellen.

Regenüberlaufbecken

Für die Entlastung im Regenwetterfall wurde aufgrund der Gebietsgröße von **486**
ca. 50 ha der Bau eines Regenüberlaufbeckens mit einem Fassungsvermögen von ca. 1 250 m^3 notwendig.
Der Standort des Beckens war in Abhängigkeit von Vorflut und Bebauung festzulegen.

Wasserversorgung

Eine neue Wasserversorgung mußte aufgebaut werden. **487**
Dabei mußte ein Anschluß an das städtische Wassernetz geschaffen werden. Die vorhandenen Brunnen konnten für eine Brauchwasserversorgung weiterhin genutzt werden. Als Verlegematerial wurde duktiles Gußrohr vorgeschlagen. Insgesamt wurden 3 000 m Wasserleitung, DN 200 verlegt.

Gasversorgung

Die geplanten Gasversorgung erfolgte über die vorhandene Reglerstation, die **488**
jedoch neu ausgerüstet werden mußte. Das Gasnetz sollte konzeptionell im Niederdruckbereich betrieben werden.
Die Verlegung der Trasse erfolgte ab einer Reglerstation entlang der zukünftigen Hauptstraße.
Von der Haupttrasse gehen zwei Ringleitungen in die weiteren Planstraßen ab.
Bereits in der Planungsphase benötigte ein auf dem Werksgelände ansässiges Unternehmen aus verfahrenstechnischen Gründen Gas im Mitteldruckbereich.
Aus diesem Grund wurde für den Bereich eine Mitteldruckleitung ab Reglerstation vorgesehen.
Für die Verlegung der Gasleitung wurden folgende Grabenabmessungen vorgesehen:

Grabenbreite:	0,60 m
Grabentiefe:	1,25 m

3 000 m Gasleitung, DN 200, wurden verlegt.

Wärmeversorgung

Die geplante Heißwasserversorgung erfolgte über erdverlegte Kunststoffman- **489**
telrohre. Die Haupttrasse, Vor- und Rücklauf, wurde entlang der Hauptstraße durch das Gelände geführt.
Die erforderlichen Stichleitungen wurden im Bereich der Nebenstraßen bzw. in öffentlichen Wegen zu den einzelnen Parzellen verlegt.
Vor- und Rücklaufleitungen wurden an den einzelnen Abnehmern mit Absperrorganen ausgestattet. Weitere Absperrmöglichkeiten erfolgten an den Abzweigungen von der Haupttrasse.

Die Verlegung erfolgte in einem Rohrgraben. Die maximale Grabenbreite beträgt 1,5 m, die Grabentiefe beträgt ebenfalls 1,5 m.
Die Verlegetiefe sollte jedoch im Rahmen der Planung exakt untersucht werden, da mit sehr hohen Grundwasserständen zu rechnen war.
10 500 m Kunststoffmantelrohr, DN 25 bis DN 300 wurden verlegt.

Dampf/Kondensat

490 Durch das Werksgelände führte eine Dampftrasse, die auch Gebäude außerhalb des Geländes mit Wärme versorgte.
Verschiedene Anlieger im Industriepark benötigten für ihre Wärmeversorgung ebenfalls Dampf.
Anmerkung zur generellen Wärmeversorgung:
In einer Wirtschaftlichkeitsuntersuchung wurde geprüft, ob die zentrale Wärmeversorgung sowohl mit Warmwasser als auch mit Dampf für das Betriebsgelände erforderlich ist, da erdverlegte Dampfleitungen in den unterirdischen Bauraum zu hohen technischen Anforderungen und Kosten geführt hätten.
Daher wurden Gebäudeinstallationen von Dampf auf Warmwasser umgerüstet.

Elektrizität

491 Der vorhandene Bestand der Elektroversorgung im Unternehmensgelände setzte sich aus einem Umspannwerk VUW 110/10 kV, einem Industriekraftwerk mit Eigenstromerzeugung, 21 Trafostationen sowie einem umfangreichen 10-kV-Betriebsnetz zusammen.
Auf der Niederspannungsseite dominierte das 380/220-V-DS-Netz sowie ein kleineres 500-V-DSs-Netz.
Die Anlagen wurden in der Vergangenheit saniert und auf dem jeweiligen Stand der Technik gehalten.
Die Übertragungskapazität lag bei etwa 20 MW, wobei sogar der einfache Störfall – Ausfall eines Kabels oder Haupttrafos – durch Umschalten beseitigt werden konnte.
Die früher benötigte Elektroleistung lag bei ca. 5–6 MW. Für die Steuerung der Trafostation, Sicherheitsanlagen und teilweise der Beleuchtungsanlagen wurde ein zentrales Gleichstromnetz vorgehalten.
Folgende Leistungen waren vom Ingenieur zu erbringen:

- Erarbeitung eines Versorgungskonzeptes
  Bedingt durch die Neuparzellierung und den Verkauf von Grundstücksflächen war es erforderlich, die Versorgungsleitungen und auch die Trafostationen in den öffentlichen Bauraum einzugliedern.
  Aus damaliger Sicht wurde dazu ein neues 10-kV-Netz mit Trafostationen konzipiert, die an den Lastschwerpunkten errichtet wurden.

Die Ingenieurleistung umfaßte dabei folgende Schwerpunkte:

- Ermittlung der Anschlußwerte der vorhandenen und weiterbestehenden Unternehmen auf dem Werksgelände,
- Einschätzung des Bedarfes der sich neu ansiedelnden Unternehmen auf den neu entstehenden Gewerbeflächen,
- Dimensionierung und Trassierung eines 10-kV-Ringes, umstellbar auf 20 kV im öffentlichen Bereich,
- Festlegung der erforderlichen Trafostationen in den Lastschwerpunkten,

- Aufbau eines Niederspannungsnetzes für den Anschluß der entsprechenden Parzellen.

Die Erfüllung o.g. Aufgaben basierte auf der Annahme folgenden Materialbedarfs:

- ca. 5 400 m Hochspannungskabel
- ca. 3 Trafostationen mit 10-kV Verteilercharakter
- ca. 12 Trafostationen als Punktlaststationen
- ca. 7 000 m Niederspannungskabel
- ca. 50 Parzellenanschlüsse.
- Bei der Umsetzung des Versorgungskonzeptes wurde davon ausgegangen, daß nur eine schrittweise Erneuerung des Elektronetzes realisiert werden konnte. Dabei mußte immer wieder geprüft werden, inwieweit vorhandene Anlagenteile in das Gesamtkonzept übernommen werden konnten.
- Ein weiterer wichtiger Aspekt war die durchgängige Versorgung der bereits vermieteten Gewerbeobjekte mit Elektroenergie. Dies konnte teilweise über Umschaltungen im Versorgungsnetz gesichert werden, bedeutete aber im Einzelfall Interimslösungen.

Straßenbeleuchtung

Durch die Neuparzellierung des Gewerbegebietes wurde auch eine neue Stra- **492**
ßenbeleuchtung für den öffentlichen Verkehrsraum erforderlich. Dabei wurde von folgendem Leistungsumfang ausgegangen:

- ca. 200 Beleuchtungsmasten, 8 m hoch
- ca. 5 000 m Kabel
- ca. 3 Hauptsteuerschränke mit Zähler und Schalteinrichtung
- ca. 100 Unterverteiler

Kabelgräben – Erdarbeiten

Für die Verlegung der Elektroleitungen und Straßenbeleuchtungsleitungen wurde **493**
ein nach HOAI ermittelter Honorarsatz als anrechenbare Kosten angenommen. Eine weitere Spezifizierung erfolgte im Rahmen des Vertrages nicht.

Telefonanlagen

Die fernmeldetechnische Versorgung des Werksgeländes erfolgte vor Durchfüh- **494**
rung der Neuerschließung über eine Telefonzentrale mit umfangreichem Nebenstellennetz.

Bei der Neuaufgliederung des Geländes wurde davon ausgegangen, daß durch die Telekom eine separate Erschließung des Geländes erfolgt, so daß als Ingenieurleistung die Koordinierung der Trassen erforderlich war. Zu beachten waren dabei Interimslösungen in den einzelnen Bauphasen.

Die weiteren Anlagen des Vertrages befassen sich mit der Ermittlung der anrechenbaren Kosten, der Honorarermittlung und der Zusammenstellung der Honorare, wobei die Honorarermittlung nach nachfolgenden Mustern der HOAI durchgeführt wurde.

494 a

§ 55 Leistungsbild Objektplanung für Ingenieurbauwerke und Verkehrsanlagen

(1) Das Leistungsbild Objektplanung umfaßt die Leistungen der Auftragnehmer für Neubauten, Neuanlagen, Wiederaufbauten, Erweiterungsbauten, Umbauten, Modernisierungen, Instandhaltungen und Instandsetzungen. Die Grundleistungen sind in den in Absatz 2 aufgeführten Leistungsphasen 1 bis 9 zusammengefaßt und der folgenden Tabelle für Ingenieurbauwerke in Vomhundertsätzen der Honorare des § 56 Abs. 1 und für Verkehrsanlagen in Vomhundertsätzen der Honorare des § 56 Abs. 2 bewertet.

	Bewertung der Grundleistungen in v.H. der Honorare
1. Grundlagenermittlung Ermitteln der Voraussetzungen zur Lösung der Aufgabe durch die Planung	2
2. Vorplanung (Projekt- und Planungsvorbereitung) Erarbeiten der wesentlichen Teile einer Lösung der Planungsaufgabe*)	15
3. Entwurfsplanung (System- und Integrationsplanung) Erarbeiten der endgültigen Lösung der Planungsaufgabe	30
4. Genehmigungsplanung Erarbeiten und Einreichen der Vorlagen für die erforderlichen öffentlich-rechtlichen Verfahren	5
5. Ausführungsplanung Erarbeiten und Darstellen der ausführungsreifen Planungslösung	15
6. Vorbereitung der Vergabe Ermitteln der Mengen und Aufstellen von Ausschreibungsunterlagen	10
7. Mitwirkung bei der Vergabe Einholen und Werten von Angeboten und Mitwirkung bei der Auftragsvergabe	5
8. Bauoberleitung Aufsicht über die örtliche Bauüberwachung Abnahme und Übergabe des Objekts	15
9. Objektbetreuung und Dokumentation Überwachen der Beseitigung von Mängeln und Dokumentation des Gesamtergebnisses	3

*) Bei Objekten nach § 51 Abs. 1 Nr. 6 und 7, die eine Tragwerksplanung erfordern, wird die Leistungsphase 2 mit 8 v.H. bewertet.

§ 64 Leistungsbild Tragwerksplanung

(1) Die Grundleistungen bei der Tragwerksplanung sind für Gebäude und zugehörige bauliche Anlagen sowie für Ingenieurbauwerke nach § 51 Abs. 1 Nr. 1 bis 5 in den in Absatz 3 aufgeführten Leistungsphasen 1 bis 6, für Ingenieurbauwerke nach § 51 Abs. 1 Nr. 6 und 7 in den Absatz 3 aufgeführten Leistungsphasen 2 bis 6 zusammengefaßt. Sie sind in der folgenden Tabelle in Vomhundertsätzen der Honrare des § 65 bewertet.

	Bewertung der Grundleistungen in v.H. der Honorare
1. Grundlagenermittlung*) Klären der Aufgabenstellung	3
2. Vorplanung (Projekt- und Planungsvorbereitung) Erarbeiten des statisch-konstruktiven Konzepts des Tragwerks	10
3. Entwurfsplanung (System- und Integrationsplanung) Erarbeiten der Tragwerkslösung mit überschlägiger statischer Berechnung	12
4. Genehmigungsplanung Anfertigen und Zusammenstellen der statischen Berechnung mit Positionsplänen für die Prüfung	30
5. Ausführungsplanung Anfertigen der Tragwerksausführungs-zeichnungen	42
6. Vorbereitung der Vergabe Beiträge zur Mengenermittlung und zum Leistungsverzeichnis	3
7. Mitwirkung bei der Vergabe	–
8. Objektüberwachung	–
9. Objektbetreuung	–

*) Die Grundleistungen dieser Leistungsphase für Ingenieurbauwerke nach § 51 Abs. 1 Nr. 6 und 7 sind im Leistungsbild der Objektplanung des § 55 enthalten.

§ 73 Leistungsbild Technische Ausrüstung

(1) Das Leistungsbild Technische Ausrüstung umfaßt die Leistungen der Auftragnehmer für Neuanlagen, Wiederaufbauten, Erweiterungsbauten, Umbauten, Modernisierungen, Instandhaltungen und Instandsetzungen. Die Grundleistungen sind in den in Absatz 3 aufgeführten Leistungsphasen 1 bis 9 zusammengefaßt und in der folgenden Tabelle in Vomhundertsätzen der Honorare des § 74 bewertet.

	Bewertung der Grundleistungen in v.H. der Honorare
1. Grundlagenermittlung Ermitteln der Voraussetzungen zur Lösung der technischen Aufgabe	3
2. Vorplanung (Projekt- und Planungsvorbereitung) Erarbeiten der wesentlichen Teile einer Lösung der Planungsaufgabe	11
3. Entwurfsplanung (System- und Integrationsplanung) Erarbeiten der endgültigen Lösung der Planungsaufgabe	15
4. Genehmigungsplanung Erarbeiten der Vorlagen für die erforderlichen Genehmigungen	6
5. Ausführungsplanung Erarbeiten und Darstellen der ausführungsreifen Planungslösung	18
6. Vorbereitung der Vergabe Ermitteln der Mengen und Aufstellen von Leistungsverzeichnissen	6
7. Mitwirkung bei der Vergabe Prüfen der Angebote und Mitwirkung bei der Auftragsvergabe	5
8. Objektüberwachung (Bauüberwachung) Überwachen der Ausführung des Objekts	33
9. Objektbetreuung und Dokumentation Überwachen der Beseitigung von Mängeln und Dokumentation des Gesamtergebnisses	3

Quelle: HOAI, Textausgabe Werner-Verlag Stand: 1. Januar 1996

Die auf Basis des Vertrages vereinbarten Ingenieurleistungen wurden als berechnete Honorare als Anlage dem Vertrag beigefügt, so daß die Ermittlung von Honoraren und deren Berechnung nach Vertragserfüllung nicht mehr zu Meinungsverschiedenheiten und Bewertungsproblemen führen konnten.

6.2 Projektsteuerer

Bei Großprojekten, wie den oben beschriebenen Erschließungsmaßnahmen, wird einem Auftraggeber, auch wenn der öffentlich gefördert wird, ein Projektsteuerer zur Steuerung des Projektes zugestanden. **495**

Einsatz und Aufgabenumfang der Projektsteuerung sind im § 31 Abs. 1 HOAI detailliert geregelt. **496**

Leistungen der Projektsteuerung werden von Auftragnehmern erbracht, wenn sie Funktionen des Auftraggebers bei der Steuerung von Projekten mit mehreren Fachbereichen übernehmen. Hierzu gehören insbesondere: **497**

1. Klärung der Aufgabenstellung, Erstellung und Koordinierung des Programms für das Gesamtprojekt,
2. Klärung der Voraussetzungen für den Einsatz von Planern und anderen an der Planung fachlich Beteiligten (Projektbeteiligte),
3. Aufstellung und Überwachung von Organisations-, Termin- und Zahlungsplänen, bezogen auf Projekt und Projektbeteiligte,
4. Koordinierung und Kontrolle der Projektbeteiligten mit Ausnahme der ausführenden Firmen,
5. Vorbereitung und Betreuung der Beteiligung von Planungsbetroffenen,
6. Fortschreibung der Planungsziele und Klärung von Zielkonflikten,
7. laufende Information des Auftraggebers über die Projektabwicklung und rechtzeitiges Herbeiführen von Entscheidungen des Auftraggebers,
8. Koordinierung und Kontrolle der Bearbeitung von Finanzierungs-, Förderungs- und Genehmigungsverfahren (Quelle: HOAI Textausgabe 1. Januar 1996 Werner-Verlag).

Im Wesentlichen umfassen die Leistungen des Projektsteuerers dabei Beratungs-, Koordinierungs-, Informations- und Kontrolleistungen aus dem Verantwortungsbereich des Auftraggebers und beinhalten neben der Grunderschließung des Areals die Altlastensanierung sowie Gebäude- und Freiflächensanierungen, soweit sie sich im Besitz des Auftraggebers befinden. **498**
Die Koordinierungs- und Kontrolleistungen betreffen nicht die inneren Prozesse der bauausführenden Firmen bzw. Firmengruppen.

Zur Konkretisierung der zu erbringenden Leistungen ist zwischen dem Erschließungsbeauftragten als Auftraggeber, der Stadt als Erschließungsträger und dem Architektur-/Ingenieurbüro als Projektsteuerer (Auftragnehmer) ein Werkvertrag abzuschließen, der zu folgenden Punkten verbindliche Aussagen trifft: **499**

- Gegenstand des Vertrages,
- Grundlagen des Vertrages,
- Leistungen des Ingenieurs,
- Leistungen des Auftraggebers,
- Leistungen fachlich Beteiligter,
- Termine und Fristen,
- Vergütung,

- Haftpflichtversicherung des Ingenieurs,
- ergänzende Vereinbarungen.

500 Als Anlage können die Allgemeinen Vertragsbestimmungen für Ingenieurleistungen beigefügt werden, die folgende Kapitel enthalten:

1. Allgemeine Pflichten des Ingenieurs
2. Zusammenarbeit zwischen Auftraggeber, Ingenieur und anderen fachlich Beteiligten
3. Vertretung des Auftraggebers durch den Ingenieur
4. Auskunftspflicht des Ingenieurs
5. Herausgabeanspruch des Auftraggebers
6. Urheberrecht
7. Zahlungen
8. Kündigung
9. Haftung und Verjährung
10. Haftpflichtversicherung
11. Erfüllungsort, Gerichtsstand
12. Arbeitsgemeinschaft
13. Werkvertragsrecht
14. Schriftform
15. Kostenbegriffe

Vertrag 501

zwischen der	Unternehmen
vertreten durch:	– Abwickler –
	– nachfolgend Auftraggeber (AG) genannt –
und dem	Architektur- und Sachverständigenbüro
vertreten durch:	Herrn Dipl.-Ing.
	– nachfolgend Auftragnehmer (AN) genannt –

wird auf der Grundlage des Erschließungsvertrages UR-Nr. .... vom .... sowie den zwischen der Stadt und dem AG getroffenen Abstimmungen nachstehender Vertrag geschlossen:

Inhaltsübersicht:

Anlagen zum Vertrag: Allgemeine Vertragsbestimmungen (Anl. 1).

§ 1
Gegenstand des Vertrages

Gegenstand des Vertrages sind Steuerungs- und Koordinierungsleistungen bei der Realisierung der Aufgaben zur »Erschließung des Industrie- und Gewerbeparkes«.
Die Leistungen der Projektsteuerung umfassen dabei Beratungs- und Koordinierungs-, Informations- und Kontrolleistungen aus dem Verantwortungsbereich des Auftraggebers und beinhalten neben der Grunderschließung des Areals die Altlastensanierung sowie Gebäude- und Freiflächensanierungen, soweit sich diese im Besitz des Auftraggebers befinden.
Die räumliche Begrenzung des Aufgabengebietes für die Leistungen aus der Grunderschließung ist der Geltungsbereich des Bebauungsplanes Nr. 4 der Stadt.
Die Koordinierungs- und Kontrolleistungen betreffen nicht die inneren Prozesse der bauausführenden Firmen bzw. der ausführenden Firmengruppe.

§ 2
Grundlagen des Vertrages

(1) Grundlagen des Vertrages sind:

- BGB §§ 631 ff. i.V. § 675
- HOAI in der letzten geltenden Fassung
- Erschließungsvertrag Urkundenrolle Nr. .... vom .... und Protokollvereinbarung Unternehmen/Stadtverwaltung vom ....
- Allgemeinen Vertragsbestimmungen für Ingenieurleistungen (Anlage 1)
- Empfehlungen des Verbandes der Projektsteuerer e.V. (DVP Informationen 1994, ISBN 3–935734–26–0)

(2) Des weiteren gelten darüber hinaus in der jeweils letzten vorliegenden Fassung:

- die vertraglichen Vereinbarungen mit anderen fachlich an der Planung, Betreuung und Ausführung Beteiligten, sowie deren Ergebnisse;
- die Bauordnung des Freistaates Thüringen
- die vom Auftraggeber vorgegebenen Nutzerbedarfsanforderungen.

§ 3
Leistungen des Auftragnehmers

(1) Der Auftraggeber überträgt dem Auftragnehmer mit diesem Vertrag die gesamte Steuerung des im § 1 genannten Vorhabens.
Danach hat der Auftragnehmer insbesondere nachstehende Leistungen und Teilleistungen zu erbringen:
1. Klärung der Aufgabenstellung, Erstellung und Koordinierung des Programmes für das Gesamtobjekt unter Beachtung der Zielstellung einer maximalen Vermarktbarkeit der Grundstücke und Objekte zur Gewerbeansiedlung durch Abbruch. Objektsanierungen für Folgenutzungen, Altlastsanierungen, Parzellierungen und grundhaften Neuerschließung auf der Basis des Bebauungsplanes Nr. .... der Stadt.
2. Klärung der Voraussetzungen für den Einsatz von Planern und anderen an der Planung fachlich Beteiligten, wie Beschaffung von Ausgangsdaten aus Anschlußplanungen, Herstellung von objektübergreifenden Querverbindungen und Leistungskoordination, Angebotsarbeit, Mitwirkung bei der Auftragsvergabe sowie Vertragsgestaltung.
3. Aufstellung und Überwachung von Organisations-, Termin-, Kosten- und Zahlungsplänen, bezogen auf das Projekt und Projektbeteiligte, sowie Rechnungskontrolle.
4. Koordinierung und Kontrolle der Projektbeteiligten aus den Komplexen der Sanierung, des Abbruchs und den Abschnitten der Erschließung.
5. Vorbereitung und Betreuung der Beteiligung von Planungsbetroffenen sowie Anliegern durch Anlaufberatungen und Informationen sowie Wirk-

samwerden als Anlauf- und Verbindungsstelle zwischen Planern, Bauherr und Ausführenden.
6. Fortschreibung der Planungsziele und Klärung von Zielkonflikten auf der Grundlage des Baufortschrittes bzw. aus aktuellen Situationsbildern.
7. Laufende Information des Auftraggebers über die Projektabwicklung und rechtzeitiges Herbeiführen von Entscheidungen des Auftraggebers bei auftretenden Problemsituationen.
8. Koordinierung und Kontrolle der Bearbeitung von Finanzierungs-, Förderungs- und Genehmigungsverfahren.

(2) Der Leistungskomplex umfaßt 5 Projektstufen, die den Leistungsphasen der HOAI zugeordnet werden und je Stufe vier Handlungsbereiche in den Grund- und Besonderen Leistungen enthalten.
Die Projektstufen werden lt. Empfehlung des DVP (Verbandes der Projektsteuerer e.V.) 1994 wie folgt gegliedert:

Projektstufe	Leistungsphase nach HOAI	anteiliges Honorar
1. Projektvorbereitung	0. Projektentwicklung 1. Grundlagenermittlung	26 v.H.
2. Planung	2. Vorplanung 3. Entwurfsplanung 4. Genehmigungsplanung	21 v.H.
3. Ausführungsvorbereitung	5. Ausführungsplanung 6. Vorbereitung der Vergabe 7. Mitwirkung bei der Vergabe	19 v.H.
4. Ausführung	8. Projektüberwachung	26 v.H.
5. Projektabschluß	9. Projektbetreuung, Dokumentation	8 v.H.
		100

Die Handlungsbereiche sind Bestandteil des Honorars und umfassen:

Handlungsbereich A:	Organisation, Information, Koordinierung, Dokumentation
Handlungsbereich B:	Qualitäten und Quantitäten
Handlungsbereich C:	Kosten und Finanzierung
Handlungsbereich D:	Termine und Kapazitäten

(3) Der Auftraggeber behält sich vor, o.g. Leistungen und Handlungsbereiche einzeln oder komplett einzugrenzen.

(4) Besondere Leistungen bzw. Leistungen außerhalb des in den Absätzen 1 und 2 genannten Leistungsbildes werden gesondert beauftragt.

§ 4

Leistungen des Auftraggebers

(1) Der Auftraggeber trägt die Projektleitung und trifft in dieser Eigenschaft rechtzeitig alle erforderlichen und an ihn zur Erfüllung der Aufgabe herangetragenen notwendigen Entscheidungen.

(2) Der Auftraggeber bevollmächtigt den Auftragnehmer in seinem Namen Verhandlungen mit Behörden, Planern, Bietern und weiteren an dem Projekt Beteiligten zu führen und seine Interessen zu vertreten. Diese Vollmacht schließt die alleinige Weisungs- und Handlungsvollmacht des Auftragnehmers aus.

(3) Der Auftraggeber stellt umgehend, soweit möglich und vorhanden, alle erforderlichen und/bzw. durch den Auftragnehmer abgeforderten Unterlagen und Informationen zur Verfügung.

§ 5

Leistungen anderer fachlich Beteiligter und Beteiligung von Fachverbänden

(1) Die Leistungen entsprechend § 3 werden vollständig durch den AN erbracht. Ausgenommen sind unmittelbare Leistungen und Aktivitäten aus dem Verantwortungsbereich der Stadt und des Auftraggebers zur Bereitstellung der Finanzierungsmittel.

(2) Leistungen, die nicht direkt durch den Auftragnehmer erbracht werden können oder dürfen, sind dem AG anzuzeigen und beschränkt auszuschreiben bzw. auf der Grundlage von Angeboten an Dritte bzw. Nachauftragnehmer zu vergeben. Die Vergabe solcher Leistungen erfolgt grundsätzlich erst nach der Vorstellung der Angebote beim Auftraggeber und deren Bewertung durch diesen.

(3) Der Auftraggeber behält sich eine eigenständige Ausführung und Vergabe von Leistungen vor.

(4) Zur Abwicklung der vertraglichen Leistungen hat der Auftragnehmer die zuständigen Fachbehörden einzubeziehen.
Über entscheidende Abstimmungsberatungen ist der Auftraggeber bzw. sein Vertreter zu informieren und an diesen zu beteiligen.

§ 6

Termine und Fristen

(1) Der vorliegende Vertrag gilt unbefristet, jedoch längstens bis zum Abschluß der Erschließungsmaßnahmen im Rahmen der Realisierung des Bebauungsplanes Nr. .... der Stadt.

(2) Der Auftragnehmer hat seine Leistungen nach diesem Vertrag bereits begonnen.

(3) Die Termine und Fristen der Einzelobjekte sowie das Auftragsvolumen, Prioritäten, Termine und Fristen werden durch den Erschließungsvertrag und den aktuellen Handlungsbedarf anhand des Bauablaufplanes bzw. Baufortschrittes bestimmt. Abweichungen hiervon bedürfen der schriftlichen Zustimmung des Auftraggebers. Weitere Vorgaben werden durch den Auftraggeber getroffen.

(4) Bei einer Gefährdung der geplanten Terminabläufe ist der AG umgehend in Kenntnis zu setzen und ihm die Ursachen, Gründe sowie Auswirkungen zu benennen.

§ 7
Vergütung

(1) Das Honorar des Auftragnehmers für die Leistungen nach diesem Vertrag wird entsprechend § 31, (2) HOAI frei vereinbart.

(2) Als Honorar für die Grundleistungen werden 2 v.H. der Gesamtkosten nach DIN 276 für die Erschließungs- und Sanierungsleistungen abzüglich der Bauneben- und Grundstücksnebenkosten vereinbart.
Berechnungsgrundlage für die Projektstufen 1 und 2 ist die Kostenschätzung vom .... sowie für die Projektstufen 3 bis 5 die mit der Kostenfeststellung tatsächlich angefallenen Kosten, ohne Berücksichtigung der Kosten für Sonderabfallentsorgung und -behandlung außerhalb der Erschließungsarbeiten.
Wird das Vorhaben in Teil- oder Bauabschnitten realisiert, so kann das Honorar auch nach den anrechenbaren Kosten der jeweiligen Teil- bzw. Bauabschnitte ermittelt werden.

(3) Das Honorar für Besondere Leistungen ist bei entsprechender Beauftragung gesondert zu vereinbaren
(4) Werden Leistungen nach Zeitaufwand vereinbart und vergütet, so gelten nachstehende Stundensätze:

für den Auftragnehmer selbst	DM/h
für ing.-techn. Mitarbeiter des AN	DM/h
für sonstige Mitarbeiter des AN	DM/h

(5) Die Nebenkosten werden pauschal mit 5 v. H. des berechneten Honorars vergütet.

(6) Das Honorar ist zuzüglich der gesetzlich geltenden Mehrwertsteuer zu entrichten.

(7) Werden durch den Auftragnehmer nur Teilleistungen aus den in § 3 fixierten Aufgaben erbracht, so ist das Honorar anteilig entsprechend den im § 3 zugeordneten von Hundert-Sätzen zu ermitteln.

(8) Gebühren für Behörden oder/und Dritte, die im Zusammenhang mit der Projektarbeit stehen, werden an den AG weitergereicht.

(9) Über alle Forderungen aus dem vorliegenden Vertragsverhältnis ist Rechnung zu legen. Die Rechnungslegung ist vornehmlich nach abgeschlossenen Leistungen und Teilleistungen zu gliedern. Teil- bzw. Abschlagsrechnungen sind zulässig. Jede Rechnungslegung hat unter Angabe des Leistungsbezuges zu erfolgen.
Die Rechnungen sind dreifach auszufertigen und dem Auftraggeber zuzustellen.

(10) Der Auftraggeber verpflichtet sich, die Zahlung der Rechnungen binnen 20 Werktagen ab Rechnungseingang anzuweisen.

(11) Im übrigen gelten die Regelungen der Allgemeinen Vertragsbestimmungen.

§ 8

Haftpflichtversicherung des Ingenieurs

Die Deckungssummen der Haftpflichtversicherung betragen:

für Personschäden: DM
für sonstige Schäden: DM

§ 9

Ergänzende Vereinbarungen

(1) Alle Änderungen an diesem Vertrag bedürfen der Schriftform mit der rechtskräftigen Gegenzeichnung beider Vertragsparteien.

(2) Werden eine oder mehrere Passagen dieses Vertrages geändert oder für ungültig erklärt, so hat das keinen Einfluß auf die Rechtskraft des übrigen Vertragsinhaltes.

(3) Desweiteren gelten die Allgemeinen Vertragsbestimmungen für Ingenieurleistungen entsprechend Anlage 1.

ausgestellt: Ort, Datum

bestätigt

Ort, den ....
Stadtverwaltung

Auftraggeber:

Ort, den ....
Unternehmen

Auftragnehmer:

Ort, den ....
Auftragnehmer

Anlage 1

Allgemeine Vertragsbestimmungen für Ingenieurleistungen

§ 1 Allgemeine Pflichten des Ingenieurs

(1) Die Leistungen müssen den allgemein anerkannten Regeln der Technik – soweit nicht weitergehende Forderungen (z.B. Stand der Technik) im Vertrag verlangt werden – dem Grundsatz der Wirtschaftlichkeit und den einschlägigen öffentlich-rechtlichen Bestimmungen entsprechen sowie den örtlichen Verhältnissen, insbesondere den Regeln, technischen Ausführungsbedingungen und Forderungen der örtlichen Ver- und Entsorgungsunternehmen, Rechnung tragen.

(2) Als Sachwalter seines Auftraggebers darf der Ingenieur keine Unternehmen- oder Lieferanteninteressen vertreten.

(3) Der Ingenieur hat seinen Leistungen die schriftlichen Anordnungen und Anregungen des Auftraggebers zugrunde zu legen und etwaige Bedenken hiergegen dem Auftraggeber unverzüglich schriftlich mitzuteilen; er hat seine Leistungen vor ihrer endgültigen Ausarbeitung mit dem Auftraggeber und den anderen fachlich Beteiligten (vgl. § 2) abzustimmen.
Der Ingenieur hat sich rechtzeitig zu vergewissern, ob seiner Planung öffentlich-rechtliche Hindernisse und Bedenken entgegenstehen.
Etwaige Forderungen von Dritten, insbesondere von Trägern öffentlicher Belange, hat der Ingenieur unverzüglich dem Auftraggeber schriftlich mitzuteilen.

Die Haftung des Ingenieurs für die Richtigkeit und Vollständigkeit seiner Leistungen wird durch Anerkennung oder Zustimmung des Auftraggebers nicht eingeschränkt.

(4) Änderungen vereinbarter Leistungen und nicht vereinbarte Leistungen, die der Auftraggeber im Zusammenhang mit der Durchführung des Vorhabens fordert, hat der Ingenieur zusätzlich zu übernehmen. Darüber ist vor der Übernahme eine vertragliche Vereinbarung zu treffen. Bei Änderungen der vereinbarten Leistung richtet sich das Honorar nach den Ermittlungsgrundlagen der vereinbarten Leistung. Notwendige Überarbeitungen der Unterlagen bei unveränderter Aufgabenstellung und bei nur unwesentlich veränderten Forderungen begründen keinen Anspruch auf zusätzliche Vergütung.

(5) Wird erkennbar, daß ein vom Auftraggeber vorgegebener Kostenrahmen nicht ausreicht, so hat der Ingenieur den Auftraggeber über die voraussichtlichen Mehrkosten unverzüglich zu unterrichten und mögliche Einsparungen aufzuzeigen.

(6) Der Ingenieur darf ihm übertragene Leistungen nur mit vorheriger schriftlicher Zustimmung des Auftraggebers weiter vergeben.

§ 2 Zusammenarbeit zwischen Auftraggeber, Ingenieur und anderen fachlich Beteiligten

(1) Dem Ingenieur gegenüber ist nur die den Auftraggeber bei Vertragsabschluß vertretende Stelle/Architekt weisungsbefugt, sofern im Einzelfall nichts anderes vereinbart ist.

(2) Der Auftraggeber unterrichtet den Ingenieur rechtzeitig über die Leistungen, die andere an der Planung und/oder bei der Bauoberleitung/örtlichen Bauüberwachung fachliche Beteiligte zu erbringen haben und über die mit diesen vereinbarten Termine/Fristen.

(3) Der Ingenieur erteilt den anderen fachlich Beteiligten Auskunft und gewährt ihnen Einblick in seine Unterlagen, soweit dies für die Erfüllung ihrer Aufträge erforderlich ist.

(4) Wenn während der Auftragserfüllung Meinungsverschiedenheiten zwischen dem Ingenieur und anderen fachlich Beteiligten auftreten, hat der Ingenieur unverzüglich schriftlich die Entscheidung des Auftraggebers herbeizuführen.

§ 3 Vertretung des Auftraggebers durch den Ingenieur

(1) Der Ingenieur ist zur Wahrung der Rechte und Interessen des Auftraggebers im Rahmen der ihm übertragenen Leistungen berechtigt und verpflichtet. Er hat den Auftraggeber unverzüglich über die Umstände zu unterrichten, aus denen sich Ansprüche gegen mit der Bauausführung beauftragte Unternehmen ergeben können. Die Geltendmachung derartiger Ansprüche obliegt dem Auftraggeber.

(2) Den Auftraggeber bindende Erklärungen, insbesondere solche mit finanziellen Verpflichtungen darf der Ingenieur nicht abgeben. Dies gilt auch für den Abschluß, die Änderung und Ergänzung von Verträgen sowie für die Vereinbarung neuer Preise.

(3) Der Ingenieur darf unbeschadet § 2 Abs. 3 Dritten ohne Einwilligung des Auftraggebers keine Pläne aushändigen und keine Auskünfte geben, die sich auf das Vorhaben beziehen.

§ 4 Auskunftspflicht des Ingenieurs

Der Ingenieur hat dem Auftraggeber auf dessen Anforderung über seine Leistungen unverzüglich und ohne besondere Vergütung Auskunft zu erteilen, bis das Rechnungsprüfungsverfahren für das Vorhaben abgeschlossen ist.

§ 5 Herausgabeanspruch des Auftraggebers

Die von dem Ingenieur zur Erfüllung des Vertrages angefertigten Unterlagen sind an den Auftraggber herauszugeben: sie werden dessen Eigentum. Die dem Ingenieur überlassenen Unterlagen sind dem Auftraggeber spätestens nach Erfüllung des Auftrages zurückzugeben. Zurückbehaltungsrechte, die nicht auf diesem Vertragsverhältnis beruhen, sind ausgeschlossen.

§ 6 Urheberrecht

(1) Der Auftraggeber darf die Unterlagen für das Vorhaben ohne Mitwirkung des Ingenieurs nutzen und ändern: dasselbe gilt auch für das ausgeführte Werk. Der Auftraggeber wird den Ingenieur vor wesentlichen Änderungen eines nach dem Urheberrecht geschützten Werkes – soweit zumutbar – anhören.

(2) Der Auftraggeber hat das Recht zur Veröffentlichung unter Namensangabe des Ingenieurs. Der Ingenieur bedarf zur Veröffentlichung der vorherigen schriftlichen Zustimmung des Auftraggebers.

§ 7 Zahlungen
(1) Auf Anforderungen des Ingenieurs und nach Prüfung durch den AG werden Abschläge in Höhe von 90 v.H. der Vergütung für die nachgewiesenen Leistungen einschließlich Umsatzsteuer gezahlt.

(2) Eine Teilschlußzahlung einschließlich Umsatzsteuer wird für in sich abgeschlossene, vertragsgemäß erbrachte Teilleistungen gewährt, wenn dies im Vertrag vereinbart ist, die für die Berechnung der Vergütung maßgebenden anrechenbaren Kosten feststehen und der Ingenieur eine prüffähige Rechnung eingereicht hat.

Die Schlußzahlung für die übrigen Leistungen wird fällig, wenn die für die Berechnung der Vergütung maßgebenden anrechenbaren Kosten feststehen, der Ingenieur sämtliche Leistungen aus dem Vertrag erfüllt und die prüffähige Schlußrechnung eingereicht hat.
Alle Rechnungen (einschließlich Nachweise für Nebenkosten) sind im Original mit zwei Durchschriften einzureichen.

(3) Wird nach Annahme der Schlußzahlung (Teilschlußzahlung) festgestellt, daß die Vergütung abweichend vom Vertrag oder aufgrund unzutreffender anrechenbarer Kosten ermittelt wurde, so ist die Abrechnung zu berichtigen. Das gleiche gilt bei Aufmaß-, Rechen- oder Übertragungsfehlern. Soweit Honorare aufgrund der Kostenfeststellung zu berechnen sind, ist die Abrechnung ferner zu berichtigen, wenn sich infolge der Überprüfung der Abrechnung des Vorhabens Änderungen der für die Berechnung der Vergütung maßgebenden anrechenbaren Kosten ergeben. Auftraggeber und Ingenieur sind verpflichtet, die sich danach ergebenden Beträge zu erstatten. Sie können sich nicht auf einen etwaigen Wegfall der Bereicherung (§ 818 Abs. 3 BGB) berufen.

(4) Im Falle einer Überzahlung hat der Auftragnehmer den zu erstattenden Betrag – ohne Umsatzsteuer – vom Empfang der Zahlung an mit 4 v.H. für das Jahr zu verzinsen, es sei denn, es werden höhere oder geringere gezogene Nutzungen nachgewiesen. § 197 BGB findet Anwendung.

§ 8 Kündigung
(1) Auftraggeber und Ingenieur können den Vertrag nur aus wichtigem Grund schriftlich kündigen. Einer Kündigungsfrist bedarf es nicht.
Ein wichtiger Grund liegt auch vor, wenn das Vorhaben nicht durchgeführt oder nicht weitergeführt wird.

(2) Wird der Vertrag durch den Auftragnehmer gekündigt, so sind ihm die bis dahin vertragsgemäß erbrachten, in sich abgeschlossenen und nachgewiesenen Leistungen zu vergüten sowie die dafür nachweisbar entstandenen notwendigen Nebenkosten zu erstatten.

(3) Wird der Vertrag durch den Auftraggeber gekündigt, so sind dem Auftragnehmer die bis dahin vertragsgemäß erbrachten, in sich abgeschlossenen und nachgewiesenen Leistungen zu vergüten sowie die dafür vereinbarten Nebenkosten zu erstatten. Zusätzlich ist dem Auftragnehmer eine Abstandssumme von sechs Monatshonorarsätzen zu zahlen, deren Höhe sich vorhabenbezogen nach dem bis zu diesem Zeitpunkt ermittelbaren monatlichen Durchschnittshonorar ergibt.

(4) Bei einer vorzeitigen Beendigung des Vertragsverhältnisses bleiben insbesondere die Ansprüche der Vertragsparteien aus §§ 4 bis 6 unberührt.

§ 9 Haftung und Verjährung

(1) Gewährleistungs- und Schadensersatzansprüche des Auftraggebers richten sich nach den gesetzlichen Vorschriften, soweit nachfolgend nichts anderes vereinbart ist.

(2) Haftet der Ingenieur wegen eines schuldhaften Verstoßes gegen die allgemein anerkannten Regeln der Technik bzw. gegen den Stand der Technik, soweit dieser vertraglich vereinbart worden ist oder wegen sonstiger schuldhafter Verletzung seiner Vertragspflichten, so hat er den Schaden am Ingenieurbauwerk und die vorsätzlich oder grob fahrlässig verursachten anderen Schäden in voller Höhe zu ersetzen. Im übrigen haftet er bis zur Höhe der im Vertrag vereinbarten Deckungssummen der Haftpflichtversicherung; der für den Schaden am Ingenieurbauwerk zu leistende Ersatzbetrag wird auf den für sonstige Schäden zu leistenden Ersatz angerechnet.

(3) Im Falle seiner Inanspruchnahme kann der Ingenieur verlangen, daß er an der Beseitigung des Schadens beteiligt wird.

(4) Die Ansprüche des Auftraggebers aus dem Vertrag verjähren in fünf Jahren. Die Verjährungsfrist beginnt, wenn die Leistung vertragsgemäß erbracht und eine prüffähige Honorarteilschluß- oder Honorarschlußrechnung überreicht worden ist: spätestens 1 Monat nachdem der Ingenieur den Auftraggeber schriftlich aufgefordert hat, zu erklären, daß die Leistung vertragsgemäß erbracht wurde.

Für Schadensersatzansprüche wegen positiver Vertragsverletzung gelten die gesetzlichen Vorschriften über die Verjährung.

§ 10 Haftpflichtversicherung

(1) Der Ingenieur muß das Bestehen einer Berufshaftpflichtversicherung nachweisen. Er hat zu gewährleisten, daß zur Deckung eines Schadens aus dem Vertrag Versicherungsschutz in Höhe der im Vertrag genannten Dek-

kungssummen besteht. Bei Arbeitsgemeinschaften muß Versicherungsschutz für alle Mitglieder bestehen.

(2) Der Ingenieur hat vor dem Nachweis des Versicherungsschutzes keinen Anspruch gegegen den Auftraggeber auf Vergütung. Der Auftraggeber kann Zahlungen vom Nachweis des Fortbestehens des Versicherungsschutzes abhängig machen.

(3) Der Ingenieur ist zur unverzüglichen schriftlichen Anzeige verpflichtet, soweit Versicherungsschutz nicht mehr besteht.

§ 11 Erfüllungsort, Gerichtsstand

(1) Erfüllungsort für die Leistenden des Ingenieurs ist, soweit keine abweichenden Regelungen getroffen werden, der Sitz der den Auftraggeber bei Vertragsabschluß vertretenden Stelle.

(2) Soweit die Voraussetzungen gem. § 38 der Zivilprozeßordnung (ZPO) vorliegen, richtet sich der Gerichtsstand für Streitigkeiten nach dem Sitz der für die Prozeßvertretung des Auftraggebers zuständigen Stelle.

§ 12 Arbeitsgemeinschaft

(1) Bei einer Arbeitsgemeinschaft übernimmt das mit der Vertretung beauftragte, im Vertrag benannte Mitglied die Federführung.
Es vertritt alle Mitglieder der Arbeitsgemeinschaft dem Auftraggeber gegenüber, Beschränkungen seiner Vertretungsbefugnis, die sich aus dem Arbeitsgemeinschaftsvertrag ergeben, sind gegenüber dem Auftraggeber unwirksam.

(2) Für die Erfüllung der vertraglichen Verpflichtungen haftet jedes Mitglied der Arbeitsgemeinschaft auch nach deren Auflösung gesamtschuldnerisch.

(3) Die Zahlungen werden mit befreiender Wirkung für den Auftraggeber ausschließlich an den im Vertrag genannten Vertreter der Arbeitsgemeinschaft oder nach dessen Weisung geleistet.
Dies gilt auch nach Auflösung dieser Arbeitsgemeinschaft.

§ 13 Werkvertragsrecht

Die Bestimmungen über den Werkvertrag (§§ 631 ff. BGB) finden ergänzend Anwendung.

§ 14 Schriftform

Änderungen und Ergänzungen des Vertrages bedürfen der Schriftform.

§ 15 Kostenbegriffe
Die im Zusammenhang mit der Ermittlung der anrechenbaren Kosten verwendeten Begriffe sind wie folgt zu verstehen:

a) Die vorläufige Kostenannahme dient zum Zeitpunkt des Vertragsabschlusses der grob überschläglichen Ermittlung der Gesamtkosten anhand entsprechender Erfahrungswerte.
b) Die Kostenschätzung zum Ende der Leistungsphase 2 (Vorplanung) dient zur überschläglichen Ermittlung der Gesamtkosten und ist vorläufige Grundlage der Finanzierungsüberlegungen. Sie ist unter Benutzung von Erfahrungswerten aufzustellen.
c) Die Kostenberechnung zum Ende der Leistungsphase 3 (Entwurfplanung) dient zur Ermittlung der angenäherten Gesamtkosten und ist Grundlage für die erforderliche Finanzierung. Sie ist unter Zugrundelegung der bei der Entwurfsbearbeitung im einzelnen ermittelten Mengen und den zugehörigen Einzelkosten aufzustellen.
d) Die Kostenfeststellung zum Ende der Leistungsphase 8 (Bauoberleitung) ist Nachweis der tatsächlich entstandenen Kosten. Hierzu sind alle nachgewiesenen und durch Abrechnungsbeleg belegten Kosten zu ordnen und zusammenzufassen.

7. Durchführung einer Erschließungsmaßnahme

Grundsätzlich gibt es zwei Möglichkeiten ein Großprojekt – wie die Erschließung eines Industrieparks – durchzuführen. **502**
Der gesamte Auftrag kann an einen Generalunternehmer vergeben werden, der wiederum in Eigenregie Unterauftragnehmer mit der Durchführung einzelner Gewerke beauftragt.

Dieses Vorgehen richtet sich ausschließlich an große Bauunternehmen, da die Vergabe des Auftrages die Finanzkraft zur Durchführung des Gesamtauftrages verlangt (vgl. Submission und Ausschreibung). **503**

Kleine und mittelständische ortsansässige Unternehmen werden bei dieser Vergabeweise kaum berücksichtigt. **504**

Die zweite Möglichkeit ist die, das Großprojekt in Lose aufzuteilen und Einzelangebote im Rahmen einer öffentlichen Ausschreibung einzuholen. Für diese in der Region gleichzeitig belebend wirkende Auftragsvergabe hat sich der Auftraggeber bei der Erschließung dieses Industriestandortes entschieden. **505**

Im Rahmen des Ingenieurvertrages wurde u.a. geregelt, für die durchzuführenden 7 Bauabschnitte eine Ausführungsplanung zu erstellen und die Vorbereitung der Vergabe durchzuführen. **506**

Diese Aufgabe umfaßte die Projektierung der einzelnen Bauabschnitte in der Tiefe, daß sie als Ausschreibungsunterlagen geeignet waren.

7.1 Öffentliche Ausschreibung

507 Bei öffentlich finanzierten Projekten ist grundsätzlich eine öffentliche Ausschreibung vor Vergabe von Aufträgen erforderlich.

508 Da bei der Erschließung dieses Geländes öffentliche Fördermittel eingesetzt wurden, traf diese Anforderung auch für die Vergabe der Erschließungsarbeiten zu.

509 Bei dem hier gewählten Beispiel erreichten die gewährten Fördermittel eine Summe, bei der eine europaweite Ausschreibung erfolgen mußte.

510 Jeder einzelne Bauabschnitt wurde in folgende Lose unterteilt:

- Verkehrsanlagen
- Abwasseranlagen
- Wasserversorgung
- Fernwärmeleitungsverlegung
- Fernwärmeversorgung – Hausstationen
- Fernwärmeversorgung – Tiefbauarbeiten
- Trafostationen und Mittelspannungsschaltanlagen
- Mittelspannungs-, Niederspannungs- und Steuerkabelnetz
- Anschluß von Kundenanlagen (NS-Netz)
- Elektroversorgung – Tiefbauleistungen
- Straßenbeleuchtungsanlagen
- Straßenbeleuchtung – Tiefbauleistungen.

511 In nachfolgender Spezifikation wurden die einzelnen Lose der Bauabschnitte im Ausschreibungsanzeiger des Bundeslandes als öffentliche Ausschreibung nach VOB/A ausgeschrieben.

512 Dabei erfolgt zunächst in Fließtext die Information über den Standort, den Erschließungsträger, den Erschließungsbeauftragten und darüber, daß es sich um ein offenes Verfahren nach VOB/A handelt und eine Vergabe vorbehaltlich der Sicherung der Finanzierung, die Baumaßnahme auch durchführen zu können, erfolgt.
Des weiteren wird informiert, daß die Bauleistungen in 7 Bauabschnitte aufgeteilt wurden, die einzeln ausgeschrieben werden und um welchen Bauabschnitt mit welchen Losen es sich bei dieser Ausschreibung handelt.

Seite	Ausschreibungsanzeiger	Bundesland	Datum

513

Öffentliche Ausschreibung nach VOB/A

Die Stadt .... als Erschließungsträger und das Unternehmen als Erschließungsbeauftragter, schreiben im offenen Verfahren nach VOB/A, vorbehaltlich der Sicherung der Finanzierung, die Baumaßnahme »Gewerbepark« auf dem Gelände aus. Die Bauleistungen sind in 7 Bauabschnitte aufgeteilt, die einzeln ausgeschrieben werden.

Diese Ausschreibung betrifft den II. Bauabschnitt mit folgenden Losen:

Los 1: Verkehrsanlagen

ca.	9 500 m^3	Bodenaushub einschließlich Flächenabbrucharbeiten
ca.	3 000 m^3	Bodenaustausch zusätzlich
ca.	11 000 m^2	Planum herstellen
ca.	450 m^3	Bodenaushub Straßenentwässerung

umfangreiche Handschachtungsarbeiten

ca.	120 m^3	Rohrbettung u. Umhüllung für Straßenentwässerung
ca.	50 St.	Straßeneinläufe
ca.	200 m	Straßenentwässerungsleitungen, DN 150
ca.	1 000 m	Drainage
ca.	6 000 m^3	Kies- oder Schottertragschichten
ca.	6 500 m^2	Asphalttragschicht, 10 cm dick
ca.	2 000 m	Hochborde aus Beton
ca.	2 500 m	Tiefbordsteine
ca.	220 m	Schrägborde
ca.	1 000 m	Entwässerungsrinne aus Beton
ca.	4 500 m^2	Betonsteinpflaster
ca.	7 000 m^2	Asphaltdecke, 4 cm dick
ca.	3 300 m^2	Asphaltbinder, 4 cm dick
ca.	3 300 m^2	Asphaltbinder, 8 cm dick
ca.	1 000 m^3	Oberboden liefern und einbauen
ca.	1 500 m^2	Raseneinsaat
ca.	40 St.	Hochstämme einschl. Pflanzgruben
ca.	100 St.	Bodendecker
ca.	400 m	Fahrbahnmarkierung, Verkehrsbeschilderung

Los. 3: Abwasseranlagen

ca.	11 600 m^3	Erdaushub
ca.	3 950 m^3	Bodenaustausch
ca.	137 m	DN 2000 Stahlbeton
ca.	249 m	DN 1600 Stahlbeton
ca.	143 m	DN 1000 – DN 1400 Stahlbeton

ca.	120 m	DN 900 Stahlbeton
ca.	179 m	DN 600 – DN 800 Stahlbeton
ca.	165 m	DN 400 – DN 500 Steinzeug
ca.	18 St.	Schachtbauwerke
ca.	26 St.	Regelschächte ∅ 1000 – ∅ 1500

Los 4: Wasserversorgung

ca.	1 500 m^3	Erdaushub
ca.	110 m	duktiles Gußrohr, DN 80
ca.	650 m	duktiles Gußrohr, DN 100
ca.	150 m	duktiles Gußrohr, DN 150

Los 5.1: Fernwärmeleitungsverlegung

ca.	1 900 m	Fernwärmeleitung Kunststoffmantelrohr, erdverlegt DN 25 bis DN 250

Los 5.2: Fernwärmeversorgung – Hausstationen

	6 St.	Wärmeübertragungsstationen als Kompaktstationen Übertragungsleitung 30 kW bis 325 kW einschl. Nebenleistungen

Los 5.3: Fernwärmeversorgung – Tiefbauarbeiten

ca.	950 m	Rohrgraben, Breite max. 1,4 m. Tiefe max. 1,5 m
ca.	8 St.	Schächte für Absperrarmaturen
ca.	7 St.	Durchbrüche für Hauseinführungen

Los 6.1: Trafostationen und Mittelspannungsschaltanlagen

- Einbau einer Schaltstation mit 7 Schaltzellen (Leistungsschalter, Lasttrennschalter und Schutztechnik) und zwei 630 kVA-Trafos in ein vorh. Gebäude
- 3 Fertigteilstationen mit 1 bzw. 2 630 kVA-Trafos incl. Schaltanlagen

Los 6.2: Mittelspannungs-, Niederspannungs- und Steuerkabelnetz

ca.	4 600 m	MS-Kabel
ca.	1 500 m	Steuerkabel
ca.	2 200 m	NS-Kabel

einschl. Endverschlüsse und Muffen

Los 6.3: Anschluß von Kundenanlagen (NS-Netz)

ca.	20 St.	Kundenanlagen an das NS-Netz mit Hausanschlußkasten, Zähleinrichtung (Direkt- und Wandlerzählung) und

Los 6.4: Elektroversorgung – Tiefbauleistungen

	3 St.	Baugruben für Trafostationen je 9 × 4 × 1,3 m
ca.	45 m^3	Kiesbettung
	3 St.	Standflächen für Hebezeug herstellen und Beseitigung

	3 St.	Anpassung der Oberflächen und Zufahrt
	3 St.	Anschlüsse an Entwässerungssystem
ca.	1 050 m	Kabelgräben Mittelspannung, 1,0 m breit
ca.	1 200 m	Kabelgraben Niederspannung, 0,6 m breit
ca.	90 m	Schutzrohre, DN 200
ca.	110 m	Schutzrohre, DN 100

Los 7.1: Straßenbeleutungsanlagen

	1 St.	Straßenbeleuchtungsanschlußsäule mit Zählung
ca.	26 St.	Masten incl. Leuchten
ca.	1 300 m	Kabel

Los 7.2: Straßenbeleuchtung – Tiefbauleistungen

ca.	900 m	Kabelgräben 0,3 m breit (anteilig mit anderen Netzen)
ca.	100 m	Kabelschutzrohre, DN 100
	1 St.	Fundament für Anschlußsäule
	26 St.	Mastenfundament, Durchmesser 0,5 m

Baubeginn: Datum
Bauzeit: 10 Monate

Die einzelnen Lose sind, nach versetztem Beginn, zugleich auszuführen. Die Verdingungsunterlagen können ab dem Datum, Adresse, Telefon, bei Ingenieurbüro ....
angefordert werden.
Ab dem Datum können, entsprechend Anforderung, gegen eine Schutzgebühr von 190,00 DM (brutto) bei Selbstabholung oder 230,00 DM (brutto) bei Postversand, die Unterlagen abgeholt werden, bzw. erfolgt der Versand.
Der Betrag ist auf das Konto der Ingenieure, Kto .... BLZ ...., bei der Bank in .... einzuzahlen. Die Kopie des Einzahlungsbeleges ist vorzulegen bzw. zu übersenden. Der Betrag wird nicht zurückerstattet.
Es werden nur Angebote gewertet, die alle Lose beinhalten.
Die nach Pkt. 11 a – f der Bewerbungsbedingungen entsprechend Formblatt KEVM (B) BB geforderten Nachweise gelten auch für die schriftlich zu benennenden Nachauftragnehmer. Die Submission findet am Datum um Uhrzeit im Unternehmen, Anschrift statt.
Die Angebote sind bis zum Submissionstermin an die vorgenannte Adresse zu versenden bzw. dort abzugeben.
Die Zuschlags- und Bindefrist endet am ....
Bei der Eröffnung sind nur Bieter oder deren Bevollmächtigte zugelassen.

gez.	gez. Unternehmen
Stadt	
Bürgermeister	Abwickler

514 Die Ausschreibung erfolgte auch im Amtsblatt der Europäischen Gemeinschaften in deutscher Ausgabe gemäß den Richtlinien des zuständigen Rates unter der Rubrik – Bauaufträge – gemäß der Richtlinie 93/37/EWG des Rates in der gültigen Fassung (hier vom 14. 6. 1993) zur Aufhebung der Richtlinie 71/305/EWG einschließlich der Bestimmungen für ihre Abänderung.
Bei der europäischen Ausschreibung wird zudem die Kostenspanne für die Leistungen in ECU angegeben.

515 Bevor die Ausschreibungen veröffentlicht werden können, ist zunächst die Stellungnahme des zuständigen Bauamtes einzuholen und zu berücksichtigen.

516 In der Ausschreibung wird angegeben, bei wem und ab wann die zur Erstellung eines Angebotes erforderlichen Unterlagen abgeholt oder verschickt werden können, bis wann Angebote eingereicht werden können, wann die Submission erfolgt und welche Vertragserfüllungs- und Gewährleistungsvoraussetzungen gegeben sein müssen.

7.2 Submission

517 Über die Eröffnung der Angebote – Submission – wird eine standardisierte Niederschrift erstellt, in der Ort, Gegenstand der Ausschreibung, Datum und Uhrzeit sowie eingegangenen Angebote eingetragen werden.

518 Des weiteren wird eine Namensliste aller Bieter erstellt, die zu dem Termin zur Stelle waren.

519 Nach folgendem Muster werden die wesentlichen Daten des Bieters und des Gebotes eingetragen.
Das beste Gebot erhält den Zuschlag.

520

Stadtverwaltung, Stadt und Unternehmen

ausschreibende Stelle

öffentlich/beschränkte Ausschreibung
Nr.
Eröffnungstermin am ..../ Uhr

Niederschrift über Eröffnungstermin

Baumaßnahme: Gewerbepark

in
Ort

öffentliche Ausschreibung für (Bezeichnung der Arbeiten)
II. Bauabschnitt, Lose 1–7.2

1. Das erste Angebot wurde am Datum

um

Uhr geöffnet.

2. Bis zu diesem Zeitpunkt sind x Angebote eingegangen. Sie sind auf dem ungeöffneten Umschlag mit den laufenden Nummern 1–x und dem Eingangsvermerk (Datum/Uhrzeit) zu versehen. Die Angebote waren ordnungsgemäß verschlossen und unversehrt bis auf das / die mit Nr.

bezeichnete (n) Angebot (e).

3. Die Angebote wurden in der Nummernfolge in Gegenwart der anwesenden Bieter und/oder Bevollmächtigten geöffnet.
Die geöffneten Angebote wurden wie folgt gekennzeichnet:

4. Name und Wohnort (Geschäftssitz) der Bieter, die Endbeträge der Angebote sowie andere den Preis betreffende Angaben wurden verlesen und in die umseitige Zusammenstellung eingetragen.

5. Änderungsvorschläge/Nebenangebote wurden eingereicht von:

---

6. Folgende mit dem Namen der Bieter gekennzeichnete Muster und Proben waren im Termin zur Stelle:

Anlage:

Anwesenheitsliste – Ort, Datum
Submission II. Bauabschnitt
Unternehmen, Datum, Uhrzeit

Name
Firma
Telefon
Unterschrift

Zusammenstellung der Angebote:

Angebot Nr.

Name des Bieters Wohnort Geschäftssitz Tag des Eingangs

Endbetrag bei der Angebotseröffnung DM
Endbetrag nach rechnerischer Prüfung DM
andere den Preis betreffende Angaben (z.B. Skonti, Nachlässe, Preisvorbehalte)

---

7. Nach Öffnung des ersten Angebots ist (sind) noch folgende(s) Angebot(e) vorgelegt, geöffnet mit Nummer versehen und gekennzeichnet worden:

Angebot Nr. Name und Wohnort des Bieters Eingangszeit

sonstige Vermerke/Gründe

Der Umschlag für diese Angebote und ggf. andere Beweismittel werden aufbewahrt.

8. Bei der Eröffnung der Angebote waren außer den Beauftragten des Auftraggebers nur Bieter oder deren Bevollmächtigte anwesend.

9. Die Eröffnung wurde um .... Uhr geschlossen.

10. Die Angebote werden anschließend sorgfältig verwahrt und geheimgehalten.

11. Raum für eventuelle Bietereinwendungen und sonstige Vermerke:

12. Die Niederschrift über den Eröffnungstermin wurde verlesen.

Anerkannt durch folgende Bieter (oder Bevollmächtigte):

....

....

....

(Unterschrift des Verhandlungsleiters)

Nachtrag zur Niederschrift:

Datum   Unterschrift

7.3 Auftragsvergabe

Da bereits die einzelnen Lose der Bauabschnitte detailliert projektiert und ausgeschrieben wurden, kann sich der Auftraggeber bei Vergabe des Auftrages auf die Lose beziehen, ohne nochmals einen detailliert ausgeführten Vertrag spezifizieren zu müssen. **521**

Die Auftragsvergabe erfolgt nach einem Muster, wobei insbesondere hinsichtlich des Musters »Auftrag« zu erwähnen ist, daß im Original ein spezielles Papier und ein festgelegter roter Farbton Verwendung finden. **522**
Beide Festlegungen dienen der Fälschungssicherheit des einmal abgeschlossenen und unterzeichneten Vertrages und erschweren nachträglich vorgenommene Veränderungen.

Bei der Vergabe öffentlicher Aufträge werden grundsätzlich standardisierte Formblätter für alle schriftlich zu fixierenden den Bau betreffenden Vorgänge verwendet. Dies betrifft die Auftragserteilung ebenso wie die Aufforderung zur Abgabe eines Angebotes, das Angebot selbst, die Submission, die Niederschrift über den Eröffnungstermin und anderes mehr. **523**

Der öffentliche Auftraggeber kann wählen, ob das KEVM (Kommunales Vergabemuster) oder das EVM (Einheitliches Vergabemuster) Anwendung findet. Beide Werke sind weitgehend deckungsgleich und werden bereits im Rahmen der öffentlichen Ausschreibung bekanntgegeben (Quelle: Kommunales Vergabehandbuch, Richard Boorberg Verlag, Stuttgart). **524**

Die Anwendung des KEVM oder EVM dient einerseits der Standardisierung und damit der Erleichterung der Überprüfung auf Vollständigkeit, stellt aber gleichzeitig die Einhaltung aller erforderlichen Formvorschriften sicher. Das Formblatt KEVM (B) A EG »Angebotsanforderung«, mit dem die Aufforderung zur Ab- **525** gabe eines Angebotes erfolgt, beinhaltet neben allen Angaben das in Frage stehende Bauprojekt betreffend das weitere Formblatt »Bewerbungsbedingungen« KEVM (B) BB. Die Bewerbungsbedingungen beinhalten alle bei der Vergabe von Bauleistungen relevanten vertraglichen Regelungen, wie

- Mitteilung von Unklarheiten in den Vertragsunterlagen,
- unzulässige Wettbewerbsbeschränkungen,
- Angebot,
- Änderungsvorschläge oder Nebenangebote,
- Arbeitsgemeinschaften,
- Nachunternehmer,
- bevorzugte Bewerber,
- Angebotsfrist / Eröffnungstermin,
- Kosten,
- Eignungsnachweis,
- Mitteilung über das Ausschreibungsergebnis,
- Lohngleitklausel,
- Angebote, Preisnachlässe, Skonti.

526 Über die Standardisierung der Vertragsinhalte und Formvorschriften hinaus, erfolgt eine farbliche Unterscheidung der jeweiligen Formblätter, die wiederum eine klare Zuordnung beinhalten.
Eine gelbe Ausfertigung der Angebotsanforderung ist zum Verbleib beim Bieter bestimmt, das Formblatt »besondere Vertragsbedingungen« wird in der Farbe rosa ausgefertigt, zusätzliche Vertragsbedingungen tragen die Farbe blau, das Angebotsschreiben des Bieters wird auf einem grünen Formular erstellt.

527 Anhand eines so organisierten Vorgehens bleibt der Überblick über die Formerfordernisse bei allen am Bauprojekt Beteiligten erhalten.
Die zum Teil komplizierten juristischen Regelungen, die durchweg von Nichtjuristen rechtsgültig abgeschlossen werden, finden Anwendung.

528 Der Musterauftrag räumt die Möglichkeit ein, in geringem Umfang Spezifikationen als Vertragsbestandteil aufzunehmen.
Bei der Auftragsvergabe zur Erschließung dieses Werksgeländes wurden folgende Punkte zusätzlich aufgenommen:

- die Ausführungsunterlagen werden vor Baubeginn übergeben,
- der Zugang zu den Anliegergrundstücken und -objekten ist ständig zu gewährleisten,
- angeschnittene und festgestellte kontaminierte Bereiche werden nicht als Baubehinderung anerkannt,
- dem Sanierungsbeauftragten des Auftraggebers ist ständig Zugang zur Baustelle zu gewähren und Auskunft zu erteilen,
- die Herstellung der Schürfe zur orientierenden Erkundung laut geänderter abfallwirtschaftlicher Stellungnahme des zuständigen Landesverwaltungsamtes ist Bestandteil des Auftrages und wird nicht gesondert vergütet,
- die Etappen der Ausführung sind terminlich mit dem Auftraggeber abzustimmen, sofern dies nicht aus dem Bauablaufplan ersichtlich ist.

7.4 Ausführung der Arbeiten

Bereits in dem Formular zur Auftragserteilung erfolgte der Hinweis darauf, daß die Ausführungsunterlagen dem ausführenden Unternehmen vor Baubeginn übergeben werden. Als Beispiel wird nachfolgend die Baubeschreibung – Straßenbau aufgeführt. Nach diesen detaillierten Unterlagen ist die Leistung zu erbringen. **529**

Baubeschreibung Straßenbau **530**

Leistungsverzeichnis II. BA, LOS 1, Verkehrsanlagen

Die Verkehrsstraße befindet sich auf dem Gelände des Unternehmens. Für die Durchführung der Baumaßnahme können die innerbetrieblichen Wege genutzt werden. Der Verkehr darf aber nicht behindert werden.
Die Anschlüsse für Elektro und Wasser bzw. Abwasser sind durch den Auftragnehmer zu klären.
Zum Zeitpunkt der Ausführung des Straßenbaus sind bereits die Leitungen für Abwasser, Wasser und Fernwärme verlegt und somit ein Teil der vorhandenen Erdstoffe bereits ausgetauscht. Genaue Angaben über die Baugrundverhältnisse sind dem Baugrundgutachten zu entnehmen.
Zum Bauvorhaben werden Untersuchungen auf kontaminierten Erdstoff durchgeführt. Die Bauarbeiten werden durch organoleptische Untersuchungen begleitet. Im Bedarfsfall sind entsprechende Container für mögliches Untersuchungsgut bereitzustellen.
Entlang der neuen Straße befindliche Bäume sind durch geeignete Schutzmaßnahmen zu schützen. Festgestellte Grenzsteine sind zu sichern.
Im Baugelände sind zahlreiche Ver- und Entsorgungsleitungen verlegt, die während der gesamten Bauzeit weiterhin in Funktion bleiben müssen, um den laufenden Betrieb der bereits angesiedelten Firmen zu sichern.
Um die Bauzeiten, die vom AG vorgegeben sind, einzuhalten, ist es erforderlich, die einzelnen Bauleistungen versetzt zeitgleich auszuführen.
Nach entsprechendem Vorlauf durch Abwasser, Wasser und Fernwärme, deren Leitungen im Bereich der Fahrbahn verlegt werden, ist der Straßenbau durchzuführen. Vor dem Verlegen der Kabel im Gehwegbereich sind die Tragschichten einzubauen und sind die Borde zu setzen.
Der Deckenschluß der Gehwege erfolgt erst nach dem Verlegen der Kabel.
Materialien, die recyclefähig sind (Fundamente, Betonplatten o.ä.) sind entweder selbst aufzubereiten oder einer entsprechenden Anlage anzudienen. Desgleichen ist in bestimmten Bereichen solches Material wieder einzubauen. Die zu beachtenden Vorschriften und Anforderungen sind den Ausschreibungstexten zu entnehmen.
Durch den Auftraggeber werden keine Materialien oder Geräte beigestellt.
Die Abrechnung erfolgt nach Aufmaß entsprechend den in den Leistungspositionen angegebenen Abrechnungseinheiten.

Leistungsverzeichnis	II. BA, LOS 1, Verkehrsanlagen

Gewerbepark

II. BA, LOS 1, Verkehrsanlagen

Sofern im Leistungsverzeichnis nichts anderes ausgesagt ist, beinhalten sämtliche Positionen die Lieferung und den Einbau von ungebrauchten Stoffen und Materialien.

Für die jeweiligen Einheiten werden folgende Abkürzungen verwendet:

mm	Millimeter
cm	Zentimeter
m	Meter
m^2	Quadratmeter
m^3	Kubikmeter
t	Tonne
kg	Kilogramm
St	Stück
psch	pauschal
StWo	Stück mal Woche
Std	Stück mal Tag
Sth	Stück mal Stunde
d	Tag
Wo	Woche
h	Stunde

Leistungsverzeichnis	II. BA, LOS 1, Verkehrsanlagen

Baustelleneinrichtung, Verkehrsführung

1.1.1

Antransport, Aufbau, Abbau und Abtransport der für die Durchführung sämtlicher in diesem Leistungsverzeichnis ausgeschriebenen Arbeiten erforderlichen Baustelleneinrichtungen, wie Maschinen, Geräte, Baubuden, Tagesunterkunftsräume, Lagerschuppen, sanitäre Einrichtungen, Sicherung der Baustelle gegen Unfall und Diebstahl, sowie eingehende Säuberung der Baustelle und Bauwerke nach Fertigstellung sämtlicher Arbeiten.
Eingeschlossen ist ferner die Herstellung der Bauwasser- und Baustromanschlüsse einschließlich Zuleitungen durch den AN.
Die vom AN benötigte elektrische Leistung beträgt für

Kräne, Hebezeuge etc.	....	kW
Licht, Heizung und Sonstiges	....	kW
Gesamt	....	kW

Die Kosten für Bauwasser und Baustrom sind Sache des AN. Nach Abbau und Abtransport aller Maschinen und Geräte ist das Baustellengelände nochmals aufzuräumen und zu säubern. Vergütung erfolgt mit jeder Abschlagszahlung. Die Höhe errechnet sich aus dem prozentualen Anteil der Abschlagszahlung der Auftragssumme.	1 psch xxxxxxxxxxx ......
1.1.2 Vorhalten, Betreiben und Unterhalten der in Pos. 1.1.1 beschriebenen Baustelleneinrichtung während der Bauzeit bis zur Fertigstellung der ausgeschriebenen Arbeiten. Die Kosten für Baustrom und Bauwasser sind hier einzukalkulieren. Vergütung wie Pos. 1.1.1	1 psch xxxxxxxxxx ....
1.1.3 Unterhalten und bei Bedarf reinigen und instandsetzen der durch den Baustellenverkehr beanspruchten Zu- und Abfahrtswege außerhalb der Baustelle einschl. Lieferung aller Materialien	1 psch xxxxxxxxxx ....
1.1.4 Behelfsbrücken ca. 1,5 m breit als Grundstückszugänge über Leitungsgräben und Baugruben für Fußgänger mit Handlauf verkehrssicher herstellen, während der Bauzeit vorhalten und nach Beendigung der Arbeiten abbauen. Die geforderte Standsicherheit ist vom Auftragnehmer nachzuweisen, die Abrechnung der Brückenlänge ergibt sich aus der Baugrubenbreite zuzügl. des beidseitigen Auflagers von je 0,5 m.	20 m^2 ....
1.1.5 Behelfsbrücke (bis 30 t) als Grundstückszugang über Leitungsgräben und Baugruben für PKW-Verkehr in entsprechenden Breiten verkehrssicher herstellen, während der Bauzeit vorhalten und nach Beendigung der Arbeiten abbauen. Die geforderte Standsicherheit ist vom Auftragnehmer nachzuweisen, die Abrechnung der Brückenlänge ergibt sich aus der Baugrubenbreite zuzügl. des beidseitigen Auflagers von je 0,5 m.	30 m^2 ....

Übertrag: ....

1.1.6
Provisorische Straße in der erforderlichen Breite und mit einem ca. 30 cm dicken Unterbau aus Schotter 32/45 auf einer Vliesmatte und einer ca. 20 cm dicken Lage aus Mineralbeton 0/32 für den gesamten Baustellenverkehr herstellen, einschl. Auskofferung und Lieferung aller Materialien.
Nach Abschluß der Bauarbeiten ist die Straße wieder zu entfernen, d.h., sämtliche eingebauten Materialien wieder aufnehmen, aufladen und zu einer unternehmereigenen Kippe abfahren.
Vor Beginn der Auskofferung ist der Oberboden sowie der Zwischenboden getrennt abzuschieben und getrennt in Mieten zu lagern. Diese Arbeiten und auch das Wiederandecken sowie die erforderlichen Rekultivierungsarbeiten werden nach den entsprechenden Positionen bei den Erdarbeiten abgerechnet. — 500 m^2 ....

1.1.7
Kennzeichnen der Baustelle und der entstehenden Umleitungen nach der StVO, den Vorschriften des Auftraggebers und der Verkehrsbehörde mit der erforderlichen Verkehrs- und Hinweiszeichen, Abschrankungen, Schutz- und Sicherheitseinrichtungen einschl. liefern, aufstellen, vor- und unterhalten und abbauen.
Die Kosten für die elektrische Beleuchtung während der Bauzeit sind hier einzukalkulieren. — 1 psch xxxxxxxxxxxx ....

1.1.8
Satz 2seitige automatische Verkehrsregelungsanlagen an- und abtransportieren einschl. auf- und abladen, entsprechend den Vorschriften aufstellen, anschließen und vorhalten. — 1 Satz ....

1.1.9
Tage Betreiben der vorbeschriebenen Verkehrsregelungsanlagen während der Bauzeit — 10 d ....

Übertrag: ....

1.1.10
Schutzgeländer mit gehobeltem Handlauf und Schrammbord auf befestigten Oberflächen liefern, fachgerecht aufstellen, vorhalten, unterhalten und nach Beendigung der Arbeiten abbauen und abtransportieren, einschl. der erforderlichen Beleuchtung. In diese Position fallen nur Geländer, die nicht zur allgemeinen Sicherung der Baustelle gehören und die der Auftraggeber gesondert fordert. 20 m ....

1.1.11
Bauzaun, ca. 2.00 m hoch, bestehend aus:
Pfosten aus Holz, Stahl oder Beton, Bespannung mit Maschendraht oder Baustahlgewebe, erforderlichen Fundierungen, Abspannungen etc. sind in ausreichender Stärke vorzusehen, einschl. Zugangstür und eines Tores und einschl. Beleuchtung in Teilbereichen auf besondere Anordnung des Auftraggebers als Schutzzaun antransportieren, fachgerecht auf befestigten und unbefestigten Flächen aufstellen, vor- und unterhalten und nach Beendigung aller Bauarbeiten abbauen und abtransportieren. In diese Position fallen nur die Bauzäune, die nicht zur Sicherung der auftragsnehmereigenen Einrichtungen dienen und die vom Auftraggeber gesondert gefordert werden 30 m ....

1.1.12
vorbeschriebenen Bauzaun während der Bauzeit umsetzen. 30 m ....

1.1.13
Stahlplatten als Grabenüberbrückung in Teilbereichen in entsprechender Stärke zur Aufnahme des anfallenden Verkehrs (bis 30 t) in Einzelgrößen liefern, verkehrssicher abbauen, vorhalten, ausbauen und abtransportieren.
Im Preis enthalten ist der Straßenanschluß mit Bitukeilen an die Stahlplatten.
Die Abrechnung ergfolgt nach lichten Grabenbreiten und abgedeckten Grabenlängen. Auf

	Übertrag: ....
die Verkehrssicherheit und Griffigkeit der Platten ist zu achten und evtl. entsprechende und dauerhafte Vorkehrungen hinsichtlich der Rauhigkeit der Oberfläche sind zu treffen	$10\ m^2$ ....
1.1.14 Unterbrechen des Baubetriebes für länger als 2 Tage aus Gründen, die der Auftragnehmer nicht zu vertreten hat, werden die Vorhaltekosten erstattet. Unterbrechungen bis 2 Tage werden nicht vergütet. Ausgenommen sind die infolge ungünstiger Witterung oder aus Personalgründen verursachten Unterbrechungen.	2maliges ....
1.1.15 Schutz gegen mechanische Schäden für Bäume aufstellen und beseitigen, durch fest im Boden zu verankernde Stangengevierte, Seitenlänge 2 m. Anzahl der Stangen 6 Stück. Verbindung der Stangen untereinander durch Bretter, Mindestquerschnitt 200 mm × 20 mm, 4 Stück übereinander.	10 St ....
1.1.16 Schutz des Wurzelbereiches vor Druckschäden an Bäumen, bei Auflasten und Überfahrten, mit Überdeckung aus Kies 8/16 mm, Dicke 30 cm. Auflegen von untereinander fest verbundenen Bohlen, Dicke 50 mm. Nutzbare Breite 3 m.	$100\ m^2$ ....
1.1.17 Schutz des Wurzelbereiches durch Wurzelvorhang DIN 18920, Grabentiefe 150 cm, Breite 60 cm. Bodenklasse 6 DIN 18300.	

Übertrag: ....

Anfallender Boden wird Eigentum des AN und ist zu beseitigen.
Einlegen einer Schalung auf der dem Baum abgewandten Grabenseite aus Maschendraht und innenliegender Sackleinwand,
Sicherung der Schalung durch auf der Außenseite eingeschlagene Holzpfähle in 1 m Abstand,
Auffüllen des Grabens mit Gemisch aus Sand 0/4 und Torf im MV 2: 1 RT. — 30 m ....

1.1.18
Behelfsmäßiger Fußweg für öffentlichen Verkehr, Oberbauschicht mit bituminösem Bindemittel, herstellen einschl. erf. Erdarbeiten und beseitigen, Dicke 1. M. 20 cm.
Breite über 1,25 bis 1,50 m. — 15 m^2 ....

1.1.19
Grabenaufschüttung als Überfahrt für Baustraße, Baustraße wird gesondert vergütet, einschl. Grabenverrohrung, herstellen.
Durchlaßöffnung über 0,80 bis 1,00 m^2,
Grabentiefe über 1,00 bis 1,50 m,
nutzbare Breite der Überfahrt über 3,00 bis 4,00 m. — 1 St ....

1.1.20
Bedarfsposition
Schutzcontainer
aufstellen, für die Dauer der vertraglichen Ausführungspflicht vorhalten und beseitigen.
Fassungsvermögen des Schuttcontainers 10 m^3,
Ausführung zur Aufnahme stark belasteter (kontaminierter) Böden. Abrechnung nach Stück × Vorbehaltedauer in Wochen — 150 StWo .... nur E-Preis

Baustelleneinrichtung, Verkehrsführung ....

531 Für alle weiteren Lose und Unterlose existieren ebenfalls solche Leistungsverzeichnisse.

7.5 Sicherungspflichten

532 Grundsätzlich ist auch bei einem solchen Großprojekt, wie der Erschließung eines Industriegeländes, jeder einzelne Baubetrieb für die Sicherung seiner Baustelle und seines Gewerkes zuständig.
In jedem Fall sind die Sicherungspflichten, die ausdrücklich im Rahmen der Ausschreibung verlangt wurden, nicht von dem ausführenden Bauunternehmen an Dritte delegierbar, wie z.B. die Baustelle wasserfrei zu halten, der Umgang mit Altlasten (beides wurde hier bereits in der Ausschreibung verlangt) und die Absicherung vor Absturz.

533 Seitens des Bauherren wurde für das ganze Gelände während der gesamten Erschließungsarbeiten ein zentraler Sicherheitsdienst eingesetzt, der das Gelände überwachte.

534 Trotz dieses Sicherheitsdienstes steht das einzelne ausführende Unternehmen weiterhin in der Verantwortung für die eigene Baustelle und das Gewerk.

8. Abnahme

535 Am Ende der Baumaßnahmen steht die Abnahme der einzelnen Gewerke. Maßstab für die Durchführung der Abnahme sind in diesem Fall der zugrunde liegende Erschließungsvertrag, die an die Bauunternehmen erteilten Aufträge inklusive aller Spezifikationen und die während der Durchführung der Bauarbeiten eingetretenen besonderen Modalitäten, deren Bearbeitung im einzelnen besondere Vereinbarungen mit der Oberbauleitung und dem Bauträger bedurften.

536 Die Abnahme der Gewerke erfolgt in drei Schritten:
1. der Bauabnahme,
2. der Mängelbeseitigung und
3. der Abrechnung.

537 Über die Abnahme wird ein Abnahmeprotokoll erstellt, das für alle Beteiligten verbindlich ist.

538 Abschließend erfolgt die Rechnungslegung indem je nach vertraglicher Vereinbarung nach Aufmaß oder Festpreisen unter Abzug bereits während der Bauphase geleisteter Abschlagszahlungen, die Schlußrechnung gelegt und dem Auftraggeber eingereicht wird.

539 Im Rahmen der umfangreichen Erschließungsmaßnahmen wurden Gewerke errichtet, die zur Nutzung Dritter bestimmt sind.
Um Gewährleistungsfälle auszuschließen, die erst durch die Nutzung Dritter entstehen oder zu erkennen sind, empfiehlt es sich, die Nutzer der Anlage, wie den Trinkwasserzweckverband, den Abwasserzweckverband und das Energieversorgungsunternehmen in die Abnahme der Gewerke und damit die Feststellung möglicher Mängel einzubeziehen.

9. Übergabe der Anlagen an Versorgungsträger

Die Übergabe der Anlagen an die Versorgungsträger unterliegt der einzelvertraglichen Regelung. Bei der Durchführung umfangreicher Erschließungsmaßnahmen und den umfangreichen vertraglichen Vorbereitungen – wie an diesem Beispiel beschrieben – empfiehlt es sich, die Modalitäten der Übergabe bereits im Rahmen des Erschließungsvertrages zu regeln. **540**

Die Übergabe der Gewerke erfolgt an den Erschließungsträger, in diesem Fall die Stadt. Die Stadt kann selbst Eigentümerin der Anlagen bleiben und sie selbst betreiben. **541**

Sie kann die Anlagen aber auch an die zuständigen Fachunternehmen, Trinkwasserzweckverband, Abwasserzweckverband und Elektritätsversorgungsunternehmen übergeben, was sich insbesondere dann anbietet, wenn es sich um städtische Unternehmen handelt. **542**
Andere vertragliche Vereinbarungen zur Nutzung der Anlagen durch die Fachunternehmen sind möglich.

10. Genehmigungsverfahren

Zur baulichen Umsetzung der Erschließungsmaßnahmen in einzelnen Bauabschnitten, sind im Rahmen festgelegter Genehmigungsverfahren das Staatliche Umweltamt, das Landesverwaltungsamt und das Landratsamt des Landkreises mit ihren jeweiligen Fachreferaten, wie der Oberen Wasserbehörde, dem Umweltreferat, der Bauaufsichtsbehörde, dem Referat Abfallwirtschaft und anderen von der Erschließung des Geländes betroffenen Behörden, einzubeziehen. **543**

Die Durchführung der Genehmigungserfordernisse zielt darauf ab, die Genehmigung zum Bau der einzelnen Bauabschnitte der Erschließungsanlagen zu erlangen. **544**

Der Bauantrag wird bei der Unteren Baubehörde des Landratsamtes eingereicht. **545**
Gleichzeitig werden bei den übergeordneten Fachbehörden Stellungnahmen zu speziellen Problemen eingeholt, die im Rahmen der Bauarbeiten an einem Gewerk entstehen können.
So wird eine Stellungnahme bei dem Staatlichen Umweltamt für abfallwirtschaftliche Fragekomplexe bei der Durchführung von Erschließungsmaßnahmen auf dem Gelände eingeholt.

Für den Bau von Abwasserkanalanlagen ist eine Baugenehmigung bei der Oberen Wasserbehörde des Landesverwaltungsamtes einzuholen. Die gleiche Vorgehensweise wird bei anderen fachtechnischen Bewertungsfragen durchgeführt. **546**

Im Rahmen der umfangreichen Erdbewegung sind bei Durchführung der Bauarbeiten Sanierungsmaßnahmen erforderlich. Hierzu bedarf es der Genehmigung des Sanierungskonzeptes durch das Landesverwaltungsamt. Die in Teil III, Kapitel 2, näher beschriebenen Unterlagen – wie Altlastenkonzept, Altlastenkataster und Sanierungskonzept – finden wieder Verwendung. **547**

548 Der Ablauf des Verfahrens stellt sich in der Praxis folgendermaßen dar:
Das Genehmigungsschreiben der Behörde stellt zunächst den Bezug zu allen eingereichten Unterlagen her, die zur Erlassung des Bescheides geführt haben.
Anschließend erfolgt der Erlaß eines Bescheides, in dem die beantragte Maßnahme genehmigt wird.
Die Genehmigung kann unter dem weiteren Erlaß von Nebenbestimmungen stehen, die ebenfalls schriftlich im Rahmen des Bescheides niedergelegt werden. Des weiteren werden in Form von Hinweisen detaillierte Bestimmungen getroffen, in welcher Art z.B. die Entsorgung des kontaminierten Materials zu erfolgen hat. In einem weiteren Abschnitt des Genehmigungsschreibens erfolgt eine genaue Begründung des Bescheides, der Nebenbestimmungen und der Durchführungshinweise.
Das Schreiben endet mit einer Rechtsbehelfsbelehrung, die durchweg den Widerspruch bei dem gleichen Landesverwaltungsamt binnen eines Monats zuläßt.

549 Ein möglicher Widerspruch ist in Form eines schriftlich einzureichenden Einspruchs vorzutragen und hat die erneute Auseinandersetzung der Fachbehörde mit den inhaltlichen Argumenten zur Folge. Im positiven Falle endet der Einspruch mit einer geänderten behördlichen Stellungnahme und damit mit der Genehmigung des jeweiligen Antrages.

550 Die Anzeige über die abschließende Fertigstellung der Baumaßnahme erfolgt an die Untere Bauaufsichtsbehörde, als der bauaufsichtsführenden Behörde des Landratsamtes.
Von dieser Behörde erfolgt auch der Kostenbescheid über Gebühren und Auslagen des Verfahrens.

551 Nachfolgende Auflistung führt Gesetze und Richtlinien auf, die bei der Durchführung der integrierten Standortentwicklung im Freistaat Thüringen zu berücksichtigen sind:

- Gesetz über die Vermeidung, Verminderung, Verwertung und Beseitigung von Abfällen und die Sanierung von Altlasten Thüringer Abfallwirtschafts- und Altlastengesetz
  – ThAbfAG – vom 31. Juli 1991 – (BVBl. S. 273) –
- Gesetz über die Abmarkung der Grundstücke (Thüringer Abmarkungsgesetz
  – ThürAbmG – vom 7. August 1991 – (BVBl. S. 289) –
- Sechste Durchführungsversordnung zum Landeskulturgesetz (6. DVO/LKK 306)
  Schadlose Beseitigung nicht nutzbarer Abprodukte
  – vom 1. September 1983 – (GBL. I, S. 257) –
- Thüringer Gesetz über die Sicherung und Nutzung von Archivgut (Thüringer Archivgesetz)
  – ThürArchivG – vom 23. April 1992 – (BVBl. S. 139) –
- Verdingungsordnung für Bauleistungen
  – VOB – (mit eingearbeiteter EG-Baukoordinierungsrichtlinie) –
- Richtlinien zur Vereinfachung des Verwaltungshandelns bei der Vergabe von Bauleistungen
  – BerVRL-VOB – Thüringen EL vom 12. Juni 1994 –
- Baugesetzbuch (Stand 1. Dezember 1990)

- Gesetz zur Pflege und zum Schutz der Kulturdenkmale im Land Thüringen (Thüringer Denkmalschutzgesetz)
  – ThDSchG – vom 7. Januar 1992 – (BVBl. S. 17, ber. am 21. 10. 1992, GVBl. S. 550) –
- Altölverordnung
  – AltölV – vom 27. 10. 1987 – (BGBl. I, S. 2335) –
- Reststoffbestimmungs-Verordnung
  – RestBestV – vom 3. April 1990 – (BGBl. I, S. 614) –
- Abfall- und Reststoffüberwachungsverordnung
  – AbfRestÜberwV – vom 3. 4. 1990
- Thüringer Verordnung über die Entsorgung von Sonderabfällen aus Industrie und Gewerbe (Sonderabfallverordnung)
  – vom 31. 1.1992
- Thüringer Verwaltungsverfahrensgesetz
  – ThürVwVfG – vom 7. August 1991 – (BVBl. S. 293) –
- Thüringer Verwaltungskostengesetz
  – ThürVwKostG – vom 9. 8. 1991 – (BVBl. I, S. 321) –
- Honorarordnung für Architekten und Ingenieure
  – HOAI – vom 1. Januar 1991 –
- Abfallbestimmungs-Verordnung
  – AbfBestV – vom 3. 4. 1990 – (BGBl. I, S. 614) –
- Thüringer Verordnung zur Bestimmung von Zuständigkeiten auf dem Gebiet des Transportes gefährlicher Güter auf Straße und Schiene
  – ThürGefGZustVO – vom 16. September 1992 – (GVBl. S. 494) –
- Allgemeine Verwaltungsvorschrift zur beschleunigten Bearbeitung von Grundbucheintragungsanträgen bei Vorliegen eines besonderen Investitionszweckes Allgemeine Verwaltungsvorschrift zur Grundbuchverfahrensbeschleunigung
  – GVB-AV – vom 10. 2. 1991 –
- Gesetz über das Liegenschaftskataster (Thüringer Katastergesetz – ThürKatG – vom 7. August 1991 – (GVBl. S. 285) –
- Thüringer Wassergesetz – ThürWG – vom 10. Mai 1994 – (GVBl. S. 445, geänd. durch Gesetz vom 10. 5. 1994, GVBl. S. 478) –
- Thüringer Ausführungsgesetz zum Abwasserabgabengesetz (Thüringer Abwasserabgabengesetz)
  – ThürAbwAG – vom 28. Mai 1993 – (GVBl. S. 310) –
- Verordnung zur Gewährleistung von Ordnung und Sicherheit in der Umgebung von Verkehrsanlagen
  – vom 12. Dezember 1978 – (Gbl. 1979 I, S. 9) –
- Gesetz zum Schutz vor schädlichen Umwelteinwirkungen durch Luftverunreinigungen, Geräusche, Erschütterungen und ähnliche Vorgänge (Bundes-Immissionsschutzgesetz)
  – BImSchG – vom 14. Mai 1990 – (BGBl. I, S. 880) –
- Thüringer Verordnung zur Bestimmung von Zuständigkeiten auf dem Gebiet des Immissionsschutzes
  – ImSchZustVO – vom 26. Mai 1992 – (GVBl. S. 255; geänd. durch VO vom 10. 8. 1993 GVBl. S. 561) –
- Gesetz zum Schutz vor gefährlichen Stoffen (Chemikaliengesetz)
  – ChemG – vom 14. März 1990 – (BGBl. I, S. 521)

- Umwelthaftungsgesetz
  – UmweltHG – vom 10. Dezember 1990 – (BGBl. I, S. 2634)
- Unfallverhütungsvorschriften der gewerblichen Berufsgenossenschaften (Durchführungsanweisungen vom April 1993).

In anderen Bundesländern gibt es im Regelfall entsprechende Gesetze mit ähnlichem Regelungsinhalt.

V. Arbeitsbeschaffungsmaßnahmen

1. Arbeitsbeschaffungsmaßnahmen (ABM) im Rahmen der integrierten Standortentwicklung

552 Die arbeitsmarktpolitisch motivierten Arbeitsbeschaffungsmaßnahmen erfolgen nach folgendem Ablaufschema:

Schaubild 91d: Ablaufschema von Arbeitsbeschaffungsmaßnahmen

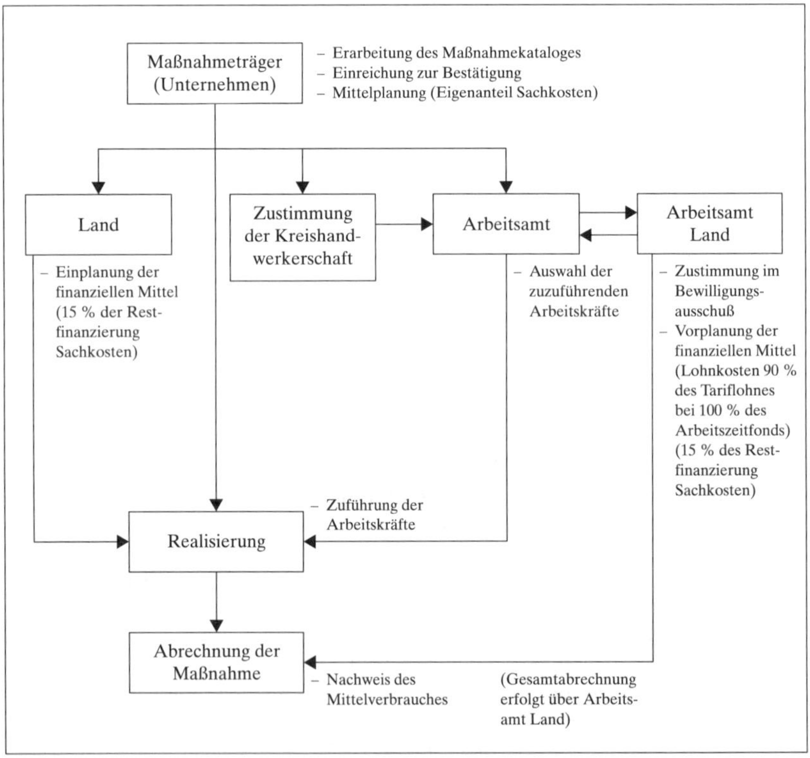

553 Im Rahmen der Sicherungen der Finanzierung von Abriß- und Erschließungsmaßnahmen kann geprüft werden, ob auf der Grundlage der derzeit geltenden §§ 91–96 AFG und der ABM-Anordnung bzw. der §§ 258–277 AFRG (Ar-

beitsförderungsreformgesetz) der Einsatz von Arbeitsbeschaffungsmaßnahmen in Frage kommt.

2. Zielkatalog von Arbeitsbeschaffungsmaßnahmen gemäß §§ 91–96 AFG

Nach gegenwärtiger Rechtslage fördert die Bundesanstalt für Arbeit mit der **554**
Durchführung von Arbeitsbeschaffungsmaßnahmen allgemeine Maßnahmen zur Arbeitsbeschaffung mit dem Ziel, im Rahmen der Sozial- und Wirtschaftspolitik der Bundesregierung

1. die Arbeitslosigkeit abzubauen,
2. eine dauerhafte und qualifikationsgerechte Wiedereingliederung arbeitsloser Arbeitnehmer zu erreichen und
3. Impulse zur Verbesserung der sozialen Infrastruktur und zu sonstigen Strukturverbesserungen zu geben, um auch dadurch zusätzliche Arbeitsplätze zu schaffen.

Dabei wird immer die Förderung der Personengruppen berücksichtigt, die be- **555**
sonders von Arbeitslosigkeit betroffen sind sowie regionale und überregionale Unterschiede des Arbeitsmarktes, unabhängig von den Grenzen der Arbeitsamtsbezirke.

Bei der Prüfung, ob Arbeitsbeschaffungsmaßnahmen in Anspruch genommen **556**
werden können, ist zu beachten, daß es sich dabei um die Förderung von allgemeinen Maßnahmen zur Arbeitsbeschaffung aus Mitteln der Bundesanstalt für Arbeit handelt, mit deren Einsatz vorrangig arbeitsmarkt- und sozialpolitische Erleichterungen für schwer vermittelbare Arbeitnehmer verfolgt werden.
Die Förderung hat den Charakter einer Vermittlungserleichterung für Arbeitnehmer und nicht den einer projektbezogenen Förderung.
Bei der Zuweisung von ABM-Kräften, die durch das zuständige Arbeitsamt erfolgt, sind diejenigen Arbeitnehmer vorrangig zu berücksichtigen, die selbst keine oder nur geringe Chancen haben, in nichtsubstituierte Arbeitsverhältnisse eingestellt zu werden.

Bevor im folgenden Ultimativ- und Einzelvoraussetzungen zur Erlangung einer **557**
Arbeitsbeschaffungsmaßnahme näher beschrieben werden, ist festzustellen, daß die allgemeine Akzeptanz und der soziale Frieden bei der Durchführung einer Arbeitsbeschaffungsmaßnahme im Rahmen der Sanierung eines Unternehmens oder eines Betriebsgeländes von Bedeutung sind.
Wie eingangs erwähnt, zielt die Durchführung einer Arbeitsbeschaffungsmaßnahme darauf ab, die Reintegration schwer vermittelbarer Arbeitskräfte in den primären Arbeitsmarkt zu unterstützen.
Daher erfolgt seitens des zuständigen Arbeitsamtes vorrangig eine Auswahl der Arbeitskräfte zur Durchführung der Arbeitsbeschaffungsmaßnahme, die die Kriterien, wie z.B. Langzeitarbeitslosigkeit, erfüllen. Dies kann dazu führen, daß in den Fällen, in denen vor Beginn der Sanierung eine Betriebseinstellung erfolgte, die verbliebenen Mitarbeiter des Unternehmens entlassen werden und eine ABM-unterstützte Sanierung mit betriebsfremden ABM-Kräften durchgeführt wird.
Die sich daraus ergebende Problematik liegt klar auf der Hand. Einerseits sind die Fördervoraussetzungen zu erfüllen, andererseits kann ein unabgestimmter

Einsatz betriebsfremder Mitarbeiter zu Unruhen führen, was nicht gewollt sein kann.

558 Vor diesem Hintergrund ist zu empfehlen, bereits im Vorfeld Gespräche mit dem zuständigen Arbeitsamt zur Abstimmung aufzunehmen.

559 Es ist durchaus wahrscheinlich, daß bereits ehemalige Mitarbeiter aus dem Sanierungsunternehmen entlassen wurden und seit längerer Zeit arbeitslos sind, so daß in Abstimmung mit dem zuständigen Arbeitsamt Lösungen gefunden werden können, durch die alle Voraussetzungen zum Gelingen des Projektes erfüllt werden.

560 Gerade bei der Durchführung der beschriebenen umfangreichen Maßnahmen zur Sanierung eines ganzen Industriegeländes im Rahmen der integrierten Standortentwicklung sind Detailkenntnisse über das Gelände, die Gebäude, die Bausubstanz und die verschiedenen Verfahrensweisen in der Vergangenheit unabdingbar, wie sie nur ehemalige Mitarbeiter vorweisen können.
Dieser wesentliche Aspekt bei der Bestimmung der Kräfte kommt insbesondere dann zum Tragen, wenn nicht alle zur Duchführung der Maßnahme erforderlichen Details dokumentiert wurden.

561 Eine Abstimmung zwischen Sanierungsunternehmen und zuständigem Arbeitsamt zu Kenntnissen und Qualifikationen der einzusetzenden ABM-Kräfte hat nur dann Aussicht auf Erfolg, wenn die folgenden wesentlichen Voraussetzungen erfüllt sind, um eine Groß-Arbeitsbeschaffungsmaßnahme gefördert zu bekommen.

3. Ultimative Voraussetzungen

562 Die Förderung von Arbeitsbeschaffungsmaßnahmen ist im Hinblick auf die Voraussetzungen und die Höhe von politischen Entscheidungen geprägt und unterliegt daher Änderungen.

3.1 Träger einer ABM

563 Die Bundesanstalt für Arbeit führt Arbeitsbeschaffungsmaßnahmen nicht selbst durch, sondern bedient sich sogenannter Träger.
Träger ist, wer die Maßnahme auf eigene Rechnung ausführt oder ausführen läßt.

3.2 Voraussetzungen für die Trägerschaft

564
1. Der Träger muß die Finanzierung der Maßnahme sicherstellen.
2. Eine Förderung wird nur insoweit gewährt, als Leistungsverpflichtungen Dritter nicht bestehen bzw. Leistungen von Dritten nicht gewährt werden.
3. Eine Förderung erfolgt nur, wenn nicht bereits Leistungen nach den §§ 97 und 98 AFG sowie nach anderen, vorrangigen Anordnungen erfolgen.

565 Durch Vorschalten dieser Bedingungen, die die Bundesanstalt für Arbeit zur Gewährung einer Arbeitsbeschaffungsmaßnahme voraussetzt, wird sichergestellt, daß Arbeitsbeschaffungsmaßnahmen und deren Förderung ausschließlich den unter 3. aufgeführten Maßnahmetypen zugute kommen und den damit verfolgten arbeitsmarkt- und sozialpolitischen Zielen dienen. Die mißbräuchliche

Entlastung Dritter aus einer klar vorgegebenen Leistungsverpflichtung ist damit ausgeschlossen. Eine Konkretisierung erfährt dieser Förderungsausschluß ebenfalls in der Aufzählung von Maßnahmetypen, die von der Förderung ausgeschlossen werden. Davon sind alle Maßnahmen betroffen, die einer ordnungsgemäßen Aufgabenerledigung des Unternehmens unterliegen, wie laufende Instandsetzungs-, Unterhaltungs- und Verwaltungsarbeiten sowie andere unaufschiebbare Arbeiten.

3.3 Pflichten des Trägers gegenüber der Bundesanstalt für Arbeit

Der Träger einer Arbeitsbeschaffungsmaßnahme geht gegenüber der Bundes- **566**
anstalt für Arbeit folgende Verpflichtungen ein:

- es besteht die Verpflichtung, Bedingungen und Auflagen gemäß dem Anerkennungsbescheid und etwaiger Ergänzungsbescheide zum Förderantrag zu erfüllen;
- der Träger hat eine Anzeigepflicht gegenüber dem Arbeitsamt unverzüglich anzuzeigen, wenn er
  - die zugewiesenen Arbeitnehmer vorübergehend gegen im Betrieb Beschäftigte auf andere, als die durch die Maßnahme geschaffenen Arbeitsplätze austauscht,
  - die Maßnahme nicht in dem angegebenen Umfang durchführt,
  - über die Angaben im Antrag hinaus Leistungen Dritter zuerkennt oder erhöht.
- Der Träger verpflichtet sich, Tagesnachweise bei der Durchführung der Arbeiten zu führen.
- Maßnahmebelege über die Durchführung der Arbeiten sind mindestens 10 Jahre nach Ablauf der Förderung aufzubewahren, wenn der Träger Zuschüsse erhalten hat.
- Maßnahmebelege über die Durchführung der Arbeiten sind mindestens 3 Jahre nach Ablauf der Förderung aufzubewahren, wenn der Träger Darlehen zur Durchführung der Maßnahmen erhalten hat.
- Spätestens nach Ablauf der Maßnahme ist eine Gesamtabrechnung vorzulegen.
  Hierfür ist im Normalfall eine Erklärung des Trägers ausreichend.
  Weitergehende Angaben können jedoch vom Arbeitsamt verlangt werden, wie z.B. eine Stellungnahme des Personal-/Betriebsrates.

3.4 Subventionserhebliche Tatsachen

Leistungen, die im Rahmen von (Groß)-Arbeitsbeschaffungsmaßnahmen ge- **567**
währt werden, stellen Subventionen im Sinne des § 264 StGB dar.

Damit sind Tatsachen, die zur Gewährung der Förderung führen, deren Höhe bestimmen oder die zur Rückforderung von Förderungsbeträgen führen, subventionserhebliche Tatsachen.

Vorsätzlich oder leichtfertig unrichtige oder unvollständige Angaben zu subventionserheblichen Tatsachen, die für den Antragsteller vorteilhaft sind, sind nach § 264 StGB strafbar.

3.5 Rechtsformen der Träger

3.5.1 Juristische Personen

568 Träger können juristische Personen des öffentlichen Rechts in Arbeitsamtsbezirken mit ungünstiger Beschäftigungslage sein, das heißt, die Arbeitslosenquote liegt 30 von Hundert über dem Bundesdurchschnitt, wenn es sich um strukturverbessernde Maßnahmen oder um solche zur Erhaltung oder Verbesserung der Umwelt handelt, oder wenn zur Durchführung der Arbeiten überwiegend Schwervermittelbare im Sinne des § 2 Abs. 3 der ABM-Anordnung beschäftigt werden.

Dazu zählen:
- Schwerbehinderte,
- Arbeitnehmer ab 50 Jahre,
- Jugendliche unter 25 Jahren ohne Ausbildung,
- Arbeitslose, die ein Jahr oder länger arbeitslos sind oder
- andere vom Arbeitsamt als schwer vermittelbare Personengruppen festgestellte Arbeitnehmer.

3.5.2 Einrichtungen privaten Rechts

569 Träger können auch Unternehmer oder Einrichtungen des privaten Rechts sein, die gemeinnützige Zwecke verfolgen.

3.5.3 Sonstige

570 Des weiteren können sonstige Unternehmen oder Einrichtungen des privaten Rechts Träger einer Fördermaßnahme sein, wenn zu erwarten ist, daß die Förderung den Arbeitsmarkt in wirtschafts- und sozialpolitischer Weise belebt.

571 Voraussetzung ist weiterhin, daß die sachliche und personelle Ausstattung des Trägers eine ordnungsgemäße und erfolgreiche Durchführung der Maßnahme gewährleistet.

572 Zwei unterschiedliche Formen der Trägerschaft einer Arbeitsbeschaffungsmaßnahme sind möglich:

3.6 Variante 1

573 Wenn der Träger einer Maßnahme nicht selbst ein Wirtschaftsunternehmen ist, soll er mit der Durchführung der Arbeiten grundsätzlich ein Wirtschaftsunternehmen beauftragen. Für die Vergabe von Bauarbeiten sind die Vorschriften der Verdingungsordnung für Bauleistungen (VOB) maßgeblich.

3.7 Variante 2

574 Die Ausführung der Arbeiten durch den Träger selbst ist zulässig, wenn sie im Hinblick auf die Art der Arbeiten oder unter Berücksichtigung der persönlichen Verhältnisse der zuzuweisenden Arbeitnehmer zweckmäßig ist oder wenn der Träger bei Vergabe der Arbeiten an ein anderes Wirtschaftsunternehmen außerstande wäre, die Maßnahme durchzuführen.

575 In diesem Fall spricht man von sogenannter Regiearbeit.

576 Wenn die Durchführung einer Arbeitsbeschaffungsmaßnahme ganz oder teilweise in Regie beabsichtigt ist, muß bereits im Antrag eingehend begründet werden, weshalb sich die Arbeiten für eine Ausschreibung bzw. für eine Vergabe

an ein anderes Unternehmen nicht eignen. Der möglicherweise geringere Kostenaufwand bei Durchführung der Maßnahme in Regie alleine ist nicht ausschlaggebend. Sämtliche Gründe, die dazu führen, daß die Ausführungen der Arbeiten in Regie des Trägers zweckmäßiger sind, müssen daher ausführlich aufgeführt werden.

4. Einzelvoraussetzungen

Um eine Arbeitsbeschaffungsmaßnahme in Anspruch nehmen zu können, muß **577**
mindestens eine der nachfolgenden Einzelvoraussetzungen erfüllt werden:

4.1 Zusätzlichkeit von Arbeit

Der Zusätzlichkeit der zu verrichtenden Arbeiten kommt eine besondere Be- **578**
deutung zu, denn nur wenn die Arbeiten, die durch eine Arbeitsbeschaffungsmaßnahme gefördert werden, zusätzlich ausgeführt werden, können Subventions- und Mitnahmeeffekte vermieden werden.

Bei der Zielsetzung dieser Fördermaßnahme der Bundesanstalt für Arbeit, **579**
schwervermittelbaren Langzeitarbeitslosen möglichst eine dauerhafte Integration in den Arbeitsprozeß zu erleichtern, oder zumindest eine finanzielle Entlastung des Sozialversicherungsträgers zu erwirken, ist diese Bedingung nachvollziehbar.
Das bedeutet, daß laufende Instandsetzungs-, Unterhaltungs- und Verwaltungsarbeiten oder sonstige Arbeiten, die von der Sache unaufschiebbar und nach allgemeinen Rechts- und Verwaltungsgrundsätzen für eine ordnungsgemäße Aufgabenerledigung unerläßlich sind, nicht förderfähig im Sinne der ABM sind.

Als zusätzliche Arbeiten werden Arbeiten dann definiert, wenn sie ohne Förde- **580**
rung nicht oder erst zu einem späteren Zeitpunkt durchgeführt würden. Zu den förderfähigen Arbeiten gehören nur die Arbeiten, die nicht aufgrund einer rechtlichen Verpflichtung durchgeführt werden müssen oder die nicht üblicherweise von juristischen Personen des öffentlichen Rechts durchgeführt werden. Aufgaben, zu deren Durchführung eine rechtliche Verpflichtung besteht, können gefördert werden, wenn sie ohne Förderung erst zu einem späteren Zeitpunkt durchgeführt würden. Dies ist der Fall, wenn sie ohne Förderung in der Regel erst nach zwei Jahren durchgeführt würden.

Durch die Förderung einer Maßnahme darf die Einrichtung oder Wiederbe- **581**
setzung von Dauerarbeitsplätzen nicht behindert werden.

4.2 Strukturverbessernde Maßnahmen

Förderfähig sind strukturverbessernde Maßnahmen. Arbeiten, die üblicherweise **582**
von juristischen Personen des öffentlichen Rechts durchgeführt werden, sind nur dann förderfähig, wenn es sich um strukturverbessernde Maßnahmen handelt und diese in Arbeitsamtsbezirken mit besonders schlechter Arbeitsmarktlage durchgeführt werden oder wenn zur Durchführung der Maßnahme überwiegend schwervermittelbare Arbeitnehmer im Sinne des § 2 Abs. 3 der ABM-Anordnung beschäftigt werden.

In Abstimmung mit den wirtschaftsfördernden und strukturverbessernden Planungen oder Maßnahmen des Bundes, der Länder oder anderer öffentlicher Stellen werden bevorzugt Maßnahmen gefördert, die geeignet sind, um

- die Voraussetzungen für die Beschäftigung von Arbeitslosen in Dauerarbeit zu schaffen, insbesondere die Folgen von Strukturveränderungen oder der technischen Entwicklung auszugleichen,
- strukturverbessernde Maßnahmen vorbereiten, zu ermöglichen oder zu ergänzen,
- Arbeitsgelegenheiten für langfristig Arbeitslose zu schaffen,
- die soziale Infrastruktur zu verbessern,
- der Verbesserung der Umwelt zu dienen.

4.3 Öffentliches Interesse

583 Arbeiten, die im öffentlichen Interesse liegen, sind als Arbeitsbeschaffungsmaßnahme förderfähig. Die Beschäftigung von Arbeitslosen allein begründet jedoch kein öffentliches Interesse. Die Arbeiten liegen im öffentlichen Interesse, wenn das Ergebnis der Maßnahme der Allgemeinheit unmittelbar oder mittelbar dient und der Nutzen des Maßnahmergebnisses für die Allgemeinheit offensichtlich gegeben ist (§ 91 Abs. 2 Satz 1 AFG).

4.4 Zweckmäßigkeit im Sinne des Arbeitsmarktes

584 Die Durchführung einer Maßnahme sollte arbeitsmarktlich zweckmäßig sein.
Als zweckmäßig gelten Maßnahmen dann, wenn sie in den Problemschwerpunkten der regionalen und beruflichen Teilarbeitsmärkte eingesetzt werden. Das heißt, die Maßnahmen sind so zu planen und durchzuführen, daß Beschäftigungsmöglichkeiten in den beruflichen Teilarbeitsmärkten geschaffen werden, die in dem betroffenen Arbeitsamtsbezirk besonders problembehaftet sind.
Hierbei sollen die wirtschaftsfördernden und strukturverbessernden Planungen und Maßnahmen des Bundes und der Länder sowie anderer öffentlicher Stellen berücksichtigt werden.

4.5 Berufliche Qualifizierung

585 Arbeitsbeschaffungsmaßnahmen können mit Maßnahmen zur beruflichen Qualifizierung der Arbeitnehmer so kombiniert werden, daß eine ABM als Teilzeitmaßnahme durchgeführt wird. Dies gilt insbesondere für Jugendliche und jüngere Arbeitnehmer.

5. Genehmigungsverfahren

586 Eine Förderung der Bundesanstalt für Arbeit in Form einer Arbeitsbeschaffungsmaßnahme, die in Form von Zuschüssen, Darlehen oder auch Zinszuschüssen gewährt werden kann, ist von dem Träger vor Beginn der Maßnahme bei dem Arbeitsamt zu beantragen, in dessen Bezirk die Maßnahme durchgeführt werden soll.

587 Maßnahmen, die von der Zentralstelle für Arbeitsvermittlung geplant sind, sind direkt bei dieser Dienststelle auf den dafür vorgesehenen Vordrucken zu beantragen.

Auch die Änderung einer bereits anerkannten Maßnahme, wie die Einbeziehung weiterer Arbeiten, Verlängerung der Förderungsdauer oder Durchführung anderer als im Antrag bezeichneter Arbeiten, müssen erneut in Form eines Antrages bestätigt werden.

Folgende Unterlagen können zur Bearbeitung des Antrages verlangt werden: **588**
- Die Darstellung der Gesamtfinanzierung der Maßnahme.
- Die Satzung oder der Gesellschaftsvertrag des Trägers, aus dem Aufgabenstellung, Ziele und Zwecke des Trägers klar erkennbar werden.
- Auszug aus dem Vereinsregister sowie die Darstellung der finanziellen Leistungsfähigkeit des Trägers, woraus Interessenlage, Dauerhaftigkeit, Seriosität und finanzielle Bonität des Trägers abgeleitet werden.
- Gegebenenfalls Gemeinnützigkeitsanerkennung (wenn die Maßnahme darauf abzielt, anerkanntermaßen der Allgemeinheit zu dienen, und dies durch steuerrechtliche Anerkennung nachgewiesen werden kann.
- Nachweise über die bisherige Tätigkeit des Trägers, woraus Rückschlüsse auf die Existenzfähigkeit des Trägers auch ohne Arbeitsbeschaffungsmaßnahme gezogen werden.

Besteht die Förderung der Arbeitsbeschaffungsmaßnahme aus einem Zuschuß, **589** muß der Träger die voraussichtlichen Kosten sowie deren Finanzierung gegenüber dem Arbeitsamt nachweisen können.

Besteht die Förderung der Arbeitsbeschaffungsmaßnahme aus einem Darlehen **590** oder Zinszuschuß, müssen die voraussichtlichen Gesamtkosten und deren Finanzierung durch den Träger nachzuweisen sein. Dies gilt auch, wenn der Träger Leistungen Dritter erhält oder beanspruchen kann.

Als Gesamtkosten einer Maßnahme im Sinne dieser Förderrichtlinien gelten **591** auch Verwaltungskosten, wie Gehaltszahlungen für Stammarbeitskräfte, nicht förderfähige Zuwendungen und Leistungen an ABM-Kräfte, Arbeitsmittel sowie Betriebsmittel. Zu den Gesamtkosten zählen auch Planungs- und Grunderwerbskosten oder Grundstückskosten sowie weitere Kosten, die für die Maßnahme bereits vor ihrem Beginn oder nach deren Beendigung angefallen sind oder anfallen werden (z.B. Einrichtung und Beseitigung einer Baustelle).

Eine Bewilligung der Förderung des Trägers der Arbeitsbeschaffungsmaß- **592** nahmen erfolgt durch einen schriftlichen Bescheid.

5.1 Zuordnung der Arbeitskräfte

Die durch schriftlichen Bescheid bewilligten ABM-Kräfte werden vom Arbeits- **593** amt ausgewählt und zugewiesen.

Ein Rechtsanspruch des Trägers auf die Zuweisung bestimmter Personen besteht **594** ebensowenig wie die einer bestimmten Zuweisung des arbeitslosen Arbeitnehmers.

Folgender Personenkreis an Arbeitslosen kann im Rahmen einer ABM zuge- **595** wiesen werden:
- Wer unmittelbar vor der Zuweisung Arbeitslosengeld oder Arbeitslosenhilfe bezogen hat bzw. Anspruch auf diese Leistungen hatte.

- Wer innerhalb der letzten 12 Monate vor der Zuweisung zu einer Arbeitsbeschaffungsmaßnahme mindestens 6 Monate beim Arbeitsamt arbeitslos gemeldet war.
- Ausnahmen sind insbesondere bei Langzeitarbeitslosen oder bei Arbeitslosen unter 25 Jahren ohne beruflichen Abschluß möglich.

Weitere Zuweisungskriterien:

- Bevorzugte Zuweisung schwervermittelbarer Arbeitnehmer.
  Darunter sind insbesondere zu verstehen:
  - Schwerbehinderte,
  - mindestens 50 Jahre alt,
  - unter 25 Jahre alt und ohne beruflichen Abschluß und wo in absehbarer Zeit keine berufliche Ausbildung oder Arbeitsstelle vermittelt werden kann.
- Wer ein Jahr und länger als arbeitslos gemeldet ist.
- Der Personenkreis, der schwer vermittelbar ist.

5.2 Umfang der Förderung

596 Die anhand eines Anerkennungsbescheides erfolgende Förderung einer Arbeitsbeschaffungsmaßnahme bemißt sich nach dem tariflichen Arbeitsentgelt bzw. an dem ortsüblichen Arbeitsentgelt vergleichbarer Beschäftigungen, wenn kein Tarifvertrag besteht.

597 Die Höhe des Zuschusses richtet sich nach dem Eigeninteresse des Trägers an der Durchführung der Maßnahme, dem Anteil der in der Maßnahme schwervermittelbaren Arbeitslosen, der Arbeitslosenquote im Arbeitsamtsbezirk, der besonderen arbeitsmarkt- und sozial-politischen Bedeutung und danach, ob die Maßnahme anderenfalls nicht durchgeführt werden könnte.

598 Der Fördersatz beträgt 50 %–75 % und kann bei besonders schwerwiegenden Vermittlungshemmnissen sogar bis zu 100 % der förderfähigen Arbeitsentgelte betragen.

599 Als förderfähiges Arbeitsentgelt gilt grundsätzlich das Bruttoarbeitsentgelt, von dem einige Nebenleistungen auch dann nicht förderfähig sind, wenn der Träger aus Gleichbehandlungserwägungen den ABM-Kräften Leistungen ebenso gewährt wie den nichtgeförderten Beschäftigten.

600 Zum förderungsfähigen Arbeitsentgelt zählen:

- Lohnkosten, Lohnzulagen wie Leistungszulagen, Erschwerniszuschläge, Schmutzzulagen, Zulagen für Arbeitszeiten am Wochenende, Feiertags- und Nachtarbeit, wenn sie im Rahmen der Arbeitszeit gewährt werden.
- Sozialzuschläge, die aufgrund von Tarifverträgen gezahlt werden, ausgenommen dem Kindergeld.
- Vermögenswirksame Leistungen nach dem Vermögensbildungsgesetz.
- Zuwendungen in der jeweils festgelegten Höhe, die aufgrund gesetzlicher Vorschriften, tarifvertraglicher Regelungen oder Betriebsvereinbarungen gezahlt werden, wie Weihnachtszuwendungen und 13. Monatsgehalt.
- Leistungen, die gemäß Lohnfortzahlungsgesetz bzw. der einschlägigen Tarifverträge gewährt werden.
- Bezahlter Urlaub
- Gesetzliche Wochenfeiertage

- Zeiten des Berufsschulbesuches
- Zeiten einer beruflichen Qualifizierung oder sozialpädagogischen Betreuung in einer ABM bis zu 10 % der Arbeitszeit.
- Zeiten, die aufgrund der Schutzbestimmungen des Mutterschutzgesetzes gewährt werden müssen.
- Schutzfrist und Zuschuß zum Mutterschaftsgeld.

Im Rahmen einer ABM-Förderung wird nur das Arbeitsentgelt berücksichtigt, das für Arbeitsstunden innerhalb der regelmäßigen, betriebsüblichen wöchentlichen Arbeitszeit gezahlt wird, wobei die tarifliche oder ortsübliche Arbeitszeit die Obergrenze bildet.

Beitragsanteile des Arbeitgebers (Trägers), die für Sozialversicherung, Arbeits- **601** losenversicherung, Lohnfortzahlung im Krankheitsfalle und Zahlung von Urlaubsentgelt zu leisten sind, können nach einem bestimmten Schlüssel das förderungsfähige Arbeitsentgelt erhöhen.

Nicht förderungsfähiges Arbeitsentgelt: **602**
Folgende Leistungen des Arbeitgebers (Trägers) sind gemäß den Förderrichtlinien von Arbeitsbeschaffungsmaßnahmen nicht förderfähig:

- Entgelt für Mehrarbeitsstunden und deren Zuschläge,
- Aufwandsentschädigungen, Auslösungen, Wegegelder, Fahrtkosten, Arbeitnehmersparzulagen, Sterbegelder und Beiträge wie z.B. Berufsgenossenschaft, Arbeitgeberzuschuß, freiwillige Krankenversicherung,
- erbrachte Leistungen des Arbeitgebers, die aufgrund gesetzlicher oder tarifvertraglicher Vorschriften im Rahmen eines Ausgleichssystems erstattet werden,
- Arbeitsentgelt, das aufgrund eines gerichtlichen Urteils für Zeiten ohne Arbeitsleistung zu zahlen ist.

Darlehen:

Eine ABM-Förderung durch Gewährung von Darlehen erfolgt dann neben dem **603** Zuschuß, wenn die Maßnahme alleine mit dem Zuschuß nicht in dem arbeitsmarktpolitisch erwünschten Umfang durchführbar ist, an der Durchführung jedoch ein besonderes arbeitsmarkt- oder sozialpolitisches Interesse besteht.

Die Förderung durch Gewährung eines Zuschusses und Darlehens zusammen **604** darf 80 % der Gesamtkosten der Maßnahme, also Personal- und Sachkosten, nicht überschreiten.

Die Darlehen werden mit 4 % jährlich verzinst; darüber hinaus sind jährlich 4 % **605** zu tilgen. In besonders gelagerten Fällen können Zinsvergünstigungen sowie Tilgungsstundungen gewährt werden.

Bei Trägern, die keine juristische Person des öffentlichen Rechts sind, muß das **606** Darlehen durch eine selbstschuldnerische Bürgschaft einer juristischen Person des öffentlichen Rechts oder eines Kreditinstitutes gesichert werden.

Die Tilgung des Darlehens beginnt am ersten Tag des Monats, der auf den Tag der **607** Auszahlung der letzten Darlehensrate folgt.
Die erste Rate der Zins- und Tilgungsbeträge ist 6 Monate nach Beginn der Tilgungsfrist, die weiteren Raten jeweils halbjährlich fällig.

608 Das Darlehen wird erst ausgezahlt, wenn dessen Sicherung nachgewiesen ist. Bis zur Fälligkeit des Darlehens können auf nachgewiesene Kosten Abschläge geleistet werden. Derartige Teilzahlungen können bis zu einem Drittel der bewilligten Förderung geleistet werden.

609 Die Zuschüsse zum Arbeitsentgelt werden nach Vorlage geeigneter Nachweise über das ausgezahlte Arbeitsentgelt nachträglich monatlich gewährt.

610 Über den ABM-Förderantrag entscheidet der Direktor des Arbeitsamtes nach Anhörung des Verwaltungsausschusses.

611 Er bedarf der Zustimmung des Präsidenten des Landesarbeitsamtes, wenn die Gesamtförderung der Bundesanstalt für Arbeit DM 800 000 übersteigt.

612 Die Zustimmung des Präsidenten des Bundesanstalt ist erforderlich, wenn die Gesamtförderung aus Mitteln der Bundesanstalt den Betrag von DM 2 000 000 übersteigt.

613 Die Entscheidung über den Förderantrag ergeht durch schriftlichen Bescheid, dem Anerkennungsbescheid, der den Träger gleichzeitig verpflichtet, dem Arbeitsamt gegenüber folgende Sachverhalte unverzüglich anzuzeigen:

- wenn zugewiesene ABM-Kräfte vorübergehend gegen im Betrieb bereits beschäftigte Stammkräfte ausgetauscht werden müssen,
- die Arbeitsbeschaffungsmaßnahme nicht in dem angegebenen Umfang durchgeführt werden kann oder über den angegebenen Umfang hinaus erweitert werden soll,
- Leistungen Dritter seit Antragstellung zuerkannt oder erhöht worden sind.

5.3 Dauer der Förderung

614 Die Dauer der Förderung beträgt im Regelfall bis zu einem Jahr. Die Förderung kann zwei Jahre betragen, wenn die sozialpolitisch und arbeitsmarktpolitischen sowie die persönlichen Verhältnisse der Arbeitslosen die verlängerte Förderung zweckmäßig erscheinen lassen.
Wenn sich der Träger zur anschließenden Übernahme der ABM-Kräfte in ein Dauerarbeitsverhältnis verpflichtet, kann die Förderung im Ausnahmefall bis zu 3 Jahren betragen.

615 Dabei ist immer zu berücksichtigen, daß das Arbeitsamt die zugewiesenen Arbeitnehmer abberufen kann und der Arbeitnehmer dann kündigen kann, wenn er ein Dauerarbeitsverhältnis, eine Ausbildungsstelle oder eine Maßnahme zur beruflichen Bildung erhält. Die Bemühungen, den ABM-Arbeitnehmer in ein Dauerarbeitsverhältnis zu vermitteln, bleibt auch während der Maßnahme stets im Vordergrund. Wird eine ABM-Kraft abberufen, wird der Träger der Maßnahme und das zur Durchführung beauftragte Unternehmen durch das Arbeitsamt von der Abberufung des Arbeitnehmers sowie über den genauen Zeitpunkt unverzüglich schriftlich informiert.

6. Arbeitsbeschaffungsmaßnahmen gemäß AFRG (Arbeitsförderungs-Reformgesetz)

Im Januar 1997 hat der Deutsche Bundestag den Entwurf eines Gesetzes zur Reform der Arbeitsförderung (Arbeitsförderungs-Reformgesetz, AFRG) angenommen und als Gesetzesbeschluß des Deutschen Bundestages dem Bundesrat eingereicht (Quelle: Bundesanzeiger Verlagsgesellschaft, Bonn, Drucksache 61/97 vom 31. 1. 1997). **616**

Die in diesem Gesetz enthaltenen Änderungen hinsichtlich der Regelung von Arbeitsbeschaffungsmaßnahmen sollen zum 1. April 1997 vorweg in Kraft treten (Handelsblatt vom 2. 4. 1997, Nr. 63). **617**
Das Arbeitsförderungs-Reformgesetz fließt in das dritte Sozialgesetzbuch ein, das am 1. 1. 1998 in Kraft treten soll.

Insgesamt läßt der Gesetzentwurf erkennen, daß eine Entwirrung und Vereinfachung der Regelungen beabsichtigt ist. **618**

Wie im geltenden Recht wird auch zukünftig die Förderung an den Träger der Maßnahme geleistet, der hierdurch in die Lage versetzt wird, selbst oder bei Vergabe der Arbeiten an Unternehmen, mittelbar Arbeitsverhältnisse mit den vom Arbeitsamt zugewiesenen Arbeitnehmern begründen zu können. **619**

Die Förderung wird an die Durchführung konkreter Maßnahmen gebunden, so daß die Förderung von Arbeitsbeschaffungsmaßnahmen auch weiterhin eine Individualförderung für arbeitslose Arbeitnehmer darstellt (§ 258 AFRG). **620**

Bisher wurden die Voraussetzungen über die Förderungsfähigkeit von Maßnahmen überwiegend per Anordnung festgelegt. **621**
Zukünftig soll die Bestimmung über die Förderungsfähigkeit von Arbeitsbeschaffungsmaßnahmen einheitlich im Gesetz geregelt werden (§ 259 AFRG).

Nur die detaillierte Ausgestaltung über Art, Umfang und Verfahren der Förderung, insbesondere hinsichtlich der Berücksichtigungsfähigkeit von Arbeitsentgelten erfolgt durch Anordnung der Bundesanstalt, für Arbeit, die hierzu ermächtigt wird (§ 269 AFRG). **622**

Die Durchführung von Arbeitsbeschaffungsmaßnahmen wird weiterhin an die Zusätzlichkeit und das öffentliche Interesse der durchzuführenden Maßnahmen geknüpft. **623**

Um eine Verdrängung nicht geförderter Auftragnehmer zu vermeiden und somit die Verdrängung des sogenannten ersten Arbeitsmarktes durch den sogenannten zweiten Arbeitsmarkt zu verhindern, erfolgt eine verstärkte Einbeziehung der Interessenvertretungen einzelner Berufsgruppen bzw. Berufsstände in die gesetzliche Regelung. **624**
Handwerkskammern, Kreishandwerkerschaft, Industrie- und Handelskammern und falls vorhanden Landesfachverbände, sollen gehört werden.

Zukünftig soll über die Bereiche des Bau- und Baunebengewerbes sowie des Garten- und Landschaftsbaus hinaus auch die Vergabe in allen anderen Bereichen geprüft werden. **625**

626 Gefördert werden auch Träger oder durchführende Unternehmen, die bei förderungsbedürftigen Arbeitnehmern Arbeitsverhältnisse begründen, die durch die Arbeit beruflich stabilisiert und qualifiziert und deren Eingliederungsaussichten dadurch verbessert werden können.

627 Bevorzugt sollen Maßnahmen gefördert werden,

- wenn durch sie die Voraussetzungen für die Schaffung von Dauerarbeitsplätzen erheblich verbessert werden,
- durch die Arbeitsgelegenheiten für Arbeitnehmer mit besonderen Vermittlungserschwernissen geschaffen werden oder
- die strukturverbessernde Arbeiten vorbereiten oder ergänzen, die soziale Infrastruktur verbessern oder der Verbesserung der Umwelt dienen.

628 In dem zukünftig geltenden Regelwerk ist der Begriff der Zusätzlichkeit in § 259 (2) konkretisiert. Gleiches gilt für die Definition des öffentlichen Interesses in § 259 (3). Zukünftig wird eine Maßnahme auch dann förderfähig sein, wenn sie Zeiten einer begleitenden beruflichen Qualifizierung oder eines betrieblichen Praktikums enthält, wenn dadurch Eingliederungsaussichten erheblich verbessert werden. Diese Zeiten dürfen zusammen höchsten 50 % der Zuweisungsdauer ausmachen.

629 Auch die Festlegung dessen, welche Arbeitnehmer förderungsbedürftig sind, wurde vereinfacht, um eine größere Praktikabilität herzustellen. Gleichzeitig wird der Spielraum des Arbeitsamtes zur Feststellung der Förderungsbedürftigkeit vergrößert.

630 Die bisher komplizierte Regelung, in der eine prozentuale Bewertung überdurchschnittlich hoher Arbeitslosigkeit einer betroffenen Region festgestellt werden muß, wird zukünftig aufgegeben.
Diese Regelung war sinnvoll, als insgesamt eine geringe Arbeitslosenquote im Bundesgebiet herrschte und nur einzelne Regionen von hoher Arbeitslosigkeit betroffen waren. Diese Regionen sollten dann in den Genuß der Förderung von Arbeitsbeschaffungsmaßnahmen gelangen.
Angesichts der derzeitigen Lage auf dem Arbeitsmarkt, der bundesweit die Verfestigung von Langzeitarbeitslosigkeit aufweist, erschien diese Regelung dem Gesetzgeber nicht mehr als sinnvoll.

631 Als eine weitere Vereinfachung werden zukünftig Zuschüsse an Maßnahmeträger nach einer Formel einmal berechnet und als Festbetrag für die Dauer der Maßnahmeförderung unveränderlich festgelegt. Hierdurch entsteht eine erhebliche Verwaltungserleichterung für die Arbeitsämter. Die komplizierte Nachberechnung bei Veränderungen während des Bezugs entfällt zukünftig (§ 262 AFRG).

632 Hinsichtlich der Zuschüsse, die auf das berücksichtigungsfähige Arbeitsentgelt erbracht werden können, sind Kürzungen dahingehend vorgesehen, daß das berücksichtigungsfähige Arbeitsentgelt zukünftig höchstens 80 % des tariflichen Arbeitsentgeltes betragen darf.

633 Hiervon wird ein prozentualer Zuschuß von mindestens 30 %, regelmäßig 75 %, höchstens 90 % und in Ausnahmefällen 100 % gewährt werden.

Erfolgt eine abgesenkte tarifliche Einstufung der Langzeitarbeitslosen, so sind bis zu 90 % dieses Betrages berücksichtigungsfähig. **634**
Berücksichtigungsfähig sind zukünftig auch auf das Arbeitsentgelt entfallende Beitragsanteile des Arbeitgebers zur Sozialversicherung, zur Arbeitsförderung und der Beiträge des Arbeitgebers, die im Rahmen eines Ausgleichssystems für die Entgeltfortzahlung im Krankheitsfalle und für die Zahlung von Urlaubsentgelt zu leisten sind.

In Bezug auf die Dauer der Förderung wurde ebenfalls eine Vereinfachung und Klarstellung der möglichen Förderungszeiträume getroffen. **635**
Grundsätzlich darf eine Förderung nur 12 Monate dauern. Bevorzugt geförderte Maßnahmen können bis zu 24 Monate gefördert werden.
Eine bevorzugt geförderte Maßnahme darf bis zu 36 Monate gefördert werden, wenn der Arbeitgeber die anschließende Übernahme der Arbeitnehmer in Dauerarbeitsverhältnisse verbindlich zusagt.

Des weiteren wird zukünftig die Wiederholung einer Maßnahme ohne zeitliche Unterbrechung gestattet, wenn **636**
- während einer längeren Dauer Arbeitsplätze für wechselnde, besonders förderungsbedürftige Arbeitnehmer zu schaffen sind und
- die Eingliederungsaussichten dieser Arbeitnehmer dadurch erheblich verbessert werden.

Für den Fall, daß ein Arbeitgeber die zuvor zugesagte unbefristete Übernahme von Arbeitnehmern in ein Dauerarbeitsverhältnis nicht erfüllt (36 monatige Förderung) oder das Arbeitsverhältnis innerhalb von 12 Monaten nach Ende des Förderzeitraumes beendet wird, werden zukünftig die Zuschüsse, die für die Verlängerung der Förderung gewährt wurden, zurückverlangt. **637**

Mit dieser Vorschrift wird eine Lücke im bisherigen Förderungsrecht geschlossen. Bisher war nicht ausdrücklich festgelegt, unter welchen Voraussetzungen ein Träger, der die Verpflichtung zur späteren festen Übernahme der Arbeitnehmer nicht erfüllte, zur Rückzahlung der Fördermittel zu verpflichten war (§ 266 AFRG). **638**

VI. Zuschüsse von Maßnahmen gemäß § 249 h AFG

Maßnahmen nach § 249 AFG die im Rahmen der aktiven Arbeitsmarktpolitik erfolgen, orientieren sich an dem nachfolgenden Ablaufschema. **639**

1. Maßnahmen gemäß § 249 h AFG im Rahmen der integrierten Standortentwicklung

Im Rahmen der integrierten Standortentwicklung, insbesondere hinsichtlich der Abriß- und Erschließungsmaßnahmen ist zu prüfen, ob und in welchem Umfang der Einsatz von Arbeitskräften auf Basis eine § 249 h-Maßnahme in Frage kommt. **640**

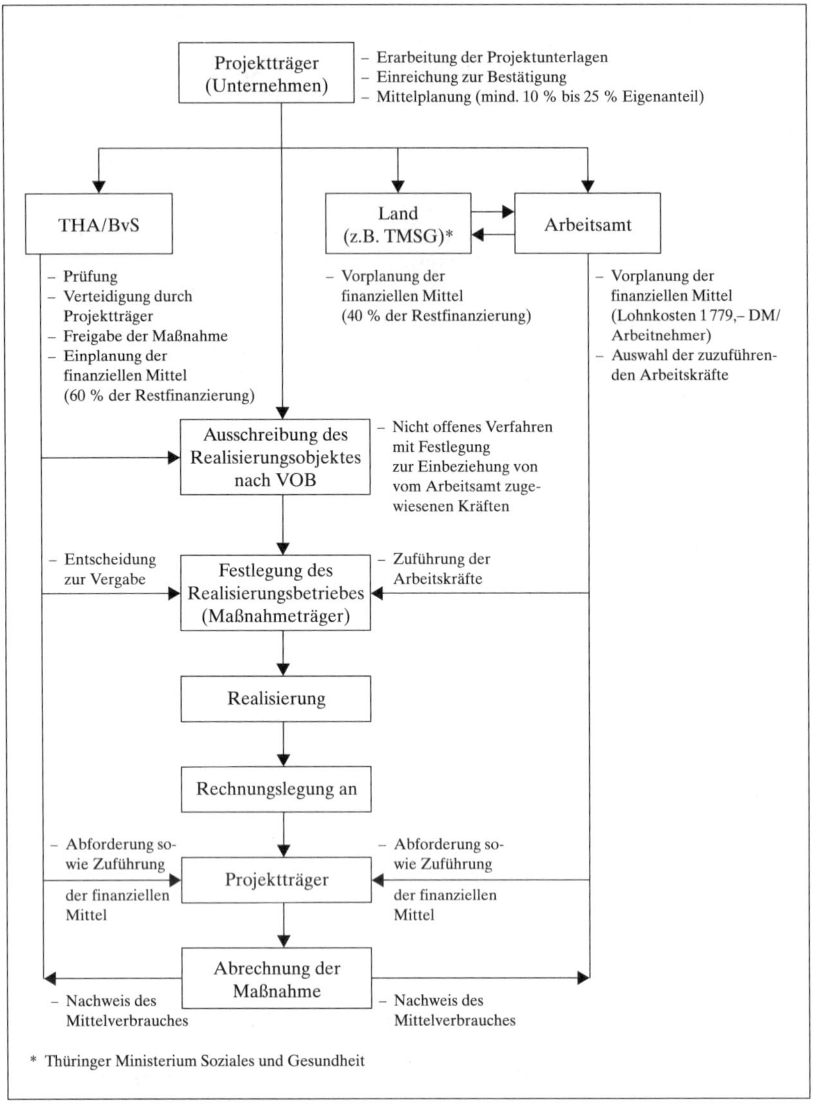

2. Zielsetzung

641 Die Durchführung von Maßnahmen gemäß § 249 h AFG dient der Verbesserung der Umwelt, der sozialen Dienste, der Jugendhilfe und anderen Bereichen dienende Arbeiten in den neuen Bundesländern durch die Bundesanstalt für Arbeit.

642 Die Regelung ist bis zum 31. 12. 1997 befristet. Bis zu diesem Zeitpunkt kann die Bundesanstalt für Arbeit zur Durchführung der in dem in Artikel 3 des Einigungsvertrages genannten Gebiet der Verbesserung der Umwelt, der sozialen Dienste und der Jugendhilfe durch Gewährung von Zuschüssen an Arbeitgeber die Beschäftigung arbeitsloser Arbeitnehmer fördern. Die Förderung ist auch zur Erhöhung des Angebotes im Breitensport, in der freien Kulturarbeit und für Arbeiten zur Vorbereitung denkmalpflegerischer Maßnahmen einsetzbar.

Die Förderung gilt nur für Maßnahmen in den neuen Bundesländern. **643**

3. Förderungsvoraussetzungen

Maßnahmen gemäß § 249 h AFG stellen ein Instrument der aktiven Arbeits- **644**
marktpolitik dar und zielen als Arbeitsförderung Ost in erster Linie darauf ab, Arbeitslosigkeit zu beseitigen.

Die Arbeitsämter können folgenden Personenkreis in nach § 249 h AFG förde- **645**
rungsfähige Maßnahmen zuweisen:
- Bezieher von Arbeitslosengeld oder Arbeitslosenhilfe, die vor Beginn der geförderten Maßnahme mindestens 3 Monate lang arbeitslos gemeldet waren,
- Arbeitnehmer, die aufgrund struktureller Arbeitsausfälle Anspruch auf Kurzarbeitergeld gemäß § 63 Abs. 4 AFG haben, wenn sie in den letzten 13 Wochen vor Beginn des geförderten Arbeitsverhältnisses entweder vollständigen Arbeitsausfall hatten oder wenn mindestens 90 % der Arbeitszeit ausgefallen war
- Der Bezug von Kurzarbeitergeld aufgrund konjunktureller Arbeitsausfälle begründet keine Zuweisung in eine Maßnahme gemäß § 249 h AFG
- Personen, die zuvor als Teilnehmer in einer allgemeinen Maßnahme zur Arbeitsbeschaffung (§§ 91–96) beschäftigt wurden und aufgrund der Beendigung der Förderungsfrist ausgeschieden sind
- Die Beschäftigungen einer Maßnahme für ältere Arbeitnehmer gemäß §§ 97–99 begründet keine Zuweisung in eine § 249 h-Maßnahme
- Personen die von Arbeitslosigkeit bedroht sind und ohne Zuweisung in eine § 249 h-Maßnahme arbeitslos wären, für die also die Aufnahme in eine § 249 h-Maßnahme kostenneutral wäre, ist eine Zuweisung ebenfalls möglich.

4. Verfahren

Zur Erlangung einer Förderung gemäß § 249 h, auf die kein Rechtsanspruch be- **646**
steht, ist ein Unternehmen als Projektträger erforderlich und ein Maßnahmeträger als Realisierungsbetrieb.

4.1 Projektträger

Das Unternehmen das die Projekträgerschaft innehat, erarbeitet zunächst die **647**
Projektunterlagen und reicht sie zur Bestätigung ein. Desweiteren muß seitens des Projektträgers die Finanzierung eines Eigenanteils von 10–25 % sichergestellt werden.

Das Projektträger-Unternehmen reicht die Projektunterlagen zur Genehmigung **648**
bei folgenden Stellen ein:

- bei dem zuständigen Landesministerium zur Genehmigung und zur Vorplanung der finanziellen Mittel;
- bei dem zuständigen Arbeitsamt zur Vorplanung der finanziellen Mittel, die in Form eines Lohnkostenzuschusses pro Arbeitnehmer gewährt werden und um die Auswahl der zuzuführenden Arbeitskräfte vorbereiten zu können;
- bei Unternehmen, deren Gesellschafterin die THA/BvS ist, sind auch hier nach einem vorgegebenen Verfahren die Projektunterlagen zur Prüfung, Verteidigung, Freigabe und Einplanung der finanziellen Mittel einzureichen.

649 Ist das Projekt von allen genehmigenden Stellen positiv beschieden worden, erfolgt durch den Projektträger die Auschreibung des Realisierungsobjektes gemäß VOB in einem nicht offenen Verfahren. Hierbei erfolgt die Festlegung, daß dem Realisierungsbetrieb vom Arbeitsamt zugewiesene Arbeitskräfte zugeführt werden.

4.2 Maßnahmeträger

650 Als Maßnahmeträger wird das Unternehmen bezeichnet, dem die Arbeitskräfte vom Arbeitsamt zugeführt werden. In den meisten Fällen handelt es sich um Beschäftigungsförderungsgesellschaften, von denen die durch das Arbeitsamt ausgewählten Arbeitskräfte eingestellt werden. Der Maßnahmeträger überläßt die Arbeitskräfte zur Durchführung bestätigter Projekte dem Projektträger-Unternehmen.

651 Der Maßnahmeträger ist Antragsberechtigter gegenüber dem Arbeitsamt und zur Finanzierung von Sachmitteln gegenüber der THA/BvS. Er wird zum Arbeitgeber der vom Arbeitsamt zugewiesenen Arbeitskräfte.

652 Die Auswahl des Maßnahmeträgers erfolgt durch Ausschreibung und Vorauswahl des Projektträgers; die endgültige Entscheidung zur Vergabe des Projektes trifft die THA/BvS bei Unternehmen deren Gesellschafterin sie ist.

653 Die Rechnungslegung einer Maßnahme gemäß § 249 h AFG erfolgt von dem Maßnahmeträger an den Projektträger, der die finanzielle Sicherung jeweils auf 2 Monate gewährleisten muß. Der Projektträger wiederum stimmt den Mittelzufluß mit der THA/BvS ab und nimmt auch die abschließende Abrechnung der Maßnahme und den Nachweis des Mittelverbrauchs gegenüber THA/BvS und dem Arbeitsamt vor.

5. Umfang der Förderung

654 Die Förderung von Maßnahmen gemäß § 249 h AFG erfolgt durch das Arbeitsamt, durch das Land und bei Unternehmen, deren Gesellschafterin die THA/BvS ist, durch die BvS.

5.1 Zuschüsse

655 Die Förderung wird als Zuschuß an die Träger für förderungsfähige Arbeiten gewährt. Darlehen und Zinszuschüsse sind nicht vorgesehen. Die Maßnahmeträger können Arbeitgeber der zugewiesenen Arbeitnehmer sein.

656 Die Zuschüsse werden nur gewährt, wenn folgende Anforderungen erfüllt sind:

- Die Arbeitsentgelte der zugewiesenen Arbeitnehme dürfen 90 % der tariflichen Arbeitsentgelte nicht überschreiten. Diese Arbeitsentgelte werden in der Regel tarifvertraglich vereinbart sein. Einzelvertragliche Vereinbarungen sind dann statthaft, wenn sie nicht gegen tarifvertragliche Regelungen verstoßen.
- Als nachrangige Möglichkeit werden Arbeitnehmer zugewiesen, die nur teilzeitlich – höchstens 80 % der regelmäßigen Arbeitszeit – beschäftigt sind.

5.2 Höhe der Zuschüsse

Die Bundesanstalt für Arbeit zahlt an den Maßnahmeträger einen pauschalen Festbetrag für jeden einzelnen zugewiesenen Arbeitnehmer als Zuschuß. Dieser Betrag wird auf Basis der durchschnittlichen Aufwendungen an Arbeitslosengeld und Arbeitslosenhilfe einschließlich der Beiträge zur Kranken- und Rentenversicherung der Arbeitslosengeld-/Arbeitslosenhilfe-Bezieher berechnet. **657**

Die Höhe des Zuschusses pro Arbeitnehmer wird von der Bundesanstalt für Arbeit jährlich im Bundesanzeiger bekanntgegeben. **658**

Der Maßnahmeträger beantragt vor Beginn des Arbeitsverhältnisses den Lohnkostenzuschuß bei dem Arbeitsamt des Bezirks in dem das zu fördernde Projekt durchgeführt wird. **659**

Um den Mißbrauch mit Fördermitteln zu verhindern, ist die Gewährung von Zuschüssen dann unzulässig, wenn Anhaltspunkte dafür bestehen, daß ein Arbeitgeber Arbeitnehmer deshalb entläßt, um eine Fördermaßnahme nach § 249 h AFG zu erhalten. **660**

Desweiteren können Zuschüsse seitens des Landes als pauschalierter Lohnkostenzuschuß für Maßnahmen nach § 249 h AFG zugewiesene Arbeitnehmer in Form eines Festbetrages beantragt werden. **661**

Die Bewilligung der Mittel erfolgt aufgrund pflichtgemäßen Ermessens im Rahmen der verfügbaren Haushaltsmittel des Landes, ohne daß auf die Gewährung der Zuwendung ein Rechtsanspruch besteht. **662**

Bei Unternehmen deren Gesellschafterin die THA/BvS ist, besteht nicht nur ein klar vorgeschriebenes Regelwerk zur Beantragung, Genehmigung und Durchführung von Maßnahmen gemäß § 249 h AFG, es erfolgt bei Genehmigung einer Maßnahme auch eine anteilige Finanzierung der Maßnahme. **663**

Von der Gesellschafterin werden Sachmittel und Zuschüsse zur Durchführung der Maßnahme, aber auch eine Restfinanzierung der Maßnahme gewährt, die bis zu 60 % betragen kann. **664**

6. Dauer der Förderung

Im Gesetzestext ist die Durchführung der Maßnahmen zeitlich bis zum 31. 12. 1997 befristet, wobei unter 7. die Fortführung nach Maßgabe des AFRG skizziert wird. **665**

Die individuelle Zuweisungsdauer des einzelnen Arbeitnehmers in eine Maßnahme soll den Zeitraum von 36 Monaten nicht überschreiten. **666**

667 Gemäß der Satzung der Bundesanstalt für Arbeit sind Frauen entsprechend ihrem Anteil an der Zahl der Arbeitslosen bei der Zuweisung in Maßnahmen zu berücksichtigen.

668 Die Zuweisungsdauer für ältere Arbeitnehmer ab 50 Jahren und älter sowie für Schwerbehinderte kann 48 Monate betragen, darf die Geltungsdauer (31. 12. 1997) der Regelung jedoch nicht überschreiten.

669 In einer Richtlinie über die Gewährung von Zuschüssen aus Mitteln des Landes Thüringen zur Förderung von Beschäftigungsmöglichkeiten in § 249 h AFG-Maßnahmen werden die gleichen Zeiträume, 36 Monate und für ältere Arbeitnehmer und Schwerbehinderte 48 Monate aufgegriffen.

670 Im Rahmen dieser Richtlinie erfolgt der Hinweis darauf, daß Fördermittel bevorzugt auf die Arbeitsamtsbezirke konzentriert werden sollen, in denen im Durchschnitt der letzten 6 Monate vor Antragstellung eine Arbeitslosigkeit registriert wurde, die um 20 % über dem Landesdurchschnitt liegt. Ebenso vorrangig zu unterstützen sind Maßnahmen, die besonders für die Beschäftigung von Frauen geeignet sind.

671 Auch hinsichtlich des Landeszuschusses wird die Förderung von der Sicherung der Gesamtfinanzierung des Vorhabens abhängig gemacht.

672 Die Richtlinie des Landes Thüringen legt fest, daß insgesamt die Leistungen der THA/BvS, die Lohnkostenzuschüsse des Arbeitsamtes und der Landeszuschuß zusammen 90 % der zuwendungsfähigen Ausgaben des Vorhabens nicht überschreiten dürfen.

VII. Förderung von Strukturanpassungsmaßnahmen gemäß AFRG (Arbeitsförderungsreformgesetz)

1. Einleitung

673 Die Förderung von Strukturanpassungsmaßnahmen im gesamten Bundesgebiet knüpft an die positiven Erfahrungen mit der Arbeitsförderung Ost nach § 249 h und an die Arbeitsförderung West nach § 242 s AFG an. Im Rahmen der Ausgestaltung dieser bis zum Jahresende 1997 befristeten Leistungen fanden die unterschiedlichen arbeitsmarktlichen Verhältnisse in Ost- und Westdeutschland Berücksichtigung.

674 Die neue, bis zum Jahresende 2002 befristete Förderung von Strukturanpassungsmaßnahmen gilt für Ost- und Westdeutschland gleichermaßen und vereint die Förderbedingungen von §§ 249 h und 242 s AFG in einer Leistung.

675 Hierbei werden durch Zuschüsse für die Förderung von Strukturanpassungmaßnahmen Mittel beschäftigungsintensiv eingesetzt, die ansonsten als Arbeitslosengeld oder Arbeitslosenhilfe und entsprechende Beiträge für Sozialversicherung zu zahlen wären.

676 Der produktive Einsatz sonst konsumtiv verausgabter Mittel deckt regelmäßig nicht den für die Sicherstellung der Gesamtfinanzierung von Personal- und Sachkosten erfoderlichen Mittelbedarf.

Das AFRG sieht vor, daß Träger von Strukturanpassungsmaßnahmen für die Beschäftigung von zugewiesenen Arbeitnehmern bis zum 31. 12. 2002 durch Zuschüsse gefördert werden können, wenn **677**

- die Durchführung der Maßnahme dazu beiträgt, neue Arbeitsplätze zu schaffen,
- dies zum Ausgleich von Arbeitsplatzverlusten erforderlich ist, die infolge von Personalanpassungsmaßnahmen in einem erheblichen Umfang entstanden sind oder entstehen und sich auf den örtlichen Arbeitsmarkt erheblich nachteilig auswirken und
- die Träger oder durchführenden Unternehmen Arbeitsverhältnisse mit den vom Arbeitsamt zugewiesenen förderungsbedürftigen Arbeitnehmern begründen.

Die Förderung von Strukturanpassungmaßnahmen beinhaltet insofern ein Angebot von Bund und Bundesanstalt an Länder, Kommunen und sonstige Dritte, die im eigenen Interesse liegenden Aufgaben im Umwelt-, Sozial- und Jugendbereich erledigen zu können. **678**

In den neuen Bundesländern gilt weiterhin die Besonderheit, daß auch Maßnahmen im Kultur-, Breitensport- und vorbereitenden Denkmalpflegebereich gefördert werden können (§ 416). **679**

2. Grundsatz (Strukturanpassungsmaßnahmen) (§ 270)

Stärker als bisher soll bei den Strukturanpassungsmaßnahmen eine Verzahnung von Arbeitsmarkt- und Strukturpolitik unterstrichen werden. **680**
Die Strukturanpassungsmaßnahmen sollen bei einem Strukturwandel, der mit dem Verlust vieler Arbeitsplätze verbunden ist und für den örtlichen Arbeitsmarkt erheblich nachteilige Folgen hat, dazu beitragen, die Voraussetzungen für die Entstehung neuer Arbeitsplätze zu schaffen.

Wie bei der Förderung anderer Arbeitsbeschaffungsmaßnahmen wird auch bei Strukturanpassungsmaßnahmen ein Zuschuß über das Arbeitsamt in eine Maßnahme zugewiesen, wenn sie als förderungswürdig bestätigt wurde und vom Arbeitsamt zugewiesene förderungsbedürftige Arbeitnehmer in dieser Maßnahme beschäftigt werden. **681**

Auch hier ist wiederum ein Maßnahmeträger einbezogen. **682**
Über den Maßnahmeträger wird das Förderungsverhältnis ermöglicht und eine ordnungsgemäße Durchführung der Maßnahme bei gleichzeitiger Entlastung des Arbeitsamtes gewährleistet.

Der Maßnahmeträger bzw. bei einer Vergabemaßnahme, bei der die Arbeiten durch ein beauftragtes Unternehmen durchgeführt werden, schließt der Träger oder das Unternehmen einen regulären Arbeitsvertrag mit dem zugewiesenen Arbeitnehmer ab. **683**

2.1 Förderungsfähige Maßnahmen (§ 271)

Die Förderung von Strukturanpassungsmaßnahmen soll Arbeiten fördern, die ansonsten nicht oder nicht in diesem Umfang und nicht zu diesem Zeitpunkt finanziert und durchgeführt werden könnten. Um unerwünschte Effekte zu ver- **684**

hindern, soll die Förderung auf Bereiche beschränkt werden, in denen der zusätzliche Beschäftigungseffekt unterstellt werden kann.
Förderungsfähig sind Maßnahmenbereiche entsprechend der bisherigen Regelungen bei § 249 h AFG und der Aufzählung in § 242 s AFG.

685 In Erweiterung des bisherigen Begriffs sind auch die Maßnahmen förderungsfähig, die zur Erhaltung und Verbesserung der Umwelt und zur Verbesserung des Angebotes bei den sozialen Diensten und in der Jugendhilfe dienen.

686 Die Förderung von Maßnahmen in den Bereichen freier Kulturarbeit, Breitensport und Vorbereitung der Denkmalpflege – wie es zuletzt bei Maßnahmen im § 249 h AFG zulässig war – wird für die alten Bundesländer als arbeitsmarktpolitisch kontraproduktiv eingeschätzt und entfällt daher.
Für die neuen Bundesländer ist dieser Anwendungsbereich in § 416 besonders geregelt.

2.2 Förderungsbedürftige Arbeitnehmer (§ 272)

687 Als förderungsbedürftig werden zukünftig Arbeitnehmer schon dann anerkannt, wenn sie

- arbeitslos geworden oder von Arbeitslosigkeit bedroht sind,
- vor der Zuweisung die Voraussetzungen für Arbeitslosengeld oder Arbeitslosenhilfe erfüllt haben, oder bei Arbeitslosigkeit erfüllt hätten und
- ohne die Zuweisung auf absehbare Zeit nicht in Arbeit vermittelt werden können.

688 Diese Definition der Förderungsbedürftigkeit von Arbeitnehmern stellt eine deutliche Erweiterung zu der bisherigen Regelung dar.
Zukünftig besteht die Erfordernis einer anteiligen Zuweisung von Arbeitnehmern, die zuvor Arbeitslosengeld und Arbeitslosenhilfe bezogen haben bei verschiedenen Personengruppen nicht mehr.

689 § 249 h-Maßnahmen werden um die Fälle erweitert, in denen Arbeitnehmer in Maßnahmen, in einem nicht unerheblichen Umfang von einem Wirtschaftsunternehmen mit finanziert werden unter der Voraussetzung, daß sie anschließend in einem Dauerarbeitsverhältnis bei ihm oder dem durchführenden Unternehmen übernommen werden. Für diese Personengruppe beträgt die Höhe des Zuschusses höchstens den Betrag, der sich für den einzelnen zugewiesenen Arbeitnehmer nach den durchschnittlichen monatlichen Aufwendungen an Arbeitslosengeld und Arbeitslosenhilfe einschließlich der Beiträge zur Sozialversicherung aller Empfänger von Arbeitslosengeld und Arbeitslosenhilfe des Kalenderjahres errechnet.

690 Ein Zuschuß darf in voller Höhe nur dann erbracht werden, wenn für den zugewiesenen Arbeitnehmer Arbeitsentgelte vereinbart sind, die den berücksichtigungsfähigen Arbeitsentgelten entsprechen und sie nicht übersteigen.

691 Sind höhere Entgelte vereinbart, so wird der Zuschuß um den übersteigenden Betrag gekürzt.
Eine Kürzung erfolgt auch, wenn die Arbeitszeit der geförderten Maßnahme nicht der vollen Arbeitszeit entspricht.

Die Förderungsdauer von Strukturanpassungsmaßnahmen darf in der Regel 36 Monate betragen. **692**
Die Förderungsdauer darf bis zu einer Gesamtförderungsdauer von 48 Monaten verlängert werden, wenn der Träger die Verpflichtung übernimmt, daß die zugewiesenen Arbeitnehmer anschließend in ein Dauerarbeitsverhältnis bei ihm oder dem durchführenden Unternehmen übernommen werden.

Die Förderung von Strukturanpassungmaßnahmen unterliegt der Notwendigkeit der Kostenneutralität für Bund und Bundesanstalt, da in die Förderung von Strukturanpassungsmaßnahmen Bundes- und Bundesanstaltsmittel einfließen, die ansonsten für die Zahlung von Arbeitslosengeld und Arbeitslosenhilfe sowie die entsprechenden Beiträge zur Sozialversicherung aufzuwenden gewesen wären, mit dem Unterschied, daß sie nunmehr produktiv im Rahmen einer Maßnahme eingesetzt werden. **693**

Diesem Grundsatz der Kostenneutralität würde die Einstufung als förderungsbedürftiger Arbeitnehmer entsprechen, wenn all die Arbeitnehmer, die arbeitslos geworden oder unmittelbar von Arbeitslosigkeit bedroht sind und auf absehbare Zeit nicht in eine andere Arbeit vermittelt werden können und gleichzeitig die Anspruchsvoraussetzungen zum Erhalt von Arbeitslosengeld oder Arbeitslosenhilfe erfüllen oder bei Arbeitslosigkeit erfüllen würden, in diesem Sinne bedürftig sind. **694**
Bund bzw. Bundesanstalt müßten ohne weitere Zuweisung Mittel in entsprechender Höhe verausgaben.

Empfänger von Arbeitslosenhilfe sollen in Strukturanpassungsmaßnahmen mindestens in dem Prozentsatz eingebunden werden, wie es ihrem Anteil an der Arbeitslosigkeit insgesamt entspricht. **695**

2.3 Dauer der Förderung (§ 274)

Die Maßnahmen können nur zeitlich befristet gefördert werden. **696**
Bisher wurde bei Maßnahmen gemäß §§ 249 h und 242 s AFG keine konkrete Regelung über eine zeitliche Befristung der Förderung getroffen. Da die Regelungen jedoch mit dem Jahresende ablaufen, war eine besondere Regelung erforderlich.

Da nun eine Verlängerung von Strukturanpassungsmaßnahmen für weitere 5 Jahre als Instrument der Arbeitsförderung zur Verfügung steht, wird zukünftig eine Befristung der Förderung als notwendig angesehen. **697**

Die neue Regelung knüpft an die bisherigen Vorschriften über die Zuweisungsdauer bei Maßnahmen nach § 249 h AFG an. **698**
Des weiteren wird die Möglichkeit eingeräumt, eine Verlängerung der Förderung bis zu einer Gesamtförderungsdauer von 48 Monaten zu erlangen, wenn der Träger bzw. das durchführende Unternehmen durch die Verlängerung die anschließende Bereitschaft zur Übernahme der Arbeitnehmer in Dauerarbeitsverhältnisse erhöhen.

2.4 Zuweisung (§ 275)

699 Die Dauer der Zuweisung eines Arbeitnehmers in eine Maßnahme soll grundsätzlich davon abhängen, wie die Eingliederungsaussichten des Arbeitnehmers durch die Zuweisung verändert werden.
Ist damit zu rechnen, daß erst eine mehrjährige Zuweisung eine nachhaltige Verbesserung der Chancen auf dem Arbeitsmarkt erwarten läßt, kann der Arbeitnehmer für die gesamte Dauer der Maßnahmeförderung zugewiesen werden.

700 Förderketten sollen jedoch ausgeschlossen werden. Arbeitnehmer, die bereits für die Dauer von mehreren Jahren in Maßnahmen der §§ 242 s oder 249 h AFG gefördert wurden, können nicht nochmals in eine Strukturanpassungsmaßnahme eingewiesen werden.

2.5 Verordnungsermächtigung (§ 277)

701 Die Verordnungsermächtigung des Bundesministeriums für Arbeit und Sozialordnung, näheres der Förderung von Strukturanpassungsmaßnahmen durch Rechtsverordnung regeln zu können, dient der Entlastung des Gesetzes von Detailregelungen.

702 Die genaue Ausarbeitung der Anordnungen zum AFRG und somit die detaillierte Umsetzung zukünftiger Arbeitsbeschaffungsmaßnahmen in die Praxis werden voraussichtlich noch einige Veränderungen aufweisen.

703 Die Vereinfachung der Regelungen und die besondere Förderung von strukturverbessernden Maßnahmen, wie sie im Rahmen einer integrierten Standortentwicklung eines industriellen Altstandortes Anwendung findet, wurde vom Gesetzgeber aufgrund der positiven Erfahrungen in den neuen Bundesländern erkannt und bis zum Jahre 2002 bundesweit übernommen.

VIII. Die Anwendung der integrierten Standortentwicklung auf ein Energieversorgungsunternehmen

1. Ausgangssituation

704 Im folgenden wird ein weiteres Unternehmen beschrieben, zu dessen Sanierung die integrierte Standortentwicklung angewendet wurde. Es handelt sich um eine GmbH, deren Hauptgeschäftszweck in der Lieferung von Wärme aus dem eigenen Heizwerk und der Lieferung von Elektroenergie aus dem eigenen Heizkraftwerk besteht.
Der Geschäftsbetrieb der GmbH umfaßt auch die Aufbereitung und Verwertung von Brauchwasser für den Eigenbedarf und für Dritte.
Auf dem Werksgelände wird eine eigene Werkseisenbahn – Anschlußbahn – betrieben, mit der Brennstoffe für das Heizwerk und das Heizkraftwerk auf dem Gelände transportiert werden.
Ein Bereich ›Elektrohandwerk‹ erbringt vorrangig Leistungen für das Unternehmen, bietet aber auch Dienstleistungen gegenüber Dritten an.
Ein weiteres Geschäftsfeld des Unternehmens deckt die Verwaltung nicht betriebsnotwendiger Immobilien ab, die an verschiedenen Standorten liegen.

Dieses Geschäftsfeld steht in keinem engen Zusammenhang mit dem Kerngeschäft des Unternehmens. Bezüglich des Anlagevermögens des Unternehmens ist das Geschäftsfeld aber bedeutend. Der buchmäßige Wert der nicht betriebsnotwendigen Immobilien macht die Hälfte des Anlagevermögens des Unternehmens aus.
In diesem Unternehmen sind nicht nur die unter dem Mantel einer GmbH zusammengefaßten unterschiedlichen Geschäftsfelder bemerkenswert, eine Besonderheit ergibt sich aus der räumlichen Zersplitterung aller vorgenannten Geschäftsfelder auf getrennten Grundstücken innerhalb der gleichen Stadt.
Die sechs betriebsnotwendigen Gewerbeflächen des Unternehmens umfassen insgesamt eine Fläche von 813 000 m^2.
Die dem Geschäftsfeld ›Immobilienverwaltung‹ zugeordneten nicht betriebsnotwendigen Immobilien umfassen 742 Wohnheiten in 88 Häusern an verschiedenen Standorten.
Zu Zeiten der Vollauslastung beschäftigte das Unternehmen 1 200 Mitarbeiter, zu Beginn der Standortanalyse wurden noch 225 Mitarbeiter beschäftigt.
Obwohl das Unternehmen durch den Bestand an nicht betriebsnotwendigen Immobilien über beträchtliches Anlagevermögen verfügte, wurde die Umstrukturierung erforderlich.

In den Kerngeschäftsfeldern der GmbH wurden durch vertraglich fest eingegangene Wärme- und Energielieferzusagen aus dem völlig veralteten Heizwerk und Heizkraftwerk jährlich erhebliche Verluste erzielt. **705**
Das Vermögen wäre bei unveränderter Betriebsfortführung kurzfristig innerhalb der nächsten ein bis zwei Geschäftsjahre aufgebraucht worden.
Die bestehenden vertraglichen Verpflichtungen zur Wärme- und Energielieferung bedeuteten aber gleichzeitig, daß eine völlige Betriebseinstellung kurzfristig nicht möglich war.

Vor diesem Hintergrund wurde seitens der Gesellschafterin nicht nur die Entscheidung zur Liquidation der GmbH, sondern gleichzeitig die Entscheidung zur Durchführung einer integrierten Standortentwicklung getroffen. **706**

Die Durchführung eines Gesamtvollstreckungsverfahrens bot sich bei diesem Unternehmen schon aus Kostengründen nicht an. **707**

Ein eigens zum Kostenvergleich der möglichen Verfahrensweisen-Gesamtvollstreckungsverfahren/Liquidationsverfahren – durch eine Wirtschaftsprüfungsgesellschaft erstelltes Gutachten kam zu dem Ergebnis, daß das Liquidationsverfahren kostengünstiger ist als das Gesamtvollstreckungsverfahren. **708**

Der Vorteil der Durchführung eines Liquidationsverfahrens für die Gesellschafterin, die neben dem Hauptziel – Einstellung des Geschäftsbetriebes und Verwertung des Anlagevermögens – durch ihre Entscheidungen Einfluß auf das Verfahren behält, trifft auch für dieses Unternehmen zu (siehe hierzu auch F I 2.). **709**

Die Umstrukturierung und Umgestaltung der Industrieflächen im Rahmen einer integrierten Standortentwicklung entfaltet trotz der völlig anderen Ausgangssituation dieses Unternehmens im Vergleich zu der in F II beschriebenen Aktiengesellschaft auch hier ihre Vorzüge, da die Verwertung des Vermögens hier ebenfalls mit einer Sanierung einhergeht. **710**

711 Die von der Gesellschafterin geforderte Privatisierung der Flächen nach Durchführung der integrierten Standortentwicklung wird möglich und dadurch das Entstehen mehrerer Industriebrachen in einer Stadt verhindert. Die anderenfalls zu erwartenden sozialpolitischen Auswirkungen werden, wenn nicht ganz verhindert, so doch abgefedert.

2. Aufgabenstellung

712 Wegen der räumlichen Zersplitterung der Unternehmensgelände kann eine Bewertung der Standorte nur im einzelnen erfolgen und nicht wie bei dem in Teil II 3. beschriebenen Unternehmen eine Charakteristik des zusammenhängenden Unternehmensgeländes abgegeben werden.
Um die Ausgangssituation der integrierten Standortentwicklung für dieses Unternehmen nachvollziehen zu können, werden nachfolgend die einzelnen Standorte kurz beschrieben:

2.1 Der Betrieb des Heizwerkes

713 Zu Beginn der Bestandsaufnahme beschäftigte das Heizwerk noch 63 Arbeitnehmer.

714 Das Geschäftsfeld machte im ersten Jahr der Sanierung aus dem operativen Geschäftsbetrieb eine halbe Million DM Verlust vor Steuern. Die Versorgungspflichten bestanden für mindestens weitere zwei Jahre mit einer Leistung von 5 MWh fort, die für vier Großabnehmer und drei Privatabnehmer zur Verfügung gestellt werden mußten.

715 Die nutzbare Fläche des Geschäftsfeldes umfaßt 126 000 m^2, die mit 49 Bauwerken bebaut ist. Dies ergibt einen umbauten Raum von 182 000 m^3. Neben dem Heizwerk gehören ein mehrgeschossiger Stahlbetonbau und ein 130 m hoher Schornstein sowie eine Vielzahl von Nebengebäuden zu dem Geschäftsfeld.

716 Im Bereich des Heizwerkes und des Schornsteins ist mit Altlastenkontamination, insbesondere mit Kohlenwasserstoffen, Schwermetallen, Arsen und Chrom zu rechnen.

2.2 Der Betrieb des Heizkraftwerkes

717 Zu Beginn der Bestandsaufnahme wurden im Heizkraftwerk 105 Arbeitnehmer beschäftigt, die neben dem Betrieb des Heizkraftwerkes auch die Instandhaltung, Elektroenergieerzeugung und die Verwaltung des Werkes durchführen.

718 Auf Basis der vor Beginn der Bestandsaufnahme unkündbar abgeschlossenen Verträge zur Lieferung von Elektro- und Wärmeenergie wurde im Jahr des Sanierungsbeginns mit einem Verlust von einer halben Million DM aus der operativen Geschäftstätigkeit gerechnet, der sich in den Folgejahren nahezu vervierfachen würde.

719 Die dem Heizkraftwerk zuzuordnende Fläche beträgt 116 000 m^2, auf der sich 45 Bauwerke befinden, mit einem umbauten Raum von ca. 165 000 m^3.

Eines der Gebäude ist ein Kesselhaus mit einer Größe von ca. 40 000 m^3 umbautem Raum und eine Abgasanlage einschließlich eines Schornsteins von ca. 21 000 m^3 umbautem Raum.
Eine erste Altlasteneinschätzung wies auf eine Herbacidanwendung im Bodenbereich hin. Mit einer Kontamination durch Kohlenwasserstoffe und Arsen ist zu rechnen.

2.3 Der Bereich Brauchwasser

In diesem Geschäftsbereich wurden zu Beginn der Bestandsaufnahme 10 Arbeitnehmer beschäftigt. **720**
Dieser Geschäftsbereich erbrachte Dienstleistungen für das Heizkraftwerk, weshalb eine enge Verknüpfung besteht.
Das Gelände des Bereiches »Brauchwasser« umfaßt 150 000 m^2, die an zwei verschiedenen Standorten der gleichen Stadt liegen. Zusammen befinden sich auf dem Gelände 16 bauliche Anlagen mit einem umbauten Raum von ca. 140 000 m^3.
Auch hier ist mit einer erheblichen Altlastenkontamination im Zusammenhang mit einer Chemikalienstation der Wasseraufbereitungsanlage sowie einer Kläranlage durch Eisen und Arsen zu rechnen.

2.4 Der Bereich Anschlußbahn

Der Bereich »Anschlußbahn« beschäftigte zu Beginn der Bestandsaufnahme **721** 10 Arbeitnehmer.
Wie zuvor der Bereich »Brauchwasser« besteht für den Bereich »Anschlußbahn« ein enger Zusammenhang mit dem Heizkraftwerk und dem Heizwerk, da die Anschlußbahn als Dienstleistungseinrichtung zu sehen ist. Der Bereich umfaßt eine Fläche von 290 000 m^2 und 22 km Gleisanlagen.
Das Gelände verfügt über 16 Bauwerke mit einem umbauten Raum von ca. 25 000 m^2 sowie über diverse Brückenbauwerke.
Hier läßt eine erste Altlasteneinschätzung ebenfalls eine deutliche Kontamination mit Arsen, Blei, Cadmium und Kohlenwasserstoffen aus einer Herbacidanwendung erwarten.

2.5 Der Bereich Elektrohandwerk

Der Bereich beschäftigte zu Beginn der Bestandsaufnahme 6 Arbeitnehmer. **722**

2.6 Der Bereich Immobilienverwaltung

Im Bereich der nichtbetriebsnotwendigen Immobilien wurden zu Beginn der **723** Bestandsaufnahme 11 Arbeitnehmer beschäftigt.
Die Verwaltung umfaßt 742 Wohneinheiten in 88 Häusern an verschiedenen Standorten.
Der Bereich »Immobilienverwaltung« steht in keiner Abhängigkeit zu einem der anderen Geschäftsbereiche der GmbH.

2.7 Stillgelegte Kokerei

Neben den operativ tätigen Geschäftsbereichen verfügte das Unternehmen über **724** eine ca. 160 000 m^2 große Industrie- und Gewerbefläche – einer ehemaligen Kokerei – die bereits stillgelegt war.

725 Eine Besonderheit des Bereiches stillgelegte Kokerei besteht darin, daß sich nur zwei drittel der Flächen im Besitz des Unternehmens befinden und gemäß einer abgeschlossenen Vereinbarung das Gelände zu einem drittel der Gesellschaft zur Verwahrung und Verwertung stillgelegter Bergbaubetriebe (GVV) übertragen wurde.

726 Das gesamte Gelände der ehemaligen Kokerei unterliegt der Bergaufsicht durch das Bergamt.

727 Die Kokerei nahm im Jahre 1862 den Betrieb auf, wurde 1915 modernisiert und um eine Benzolfabrik, eine Ammoniakfabrik und um Gasvorratsbehälter erweitert. 1917 erfolgte der Bau weiterer 20 Ofenkammern. Von 1957 bis in die Mitte der 60er Jahre wurde die gesamte Kokerei rekonstruiert und um die Errichtung neuer Anlagen ergänzt, wie Vorkühler, Ammoniakwäsche, Benzolwäsche, Naßentschwefelung und EGR-Nachkühler. Zwischen 1980 und 1985 wurden Ofenbatterien errichtet, so daß die Kokerei auf insgesamt 134 Öfen erweitert wurde.

2.8 Weitere bauliche Anlagen

728 Über die bereits beschriebenen Unternehmensbereiche hinaus verfügte das Unternehmen über eine Schachtanlage, die von 1849 bis 1948 in Betrieb war. Ein Schachtbruch zwang 1948 zur Aufgabe des Schachtes der anschließend verfüllt wurde. Der Schacht war 370 m tief und hatte über Querschläge Verbindung zum gesamten Grubenrevier. In den letzten Betriebsjahren diente er zur Wasserhaltung. Desweiteren befindet sich auf dem Unternehmensgelände ein Luftschutzstollensystem mit einer Gesamtlänge von 300 Metern. Das Stollensystem liegt ca. 16 m unter der Geländeoberkante.

3. Altlastenkontamination

729 Aufgrund der vorangegangenen Nutzung als Bergwerk und Kokerei ergeben sich Nutzungseinschränkungen des Standortes die daraus resultieren, daß

- unterirdische Stollensysteme, Lüftungs- und Wasserführungssysteme in unterschiedlichem Bauzustand vorhanden sind;
- Wasserhaltungsmaßnahmen unterschiedlicher Art weitergeführt werden müssen, wodurch die Herausnahme von Fundamenten und die Neugründung von Bauten eingeschränkt sind;
- bergbautypische Altlasten bestehen, die nicht nur eine klar definierte Oberflächenschicht, sondern auch tiefere Bodenschichten und das Grundwasser betreffen und Reinigungs- oder Versiegelungsmaßnahmen erfordern;
- der Boden nicht in jedem Fall eine gewachsene, definiert verdichtete Struktur aufweist, da teilweise Verfüllungen vorgenommen wurden und Haldensysteme in unterschiedlicher Zusammensetzung, teilweise unter Beimischung von Asche und Schlacke mit den damit verbundenen Reststoffen angelegt wurden.

Nach ersten Einschätzungen betragen die mit kokereispezifischen Stoffen belasteten Flächen ca. 10 500 m^2.

730 Erste Untersuchungen weisen darauf hin, daß mit der Belastung durch Schwermetalle wie Arsen, Blei und Cadmium im Bereich des Bodens zu rechnen ist.

Des weiteren wurde im Bereich der Bodenbelastung festgestellt, daß auch in der Bodenluft eine beträchtliche Anreicherung mit leicht flüchtigen Kohlenwasserstoffen (BEX) vorliegt. **731**

In den Bereichen in denen eine Bodenkontamination vorhanden ist, ist mit dem Eintrag kokereispezifischer Stoffe, insbesondere mit PAK in das Grundwasser zu rechnen. **732**

Da das Abwassersystem teilweise zerstört ist, ist auch mit Schadstoffaustrag in die öffentliche Kanalisation zu rechnen. **733**

4. Bergbaurechtliche Besonderheiten

Im Vergleich zu der in F III beschriebenen Durchführung einer integrierten Standortentwicklung am Beispiel eines Unternehmens der Elektrotechnik/Elektronik sind hier die juristischen Besonderheiten eines unter Bergrecht stehenden Unternehmens zu beachten. **734**

Solange Flächen unter Bergaufsicht stehen, dürfen Maßnahmen der integrierten Standortentwicklung, wie z.B. der Abriß von Gebäuden nur mit Zustimmung des Bergamtes und in den neuen Bundesländern in Verantwortung der Gesellschaft zur Verwahrung und Verwertung stillgelegter Bergwerke (GVV) durchgeführt werden. **735**

Die GVV wurde als ehemalige Tochtergesellschaft der Treuhandanstalt aus dieser herausgelöst und ist mit der Durchführung von Sanierungsmaßnahmen unter Bergrecht stehender Unternehmen befaßt. **736**

Eine Verwertung bzw. eine neue und veränderte Nutzung des Geländes kann erst nach Entlassung der Flächen aus dem Bergrecht erfolgen. **737**

Die Entlassung von Flächen aus dem Bergrecht erfolgt auf den Grundlagen: **738**
- eines durch das Unternehmen gestellten Antrages unter Beifügung von Nachweisen der Belastungsfreiheit des Geländes,
- Einer abgeschlossenen Sanierung auf Basis eines bestätigten Abschlußbetriebsplanes, der von allen Beteiligten, Unternehmen, Investoren, Stadt, staatliches Umweltfachamt, Bergamt, Regierungspräsidium bzw. Landesverwaltungsamt bestätigt wurde;
- Einer Verknüpfung von Abschlußbetriebsplan und Investitionsvorhaben, wenn bei allen Beteiligten darüber Übereinstimmung besteht, daß die Sanierung im Zusammenhang mit der Neubebauung durchgeführt wird.

Dieses Vorgehen wurde musterhaft im Rahmen der integrierten Standortentwicklung dieses Standortes durchgeführt. **739**

4.1 Der Abschlußbetriebsplan

Der Abschlußbetriebsplan stellt die wesentliche Voraussetzung zur Entlassung von Grundstücken aus dem Bergrecht dar. **740**

Er besteht aus einer Vielzahl von Teilplänen, die auf Grundlage von Sanierungsuntersuchungen, Recherchen in historischem Material, der vorherigen Nutzung und einer Gefährdungseinschätzung, die durch ein anerkanntes und zugelassenes **741**

Ingenieurbüro zu erstellen ist. Der Abschlußbetriebsplan wird dem Bergamt eingereicht.

742 Das Bergamt als Fachorgan nutzt das staatliche Umweltfachamt und holt selbst Stellungnahmen der örtlichen Körperschaften, wie der Stadtverwaltung, dem zuständigen Regierungspräsidium bzw. dem Landesverwaltungsamt ein.

743 Die Einbeziehung der Fachbehörden findet gemäß § 54 Bundesberggesetz statt. Nach Zustimmung der Träger öffentlicher Belange kann die Sanierung durchgeführt werden.

744 Die Möglichkeit besteht, vor Beendigung oben beschriebenen Verfahrens Teilabschnitte dann aus der Bergaufsicht zu entlassen, wenn hierfür der Sanierungserfolg nachgewiesen werden kann. Gleiches gilt für die Verknüpfung des Abschlußbetriebsplans mit dem Nutzungskonzept eines Investors.

745 Ist der Abschlußbetriebsplan genehmigt, kann dann vor Erreichen des Sanierungsziels Baurecht erteilt werden, wenn sich aus der geplanten Folgenutzung und dem Bebauungsplan aus den altlastenbedingten Einschränkungen keine Negativfolgen ergeben. Das kann bedeuten, daß z.B. aufgrund festgestellter Altlastenkontamination eine Unterkellerung nicht möglich ist oder eine Gründung maximal 1,5 m unter Gelände Oberkante erfolgen darf. Bezieht die Nutzungsplanung diese Einschränkungen ein und plant für diese Bereiche verbleibender Bodenkontamination z. B. Parkplätze und Grünanlagen, kann Baurecht vor Erreichen des endgültigen Sanierungszieles erteilt werden.

746 Im Gegensatz zu der zuvor beschriebenen integrierten Standortentwicklung in der Abbrucharbeiten und Altlastenbeseitigung verlangt wurden, läßt das Bergrecht zu, daß Fundamente, Keller und teilweise erhebliche Altlastenkontaminationen im Boden verbleiben können.

747 Abrißarbeiten für Fundamente erfolgen bei Objekten, die unter Bergrecht stehen bis maximal 40 cm unter Geländeoberkante und wenn durch Tiefbaumaßnahmen keine Beeinflussung der Flußrichtungen des Grundwassers verursacht werden.

748 Als Voraussetzung zur Genehmigung des Abschlußbetriebsplans für dieses Unternehmen wurden folgende Sonderbetriebspläne verlangt:
- Sonderbetriebsplan für die Sanierung der Schleusen und unterirdischen Rohrleitungen,
- Sonderbetriebsplan für die Sanierung des Luftschutzbauwerkes,
- Sonderbetriebsplan für den Abriß des Kesselhauses Kraftwerk einschließlich des Schornsteins,
- Sonderbetriebsplan für den Abriß der Restgebäude Kokerei,
- Sonderbetriebsplan für das Betreiben einer Pilotanlage zur Grundwasserreinigung.

749 Da einige der Sonderbetriebspläne langfristig wirken, wie z.B. der der Abwasserreinigung, können zukünftige Investoren zur Nutzung dieser Fläche nur dann gefunden werden, wenn die korrekte Durchführung der Sonderbetriebspläne uneingeschränkt akzeptiert wird.

5. Verwertung

Das Beispiel des Energieversorgungsunternehmens, für das die Besonderheiten des Bergrechts zutreffen, zeigt das breite Anwendungsspektrum und die Flexibilität, die ein Sanierungsverfahren wie die integrierte Standortentwicklung zuläßt. **750**

Im Gegensatz zu der in F II beschriebenen Aktiengesellschaft werden bei dem Energieversorgungsunternehmen einzelne Teilflächen nicht erst nach vollständiger Beendigung der integrierten Standortentwicklung verwertungsfähig. **751**

Grund hierfür ist die Tatsache, daß die in F II beschriebene Problematik mangelnder Teilungsfähigkeit einzelner Parzellen aufgrund untrennbar auf dem Gelände verlaufender Versorgungsleitungen im Falle des Energieversorgungsunternehmens nicht besteht. **752**

Da desweiteren die Regularien des Bergrechtes unter Einhaltung von Auflagen, auch die Umnutzung belasteter Flächen zulassen, besteht in jeder Phase des Verfahrens die Möglichkeit der Verwertung von Teilflächen an Investoren. **753**

Hiermit wird deutlich, daß die integrierte Standortentwicklung als Sanierungsverfahren nicht nur dann Anwendung finden kann, wenn ohne die volle Entfaltung aller Maßnahmeschritte eine Industriebrache entstehen würde, sondern auch dann sinnvoll ist, wenn sie nur in Teilbereichen Anwendung findet. **754**

Oberstes Ziel des Sanierungsverfahrens – integrierte Standortentwicklung – bleibt immer die Verwertung ursprünglich risikobehafteter und nicht verwertbarer Grundstücke und Objekte für die Gesellschafter, verbunden mit den belebenden Impulsen für die betroffene Region und neuen Entwicklungsperspektiven für die Bevölkerung. **755**

Teil G
Durchführung der Sanierungsmaßnahmen

Inhaltsübersicht **Rz.**

I. Einleitung

Ist eine **Unternehmenskrise** z.B. durch Liquiditätsschwierigkeiten deutlich geworden, wird die Geschäftsleitung, falls sie nach einer eingehenden Prüfung die **Sanierungsfähigkeit** und **Sanierungswürdigkeit** des Unternehmens bejaht, Maßnahmen ergreifen mit dem Ziel, die finanzielle Sanierung anzustreben, möglicherweise verbunden mit einer betrieblichen **Umstrukturierung,** in der z.B. Teilbetriebe ganz eingestellt, Betriebe zusammengelegt und/oder Betriebe in Teilbereichen mit anderen Betrieben fusioniert werden. 1

Solche Maßnahmen werfen regelmäßig eine Vielzahl von rechtlichen Fragen auf, die zivil-, arbeits-, gesellschafts-, bilanz-, steuer- und konkursrechtlicher Art sein können. Auf die Lösung wichtigster Rechtsprobleme im Zusammenhang mit der Sanierung wird nachfolgend eingegangen. 2

Die **Geschäftsleitung** hat die größten **Gestaltungsmöglichkeiten,** indem sie die Möglichkeiten einer Einschränkung oder Stillegung von Betrieben oder wesentlicher Betriebsteile prüft, die Verlegung des Betriebes oder wesentlicher Betriebsteile unter Verkauf nicht mehr benötigten Betriebsvermögens (Sach- und Finanzanlagen) vornimmt, mit anderen Unternehmen den **Zusammenschluß von Betrieben** oder Betriebsteilen beschließt oder die Betriebsorganisation, den Betriebszweck und/oder die Betriebsanlagen wesentlich ändert und/oder einen erheblichen **Personalüberhang** durch betriebsbedingte Kündigung abbaut. 3

Zur finanziellen Sanierung einer Unternehmung können die Großgläubiger oder alle Gläubiger des Unternehmens um **Stundung** von Forderungen, Zinserlaß, Schuldumwandlung, Forderungserlaß oder um Fremdkapitalzuführung (Sanierungskredite, Auffanggesellschaften) gebeten werden. 4

Auf der **Gesellschafterebene** kommen hauptsächlich die **Erhöhung des Eigenkapitals** und der **Darlehensverzicht** in Frage. Letzteres insbesondere dann, wenn den Darlehen nach den allgemeinen Grundsätzen eigenkapitalersetzender Charakter zukommt. 5

Sind die Sanierungsmaßnahmen nicht erfolgreich, entsteht die **Konkursantragsverpflichtung.** Auch kann der Beschluß der Gesellschaft, die **Liquidation** durchzuführen, die Einleitung und die Durchführung des Vergleichs- oder Konkursverfahrens erforderlich machen. 6

II. Die Bankverbindung in der Krise

7 Eine der Grundvoraussetzungen der Sanierung ist die Einhaltung eines Kreditrahmens bzw. die **Geldbeschaffung,** da bei den geringen Eigenkapitalquoten eine Sanierung im wesentlichen auf Fremdmittel gestützt werden muß, zumal die Unternehmer fast ausschließlich im Vorfeld der Krise Fremdmittel in großem Umfang in Anspruch genommen haben. Eine besondere Bedeutung kommt insoweit der **Hausbank** zu. Ist diese bereit, unter betriebswirtschaftlich vertretbaren Bedingungen das Engagement weiterzuführen, erhöht sich die Chance der Sanierung.
Für die bestehenden und neuen Kredite gelten die folgenden Grundsätze:

1. Kredit in der Krise

8 Droht die Zahlungseinstellung, begehrt die Unternehmensleitung häufig die Erhöhung der Kredite, was für die kreditgewährende Bank im Konkursfalle bedeuten kann, daß dritte Gläubiger den Versuch unternehmen, den Kreditgeber wegen Konkursverschleppung in Anspruch zu nehmen (*Mertens* ZHR 1979, 177; *Canaris* ZHR 1979, 133).

9 Selbst dann, wenn die Hausbank hohe Kredite gewährt hat, hat das Unternehmen keinen Rechtsanspruch auf Erhöhung eines gewährten Kredits (*OLG Düsseldorf* ZIP 1983, 786; *OLG Zweibrücken* ZIP 1984, 1334).

10 Andererseits ist eine Bank zur **Auszahlung neuer Kredite** grundsätzlich auch dann noch berechtigt, wenn sich der Kreditnehmer in wirtschaftlichen Schwierigkeiten befindet oder bereits konkursreif ist (*BGH* WM 1956, 529; 1961, 1106). Zulässig sind jedoch neue Kredite nur, wenn sie bezwecken, den Schuldner wirklich zu sanieren und zu dieser Sanierung auch geeignet sind (*BGH* WM 1965, 919; *OLG Düsseldorf* ZIP 1983, 786).

11 Unzulässig und sittenwidrig sind Kredite, die den Zusammenbruch des Unternehmens nur hinausschieben und der Bank Gelegenheit geben, sich in der gewonnenen Zeit gegenüber anderen Gläubigern des Unternehmens Vorteile zu verschaffen, insbesondere sich wegen alter Kredite zu befriedigen, und bei deren Ausreichung die Bank in Kauf genommen hat, daß Dritte über die Kreditwürdigkeit des Schuldners getäuscht werden (*BGH* WM 1962, 965; 1964, 674; 1965, 919; 1975, 534; *OLG Düsseldorf* WM 1981, 969; *OLG Düsseldorf* ZIP 1983, 786; *OLG Schleswig* WM 1982, 27).
Die Rechtsprechung grenzt teilweise danach ab, ob die Bank mit dem neuen Kredit eigennützige Zwecke verfolgte oder uneigennützig gehandelt hat.

12 Die Gefahr des Vorwurfs einer **Konkursverschleppung** besteht grundsätzlich nicht, wenn eine Bank einen Kredit einräumt, der nicht aus dem Vermögen des Schuldners besichert wird, und wenn zu diesem Zeitpunkt keine Forderungen gegen den Schuldner aus früheren Krediten offen sind. Anhaltspunkte für eine Konkursverschleppung können sich aus einem eigennützigen Verhalten der Bank ergeben, wenn sie befürchtet oder befürchten muß, der Schuldner werde, falls eine Sanierung nicht versucht wird, auch die ihm von der Bank früher eingeräumten

Kredite nicht zurückzahlen können. Dies gilt insbesondere, wenn der Schuldner den durch die Wiederherstellung seiner Zahlungsfähigkeit gewonnenen Zeitraum benutzt, um halbfertige Waren, die der Bank zur Sicherung übereignet sind, fertigzustellen und damit aufzuwerten, oder um von dritter Seite Warenlieferungen zu erhalten, die in das Sicherungsgut der Bank übergehen, oder um die Voraussetzungen für das Erlöschen von Eigentumsvorbehalten an bereits gelieferten Waren zu schaffen (*BGH* WM 1964, 674; *OLG Köln* WM 1981, 1238).

Von dem Vorwurf der Konkursverschleppung kann sich die Bank entlasten, wenn sie aufgrund eine sachkundigen und sorgfältigen Prüfung der wirtschaftlichen Verhältnisse des Kreditnehmers überzeugt sein durfte, die Sanierung werde Erfolg haben und eine Schädigung Dritter werde letztlich nicht eintreten (*BGHZ* 10, 238; *BGH* WM 1958, 250; 1965, 919). **13**

Vom **Erfolg der Rettungsaktion** darf die Bank überzeugt sein, wenn keine ernsten Zweifel an dem Gelingen des Sanierungsversuchs bestehen und deshalb nicht damit zu rechnen ist, daß der Kredit ohne Zusammenbruch des notleidenden Unternehmens allenfalls verzögert, ohne ihn auf Dauer zu verhindern (*BGH* WM 1979, 253; 1979, 878, *OLG Schleswig* WM 1983, 25; *OLG Köln* WM 1981, 1238; *OLG Düsseldorf* ZIP 1981, 847; 1983, 786; WM 1984, 586). **14**

Denn derjenige, der ein notleidendes Unternehmen zu retten versucht und der die Krise den Umständen nach für überwindbar und darum Bemühungen um ihre Behebung für lohnend ansehen darf, verstößt nicht schon deshalb gegen die guten Sitten, weil dieser Versuch die Möglichkeit des Mißlingens und damit einer Schädigung nicht informierter Geschäftspartner einschließt (*BGH* WM 1979, 878; *OLG Köln* WM 1981, 1238; *Lwowski* Insolvenzpraxis für Banken, 1983, S. 45). **15**

Ihre Meinung über die Erfolgsaussichten der Sanierung kann die Bank auf einen **Sanierungsplan des Unternehmens** stützen, der die Ursachen der gegenwärtigen Krise und die plausiblen Wege zu ihrer Überwindung aufzeigt. **16**

Der Sanierungsplan sollte zweckmäßigerweise von einem neutralen Dritten geprüft werden. Schlägt die Sanierung wider Erwarten fehl, so kann damit Vorwürfen von dritter Seite, die Sanierung sei von Anfang an zum Scheitern verurteilt gewesen, besser begegnet werden (*BGHZ* 10, 228, der die Prüfung durch einen neutralen Dritten noch zur unbedingten Voraussetzung erhoben hat, sowie *BGH* WM 1971, 441). **17**

Da derartige Prüfungen von Sanierungsplänen erhebliche Zeit in Anspruch nehmen, darf die Hausbank bzw. eine dritte Bank neue Kredite gewähren, um den Zeitraum zu überbrücken (*OLG Schleswig* WM 1982, 27). **18**

Für einen Kredit, der nach den vorstehenden Grundsätzen ausgezahlt werden durfte, darf die Bank auch **Sicherheiten** in der Krise verlangen und hereinnehmen, ohne daß die Sicherheitenbestellung angefochten werden kann. **19**

Verletzt die Bank ihre Prüfungspflichten, so sind der Kreditvertrag und ein etwaiger Sicherungsvertrag nichtig (§ 138 BGB). Ein späterer Konkursverwalter kann Rückgewähr der bestellten Sicherheiten verlangen. Darüber hinaus können Schadenersatzansprüche aus § 826 BGB entstehen. **20**

21 **Schadenersatzansprüche** wegen eines der Gemeinschuldnerin oder der Gesamtheit der Konkursgläubiger durch die Schmälerung der Konkursmasse entstandenen Schadens kann der **Konkursverwalter** geltend machen (*BGH* WM 19783, 1354; 1984, 625; *RGZ* 97, 107; 154, 276; *OLG Düsseldorf* WM 1985, 1013).

22 **Schadenersatzansprüche,** die nur einzelnen Konkursgläubigern gegen Dritte zustehen, kann der Konkursverwalter nicht erheben. Diese Schadensersatzansprüche können nur von den betroffenen Gläubigern geltend gemacht werden (*OLG Düsseldorf* WM 1985, 1013).

23 **Altgläubiger,** deren Forderungen schon vor der konkursverschleppenden Handlung begründet waren, können als Schaden nur den Unterschiedsbetrag zwischen der Konkursquote, die im Fall einer rechtzeitigen Konkurseröffnung erzielt worden wäre, und derjenigen Konkursquote geltend machen, die tatsächlich gezahlt wird. **Neugläubiger,** die ihren Schaden erst dadurch erlitten haben, daß sie während des durch die Konkursverschleppung gewonnenen Zeitraums dem Kreditnehmer im Vertrauen auf dessen Kreditwürdigkeit Leistungen auf Kredit erbracht haben, können als Schaden den gesamten Ausfall ersetzt verlangen (*OLG Düsseldorf* WM 1985, 1013).

2. Kündigung von Bankkrediten

24 Die strengen Voraussetzungen, unter denen eine Bank in der Krise des Kunden neue Kredite einräumen darf, legen es nahe, daß sich die Bank aus dem Engagement zurückzieht, wenn der Kreditnehmer in wirtschaftliche Schwierigkeiten gerät. Dies kann durch **ordentliche und außerordentliche Kündigung** des Kreditverhältnisses geschehen.

25 Ist für den Kredit **keine feste Laufzeit** vereinbart, so steht der Bank ein ordentliches Kündigungsrecht zu. Dieses Kündigungsrecht folgt – sofern es nicht ausdrücklich in der Kreditvereinbarung niedergelegt ist – für schon ausgezahlte Darlehen aus § 609 BGB; die **Kündigungsfrist** beträgt drei Monate. Für zugesagte, aber noch nicht ausgezahlte Kredite steht der Bank das Kündigungsrecht aus § 610 BGB zu. Die Bank kann ihre Kündigung auch auf Nr. 17 AGB stützen.

26 Auch für den Fall einer anderweitigen Vereinbarung steht der Bank ein **außerordentliches Kündigungsrecht** zu, wenn ein wichtiger Grund vorliegt. Dies ist insbesondere der Fall, wenn der Kunde **unrichtige Angaben über seine Vermögenslage** gemacht hat, wenn eine wesentliche **Verschlechterung seines Vermögens** oder eine erhebliche **Vermögensgefährdung** eintritt, oder wenn der Kunde seiner Verpflichtung zur Bestellung oder Verstärkung von Sicherheiten nach Aufforderung durch die Bank nicht in angemessener Frist nachkommt. Dieses Kündigungsrecht wird in Kreditverträgen oft noch weiter spezifiziert und ausgedehnt.

27 Die Zulässigkeit dieser Kündigungsgründe ist von der Rechtsprechung allgemein anerkannt (*BGH* WM 1978, 235). Die Bank darf ihr Kündigungsrecht jedoch **nicht willkürlich** ausüben (*BGH* WM 1956, 530).

Weiter darf die Bank ihr Kündigungsrecht nicht ohne Rücksicht darauf ausüben, ob dem Kunden ein vermeidbarer und durch eigene Interessen der Bank nicht gerechtfertigter Nachteil zugefügt wird (*BGH* WM 1978, 235; 1979, 1179; *OLG Zweibrücken* ZIP 1984, 1334). **28**

Dies schließt aber eine Kündigung nicht aus, wenn der Kunde vertragliche Verpflichtungen verletzt und z.B. die fälligen Zinsen und Tilgungen nicht zahlt (*BGH* WM 1984, 1273), eingeräumte Kreditlinien überschreitet (*BGH* WM 1978, 235), oder sich zu Unrecht weigert, einer Forderung der Bank auf Bestellung zusätzlicher Sicherheiten nachzukommen (*BGH* WM 1979, 1179; 1981, 1006; *OLG Celle* WM 1984, 1175), oder wenn er die Bank durch unrichtige Angaben über seine Vermögensverhältnisse getäuscht hat. **29**

So ist die Bank nicht verpflichtet, eine trotz wiederholter Abmahnung länger andauernde erhebliche **Kontoüberziehung** hinzunehmen (*BGH* WM 1978, 237; 1985, 769; *OLG Zweibrücken* ZIP 1984, 1334). **30**

Wenn die Bank dagegen **häufige Überziehungen der Kreditlinie** unbeanstandet hingenommen hat, kann sie eine erneute Überziehung nicht ohne weiteres zum Anlaß für eine Kündigung nehmen. Vielmehr muß sie den Kunden vorher warnen (*BGH* WM 1983, 1038; 1984, 1273). **31**

Ein **Kontokorrentkredit,** der für die wirtschaftliche Existenz des Schuldners notwendig ist, kann von der Bank jedenfalls dann fristlos gekündigt werden, wenn objektive Umstände die Annahme rechtfertigen, daß der wirtschaftliche Zusammenbruch des Kreditnehmers durch Zwangsmaßnahmen Dritter unvermeidlich geworden ist (*BGH* EWiR Nr. 17 AGB Banken 2/85, 533). **32**

Es kann kein Grundsatz aufgestellt werden, daß eine Bank zur Kündigung nicht berechtigt sei, wenn sie ausreichend besichert ist, da unter keinem rechtlichen Gesichtspunkt eine Bank verpflichtet ist, einen wesentlichen **Vertragsverstoß des Kunden** trotz Gefährdung ihrer eigenen Vermögensinteressen hinzunehmen, wenn die von dem Kunden bestellten Sicherheiten ihren Schaden möglicherweise ausgleichen (*BGH* WM 1978, 237). **33**

In gewissem Rahmen kann die Bank aber gehalten sein, von der Kündigung vorübergehend Abstand zu nehmen. Dies kann der Fall sein, wenn die Bank über **vollwertige Sicherheiten** verfügt, durch Hinausschieben der Kündigung keine Beeinträchtigung ihrer Sicherheiten zu befürchten ist, der Kunde sich bis dahin vertragstreu verhalten hat, die Kündigung dem Kunden unverhältnismäßige Nachteile bringen würde und seine Sanierungsfähigkeit nicht verneint werden muß (*OLG Celle* ZIP 1982, 942). **34**

Ist die Kündigung nach den dargelegten Grundsätzen zulässig, so kann nur der Schuldner ihr entgegentreten. Schadensersatzansprüche Dritter sind dagegen ausgeschlossen (*BGH* WM 1956, 597). **35**

Die Bank kann sich in der **Krise des Kunden** grundsätzlich darauf beschränken, abwartend stillzuhalten. Sie ist nicht verpflichtet, den Kredit fällig zu stellen und den Kreditnehmer dadurch zu einem Insolvenzantrag zu zwingen (*BGH* WM 1963, 1094; 1964, 673; 1965, 476, 1970, 400). **36**

37 Insbesondere ist sie **nicht verpflichtet,** selbst den **Konkursantrag** zu stellen. Dritte können der Bank keine sittenwidrige Schädigung vorwerfen. Deren Interessen braucht die Bank bei ihre eigenen Entschließungen über Stillhalten oder Kündigung ihres Kredits nicht zu berücksichtigen (*BGH* WM 1963, 1094).

38 Auch die guten Sitten fordern von einer Bank nicht, die Wahrnehmung ihrer eigenen Interessen hinter die Belange anderer Gläubiger zurücktreten zu lassen (*BGH* WM 1970, 400; 1982, 480, 1983, 1406).

39 Dies gilt auch dann, wenn der Kreditnehmer während der Zeit, in der die Bank stillhält, **Sicherungsgut** der Bank z.B. durch Weiterverarbeitung aufwertet. Denn der Bank kann nicht zugemutet werden, eigene Interessen derart zurückzustellen, daß sie zum eigenen Schaden zur Vergrößerung einer eventuellen Konkursmasse beiträgt (*BGH* WM 1964, 117).

3. Eingriffe der Bank in die Geschäftsführung des Schuldners

40 Die dargestellten Grundsätze gelten nur, wenn die Bank sich völlig passiv verhält. Dazu zählen der Verzicht auf die Ausübung eines ordentlichen oder außerordentlichen **Kündigungsrechts,** der Verzicht auf die Beitreibung von Forderungen, die ohne Kündigung fällig geworden sind, und die Duldung der **Inanspruchnahme eines bisher noch nicht ausgeschöpften Kreditrahmens.**

41 Von einem **Stillhalten** kann nicht mehr die Rede sein, wenn die Bank in die Geschäftsführung ihres Kreditnehmers eingreift oder Einfluß ausübt oder auf dessen Vertragspartner Einfluß nimmt.

42 Eine Bank kann sich gegenüber dritten Gläubigern schadenersatzpflichtig machen, wenn sie die Geschäftsführung des Schuldnerunternehmens zu ihrem Vorteil und zu Lasten anderer Gläubiger praktisch entmachtet und sie durch Vertrauensleute übernimmt oder zumindest wesentlich beeinflußt und beispielsweise jede **Verfügung über Vermögenswerte** an ihre vorherige **Zustimmung knüpft** (vgl. dazu *BGH* WM 1964, 673).

43 Zwar ist dem Schuldner eine gewisse **Kontrolle der Geschäftsführung** durch den Kreditgeber zuzumuten, solange ihm noch eine ausreichende wirtschaftliche Bewegungsfreiheit und die Möglichkeit bleiben, auch andere Gläubiger in angemessenen Rahmen zu befriedigen (*BGH* WM 1955, 1667; 1958, 250; 1961, 1298). Die Bank darf sich das Recht zur **Überprüfung der geschäftlichen Unterlagen** eines Kunden vorbehalten, sofern sie ihm bedeutende Kredite eingeräumt hat (*BGH* WM 1955, 916).

44 Sittenwidrig handelt aber eine Bank, die den Schuldner zu ihrem **Strohmann** erniedrigt, der nur noch nach außen hin als Inhaber des Geschäfts erscheint, ihr gegenüber in Wirklichkeit nur noch die Stellung eines abhängigen Verwalters hat, und zwar so, daß der ganze Gewinn des Geschäfts dem Sicherungsnehmer zufließt, ein etwaiger Verlust von ihm nicht getragen und jede Haftung für die Geschäftsschulden auch bei fehlender Deckung von ihm abgelehnt wird.

4. Aufklärungspflichten der Bank

Die Bank darf Geschäftspartner ihres Kunden nicht über dessen wirtschaftliche Schwierigkeiten ungefragt unterrichten. Versuche des notleidenden Unternehmens zur Überwindung seiner Krise darf sie nicht gefährden. Auch wenn die Geschäftspartner ihres Kreditnehmers selbst zu dem Kundenkreis der Bank gehören, ist sie nicht verpflichtet, sie auf die Risiken des vorgesehenen Geschäfts hinzuweisen (*BGH* WM 1978, 897; 1978, 1038; 1983, 1039). **45**
Vielmehr ist es die Aufgabe dessen, der mit dem notleidenden Unternehmen in Geschäftsverbindung treten will oder steht, sich über das damit verbundene Risiko zu informieren (*BGH* WM 1963, 1094; ZIP 1982, 545).

Von diesem Grundsatz gibt es Ausnahmen, wonach Schadensersatzpflichten der Bank gegenüber anderen Gläubigern ihres Kreditnehmers ausgelöst werden können, wenn die Bank, die als Hauptgeldgeberin des in der Krise befindlichen Unternehmens an dessen Sanierung wirtschaftlich interessiert ist, sich aktiv in die Bemühungen dieses Unternehmens einschaltet, um neue Geldgeber zu finden, indem sie selbst potentielle Geldgeber anspricht und deren Engagement befürwortet (*BGH* WM 1978, 897). **46**

Gleichgelagert ist der Fall, daß die Bank einen **Vertrauensmann** in das Unternehmen **entsendet,** der seinerseits Geschäftspartner zum Stillhalten bewegt (*BGH* WM 1984, 1017). **47**

Ebenfalls schadenersatzträchtig ist es, wenn die Bank weisungsgemäß einen Zahlungsauftrag ihres insolvenzbedrohten Kreditnehmers zur Befriedigung einer fälligen Forderung eines Vertragspartners ausführt, der sich dadurch zu neuen Lieferungen oder Leistungen an den Kunden auf Kredit bewegen läßt (*OLG Zweibrücken* WM 1985, 86). **48**

5. Kredite in Konkursverfahren

Im Konkursantragsverfahren werden häufig ein allgemeines Veräußerungsverbot erlassen und die Sequestration angeordnet. Zur Fortführung des Unternehmens in dieser Phase, insbesondere zur Bezahlung von Löhnen und Gehältern, kann die Aufnahme neuer Kredite notwendig werden. Die Bank wird in dieser Phase neue Kredite nur einräumen, wenn sie hinreichend gesichert ist. **49**

Verfügt das Unternehmen noch über **freie Vermögenswerte,** so kann die Bank sich daran wirksam **Sicherungsrechte** bestellen lassen, wenn der Sequester zustimmt. **50**

Die **Sicherheiten** können in dem nachfolgenden Konkursverfahren nicht angefochten werden. Es handelt sich nämlich um ein sog. **Bargeschäft.** Bargeschäfte sind der konkursrechtlichen Anfechtung (§§ 29 ff. KO) entzogen (*BGH* WM 1955, 404, 1977, 254; 1978, 133; *ZIP* 1980, 518; *OLG Düsseldorf* ZIP 1982, 860; *OLG Hamburg* ZIP 1984, 1373). **51**

Verfügt das Unternehmen nicht mehr über Sicherheiten, so ist die Bank darauf angewiesen, in dem anschließenden Konkursverfahren eine Bevorrechtigung zu erhalten. Streitig ist, ob **Kredite,** deren Aufnahme der **Sequester** zugestimmt hat, **52** in entsprechender Anwendung von § 106 VglO eine Masseforderung darstellen (bejahend *Castendiek* KTS 1978, 16; *Koch,* Die Sequestration im Konkurseröffnungsverfahren, 1982, S. 104; *Gerhardt* ZIP 1982, 1; *Obermüller* Rz. 656; *Wessel* BB 1982, 1579; ebenso unter entspr. Anwendung von § 224 Abs. 1 Nr. 5 KO; *Uhlenbruck* KTS 1982, 201; *Kilger* Einhundert Jahre Konkursordnung 1877–1977, S. 210; *FG Baden-Württemberg* ZIP 1982, 1478; a. A. *Weber/Irschlinger/Wirth* KTS 1980, 94; *Kuhn/Uhlenbruck* KO, § 106, Rz. 15).

53 Dies gilt nur für den Geldkredit; für den Warenkredit hat die Rechtsprechung eine Privilegierung abgelehnt (*OLG Düsseldorf* ZIP 1984, 728). Aus letzterer Entscheidung kann kein Rückschluß auf den Geldkredit gezogen werden, da auch im Vergleichsverfahren nur der Geldkredit und nicht der Warenkredit privilegiert ist.

6. Kredite in Konkursverfahren

54 Die Zusage eines **Kontokorrentkredits,** die vor Konkurseröffnung erteilt wurde, erlischt mit Eröffnung des Verfahrens. **Sonstige Kreditzusagen** bleiben durch die Verfahrenseröffnung zwar unberührt, können aber von der Bank widerrufen werden.

55 Ausgezahlte Kredite werden mit Konkurseröffnung ohne Kündigung sofort fällig.

56 **Neue Kredite** kann der **Konkursverwalter** aufnehmen. Dazu benötigt er die Genehmigung des Gläubigerausschusses oder, wenn ein solcher nicht gewählt worden ist, der Gläubigerversammlung (§ 134 Nr. 2 KO). Ein Verstoß gegen die Genehmigungspflicht berührt die Wirksamkeit des Kreditvertrages nicht (§ 136 KO), selbst wenn dies der Bank bekannt war (*OLG Koblenz* KTS 1962, 123).

57 Der **Bankkredit** im Rahmen der **Betriebsfortführung** im Konkurs wird eine Masseforderung (§ 59 Nr. 1 KO). Die Kreditforderung konkurriert mit anderen Masseforderungen (§§ 60 Abs. 1 Nr. 1, 59 Abs. 1 Nr. 1, 2 KO).

58 Hat die Bank Bedenken, ob die Konkursmasse zur Befriedigung der Masseschulden ausreichen wird, so ist sie auf Sicherheiten angewiesen, die der Konkursverwalter der Bank bestellen darf. Er bedarf dazu ebenfalls der Genehmigung des Gläubigerausschusses bzw. der Gläubigerversammlung (§ 134 Nr. 2 KO).

7. Sicherheiten für Bankkredite

7.1 Anfechtbarkeit der Sicherheitsbestellung

59 Sicherheiten, die in zeitlichem Zusammenhang mit der Konkurseröffnung bestellt werden, sind der Gefahr der Konkursanfechtung ausgesetzt. Davon unberührt bleiben Sicherheiten, die nicht aus dem Vermögen des Kreditnehmers stammen, sondern von einem Dritten eingeräumt werden.

60 Zu unterscheiden ist nach dem jeweiligen Stadium der Insolvenz: Sicherheiten, die in den **letzten 10 Tagen vor Zahlungseinstellung oder Konkursantrag** bestellt werden, sind anfechtbar, wenn die Bank die Sicherheit nicht in der Art oder nicht zu der Zeit zu beanspruchen hatte **(inkongruente Deckung)** und nicht beweisen kann, daß ihr eine Begünstigung des Gemeinschuldners bekannt war. Eine Sicherheit, die die Bank aufgrund von § 19 Abs. 1 AGB-Bank gewährt, ist nämlich regelmäßig nicht hinreichend konkretisiert (*BGH* WM 1961, 28, 1968, 684; 1969, 968; 1981, 150).

Einen konkreten Anspruch und damit eine **kongruente Deckung** erwirbt die **61** Bank dagegen aufgrund einer Verpflichtung zu **künftiger Sicherheitsleistung.** Typischer Inhalt einer solchen Verpflichtungserklärung ist die Begründung eines Anspruchs der Bank auf eine ganz bestimmte Sicherheit (vgl. dazu *Obermüller* DB 1976, 901 ff.).

Sicherheiten, die **nach Zahlungseinstellung** oder **Konkursantrag** eingeräumt **62** werden, sind anfechtbar, wenn die Bank von der Zahlungseinstellung oder dem Konkurseröffnungsantrag wußte. Es kommt nicht darauf an, ob es sich um kongruente oder inkongruente Deckung handelt. Der Kunde, der in diesem Zeitraum Sicherheiten bestellt, läuft Gefahr, wegen **Gläubigerbegünstigung** bestraft zu werden (§ 283 c StGB). Die verantwortlichen Mitarbeiter der Bank können sich der Anstiftung oder Beihilfe schuldig machen (*OLG Düsseldorf* ZIP 1983, 786).

Sicherheiten, die nach Anordnung eines **allgemeinen Veräußerungsverbots** im **63** Konkursantragsverfahren bestellt werden, sind grundsätzlich **unwirksam.** Gutgläubiger Erwerb ist jedoch möglich (§§ 136, 135 Abs. 2 BGB).
Nach Konkurseröffnung kann der Kreditnehmer der Bank keine Sicherheiten mehr bestellen (§§ 7, 15 KO).

Ausnahmen von der **Anfechtbarkeit** gelten bei **Bargeschäften.** Ein Bargeschäft **64** liegt vor, wenn gleichwertige Leistungen ausgetauscht, die Konkursgläubiger durch die Sicherheitenbestellung also nicht benachteiligt werden, weil dem Vermögen des Gemeinschuldners alsbald ein entsprechender Gegenwert zufließt (*BGH* WM 1955, 404, 1977, 254, 1978, 133; 1980, 779).

Die Gleichwertigkeit ist gegeben, wenn die Sicherheit von ihrem Wert her die **65** Höhe des Kredites nicht wesentlich überschreitet; die übliche Differenz zwischen Sicherheitenwert und Kredit, die schon wegen möglicher Wertschwankungen des Sicherungsgegenstandes gebräuchlich ist, schadet nicht.

Der Leistungsaustausch muß – damit ein **Bargeschäft** angenommen werden kann **66** – nicht unbedingt Zug um Zug vorgenommen werden. Eine kurze Zeitspanne schadet nicht. Zwischen Auszahlung eines Kredits und Eintragung eines **Grundpfandrechts** dürfen wenige Monate vergehen (*BGH* WM 1980, 779; *OLG Hamburg* ZIP 1984, 1371). Entscheidend ist, daß es sich um einen von vornherein vereinbarten einheitlichen Leistungsaustausch handelt (*OLG Düsseldorf* ZIP 1982, 860).

7.2 Die Sicherheitenstellung

7.2.1 Grundschulden

Zur Bestellung einer Grundschuld bedarf es neben der Einigung zwischen der **67** Bank und dem Schuldner und der Eintragung der Grundschuld ins Grundbuch, bei Briefgrundschulden zusätzlich auch noch der Briefübergabe. Das Eintragungsverfahren nimmt eine gewisse Zeit in Anspruch. Wird der Grundschuldbesteller innerhalb dieses Zeitraums insolvent, so gilt folgendes:

68 Eintragung nach Veräußerungsverbot im Konkursantragsverfahren: Das allgemeine Veräußerungsverbot im Konkursantragsverfahren steht der Eintragung einer Grundschuld nicht entgegen, wenn noch vor Anordnung des Verbots die Einigung über die Grundschuld notariell beurkundet oder vor dem Grundbuchamt abgegeben oder bei diesem eingereicht ist oder wenn der Schuldner der Bank eine den Vorschriften der Grundbuchordnung entsprechende **Eintragungsbewilligung** ausgehändigt hat und der Antrag auf Eintragung bei dem Grundbuchamt noch vor Erlaß des Veräußerungsverbots gestellt worden ist (§§ 106 KO, 136, 135 Abs. 2, 878, 873 BGB).

69 Eine Anfechtung der Grundschuldbestellung ist nicht ausgeschlossen. Soweit es für die Anfechtung auf die Kenntnis der Bank von der Zahlungseinstellung oder dem Konkursantrag des Schuldners ankommt, ist der Zeitpunkt der Eintragung maßgebend (*BGH* BB 1955, 236; WM 1961, 1371).

70 Eintragung nach Konkurseröffnung:
Wird die vor Konkurseröffnung beantragte Eintragung erst nach Verfahrenseröffnung vollzogen, so kann die Bank die Grundschuld an sich nicht mehr erwerben (§ 15 KO), es sei denn, es liegen die **Ausnahmetatbestände des § 878 BGB bzw. der §§ 15 Satz 2 KO, 892 BGB** vor (der Inhalt des Grundbuchs gilt als richtig, wenn kein Widerspruch. d.h. kein Konkursvermerk eingetragen oder die Unrichtigkeit dem Erwerber nicht bekannt ist). Für die Kenntnis ist der Zeitpunkt der Antragstellung entscheidend. Ist dem Grundbuchamt die Konkurseröffnung bekannt, so darf es die Grundschuld nicht mehr eintragen. Eine Konkursanfechtung ist unter den Voraussetzungen der §§ 42, 29 ff. KO möglich.

71 Eintragung nach Veräußerungsverbot im Vergleich: Eine Grundschuld, die nach Anordnung eines Veräußerungsverbots im Vergleichsvorverfahren oder im Vergleichsverfahren eingetragen wird, ist den Vergleichsgläubigern gegenüber grundsätzlich unwirksam (§§ 12, 59, 62 Abs. 1 VglO), es sei denn, es greifen die Ausnahmetatbestände des § 878 BGB zw. der §§ 62, Abs. 3 VglO, 892 BGB ein.

7.2.2 Zessionen

72 Die **Sicherungsabtretung** einer schon bestehenden Einzelforderung wirft keine besonderen insolvenzrechtlichen Probleme auf. Anders verhält es sich bei **Mantelzessionen** und **Globalzessionen,** da sie neben den gegenwärtigen auch die zukünftigen Forderungen erfassen sollen.

7.2.2.1 Mantelzessionen

73 Maßgebend für den Forderungserwerb aufgrund einer Mantelzession ist die Lage im Zeitpunkt des Zugangs der Zessionsliste.
Erhält die Bank die Zessionsliste nach Zahlungseinstellung oder Konkursantrag, kann sie zwar die Forderung zunächst erwerben, muß aber mit einer Konkursanfechtung rechnen. Die Anfechtung greift durch, wenn der Bank die Zahlungseinstellung oder Eröffnungsantrag bekannt war.
Erhält die Bank die Zessionsliste nach Anordnung eines allgemeinen Veräußerungsverbots im Konkursantragsverfahren, nach Konkurseröffnung, nach Anordnung eines allgemeinen Veräußerungsverbots im Vergleichsvorverfahren

oder im Vergleichsverfahren, kann die Bank die Forderungen nicht mehr erwerben. Auch ein gutgläubiger Erwerb ist nicht möglich.

7.2.2.2 Globalzessionen

Bei einer Globalzession ist die Abtretungsvereinbarung im Zessionsvertrag enthalten. Demgemäß bedarf es nur noch der Entstehung der Forderung, um sie auf die Bank als Gläubigerin übergehen zu lassen. **74**

Entsteht die Forderung nach Zahlungseinstellung oder Konkursantrag, so geht sie auf die Bank über. Der Rechtserwerb ist anfechtbar, wenn der Bank die Zahlungseinstellung oder der Konkursantrag bekannt war. **75**

Entsteht die Forderung nach Anordnung eines Veräußerungsverbots im Konkursantrags-, Vergleichs- oder Vergleichsvorverfahren oder nach Konkurseröffnung, so ist der Erwerb der Forderungen nicht mehr möglich (*BGH* WM 1955, 338; 1959, 944; 1975, 534). **76**

Entstanden ist eine Forderung nicht erst mit Fälligkeit, sondern gewöhnlich schon mit Abschluß des Vertrages. Die Wirksamkeit des Forderungsübergangs wird nicht dadurch beeinträchtigt, daß etwa die Lieferung oder Leistung erst nach Anordnung des Veräußerungsverbots bzw. der Konkurseröffnung durch den Konkursverwalter bewirkt wird (*LG Bielefeld* ZIP 1983, 1319; *OLG Stuttgart* ZIP 1984, 866; *OLG Hamm* ZIP 1985, 298). **77**

7.2.2.3 Die sogenannte Freigabeklausel

Literatur

Altvater, Christian Zur Zulässigkeit der geltungserhaltenden Reduktion formularmäßiger Sicherungsabreden, WiB 1996, 374

Canaris, Claus Wilhelm Die Problematik der Sicherheitenfreigabeklausel im Hinblick auf § 9 AGBG und § 138 BGB, ZIP 1996, 1109

ders. Deckungsgrenzen und Bewertungsmaßstab beim Anspruch auf Freigabe von Sicherheiten gemäß § 242 BGB, ZIP 1996, 1577

Früh, Andreas Zur Notwendigkeit von Freigabeklauseln in vorformulierten Sicherheitenverträgen, DB 1994, 1860

Ganter, Gerhard Die nachträgliche Übersicherung eines Kredites, ZIP 1994, 257

Neuhof, Rudolf »Aktuelle Rechtsfragen der Sicherheitenfreigabe« und »Die Rolle der Kreditinstitute bei der Sanierung von Unternehmen« WM 1994,1705

ders. Reaktion der Kreditwirtschaft auf die Sicherheitenfreigaberechtsprechung, NJW 1996, 830

Nielsen, Jens Sicherungsverträge der Import- und Exportfinanzierung im Lichte der aktuellen Rechtsprechung zur Deckungsgrenze und zur Sicherheitenfreigabe, Teil I WM 1994, 2221, Teil II WM 1994, 2261

Pfeiffer, Thomas Übersicherung, Freigabeanspruch, Freigabeklausel, WM 1995, 1565

ders. Der gesetzliche Inhalt des allgemeinen Freigabeeinspruchs, ZIP 1997, 49

Pluta, Michael/Geßler, Joachim Mehrung der Konkursmasse durch Erkennen von Vertragsfehlern, DZWiR 1994, 205

Rellermeyer, Klaus Objektive Bezugsgrößen für die Bewertung von Kreditsicherheiten, Teil I WM 1994, 1009, Teil II WM 1994, 1053

Serick, Rolf Neues zur formularmäßigen Globalzession, zugleich zur Unentbehrlichkeit eines Spruchs des Großen Senats für Zivilsachen oder des Bundesverfassungsgerichts zum Gewohnheitsrecht, BB 1996, 857

ders. Formularverträge und Mobiliarsicherheiten mit Freigabeklauseln in höchstrichterlicher Rechtsprechung: Vereinbartes Gewohnheits- oder kautelarisches Kreditsicherungsrecht?, BB 1995, 2013

ders. Der erweiterte Eigentumsvorbehalt in Formularverträgen ohne zureichende Freigabeklausel bei unverhältnismäßigen Übersicherungen und § 9 AGBG, JZ 1994, 714

ders. Nachträgliche Übersicherung eines Kredites – Freigabeklauseln und das Warten auf den Spruch des Großen Senats für Zivilsachen, ZIP 1995, 789

Weber, Hans Jörg Die Rechtsprechung des Bundesgerichtshofs zu den Freigabeklauseln bei Kreditsicherheiten, WM 1994, 1549

Wiegand, Wollgang/Brunner, Christoph Übersicherung und Freigabeanspruch, NJW 1995, 2513

78 In seiner gefestigten Rechtsprechung ist der *BGH* seit der Entscheidung vom 29. 11. 1989 (– VIII ZR 228/88 – ZIP 1990, 25) davon ausgegangen, daß formularmäßige Globalzessionen und Sicherungsübereignungen an § 9 AGBG zu messen sind. Nach dieser Rechtsprechung, der sich auch der VII. Senat angeschlossen hat (vgl. *BGH* ZIP 1990, 825; *BGH* ZIP 1991, 152) müssen in den Globalabtretungsverträgen Freigabeklauseln enthalten sein, die geeignet sind, eine unangemessene Übersicherung zugunsten der kreditgewährenden Bank zu vermeiden. Hierfür ist erforderlich, daß die Freigabeklauseln durch eine zahlenmäßig bestimmte Deckungsgrenze konkretisiert werden und die Verpflichtung des Versicherungsnehmers enthalten ist, die überschießende Deckung freizugeben. (*BGH* a.a.O.).

79 Bei einer Globalzession mit wechselndem Forderungsbestand und der Sicherungsübereignung eines Warenlagers, bei denen regelmäßig die Gefahr der Übersicherung durch ein Anwachsen der Sicherheit besteht, müsse deshalb eine ausdrückliche Freigabeklausel enthalten sein, die auf objektiven Bezugsgrößen fußt (vgl. *BGH* NJW 1995, 2221 mit zahlreichen weiteren Rechtsprechungsnachweisen). Ausreichend ist danach eine Freigabeklausel nur dann, wenn sie eine konkrete Deckungsgrenze enthält, bei deren nicht nur vorübergehenden Überschreitung der Sicherungsnehmer zur Freigabe der überschießenden Dekkung ermessensunabhängig verpflichtet ist (*BGH* NJW 1990, 716; *BGH* NJW 1992, 1626; *BGH* NJW 1993, 533; *BGH* NJW 1994, 1154; *BGH* NJW 1994, 445).

80 Bei der formularmäßigen Vereinbarung einer Globalzession ist außerdem zu regeln, ob für die Feststellung der Übersicherung auf den Nennwert der abgetretenen Forderungen oder auf ihren realisierbaren Wert abzustellen ist. Fehlt eine solche Bestimmung, so ist grundsätzlich vom Nennwert auszugehen (*BGH* ZIP 1995, 1167; *BGH* ZIP 1994, 114; vgl. zur Bewertung der Kreditsicherheiten auch *Rellenmeyer* WM 1994, 1009). Sofern mehrere Globalsicherungen der Sicherung derselben Ansprüche dienen, so reicht es aus, wenn die einzelnen Verträge eine hinreichende Freigaberegelung enthalten. Es bedarf insofern keines Deckungsgesamtplanes (*BGH* ZIP 1995, 1973).

Eine Übersicherung von 120 % bezogen auf den realisierbaren Wert der abgetretenen Forderungen wurde dabei vom BGH in mehreren Entscheidungen ebenso wie die Sicherung in Höhe von 150 % des Nennwertes der abgetretenen Forderungen als zulässig angesehen (*BGH* WM 1993, 213, m.w.N. = ZIP 1993, 123; *BGH* ZIP 1996, 323; vgl. auch *Pfeiffer* WM 1995, 1565). In einem neueren Fall, in dem die Treuhandanstalt alleinige Gesellschafterin der Schuldnerin war, hat der BGH sogar das Interesse eines Gläubigers an einer 200 %igen Übersicherung bezogen auf den Nennwert der abgetretenen Forderungen als berechtigt angesehen, da im konkreten Fall die Umlaufwerte der Forderungen nur mit einem Beleihungswert von 50 % angesetzt werden konnten (*BGH* NJW 1996, 388; zustimmend *Serick* BB 1996, 857). **81**

Die Deckungsgrenze richtet sich dabei nach dem eingeräumten Kreditrahmen, nicht nach dessen aktueller Inanspruchnahme, da der Sicherungsgeber den zugesagten Kreditrahmen jederzeit ausschöpfen darf, ohne zusätzliche Sicherheiten leisten zu müssen (*BGH* ZIP 1996, 323; *BGH* BB 1996, 865). **82**

Im Fall des Verstoßes gegen § 9 AGBG ist nach bisheriger Rechtsprechung die Globalzession oder die Sicherungsabtretung eines Warenlagers insgesamt als unwirksam anzusehen (vgl. die Nachweise bei *BGH* ZIP 1995, 1973; kritisch zur BGH-Rspr. *Weber* WM 1994, 1549). **83**

Diese, vor allem vom VIII. Senat entwickelte Rechtsprechung, die sich sowohl auf Einzelsicherungen (z.B. Sicherungsübereignung bestimmter Sachen) als auch Globalzessionen bezogen hat, hat der IX. Senat des *BGH* in seinen Entscheidungen (ZIP 1994, 309; ZIP 1994, 305; WM 1994, 1283; WM 1995, 375) hinsichtlich der formularmäßigen Sicherungsübereignung mehrerer einzelner Sachen sowie einer Sachgesamtheit mit im wesentlichen festen Bestand in Frage gestellt. **84**

In der Begründung seines Urteils (ZIP 1994, 305) führt der IX. Senat aus, daß eine solche Sicherungsübereignung auch ohne Freigabeklausel mit einer zahlenmäßig bestimmten Deckungsgrenze grundsätzlich wirksam sei, da der Sicherungsgeber durch den vertraglichen oder gesetzlichen Freigabeanspruch, der bei Eintritt der deutlichen Übersicherung entstehe, in der Regel hinreichend geschützt werde. Anders als bei der Vorausabtretung im Rahmen einer Globalzession oder der Übereignung eines Warenlagers mit wechselndem Bestand, sei hier nämlich der Sicherungsgeber ohne weiteres in der Lage, den Eintritt einer Übersicherung festzustellen und nachzuweisen, so daß das Fehlen der Freigabeklausel für ihn keine unangemessene Benachteiligung darstelle. Eine unangemessene Benachteiligung sei aber möglich, wenn dieser bestehende Freigabeanspruch durch eine Klausel eingeschränkt werde (*BGH* a.a.O.; vgl. auch *Ganter* ZIP 1994, 257). **85**

Die Vereinbarung einer Freigabeklausel mit zahlenmäßig feststehender Deckungsgrenze sei auch dann nicht erforderlich, wenn der Bestand der Sachgesamtheit – vom Austausch einzelner Sachen abgesehen – bereits bei Vertragsschluß feststehe, weil hier eine nachträgliche Übersicherung durch ein Anwachsen der Sicherungen nicht zu befürchten sei (*BGH* ZIP 1994, 309; vgl. auch *BGH* WM 1995, 1161 (Sicherungsgrundschuld); BGH WM 1995, 1345 zur Frage **86** einer Lohnabtretung ohne Freigabeklausel, wenn der Gläubiger gleichzeitig im Besitz eines vollstreckbaren Titels war).

87 Die vorgenannten Entscheidungen beziehen sich jedoch lediglich auf Einzelsicherheiten, bei der Frage der Wirksamkeit von Globalzessionen und Sicherungsübereignungen mit wechselndem Bestand, folgt auch der IX. Senat weiterhin den vorgenannten Grundsätzen, wonach eine ausreichende Freigabeklausel erforderlich ist (*BGH* ZIP 1994, 305; vgl. auch *BGH* DB 1995, 1804).

88 Diese gefestigte Rechtsprechung wurde nunmehr von dem XI. Senat – erstmals mit Urteil (ZIP 1994, 1010) in bezug auf Globalabtretungen – in Frage gestellt. In seiner Begründung führt der XI. Senat aus, daß in Fällen, in denen die Rechtsprechung bisher aufgrund der Anforderungen an die Freigaberegelung eine Unwirksamkeit der Globalzession bejaht hatte, unabhängig davon, ob tatsächlich eine Übersicherung eingetreten war, Nutznießer regelmäßig ungesicherte Gläubiger im Konkurs des Sicherungsgebers waren. Deren Schutz werde jedoch durch § 9 AGBG nicht bezweckt (*BGH* a.a.O.; vgl. auch *BGH* ZIP 1990, 25 zur formularmäßigen Sicherungsabtretung von Warenlagern mit wechselndem Bestand; vgl. auch *Früh* DB 1994, 1860).

89 Mit Beschluß (ZIP 1996, 542) hat der XI. Senat die Anfrage an den IX. und den VIII. Senat gestellt, ob daran festgehalten werde, daß eine formularvertragliche Globalabtretung ohne ausdrückliche und ermessensunabhängig ausgestaltete Regelung der Verpflichtung des Sicherungsgebers zur Freigabe überschießender Deckung insgesamt unwirksam sei.

90 In seiner Begründung führt der XI. Senat aus, daß eine ausdrückliche Freigabeverpflichtung schon deshalb nicht erforderlich sei, weil eine strikte (Teil-) Freigabeverpflichtung in jeder Sicherungsabrede über eine nichtakzessorische Sicherheit immanent enthalten sei und es außerdem eine Rechtsvorschrift, die eine ausdrückliche Regelung dieser Verpflichtung vorschreibe, nicht gebe (*BGH* ZIP 1996, 1164).

91 Entscheidendes Argument des XI. Senates ist der Umstand, daß die oben genannten Argumente, mit denen eine wirtschaftliche Knebelung des Sicherungsgebers begründet wurde, nur auf die Notwendigkeit einer – in dem vom XI. Senat zu entscheidenden Fall vorhandenen – Deckungsgrenze zutreffen, nicht aber auf die Freigabeverpflichtung, die nach Auffassung des Senats nur deklaratorische Wirkung entfalte.

92 Eine immanente Freigabeverpflichtung entfalte den gleichen Schutz wie die ausdrückliche. Eine Rechtsvorschrift, aus der eine Verpflichtung zur deklaratorischen Freigaberegelung folge, sei ebenfalls nicht ersichtlich.

93 Die ermessensabhängige Freigabevereinbarung, wie sie dem Fall zugrunde lag, stelle jedoch einen Verstoß gegen § 9 AGBG dar. Dies führe aber nicht zur Gesamtnichtigkeit der Globalzession, da eine solche mit § 6 AGBG unvereinbar sei (*BGH* a.a.O.; so auch *Serick* BB 1995, 2013 ff., und ZIP 1995, 789; *Wiegand/Brunner* NJW 1995, 2513).

94 Bei Unwirksamkeit der Freigaberegelung sei die dadurch entstandene Vertragslücke im Wege ergänzender Vertragsauslegung zu schließen. Danach ergebe sich aus der fiduziarischen Rechtsnatur des Sicherungsvertrages eine (Teil-) Freigabeverpflichtung (*BGH* a.a.O.; vgl. auch *Pfeiffer* 1995, 1565).

Der VIII. und IX. Zivilsenat haben auf den Anfragebeschluß mitgeteilt, sie hielten an der Gesamtnichtigkeit einer Globalzession ohne ausdrückliche und ermessensunabhängig ausgestaltete Regelung zur Freigabe überschießender Deckung nicht fest (*BGH* ZIP 1996, 1164). **95**

Der Argumentation, wonach die Freigaberegelung der Sicherungsabrede immanent sei, hält *Tiedtke* (EWiR § 9 AGBG 10/96, 340) entgegen, daß eine solche Vereinbarung zwar meist stillschweigend erfolge. Dies lasse sich in der Regel aus Treu und Glauben ableiten. Dafür sei jedoch kein Raum, wenn sich aus der Sicherungsabrede ausdrücklich etwas anderes (ermessensabhängige Freigabeverpflichtung) ergebe. **96**

Am 16. 4. 1996 hat der XI. Senat bei dem VII., VIII. und IX. Senat angefragt, ob an der Nichtigkeit nach § 138 BGB (VII. Senat) bzw. Unwirksamkeit nach § 9 AGBG (VIII. und IX. Senat) bei Fehlen einer Deckungsgrenze festgehalten werde (zustimmend *Canaris* ZIP 1996, 1109; *Pfeiffer* WM 1995, 1565). **97**

Nunmehr ist auch der IX. Senat mit Anfragebeschluß (ZIP 1996, 1429) und Antwortbeschluß (ZIP 1996, 1426) von seiner bisherigen strengen Rechtsprechung abgewichen. **98**

In dem Beschluß fragt er bei dem VII. Zivilsenat an, ob dieser an seiner bisherigen Rechtsprechung festhalte, daß nämlich zum einen eine Sicherungsübereignung mit wechselndem Bestand oder eine Globalabtretung ohne ermessensunabhängige Freigabeklausel nach § 138 Abs. 1 BGB nichtig bzw. nach § 9 AGBGB unwirksam sei und zum anderen, daß eine Sicherungsübereignung mit wechselndem Bestand oder eine Globalabtretung ohne ausdrückliche Festlegung einer Deckungsgrenze nach § 138 BGB nichtig bzw. nach § 9 AGBG unwirksam sei. **99**

Auf die formlose Anfrage des IX. Senats hat der VIII. Senat bereits mitgeteilt, daß er an den bisherigen Anforderungen nicht uneingeschränkt festhalten wolle. Mit dem Verzicht auf die Deckungsgrenze geht der IX. Senat noch weiter als der XI. Senat. **100**

Die Entbehrlichkeit der Freigabeklausel schließt der IX. Senat ebenfalls aus der Sicherungsabrede in Verbindung mit §§ 133, 157, 242 BGB und der gewohnheitsrechtlichen Ausformung der fiduziarischen Sicherungsrechte. **101**

Für ein Ermessen bei der Freigabe sei kein Platz, da die Frage der Übersicherung allein eine Rechtsfrage darstelle, bei deren Bejahung der Sicherungsnehmer überschießende Sicherheiten freigeben müsse. Eine abweichende Freigabeklausel sei unwirksam, was jedoch nicht zur Gesamtnichtigkeit des Vertrages führe. Damit trete lediglich der allgemeine Freigabeanspruch wieder zutage. Daher sei auch keine verbotene geltungserhaltende Reduktion gegeben. Wenn es jedoch bereits einen allgemeinen Freigabeanspruch gebe, so folge auch die Existenz einer »allgemeinen« Deckungsgrenze aus §§ 133, 157, 242 BGB bzw. der fiduziarischen Rechtsnatur des Sicherungsvertrages. **102**

103 Ist daher keine oder eine unwirksame Deckungsgrenze vereinbart, so ist von einer Deckungsgrenze von 100 % des Nennwertes der abgetretenen Forderungen auszugehen. Damit stehe der Sicherungsnehmer immer noch besser als bei einer Gesamtnichtigkeit der Zession.

104 Da eine Antwort des VII. Senats derzeit noch aussteht, kann noch keine abschließende Stellungnahme zu der vorliegenden Problematik abgegeben werden. Es ist jedoch zu erwarten, daß, nachdem auch der VIII. und IX. Senat ihre bisherige Rechtsprechung aufgegeben haben, auch der VII. Senat nicht mehr an den strengen Voraussetzungen festhält.

105 Damit wird in Zukunft sowohl eine das Fehlen einer ermessensunabhängigen ausdrücklichen Freigaberegelung als auch die unwirksame oder fehlende Vereinbarung einer Deckungsgrenze nicht zur Unwirksamkeit der gesamten Globalzession führen, sondern lediglich zur Unwirksamkeit einzelner Klauseln gemäß § 6 AGBG.

106 Im Zusammenhang mit der Freigabeklausel und der Deckungsgrenze sind eine Anzahl mehrerer ungeklärter Rechtsfragen geklärt worden.

107 Die Verwertungsregelung in Nr. 20 AGB-Banken kann die Schuldnerin unangemessen benachteiligen (§ 9 Abs. 1 AGBG), weil sie eine Offenlegung der Globalabtretung ohne vorherige Androhung erlaubt (vgl. *BGH* WM 1995, 1264, 1266 m.w.N.).
Die Nichtigkeit der Verwertungsklausel hat jedoch nicht die Unwirksamkeit der Globalzession insgesamt zur Folge (§ 6 Abs. 1 AGBG).
Allerdings orientiert sich das berechtigte Sicherungsinteresse des Kreditgebers, dem bei der Bemessung der Deckungsgrenze für eine Globalabtretung Rechnung getragen werden darf, nach dem eingeräumten Kreditrahmen und nicht lediglich nach dessen aktueller Inanspruchnahme (*BGH* WM 1996, 251).

108 Dienen mehrere Globalsicherheiten der Sicherung derselben Ansprüche und enthalten die Formularverträge über die Bestellung der Sicherheiten für sich genommen jeweils eine hinreichende Freigaberegelung, bedarf es keines »Dekkungsgesamtplans« (*BGH* ZIP 1995, 1973).

109 Bei einer formularmäßigen Sicherungsübereignung eines Warenlagers mit wechselndem Bestand führt eine Klausel, nach der der realisierbare Warenwert ausgehend von Einkaufspreisen oder Gestehungskosten nach »banküblichen Bewertungsgrundsätzen« zu ermitteln ist, nicht zur Nichtigkeit der Sicherungsübereignung insgesamt (*BGH* NJW 1995, 2221).

110 »Einkaufspreise« und »Gestehungspreis« kommen als objektive Bezugsgrößen für die Berechnung des Sicherungswertes in Betracht. Dies gilt auch für den »Zeitwert«, falls er sich aus allgemein zugänglichen Quellen ergibt. Ist dies nicht der Fall, ist es erforderlich, aber auch genügend, daß der Sicherstellungsvertrag eine Regelung enthält, auf deren Grundlage der Zeitwert von den Parteien in einem einfachen, praxisgerechten Verfahren festgestellt werden kann (*BGH* DB 1995, 1804).

111 Die – unterstellte – Unwirksamkeit der Sicherungsübereignung eines Warenlagers mit wechselndem Bestand mangels qualifizierter Freigabeklausel rechtfertigt es unter keinem Gesichtspunkt, einer Bank ein Pfandrecht nach Nr. 19 Abs. 2 AGB-Banken 1986 zu versagen, wenn die für seine Begründung er-

forderlichen Voraussetzungen, insbesondere Besitz der Bank an den Pfandsachen, gegeben sind. Eine Freigabeklausel fordert das BGB bei Pfandrechten nicht.
Die Unwirksamkeit der Verwertungsregelung nach Nr. 20 Abs. 2 AGB-Banken 1986 berührt die Wirksamkeit des Pfandrechts nach Nr. 19 Abs. 2 AGB-Banken 1986 nicht (§ 6 Abs. 1 AGBG; BGH BB 1995, 586).
Eine Zweckerklärung für mehrere Grundschulden, nach der diese als Sicherheit für alle bestehenden und künftigen Forderungen einer Bank gegen den Schuldner dienen sollen, ist wirksam, sofern sich aus den maßgeblichen AGB ein Anspruch des Schuldners auf Freigabe von Sicherheiten ergibt und diese auf Verlangen des Schuldners nach Wahl der Bank freizugeben sind, soweit diese die Sicherheiten nach ihrem billigen Ermessen nicht mehr benötigt. Die Rechtsprechung zur Globalzession und deren Erfordernissen zur Vermeidung des Vorwurfs der Sittenwidrigkeit (vgl. *BGH* WM 1992, 813 = NJW 1992, 1626) ist hierauf nicht anwendbar. Entsprechendes gilt bei zusätzlicher Sicherung durch Abtretung der Ansprüche aus Lebensversicherungen und weiterer Sicherungsübereignung von Maschinen und Einrichtungsgegenständen, deren Anschaffung durch den gesicherten Kredit finanziert wurde (*OLG Karlsruhe* WM 1994, 1614). Die formularmäßige Bestellung von Sicherungsgrundschulden ist ohne Freigabeklausel wirksam. Das gilt auch dann, wenn dem Gläubiger daneben bestimmte Sachen sicherungsübereignet werden.
Ein formularmäßiger Sicherungsvertrag, der als solcher ohne Freigabeklausel wirksam ist, bedarf einer entsprechenden Regelung auch dann nicht, wenn der Gläubiger neben den dinglichen Sicherheiten noch Bürgschaften erhält (*BGH* WM 1994, 1161). Eine formularmäßige Lohnabtretung, durch die der Zessionar abgehalten werden soll, von einem vollstreckbaren Zahlungstitel gegen den Zedenten Gebrauch zu machen, braucht keine auf die Überschreitung einer Deckungsgrenze bezogene Freigabeklausel zu enthalten (*BGH* WM 1995,1345).

Den Deckungsgrenzgedanken hat der *BGH* (ZIP 1995, 1244) unter Aufgabe der **112** bisherigen Rechtsprechung (*BGH* WM 1985, 155, 156 f.; *BGH* WM 1986, 96 f.; *BGH* WM 1987, 924, 9215; *BGH* WM 1987, 1430, 1431; *BGH* WM 1992, 391, 392; *BGH* WM 1994, 784) entsprechend der Rechtsprechung bei Sicherungsgrundschulden für Tilgungsdarlehen, bei denen die formularmäßige Erweiterung der dinglichen Haftung auf alle bestehenden und künftigen Verbindlichkeiten des Dritten grundsätzlich insoweit für überraschend angesehen werden, als sie über den Anlaß des Sicherungsvertrages hinausgehen (*BGH* ZIP 1982, 290; *BGH* ZIP 1987, 695; *BGH* ZIP 1988, 12; *BGH* ZIP 1988, 899; *BGH* ZIP 1989, 85; *BGH* ZIP 1990, 299; *BGH* NJW 1992, 1822; *BGH* WM 1992, 1648, 1649; *BGH* WM 1995, 790, 791) auch auf die Bürgschaft ausgedehnt.

Eine unangemessene Benachteiligung des Bürgen ist in folgenden Fällen anzu- **112a** nehmen:
Wird dem Hauptschuldner ein betragsmäßig limitierter Kontokorrentkredit gewährt, verstößt die formularmäßige Ausdehnung der Bürgenhaftung über das Kreditlimit hinaus gegen § 9 Abs. 2 Nr. 1 und 2 AGBG.
Wird die Bürgschaft aus Anlaß der Gewährung oder Prolongierung eines bestimmten betragsmäßig limitierten Kontokorrentkredits oder der Erhöhung des Limits um einen bestimmten Betrag geleistet, ist die formularmäßige Aus-

dehnung der Haftung auf alle bestehenden und künftigen Verbindlichkeiten des Hauptschuldners grundsätzlich überraschend.
Ist die formularmäßige Ausdehnung der Bürgenhaftung auf alle bestehenden und künftigen Verbindlichkeiten des Hauptschuldners aus der Bankverbindung nicht Bestandteil des Bürgschaftsvertrages geworden, bleibt die Zweckerklärung wirksam, soweit sie den Kontokorrentkredit bis zu dem Limit betrifft, wie es bei Abgabe der Bürgschaftserklärung bestand.

7.3 Die Verwertung von Sicherheiten

113 Die Sachsicherheit gibt dem Sicherungsnehmer im Konkurs des Sicherungsgebers ein **Absonderungsrecht** (§§ 47, 48 KO). Das Absonderungsrecht setzt voraus, daß sich das Sicherungsgut bei Eröffnung des Konkursverfahrens noch in der Masse befindet (*BGH* NJW 1971, 799).

114 Das Absonderungsrecht besteht auch an den aufgrund der **Verarbeitungsklausel** vor Konkurseröffnung neu hergestellten Sachen (vgl. *LG Hildesheim* NJW 1958, 1499).

115 **Veräußert** der Konkursverwalter **Sicherungsgut,** muß er den Sicherheitenerlös nach den Grundsätzen der **Ersatzaussonderung** (entspr. § 46 KO) oder als Masseschuld (§ 59 Nr. 1, 3 KO) an den Absonderungsberechtigten herausgeben (*BGH* WM 1965, 84, 1971, 71).

116 Der **Konkursverwalter** kann das Sicherungsmittel freigeben. Die **Freigabe** erfolgt durch formlose Erklärung gegenüber dem Gemeinschuldner. Sie liegt in seinem Ermessen. Er wird diese Freigabe aussprechen, wenn unter Berücksichtigung der an dem Gegenstand bestehenden Absonderungsrechte die Verwertung einen Überschuß für die Masse nicht erwarten läßt. Mit der Freigabe fällt der Gegenstand in das **konkursfreie Vermögen des Gemeinschuldners,** so daß der Sicherungsnehmer nunmehr die Verwertung wieder gegenüber dem Gemeinschuldner und nicht mehr gegenüber dem Verwalter zu betreiben hat.

7.4 Sicherungseigentum

117 Der Konkursverwalter muß prüfen, an wen das Sicherungsgut herauszugeben ist. Konkurrenz entsteht zwischen Lieferanten (aus **Eigentumsvorbehalt**) und Bank (aus **Sicherungseigentum**). Gibt der Konkursverwalter an einen Nichtberechtigten heraus, so hat der Geschädigte einen **Massebereicherungsanspruch** nach §§ 816 Abs. 1 BGB, 59 Abs. 1 Nr. 4 KO.

118 Bei Verschulden des Konkursverwalters entsteht ein Schadenersatzanspruch wegen **Eigentumsverletzung** – (der andere erwirbt nach § 933 BGB gutgläubig), der nach § 59 Abs. 1 Nr. 1 KO eine **Masseschuld** begründet.

119 Wenn das Sicherungsgut mehr wert ist als der Restkaufpreis des Lieferanten, ist wie folgt zu unterscheiden.
Ist der Lieferant aufgrund einer Vertragsklausel Eigentümer geblieben, so erhält der Konkursverwalter den Mehrwert. Ein **Anwartschaftsrecht,** das der Bank durch die Sicherungsübereignung zusteht, erlischt mit Rücktritt des Lieferanten vom Kaufvertrag. Wird der Restkaufpreis an den Lieferanten bezahlt, so erhält die Bank ihr volles Sicherungseigentum.

Der Konkursverwalter wird den Kaufvertrag nicht erfüllen (§ 17 KO), da er damit für die Masse nichts gewinnt. Hier hilft die **Ablösung** (§ 268 BGB) durch die Bank.

7.5 Sicherungsabtretung

Ist die Summe der abgetretenen Forderungen niedriger als die Bankforderung, **120** die bei jedem einzelnen Zessionar gesichert wird, wird der Konkursverwalter nur die Rechtswirksamkeit der **Zessionen** prüfen.

Ist der Wert der abgetretenen Forderungen höher als die Bankforderung, die ge- **121** sichert sind, wird er den Mehrerlös geltend machen.

Aufgrund der Rechtsprechung des *BGH* (VM 1979, 11; 1979, 13) haben die Kre- **122** ditinstitute heute meist die Forderungen, die den Lieferanten aufgrund von **Vorausabtretungen** zustehen, aus ihren Zessionsverträgen herausgenommen (sog. dingliche **Teilverzichtsklausel**).

Aber auch Zessionen mit der sog. **schuldrechtlichen Teilverzichtserklärung** sind **123** nicht insgesamt nichtig (worauf sich auch der Konkursverwalter berufen könnte), sondern nur bezogen auf die Forderungen, die den Lieferanten zustehen. Allerdings muß der Zessionsvertrag eine sog. Teilwirksamkeitsklausel enthalten (*BGH* WM 1979, 11).

In der **Zahlenstellenklausel** verpflichtet sich der Sicherungsgeber, seine Dritt- **124** schuldner anzuhalten, nur auf das Konto des Sicherungsgebers bei dem Sicherungsnehmer (Bank) zu überweisen. Damit wird erreicht, daß die Zahlungen auch ohne Offenlegung der Zession bei dem Sicherungsnehmer eingehen. Da der Sicherungsnehmer in diesem Fall als Zahlstelle fungiert, gehen die Rechte der Lieferanten aus Vorausabtretungen unter. Der *BGH* (WM 1979, 13) hat eine solche Zahlstellenklausel i.V.m. einer schuldrechtlichen Teilverzichtsklausel für unwirksam erklärt. Offen ist, ob er zu diesem Ergebnis auch kommen würde, wenn eine Zahlstellenklausel i.V.m. einer dinglichen Verzichtsklausel im Abtretungsvertrag aufgenommen würde.

7.6 Umsatzsteuer

In der Verwertung des Sicherungsguts durch den Sicherungsnehmer liegen zwei **125** steuerliche Umsätze, nämlich zunächst ein Umsatz vom Sicherungsgeber an den Sicherungsnehmer und dann ein Umsatz vom Sicherungsnehmer an den Dritten. Die **Umsatzsteuerforderung** wegen der »Lieferung« des Sicherungsguts vom Sicherungsgeber an den Sicherungsnehmer richtet sich gegen den **Sicherungsgeber;** bei einer Verwertung nach Eröffnung des Konkursverfahrens trifft die Umsatzsteuerschuld nach bisheriger Rechtsprechung die Konkursmasse (§ 58 Nr. 2 KO; BStBl. 1972 II 809).

Der *BFH* (ZIP 1983, 1120) hat zwischenzeitlich Zweifel angemeldet, ob die **126** Steuerforderung erst nach Konkurseröffnung oder nicht doch schon vor Eröffnung dem Grunde nach entstanden ist. Die Finanzbehörden verfahren bis zu einer rechtskräftigen Entscheidung nach der alten Rechtslage. Es gibt jedoch Verwaltungsanweisungen, wonach die Vollziehung auszusetzen ist (*OFD Köln* KTS 1985, 36).

127 Konkursverwalter haben die Möglichkeit, die Belastung der Masse dadurch zu vermeiden, daß sie noch in der Eigenschaft als Sequester im Konkursantragsverfahren eine weitgehende Masseverwertung betreiben und die Steuerforderungen damit auf den Rang des § 61 Nr. 2 KO verweisen.

128 Überläßt der Sicherungsnehmer dem Konkursverwalter die Verwertung des Sicherungsguts, so liegt umsatzsteuerrechtlich nur eine Lieferung vor. Der Konkursverwalter hat dem Sicherungsnehmer nur den Reinerlös aus der Veräußerung abzuführen, nicht aber die vereinnahmte Umsatzsteuer. Wenn aber Sicherungsnehmer und Sicherungsgeber vereinbart haben, daß alles, was der Sicherungsgeber bei der Verwertung des Sicherungsguts erlangt, an den Sicherungsnehmer herauszugeben ist, ist auch die im Verwertungserlös enthaltene Umsatzsteuer abzuführen (*BGH* ZIP 1980, 522; *BFH* WM 1979, 290; *OLG Hamm* WM 1987, 549 m. Anm. *Hess* WuB 1987, 855).

129 Bei der Verwertung einer zur Sicherung abgetretenen Forderung durch den Sicherungsnehmer findet kein doppelter Umsatz statt. Für den Sicherungsnehmer besteht keine Forderung an den Sicherungsgeber.

7.7 Der Sicherheitenpool

Literatur

Beuk, Reiner Poolvereinbarungen bei Unternehmensinsolvenz, Diss. Kiel 1985
Bohlen, Edgar Der Sicherheitenpool, 1984
Bürgermeister, Udo Der Sicherheitenpool im Insolvenzrecht, 2. Aufl. 1996
Ehlers, Harald Der Poolvertrag zur Absicherung des Kreditrisikos, ZKW 1977, 912
Heß, Rainer Miteigentum der Vorbehaltslieferanten und Poolbildung 1985
Jauernig, Othmar Zwangspool von Sicherungsgläubigern im Konkurs, ZIP 1980, 380
Marx, Thomas Die gemeinsame Wahrnehmung von Sicherungsrechten im Konkurs (Poolvereinbarungen) NJW 1978, 246
May, Andreas Der Bankenpool, Sicherheitenpoolverträge der Kreditinstitute in der Unternehmenskrise, 1988
Reinicke, Dietrich/Tiedke, Klaus Die Bedeutung der Poolvereinbarungen im Konkursverfahren, WM 1979, 186
Serick, Rolf Probleme des Sicherheitenpools der Gläubiger in der Insolvenz des Schuldners, KTS 1989, 743
Wenzel, Frank Der Schuldenausgleich beim Sanierungs-Pool-Vertrag, WiB 1995, 458

130 Die Bildung eines Sicherheiten-Pools kann nur dem Zweck dienen, unter den Beteiligten **Beweisschwierigkeiten** bei der Abgrenzung der verschiedenen Sicherungsrechte zu beheben, wirkt jedoch nicht gegenüber den an der Pool-Vereinbarung nicht beteiligten Gläubigern oder Sicherungsnehmern und kann diesen insbesondere keine ihnen zustehenden Rechte entziehen (*BGH* ZIP 1982, 543; *OLG Karlsruhe* 1979, 2317).

131 Zu der Frage des Sicherheiten-Pools ist von folgenden Grundsätzen auszugehen: **Poolverträge** sind Vereinbarungen von Gläubigern oder Kreditversicherern zwecks Wahrnehmung ihrer gemeinsamen Interessen gegen einen Schuldner bzw. gegenüber einem Konkursverwalter im eröffneten Konkurs des Schuldners. Zu unterscheiden ist zwischen Poolbildung vor Konkurseröffnung und dem Gläubiger-Pool im eröffneten Konkursverfahren.

Die **Poolbildung** wird allgemein für zulässig gehalten, wenn mehrere Lieferanten **132**
als Sicherungsnehmer ihre Sicherheiten in einen Pool einbringen, um sie für den Fall einer späteren Zahlungsunfähigkeit oder eines Konkurses des Kunden gemeinsam geltend zu machen (vgl. *BGH* ZIP 1982, 543, *OLG Karlsruhe* DB 1978, 1636).

Der Sicherheitenpool ist rechtlich eine **Gesellschaft bürgerlichen Rechts** (*BGH* **133**
NJW 1991, 2629; *BGH* ZIP 1992, 247).

Weder vor noch nach dem Konkurs kann ein Gläubiger gezwungen werden, ei- **134**
nem Sicherheiten-Pool beizutreten.

Werden mehrere gleichartige Sachen von den Gläubigern beim Gemeinschuldner **135**
eingelagert und vermischt oder werden mehrere von verschiedenen Lieferanten unter Eigentumsvorbehalt gelieferte Waren miteinander vermischt oder verbunden bzw. zu einer neuen Sache verarbeitet, so steht dem Gemeinschuldner an den im Pool eingebrachten Gegenständen kein eigenes Recht zu. Treten die Vorbehaltslieferanten vom Kaufvertrag zurück, so bringen sie das **Anwartschaftsrecht** des Gemeinschuldners zum Erlöschen. Die vermischte Menge bzw. das durch die Verarbeitung geschaffene Produkt gehört nicht zur Konkursmasse. Die Voraussetzungen einer Aussonderung sind selbst dann gegeben, wenn die einzelnen Anteile der Miteigentümer ihrem Umfang nach nicht bestimmbar sind.

Nach richtiger, wenn auch bestrittener Meinung, kann der Gemeinschuldner **136**
ebenso wie der Konkursverwalter Mitglied des Pools werden, so z.B., wenn der Gemeinschuldner bzw. der Konkursverwalter den Kaufpreis für die Lieferung eines der Miteigentümer voll bezahlt hat. Mit der Bezahlung werden keineswegs die Miteigentumsanteile unbestimmt. Vielmehr können die übrigen Miteigentümer vom Konkursverwalter gem. §§ 749 BGB, 16 KO die Aufhebung der Gemeinschaft und die Einräumung des Mitbesitzes verlangen.

Steht ein Kreditnehmer mit mehreren Kreditinstituten in Geschäftsverbindungen **137**
und nimmt er einen größeren Kredit auf, so bilden die Kreditgeber in der Praxis nicht selten einen Sicherheiten-Pool (*BGH* WM 1982, 37).

Für das ab dem 1. 1. 1999 geltenden Insolvenzrecht bleiben die Grundsätze zum **138**
Sicherheitenpool erhalten. Auch nach der Insolvenzordnung steht den Mobiliarsicherheitengläubigern ein Absonderungsrecht zu. Der einfache Eigentumsvorbehalt rechtfertigt zur Aussonderung. Die Verknüpfung zwischen Sicherheit und Forschung kann durch den Pool nicht aufgelöst werden.

7.8 Der Bankenpool

Durch den Poolvertrag übernehmen mehrere Kreditgeber durch Vereinbarung **139**
untereinander und mit dem Schuldner das Risiko einer Realisierung gemeinsamer Kreditsicherheiten. Im Zweifel liegt eine treuhänderische Übertragung vor. Entweder werden die in den Pool einzubringenden Sicherheiten auf ein einzelnes Poolmitglied übertragen oder aber die Sicherheiten gehen auf einen Dritten (Treuhänder) über, der an der Kreditvergabe nicht unmittelbar beteiligt ist.

140 Im **Poolvertrag mehrerer Kreditinstitute** sind die in den Pool einzubringenden oder eingebrachten Sicherheiten einzeln aufzuführen. Die Poolführerin oder der Treuhänder hat jeweils die Sicherheiten im Interesse sämtlicher Vertragspartner zu verwalten, zu überwachen und ggf. zu verwerten. Im übrigen entscheidet über die Verwertung und Verteilung der Erlöse der Poolvertrag. Dieser hat den Verteilungsschlüssel festzulegen und Absprachen zu treffen, ob z.B. nicht genehmigte Überziehungen an der Erlösverteilung partizipieren.

141 Im einzelnen gilt für die verschiedenen Arten der Poolverträge folgendes:
Es ist zweckmäßig, vertraglich die Regeln über die **Sicherheitenverwaltung** und die Höhe mit der Sicherheitenverwaltung verbundenen Kosten festzulegen.

142 Da grundsätzlich allen Gesellschaftern die **Geschäftsführung** zusteht (§ 709 BGB), ist es nützlich, für die Verwaltung und Verwertung des Sicherungsguts eine **Poolführerin** zu bestimmen, die entweder im Einvernehmen mit den Poolmitgliedern handelt oder, wenn es der Poolvertrag gestattet, nach pflichtgemäßem Ermessen die erforderlichen Maßnahmen ergreift.

143 im Falle der Verwertung werden aus den Erlösen zunächst die **Steuern** und die sonstigen Aufwendungen im Zusammenhang mit der Verwaltung und Verwertung beglichen. Der Nettoerlös wird unter den beteiligten Banken nach Maßgabe der in Anspruch genommenen Kreditlinie bei Fassung des Verwertungsbeschlusses verteilt.

144 Es ist nützlich, im **Poolvertrag** eine **Kündigungsregelung** aufzunehmen. Ist keine Regelung aufgenommen, besteht die Möglichkeit der außerordentlichen Kündigung und bei dem unbefristeten Poolvertrag das Recht zur jederzeitigen Kündigung (§ 723 Abs. 1 BGB), die aber, um Schadenersatzansprüche zu vermeiden, nicht zur Unzeit erfolgen darf.

145 Auch wenn der Poolvertrag für den Fall der Kündigung eines Gesellschafters eine **Fortsetzungsklausel** enthält, ist eine Auseinandersetzung hinsichtlich der Poolsicherheiten erforderlich. Ein **Abfindungsausschluß** ist unwirksam.

146 Da nur der Poolvertrag zwischen den Banken eine BGB-Gesellschaft darstellt, kann die Kreditnehmerin das Vertragsverhältnis selbst dann nicht kündigen, wenn sie in den Vertrag mit einbezogen worden ist.

7.9 Der Lieferantenpool

147 Der **Poolvertrag zwischen Eigentumsvorbehaltslieferanten** setzt voraus, daß der Eigentumsvorbehalt wirksam vereinbart worden ist, wobei es nach den Umständen des Wirtschaftszweiges möglich ist, daß der Eigentumsvorbehalt durch **Handelsbrauch** als vereinbart gilt. Auch aufgrund seiner einseitigen Eigentumsvorbehaltsklausel in ABG kann sowohl im kaufmännischen als auch im nichtkaufmännischen Geschäftsverkehr u.U. der Eigentumsvorbehalt wirksam vereinbart werden.

148 Bei der **Kollision von Einkaufs- und Verkaufs-AGB** tendiert der *BGH* in den jüngeren Entscheidungen dahin, das Kollisionsproblem von AGBs unter besonderer Berücksichtigung der jeweiligen Geltungs- und Abwehrklausel gem. §§ 154, 155 BGB zu lösen (*BGHZ* 61, 282, *BGH* BB 1974, 1136; WM 1977, 451, NJW 1985, 1838; WM 1986, 643).

Diese BGH-Judikatur läßt folgende Tendenz erkennen. Soweit die Einkaufs-AGB eine Eigentumsvorbehaltssicherung vorsehen, ist in diesem Stadium des Vertragsabschlusses der Hinweis auf den – einfachen – Eigentumsvorbehalt in den Lieferanten-AGB beachtlich, vorausgesetzt, die jeweilige Auftragsbestätigung des Lieferanten geht einer Person zu, die für die inhaltliche Ausgestaltung von Verträgen zuständig war. **149**

Der AGB-Kunde/Käufer muß dabei beachten, daß die **Geltungs- und Abwehrklausel** in den **Einkaufs-AGB** wesentliche Bedeutung besitzt, weil daraus erkennbar wird, daß der Kunde/Käufer – ausschließlich – unter Geltung seiner AGB Verträge abschließen will (*BGH* NJW 1982, 1749; 1985, 1838; WM 1986, 643 = WuB 1986, IVB. § 2 AGBG 1.86 *Sonnenhof*). **150**

Umgekehrt: Enthalten die **Verkaufs-AGB** die Vereinbarung eines – einfachen Eigentumsvorbehalts, so kommt es entscheidend darauf an, ob diese – modifizierte Auftragsbestätigung einer Person beim Kunden/Käufer zugegangen ist, welche für die Änderung von Verträgen zuständig und verantwortlich ist. **151**

Ungeachtet der Kollision von Einkaufs- und Verkaufs-AGB wird man also grundsätzlich die Vereinbarung eines – einfachen – Eigentumsvorbehalts jedenfalls dann akzeptieren können, wenn die eine Eigentumsvorbehaltsklausel enthaltende Verkaufs-AGB – trotz einer Abwehrklausel in den Einkaufs-AGB – einer »zuständigen« Person beim Kunden/Käufer zugegangen ist, welche zur Abänderung von Verträgen befugt war (*BGH* NJW 1985, 1838). **152**

Bei einem **vertragswidrigen – nachträglichen – Eigentumsvorbehalt,** bei dem die Eigentumsvorbehaltsklausel nicht das Verpflichtungs-, sondern das Erfüllungsgeschäft unmittelbar betrifft, ist zu prüfen, ob eine Eigentumsvorbehaltssicherung, welche lediglich in einer Rechnung oder in einem Lieferschein enthalten ist, geeignet ist, das sachenrechtliche Erfüllungsgeschäft – im Verhältnis zum Verpflichtungsgeschäft – abzuändern, wobei ein strenger Maßstab anzulegen ist (*BGH* NJW 1979, 2199). Denn in dem Verhalten des Lieferanten liegt eine Vertragsabweichung, ist doch das **Erfüllungsgeschäft** auf eine bedingungslose, das sachenrechtliche Erfüllungsgeschäft hingegen auf eine bedingte Übertragung gerichtet (*BGH* NJW 1979, 213, 214). **153**

Mindestvoraussetzung ist auch hier, daß Rechnung bzw. Lieferschein einer Person zugehen, welche für die Abänderung von Verträgen »zuständig« ist (*BGH* NJW 1979, 2199, 2200, 1982, 179; 1982, 1949, 1750). Es hat also der Lieferant/AGB-Verwender in der Hand, eine bedingungslose Übereignung – aufgrund eines entsprechenden Verpflichtungsgeschäfts – zu verhindern. **154**

Die Vereinbarung eines **erweiterten Eigentumsvorbehalts** kommt in verschiedenen Erscheinungsformen vor. Regelmäßig sichert sich der Lieferant für »alle Forderungen aus der Geschäftsverbindung«, welche mit dem Kunden besteht; dabei erstreckt er die Sicherung auf »alle bestehenden und künftigen Forderungen«. Unter einem **»Kontokorrent-Vorbehalt«** versteht man demgegenüber eine Form des erweiterten Eigentumsvorbehalts gem. § 355 HGB. In der Praxis ist dies durchaus selten. **155**

Die Klauseln des erweiterten Eigentumsvorbehalts sind im nicht-kaufmännischen Bereich grundsätzlich nach § 9 Abs. 2 Nr. 2 AGBG unwirksam **156**

(*OLG Frankfurt* BB 1980, 1489). Demzufolge sind im nicht-kaufmännischen Bereich nur solche Klauseln des erweiterten Eigentumsvorbehalts nach § 9 Abs. 2 Nr. 2 AGBG wirksam, die die Vorbehaltssicherung auf künftige, aber bereits entstandene Forderungen beschränken.

157 Im kaufmännischen Verkehr sind Klauseln des erweiterten Eigentumsvorbehalts auch insoweit nach § 9 Abs. 2 Nr. 2 AGBG nicht zu beanstanden, als sie sich auf Forderungen beziehen, die »künftig« aus der »Geschäftsverbindung« resultieren, ohne bereits »entstanden« oder gar »fällig« zu sein.

158 Falls gem. § 355 HGB i.V.m. § 356 HGB ein Kontokorrentverhältnis besteht – gleichgültig, ob dies aufgrund ausdrücklicher oder stillschweigender Vereinbarung beruht –, sind **Kontokorrentvorbehaltsklauseln** nach § 9 AGBG unbedenklich (*BGHZ* 26, 185, 190; 42, 53, 59 BGB BB 1978, 18).

159 Bei der Kollision von Einkaufs- und Verkaufs-AGB ist es abschließend gesichert, daß die Vereinbarung eines – erweiterten – Eigentumsvorbehalts scheitert, wenn und soweit Einkaufs- und Verkaufs-AGB bei einem Vertragsabschluß kollidieren (*BGH* NJW 1985, 1838; WM 1986, 654).

160 Gegen die Wirksamkeit einer verlängerten Eigentumsvorbehaltsklausel bestehen weder im kaufmännischen noch im nicht-kaufmännischen Verkehr gem. § 9 ABGB Bedenken (*BGH* NJW 1985, 1636, 1637).

161 Anstelle des Liefergegenstandes tritt das Surrogat, das der Vorbehaltsverkäufer in Form einer neuen Sache, einer Forderung oder des Erlöses aus der Weiterveräußerung der Vorbehaltsware – anstelle der ursprünglichen Sachsicherheit – erlangt.

162 Bei der Kollision von Einkaufs- und Verkaufs-AGB fehlt es an der wirksamen Vereinbarung einer verlängerten Eigentumsvorbehaltsklausel, wenn der Besteller/Käufer im Rahmen seiner Einkaufs-AGB darauf verweist, daß diese ausschließlich gelten sollen (*BGH* NJW 1985, 1839, BGH WM 1986, 643).

163 Gegen die Zulässigkeit einer **Abtretung zukünftiger Forderungen,** wie sie bei der **verlängerten Eigentumsvorbehaltssicherung** ist, bestehen keine Bedenken (*BGH* WM 1965, 1049; 1981, 167; BB 1970, 821; 1974, 670; 1978, 222), wenn die vom Vorbehaltsverkäufer/Zessionar im Einzelfall in Anspruch genommene Forderung genügend bestimmt ist (*BGH* BB 1978, 222, 223).

164 Auch gegen die Zulässigkeit von **Teilabtretungen** – z.B. bei der Begrenzung der abzutretenden Forderung auf den Faktura-Endbetrag des Erstgeschäfts zwischen Vorbehaltsverkäufer und Vorbehaltskäufer – bestehen keine Bedenken (*BGH* BB 1963, 1354; 1971, 17; 1981, 326).

165 Die **Bestimmbarkeit** kann jedoch dann zweifelhaft sein, wenn – anstelle einer exakt bezeichneten Teilabtretung – die **Gesamtforderung,** z.B. auch bei Verbindung oder Vermischung oder auch bei einer Verarbeitung, abgetreten wird (*BGH* BB 1965, 1203; WM 1975, 534).

166 Die Rechtsprechung des *BGH* stellt auf die konkrete, nicht aber auf die abstrakte Bestimmbarkeit ab und läßt durch Auslegung ermitteln, ob eine – unverhältnismäßig hohe **Vorausabtretung einer Gesamtforderung** nicht in eine – wirksame –

Teilabtretung umzudeuten ist (*BGH* WM 1959, 432, 433; 1960, 1063, 1064; 1970, 848).
Dies ist jedenfalls dann gerechtfertigt, wenn die Eigentumsvorbehaltssicherung einer **Freigabeverpflichtung** – für den Fall der Übersicherung – vorsieht (*BGH* NJW 1985, 1836, 1838).

Dem **Gesamthandvermögen des Pools** als BGB-Gesellschaft können nicht mehr 167
Rechte zustehen als den einzelnen Mitgliedern – vor deren Einbringung – zustanden (*Jaeger-Henckel* KO, § 15 Rz. 15). Deshalb ist die Poolvereinbarung, die der Durchsetzung von Aus- oder Absonderungsrechten im Konkurs des Vorbehaltskäufers dient, unwirksam, soweit sie sich auf Sicherungsrechte bezieht, die im Fall ihrer individuellen Geltendmachung nicht durchsetzbar wären.

Jeder Vorbehaltslieferant ist verpflichtet, sein Sicherungsrecht – und damit auch 168
sein Quotenrecht – nachzuweisen. Gelingt dies nicht aufgrund eines **Auskunftsverlangens** gegenüber dem Konkursverwalter, so ist das Sicherungsrecht, weil nicht bewiesen, nicht existent.

Die Einbringung der den einzelnen Poolmitgliedern zustehenden Sicherheiten 169
vollzieht sich in der Weise, daß ein jeder seine Ansprüche – schuldrechtlicher und dinglicher Art – gegenüber Dritten, die ihm aus vereinbarten Eigentumsvorbehaltsrechten zustehen, auf den Pool als BGB-Gesellschaft überträgt. Gleichzeitig muß jedes Poolmitglied die ihm zustehenden, aus verlängertem Eigentumsvorbehalt resultierenden, im voraus abgetretenen Ansprüche an den Pool abtreten. Regelmäßig stellt sich in diesem Zusammenhang die Frage, ob damit auch die **Einziehungsbefugnis** des Vorbehaltskäufers/Schuldners widerrufen ist. Dies ist abhängig von den Umständen des Einzelfalles (*OLG München* BB 1985, 2270).

Sichergestellt werden muß des weiteren, daß die **Vorausabtretungen,** welche im 170
Zusammenhang mit einer **Verarbeitungsklausel** gem. § 950 BGB vorgesehen sind, auch in das Gesamthandvermögen des Pools eingebracht werden; Voraussetzung ist hierbei, daß der Vorbehaltskäufer/Schuldner die Vorbehaltsware »im ordnungsgemäßen Geschäftsgang« weiterveräußert hat.

Ist eine **Weiterlieferung** des Vorbehaltskäufers/Schuldners – etwa bei Vereinba- 171
rung eines Pools im Zusammenhang mit einer Unternehmenssanierung – beabsichtigt, so ist es notwendig, daß die einzelnen Poolmitglieder die ihnen zukünftig zustehenden oder erwachsenden Sicherungsrechte – schuldrechtlicher oder dinglicher Art, einschließlich aller Vorauszessionen – ebenfalls in den Pool einbringen. Dies gilt auch dann, wenn zu befürchten steht, daß die Insolvenz des Vorbehaltskäufers/Schuldners alsbald ansteht. Denn der Zweck des Poolvertrages ist kein punktueller, sondern er ist darauf gerichtet, auch im Fall der Insolvenz Aus- und Aussonderungsrechte gegenüber dem Konkursverwalter durchsetzen zu können (*OLG Frankfurt* WM 1986, 27).

Da die Rechtsregel des § 742 BGB im Hinblick auf die Bestimmungen der §§ 947, 172
948, 950 BGB keine Anwendung findet, ist es unerläßlich, in bezug auf die einzelnen Poolmitglieder einen exakten Verteilungsschlüssel zu bestimmen, der die Quote des einzelnen Poolmitglieds am Poolvermögen bestimmt. Die **Miteigentumsquote** der einzelnen Poolmitglieder bestimmt sich dabei ausschließlich nach dem Verhältnis des Wertes, den die eingebrachten Sachen zum Zeitpunkt der

Verbindung, Vermischung, Vermengung oder **Verarbeitung** hatten. Dies ergibt sich im Rahmen der §§ 947, 948 BGB notwendigerweise von selbst, weil die Bestimmung des § 947 Abs. 1 und Abs. 2 BGB zwingenden Rechts ist.

173 Soweit die Voraussetzungen von § 950 BGB vorliegen, gilt demgegenüber nur diese Bestimmung; sie verdrängt § 947 BGB.

7.10 Sicherheitenabgrenzungsverträge

174 Die vorstehend behandelten Lieferanten-Poolverträge werden vielfach auf Anregung und unter Mitwirkung der Kreditversicherer vereinbart. Noch stärker ist der Einfluß der Kreditversicherer jedoch beim Abschluß von Poolverträgen zwischen Lieferanten und Banken. Diese kommen in der Praxis durch Sicherheitenabgrenzungsverträge zwischen den Kreditversicherern, den Banken und der kreditnehmenden Firma zustande. Dabei handeln die Kreditversicherer im eigenen Namen und zugleich für die bei ihnen versicherten Warenlieferanten.

175 Durch den Sicherheitenabgrenzungsvertrag wird ein **Sicherheiten-Pool zwischen Waren und Geldkreditgebern** geschaffen, in den beide Seiten ihre Sicherheiten aus dem Umlaufvermögen der Kreditnehmerin einbringen und mit dem eine Aufteilung der Verwertungserlöse zwischen der Gruppe der Warenlieferanten einerseits und der Gruppe der Banken andererseits vereinbart wird. Der Verteilungsmechanismus ist stets so geregelt, daß der nach Abzug der Kosten verbleibende Nettoerlös wie folgt aufgeteilt wird.
(1) Die Gruppe der Lieferanten erhält bis zur Höhe ihrer Warenforderungen, höchstens jedoch bis zu einem im Einzelfall zu bestimmenden Prozentsatz der Nettoerlöse.
(2) Die Gruppe der Banken erhält alle von den Lieferanten nicht benötigten Erlöse, mindestens jedoch einen bestimmten Prozentsatz der Nettoerlöse.
(3) Der Gruppe der Lieferanten stehen die von den Banken nicht benötigten Erlöse zur Deckung ihrer restlichen Forderungen zu.
(4) Die Ansprüche der nicht beigetretenen Lieferanten sind zu Lasten des Erlösanteils der Gruppe der Lieferanten zu befriedigen.
Die Aufteilung der Erlöse innerhalb der beiden Gruppen ist nicht Gegenstand des Vertrages.

7.11 Das Herausgabeverlangen der Poolmitglieder

176 Haben sich alle Vorbehaltslieferanten einer Sachgesamtheit zusammengeschlossen, können diese die Herausgabe verlangen, und zwar selbst dann, wenn nicht im einzelnen feststeht, zu welcher Quote das einzelne Poolmitglied am Gesamthandvermögen des Pools beteiligt ist. Voraussetzung ist freilich, daß den Poolmitgliedern/Gläubigern der Nachweis gelingt, daß ausschließlich ihnen ein Recht an den herauszugebenden Sachen zusteht.

177 Soweit in der Praxis entweder ein Vorbehaltslieferant dem Pool nicht beitreten oder der Gemeinschuldner/Konkursverwalter am Poolvermögen beteiligt ist, ist nicht feststellbar, ob diejenigen, die die Herausgabe geltend machen, die einzigen Miteigentümer sind. Denn notwendigerweise ist der **Herausgabeanspruch** gem. §§ 985, 1011, 432 BGB nur dann begründet, wenn Leistung an **alle Miteigentümer** begehrt wird.

Die Poolmitglieder können deshalb nur Herausgabe der **verbundenen oder vermischten Menge** vom Konkursverwalter verlangen, wenn alle, die überhaupt Miteigentümer sein könnten, bereits bei der Übertragung des Miteigentums an dem Pool mitgewirkt haben. **178**

Dann, wenn der Vorbehaltskäufer/Gemeinschuldner am Abschluß des Sicherheiten-Poolvertrages beteiligt ist, bestehen Anhaltspunkte dafür, daß er unmittelbare Miteigentumsrechte am Poolvermögen erwirbt, z.B. durch Bezahlung des jeweiligen Kaufpreises, aber auch durch Verbindung oder Vermengung des Sicherungsguts mit Waren, die in seinem ausschließlichen Eigentum stehen. **179**
Unter diesen Voraussetzungen können die Poolmitglieder vom Konkursverwalter nur gem. § 749 BGB und § 16 KO Aufhebung der Gemeinschaft und **Einräumung des Mitbesitzes** verlangen.

Der Konkursverwalter kann im Regelfall nicht daran gebunden werden, gem. § 17 KO Erfüllung von einzelnen Kaufverträgen zu verlangen und damit Mitberechtigter des Sicherheitenpools zu werden (*OLG Frankfurt* WM 1986, 27). **180**

Unter dem Gesichtspunkt des § 30 Nr. 2 KO sind Sicherheiten-Poolverträge anfechtbar, wenn durch sie einem Konkursgläubiger eine Sicherheit oder Befriedigung gewährt wird, die er nicht in der Art oder nicht zu der Zeit zu beanspruchen hatte. **181**
Dies ist dann der Fall, wenn der Poolvertrag bestimmt, daß der spätere Gemeinschuldner verpflichtet ist, seine Rechte als Eigentümer, Miteigentümer oder Inhaber von Anwartschaftsrechten in den Pool einzubringen.
Die **Inkongruenz der Deckung** liegt hier darin, daß die übrigen Poolmitglieder/Gläubiger keinen Anspruch darauf haben, seitens des späteren Gemeinschuldners Sicherheiten eingeräumt zu erhalten, die den Pool »anreichern«.

Bezieht sich hingegen der Sanierungs-Pool ausschließlich darauf, daß die einzelnen Poolmitglieder/Gläubiger die zu ihren Gunsten bestehenden Sicherheiten in den Pool einbringen, so sind folgende Überlegungen maßgebend: Man könnte zunächst daran denken, daß der **Sanierungs-Pool** schon deswegen der **Konkursanfechtung** gem. § 30 Nr. 2 KO unterworfen wird, weil er – jedenfalls für die nicht am Pool beteiligten Gläubiger – eine Benachteiligung auslöst. Indessen: Es muß die Gesamtheit der Gläubiger benachteiligt sein; die Benachteiligung einzelner Gläubiger reicht nicht aus (*BGH* ZIP 1981, 1230, 1231). **182**

Erfolgt im Rahmen eines Sanierungs-Pools eine Weiterbelieferung zugunsten des Schuldners, verpflichtet sich dieser, zugunsten der – neuen – Darlehensgeber Eigentums- und Anwartschaftsrechte in den Pool einzubringen, so kommt es darauf an, ob diese – neu gewährten – Sicherheiten lediglich als Sicherheiten der neu begründeten Forderungen oder auch zur Abdeckung der **Altverbindlichkeiten** des Schuldners dienen. Die Nichtanwendbarkeit von § 30 Nr. 2 KO hängt davon ab, ob Kongruenz zwischen der neuen Verbindlichkeit einerseits und der neu gewährten Sicherheiten seitens des Schuldners andererseits gegeben ist. **183**

Soweit an dem Grundsatz festgehalten wird, daß kein Poolmitglied/Gläubiger berechtigt ist, am Poolvermögen in einem anderen Ausmaß zu partizipieren, als dies den Sicherungsrechten entspricht, so ergibt sich daraus auch, daß der Abschluß eines Poolvertrages nach Eintritt der Insolvenz des Gemeinschuldners **184** nicht unter § 30 Nr. 2 KO fällt, weil es an der erforderlichen **Gläubigerbenachteiligung** von vornherein fehlt.

185 Des weiteren gilt, daß auch der Abschluß eines reinen **Verwertungs-Pools** – nach Eintritt der Insolvenz des Gemeinschuldners – nicht rechtsunwirksam ist (*OLG Frankfurt* WM 1986, 27).

186 Es ist deshalb unbedenklich, in einen Verwertungs-Pool Sicherheiten einzubringen, soweit sie materiell-rechtlich existent, aber nicht im Detail beweisbar sind (*OLG Frankfurt* WM 1986, 27). Deshalb sichert sich der nach Eintritt der Insolvenz abgeschlossene Verwertungs-Pool die Rechte der aus- und absonderungsberechtigten Gläubiger im Rahmen einer gemeinsamen Verwertung (*BGH* WM 1982, 482, 484).

III. Die Finanzierungshilfen des Bundes und der Länder an die gewerbliche Wirtschaft

187 Lassen sich, wie meist in der Krise, kaum noch Kredite beschaffen, weil die bankmäßigen Sicherheiten nicht zur Verfügung stehen bzw. weil die Bank die Anfechtungsrisiken zu hoch einschätzt, oder werden für die Betriebsfortführung im Konkurs bzw. für den Erwerb eines von der Stillegung bedrohten Unternehmens Mittel benötigt, ist zu prüfen, ob öffentliche Förderungsmittel in Anspruch genommen werden können.

188 Zur Förderung der gesamtwirtschaftlichen Strukturen gibt es eine Vielzahl öffentlicher **Zuschuß-, Zulage-, Darlehens- und Bürgschaftsprogramme** des Bundes und der Länder, die den jeweiligen Bedürfnissen angepaßt werden. Des weiteren gibt es **Förderungsprogramme** der Kreditanstalt für Wiederaufbau, der Lastenausgleichsbank, der Europäischen Investitionsbank, der Europäischen Gewerkschaften und der Internationalen Finanz-Cooperation.

189 Zu erwähnen sind insbesondere die sog. **Mittelstandsprogramme,** die Hilfe im Zusammenhang mit der Gründung einer selbständigen Existenz, Bürgschaften oder **Investitionskredite** gewähren. Daneben gibt es die sog. Förderungsprogramme, die **Forschungs- und Entwicklungsförderung,** die **Umweltschutzprogramme** sowie die Förderung im Energiebereich.

190 Eine zusammenfassende Darstellung der verschiedenen Programme, der Bedingungen für die Inanspruchnahme sowie den Antragsweg enthalten die beiden Sonderhefte der Zeitschrift für das gesamte Kreditwesen 1984 (Fritz Knapp Verlag, Frankfurt) über die Finanzierungshilfen des Bundes und der Länder an die gewerbliche Wirtschaft und an die Landwirtschaft, bearbeitet von *Ellen Dotters,* s. auch *Flessa,* Bürgschaften des Steuer- und der Kreditgarantiegemeinschaften.

191 Nach einem Beschluß der Wirtschaftsministerkonferenz der Bundesländer vom 30. 5. 1985 kommen staatliche Finanzierungshilfen zur Rettung existenzbedrohter, sanierungsfähiger Unternehmen nur in Ausnahmefallen in Betracht und müssen folgende Mindestanforderungen erfüllen:

- Die staatlichen Finanzierungshilfen dürfen nur vorübergehend und als Hilfen zur **Selbsthilfe** gewährt werden. Sie kommen daher nur für solche Unter-

nehmen in Betracht, bei denen begründete Aussicht besteht, daß sie nach Überwindung akuter Schwierigkeiten sich im Wettbewerb wieder selbst behaupten können.
- Unternehmen, Gesellschafter, Eigentümer und Gläubiger müssen die Möglichkeiten zur Sanierung voll ausschöpfen.
- Für staatliche Hilfen müssen Gründe sprechen, die z.B. regionalpolitisch oder arbeitsmarktpolitisch – von besonderer Bedeutung sind. Die Erhaltung von Arbeitsplätzen in einem bestimmten Unternehmen rechtfertigt für sich genommen noch nicht die Gewährung von Finanzierungshilfen.
- Die für andere Unternehmen und Bereiche entstehenden Folgen einer etwaigen staatlichen Hilfe sind besonders zu berücksichtigen. Die Hilfe soll auch im Ausnahmefall nicht zu einer direkten oder indirekten Gefährdung von sonst am Markt konkurrenzfähig gebliebenen Unternehmen führen und die dortigen Arbeitsplätze in Mitleidenschaft ziehen.

Eine staatliche Hilfe darf nur zugesagt werden, wenn der Unternehmensstatus **192**
eingehend geprüft und beurteilt ist, d.h. es muß eine Ist-Analyse auf der Grundlage bestätigter Jahresabschlüsse der letzten 3 Jahre sowie ein zeitnaher Zwischenabschluß aufgrund von Auskünften über die aktuelle Unternehmenssituation erstellt werden.
Vorgelegt werden muß ein **Unternehmenskonzept** mit einem **Finanzierungsplan,** das insbesondere Auskunft über die geplante Entwicklung, die voraussichtliche **Konkurrenzfähigkeit des Unternehmens** sowie über die Beiträge aller Beteiligten gibt.
Soweit erforderlich, bedarf es einer Stellungnahme eines unabhängigen Sachverständigen zum Unternehmenskonzept.
Eine **Kapitalbeteiligung des Staates** sollte als Sanierungshilfe ausscheiden.

Aufgrund des wiedervereinigungsbedingten Anpassungsprozesses der Wirtschaft **193**
und im Hinblick darauf, daß die strukturell bestehenden Schulden der Unternehmen nicht kurzfristig behoben werden können, haben die neuen Bundesländer umfangreiche Förderprogramme aufgelegt.

Exemplarisch kann an Hand des Förderprogrammes des Freistaates Thüringen **194**
dargestellt werden, wie die Wirtschaftsstruktur, insbesondere der kleinen und mittleren Unternehmen gefördert werden soll.

Die Fördermöglichkeiten werden durch die nachfolgend bezeichneten Richt- **195**
linien konkretisiert:
1. Die »Richtlinie zum Landesinvestitionsprogramm für den Mittelstand«
2. Den »Thüringer Fonds zur Konsolidierung von Unternehmen in Schwierigkeiten – Konsolidierungsfonds«
3. Die »Richtlinie zum Thüringer Fonds für Unternehmen in Schwierigkeiten«
4. Die »Richtlinie zum Thüringer Darlehensprogramm für kleine und mittlere Unternehmen«
5. Die »Richtlinie für die Gewährung von Zuschüssen des Freistaates Thüringen und der Europäischen Union für zusätzlich bereitgestellte Ausbildungsplätze unter besonderer Berücksichtigung von Erstausbildungsplätzen bei Existenzgründern«.

6. Die »Richtlinie für die Gewährung von Zuschüssen des Freistaates Thüringen und der Europäischen Union für überbetriebliche berufliche Ausbildungslehrgänge im Handwerk«
7. Die »Richtlinie für die Gewährung von Zuschüssen des Freistaates Thüringen und der Europäischen Union zur Unterstützung betrieblicher Ausbildungsverbände, zur Förderung überbetrieblicher Ergänzungslehrgänge und zur Verbesserung der Ausbildungsberatung und -werbung«
8. Die »Richtlinie für die Gewährung von Zuschüssen des Freistaates Thüringen und der Europäischen Union für modellhafte Qualifizierungsprojekte in der beruflichen Aus- und Weiterbildung sowie für Weiterbildungslehrgänge«
9. Die »Richtlinie zur Förderung der rationellen und umweltfreundlichen Energieverwendung sowie der Nutzung von erneuerbaren Energien«
10. Durchführungsbestimmungen des Freistaates Thüringen für die Gewährung von Investitionszuschüssen aus Mitteln der Gemeinschaftsaufgabe »Verbesserung der regionalen Wirtschaftsstruktur« (GA).

196 Die vorstehenden Richtlinien, die jährlich den Bedürfnissen der Wirtschaft angepaßt werden, folgen dem Grundsatz, daß mittelständische Unternehmen, deren Investitionsvorhaben nicht in der Gemeinschaftsaufgabe »Verbesserung der regionalen Wirtschaftsstruktur« gefördert werden kann, unter Beachtung der Kumulierungsbegrenzung für öffentliche Finanzierungshilfen Zuschüsse oder Darlehen oder eine Kombination aus Zuschuß und Darlehen bei der Thüringer Aufbaubank beantragen können.

197 Die Rechtsgrundlage ist bei allen Richtlinien gleich, mit Ausnahme der unter Punkt 10 vorgestellten Durchführungsbestimmungen des Freistaates Thüringen für die Gewährung von Investitionszuschüssen aus Mitteln der Gemeinschaftsaufgabe »Verbesserung der regionalen Wirtschaftsstruktur« (GA). Alle Richtlinien basieren auf den §§ 23, 44 und 44 a der Landeshaushaltsordnung (LHO), der derzeit in Thüringen geltenden Verwaltungsvorschriften zur LHO sowie auf den übrigen Haushaltsgesetzen in der jeweils gültigen Fassung.

198 Exemplarisch können die Fördermöglichkeiten an Hand des »Thüringer Fonds zur Konsolidierung von Unternehmen in Schwierigkeiten – (Konsolidierungsfonds –)« dargestellt werden.

199 Mit dieser Maßnahme können Unternehmen vorübergehend gestützt werden, deren Lage sich von außen durch nicht vorhersehbare Ereignisse verschlechtert hat, ohne eine Einwirkungsmöglichkeit auf die Situation zu haben.

200 Durch den THA-Konsolidierungsfonds und durch Landesmittel sollen die finanziellen Probleme einer dauerhaften Lösung zugeführt werden.

201 Hierzu ist ein geprüftes Umstrukturierungs-/Umstellungskonzept erforderlich.

202 Mit dieser Maßnahme soll Unternehmen, die struktur- oder mittelstandspolitisch bedeutsam sind, mit grundsätzlich positiven Entwicklungschancen am Markt auf Dauer der Fortbestand ermöglicht werden.

203 In besonders gelagerten Fällen werden kurzfristige Zuschüsse in Form von Darlehen oder stillen Beteiligungen zur Konsolidierung der angeschlagenen Situation als Umstrukturierungshilfe gewährt.

Empfänger von Umstrukturierungshilfen können reprivatisierte, privatisierte ehemalige Treuhandunternehmen und andere kleine und mittlere Unternehmen der gewerblichen Wirtschaft sein. **204**

Als kleines oder mittleres Unternehmen gelten die Unternehmen, die zum Zeitpunkt der Antragstellung weniger als 250 Mitarbeiter beschäftigen und die im letzten Wirtschaftsjahr vor Antragstellung einen Jahresumsatz von höchstens TDM 40 000 oder eine Bilanzsumme von TDM 20 000 ausgewiesen haben. **205**

Sollen größere Unternehmen oder Branchen gefördert werden, für die besondere Vorschriften über staatliche Beihilfen gelten, wie Stahl, Schiffsbau, Kunstfasern, Kfz-Industrie, Landwirtschaft, Fischerei, Verkehr und Kohlebergbau, muß die Zustimmung der EG-Kommission eingeholt werden. **206**

Das beantragende Unternehmen muß ein tragfähiges Umstrukturierungskonzept vorlegen, dessen Umsetzung die dauerhafte Beseitigung der akuten Schwierigkeiten und die Wiederherstellung der Wettbewerbsfähigkeit erwarten läßt. **207**

Dieses Konzept wird von einem Sachverständigen überprüft und kann inhaltlich von ihm verändert werden. **208**

Die Kreditvergabe aus diesem Förderprogramm kann an Auflagen gebunden werden. **209**

Für den Zeitraum, bis das Umstrukturierungskonzept endgültig beurteilt und akzeptiert worden ist, kann zur Überbrückung der finanziellen Notlage für längstens 6 Monate im unbedingtem erforderlichen Umfang ein Kredit zu Marktkonditionen gewährt werden. **210**

Diese Lösung kommt nur in Betracht, wenn die Finanzierungsmöglichkeiten über die Geschäftsbanken ausgeschöpft sind. **211**

Die Umstrukturierungshilfen werden zu folgenden Konditionen gewährt: **212**

1. Es wird ein fester Zinssatz bzw. ein fester Satz für Beteiligungsentgelte für die gesamte Laufzeit der Unterstützung vereinbart. Der Zins richtet sich nach dem Marktzins, der zum Zeitpunkt der Auszahlung gilt. Eine Zahlungspflicht besteht nur in Höhe von 50% des jeweiligen Jahresüberschusses vor Einkommens- bzw. Körperschaftssteuer.
2. Zinszahlungen und Beteiligungsentgelte, die in einem Jahr nicht geleistet werden, müssen innerhalb einer Frist von 2½ Jahren gezahlt werden.
   In Ausnahmefällen ist auch hier eine nochmalige Verlängerung um 1 Jahr möglich.
3. Der Höchstbetrag der Förderung ist begrenzt auf den Betrag, der zur Wiederherstellung der Wettbewerbsfähigkeit unbedingt erforderlich ist.
   Der Betrag soll TDM 2 000 nicht übersteigen. In Ausnahmefällen kann der Höchstbetrag auf TDM 5 000 angehoben werden.
4. Die Laufzeit der Förderung beträgt für Darlehen maximal 10 Jahre, 8 Jahre bei Beteiligungen bis TDM 2 000 und 5 Jahre bei Beteiligungen bis TDM 5 000.
5. Die Thüringer Aufbaubank erhält eine Bearbeitungsgebühr von 1 % pro Jahr sowie eine einmalige Gebühr von 2 %, die bei Auszahlung des Darlehens oder der Beteiligung einbehalten werden.

6. Es erfolgt eine Besicherung der Förderung, durch die eine weitere Kreditaufnahme nicht unangemessen eingeschränkt wird, wobei die Förderung aus diesem Programm ohne Rechtsanspruch im Rahmen der dafür verfügbaren Mittel erfolgt.

213 Nach der »Richtlinie zum Thüringer Fonds für Unternehmen in Schwierigkeiten« gewährt in besonders gelagerten Fällen die Thüringer Aufbaubank im Auftrag des Ministeriums für Wirtschaft- und Infrastruktur Darlehen zur Unterstützung strukturpolitisch bedeutsamer Unternehmen der gewerblichen Wirtschaft sowie Angehöriger wirtschaftsnaher Freier Berufe.

214 Mit dieser Maßnahme können vorübergehend und kurzfristig Unternehmen gestützt werden, die unverschuldet in finanzielle Schwierigkeiten geraten sind (wie z.B. durch Einbrüche im Osteuropageschäft).
Diese Krise zeigt sich durch unmittelbare Liquiditätsprobleme oder technische Zahlungsunfähigkeit.

215 In Frage kommen Darlehen

1. Liquiditätsdarlehen, die als einmalige, kurzfristige Hilfe für den Fortbestand des Unternehmens, insbesondere zum Erhalt der Arbeitsplätze erteilt werden können
   - marktüblicher Zinssatz
   - Laufzeit bis 6 Monate
2. Umstrukturierungsdarlehen
   Hiermit sollen kurzfristige Verbindlichkeiten, die das Unternehmen gefährden können, in langfristige Darlehen umfinanziert werden, um den Bestand des Unternehmens am Markt auf Dauer zu sichern
   - marktüblicher Zinssatz
   - Laufzeit für die Dauer des Umstrukturierungsplanes (in der Regel 3–4 Jahre)
   - bei Umschuldung von Altverbindlichkeiten bis zu 12 Jahren Laufzeit mit 2–3 tilgungsfreien Jahren;
   - Auszahlung 100 %
   - der Darlehensmindestbetrag beträgt 30 000 DM – der Darlehenshöchstbetrag beträgt TDM 5 000.

216 Eine zusammenfassende Darstellung aller Förderprogramme kann bei dem TIAW – Thüringer Institut für akademische Weiterbildung e.V., Schlösserstraße 9, 99084 Erfurt bezogen werden (Fax-Nr.: 03 61/5 62 15 07).

IV. Das eigenkapitalersetzende Darlehen

Literatur

Ahrenkiel/Lork Überschuldung trotz kapitalersetzender Bürgschaft? DB 1987, S. 823

Altmeppen Der »atypische Pfandgläubiger« – ein neuer Fall des kapitalersetzenden Darlehens?, ZIP 1993, S. 1677

Bachem Bilanzierungen und Besteuerung eigenkapitalersetzender Darlehen, DB 1994, S. 1055

ders. Eigenkapitalersatz durch Stehenlassen von Darlehen und nachträgliche Anschaffungskosten auf die Beteiligung, DStZ 1992, S. 712
Bäcker Die Vermietung von Betriebsmitteln an die GmbH durch einen Gesellschafter als kapitalersetzende Rechtshandlungen gem. § 32 a Abs. 3 GmbHG, ZIP 1989, S. 681 ff.
ders. Eigenkapitalersetzende Rechtshandlungen der GmbH Gesellschafter und Dritter, 1990
Beckmann Kreditsicherung nach Nr. 19 I AGB-Banken und Gläubigeranfechtung; Licht und Schatten?, DB 1991, S. 584 ff.
Beinert/Hennerkes/Binz Kapitalersetzende Darlehen und GmbH-Novelle, GmbHR 1981, S. 10 ff.
Bischoff Die Finanzierungsregeln im Lichte der neueren Literatur, DB 1971, S. 1581 ff.
Bitz Zur rechtlichen Behandlung von Gesellschafterdarlehen an Gesellschaften mit beschränkter Haftung, WiSt 1979, S. 353 ff.
Brändel Rechtsfragen bei der Ablehnung oder Pfändung von Erstattungsansprüchen wegen der verbotenen Rückgewähr »kapitalersetzender« Darlehen, in: Festschrift für Fleck, 1988, S. 1 ff.
Brandner Wegfall oder Beständigkeit des Erstattungsanspruchs aus § 31 GmbHG anderweitiger Wiederherstellung des Stammkapitals?, in: Festschrift für Fleck, 1988, S. 23 ff.
Braun Kapitalersetzende Maßnahme i. S. v. § 32 a Abs. 3 GmbHG durch Pachtverträge in der Betriebsaufspaltung?, ZIP 1983, S. 1175
ders. Die Ableitung der Kreditwürdigkeit gem. § 32 a GmbHG aus dem Jahresabschluß der Gesellschaft (Teil II), Hamburger Stahlwerkefall, Wpg 1990, S. 598 ff.
Büscher/Klusmann Die Nutzungsüberlassung durch Gesellschafter an die GmbH – Eine Besprechung der Lagergrundstück-Entscheidung des BGH vom 18. Oktober 1989, ZIP 1989, S. 1542; ZIP 1991, S. 10
Büschgen Zur Eigenkapitalausstattung der GmbH und GmbH & Co KG, GmbH-Rdsch. 1974, S. 25 ff., 47 ff.
Claussen Kapitalersetzende Darlehen und Sanierungen durch Kreditinstitute, ZHR 1983, S. 195 ff.
ders. Kapitalersatzrecht und Aktiengesellschaft, AG 1985, S. 173
ders. Anwendbarkeit des § 32 a GmbHG auf Altkredite an DDR-Unternehmen?, ZIP 1990, S. 1173
ders. Zeitwende im Kapitalrecht, GmbHR 1994, S. 9
Döllerer Verdeckte Gewinnausschüttungen und verdeckte Einlagen bei Kapitalgesellschaften (1975)
ders. Bilanzrechtliche Fragen des kapitalersetzenden Darlehens und der kapitalersetzenden Miete, in: Festschrift für Forster, 1992, S. 199 ff.
Drebes Das hypothetische Finanzierungsverhalten »ordentlicher Kaufleute« (§ 32 a GmbHG), Diss. Gießen, 1982
Dreßel Kapitalaufbringung und -erhaltung in der GmbH unter besonderer Berücksichtigung des Gründungsstadiums, 1988
Drukarczyk Begrenzte Haftung Gläubigerrisiko und Gesellschafterdarlehen, in: Hegl/Uecker (Hrsg.) Betriebswirtschaftslehre und Recht, S. 107 ff.
ders. Gläubigerschutz und Gesellschafterdarlehen, KP 1979, 53 ff., S. 122 ff.
Drygala Die Rechtsfolgen eigenkapitalersetzender Nutzungsüberlassung, BB 1992, S. 80 ff.

Duss Gedanken zu einem Rangrücktritt des Gläubigers bei Überschuldung einer Aktiengesellschaft nach schweizerischem Recht, AG 1974, S. 133 ff.

Eichberger Die besondere Konkursanfechtung – Analyse der geltenden Bestimmungen und der Reformentwürfe. Diss. Regensburg, 1990

Ensthaler Eigenkapitalersetzende Darlehen und Ausgleichsverpflichtungen von Mitgesellschaftern, DB 1991, S. 1761

Erlinghagen Gesellschafter-Darlehen im Regierungsentwurf eines neuen GmbH-Gesetzes, in: Festschrift für Kaufmann, 1972, S. 139 ff.

Esser Insolvenzschutz durch Dynamisierung des Stammkapitals bei der GmbH – eine Untersuchung von Grundsätzen über eigenkapitalersetzende Darlehen, Juristische Schriften Bd. 2, 1988

Ewers Die Problematik der Gesellschaftersteuerpflicht bei der Hingabe von Gesellschafterdarlehen, 1962

Fabritius Vermögensbindung in AG und GmbH – tiefgreifender Unterschied oder grundsätzliche Identität, ZHR 1980, S. 628 ff.

Falkenhausen, Freiherr von Steuerliche Konsequenzen der Rangrücktrittserklärung für ein Gesellschafterdarlehen, BB 1982, S. 550 ff.

Farrenkopf/Chan Die Rechtsprechung des BGH zu den sogenannten kapitalersetzenden Gesellschafterdarlehen bei der GmbH und §§ 30 f. GmbH-Gesetz, AG 1983, S. 151 ff.

Feik Podiumsdiskussion (Fremdfinanzierung durch Gesellschafter), IdW-Verlag GmbH (Hrsg.), 50 Jahre Wirtschaftsprüferberuf – Bericht über die Jubiläumsfachtagung vom 21. bis 23. Okt. 1981 in Berlin 1981, S. 185 ff.

Fessler Die Behandlung der Gesellschafterdarlehen in den GmbH-Rechten der Europäischen Gemeinschaften, Diss. Bonn, 1971

Feuerborn Darlehen Dritter gem. § 32 a Abs. 2 GmbH bei Doppelbesicherung durch Gesellschafter und GmbH, BB 1982, S. 401 ff.

Fische/Lepper Das Belassen von Gesellschafterdarlehen im Zeitpunkt der Krise – neue Rechtsprechung zu § 32 a GmbHG, ZIP 1986, S. 1

Fleck Das kapitalersetzende Bankdarlehen in der GmbH, in: Festschrift für Werner zum 65. Geburtstag, 1984, S. 107

ders. Das kapitalersetzende Gesellschafterdarlehen in der GmbH-Bilanz-Verbindlichkeit oder Eigenkapital, GmbHR 1989, S. 313

ders. Die Bilanzierung kapitalersetzender Gesellschafter-Darlehen und Konkursantragspflicht, in: Festschrift für Döllerer, 1988, S. 109 ff.

Friedrich, K. Die Rechtsfolgen einer darlehensweisen Auszahlung von Stammkapital bei der GmbH, DStR 1991, S. 1118

Friedrich, U.-J. Die Finanzierung der GmbH durch Gesellschafterdarlehen, Diss. Hamburg, 1973

Geißler Rechtsfragen um die Eigenkapitalfunktion des in der Krise belassenen Gesellschafterdarlehens, GmbHR 1994, S. 152

Gerhard Kapitalersetzende Gesellschafterdarlehen: Stehenlassen als Gewähren i.S.d. § 32 a GmbHG?, DB 1984, S. 1385

Gerkan, von Schwerpunkte und Entwicklungen im Recht der kapitalersetzenden Gesellschafterleistungen, GmbHR 1986, S. 218

Gerkan von/Hommelhoff Kapitalersatz im Gesellschafts- und Insolvenzrecht, RWS-Skript 167, 3. Aufl. 1994

Gessler Die GmbH-Novelle, BB 1980, S. 1385

ders. Zur Problematik bei kapitalersetzenden Gesellschafterdarlehen, ZIP 1981, S. 228

Goertzen Die Rechtsprechungsgrundsätze zum eigenkapitalersetzenden Gesellschafter-Darlehen, DB 1988, S. 2445

Groh Eigenkapitalersetz in der Bilanz, BB 1992, S. 1882

Grossmann Gesellschafterdarlehen bei Insolvenz, Amerikanische Erfahrungen zum Gläubigerschutz, 1978

ders. Unterkapitalisierung und Gesellschafterdarlehen – Amerikanische Erfahrungen, GmbH-Rdsch. 1978, S. 77 ff.

Grubler Die Eigenkapitalausstattung der deutschen Unternehmen, AG 1977, S. 73 ff.

Heilmann Kapitalersetzende Darlehen bei Aktiengesellschaften, KTS 1983, S. 513 ff.

Hemmelrath Bilanzierungsprobleme bei kapitalersetzender Nutzungsüberlassung, DStR 1991, S. 626

Hildebrand Eigenkapitalersetzende Bankdarlehen, 1994

Hill Die unterkapitalisierte GmbH – Gelöste und ungelöste Fragen zur Haftung der Beteiligten, Wpg. 1989, S. 367 ff.

Hill/Schäfer Das Stehenlassen von GmbH-Gesellschafterdarlehen bis zum Eintritt der Krise, BB 1989, S. 458 ff.

Höhn/Schmidt Fremdfinanzierung von Kapitalgesellschaften durch Anteilseigner, Vergleichende Darstellung der Regelung in ausgewählten Staaten, in: von Wysocki/Höhn u.a. Fremdfinanzierung von Kapitalgesellschaften durch Anteilseigner im deutschen und ausländischen Körperschaftssteuerrecht 1982, S. 13 ff., zit.: Vergleichende Darstellung

Hoffmann Die Patronatserklärung im deutschen und österreichischen Recht, 1989

Hommelhoff Die Gesellschafterdarlehen als Beispiel institutioneller Rechtsfortbildung, ZGR 1988, S. 460

ders. Eigenkapital-Ersatz im Konzern und in Beteiligungsverhältnissen WM 1984, S. 1105

ders. Handels- und Gesellschaftsrecht: Eigenkapitalersetzendes Gesellschafterdarlehen, JuS 1989, S. 643

ders. Eigenkapitalersetzende Gesellschafterdarlehen und Konkursantragspflicht, in: Festschrift für Döllerer, 1988, S. 245 ff.

Höper Die Haftung des Gesellschafters bei einer unterkapitalisierten GmbH, Diss. Göttingen, 1972

Hoyer Das Gesellschafterdarlehen im Kapitalverkehrsteuerrecht, DB 1977, S. 973 ff.

Hußmann Verdeckte Einlagen im Körperschaftssteuer- und Gesellschaftsrecht, Diss. Erlangen/Nürnberg, 1976

Immenga Kapitalersetzende Aktionärsdarlehen als Haftkapital?, ZIP 1983, S. 1405 ff.

Joecks Kapitalersetzende Gesellschafterdarlehen und Pflicht zur Konkursanmeldung, BB 1986, S. 1681

Joost Kapitalbegriff und Reichweite der Bindung des aufgebrachten Vermögens in der GmbH, GmbH-Rdsch. 1983, S. 285 ff.

Kalbe Herrschaft und Haftung bei juristischen Personen – Ein Beitrag zur Lehre vom Haftungsdurchgriff in den Fällen des Mißbrauchs der Rechtsform juristischer Personen, unter Berücksichtigung des französischen und schweizerischen Rechts, Diss. Heidelberg, 1965

Kallmeyer Die Rechtsfolgen der eigenkapitalersetzenden Gesellschafter-Nutzungsüberlassung im Recht der GmbH, GmbHR 1994, S. 290

Kamm Gesellschafterdarlehen an Kapitalgesellschaften nach deutschem Recht, unter Berücksichtigung des schweizerischen und französischen Rechts, 1970

Kamprad Die Behandlung von Gesellschafterdarlehen an eine GmbH als verdeckte Stammeinlage im Steuer- und Privatrecht, Diss. Berlin, 1967

ders. Nochmals: Die neue Rechtsprechung des Bundesfinanzhofes zur Bestimmung kapitalersetzender Gesellschafterdarlehen im Kapitalverkehrsteuerrecht (Schlußwort), FR 1971, S. 115 ff.

ders. Kapitalersetzende Gesellschafterdarlehen im Konkurs und Vergleich der GmbH in der rechtspolitischen Diskussion, GmbH-Rdsch. 1975, S. 54 ff.

ders. Gesellschafterdarlehen an die GmbH und GmbH & Co, 2. Aufl. 1981

Ketzer Eigenkapitalersetzende Aktionärsdarlehen, 1989

Klaus Eigenkapitalersetzende Gesellschafterdarlehen in der Handelsbilanz der verpflichteten GmbH, BB 1994, S. 680

Knobbe/Keuck Die Verpachtung von Anlagevermögen und § 32 a GmbHG, in: Festschrift für Kellermann, 1991, S. 227 ff.

Luther Darlehen im Konkurs, 1990

ders. Die GmbH-Novelle und ihre Bedeutung für die GmbH, die GmbH & Co, KG und die Aktiengesellschaft, DB 1980, S. 1317

ders. Neues zum Gesellschafterdarlehen, ZIP 1989, S. 477 ff.

Lutter/Hommelhoff Nachrangiges Haftkapital und Unterkapitalisierung in der GmbH, ZGR 1979, S. 31

Mayer Kapitalersetzende Darlehen im GmbH-Recht aus handels- und konkursrechtlicher Sicht, BB 1990, S. 1935

ders. Der Einfluß der Rechtsprechung des BGH zur kapitalersetzenden Nutzungsüberlassung auf die Betriebsaufspaltung, DStR 1993, S. 206

Meilike Kapitalersetzende Darlehen als Kapitalkonten i. S. von § 15a EStG, DB 1992, S. 1802

Meißner Die Erhaltung des Stammkapitals einer GmbH – ein Vergleich zwischen geltendem Recht und dem Regierungsentwurf eines Gesetzes über Gesellschaften mit beschränkter Haftung, Diss. Mainz, 1974

Menzel Die Bedeutung der BGH-Rechtsprechung zu den Gesellschafterdarlehen für die Unternehmenssanierung, AG 1982, S. 197 ff.

Merkle Betriebswirtschaftliche Formeln und Kennzahlen und deren betriebswirtschaftliche Relevanz, WiSt 1982, S. 325 ff.

Mertens Kapitalverlust und Überschuldung bei eigenkapitalersetzenden Darlehen, in: Festschrift für Förster, 1992, S. 415 ff.

Messmer Die durch die Sachlage gebotene Kapitalzuführung im Recht der Gesellschafter und im Entwurf eines GmbH-Gesetzes, BB 1970, S. 1057 ff.

Michalski Die Patronatserklärung, WM 1994, S. 1229

Minke Kreditsicherung und kapitalersetzende Darlehen, ZGR 1987, S. 521

Monßen Darlehen Dritter gem. § 32 a Abs. 2 GmbHG bei Doppelsicherung durch Gesellschaft und Gesellschafter, DB 1981, S. 1603 ff.

Moser Kapitalersetzende Gesellschafterdarlehen bei der GmbH, 1989

Müller, A. Regeln für eigenkapitalersetzende Gesellschafterdarlehen bei der GmbH und ihre Übertragbarkeit auf die AG, 1987

Müller, K. Zur Haftung des Gesellschafters im Konkurs der unterkapitalisierten GmbH, ZRP 1975, S. 101 ff.

ders. Der Tatbestand des kapitalersetzenden Gesellschafterdarlehens in § 32 a Abs. 1 GmbH, GmbH-Rdsch. 1982, S. 33 ff.

Müller, W. Änderung des GmbH-Gesetzes und anderer handelsrechtlicher Vorschriften zum 1. Januar 1981, Wpg. 1980, S. 369 ff.

Müller-Freienfels Zur Lehre vom sogenannten Durchgriff bei juristischen Personen im Privatrecht, AcP 156, 1957, S. 522 ff.

Obermüller Die Gewährung neuer Kredite in der Krise, ZIP 1980, S. 1059

ders. Nachträgliche Besicherung von Krediten, ZIP 1981, S. 352

ders. Patronatserklärungen und kapitalersetzende Darlehen, ZIP 1982, S. 915

Oppenländer Eigenkapitalersatz durch Gebrauchs- oder Nutzungsüberlassung an die GmbH, DStR 1993, S. 1523

Peters Die verfassungsrechtliche Stellung des Kreditgebers im Falle gesellschaftsbesicherter qualifizierter Darlehen (§ 32 a Abs. 2 GmbHG), ZIP 1987, S. 621

Picot Mithaftung der GmbH-Gesellschafter für kapitalersetzende Darlehen, BB 1990, S. 1360

Priester Sind eigenkapitalersetzende Gesellschafterdarlehen Eigenkapital?, DB 1991, S. 1917

ders. Die Erhöhung des Stammkapitals und kapitalersetzender Gesellschafterdarlehen, in: Festschrift für Döllerer, 1988, S. 475 ff.

ders. Voreinzahlung auf Stammeinlagen bei sanierender Kapitalerhöhung, in: Festschrift für Fleck, 1988 S. 231 ff.

Reusch Eigenkapital und Eigenkapitalersatz im Rahmen der stillen Gesellschaft, BB 1989, S. 2358

Rexrodt Die Behandlung des Gesellschafterdarlehens im Konkurs der GmbH unter Berücksichtigung der Finanzplanung, Diss. Mainz, 1978

Röhrkasten Die Rückzahlung des Stammkapitals, GmbH-Rdsch. 1974, S. 36 ff.

Rogusch Mindesteigenkapital, Haftungsbeschränkung und Gläubigerschutz bei der GmbH, 1979

Rokas Die Regelung von Gesellschafterdarlehen an die Gesellschaft nach dem griechischen Gesetz betreffend die GmbH, ZHR 1966, S. 297 ff.

Roth Unterkapitalisierung und Haftung, ZGR 1993, S. 170 ff.

Rümker Bankkredite als kapitalersetzende Gesellschafterdarlehen unter besonderer Berücksichtigung der Sanierungssituation, ZIP 1982, S. 1385

ders. Formen kapitalersetzender Gesellschafterdarlehen in der Bankpraxis, in: Festschrift für Stimpel, 1985, S. 673, zit.: Rümker FS, Stimpel

Rümker/Westermann Kapitalersetzende Darlehen, WM-Skript 1987

Rütter Preis Neuere Entscheidungen des BGH zur Anwendung der §§ 30 I, 31 GmbHG auf Gesellschafterdarlehen und die Neuregelung in § 32 a I GmbHG, JA 1981, S. 28 ff.

Schmidt Fortschritte und Abstimmungsprobleme im Recht der kapitalersetzenden Gesellschafterdarlehen, ZGR 1980, S. 567

ders. Gesellschafterdarlehen als Insolvenzrechtsproblem, ZIP 1981, S. 689

ders. Kapitalaufbringung, Kapitalerhaltung und Unterkapitalisierung bei der GmbH & Co, DB 1973, S. 2227 ff.

ders. Organverantwortlichkeit und Sanierung im Insolvenzrecht der Unternehmung, ZIP 1980, S. 328 ff.

ders. Kapitalersetzende Bankkredite? ZHR 1983, S. 165 ff.

ders. Kapitalersetzende Gesellschafterdarlehen: ein Rechtsproblem nur der GmbH und der GmbH & Co?, AG 1984, S. 12 ff.

ders. Kapitalsicherung in der GmbH & Co, KG; Schlußbilanz oder Zwischenbilanz einer Rechtsfortbildung?, GmbHR 1989, S. 141 ff.

ders. § 32 a GmbHG; ein Allheilmittel gegen unerwünschten Eigenkapitalersatz?, ZIP 1990, S. 69

ders. Die eigenkapitalersetzende Kreditsicherheit zwischen Gesellschafts- und Konkursrecht, DB 1993, S. 1505

ders. Grenzen der Ausfallhaftung von Mitgesellschaftern wegen Rückgewähr eigenkapitalersetzender Finanzierungsleistungen, DB 1992, S. 1917

Schüking Kapitalersetzende Darlehen im internationalen Privatrecht ZIP 1994, S. 1156

Schulze/Osterloh Gläubiger- und Minderheitenschutz bei der steuerlichen Betriebsaufspaltung, ZGR 1983, S. 123

Seifried Kapitalersetzende Gesellschafterdarlehen, StuW 1964, S. 269 ff.

Sigloch Gesellschafterdarlehen und Gesellschaftssteuer, AG 1972, S. 43 ff.

Sonnenberger Das Darlehen des GmbH-Gesellschafters als Mittel der Gesellschaftsfinanzierung, NJW 1969, S. 2033 ff.

Spiegelberger Kapitalersetzende Nutzungsüberlassung?, DStR 1991, S. 468 ff.

Steffen Eigenkapitalzuführung durch Gesellschafterdarlehen bei einer GmbH – unter besonderer Berücksichtigung des § 49 Regierungsentwurf eines GmbH-Gesetzes, Diss. Hamburg, 1974

Stoppel Nochmals: Die neue Rechtsprechung des Bundesfinanzhofes zur Bestimmung kapitalersetzender Gesellschafterdarlehen im Kapitalverkehrsteuerrecht (Stellungnahme), FR 1971, S. 114 f.

Strobel Betriebswirtschaftliche Überlegungen zur Reform der Behandlung von GmbH-Gesellschafterdarlehen im Falle des Konkurses oder Vergleichs, DB 1973, S. 1961 ff.

Thöne Behandlung der Gesellschafterdarlehen im Konkurs der Gesellschaft nach der GmbH-Novelle, DB 1980, S. 2179

Tillmann Eigenkapitalersetzende Gesellschafterdarlehen und verdecktes Stammkapital, GmbHR 1981, S. 17 ff.

Timm Das neue GmbH-Recht in der Diskussion, GmbH-Rdsch. 1980, S. 286

ders. Grundfälle zu den eigenkapitalersetzenden Gesellschafterleistungen, JuS 1991, S. 652 ff., 738 ff.

Timm/Drygala Nutzungsüberlassung als Eigenkapitalersatz insbesondere bei der Betriebsaufspaltung – Auswirkungen des BGH-Urteils vom 16. 10. 1989 – II ZR 307/88 – NWB Nr. 21 vom 21. 5. 1990, Fach 18, S. 3065

Timm/Genting Kapitalersatz im Unternehmensverbund und Disponibilität der Kapitalersatzregeln, ZIP 1992, S. 525 ff.

Tiffel Gesellschafterdarlehen im Konkurs der Gesellschaft mit beschränkter Haftung, Diss. München, 1969

Uhlenbruck Zur Kollision kapitalersetzender Gebrauchsüberlassung § 32 a GmbHG mit Grundpfandrechten und Zessionen der Kreditinstitute, in: Festschrift für Heinsius, 1991, S. 841 ff.

Ullrich Gesellschafterdarlehen der Banken in der Finanzkrise der GmbH, GmbH-Rdsch. 1983, S. 133 ff.

Ulmer Umstrittene Fragen im Recht der Gesellschafterdarlehen (§ 32 a GmbHG) ZIP 1984, S. 1163

ders. Gesellschafterdarlehen und Unterkapitalisierung bei GmbH & Co KG, in: Festschrift für Duden, 1977, S. 661 ff.
ders. Die neuen Vorschriften über kapitalersetzende Darlehen und eigene Geschäftsanteile der GmbH, in: Zentrale für GmbH Dr. Otto Schmidt (Hrsg.), Das neue GmbH-Recht in der Diskussion 1981, S. 55 f.
ders. Gebrauchsüberlassung an die GmbH als Eigenkapitalersatz, Voraussetzungen und Rechtsfolgen nach § 32 a Abs. 3 GmbHG, in: Festschrift für Kellermann, 1991, S. 485 ff.
Vonnemann Gebrauchsüberlassung als eigenkapitalersetzende Leistung, DB 1990, S. 261
ders. Sinn und Zweck des § 32 a GmbH und der Rechtsprechungsregeln zu den sog. Eigenkapitalersetzenden Gesellschafterdarlehen, GmbHR 1989, S. 145 ff.
Weber Die handelsrechtliche Funktion des Gesellschafterdarlehens im Ertragssteuerrecht, BB 1989, S. 109 ff.
Weber/Leppner Das eigenkapitalersetzende Darlehen des GmbH-Gesellschafters, DStR 1991, S. 980
Weimar Grundfragen zum Kapitalersatzrecht der Treuhandunternehmen, BB 1992, S. 82 ff.
Weitbrecht Haftung der Gesellschafter bei materieller Unterkapitalisierung der GmbH 1991
Westermann Banken als Kreditgeber und Gesellschafter, ZIP 1982, S. 379
ders. Gläubigerschutz bei der Neuordnung der GmbH, 1971
ders. Kapitalersetzende Darlehen bei Publikums-Personengesellschaften, in: Festschrift für Fleck, 1988, S. 423 ff.
Winkler Die Haftung der Gesellschafter einer unterkapitalisierten GmbH, BB 1969, S. 1202 ff.
Winter, C. Zur angemessenen Höhe von Tarif und Eigenkapital kommunaler Wirtschaftsunternehmen, Wpg. 1976, S. 42 ff.
Winter, G. Die Haftung der Gesellschafter im Konkurs der unterkapitalisierten GmbH, 1973

1. Allgemeines

Nach § 32 a GmbHG kann ein **Gesellschafter,** der der Gesellschaft in einem **217**
Zeitpunkt, in dem ihr die Gesellschafter als ordentliche Kaufleute Eigenkapital zugeführt hatten, statt dessen ein Darlehen gewährt, den Anspruch auf Rückgewähr des Darlehens im Konkurs über das Vermögen der Gesellschaft oder im Vergleichsverfahren zur Abwendung des Konkurses nicht geltend machen. Das gewährte Darlehen wird dadurch gegenüber den Ansprüchen von Drittgläubigern zurückgestuft (nimmt aber gem. § 32 a Abs. 1 Satz 2 GmbHG an einem Zwangsvergleich teil). Der Sinn der Regelung liegt darin, die Gesellschafter an der Verringerung des Risikos einer notwendigen **Eigenkapitalzuführung** auf Kosten der Gesellschaftsgläubiger zu hindern. § 32 a KO ergänzt diese Regelung, in dem solche Rechtshandlungen der Anfechtung unterworfen werden, die dem Gläubiger einer derartigen Forderung, Sicherung oder (im letzten Jahr vor der Verfahrenseröffnung, § 32 a Satz 2 KO) Befriedigung gewähren.

Die Regeln über **kapitalersetzendes Gesellschafterdarlehen** (§§ 32 a, 32 b **218**
GmbHG, § 32 a KO, § 3 b AnfG sowie die Grundsätze der Rechtsprechung in

Analogie zu den §§ 30, 31 GmbHG) gelten unmittelbar nur für Gesellschafterdarlehen in der GmbH einschließlich der Vor-GmbH und der aufgelösten Gesellschaft.

219 Die §§ 129 a, 172 a HGB erstrecken die Regelungen der §§ 32 b GmbHG auf die OHG und die KG, deren **persönlich haftende Gesellschafter** ausschließlich eine GmbH und/oder andere juristische Personen sind. Anwendbar ist auch der §§ 32 a KO sowie § 3 b AnfG.

220 Gehören die **Kommanditisten** auch der Komplementär-GmbH als Gesellschafter an, so ist im Falle der Darlehensrückgewährung durch die KG dieser Betrag der KG zu erstatten (*BGH* ZIP 1980, 361, 362).

221 Der Kommanditist, der nicht Gesellschafter der GmbH ist, kann im Fall des **Umgehungstatbestandes** über § 826 BGB analog, §§ 30, 31 GmbHG in Anspruch genommen werden (*OLG Hamburg* ZIP 1983, 573, 575).

222 Ein **Treuhand-Kommanditist** einer GmbH & Co. KG kann seine Einlage nicht durch Verrechnung mit einem Darlehen des Treugebers erbringen, wenn das Darlehen eigenkapitalersetzenden Charakter hat (*BGH* WM 1985, 1224).

223 **Gesellschafterdarlehen und stille Einlagen,** die der KG von ihren Kommanditisten gewährt worden sind, sind als **zusätzliches Haftkapital** zu behandeln, wenn sie aufgrund gesellschaftsvertraglicher Verpflichtungen zu erbringen sind und die Gesellschaft auf diese Mittel zur Erreichung des Gesellschaftszweckes angewiesen ist, wobei es nicht darauf ankommt, ob die Kommanditisten Gesellschafter der Komplementär-GmbH sind oder nicht (*BGH* ZIP 1982, 835, 836; 1985, 233, 234; *OLG Köln* ZIP 1983, 310, 311).

224 Motiv für die Rechtsprechung und der Gesetzgeber war der Umstand, daß ein Gesellschafter der die konkursreife Gesellschaft anstatt durch die gebotene Zufuhr neuen Kapitals durch Darlehen zu stützen sucht, sich zu seinem eigenen Verhalten und dem Zweck der gesetzlichen **Kapitalerhaltungsvorschriften** in Widerspruch setzt, wenn er der Gesellschafter die als Kapitalgrundlage benötigten Mittel wieder entziehen kann, obwohl sie nicht ohne diese lebensfähig ist (*BGHZ* WM 1976, 1223; ZIP 1984, 572; *OLG Düsseldorf* ZIP 1983, 786).

225 Durch die Verrechnung ihrer Einlageschuld mit der möglicherweise nicht vollwertigen Forderung eines Drittgläubigers gegen die Gesellschaft, kann die Kommanditistin daher nur in Höhe des objektiven Wertes der verrechneten Forderung von ihrer Haftung gegenüber den Gesellschaftsgläubigern frei werden. In dieser Höhe tritt die Haftungsbefreiung jedoch ein. Der für die GmbH geltende Grundsatz, daß die Verrechnung der Einlageschuld mit einer nicht vollwertigen Forderung gegen die Gesellschaft im Ganzen unwirksam ist (*Ulmer* in Hachenburg/Ulmer GmbHG, § 19 Rz. 38 m.w.N.) beruht auf der besonderen Ausprägung des Kapitalaufbringungsgrundsatzes im GmbH-Recht und kann auf die KG nicht übertragen werden.

226 Gesellschafterdarlehen und stille Einlagen, die der KG von ihren Kommanditisten gewährt worden sind, sind als zusätzliches Haftkapital zu behandeln, wenn sie aufgrund gesellschaftsvertraglicher Verpflichtungen zu erbringen sind und die Gesellschaft auf diese Mittel zur Erreichung des Gesellschaftszweckes angewiesen ist, wobei es nicht darauf ankommt, ob die Kommanditisten Gesell-

schafter der Komplementär-GmbH sind oder nicht (*OLG Köln* ZIP 1993, 310, 311; *BGH* WM 1982 742; WM 1985, 258).

Nach dem *OLG Hamm* (ZIP 1993,1321) sind in den Fällen, in denen ein stiller Gesellschafter an einer GmbH auch als Gesellschafter am Stammkapital beteiligt ist, die gesetzlichen oder von der Rechtsprechung entwickelten Regeln über den Eigenkapitalersatz anzuwenden. Diese Regeln können aber nicht dazu führen, daß eine rückständige stille Einlage noch erbracht werden müßte. **227**

Eine rückständige stille Einlage ist dann als ausstehendes Eigenkapital zu betrachten, wenn der Gesellschaftsvertrag für die stille Einlage einen Rangrücktritt vorsieht. Ein Anspruch auf Leistung des rückständigen Einlagenteils setzt allerdings voraus, daß die Vertragsauslegung ergibt, daß die Beteiligten den Rangrücktritt nicht nur bezüglich der geleisteten, sondern auch bezüglich der ausstehenden Einlage wollten. **228**

Eine Umqualifizierung der Einlage in haftendes Kapital kann auch bei einer atypischen stillen Gesellschaft stattfinden, wenn die Gesamtwürdigung des Gesellschaftsvertrages ergibt, daß sich der stille Gesellschafter wie ein haftender Gesellschafter behandeln lassen muß (s. hierzu *Limmer* EWiR § 236 HGB 1/93, 903). **229**

2. Die Entwicklung des Rechts des kapitalersetzenden Darlehens

Das Recht des kapitalersetzenden Gesellschaftsdarlehens ist in zwei von Voraussetzungen und Rechtsfolgen teilweise verwandten, teilweise unterschiedlichen Normenkomplexen geregelt, von denen der eine Richterrecht darstellt, das in analoger Anwendung der §§ 30, 31 GmbHG entstanden ist, der andere auf der gesetzgeberischen Entscheidung in §§ 32 a, 32 b GmbHG, § 32 a KO, § 3 b AnfG, erlassen im Zuge der sog. GmbH-Novelle vom Jahre 1980, beruht. Man spricht insoweit von einem zweispurigen **Schatzsystem.** **230**

Nach Art. 12 des GmbHÄndG vom Jahre 1980 gelten die §§ 32 a, 32 b GmbHG sowie die erwähnten insolvenzrechtlichen Vorschriften für die Darlehen, die nach dem 31. 12. 1980 gewährt worden sind. Nach dem Grundsatzurteil des *BGH* (ZIP 1984, 698, 700) gelten die richterrechtlichen Regeln auch für diese Darlehen, so daß für die nach dem 1. 1. 1981 gewährten Darlehen beide Schutzkonzeptionen zu beachten sind, für die Altdarlehen nur das vom *BGH* entwickelte Richterrecht. **231**
Für die ab dem 1. 1. 1981 gewährten Darlehen bedeutet das, daß der Darlehensgeber jeweils der für ihn strengeren Regelung unterliegt.

3. Die wesentlichen Unterschiede der Schutzsysteme

3.1 Die Qualifikation des Darlehens als Kapitalersatz

§ 32 a GmbHG beantwortet die Frage, welche der Gesellschaft zugeführten Mittel als eigenkapitalersetzend behandelt werden sollen, dahingehend, daß ein Zustand eingetreten ist, in dem der Gesellschaft als **ordentliche Kaufleute** Eigenkapital zugeführt hätten. **232**

233 Dies geht weiter als der von der Rechtsprechung zu §§ 30, 31 GmbHG herausgestellte Gesichtspunkt, daß für die GmbH **Fremdkapital zu marktüblichen Bedingungen** nicht mehr zu beschaffen ist und ohne Gesellschaftermittel die Gesellschaft liquidiert werden müßte (*BGH* ZIP 1980, 361, 362; *BGH* WM 1980, 589 = DB 1980, 1159; *BGH* WM 1984, 625 = DB 1984, 1188).

234 Deutlich wird diese Auffassung der Rechtsprechung auch in der Entscheidung des *BGH* (BGH ZIP 1981, 1200), wonach als kapitalersetzende Gesellschafterleistung auch die von einer Bank an die GmbH gegebene Kredite zu behandeln sind, wenn die Bank, um die GmbH zu retten eine 100 %ige Tochtergesellschaft die Mehrheit der Geschäftsanteile erwerben läßt und alsdann ihre die zunächst der GmbH gekündigten Kredite einräumt, weil zu marktüblichen Bedingungen ein anderer Kredit nicht zu beschaffen ist.

235 Erweitert hat der *BGH* (ZIP 1981, 1332, 1333 = WM 1981, 1270 = DB 1981, 2485) die Haftung, wonach eine GmbH, die auf Veranlassung ihres Gesellschafters in Erfüllung einer diesem gegenüber bestehenden, aber gem. § 30 GmbHG einredebehafteten Darlehensforderung dem **minderjährigen** Sohn des Gesellschafters eine Leistung erbringt, der Sohn in entsprechender Anwendung der §§ 89 Abs. 3, 115 Abs. 2 AktG, 31 Abs. 1 GmbHG zur Rückgewähr mindestens dann verpflichtet ist, wenn er oder sein **gesetzlicher Vertreter** den Verstoß gegen das Kapitalerhaltungsgebot gekannt hat oder hätte kennen müssen.

236 Die Neuregelung des § 32 a GmbHG, die nicht auf die Sicht eines Dritten als Kreditgeber abstellt, sondern auf das Verhalten des Unternehmensträgers, ist weniger scharf, zumal es an dem Maßstab fehlt, nach dem das Verhalten von ordentlichen Kaufleuten in bezug auf die Eigenkapitalversorgung beurteilt werden kann. Es sollte deshalb davon ausgegangen werden, daß ein **ordentlicher Kaufmann** Eigenkapital zuführt, wenn – wie die Rechtsprechung ausgeführt hat – Kredite zu marktüblichen Bedingungen nicht mehr zu beschaffen sind, da der Verlust der Kreditwürdigkeit der letzte Moment ist, in dem ein »ordentlicher Kaufmann« handeln muß.

3.2 Die Stammkapitalerhaltung

237 Die Rechtsprechung hat an das **Verbot der Stammkapitalrückzahlung** angeknüpft (§ 30 GmbHG), so daß die Frage der eigenkapitalersetzenden Behandlung dann entsteht, wenn durch die Rückzahlung eine **Unterbilanz** entstanden oder die **Überschuldung** der Gesellschaft eingetreten ist (*BGH* ZIP 1980, 361, 363 = WM 1980, 589 = DB 1980, 1159; *BGH* ZIP 1981 974, 977 = WM 1981, 870 = DB 1981, 2066; *BGH* ZIP 1984, 698, 706 = WM 1984, 652 = DB 1984, 1338).

238 Entfaltet der Gesellschafter-Geschäftsführer für die GmbH keine Tätigkeit, so stellt die Vergütung eine verdeckte Gewinnausschüttung dar, so verstößt die Vergütungszahlung darüber hinaus gegen das Auszahlungsverbot des § 30 GmbHG und ist dies den Gesellschaftern bewußt, ist das Anstellungsverhältnis gem. § 134 BGB nichtig (*OLG Düsseldorf* WM 1990, 508).

239 Eine **Unterbilanz** liegt vor, wenn die nach den maßgeblichen Bilanzierungsgrundsätzen ermittelten Aktiva hinter den Passiva im echten Sinne (den Passivposten ohne Rücklagencharakter, aber unter Einschluß kapitalersetzender Gesellschafterleistung ungeachtet eines etwa vereinbarten **Rangrücktritts**) zuzüglich

der Stammkapitalziffer zurückbleiben, so daß das **Reinvermögen** den Betrag des **Stammkapitals** nicht mehr erreicht.

Die **Überschuldung** ist dadurch gekennzeichnet, daß die echten Passiva (hier aber ohne die Gesellschafterdarlehen mit Rangrücktritt) die Aktiva (für die bei einem Unternehmen, das nicht mehr lebensfähig ist, nur die **Liquidationswerte** in Betracht kommen) übersteigen; dabei sind jeweils die wirklichen Werte anzusetzen. **240**

Für §§ 32 a, 32 b GmbHG muß das **Stammkapital** nicht angegriffen sein, so daß die Frage der Unterbilanz nur ein Indiz dafür darstellt, daß ein ordentlicher Kaufmann Eigenkapital zuzuführen hat. Schon erhebliche und andauernde **Liquiditätsschwierigkeiten** können ohne Beeinträchtigung des Stammkapitals bei einer GmbH zu ihrer **Kreditunwürdigkeit** und damit zur Einordnung von Gesellschafterkrediten als kapitalersetzend führen (*OLG Hamburg* ZIP 1987, 977). **241**

Die neue Rspr. des *BGH* über die wirksame Vorleistung auf die Stammeinlage im Gründungsstadium der Gesellschaft ohne Rücksicht darauf, ob im Zeitpunkt der Eintragung der GmbH das Kapital der Gesellschaft noch unverbraucht zur Verfügung steht (*BGH* WM 1989, 16 ff.), beseitigt auch im Fall einer Zahlung auf eine Kapitalerhöhung nicht die vorrangig zu prüfende Voraussetzung daß es sich um eine Vorauszahlung auf die Stammeinlage mit einer klaren und eindeutigen Zweckbestimmung des Gesellschafters handelt. **242**
Die Anfechtung der GmbH gegen die Einlageschuld eines Gesellschafters ist unwirksam, wenn der Einlageschuldner als geschäftsführender Gesellschafter die Aufrechnungserklärung oder -vereinbarung mit unterzeichnet (*OLG Düsseldorf* WM 1989, 1512).

Die im deutschen Recht entwickelten Grundsätze über eigenkapitalersetzende Darlehen gelten auch im österreichischen Recht. **243**
Gewährt ein Gesellschafter einer GmbH der kreditunfähigen Gesellschaft ein Darlehen, so unterliegt dieses Darlehen dem Rückzahlungsverbot in Analogie zu § 74 Abs. 1 öGmbHG und darf bis zur nachhaltigen Sanierung der Gesellschaft weder mittelbar noch unmittelbar zurückgezahlt werden. Diese Grundsätze gelten auch in der Insolvenz und in der Liquidation der Gesellschaft und führen dazu, daß Ansprüche aus eigenkapitalersetzenden Gesellschafterdarlehen hinter die Ansprüche der übrigen Gläubiger zurückzutreten haben.
Eine GmbH ist kreditunfähig, wenn sie von dritter Seite zu marktüblichen Bedingungen keinen Kredit mehr erhält und ohne Zuführung von Eigenkapital hätte liquidiert werden müssen (*OLG* EWiR § 32 a GmbHG 1/92, 163 *[Brandes]*).

3.3 Die konkursrechtliche Konzeption der §§ 32 a, 32 b GmbHG

§§ 32 a, 32 b GmbHG bleiben hinter den Grundsätzen der Rechtsprechung insoweit zurück, als das **Auszahlungsverbot** (§ 30 GmbHG) und der **Erstattungsanspruch** (§ 31 GmbHG) zu jeder Zeit geltend gemacht werden können (durch den Geschäftsführer, später durch den Konkursverwalter), zu der der Tatbestand kapitalersetzender Mittel bzw. ihrer Rückzahlung gegeben ist. **244**

Die Verfolgung der durch die §§ 32 a, 32 b GmbHG, 32 a KO gewährten Rechte setzt demgegenüber die **Einleitung** eines **Insolvenzverfahrens** voraus (Ausnahme: § 3 b AnfG im Falle einer Individualvollstreckung durch einen Gesellschaftsgläubiger); hierbei ist die Wahrnehmung der Rechte in die Hand des Konkurs- **245** verwalters gelegt; vor Eröffnung des Insolvenzverfahrens aber aktualisieren sich die Rechtsfolgen nicht.

3.4 Der Anspruchszeitraum

246 Der **Erstattungsanspruch** des **§ 31 GmbHG** kann regelmäßig bis zum Eintritt **der Verjährung nach 5 Jahren** seit der Rückzahlung (§ 31 Abs. 5 GmbHG) durchgesetzt werden, dagegen ist das **Anfechtungsrecht nach § 32 a GmbHG** nur innerhalb einer Jahresfrist seit Konkurseröffnung (§ 41 Abs. 1 Satz 1 KO) und für die Geltendmachung des Anspruchs aus § 32 b GmbHG besteht gar keine Frist (a.A. *BGH* WM 1993, 2090 und die überzeugende Literaturmeinung *Scholz/Schmid* GmbHG, §§ 32 a, 32b Rz. 153; *Jaeger/Henckel,* KO, § 32 Rz. 90; *Kuhn/Uhlenbruch* KO, § 32 a Rz. 14, 16, wonach die einjährige Ausschlußfrist des § 41 Abs. 1 KO auf den Anspruch auf Erstattung des Wertes einer eigenkapitalersetzenden Sicherheit (§ 32 b GmbHG) entsprechende Anwendung findet). Zudem erfassen die §§ 32 a KO, 32 b GmbHG Befriedigung von Rückzahlungsansprüchen nur aus der Zeit des letzten Jahres vor Eröffnung des Konkurses oder Vergleichsverfahrens.

3.5 Gesellschaftersicherheiten

247 Ein Unterschied liegt in der Behandlung einer dem Gesellschafter für die von ihm erbrachten kapitalersetzenden Leistungen gestellte **Sicherung aus dem Vermögen der GmbH**. Während die Sicherung unter den Voraussetzungen der §§ 39, 31 GmbHG vom Gesellschafter nicht in Anspruch genommen werden kann und auch kein Absonderungsrecht im Konkurs begründet würde, soweit das Rückzahlungsverbot reicht (vgl. *BGH* ZIP 1980, 115, 116 = WM 1980, 78 = DB 1980, 297, *BGH* ZIP 1981, 974, 977 f; *BGH* ZIP 1981, 1200, 1203 f. = WM 1981, 1200 = DB 1981, 2373), würde § 32 a Satz 1 GmbHG der Verwertung nur dann entgegenstehen, wenn der Konkursverwalter rechtzeitig (§ 41 Abs. 2 Satz 1 KO) von dem Anfechtungsrecht Gebrauch macht.

248 Ist eine Bank über ein Enkelunternehmen an einer GmbH beteiligt, so können Kreditleistungen an diese Eigenkapitalfunktion erhalten. Eine Bareinlage der »Enkelin« gelangt nicht zur freien Verfügung der GmbH, wenn der Geldbetrag von der Bank zur Verfügung gestellt und ausschließlich für die Übernahme eines Geschäftsbetriebs durch die GmbH verwendet wird. Eine Haftung der Bank für die von der »Enkelin« nicht wirksam geleistete Bareinlage kommt ohne Vorliegen besonderer Umstände weder unter dem Gesichtspunkt des Durchgriffs noch des Konzernverhältnisses in Betracht (*OLG Hamm* ZIP 1989, 1398).

4. Die Qualifikationsmerkmale des kapitalersetzenden Darlehens

249 Nicht jedes Gesellschafterdarlehen wird als **Eigenkapitalersatz** behandelt; dies ist lediglich dann der Fall, wenn die zur Verfügung gestellten Mittel zwar nach der Art der Zuführung Kreditcharakter haben, sachlich jedoch eine **Eigenkapitalzuführung** darstellen, da sie der Behebung der Kreditunwürdigkeit und der Vermeidung der Überschuldung dienen.

250 Ungeklärt sind die Rechtsfragen zu den kapitalersetzenden Darlehen im Zusammenhang mit der Kapitalausstattung der Treuhandunternehmen. Sog. Alt-

kredite sind nicht als Kapitalersatz anzusehen; §§ 32 a und b, §§ 30, 31 GmbHG sind nicht anwendbar.

Ein Rangrücktritt ist selbstverständlich beachtlich (vgl. § 16 Abs. 3 DMBilG zur Behandlung in der Eröffnungsbilanz).

Kaum haltbar ist die Auffassung, Altkredite seien nicht als Verbindlichkeiten der Unternehmen anzusehen (arg. § 24 DMBilG EntschuldungsVO). Bei der Finanzierung der volkseigenen Wirtschaft durch die Staatsbank der DDR handelte es sich nach allen Strukturmerkmalen um eine Darlehensfinanzierung (so etwa **Hommelhoff** in einem Rechtsgutachten). Die Zwangsstundung der Altkredite durch Art. 25 Abs. 7 EV bis zur Feststellung der DM-Eröffnungsbilanzen schließt es jedoch aus, das »Stehenlassen« der Altkredite als Gesellschafterfremdfinanzierung anzusehen (vgl. *Ulmer* RWS-Formum 7, S. 49, gegen *Claussen* ZIP 1990, 1173 ff.). Im Zeitpunkt der Kapitalneufestsetzung werden die Gesellschaften (mindestens) mit dem branchenüblichen Eigenkapital ausgestattet so daß sich insoweit die Frage nach der Kapitalersatzfunktion der nicht entschuldeten Altkredite – jedenfalls einstweilen – nicht stellt.

Sog. Neukredite (THA-verbürgte Bankkredite oder unmittelbare THA-Darlehen) sind auf die Kapitalersatzfunktion unterschiedlich zu würdigen:

Die in der Zeit zwischen dem 1. Juli 1990 und etwa Ende 1990/Anfang 1991 gewährten THA-verbürgten Liquiditätskredite wurden gewissermaßen »blind« an illiquide Unternehmen ausgereicht, um massenhafte Illiquiditätskonkurse zu vermeiden, ehe eine Beurteilung der Lebenschancen der Unternehmen möglich gewesen wäre. Die Verbürgung der Bankkredite erfolgte nicht aufgrund einer bewußten unternehmerischen Entscheidung gegen die Eigenkapitalzufuhr; Fremdkapital mußte mangels anderer Mittel dafür eingesetzt werden, daß das THA-Mandat (sinnvolle Entscheidung über Privatisierung, Sanierung oder Abwicklung) überhaupt erfüllbar gehalten werden konnte, also unmittelbar aufgrund des gesetzgeberischen Auftrags. Schon deswegen scheidet die Einordnung dieser Kredite als Kapitalersatz aus. Die Anwendung der §§ 32 a und b, §§ 30, 31 GmbHG auf die bis zur Kapitalneufestsetzung gewährten Neukredite ist darüber hinaus aus folgenden Gründen zu verneinen: Der Gesetzgeber hat bis zur Kapitalneufestsetzung die Marktteilnahme überschuldeter Unternehmen in Kauf genommen. Solche Unternehmen sind nicht imstande, zu marktüblichen Konditionen Kredit zu erlangen; die Liquiditätssicherung durch die THA war also voraussehbar unerläßlich. Dies spricht dafür, daß die Grundsätze ordnungsgemäßer Finanzierung, zu denen auch die §§ 32 a und b GmbHG zu rechnen sind, bis zur Kapitalneufestsetzung insgesamt suspendiert, durch Treuhandsonderrecht überlagert worden sind. Es schiene nicht folgerichtig, die THA zwar von der Pflicht zur »materiellen« Kapitalisierung auszunehmen, ihr aber aufzuerlegen, Eigenkapital zur bloßen Liquiditätssicherung einzuschießen. Der Umstand, daß § 5 UnterbG (alt) und § 56 d DMBilG die Konkursantragspflicht der Geschäftsführer nur bei Überschuldung, nicht aber bei Zahlungsunfähigkeit suspendieren, führt nicht zu einer anderen Beurteilung. Die Gewährung von Liquidität ohne Eigenkapitalersatzfunktion führt auch nicht zu einer Haftung wegen Konkursverschleppung; die Lage kann nicht anders sein, wenn die Gesellschaft ihre Überschuldung durch Liquidierung ihres Vermögens vergrößert hätte. Liquiditätsmangel ist bis zur Entscheidung über die Kapitalneufestsetzung grds. als nur zeitweilige Zahlungsstockung, nicht als Zahlungsunfähigkeit anzusehen. Neukredite, die nach der Entscheidung über die Kapitalneufestsetzung ausgereicht oder stehengelassen werden, dürfen, soweit die übrigen Voraussetzungen erfüllt sind, den §§ 32 a und b GmbHG unterfallen. Soweit hiernach der kapitalersetzende Charakter von Neukrediten grds. zu bejahen wäre, ist dennoch bei telelogischer Reduktion des § 32 a GmbHG die Konkursteilnahme insoweit anzuerkennen, wie der Neukredit zweckbestimmt ausschließlich zur Tilgung anmeldbarer Drittforderungen (etwa Lieferantenforderungen, Arbeitnehmerforderungen etc). verwendet worden ist. Dies muß jedenfalls bei Neukrediten in der Abwicklungsphase gelten. Ein Sanierungsprivileg (Ausnahme von §§ 32 a und b GmbHG für Sanierungskredite) dürfte mit der h.M. abzulehnen sein. Ein ausdrücklicher Rangrücktritt ist selbstverständlich beachtlich. Insgesamt besteht bei Neukrediten ein höheres Risiko, daß die Rspr. den Kapitalersatzcharakter bejahen wird, als bei Altkrediten. Dies macht eine Entschuldung oder einen Rangrücktritt bei Neukrediten grds. wirtschaftlicher als bei Altkrediten. Dies gilt auch im Rahmen von Privatisierungen.

251 Für die Feststellung des kapitalersetzenden Charakters eines Gesellschaftsdarlehens ist darauf abzuheben, ob die Gesellschafter als **ordentliche Kaufleute** statt der Darlehensgewährung Eigenkapital zugeführt hätten. Trotz der sich aus dieser allgemeinen Umschreibung ergebenden Abgrenzungsschwierigkeiten ist bewußt auf eine nähere Festlegung verzichtet worden, um diese Aufgabe der Rechtsprechung und der Literatur zu überlassen (*BGH* ZIP 1981, 2000).

252 Nach dem *BGH* (ZIP 1980, 115) kann ein von einem Gesellschafter gegebenes Darlehen auch dann als haftendes Eigenkapital angesehen und behandelt werden, wenn die Gesellschaft bei der Darlehenshergabe wirtschaftlich stabil war, der Gesellschaft das Darlehen jedoch nach Eintritt der Überschuldung trotz Kenntnis der Notwendigkeit der Eigenkapitalzuführung die **Darlehensbeträge** für die Gesellschaft stehengelassen hat.

253 Eindeutig ist der eigenkapitalersetzende Charakter eines Darlehens im Stadium der Überschuldung, also wenn die Gesellschaft konkursreif ist oder wird, und im Fall der drohenden Insolvenz (*BGH* ZIP 1980, 115, 116).

254 Im Falle der bloßen Unterbilanz kann die Kreditfähigkeit noch gegeben sein, so daß es vom Einzelfall abhängt, ob der eigenkapitalersetzende Charakter eines Darlehens gegeben ist. Insoweit ist darauf abzustellen, ob das Eigenkapital ausreicht, um den nach Inhalt und Umfang des tatsächlichen oder angestrebten Geschäftsbetriebs bestehenden, nicht durch Kredit Dritter zu deckenden, **Finanzbedarf** zu befriedigen (*BGH* WM 1980, 589; WM 1981 1200; WM 1981, 1270; *OLG Hamburg* WM 1984, 1088; *Hachenburg/Ulmer* GmbHG, Anh. zu § 30 Rz. 17; vgl. zum Begriff der Unterkapitalisierung auch *Kuhn/Uhlenbruck* KO, § 32 a Rz. 2a, 2b m.w.N.).

255 Lag zum Zeitpunkt der Darlehenszuführung **Zahlungsunfähigkeit der Gesellschaft** vor, ist regelmäßig davon auszugehen, daß die Gewährung eines Darlehens an Stelle der an sich notwendigen Eigenkapitalzuführung erfolgte (*BGH* NJW 1977, 104; *BGH* BB 1972, 111 112), insbesondere dann, wenn wegen der Struktur und Zusammensetzung der Aktiva nicht alsbald Liquidität für eine Ablösung benötigter Kredite beschafft werden kann.

256 Eine **Zahlungsstockung** und die sich daraus ergebenden **Liquiditätsschwierigkeiten** führen nicht stets zur Qualifikation von Gesellschafterdarlehen als kapitalersetzend. Ein allein zur Überwindung eines kurzfristigen und vorübergehenden Finanzbedarfs gegebenes Darlehen, ohne daß sonstige Umstände eine Kreditunwürdigkeit der Gesellschaft begründen, wäre nicht betroffen. Denn die Überbrückung eines Finanzierungsengpasses verlangt nach kaufmännischen Grundsätzen noch nicht die Schaffung zusätzlichen Eigenkapitals, so daß auch ein Darlehen nicht notwendiges Eigenkapital substituieren würde (*BGH* ZIP 1980, 115, 115; *BGH* WM 1989, 1166; *BGH* WM 1990, 95).

Bestehen weder **Überschuldung, Unterkapitalisierung** noch **Zahlungsunfähigkeit** **257** der Gesellschaft, begegnet die Feststellung der Ersatzfunktion des Gesellschafterdarlehens Schwierigkeiten.

Es sind dann alle für und gegen die Behandlung des eigenkapitalersetzenden **258** Darlehens sprechenden Indizien abzuwägen.
Indizien, die für ein eigenkapitalersetzendes Darlehen sprechen, sind:
- anfängliche unzureichende Eigenkapitalausstattung im Verhältnis zur bezweckten Unternehmensbetätigung, insbesondere Mißverhältnis zwischen Stammkapital und Darlehensumfang;
- gesellschaftsvertragliche Verpflichtungen zur Zuführung von Darlehensmitteln oder stillen Einlagen neben der Stammeinlage;
- längerfristiger Finanzbedarf für Investitionszwecke oder für die Ausweitung der Geschäftstätigkeiten
- Längerfristigkeit des Darlehens;
- fehlende oder geringe Absicherung eines Darlehens, zumal, wenn der Darlehensgeber gleichzeitig in die Gesellschaft eintritt;
- fehlende oder geringe Verzinsung für das Gesellschafterdarlehen (*OLG Hamburg* WM 1987, 1163);
- hohe, über dem Üblichen liegende Verzinsung für ein Darlehen von dritter Seite.

Indizien, die **gegen** ein eigenkapitalersetzendes Darlehen sprechen, sind: **259**
- Beteiligung des Gesellschafters an einem Konsortialdarlehen von außenstehenden Kreditgebern (*BGH* ZIP 1989, 93), ebenso Beteiligung an einem Sanierungsdarlehen Dritter;
- Darlehen von dem Inhaber eines sog. »Zwerganteils« an der GmbH (Beteiligungen bis zu 10 % sind keine Zwerganteile mehr!), es sei denn, das Darlehen ist Teil einer koordinierten Stützungsaktion aller Gesellschafter;
- kurze Laufzeit des Darlehens, da dieses dann u. U. nur Überbrückungsfunktion für einen vorübergehenden Geldbedarf hat (*BGH* WM 1990, 94, 95); aber ein Gesellschafterdarlehen mit kurzer Laufzeit kann gleichwohl Eigenkapitalersatzfunktion haben, wenn die Gesellschaft nicht mehr kreditwürdig ist; auch die Sicherstellung mit noch nicht fälligen Rechnungen ändert daran nichts (*OLG Düsseldorf* WM 1989, 1168);
- vollwertige Besicherung durch die Gesellschaft (*OLG Koblenz* DStR 1993, 251);
- der GmbH eingeräumte Kreditlinien sind noch in erheblichem Umfange ungenutzt;
- Eintritt eines Gesellschafters in ein Kreditangebot eines Dritten;
- nachfolgende Aufnahme von Drittdarlehen durch die GmbH;
- gutachterlicher Absicherung der Kreditvergabe

- die Freigabe von Sicherheiten durch die Kreditinstitute bei Fortdauer der Geschäftsverbindung (*OLG Hamburg* WM 1991, 15);
- die Zulassung von Verfügungen zu Lasten debitorischer Konten (*BGH* WM 1990, 935)
  (vgl. hierzu *Hachenburg/Ulmer* GmbHG, §§ 32 a/b Rz. 33 f. 38, 51 ff. 59; *Scholz/Schmidt* GmbHG, §§ 32 a/b Rz. 34; *Lutter/Hommelhoff* GmbHG, §§ 32 a/b Rz. 14 ff.; *Fleck* Festschrift für Werner, S. 107, 118 126 ff.; *Rümker* Festschrift für Stimpel, S. 673, 675, 700 ff.).

Die Indizien können jedoch nur Anhaltspunkte sein und sind im Rahmen des jeweiligen Einzelfalles auf ihre Relevanz zu untersuchen.

260 Die Eingrenzung des sog. kapitalersetzenden Darlehens kann auch vom Zweck her erfolgen. Als Überlegung mag gelten, daß kurzfristig gewährte Überbrükkungsdarlehen zur Deckung eines nicht vorhergesehenen Finanzbedarfs im allgemeinen keinen kapitalersetzenden Charakter haben, da allein eine langfristige oder unbefristete Darlehensgewährung eine Mittelverwendung wie beim Eigenkapital ermöglicht (*BGH* WM 1980, 78 f; WM 1989, 1166; WM 1990 100). Anders ist der Zwischenkredit jedoch zu bewerten, wenn objektiv nicht damit gerechnet werden kann, daß die Gesellschaft den Kredit kurzfristig zurückzahlen kann (*OLG Düsseldorf* WM 1989 1168).

261 Zur Beurteilung, ob dem Darlehen kapitalersetzende Funktion zukommt, ist nach dem Wortlaut des § 32 a Abs. 1 Satz 1 GmbHG auf den Zeitpunkt der **Darlehensgewährung** abzustellen, späterer **Vermögensfall** der Gesellschaft hindert daher nichts an der Geltendmachung des – echten – Darlehensrückzahlungsanspruchs.

262 Bei dem sog. **Sanierungsdarlehen** handelt es sich regelmäßig um einen Fall der kapitalersetzenden Mittel (*BGH* ZIP 1981, 1200, 1201), es sei denn, das Darlehen wäre auch von dritter Seite zu marktüblichen Bedingungen zu beschaffen gewesen.

263 Nicht kapitalersetzend sind regelmäßig sog. **Förderkredite,** die im öffentlichen Interesse von einer Vergabestelle bewilligt werden. Hier werden die Mittel einem Kreditinstitut zur Auszahlung zur Verfügung gestellt, ohne daß sie wirtschaftlich Bestandteil von dessen Vermögen werden. Soweit in derartigen Fällen dem Kreditinstitut lediglich die Verwaltung des Kredits obliegt, handelt es sich wirtschaftlich nicht um ein Gesellschafterdarlehen des an der GmbH beteiligten Kreditinstituts mit Eigenkapitalcharakter.

264 Eigenkapitalersetzenden Charakter haben auch Darlehen, die der Gesellschafter vor Eintritt der Krise ausgezahlt hat, nach Eintritt der Krise aber stehen läßt, obwohl er erkennen kann und muß, daß die Darlehensvaluta nunmehr als Kapitalgrundlage unentbehrlich ist (*BGH* ZIP 1980 115; ZIP 1981, 974; 1981, 1200; *BGH* WM 1987, 284).

265 Als *»Stehenlassen«* ist nicht nur eine ausdrückliche oder schlüssige **Prolongationsvereinbarung** anzusehen. Kapitalersatz ist auch das ohne rechtsgeschäftliche Verbindlichkeit der kreditunwürdigen Gesellschaft belassene Darlehen, wenn durch dieses Darlehen die sonst gebotene Liquidation vermieden wird (*BGH* WM 1985, 1028 = ZIP 1985 1075). Ein nach dem Eintritt der Finanzierungskrise der GmbH belassenes Gesellschafterdarlehen kann kapitalersetzende Bedeutung auch dann erlangen, wenn dem Stehenlassen des Darlehens keine **Finanzierungsabrede** zugrunde liegt. Es reicht aus, daß der Gesellschafter sich einseitig entschließt, das Recht, das Darlehen abzuziehen, nicht auszuüben (*OLG Hamburg* ZIP 1987, 977).

Mit dem Urteil des *BGH* (WM 1990, 182) wird das Merkmal der Kreditunwür- **266**
digkeit der Gesellschaft verdeutlicht. Muß der Gesellschafter erkennen, daß die Gesellschaft in Zukunft ohne seine Hilfe nicht mehr lebensfähig ist, so muß er ihr entweder seine weitere Unterstützung versagen und dadurch die Liquidation der Gesellschaft herbeiführen oder er hat, wenn er sich zur Fortsetzung seiner Hilfe entschließt, diese der Gesellschaft auf eigene Gefahr zu belassen, bis ihr Stammkapital wieder nachhaltig auf andere Weise gedeckt ist (vgl. statt *BGH* WM 1981, 870).

Ein nach dem Eintritt der Finanzierungskrise der GmbH belassenes Gesell- **267**
schafterdarlehen kann kapitalersetzende Bedeutung auch dann erlangen, wenn dem Stehenlassen des Darlehens keine Finanzierungsabrede zugrunde liegt. Es reicht aus, daß der Gesellschafter sich einseitig entschließt, das Recht, das Darlehen abzuziehen, nicht auszuüben (*OLG Hamburg* WM 1987, 1163; *K. Schmidt* m.w.N.).

Gibt ein Kreditinstitut die von einem Gesellschafter für einen Gesellschaftskredit **268**
gestellten Sicherheiten aus Anlaß des Ausscheidens des Gesellschafters aus der Gesellschaft nach Überprüfung der Lage der Gesellschaft frei, so indiziert dies eine Kreditwürdigkeit der Gesellschaft für den Zeitpunkt der Freistellung. Kündigt der Gesellschafter ein der Gesellschaft gegebenes Darlehen unter Bestimmung einer längeren Rückzahlungsfrist und wird die Gesellschaft vor Ablauf der Frist kreditunwürdig, so erlangt das Darlehen aufgrund seines Weiterbelassens in der Gesellschaft bis zum Fristende nur dann kapitalersetzende Bedeutung, wenn es dem Gesellschafter zu einem wesentlich vor dem Fristende liegenden Zeitpunkt möglich war, das Darlehen wegen der eingetretenen Kreditunwürdigkeit der Gesellschaft sogleich abzuziehen (*OLG Hamburg* DB 1990, 2012).

Nicht nur **Prolongation eines fälligen Darlehens,** auch die **Stundung des Rück-** **269**
zahlungsanspruchs (*BGH* ZIP 1980, 361, 362; ZIP 1981, 974, 975) wie die Rücknahme einer Kündigung eines Darlehens (*BGH* ZIP 1981, 1200,. 1203) sowie die Änderung der Darlehensbedingungen, wie beispielsweise das **Aussetzen der Zinsen und Tilgungsleistungen,** führen regelmäßig dazu, das Darlehen als eigenkapitalersetzend zu behandeln. Insbesondere bei dem Stehenlassen von Darlehen ist zu prüfen, welchem Teil eigenkapitalersetzende Funktion zukommt.

Nach den zu den §§ 30, 31 GmbHG entwickelten Grundsätzen kommt eine Teil- **270**
barkeit insoweit nicht in Betracht, als eine nur in Höhe eines Teils eines gegebenen Darlehens etwa vorhanden gewesene Unterbilanz abgedeckt wurde. Zu § 32 a GmbHG wird in der Literatur teilweise eine Teilbarkeit schlechthin verneint (*Hachenburg/Ulmer* GmbHG, §§ 32 a/b Rz. 51; *Hommelhoff/Lutter* GmbHG, §§ 32 a/b Rz. 61).
Nach a. A. ist dafür kein Raum, wenn eine eindeutige rechnerische Abgrenzung innerhalb der Darlehenssumme durchführbar ist (*Scholz/Schmidt* GmbHG, §§ 32 a/b Rz. 44; *Rohwedder/Fuhrmann/Koppensteiner* GmbH § 32 a Rz. 12; *Roth* GmbH, § 32 a Anm. 2, 3; *Gersch/Herget/Marsch/Stützle* Rz. 249).

271 Das schlichte »**Stehenlassen**« von fälligen Darlehen ist selbst dann eigenkapitalersetzend zu behandeln, wenn es nicht mit einer Finanzierungsabrede einhergeht, so daß es nicht auf ein rechtsgeschäftliches Handeln des Gesellschafters ankommt (*BGH* ZIP 1985, 1076, 1076) wobei es lediglich darauf ankommt, daß der Gesellschafter in der Lage ist, den Kapitalbedarf zu erkennen (*BGH* ZIP 1980, 115, 116 = WM 1980, 78; *BGH* WM 1990, 2041).

272 Selbst dann, wenn der Gesellschafter die Darlehen nicht zurückverlangt hat, weil er sich der Gesellschaft verpflichtet fühlte oder weil der Rückzahlungsanspruch uneinbringlich ist, hindert dies nicht die Bewertung des Darlehens als eigenkapitalersetzend. Selbst das **Unterlassen einer** möglichen **Kündigung des Darlehens** ist einer Darlehensgewährung gleichzustellen ohne daß es einer Finanzierungsabrede bedarf (*BGH* ZIP 1985, 1075, 1076 = WM 1985, 1028). Eine Finanzierungsleistung, die der Gesellschafter der Gesellschaft zu einer Zeit gewährt hat, als diese noch gesund war, wird nach Eintritt der Krise aber auch dann zu Kapitalersatz, wenn er die Leistung zwar nach allgemeinen schuldrechtlichen Regeln nicht abziehen kann, jedoch von der ihm als Gesellschafter gegebenen Möglichkeit, die Gesellschaft unter Entzug der ihr zur Verfügung gestellten Mittel zu liquidieren, keinen Gebrauch macht (*BGH* ZIP 1993,189; EWiR 1993, 155 *[Fleck]*).

273 **Zinsen** und **Nebenleistungen** aus einem Darlehensverhältnis können ebenfalls eigenkapitalersetzend sein (*BGH* ZIP 1980, 115, 116).

274 Da sowohl § 32 a Abs. 1 GmbHG (»ordentliche Kaufleute«) als auch der von der Rechtsprechung zugrunde gelegte Tatbestand der **Kreditunwürdigkeit** auf objektive Merkmale abstellen, kommt es – jedenfalls für den Fall einer primären Hergabe eines Gesellschafterdarlehens – nicht auf zusätzliche **subjektive Voraussetzungen** bei den Gesellschaftern in Hinsicht auf eine Kenntnis der Krise an (*BGH* ZIP 1980, 115, 116 f.; *Hachenburg/Ulmer* GmbHG, §§ 32 a/b Rz. 54; *Ulmer* ZIP 1984, 1163 1167; *Scholz/Schmidt* GmbHG, §§ 32 a/b Rz. 37; *Schmidt* ZIP 1981 689, 691; *Ulrich* GmbHG-Rdsch. 1983, 133, 141).

5. Sonstige Gesellschafterleistungen

275 Die Generalklausel des § 32 a GmbHG führt zur Gleichstellung anderer Mittelzuführungen. Eigenkapitalersetzend kann demnach sein:
Die stille Beteiligung eines Gesellschafters oder eines Dritten, dem die Möglichkeit eines wesentlichen Einflusses gegeben ist (*BGH* WM 1989, 14; *OLG Hamburg* WM 1990,1291), und zwar unter Einschluß der partiarischen Darlehen (*Hachenburg/Ulmer* GmbHG, §§ 32 a/B Rz. 93 ff.; *Scholz/Schmidt* GmbHG, §§ 32 a/b Rz. 86; *K. Schmidt* ZIP 1991 689, 693). Auch die Kaution eines Gesellschafters zur Sicherung einer Verbindlichkeit der Gesellschaft kann eigenkapitalersetzend sein (*BGH* DB 1989, 419).

276 Auch eine **Bürgschaft** ersetzt Eigenkapital der GmbH, wenn der Gesellschafter sie in einem Zeitpunkt übernimmt oder aufrechterhält, in dem diese von dritter Seite keinen Kredit zu marktüblichen Bedingungen erhalten kann und deshalb ohne die Finanzierungsleistung des Gesellschafters liquidiert werden müßte, diese Voraussetzung ist regelmäßig nicht gegeben, wenn die Gesellschaft, obwohl

sie ausreichende Sicherungen aus ihrem Vermögen stellen kann, von ihren Hausbanken keinen Kredit erhält, weil diese kein Vertrauen in die Sanierungsbemühungen der Geschäftsführung haben.
Erhält die Gesellschaft von dritter Seite keinen Kredit zu marktüblichen Bedingungen, ohne daß der Gesellschafter bürgt, so ist diese Bürgschaft auch dann kapitalersetzend, wenn der Gesellschafter mit ihr vereinbarungsgemäß nachrangig hinter den von der Gesellschaft gestellten Sicherheiten haben (*BGH* ZIP 1987, 1541 – WM 1987, 1488).

Nach dem Urteil des *BGH* (WM 1992, 187) ist eine bei Eintritt der Kredit- **277**
unwürdigkeit der Gesellschaft stehengelassene Gesellschafterbürgschaft in Eigenkapitalersatz umzuqualifizieren. Eine Kreditunwürdigkeit scheidet nicht schon deshalb aus, weil eine Bank der Gesellschaft noch Kredit gewährt hat, wenn für sie eine nicht unbeträchtliche Übersicherung bestand. Auch ein selbständiges Schuldversprechen, mit dem die Gesellschafter einer GmbH & Co KG den laufenden Bankkredit der Gesellschaft sichern, kann eigenkapitalersetzend sein (*BGH* ZIP 1992, 616).
Dementsprechend hat das *OLG Düsseldorf* (EWiR § 32 b GmbHG 1/94, 359 *(Fleck)*) entschieden: Ein Gesellschafter, der sich für Drittdarlehen an die GmbH verbürgt und diese Bürgschaft zu einem Zeitpunkt, in dem die Gesellschaft kreditunwürdig oder nicht unerheblich überschuldet war, nach einer angemessenen Überlegungsfrist aufrechterhalten hat, muß der GmbH, wenn sie den Gläubiger befriedigt hat, den zurückgezahlten Betrag erstatten.

Will der Gesellschafter einer GmbH seine der Gesellschaft in der Krise gewährte **278**
oder belassene Leistung nicht als Eigenkapitalersatz gelten lassen, so ist es regelmäßig an ihm, darzulegen, warum er ausnahmsweise keine Möglichkeit gehabt haben will, den Eintritt der Gesellschaftskrise zu erkennen (*BGH* ZIP 1992, 618 ff.).

Sichert ein Gesellschafter eine Bankbürgschaft, die zur Abwendung der **279**
Zwangsvollstreckung aus einem gegen die Gesellschaft ergangenen, vorläufig vollstreckbaren Urteil geleistet ist, dadurch ab, daß er der Bank eine ihm persönlich zustehende Eigentümergrundschuld abtritt, so kann der eigenkapitalersetzende Charakter der Leistung jedenfalls dann nicht verneint werden, wenn ohne sie bereits vorher der Konkurs unvermeidbar gewesen wäre (*BGH* WM 1990, 100).
Diesem Urteil lag folgender Sachverhalt zugrunde:
Eine Gläubigerin konnte aus einem Urteil auf Zahlung, das sie gegen die Gemeinschuldnerin erwirkt hatte, gegen Sicherheitsleistung vorläufig vollstrecken. Die Gemeinschuldnerin konnte dies nur dadurch abwenden, daß sie – aufgrund einer Vereinbarung mit der Gläubigerin – ihrerseits Sicherheit leistete. Als Sicherheitsleistung sieht § 108 Abs. 1 ZPO grundsätzlich die Hinterlegung von Geld oder zur Sicherheitsleistung geeigneten Wertpapieren vor. Verfügt der Schuldner nicht über die erforderlichen Mittel, muß er sie sich im Kreditwege besorgen. Die Art der Sicherheitsleistung kann durch gerichtliche Bestimmung oder Vereinbarung der Parteien anderweitig festgelegt werden. Wird, wie üblich, eine Bankbürgschaft zugelassen, dann ersetzt diese die für die Hinterlegung erforderlichen Finanzmittel. Ihr liegt im Verhältnis zwischen der Bank und dem Hauptschuldner ein sog. Avalkreditvertrag zugrunde (vgl. *BGH* WM 1984, 768,

769). Wird ein solcher der Gesellschaft gewährter Bankkredit durch einen Gesellschafter persönlich abgesichert, dann stellt diese Leistung bei Vorliegen der sonstigen Voraussetzungen Kapitalersatz dar (vgl. *Rümker* Festschrift für Stimpel, S. 673, 695). Das ist nicht anders als bei der wirtschaftlich denselben Zweck erfüllenden Kaution, bei der es keine Rolle spielt, ob der Gesellschafter sie selbst stellt (*BGH* WM 1989, 253, 255) oder ob er die durch einen Dritten gestellte Kaution absichert.
Der *BGH* zeigt auch in dieser Entscheidung eine haftungsfreundliche Tendenz, was den Eigenkapitalersatz bei der GmbH und der GmbH & Co KG betrifft. Das Erfordernis der Verwandtschaft solcher Gesellschaftermaßnahmen mit Gesellschaftsdarlehen tritt dabei zugunsten eines umfassenden Gläubigerschutzes in den Hintergrund (*Kort* EWiR § 30 GmbHG 1/90, 61).

280 § 31 Abs. 23 GmbHG ist – vorbehaltlich der offenbleibenden Begrenzung des Haftungsrisikos der Mitgesellschafter auf ein kalkulierbares Maß – auch dann anwendbar, wenn die Auszahlung von Gesellschaftskapital oder die Tilgung einer durch eine kapitalersetzende Gesellschaftersicherheit besicherten Gesellschaftsverbindlichkeiten aus Gesellschaftsmitteln ganz oder teilweise unter Herbeiführung oder Vertiefung einer bereits bestehenden Überschuldung erfolgt ist (Ergänzung zu *BGH* NJW 1973, 1036). Im erstgenannten Fall ist die Vorschrift unmittelbar, im letztgenannten Fall des Kapitalersatzes ist sie entsprechend anwendbar (*BGH* WM 1990, 502).

281 Auch ein Factoring-Vertrag kann u.U. kapitalersetzend sein, wenn folgende Voraussetzungen vorliegen:
Wenn der Abschluß eines Factoring-Vertrages nicht auf den Ankauf der Forderung des Zedenten gerichtet ist, sondern auf Forderungseinzug unter zwischenzeitlicher Kreditierung der erfüllungshalber abgetretenen Forderung, dann hat er Darlehenscharakter i.S.d. § 32 a Abs. 3 GmbHG.
Ein Umgehungsgeschäft liegt also insoweit vor, wenn der Gegenwert für die angekaufte Forderung dem Zedenten und späteren Gemeinschuldner (GmbH) nicht endgültig zufließen soll, sondern bei Uneinbringlichkeit der Rückbelastungsmöglichkeit unterliegt, der Zedent die abgetretene Forderung für Rechnung des Faktors einzuziehen und alle gerichtlich erforderlichen Schritte zur Forderungsdurchsetzung kostenpflichtig zu unternehmen hat. Für die Bewertung des Geschäfts als darlehensartig ist nicht seine konkrete Durchführung, sondern die rechtliche Ausgestaltung maßgeblich. Insoweit ist es unerheblich, ob es tatsächlich zum Rückgriff kommt.

282 Eine Factoring-Gesellschaft hat immer dann eine »gesellschaftsgleiche« Stellung i.S.d. § 32 a Abs. 3 GmbHG, wenn der Mehrheitsgesellschafter (95 %) des Alleingesellschafters des Zedenten zugleich mit fast 50 % an der Factoring-Gesellschaft beteiligt ist (*OLG Köln* ZIP 1986, 1585).
Stundung von eigenen oder von Dritten erworbenen Forderungen des Gesellschafters sowie Stundung von Forderungen aus anderen Rechtsgeschäften wie Forderungen aus Warenlieferungen, Forderung auf Mietzins, Vergütung für Dienstleistung (*BGH* WM 1981, 870; *Scholz/Schmidt* GmbHG, §§ 32 a/b Rz. 82; *Baumbach/Hueck* GmbHG, § 32 a Rz. 31; auch *BGH* BGHZ 109/55). Verkauft ein Gesellschafter seinem Unternehmen Anlagevermögen unter Eigentumsvorbehalt, so kann die Stundung des Kaufpreises eine kapitalersetzende Leistung

und ihre Besicherung durch das Vorbehaltseigentum gem. § 32 a GmbHG anfechtbar sein (*OLG Karlsruhe* WM 1989, 497). Auch insoweit bedarf es nur beim Stehenlassen eines Darlehens keines rechtsgeschäftlichen Handelns.

Um Umgehungen zu vermeiden, muß auch die **Nutzungsüberlassung von Wirtschaftsgütern** als kapitalersetzend behandelt werden. Derartige Nutzungsüberlassungen, zumeist von **Anlagegütern,** finden sich nicht nur bei Miet- und Pachtverhältnissen, sondern auch bei konzerninternen Betriebsüberlassungen und – weit verbreitet – als Folgezustände nach **Betriebsaufspaltungen** und **Ausgliederungen.** Diese Gestaltung bedeutet, daß die für die unternehmerische Betätigung der GmbH erforderlichen Sachmittel nicht in den Haftungsverband der Gesellschaft eingebracht werden und einem Gläubigerzugriff nicht ausgesetzt werden sollen. **283**

Bleibt wegen einer **konkursbedingten Stillegung** für die Nutzung der Gegenstände kein Raum mehr, hat der Nutzungsgeber **Wertersatz in Höhe des Gebrauchswerts** für die vorgesehene Nutzungsdauer zu leisten. **284**
Das von der Gesellschaft nach der Krise ausgezahlte Nutzungsentgelt unterliegt der Anfechtung.

Das von der Gesellschaft nach der Krise gezahlte Nutzungsentgelt unterliegt der Anfechtung (s. zu den vielfach streitigen Fragen *BGH* NJW 1990, 516; *BGH* NJW 1991,1057; *Brander* ZGR 1989, 244; *Karsten Schmidt* ZIP 1990, 69; *Ulmer* Festschrift für Kellermann 1991, 485; *Lutter/Hommelhoff* ZGR 1979, 31, 51; *Timm* GmbH-Rdsch. 1980, 286, 292; *Karsten Schmidt* ZIP 1981, 689, 693; *Gessler* BB 1980, 1385, 1391; *Schulze-Osterloh* ZGR 1983, 124; *Braun* ZIP 1983, 1175; *Kuhn/Uhlenbruck* KO, § 32 a Rz. 11; *Ulmer* ZIP 1984, 1163, 1174). **285**
Der *BGH* hat mit der Entscheidung (DB 1993, 318 = BB 1993, 240) seine Rechtsprechung zur eigenkapitalersetzenden Gebrauchsüberlassung (*BGH* DB 1989, 2470; WM 1990, 548; WM 1990, 2112) wie folgt zusammengefaßt:

1. Eine Finanzierungsleistung, die der Gesellschafter der Gesellschaft zu einer Zeit gewährt hat, als diese noch gesund war, wird nach Eintritt der Krise auch dann zu Eigenkapitalersatz, wenn er die Leistung zwar nach allgemeinen schuldrechtlichen Regeln nicht abziehen kann, jedoch von der ihm als Gesellschafter gegebenen Möglichkeit, die Gesellschaft unter Entzug der ihr zur Verfügung gestellten Mittel zu liquidieren, keinen Gebrauch macht.
2. Vermietet oder verpachtet ein Gesellschafter der GmbH das ganze für deren Unternehmen benötigte Anlagevermögen, so liegt darin eine eigenkapitalersetzende Leistung, wenn die Gesellschaft weder selbst über die zur Anschaffung einer solchen Betriebseinrichtung erforderlichen Mittel verfügt noch sich diese aus eigener Kraft auf dem Kapitalmarkt zu üblichen Bedingungen beschaffen könnte, und ein vernünftig handelnder Vermieter oder Verpächter, der nicht an der Gesellschaft beteiligt ist und sich auch nicht an ihr beteiligen will, mit dieser einen entsprechenden Nutzungsüberlassungsvertrag über die komplette Betriebseinrichtung unter den gegebenen Umständen nicht schließen würde.
3. Ersetzt die Gebrauchsüberlassung von vornherein Eigenkapital, dann darf entsprechend den §§ 30, 31 GmbHG der Anspruch auf Zahlung des Miet- oder Pachtzinses nicht aus dem zur Deckung des Stammkapitals erforderlichen Vermögen erfüllt werden. Für die Geltendmachung von solchen An-

sprüchen im Konkurs und für die Rückforderung von Miet- und Pachtzahlungen aus dem letzten Jahr vor Konkurseröffnung gelten die §§ 32 a GmbHG, 32 a KO, ohne daß es insoweit auf die Beeinträchtigung des Stammkapitals ankommt.

4. Besteht für Erhaltungsaufwendungen, die nach den miet- oder pachtrechtlichen Vorschriften der Gesellschaft zur Last fallen, die aber der Gesellschafter getragen hat, nach den Vorschriften des Miet- oder Pachtrechts ein Ersatzanspruch, so kann dieser nach allgemeinen Kapitalersatzregeln nicht zu Lasten des zur Deckung des Stammkapitals erforderlichen Gesellschaftsvermögens durchgesetzt werden, wenn er zu einem Zeitpunkt, in dem sich die Gesellschaft bereits in der Krise befand, gestundet oder der darin liegende Kredit bei späterem Kriseneintritt der Gesellschaft belassen worden ist.
5. Schadensersatzansprüche des Gesellschafters gegen die Gesellschaft wegen schuldhafter Verletzung des Eigentums an den zur Nutzung überlassenen Gegenständen werden durch den eigenkapitalersetzenden Charakter einer Gebrauchsüberlassung grundsätzlich nicht berührt. Macht der Gesellschafter solche Ansprüche zunächst nicht geltend, so können die allgemeinen Kapitalersatzregeln eingreifen.

Weiter gilt: Ist die Gesellschaft überschuldet, kommt es für die Frage, ob eine Gebrauchsüberlassung durch den Gesellschafter kapitalersetzend wirkt, nicht darauf an, ob ein außenstehender Dritter der Gesellschaft das Wirtschaftsgut ebenfalls überlassen hätte.

Das laufende Nutzungsentgelt für kapitalersetzende Gebrauchsüberlassung kann der Gesellschafter auch nach Eröffnung des Konkursverfahrens nicht fordern (*BGH* GmbHR 1993 503 = WM 1993, 1414 = DStR 1993, 1375).

286 Auch **Wertgegenstände,** die der Gesellschafter der GmbH **als Sicherheiten zur Verfügung** stellt, die die **Grundlage für Kreditverhandlungen** der GmbH mit Dritten bilden sollen (also keine Sicherungen, die der Gesellschafter unmittelbar dritten Kreditgebern einräumt und die dann von § 32 a Abs. 2 GmbHG erfaßt würden), fallen als kapitalersetzende Mittelzuführung unter § 32 a Abs. 3 GmbHG.

287 Die grundsätzliche Rechtsfrage, welche Rechtsfolge eingreift, wenn davon auszugehen ist, daß die Gebrauchsüberlassung einem Darlehen i.S.v. § 32 a Abs. 3 GmbHG wirtschaftlich entspricht, ist im Schrifttum insbesondere deshalb umstritten, weil bei der Gebrauchsüberlassung – anders als beim Darlehen – das Eigentum an der zum Gebrauch überlassenen Sache beim Gesellschafter verbleibt. Vertreten wird, die dingliche Zuordnung in der Weise zu durchbrechen, daß im Falle des Zusammenbruchs der Gesellschaft dem Gesellschafter der Anspruch auf Aussonderung versagt und dem Konkursverwalter ein Verwertungsrecht gegeben wird (vgl. *Lutter/Hommelhoff* ZGR 1979, 31, 52; *Braun* ZIP 1983, 1175, 1181; *Schulz-Osterloh* ZGR 1983, 123, 142; *Wiedemann* ZIP 1986, 1300); andere wollen die Substanz der genutzten Sache in der Weise einbeziehen, daß sie der Gesellschaft einen Wertersatzanspruch in Höhe des Substanzwerts und dem Gesellschafter das Recht zuerkennen, sich durch Preisgabe der Sache an die Gesellschaft von dieser Wertersatzpflicht zu befreien (vgl. *Lutter/Hommellhoff* GmbHG §§ 32 a/b Rz. 104; *v. Gerkan* GmbHR 1986, 218, 233; *Bäcker* ZIP 1989, 681, 691). Ferner wird vertreten, die dingliche Zuordnung unangetastet zu lassen und – ähnlich wie bei der Sacheinlage quod usum zur Aufbringung des Stammkapitals (vgl. hierzu *Hueck* ZGR 1989, 216, 231 m.w.N.) – den Nutzungswert des vom Gesellschafter überlassenen Gegenstandes zu erfassen (vgl. *Ulmer* ZIP 1984, 1163 1173; *Hachenburg/Ulmer* GmbHG, §§ 32 a, 32 b Rz. 99; *Hueck* ZGR 1989, 216, 237 ff.; *Baumbach/Hueck* GmbHG, § 32 a Rz. 32; *Brandes* ZGR 1989, 244) oder – soweit die Einlagefähigkeit von Nutzungsrechten verneint wird – wenigstens die laufenden Nutzungen einzubeziehen (*Knobbe-Keuk* BB 1984, 1, 4; auch insoweit ablehnend *Scholz/Schmidt* GmbHG, §§ 32 a, 32b Rz. 92). Diese Streitfrage mußte nicht entschieden werden, da nicht um den Substanzwert des genutzten Grundstücks und auch nicht um den Wert dieser Nutzung gestritten wurde. Es ging lediglich um einen Mietzins.

Personenidentität des Gesellschafter-Geschäftsführers der Gläubigergesellschaft **288**
und der Gemeinschuldnerin begründet eine gesellschafterähnliche Stellung der Gläubigerin mit der Folge, daß deren Leistung Eigenkapitalersatz sein kann. Die ständige Belieferung der späteren Gemeinschuldnerin mit Waren zur Aufrechterhaltung des Ladenverkaufs bei Stundung des Kaufpreises ist eine der Darlehensgewährung wirtschaftlich entsprechende eigenkapitalersetzende Rechtshandlung.

Der Gläubigerin steht in diesem Fall ein Aussonderungsrecht an den unter Ei- **289**
gentumsvorbehalt gelieferten Waren nicht zu (*LG Hamburg* NJW 1991, 2030). Das LG schließt zu Recht aus der Sicherungsfunktion des Eigentumsvorbehalts, daß er der Gewährung einer Sicherheit i.S.d. § 32 a Satz 1 gleichstehe. Damit setzt es sich über den von *Beinert/Hennerkes/Binz* GmbH-Rdsch. 1981, 10, vorgebrachten Einwand hinweg, daß der Vorbehaltskäufer im Falle eines Eigentumsvorbehalts aus seinem Vermögen nichts weggebe, sondern nur den Besitz an der Ware erhalte. Da der Eigentumsvorbehalt im Rechtsverkehr die Funktion der Sicherungsübereignung einnimmt, liegt in einer solchen Vereinbarung in der Tat die Gewährung einer Sicherheit i.S.d. § 32 a Satz 1 (*Schulz-Osterloh* EWiR § 32 a KO 1/91, 491).

6. Der Begriff »Darlehensgeber«

Darlehensgeber ist der Inhaber eines Gesellschaftsanteils, wobei der Umfang der **290**
Beteiligung unerheblich ist (*BGH* ZIP 1984, 572, 575).

Die Treuhandanstalt kommt als Darlehensgeber nicht in Betracht, da sie nach **291**
§ 56 e Satz 1 DMBilG nicht der Bestimmung des § 32 a GmbHG unterliegt. Der Wirksamkeit von § 56 e DMBilG steht auch nicht entgegen, daß sich die Treuhandanstalt bereits vor dem Inkrafttreten der Norm verbürgt hat und die cessio legis vor dem 14. Juli 1992 (2. VermRÄndG) eintrat.
§ 56 e Satz 1 DMBilG ist nicht verfassungswidrig. Allenfalls kann von Verfassungs wegen eine einschränkende Auslegung der Bestimmung dann vorgenommen werden, wenn die Treuhandanstalt über die Gewährung von Darlehen, Sicherheiten oder Bürgschaften hinaus als Gesellschafter selbst aktiv in die Geschäftsführung des Gemeinschuldners eingreift oder besondere, andere Gläubiger beinträchtigende Handlungen unternimmt (*LG Leipzig* WM 1994 638).

Nach *LG Dresden* (WM 1994, 155) ist § 32 a GmbHG trotz der Regelung des § 56 e DMBilG auf kapitalersetzende Leistungen der Treuhandanstalt anwendbar, wenn diese vor Feststellung der DM-Eröffnungsbilanz, aber nach Ablauf der hierfür gesetzten Frist (§ 35 Abs. 1 Satz 3 DMBilG) gewährt wurden.
Eine Vorbelastungshaftung der Treuhandanstalt kommt wegen der spezielleren Regelungen der §§ 24 f. DMBilG nicht in Betracht.
Anders als bei der AG kommt es weder auf ein unternehmerisches Eigeninteresse noch auf eine **qualifizierte Beteiligung** an.

292 Darlehen, die ein Aktionär der AG einräumt, sind eigenkapitalersetzend, wenn der Gläubiger an ihr unternehmerisch beteiligt ist (*BGH* WM 1984, 625; *OLG Düsseldorf* WM 1991,1119; vgl. auch *Kuhn/Uhlenbruck* KO, § 32 a Rz. 14 m.w.N.; *Kilger/Karsten Schmidt* ZHR 147, 1983, 173; *Karsten Schmidt* AG 1984, 15; *ders.* JZ 1985, 304; *ders.* GmbHG 1986, 337; *ders.* ZIP 1991, 1 ff.).

293 Eine unternehmerische Stellung vermutet der *BGH,* wenn der Aktionär über eine wesentliche Beteiligung am Grundkapital der Gesellschaft verfügt. Eine wesentliche Beteiligung nimmt der *BGH* an bei

a) einem Anteil des Aktionärs von mehr als 25 % am Grundkapital,
b) einem Anteil am Grundkapital, der dem Aktionär nach Gesetz oder Satzung eine **Sperrminorität** sichert
c) einem Anteil des Aktionärs, der die vorstehend dargestellten Grenzen durch die **Zusammenrechnung** mit den Anteilen anderer Aktionäre erreicht. Eine solche Zusammenrechnung ist nur zulässig, wenn diese Aktionäre sich zu einem **Konsortium** oder **Aktienpool** mit dem Ziel der Ausübung eines unternehmerischen Einflusses gebunden haben.

Ein Poolvertrag, der lediglich Bindungen für die Plazierung der Aktien oder Verkaufsrechte enthält, ohne daß die Aktionäre sich zu gemeinsamer Einflußnahme auf die Geschäftspolitik verpflichtet haben, ist insoweit nicht schädlich.

294 Ob und unter welchen Umständen die Vermutung des unternehmerischen Einflusses widerlegt werden kann, wenn die Kriterien erfüllt sind, ist dem Urteil nicht zu entnehmen. Eine Widerlegung der Vermutung ist aber zumindest dann möglich, wenn die Quote von 25 % nur durch **stimmrechtslose Vorzugsaktien** erreicht oder überschritten wird. Dagegen dürfte ein **Höchststimmrecht** nicht ausreichen, weil der Aktionär trotz nur geringen Stimmengewichts seine Kapitalquote bei wichtigen Beschlüssen zur Geltung bringen kann (§ 134 Abs. 1 Satz 6 AktG).

295 Ein Anteil unter 25 % oder unter einer Sperrminorität führt nur dann zur Anwendung der Regeln über kapitalersetzende Darlehen, wenn er dem Aktionär i.V.m. weiteren Umständen einen Einfluß auf die Unternehmensleitung sichert und der Aktionär sein unternehmerisches Interesse tatsächlich ausübt. Dazu genügt nicht, daß

a) der Aktionär Vertreter in den Aufsichtsrat entsendet
b) der Aktionär die Aktien im Rahmen seines Wertpapiergeschäfts als Handelsbestand hält; das gleiche gilt für einen Lieferanten, der eine verhältnismäßig geringe Aktienbeteiligung zu Anlagezwecken über die Börse erwirbt
c) allein durch externe Austauschbeziehungen, wie z.B. Kreditverträge Einfluß ausgeübt wird, solange dieser Einfluß gesellschaftsrechtlich nicht abgesichert ist.

Auch die **Darlehen institutioneller Kreditgeber** – wie der Banken – können eigenkapitalersetzend sein (*BGH* ZIP 1981, 1200, 1202). **296**

Das einer GmbH gewährte Darlehen eines Nichtgesellschafters entspricht einem Gesellschafterdarlehen i.S.v. § 32 a Abs. 3 GmbHG nur dann, wenn der Darlehensgeber über eine mittelbare Teilhabe am Gesellschaftsvermögen und einen hierauf beruhenden gesellschafterähnlichen Einfluß verfügt (*OLG Hamburg* WM 1989, 717). **297**

Finanzierungsmittel, die ein naher Angehöriger eines Gesellschafters der Gesellschaft in Krisenzeiten zur Verfügung stellt, werden nur dann von den Kapitalerhaltungsregeln erfaßt, wenn entweder die Mittel vom Gesellschafter selbst stammen oder umgekehrt dieser den Gesellschaftsanteil treuhänderisch für den Kreditgeber hält. Zur Frage von Beweiserleichterungen in solchen Fällen vgl. *BGH* KTS 1991, 410. **298**

Eigenkapitalersatz kann auch durch Kredite eines Bankhauses an ein anderes Unternehmen seines persönlich haftenden Gesellschafters bei einheitlicher Leitung entstehen (*BGH* 1992, 242). Für die Frage, wann eine Finanzierungsleistung, die ein mit einem Gesellschafter verbundenes Unternehmen der Gesellschaft gewährt, den Regeln über den Ersatz von Eigenkapital unterliegt, kann maßgeblich sein, ob ein Gesellschafter eine andere Gesellschaft beherrscht, und diese ebenso wie die anderen zu seinem Konzern gehörenden Unternehmen wie unselbständige Instrumente für die von ihm betriebene übergeordnete Geschäftspolitik eingesetzt werden. In einem solchen Fall kann eine wirtschaftliche Einheit vorliegen, die es rechtfertigt, die Verantwortung für die ordnungsgemäße Finanzierung der Gesellschaft auch einem nicht unmittelbar an ihr beteiligten, aber in die wirtschaftliche Einheit einbezogenen Unternehmer aufzuerlegen (*BGH* WM 1986, 789; WM 1990, 2112; WM 1991, 678, 679). **299**

Nach § 32 a Abs. 3 GmbHG sind neben den formalen Gesellschaftern hinaus auch **300**

a) der Treugeber, der wirtschaftlich Anteilsinhaber ist (*BGH* WM 1989, 93; ZIP 1990, 1593),
b) der Unterbeteiligte, sofern seine Stellung wirtschaftlich der einem Anteilsinhaber gleichkommt (*OLG Hamburg* ZIP 1989, 373),
c) das verbundene Unternehmen unter dem Gesichtspunkt der wirtschaftlichen Einheit (*BGH* ZIP 1981, 1200, 1202; 1983, 1448, 1449 = WM 1983, 1278; *BGH* ZIP 1986, 456 458),
d) der Nießbraucher, der Pfandrechtsinhaber am Gesellschaftsanteil, wenn ihm wirtschaftlich die Stellung eines Anteilsinhabers zukommt
e) Familienangehörige in Anlehnung an den sich aus §§ 31 Nr. 2, 32 Nr. 2 KO, § 3 Nr. 2 und 4 AnfG typischen Umgehungstatbestandes (*BGH* ZIP 1986, 456, 458) wie Gesellschafter zu behandeln (*BGH* DStR 1991, 554 und *OLG München* DStR 1993, 614).

Kein Darlehensgeber ist der sog. Hintermann. Auch das Bestreben im Interesse der Gläubiger einer GmbH wegen der Einzahlung des Stammkapitals und der Ausfallhaftung solche Personen, die an der Gründung der GmbH interessiert, aber nicht Gesellschafter sind, in Anspruch nehmen zu können, rechtfertigt es nicht, in Widerspruch zu Wortlaut und Systematik des GmbH-Gesetzes eine **301** nichtdeliktische Haftung sog. »Hintermänner« von GmbH-Gründungen für das Stammkapital anzunehmen (gegen *BGH* WM 1960, 41), zumal in Ermangelung einer Legaldefinition nicht eindeutig feststeht, an welchen Kriterien die Hintermanneigenschaft zu messen wäre (*OLG Düsseldorf* DB 1992, 938). Umstritten ist auch, ob der Treuhänder von Gesellschaftsanteilen, der das Treuhandverhältnis offengelegt hat, von ihm gewährte Kredite als eigenkapitalersetzend behandeln lassen muß (*OLG Hamburg* WM 1987,1163; *BGH* WM 1988,1525; a.A. *LG Hamburg* ZIP 1987, 232; *Rümker* Festschrift für Stimpel 688; s. auch *LG Hagen* ZIP 1990, 728).

302 Der Hauptkreditgeber eines sich in Schwierigkeiten befindlichen Unternehmens erlangt nicht dadurch eine gesellschafterähnliche zur Kapitalzufuhr verpflichtende – Stellung, daß er sich Gesellschaftsanteile mitsamt den Gewinnbezugsrechten verpfänden läßt und daß die de-facto Geschäftsführung der Gesellschaft auf Drängen des Kreditgebers von einer Unternehmensberatungsgesellschaft übernommen wird, die mit dem Kreditgeber zusammenarbeitet und die die Warenvorräte zum Zwecke der Rückführung des Kredits erheblich vermindert. Das durch Entscheidung der Hauptlieferanten und des Hauptkreditgebers bedingte Scheitern eines Sanierungskonzepts und die Nichterfüllung einzelner erheblicher Verbindlichkeiten reichen zur Feststellung der Zahlungsunfähigkeit der Gesellschaft nicht aus. Die drastische Verminderung der Warenvorräte zugunsten einer starken Rückführung des Darlehens des Hauptkreditgebers in den letzten zwei Monaten vor Vergleichsantragsstellung genügt nicht für die Feststellung der Absicht, die übrigen Gläubiger zu benachteiligen (*LG Hagen* ZIP 1990, 728).

303 Verkauft der Gesellschafter einer GmbH & Co KG die Gegenstände des Anlagevermögens der Gesellschaft unter Eigentumsvorbehalt, so ist dieser Fall wie eine Kreditgewährung mit Sicherungsübereignung zu behandeln; kommt dem gestundeten Kaufpreisanspruch Kapitalersatzfunktion zu, so verfällt das Vorbehaltseigentum als Sicherheit im Konkurs der Gesellschaft (*OLG Karlsruhe* WM 1989, 497). Ein mittelbarer GmbH-Gesellschafter muß der Gesellschaft eine gegen § 30 GmbHG verstoßende Leistung auch dann erstatten, wenn diese gleichzeitig eine unzulässige Auszahlung der Gesellschaft darstellt, über die er an der GmbH beteiligt ist.
Die beiden Gesellschaften sind in diesem Fall nicht Gesamtgläubiger (*BGH* WM 1990 2041).

304 Nach der haftungsfreundlichen Rspr. des *BGH* (WM 1990, 2112) besteht die Pflicht des Gesellschafters zur Erstattung haftenden Kapitals bei Auszahlung an seinen Treugeber sowie an ein mit diesem verbundenen Unternehmen.
Der BGH hat darauf hingewiesen, daß für die Verpflichtung der Beklagten, dem Kläger entsprechend § 31 GmbHG das zu erstatten, was sie an haftendem Kapital erhalten hat, unerheblich ist, ob sie selbst, ihre Muttergesellschaft oder eine ihrer Schwestergesellschaften sich als Treugeberin mittelbar an der Gemeinschuldnerin beteiligt hat. Eine Auszahlung verstößt auch dann gegen § 30 GmbHG, wenn die Gesellschaft sie einem Unternehmen erbringt, an dem ihr Gesellschafter unmittelbar maßgeblich beteiligt ist (vgl. *BGH* WM 1981, 1200; WM 1986, 789).

Sollte nicht die Mutter-, sondern eine Schwestergesellschaft der Beklagten mittelbar Gesellschafterin der Gemeinschuldnerin geworden sein, so gilt nichts anderes. Da mangels gegenteiliger Feststellungen davon auszugehen ist, daß die Beklagte und ihre Schwestergesellschaft von der Muttergesellschaft abhängig sind (§ 17 Abs. 2 AktG) und mit ihr einen Konzern bilden (§ 18 Abs. 1 Satz 3 AktG), sind sie Konzernunternehmen und als solche verbundene Unternehmen i.S.d. § 15 AktG. Eine Auszahlung von haftendem Kapital an die Beklagte stünde deshalb gem. § 32 a Abs. 3 GmbHG einer Auszahlung an ihre mittelbar, als Gesellschafterin beteiligte Schwestergesellschaft gleich (vgl. *BGH* WM 1981, 1200; WM 1981, 1270).

Für die Frage, wann eine Finanzierungsleistung, die ein mit einem Gesellschafter **305**
verbundenes Unternehmen der Gesellschaft gewährt, den Regeln über den Ersatz von Eigenkapital unterliegt, kann maßgeblich sein, ob der Gesellschafter die andere Gesellschaft beherrscht und diese ebenso wie die anderen zu seinem Konzern gehörenden Unternehmen als unselbständiges Instrument für die von ihm betriebene übergeordnete Geschäftspolitik eingesetzt wird. In einem solchen Fall kann eine wirtschaftliche Einheit vorliegen, die es rechtfertigt, die Verantwortung für die ordnungsgemäße Finanzierung der Gesellschaft auch einem nicht unmittelbar an ihr beteiligten, aber in die wirtschaftliche Einheit einbezogenen Unternehmer aufzuerlegen (*BGH* ZIP 1991, 366).

Das Gesellschafterdarlehen ist dann kapitalersetzend, wenn der Gesellschafter **306**
bzw. der gleichzusetzende Personenkreis im Zeitpunkt der Krise i.S.d. § 32 a Abs. 1 GmbHG das Darlehen gewahrt hat.
Tritt die Krise erst nach der Darlehensgewährung ein, gelten die Grundsätze des Stehenlassens von Darlehen, was dem »Gewähren« von Darlehen gleichzusetzen ist. Entfällt die Krise dauerhaft, entfällt auch der eigenkapitalersetzende Charakter des Darlehens.

Scheidet der darlehensgebende Gesellschafter aus der GmbH aus, verliert das **307**
Darlehen nicht den kapitalersetzenden Charakter (*OLG Celle* GmbH-Rdsch. 1983, 17, 18f.).

Auch das Darlehen eines ausgeschiedenen Gesellschafters kann eigenkapital- **308**
ersetzend sein, wenn der Rechtsgrund des Darlehens schon vor dem Ausscheiden aus der Gesellschaft geschaffen worden war (*BGH* ZIP 1985, 1075, 1077 = WM 1985, 1028).

Eine Finanzierungsleistung, die ein Gesellschafter der GmbH nach seinem Aus- **309**
scheiden in einer finanziellen Krise erbringt, unterliegt dem **Rückzahlungsverbot** des § 30 GmbHG, wenn die Lösung schon vor dem Ausscheiden (auch) auf Krisenfinanzierung angelegt war.

Von vornherein auf Krisenfinanzierung angelegt ist eine Kapitalleistung, wenn **310**
der Gesellschafter ausdrücklich oder durch schlüssiges Verhalten auf das Recht verzichtet, sie aus wichtigem Grunde zu kündigen, falls die Gesellschaft später kreditunwürdig wird und deshalb die Leistung unter das Rückforderungsverbot zu fallen droht (*BGH* BB 1987, 80).

Wird ein Darlehensgeber, der der Gesellschaft vor einer Krise ein Darlehen ge- **311**
währt hat, Gesellschafter der GmbH, so wird das Darlehen nur dann kapital-

ersetzend, wenn es »stehengelassen« wird, so daß rechtlich eine neue Darlehensgewährung vorliegt (*BGH* ZIP 1981, 1200, 1203 =WM 1981, 1200).

7. Gesellschafterbesicherte Darlehen Dritter (§ 32 a Abs. 2 GmbHG)

312 Darlehen Dritter, regelmäßige Bankinstitute, die der GmbH Kredite gegeben haben, werden häufig von Gesellschaftern besichert.

313 Derartige Darlehen werden, da das Kreditrisiko vom Gesellschafter übernommen wird (deshalb wird auch von **»mittelbaren Gesellschafterdarlehen«** gesprochen), in dem Fall, daß die Darlehensgewährung in der Krise der GmbH fällt und zuzuführendes Eigenkapital ersetzt, im Interesse des Gläubigerschutzes ebenfalls vom Gesetz besonderen Regeln unterworfen. Da der Darlehensgeber, der nicht selbst Gesellschafter ist oder einem Gesellschafter gleichzustellen ist, nicht die Verantwortung für die Kapitalausstattung der GmbH trägt, ist Adressat der vom Gesetz vorgesehenen Rechtsfolgen in erster Linie der als Sicherungsgeber eingeschaltete Gesellschafter, so daß der Gesellschaftersicherheit Kapitalersatzfunktion zukommen kann.

314 Von § 32 a Abs. 2 GmbHG wird grundsätzlich jede für einen Kredit in Betracht kommende Absicherung durch einen Gesellschafter (oder eine andere wie der Gesellschafter zu behandelnde Person) erfaßt, wobei aus der Kreditgewährung nicht der Schluß gerechtfertigt ist, an der Kreditwürdigkeit der Gesellschaft bestünden keine Zweifel (*OLG Hamburg* ZIP 1980, 911, 912; *OLG Stuttgart* ZIP 1984, 434, 435). Als **Gesellschaftersicherheit** kommen in Betracht Bürgschaften, Schuldbeitritt (*LG Hamburg* ZIP 1984, 584, 585), Sicherungsübereignungen, Patronatserklärungen verbundener Unternehmen (vgl. *Obermüller* ZIP 1982, 915, 919).

315 Bei den **Patronatserklärungen,** die häufig von **Muttergesellschaften** einem Kreditgeber der **Tochtergesellschaft** zur Forderung oder Einhaltung der Kreditwürdigkeit abgegeben werden, ist weder Bürgschaft noch Schuldmitübernahme noch Garantievertrag, sondern ein **Gewährleistungsvertrag** eigener Art. Bei den unterschiedlichsten Erscheinungsformen von Patronatserklärungen können nur diejenigen kapitalersetzend sein, die einen konkreten Gewährleistungswillen beinhalten.

316 Beinhaltet die Patronatserklärung die Verpflichtung, die Tochter finanziell so ausgestattet zu halten, daß sie ihren Verbindlichkeiten (aus dem Kreditvertrag) nachkommen kann, oder wird die Verpflichtung übernommen, eine bestimmte Kapitalausstattung bei der Tochter aufrechtzuerhalten, so handelt es sich um Gewährleistungszusagen. Wird die **Gewähr für die Kreditausstattung** bzw. der Kapitalausstattung und damit die Gewähr für die zukünftige finanzielle Leistungsfähigkeit übernommen, so steht der Annahme eines unechten **Vertrages zugunsten Dritter** nicht entgegen, daß kein direkter Zahlungsanspruch des Kreditgebers gegen die Muttergesellschaft besteht, sondern diese lediglich verlangen kann, daß die Tochtergesellschaft hinreichend mit liquiden Mitteln oder nichtliquiden Mitteln versorgt wird.

Patronatserklärungen, die mangels eines **Verpflichtungswillen** kein Haftungsverhalten begründen, wie z.B. die Zusagen der Muttergesellschaft **317**
- das Gesellschaftsverhältnis mit der Tochter beizubehalten

oder
- den Unternehmensvertrag mit der Tochter nicht zu ändern, aufzuheben oder zu kündigen

oder
- die Tochter dahin zu beeinflussen, daß sie ihren Verbindlichkeiten (aus dem Kreditvertrag) nachkommt, sind nicht kapitalersetzend.

Beschränkt sich die Bürgschaft, die ein Gesellschafter unter den Voraussetzungen einer kapitalersetzenden Leistung für einen Bankkredit der Gesellschaft übernimmt, auf einen Teil der Kreditsumme, so ist der Gesellschafter, wenn die Gesellschaft den Kredit teilweise zurückzahlt, nur insoweit zur Erstattung verpflichtet, als der Erstattungsbetrag zusammen mit dem Betrag, für den er dem Gläubiger weiter verhaftet bleibt, die Bürgschaftssumme nicht übersteigt. Das gilt nicht für den Anwendungsbereich der §§ 32 a, 32 b GmbHG, sondern auch im Bereich der von der Rspr. entwickelten Grundsätze über die Anwendung der §§ 30, 31 GmbHG auf kapitalersetzende Leistungen (*BGH* WM 1990, 757). **318**

Eine Gesellschafterleistung (hier: Gewährleistungsbürgschaft), die einer GmbH gewährt oder belassen wird, welche sich in der Krise i.S.v. §§ 30 ff. GmbHG befindet, hat dann keinen Eigenkapitalersatzcharakter, wenn sie in einer Weise von der Gesellschaft besichert ist, daß ein gesellschaftsfremder Dritter bei Einräumung derselben Sicherheit die Leistung ebenfalls gewähren würde (*BGH* DStR 1993, 251). **319**

8. Die konkursmäßige Behandlung kapitalersetzender Leistungen

Die Einordnung eines Kredits als haftendes Kapital hat zur Folge, daß die Gesellschaft den Kredit solange nicht zurückzahlen darf, bis sich ihre wirtschaftliche Lage so entwickelt hat, daß sie wieder mit ihrem satzungsmäßigen Stammkapital auskommen kann (*BGH* WM 1972, 1976 1223). **320**

Im Konkurs über das Vermögen der Gesellschaft oder im Vergleichsverfahren zur Abwendung des Konkurses kann der Gesellschafter seinen Rückzahlungsanspruch nicht geltend machen (§ 32 a Abs. 1 GmbHG). Demgemäß kann er sich auch nicht aus Sicherheiten für diese Forderung abgesondert befriedigen (*BGH* ZIP 1982, 975; 1982, 1200). **321**

Hat die Gesellschaft das Darlehen innerhalb des letzten Jahres vor Konkurseröffnung zurückgezahlt, so kann der **Konkursverwalter** die **Anfechtung** erklären und Rückgabe des Darlehens fordern (§§ 37, 32 a KO). **322**

Die Geltendmachung des Anfechtungsanspruchs ist fristgebunden (§ 41 KO) und setzt eine Benachteiligung der Gläubiger voraus, wobei die mittelbare Benachteiligung genügt. **323**
Voraussetzung der Anfechtung nach § 32 a Satz 1 KO ist, daß der gesicherte Anspruch auf Rückgewähr eines kapitalersetzenden Darlehens gerichtet ist oder sich aus einer nach § 32 a Abs. 3 GmbHG gleichgestellten Rechtshandlung ab-

leiten läßt. Dazu gehören auch Sicherungen für einen Regreßanspruch des Gesellschafters, der einen von ihm besicherten Darlehensgeber der Gesellschaft befriedigt hat oder befriedigen muß.

324 Im Falle des Konkurses einer GmbH hindert die Vorschrift des § 32 a Abs. 2 GmbHG den Gläubiger einen sowohl durch Grundschulden der Gemeinschuldnerin als auch durch Bürgschaften ihrer Gesellschafter gesicherten (mittelbar kapitalersetzenden) Darlehens nicht, die **dinglichen Sicherheiten** im Wege der **abgesonderten Befriedigung** zu verwerten, ohne zuvor die Bürgschaften der Gesellschaft in Anspruch zu nehmen (*OLG Stuttgart* ZIP 1984 992; auch *BGH* WM 1985, 115), und sich die Vorschrift des § 32 a GmbHG gegen den Gesellschafter und nicht gegen dritte Kreditgeber richtet.

325 Sind Sicherheiten bestellt worden, ist die **Anfechtung** ohne Berücksichtigung des Bestellungszeitpunkts möglich. Die Anfechtung der Befriedigung einer derartigen Forderung ist nach § 32 a Satz 2 GmbHG dagegen zeitlich dahin beschränkt, daß diese Rechtshandlung nur anfechtbar ist, soweit sie im letzten Jahr vor der Eröffnung des Konkursverfahrens vorgenommen wurde.

326 Hat der Gesellschafter eine Sicherheit der Gesellschaft hinsichtlich seines Darlehensrückzahlungsanspruchs erlangt und diese Sicherheit mangels Rückzahlung verwertet, scheidet die Anfechtung aus, soweit die **Sicherheitenverwertung** außerhalb der Jahresfrist nach § 32 a Satz 2 GmbHG abgeschlossen worden ist, da dies der Befriedigung i.S. dieser Bestimmung gleichgestellt werden muß.

327 Bei **gesellschafterbesicherten Darlehen Dritter** wird dem Dritten geboten, vor der Geltendmachung des Darlehens im Rahmen des Konkursverfahrens sich zunächst aus der Gesellschaftersicherheit zu befriedigen.
Hat neben dem Gesellschafter auch die Gesellschaft Sicherheiten gewährt, steht es dem Gesellschafter frei zu entscheiden, aus welchen Sicherheiten er sich befriedigt (*BGH* ZIP 1985 158; 1986, 30, 31).
Befriedigt sich die Bank aus den von der Gesellschaft gewahrten Sicherheiten, ist die vom Gesetzgeber gegebene Sicherheit nicht an die Gesellschaft herauszugeben (*BGH* 1986, 30, 31) sondern an den Gesellschafter.

328 Da die **Gesellschaftersicherheit** durch die Leistung aus dem Gesellschaftsvermögen freigegeben wird und damit wirtschaftlich der vom Gesellschafter gewährten mittelbare Kredit zurückgeflossen ist, steht der Gesellschaft ein **Erstattungsanspruch** gegen den Gesellschafter in Höhe des Wertes der freigegebenen Sicherheit zu.

329 Ist ein der Gesellschaft zur Nutzung überlassener Gegenstand dem Gesellschafter zurückgewährt worden, muß dieser die Nutzungsmöglichkeit wiederherstellen und wenn dies nicht möglich ist, gegebenenfalls Wertersatz leisten (*BGH* ZIP 1994, 1261).

330 Zu den kapitalersetzenden Bankkrediten vgl. *Kuhn/Uhlenbruck* KO, § 32 a Rz. 15; *OLG Düsseldorf* WM 1983, 873; *BGH* WM 1984, 625; WM 1985,115.
Gewährt die Bank unter Hereinnahme von Gesellschaftersicherheiten ein als eigenkapitalersetzend zu behandelndes Darlehen, so nimmt sie im Konkurs mit ihrer Forderung nur insoweit teil, als sie bei der Inanspruchnahme von Sicherheiten ausgefallen ist (§ 32 a Abs. 2 GmbHG). Sie muß sich deshalb entgegen der

Regel des § 68 zuerst aus den Sicherheiten befriedigen (*OLG Hamburg* WM 1987, 1163; *BGH* WM 1987,1488; WM 1988, 1525).

Hinsichtlich der bilanziellen Behandlung des eigenkapitalersetzenden Darlehens hat der *BGH* (NJW 1994, 724) entschieden, daß jedenfalls bei Fehlen einer Rangrücktrittsvereinbarung die eigenkapitalersetzenden Gesellschafterdarlehen auch in der zum Zwecke der Ermittlung einer etwaigen Vorbelastungs- oder Unterbilanzhaftung (*BGH* BGHZ 80, 129 = NJW 1981, 1373) der Gesellschafter aufzustellenden Vorbelastungsbilanz der GmbH als Verbindlichkeiten zu passivieren sind. **331**

V. Der Unternehmenskauf

1. Allgemeines

Häufig kommt es im Rahmen von Sanierungsbemühungen zu Unternehmens- **332** käufen oder **Unternehmensverkäufen,** deren Motiv in den unternehmerischen Verbund- und Ergänzungseffekten gesehen wird.

Es können im Rahmen der Sanierungsproblematik nicht alle den Unterneh- **333** menskauf betreffenden Umstände dargelegt werden (vgl. eingehend *Beisel/ Klump*). Vielmehr kann nur kursorisch auf die wichtigsten im Zusammenhang mit Sanierungsbemühungen entstehenden Fragen eingegangen werden.

Für den Unternehmenskauf ist von maßgeblicher Bedeutung, daß es sich bei dem **334** Unternehmen um ein nicht rechtsfähiges ökonomisches Gebilde handelt, bei dem die **Gesamtheit von Sachen und Rechten** nach außen in den Markt und nach innen in die Betriebe eingebunden sind.

Rechts- und Vermögensträger des Unternehmens ist entweder eine juristische **335** Person (z.B. AG, GmbH), eine Personengesellschaft (z.B. OHG, KG, GmbH u. Co. KG) oder der Einzelkaufmann.

Insbesondere in Sanierungsfällen wird eine dem Kaufrecht unterfallende Sach- **336** gesamtheit verkauft, wobei der Verkäufer sich gegenüber dem Käufer verpflichtet, die zu dem Unternehmen gehörenden **Gegenstände** (Grundstücke, Maschinen, maschinelle Anlagen, Fahrzeuge, Waren, Vorräte, Roh-, Hilfs- und Betriebsstoffe), die **Forderungen,** die **Rechte** (Firma, Warenzeichen, Patente, sonstige Nutzungsrechte) sowie den sogenannten **good will,** der einen Teil des Unternehmenswertes darstellt, zu übertragen.

Der alleinige Erwerb des Unternehmens durch **Kauf von Gesellschaftsanteilen** **337** wird meist nicht in Frage kommen, weil z.B. bei der Übernahme von GmbH-Anteilen der Rechtsträger unverändert erhalten bleibt und dementsprechend die in dem Unternehmen begründeten Verbindlichkeiten in vollem Umfang von dem Erwerber der Anteile bedient werden müssen. Sollen die Verbindlichkeiten nicht oder nur zum Teil übernommen werden, verbietet sich der alleinige Anteilskauf der bei der GmbH nach § 15 GmbHG notariell beurkundungsbedürftig ist (siehe weitergehend Rz. 400 ff.).

338 Schwierigkeiten ergeben sich regelmäßig bei der **Kaufpreisfindung,** da insbesondere der good will eines Unternehmens keinen **Marktpreis** hat. Anhaltspunkt für eine rationale Preisfindung kann eine am **Ertragswert** orientierte **Unternehmensbewertung** sein. Dieser Ertragswert entspricht dem Barwert der künftigen Überschüsse der Einnahmen über die Ausgaben (vgl. zu den Grundsätzen der Unternehmensbewertung):
Barthel, C. Unternehmenswert: Der Markt bestimmt die Bewertungsmethode, DB 1990, 1145–1152; *Csik, A.* Substanzwert als Funktion der Ertragserwartungen, DB 1985, 1901 ff; *Gratz* Bewertung von Freiberufler-Praxen bei Veräußerung und Auseinandersetzung, DB 1987, 2421; *Hafner, R.* Unternehmensbewertung bei mehrfacher Zielsetzung, BFuP 6/88, 486; *Havermann* Aktuelle Grundsatzfragen aus der Praxis bei Unternehmensbewertung in: Festschrift für Zimmerer, 1986, 167 ff.; *ders.* Rechnungslegung und Prüfung nach neuem Recht, hrsg. von *Baetge* 1987, 86 ff.; IDW-Fachgutachten und Stellungnahmen; HFA 2/1983, 1989, 195 f; *Goetzke, W.* Bewertung freiberuflicher Praxen, BFuP 1976, 525–542; *Küting, K.-H.* Zur Bedeutung und Analyse von Verbundeffekten im Rahmen der Unternehmensbewertung, BFuP 1981, 175 ff.; *Leuthier, R.* Zur Berücksichtigung der Besteuerung bei der Unternehmensbewertung, BFuP 6/88, 505–521; *Luik, H.* Grundsätze ordnungsgemäßer Berichterstattung über die Bewertung von Unternehmen und Unternehmensteilen, WPg 1978, 189 ff.; *Matschke, M. J.* Der Argumentationswert der Unternehmung – Unternehmensbewertung als Instrument der Beeinflussung in der Verhandlung, BFuP 1976, 517–524; *ders.* Funktionale Unternehmensbewertung, 1979; *Maul, K.-H.* Probleme prognose-orientierter Unternehmensbewertung, ZfB 1979, 107 ff.; *McLean, R. J.* How to make acquisitions work, McKonsey Quarterly, 1986; *Olbrich, Ch.* Unternehmensbewertung, Leitfaden für die Praxis, 1981; *Peemöller, V.* (Hrsg.) Handburg Unternehmensbewertung mit ausführlichem aktuellen Branchenteil, 1984; *Philip, F.* Zur nutzentheoretischen Fundierung der sog. Praktiver-Verfahren der Unternehmensbewertung, ZfB 1981, 1107 ff.; *Pliltz/Wissmann* Unternehmensbewertung beim Zugewinnausgleich nach Scheidung, NJW 1985, 2674; *Schneider, J.* Die Ermittlung strategischer Unternehmenswerte, BFuP: 6/88, 592 ff.; *Sieben, G.* (Hrsg.) Moderne Unternehmensbewertung und Grundsätze ihrer ordnungsgemäßen Durchführung, 1977; *ders.* Der Entscheidungswert in der Funktionslehre der Unternehmensbewertung, BFuP 1976, 491 ff; *Then Bergh* Sonderheiten der Preisfindung für Kleinunternehmen und freiberufliche Praxen, WPg 1985, 174; *Thoennes, H.* Anforderungen an Form und Inhalt eines betriebswirtschaftlichen Gutachters über die Bewertung eines Unternehmens im Ganzen, WPg 1968, 407 ff; *Wagenhofer, A.* Der Einfluß der Erwartungen auf den Argumentationspreis in der Unternehmensbewertung, BFuP 6/88, 532 ff., *Wirtschaftsprüfer-Handbuch 1985/86,* 1101 ff.: Methode nach den Grundsätzen der Wirtschaftsprüfer.

339 Es muß jedoch nicht immer das reine **Ertragswertverfahren** für die **Preisfindung** angewendet werden (siehe eingehend unten Rz. 440 ff.). Der *BGH* (GmbHR 1986, 425) hat entschieden, daß bei der Bewertung von Unternehmen, das seine Erträge weniger mit der Vermögenssubstanz als durch den persönlichen Einsatz seiner Geschäftsführer erwirtschaftet, das **Stuttgarter Verfahren** nicht schlechthin ungeeignet ist. Beim Stuttgarter Verfahren wird der Barwert auf der Basis einer **endlichen** und **nicht** auf der Basis einer **ewigen Rente** ermittelt.

Bei einem Unternehmenskauf kann der Erwerber die bisherige **Firma** mit Zustimmung des bisherigen Inhabers fortführen (§§ 22, 23 HGB), wenn der wesentliche Teil des Geschäfts übernommen wurde und deshalb der Schluß gerechtfertigt ist, daß das mit der Kennzeichnung verbundene Geschäft fortgeführt wird (*BGH* BB 1973, 211). **340**

Obwohl der kaufmännische Name, die **Firma,** (§ 17 HGB) ein **Persönlichkeitsrecht** darstellt (vgl. *Jaeger-Henckel* KO, § 1 Rz. 15 m.w.N.), ist sie im Konkurs **Massebestandteil.** **341**

Da die **Firma** mit der Konkurseröffnung über das Vermögen des Gemeinschuldners nicht erlischt (§ 32 HGB), kann der Konkursverwalter, ohne in die Rechte des Gemeinschuldners einzugreifen, das Geschäft unter der bisherigen Firma fortführen, und zwar selbst dann, wenn der **Familienname** in der Firma enthalten ist (*Jaeger-Henckel* KO, § 1 Rz. 15). Uneinigkeit besteht darüber, ob der Konkursverwalter die Firma des Gemeinschuldners ohne dessen Zustimmung veräußern und übertragen kann, wenn in ihr (dem Firmennamen) der Familienname des Gemeinschuldners enthalten ist (*Kilger/K. Schmidt* KO, § 1, 3 B; *Zunft* NJW 1960 1843; *Bockelmann* KTS 1982, 27). Zur Frage der Kompetenz zur Bildung einer Ersatzfirma bei der Firmenveräußerung im Konkurs der GmbH s. *Ulmer* NJW 1983, 1697. **342**

Im Anschluß an die Rechtsprechung des RG, die zu einer Veräußerung der Firma grundsätzlich die **Zustimmung des Gemeinschuldners** verlangt hat (RGZ 9, 104; 58, 166, 169; 70, 229; 158, 226, 231), gehen der *BGH* (KTS 1960, 91 = NJW 1960, 1008) und ein Teil der Literatur (*Jaeger-Henckel* KO, § 1 Rz. 15 m.w.N.) davon aus, daß der Konkursverwalter zur **Veräußerung der Firma** der Zustimmung des Gemeinschuldners nur dann bedarf, wenn die Firma den Familiennamen des Gemeinschuldners enthält. Diese Auffassung beruht auf einer Güterabwägung zwischen dem Persönlichkeitsrecht des Gemeinschuldners einerseits und den Interessen der Gläubiger andererseits. **343**
Auch nach dieser Auffassung kann der Konkursverwalter die Firma einer Kapitalgesellschaft ohne Zustimmung der Organe und der Namensträger veräußern, weil einer Kapitalgesellschaft kein Persönlichkeitsrecht zukommt (*KG* NJW 1961, 833; *BGH* NJW 1983, 755).

Entgegen der Rechtsprechung des *BGH* und der herrschenden Literaturmeinung ist der Konkursverwalter jedoch auch ohne Zustimmung des Gemeinschuldners berechtigt, über den Firmennamen zu verfügen, und zwar selbst dann, wenn der Familienname enthalten ist (*Schlegelberger-Hildebrandt* HGB, § 17 Anm. 13; *Jaeger-Lent* § 1 Rz. 1; *Kilger/K. Schmidt* KO, § 1, 3 Cb; *Baumann-Blisch* Konkurs und Vergleich § 11 I 1 b, S. 122; *Zunft* NJW 1960, 1843; *Jauernig* JZ 1964, 39; *Kuhn* KTS 1961, 1; s.w.N. bei *Kuhn/Uhlenbruck* KO, § 1 Rz. 80). **344**

Für die letzte Meinung spricht, daß nicht das Persönlichkeitsrecht des Gemeinschuldners einerseits und die Gläubigerinteressen andererseits abzugrenzen ist. Vielmehr ist auch das Fortbestandsinteresse des Unternehmens zu berücksichtigen. Führt der Konkursverwalter das Unternehmen meist nach einschneidenden Maßnahmen bis zu einer übertragenden Veräußerung fort (**zur Betriebsfortführung** s. *Hess* KO, § 117 Rz. 22 ff.), so häufig deshalb, weil das Unternehmen im Markt einen guten Namen hat. Muß der Konkursverwalter bei der Betriebs- **345** veräußerung auf eine Übertragung des Firmennamens verzichten, meist deshalb, weil der Gemeinschuldner eigennützige Zwecke verfolgt, wird der Eindruck erweckt, der Konkursverwalter habe den Betrieb eingestellt, mit der Folge, daß das **Unternehmen** in der Sanierungsphase einen Teil der noch vorhandenen Marktposition verliert. Da das Konkursverfahren heute aber nicht nur Zwangsvollstreckungszüge hat, so daß auch **wirtschaftliche** und soziale Komponenten (Arbeitsplätze) zu berücksichtigen sind, muß der Gemeinschuldner mit seinen Individualinteressen zumindest insoweit zurücktreten, daß dem Konkursverwalter die Veräußerung einer abgeleiteten Firma gestattet ist, die den Firmennamen des Gemeinschuldners enthält (*Baumbach/Hefermehl* UWG § 26, Anm. 9 O; *Mohrbutter* § 67 IV 2 S. 658 ff.).

346 Wird von den Gesellschaftern nach Eintritt der Krise die Firma geändert, um Publizität zu vermeiden und u.a. auch um die Firmenbezeichnung für die **Auffanggesellschaft** zu erhalten, kann der Konkursverwalter die Umgründung nach § 31 Nr. 1 KO anfechten, weil es ihm unmöglich gemacht wird, den in der Firma stehenden »**Good will**« zu realisieren (vgl. *Uhlenbruck* GmbH 1987, R 41).

347 Bei der Übernahme des **vollkaufmännischen Handelsgeschäfts** unter Lebenden haftet der Erwerber mit seinem gesamten Vermögen und nicht nur mit dem übernommenen Handelsgeschäft (*BGH* BB 1955, 652) für alle betrieblichen Verbindlichkeiten des früheren Inhabers, wenn die bisherige Firma fortgeführt wird (§ 25 HGB). Die Haftung des Erwerbers kann jedoch aufgrund einer Vereinbarung mit dem Veräußerer, verbunden mit der **Eintragung in das Handelsregister,** ausgeschlossen werden.

348 Ein weiteres Haftungsrisiko kann sich aus dem Gesichtspunkt der **Vermögensübernahme** (§ 419 BGB) ergeben, da diese Haftung grundsätzlich vertraglich nicht abbedungen werden kann. Lediglich bei einem Erwerb vom Konkursverwalter findet weder § 25 HGB noch § 419 BGB Anwendung.

349 Da trotz aller Bemühungen, die Vermögensverhältnisse zu klären, häufig ein nicht zu übersehendes Risiko verbleibt, können die übernommenen Vermögenswerte das Unternehmens auf einen gesonderten Rechtsträger verselbständigt werden und außerdem die Haftung auf den Bestand des übernommenen Vermögens beschränkt werden (§ 419 Abs. 2 BGB, §§ 780, 786 ZPO).

350 Bei der **Übernahme von GmbH-Anteilen** haftet der Erwerber eines Geschäftsanteils neben dem Veräußerer für die nicht eingezahlten Stammeinlagen (§ 16 Abs. 3 GmbHG).

351 Zur Haftung des Erwerbers nach § 613 a BGB vgl. unten Rz. 259 ff.

352 Zur Anzeige- und Anmeldepflicht im Rahmen der **Fusionskontrolle** vgl. §§ 23 ff. GWB.

353 Zu den steuerlichen Folgen beim Unternehmenskauf s. eingehend *Beisel/Klump* Rdn. 690 ff. m.w.N.

354 Obwohl bei dem Kauf von Gesellschaftsanteilen grundsätzlich nur für den Bestand des Rechts gehaftet wird (§ 437 BGB), ist die für den Sachkauf geltende **Sachmängelhaftung** nach §§ 459 ff BGB analog anzuwenden, wenn die gesamte oder fast die gesamte Gesellschafterbeteiligung übernommen wird (*BGH* WM 1960, 819; *OLG München* NJW 1967 1326; *BGH* NJW 1980, 2408).

Da jedoch im Rahmen der Sachmängelhaftung der Fehler und Eigenschaftsbegriff des § 459 Abs. 1 BGB äußerst eng ausgelegt wird (*BGH* WM 1970, 819; *BGH* WM 1970, 319; *BGH* WM 1979, 33; *BGH* WM 1974, 312; *BGH* WM 1974, 51; *BGH* WM 1977, 712; *BGH* WM 1979, 102; *BGH* DB 1974, 23; *BGH* NJW 1977, 1536; *BGH* NJW 1977, 1538; *BGH* WM 1980, 1006), bedarf es beim Abschluß des Kaufvertrages umfangreicher Garantiezusagen (vgl. *Beisel/Klump* Rdn. 963 ff. und die Formulierungsvorschläge S. 254 ff.). **355**

2. Management-Buyout

2.1 Die unterschiedlichen Erscheinungsformen des MBO

Das Management-Buyout (MBO) ist ursprünglich eine aus dem angloamerikanischen Raum stammende Form des Unternehmenskaufs, als dessen Resultat die Manager einer Gesellschaft dessen unternehmerische Führung durch Kauf eines wesentlichen Teils der Gesellschaftsanteile übernehmen. Unter diesem Oberbegriff lassen sich verschiedene Erscheinungsformen des MBO zusammenfassen: **356**

Leveraged-Buyouts (LBO), in welchen die Kapitalstruktur des Zielunternehmens nach Übernahme einen hohen Anteil am Fremdkapital aufweist. **357**
Fast jedes MBO ist dadurch gekennzeichnet, daß ein überwiegender Teil des benötigten Kapitals durch Aufnahme von Fremdkapital finanziert wird.
Auf diese Weise kann der sogenannte Leverage Effekt erzielt werden, wenn der Zins für das Fremdkapital unter der Gesamtkapitalrendite der damit durchgeführten Investition liegt und bis zur Rückführung der Verbindlichkeiten auch bleibt. Der Effekt ist dann das Erreichen einer hohen Eigenkapitalrentabilität.

Arbeitnehmer-Buyout (ABO) stellen eine Variante des MBO dar, in welcher sich neben dem eigentlichen Management ein erheblicher Teil der Arbeitnehmerschaft an dem Erwerb von Anteilen des Unternehmens, gegebenenfalls auch zu Sanierungszwecken beteiligt. **358**

Management-Buyins bezeichnen den Unternehmenserwerb durch ein Team nicht unternehmenszugehöriger Manager. Diese Form des MBO wird insbesondere in Großbritannien zunehmend bedeutsamer. **359**

Spin-Offs liegen vor, wenn das Management einer Konzerngesellschaft oder einer Betriebsdivision oft mit Unterstützung der an der Fortführung dieses Unternehmensteils aus bestimmten Gründen nicht mehr interessierten Konzernspitze, den fraglichen Betriebsteil herauskaufen, in dem es diesen in eine von ihm geführte Gesellschaft ausgliedert. **360**

Die Mitarbeiterbeteiligung ist eine weitere Form des MBO u.a. mit den Zielen, die Mitarbeiter fester an das Unternehmen zu binden und sozialpolitisch motiviert Betriebsvermögen an die im Unternehmen aktiv tätigen Personen zu verteilen. **361**

2.2 Bedeutung der Rechtsform beim MBO

362 Die Vielzahl von Rechtsformen von Unternehmen im Gesellschaftsrecht führt sowohl aus zivilrechtlicher als auch aus steuerrechtlicher Betrachtungsweise dazu, daß ein Unternehmenskauf, je nach dem zu erwerbenden Unternehmen unterschiedlichste rechtliche als auch steuerrechtliche Ergebnisse zeitigt.

363 Beim Kauf eines Einzelunternehmens können alle Vermögenswerte, nämlich die Aktiva und Passiva veräußert werden. Der Verkäufer kann nach seinen Wünschen bestimmte Wirtschaftsgüter zurückbehalten, wie z.B. Grundstücke und Gebäude, und nur die übrigen Aktiva und Passiva im Sinne des Unternehmensverkaufs veräußern.

364 Der Erwerb von Anteilen an Personengesellschaften fällt ebenfalls unter den weitgehenden Begriff des Unternehmenskaufs, ist aber sowohl rechtlich als auch steuerrechtlich sowie betriebswirtschaftlich anders zu beurteilen als der Kauf eines Einzelunternehmens. Grundsätzlich erwirbt der Käufer beim Kauf von Anteilen an Personengesellschaften nur die Anteile. Rechtlich wird der Käufer Miteigentümer der vorhandenen Aktiva und Passiva, die dem Käufer übereignet werden. Dies hat beachtliche Folgen bei der steuerrechtlichen Würdigung eines derartigen Unternehmenskaufs.

365 Bei den Kapitalgesellschaften sind die Wirtschaftsgüter des Betriebsvermögens Eigentum der Kapitalgesellschaft. Der »Unternehmenskauf« vollzieht sich hier regelmäßig nicht auf der Ebene der Gesellschaft, sondern es werden die Anteile der Kapitalgesellschaft veräußert. Eigentümer des Betriebsvermögens bleibt die Kapitalgesellschaft; es haben lediglich die Anteilseigner gewechselt.

366 Die Übertragung von Unternehmen, deren Rechtsform die der GmbH & Co KG ist, vollzieht sich bei entgeltlicher Übertragung, soweit es sich um die Kommanditanteile handelt, ebenso wie bei der bereits dargestellten Übertragung von Anteilen an Personengesellschaften. Dagegen werden die Anteile der Komplementär-GmbH verkauft, ohne daß das Betriebsvermögen als solches seinen Eigentümer wechselt.

367 Unter den Begriff des Unternehmenskaufs fallen auch die sogenannten »Assetdeals«. Hierunter ist zu verstehen, daß nicht ganze Unternehmen oder Anteile von Unternehmen veräußert werden, sondern wesentliche Betriebsgrundlagen von Unternehmen mit dem Ziel, ein anderes bestehendes oder ein neu zu gründendes Unternehmen mit den erworbenen Aktiva weiter fortzuführen.

368 Bei dem im Zuge des Assetdeals durchgeführten Unternehmenskauf kann es sich sowohl um materielle Wirtschaftsgüter (Sachanlagevermögen, Vorräte, Forderungen etc.) als auch um immaterielle Wirtschaftsgüter (Geschäftswert, Lizenzen Patente) handeln.
Beim Erwerb von Einzelunternehmen oder Personengesellschaften werden diese Wirtschaftsgüter direkt erworben; beim Unternehmenskauf in Form des Erwerbs von Anteilen an Kapitalgesellschaften drückt sich der Wert des Betriebsvermögens im Kaufpreis der Anteile an der Kapitalgesellschaft aus; die Wirtschaftsgüter selbst werden nicht übereignet.

369 Der Kreis der Käufer beim Unternehmenskauf-/verkaufs ist heterogen.

Unternehmen und Anteile an Unternehmen können sowohl von natürlichen als auch von juristischen Personen erworben werden. Sie können ferner von Personen erworben werden, die sich erstmalig selbständig machen wollen oder von anderen Unternehmen. Der Unternehmenskauf durch Konzerne spielt in der Bundesrepublik Deutschland eine große Rolle. Die potentiellen Unternehmenskäufer, die sich selbständig machen wollen, können sowohl Unternehmensfremde als auch Personen sein, die bereits in dem Unternehmen tätig sind. **370**

Die Ausführungen zeigen, wie weitgehend der Begriff zu verstehen ist und welche vielfältigen Gestaltungsmöglichkeiten bestehen. **371**

Bei dem MBO als spezielle Form des Unternehmenskaufs gibt es eine Fülle unterschiedlicher Erscheinungsformen. Auf die wesentlichsten Formen und deren Bedeutung sowohl in den alten als in den neuen Bundesländern wird nachfolgend näher eingegangen. **372**

2.3 Die Motive für ein MBO

Im Gegensatz zum Angestelltenverhältnis ist das MBO eine ideale Möglichkeit, die Ziele und Vorstellungen des Managers in der Funktion des eigenverantwortlichen Unternehmers zu verwirklichen. **373**

Beim MBO tritt im Gegensatz zur Neugründung der Vorteil hinzu, daß der designierte Unternehmer die internen Organisationsstrukturen seines Unternehmens aufgrund seiner bisherigen Position genau kennt und ein definierter Absatzmarkt bereits besteht. Das unternehmerische Risiko ist für ihn transparent und kalkulierbar. **374**

In den alten Bundesländern bietet sich das MBO als ideales Verkaufskonzept an, da der publizitätsscheue deutsche Unternehmer bzw. Manager an keine Öffentlichkeit treten will, bzw. muß, sich die Vertragsparteien in der Regel gut kennen und mit dem Verkaufsobjekt vertraut sind. **375**

Daneben ist gerade der Eigentümer eines Familienbetriebes an der Wahrung der Unternehmenskontinuität durch Verkauf an ein bekannt kompetentes Management interessiert. **376**

In den neuen Bundesländern ist es vor allem die BvS (früher Treuhandanstalt), die an MBOs interessiert ist. Die BvS möchte mit Hilfe dieser Privatisierungsform zusätzliches unternehmerisches Potential entwickeln und gleichzeitig einen Motivationsschub bewirken. Den Menschen in den neuen Bundesländern wird mit Hilfe des MBO die Möglichkeit zur Eigenprofilierung eröffnet. **377**

Darüber hinaus werden mit Hilfe des MBVs in den neuen Bundesländern erstarrte Wirtschaftsstrukturen aufgebrochen, und damit nach einer mittelfristigen verschuldungsbedingten Belastungsphase funktionsfähige mittelständische Wirtschaftseinheiten geschaffen. **378**

2.4 Bedeutung des MBO bei Unternehmen in den alten Bundesländern

In den alten Bundesländern stehen derzeit eine große Anzahl von Unternehmern vor der Frage, wie sie einerseits in den Ruhestand gehen können und andererseits ihre Betriebe erhalten können. In den Fällen, in denen aus der Familie Nachfolger zur Verfügung stehen, ist die Lösung dieses Problems oft ein anderes als bei **379** solchen Unternehmen, die keine familiären Nachfolger haben und gezwungen sind, andere Wege der Unternehmensnachfolge zu suchen. Eine Alternative zur familiären Unternehmensnachfolge ist der Verkauf des Unternehmens an andere Unternehmer oder größere Konzerne. Eine weitere Alternative bietet für viele Unternehmer auch das Management-Buyout.

380 Bei einer großen Anzahl von Unternehmen im mittelständischen Bereich besteht der Führungsstab aus den Unternehmern selbst und aus gut ausgebildeten jüngeren Mitarbeitern. Diesen Mitarbeitern steht bei Verfolgung einer Konzeption im Sinne des Management-Buyout die Möglichkeit offen, den Betrieb, in dem sie schon einige Zeit arbeiten, zu übernehmen.

381 Bei einer Vielzahl von Unternehmen, vor allem die zwischen 1950 und 1960 gegründet wurden und jetzt zum Verkauf anstehen, hat das Konzept des Management-Buy-Out in den letzten Jahren in den alten Bundesländern an erheblicher Bedeutung gewonnen. Es handelt sich regelmäßig um ein Konzept, das dazu beitragen soll, die unternehmerischen Nachfolgeprobleme zu lösen.

2.5 Bedeutung des MBO bei Unternehmen in den neuen Bundesländern

382 Die Ausgangssituation bei Unternehmen in den neuen Bundesländern sieht anders aus als die bei anderen Unternehmen. In fast 100 % der Fälle, die für das Management-Buyout in Frage kommen, handelt es sich um Unternehmen, deren Gesellschafterin die Bundesanstalt für vereinigungsbedingte Sonderaufgaben (BvS) ist. Diese Betriebe sollen privatisiert werden. Für die Privatisierung stehen mehrere Möglichkeiten offen. Es ist denkbar, daß diese Unternehmen von externen Personen, die mit dem Unternehmen bisher nicht verbunden waren, gekauft werden. Ferner ist denkbar, daß die Unternehmen von anderen Unternehmern bzw. Konzernen übernommen werden. Es hat sich in der Praxis gezeigt, daß viele Unternehmen in der sogenannten Übergangsphase, also in der Phase, in der die BvS noch Eigentümerin der Unternehmen ist, von Personen geschäftsführend geleitet wurden, die schon eine Reihe von Jahren in diesen Unternehmen gearbeitet haben. Diese Personen sind häufig daran interessiert, einerseits ihren Arbeitsplatz zu erhalten, darüber hinaus den Arbeitsplatz von Mitarbeitern zu erhalten und ferner selbst Eigentümer des Unternehmens zu werden.
Es handelt sich hierbei folglich um eine wesentlich andere Motivation, die zur Übernahme eines Unternehmens führt als in den alten Bundesländern.

383 Ein weiterer Unterschied zwischen alten und neuen Bundesländern besteht darin, daß in den alten Bundesländern üblicherweise gesunde Unternehmen übertragen werden sollen, weil der Altinhaber in den Ruhestand treten will, während es bei Unternehmen der neuen Bundesländer in der Mehrzahl der Fälle um Unternehmen geht, deren Existenz gefährdet ist, viele Arbeitsplätze auf dem Spiel stehen und MBO-Konzepte gesucht werden, die diese Misere beseitigen sollen, um den Weg für die Privatisierung freizumachen. Es geht bei diesen Unternehmen demnach sowohl um die Übernahme mit dem Ziel der Arbeitsplatzerhaltung, als auch um die Sanierung, ebenfalls mit dem Ziel der Arbeitsplatzerhaltung.

384 In den neuen Bundesländern sind seit 1990 bereits etwa 2 500 Unternehmen über Management-Buy-Out privatisiert worden. Die MBOs sind damit ein nicht wegzudenkender Faktor für den Strukturwandel in den neuen Bundesländern.

2.5.1 Spezifika der BvS (ehemals Treuhandanstalt)

Die BvS ist daran interessiert, die in ihrem Eigentum stehenden Unternehmen möglichst kurzfristig zu veräußern. Es hat sich gezeigt, daß die BvS MBO-Konzepten durchaus positiv gegenübersteht, diese aber, wenn Kaufverhandlungen geführt werden, an denen auch externe Interessenten beteiligt sind, dann nicht bevorzugt behandelt, wenn die externen Interessenten bessere Angebote abgeben. **385**

In den Fällen, in denen die MBO-Konzeption anderen Kaufinteressenten gegenüber den Vorrang erhalten haben, sind wiederum Verträge wie mit dritten Personen abgeschlossen worden. Diese Verträge sind entgegen den bisher bekannten Verträgen allerdings mit Besonderheiten versehen. **386**

2.5.2 Investitionsgarantien

Die BvS legt in aller Regel größten Wert darauf, daß die Verträge Investitionsgarantien beinhalten, mit denen sich die Erwerber binnen festgelegter Fristen verpflichten, Investitionen entsprechend den vorgelegten MBO-Konzepten durchzuführen. Diese Bindung kann dazu führen, daß bei Fehlplanungen nicht genügend Finanzierungsmittel zur Verfügung stehen, um die Garantien zu erfüllen. Dies hat zur Folge, daß die Kaufverträge rückgängig gemacht werden können und erhebliche finanzielle Nachteile für die MBO-Beteiligten eintreten. Deshalb ist dringend zu empfehlen, daß die bereits angesprochenen Planungen der Realität möglichst nahekommen, um vorgenannte Schäden zu vermeiden. **387**

2.5.3 Beschäftigungsgarantien

Darüber hinaus beinhalten die meisten Kaufverträge, die mit der BvS geschlossen werden, sogenannte Beschäftigungsgarantien. Hierbei wird garantiert, daß eine bestimmte Anzahl an Mitarbeitern über einen bestimmten Zeitraum in dem privatisierten Unternehmen weiterbeschäftigt wird. Sollte die wirtschaftliche Situation dies nicht zulassen und die Beschäftigungsgarantie nicht eingehalten werden können, so ist dies mit erheblichen und empfindlichen Vertragsstrafen verbunden, es sei denn, objektive Umstände, die zur Nichterfüllung der Arbeitsplatzgarantien führen, werden in rechtzeitig aufgenommenen Verhandlungen nachgewiesen. Hier gilt das gleiche wie bei den übernommenen Investitionsgarantien, daß nämlich die Planungen von realistischen Erwartungen ausgehen sollten, um solche Vertragsstrafen zu vermeiden. **388**

Bedauerlicherweise hat die Praxis gezeigt, daß es gerade im Hinblick auf Vorstellungen, die aus den DDR-Zeiten überliefert sind, zu hoffnungslosen personellen Überbesetzungen kam, die MBO-Konzeptionen scheitern ließen. Die betriebswirtschaftliche Bedeutung der Personal- und Personalnebenkosten ist von erheblicher Bedeutung, vor allem unter dem Aspekt der in den neuen Bundesländern angepaßten Lohnstruktur und ist bei Planung eines MBO-Konzeptes mit größter Sorgfalt anzugehen. Spätere Entlassungen, selbst bei Verzicht auf Zusagen von seiten der BvS, ziehen erhebliche Kosten nach sich und können ein sonst funktionierendes Unternehmen in größte Schwierigkeiten bringen. Folglich sollen Personalplanungen restriktiv erfolgen; die Möglichkeit, bei Bedarf zusätzliche Mitarbeiter oder vielleicht auch Subunternehmer einzustellen, bzw. zu beschäftigen ist in der Mehrzahl der Fälle bei dem heutigen Arbeitsmarkt gegeben. Dies mag auf den ersten Blick sozialpolitisch falsch sein, es geht jedoch um das **389**

Überleben von privatisierten Betrieben und den Erhalt der betriebswirtschaftlich sinnvoll anzubietenden Arbeitsplätze.

2.5.4 Veräußerungsverbote – Mehrerlösklauseln

390 Ferner beinhalten die Kaufverträge sogenannte Veräußerungsverbote für bestimmte Zeiträume bzw. die Verpflichtung zu Mehrerlösabführungen, falls innerhalb der festgelegten Zeiträume das Unternehmen oder Unternehmensteile veräußert werden sollen.

In der Praxis sind diese Klauseln vor allem bei Grundstücksveräußerungen von Bedeutung. Die überwiegende Zahl der durch MBO privatisierten Unternehmen wurde mit Grundstücken und Gebäuden veräußert. Stellt sich im Zuge der Betriebsfortführung heraus, daß es betriebswirtschaftlich sinnvoll ist, bestehende Standorte aufzugeben und neue zu schaffen, kann der Unternehmer durch den Verkauf der Grundstücke am bisherigen Standort grundsätzlich Finanzierungsmittel dem Betrieb zuführen, die zum Erwerb eines Grundstücks an einem günstigeren Standort eingesetzt werden können.

Dieser Handhabung stehen die vertraglich fixierten Veräußerungsverbote entgegen, was dazu führen kann, daß betriebswirtschaftlich sinnvolle Standortverlegungen aus Mitteln dieses Unternehmens nicht durchgeführt werden können.

391 Diese Klauseln werden zeitlich befristet orientiert und sollen verhindern, daß die für Investoren attraktiven Unternehmenskäufe durch den Weiterverkauf werthaltiger Grundstücke und Immobilien ausgehöhlt werden. Die Beschäftigungs- und Investitionsgarantien werden bei der Kaufpreisfindung berücksichtigt. Sie sollen in den jeweiligen Regionen Impulse schaffen und Grundstücksspekulationen eindämmen.

2.6 Die Größe des Unternehmens

392 Sowohl in den alten als auch in den neuen Bundesländern findet man in der weit überwiegenden Zahl MBOs vor allem bei mittelständischen Unternehmen. Das sind die Unternehmen, die in der Wirtschaft aller Bundesländer von ganz erheblicher Bedeutung sind und Träger marktwirtschaftlicher Strukturen darstellen.

393 Die durch eine Reihe von Statistiken belegte Tatsache, daß fast ausschließlich im mittelständischen Bereich MBO-Konzepte in die Praxis umgesetzt werden, ist vor allem darauf zurückzuführen, daß bei Großunternehmen, die veräußert werden sollen, ein sehr hoher Kapitalbedarf benötigt ist, um diese Unternehmen zu übernehmen und betriebswirtschaftlich sinnvoll fortzuführen. Dies kann eine Gruppe von MBO-interessierten Personen aus dem Management- bzw. Mitarbeiterkreis in den meisten Fällen nicht mehr finanziell darstellen. Ferner ist das unternehmerische Risiko bei Großunternehmen erheblich größer als bei mittelständischen Unternehmen, was ebenfalls abschreckend für MBO-Interessenten wirkt. Bei Kleinunternehmen scheidet ein MBO aus anderen Gründen in der Mehrzahl der Fälle aus. Hier fehlt es üblicherweise an Personen, die bereits als Führungskräfte im Unternehmen tätig waren; die Unternehmensführung wird meist zu 100 % vom Inhaber übernommen. Für externe Personengruppen könnte zwar die Übernahme solcher Kleinunternehmen von Interesse sein, sie bietet aber meist zu wenig zukunftsweisende Erfolgsaussichten und zu niedrige Ertragserwartungen zur ausreichenden Ernährung mehrerer Inhaber.

Diese Kleinunternehmen werden entweder in der eigenen Familie an die nächste Generation übertragen oder von anderen Unternehmen der gleichen Branche übernommen oder gänzlich stillgelegt. **394**

Die mittelständischen Unternehmen bieten dagegen eine Reihe von Vorteilen, die MBO-Konzepte reizvoll machen. Zum einen ist es die Kenntnis der Mitarbeiter, wie ertragreich und aus welchen Gründen das Unternehmen ertragreich ist. Darüber hinaus kennen die MBO-Interessenten die Branche, und der Finanzierungsbedarf ist regelmäßig überschaubar. Diese Gründe führen in der Praxis dazu daß MBO-Konzeptionen vor allem im mittelständischen Bereich vorzufinanzieren sind. **395**

2.7 Voraussetzungen des MBO-Managers/Unternehmers

Für die Übernahme von Unternehmen in Form des Management-Buyout ist es von großer Bedeutung, daß die MBO-Konzepte gründlich vorbereitet werden und es sich bei den Übernehmenden um Personen handelt, die nicht nur Angestellten-, sondern auch Management-Funktionen ausüben können. Die Praxis hat gezeigt, daß selbst Personen, die bereits in leitender Funktion von Unternehmen gestanden haben, in einer Vielzahl von Fällen nicht in der Lage sind, die dann erforderlichen unternehmerischen Entscheidungen zu fällen. Dies ist darauf zurückzuführen, daß in leitender Angestellten-Funktion letztendlich die Entscheidung in Abstimmung mit den Inhabern getroffen werden und keine eigenen Entscheidungen gefällt werden müssen. Für das erfolgreiche Durchführen eines MBO-Konzeptes und die Lösung der sich daran anschließenden Probleme bei der Fortführung des Unternehmens ist es von größter Wichtigkeit, daß die Personen, die das Unternehmen nach Abschluß der Übernahme führen, tatsächlich unternehmerische Entscheidungen fällen können, also selbständig tätig sein können. **396**

Vor allem in Unternehmen der neuen Bundesländer konnte man vielfach beobachten, daß aus Erwägungen wie z.B. Arbeitsplatzerhaltung, Erhaltung des Unternehmens usw. Personen bereit waren, diese zu übernehmen ohne über ausreichende Unternehmereigenschaften zu verfügen. Solche MBO-Konzepte sind häufig gescheitert, was sowohl für das Unternehmen, aber auch vor allem für diejenigen, die ein Unternehmen übernommen haben, von erheblichen wirtschaftlichen Nachteilen begleitet wird. Es ist demnach von größter Wichtigkeit, daß die Personen, die ein Management-Buyout durchführen, sich darüber klar werden, daß sie dann nicht nur geführte Angestellte in einem Unternehmen sind – sondern selbst Führungsfunktion in erheblichem Umfang ausüben müssen und demnach auch über solche Fähigkeiten verfügen müssen. Ist dies nicht der Fall, so sind derartige MBO-Konzeptionen von vornherein zum Scheitern verurteilt. **397**

Für die erfolgreiche Durchführung eines MBO-Konzeptes ist der Einsatz fachlich geschulter Berater ratsam, da nur so der Gefahr von Fehleinschätzungen sowohl im rechtlichen als auch im steuerrechtlichen Bereich entgegengewirkt werden kann, was das gesamte MBO-Konzept an sich gefährden würde. **398**

399 Für die Themenkomplexe eines MBO kommen Beratern folgender Fachrichtungen besondere Bedeutung zu:
- Unternehmensberater, Schwerpunkt Betriebswirtschaftslehre
- Rechtsberater
- Steuerberater
- Wirtschaftsprüfer.

2.8 Strategische Vorgehensweise – Sharedeal contra Assetdeal

400 Bei der Frage, in welcher Form das Management-Buy-Out durchgeführt werden soll, ist zunächst zu klären, ob das Unternehmen als Ganzes in seiner bestehenden Form übernommen wird oder ob statt dessen nur einzelne Teile bzw. Wirtschaftsgüter aus einem bereits bestehenden Unternehmen herausgekauft werden, mit dem Ziel, das Unternehmen entweder in der bisherigen Form oder in einer geänderten Form fortzuführen. Bei der Beantwortung dieser Fragen muß zwischen Unternehmen der alten und der neuen Bundesländer unterschieden werden.

401 Die Bilanzen der Unternehmen in den alten Bundesländern sind in aller Regel dadurch gekennzeichnet, daß, ausgehend von historischen Anschaffungs- oder Herstellungskosten, das Sachanlagevermögen bewertet wird, und zwar vermindert um planmäßige aufgelaufene Abschreibungen. Somit sind stille Reserven bei gesunden Unternehmen im Anlagevermögen enthalten.
Ein selbst geschaffener Firmenwert darf nicht aktiviert werden, so daß hier ebenfalls stille Reserven vorhanden sein können. Beim Kauf eines gesamten Unternehmens in der Rechtsform der Kapitalgesellschaft (z.B. GmbH) hat dies zur Folge, daß die Buchwerte in der Bilanz der Kapitalgesellschaft weiter fortgeführt werden und sich die stillen Reserven im Kaufpreis der Anteile niederschlagen mit dem Ergebnis, daß die stillen Reserven steuerlich zunächst nicht verwertet werden können.

402 Anders sieht es aus bei Unternehmen in der Rechtsform von Personengesellschaften oder bei Einzelunternehmen. Bei diesen Unternehmen ist es beim Kauf möglich, die stillen Reserven in der Bilanz bzw. der Ergänzungsbilanz aufzudekken und somit durch entsprechend erhöhte Abschreibungen steuerliche Vorteile zu erzielen.

403 Die Bilanzen der Unternehmen in den neuen Bundesländern sind dadurch gekennzeichnet, daß bei Erstellung der DM-Eröffnungsbilanz zum 1. 7. 1990 die Zeitwerte in der Bilanz ihren Niederschlag gefunden haben und somit beim Verkauf von Anteilen an Kapitalgesellschaften und Personengesellschaften, wobei die Personengesellschaften in den neuen Bundesländern nur eine untergeordnete Rolle spielen, keine nicht in den Bilanzen erfaßten stillen Reserven enthalten sind und sich die steuerliche Frage nach der Aufdeckung der stillen Reserven von selbst erledigt.

404 Es ist also vor allem bei Unternehmen in den alten Bundesländern die Überlegung anzustellen, ob GmbH-Anteile erworben werden sollen oder ob es nicht sinnvoller ist, einen sogenannten Assetdeal durchzuführen, bei dem die Einzelwirtschaftsgüter aus den Gesellschaften herausgekauft werden; zu den Einzelwirtschaftsgütern gehört selbstverständlich auch der Geschäfts- oder Firmenwert.

Eine weitere Möglichkeit besteht darin, die Kapitalgesellschaft in eine Personengesellschaft umzuwandeln, was nach dem Umwandlungssteuergesetz aus steuerlicher Sicht unproblematisch ist. Erst im Anschluß an diese Umwandlung wird der Unternehmenskauf durchgeführt. So kommt der Unternehmenskäufer in den Genuß von Abschreibungen auf die erhöhten Buchwerte speziell beim Anlagevermögen, die sich steuerlich niederschlagen. **405**

Bei den Unternehmen in den neuen Bundesländern kann aber auch ein Assetdeal interessanter sein als ein Sharedeal, nämlich dann, wenn das bestehende Unternehmen über nicht betriebsnotwendiges Vermögen verfügt. Hierbei sollte nur das betriebsnotwendige Vermögen aus dem bestehenden Unternehmen herausgekauft werden. Das nicht betriebsnotwendige Vermögen kann die BvS anderweitig verwerten. **406**

2.9 Das Unternehmenskonzept (vgl. Rz. 192)

Das Unternehmenskonzept steht bei der strategischen Vorgehensweise ganz im Vordergrund der Kaufüberlegungen. Auf das Unternehmenskonzept muß bei einem MBO besondere Sorgfalt gelegt werden. Zu beachten ist insbesondere die Darstellung der Managementqualitäten, die Darstellung der Geschäftspolitik und die Darstellung der Finanzierung. **407**

Es ist bei dem Kauf von Unternehmen besonderer Wert auf die Marktforschung zu legen. Hierbei soll der Marktumfang und die Marktbegrenzung festgelegt und festgestellt werden, ob die von dem Unternehmen bisher angebotenen Produkte auch in Zukunft einen entsprechenden Markt haben werden (vgl. Rz. 59, 190 ff.). **408**

Besonders problematisch erscheint dies bei dem ostdeutschen Markt, da hier zu beobachten ist, daß die bisherigen Märkte nicht mehr existieren (Zusammenbruch der Wirtschaftsort europäischer Länder) und somit neue Märkte vor allem im Westen gesucht werden müssen. Dies hat zur Folge, daß ein gänzlich anderer Abnehmerkreis mit entsprechend anderen Qualitätsansprüchen angesprochen und bearbeitet werden muß. Hieraus ergibt sich zwangsläufig, daß in der Mehrzahl der Fälle die alte Produktpalette nicht mehr beibehalten werden kann, da ein entsprechender Absatzmarkt fehlt und gänzlich neue Konzeptionen entwickelt werden müssen, um den jeweiligen Unternehmen eine wirtschaftlich sinnvolle Zukunft zu bieten. **409**

Eine notwendig gewordene Änderung der Produktpalette zieht in aller Regel auch eine Änderung der Produktionsmittel nach sich, was wiederum einen entsprechenden Investitionsbedarf hervorruft. Damit eng verbunden ist die Frage der Finanzierung des notwendigen Investitionsbedarfs und der in Zukunft noch anfallenden notwendigen Investitionen. **410**

Dieser Finanzierungsbedarf und der Erfolg des Unternehmens insgesamt stehen in engem Zusammenhang mit den in Zukunft erzielbaren Überschüssen. Ausgehend von der geplanten Produktgestaltung, dem geplanten Investitionsbedarf zum Zeitpunkt der Übernahme des Unternehmens, dem zukünftigen Investitionsbedarf und den aufgrund der betriebenen Marktforschung voraussichtlich erzielbaren Einnahmen ist eine Planungsrechnung durchzuführen. Aus ihr soll hervorgehen, welche zukünftigen Ausgaben den zukünftigen Einnahmen gegen- **411** überstehen. Sie gibt Auskunft darüber, inwieweit das Unternehmen in Zukunft aufgrund geänderter Marktstrukturen in der Lage sein wird, seinen Verpflichtungen nachzukommen und ein entsprechend ausreichendes Ergebnis zu erzielen (vgl. C Rz. 37).

412 Die vorgenannten Schritte sind in einem MBO-Konzept niederzulegen und vor allem bei Käufen von Unternehmen der BvS detailliert darzulegen.

2.10 Die Zukunftserfolgsrechnung (vgl. HFA 2/1983)

2.10.1 Grundsatzfeststellungen

413 Alle zukunftsbezogenen Bewertungen basieren auf unsicheren Erwartungen. Die Schwierigkeiten liegen in der Unsicherheit der Prognose zukünftiger Erfolge und der Kapitalisierung der Erfolge (vgl. B Rz. 88 ff.)

414 Zwar ist die Ausschaltung der Unsicherheit einer Prognose unmöglich, jedoch kann sie durch die Charakterisierung und Bewertung der Risiken und Chancen, Abgrenzung durch Veranschlagung von Bandbreiten, Gewichtung bei Festlegung von Wertansätzen und Zerlegung des Planungszeitraumes in Phasen unterschiedlicher Schätzungsgenauigkeit begrenzt werden.

415 Im übrigen mindert sich das Problem durch die abnehmende Bedeutung fernerer Zukunftsjahre für den Barwert der Erfolge. Außerdem kann sich eine Schwächung der Wirkung einzelner Unsicherheiten durch kompensatorische Effekte ergeben.

416 Die These, das Prognoseproblem durch eine Kombination des angeblich sicheren Substanzwertes mit dem Ertragswert zuverlässiger lösen zu können, ist nicht haltbar.

2.10.2 Erläuterungen

417 Im allgemeinen sind Unternehmen bestrebt, die bestmöglichen zukünftigen Erfolge zu erwirtschaften. Sie müssen sich deshalb den wechselnden Gegebenheiten durch entsprechende unternehmerische Aktionen und Reaktionen anpassen. Diese im einzelnen nicht konkret vorhersehbaren Anpassungsmaßnahmen führen zu einer Fülle von Einflußgrößen für die Zukunftserfolgsrechnung. Deshalb ist es nur möglich, die zukünftigen Erfolge im Rahmen einer ein- oder mehrwertigen Zukunftsschätzung zu bestimmen. Die Unsicherheitsfaktoren in der Prognose sollen zunächst nach ihrem Charakter in eher wägbare meist unternehmensspezifische, und in unwägbare, meist generelle Faktoren aufgeteilt werden.

418 Beispiele für unternehmensspezifische Unsicherheitsfaktoren sind:
- Konkurrenzsituation, Management-Qualifikation, besondere Einkaufs- oder Absatzverträge, Finanzierungsverhältnisse, strukturelle Wandlungstendenzen, stark wechselnder Unternehmensumfang, Innovation der Produkte, dynamische technische Entwicklungen, Umweltschutz usw.

419 Durch die Charakterisierung und Bewertung der Unsicherheitsfaktoren werden deren Einzeleinflüsse erkennbar. Die Bewertung der Unsicherheiten vollzieht sich entweder durch unmittelbare Abschätzung ihres Gewichtes im Absatz der Zukunftserfolge oder, wenn ihre Veranschlagung durch unterschiedliche Unsicherheitsgrade erschwert wird, durch Ansatz einer Bandbreite. Diese Bandbreite ergibt sich als Unterschied zwischen den pessimistischen und optimistischen Erwartungen über die Auswirkung der Unsicherheiten auf die Zukunftsertragsrechnung. Die nur in solchen Bandbreiten abschätzbaren Unsicherheitsfaktoren müssen, sofern der Auftrag keine mehrwertige Ertragsrechnung zuläßt, nach ihrer Bedeutung gewichtig und in einem endgültigen Wertansatz veranschlagt werden.

Unwägbarkeiten genereller Art, die in der Regel im generellen Unternehmens- **420**
wagnis miterfaßt werden, stellen Ereignisse mit dem Charakter der höheren Gewalt für den jeweiligen Planungsfall dar, die in ihrer Auswirkung auf das betreffende Unternehmen sowohl positiv als auch negativ sein können:
- unabsehbare konjunkturelle Entwicklungen, welt- oder landespolitische Ereignisse, Naturereignisse oder ähnliches.

Je weiter eine Planung in die Zukunft hineinreicht, um so weniger konkret sind **421**
die ihr zugrunde liegenden Planfaktoren (vgl. C Rz. 119). Eine Möglichkeit, diesem Problem zu begegnen, besteht darin, den Planungszeitraum in mehrere Phasen zu zerlegen. Je nach Lage des Falles können die Phasen unterschiedlich lang sein:

1. Phase: Nächstliegende, noch detailliert planbare Zukunft mit Einzelplanansätzen (z.B. 3 Jahre),
2. Phase: Trenderwartungen und Ableitungen aus den Plänen der 1. Phase bis zum Planungshorizont (z.B. weitere 5 Jahre)
3. Phase: fernstliegende Phase, für die in der Regel eine Entwicklung des Erfolges auf konstantem Niveau angenommen wird (weitere Zukunft).

Da die Ergebnisse der einzelnen Jahre auf den Bewertungsstichtag abgezinst **422**
werden, wodurch die wertmäßige Bedeutung der zukünftigen Ergebnisse mit zunehmender zeitlicher Entfernung vom Bewertungsstichtag immer geringer wird, nimmt somit auch die Wirkung der mit der Länge des Planungszeitraums wachsenden Unsicherheit von Zukunftsschätzungen in ihrer Bedeutung ab. Insoweit kann durch die Zerlegung des Planungszeitraumes in einzelne Phasen eine gröbere Erfolgsschätzung in den fernliegenden Jahren hingenommen werden.

Daneben kann im Einzelfall die Möglichkeit bestehen, den Zukunftserfolg eines **423**
jährlich gleichbleibenden Durchschnittsbetrages zu schätzen, ausgehend von der Ertragssituation am Bewertungsstichtag.

Die Planung der Zukunftserfolge für ein ganzes Unternehmen wird häufig auch **424**
dadurch erleichtert, daß bei der Entwicklung der zukünftigen Ergebnisse kompensatorische Einflüsse wirksam werden, da erfahrungsgemäß manche unvorhergesehene negative Einflüsse durch ebenfalls unvorhergesehene positive Einflüsse neutralisiert werden.

In diesem Zusammenhang müssen auch Planungstendenzen, die eher auf psycho- **425**
logische, wirtschaftlich aber nicht fundierte Einschätzungen des Planenden zurückzuführen sind, erkannt und entsprechend korrigiert werden. Für den Zweck einer sich an die Planungsrechnung anschließenden Unternehmensbewertung dürfen Pläne keine Wunschvorstellungen zum Ausdruck bringen. Sie sollen realistische Zukunftserwartungen ausdrücken. Bei der Aufstellung von Plänen besteht mitunter auch die Neigung, positive Wendungen zu berücksichtigen, die sich bei Negativeinflüssen der Gegenwart oder Vergangenheit aufgrund eingeleiteter un-

ternehmerischer Maßnahmen ergeben sollen, ohne neue unvorhergesehene Negativeinflüsse ausreichend zu berücksichtigen. Das Besserwerden in den Zukunftserwartungen läßt sich zum Teil hieraus erklären.

426 Wichtig ist, im Rahmen der Planungsrechnung eine möglichst vollständige Informationsbeschaffung, damit Gewicht und Wahrscheinlichkeit künftig eintretender Ergebnisse eingeschätzt werden können. Auf Basis der beschafften Informationen werden zur Veranschlagung zukünftiger Erfolge auch mathematisch-statistische Methoden angewandt, ohne daß dadurch die Unsicherheiten in den Erwartungen über die einzelnen Faktoren ausgeschaltet werden können (vgl. H Rz. 17–23).

427 Allerdings gilt sowohl für die Informationsbeschaffung als auch für die anzuwendenden Prognoseverfahren das Prinzip der Wirtschaftlichkeit, gemessen am Aussagewert. Mit wachsendem Umfang der Informationsbeschaffung und zunehmender Kompliziertheit der Prognoseverfahren wird meist nicht entsprechend mehr an Zuverlässigkeit gewonnen.

428 Die Planung der Zukunftserfolge, d.h. der in Zukunft erzielbaren Einnahmeüberschüsse, wird in Plan-, Gewinn- und Verlustrechnungen dargestellt. Die Gliederung einer solchen Plan- Gewinn- und Verlustrechnung lehnt sich üblicherweise an das hierfür im § 275 HGB geregelte Gliederungsschema an. Hier sind zwar zwei Varianten als mögliche Schemata aufgeführt (Gesamtkostenverfahren, Umsatzkostenverfahren), wobei in der Praxis das Gliederungsschema nach dem Gesamtkostenverfahren zum überwiegenden Teil angewandt wird. Dieses stellt sich wie folgt dar:

- Umsatzerlöse
- Erhöhung oder Verminderung des Bestands an fertigen und unfertigen Erzeugnissen
- andere aktivierte Eigenleistungen
- sonstige betriebliche Erträge
- Materialaufwand
  - Aufwendungen für Roh-, Hilfs- und Betriebsstoffe und für bezogene Waren
  - Aufwendungen für bezogene Leistungen
- Personalaufwand
  - Löhne und Gehälter
  - Altersversorgung und Unterstützung
- Abschreibungen auf immaterielle Vermögensgegenstände des Anlagevermögens und Sachanlagen sowie auf aktivierte Aufwendungen für die Ingangsetzung und Erweiterung des Geschäftsbetriebes
- Abschreibungen auf Vermögensgegenstände des Umlaufvermögens, soweit diese die in der Gesellschaft üblichen Abschreibungen überschreiten
- sonstige betriebliche Aufwendungen
  - Erträge aus Beteiligungen, davon aus verbundenen Unternehmen
  - Erträge aus Gewinngemeinschaften, Gewinnabführungs- und Teilgewinnabführungsverträgen
  - Erträge aus anderen Wertpapieren und Ausleihungen des Finanzanlagevermögens, davon aus verbundenen Unternehmen
  - sonstige Zinsen und ähnliche Erträge, davon aus verbundenen Unternehmen

- Aufwendungen aus Verlustübernahme
- Zinsen und ähnliche Aufwendungen, davon aus Verlustübernahme
- Ergebnis der gewöhnlichen Geschäftstätigkeit
- außerordentliche Aufwendungen
- außerordentliches Ergebnis
- Steuern vom Einkommen und vom Ertrag
- sonstige Steuern
- Erträge aus Verlustübernahme
- aufgrund einer Gewinngemeinschaft, eines Gewinnabführungsvertrages oder Teilgewinnabführungsvertrages abgeführte Gewinne
- Vergütung für Genußrechtskapital
- Jahresüberschuß

Dieses vorgegebene Gliederungsschema für Zwecke einer Plan-Gewinn- und Verlustrechnung muß mit entsprechenden Planzahlen ausgefüllt werden. Für jede Planphase sind eigene Gewinn- und Verlustrechnungen zu erstellen. **429**

In der Praxis zeigt sich, daß die am schwierigsten zu schätzende Größe die Umsatzerlöse sind. Wenn es dem Planenden gelingt, die Umsatzerlöse weitgehend realistisch zu schätzen, so ist ein ganz wesentlicher Baustein für die Zukunftserfolgsrechnung ermittelt worden. Bei Ermittlung dieser Plan-Umsatzerlöse werden üblicherweise die bereits im Unternehmen bekannten Erkenntnisse zugrunde gelegt und darüber hinaus aufgrund von Marktforschungen erzielte Erkenntnisse. **430**

Bei Unternehmen, die ihre Produktionspalette in Zukunft nicht verändern werden, ist der dann zu schätzende Materialaufwand aus den Erfahrungswerten der Vergangenheit prozentual zum Umsatz ermittelbar. Das gleiche gilt für die übrigen Aufwendungen und Erträge. **431**

Falls Unternehmen beabsichtigen, ihre Produktpalette wesentlich zu verändern, müssen auch für die Größen Materialaufwand und Personalaufwand usw. neue Berechnungsgrundlagen gefunden werden, die nur auf eine detaillierte Kenntnis des Marktes und der zukünftigen Produktionsmöglichkeit gestützt werden können (vgl. E Rz. 62–74). **432**

Hilfreich für diese Schätzungen sind Branchenvergleiche, wie sie bei den Banken geführt werden oder entsprechende Statistiken der Industrie- und Handelskammern, der Handwerkskammern und der einschlägigen Verbände (vgl. C Rz. 33). **433**

Letztendlich obliegt es aber demjenigen, der die Planungsrechnung vorzunehmen hat, möglichst realitätsnahe Werte für diese Planrechnung zu ermitteln. **434**

3. Bewertung von Unternehmen
(vgl. auch B Rz. 88, C Rz. 167, F Rz. 241 inkl. Literatur)

3.1 Einleitung

Die Gesamtbewertung von Unternehmen gehört zu den schwierigsten Fragen der Betriebswirtschaftslehre und beschäftigt seit Jahrzehnten die Wissenschaft und Praxis, die eine Vielzahl von Methoden entwickelt haben. Das Problem kann **435** zwar heute als theoretisch gelöst gelten; die theoretische Lösung läßt sich aber wegen der Unsicherheit der in die Rechnung eingehenden zukünftigen Werte in der Praxis nur unter Zuhilfenahme verschiedenster Analysen, wie sie bei dem Thema Zukunftserfolgsrechnung dargestellt wurden, umsetzen.

436 Für die Übernahme von Unternehmen im Zuge eines MBO ist es allerdings unumgänglich, das zu übernehmende Unternehmen zu bewerten. Infolgedessen sind die MBO-Interessierten bzw. deren Berater gezwungen, sich mit der Frage der Bewertung von Unternehmen auseinanderzusetzen.

437 Ausgangspunkt der Überlegungen der Unternehmensbewertung ist der Umstand, daß der Gesamtwert eines Unternehmens nicht mit der Summe aller im Betrieb vorhandenen Einzelwerte identisch ist, also nicht einfach durch Addition der Einzelwerte ermittelt werden kann.
Ein funktionierendes Unternehmen entsteht nicht allein dadurch, daß man eine Anzahl von Wirtschaftsgütern nebeneinander stellt.

438 Vielmehr müssen diese Wirtschaftsgüter zu einer Einheit zusammengefaßt werden, damit eine betriebliche Leistungserstellung und Leistungsverwertung erfolgen kann. Dazu bedarf es unternehmerischer Entscheidungen, der Planung einer betrieblichen Ordnung, die organisatorisch realisiert werden muß und dann als Organisation einen eigenen Wert repräsentiert, der aber ebensowenig in der Bilanz erscheint wie der gute Ruf und der Kundenstamm, den sich ein Unternehmen am Markt erworben hat. Daraus wird ersichtlich, daß der Gesamtwert eines Unternehmens nicht auf dem Wege der Einzelbewertung, sondern nur durch Gesamtbewertung ermittelt werden kann.

439 Ferner interessiert es einen potentiellen Käufer eines Unternehmens weniger, welche Anschaffungskosten die einzelnen Wirtschaftsgüter in der Vergangenheit verursacht haben und welche Restwerte sie zur Zeit des Verkaufes des Unternehmens noch haben; für ihn ist vielmehr von Bedeutung, welche Reinerträge (Gewinne) in der Zukunft mit diesen Wirtschaftsgütern zu erwirtschaften sind und welche Erträge eine andere Verwendung der hingegebenen bzw. erhaltenen Kaufpreissumme bringt.

3.2 Die Bewertungsmethoden im einzelnen

440 Die zum Zwecke der Bewertung von Unternehmen von der Betriebswirtschaftslehre entwickelten Methoden sind sehr vielfältig. Die wesentlichen Methoden sind folgende:
a) Substanzwertverfahren;
b) Ertragswertverfahren;
c) Mittelwertverfahren;
d) Stuttgarter Verfahren.
Es gibt darüber hinaus noch eine Reihe weiterer Methoden, die in der Betriebswirtschaftslehre allerdings nur eine untergeordnete Rolle spielen und auch für die Praxis kaum anwendbar sind, so daß auf eine Darstellung verzichtet wird.

3.2.1 Das Substanzwertverfahren (vgl. C Rz. 40, C Rz. 169)

441 Dieses Verfahren hat im Zuge der Privatisierungsbestrebungen in den neuen Bundesländern erheblich an Bedeutung gewonnen. Gekennzeichnet ist es dadurch, daß das Ergebnis dieses Verfahrens ein sogenannter Teilreproduktionswert ist.

Es muß vorausgeschickt werden, daß vor allem im mittelständischen Bereich diese Bewertungsmethode noch sehr häufig angewandt wird, aber für die Ermittlung des Gesamtwertes eines Unternehmens auch mit Hilfe von Kombinationsmethoden nicht den heute allgemein anerkannten Grundsätzen zur Durchführung von Unternehmensbewertungen entspricht. **442**

Ungeachtet dessen hat der Substanzwert wichtige Hilfsfunktionen, die wie folgt charakterisiert werden: **443**
- die rechnerischen Grundlagen für die Daten der Ertragswertberechnung zu liefern, die – wie Abschreibungen, Zinsen etc. – von der Unternehmenssubstanz abhängen;
- den Finanzbedarf für die Zukunftsertragsrechnung zu liefern, wozu die zukünftigen Einzahlungs- und Auszahlungsreihen (insbesondere im langfristigen Bereich, in dem Ausgaben und Einnahmen oft zeitlich weit auseinander liegen) ausgehend vom Substanzwert zu ermitteln sind. Der Substanzwert dient somit zur Ermittlung des substanzerhaltenden Aufwandes;
- das nicht betriebsnotwendige Vermögen zu bewerten;
- die Grunddaten für die Einnahme-Überschußrechnung zu liefern.

Um den Substanzwert ermitteln zu können, muß zunächst zwischen betriebsnotwendigem Vermögen und nicht betriebsnotwendigem Vermögen unterschieden werden. Der Substanzwert, auch Reproduktionswert genannt, stellt die Beträge dar, die aufgewendet werden müßten, um einen Betrieb der gleichen technischen Leistungsfähigkeit zu errichten, wie sie der zu bewertende Betrieb hat. Addiert man die Anschaffungskosten (Wiederbeschaffungskosten) aller Vermögenswerte am Bewertungsstichtag, so erhält man den Reproduktionswert; setzt man entsprechend dem Lebensalter der tatsächlich vorhandenen Wirtschaftsgüter die bisher eingetretene Wertminderung ab, so entsteht der Reproduktionsaltwert. **444**

Er hat dem Bilanzwert des Betriebes gegenüber den Vorteil, daß alle stillen Rücklagen aufgelöst worden sind. **445**

In der Praxis wird man bei der Ermittlung des Substanzwertes von der vorliegenden Bilanz ausgehen. Die in der Bilanz enthaltenen Werte der Aktiva sind allerdings nicht vergleichbar mit deren Zeitwerten. Infolgedessen ist eine ausführliche Bilanzanalyse notwendig. **446**

Betrachtet man den Bereich des Sachanlagevermögens, so ist zu erkennen, daß die Wertansätze in der Bilanz von den historischen Anschaffungs- oder Herstellungskosten ausgehen, um planmäßige Abschreibungen zu vermindern. Allein aus der Tatsache, daß es sich um historische Anschaffungskosten handelt, kann leicht gefolgert werden, daß sie mit den Zeitwerten nicht vergleichbar sind. **447**

Auch bei dem Umlaufvermögen müssen Umbewertungen vorgenommen werden, da spezielle handelsrechtliche Vorschriften häufig dazu führen, daß die ausgewiesenen Bilanzwerte von den tatsächlichen Zeitwerten erheblich abweichen. **448**

Der Bewerter muß ebenfalls die Passivseite der Bilanz analysieren. Nachdem sämtliche Wirtschaftsgüter, die in der Bilanz ausgewiesen sind, auf Zeitwertbasis **449** umbewertet wurden, erhält man als Differenz zwischen Aktivwerten und Passivwerten ein Kapital, das den Substanzwert auf Zeitwertbasis dieses Unternehmens ausweist.

450 Bei dieser Bewertungsmethode fehlt allerdings ein ganz erheblicher Vermögenswert; es handelt sich hierbei um den sogenannten Geschäfts- oder Firmenwert. Mit Hilfe der Substanzwertmethode kann dieser, in vielen Fällen sehr bedeutsame Wert, nicht ermittelt werden.

451 Folglich stößt die Substanzwertmethode an dieser Stelle an ihre eigenen Grenzen und ist für eine Unternehmensbewertung mit dem Ziel der Preisfindung für einen MBO nicht geeignet bzw. nicht ausreichend.

452 Bei den betriebsnotwendigen Wirtschaftsgütern hat die Bewertung auf Basis der Wiederbeschaffungskosten zu erfolgen, während sie bei den nicht betriebsnotwendigen Vermögensgegenständen auf Basis der Veräußerungspreise erfolgt. Ferner müssen die Aktivposten ergänzt werden um bereits nicht mehr in der Bilanz enthaltene Vermögenswerte, wie z.B. geringwertige Wirtschaftsgüter.

3.2.2 Das Ertragswertverfahren (vgl. G Rz. 339)

453 Bei der Bewertung von Unternehmen ist die grundlegende Überlegung für den Investor darin zu sehen, daß er mit seinem eingesetzten Kapital nachhaltig Gewinn erzielen will. Auf dieser Grundüberlegung baut das Ertragswertverfahren auf.

454 Der oder die MBO-Interessierten wollen einerseits wissen, welchen Betrag sie aufwenden müssen, um ein Unternehmen kaufen zu können; das ist ihre Investition.

455 Sie wollen andererseits wissen, welchen Gewinn dieses Unternehmen in Zukunft erzielt; das ist der durch die Investition erzielte Zins.

456 Hinsichtlich der Höhe des von den Investoren erwarteten Zinses bestehen konkrete Vorstellungen, da der Ertrag der Investition mit anderen Anlagemöglichkeiten verglichen wird, wie z.B. der Kauf von Wertpapieren, der Kauf von Immobilien etc.

457 Daraus kann man schließen, daß der Wert eines Unternehmens unter der Voraussetzung ausschließlich finanzieller Ziele grundsätzlich bestimmt wird durch seine Eigenschaft, Einnahme-Überschüsse zu erwirtschaften. Der Barwert (d.h. der abgezinste Wert) der zukünftigen Überschüsse der Einnahmen über die Ausgaben bildet den theoretisch richtigen Wert eines Unternehmens.

458 Bei diesen Überlegungen spielen ausschließlich zukünftige Gewinne eines Unternehmens eine Rolle. Selbst wenn das zu bewertende Unternehmen in der Vergangenheit noch so hohe Gewinne erwirtschaftet hat, sind diese für den Investor in der Zukunft nicht maßgebend. Ist absehbar, daß die Gewinne in Zukunft zurückgehen, sind für den Investor ausschließlich die zukünftig niedrigeren Gewinne bei der Bewertung des Unternehmens maßgebend.

459 Eines der Hauptprobleme ist danach das Prognoseproblem, d.h. nicht genau zu wissen, welche Erträge der zu bewertende Betrieb in Zukunft erzielen wird. Infolge dieser Problematik ist der Unternehmensbewerter gezwungen, auf Erfahrungen der Vergangenheit zurückzugreifen. Diese Erfahrungen der Vergangenheit spiegeln sich im wesentlichen in der Gewinn- und Verlustrechnung eines Unternehmens wider.

Wenn der Unternehmensbewerter verläßliche Daten für die zukünftige Ertragserwartung ermittelt hat, muß er den geforderten Kapitalisierungszinsfuß als eine weitere wesentliche Komponente in seine Betrachtungen einbeziehen. **460**

Die Ermittlung dieses Kapitalisierungszinsfußes kann mit erheblichen Schwierigkeiten verbunden sein. **461**

Im wesentlichen hängt die Bestimmung des Kapitalisierungszinsfußes davon ab, welche persönlichen Investitionsmöglichkeiten der jeweilige Kaufinteressent hat und welchen Zins er bei Alternativinvestitionen erzielen könnte. **462**

Wichtig für den Investor ist, neben der Höhe des Zinssatzes bei anderen Investitionsmöglichkeiten den Grad des Risikos bei der jeweiligen Investition abzuschätzen. Je risikoreicher eine Investition ist, um so höher muß der angestrebte Zinssatz, also die Rendite dieser Investition sein. **463**

Zur Abschätzung des generellen Unternehmerwagnisses kann die bankübliche Verzinsung von Großkrediten an Unternehmen Anhaltspunkte bieten, wobei zu beachten ist, daß die Beteiligung am haftenden Kapital gegenüber der Gläubigerposition noch weitere Unterschiede aufweist und jeder Zinssatz nur in bezug auf die jeweilige Anlage zu sehen ist. **464**

Es bleibt letztlich Angelegenheit des Bewerters, auf der Grundlage der dargestellten Zusammenhänge spezielle Zuschläge zum erwarteten Kapitalmarktzins wegen des generellen Unternehmensrisikos vorzunehmen. **465**

Mit Hilfe der Zukunftserfolgsrechnung werden die zukünftig erzielbaren Jahresüberschüsse ermittelt. Dieser zukünftig erzielbare Jahresüberschuß bildet eine Komponente für die Unternehmenswertermittlung bei dem Ertragswertverfahren. Die zweite Komponente ist der ermittelte Kapitalisierungszinsfuß. Wenn diese beiden Komponenten vorliegen, kann der Unternehmensbewerter mit Hilfe der Formel für die ewige Rente den Unternehmenswert rechnerisch ermitteln. **466**
Beispiel:
Der nachhaltig erzielbare Jahresüberschuß beläuft sich auf DM 800 000,–; der geforderte Kapitalisierungszinsfuß beträgt 10 %. Mit Hilfe der Formel für die ewige Rente errechnet sich ein Unternehmenswert wie folgt:

$$\frac{100 \times 800\,000,\text{–}}{10} = 8\,000\,000,\text{–}$$

Diese Rechenmethode sagt nichts anderes, als daß die zukünftig erzielbaren Erträge bei einem eingesetzten Kapital in Höhe von DM 8 000 000,– einen Zinssatz in Höhe von 10 % erwirtschaften werden. **467**

Die Rechenmethode bei Unternehmensbewertungen kann verfeinert werden, indem sie in bestimmte Phasen geteilt werden, wie an anderer Stelle schon dargestellt wurde. Anschließend werden innerhalb der einzelnen Phasen auf den Bewertungsstichtag mit dem geforderten Zins die zukünftig erzielbaren Erträge abgezinst und die abgezinsten Beträge addieren, um den Unternehmenswert rechnerisch ermitteln zu können. **468**

469 Der ermittelte Unternehmenswert nach dem Ertragswertverfahren ist der Wert, den ein potentieller Käufer für das gesamte Unternehmen bezahlt. Dies bedeutet, daß er bereit ist, für diesen Kaufpreis sämtliche Aktiva und Passiva des Unternehmens zu übernehmen.

3.2.3 Das Mittelwertverfahren

470 Das Mittelwertverfahren basiert auf der Überlegung, daß bei weit von dem Substanzwert nach oben abweichendem Ertragswert viele neue Anbieter auf den Markt kommen werden, da dies sehr rentabel erscheint. Dieses Mittelwertverfahren addiert den Substanzwert und den Ertragswert und dividiert die Summe durch zwei. Das Ergebnis stellt den Unternehmenswert nach dem Mittelwertverfahren dar.

471 Aus betriebswirtschaftlicher Sicht kann diesem Verfahren nicht gefolgt werden. Sollte tatsächlich aufgrund hoher Erträge des Unternehmens die Gefahr bestehen, daß weitere Anbieter auf den Markt drängen, schlägt sich dies bei Einschätzung der zukünftigen Erträge, also bei der Zukunftserfolgsrechnung nieder. Es bedarf keines anderen Bewertungsverfahrens als des Ertragswertverfahrens und der Feststellung des Unternehmenswertes.

3.2.4 Das Stuttgarter Verfahren (vgl. G Rz. 339)

472 Das Stuttgarter Verfahren ist als Unternehmensbewertungsverfahren im Bewertungsgesetz verankert. Ziel dieses Unternehmensbewertungsverfahrens ist es, den gemeinen Wert nicht notierter Anteile an Kapitalgesellschaften für steuerliche Zwecke festzustellen.

473 In die Berechnung nach dem Stuttgarter Verfahren fließen zwei Wertkomponenten ein. Einerseits der Einheitswert des Betriebsvermögens und andererseits die durchschnittlichen körperschaftsteuerlichen Einkünfte der vergangenen drei Jahre.
Weder vermag der Einheitswert des Betriebsvermögens Zeitwerte zu erfassen noch ergibt sich aus der Ermittlung der steuerpflichtigen Einkünfte der letzten drei Jahre eine Prognosewirkung. Insofern ist das Stuttgarter Verfahren zum Zwecke der Unternehmensbewertung im betriebswirtschaftlichen Sinne und zum Zwecke der Kaufpreisfindung im Zuge von MBO-Konzepten grundsätzlich ungeeignet, auch wenn es in der Rechtsprechung toleriert wird.

3.2.5 Zusammenfassung

474 Von den dargestellten Methoden zur Ermittlung eines Unternehmenswertes zum Zwecke der Durchführung eines MBO-Konzeptes wird von der Betriebswirtschaftslehre letztlich nur das Ertragswertverfahren anerkannt, wobei das Substanzwertverfahren für bestimmte Aussagen ebenfalls herangezogen werden sollte.

475 Die Unternehmensbewertung ist insgesamt eine subjektive Bewertung, da in der Praxis Käufer und Verkäufer von unterschiedlichen Überlegungen ausgehen und somit in vielen Fällen zu unterschiedlichen zukünftig erwarteten Jahresüberschüssen kommen und unterschiedliche Zinssätze als Maßstab ansetzen.

4. Die Finanzierung des MBO (vgl. G Rz. 192, C Rz. 37)

4.1 Ermittlung des Gesamtfinanzierungsrahmens

Ein wesentlicher Baustein bei der Erarbeitung eines MBO-Konzern ist die Ermittlung des notwendigen Gesamtfinanzierungsrahmens. Neben dem zu zahlenden Kaufpreis für das zu übernehmende Unternehmen sind in der Praxis erhebliche zusätzliche Finanzierungsmittel notwendig, da über den Kaufpreis hinaus in aller Regel Nebenkosten anfallen sowie zusätzliche Investitionen notwendig werden. Ferner ist zu berücksichtigen, daß in vielen Fällen die bisher dem betreffenden Unternehmen zur Verfügung stehenden Finanzierungsmittel zu einem erheblichen Teil bei Unternehmenskauf von der BvS zur Sicherung des Fortbestandes gestellt wurden, diese aber gegebenenfalls nach Maßgabe der vertraglichen Einigung nach Übernahme durch den Neuunternehmer oder innerhalb einer bestimmten Frist ganz oder teilweise zurückzuzahlen sind. **476**

Bezüglich der Neuinvestitionen kann auf das Unternehmenskonzept zurückgegriffen werden, das Aussagen über die in absehbarer Zeit notwendig werdenden Investitionen beinhalten muß. (Soweit es die von der BvS bisher zur Verfügung gestellten Mittel betrifft, bedarf es entsprechender Verhandlungen, inwieweit diese Mittel noch längerfristig zur Verfügung gestellt werden oder ob es notwendig ist, am freien Markt Mittel zu beschaffen, um die Gelder an die BvS zurückzuführen.) **477**

Bei Ermittlung des Gesamtfinanzierungsrahmens ist zu berücksichtigen, daß weitere Abgaben und Kosten anfallen werden. **478**
Dies könnte z.B. bei Gründung einer Erwerbsgesellschaft der Fall sein oder aber auch aus Belastungen aus Nachbewertungsklauseln.

Im Anschluß an die Ermittlung des Gesamtfinanzierungsrahmens muß die Finanzierbarkeit der MBO-Transaktion überprüft werden. Hierbei ist im wesentlichen auf die Beleihungsfähigkeit der Aktiva – vor allem der Grundstücke und Gebäude – großer Wert zu legen. Hiervon hängt es ab, ob Banken bereit sein werden, das MBO-Konzept in Form von Finanzierungsmitteln zu begleiten. Entscheidend ist die Werthaltigkeit der Anlagegüter als Beleihungsgrundlage und um den zukünftig erzielbaren cash-flows darstellen zu können. **479**

Bei Unternehmen in den neuen Bundesländern zeigt die Praxis, daß die Beleihungsfähigkeit der Aktiva seitens der Banken sehr kritisch gewürdigt wird, da erhebliche Bewertungsunsicherheiten, die sich in der DM-Eröffnungsbilanz niedergeschlagen haben, zu verzeichnen sind mit der Folge, daß die finanzierenden Banken sehr zurückhaltend an solche Kreditvergaben herangehen. Diese Haltung finanzierender Banken stellt ein Invenstitionshemmnis für MBOs in den neuen Bundesländern dar. **480**

4.2 Eigenkapital

Eine MBO-Transaktion kann nur Erfolg haben, wenn sich die Käufer in angemessener Form finanziell beteiligen können und einen Anteil am unternehmerischer Risiko übernehmen, ohne sich und das Unternehmen in untragbarer Weise zu verschulden. **481**

482 In der Regel kann bei einem MBO von einer Eigenkapitalbeteiligung des Managers in Höhe von 10 %–30 % ausgegangen werden.

483 In den neuen Bundesländern, in denen die MBO-Manager durchschnittlich etwa 5 % des notwendigen Kapitals in Form von Eigenmitteln aufbringen können, kann die Einbindung mehrerer externer oder eines externen Managers als persönlich haftender Gesellschafter (MBE) weitere Finanzmittel mobilisieren. Der Anteil der Eigenmittel wird durch weiteres Privatvermögen als haftende Kapitaleinlage erhöht. Das Vertrauen der institutionellen Kapitalgeber steigt durch das persönliche Engagement der MBO-Partner.

484 Von entscheidender Bedeutung bei der Schließung der Eigenkapitallücke der MBO-Manager, vor allem in den neuen Bundesländern, ist die umfangreiche Förderung durch die Bundesregierung. Dabei wird der gemeinsame Erwerb von Unternehmen durch die bisherigen leitenden Angestellten (MBO ähnlich behandelt wie die Unternehmensgründung in Alleinvertretung (vgl. G Rz. 187–216).

485 Als wichtigste öffentliche Darlehen, die von der Deutschen Ausgleichsbank vergeben werden, sind die nachrangige EKH sowie das ERP-Existenzgründungsprogramm zu nennen, die in einem Umfang von bis zu 90 % zur Kaufpreisfinanzierung genutzt werden können.

486 Mit Hilfe der Fördermittel kann ein ausgewogenes Verhältnis zwischen Eigenkapital, eigenkapitalähnlichen Mitteln, besichertem und unbesichertem Fremdkapital erzielt werden.

4.3 Fremdkapital

487 Im Bereich des Fremdkapitals stehen vorrangig besicherte, nachrangig besicherte sowie unbesicherte Fremdmittel zur Verfügung.
In den alten Bundesländern ist es üblich, daß die finanzierenden Banken unter der Maßgabe, daß die erforderlichen Eigenmittel zur Verfügung stehen, in der Mehrzahl der Fälle bereit sind, Fremdmittel zur Finanzierung von MBO-Konzepten zur Verfügung zu stellen. Es ist praxisüblich, daß einerseits vorrangig besicherte Mittel, d.h. durch Grundschulden gedeckte Finanzierungsmittel, zur Verfügung gestellt werden und darüber hinausgehend auch ein Teil an unbesicherten Fremdmitteln seitens der Banken in die Finanzierung einbezogen werden. Dies ist allerdings nur dann denkbar, wenn die Prognosen plausibel sind und einen positiven cash-flow erwarten lassen.

488 In den neuen Bundesländern ist es dagegen wesentlich schwieriger, Fremdmittel für MBO-Konzepte zu erhalten. Dies ist vor allem darauf zurückzuführen, daß die vorrangig besicherten Teile der Fremdmittel aufgrund der Bewertungsunsicherheiten vor allem im Bereich der Grundstücke und Gebäude, aber auch im Bereich der Maschinen und maschinellen Anlagen nur sehr zögerlich zur Verfügung gestellt werden. Infolgedessen kommen unbesicherte Teile von Fremdmitteln seitens der Banken aus Vorsichtsgründen erst gar nicht in Betracht. Dies erschwert die Finanzierung eines MBO-Konzeptes. Es ist allerdings denkbar, daß Unternehmen, die bisher von der BvS finanziert wurden, sei es durch direkte Darlehensvergabe oder durch Bürgschaften, auf Basis von Verhandlungen weitergeführt werden können, in dem die BvS bereit ist, für einen längeren Zeitraum weiterhin Mittel zur Verfügung zu stellen oder aufrechtzuerhalten.

4.4 Stille Beteiligung

Eine weitere Möglichkeit, ein MBO-Konzept mitzufinanzieren, besteht darin, finanziell solvente Partner zu finden, die ihrerseits unternehmerisch nicht tätig werden wollen, aber in der Investition in ein Unternehmen Zukunftschancen sehen. Diese Partner können als stille Gesellschafter aufgenommen werden, wobei hier die Form der typischen stillen Beteiligung in der Praxis im Vordergrund steht. Auf diese Weise wird dem Unternehmen Kapital zugeführt, das eigenkapitalähnlichen Charakter hat und infolgedessen die Kapitalbasis, die wiederum für die Beschaffung von Fremdmitteln eine wesentliche Rolle spielt, erweitert. **489**

Auch im Bereich der stillen Beteiligung spielen die Beteiligungsgesellschaften der einzelnen Bundesländer eine erhebliche Rolle. Sie stellen bei erfolgversprechenden Unternehmenskonzepten Kapital in Form der stillen Beteiligung zur Verfügung, da mit einem relativ geringen Festzins verzinst wird und sind am Ertrag des Unternehmens beteiligt. **490**

4.5 Mitarbeiterbeteiligung

In der Vergangenheit wurde vor allem bei Unternehmen in den alten Bundesländern die Mitarbeiterbeteiligung in den Vordergrund gestellt. In vielen Fällen hat sich diese Art der Beteiligung bewährt. Sie vollzieht sich in aller Regel in der Weise, daß die Mitarbeiter auf einen Teil ihrer aktiven Einkünfte verzichten und statt dessen diesen Einkommensteil im Unternehmen belassen und so sukzessive am Unternehmen beteiligt werden. Dies hat zur Folge, daß die Liquidität des Unternehmens weniger belastet wird. Aus sozialpolitischer Sicht werden die Mitarbeiter am aktiv tätigen Kapital beteiligt. **491**

In den neuen Bundesländern ist diese Form der Beteiligung bisher noch sehr selten durchgeführt worden. Dies ist vor allem darauf zurückzuführen, daß die Gehälter der Mitarbeiter geringer sind als in Unternehmen der alten Bundesländer und die Produktivität der Unternehmen nicht ausreicht, um auf diese Weise zusätzliches Eigenkapital zu schaffen. **492**

4.6 Zusammenfassung

Die Finanzierung des MBO-Konzeptes ist vor allem in den neuen Bundesländern mit erheblichen Schwierigkeiten verbunden, so daß gerade der Vorbereitung eines MBO-Konzeptes ein erhebliches Gewicht beigemessen werden muß. In der Praxis sind viele Fälle der Unternehmensübernahme daran gescheitert, daß die Banken als primär finanzierende Institutionen nicht bereit waren, die mit den MBO-Konzepten verbundenen Risiken mitzutragen. **493**

5. Steuerliche Aspekte

5.1 Sharedeal

Werden Anteile an Kapitalgesellschaften auf die MBO-interessierten Unternehmer übertragen, so ist dies aus steuerlicher Sicht anders zu beurteilen als die Übertragung von einzelnen Wirtschaftsgütern auf neu entstandene Unternehmen. **494**

495 Bei der Übertragung von Anteilen an Kapitalgesellschaften ändert sich am Vermögensbestand der Kapitalgesellschaft selbst bilanziell und rechtlich nichts. Die GmbH-Anteile werden auf die Personen, die als Käufer auftreten, übertragen. Die Anschaffungskosten dieser GmbH-Anteile wirken sich zumindest zunächst steuerlich nicht aus. Bezogen auf die steuerliche Situation der GmbH hat ein solcher Unternehmenskauf zur Folge, daß die Buchwerte, die bisher in den Bilanzen standen, fortgeführt – unter Ansatz der bisherigen Abschreibungen – werden. Unterstellt man, daß stille Reserven in dem Bereich des Sachanlagevermögens und des immateriellen Vermögens (Geschäftswert) enthalten sind, können diese stillen Reserven in den Bilanzen der Kapitalgesellschaften nicht aufgedeckt werden. Das heißt, die Bilanzen können nicht erhöht werden. Dies wiederum hat zur Folge, daß keine erhöhten Abschreibungen, die die zukünftigen Gewinne vermindern würden und damit zu niedrigeren Steuerzahllasten führen würden, erfolgen können. Insofern ist ein Sharedeal bei Vorhandensein erheblicher stiller Reserven im Vermögen der GmbH aus steuerlicher Sicht mit erheblichen Nachteilen verbunden.

496 Die GmbH-Anteile können sowohl im Privatvermögen als auch in einem Betriebsvermögen gehalten werden. Werden die GmbH-Anteile im Privatvermögen gehalten, muß unterschieden werden zwischen einer wesentlichen Beteiligung und einer nicht wesentlichen Beteiligung. Unter einer wesentlichen Beteiligung versteht man das Halten von mehr als 25 % der Anteile an einer Kapitalgesellschaft.

497 Werden wesentliche Beteiligungen gehalten, so ist zumindest dann, wenn die GmbH-Anteile verkauft werden und der Wert dieser GmbH-Anteile niedriger ist als die ursprünglichen Anschaffungskosten, der hieraus resultierende Verlust als steuerlicher Verlust nach § 17 EStG bei dem veräußernden Anteilseigner verwertbar. Umgekehrt ist ein auf diese Weise entstehender Veräußerungsgewinn nach § 17 EStG zu versteuern. Das heißt, daß dieser Gewinn mit dem halben Steuersatz gemäß § 34 EStG zu versteuern ist. Dies stellt natürlich einen erheblichen Nachteil gegenüber denjenigen Personengruppen dar, die keine wesentliche Beteiligung halten.

498 Andererseits kann im Falle einer Liquidation und bei dem Entstehen eines Liquidationsverlustes dieser Verlust in der persönlichen Einkommensteuererklärung des Anteilseigners ertragsteuermindernd erfaßt werden.

499 Für diejenigen Personen, die eine nicht wesentliche Beteiligung halten, sind entstehende Verluste durch Veräußerung oder Liquidation des Unternehmens nicht verwertbar. Dagegen haben sie den großen Vorteil, daß bei Veräußerung solcher Anteile mit Gewinn der hieraus resultierende Gewinn nicht der Einkommensteuer unterworfen wird.

500 Werden die Anteile an der Kapitalgesellschaft im Betriebsvermögen gehalten, so bedeutet dies, daß im Falle einer Veräußerung der hieraus entstehende Gewinn grundsätzlich der Einkommensteuer unterworfen wird. Ein ermäßigter Steuersatz findet nur im Falle einer sog. Teilbetriebsveräußerung Anwendung, ansonsten ist der hieraus resultierende Gewinn dem vollen Steuersatz zu unterwerfen.

Andererseits ist in einem solchen Falle die Möglichkeit gegeben, bei Entstehung von Verlusten im Bereich der GmbH und der nachhaltigen Wertminderung der GmbH-Anteile eine Teilwertabschreibung vorzunehmen, was zur Folge hat, daß eine entsprechende Gewinnminderung und damit eine Steuerreduzierung eintritt. **501**

5.2 Assetdeal

Der Assetdeal unterscheidet sich vom Sharedeal dadurch, daß nicht Anteile an Unternehmen veräußert werden, sondern einzelne Vermögensgegenstände eines Unternehmens verkauft werden. **502**

Aus steuerlicher Sicht hat dies für das veräußerte Unternehmen zur Folge, daß bei Vorhandensein von stillen Reserven (Verkehrswert größer als Buchwert) diese stillen Reserven der Besteuerung unterworfen werden müssen. Ein begünstigter Steuersatz kommt nicht zum Tragen. Die aufgedeckten stillen Reserven sind mit dem vollen Steuersatz zu versteuern. Dies kann bei Vorhandensein erheblicher stiller Reserven für das veräußernde Unternehmen zu ganz erheblichen steuerlichen Nachteilen führen. Bewertet man die Interessen des Erwerbers, so ist festzuhalten, daß dieser entsprechend den angefallenen Anschaffungskosten von diesen Abschreibungen vornehmen kann. Aufgrund der erhöhten Abschreibungsbemessungsgrundlage erzielt der Käufer hierdurch nicht unerhebliche steuerliche Vorteile. Der Assetdeal ist aus Sicht des Käufers darüber hinaus von Vorteil, da er nur diejenigen Wirtschaftsgüter kaufen wird, die für die Fortführung des Unternehmens notwendig sind. Nicht betriebsnotwendiges Vermögen wird von dem Käufer nicht übernommen werden. **503**

5.3 Verlustvorträge

Bei Würdigung der Problematik vorhandener Verlustvorträge innerhalb einer Gesellschaft mbH muß festgehalten werden, daß diese Verlustvorträge nur innerhalb der Gesellschaft verwertet werden können. Bei hohen vorhandenen Verlustvorträgen empfiehlt es sich, diese zu nutzen. Grundsätzlich ist dies nur möglich, wenn ein Sharedeal vorgenommen wird, da bei einem Assetdeal nur die Wirtschaftsgüter verkauft werden und der vorhandene Verlustvortrag bei dem Unternehmen verbleibt, wo er entstanden ist. **504**

Es besteht allerdings die Möglichkeit, die Anteile von einer anderen GmbH erwerben zu lassen, die beispielsweise dem Käufer bereits gehört und im Anschluß daran die erworbene Gesellschaft mbH auf die bereits vorhandene Gesellschaft mbH zu verschmelzen. Nach dem Umwandlungsgesetz und dem Umwandlungssteuergesetz hat dies zur Folge, daß die Verlustvorträge, die in der erworbenen Gesellschaft entstanden sind, durch diesen Verschmelzungsvorgang auf die erwerbende Gesellschaft übertragen werden und dort in Form von Verlustvorträgen genutzt werden können. Dies kann ganz erhebliche steuerliche Vorteile haben. Die Praxis zeigt, daß seit Inkrafttreten des Umwandlungssteuergesetzes zum 1. 1. 1995 eine Fülle von Umwandlungen und Verschmelzungen wegen der günstigeren Gesetzeslage vorgenommen worden sind. **505**

VI. Der Betriebsübergang (§ 613 a BGB)

Literatur

Angermann Zivilrechtliche Probleme beim Unternehmenskauf – unter besonderer Berücksichtigung der Erwerbssituation während der Insolvenz – §§ 459 ff. und 613 a BGB, Diss. Hamburg, 1987

Backhaus Betriebsübergang nach § 613 a BGB bei Erwerb des Betriebsvermögens durch ein Bündel von Rechtsgeschäften mit betriebsfremden Dritten?, DB 1985, S. 1131

Baur Beendigung von Arbeitsverhältnissen beim Betriebsübergang, DB 1983, S. 713

Beckerle Zur Beteiligung des Personalrates bei einem Betriebsübergang nach § 613 a BGB, PersV 1987, S. 265

Becker-Schaffner Rechtsfragen zu § 613 a BGB, BlStSozArbR 1975, S. 305

Belling/Collas Der Schutz der Arbeitnehmer vor den haftungsrechtlichen Folgen einer Betriebsaufspaltung, NJW 1991, S. 1919

Birk Tarifrechtliche Folgen von Strukturänderungen im Unternehmens- und Betriebsbereich, AuR 1975, S. 312

ders. Arbeitsrechtliche Probleme der Betriebsaufspaltung, BB 1976, S. 1227

Boecken Der Übergang von Arbeitsverhältnissen bei Spaltung nach dem neuen Umwandlungsrecht, ZIP 1994, S. 1087

Borngräber Arbeitsverhältnis bei Betriebsübergang, 1977

Commandeur Die Bedeutung des § 613 a BGB im Bereich der ehemaligen DDR, NZA 1991, S. 705

ders. Betriebsübergang in den neuen Bundesländern, AuA 1992, S. 169

Debong Rechtsgeschäftlicher Erwerb konkursreifer Betriebe nicht vor Eröffnung des Konkursverfahrens über das Veräußerungsvermögen, NZA 1986, S. 655

Denk Betriebsübergang und Konkursausfallgeld, DB 1986, S. 1722

Derleder Ist der Übergang der Arbeitnehmerrechte bei einer Betriebsveräußerung im Konkurs ausgeschlossen?, AuR 1976, S. 129

Dolge/Bauer Probleme der Stillegung von Betrieben und Betriebsteilen, BB 1978, S. 1675

Drukarczyk/Rieger Zu den Entscheidungsauswirkungen von § 613 a BGB vor und nach Insolvenz, KTS 1986, S. 209

Ehrich Das Widerspruchsrecht des Arbeitnehmers beim Betriebsübergang (§ 613 a BGB) – keine Makulatur!, NZA 1993, S. 635

Eich Betriebsnachfolge als Betriebsänderung i.S. des § 111 BetrVG?, DB 1980, S. 255

Eitel Die neuere Rechtsprechung zum Betriebsübergang bei Einzelhandelsgeschäften, KTS 1988, S. 455

Everhardt Die Bedeutung des § 613 a BGB für die Insolvenzsicherung der betrieblichen Altersversorgung, BB 1976, S. 1611

Falkenberg Der rechtsgeschäftliche Betriebsübergang und seine Auswirkungen auf die betriebliche Altersversorgung, BB 1987, S. 328

ders. Auswirkungen des § 613 a BGB in der betrieblichen Praxis, DB 1980, S. 783

Fender Kündigungsschreiben von Betriebsräten und Betriebsübergang, DB 1994, S. 1570

Fischer Individualarbeitsrechtliche Probleme beim Betriebsübergang nach § 613 a BGB (1980)

Fuss Der Einfluß des Betriebsinhaberwechsels auf die Arbeitsverträge der leitenden Angestellten, 1972

Gaul Auswirkungen des Betriebsinhaberwechsels auf bestehende Arbeitsverhältnisse und Betriebsvereinbarungen, BB 1972, S. 181

ders. Der Betriebsinhaberwechsel und seine einzelvertraglichen Auswirkungen, BB 1979, S. 1666

ders. Die kollektiven und kollektivrechtlichen Auswirkungen des Betriebsinhaberwechsels, DB 1980, S. 98

ders. Auswirkungen des rechtsgeschäftlichen Betriebsübergangs auf eine betriebliche Altersversorgung, DB 1980, S. 927

ders. Weiterentwicklung zur Auslegung des § 613 a BGB, in: Festschrift für Gaul, 1987, S. 140

ders. Betriebsinhaberwechsel und Arbeitnehmererfindungsrecht, GRUR 1981, S. 379

ders. Die rechtsgeschäftliche Grundlage eines Betriebsübergangs nach § 613 a BGB, ZIP 1989, S. 757 ff.

Gerauer Betriebsratsamt und Betriebsübergang, BB 1990, S. 1127

Gitter Betriebsübergang und Arbeitsverhältnis unter besonderer Berücksichtigung der Zustimmung des Arbeitnehmers, in: Festschrift 25 Jahre BAG, 1979, S. 133

Gockel Der Übergang von Ansprüchen und Anwartschaften aus einer betrieblichen Altersversorgung nach § 613 a Abs. 1 S. 1 BGB, 1988, *Göpfert* Betriebserwerb vom Sequester – Haftet der Unternehmer nach § 613 a Abs. 1 BGB, DB 1992, S. 1727

Gotthardt Haftung für Masseschulden bei Übernahme eines Handelsgeschäfts aus der Konkursmasse?, BB 1987, S. 1896

Gröninger Betriebsinhaberwechsel und Kündigungsschutzklage, in: Festschrift für Herschel, 1983, S. 163

Grub Zur wirtschaftlichen Bedeutung des § 613 a BGB bei Betriebsveräußerung im Konkurs, KTS 1978, S. 129

Gutbrod Abfindungsansprüche gegenüber dem früheren Arbeitgeber nach Betriebsübergang gemäß § 613 a BGB, DB 1980, S. 164

ders. Keine Betriebsänderung bei Aufspaltung eines Unternehmens in eine Besitz- und eine Produktionsgesellschaft, DB 1981, S. 1244

Hanau Die arbeitsrechtliche Bedeutung der öffentlich-rechtlichen Funktionsnachfolge, 1979

ders. Zur Kündigung von Arbeitsverhältnissen wegen Betriebsübergang, ZIP 1984, S. 141

Hanau/Vossen Die Auswirkungen des Betriebsinhaberwechsels auf Betriebsvereinbarungen und Tarifverträge, in: Festschrift für Hilger/Stumpf, 1983, S. 271

Hasford Die Wirkungen des rechtsgeschäftlichen Übergangs von Betriebsteilen auf bestehende Arbeitsverhältnisse, BB 1973, S. 526 und AuR 1973, S. 51

Heinze Die Arbeitgeber-Nachfolge bei Betriebsübergang, DB 1980, S. 205

Henckel Die Anpassung des Rechts der Betriebsübernahme an die Insolvenzsituation de lege lata und de lege ferenda, ZGR 1984, S. 215

ders. Die Betriebsveräußerung im Konkurs, ZIP 1980, S. 2

ders. Zur Anwendbarkeit des § 613 a BGB im Konkurs, ZIP 1980, S. 173

ders. Haftung für Altverbindlichkeiten eines insolventen Unternehmers wegen Betriebsübergangs, in: Festschrift für Heinsius, 1991, S. 61 ff.
Hennerkers/Binz/Rauser Zur Übernahme von Ruhegeldverbindlichkeiten von Unternehmensveräußerung und Betriebsaufspaltung, BB 1982, S. 930
Hermstädt Aufgabe und Veräußerung von Teilbetrieben, BB 1980, S. 509
Herschel Betriebsübergang und Arbeitsvertrag, ZfA 1977, S. 219
ders. Arbeitsrechtliche Folgen des Ausscheidens eines Personengesellschafters, BlStSozArbR 1979, S. 33
ders. Kündigung bei Betriebsübergang, DB 1984, S. 612
Hess Die Betriebsmittelveräußerung des Konkursverwalters als Veräußerung i. S. des § 613 a BGB?, DB 1976, S. 1153
ders. Gesetzlicher Übergang bei Arbeitsverhältnissen bei Betriebsveräußerung nur mit Einwilligung des Arbeitnehmers?, BB 1977, S. 501
Hess/Gotters Sanierung im Konkurs und § 613 a BGB, BlStSozArbR 1984, S. 74
Heussler Aktuelle Rechtsprobleme des Betriebsübergangs, NZA 1994, S. 913
Hillebrecht Dringende betriebliche Erfordernisse (§ 1 Abs. 2 KSchG) zur Kündigung von Arbeitsverhältnissen durch den Konkursverwalter, ZIP 1985, S. 257
Hofmann Zur Auslegung des § 613 a Abs. 4 BGB, in: Festschrift für Pleyer, 1986, S. 319
Hoyningen-Huene, von/Windbichler Der Übergang von Betriebsteilen nach § 613 a BGB, RdA 1977, S. 329
Hutzler Kündigung und Kündigungsausschluß bei Betriebsübergang, BB 1981, S. 1470
Ingelfinger Widerspruch des Arbeitnehmers beim Betriebsübergang und Sozialauswahl bei anschließender betriebsbedingten Kündigung, ZfA 1996, S. 591
Joost Der Widerspruch des Arbeitnehmers beim Betriebsübergang und das europäische Recht, ZIP 1991, S. 220 ff.
Jung Die Weiterleitung kollektivvertraglicher Regelungen (Tarifverträgen, Betriebsvereinbarungen) bei einem Betriebsinhaberwechsel, RdA 1981, S. 360
Junker Die auf einer Betriebsvereinbarung beruhende Altersversorgung beim Betriebsübergang, RdA 1993, S. 203
Kehrmann Betriebsübergang und Inhaberwechsel, MitbGespr 1975, S. 88
Kemper Zusammentreffen unterschiedlicher Versorgungsregelungen anläßlich eines Betriebsübergangs, BB 1990, S. 785
Kerschner/Köhler Betriebsveräußerung und Arbeitsrecht, 1983
Köhler Fortbestand handelsrechtlicher Vollmachten bei Betriebsübergang?, BB 1979, S. 912
Konzen Die Rechtsprechung des BAG im Jahre 1977, ZfA 1978, S. 451 ff.
Kracht Das Kündigungsverbot gemäß § 613 a BGB, Diss. Bonn, 1988
Kreich Betriebsübergang und Arbeitsvertrag, 1972
Kreitner Die Zuordnung von Arbeitsverhältnissen beim Betriebsinhaberwechsel, NZA 1990, S. 429
Kunze Änderungen auf der Arbeitgeberseite von Kollektivvereinbarungen, RdA 1976, S. 31
Langohr/Plato Betriebsübergang – Voraussetzungen, Rechtsfolgen, Sonderfälle, ZAP Fach 17, S. 203
Lassem Der Übergang der Arbeitsverhältnisse bei Betriebsverpachtung, Diss. Köln, 1983

Leinemann/Lipke Betriebsübergang und Urlaubsanspruch, DB 1988, S. 1217
Lepke Begünstigter Personenkreis bei Betriebsübergang, BB 1979, S. 526
Löw Steht das europäische Recht einem Widerspruchsrecht des Arbeitnehmers bei Betriebsübergang entgegen?, DB 1991, S. 546
Löwisch Zur Weiterhaftung des Betriebsveräußerers nach § 613 a BGB, ZIP 1986, S. 1101
ders. Betriebsratsamt und Sprecherausschußamt bei Betriebsübergang und Unternehmensänderung, BB 1990, S. 1698
Loh Wahrt das Spaltungsrecht die Rechte der Arbeitnehmer?, DStR 1992, S. 1246
Loritz Aktuelle Rechtsprobleme des Betriebsübergang nach § 613 a BGB, RdA 1987, S. 65
Mann Betriebsübergang und Inhaberwechsel, MitGespr 1975, S. 88
Martens Zur Haftung des Erwerbers bei Betriebsveräußerung durch den Konkursverwalter nach § 613 a BGB, insbesondere für Versorgungsanwartschaften, DB 1977, S. 495
Meilicke Zum Übergang der Arbeitsverhältnisse nach § 613 a BGB bei Pächterwechsel, DB 1982, S. 1168
Metzke Kündigungen bei Wechsel des Betriebsinhabers unter besonderer Berücksichtigung der Rechtsstellung des Betriebsrats, AuR 1986, S. 78
Meyerhoff Rechtsprobleme beim Übergang nach § 613 a BGB, NWB Nr. 36 v. 2. 9. 1991, Fach 26, »Betriebsübergang« S. 2309 ff.
Mösenfechtel/Schmitz Zur Nachfolge des Erwerbers in die Tarifgebundenheit des Veräußerers bei Betriebsveräußerung, RdA 1976, S. 198
Mohrbutter Zur Einschränkung der Rechtsfolgen aus 613 a BGB im Unternehmenskonkurs, NZA 1985, S. 105
Moll Betriebsübergang und Arbeitsverhältnisse, AnwBl 1991, S. 282
Neef Betriebsänderung und Betriebsübergang, NZA 1994, S. 97
Neumann/Duesberg Gesetzliche Neuordnung des Übergangs von Arbeitsverhältnissen bei Betriebsinhaberwechsel, BB 1971, S. 969
ders. Arbeitgeberkündigungen bei Betriebsübergang (§ 613 a BGB), NJW 1972, S. 665
ders. Aufopferungsansprüche der anläßlich des Betriebsübergangs gekündigten Arbeitnehmer, BB 1972, S. 620
ders. Betriebsübergang und Tendenzbetrieb (§ 613 a BGB, § 118 Abs. 1 BetrVG), NJW 1973, S. 268
Oberhofer Der Betriebsübergang gem. § 613 a BGB, insbesondere im Konkursverfahren, AuR 1989, S. 293 ff.
Oetker Übergang der Arbeitsverhältnisse beim Betriebsinhaberwechsel in den neuen Bundesländern – Zugleich ein Beitrag zur Reichweite von § 613 a BGB, VIZ 1991, S. 7 ff.
Palme Betriebsübergang nach § 613 a BGB in der neueren Rechtsprechung, BlStSozArbR 1977, S. 386
Popp Zum Kündigungsschutz beim Übergang in Kleinbetrieben (§ 613 a BGB), 1978
Pottmeyer Das Widerspruchsrecht des Arbeitnehmers im Falle des Betriebsinhaberwechsels und die Sperrzeit nach § 119 I AFG, NZA 1988, S. 521
Probst § 613 a BGB im Konkurs, Diss. Berlin, 1983
Rath Betriebsübergang bei Einzelhandelsgeschäften, DB 1989, S. 1722
Rauser/Wurzberger Behindert betriebliche Altersversorgung die Betriebsveräußerung bei Insolvenz?, DB 1986, S. 910

Renaud/Markert Keine Enthaftung des Unternehmensveräußerers für Verbindlichkeiten aus Dauerschuldverhältnissen, DB 1988, S. 2358
Reuter Zur Haftung des Betriebserwerbers für Betriebsrenten bei Erwerb von Konkursverwalter, JuS 1980, S. 538
Richardi Übergang von Arbeitsverhältnissen bei Zwangsvollstreckungsmaßnahmen im Rahmen einer Konkursabwicklung, RdA 1976, S. 56
ders. Die Anwendbarkeit des § 613 a BGB bei Betriebserwerb und Neugründung von Unternehmen in den neuen Bundesländern, NZA 1991, S. 289
Riedel § 613 a BGB und die Betriebsveräußerung durch den Konkursverwalter, NJW 1975, S. 765
Röder Die Fortgeltung von Kollektivnormen bei Betriebsübergang gem. § 613 a BGB i. d. F. vom 13. 8. 1980, DB 1981, S. 1980
Roemheld Zum Übergang der Arbeitsverhältnisse nach § 613 a BGB, BB 1976, S. 845
Säcker/Joost Auswirkungen eines Betriebsübergangs auf Ruhestandsverhältnisse, DB 1978, S. 1030, 1078
Saje Betriebsaufspaltung und Arbeitnehmerschutz, NZA 1988, S. 449
Schaub Ausgewählte Fragen zu § 613 a BGB, ArbRdG 18, 1981, S. 71
ders. Die Versorgung der Unterstützungskassen bei Betriebsnachfolge, NZA 1987, S. 1
ders. Rechtsprobleme des Betriebsübergangs, ZIP 1984, S. 272
ders. Fragen zur Haftung bei Betriebs- und Unternehmensaufspaltung, NZA 1989, S. 5
Schmidt, Karsten Organverantwortlichkeit und Sanierung im Insolvenzrecht der Unternehmen, ZIP 1980, S. 328, 337 f.
Schmitt Übergang der Arbeitsverhältnisse und Haftung des Betriebserwerbers gemäß § 613 a BGB bei Betriebsveräußerung durch einen Konkursverwalter, BB 1978, S. 1724
ders. Zur Rechtsnatur des Übergangs der Arbeitsverhältnisse gemäß § 613 a BGB, ZfA 1979, S. 503
Schmitt/Rolfes Unterstützungskassen und Betriebsübergang BetrVG 1981, S. 123
Schramm Die Willensbeteiligung der Arbeitnehmer bei Betriebsinhaberwechsel 1978
Schreiber Das Arbeitsverhältnis beim Übergang des Betriebs, RdA 1982, S. 137
Schwab Betriebsinhaberwechsel und Kündigungsschutzgesetz, NZA 1985, S. 312
Schwerdtner Individualarbeitsrechtliche Probleme des Betriebsübergangs, in: Festschrift für G. Müller, 1981, S. 557
Seiter Tarifverträge und Betriebsvereinbarungen bei Betriebsinhaberwechsel, DB 1980, S. 877
Simon Arbeitsrechtliche und Haftungsprobleme bei der Betriebsaufspaltung, ZfA 1987, S. 311
Stebut, von Die Rechtsstellung von Arbeitnehmern bei Betriebsveräußerungen im Konkurs oder Vergleich (§ 613 a BGB), DB 1975, S. 2438
Steckhan Der Bestandsschutz des Arbeitnehmers beim Betriebsübergang, in: Festschrift für v. Carolsfeld, 1972, S. 463
Sulzberger/Schmitt Übergang des Arbeitsverhältnisses bei Betriebsinhaberwechsel, 1980
Tschöpe Rechtsfolgen eines arbeitnehmerseitigen Widerspruchs beim Betriebsinhaberwechsel, Diss. Bielefeld, 1984

Uhlenbruck Zur Anwendbarkeit des § 613 a BGB bei Betriebsveräußerung durch den Konkurs- oder Vergleichsverwalter, KTS 1974, S. 1
ders. Anm. zum Urteil des ArbG Rendsburg vom 28. 1. 1975 – 1 Ca 312/74 – KTS 1975, S. 253
Vossen Die betriebsbedingte Kündigung durch den bisherigen Arbeitgeber aus Anlaß des Betriebsübergangs, BB 1984, S. 1557
Wank Die Geltung von Kollektivvereinbarungen nach einem Betriebsübergang, NZA 1987, S. 505
Weimar/Alfes Neuregelung des § 613 a BGB für die neuen Bundesländer, DB 1991, S. 1830
Weiss Zur Haftung der Besitzgesellschaft bei der Betriebsaufspaltung, insbesondere gegenüber den Arbeitnehmern, 1988
Wendling Rechtsgeschäftlicher Betriebsübergang und Arbeitsverhältnis, 1980
Wickler Die Arbeitgeberkündigung beim rechtsgeschäftlichen Betriebsinhaberwechsel, 1985
Wiedemann Arbeitsrechtliche Probleme der Betriebsaufspaltung, in: Festschrift für Fleck, 1988, S. 447
Wiedemann/Wilhelmsen Die Anwendung des § 613 BGB im Konkurs, RdA 1979, S. 418 f
Wiesner Betriebsvereinbarungen bei Betriebsübergang, DB 1986, S. 1636
Willemsen Die Kündigung wegen Betriebsübergangs, ZIP 1983, S. 411
ders. Die neuere Rechtsprechung des BAG zu § 613 a BGB, ZIP 1986, S. 477
ders. Aufhebung und Änderung von Versorgungszusagen aus Anlaß eines Betriebsübergangs, RdA 1987, S. 327
ders. Der Grundtatbestand des Betriebsübergangs nach § 613 a BGB, RdA 1991, S. 204
Wollenschläger Rechtsfragen des Betriebsübergangs nach § 613 a BGB unter Berücksichtigung betriebsverfassungsrechtlicher Fragen und des Rechtes der Europäischen Union, ZfA 1996, S. 547
Zeuner Verfahrensrechtliche Folgen des Betriebsübergangs nach § 613 a BGB, in: Festschrift für Schwab 1990, S. 575 ff.
Ziege Nochmals: Widerspruch des Arbeitnehmers bei Betriebsveräußerung, BB 1978, S. 203.

1. Einleitung

Geht im Falle des **Unternehmenskaufs,** der **Unternehmenszusammenschlusses** **506**
oder der **Betriebszusammenlegung** oder im Rahmen der Bildung von Auffanggesellschaften ein Betrieb oder Betriebsteil durch Rechtsgeschäft auf einen anderen Inhaber über, so tritt dieser in die Rechte und Pflichten aus dem im Zeitpunkt des Übergangs bestehenden Arbeitsverhältnisses ein (§ 613 a Abs. 1 BGB).

Der bisherige Arbeitgeber haftet neben dem neuen Inhaber für die Verpflich- **507**
tungen des bisherigen Inhabers, soweit sie vor dem Zeitpunkt des Übergangs entstanden sind und vor Ablauf von einem Jahr nach diesem Zeitpunkt fällig werden, als Gesamtschuldner. Werden solche Verpflichtungen nach dem Zeitpunkt des Übergangs fällig, so haftet der bisherige Arbeitgeber für sie jedoch nur

in dem Umfang, der dem im Zeitpunkt des Übergangs abgelaufenen Teil ihres Bemessungszeitraumes entspricht.

508 Die Kündigung des Arbeitsverhältnisses eines Arbeitnehmers durch den bisherigen Arbeitgeber oder durch den neuen Inhaber wegen des Übergangs eines Betriebs oder eines Betriebsteils ist unwirksam. Das Recht zur Kündigung des Arbeitsverhältnisses aus anderen Gründen bleibt unberührt (§ 613 a Abs. 4 BGB).

2. Der Gesetzeszweck

509 Um die durch den allgemeinen **Kündigungsschutz** gesicherten Arbeitsverhältnisse auch für den Fall der **Betriebsübernahme** zu sichern und die Arbeitsverhältnisse von dem **Übernahmewillen des Betriebserwerbers** unabhängig zu machen, wurde die Vorschrift 1972 anläßlich der Änderung des BetrVG in das BGB eingefügt. Weiterer Zweck des Gesetzes ist es, die **Kontinuität des Betriebsrats** zu gewährleisten und zu regeln, wie das Haftungsrisiko zwischen dem bisherigen und dem neuen Arbeitgeber verteilt werden soll (*Staudinger-Richardi,* BGB § 613 a Rz. 9, 10 m.w.N.).

3. Die zwingende Wirkung der Norm

510 § 613 a BGB ist für Vereinbarungen zwischen dem Betriebsveräußerer und dem Betriebserwerber zwingendes Recht (*BAG* AP Nr. 2 zu § 613 a BGB), so daß vertraglich weder der Betriebsübergang noch der Eintritt in die Verpflichtungen des Arbeitsverhältnisses abbedungen werden kann (*BAG* DB 1982, 1067).

511 Der Arbeitnehmer kann jedoch dem Übergang seines Arbeitsverhältnisses widersprechen, und zwar auch dann, wenn nicht nur ein Betriebsteil (*BAG* AP Nr. 1 zu § 613 a BGB), sondern der ganze Betrieb übertragen wird (*BAG* DB 1977, 2146). Hat der **Arbeitnehmer** Kenntnis von dem bevorstehenden Betriebsübergang und macht er bis zum Betriebsübergang (*BAG* DB 1978, 1083) von seinem **Widerspruchsrecht** Gebrauch, geht das Arbeitsverhältnis nicht über, wobei der Arbeitnehmer jedoch die **betriebsbedingte Kündigung** seines Arbeitsverhältnisses riskiert, weil der Arbeitsplatz weggefallen ist. An dieser ständigen Rechtsprechung (vgl. *BAG* BAGE 26, 301 = DB 1975, 601 = AP Nr. 1 zu § 613 a BGB; DB 1977, 2146 = AP Nr. 8 zu § 613 a BGB; DB 1978, 1083 – AP Nr. 10 zu § 613 a BGB; DB 1980, 1495 = AP Nr. 21 zu § 613 a BGB; BAGE 45, 140 = DB 1984, 1403 = AP Nr. 37 zu § 613 a BGB; BAGE 53, 251 = DB 1987, 942 = AP Nr. 55 zu § 613 a BGB; BAGE 61, 369 = DB 1989, 2334 = AP Nr. 81 zu § 613 a BGB) hält das *BAG* mit seiner Entscheidung (DB 1993, 1877) fest, wonach der Arbeitnehmer dem Übergang seines Arbeitsverhältnisses im Rahmen eines Betriebsübergangs nach § 613 a BGB widersprechen kann (im Anschluß an den Vorlagebeschluß des Senats (DB 1992, 2034 = EzA § 613 a BGB Nr. 103, und das Urteil des *EuGH* DB 1993, S. 230).
Widerspricht der Arbeitnehmer dem Übergang seines Arbeitsverhältnisses auf einen Betriebs(teil)übernehmer (§ 613 a BGB), kann er sich auf eine fehlerhafte Sozialauswahl nach § 1 Abs. 3 KSchG nur berufen, wenn für den Widerspruch ein sachlicher Grund vorliegt.

Der Übergang des Arbeitsverhältnisses kann weder durch **Arbeitsvertrag** von vornherein ausgeschlossen werden, noch kann der Übergang des Arbeitsverhältnisses davon abhängig gemacht werden, daß der Arbeitnehmer mit dem Betriebserwerber für den Fall des Betriebsübergangs geänderte Arbeitsbedingungen hinnimmt. **512**

Nach dem Betriebsübergang können aufgrund vertraglicher Vereinbarung zwischen Arbeitnehmer und dem neuen Arbeitgeber die Arbeitsbedingungen geändert werden. Stimmt der Arbeitnehmer einer solchen vertraglichen Regelung nicht zu, kann der neue Arbeitgeber, wenn die Voraussetzungen vorliegen, ggf. eine **betrieblich bedingte Änderungskündigung** bzw. eine bedingte Beendigungskündigung des Arbeitsverhältnisses aussprechen, die jedoch dem Kündigungsschutz unterliegt. **513**

4. Die Voraussetzungen für den Übergang des Arbeitsverhältnisses

4.1 Betrieb oder Betriebsteil

§ 613 a BGB definiert nicht den Begriff des »Betriebs« bzw. des »Betriebsteils«, sondern setzt ihn als solchen voraus. **514**

Entsprechend dem Zweck des Gesetzes, der für die Begriffsbestimmung maßgeblich ist (BAG DB 1985, 2459 – NZA 1986, 93), liegt eine **Betriebsübernahme** bzw. **die Übernahme eines Betriebsteiles** dann vor, wenn sich der Arbeitgeber von Betriebsmitteln trennt, mit der Folge daß für den Arbeitnehmer die Basis der Tätigkeit entfallt. Somit ist der Betrieb eine organisatorische Einheit, innerhalb derer der Arbeitgeber mit Hilfe von sachlichen und/oder immateriellen Mitteln bestimmte arbeitstechnische Zwecke fortgesetzt verfolgt (*Schaub* Arbeitsrechtshandbuch, § 18 m.w.N.). Zu dem Betrieb gehören regelmäßig nicht die Arbeitnehmer, da der Übergang des Arbeitsverhältnisses die Rechtsfolge des Betriebsübergangs ist (*BAG* DB 1985, 2409 – NZA 1985, 775), sondern es reicht aus, daß Betriebsmittel übernommen werden, mit denen der bisherige Betriebszweck fortgesetzt werden kann, selbst wenn der Erwerber eine anderen Zweck verfolgt. **515**

Bei den **Handels- und Dienstleistungsunternehmen,** bei denen die Einführung des Unternehmens auf dem Markt und die Fachkenntnisse eingearbeiteter Mitarbeiter für die Fortführung des Betriebs im Vordergrund stehen, gehören die Arbeitnehmer neben den Betriebsmitteln zum Betrieb (*BAG* DB 1985, 2459 – NZA 1986, 93), da ansonsten der Erwerber die von dem Betriebsübergang geschaffene arbeitstechnische organisatorische Voraussetzung nicht für sich verwerten kann. **516**

Vertritt ein Handelsvertreter ausschließlich einen Unternehmer und ist in dem Handelsvertretervertrag vorgesehen, daß der Unternehmer im Bezirk des Handelsvertreters nur unter besonderen Voraussetzungen tätig werden und bei den vom Handelsvertreter geworbenen Kunden nicht akquirieren darf, so stellen diese Rechte und die vom Handelsvertreter geworbenen Kunden die wesentlichen – immateriellen – Mittel seines Betriebes dar. Ein solcher Betrieb eines Handelsvertreters geht auch dann durch Rechtsgeschäft i.S.d. § 613 a Abs. 1 Satz 1 BGB auf den Unternehmer über, wenn der Handelsvertreter den Handelsvertretervertrag und ein ihm zur Nutzung der vom Unternehmer angemieteten **517**

Geschäftsräume und dessen Inventar berechtigendes Rechtsverhältnis kündigt, dem Unternehmer keinen Nachfolger benennt und im Handelsvertretervertrag für diesen Fall bestimmt ist, daß der Unternehmer die vom Handelsvertreter geworbenen Kunden betreuen darf (*BAG* DB 1988, 2155).

518 Die vom *BAG* (DB 1987, 992) aufgestellten Grundsätze über den Betriebsübergang bei einem Einzelhandelsgeschäft gelten auch bei einem Konditorei-Café. Danach liegt ein Betriebsübergang nicht schon dann vor, wenn der Mieter die langjährigen Nutzungsrechte für die in besonders guter Lage (Hauptgeschäftsstraße einer Großstadt) befindlichen Betriebsräume erwirbt. Der Mieter muß vielmehr auch ein zumindest gleichartiges Warensortiment führen und im wesentlichen die Betriebsform des Vorgängers beibehalten (*BAG* DB 1987, 1997).

519 Um einen Betriebsteil handelt es sich, wenn es eine Teilorganisation des Betriebs betrifft und der Erwerber die Betriebsmittel in der bisherigen arbeitstechnischen Zielsetzung einsetzen kann (*BAG* DB 1985, 2409 = NZA 1985, 775).

520 Nach der Entscheidung des *BAG* (NZA 1994, 686) kann die Rindfleischzerlegung in einem Schlachthof einen selbständigen Betriebsteil darstellen. Betriebsteile sind Teileinheiten (Teilorganisationen) des Betriebs. Bei den übertragenen sachlichen und/oder immateriellen Betriebsmitteln muß es sich um eine organisatorische Untergliederung des Gesamtbetriebs handeln, mit der innerhalb des betrieblichen Gesamtzwecks ein Teilzweck verfolgt wird, auch wenn es sich hierbei nur um eine untergeordnete Hilfsfunktion handelt (*BAG* NZA 1985, 775; *BAG* AP Nr. 69 zu § 613 a BGB; *BAG* NZA 1994, 260).

521 Für das Vorliegen des »Betriebes« bzw. »Betriebsteil« ist nicht maßgeblich, daß alle Betriebsmittel übernommen werden (*BAG* DB 1980, 308; WM 1979, 1076; WM 1980 561). Die Veräußerung eines Warenzeichens ist ein Indiz für eine Betriebsübernahme, da die Übertragung der Warenzeichen nur mit dem Geschäftsbetrieb oder dem Teil des Geschäftsbetriebs erfolgen kann (§ 8 Abs. 1 Satz 2 WZG; BAG DB 1989, 430). Auch ein fremdgenutztes Mietshaus kann einen Betrieb darstellen mit der Folge, daß das Arbeitsverhältnis eines Hausmeisters auf den Erwerber übergeht (*BAG* DB 1988, 712).

522 Bei einem Unternehmen, das Maschinen herstellt, vertreibt und wartet, liegt eine **Betriebsteilveräußerung** schon dann vor, wenn ein Erwerber **Vertrieb und Kundendienst** übernimmt und zu diesem Zweck einen wesentlichen Firmenbestandteil, die **Kundenanschriften** sowie das Recht erhält, bereits erteilte Aufträge auszuführen. Tatsächliche Betriebsmittel, wie **Büroeinrichtungen** und **Werkzeuge,** müssen nicht notwendigerweise mitübertragen werden. Entscheidend ist auch nicht, ob der Erwerber die Gegenstände als **Eigentümer,** wie bisher der Betriebsveräußerer, sondern lediglich als **Pächter** nutzt. Maßgeblich ist, daß der Erwerber mit den übernommenen Betriebsmitteln den arbeitstechnischen Zweck weiterverfolgen kann.

523 Dementsprechend kann auch in den Fällen ein »Betrieb« übergehen, in denen der bisherige Inhaber ein wesentliches Betriebsmittel auszutauschen beabsichtigt, danach den Betrieb jedoch veräußert und zum Zeitpunkt des Übergangs das alte Betriebsmittel nicht mehr und das neue noch nicht in seinem Besitz ist. Entscheidend ist, daß sich die Austauschabsicht bereits manifestiert hat, z.B. durch

Ausbau der alten Anlage und/oder Abschluß eines Vertrages über die Nutzung einer neuen Anlage (*BAG* NZA 1987, 123).

Erwirbt ein neuer Betrieb unter Ausnutzung einer durch den Konkurs des Altbetriebes entstandenen Marktlücke **Aufträge aus dem Altkundenstamm,** so liegt darin keine Übernahme immaterieller Betriebsmittel wie Marktstellung, Kundenkontakte und Auftragsbestand, die zu einem rechtsgeschäftlichen Übergang des Betriebes nach § 613 a Abs. 1 Satz 1 BGB führt, und zwar auch dann nicht, wenn der Geschäftsführer des alten auch Geschäftsführer des neuen Betriebes und der Inhaber des Altbetriebes Betriebsleiter geworden ist (*BAG* ZIP 1988, 1272). **524**

4.2 Betriebsinhaberwechsel

Ein Betriebsinhaberwechsel liegt dann vor, wenn aufgrund einer Betriebsmittelübertragung einer anderen Person nunmehr die **Leitungskompetenz** zusteht. Dabei ist es unerheblich, in welcher Rechtsform (natürliche Person, juristische Person [AG, GmbH] oder als **Gesamthand** [BGB Gesellschaft, OHG KG]) der Erwerber handelt. **525**

Ein **Gesellschafterwechsel** führt nicht zu einem nach § 613a BGB zu beurteilenden Betriebsinhaberwechsel, weil eine Gesamtrechtsnachfolge vorliegt. Ein Wechsel der Gesellschafter einer Kommanditgesellschaft ist selbst dann nicht als Betriebsübergang i.S.d. § 613 a Abs. 1 BGB zu behandeln, wenn der »Ruf der Firma« mit der Person des ausscheidenden Gesellschafters verbunden ist und die Arbeitsverhältnisse auf ihn »zugeschnitten« sind. **526**
In diesem Falle ist auch keine entsprechende Anwendung des Kündigungsverbots des § 613 a Abs. 4 BGB möglich, wenn der neu eintretende Gesellschafter »wegen des Gesellschafterwechsels« kündigt (*BAG* EzA § 613 a BGB Nr. 90).

Auch bei einer **Betriebsaufspaltung in Besitz- und Betriebsgesellschaft** kann eine **Funktionsnachfolge** liegen, die nicht zu einem Betriebsinhaberwechsel führt (vgl. hierzu *Staudinger-Richardi* BGB, § 613 a, Rz 53). **527**

Ein Betriebsinhaberwechsel liegt dann nicht vor, wenn der Betrieb oder Betriebsteil stillgelegt ist und die Erwerber nur die Betriebsmittel erwerben. In diesem Fall können vorhandene Arbeitsplätze nicht geschützt werden, und § 613 a BGB dient nicht dem Zweck, neue Arbeitsplätze zu schaffen (*BAG* DB 1985, 2409 = NZA 1985, 775). **528**

Eine Betriebsstillegung liegt dann vor, wenn die zwischen dem Arbeitgeber und dem Arbeitnehmer bestehende Betriebs- und Produktionsgemeinschaft aufgelöst ist (*BAG* DB 1985 1399 – NZA 1985, 493). Die **Auflösung der Betriebsorganisation** bedeutet nicht nur die Einstellung der Produktion, sondern die Beendigung des Arbeitsverhältnisses (*BAG* DB 1977 1320). **529**

Um eine Betriebsstillegung handelt es sich unter Berücksichtigung des Schutzzweckes des Gesetzes auch dann, wenn im Rahmen einer Betriebsmittelveräußerung eine nicht unerhebliche Verlegung des Betriebes vorgenommen wird, dabei die alte **Betriebsgemeinschaft** tatsächlich und rechtsbeständig aufgelöst und der Betrieb an dem neuen Ort mit einer im wesentlichen neuen Belegschaft fortgeführt wird (*BAG* DB 1988, 126 = NZA 1988, 170). **530**

531 Fraglich ist, ab wann ein Schluß auf eine Betriebsstillegung gerechtfertigt ist, wenn die Betriebsgemeinschaft noch nicht aufgelöst ist. Eine Betriebsstillegung setzt den ernsthaften und endgültigen Entschluß des Unternehmens voraus, die Betriebs- und Produktionsgemeinschaft zwischen Arbeitgeber und Arbeitnehmer für einen seiner Dauer nach unbestimmten wirtschaftlich erheblichen Zeitraum aufzugeben (*BAG* DB 1985, 1399 = NZA 1985, 493). Kommt es im unmittelbaren Zusammenhang mit der Kündigung aus betriebsbedingten Gründen wegen Stillegung des Betriebes noch innerhalb der Kündigungsfrist zu einer Betriebsveräußerung, so spricht eine tatsächliche Vermutung gegen die Stillegung. Das gleiche gilt bei einer alsbaldigen **Wiedereröffnung des Betriebes,** wenn der Veräußerer den Betrieb tatsächlich geschlossen hatte.

532 Der Schutz des § 613 a BGB geht dann nicht verloren, wenn die Betriebsstillegung nur vorgeschoben wird. Eine solche wird dann vermutet, wenn schon vor Betriebsstillegung Verkaufsverhandlungen geführt werden, die nach der Betriebsstillegung erfolgreich beendet werden.

533 Auch in anderem Zusammenhang sind **Gesetzesumgehung** i. V. m. dem § 613 a BGB denkbar, und zwar dann, wenn die Betriebs- oder Teilbetriebsveräußerung zum Zwecke der Sozialplanersparnis erfolgt. Ein solcher Versuch ist dann zu vermuten, wenn ein kapitalstarkes Unternehmen einen Betrieb an einen mit geringer Kapitalausstattung versehenes Unternehmen veräußert und in einem engen zeitlichen Zusammenhang mit dem Erwerb der Käufer den Betrieb stillegt. Das gleiche gilt bei der Verpachtung eines Betriebes zum Zwecke der Stillegung. Die durch den **Pächter** vorgenommene Betriebsstillegung kann dem **Verpächter** zugerechnet werden (*BAG* DB 1987, 1540 = NZA 1987, 523), so daß von ihm der Abschluß eines Sozialplanes bzw. bei Unterlassen eines Interessenausgleichsversuchs und eines Sozialplans gegen ihn Nachteilsausgleichsansprüche (§ 113 BetrVG) geltend gemacht werden können.

4.3 Betriebsübergang durch Rechtsgeschäft

534 Mit dem Tatbestandsmerkmal »durch Rechtsgeschäft« soll klargestellt werden, daß alle Fälle außerhalb der **Gesamtrechtsnachfolge** (*BAG* DB 1981, 1140) und der **Funktionsnachfolge** von § 613 a BGB erfaßt werden. Entscheidend ist demnach für die Anwendung des § 613 a BGB, daß ein Erwerber unter Zuhilfenahme der Formen des rechtsgeschäftlichen Handelns die Leitungsmacht über die sachlichen und immateriellen Betriebsmittel erhält, um die Organisationseinheit fortführen zu können (*BAG* DB 1985, 2409 = NZA 1985, 775).

535 Das i.S.d. § 613 a BGB bezeichnete Rechtsgeschäft ist eine **Einzelrechtsnachfolge,** so daß die Anwendung des § 613 a BGB bei allen Formen der **Gesamtrechtsnachfolge** ausscheidet. Eine Gesamtrechtsnachfolge liegt bei der Annahme einer Erbschaft vor, und zwar selbst dann, wenn die **Erbeinsetzung** durch **Testament** oder **Erbvertrag** erfolgt ist. Andererseits handelt es sich um eine Einzelrechtsnachfolge, wenn das Erbe den Betrieb auf einen **Vermächtnisnehmer** überträgt.

536 Weitere Fälle der Gesamtrechtsnachfolge sind die **Verschmelzung** und die **Umwandlung von Personengesellschaften** sowie der **Beitritt zu einer Personengesellschaft** (*Staudinger-Richardi* BGB, § 613 a Rz. 84).

Als Formen der Funktionsnachfolge, die der Gesamtrechtsnachfolge gleichzuachten sind, so daß § 613 a BGB nicht anwendbar ist, kommen in Betracht die Übernahme der Leitungsbefugnis durch den Konkursverwalter bzw. den **Testamentsvollstrecker.** Die Veräußerung durch den Konkursverwalter bzw. den Testamentsvollstrecker ist jedoch wieder ein Rechtsgeschäft. **537**

Unabhängig davon ist die Frage, ob die Funktionsnachfolge einen Betriebsübergang i.S.d. § 613 a BGB darstellt, streitig geworden. Der *EuGH* hat mit Urteil (NZA 1994, 545) entschieden, daß die vertragliche Übertragung von Reinigungsaufgaben, die bisher von unternehmenseigenen Reinigungskräften ausgeführt wurden, auf ein Reinigungsunternehmen einen Betriebsteilübergang i.S.d. Art. 11 der Richtlinie 77/1987 EWG des Rates vom 14. 2. 1977 darstellt. Dies gilt auch dann, wenn diese Aufgaben vor der Übertragung nur von einer einzigen Arbeitnehmerin erledigt wurden. Der EuGH hat damit die bisher anerkannte Differenzierung zwischen Betriebs(teil)übergang und Funktionsnachfolge aufgegeben (s. hierzu *Röder/Baech* EuGH, Funktionsnachfolge als Betriebsübergang, NZA 1994, 542; *Buchner* Verlagerung betrieblicher Aufgaben i.S. von § 613 a BGB?, DB 1994, 1417 und *BAG* NZA 1994, 612; *ArbG Hamburg* DB 1994, 1424). **538**

Auch bei dem Erwerb eines Betriebsgrundstücks in der **Zwangsversteigerung** findet § 613 a BGB keine Anwendung (*BAG* DB 1984, 1306), da durch die Zwangsversteigerung nur das Grundstück, nicht aber die sonstigen Gegenstände erworben werden, die einen Betrieb ausmachen (s. eingehend *Staudinger-Richardi* BGB, § 613 a Rz. 87 ff.). **539**

Eine rechtsgeschäftliche Betriebsveräußerung liegt vor, wenn der Betriebserwerber die Leitungsbefugnis über den Betrieb erhält. Es ist für die Anwendung des § 613 a BGB unerheblich, ob er die Betriebsgegenstände zu Eigentum oder nur als Besitzer zur Nutzung erhält. Eine **rechtsgeschäftliche Veräußerung** kann daher in dem Verkauf, Schenkung oder Verpachtung oder auch der Einräumung eines Nießbrauchs (§ 1085 BGB) an den Betriebsgegenständen liegen, wenn mit den Betriebsmitteln der Betrieb fortgeführt werden kann (*BAG* DB 1987, 991 = NZA 1987, 419). **540**

Ein **Rechtsgeschäft** kann auch in einer **gesellschaftsvertraglichen** Vereinbarung gesehen werden, mit der der Betriebsveräußerer mit Dritten eine Auffanggesellschaft gründet, um Teile des Betriebs von dieser Gesellschaft fortführen zu lassen (*BAG* DB 1985, 2459 = NZA 1986 93). **541**

Eine **treuhänderische Betriebsübertragung** stellt dann eine rechtsgeschäftliche Betriebsveräußerung dar, wenn ein vorhandenes Unternehmen auf Veranlassung seiner Gläubiger die Abwicklung seiner laufenden Geschäfte einer Auffanggesellschaft überläßt, die zu diesem Zweck befristet alle wesentlichen Betriebsmittel übernimmt (*BAG* DB 1985, 1135 = NZA 1985, 393). **542**

Bei einer **Zwangsverwaltung** findet § 613 a BGB Anwendung, und zwar nicht nur dann, wenn der Zwangsverwalter den Betrieb verpachtet (*ArbG Lübeck* BB 1979, 979), sondern auch dann, wenn der Zwangsverwalter aufgrund eigener Fortführungsentschließung den Betrieb fortführt (*BAG* DB 1980, 1497). **543**

544 Ein rechtsgeschäftlicher Betriebsübergang i.S.d. § 613 a BGB liegt dann nicht vor, wenn der Betriebsveräußerer aufgrund eines vorbehaltenen Rücktrittsrechts von dem Überlassungsvertrag zurücktritt und den Betrieb im bisherigen Umfang weiterführt. Hat der Betriebserwerber wahrend seiner Betriebsinhaberschaft Arbeitnehmer eingestellt, sind diese Einstellungen auch nach Ausübung des Rücktrittsrechts für den Betriebsveräußerer bindend (*LAG Rheinland-Pfalz* ZIP 1985, 305).

545 Kein Betriebsübergang liegt dann vor, wenn der Betriebsinhaber seine Leitungsbefugnis behält und zwar selbst dann, wenn er das Eigentum an den Betriebsmitteln an einen Kreditgeber (Bankenpool) überträgt und er sich unter Umständen sogar in sittenwidriger **Knebelung** verpflichtet, die wesentlichen unternehmerischen Entscheidungen mit dem Sicherungsnehmer abzustimmen (*BAG* DB 1985, 1135 = NZA 1985, 393).

546 Anders ist nur dann zu entscheiden, wenn der **Sicherungsnehmer** die Leitungsmacht übernimmt (*BAG* DB 1985, 2407 = NZA 85, 773).

547 Da es nur notwendig ist, daß der Betriebsübergang rechtsgeschäftlich veranlaßt ist, ist es nicht erforderlich, daß der Betriebsübergang von dem bisherigen Betriebsinhaber mit dem neuen Betriebsinhaber vereinbart wird. Ein rechtsgeschäftlicher Betriebsübergang liegt deshalb auch dann vor, wenn der **Erstpächter** den Betrieb unterverpachtet (*BAG* DB 1981, 848 = DB 1981 1149) und der **Unterpächter** die Leitungsbefugnis erhält.

548 Auch der **Erwerb** von einem oder **mehreren Sicherungsnehmern** kann einen rechtsgeschäftlichen Betriebsübergang darstellen (*BAG* DB 1985, 2409 = NZA 1985, 775) wenn die Rechtsgeschäfte dazu dienen, einen funktionsfähigen Betrieb zu übernehmen (*BAG* DB 1985, 2407 = NZA 1985, 773).

549 Dementsprechend liegt ein rechtsgeschäftlicher Betriebsübergang auch dann vor, wenn die Betriebsmittel mit mehreren verschiedenen Handlungen erworben werden, insbesondere dann, wenn ein Teil der Gegenstände an Dritte weiter veräußert worden war und die Gegenstände nunmehr »geleast« werden.

550 Da es für die rechtsgeschäftlich veranlaßte Betriebsübernahme nur darauf ankommt, daß der Erwerber die Leitungsmacht über die Betriebsmittel erhält, kann ein Betriebsübergang auch dann vorliegen, wenn das **»Rechtsgeschäft«** als solches unwirksam oder angefochten ist (*BAG* DB 1985, 2411 = NZA 1985, 735).

551 Ist der **Erwerber** beim Erwerb des Betriebes **geschäftsunfähig** gewesen, tritt der Veräußerer wieder in die Rechte und Pflichten aus den Arbeitsverhältnissen ein, da der Erwerber die Rechte zur Betriebsfortführung in dem Zeitpunkt verliert, in dem sich herausstellt, daß das Rechtsgeschäft unwirksam ist. Eine Handlung des geschäftsunfähigen »Erwerbers« nach § 613 a Abs. 2 BGB scheidet aus, da der Schutz der Geschäftsunfähigen Vorrang hat.

552 Noch kein rechtsgeschäftlicher Betriebsübergang liegt vor, wenn ein neuer Betrieb unter einer durch den Konkurs des Altbetriebes entstandenen Marktlücke Aufträge aus dem **Kundenstamm** des Altbetriebes erhält. Hierin liegt keine rechtsgeschäftliche, sondern nur eine tatsächliche **Übernahme der Marktstellung, der Kundenkontakte** und **des Auftragsbestandes,** und zwar selbst dann vor, wenn

der Geschäftsführer des alten auch Geschäftsführer des neuen Betriebes ist und der Altbetriebsinhaber Betriebsleiter ist (*BAG* ZIP 1988, 1272).

5. Die Rechtsfolgen des rechtsgeschäftlichen Betriebsübergangs

5.1 Der Arbeitgeberwechsel

Rechtsfolge des rechtsgeschäftlichen Betriebsübergangs ist es, daß der neue Betriebsinhaber »in die Rechte und Pflichten aus den im Zeitpunkt des Übergangs bestehenden Arbeitsverhältnisse« eintritt (§ 613 a Abs. 1 Satz 1 BGB). Der bisherige Arbeitgeber haftet nur noch neben dem neuen Inhaber in dem gesetzlich angeordneten Umfang als Gesamtschuldner. **553**

Der *EuGH* (ZIP 1993, 936) hat darauf hingewiesen, daß Art. 3 Abs. 1 der Richtlinie 771/87 EWG des Rates vom 14. Februar 1977 zur Angleichung der Rechtsvorschriften der Mitgliedstaaten über die Wahrung von Ansprüchen der Arbeitnehmer beim Übergang von Unternehmen, Betrieben oder Betriebsteilen dahin auszulegen ist, daß alle zum Zeitpunkt des Übergangs eines Unternehmens bestehenden Arbeitsverträge oder -verhältnisse bereits aufgrund der bloßen Tatsache des Übergangs automatisch auf den Erwerber übergehen. Der bisherige Arbeitgeber haftet nur noch neben dem neuen Inhaber in dem gesetzlich angeordneten Umfang als Gesamtschuldner. **554**

Nach dem Wortlaut des Gesetzes wird die Vertragspartei auf der Arbeitgeberseite ausgewechselt (*BAG* DB 1977, 310; *BAG* DB 1978, 1453; *BAG* DB 1978, 1795) mit der Folge, daß den neuen Arbeitgeber alle Rechte und Pflichten aus dem Arbeitsverhältnis treffen, selbst dann, wenn sie nicht vertraglich begründet wurden, sondern beispielsweise auf einem Tarifvertrag oder einer Betriebsvereinbarung beruhen. **555**

Da es sich um einen gesetzlich angeordneten Übergang des Arbeitsverhältnisses handelt, bedarf es nicht der **Zustimmung des Arbeitnehmers.** Er kann lediglich mit einem Widerspruch den Übergang des Arbeitsverhältnisses verhindern (*BAG* DB 1977, 2146). **556**

Der neue Betriebsinhaber tritt in die im Zeitpunkt des Betriebsübergangs bestehenden **Arbeitsverhältnisse** ein. Die Vertragsauswechselung betrifft damit auch alle Arbeiter und Angestellte, unabhängig, ob es sich um **leitende Angestellte, Vollzeit- oder Teilzeitkräfte** handelt und unabhängig, ob der Arbeitnehmer schon **Kündigungsschutz** genießt oder nicht (*BAG* DB 1985, 1842 = NZA 1985, 593). Das Arbeitsverhältnis geht auch im gekündigten Zustand für die Restlaufzeit des Kündigungsschutzes über (*BAG* BB 1987, 1603 = NZA 1987 597). **557**

§ 613 a BGB findet keine Anwendung auf die freien Mitarbeiter, da diese nicht in einem Arbeitsverhältnis stehen. **558**

Auch auf beendete Arbeitsverhältnisse ist § 613 a BGB nicht anzuwenden. Dementsprechend wird der Erwerber eines Betriebs nach § 613 a BGB nicht Schuldner der **Provisionsansprüche von Arbeitnehmern,** die zur Zeit des Betriebsübergangs bereits ausgeschieden waren, und zwar auch dann nicht, wenn das provisionspflichtige Geschäft erst von dem Betriebserwerber ausgeführt wird. **559**

560 Streitig ist, ob § 613 a BGB auch auf die Rechtsverhältnisse arbeitnehmerähnlicher Personen, wie Heimarbeiter und Hausgewerbetreibende, analog Anwendung finden soll (so auch *Gaul* DB 1979, 1666; *Lepke* BB 1979, 526; ablehnend *Heinze* DB 1980, 205; *Palme* BLStSozArbR 1977, 386; *Staudiger/Richardi* BGB § 613 a Rz. 30).

561 Ist bei dem Übergang eines Betriebsteils streitig, ob ein Arbeitsverhältnis übergegangen ist, weil der Arbeitnehmer in verschiedenen Betriebsteilen gearbeitet hat, ist darauf abzustellen, für welchen Betriebsteil der Arbeitnehmer vor der Betriebsveräußerung überwiegend tätig war (*BAG* DB 1983, 50).

562 Maßgeblicher Zeitpunkt für den Betriebsübergang ist der Zeitpunkt, von dem an der Betriebsübernehmer die Betriebsmittel nutzen kann, was regelmäßig dann der Fall ist, wenn er die Leitung des Betriebes übernimmt.

5.2 Das Widerspruchsrecht des Arbeitnehmers

563 Im Wege der **teleologischen** Reduktion räumt das *BAG* dem einzelnen Arbeitnehmer ein individualrechtlich gestaltetes Widerspruchsrecht ein, das bis zum Übergang des Arbeitsverhältnisses ausgeübt werden kann und dazu führt, daß das Arbeitsverhältnis nicht gegen den Willen des Arbeitnehmers auf den Betriebserwerber übergeht (*BAG* DB 1977, 2146; BAG DB 1978, 1083; *BAG* DB 1980, 1495; *BAG* DB 1987, 942 = NZA 1987, 524).

564 Dieses Widerspruchsrecht, für das es im Gesetzeswortlaut keine Rechtfertigung gibt, ist in der Literatur meist abgelehnt worden (*Gitter* S. 133, 140; *Schwerdtner* S. 557, 575; *Roemheld* BB 1976, 845; *Herschel* ZfA 1977, 219, 231 ff.; *Hess* BB 1977, 501 f.; *Schell* ZfA 1979, 503 ff.; *Heinze* DB 1980, 205, 206; *Schreiber* RdA 1982, 137, 142). Die von dem BAG vertretene Auffassung wird mit der in Art. 12 Abs. 1 GG verfassungsrechtlich geschützten Vertragsfreiheit des Arbeitnehmers zu rechtfertigen versucht, weil es mit der Vertragsfreiheit des Arbeitnehmers nicht vereinbar sein soll, dem Arbeitnehmer gegen seinen Willen einen neuen Arbeitgeber aufzudrängen (*Palandt/Putzo* BGB, § 613 a Rz. 15; *Posth* S. 51 ff.; *Konzen* ZfA 1978, 451, 502 f.; *Schlüter* ZfA 1975, 437, 476).

565 Zweifel an der von dem BAG vertretenen Auffassung wurden erneut laut (*Meilicke* DB 1990, 1770; *Bauer* NZA 1990, 881), als in einer Entscheidung der *EuGH* (NZA 1990, 88 = *EuGHE* 1988, 2559) festgestellt hat, daß die EG-Richtlinie 77/187, auf der auch § 613 a BGB beruht, dem Arbeitnehmer kein Widerspruchsrecht gewährt. Die Frage, ob das BAG nunmehr seine Rspr. aufgeben muß, wird dementsprechend davon abhängen, ob die von dem BAG auf Art. 12 Abs. 1, 2 GG gestützte verfassungskonforme Auslegung des § 613 a BGB der richtlinienkonformen Auslegung des Gemeinschaftsrechts weichen muß. Geht man zu Recht davon aus, daß den vom Ministerrat der EG verabschiedeten Normen kein Vorrang vor dem demokratisch legitimierten Verfassungsrecht zukommt (*Löw* DB 1991, 546 ff.), besteht kein Zwang für das BAG, die Rspr. aufzugeben.

566 Der Zweite Senat des Bundesarbeitsgerichts, der an der bisherigen Rechtsprechung des Gerichts zur Begründung eines Widerspruchsrechts des Arbeitnehmers beim Betriebsübergang (vgl. *BAG* BAGE 26, 301 = AP Nr. 1 zu § 613 a BGB; AP Nr. 8 zu § 613 a BGB; AP Nr. 10 zu § 613 a BGB, AP Nr. 21 zu § 613 a BGB; BAGE 45, 140 = AP Nr. 37 zu § 613 BGB; BAGE 53, 252 = AP Nr. 55 zu

§ 613 a BGB, BAGE 61, 369 = AP Nr. 81 zu § 613 a BGB) festhalten will, hat gemäß Art. 177 Abs. 3 EWG-Vertrag den Europäischen Gerichtshof zur Interpretation der Art. 3 und 7 der Richtlinie 77/187 vom 14. 2. 1977 des Rates der Europäischen Gemeinschaft mit folgenden Fragen angerufen:

1. Steht es Art. 3 Abs. 1 der Richtlinie 77/187 EWG des Rates der Europäischen Gemeinschaften vom 14. 2. 1977 entgegen, wenn ein zum Zeitpunkt des Übergangs im Sinne des Art. 1 Abs. 1 dieser Richtlinie 77/187 EWG beim Veräußerer beschäftigter Arbeitnehmer dem Übergang der Rechte und Pflichten aus dem zwischen ihm und dem Veräußerer bestehenden Arbeitsvertrag auf den Erwerber mit der Folge widerspricht, daß der Übergang dieser Rechte und Pflichten des Veräußerers auf den Erwerber nicht stattfindet?
2. Wenn Frage 1. bejaht wird: Ist ein im nationalen Recht eines Mitgliedstaates vorgesehenes Widerspruchsrecht im vorstehenden Sinne eine für die Arbeitnehmer günstigere Regelung im Sinne des Art. 7 der Richtlinie 77/187 EWG?
3. Wenn Frage 2. bejaht wird: Sind Art. 7 und 8 der Richtlinie 77/187 EWG dahingehend auszulegen, daß es sich um ausdrückliche Rechts- oder Verwaltungsvorschriften handeln muß?
4. Wenn Frage 3. verneint wird: Ist es mit Art. 7 und 8 der Richtlinie 77/187 EWG vereinbar, daß die Rechtsprechungsorgane der Mitgliedstaaten durch Auslegung nationaler Rechts- oder Verwaltungsvorschriften für die Arbeitnehmer günstigere »Regelungen« im Sinne der Richtlinie im Wege der Rechtsfortbildung ermitteln? (*BAG* EzA § 613 a BGB Nr. 103).

Der *EuGH* (EzA § 613 a BGB Nr. 105 – NZA 1993, 169 = DB 1993, 230) hält das Widerspruchsrecht des Arbeitnehmers beim Betriebsübergang mit dem EG-Recht vereinbar, indem er entschieden hat, daß Art. 3 Abs. 1 der Richtlinie 77/187/EWG des Rates vom 14. 2. 1977 zur Angleichung der Rechtsvorschriften der Mitgliedstaaten über die Wahrung von Ansprüchen der Arbeitnehmer beim Übergang von Unternehmen, Betrieben oder Betriebsteilen es einem Arbeitnehmer, der im Zeitpunkt des Übergangs i.S.v. Art. 1 Abs. 1 der Richtlinie beim Veräußerer beschäftigt ist, nicht verwehrt, dem Übergang seines Arbeitsverhältnisses oder Arbeitsvertrages auf den Erwerber zu widersprechen. Die Richtlinie verpflichtet die Mitgliedstaaten jedoch nicht, die Aufrechterhaltung des Arbeitsvertrages oder Arbeitsverhältnisses mit dem Veräußerer für den Fall vorzusehen, daß ein Arbeitnehmer sich frei dafür entscheidet, den Arbeitsvertrag oder das Arbeitsverhältnis nicht mit dem Erwerber fortzusetzen. Die Richtlinie steht dem auch nicht entgegen. Es ist Sache der Mitgliedstaaten, zu bestimmen, was in einem solchen Fall mit dem Arbeitsvertrag oder dem Arbeitsverhältnis mit dem Veräußerer geschieht (s. hierzu auch *Ehrich* NZA 1993,169 ff.). **567**

Das *BAG* hat (ZIP 1993, 1176) daran festgehalten, daß der Arbeitnehmer dem Übergang seines Arbeitsverhältnisses im Rahmen eines Betriebsübergangs nach § 613 a BGB widersprechen kann (im Anschluß an den Vorlagebeschluß des Senats vom 21. 5. 1992 – 2 AZR 449/91 – ZIP 1992, 1329 und das Urteil des *EuGH* ZIP 1993, 221 = DB 1993, 230). **568**

Widerspricht der Arbeitnehmer dem Übergang seines Arbeitsverhältnisses auf einen Betriebs(teil)übernehmer (§ 613 a BGB), dann kann er sich auf eine fehlerhafte Sozialauswahl nach § 1 Abs. 3 KSchG nur berufen, wenn für den Widerspruch ein sachlicher Grund vorliegt. **569**

570 Der Widerspruch ist als einseitig empfangsbedürftige Willenserklärung von dem Arbeitnehmer gegenüber dem Arbeitgeber zu erklären. Er kann auch noch nach dem Betriebsübergang erhoben werden, wenn er hiervon nicht rechtzeitig unterrichtet worden war (*BAG* DB 1984, 1403).

571 Für eine noch nach Betriebsübergang mögliche Ausübung des Widerspruchsrechts beginnt die Erklärungsfrist jedenfalls im Regelfall mit der ausreichenden Unterrichtung des Arbeitnehmers über den Betriebsinhaberwechsel. In einem solchen Fall ist es nicht erforderlich, daß der Betriebsveräußerer oder der Betriebserwerber dem widerspruchsberechtigten Arbeitnehmer eine Erklärungsfrist setzen. Der Arbeitnehmer muß unverzüglich dem Betriebsübergang widersprechen. In der Regel muß der Widerspruch spätestens innerhalb von drei Wochen erklärt werden (*BAG* NJW 1994, 2170). Ein Arbeitnehmer, der von seinem Arbeitgeber nicht rechtzeitig über den bevorstehenden Betriebsübergang unterrichtet wurde, kann, ohne rechtsmißbräuchlich zu handeln, noch nach Betriebsübergang sein Widerspruchsrecht ausüben. Dieser Widerspruch, der auf den Zeitpunkt des Betriebsübergangs zurückwirkt, kann sowohl dem Betriebsveräußerer als auch dem Betriebserwerber gegenüber erklärt werden (*BAG* ZIP 1994, 389).

572 Das Widerspruchsrecht des Arbeitnehmers kann, weil es individualrechtlich ausgestaltet ist, weder durch Tarifvertrag noch durch Betriebsvereinbarung abbedungen werden. Widerspricht der Arbeitnehmer dem Übergang des Arbeitsverhältnisses, kann der Arbeitgeber wegen Wegfall des Arbeitsplatzes das Arbeitsverhältnis kündigen (WM 1975, 477). Das gleiche gilt, wenn ein Betrieb verlagert wird und der Arbeitnehmer nicht zustimmt, daß der Arbeitsvertrag hinsichtlich des Arbeitsortes geändert wird (*BAG* DB 1989, 2334).

5.3 Die Rechtsstellung des Arbeitnehmers nach Betriebsübergang

573 Mit dem Betriebsübergang **erlischt das Arbeitsverhältnis** mit dem Betriebsveräußerer, und das Arbeitsverhältnis setzt sich mit allen Rechten und Pflichten mit dem Betriebsübernehmer fort. Dies bedeutet, daß der Arbeitnehmer zur Arbeitsleistung und der Arbeitgeber zur Lohn- oder Gehaltszahlung verpflichtet ist.

574 Kommt es auf die Dauer der Betriebszugehörigkeit an, wie z.B. für die Berechnung der Kündigungsfristen (§§ 622 BGB, 2 AngKüSchG), für den Erwerb des Kündigungsschutzes (§ 1 KSchG), für die Wartezeit bei Urlaub (§ 4 BUrlG), für den Erwerb der unverfallbaren Ruhegeldanwartschaft (§ 1 BetrAVG), wird die Dauer des Arbeitsverhältnisses bei dem Betriebsveräußerer angerechnet, allerdings nur insoweit, als es sich nicht um die Gewährung und Berechnung von Leistungen handelt, die der Betriebserwerber gewährt hat (*BAG* DB 1979, 2431).

575 Der Betriebserwerber hat alle aus dem Arbeitsverhältnis mit dem Betriebsveräußerer bestehenden Verpflichtungen zu erfüllen. Dies bedeutet, daß die aus **Tarifverträgen,** aus **Betriebsvereinbarungen** sowie aus **Betriebsübungen** bestehenden Ansprüche ebenso zu erfüllen sind wie die im Zeitpunkt des Betriebsübergangs bestehenden **Lohnansprüche** und evtl. vor dem Betriebsübergang **ausgebrachte Pfändungen** (*LAG Hamm* DB 1976, 440).

576 Der Betriebserwerber tritt weiterhin in die **Versorgungsanwartschaften** der bei Betriebsübergang bestehenden Arbeitsverhältnisse ein, wobei es unerheblich ist,

ob die Versorgungsanwartschaft auf einer **einzelvertraglichen Abrede,** auf einer **Gesamtzusage** oder einer **betrieblichen Übung** beruht (*BAG* DB 1977, 1466; *BAG* DB 1977, 1803; *BAG* DB 1978, 1795; *BAG* DB 1979, 1462; *BAG* DB 1980, 308; *BAG* DB 1982, 1607; *BAG* DB 1985 1135 = NZA 1985, 393). Auch wenn die Altersversorgung über eine von dem bisherigen Arbeitgeber eingerichtete **Unterstützungskasse** gewährt wird, geht der Anspruch des Arbeitnehmers aus der Versorgungsanwartschaft auf den Betriebserwerber über, und die Unterstützungskasse wird frei, es sei denn, die Unterstützungskasse wird ebenfalls übertragen. In der Praxis werden die aus den **Ruhegeldanwartschaften** zu übernehmenden Verpflichtungen, für die der Betriebserwerber als Betriebsübergang **Rückstellungen** bilden muß, bei den Erwerbskosten berücksichtigt.

Soweit der Arbeitnehmer im Zeitpunkt des Betriebsübergangs aus dem Arbeits- **577** verhältnis ausgeschieden ist, gehen die Versorgungsanwartschaften nicht auf den Betriebserwerber über (*BAG* DB 1977, 1466; *BAG* DB 1979, 1462), wobei es unerheblich ist, ob der **Versorgungsfall** eingetreten oder ob nur **unverfallbare Anwartschaften** entstanden sind. Schuldner des Versorgungsanspruchs bleibt der Betriebsveräußerer.

Erhält der Arbeitnehmer erstmals von dem Betriebserwerber eine Versorgungs- **578** zusage und ist die Unverfallbarkeit von der Betriebszugehörigkeit abhängig, wird die Betriebszugehörigkeit bei dem Betriebsveräußerer angerechnet (*BAG* DB 1984, 301).

Vereinbarungen zwischen Betriebsveräußerer und Betriebserwerber –, und zwar **579** selbst, wenn die Arbeitnehmer zustimmen –, wonach die Ruhegeldanwartschaften bei dem Betriebsveräußerer verbleiben und dieser alleiniger Schuldner der Versorgungszusage bleibt, sind nichtig (*BAG* DB 1982, 1607).

Da nur die aus dem Arbeitsverhältnis bestehenden Ansprüche übergehen, er- **580** löschen diejenigen Rechte und Pflichten, die auf weiteren Zusagen beruhen, für die das Arbeitsverhältnis nur die Grundlage ist, z.B. die Prokura und die Handlungsvollmacht (*Staudinger/Richardi* BGB, § 613 a Rz. 137).

Der Anspruch auf Gewährung oder Belassung eines Arbeitgeberdarlehens be- **581** steht nur dann, wenn es sich um eine allgemein von dem Betriebsveräußerer gewährte Sozialleistung handelt.

Falls der Betriebsveräußerer dem Arbeitnehmer die Beschaffung von Wohnraum **582** zugesagt hat, bleibt auch der Betriebserwerber verpflichtet. Werden Werksdienstwohnungen zur Verfügung gestellt (§ 565e BGB), deren Bereitstellung Inhalt des Arbeitsverhältnisses ist, muß der Betriebserwerber diese Verpflichtung erfüllen. Dies gilt nicht für Werksmietwohnungen (§§ 565 b bis 565 d BGB), die nur aus Anlaß der Arbeitsverhältnisse an die Arbeitnehmer vermietet werden.

Eine bei Betriebsübergang bestehende Wettbewerbsabrede geht auf den Be- **583** triebserwerber über. Verzichtet der Betriebsübernehmer und scheidet der Arbeitnehmer aus dem Arbeitsverhältnis aus, kann der Betriebsveräußerer aus dem Wettbewerbsverbot keine Rechte mehr herleiten. Verfolgt der Betriebserwerber einen anderen Unternehmenszweck als der Betriebsveräußerer, muß geprüft werden, ob das Wettbewerbsverbot mit dem bisherigen Inhalt fortbesteht oder ob es neu gefaßt werden muß. Ist das Arbeitsverhältnis im Zeitpunkt des Betriebsübergangs schon beendet, findet § 613a BGB keine Anwendung (s. hierzu eingehend *Staudinger/Richardi* BGB, § 613a Rz. 155, der auch eine analoge Anwendung verneint).

584 Bestehen im Zusammenhang mit dem Arbeitsverhältnis Ansprüche aus unerlaubter Handlung oder ungerechtfertigter Bereicherung, so gehen diese mit über und sind entweder von dem Arbeitgeber oder Arbeitnehmer zu erfüllen (*Staudinger/Richardi* BGB, § 613a Rz. 146). Zweifelhaft ist deshalb die Rechtsauffassung des *BayObLG* (BB 1974, 1582), wonach der Betriebsübernehmer nicht für rückständige Sozialversicherungsbeiträge und für die einbehaltene Lohnsteuer haftet. Diese Meinung wird damit begründet, daß es sich bei der Abführung der Sozialversicherungsbeiträge und der Abführung der Lohnsteuer nicht um Pflichten aus dem Arbeitsverhältnis handele und es unbillig sei, den Betriebsübernehmer für die unerlaubten Handlungen des Betriebsveräußerers einstehen zu lassen. Es ist zu bedenken, daß die Sozialversicherungsbeiträge und die Lohnsteuer Teile des dem Arbeitnehmer zustehenden Bruttogehalts sind und die Haftung für die unerlaubte Handlung des Betriebsveräußerers keinen Schuldvorwurf beinhaltet.

585 Nach § 613a Abs. 1 Satz 1 BGB werden Rechte und Pflichten, die durch die Rechtsnormen von Tarifverträgen geregelt sind, Inhalt des Arbeitsverhältnisses. Dies bedeutet, daß die für den Betriebsveräußerer geltenden Kollektivregeln zumindest individualrechtlich für den Betriebserwerber fortgelten, ohne daß eine kollektivrechtliche Bindung entstehen muß.

586 Dem steht aber nicht entgegen, daß auch eine kollektivrechtliche Fortgeltung der Tarifnormen in Frage kommt (*Wank* NZA 1987, 505 506), weil die Voraussetzungen der Tarifgebundenheit gegeben sind.

587 War für den Betrieb des Betriebsveräußerers ein Firmentarifvertrag abgeschlossen, gilt dieser auch im Falle der Betriebsveräußerung kollektivrechtlich fort, wenn der Betrieb als solcher erhalten bleibt. Auch Verbandstarifverträge gelten kollektivrechtlich fort, wenn die Tarifgebundenheit trotz des Betriebsinhaberwechsels bestehen bleibt (§§ 3, 5 TVG) und der Betriebsübernehmer Mitglied des den Tarifvertrag abschließenden Arbeitgeberverbandes ist.

588 Bei kollektivrechtlicher Weitergeltung des für den Betriebsveräußerer geltenden Tarifvertrags können Fälle der Tarifkonkurrenz auftreten, wenn der räumliche, fachliche und persönliche Geltungsbereich identisch oder teilweise identisch ist. In dem Falle der Tarifkonkurrenz hat der speziellere, d.h. der räumlich, fachlich sowie persönlich nähere Tarifvertrag Vorrang (*BAG* EzA § 4 TVG Tarifkonkurrenz Nr. 2). Folglich geht der Firmentarifvertrag dem Verbandstarifvertrag, der Tarifvertrag des untergeordneten Verbandes dem des übergeordneten Verbandes vor.

Von den Fällen der Tarifkonkurrenz zu unterscheiden sind die Fälle der Tarifpluralität, wenn z.B. verschiedene Gewerkschaften mit dem gleichen Arbeitgeberverband für den gleichen Betrieb unterschiedliche Tarifverträge abschließen, die nebeneinander Bestand haben.

589 Die in § 613a Abs. 1 Satz 2 BGB angeordnete individualrechtliche Fortgeltung betrifft nicht den schuldrechtlichen Teil des Tarifvertrages und aus dem normativen Teil des Tarifvertrages nur die Inhaltsnormen, d.h. die Normen, die die

Rechte und Pflichten aus dem Arbeitsverhältnis regeln, nicht die abschluß-, betriebs- und betriebsverfassungsrechtlichen Normen.

Die individualrechtliche Fortgeltung tarifvertraglicher Inhaltsnormen ist jedoch **590**
weiter eingeschränkt (§ 613 a Abs. 1 Satz 1 BGB), soweit ein anderer Tarifvertrag die Rechte und Pflichten aus dem Arbeitsverhältnis bei dem Betriebserwerber regelt, wobei es unerheblich ist, ob die bisherige Regelung günstiger war (*Wank* NZA 1987, 505, 509). Lediglich die vertraglich günstigeren Individualvereinbarungen gelten fort.
Hatte die kollektivvertragliche Regelung, die bei dem Betriebserwerber individualrechtlich fortgilt, zwingende Wirkung, so darf sie vor Ablauf eines Jahres nach dem Betriebsübergang nicht abgeändert werden. Danach kann der Betriebserwerber die Arbeitsbedingungen einheitlich gestalten.
Hatten die fortgeltenden Tarifnormen keine zwingende Wirkung oder liegt nur eine Nachwirkung vor (§ 4 Abs. 5 TVG), können sie jederzeit zum Nachteil des Arbeitnehmers abgeändert werden.
Die individualrechtliche Fortgeltung tarifvertraglicher Inhaltsnormen betrifft aber nur die tarifgebundenden Arbeitnehmer.
Bei nicht tarifgebundenen Arbeitnehmern, für die die Tarifnormen nur einzelvertraglich übernommen werden, ergibt sich die Einhaltung der Verpflichtung nicht aus § 613 a Abs. 1 Satz 2–4 BGB, sondern aus § 613 a Abs. 1 Satz 1 BGB.

6. Die Verbindlichkeiten aus der Zeit vor dem Betriebsübergang

6.1 Die Haftung des Betriebserwerbers

Der Betriebserwerber tritt in das bestehende Arbeitsverhältnis mit allen Rechten **591**
und Pflichten ein mit der Folge, daß er nicht nur für die ab Betriebsübergang entstehenden Ansprüche einzustehen hat, sondern auch für die vor Übergang des Arbeitsverhältnisses entstandenen Ansprüche haftet (*BAG* DB 1977, 1466), soweit das Arbeitsverhältnis im Zeitpunkt des Übergangs noch nicht beendet war.

Erhebt ein Arbeitnehmer im Falle eines Betriebsübergangs gegenüber dem frü- **592**
heren Betriebsinhaber eine erfolgreiche Kündigungsschutzklage, so muß der neue Inhaber den gegenüber dem früheren Inhaber eingetretenen Annahmeverzug ebenso wie eine diesem gegenüber erfolgte tarifliche Geltendmachung (§ 16 Abs. 1 BRTV-Bau) aufgrund des Schutzzwecks des § 613 a BGB gegen sich gelten lassen (*BAG* EzA § 615 BGB Nr. 68).

Wird ein Betrieb vor Konkurseröffnung veräußert, haftet nur der Erwerber, nicht **593**
jedoch der Pensions-Sicherungs-Verein für die Ansprüche der Arbeitnehmer aus betrieblicher Altersversorgung. Maßgeblich für den Betriebsübergang ist der Zeitpunkt, in dem der Erwerber die Leitungsmacht im Betrieb im Einvernehmen mit dem Betriebsveräußerer ausüben kann (ständige Rechtsprechung, vgl. zuletzt *BAG* NZA 1992, 217; NJW 1992, 708 = DB 1992, 96). In rechtlichem Sinne ist es unerheblich, wenn die Übernahmeverträge über das Anlage- und Umlaufvermögen erst nach Konkurseröffnung abgeschlossen werden (*LAG Köln* ZIP 1989, 1139).

Gehen Betriebsmittel in einzelnen Schritten auf den Erwerber über, so ist der **594**
Betriebsübergang jedenfalls in dem Zeitpunkt erfolgt, in dem die wesentlichen,

zur Fortführung des Betriebs erforderlichen Betriebsmittel übergegangen sind und die Entscheidung über den Betriebsübergang nicht mehr rückgängig gemacht werden kann (*BAG* NJW 1993, 2259 = NZA 1993, 643).

595 Der mit dem Veräußerer eines Betriebs geschlossene Erlaßvertrag über eine länger als zehn Jahre bestehende Zusage auf Leistungen der betrieblichen Altersversorgung ist unwirksam. Der Erwerber haftet deshalb für die bis zum Betriebsübergang entstandene Anwartschaft.

596 Werden Arbeitnehmer mit dem Hinweis auf eine geplante Betriebsveräußerung veranlaßt, Erlaßverträge über ihre beim Veräußerer erdienten Versorgungsanwartschaften abzuschließen, um dann mit dem Erwerber neue Arbeitsverträge ohne Zusagen einer betrieblichen Altersversorgung abzuschließen, so liegt darin eine Umgehung des § 613 a Abs. 1 S. 1 BGB. Die Erlaßverträge sind unwirksam (im Anschluß an *BAG* BAGE 55, 229 = AP Nr. 5 zu § 1 BetrAVG Betriebsveräußerung; *BAG* EzA § 613 a BGB Nr. 104).

597 Dagegen kann der Versorgungsberechtigte gegenüber dem Erwerber auf ein weiteres Anwachsen seiner Anwartschaft jedenfalls dann verzichten, wenn von dem Verzicht lediglich dienstzeitabhängige Steigerungsbeträge betroffen werden und die Vereinbarung auch im übrigen einer strengen Rechtskontrolle standhält (*LAG Hamm* DB 1991, 1079).

6.2 Die Haftung des Betriebsveräußerers

598 Die Haftung des Betriebsveräußerers ergibt sich aus § 613 a Abs. 2 BGB. Er haftet für die Verbindlichkeiten aus dem Arbeitsverhältnis, soweit sie vor dem Betriebsübergang entstanden sind und vor Ablauf von einem Jahr nach dem Betriebsübergang fällig werden, wobei der Betriebsveräußerer für die im Laufe des Jahres nach dem Betriebsübergang fällig werdenden Ansprüche nur zeitanteilig insoweit haftet, als der Bemessungszeitraum vor dem Betriebsübergang liegt.

6.3 Gesamtschuldnerische Haftung

599 Der ursprüngliche Betriebsinhaber haftet zeitlich unbeschränkt als Gesamtschuldner neben dem neuen Betriebsinhaber für solche Ansprüche, die vor dem Betriebsübergang entstanden und fällig geworden sind.

600 Der bisherige Betriebsinhaber haftet zeitlich beschränkt auf 1 Jahr neben dem neuen Betriebsinhaber als Gesamtschuldner für solche Ansprüche, die vor dem Betriebsübergang entstanden sind oder erst innerhalb eines Jahres nach dem Betriebsübergang fällig werden.

7. Die Betriebsübernahme im Konkurs des Arbeitgebers

7.1 Die Anwendbarkeit des § 613 a BGB im Konkurs

601 Während sich eine Reihe von Konkursrechtlern gegen die Anwendbarkeit des § 613 a BGB im Konkurs ausgesprochen haben (*Hilger* KO, § 1, 3; *Grub* KTS 1978, 129, 131; *Martens* DB 1977, 495; *Uhlenbruck* KTS 1974, 1; 1975, 253; *Mohrbutter,* S. 658, Fußnote 25; *Bauer,* § 4 III 5 d), sind die Arbeitsrechtler mit großer Mehrheit für dessen uneingeschränkte Anwendbarkeit eingetreten (*Hess* DB 1976, 1154 ff.; *von Stehut* DB 1975, 2438; *Borngräber,* S. 52 ff.; *Heintze* AuR

1976, 33; *ders.* DB 1980, 205; *Lorenz/Fischer,* S. 55 m.w.N.; *Richardi* RdA 1976, 56; *Wendling,* S. 171 m.w.N.), der sich das *BAG* (DB 1983, 2690) angeschlossen hat.

Mit Urteil des *EuGH* ZIP 1993, 936 (Pretore von Mailand) wird ausgeführt, daß Art. 1 Abs. 1 der Richtlinie 77/187/EWG vom 14. 2. 1977 nicht auf Übertragungen von Unternehmen anwendbar ist, die im Rahmen eines Insolvenzverfahrens, wie sie in den italienischen Rechtsvorschriften über die Zwangsliquidation im Verwaltungswege vorgesehenen Verfahren stattfinden, auf die sich das Gesetz vom 3. 4. 1979 über die außerordentliche Verwaltung großer Unternehmen, die sich in einer Krise befinden, bezieht. Dagegen findet diese Bestimmung der genannten Richtlinie Anwendung, wenn im Rahmen einer Gesamtregelung, wie derjenigen über die außerordentliche Verwaltung großer Unternehmen, die sich in einer Krise befinden, die Fortsetzung der Geschäftstätigkeit des Unternehmens angeordnet wurde, und zwar so lange, wie diese Anordnung in Kraft bleibt. Daraus ergibt sich, daß das EG-Recht ausdrücklich eine Einschränkung des § 613 a BGB im Konkursfall dulden würde (EWiR 1993, 1069 (*Mönning*); *Schaub* ZIP 1993, 969, 971). Durch das Urt. (WM 1980, 561) hat das *BAG* klargestellt, daß auch bei einer Betriebsveräußerung durch den Konkursverwalter der Bestandsschutz nach § 613 a Abs. 1 und 4 BGB zugunsten der Arbeitnehmer eingreift. § 613 a BGB ist auch dann anzuwenden, wenn die Arbeitnehmer eines notleidenden Betriebes die Arbeit bei dem Übernehmer zunächst fortsetzen, erst später den Antrag auf Kaug stellen und die Eröffnung des Konkursverfahrens nach dem Betriebsübergang beantragt und mangels Masse abgelehnt wird (*BAG* KTS 1990, 107). **602**

Das BAG geht davon aus, daß schon der Wortlaut des § 613a BGB dafür spricht, daß jede Kündigung wegen des Übergangs eines Betriebs oder Betriebsteils unwirksam ist, ohne Rücksicht darauf, ob sie im Konkursfall oder außerhalb des Konkurses ausgesprochen wird. Schon vor der Einfügung des § 613 a Abs. 4 BGB erweiterte § 613 a Abs. 1 BGB den Bestandsschutz. Daneben sollte die Kontinuität der Betriebsratsarbeit gewährleistet und schließlich die Haftung von Erwerber und Übernehmer geregelt werden (*BAG* WM 1980, 561). **603**

Während sich eine Reihe von Konkursrechtlern gegen die Anwendbarkeit des § 613a BGB im Konkurs ausgesprochen hat (*Kilger/Karsten Schmidt* KO, § 1, 2 D d, e bb; *Grub* KTS 1978, 129, 131; *Martens* DB 1977, 495; *Uhlenbruck* KTS 1974, 1; *ders.* KTS 1975, 253; *Mohrbutter* S. 658, Fn. 25; *Bauer* § 4 III 5d), sind die Arbeitsrechtler mit großer Mehrheit für dessen uneingeschränkte Anwendbarkeit eingetreten (*Hess* DB 1976, 1154ff.; *von Stebut* DB 1975, 2438; *Norngräber* S. 52ff.; *Heinze* AuR 1976, 33; *ders.* DB 1980, 205; *Lorentz/Fischer* S. 55 m.w.N.; *Richardi* RdA 1976, 56; *Wendling* S. 171 m.w.N.). **604**

Nach einer differenzierenden Lösung gilt § 613a BGB hinsichtlich seiner Bestandsschutzfunktion und betriebsverfassungsrechtlichen Intention auch im Konkurs (*BAG* WM 1980, 561 und BAG DB 1983, 2690; *Henckel* ZIP 1980, 2; *Jaeger/Henckel* KO, § 1 Rz. 16; *Kuhn/Uhlenbruck* KO, § 1 Rz. 80h). **605**

Dieser differenzierenden Lösung schließt sich auch die Entscheidung des 2. Senats des *BAG* WM 1983, 1426 an und widerlegt mit zutreffenden Erwägungen die Auffassung des *LAG Hamm* (NJW 1983, 242). **606**

607 Das *BAG* hat darüber hinaus darauf hingewiesen, daß die Besorgnisse, Betriebsveräußerungen könnten nach der von dem *BAG* vertretenen Auffassung zumeist an § 613 a BGB scheitern, unbegründet seien.

608 Der Konkursverwalter kann wie der bisherige Arbeitgeber jedem Arbeitnehmer kündigen, für den er keine Beschäftigung hat. Bei einem Betrieb mit einem »Wasserkopf« in der Verwaltung kann er z.B. unter Berücksichtigung von § 1 Abs. 3 KSchG den überzähligen Angestellten kündigen, bevor er in Vertragsverhandlungen mit dem Kaufinteressenten eintritt.

609 Bei einem durch seine hohe Vergütung wirtschaftlich für den Betrieb nicht mehr tragbaren Arbeitnehmer kommt allerdings nach dem Grundsatz der Verhältnismäßigkeit keine Beendigungskündigung, sondern nur eine Änderungskündigung in Betracht. Wegen dieser auch durch § 613 a BGB nicht ausgeschlossenen Möglichkeit, vor der Betriebsveräußerung, die durch die wirtschaftliche Lage oder die Struktur des Betriebs gebotene Rationalisierung durchzuführen und zu diesem Zweck betriebsbedingte Kündigungen auszusprechen, stellt sich das Problem der Veräußerung eines unrentablen Betriebes vielfach überhaupt nicht (so zutreffend *Henckel* in Jaeger/Henckel KO, § 1 Rz. 16).

7.2 Die Haftung des Betriebserwerbers beim Erwerb vom Konkursverwalter

610 Für den Fall des eröffneten Konkursverfahrens und nicht auch für den Fall der Abweisung des Konkursverfahrens mangels Masse (*BAG* DB 1985, 1135 = NZA 1985, 393) sind die haftungsrechtlichen Anordnungen des § 613 a BGB im Wege der **teleologischen Reduktion** (*BAG* DB 1980, 308) insoweit einzuschränken, als der Erwerber nicht für Verbindlichkeiten haftet, die vor dem Betriebsübergang entstanden sind. Eine solche Haftung wäre mit dem Grundsatz des Konkursrechts nicht vereinbar. Dabei ist es unerheblich, ob es sich um einfache oder bevorrechtigte Forderungen (*BAG* DB 1987, 990 = NZA 1987, 458) oder um Masseschulden nach § 59 Abs. 1 Nr. 3 KO handelt, ob die Masse für die Begleichung der Verbindlichkeiten ausreicht oder nicht und ob die Forderungen anderweitig gesichert sind (im Anschluß an *BAG* WM 1980, 561 a.a.O. und DB 1985, 1135 a.a.O.; DB 1987, 990). Diese Haftungsbegrenzung gilt auch für den Fall des Erwerbs im Rahmen eines gerichtlichen Vergleichsverfahrens.

611 Die Haftungsbeschränkung eines Betriebserwerbers im Konkurs tritt nur dann ein, wenn der Übernehmer den Betrieb nach Eröffnung des Konkursverfahrens erworben hat.
Maßgeblich für den Betriebsübergang ist der Zeitpunkt, in dem der Erwerber die Leitungsmacht im Betrieb im Einvernehmen mit dem Betriebsveräußerer ausüben kann. Es ist unerheblich, ob der Erwerber die Leitungsmacht erst später ausüben will (*BAG* ArbuR 1992, 190).

612 Wird ein Betrieb im Rahmen eines gerichtlichen Vergleichsverfahrens veräußert, das mit einem gerichtlich bestätigten Vergleich endet, ist § 613a BGB insoweit nicht anwendbar, wie die Vorschrift die Haftung des Betriebserwerbers für bereits entstandene Ansprüche vorsieht. Insoweit haben die Verteilungsgrundsätze des Vergleichsverfahrens Vorrang (Fortführung von *BAG* WM 1980, 561).

613 Das bedeutet für Versorgungsansprüche, daß der Betriebserwerber nur den Teil der Leistung schuldet, den der Arbeitnehmer bei ihm verdient hat (*BAG* DB

1989, 2541); bestätigt durch *BAG* (ZIP 1992, 1247), wobei das BAG darauf hinweist, daß die durch die Eröffnung des Konkursverfahrens eingetretene Haftungsbeschränkung des Betriebserwerbers durch die spätere Einstellung des Konkursverfahrens mangels einer die Kosten des Verfahrens deckenden Masse (§ 240 KO) nicht berührt wird.

Dies gilt auch, wenn der Arbeitgeber die Altersversorgung über eine rechtlich **614** selbständige Unterstützungskasse erbringen will (*BAG* AP Nr. 7 zu § 613 a BGB; *BAG* AP Nr. 15 zu § 613 a BGB; *BAG* ZIP 1986, 1001 = EWiR 1986, 773 (*Grunsky*); *BAG* ZIP 1989, 795 = AP Nr. 16 zu § 1 BetrAVG Betriebsveräußerung zu II 2a der Gründe, dazu *EWiR* 1989, 869 (*Bauer/Baeck*); *BAG* ZIP 1992, 49 = *EWiR* 1992, 153 (*Joost*)).

Bei einer Betriebsveräußerung vor Konkurseröffnung haftet nur der Erwerber, **615** nicht aber der PSVaG für Ansprüche der Arbeitnehmer aus betrieblicher Altersversorgung.
Eine Betriebsveräußerung ist vor Konkurseröffnung erfolgt, wenn der Erwerber die betriebliche Leitungs- und Organisationsgewalt bereits tatsächlich übernommen hat. Gehen Betriebsmittel in einzelnen Schritten auf den Erwerber über, so ist der Betriebsübergang jedenfalls in dem Zeitpunkt erfolgt, in dem die wesentlichen, zur Fortführung des Betriebs erforderlichen Betriebsmittel übergegangen sind und die Entscheidung über den Betriebsübergang nicht mehr rückgängig gemacht werden kann (*BAG* EzA § 613 a BGB Nr. 106). Rechtlich unerheblich ist es, wenn die Übernahmeverträge, insbesondere die Kaufverträge, über das Anlage- und Umlaufvermögen erst nach Konkurseröffnung abgeschlossen werden (*LAG Köln* ZIP 1989, 1139).

Für die **Masseschulden nach Konkurseröffnung** (§ 59 Abs. 1 Nr. 1 und 2 KO) bis **616** zum Betriebsübergang haftet der Erwerber (*BAG* DB 1987, 745 = NZA 1987, 460).

Die konkursrechtlich gebotene **Haftungsbegrenzung** gilt auch für die **Versorgungsanwartschaften**, wobei der sog. Involvenzschutz auf die Verteilungsgrundsätze des Konkurses keinen Einfluß hat (*BAG* DB 1986, 1779). **617**

Dies hat zur Folge, daß die vor Konkurseröffnung erdienten Versorgungsan- **618** wartschaften (seien sie verfallbar oder unverfallbar) als einfache Konkursforderungen zu behandeln sind (§ 61 Abs. 1 Nr. 6 KO). Für die unverfallbaren Anwartschaften haftet der **Pensionssicherungsverein** (§ 7 Abs. 2 BetrAVG). Die Versorgungsanwartschaften, die in der Zeit nach Konkurseröffnung verdient und die als Masseschulden nach § 59 Abs. 1 Nr. 2 KO zu behandeln sind (*BAG* DB 1988, 654 = NZA 1988, 397), gehen im Falle der Betriebsveräußerung durch den Konkursverwalter auf den Betriebserwerber über.

Die vorstehende **Haftungsbegrenzung** greift jedoch nicht ein, wenn eine **Konkursabweisung** mangels Masse erfolgt, oder wenn die Betriebsübernahme der Konkurseröffnung vorangeht. Um Umgehungen der gesetzlichen Haftungsregelungen zu Lasten des Pensionssicherungsvereins zu vermeiden, muß sich der Betriebsübernehmer selbst dann so behandeln lassen, als sei die Betriebsübernahme vor Konkurseröffnung erfolgt, wenn er die Leitungsmacht vor Konkurseröffnung übernommen, den formalen Erwerb aber erst nach der Konkurseröffnung vorgenommen hat (*BAG* ZIP 1988, 120). Maßgeblich für den Betriebsübergang ist der Zeitpunkt, in dem der Erwerber die Leitungsmacht im Betrieb **619** im Einvernehmen mit dem Betriebsveräußerer ausüben kann. Es ist unerheblich, ob der Erwerber die Leitungsmacht erst später ausüben will (im Anschluß an *BAG* DB 1988, 712; NJW 1992, 708).

8. Die Kündigung des Arbeitsverhältnisses wegen Betriebsübergangs

8.1 Das Kündigungsverbot

620 Nach § 613 a Abs. 4 Satz 1 BGB ist die Kündigung des Arbeitsverhältnisses durch den bisherigen Arbeitgeber oder durch den neuen Arbeitgeber wegen des Betriebsübergangs unwirksam. Hierbei handelt es sich um ein **eigenständiges** Kündigungsverbot, das als selbständiger Unwirksamkeitsgrund i.S.d. § 13 Abs. 3 KSchG jederzeit, d.h. ohne Bindung an die dreiwöchige Klagefrist des § 4 KSchG, geltend gemacht werden kann (*BAG* DB 1985, 1842 = NZA 1985, 593.
Eine Kündigung wegen des Überganges eines Betriebes i.S. d. § 613 a Abs. 4 BGB liegt auch dann vor, wenn der Arbeitgeber zum Zeitpunkt der Kündigungen den Betriebsübergang bereits geplant, dieser bereits greifbare Formen angenommen hat und die Kündigung aus der Sicht des Arbeitgebers ausgesprochen wird, um den geplanten Betriebsübergang vorzubereiten und zu ermöglichen (*BAG* BB 1989, 1122). Wird erst nach Ablauf mehrerer Monate Klage erhoben, können die Ansprüche verwirkt sein (s. hierzu *BAG* DB 1988, 2156; *ArbG Pforzheim* ZIP 1987, 264).

621 Die **Klage des Arbeitnehmers** ist grundsätzlich gegen denjenigen zu richten, der die Kündigung ausgesprochen hat. Erfolgte die Kündigung vor Betriebsübergang, ist der bisherige Arbeitgeber passiv legitimiert (*BAG* DB 1983, 2690), und zwar mit dem Antrag festzustellen, daß das Arbeitsverhältnis nicht durch die Kündigung aufgelöst worden ist. Erhebt der Arbeitnehmer eine Kündigungsschutzklage gegen den Erwerber, hat er zu beantragen, festzustellen, daß der Betriebserwerber kraft Gesetzes in das Arbeitsverhältnis eingetreten ist.
Abweichend hiervon weist das *LAG Hamm* (EWiR 1994, 33) darauf hin, daß gegen eine Kündigung, die bereits nach § 613 a Abs. 4 BGB unwirksam sei, keine Kündigungsschutzklage nach § 4 KSchG, sondern eine allgemeine Feststellungsklage nach § 256 ZPO erhoben werden müsse. Für eine allgemeine Feststellungsklage entfalle jedoch das Rechtsschutzinteresse, wenn der Betrieb auf einen Betriebserwerber übergehe. Die Unwirksamkeit einer Kündigung nach § 613 a Abs. 4 BGB könne auch in dem Rechtsstreit zwischen dem Arbeitnehmer und dem Betriebserwerber erklärt werden. Die Weiterbetreibung der Feststellungsklage führe zu einem bloßen Rechtsgutachten. Die vorgenannte Einschränkung gelte jedoch dann nicht, wenn der Arbeitnehemr noch sonstige Ansprüche geltend mache, für die der Bestand des Arbeitsverhältnisses rechtliche Vorfrage sei.

8.2 Der Inhalt des Kündigungsverbots

622 Der Inhalt des Kündigungsverbots muß unter dem Schutzzweck des § 613 a BGB erschlossen werden. § 613 a BGB soll den Erwerber daran hindern, bei der Übernahme der Belegschaft eine Auslese zu treffen, wobei insbesondere verhindert werden soll, daß er sich von den besonders schutzbedürftigen, älteren, schwerbehinderten, unkündbaren oder sonst sozial schwächeren Arbeitnehmern trennen kann.

Sinn des § 613 a BGB ist es darüber hinaus nicht, den Erwerber auch bei an sich bereits **fehlender Beschäftigungsmöglichkeit** zu verpflichten, das Arbeitsverhältnis mit einem Arbeitnehmer noch einmal um die bei einer durch ihn auszusprechenden Kündigung einzuhaltenden Frist zu verlängern. Der Arbeitgeber soll mit einer Kündigung nicht solange warten müssen, bis eine Rationalisierungs-, Sanierungs- oder ähnliche Maßnahme zu spät kommt. Weil die für Arbeitgeber und Belegschaft damit verbundenen Nachteile nicht zu rechtfertigen sind, soll der Arbeitgeber bereits dann kündigen können, wenn die Rationalisierungsmaßnahme oder der sonstige betriebliche Grund greifbare Formen angenommen hat und bis zum Ablauf der Kündigungsfrist mit einem Wegfall der Beschäftigungsmöglichkeit zu rechnen ist. **623**

8.3 Die betriebsbedingte Kündigung im Zusammenhang mit einer Betriebsveräußerung in der Krise

8.3.1 Zulässigkeit und Grenzen der betriebsbedingten Kündigung

Eine arbeitgeberseitige **Kündigung** ist dann sozial gerechtfertigt, wenn sie durch **dringende betriebliche Erfordernisse**, die einer Weiterbeschäftigung des Arbeitnehmers in diesem Betrieb entgegenstehen, bedingt ist. **624**

Als betriebliche Erfordernisse kommen insbesondere wirtschaftliche, technische und organisatorische Umstände in Betracht. Dabei ist zu berücksichtigen, daß der Arbeitgeber durch eine entsprechende **unternehmerische Gestaltung** seines Betriebes oder seines Unternehmens den **Personalbedarf** und damit auch die Notwendigkeit eines etwaigen Personalabbaues weitgehend selbst bestimmen kann. **625**

Als Formen unternehmerischer Gestaltung kommen u.a. in Betracht: **626**
- Einführung von organisatorischen Rationalisierungsmaßnahmen,
- Einführung neuer Arbeitsmethoden und Fertigungsverfahren,
- Einschränkung und Stillegung des Betriebes oder von Betriebsteilen,
- Verlegung von Betriebsteilen,
- Verlagerung von Produktion,
- Zusammenschluß mit anderen Betrieben,
- Änderung der Betriebsorganisation,
- Änderung des Betriebszwecks oder der Betriebsanlagen.

Es liegt im **unternehmerischen Ermessen**, ob und ggf. welche betrieblichen Maßnahmen der Arbeitgeber ergreift, um sich den sich ständig ändernden Marktdaten, wie z.B. **627**
- der Auftragslage,
- der betrieblichen Wettbewerbssituation,
- den währungspolitischen Aspekten

anzupassen.

Kennzeichnend für **innerbetriebliche Umstände**, die eine Kündigung rechtfertigen sollen, ist, daß der Wegfall des Arbeitsplatzes auf einer Entscheidung des Unternehmens beruht, mit der der Produktionsablauf geändert wird, wie z.B. **628**
- innerbetriebliche Reinigungsarbeiten werden an Dienstleistungsunternehmen vergeben,
- bisher von Hand ausgeführte Arbeitsgänge werden automatisiert,

- die Fertigung von besonders arbeitsintensiven Produktgruppen wird eingestellt.

Alle diese Änderungen können zur Folge haben, daß an der bisherigen Beschäftigung des Arbeitnehmers kein Bedürfnis mehr besteht.

629 Da dem Unternehmer die **organisatorische Gestaltung** seines Betriebes im Unternehmen vorbehalten ist und er auch das Risiko des Fehlschlags zu tragen hat, kann die unternehmerische Entscheidung nicht auf die Notwendigkeit und Zweckmäßigkeit hin überprüft werden.

630 Das unternehmerische **Gestaltungsermessen** kann nur im Hinblick darauf überprüft werden, ob die betrieblichen Erfordernisse für den Personalabbau dringend sind. Durch das Merkmal der Dringlichkeit wird der das gesamte Kündigungsschutzrecht beherrschende **Grundsatz der Verhältnismäßigkeit** eingeführt. Im Rahmen dieses Prinzips ist es gerechtfertigt, die **Unternehmensentscheidung** einer **beschränkten justiziellen Kontrolle** zu unterwerfen. So darf der Arbeitgeber erst dann betriebsbedingte Entlassungen aussprechen, wenn er zuvor versucht hat, durch andere

- zumutbare,
- technische,
- organisatorische,
- oder wirtschaftliche Maßnahmen (z.B. durch Begründung von Teilzeitarbeitsverhältnissen, Einführung von Kurzarbeit, Abbau von Überstunden, Vorverlegung der Werksferien) einen Personalabbau zu vermeiden (vgl. hierzu die Darstellung bei KR-*Becker,* § 1 KSchG Rz. 297 a.).

631 Ergänzt wird die **Dringlichkeitsprüfung** durch die gegenständlich beschränkte **Willkürkontrolle**, wonach die Unternehmerentscheidung nicht unsachlich, unvernünftig oder willkürlich sein darf (*BAG* DB 1974, 438).

632 Bei **Auftragsmangel** und **Umsatzrückgang** handelt es sich um die klassischen **außerbetrieblichen Kündigungsgründe**. Sie können eine Kündigung dann rechtfertigen, wenn der Arbeitsanfall soweit zurückgeht, daß für einen oder mehrere Arbeitnehmer das Bedürfnis zur Weiterbeschäftigung entfällt. Dabei ist zu unterscheiden, ob der Auftragsmangel oder der Umsatzrückgang unmittelbar auf die Arbeitsplätze durchgreift, oder ob noch eine innerbetriebliche Unternehmerentscheidung hinzukommt, sei es als Reaktion auf den Auftragsmangel.

633 Wird lediglich auf äußere Faktoren reagiert, handelt es sich nicht um eine unternehmerische Entscheidung, so daß sie vom Arbeitsgericht voll nachprüfbar ist.

634 Wirken sich die **Auftragslage** und der **Umsatzrückgang** nicht unmittelbar auf die Arbeitsplätze aus, sondern erst über weitere Entscheidungen des Arbeitgebers, z.B. der Entscheidung, nicht auf Lager zu produzieren oder einen Artikel aus der Produktion ganz herauszunehmen, handelt es sich um innerbetriebliche Kündigungsgründe mit der Folge, daß die Unternehmerentscheidung nicht darauf zu überprüfen ist, ob sie wirtschaftlich sinnvoll und notwendig ist.

635 Es können grundsätzlich nur überprüft werden, ob die für eine Unternehmerentscheidung maßgeblichen externen und internen Faktoren wie

- Auftragsmangel,
- Rohstoffverknappung,

- Absatzsschwierigkeiten,
- Umsatzrückgang,
- angespannte Finanzlage,
- Hinnahme von Verlusten

tatsächlich vorliegen (*BAG* DB 1979, 650).

Überprüfbar ist auch, ob der Umsatz und Auftragsrückgang und die Zahl der gekündigten Arbeitnehmer in einem plausiblen Verhältnis stehen. Bei Rationalisierungsmaßnahmen z.B. **636**

- Anschaffung neuer Maschinen,
- Einführung der Datenverarbeitung,
- neue Fertigungsmethoden

unterliegt die sog. unternehmerische Entscheidung ebenfalls nicht der gerichtlichen Überprüfung auf ihre Zweckmäßigkeit. Ist der Arbeitsplatz weggefallen, kann die betriebsbedingte Kündigung gerechtfertigt sein.

Auch **Gewinnverfall** oder **Unrentabilität** sind **außerbetriebliche Kündigungsgründe**, da sie ihre Ursachen regelmäßig in von außen auf den Betrieb wirkenden Umständen haben, wie erhöhte Konkurrenz auf dem Markt, steigende Rohstoffpreise und ähnliches. Sie haben für sich genommen auf den Arbeitsanfall keinen Einfluß. Für das unrentabel gewordene Produkt kann nämlich unveränderte Nachfrage bestehen. Eine Kündigung kann ihretwegen gerechtfertigt sein, zum einen dann, wenn der Arbeitgeber durch innerbetriebliche Maßnahmen versucht, den Gewinnverfall abzubauen und die Rentabilität wieder herzustellen und dadurch Arbeitsplätze verloren gehen. Gewinnverfall und Rentabilitätsverlust sind dann nur indirekte Kündigungsursachen. Der Verlust des Arbeitsplatzes ist auf eine von ihnen verursachte unternehmerische Entscheidung zurückzuführen, die lediglich im Rahmen der **Mißbrauchskontrolle** der gerichtlichen Überprüfung entzogen ist. **637**

8.3.2 Die Veräußerbarkeit des Betriebs

Ist das Unternehmen in eine Krise geraten, die durch Sanierungsmaßnahmen im Vorfeld nicht mehr behoben werden konnte, stellt sich als Alternative zur gänzlichen und teilweisen Betriebsstillegung häufig die Überlegung der Veräußerung des Betriebes an einen Erwerber, der bereit ist, die Sanierung des notleidenden Betriebes zu versuchen. **638**

Dies gilt insbesondere im Falle des Konkurses. Der Konkursverwalter kann unter gewissen Voraussetzungen einen Betrieb vorübergehend auch fortführen. Regelmäßig wird sein Bestreben aber darin bestehen, den Betrieb nach ersten Maßnahmen zu veräußern »soweit hierfür nach der wirtschaftlichen Situation des Unternehmens überhaupt noch eine Chance besteht«. Um den Betrieb »veräußerungsfähig« zu machen, wird es häufig erforderlich erscheinen, den Personalbestand zu reduzieren (*BAG* DB 1983, 2690). **639**

Da der Konkursverwalter das **Kündigungsschutzgesetz** zu beachten hat (*BAG* DB 1983, 504) und nunmehr geklärt ist, daß § 613 a Abs. 4 BGB auch im Konkurs gilt, stellt sich die Frage, inwieweit Kündigungen im Zusammenhang mit einer beabsichtigten Betriebsveräußerung zulässig sind. Die Problematik betrifft nicht nur den Konkursverwalter, sondern in gleicher Weise jeden Unternehmer, der in **640** wirtschaftlichen Schwierigkeiten ist oder auch aus anderen Gründen die Veräußerung des Betriebes erwägt. Es lassen sich drei Fallgestaltungen unterscheiden:

- der bisherige Inhaber trifft Sanierungsmaßnahmen im Hinblick auf eine beabsichtigte Veräußerung, ohne daß jedoch schon ein potentieller Erwerber in Sicht ist;
- der Veräußerer trifft Sanierungen in Abstimmung mit dem potentiellen Erwerber;
- der Erwerber selbst nimmt die Sanierungsmaßnahmen vor.

8.3.2.1 Kündigung zur Sanierung vor Betriebsveräußerung

641 § 613 a Abs. 4 BGB untersagt Kündigungen wegen des Betriebsübergangs; das Recht zur Kündigung aus anderen Gründen bleibt unberührt (§ 613 a Abs. 4 Satz 2 BGB). Unwirksam ist danach eine Kündigung, wenn der **Betriebsübergang den Beweggrund für die Kündigung** abgibt, die Kündigung selbst also wesentlich durch den Wechsel des Betriebsinhabers bedingt ist (*BAG* DB 1983, 2690).

642 Dagegen reicht ein bloß **ursächlicher Zusammenhang der Kündigung** mit dem Betriebsübergang nicht für die Anwendung des § 613 Abs. 4 Satz 1 BGB aus. Führt der Unternehmer Rationalisierungsmaßnahmen durch, um bessere Veräußerungsmöglichkeiten für den Betrieb zu schaffen, können diese einen betriebsbedingten Kündigungsgrund abgeben, mögen sie auch letztlich auf die beabsichtigte Veräußerung zurückgehen. Als Kündigung aus anderen Gründen i.S.d. § 613 a Abs. 4 Satz 2 BGB kommt eine Kündigung wegen dringender betrieblicher Erfordernisse in Betracht; ausgenommen ist nur der **Betriebsübergang** selbst, der nach der Wertung des § 613 a Abs. 4 Satz 1 BGB **kein dringendes betriebliches Erfordernis** i.S.d. § 1 Abs. 2 KSchG darstellt. Dabei ist durch das *BAG* zutreffend dargetan worden, daß § 613 a BGB ein eigenständiges Kündigungsverbot i.S.d. § 134 BGB enthält und nicht etwa nur die Sozialwidrigkeit i.S.d. § 1 Abs. 2 KSchG definiert (*BAG* DB 1985, 1842 = NZA 1985, 593).

643 § 613 a Abs. 4 BGB steht also einer aus inner- oder außerbetrieblichen Gründen erklärten Kündigung nicht entgegen, mag sie auch mit dem Ziel ausgesprochen werden, den Betrieb personalmäßig auf eine bessere **Veräußerbarkeit** auszurichten – ihn »gesund schrumpfen« zu lassen. Eine solche Kündigung ist an den allgemeinen Kriterien zu messen, welche für die soziale Rechtfertigung einer betriebsbedingten Kündigung gelten.

8.3.2.2 Kündigung durch den Erwerber nach der Betriebsübernahme

644 Noch unproblematischer als die dargelegte Kündigung des Veräußerers vor Betriebsübernahme ist die **betriebsbedingte Kündigung durch den Erwerber** nach Betriebsübernahme. Er ist nicht gehindert, inner- oder außerbetriebliche Kündigungen auszusprechen, um den Betrieb, insbesondere etwa durch Rationalisierungsmaßnahmen, den Verhältnissen anzupassen, die er sich für die wirtschaftlich sinnvolle Weiterführung des Betriebes vorstellt. Dies gilt bis hin zur Stillegung von Betriebsabteilungen oder auch des gesamten Betriebes. Die vom Erwerber ausgesprochenen Kündigungen müssen sich allerdings an den Voraussetzungen des § 1 Abs. 2 und Abs. 3 KSchG messen lassen. Insoweit gelten die dargelegten Grundsätze. Der Erwerber unterscheidet sich demnach nach erfolgter Übernahme nicht vom »normalen« Arbeitgeber.

8.3.2.3 Kündigung durch den bisherigen Betriebsinhaber in Abstimmung mit dem potentiellen Erwerber

Die zuletzt erörterte Kündigungsmöglichkeit nach Betriebsübergang hat für den Erwerber den Nachteil, daß die Rationalisierung sich zeitlich verzögert, zumal er Kündigungsfristen einzuhalten hat. Es stellt sich daher die Frage, ob die Verwirklichung der Rationalisierung nicht in der Weise vorverlagert werden kann, daß in Abstimmung mit dem Erwerber bereits der Veräußerer die Kündigung ausspricht. Damit sind in gleicher Weise auch die Interessen des Veräußerers berührt, dem daran liegt, einen übernahmebereiten Erwerber zu finden. Diese Fallgestaltung geht über die bisher erörterten Sachverhalte hinaus, weil dort der Veräußerer sozusagen nach eigenen Vorstellungen den Betrieb rationalisiert, ohne zu wissen, ob dies auch den Vorstellungen eines – noch nicht bekannten – Interessenten entspricht. Hier hingegen würde die Sanierung bereits durch die Vorstellungen und Interessen des Erwerbers wesentlich bestimmt. **645**

Es liegt auf der Hand, daß bei dieser Sachlage die Abgrenzung zu der wesentlich durch den Betriebsübergang beeinflußten und deshalb unwirksamen Kündigung, wegen Betriebsübergangs, enger wird. Betriebsbedingte, nicht von § 613 a Abs. 4 Satz 1 BGB erfaßte Kündigungen sind aber auch hier denkbar. § 613 a BGB will in erster Linie verhindern, daß der Erwerber unter den Arbeitnehmern eine »Auslese« trifft, in dem er z.B. entgegen dem in § 1 Abs. 3 KSchG zum Ausdruck kommenden Sozialschutzgedanken, insbesondere der Übernahme der schutzbedürftigen, älteren, kranken, unverschuldet leistungsschwächeren, schwerbehinderten, aber auch sonst unliebsamer (Gewerkschaftsangehörige) Arbeitnehmer ablehnt. **Nicht hingegen Sinn der Vorschrift** ist es, **den Ausbau von Arbeitsplätzen**, für die ein Bedarf ersichtlich nicht mehr besteht, sozusagen **künstlich hinauszuschieben** bis zu dem Zeitpunkt, zu dem der Erwerber nach der Übernahme ohnehin eine betriebsbedingte Kündigung aussprechen kann. **646**

Der **Schutzzweck** des § 613 a BGB verlangt somit nicht den Ausschluß jeglicher Kündigung durch den Veräußerer, der schon im Hinblick auf die Vorstellungen des potentiellen Erwerbers handelt (*BAG* DB 1983, 2690; *Hess/Gotters,* BlStSozArbR 1984, 74; *Hillebrecht,* ZIP 1985, 263; *Willemsen,* ZIP 1983, 411, 416). **647**

Zu verlangen ist allerdings, daß die vom Erwerber geplanten Rationalisierungsmaßnahmen oder sonstige betriebliche Maßnahmen bereits greifbare Formen angenommen haben. Die zwischen Veräußerer und Erwerber abgesprochene Umstrukturierung muß beschlossen und vom Veräußerer – insbesondere dem Konkursverwalter – übernommen worden sein. Die beabsichtigte Maßnahme muß zumindest eingeleitet sein. Zur Absicherung der Arbeitnehmer vor Manipulationen ist weiter zu verlangen, daß die Betriebsübernahme rechtlich abgesichert ist, was z.B. durch einen **Vorvertrag** oder durch einen **aufschiebend bedingten Übernahmevertrag** geschehen kann (*Willemsen,* ZIP 1983, 411, 416; *Hillebrecht,* ZIP 1985, 263, 264). **648**

Schließlich bleibt zu verlangen, daß der Wegfall des Arbeitsplatzes auf ein Konzept zurückzuführen ist, welches auch vom Veräußerer bei Fortführung des Betriebs hätte verwirklicht werden können. Das Kündigungsrecht des Veräußerers darf nicht um Gründe erweitert werden, welche allein in der Sphäre des Erwerbers liegen und von diesem erst aufgrund einer **weitergehenden betriebs-** **649**

übergreifenden unternehmerischen Planung nach Betriebsübergang verwirklicht werden können (*BAG* DB 1983, 50; *Hillebrecht,* ZIP 1985, 263).

650 Liegen die Voraussetzungen einer »greifbaren« Umstrukturierung auf Initiative des Erwerbers vor, dann ist die Möglichkeit einer darauf gestützten betriebsbedingten Kündigung durch den Veräußerer nicht durch § 613 a Abs. 4 BGB ausgeschlossen (*Hillebrecht* ZIP 1985, 263; *Hess/Gotters* BlStSozArbR 1984, 74; *Willemsen,* ZIP 1983, 411, 416). Das *BAG* (BB 1983, 59) neigt offensichtlich gleichfalls dieser Annahme zu, wenn die Frage letztlich auch offengelassen werden konnte.

651 Das gilt auch dann, wenn der Übernehmer den Betrieb nicht selbständig weiterführt, sondern in seinen Betrieb eingliedern will (vgl. insbesondere *Hess/Gotters* BlStSozArbR 1984, 74 und die dort aufgeführten Beispiele).

652 Informativ zur Abgrenzung ist der einer Entscheidung des *BAG* zugrunde liegende Sachverhalt. Der Konkursverwalter hatte einem Abteilungsleiter gekündigt mit der Begründung, der Betrieb sei verkauft und der Erwerber sei nicht zur Übernahme bereit gewesen. Rationalisierungsmaßnahmen durch den Konkursverwalter vor Veräußerung im Sinne der vorher erörterten Sanierungsbemühungen lagen nicht vor. Es war auch keine auf ein unternehmerisches Konzept des Erwerbers zurückgehende Maßnahme durchgeführt worden. Der Erwerber hatte vielmehr eine eigene Filiale seines Betriebes verkleinert und deren bisherigen Leiter mit den Aufgaben des gekündigten Arbeitnehmers betraut. Der Arbeitsplatz war also nicht weggefallen. Hier hat das *BAG* keine betriebsbedingten Gründe für eine Beendigungskündigung gesehen, weil die Maßnahme nicht durch die Verhältnisse des übernommenen Betriebes bedingt gewesen sei; auch der Veräußerer hätte bei Fortführung des Betriebes allenfalls eine Änderungskündigung zur Herabsetzung des Lohnes in Frage ziehen können, wenn ihm der Arbeitnehmer zu teuer gewesen sei. Das *BAG* kam daher zu dem Ergebnis, daß der bei dieser Fallkonstellation bestimmende Anlaß für die Kündigung der Betriebsübergang gewesen sei, was zur Unwirksamkeit bei der Kündigung gem. § 613 a Abs. 4 Satz 2 BGB geführt hat.

653 Nicht als **dringendes betriebliches Erfordernis** und als anderer Kündigungsgrund i.S.d. § 613 a Abs. 4 Satz 2 BGB kann anerkannt werden, daß der Erwerber – ohne daß die Voraussetzungen einer unternehmerischen Umstrukturierung im vorstehenden Sinne gegeben sind – die Übernahme ablehnt, weil er nicht alle oder bestimmte Arbeitnehmer nicht übernehmen will. Dies wäre der klassische Fall der Kündigung wegen Betriebsübergangs. Angesichts der eindeutigen Regelung des § 613 a Abs. 4 BGB kann ein dringender betrieblicher Kündigungsgrund hier auch dann nicht angenommen werden, wenn dies sozusagen das »einzige« Mittel zur Betriebsfortführung wäre, weil der Erwerber die Übernahme sonst ablehnt und andere Interessenten nicht vorhanden sind. Faktisch würde dies auf ein **freies Ablehnungsrecht des Erwerbers** hinauslaufen (s. im einzelnen *Hillebrecht,* ZIP 1985, 263, 264; a.A. *Hanau* ZIP 1984, 141, 144; BB 1984, 1557, 1559).

654 *Hillebrecht* weist im Anschluß an *BAG* (DB 1983, 2690) zu Recht darauf hin, daß eine solche Zwangslage – Übernahme ohne bestimmte Arbeitnehmer oder überhaupt nicht – in vielen Fällen gar nicht besteht, sondern es letztlich um die Frage des Kaufpreises geht; der Erwerber wird zur Übernahme der ihm vielleicht

zu teuer erscheinenden Arbeitnehmer unter Umständen durchaus bereit sein, wenn eine entsprechende **Kaufpreisreduzierung** erfolgt. Der Veräußerer, insbesondere wieder der Konkursverwalter, wird gerade in diesem Zusammenhang berücksichtigen müssen, daß bei einer Stillegung ggf. ein **Sozialplan** zu erstellen ist, welcher die Konkursmasse unter Umständen erheblich verringert, so daß die Akzeptierung eines niedrigeren Kaufpreises wirtschaftlich sinnvoller sein kann (*Hillebrecht* ZIP 1985, 263, 264).

Durch das am 1. 10. 1996 in Kraft getretene BeschFG (BGBl. I 1996, 1476, 1478) werden nach Art. 6 die §§ 113, 120–123, sowie 125–128 InsO schon jetzt angewandt. **655**
§ 128 InsO gestattet für den Fall der Betriebsveräußerung durch den Konkursverwalter, daß bei einer geplanten Betriebsveräußerung, bei dem der Betrieb auf die Bedürfnisse des Erwerbers umgestellt werden muß, die Betriebsänderung nicht von dem Verwalter selbst durchgeführt werden muß. Um einen wirtschaftlich vernünftigen Ablauf nicht zu behindern, kann die Betriebsänderung von dem Erwerber realisiert, jedoch von dem Konkursverwalter z.B. durch Kündigung der Arbeitsverhältnisse eingeleitet werden. Der Verwalter kann auch die besonderen Verfahren zu dem Interessenausgleich und Kündigungsschutz (§ 125 InsO) und die Beschlußverfahren zum Kündigungsschutz (§ 126 InsO) einleiten (siehe *Hess/Weis* Die Neuregelungen des Konkursarbeitsrechts, InVO 1996, 309 ff.).

Dem Erwerber wird nach § 128 Abs. 1 Satz 2 InsO im Beschlußverfahren vor dem Arbeitsgericht die Rechtsstellung eines Beteiligten eingeräumt. Damit werden die praktischen Schwierigkeiten, die sich in der Konkurspraxis aus dem zwingend vorgeschriebenen Übergang der Arbeitsverhältnisse auf den Betriebserwerber ergeben, verringert. **656**

In § 128 Abs. 2 InsO wird ergänzend festgelegt, daß sich im Falle eines Betriebsübergangs die Vermutungswirkung einer Betriebsvereinbarung nach § 125 InsO und die gerichtliche Prüfung und Feststellung nach § 126 InsO auch darauf erstreckt, daß kein Verstoß gegen § 613 a Abs. 4 BGB vorliegt. Der Arbeitnehmer kann, wenn entsprechende Beschlüsse nach §§ 125 oder 126 InsO vorliegen, nicht mehr in Frage stellen, daß die Kündigung im Sinne des § 1 Abs. 2 Satz 1 KSchG betriebsbedingt ist und kann sich auch nicht mehr mit Erfolg darauf berufen, daß die Kündigung »wegen des Betriebsübergangs« erfolgt sei. **657**

Darüber hinaus muß auch ein angeblicher Verstoß gegen § 613 a Abs. 4 BGB im Insolvenzverfahren innerhalb von 3 Wochen geltend gemacht werden (§ 113 Abs. 2 Satz 1 InsO). **658**

Zuletzt bleibt darauf hinzuweisen, daß die Rechtsfolgen des § 613 a BGB nicht durch ein Zusammenwirken von Veräußerer und Erwerber in der Weise umgangen werden können, daß der Veräußerer einem Arbeitnehmer kündigt, der anschließend vom Betriebserwerber neu eingestellt wird (*BAG* DB 1983, 50). **659**

Eine **unzulässige Umgehung des Kündigungsverbots** des § 613 a Abs. 4 Satz 1 BGB liegt auch dann vor, wenn die Arbeitnehmer mit dem Hinweis auf eine geplante Betriebsveräußerung und einer Arbeitsplatzgarantie veranlaßt werden, ihre Arbeitsverträge mit dem späteren Betriebsveräußerer **selbst** fristlos **zu kündigen oder Auflösungsverträgen** zuzustimmen, um dann mit dem Betriebs- **660** erwerber neue Arbeitsverträge abzuschließen (*BAG* DB 1988, 400 = NZA 1988, 198). Die fristlose Kündigung und die Aufhebungsverträge sind wegen Verstoßes gegen § 134 BGB unwirksam.

VII. Die betriebsverfassungsrechtliche Mitwirkung bei Betriebsänderungen

1. Die Anhörung des Betriebsrats nach § 102 BetrVG

661 Sanierungsbemühungen oder auch die Eröffnung eines Konkursverfahrens haben auf die Stellung des Betriebsrats und die betriebsverfassungsrechtlichen **Mitwirkungsrechte der Arbeitnehmer** keine Auswirkungen (*BAG* ZIP 1986, 1202, 1205 = NZA 1986, 800).

662 Der Arbeitgeber oder der Konkursverwalter an Stelle des Arbeitgebers hat vor jeder Kündigung den Betriebsrat nach § 102 BetrVG zu **beteiligen** (*BAG* ZIP 1981, 767). Eine ohne **Anhörung** des Betriebsrates ausgesprochene Kündigung ist unwirksam.

663 Zur ordnungsgemäßen Anhörung des Betriebsrats gehört, daß der Arbeitgeber dem Betriebsrat vollständige Informationen über die Kündigungsgründe erteilt.

664 Zur ordnungsgemäßen Anhörung des Betriebsrats gehört im Falle einer betriebsbedingten Änderungskündigung jedenfalls dann die Angabe der Kündigungsfristen der betroffenen Arbeitnehmer, wenn sich erst daraus die Tragweite der geplanten personellen Maßnahme (Reduzierung des Weihnachtsgeldes), bezogen auf das laufende oder das nachfolgende Kalenderjahr, ermitteln läßt (*BAG* EzA § 102 BetrVG 1972 Nr. 79).

665 Teilt ein Arbeitgeber im Fall einer beabsichtigten Kündigung dem Betriebsrat als Kündigungsgrund Minderleistung des Arbeitnehmers und damit zusammenhängende Störungen des Betriebsfriedens mit und verschweigt er, daß der Arbeitnehmer unter Vorlage eines Attestes die Minderleistung als krankheitsbedingt bezeichnet, die Erkrankung auf die konkreten Arbeitsbedingungen zurückgeführt und um einen leichteren Arbeitsplatz gebeten hat, so ist in der Regel davon auszugehen, daß die Unterrichtung des Betriebsrats bewußt unvollständig und die Anhörung gem. § 102 BetrVG nicht ordnungsgemäß durchgeführt worden ist (*LAG Hamm* LAGE § 102 BetrVG 1972, 27).

666 Begründet der Arbeitgeber die Kündigung gegenüber dem Betriebsrat im Verfahren nach § 102 BetrVG 1972 mit Mängeln in der Arbeitsleistung des Arbeitnehmers, so stelle dies eine Anhörung zu einer Kündigung aus Gründen im Verhalten des Arbeitnehmers dar.

667 Will der Arbeitgeber den Betriebsrat zu einer Kündigung aus Gründen in der Person des Arbeitnehmers anhören, so gehört zur Anhörung auch die Bezeichnung der Tatsachen, aus denen auf ein fehlendes bzw. mangelhaftes Leistungsvermögen des Arbeitnehmers geschlossen werden kann.

668 Hat der Arbeitgeber den Betriebsrat zu einer verhaltensbedingten Kündigung angehört, ist es ihm verwehrt, sich im Kündigungsschutzverfahren auf das Vor-

liegen personenbedingter Kündigungsgründe zu berufen (*LAG Hamburg* LAGE § 102 BetrVG 1972 Nr. 28).

Die ordnungsgemäße Anhörung des Betriebsrats nach § 102 Abs. 1 BetrVG setzt **669** u.a. voraus, daß der Arbeitgeber dem Betriebsrat die Art der beabsichtigten Kündigung mitteilt, insbesondere ob eine ordentliche oder eine außerordentliche Kündigung ausgesprochen werden soll, das gilt auch im Fall der beabsichtigten Kündigung eines »unkündbaren« Arbeitnehmers, wenn der Arbeitgeber ohne jede Erläuterung eine nach der objektiven Rechtslage nur außerordentlich mögliche Kündigung unter Einhaltung einer Frist aussprechen will (*BAG* EzA § 102 BetrVG 1972 Nr. 82).

Die **einwöchige Anhörungsfrist** des § 102 Abs. 2 Satz 1 BetrVG verlängert sich **670** auch bei Massenentlassungen nicht automatisch um einen bestimmten, für angemessen anzusehenden Zeitraum (*BAG* DB 1987, 1050 = BB 1986, 1831). Sie kann aber auch durch Vereinbarung zwischen Betriebsrat und Arbeitgeber verlängert werden (*BAG* BB 1984, 671). Jedoch besteht auch bei Massenentlassungen kein Anspruch des Betriebsrats auf Abschluß einer solchen Vereinbarung.

Die Berufung des Arbeitgebers auf die Einhaltung der Anhörungsfrist kann bei **671** Massenentlassungen **rechtsmißbräuchlich** sein. Hierfür reichen objektive Umstände wie die Zahl der Kündigungen und die sich hieraus für die Bearbeitung im Betriebsrat ergebenden Schwierigkeiten nicht aus. Wesentlich ist, ob der Betriebsrat innerhalb der Wochenfrist vom Arbeitgeber eine **Fristverlängerung** verlangt hat und wie sich beide Betriebspartner bis zur formellen Einleitung des Anhörungsverfahrens verhalten haben (*BAG* DB 1987, 1050).

Wenn der Betriebsrat bei Einleitung des Anhörungsverfahrens (§ 102 Abs. 1 **672** BetrVG) bereits über den erforderlichen Kenntnisstand verfügt, um über die konkret beabsichtigte Kündigung eine Stellungnahme abgeben zu können, bedarf es keiner weiteren Darlegung der Kündigungsgründe durch den Arbeitnehmer mehr; es ist hierbei unerheblich, ob es sich um einen Klein- oder Großbetrieb handelt.

Auch im Rahmen eines Anhörungsverfahrens muß sich der Betriebsrat grund- **673** sätzlich nur das Wissen eines zur Entgegennahme von Erklärungen gem. § 26 Abs. 3 Satz 2 BetrVG berechtigten oder hierzu ausdrücklich ermächtigten Betriebsratsmitglieds zurechnen lassen.

Unterläßt es der Arbeitgeber, den Betriebsrat über die Gründe der Kündigung zu **674** unterrichten, in der irrigen oder vermeintlichen Annahme, daß dieser bereits über den erforderlichen und aktuellen Kenntnisstand verfügt, liegt gleichwohl keine ordnungsgemäße Einleitung des Anhörungsverfahrens vor (*BAG* ZIP 1984, 325).

Widerspricht der Betriebsrat einer ordentlichen Kündigung mit der Begründung, **675** der Arbeitnehmer könne an demselben Arbeitsplatz weiterbeschäftigt werden, liegt ein ordnungsgemäßer Widerspruch i.S.v. § 102 Abs. 5 i.V.m. § 102 Abs. 3 BetrVG nicht vor (*BAG* ZIP 1986, 459).

Hat der Betriebsrat der Kündigung ordnungsgemäß widersprochen und der be- **676** troffene Arbeitnehmer Kündigungsschutzklage erhoben, so muß der Arbeitgeber, im Konkurs der Konkursverwalter, auf Verlangen des Arbeitnehmers diesen über den Ablauf der Kündigungsfrist hinaus fortbeschäftigen (§ 102 Abs. 2 BetrVG).

677 Das *BAG* hat unter Aufgabe seiner früheren Rechtsprechung ausgesprochen, daß der Arbeitgeber dem Betriebsrat nicht nur auf dessen Verlangen bei der betriebsbedingten Kündigung die Gründe mitzuteilen hat, die zu der sozialen Auswahl geführt haben. Vielmehr hat der Arbeitgeber dem Betriebsrat von vornherein, auch ohne ein entsprechendes Verlangen, die Gründe mitzuteilen, die ihn zur Auswahl gerade dieses Arbeitnehmers veranlaßt haben (*BAG* DB 1984, 1900). Lediglich bei der Stillegung des Betriebs und der Entlassung aller Arbeitnehmer bedarf es keiner **Sozialauswahl** (*BAG* ZIP 1984, 1517 = BB 1985, 591 = NZA 1985, 121).

678 Der Betriebsrat hat zur Wahrnehmung seiner **Beteiligungsrechte** anläßlich einer Betriebsstillegung ein sog. **Restmandat** (*BAG* DB 1974, 2207; *BAG* ZIP 1980, 202; *BAG* BB 1979, 522). Ob die Arbeitsverhältnisse der Betriebsratsmitglieder noch fortbestehen, spielt dabei keine Rolle (*BAG* ZIP 1987, 500 = NZA 1987, 858 = BB 1987, 2231).

2. Die Informationspflichten bei Betriebsänderungen

679 Gem. § 106 Abs. 2 und 3 Nr. 6 BetrVG ist der Wirtschaftsausschuß des Unternehmens über die geplante Betriebsstillegung oder -einschränkung zu unterrichten. Gem. § 106 Abs. 1 BetrVG hat der Wirtschaftsausschuß die **Planungen** mit dem Unternehmer zu beraten und dem Betriebsrat über jede Sitzung unverzüglich und vollständig zu berichten (§ 108 Abs. 4 BetrVG).

680 Es empfiehlt sich daher für den Arbeitgeber, zunächst den **Wirtschaftsausschuß** und anschließend den Betriebsrat möglichst zeitnah ins Bild zu setzen. Dabei kann den Beratungen im Wirtschaftsausschuß besonderes Gewicht im Hinblick auf die Durchführung der geplanten Maßnahmen zukommen.

681 Zu dem Informationsrecht des Wirtschaftsausschusses hat das *BAG* (ZIP 1985, 498) entschieden, daß der Wirtschaftsausschuß die Aufgabe hat, wirtschaftliche Angelegenheiten mit dem Unternehmer zu beraten, und die Mitglieder des Wirtschaftsausschusses die Möglichkeit haben müssen, sich auf Sitzungen des Wirtschaftsausschusses gründlich vorzubereiten.

682 Was im Einzelfall an Vorbereitung erforderlich ist, hängt weitgehend von den Angelegenheiten ab, die mit dem Unternehmer beraten werden sollen. Der Unternehmer kann verpflichtet sein, Unterlagen mit umfangreichen Daten und Zahlen schon vor der Sitzung vorzulegen. Er kann auch verpflichtet sein, diese Unterlagen den Mitgliedern des Wirtschaftsausschusses zeitweise – zur Vorbereitung auf die Sitzung – zu überlassen (aus der Hand zu geben).
Ob und gegebenenfalls unter welchen Voraussetzungen der Arbeitgeber monatliche Erfolgsrechnungen dem Wirtschaftsausschuß vorzulegen hat, ist eine Frage der Erforderlichkeit der Vorlage dieser Unterlagen und damit von der Einigungsstelle zu entscheiden (*BAG* EzA § 106 BetrVG 1972 Nr. 17).

Die Mitglieder des Wirtschaftsausschusses haben kein Recht, sich von den überlassenen Unterlagen ohne Zustimmung des Unternehmens Abschriften (Ablichtungen) anzufertigen. **683**

Der auch nach § 106 Abs. 2 BetrVG unterrichtungspflichtige Unternehmer, der die ihm obliegende Auskunft über bestimmte wirtschaftliche Angelegenheiten entgegen dem Verlangen des Wirtschaftsausschusses unter Berufung auf die **Gefährdung von Betriebs- und Geschäftsgeheimnissen** verweigert, handelt nicht ordnungswidrig i.S.v. § 121 Abs. 2 BetrVG, wenn hinsichtlich der Meinungsverschiedenheiten über den Umfang der Auskunftspflicht eine Entscheidung der Einigungsstelle nicht herbeigeführt (§ 109 BetrVG) und damit eine Konkretisierung der Auskunftspflicht nicht erfolgt ist (*OLG Karlsruhe* DB 1986, 387). **684**

3. Mitwirkungsrecht des Betriebsrats bei Betriebsänderungen (§ 111 BetrVG Betriebsänderungen)

Der Unternehmer hat in Betrieben mit in der Regel mehr als zwanzig wahlberechtigten Arbeitnehmern den Betriebsrat über geplante Betriebsänderungen, die wesentliche Nachteile für die Belegschaft oder erhebliche Teile der Belegschaft zur Folge haben können, rechtzeitig und umfassend zu unterrichten und die geplanten Betriebsänderungen mit dem Betriebsrat zu beraten. Als Betriebsänderungen im Sinne des Satzes 1 gelten **685**

1. Einschränkung und Stillegung des ganzen Betriebs oder von wesentlichen Betriebsteilen,
2. Verlegung des ganzen Betriebs oder von wesentlichen Betriebsteilen,
3. Zusammenschluß mit anderen Betrieben,
4. grundlegende Änderungen der Betriebsorganisation, des Betriebszwecks oder der Betriebsanlagen,
5. Einführung grundlegend neuer Arbeitsmethoden und Fertigungsverfahren.

Sanierungsmaßnahmen außerhalb oder während eines laufenden Konkursverfahrens, die mit sog. Betriebsänderungen verbunden sind, bedürfen einer sorgfältigen **Planung** und sind nach Maßgabe der §§ 111 ff. BetrVG schon während der Planung mit dem Betriebsrat zu beraten. Der vorstehende § 111 BetrVG definiert die Betriebsänderungen. **686**

Bei den vom Unternehmer geplanten Betriebsänderungen, die wesentliche Nachteile für die Belegschaft im ganzen oder für wesentliche Teile davon zur Folge haben können, sieht § 111 BetrVG in Verbindung mit §§ 112, 113 BetrVG ein **abgestuftes Mitwirkungs- und Mitbestimmungsrecht des Betriebsrats** vor. **687**

Die Vorschrift des **§ 111 Satz 1 BetrVG** gibt dem Betriebsrat ausdrücklich nur ein **Mitwirkungsrecht**, d.h. ein **Informations- und Beratungsrecht**. Der Unternehmer kann sich dabei nicht auf eine nur formelle Mitteilung der geplanten Maßnahmen beschränken. Er muß darüber hinaus im Zusammenhang mit § 112 BetrVG den Versuch machen, die Zustimmung des Betriebsrats zu erreichen. Besteht im Zeitpunkt des Planentschlusses über eine Betriebsänderung **kein Betriebsrat**, scheidet die Anwendung der §§ 111 ff. BetrVG aus (*BAG* DB 1982, 961, 1727). **688**

689 Wird ein bisher **betriebsratsloser Betrieb** stillgelegt, so kann ein während der Durchführung der Betriebsstillegung gewählter Betriebsrat die Aufstellung eines Sozialplans nicht mehr verlangen.

690 Wird in einem Betrieb ein Betriebsrat erst gewählt, nachdem sich der Arbeitgeber zur Stillegung des Betriebes entschlossen und mit der Stillegung begonnen hat, so kann der Betriebsrat auch dann nicht die Vereinbarung eines Sozialplanes verlangen, wenn dem Arbeitgeber im Zeitpunkt seines Entschlusses bekannt war, daß im Betrieb ein Betriebsrat gewählt werden soll (im Anschluß an *BAG* EzA § 112 BetrVG 1972 Nr. 25; *BAG* EzA § 112 BetrVG 1972 Nr. 60).

691 Auch in anderen Fällen, in denen eine Betriebsänderung mitbestimmungsfrei durchgeführt werden kann – beispielsweise bei einer **arbeitskampfbedingten Betriebsänderung** –, besteht nachträglich kein Recht des Betriebsrats, die Aufstellung eines Sozialplans zu verlangen.

692 Dagegen steht dem **Betriebsrat kein Initiativrecht** der Art zu, daß er bestimmte wirtschaftliche Maßnahmen seinerseits fordern könnte.

693 Für die Ausübung der Beteiligungsrechte ist **grundsätzlich** der **Betriebsrat, nicht** der **Gesamtbetriebsrat zuständig**. Das folgt daraus, daß auf die Änderung des einzelnen Betriebes abgestellt wird und das Beteiligungsrecht von der Arbeitnehmerzahl der einzelnen Betriebe abhängt. Der **Gesamtbetriebsrat bzw.** der **Konzernbetriebsrat** ist **ausnahmsweise** dann **zuständig**, wenn die Betriebsänderung das gesamte Unternehmen oder mehrere Betriebe betrifft und eine einheitliche Regelung für das Unternehmen zwingend geboten ist (*BAG* BB 1976, 314 = DB 1976, 56; *BAG* BB 1976, 791). Für die betriebsratslosen Betriebe eines Unternehmens besteht kein Beteiligungsrecht des Gesamtbetriebsrates (*BAG* NJW 1984, 2966).

694 Auf der Seite des Arbeitgebers ist der **Unternehmer** Adressat der Beteiligungsrechte. Ist über das Vermögen des Unternehmers das Konkursverfahren eröffnet, so tritt der **Konkursverwalter** in die Rechte und Pflichten des Gemeinschuldners ein (*BAG* BB 1971, 567; *BAG* BB 1974, 1483).

695 Kommt der Unternehmer seiner **Unterrichtungs- und Beratungspflicht** wahrheitswidrig, unvollständig oder verspätet nach, so handelt er gem. § 121 BetrVG ordnungswidrig. Solche Verstöße können mit Geldbußen bis zu DM 20 000,00 geahndet werden.

696 Außerdem kann der Unternehmer gem. § 113 Abs. 3 BetrVG zur Zahlung von Abfindungen herangezogen werden, wenn aufgrund der Betriebsänderung Arbeitnehmer entlassen werden oder diese andere wirtschaftliche Nachteile erleiden. Nach der Rechtsprechung des *BAG* muß sich der Unternehmer dabei so behandeln lassen, als ob eine Einigung vorläge, wonach die Maßnahme nicht durchzuführen ist (*BAG* DB 1971, 389 ff.).

697 Sonstige rechtliche Folgen treten bei **Mißachtung des Informations- und Beratungsrechts** des Betriebsrats nicht ein; insbesondere berührt sie nicht die Wirksamkeit getroffener Maßnahmen im Verhältnis zu Dritten, wozu auch die Belegschaft gehört (*Hess/Schlochauer/Glaubitz* BetrVG, § 111 Rdn. 9).

4. Voraussetzungen des Beteiligungsrechts

4.1 Betriebsgröße

Die §§ 111 ff. BetrVG stellen nicht auf das »Unternehmen«, sondern auf den **698** »Betrieb« ab. Die Beteiligungsrechte bestehen jedoch allein **in Betrieben mit in der Regel mehr als 20 wahlberechtigten Arbeitnehmern**, wenn dieser Betrieb von der Betriebsänderung betroffen ist (*LAG Düsseldorf* DB 1980, 213). Im Gegensatz zu §§ 106 Abs. 1, 110 BetrVG kommt es dabei nicht darauf an, daß es sich um ständige Arbeitnehmer handelt. »In der Regel« bedeutet, daß während des größten Teils des Jahres mehr als 20 Arbeitnehmer beschäftigt sein müssen (*BAG* DB 1983, 2634). Die **regelmäßige Beschäftigungszahl** wird ermittelt, indem rückwirkend der bisherige Personalbestand und, außer im Falle der Betriebsstillegung, die künftige Personalentwicklung berücksichtigt wird (*BAG* BB 1984, 81; *LAG Köln* DB 1984, 511). Das *LAG Hamm* (BB 1982, 1665 = DB 1982, 438) hatte auf den Personalbestand im Zeitraum des letzten Jahres von der Betriebsänderung abgestellt. Leitende Angestellte werden bei der Ermittlung der Betriebsgröße nicht mitgezählt (*LAG Baden-Württemberg* AuR 1972, 252). Mitgezählt werden jedoch unter Mutterschutz stehende Arbeitnehmerinnen und teilzeitbeschäftigte Arbeitnehmer (*BAG* BB 1983, 2118).

4.2 Betriebsänderung

Ausweislich der Definition der Betriebsänderung (§ 111 Satz 2 BetrVG) ergibt **699** sich, daß eine **grundlegende Umgestaltung des Betriebs oder der Betriebsorganisation** das **Beteiligungsrecht** des Betriebsrats auslöst (*BAG* WM 1981, 857; *LAG Frankfurt/M.* DB 1977, 2054 = BB 1977, 1549).

Dies hat zur Folge, daß nicht jede Maßnahme des Unternehmers mitbestim- **700** mungspflichtig ist, und zwar selbst dann nicht, wenn sie zu wesentlichen Nachteilen für die Belegschaft führt, sondern eine **grundlegende Umgestaltung** des Betriebes nicht feststellbar ist.

4.3 Das Verhältnis des § 111 Satz 1 zu § 111 Satz 2 BetrVG

Der Katalog in § 111 Satz 2 BetrVG enthält **nach herrschender Meinung** nicht **701** eine beispielhafte, sondern eine **erschöpfende Aufzählung der Betriebsänderungen** (*Hess/Schlochauer/Glaubitz* BetrVG, § 111 Rdn. 16 m.w.N.; *LAG Düsseldorf* DB 1973, 2452, 2453 = BB 1973, 1388; *LAG Düsseldorf* DB 1979, 114; *BAG* ZIP 1980, 82; *BAG* ZIP 1981, 420).

4.4 Wesentliche Nachteile für die Belegschaft

Wesentliche Nachteile für die Belegschaft oder erhebliche Teile derselben sind vor **702** allem Entlassungen und die Umsetzung der Arbeitnehmer auf andere Tätigkeiten, für die das Arbeitsentgelt erheblich geringer ist. Aber auch weniger schwere Nachteile, wie z.B. erheblich verlängerte Anmarschwege zum Betrieb, Verringerung der Bezahlung, Erschwerung der Arbeit, erhöhte Fahrtkosten, können noch wesentlich sein (*BAG* NJW 1983, 1870; *LAG Hamm* DB 1983, 832, 833).

Allgemein wird nicht verlangt, daß der Eintritt nachteiliger Folgen mit Sicherheit **703** vorausgesehen werden kann. Es kommt vielmehr nur darauf an, ob mit derartigen Nachteilen im konkreten Fall bei objektiver Beurteilung gerechnet werden muß.

704 Es müssen Nachteile für die Belegschaft oder erhebliche Teile der Belegschaft zu besorgen sein. Kann es nur zu Nachteilen für einzelne Arbeitnehmer kommen, so sind die Voraussetzungen nicht erfüllt. Das Gesetz legt nicht ausdrücklich fest, was unter einem erheblichen Teil zu verstehen ist. Es verlangt nur, daß ein erheblicher Teil der Belegschaft, d.h. der **Gesamtbelegschaft**, betroffen ist (*BAG* DB 1972, 1118 f.). Deshalb ist stets auf das Verhältnis der Zahl der voraussichtlich betroffenen Arbeitnehmer zur Gesamtzahl der im Betrieb Beschäftigten abzustellen.

705 Teils wird die Ansicht vertreten, daß eine größere absolute Zahl von Arbeitnehmern unabhängig von dem Verhältnis zur Gesamtbelegschaft ausreiche, wobei für die Bestimmung der wesentlichen Nachteile die Zahlen und Prozentangaben des § 17 Abs. 1 KSchG als Anhaltspunkt herangezogen werden könnten (*BAG* ZIP 1980, 282; *BAG* ZIP 1981, 420; *BAG* ZIP 1984, 359; *LAG Hamm* DB 1983, 2250; *LAG Hamm* DB 1977, 1054).

706 Die Staffelung des § 17 Abs. 1 Nr. 3 KSchG wird jedoch dahingehend eingeschränkt, daß eine Personalreduzierung nur dann erheblich ist, wenn mindestens 5 % der Belegschaft betroffen werden (*BAG* ZIP 1984, 359 = BB 1984, 274).

707 Die Unterrichtungs- und Beratungspflicht besteht nur bei **»geplanten« Betriebsänderungen**. Als »geplant« können dabei nicht nur solche Betriebsänderungen bezeichnet werden, die im Rahmen der langfristigen Unternehmenspolitik durchgeführt werden, sondern auch diejenigen, die aufgrund besonderer wirtschaftlicher Umstände entgegen der langfristigen Unternehmensplanung veranlaßt werden. Dies bedeutet, daß die unternehmerische wirtschaftliche Entscheidung nicht auf längere Sicht vorbereitet sein und auch freier aktiver Unternehmerinitiative entspringen kann. Das Mitwirkungsrecht des Betriebsrats besteht schon, wenn die Betriebsänderung sich als **spontane Reaktion** des Unternehmers auf **plötzlich eintretende besondere Umstände** darstellt, z.B. bei Zerstörung von Betriebsteilen durch Naturereignisse, einem plötzlichen Auftragsnotstand oder einer sonstigen wirtschaftlichen Zwangslage. »Geplant« hat damit nur noch insoweit Bedeutung, als sichergestellt sein muß, daß der Unternehmer den Betriebsrat vor der Durchführung zu beteiligen hat. Deshalb bestehen auch im Rahmen eines Konkursverfahrens bzw. Vergleichsverfahrens die Beteiligungsrechte des Betriebsrats (*BAG* BB 1974, 1483; *BAG* DB 1979, 1139). An der Planung einer Betriebsänderung fehlt es, wenn die Arbeitnehmer wegen Lohnrückständen ihr Arbeitsverhältnis kündigen, weil die Lohnzahlung nicht im Hinblick auf beabsichtigte Betriebsstillegung unterblieb (*BAG* DB 1990, 485).

4.5 Rechtzeitige und umfassende Unterrichtung sowie Beratung

708 Der Betriebsrat muß von dem Unternehmer über eine geplante Betriebsänderung rechtzeitig und umfassend unterrichtet werden, d.h. im Zeitpunkt der geplanten Betriebsänderung muß ein Betriebsrat bestanden haben (*BAG* BB 1982, 1423). Für die Frage, bis wann der Betriebsrat rechtzeitig unterrichtet werden kann, ist auf folgendes abzustellen:

709 Es besteht noch keine Informationsverpflichtung, solange der Unternehmer **Vorüberlegungen** anstellt, ob und inwieweit eine Betriebsänderung geboten ist (*LAG Berlin* DB 1983, 888).

Nach der Auffassung der Rechtsprechung hat die Beteiligung des Betriebsrats in dem frühestmöglichen Zeitpunkt zu erfolgen, nämlich dann, wenn der Plan für eine Betriebsänderung noch nicht, auch noch nicht teilweise verwirklicht ist und der Plan überhaupt noch nicht abschließend feststeht (*BAG* DB 1977, 308 = BB 1977, 142). **710**

Diese Auffassung ist zu weitgehend. Der Betriebsrat ist zu unterrichten, sobald aufgrund der Vorüberlegungen der Plan zu einer Betriebsänderung dem Grundsatz nach soweit gereift ist, daß der Unternehmer vorbehaltlich der Erörterung mit dem Betriebsrat zur Durchführung der Betriebsänderung entschlossen ist und das in §§ 111, 112 BetrVG vorgesehene Verfahren abgeschlossen werden kann, ehe mit der Verwirklichung des Planes begonnen wird (*Hess/Schlochauer/ Glaubitz,* BetrVG, § 111 Rdn. 29). **711**

Der Unternehmer kann den Betriebsrat selbst dann noch rechtzeitig unterrichten, sobald er einen endgültigen Entschluß gefaßt hat, der auch von dem **Aufsichtsgremium** genehmigt ist, wenn aufgrund der Vorstellungen des Betriebsrats Modalitäten der geplanten Betriebsänderung abgeändert werden können. **712**

Die **beabsichtigte Betriebsänderung** ist **mit** dem **Betriebsrat zu beraten**. d.h. es sind die sozialen und personellen Auswirkungen der unternehmerischen wirtschaftlichen Entscheidung zu erörtern. **713**

5. Die einzelnen Fälle der Betriebsänderung in § 111 Satz 2 BetrVG

5.1 Einschränkung und Stillegung des ganzen Betriebs oder wesentlicher Betriebsteile

§ 111 Satz 2 Nr. 1 BetrVG nennt die Einschränkung und Stillegung des ganzen Betriebes oder von wesentlichen Betriebsteilen. **714**

Betriebseinschränkung ist jede Maßnahme, die unter **Verminderung der Betriebsanlagen** zu einer Herabsetzung der Leistungskapazität führt, ohne daß dadurch der Betriebszweck berührt wird (*LAG Frankfurt/M.* DB 1977, 2054 = BB 1977, 1549). Es muß eine Auflösung von betrieblichen Einrichtungen, d.h. eine Außergebrauchstellung von betrieblichen Anlagen erfolgen. Dies liegt vor allem vor, wenn die Ausnutzung von Maschinen oder sonstigen Fertigungsanlagen eingestellt wird. Die Betriebseinschränkung muß auf Dauer gewollt sein oder doch zumindest einen nicht unerheblichen Zeitraum erfassen. Nur kurze, vorübergehende Einschränkungen reichen nicht aus. Eine Betriebseinschränkung liegt auch nicht vor, wenn die Maßnahme einen Betriebszweck betrifft, dessen Verfolgung von vornherein nur auf eine beschränkte Dauer angelegt war (*LAG Hamm* DB 1977, 1099 = BB 1977, 695). **715**

Entschließt sich ein Unternehmer, der wegen eines anhaltenden Auftragsrückgangs bereits **wiederholt Personalreduzierungen** vorgenommen hat, aufgrund einer durch ein unvorhergesehenes Ereignis eingetretenen weiteren Verschlechterung der Auftragslage erneut zu einer Produktionseinschränkung mit Personalabbau, so kommt es für die Beteiligungsrechte des Betriebsrats nach den §§ 111, 112 BetrVG darauf an, ob diese letztere Maßnahme für sich allein **716** betrachtet eine Betriebseinschränkung i.S.v. § 111 Satz 2 Nr. 1 BetrVG ist, ob sie also den ganzen Betrieb oder wesentliche Betriebsteile betrifft. Ist das nicht der Fall und macht der Unternehmer deshalb keinen Versuch eines Interessenausgleiches mit dem Betriebsrat, so kann der einzelne entlassene Arbeitnehmer auch dann keine Abfindung nach § 113 Abs. 3 i.V.m. Abs. 1 BetrVG verlangen, wenn die wiederholten Maßnahmen, wären sie auf eine einheitliche Entschließung des Unternehmers zurückzuführen, insgesamt gesehen eine Betriebsänderung i.S.v. § 111 BetrVG darstellen würden (*BAG* DB 1978, 1650).

717 Nicht unter den Begriff der Betriebseinschränkungen fällt eine **verringerte Ausnutzung von Betriebsanlagen**, z.B. durch Herabsetzung der Anzahl der Schichten oder Einführung von **Kurzarbeit** (*LAG Hamm* DB 1977, 1054).

718 Fraglich war, ob die Entlassung von Arbeitnehmern eine Betriebseinschränkung sein kann. Das *BAG* hat den Begriff der Betriebseinschränkung auch auf die Fälle des bloßen Personalabbaues unter Beibehaltung der sächlichen Betriebsmittel erweitert (*BAG* AP Nr. 7 u. 8 zu § 111 BetrVG 1972), wobei gewöhnliche Schwankungen der Betriebstätigkeit keine Betriebsänderungen darstellen (*BAG* BB 1979, 501; *BAG* BB 1980, 524).

719 Nach der Rechtsprechung verlangt der Begriff der Betriebseinschränkung eine erhebliche, ungewöhnliche und nicht nur vorübergehende **Herabsetzung der Leistungsfähigkeit** des Betriebes, gleichgültig ob die Herabsetzung der Leistungsfähigkeit durch die Außerbetriebsetzung von Betriebsanlagen oder durch Personalreduzierung erfolgt.

720 Bei der Prüfung, ob durch Personalabbau eine Betriebsänderung vorgenommen wird, muß von dem regelmäßigen Erscheinungsbild des Unternehmens ausgegangen werden. Gewöhnliche Schwankungen der Betriebstätigkeit sind selbst dann keine Betriebsänderungen, wenn eine größere Anzahl von Arbeitnehmern abgebaut wird.

721 Für die Frage, ob eine erhebliche Personalreduzierung vorliegt, will das *BAG* grundsätzlich auf die Zahlen und Prozentangaben des § 17 Abs. 1 KSchG abstellen (*BAG* AP Nr. 3 und 4 zu § 111 BetrVG 1972).

722 Keine Betriebseinschränkung ist eine Personalreduzierung durch Ausnutzen der normalen **Personalfluktuation** (*LAG Hamm* DB 1983, 832). Eine solche Personalreduzierung ist keine auf dem Willen des Unternehmers beruhende Maßnahme. Die Personalreduzierung geht auf Kündigungen der Arbeitnehmer zurück. Das Unterlassen des Arbeitgebers, das Personal wiederaufzustocken, ist nicht ein unter § 111 BetrVG zu erfassender Tatbestand.

723 Ist ein Personalabbau eine Betriebseinschränkung i.S.d. § 111 BetrVG und wird die Maßnahme ohne den Versuch eines Interessenausgleichs mit dem Betriebsrat durchgeführt, so sind die Voraussetzungen für eine Abfindungsanspruch nach § 113 Abs. 3 i.V.m. Abs. 1 BetrVG erfüllt (BAG AP Nr. 4 zu § 111 BetrVG 1972).

724 Die **Ausgliederung von Betriebsteilen** ist keine Einschränkung des Betriebes. Es kann sich aber um eine unter Nr. 4 zu subsumierende grundlegende Betriebsänderung handeln.

Der **Antrag** und die **Eröffnung eines Konkurs- oder Vergleichsverfahrens** ist keine Betriebseinschränkung, sondern geht einer eventuellen Betriebseinschränkung oder Betriebsstillegung voraus. Insbesondere ist im Falle des Konkursverfahrens aus dem Übergang von werbenden Unternehmen in einen zu liquidierenden Betrieb keine Betriebsänderung zu sehen (*Hess/Schlochauer/Glaubitz* BetrVG, § 111 Rdn. 44). **725**

Stillegung des Betriebes setzt die Auflösung der zwischen Arbeitgeber und Arbeitnehmer bestehenden Betriebs- und **Produktionsgemeinschaft** voraus, die ihre Veranlassung und zugleich ihren sichtbaren Ausdruck darin findet, daß der Unternehmer die bisherige wirtschaftliche Betätigung in der ernstlichen Absicht einstellt, die Weiterverfolgung des bisherigen Betriebszwecks dauernd oder für eine ihrer Dauer nach unbestimmte wirtschaftlich nicht unerhebliche Zeitspanne aufzugeben. **726**

Deshalb liegt eine Stillegung auch vor, wenn der Unternehmer beabsichtigt, den Betrieb bei Wegfall der die Stillegung bedingenden Gründe wieder zu eröffnen, sofern es sich um eine **von vornherein nicht übersehbare Betriebspause** handelt. Erforderlich ist es jedoch stets, daß die betriebliche Organisation, die die verschiedenen Betriebsmittel zusammenhält, aufgelöst wird. **727**

Die **Produktionseinstellung** ist erst dann als Betriebsstillegung anzusehen, wenn die Arbeitnehmer nicht nur nicht beschäftigt, sondern die Arbeitsverhältnisse aufgelöst werden. Ist ein Betrieb zeitlich begrenzt für eine bestimmte Aufgabe errichtet, stellt die Schließung des Betriebes keine Betriebsänderung i.S.d. § 111 BetrVG dar (*LAG Hamm* DB 1977, 1099). **728**

Die **Veräußerung des Betriebs** ist keine Stillegung und keine Betriebsänderung, wenn der veräußerte Betrieb vom Erwerber fortgeführt wird (*LAG Düsseldorf* DB 1973, 2453), es sei denn, aus Anlaß der Betriebsveräußerung werden Maßnahmen ergriffen, die für sich eine Betriebsänderung darstellen (*BAG* BB 1980, 679). **729**

Durch den rechtsgeschäftlichen Übergang tritt der Erwerber in die Rechte und Pflichten aus den im Zeitpunkt des Übergangs bestehenden Arbeitsverhältnissen ein (§ 613 a BGB). **730**

Das gleiche gilt bei **Verpachtung eines Betriebes** (*ArbG Elshorn* BB 1959, 230), da auch in der Betriebsverpachtung eine Betriebsveräußerung i.S.d. § 613 a BGB zu sehen ist. **731**

Die **Aufspaltung eines Unternehmens** in je eine rechtlich selbständige **Besitz- und Produktionsgesellschaft** derart, daß die Produktionsgesellschaft die Betriebsmittel von der Besitzgesellschaft pachtet und die Arbeitnehmer übernimmt, ist keine Betriebsänderung (*BAG* BB 1981, 1214 = DB 1981, 1190 m.w.N.). **732**

Eine Stillegung liegt vor, wenn zwar der bisherige Betriebszweck weiterverfolgt wird, aber eine nicht ganz erhebliche **räumliche Verlegung des Betriebes**, verbunden mit der Auflösung der alten Betriebsgemeinschaft und dem Aufbau einer im wesentlichen neuen Belegschaft erfolgt. **733**

Die **Ausgliederung von Betriebsteilen** ist keine Teilstillegung (vgl. *BAG* DB 1980, 164). **734**

735 Den Einschränkungen und Stillegungen des ganzen Betriebes sind die wesentlichen Betriebsteile gleichgestellt (*BAG* NJW 1981, 2599).
Wesentliche Bestandteile werden dann betroffen, wenn bei einem Betriebsteil ein erheblicher Teil der Arbeitnehmer des Gesamtbetriebes beschäftigt wird.

5.2 Verlegung des ganzen Betriebs oder wesentlicher Betriebsteile

736 Nach § 111 Satz 2 Nr. 2 BetrVG ist die Verlegung des ganzen Betriebs oder wesentlicher Betriebsteile eine Betriebsänderung.

737 Verlegung ist jede wesentliche Veränderung der örtlichen Lage des Betriebes oder von wesentlichen Betriebsteilen bei Übernahme wesentlicher Teile der Belegschaft. Keine wesentliche Veränderung liegt vor bei Umzug auf die andere Straßenseite oder in ein anderes, in der Nähe liegendes Haus. Gleiches gilt für den Umzug einer Abteilung innerhalb eines großen Bürohauses. Die **Verlegung muß mit wesentlichen Nachteilen für die Belegschaft verbunden sein**, z.B. zu einer erheblichen Verlängerung der Anmarschwege und der Fahrzeiten oder wesentlich erhöhten Fahrtkosten führen. Eine Verlegung einer Verlagsabteilung in ein 4,3 km entferntes Gebäude ist nach Auffassung des *BAG* eine nicht geringfügige Veränderung der örtlichen Lage.

738 Mit der **Ausgliederung von Betriebsteilen** ist in der Regel auch eine Verlegung verbunden, so daß die Ausgliederung meist von Nr. 2 erfaßt wird.

5.3 Zusammenschluß mit anderen Betrieben

739 Nach § 111 Satz 2 Nr. 3 BetrVG ist der Zusammenschluß mit anderen Betrieben eine Betriebsänderung.

740 Der Zusammenschluß kann dadurch geschehen, daß der eine Betrieb in einem anderen aufgeht oder daß aus zwei Betrieben ein neuer dritter entsteht. Der Zusammenschluß kann mit Betrieben desselben oder anderer Unternehmen erfolgen; auf die Rechtsform kommt es nicht an.

741 Die **Zusammenlegung von Nebenbetrieben oder selbständigen Betriebsabteilungen** mit dem eigenen Hauptbetrieb wird hiervon nicht erfaßt. Ein Zusammenschluß liegt nur vor, wenn dadurch Änderungen im Bestand der einzelnen Betriebe eintreten.

742 Der **rein wirtschaftliche Vorgang** einer auf der Unternehmensebene durchgeführten **Fusion**, die keine Auswirkung auf die einzelnen betrieblichen Einheiten der fusionierten Betriebe hat, löst kein Beteiligungsrecht aus.

5.4 Grundlegende Änderungen der Betriebsorganisation, des Betriebszwecks oder der Betriebsanlagen

743 Die Vorschrift des § 111 Satz 2 Nr. 4 BetrVG bezeichnet grundlegende Änderungen der Betriebsorganisation, des Betriebszwecks oder der Betriebsanlagen als Betriebsänderungen.

744 **Änderung der Betriebsorganisation** bedeutet die Umwandlung des Betriebsaufbaus, insbesondere der Zuständigkeiten und der Verantwortung. Hierunter fällt z.B. auch die Einführung und Abschaffung von Einkaufs- und Verkaufsabteilungen. Diese Änderungen müssen aber **für den Betrieb von grundlegender Bedeu-**

tung sein. Keine grundlegende Änderung der Betriebsorganisation ist die Ausgliederung einer Gaststätte aus einem Supermarkt (*BAG* DB 1981, 689).

Eine **Änderung des Betriebszwecks** liegt vor, wenn die Art, d.h. das wirtschaftliche Ziel des Betriebes verändert wird. Dies trifft vor allem bei völliger Umstellung der Produktion vor. **745**

Eine **Änderung der Betriebsanlagen** liegt vor, wenn die technischen Einrichtungen, insbesondere die Produktionsanlagen des Betriebs verändert werden. Es muß sich aber auch hier um eine **grundlegende Änderung von besonderer Bedeutung** handeln, z.B. die Einführung völlig neuer Maschinen, eines neuen technischen Produktionsverfahrens oder die komplette Neugestaltung der Werkshallen. Nicht erfaßt werden der normale Ersatz abgenutzter Maschinen und die üblicherweise laufend erforderlichen kleinen Verbesserungen, wie sie in jedem modern geführten Betrieb üblich sind. **746**

Auch der Einsatz von **Mikroprozessoren** und **Datensichtgeräten** kann eine Änderung von Betriebsanlagen darstellen (*BAG* ZIP 1983, 981 [984]). **747**

Betriebsanlagen i.S.v. § 111 BetrVG sind nicht nur Produktionsanlagen, sondern alle Anlagen, die dem arbeitstechnischen Produktions- und Leistungsprozeß insgesamt dienen. Einzelne Betriebsanlagen fallen dann unter die Vorschrift des § 111 BetrVG, wenn sie in der Gesamtheit von einiger Bedeutung für den gesamten Betriebsablauf sind. **748**

Für die Frage, ob auch der Einsatz von **Datensichtgeräten** eine grundlegende Änderung darstellt, muß darauf abgestellt werden, ob ein wesentlicher Teil der Belegschaft betroffen wird (*BAG* DB 1982, 2358). **749**

Bei der Frage, ob die Änderung der Betriebsanlagen »grundlegend« ist, kommt es auf den Grad der technischen Änderung an. Läßt sich der Grad der technischen Änderung und damit die Betriebsänderung nicht feststellen, ist auf den Grad der nachteiligen Auswirkungen auf den betroffenen Arbeitnehmer abzustellen (*BAG* DB 1982, 2358). **750**

5.5 Einführung grundlegend neuer Arbeitsmethoden und Fertigungsverfahren

Die Vorschrift des § 111 Satz 2 Nr. 5 BetrVG bezeichnet die Einführung grundlegend neuer Arbeitsmethoden und Fertigungsverfahren als Betriebsänderungen. **751**

Unter **Arbeitsmethoden** ist die Art und Weise zu verstehen, in der die Arbeit ausgeführt wird, d.h. wie die menschliche Arbeitskraft eingesetzt wird. Hierunter fällt z.B. der Übergang von Hand- zur Maschinenarbeit und weiter zur **Fließbandarbeit**. Vor allem können auch Rationalisierungsmaßnahmen hiervon betroffen werden. **752**

Es muß sich um **grundlegend neue Arbeitsmethoden** handeln, d.h. um eine Veränderung der technischen Grundlage des Arbeitsprozesses, die eine grundsätzliche Umstellung des Arbeitsvorganges bedeutet. **753**

Unter **Fertigungsverfahren** sind die Fabrikationsmethoden, Arbeitsverfahren und Arbeitsabläufe zu verstehen, wie z.B. die Einführung einer vollautomatischen **754**

Fertigung. Eine genaue Abgrenzung zu den Arbeitsmethoden ist nicht möglich, aber auch nicht erforderlich, da die Rechtsfolgen die gleichen sind.

VIII. Interessenausgleich über die Betriebsänderung, Sozialplan (§ 112 BetrVG)

1. Allgemeines

755 § 112 BetrVG **enthält** grundsätzlich **zwei streng zu unterscheidende Mitwirkungs- und Mitbestimmungskomplexe** (Beteiligungsrechte), die auch im Konkurs des Arbeitgebers zu beachten sind.

Der eine in § 112 BetrVG geregelte Bereich, als **Interessenausgleich** bezeichnet, betrifft die unternehmerisch-wirtschaftliche Entscheidung als solche, d.h. die Fragen, ob, zu welchem Zeitpunkt, in welchem Umfang und in welcher Form eine geplante Betriebsänderung (§ 111 BetrVG) durchgeführt werden soll. Die Interessen, die ausgeglichen werden sollen, sind die des Unternehmens an der Durchführung der beabsichtigten Maßnahme und die der Belegschaft an der Vermeidung von wesentlichen Nachteilen i.S.v. § 111 BetrVG. In diesem Bereich hat der Betriebsrat über das Unterrichtungs- und Beratungsrecht hinaus einen Anspruch auf Verhandlungen mit dem Unternehmer, der darauf gerichtet ist, eine Einigung unter Berücksichtigung der beiderseitigen Interessen zu erzielen.

756 Kommt eine Einigung nicht zustande, so können der Unternehmer oder der Betriebsrat versuchen, eine gütliche Einigung durch Vermittlung des **Präsidenten des Landesarbeitsamtes** (§ 112 Abs. 2 BetrVG) oder durch die **Einigungsstelle** (§ 113 Abs. 3 BetrVG) zu erreichen.

757 Aus § 113 Abs. 3 BetrVG ergibt sich, daß Durchführungsmaßnahmen, die unter **Mißachtung der Beteiligungsrechte** des Betriebsrats erfolgen, nicht unwirksam sind. Kommt keine Einigung zustande, so ist das Verfahren ergebnislos beendet. Insbesondere hat die Einigungsstelle keine Kompetenz zu einer verbindlichen Entscheidung über den Interessenausgleich.

758 Damit soll letztlich ein unzulässiger Eingriff in die dem Unternehmer verfassungsrechtlich garantierte Entscheidungsfreiheit auf wirtschaftlichem Gebiet vermieden werden, zumal der Unternehmer in diesem Bereich auch allein die Verantwortung und das Risiko seiner Maßnahmen zu tragen hat. Ergänzt wird dieser Grundsatz dadurch, daß der Betriebsrat nicht die Möglichkeit besitzt, die Einhaltung eines freiwilligen Interessenausgleiches zu erzwingen (vgl. § 113 BetrVG).

759 Der andere Bereich des § 112 BetrVG, als **Sozialplan** bezeichnet, betrifft die sozialen Auswirkungen der unternehmerischen Maßnahme.

760 Die Aufstellung eines Sozialplanes bezweckt einen Ausgleich oder zumindest eine Minderung der **wirtschaftlichen Nachteile**, die den einzelnen Arbeitnehmer aus der Durchführung der Betriebsänderung treffen.

761 Im Gegensatz zum Interessenausgleich hat der **Betriebsrat bei** der **Aufstellung des Sozialplans ein echtes Mitbestimmungsrecht**, das er gegebenenfalls über einen verbindlichen Spruch der Einigungsstelle durchsetzen kann (§ 112 Abs.

BetrVG). Dieses Mitbestimmungsrecht besteht auch dann, wenn der Abschluß eines Sozialplanes nach § 112 a BetrVG nicht erzwungen werden kann (*BAG* DB 1989, 331).

Dem **Betriebsrat** steht in diesem Bereich auch ein **echtes Initiativrecht** zu. Dies ist **762** unabhängig davon, ob ein Interessenausgleich zustande kommt.

Das Gesetz gibt mit Rücksicht auf die Vielfältigkeit der besonderen Umstände im **763** Einzelfall keine Hinweise, was Gegenstand eines Sozialplanes sein muß. Der Sozialplan ist daher immer den konkreten Besonderheiten und der wirtschaftlichen Situation des betroffenen Unternehmens anzupassen.

2. Der Interessenausgleich

Der Interessenausgleich ist – wie sich aus dem Wortlaut des Gesetzes ergibt – **764** keine Betriebsvereinbarung, sondern eine Kollektivvereinbarung eigener Art.

Bei dem Interessenausgleich handelt es sich um eine **Naturalobligation**, da die **765** Einhaltung der Vereinbarung zwischen Betriebsrat und Unternehmer nicht erzwungen werden kann. Der Betriebsrat kann nicht im Wege der einstweiligen Verfügung die Einhaltung eines Interessenausgleichs erzwingen (*BAG* EzA § 113 BetrVG 1972 Nr. 21).

Weicht der Unternehmer vertragswidrig ohne zwingenden Grund von dem In- **766** teressenausgleich ab, haben die Arbeitnehmer die Ansprüche aus § 113 BetrVG.

Kommt zwischen Betriebsrat und Unternehmer ein Interessenausgleich über die **767** geplante Betriebsänderung zustande, ist dieser kraft gesetzlicher Anordnung des § 112 Abs. 1 S. 1 BetrVG nur wirksam, wenn er **schriftlich** niedergelegt und vom Betriebsrat und vom Unternehmer unterschrieben wird (*ArbG Kassel* DB 1976, 96).

Da es sich bei dem Interessenausgleich nicht um eine Betriebsvereinbarung han- **768** delt, für die eine Delegationsmöglichkeit ausgeschlossen ist (§§ 27 Abs. 3 Satz 2, 28 Abs. 1 Satz 2 BetrVG), kann der Betriebsrat einen **Betriebsausschuß** mit dem Abschluß des Interessenausgleichs beauftragen.

Der Betriebsrat kann seine Zustimmung zu einem Interessenausgleich nicht von **769** der Aufstellung eines Sozialplanes abhängig machen. Das ergibt sich daraus, daß Interessenausgleich und Sozialplan nach unterschiedlichen Regeln behandelt werden. Hinzu kommt, daß der Interessenausgleich nicht ein Instrument des Betriebsrats sein soll, möglicherweise auch in solchen Fällen Sozialpläne durchzusetzen, in denen ein Anspruch auf Abschluß eines Sozialplanes nicht besteht.

Hat eine Betriebsänderung keine nachteiligen Auswirkungen für die Arbeit- **770** nehmer, so besteht kein Anspruch auf den Abschluß eines Sozialplanes.

Hat eine Betriebsänderung nachteilige Auswirkungen, so kann der Betriebsrat **771** einen Sozialplan notfalls durch den **bindenden Spruch der Einigungsstelle** durchsetzen, unabhängig davon, ob der Versuch, einen Interessenausgleich zustande zu bringen, Erfolg hatte oder nicht.

772 Auch aus den nachfolgenden Grundsätzen der Verfahrensabläufe ergibt sich, daß eine Abhängigkeit zwischen Interessenausgleich und Sozialplan nicht verlangt werden kann.

773 Das **Beteiligungsverfahren** des Betriebsrats bei geplanten Betriebsänderungen erfolgt in einem **zweistufigen Verfahren**, nämlich dem Interessenausgleich und dem Sozialplan.

774 Der Interessenausgleich, der nur freiwillig zustande kommen kann, betrifft das »Ob« und das »Wie« der geplanten Betriebsänderung. Der Sozialplan, über den die Einigungsstelle bindend entscheidet, betrifft die Minderung der für die Arbeitnehmer durch die Betriebsänderung entstehenden Nachteile.

775 Beide, der Interessenausgleich und der Sozialplan, können – müssen aber nicht – in einem **einheitlichen Verfahren** herbeigeführt werden.

776 In der Regel wird zuerst über den Interessenausgleich verhandelt, da im Hinblick auf die nachteiligen Folgen des § 113 BetrVG der Unternehmer den ernsthaften Versuch unternommen haben muß, mit dem Betriebsrat eine Einigung über den Interessenausgleich zu erzielen.

777 Kommt eine solche Einigung letztlich nicht zustande, kann der Unternehmer die Betriebsänderung durchführen, ohne daß er die Entscheidung der Einigungsstelle über die Aufstellung des Sozialplanes abwarten muß.

778 Ruft der Betriebsrat weder den **Präsidenten des Landesarbeitsamtes** zur Vermittlung noch die Einigungsstelle an (§ 112 Abs. 2 BetrVG), muß der Unternehmer den Versuch des Interessenausgleiches vor der **Einigungsstelle** unternommen haben (*BAG* DB 1989, 331).

779 Stehen die Grundsätze über das »Ob« und »Wie« der Betriebsänderung fest, können die Sozialplanverhandlungen aufgenommen werden mit dem Ziel, die aus der Betriebsänderung sich ergebenden Nachteile für die Arbeitnehmer zu mindern.

780 **Besteht ein Betriebsrat nicht** oder ist die Betriebsänderung vor der Wahl eines Betriebsrats durchgeführt, besteht kein Mitwirkungsrecht (*LAG Hamm* DB 1975, 697; *LAG Berlin* DB 1973, 2097; *LAG Hamm* DB 1976, 154).

781 Besteht ein Betriebsrat, hat der Unternehmer jedoch unter Mißachtung des Mitwirkungsrechts des Betriebsrats die Betriebsänderung durchgeführt, kann der Abschluß eines Interessenausgleichs nicht mehr verlangt werden.

3. Der Sozialplan

3.1 Die Voraussetzungen für die Aufstellung eines Sozialplanes

782 Die Aufstellung eines Sozialplanes setzt die **Planung einer Betriebsänderung i.S.d. § 111 BetrVG** voraus.

783 Weitere Voraussetzungen sind, daß der Grund der geplanten Betriebsänderung zu erwarten ist, daß ein **erheblicher Teil der Belegschaft wirtschaftliche Nachteile** (Entlassungen, Lohnminderung, erhöhte Fahrtkosten und dergleichen mehr) erleiden wird (*BAG* NJW 1986, 150).

Häufig wird in dem Sozialplan geregelt, daß diejenigen Arbeitnehmer, die aufgrund des Personalabbaus in einem bestimmten Zeitraum von § 112 a Abs. 1 Satz 1 u. 2 BetrVG betriebsbedingt entlassen werden, eine Abfindung erhalten. Bei dieser Regelung gehen die Betriebspartner erkennbar von einer Kündigung durch den Arbeitgeber oder von einem vom Arbeitgeber veranlaßten Aufhebungsvertrag aus. Nach der Rechtsprechung des *BAG* (NZA 1989, 31; *BAG* NZA 1989, 278; *BAG* NZA 1990, 280; *BAG* NZA 1991, 692) liegt jedoch »eine Entlassung infolge einer Betriebsänderung« auch bei einer Eigenkündigung des Arbeitnehmers vor, wenn der Arbeitgeber im Hinblick auf eine von ihm beabsichtigte Betriebsänderung zu dieser Veranlassung gegeben hat. Gem. § 112a BetrVG kommt es danach auf das Ausscheiden des Arbeitnehmers aus Gründen der geplanten Betriebsänderung an, nicht aber auf die äußere Form, die zur Beendigung des Arbeitsverhältnisses führt. Entscheidend ist allein, ob der Arbeitnehmer infolge der Betriebsänderung seinen Arbeitsplatz verliert. Der generelle Ausschluß aller Arbeitnehmer von den Leistungen eines Sozialplanes, die ihr Arbeitsverhältnis selbst gekündigt haben, würde gegen § 75 Abs. 1 Satz 1 BetrVG verstoßen. **784**

Kündigt jedoch ein Arbeitnehmer sein Arbeitsverhältnis wegen eines vom Arbeitgeber angekündigten Personalabbaus selbst, so ist diese Kündigung jedenfalls dann nicht vom Arbeitgeber veranlaßt, wenn der Arbeitnehmer im Zeitpunkt seiner Kündigung – 3 Monate nach der Ankündigung – keinen Grund für die Annahme (mehr) hatte, ihm werde im Zuge des Personalabbaus gekündigt werden. **785**

Die Betriebspartner können in einem Sozialplan vereinbaren, daß ein Arbeitnehmer, der im Zusammenhang mit einer Betriebsstillegung vorzeitig durch Eigenkündigung ausscheidet, eine niedrigere Abfindung erhält (*BAG* ZIP 1993, 1808). **786**

Empfiehlt der Arbeitgeber anläßlich eines geplanten Personalabbaus den Arbeitnehmern auf einer Betriebsversammlung, sich nach anderen Arbeitsplätzen umzusehen, so ist eine deswegen erfolgte Eigenkündigung des Arbeitnehmers auch dann vom Arbeitgeber aus Gründen der Betriebsänderung veranlaßt, wenn dem Arbeitnehmer wegen einer Verbesserung der Auftragslage nicht gekündigt worden wäre (*BAG* EzA § 112a BetrVG 1972 Nr. 6). **787**

Der Sozialplan hat lediglich den Zweck, die aus der Betriebsänderung für die Arbeitnehmer sich ergebenden Nachteile zumindest teilweise auszugleichen. Der Zweck des Sozialplans ist weder auf eine **Überbrückungs- und Vorsorgefunktion** gerichtet noch soll er der Wiedereingliederung dienen. Entstehen der Arbeitnehmerschaft keine wirtschaftlichen Nachteile oder überwiegen die Vorteile gegenüber den Nachteilen, ist ein Sozialplan nicht aufzustellen. **788**

Der Verlust des Arbeitsplatzes stellt immer einen Nachteil dar, so daß auch den Arbeitnehmern im Sozialplan selbst dann eine Abfindung zugesprochen werden kann, wenn im Einzelfall ein wirtschaftlicher Nachteil nicht festgestellt wird. **789**

Bei der Aufstellung von Sozialplänen haben der Betriebsrat und der Arbeitgeber Recht und Billigkeit zu wahren. Wird im Zuge einer beabsichtigten Sanierung ein Sozialplan für die von der Teilstillegung betroffenen Arbeitnehmer mit geringer Ausstattung abgeschlossen und wird dann das Unternehmen endgültig liquidiert, noch bevor Sanierungsmaßnahmen verwirklicht werden konnten, so liegt ein Gesamtgeschehen vor mit der Folge, daß bei der Aufstellung des für die Liquidation **790** geltenden Sozialplanes auch die von der ersten Maßnahme betroffenen Arbeitnehmer berücksichtigt werden müssen, wenn der für die von der Liquidation betroffenen Arbeitnehmer aufgestellte Sozialplan wesentlich besser dotiert ist.

3.2 Der personelle Geltungsbereich des Sozialplanes

791 Der Sozialplan erfaßt **alle Arbeitnehmer, mit Ausnahme der in § 5 Abs. 2 BetrVG genannten Personen und der leitenden Angestellten.**

792 Grundsätzlich ist der **Ausschluß der leitenden Angestellten** aus der Bezugsberechtigung des Sozialplanes mit dem Gleichheitsgrundsatz des Art. 3 GG vereinbart (*BAG* NJW 1986, 94).

793 Kommt zwischen Arbeitgeber und Betriebsrat keine Einigung über den Sozialplan zustande oder wird dieser von der Einigungsstelle im Rahmen des Verfahrens nach § 112 Abs. 4 BetrVG aufgestellt, so gilt dieser Sozialplan für leitende Angestellte nur dann, wenn Betriebsrat und Arbeitgeber gem. § 76 Abs. 6 BetrVG einverständlich die Einigungsstelle mit der Festlegung von Sozialplanleistungen auch für leitende Angestellte betraut haben.

794 Die Betriebspartner können anläßlich einer Betriebsänderung im Interessenausgleich Maßnahmen – z. B. Kündigungsverbote, Versetzungs- und Umschulungspflichten und ähnliches – vereinbaren, durch die wirtschaftliche Nachteile für die von der Betriebsänderung betroffenen Arbeitnehmer nach Möglichkeit verhindert werden.
Solche Maßnahmen können jedoch nicht Inhalt eines Spruchs der Einigungsstelle über den Sozialplan nach § 112 Abs. 4 BetrVG sein. Ein Spruch der Einigungsstelle, der solche Maßnahmen zum Inhalt hat, ist unwirksam (*BAG* EzA § 112 BetrVG 1972 Nr. 58).

795 Nach Konkurseröffnung ist der Konkursverwalter nicht befugt, den leitenden Angestellten Ansprüche aus dem Sozialplan einzuräumen, da es regelmäßig dem Konkurszweck zuwiderlaufen wird, zu Lasten der Konkursmasse Ansprüche zu begründen, die gesetzlich nicht angeordnet sind und die nicht der Verwertung der Konkursmasse dienen.

796 Soweit die Arbeitnehmer, die aufgrund der geplanten Betriebsveränderung ausgeschieden sind, Nachteile erlitten haben, werden auch diese **ausgeschiedenen Arbeitnehmer** von dem Sozialplan erfaßt, wobei es unerheblich ist, ob das Ausscheiden der Arbeitnehmer aufgrund der Kündigung des Arbeitnehmers oder des Arbeitgebers erfolgt.

3.3 Die rechtliche Einordnung des Sozialplanes

797 Der Sozialplan ist ein **privatrechtlicher Kollektivvertrag**. Teilweise wird aus § 112 Abs. 1 Satz 3 BetrVG gefolgert, daß der Sozialplan eine **Betriebsvereinbarung** sei (*BAG* WM 1981, 1392).

798 Aus dem Gesetzeswortlaut, wonach dem Sozialplan die Wirkung einer Betriebsvereinbarung zukommt, kann nur gefolgert werden, daß der Charakter einer Betriebsvereinbarung nicht notwendigerweise vorliegen muß.

799 **Sofern** der Sozialplan **generelle Regelungen** zum Inhalt hat, **handelt es sich um Betriebsvereinbarungen**, mit der Folge, daß § 112 Abs. 1 Satz 3 BetrVG nur

klarstellende Bedeutung zukommt. **Soweit** der Sozialplan **Einzelfallabreden** enthält, **war es erforderlich, dem Sozialplan ausdrücklich die Wirkung einer Betriebsvereinbarung zuzusprechen.**

3.4 Der Sozialplan nach Durchführung der Betriebsänderung ohne Beteiligung des Betriebsrats

Hat der Unternehmer, ohne den Betriebsrat einzuschalten, eine Betriebsän- **800**
derung ausgeführt, können die **Arbeitnehmer nicht** gem. § 113 Abs. 3 BetrVG alleine auf **die Geltendmachung des Nachteilsausgleichs** verwiesen werden, da der **Umfang der Sozialpläne weiter** sein kann **als der des Nachteilsausgleichs** (*BAG* DB 1980, 549).

Damit das Mitbestimmungsrecht des Betriebsrats nicht dadurch umgangen wird, **801**
daß der Unternehmer die Betriebsänderungen einfach durchführt, **kann** der **Betriebsrat unverzüglich, nachdem er von der Betriebsänderung und deren Durchführung Kenntnis erlangt hat, die Aufstellung eines Sozialplanes verlangen**.

Ist aufgrund eines Interessenausgleichs ein Sozialplan aufgestellt worden und **802**
weicht der Unternehmer von dem Interessenausgleich ohne zwingenden Grund ab, kann der Betriebsrat den Abschluß eines neuen Sozialplanes verlangen.

Da der Betriebsrat nach Durchführung einer Betriebsänderung noch einen So- **803**
zialplan verlangen kann, geht das *BAG* davon aus, daß im Falle einer Betriebsstillegung und trotz der damit verbundenen **Auflösung der Betriebsorganisation** dem Betriebsrat ein sog. »Restmandat« verbleibt, um noch einen Sozialplan abzuschließen (*BAG* WM 1981, 1392).

3.5 Konkurrenz zwischen Ansprüchen aus Sozialplan und Nachteilsausgleich (§ 113 BetrVG)

Eine Konkurrenz zwischen Ansprüchen aus einem Sozialplan und dem Nach- **804**
teilsausgleich des § 113 BetrVG kann dann entstehen, wenn der Unternehmer eine Betriebsänderung durchgeführt hat, ohne die Beteiligungsrechte des Betriebsrats zu wahren, und der Betriebsrat nachträglich die Aufstellung des Sozialplanes verlangt oder aber, wenn die Beteiligungsrechte des Betriebsrats gewahrt wurden, der Unternehmer aber von dem vereinbarten Interessenausgleich ohne zwingenden Grund abweicht.

Wegen der unterschiedlichen Zielsetzung der gesetzlichen Regelung – der So- **805**
zialplan soll die wirtschaftlichen Nachteile einer Betriebsänderung ausgleichen oder mildern (*BAG* Urt. vom 13. 12. 1978 – 6 S 1/77 – AP Nr. 6 zu § 112 BetrVG 1972 = EzA § 112 BetrVG 1972 Nr. 15 (*Hess*) = BB 1979, 267 = DB 1979, 261); der Nachteilsausgleich soll mittelbar die Herbeiführung eines Interessenausgleichs erzwingen – **stehen beide Ansprüche selbständig nebeneinander**.

Die Praxis kann dem Nebeneinander der Ansprüche durch **Anrechnungsklauseln** **806**
begegnen, und zwar dergestalt, daß entweder bei der Bemessung des Nachteilsausgleichs Sozialplanleistungen zu berücksichtigen sind, oder aber, daß der Sozialplan bestimmt, daß eventuelle Ansprüche aus § 113 BetrVG auf seine Leistungen anzurechnen sind. Auf keinen Fall kann der Arbeitnehmer eine doppelte Entschädigung verlangen.

3.6 Sozialplan und Tarifvertrag

807 Um den Beteiligten volle Handlungsfreiheit bei der Aufstellung des Sozialplanes zu gewährleisten, hat der Gesetzgeber den **Sozialplan von den Beschränkungen des § 77 Abs. 3 BetrVG befreit (§ 112 Abs. 1 Satz 4 BetrVG)**.

808 **Die Sperrwirkung tariflicher Regelungen kann auch nicht aus § 87 Abs. 1 BetrVG abgeleitet werden**. Diese Regelung bedeutet, daß im Sozialplan Vereinbarungen über Arbeitsentgelte und sonstige Arbeitsbedingungen, die durch Tarifvertrag geregelt sind oder üblicherweise geregelt werden, getroffen werden können.

809 Ein **Konkurrenzverhältnis** zwischen Tarifvertrag und Sozialplan kann durch die üblich gewordenen **Rationalisierungsschutzabkommen** entstehen (vgl. Rationalisierungsschutzabkommen der Eisen-, Metall- und Elektroindustrie vom 27. 5. 1968, RdA 1968, 260 ff.; Rationalisierungsschutzabkommen im graphischen Gewerbe, RdA 1968, 222 f.; *Hagen* BB 1970, 129 ff.), da sich der Inhalt der Rationalisierungsschutzabkommen in weiten Bereichen mit den Sozialplänen überschneidet.

810 Im Verhältnis zwischen Tarifvertrag und Sozialplänen geht der Sozialplan vor, soweit er günstiger ist.

811 Um eine **Kumulierung** der Ansprüche aus Tarifvertrag und Sozialplan zu vermeiden, ist es sinnvoll, daß die Tarifvertragsparteien **Subsidiaritätsklauseln** vereinbaren, so daß die Leistungen aus den Rationalisierungsschutzabkommen auf die Leistungen aus dem Sozialplan angerechnet werden.

3.7 Sozialplan und Einzelarbeitsvertrag

812 Die Regelung des Sozialplanes geht den Bestimmungen des Einzelarbeitsvertrages aufgrund der unmittelbaren und zwingenden Wirkung vor, es sei denn, die Regelung des Einzelarbeitsvertrages ist günstiger.

3.8 Das Zustandekommen des Sozialplanes

813 Für den Abschluß eines Sozialplanes gelten die Regeln über den Abschluß von Betriebsvereinbarungen (*BAG* DB 1975, 2188).

814 In der ersten Phase der Verhandlungen um das Zustandekommen eines Sozialplanes bemühen sich die Betriebspartner um eine Übereinkunft.

815 War der Einigungsversuch der Betriebsparteien erfolglos, so können Unternehmer oder Betriebsrat den Präsidenten des Landesarbeitsamtes um Vermittlung ersuchen.

816 Die **Anrufung des Präsidenten des Landesarbeitsamtes** ist **in das freie Ermessen** des Unternehmers und des Betriebsrats **gestellt und auch nicht Voraussetzung für eine Anrufung der Einigungsstelle**.

817 Zur Anrufung des Präsidenten des Landesarbeitsamtes sind Unternehmer oder Betriebsrat berechtigt; ein übereinstimmendes gemeinsames Handeln ist dabei nicht erforderlich. Der Unternehmer ist aber aus dem Gesichtspunkt der vertrauensvollen Zusammenarbeit verpflichtet mitzuwirken.

818 Das **Verfahren in dem Vermittlungsstadium** ist **formfrei**, d.h. die **Gestaltung unterliegt** dem **freien Ermessen des Präsidenten** des Landesarbeitsamtes. Es wird

dabei entsprechend § 112 Abs. 3 Satz 1 BetrVG zweckmäßig sein, daß zunächst Unternehmer und Betriebsrat dem Präsidenten des Landesarbeitsamtes ihre Standpunkte darlegen und ggf. Vorschläge zur Beilegung der Meinungsverschiedenheiten machen.

Die Einschaltung des **Präsidenten des Landesarbeitsamtes als Behörde** ist im Hinblick auf seine Kenntnisse über die Verhältnisse am Arbeitsmarkt erfolgt. Dadurch soll sichergestellt werden, daß der mikroökonomische und der regionale Arbeitsmarkt mit in die Planung einbezogen werden. Eine Einschaltung dieser Behörde erschien auch im Hinblick auf die nach dem AFG möglichen arbeitsmarktpolitischen Hilfestellungen – die Umschulungs- und Fortbildungsmaßnahmen und deren Finanzierung – geboten. Außerdem ist der Präsident des Landesarbeitsamtes durch die Meldepflicht des Arbeitgebers nach § 8 AFG über personelle Veränderungen durch Betriebsänderung ohnehin unterrichtet und dadurch von Amts wegen mit ihnen befaßt. Die Anrufung einer anderen behördlichen Stelle erfolgt zwischen Betriebsrat und Unternehmer einvernehmlich. **819**

Da der Präsident des Landesarbeitsamtes in seiner Eigenschaft als **Behörde** eingeschaltet wird, kann er Mitarbeiter seiner Behörde mit der Vermittlungstätigkeit befassen. **820**

Der Präsident des Landesarbeitsamtes ist verpflichtet, aufgrund eines Ermittlungsersuchens tätig zu werden. **821**

Er kann jedoch **keinen** die Parteien **bindenden Vorschlag** machen. Er kann auch Betriebsrat und Unternehmer nicht im voraus ermächtigen, bindend zu entscheiden. **822**

Wird von einer Einschaltung des Präsidenten des Landesarbeitsamtes abgesehen oder bleibt sein Vermittlungsversuch ergebnislos, so kann gem. § 112 Abs. 2 Satz 1 BetrVG sowohl der Unternehmer als auch der Betriebsrat die Einigungsstelle anrufen. Auch die Anrufung der Einigungsstelle ist in das freie Ermessen des Unternehmers und des Betriebsrats gestellt. **823**

Um der **Einigungsstelle** eine sachgerechte Behandlung der Materie zu erleichtern, kann sie nach § 112 Abs. 2 Satz 3 BetrVG den Präsidenten des Landesarbeitsamtes als Sachverständigen zu den Verhandlungen hinzuziehen. Die Vorschrift des § 112 Abs. 3 BetrVG regelt das Verfahren vor der Einigungsstelle. **824**

Die Einigungsstelle hat auf eine **gütliche Einigung der Parteien** über einen Interessenausgleich und einen Sozialplan hinzuwirken, ohne aber von sich aus bezüglich des Interessenausgleichs einen bindenden Einigungsvorschlag unterbreiten zu können, wenn die Einigung nicht gelingt. **825**

Die **Verhandlungen vor der Einigungsstelle** sollen **auf der Grundlage von Vorschlägen der Parteien** stattfinden. Sie sollen darlegen, in welcher Weise sie einen Interessenausgleich und den Sozialplan für realisierbar halten. Die Vorschläge können mündlich oder schriftlich gemacht werden. Vorschriften über die Verhandlung selbst sind im Gesetz nicht vorgesehen. Es ist sinnvoll, eine **mündliche Verhandlung** durchzuführen, da dies einem intensiven Gedankenaustausch der Beteiligten förderlich ist. **826**

Aus Gründen des Wettbewerbsschutzes ist die **Verhandlung nicht öffentlich.** **827**

828 Ansonsten kann die Einigungsstelle unter Berücksichtigung rechtsstaatlicher Grundsätze frei darüber entscheiden, wie das Verfahren im einzelnen gehandhabt werden soll. Liegt eine Betriebsvereinbarung über weitere Einzelheiten des Verfahrens vor der Einigungsstelle gem. § 76 Abs. 4 BetrVG vor, so sind diese zu beachten.

829 **Kommt** eine Einigung zustande, so **ist sie im vollen Wortlaut schriftlich niederzulegen und von den Parteien und dem Vorsitzenden zu unterschreiben**. Der Betriebsratsvorsitzende kann die Vereinbarung abschließen, wenn zuvor der Betriebsrat einen entsprechenden Beschluß nach § 33 BetrVG gefaßt hat. Im Hinblick auf die verschiedenartigen Wirkungen von Interessenausgleich und Sozialplan sollen die Materien bei der schriftlichen Niederlegung klar voneinander getrennt werden, am besten auf zwei getrennten Urkunden.

830 Während die Tätigkeit der Einigungsstelle hinsichtlich des Interessenausgleichs auf die Herbeiführung einer gütlichen Einigung von Unternehmer und Betriebsrat beschränkt ist, eröffnet § 112 Abs. 4 BetrVG auf Antrag – hinsichtlich der sozialen Auswirkungen der unternehmerischen Maßnahme – die Möglichkeit, mit verbindlicher Wirkung einen Sozialplan aufzustellen, wenn eine Einigung der Parteien nicht erreichbar ist. Die Einigungsstelle ist dabei nicht an die vom Unternehmer und Betriebsrat gemachten Vorschläge gebunden, sondern in der Lage, nach freiem pflichtgemäßem Ermessen zu entscheiden.

831 Um sicherzustellen, daß der Sozialplan einen die Interessen beider Seiten angemessen berücksichtigenden Ausgleich schafft, wird die Einigungsstelle durch § 112 Abs. 4 Satz 2 BetrVG verpflichtet, bei ihrer Entscheidung sowohl die **sozialen Belange der Arbeitnehmer** zu berücksichtigen als auch auf die **wirtschaftliche Vertretbarkeit** ihrer Entscheidung **für das Unternehmen** zu achten. Insoweit ist der Ermessensausübung aber nur ein ohnehin selbstverständlicher Rahmen gesetzt. Die Einhaltung dieser Rechtsgrenzen kann theoretisch vom Arbeitsgericht zwar überprüft werden, jedoch dürfte es sich letztlich dabei um **kaum justitiable Rechtsbegriffe von undefinierbarer Wertungsbreite** handeln.

832 Soweit die **Ermessensentscheidung der Einigungsstelle** die wirtschaftliche Vertretbarkeit der Entscheidung für das Unternehmen zu beachten hat, kann nach dem eindeutigen Wortlaut des Gesetzes auch bei einem konzerangehörigen Unternehmen grundsätzlich nur auf das Unternehmen selbst und nicht etwa auf die Vertretbarkeit der Sozialplanentscheidung für den **Konzern** abgestellt werden. Etwas anderes kann in Ausnahmefällen nur dann gelten, wenn zwischen den konzernangehörigen Unternehmen Gewinn- und Verlustabführungsverträge bestehen oder wenn Hinweise vorliegen, daß unternehmensschädigende Vermögensverlagerungen vorgenommen wurden.

3.9 Die Rechtswirkungen des Sozialplanes

833 Da dem Sozialplan gem. § 112 Abs. 1 Satz 3 BetrVG die Wirkung einer Betriebsvereinbarung zugesprochen wird, bestimmen die Regelungen des Sozialplanes als übergeordnete Normen von außen **unmittelbar und zwingend** die Arbeitsverhältnisse (*BAG* DB 1975, 2188).

834 Unmittelbar und zwingend bedeutet, daß zugunsten der Arbeitnehmer einklagbare Rechte unabdinglich begründet werden.

Es ist grundsätzlich zulässig, in einem Sozialplan nach § 112 BetrVG die Zahlung der Abfindung von einem Verzicht des Arbeitnehmers auf die **Anfechtung der Kündigung des Arbeitsverhältnisses** abhängig zu machen. Dieser Verzicht darf sich nur auf solche Einwendungen beziehen, die bei der Betriebsänderung die Berechtigung der Kündigung nach § 1 KSchG bestreiten, nicht aber auf solche Einwendungen, die die Unwirksamkeit der Kündigung aus anderen Gründen herleiten, z.B. aus Fehlern der sozialen Auswahl. Die Zahlung der Abfindung darf auch nicht von dem Verzicht auf evtl. individualrechtliche Ansprüche abhängig gemacht werden (*LAG München* DB 1982, 2630). **835**

Weitgehend hält das *BAG* (DB 1984, 72) die Verknüpfung der Auszahlung der Sozialplanabfindung, verbunden mit einem Verzicht der betroffenen Arbeitnehmer auf gerichtlichen Kündigungsschutz für unzulässig. Eine solche Regelung in einem Sozialplan sei funktionswidrig und daher rechtsunwirksam (*BAG* ZIP 1984, 476). **836**

3.10 Der Inhalt des Sozialplanes

Der mögliche Inhalt des Sozialplanes ergibt sich aus dem Zweck der Institution. Damit in dem Sozialplan Leistungen vereinbart werden können, die dem Zweck dienen sollen, die **wirtschaftlichen** Nachteile der Arbeitnehmer auszugleichen oder zu mildern, die sich aus einer Betriebsänderung ergeben, kann Gegenstand einer Vereinbarung alles werden, was geeignet ist, dieses Ziel zu erreichen. Unzulässig sind daher Regelungen, die ausschließlich zu Lasten der Arbeitnehmer wirken (*BAG* ZIP 1981, 1117 = BB 1983, 250). Es ist jedoch zulässig, die Arbeitnehmer von den Leistungen eines Sozialplans auszuschließen, die vorgezogenes Altersruhegeld in Anspruch nehmen können (*BAG* NZA 1989, 25). **837**

Die **erforderlichen Maßnahmen** sind **von den Umständen des Einzelfalles abhängig**, so daß ein umfassender Katalog der möglichen Leistungen nicht gegeben werden kann. Unter anderem können **beispielsweise** vereinbart werden; Entlassungsabfindungen (*BAG* NZA 1985, 628). Versetzungsabfindungen, Ersatz von Fahrtkosten zu einer neuen Arbeitsstelle, Umzugskosten, Mietzuschüsse, Beihilfen für Umschulung und Weiterbildung, Trennungsentschädigung, Urlaubsregelungen, Urlaubsgeld, Gratifikationszahlungen, Jahresabschlußvergütungen, vorzeitige Ruhegeldleistungen für ältere Arbeitnehmer, Zahlung von Ausgleichsbeträgen bei zu erwartenden Rentenminderungen. **838**

Zulässig ist auch ein mit dem Betriebsrat vereinbarter, **zeitlich unbefristeter** Sozialplan, der **für alle künftig aus betrieblichen Gründen entlassenen Arbeitnehmer** die Zahlung von Abfindungen vorsieht. In diesem Fall ist jedoch der Arbeitgeber nicht von seiner Pflicht entbunden, bei später von ihm geplanten Betriebsänderungen jeweils einen Interessenausgleich mit dem Betriebsrat zu versuchen. Unterläßt er dies, so können die von der Betriebsänderung betroffenen Arbeitnehmer Abfindungen nach § 113 Abs. 3 BetrVG, Abs. 1 BetrVG i.V.m. Abs. 1 BetrVG verlangen (*BAG* DB 1984, 724). **839**

Wird ein Betrieb stillgelegt, so können die Betriebspartner in einem Sozialplan vereinbaren, daß Arbeitnehmer, die das **Angebot eines gleichwertigen und gleichbezahlten Arbeitsplatzes** in einem anderen Betrieb des Unternehmens an einem anderen Ort ablehnen, nur eine geringere Abfindung erhalten als diejenigen Arbeitnehmer, denen ein solches Angebot nicht gemacht werden kann **840**

(*BAG* DB 1984, 725 = BB 1984, 598). Der Arbeitgeber verstößt nicht gegen Treu und Glauben, wenn er einem Arbeitnehmer einen gleichwertigen und gleichbezahlten Arbeitsplatz in einem anderen Betrieb an einem anderen Ort anbietet, obwohl es diesem Arbeitnehmer aus persönlichen Gründen nicht gelegen ist, das Arbeitsverhältnis an einem anderen Ort fortzusetzen (*BAG* DB 1984, 725 = BB 1985, 598). Es verstößt nicht gegen die **Grundsätze von Recht und Billigkeit**, wenn die Betriebspartner in einem Sozialplan Ausgleichsleistungen für **ältere Arbeitnehmer** nach den mit hoher Wahrscheinlichkeit zu erwartenden tatsächlichen Nachteilen bemessen und für **jüngere Arbeitnehmer** einen pauschalen Ausgleich in Form von Abfindungszahlungen vorsehen, deren Höhe sich an der Dauer der bisherigen Betriebszugehörigkeit orientiert. Art. 6 § 5 Abs. 1 RRG vom 16. 10. 1972 verbietet nicht, bei der Festsetzung von Ausgleichsleistungen in einem Sozialplan den Umstand zu berücksichtigen, daß ältere Arbeitnehmer alsbald das vorgezogene Altersruhegeld in Anspruch nehmen können (*BAG* DB 1984, 1527).

841 Es ist rechtlich nicht zu beanstanden, wenn die Einigungsstelle **Sonderabfindungen für Schwerbehinderte** nur für diejenigen vorsieht, die bei der Aufstellung des Sozialplanes als schwerbehindert bekannt waren (*BAG* BB 1984, 673).

842 Wird nach Eröffnung des Konkursverfahrens allen Arbeitnehmern des Betriebes vom Konkursverwalter vorsorglich fristgemäß gekündigt und vereinbaren die Betriebspartner einen Sozialplan, nach dem die Arbeitnehmer »als Härteausgleich für den Verlust des Arbeitsplatzes« eine Abfindung erhalten sollen, so entsteht für solche Arbeitnehmer kein Anspruch auf eine Abfindung, die infolge der Kündigung nicht aus dem Betrieb ausscheiden, sondern unbefristet weiterbeschäftigt werden (*BAG* ZIP 1989, 324).

843 Die Betriebspartner sind nicht gehalten, Sozialplanleistungen stets nach einer bestimmten **Formel** zu bemessen. Sie können – insbesondere in kleineren Betrieben – solche Leistungen auch nach den ihnen bekannten Verhältnissen der betroffenen Arbeitnehmer **individuell** festlegen. Die Betriebspartner dürfen dabei jedoch nicht nach **unzulässigen Kriterien**, etwa nach der Gewerkschaftszugehörigkeit der einzelnen Arbeitnehmer, differenzieren.

844 Beschließt die Einigungsstelle einen Sozialplan erst **geraume Zeit nach der Durchführung der Betriebsstillegung**, so kann sie bei der Bemessung der Sozialplanleistungen doch auf die wirtschaftlichen Nachteile der entlassenen Arbeitnehmer abstellen, mit denen im Zeitpunkt der Betriebsstillegung typischerweise zu rechnen war. Sie braucht nicht zu berücksichtigen, daß einzelne Arbeitnehmer diese Nachteile tatsächlich nicht erlitten haben.

845 Neben diesen materiellen Regelungen können **formelle Regelungen** in den Sozialplan aufgenommen werden, wie beispielsweise die Festlegung des Kreises der Berechtigten, Fälligkeitstermine für die Leistungen sowie Festlegung des Zeitpunktes der Betriebsänderung und andere Punkte mehr. Zulässig ist eine Vereinbarung, wonach die Auszahlung der Ansprüche solange gehemmt ist, bis über eine Kündigungsschutzklage rechtskräftig entschieden ist.

846 Für die Leistungen aus dem Sozialplan hat der Gesetzgeber weder eine Mindestsumme noch eine Höchstgrenze vorgesehen. Betriebsrat und Unternehmen haben damit einen größtmöglichen Verhandlungsspielraum, soweit keine Gefährdung des Fortbestandes des Unternehmens und/oder der verbleibenden Arbeitsplätze droht.

Sinn und Zweck der Sozialplanabfindung als Überbrückungshilfe rechtfertigen es, die Abfindung entsprechend der persönlichen Arbeitszeit des Arbeitnehmers zum Zeitpunkt der Beendigung des Arbeitsverhältnisses im Verhältnis zur tariflichen Arbeitszeit zu berechnen (*BAG* EzA § 112 BetrVG 1972 Nr. 65). **847**

Höchst streitig ist jedoch, bis zu welcher Höchstgrenze der Unternehmer durch den verbindlichen Spruch der **Einigungsstelle** belastet werden kann. **848**

Teils wird angenommen, daß sich mittelbar eine Belastungsgrenze aus § 113 BetrVG i.V.m. §§ 9, 10 KSchG ergebe (*LAG Baden-Württemberg* BB 1976, 36 f.; BB 1977, 39). **849**

Andererseits wird rechtssystematisch darauf hingewiesen, daß die Abfindung aus dem Sozialplan und der Nachteilsausgleich des § 113 BetrVG einen unterschiedlichen Regelungsinhalt haben und daß eine Festlegung einer Leistungsgrenze analog § 113 BetrVG schon deshalb nicht in Betracht komme, weil der Gesetzgeber der Empfehlung des Bundesrates eine Höchstgrenze für Leistungen aus dem Sozialplan einzuführen, nicht gefolgt ist (*BAG* 1988, 761). **850**

Auch wenn die überwiegend vertretene Auffassung, eine Höchstgrenze für die Belastung des Unternehmers sei aus der gesetzlichen Regelung nicht erkennbar, formal überzeugend ist, muß berücksichtigt werden, daß im Hinblick auf die in Art. 12 Abs. 2 GG verfassungsrechtlich gewährleistete Betätigungsfreiheit und daß im Hinblick auf das in Art. 14 GG geschützte Eigentum der Unternehmer nicht unbeschränkt belastet werden. Die Höchstgrenze der Belastung muß jedoch in jedem Einzelfall hinsichtlich der Vertretbarkeit ermittelt werden, und es verbietet sich deshalb eine pauschale Orientierung an der Regelung des § 113 BetrVG i.V.m. §§ 9, 10 KSchG. **851**

3.11 Die Beendigung des Sozialplanes

Der Sozialplan endet grundsätzlich, **wenn die geschuldeten Leistungen erbracht sind**. **852**

Eine **ordentliche Kündigung** des Sozialplanes kommt nur dann in Betracht, wenn Dauerleistungen geschuldet werden. **853**

Möglich ist aber eine **außerordentliche Kündigung** aus wichtigem Grund. **854**

Neben einem einverständlichen **Aufhebungsvertrag** besteht auch die Möglichkeit der einseitigen **Lösung bzw. der Anpassung**, wenn die Voraussetzungen des Wegfalls der Geschäftsgrundlage gegeben sind. **855**

4. Die Leitlinien für die Ermessensentscheidung nach § 112 Abs. 5 BetrVG

4.1 Allgemeines

Mit dem am 1. Mai 1985 in Kraft getretenen **Beschäftigungsförderungsgesetz** hat der Gesetzgeber die bisherige Fassung des § 112 Abs. 4 BetrVG geändert und § 112 Abs. 5 BetrVG eingefügt. **856**

857 Nach dem Wortlaut des § 112 Abs. 5 BetrVG sind der Einigungsstelle Leitlinien für ihre Ermessensentscheidungen vorgegeben worden.

858 § 112 Abs. 5 BetrVG hat über seinen Wortlaut hinaus nicht für die Einigungsstelle, sondern **auch für Arbeitgeber und Betriebsrat Bedeutung**, wenn diese über den Anschluß von Sozialplänen verhandeln.

859 § 112 Abs. 5 Satz 1 BetrVG wiederholt den bisher in § 112 Abs. 4 Satz 2 BetrVG enthaltenen Grundsatz, daß die zur Entscheidung über die Aufstellung des Sozialplanes angerufene Einigungsstelle sowohl die **sozialen Belange der betroffenen Arbeitnehmer** als auch die **wirtschaftliche Vertretbarkeit** der Entscheidung für das Unternehmen zu achten hat.

860 Wie die **unbestimmten Rechtsbegriffe** »Die sozialen Belange der Arbeitnehmer« einerseits und die »Wirtschaftliche Vertretbarkeit« des Sozialplanvolumens für die Betriebe andererseits auszulegen sind, was bisher auch nicht andeutungsweise geregelt ist, mit der Folge, daß die Sozialplanvolumina ausgeufert sind. Dies war im wesentlichen darauf zurückzuführen, daß der Sozialplan nicht an die aus einer Betriebsänderung konkret den Arbeitnehmern entstehenden Nachteile angeknüpft hat, sondern dem Instrument des Sozialplanes **Überbrückungs- und Daseinsvorsorgefunktion** zugesprochen wurde.

861 Durch die neu eingefügten Ermessensrichtlinien wird das bisherige freie **Ermessen** der Einigungsstelle **eingeschränkt**, und es sollen nach dem Willen des Gesetzgebers den abschließenden Sozialplänen festere Konturen verliehen werden.

4.2 § 112 Abs. 5 Satz 2 Nr. 1 BetrVG

862 Mit § 112 Abs. 5 Satz 2 Nr. 1 BetrVG stellt der Gesetzgeber klar, daß die **Basis des Sozialplanes die konkreten wirtschaftlichen Nachteile** sind, die nach den Gegebenheiten des jeweiligen Einzelfalles den Arbeitnehmern durch die Betriebsänderung entstehen und von der Einigungsstelle bei Ermittlung des Sozialplanvolumens zugrunde gelegt werden sollen.

863 Für eine pauschalisierte Verteilung des Gesamtsozialplanvolumens nach dem »Gießkannenprinzip« bleibt nur noch ein eingeschränkter Raum. Damit wird verdeutlicht, daß die in den Sozialplan aufzunehmenden Leistungen sich an den konkreten wirtschaftlichen Nachteilen **der Arbeitnehmer** durch Einkommensänderung, Wegfall von Sonderleistungen oder Verlusten von Anwartschaften auf betriebliche Altersversorgung zu orientieren haben und – je nach den Auswirkungen der Betriebsänderungen – **Ausgleichsleistungen**, wie Entlassungs- und/oder Versetzungsabfindungen, Fahrtkostenersatz, Umzugskostenhilfe, Mietzuschüsse, Umschulungs- und Weiterbildungsbeihilfen, Trennungsentschädigungen und/oder Ausgleichszahlungen für den Verlust von Sonderleistungen, vorzeitigen Ruhegeldleistungen und/oder zu erwartender Rentenminderungen festsetzen können, die in der Regel den Gegebenheiten des Einzelfalles Rechnung tragen.

864 Auch wenn die vorstehende Aufzählung wirtschaftlicher Ausgleichsleistungen nur Beispiele sind, die keine Vollständigkeit für sich beanspruchen, so verdeutlichen sie doch, daß dem Sozialplan **Schadensausgleichfunktion** und **nur** noch in Ausnahmefällen eine **Daseinsvorsorgefunktion** zukommen kann. Bei der Ermittlung des Ausgleichsbetrages kann an typische individuelle Situationen, wie Lebensalter, Betriebszugehörigkeit, Unterhaltsverpflichtung und an Sonder-

belastungen angeknüpft werden, ohne daß dies zu einer Pauschalisierung führen sollte.

4.3 § 112 Abs. 5 Satz 2 Nr. 2 BetrVG

Mit der Ermessensleitlinie des § 112 Abs. 5 Satz 2 Nr. 2 BetrVG ist das Moment **865** der **Daseinsvorsorge** für berücksichtigungsfähig anerkannt worden, indem festgelegt wurde, daß bei der Erstellung des Sozialplanes zu berücksichtigen ist, wie sich die **Aussichten der betroffenen Arbeitnehmer auf dem Arbeitsmarkt** gestalten. Dies ist bisher bei der Aufstellung von Sozialplänen in der Regel nur dadurch geschehen, daß beispielsweise bei der Berechnung der Abfindung das Lebensalter der einzelnen Arbeitnehmer (oder auch eine Schwerbehinderteneigenschaft) in die Berechnungsformel eingeflossen ist.

Bei der Ermittlung einer **Entlassungsabfindung** ist häufig in den Sozialplänen von **866** der **Formel** ausgegangen worden: Bruttolohn multipliziert mit Lebensalter, multipliziert mit Betriebszugehörigkeit, dividiert durch einen Divisor, der sich nach dem vorgestellten Sozialplanvolumen ermittelte. Dies ist nach der Neuregelung nicht mehr ausreichend.

Die ausdrückliche Formulierung, daß die Aussichten der betroffenen Arbeit- **867** nehmer aus dem Arbeitsmarkt zu berücksichtigen sind, ist weitergehend als die bisherige Praxis. Der qualifizierte Facharbeiter wird in der Regel auf dem Arbeitsmarkt besser zu vermitteln sein als der ungelernte Hilfsarbeiter, der Computerspezialist besser als die durch die Computereinführung immer mehr verdrängten Arbeitnehmer einzelner Berufsgruppen und – trotz des Gleichbehandlungsgebots – Männer besser als ihre gleichqualifizierten Berufskolleginnen.

Es wird daher in Zukunft bei der Erstellung von Sozialplänen erforderlich, an- **868** hand von regionalen Statistiken die **Vermittelbarkeit der einzelnen Arbeitnehmer bzw. der Berufsgruppen** zu analysieren und dementsprechend den Sozialplan besonders zu gestalten, was in Einzelfällen zu **modifizierten Sozialplanformeln** führen muß.

Mit der Regelung des § 112 Abs. 5 Satz 2 Nr. 2 BetrVG hat der Gesetzgeber die **869** bisher vom *BAG* (DB 1977, 729) tolerierte Auffassung, wonach derjenige Arbeitnehmer keine Abfindung erhält, der ein **zumutbares Umsetzungs- oder Versetzungsangebot** ausschlägt, nicht nur gebilligt, sondern zum Regelfall erhoben.

Die Rechtsprechung wird diese Regelung anhand von Einzelentscheidungen zur **870** Zumutbarkeit von Umsetzungs- und Versetzungsangeboten zu konkretisieren haben. Hierbei können die Grundsätze, die bei der Gewährung von Arbeitslosengeld bzw. Arbeitslosenhilfe entwickelt worden sind, entsprechend angewendet werden. Unproblematisch wird nach dieser gesetzlichen Regelung der Fall, in dem dem Arbeitnehmer für den Verlust des Arbeitsplatzes eine Sozialplanabfindung zugestanden hätte und dem bei der Umsetzung keine ausgleichsbedürftigen Nachteile entstanden wären.

Derjenige Arbeitnehmer aber, dem statt der Entlassung ein Angebot zur Um- **871** setzung oder Versetzung unterbreitet worden ist und dem bei Annahme dieses Angebotes eine Sozialplanleistung wegen der Umsetzung oder Versetzung zugestanden hätte, dürfte bei der Ausschlagung des Angebotes auch diese Leistung nach dem Wortlaut des Gesetzes nicht erhalten. Der Gesetzestext bezieht sich auf alle Sozialplanleistungen und nicht nur auf solche wegen des Verlustes des Arbeitsplatzes. Sinn und Zweck dieses Gesetzes kann es aber nicht sein, den dieses Angebot nicht annehmenden Arbeitnehmer zu bestrafen, so daß er die Abfindung erhalten muß, die er bei Annahme des Versetzungs- oder Umsetzungsangebotes auch erhalten hätte.

4.4 § 112 Abs. 5 Satz 2 Nr. 3 BetrVG

872 Mit § 112 Abs. 5 Satz 2 Nr. 3 BetrVG hat der Gesetzgeber bezüglich der **wirtschaftlichen Vertretbarkeit für das Unternehmen** eine Ermessensleitlinie aufgestellt, wonach der Fortbestand des Unternehmens oder die nach der Durchführung der Betriebsänderung verbleibenden Arbeitsplätze nicht durch die Erfüllung des Sozialplanes gefährdet werden dürfen.

873 Diese hiermit vorgegebene Belange der Arbeitnehmer soll verhindern, daß bei einer Abwägung der sozialen Belange der Arbeitnehmer einerseits und der wirtschaftlichen Vertretbarkeit für den Arbeitgeber andererseits die sozialen Belange der Arbeitnehmer nicht so überragend angesehen werden, daß das Unternehmen durch das Sozialplanvolumen so viel an Eigenkapital verliert, daß die ordnungsgemäße kaufmännische Risikovorsorge nicht mehr gesichert ist.

874 Bei der arbeitsgerichtlichen Rechtskontrolle gem. § 76 Abs. 5 Satz 4 BetrVG wird die Beachtung dieser Ermessensleitlinien i.S. einer Überschreitung der Grenzen des Ermessens überprüft werden.

5. Personalabbau und Neuregelungen (§ 112 a BetrVG)

5.1 Der erzwingbare Sozialplan beim Personalabbau

875 Mit der Einfügung des § 112 a BetrVG hat der Gesetzgeber die nicht unbestrittene Auffassung des *BAG*, wonach ein bloßer Personalabbau unter Beibehaltung der sächlichen Betriebsmittel eine Betriebseinschränkung und damit eine Betriebsänderung sein kann, bestätigt, andererseits aber die Durchführbarkeit der Betriebsänderung ohne soziale Folgekosten erleichtert.

876 Ausgangspunkt der Regelung ist die Rechtsprechung des *BAG*, wonach ein Personalabbau in einem an § 17 KSchG ausgerichteten Umfang sozialplanpflichtig ist (*BAG* DB 1983, 2776). Sozialpläne können demnach bei **Entlassung zwischen 5 % und 29 % der Belegschaft** erzwungen werden.

877 Nach der **Staffelung** des § 112 a BetrVG ist der Personalabbau nur dann erheblich und löst die erzwingbare Sozialplanpflichtigkeit aus, wenn in Betrieben und in der Regel

- mehr als 20 und weniger als 60 Arbeitnehmern 20 % der Arbeitnehmer, mindestens aber 6 Arbeitnehmer,
- mindestens 60 und weniger als 250 Arbeitnehmern 20 % der Arbeitnehmer oder 37 Arbeitnehmer,
- mindestens 250 und weniger als 499 Arbeitnehmern 15 % der Arbeitnehmer oder mindestens 60 Arbeitnehmer,
- mindestens 500 Arbeitnehmern 10 % der Arbeitnehmer aber mindestens 60 Arbeitnehmer

entlassen werden, d.h. die Sozialplanpflichtigkeit tritt ein bei **Entlassungen zwischen 10 % und 29 %.**

Die Grenzzahlen des § 112 a BetrVG haben jedoch nur Bedeutung für die Frage der Sozialplanpflichtigkeit. Die Voraussetzungen der Mitwirkungs- und Mitbestimmungsrechte **878**
- Unterrichtungs- und Beratungspflicht des Arbeitgebers (§ 111 BetrVG)
- Interessenausgleich (§ 112 BetrVG)
- Nachteilsausgleich (§ 113 BetrVG)

richten sich nach der Staffelung des § 17 KSchG (vgl. *Heiden,* NZA 1984, 348; *Wlotzke,* NZA 1984, 221).

Werden auch bei einem **stufenweisen**, auf einer einheitlichen Planung beruhenden Personalabbau die Grenzen des § 17 KSchG nicht erreicht, so ist die Personalreduzierung mitbestimmungsfrei. **879**

Werden die **Grenzen des § 17 KSchG erreicht**, ist die Durchführung des Personalabbaues mit dem Betriebsrat zu beraten, ein Interessenausgleich herbeizuführen und ein Sozialplan abzuschließen, wenn sich die Betriebsänderung nicht in dem Personalabbau erschöpft. **880**

Werden die Grenzen des § 17 KSchG erreicht, ist der bloße Personalabbau ebenfalls mit dem Betriebsrat zu beraten und ein Interessenausgleich herbeizuführen, jedoch entfällt der erzwingbare Sozialplanabschluß, wenn die Grenzzahlen des § 112 a BetrVG nicht erreicht sind. **881**

Werden die Grenzzahlen des § 112 a BetrVG im Rahmen eines bloßen Personalabbaues erreicht, ist ein Sozialplan abzuschließen. **882**

Bei der Ermittlung der relevanten Grenzzahlen nach § 17 KSchG und nach § 112 a BetrVG werden die **Arbeitnehmer mitgerechnet**, die **883**

a) aus betrieblichen Gründen entlassen werden;
b) über Aufhebungsverträge ausscheiden und der Anlaß des Aufhebungsvertrages die Betriebsänderung war;
c) Eigenkündigungen aussprechen, die vom Arbeitgeber aus Anlaß der Betriebsänderung veranlaßt wurden.

Nicht berücksichtigt werden die **Arbeitnehmer**, die ausscheiden

a) aufgrund verhaltens- oder personenbedingter Kündigungen des Arbeitgebers,
b) durch Eigenkündigung, die nicht vom Arbeitgeber aus Anlaß der Betriebsänderung veranlaßt wurde,
c) aufgrund einer Befristung des Arbeitsvertrages,
d) aufgrund von Vorruhestandsvereinbarungen.

5.2 Die Sozialplanpflichtigkeit neugegründeter Unternehmen

Als Neuregelung hat der Gesetzgeber mit § 112 a Abs. 2 BetrVG die **Befreiung** von der Sozialpflicht für neu gegründete Unternehmen **in den ersten vier Jahren** geschaffen. Ausdrücklich festgehalten hat der Gesetzgeber in diesem Zusammenhang, daß die Sozialplanpflichtigkeit erhalten bleibt, wenn die Neugründungen aufgrund einer rechtlichen Umstrukturierung von bestehenden Unternehmen und Konzernen erfolgt. Mit der Reduzierung der Sozialplanpflichtigkeit will der Gesetzgeber die Neugründung von Unternehmen anregen und der Tat- **884** sache gerecht werden, daß neugegründete Unternehmen in der Anlaufphase keine Risikovorsorge durch Bildung auflösbarer Rücklagen betreiben können.

885 Ein Sozialplan kann auch dann nicht erzwungen werden, wenn ein neugegründetes Unternehmen einen länger als 4 Jahre alten Betrieb übernimmt und dort eine Betriebsänderung vornimmt (*BAG* DB 1989, 2335).

IX. Der Weg von der Planung bis zur Durchführung der Betriebsänderung

1. Interne Vorarbeiten der Geschäftsleitung

886 Bevor Personen oder Stellen außerhalb der Geschäftsleitung über die mögliche Betriebsänderung informiert werden, sollten wenigstens folgende interne Vorarbeiten durchgeführt und abgeschlossen sein.
Analyse der wirtschaftlichen Situation des Betriebes (vgl. oben Teil C).
Festlegung der im Planungszeitraum benötigen Personalkapazität (vgl. oben Teile D und E).
Prüfung der unternehmerischen Gestaltungsmöglichkeiten zur Einschränkung und zum Abbau nicht mehr benötigter Personalkapazität.

2. Personalanpassungsmaßnahmen ohne Personalabbau

887 Anpassungsmaßnahmen ohne Personalabbau müssen rechtzeitig vorher mit dem Betriebsrat besprochen werden, der nach § 92 BetrVG Anspruch auf Unterrichtung und Beratung in den Fragen der betrieblichen Personalplanung hat:

a) Verteilung des Arbeitszeitvolumens durch Arbeitszeitflexibilisierung
b) Veränderung des Arbeitsvolumens
   - Abbau von Überstunden (mitbestimmungsfrei)
   - Einführung von Kurzarbeit (nach § 87 Abs. 1 Nr. 3 BetrVG und nach Maßgabe der einschlägigen Tarifverträge mitbestimmungspflichtig), wobei allerdings die überproportionale Beitragsbelastung des Arbeitgebers aus der Sozialversicherung sowie etwaige tarifrechtliche Bestimmungen über die Zahlung von Zuschüssen zum Kurzarbeitergeld häufig erschwerend wirken.
   - Gezielte Urlaubsplanung (nach § 87 Abs. 1 Nr. 5 BetrVG mitbestimmungspflichtig)
   - Betriebsferien, z.B. zwischen Feiertagen
   - Urlaubsverlegung, z.B. außerhalb der allg. Urlaubszeit
   - Gewährung von unbezahltem Urlaub oder Freizeit (Heimaturlaub von Ausländern)
   - Umwandlung von Voll- in Teilzeitkräfte (mitbestimmungspflichtig nur bei Änderungskündigung); Arbeitsplatzteilung (§ 2 BeschFG); Altersteilzeit
   - Unbefristetes oder befristetes Ruhen des Arbeitsverhältnisses (mitbestimmungspflichtig nur bei Änderungskündigung)
c) Versetzungen/Umsetzungen (nach § 9 BetrVG mitbestimmungspflichtig, bei Änderungskündigung auch nach § 102 BetrVG).

3. Personalabbaumaßnahmen ohne Entlassungen

- Einstellungsstopp (mitbestimmungsfrei) **888**
- Nichtersetzung ausgeschiedener Belegschaftsmitglieder (mitbestimmungsfrei)
- Vorzeitige Pensionierung (nach § 102 BetrVG mitbestimmungspflichtig nur bei Kündigung), kann für den Arbeitgeber die Erstattungspflicht des Arbeitslosengeldes nach Maßgabe des § 128 FAG nach sich ziehen
- Prüfung besonderer Vertragsverhältnisse
- Nichtverlängerung befristeter Arbeitsverhältnisse (mitbestimmungsfrei)
- Kündigung bestehender Verträge mit Fremdfirmen, z.B. Montagefirmen, Ingenieurbüros, Leihfirmen (mitbestimmungsfrei)
- Kündigung von Dienstverträgen, z.B. freier Mitarbeiter oder Aushilfen (nach § 102 BetrVG bei Aushilfsarbeitnehmern mitbestimmungspflichtig, bei freien Mitarbeitern in Zweifelsfällen vorsorglich auch Mitbestimmungsrecht beachten)
- Einsatz von Arbeitnehmern in fremden Unternehmen (im Betrieb des fremden Unternehmens nach § 99 BetrVG mitbestimmungspflichtig, im eigenen nur bei Kündigung – § 102 BetrVG)
- Individuelle Aufhebungsverträge (mitbestimmungsfrei)
- Eigene Kündigung der Arbeitnehmer (mitbestimmungsfrei)

4. Kündigungen und Entlassungen

Alle Kündigungen, gleich aus welchem Rechtsgrund, sind nach § 102 BetrVG **889**
mitwirkungspflichtig. In Betracht kommen:

a) Entlassungen aus betriebsbedingten Gründen ohne Vorliegen von Betriebsänderungen
b) Entlassungen aus personen- oder verhaltensbedingten Gründen
c) Entlassungen wegen Betriebsänderungen (zu den einzelnen Gestaltungsmöglichkeiten s. a. *Inhoffen* DB 1979, 1997 ff.). Unterschiedliche Personalabbaumaßnahmen beruhen nicht auf einer wirtschaftlich-sozial einheitlichen Entscheidung und sollten dementsprechend deutlich abgegrenzt werden, damit die Eigenständigkeit der jeweiligen Maßnahme auch nach außen erkennbar wird.
   Es kann sich empfehlen, beim Betriebsrat frühzeitig auf eine Absprache über die Größe der ständig vorhandenen »Stammbelegschaft« hinzuwirken. Eine solche Absprache könnte praktisch klarstellen, inwieweit Personalabbaumaßnahmen im Rahmen gewöhnlicher Schwankungen der Betriebstätigkeit liegen.

5. Begründung der Personalabbaumaßnahmen

Die Personalabbaumaßnahme bedarf einer sorgfältigen Begründung. Die mögli- **890**
chen Maßnahmen müssen klar vertretbar sein und durchgehalten werden können. Für die Öffentlichkeit ist der Entwurf einer Presseerklärung vorzubereiten, wobei einem Geschäftsführer bzw. einem Vorstandsmitglied die Öffentlichkeitsarbeit obliegt.

6. Übersicht über die Struktur der betroffenen Belegschaft

891 Über die Struktur der von den möglichen Maßnahmen betroffenen Belegschaft ist im Hinblick auf die Personaldaten (Lebensalter, Betriebszugehörigkeit, Unterhaltsverpflichtung) eine Übersicht zu fertigen.

7. Auflistung der möglicherweise betroffenen Arbeitnehmer

892 Die möglicherweise betroffenen Arbeitnehmer sind unter Heraushebung sozialer Besonderheiten aufzulisten, und zwar

- ältere Arbeitnehmer mit tariflicher Alterssicherung,
- Arbeitnehmer mit verlängerten gesetzlichen oder tariflichen Kündigungsfristen,
- unter Mutterschutz stehende Frauen, sowie solche, die in Erziehungsurlaub sind,
- Auszubildende,
- Wehr- und Ersatzdienstleistende,
- Schwerbehinderte und Inhaber eines Bergmannsversorgungsscheines (nach Ländergesetzen), Vertrauensmänner der Schwerbehinderten,
- Betriebsratsmitglieder (auch Ersatzmitglieder wegen des unter bestimmten Voraussetzungen eingreifenden Kündigungsschutzes) und Jugendvertreter, Wahlbewerber und Wahlvorstandsmitglieder,
- politische Mandatsträger (nach Ländergesetzen).

8. Maximal vertretbare Kostenbelastung durch die Personalmaßnahmen

893 Bei allen Personalmaßnahmen ist die für das Unternehmen maximal vertretbare Kostenbelastung zu ermitteln.

9. Prüfung anderweitiger Unterbringung der Arbeitskräfte

894 Vor einer Beendigungskündigung ist zu prüfen, ob anderweitige Unterbringungsmöglichkeiten innerhalb des Unternehmens, des Konzerns oder in fremden Unternehmen bestehen.

10. Aufstellung eines Zeitplanes für die Durchführung der Personalmaßnahmen

895 Der für die Durchführung der Personalmaßnahmen aufzustellende Zeitplan hat folgende Gesichtspunkte zu berücksichtigen:

- Einhalt der für die Arbeitnehmer geltenden Kündigungsfristen,
- Abstimmung auf die noch laufenden Liefer- und Bezugsverträge, auch Energiebezugsverträge,
- steuerliche Zuordnung der durch die möglichen Maßnahmen verursachten Aufwendungen zu einem geeigneten Veranlagungszeitraum.

11. Aufgabenverteilung

Die Aufgabenverteilung unter die verantwortlichen Mitglieder der Geschäftsleitung ist unter dem Prinzip der Zuweisung klarer Verantwortungsbereiche vorzunehmen. **896**

12. Unterrichtungspflichten

- Unterrichtung des Wirtschaftsausschusses **897**
- Information des Betriebsrats

Bei der Unterrichtung ist der wirtschaftliche Hintergrund der Maßnahme eingehend zu erläutern und ihre Notwendigkeit anhand überzeugender Zahlenangaben über den Betrieb zu verdeutlichen. Auch sollte über den vorgesehenen Zeitraum für die Durchführung der Maßnahme informiert werden. Soweit dem Betriebsrat bei der Unterrichtung Betriebs- oder Geschäftsgeheimnisse mitgeteilt werden, ist er unbedingt auf deren Geheimhaltungsbedürftigkeit ausdrücklich hinzuweisen.

- Unterrichtung des Vertrauensmannes der Schwerbehinderten
- Schriftliche Mitteilung an den Präsidenten des Landesarbeitsamtes

Nach § 8 AFG ist der Arbeitgeber aus arbeitsmarktpolitischen Gründen zur schriftlichen Mitteilung an den Präsidenten des Landesarbeitsamtes verpflichtet, sofern innerhalb der nächsten zwölf Monate voraussichtlich Arbeitnehmer in der in § 17 KSchG bestimmten Anzahl entlassen oder auf eine andere Tätigkeit mit geringerem Arbeitsentgelt umgesetzt werden müssen. Der Mitteilung ist eine Stellungnahme des Betriebsrats beizufügen; nötigenfalls kann sie nachgereicht werden. Ist die Stellungnahme nicht zu erhalten, ist die Mitteilung auch ohne sie wirksam.
Die rechtzeitige Mitteilung hat nach § 18 Abs. 3 KSchG Einfluß auf die Entscheidung des Landesarbeitsamtes über den Zeitpunkt des Wirksamwerdens anzeigepflichtiger Entlassungen. Außerdem könnte die Arbeitsverwaltung vom Arbeitgeber in begrenztem Umfang Erstattung ihres Umschulungsaufwands für betroffene Arbeitnehmer verlangen, wenn er die vorgeschriebene Mitteilung vorsätzlich oder grob fahrlässig unterläßt.
In der Regel wird diese Mitteilung rechtzeitig sein, wenn sie unverzüglich nach Unterrichtung des Betriebsrats erstattet wird.

- Information des Gesamtbetriebsrats und des Konzernbetriebsrats
- Durchführung einer Betriebsversammlung

In einer Betriebsversammlung sind die geplante Betriebsänderung und der Beginn von Beratungen über den Interessenausgleich und den Sozialplan bekanntzugeben. Die Betriebsversammlung sollte alsbald anberaumt werden, nachdem der Betriebsrat zu der ihm mitgeteilten Planung Stellung genommen hat.

- Information des Arbeitsamtes

Das Arbeitsamt ist unverzüglich zu unterrichten. Damit wird der örtlichen Arbeitsverwaltung die etwa erforderliche Vermittlung ausscheidender Arbeitnehmer auf dem Arbeitsmarkt ermöglicht.

- Information Kommunalverwaltung

Bei einem erheblichen Gewicht der Betriebsstillegung oder -einschränkung für die Wirtschaftskraft der Gemeinde ist immer auch die Unterrichtung des Gemeindedirektors oder des Bürgermeisters zu empfehlen.

– Abgabe einer Presseerklärung
Je nach Bedeutung der geplanten Maßnahme kann nach Abstimmung mit Betriebsrat und Wirtschaftsausschuß die Information der örtlichen Presse erforderlich sein. Es empfiehlt sich, solche Verlautbarungen vorher mit dem Arbeitgeberverband oder dem juristischen Berater zu erörtern.

13. Ablauf der Beratungen über den Versuch eines Interessenausgleichs und Abschluß eines Sozialplanes

898 Der Ablauf der Verhandlungen mit dem Betriebsrat ist unter dem Hintergrund zu sehen, daß der Betriebsrat regelmäßig bemüht ist, alle Verbindungen und die Durchführung der Betriebsänderung zumindest hinauszuzögern. Über die Informations- und Verhandlungsphase sollte Protokoll erstellt werden.

899 Der Weg der Verhandlungen kann folgender sein:
- Erstinformation des Betriebsrats
- Ergänzende Information des Betriebsrats
- Nach Einschaltung eines Sachverständigen des Betriebsrats, Gegenvorschläge des Betriebsrats
- Nach Abschluß der Informationsphase Beginn der Verhandlungen über den Interessenausgleich (Ob und Wie der Betriebsänderung)
- Im Falle der Einigung schriftliche Niederlegung einer entsprechenden Vereinbarung
- Beim Scheitern der Vereinbarung besteht die Möglichkeit, den Präsidenten des Landesarbeitsamtes um Vermittlung zu ersuchen (§ 112 Abs. 2 Satz 1 BetrVG). Hiervon sollte jedoch aus Beschleunigungsgründen Abstand genommen werden, da die Anrufung des Präsidenten des Landesarbeitsamtes nicht zwingend vorgeschrieben ist.
- Einigung mit dem Betriebsrat über die Besetzung der Einigungsstelle
- Kommt eine Einigung über die Person des Einigungsstellenvorstandes und die Anzahl der Beisitzer nicht zustande, Antrag an das zuständige Arbeitsgericht auf Benennung des Einigungsstellenvorsitzenden und Festlegung der Anzahl der Einigungsstellenbeisitzer
- Einberufung der Einigungsstelle mit Verhandlungen über den Interessenausgleich. Gelingt die Einigung nicht, ist der Versuch eines Interessenausgleichs gescheitert. Der Unternehmer kann die Betriebsänderung durchführen.
- Anschließend Verhandlungen über den Sozialplan, den die Einigungsstelle im Falle des Scheiterns durch verbindlichen Spruch festlegen kann.

14. Muster von Vereinbarungen über Interessenausgleich und Sozialplan

14.1 Muster für Interessenausgleich mit Erläuterungen

Vorbemerkung

Das nachfolgende Muster ist auf die völlige Betriebsstillegung abgestellt. Bei Teilstillegungen ist es entsprechend abzuwandeln. Außerdem ist das Muster, das nur typische Gegebenheiten eines Unternehmens mit mehreren Betrieben berücksichtigt, bei seiner Benutzung sorgfältig darauf zu prüfen, inwieweit seine Bestimmungen im konkreten Fall anwendbar sind. **900**

Die Firma .... (Unternehmen) und der Betriebsrat des Betriebes vereinbaren folgenden Interessenausgleich

1. Der Betrieb .... wird zum .... stillgelegt. (Wenn es zweckmäßig und erreichbar ist, kann auch lediglich ein Zeitraum für die Stillegung festgelegt werden.)
2. Die Arbeitsverträge der von dieser Maßnahme betroffenen Arbeitnehmer werden einvernehmlich abgeändert oder aufgelöst oder vom Unternehmen gekündigt. Dieser Personalreduzierung werden die als Anlage beigefügten Pläne zugrunde gelegt.
3. Der Betriebsrat wird den danach erforderlichen personellen Einzelmaßnahmen zustimmen. (Werden im Interessenausgleich auch die personellen Einzelmaßnahmen selbst festgelegt, so sollte im Interessenausgleich auch zum Ausdruck gebracht werden, daß der zuständige Einzelbetriebsrat oder der Gesamtbetriebsrat im Auftrag des zuständigen Einzelbetriebsrates (§ 50 Abs. 2 BetrVG) die Zustimmung hierzu erklärt hat.)
4. Das Unternehmen verpflichtet sich, die bestehenden Ausbildungsverhältnisse in dem Betrieb .... zu Ende zu führen (sich im Einvernehmen mit der Industrie- und Handelskammer und den Eltern der Auszubildenden um die Übernahme der Ausbildung durch geeignete Unternehmen zu bemühen.).
5. Das Unternehmen erklärt sich bereit, einen Teil der Arbeitnehmer, die im Zeitpunkt der Stillegung noch keinen anderen Arbeitsplatz gefunden haben, nach dem .... bis zur Dauer von drei Monaten mit Arbeiten weiterzubeschäftigen, die mit der Stillegung zusammenhängen.
6. Arbeitnehmer, die in den letzten zwei Monaten vor der Stillegung auf einen anderen Arbeitsplatz umgesetzt werden müssen, erhalten für die Restdauer ihrer Beschäftigung ihren bisherigen Arbeitsverdienst weitergezahlt.

...., den .... 19 ....

....

(Geschäftsleitung) (Betriebsrat)

Beabsichtigte Personalreduzierung (Angestellte)
(Beispiel bei geplanter Schließung am 31. 12. 1998)

	Juni	Juli	Aug.	Sept.	Okt.	Nov.	Dez.	1–3/98
Ingenieur	4	4	3	3	3	2	2	0
Meister	11	11	9	9	8	7	7	2
Geselle	13	13	10	10	10	10	5	0
Werkstatt-schreiber	11	8	8	8	8	7	5	1
Erzeugungs-erfassung	2	2	1	1	1	1	1	0
Personalbüro	3	3	2	2	2	2	2	0
Allgem. Verwaltung	2	2	2	2	2	2	2	1
Versand	4	4	3	3	2	2	2	1
Mat. Verwal-tung	3	3	3	3	3	3	3	1
techn. Bereich	2	2	1	1	1	1	0	0
Werkschwester	1	0	0	0	0	0	0	0
Telefonzentrale	1	1	1	1	0	0	0	0
Laborleitung	1	1	1	1	1	1	0	0
Sekretariat	1	1	1	1	1	1	1	0
Werksleitung	2	2	2	2	2	2	2	0
Pförtner	2	2	2	2	2	2	2	0
	63	59	49	49	46	43	34	6

14.2 Muster für einen Sozialplan

Vorbemerkung

901 Das nachfolgende Muster ist auf die völlige Betriebsstillegung abgestellt. Bei Teilstillegung ist es entsprechend abzuwandeln. Außerdem ist das Muster, das nur typische Gegebenheiten eines Unternehmens mit mehreren Betrieben berücksichtigt, bei seiner Benutzung sorgfältig darauf zu prüfen, inwieweit seine Bestimmungen im konkreten Fall anwendbar sind.

Die Firma .... (Unternehmen) und der Betriebsrat des Unternehmens vereinbaren folgenden Sozialplan

A. Geltungsbereich

1. Die Regelungen dieses Sozialplanes gelten für alle Arbeitnehmer i.S.d. § 5 Abs. 1 BetrVG, die in einem Arbeitsverhältnis für den Betrieb .... des Unternehmens stehen.

2. Keine Ansprüche aus dem Sozialplan haben Arbeitnehmer,

a) die leitende Angestellte nach § 5 Abs. 3 BetrVG sind (da die leitenden Angestellten nach einem Urteil des BAG [DB 1979, 1039] durch einen Vertrag zugunsten Dritter zwischen Arbeitgeber und Betriebsrat in den Kreis der Abfindungsberechtigten einbezogen werden können, empfiehlt es sich, Ansprüche aus dem Sozialplan für leitende Angestellte durch ausdrückliche Klauseln auszuschließen. Der möglichen Berufung eines leitenden Angestellten auf den Gleichbehandlungsgrundsatz als Anspruchsgrundlage für eine Abfindung kann der Arbeitgeber entgegenhalten, daß die einzelvertraglichen Arbeitsbedingungen bereits im Hinblick auf mögliche nachteilige wirtschaftliche Maßnahmen besonders günstig gestaltet seien [BAG a.a.O.]).

b) die ihr Arbeitsverhältnis vor dem Stillegungstermin kündigen, (je nach den betrieblichen Gegebenheiten kann es zweckmäßig sein, auf diese Bestimmung zu verzichten, wenn sie eine an sich erwünschte Abwanderung von Arbeitnehmern hindert).

c) die vor Ablauf ihrer Kündigungsfrist vertragswidrig ausscheiden,

d) denen aus einem in ihrer Person oder in ihrem Verhalten liegenden Grund gekündigt wird,

e) die im Zusammenhang mit der Stillegung aus dem Unternehmen ausscheiden, obwohl ihnen die Beschäftigung auf einem anderen vom Unternehmen angebotenen Arbeitsplatz zugemutet werden kann, (nur wenn die Beschäftigung in einem nahegelegenen anderen Betrieb des Unternehmens in Betracht kommt).

3. Für Arbeitnehmer, die am Tag der Stillegung das 59. Lebensjahr vollendet haben, gilt die Regelung des Unternehmens über die vorzeitige Zurruhesetzung. Sie erhalten ein besonderes Schreiben, das über alle Einzelfragen unterrichtet (Muster IX).

(Wenn eine solche Regelung im Unternehmen nicht besteht, kann sie entsprechend dem Muster IX ganz oder teilweise in den Sozialplan aufgenommen werden).

B. Angebot neuer Arbeitsplätze

Das Unternehmen bietet im Rahmen des Möglichen den Arbeitnehmern, die infolge der Stillegung ihren bisherigen Arbeitsplatz verlieren, in einem anderen seiner Betriebe unter Aufrechterhaltung der bereits erworbenen Rechte zumutbare neue Arbeitsplätze an. Zur Anpassung an die angebotenen Arbeitsplätze führt das Unternehmen für die betreffenden Arbeitnehmer Maßnahmen zur Einarbeitung, Anlernung und Umschulung durch.

1. Zumutbarkeit des neuen Arbeitsplatzes

Der angebotene Arbeitsplatz muß dem Arbeitnehmer unter den nachfolgenden drei Gesichtspunkten zugemutet werden können. Auch ein Arbeitsplatz, der diesen Maßstäben nicht gerecht wird, gilt als zumutbar, wenn der Arbeitnehmer ihn annimmt.

a) Der Arbeitsplatz ist beruflich zumutbar, wenn die Anforderungen der Qualifikation (Ausbildung, Erfahrung) des Arbeitnehmers entsprechen. Es genügt auch, daß der Arbeitnehmer die erforderliche Qualifikation durch eine vom Unternehmen angebotene Umschulungsmaßnahme erwerben kann. Einer solchen Umschulung hat sich der Arbeitnehmer zu unterziehen, wenn dies nach seinem Lebensalter, seiner Vorbildung und seinen sozialen Verhältnissen nicht unbillig erscheint.

b) Der Arbeitsplatz ist wirtschaftlich zumutbar, wenn der Arbeitnehmer in dieser Beschäftigung nach Einarbeitung ein Einkommen (Stundenlohn, Monatsgehalt) erzielen kann, das sein Durchschnittsentgelt der letzten drei abgerechneten Lohnabrechnungsperioden ohne tarifliche Zuschläge (ggf. ist hier die tarifliche Definition des durchschnittlichen Stundenverdienstes heranzuziehen) um nicht mehr als .... v.H. (erfahrungsgemäß 10–15 v. H.) unterschreitet.

c) Der Arbeitsplatz ist örtlich zumutbar, wenn Arbeiter und Tarifangestellte von ihrem Wohnsitz zu dem neuen Arbeitsplatz nicht mehr als .... km (bei günstigen Verkehrsbedingungen kann eine zusätzliche Entfernung von 30 km zugemutet werden) zusätzlich zu dem bisherigen Weg zurückzulegen haben. Für außertarifliche Angestellte beträgt die Höchstentfernung .... km (als Grenze für die zusätzliche Entfernung kommen hier 40 km in Betracht). Für Arbeitnehmer, die in Wohnheimen des Betriebes untergebracht sind, kommt es auf die Entfernung zum neuen Arbeitsplatz nicht an, sofern ihnen in seiner Nähe wieder ein Wohnheimplatz angeboten wird.

2. Rechtsstellung bei Übernahme eines angebotenen neuen Arbeitsplatzes

a) Umzugskosten

Arbeitnehmer mit eigenem Hausstand, die zur Übernahme des angebotenen neuen Arbeitsplatzes die Wohnung wechseln müssen, erhalten einen Zuschuß zu den Umzugskosten in Höhe der nachgewiesenen Kosten der Spedition.

Der Arbeitnehmer hat den Betrag zurückzuerstatten, wenn er vor Ablauf von drei Jahren nach Beginn der neuen Beschäftigung selbst kündigt oder das Unternehmen ihn aus einem von ihm zu vertretenden wichtigen Grund entläßt. Der Rückzahlungsanspruch vermindert sich jährlich um ein Drittel.

b) Trennungsgeld

Für die Zeit der Trennung von der Familie zahlt das Unternehmen eine Trennungsentschädigung in Höhe von .... DM monatlich bis zur Höchstdauer von drei Monaten (ggf. zu ergänzen: Dabei gelten die hierfür erlassenen Richtlinien der Firma).

c) Pauschaler Aufwendungsersatz

Zur Abgeltung von Aufwendungen, die dem Arbeitnehmer durch die Übernahme eines angebotenen neuen Arbeitsplatzes entstehen (z.B. durch erhöhte Fahrtkosten), zahlt das Unternehmen einen einmaligen Betrag von .... DM.

Keinen Aufwendungsersatz erhalten Arbeitnehmer, die unmittelbar vor oder nach der Stillegung in einem Wohnheim des Unternehmens untergebracht sind, sofern ihnen in der Nähe des neuen Arbeitsplatzes wieder ein Wohnheimplatz angeboten wird.

d) Lohnzahlung während Einarbeitung, beruflicher Fortbildung oder Umschulung
Für die Dauer der Teilnahme an einer solchen Anpassungsmaßnahme des Unternehmens erhalten die Arbeitnehmer das Durchschnittsentgelt der letzten abgerechneten drei Lohnabrechnungsperioden ohne tarifliche Zuschläge weitergezahlt (ggf. ist hier die tarifliche Definition des durchschnittlichen Stundenverdienstes heranzuziehen).

e) Betriebszugehörigkeit
Hinsichtlich der Entstehung und Bemessung von Ansprüchen auf soziale Leistungen wird die Dauer der Zugehörigkeit zu dem stillgelegten Betrieb angerechnet.

C. Anpassungshilfen
(Nur erforderlich, wenn eine Verdienstminderung eintritt)
Arbeitnehmer, bei denen auf dem angebotenen neuen Arbeitsplatz eine Verdienstminderung eintritt, erhalten eine Anpassungshilfe. Sie beträgt im ersten Monat .... v.H., in den beiden folgenden Monaten .... v.H. und in zwei weiteren Monaten .... v.H. des Unterschiedes zwischen dem Durchschnittsentgelt der letzten drei abgerechneten Lohnabrechnungsperioden ohne tarifliche Zuschläge (ggf. ist hier die tarifliche Definition des durchschnittlichen Stundenverdienstes heranziehen) und dem neuen Einkommen (Stundenlohn, Monatsgehalt).

D. Verschaffung neuer Arbeitsplätze in anderen Unternehmen
Das Unternehmen wirkt darauf hin, daß Arbeitnehmer, die infolge der Stillegung ihren bisherigen Arbeitsplatz verlieren und denen ein zumutbarer neuer Arbeitsplatz nicht angeboten werden kann, bei den Firmen .... Arbeit erhalten.

E. Zuschuß zum Arbeitslosengeld
1. Arbeitnehmer mit einer Betriebszugehörigkeit von mindestens drei Jahren, die infolge der Stillegung arbeitslos werden, erhalten für die Zeit des Arbeitslosengeldbezuges (höchstens für ein Jahr) eine zusätzliche Leistung zu ihrem Arbeitslosengeld in Höhe der Differenz zwischen dem Arbeitslosengeld und 95 % ihres durchschnittlichen Nettoeinkommens der letzten drei Monate.
2. Für die Berechnung des Arbeitseinkommens wird der Bruttoverdienst der letzten abgeschlossenen drei Beschäftigungsmonate einschließlich der tariflichen Zuschläge und ausschließlich des 50 %igen Urlaubsgeldes her-

angezogen, durch die Anzahl der geleisteten Stunden geteilt und dann mit der Anzahl der monatlichen Arbeitsstunden vervielfacht.
3. Sind in dem maßgeblichen Zeitraum Überstunden geleistet worden oder wird eine Überstundenpauschale bezahlt, so ist die zusätzliche Leistung zum Arbeitslosengeld auf 85 % des durchschnittlichen Nettoeinkommens der letzten drei Monate begrenzt.

F. Abfindungen
1. Arbeitnehmer mit einer Betriebszugehörigkeit von mindestens drei Jahren, die infolge der Stillegung ihren bisherigen Arbeitsplatz verlieren und denen ein zumutbarer neuer Arbeitsplatz vom Unternehmen nicht angeboten werden kann, erhalten mit der letzten Lohn- oder Gehaltszahlung eine Abfindung.

Die Abfindung

Beispiel I
entspricht dem 150. Teil der Anzahl der Monatseinkommen, die sich aus der Vervielfachung der Anzahl der Lebensjahre mit der Anzahl der Jahre der Betriebsgehörigkeit ergibt.

Beispiel II
beläuft sich die Höhe auf die aus der Tabelle, die dem Einzelfall entsprechend geschaffen werden muß, sich ergebende Anzahl von Monatseinkommen. Als Stichtag für die Berechnung des Lebensalters und der Betriebszugehörigkeit, für die nur volle Beschäftigungsjahre zählen, gilt der 1. Januar (das Abstellen auf den 1. Januar des Jahres vereinfacht die Berechnung) des Jahres der Stillegung (oder des Jahres der Vereinbarung des Sozialplanes).

2. Arbeiter, deren Anwartschaften auf Leistungen der betrieblichen Altersversorgung aufrechterhalten werden, erhalten die Abfindung nur zu .... v. H.
3. Die Abfindungen werden nur zu den nach § 3 Nr. 9 EStG steuerfreien Höchstbeträgen gewährt.
4. Der Abfindungsanspruch kann nicht abgetreten oder verpfändet werden; auch seine Vererbbarkeit ist ausgeschlossen.

G. Altersversorgung
Nach dem Gesetz zur Verbesserung der betrieblichen Altersversorgung (BetrAVG) werden die Anwartschaften der aus dem Unternehmen ausscheidenden Arbeitnehmer auf betriebliche Altersversorgung vom Unternehmen nach Vollendung des 35. Lebensjahres bei Beendigung des Arbeitsverhältnisses aufrechterhalten, wenn

- entweder die Versorgungszusage für den Arbeitnehmer mindestens zehn Jahre bestanden hat·
- oder der Beginn der Betriebszugehörigkeit mindestens zwölf Jahre zurückliegt und die Versorgungszusage für den Arbeitnehmer mindestens drei Jahre bestanden hat.

Für die Berechnung der aufrechtzuerhaltenden Anwartschaft, die Möglichkeiten der Abfindung und der Übertragung auf andere Versorgungsträger gelten die Vorschriften des Gesetzes.

H. Werkwohnungen

Das Unternehmen verzichtet zugunsten der von der Stillegung betroffenen Arbeitnehmer bis zum 31. Dezember 19.. darauf, die Mietverhältnisse über Werkwohnungen dieses Personenkreises zu kündigen, sofern nicht ein wichtiger Grund zur außerordentlichen Kündigung vorliegt.
Für die Festlegung des Mietzinses gelten die allgemeinen Grundsätze des Unternehmens.

I. Arbeitgeberdarlehen

Arbeitgeberdarlehen und Lohn- oder Gehaltsvorschüsse sind von den durch die Stillegung betroffenen Arbeitnehmern so zu tilgen, als wenn ihre Arbeitsverhältnisse unverändert aufrechterhalten geblieben wären. Abfindungen können jedoch sofort gegen diese Verbindlichkeiten aufgerechnet werden.

K. Vermögenswirksame Leistungen

Die tariflichen vermögenswirksamen Leistungen werden für die auf das Ausscheiden folgenden .... Monate (allenfalls für sechs Monate, weil danach ein neuer tariflicher Anspruch erworben sein kann) mit der letzten Lohn- oder Gehaltszahlung in einem Einmalbetrag überwiesen.

L. Tarifliche Sonderzahlung

Arbeitnehmer, die infolge der Stillegung vor dem vereinbarten Auszahlungstag aus dem Unternehmen ausscheiden, erhalten mit der letzten Lohn- oder Gehaltszahlung die tarifliche Sonderzahlung in anteiliger Höhe.

M. Erholungsurlaub

Arbeitnehmer, die in der Zeit zwischen dem Wirksamwerden des Sozialplanes und dem Tag der Stillegung aus dem Unternehmen ausscheiden, erhalten ihren Jahresurlaub in Höhe des auf die Zeit bis zur Stillegung entfallenden Anteils (oder in voller Höhe).

N. Jubiläumszuwendungen
Jubiläumszuwendungen werden nach den betrieblichen Regelungen noch im Jahr nach der Stillegung gewährt, sofern aus dem Unternehmen ausgeschiedene Arbeitnehmer dann das Jubiläum erreicht hätten.

O. Härtefälle
Soweit im Einzelfall Arbeitnehmer von der Stillegung besonders betroffen werden (z.B. schwerbehinderte oder ältere Arbeitnehmer), werden Geschäftsleitung und Betriebsrat gemeinsam einen Ausgleich suchen.

P. Ausschlußfrist
Ansprüche aus dem Sozialplan müssen innerhalb von drei Monaten nach dem Tag der Stillegung gemacht werden.

Q. Ausgleichsquittung
Die Abfindungen aus dem Sozialplan werden nur gegen Unterzeichnung einer Ausgleichsquittung gewährt, in der der Empfänger unmißverständlich erklärt, daß ihm aus der die Stillegung bedingten Auflösung seines Arbeitsverhältnisses weitere Ansprüche nicht mehr zustehen.

...., den .... 19 ....

....
(Geschäftsleitung) (Betriebsrat)

Muster

Abfindungstabelle

Jahre der Betriebszugehörigkeit	Lebensjahre				
	18–29	30–39	40–46	47–52	53–58
3 Jahre	0,3	0,5	0,7	0,8	1,0
5 Jahre	0,7	0,8	1,0	1,2	1,5
10 Jahre	1,0	1,0	1,3	1,7	2,0
14 Jahre	1,3	1,7	2,0	2,7	3,0
18 Jahre	–	2,0	2,7	3,3	4,0
22 Jahre	–	2,3	3,3	4,0	4,7
25 Jahre	–	2,7	4,0	4,7	5,3

Muster

Ausgleichsquittung

Name: .... Vorname: ....
geb. am: .... Wohnort/Straße: ....

I.
Hiermit bestätige ich, anläßlich meines Ausscheidens aus der Firma .... folgende ordnungsgemäß ausgefüllten Unterlagen erhalten zu haben (entsprechen den betrieblichen Gepflogenheiten):

....

....

II.
Mein Abfindungsanspruch aus dem Sozialplan vom .... ist abgegolten, sobald die mir zustehende Abfindungssumme in Höhe von insgesamt

....

auf meinem Lohn-/Gehalts-Girokonto eingegangen ist.
Im übrigen stehen mir folgende Ansprüche zu (für den Fall, daß außer einer Abfindung weitere Ansprüche eingeräumt werden wie z.B. Anpassungshilfen, Zuschuß zum Arbeitslosengeld, Altersversorgung, vermögenswirksame Leistungen, Jubiläumszuwendungen, Urlaub usw.):

....

....

Ich bestätige, daß ich außer den oben im einzelnen aufgeführten Ansprüchen keine sonstigen Forderungen gegen die Firma aus dem Arbeitsverhältnis und seiner Beendigung mehr habe und gegen die Kündigung keine Einwendungen – auch nicht im Klagewege – geltend machen werde. (Für ausländische Arbeitnehmer: Der Inhalt dieser Erklärung wurde mir übersetzt durch ....)

...., den .... 19 ....

....

14.3 Beispiele für Interessenausgleich und Sozialplan

902 BETRIEBSVEREINBARUNG

über einen INTERESSENAUSGLEICH und SOZIALPLAN gemäß §§ 111 und 112 BetrVG

Zwischen der Geschäftsleitung der Firma
vertreten durch den Geschäftsführer

und

dem Betriebsrat der Firma
vertreten durch den Betriebsratsvorsitzenden

A. INTERESSENAUSGLEICH
Wegen der anhaltenden schlechten Markt- und Ertragssituation und der daraus resultierenden wirtschaftlichen Schwierigkeiten des Unternehmens sieht sich die Geschäftsleitung der Betriebsstätten sowie der Niederlassungen in Deutschland gezwungen, Umorganisationsmaßnahmen und eine Personalreduzierung durchzuführen.
Zur Regelung der damit verbundenen Fragen schließen die Parteien diese Betriebsvereinbarung, die dem Interessenausgleich und dem Ausgleich und/oder Milderung der wirtschaftlichen Nachteile, die den Arbeitnehmern infolge der Maßnahmen entstehen, dient.

I. Der Betriebsrat nimmt die auf wirtschaftlichen Erwägungen beruhende Notwendigkeit der von der Geschäftsleitung beabsichtigten Entlassungen von höchstens 188 Arbeitnehmern (Planung per ... 12. 19.. – 100 Angestellte, 69 gewerbliche Arbeitnehmer) und ca. 150 Änderungskündigungen aus den drei Betriebsstätten zur Kenntnis. Die Rechte des Betriebsrates nach § 102 BetrVG bleibt unberührt.

II. Der Betriebsrat der drei Betriebsstätten nimmt auch eine bis zum ... 12. 19.. durchzuführende schrittweise Umorganisation zur Kenntnis, bei der die folgenden Maßnahmen realisiert werden:

1. Umorganisation der Fertigung
a) Stillegung der Kunststoffspritzerei (2.–3. Quartal 19..)
b) Verlagerung der Kunststoffspritzerei vorübergehend nach .... und spätere Schließung (im Falle eines rentableren Fremdbezuges bis 3. Quartal 19..)
c) Verlagerung der restlichen Fertigung von .... nach .... (1. Quartal 19..)
d) Konzentration der Entwicklung von Systemen (1. Quartal)
e) Einstellung des Werkzeugbaus (bis Ende 2. Quartal 19..)

f) Schließung des Technologie-Zentrums und Übernahme von 3 qualifizierten Mitarbeitern (1. Quartal 19..)
g) Schließung der Betriebsstätte, Verlagerung der Elektronik-Entwicklung nach ...., Verlagerung der Elektronik-Fertigung und Montage nach .... (2. Quartal 19..)
h) Schließung der Tischlerei (2. Quartal 19.., sofern bis dahin die Umbaumaßnahmen abgeschlossen sind)
i) Schaffung von zusätzlichen Lagerkapazitäten im Paletten- und Behälterlager durch Verschrottung von unverwertbarem Umlaufvermögen und Abverkauf von Ladenhütern (1. Quartal 19..)
k) Reduzieren der Lagerflächen der Außenläger (2. Quartal 19..).

2. Umorganisation der Personalstruktur für die Betriebsstätte
a) Reduzierung des Personalbestandes um höchstens 188 Arbeitnehmer.

3. Senkung der Beiträge für die betriebliche Altersversorgung

4. § 2 Abs. 2 der Betriebsvereinbarung vom ... September 19.. wird einvernehmlich zwischen den Betriebsvereinbarungsparteien für den Zeitraum vom ... 1. 19.. bis ... März 19.. aufgehoben. Ab 1. 4. 1988 wird die Betriebsvereinbarung in vollem Umfang wieder hergestellt (Ausgleichsregelung siehe Sozialplan 4 d).

5. Sanierung der Auslandsgesellschaften
durch
a) Aufgabe von unprofitablen Betriebsstätten (Australien, evtl. Amerika)
b) Abbau des Umlaufvermögens
c) Absicherung von Währungsparitäts-Risiken.
Die Rechte des Betriebsrates nach §§ 99 und 102 BetrVG bleiben unberührt.

6. Gegebenenfalls Verhandlungen über die Aussetzung der betrieblichen Sonderzahlung, wenn betriebliche Gründe dies erforderlich machen.

B. Sozialplan
1. Geltungsbereich
Diese Vereinbarung gilt für sämtliche Arbeitnehmer des Unternehmens im Sinne des Betriebsverfassungsgesetzes (§§ 5 Abs. 1, 6), die von den Reorganisationsmaßnahmen betroffen sind, gleichgültig in welcher Betriebsabteilung sie beschäftigt sind und die zum Zeitpunkt des Abschlusses dieser Vereinbarung in einem ungekündigten Arbeitsverhältnis in einer der drei Betriebsstätten stehen und die von den geplanten Maßnahmen während der Laufdauer des Sozialplanes betroffen werden.

2. Laufdauer des Sozialplanes
bis 31. März 1988 bzw. zum Ende der Reorganisationsmaßnahmen.

3. Änderungskündigungen und Versetzungen

Für Änderungskündigungen und Versetzungen – die Mitbestimmungsrechte des Betriebsrats zu den Einzelmaßnahmen bleiben unberührt – sowohl innerhalb des Unternehmens als auch vom Werk .... und .... zum Werk .... und .... und umgekehrt gilt folgendes:

a) das vertraglich geschuldete Gehalt bzw. der vertraglich geschuldete Lohnanspruch bleibt hinsichtlich gleichwertiger Arbeitsplätze unverändert. Als ertragliches Einkommen gilt das jetzige Bruttoeinkommen unter Ausschluß von Mehrheits- und sonstigen Zuschlägen.

b) Ergibt sich aus einer Versetzung bzw. einer Änderungskündigung an einen nicht gleichwertigen Arbeitsplatz eine Verminderung des monatlichen Bruttoeinkommens, so darf die monatliche Reduzierung im ersten Jahr nur 50 % des Minderungsbetrages betragen.
Für die Differenz zwischen dem bisherigen vertraglichen Lohn/Gehalt und neuen vertraglichen Lohn/Gehalt wird eine Ausgleichszulage in Höhe des Differenzbetrages für 18 Monate gewährt, soweit es sich um Arbeitnehmer handelt, die älter als 55 Jahre sind.

c) Die Geschäftsführung wird bemüht sein, Belegschaftsmitgliedern, die auf einen nicht gleichwertigen Arbeitsplatz versetzt worden sind, in den ersten 12 Monaten nach der Versetzung einen Arbeitsplatz anzubieten, der vergleichbar ist dem Arbeitsplatz vor der Versetzung.

d) Belegschaftsmitglieder, die versetzt bzw. änderungsgekündigt worden sind und innerhalb einer Frist von 6 Monaten, gerechnet ab der Versetzung bzw. Änderungskündigung, ihr Arbeitsverhältnis kündigen, weil sich herausstellt, daß sich der neue Arbeitsplatz nach ärztlichem Attest aus gesundheitlichen Gründen als unzumutbar erweist, erhalten die Abfindung aus diesem Sozialplan.

e) Belegschaftsmitglieder, die an einen anderen Arbeitsort versetzt oder änderungsgekündigt wurden, jedoch ihren bisherigen Wohnsitz beibehalten, erhalten für die durch Fahrtkosten entstehenden Mehraufwendungen eine pauschale Abfindung in Höhe von DM 500,00. Der Arbeitgeber wird sich insbesondere bei einer eventuell ins Auge gefaßten Weiterbeschäftigung in .... um die Beschaffung der nach .... Recht erforderlichen Arbeitserlaubnis bemühen und den Arbeitnehmern bei der Wohnungssuche behilflich sein.

4. Abfindung

a) Arbeitnehmer, deren Arbeitsverhältnisse von der Geschäftsleitung aus Anlaß der den Gegenstand dieser Vereinbarung bildenden Betriebsänderung gekündigt wird oder die einen angebotenen anderen Arbeitsplatz nicht annehmen oder deren Arbeitsverhältnis aus diesem Anlaß einvernehmlich aufgehoben wird, erhalten die Abfindung.

b) Die Höhe der Abfindung bestimmt sich nach folgender Formel:

$$\text{Abfindung} = \frac{\text{Lebensalter} \times \text{Betriebszugehörigkeit} \times \text{Monatseinkommen}}{120}$$

Dabei bedeutet »Lebensalter« die Zahl der am Tag des Ausscheidens vollendeten Lebensjahre. Betriebszugehörigkeit bedeutet die Zahl der am Tag des Ausscheidens vollendeten vollen Jahre der ununterbrochenen betrieblichen Tätigkeit. Am Tag des Ausscheidens angefangene, aber nicht vollendete Dienstjahre werden nicht berücksichtigt.

Arbeitnehmer, die am Tag des Ausscheidens noch kein Jahr lang beschäftigt sind, erhalten einen Sockelbetrag von DM 1 500,00. Bei Arbeitnehmern, die nach der vorstehenden Abfindungsformel einen geringeren als den Sockelbetrag erhalten würden, wird der Abfindungsbetrag auf den Sockelbetrag erhöht.

»Monatseinkommen« bedeutet das vertraglich geschuldete Gehalt bzw. der vertraglich geschuldete Monatslohn. Im Falle des Akkordlohns gilt als Monatslohn der Durchschnitt der 3 Monate September, Oktober, November 1986 ohne Berücksichtigung der Sonderzahlung.

c) Die aufgrund der Formel ermittelte Abfindung versteht sich als Bruttobetrag, der nach den einschlägigen Bestimmungen der Lohnsteuerdurchführungsverordnung und des Einkommenssteuergesetzes innerhalb der festgelegten Höchstgrenzen lohn- bzw. einkommensteuerfrei ist.

d) Wird das Arbeitsverhältnis aufgrund der Aufhebung der Regelung des § 2 b der Betriebsvereinbarung vom 25. September 1979 kündbar, weil dies durch die notwendigen Umstrukturierungsmaßnahmen geboten ist, so erhält der Arbeitnehmer, dessen Arbeitsverhältnis bisher nur aus wichtigem Grund gekündigt werden konnte, eine zusätzliche Abfindungspauschale von DM 2 000,00.

5. Nichtbestehen eines Abfindungsanspruchs

Keinen Anspruch auf diese in dieser Vereinbarung begründeten Zahlungen haben:

a) Arbeitnehmer, deren Arbeitsverhältnis aufgrund Kündigung aus wichtigem Grund endet, soweit dies rechtskräftig gerichtlich festgestellt ist.

b) Erhebt ein Arbeitnehmer gegen die ihm gegenüber ausgesprochene Kündigung Kündigungsschutzklage, so ist die Fälligkeit seines Anspruchs auf Abfindung bis zu einem rechtskräftigen Abschluß des Verfahrens gehemmt.

Evtl. in diesem Verfahren ausgehandelte oder festgesetzte Abfindung werden auf den Abfindungsanspruch nach Maßgabe dieses Sozialplanes angerechnet.

6. Fälligkeit des Abfindungsanspruchs und Ausgleichsquittung

Der Abfindungsanspruch wird am Tage des Ausscheidens fällig.

Die Berechnung über die Höhe des Abfindungsanspruchs ist dem Arbeitnehmer spätestens 2 Wochen nach Zugang der Kündigung schriftlich zuzustellen. Der Arbeitnehmer hat Einwendungen gegen die Berechnung unverzüglich der Personalabteilung mitzuteilen.
Die Auszahlung erfolgt bargeldlos durch Überweisung nach Unterzeichnung einer Ausgleichsquittung folgenden Wortlauts:
»Ich bestätige, daß mein Arbeitsverhältnis mit der Firma .... durch Kündigung aus Anlaß der Reorganisation mit dem Tage der Wirksamwerdung der Kündigung beendet ist. Die mir aus dem Sozialplan zustehende Abfindung erkenne ich als richtig an.
Ich erkläre hiermit, daß mir vorbehaltlich des Eingangs des Abfindungsbetrages sowie der Richtigkeit der Endabrechnung des Restgehalts bzw. der Lohnzahlung sowie evtl. Erlöse aus noch laufenden Verbesserungsvorschlägen keinerlei Ansprüche aus dem Arbeitsverhältnis und seiner Beendigung, seien sie bekannt oder unbekannt, mehr zustehen.
Mir ist bewußt, daß ich mir anvertrautes Firmeneigentum in ordnungsgemäßem Zustand zurückzugeben habe. Bei einem Wert, der DM 1 000,00 übersteigt, kann die Auszahlung der Abfindung von der vorherigen Rückgabe abhängig gemacht werden.«

7. Fortzahlung der Bezüge und Freistellung von der Arbeit
Soweit von dem Interessenausgleich und Sozialplan betroffene Arbeitnehmer bis zum Ablauf ihrer jeweiligen Kündigungsfristen freigestellt werden, erhalten sie bis zu diesem Zeitpunkt die vereinbarten Bezüge. Der während der Freistellungszeit anderweitig erzielte Verdienst aus einem Arbeitsverhältnis ist auf die Lohn- und Gehaltsansprüche während der Freistellungszeit anzurechnen. Soweit die Arbeitnehmer trotz Ausspruchs der Kündigung bis zum Ablauf der Kündigungsfrist weiterbeschäftigt werden sollen, wird der Arbeitgeber im Einzelfall den Arbeitnehmer freistellen, wenn für ihn die Möglichkeit besteht, eine neue dauerhafte Arbeitsstelle anzunehmen und überragende Belange des Unternehmens nicht entgegenstehen.
Soweit das Arbeitsverhältnis infolge betriebsbedingter Kündigung endet, wird der grundsätzlich nach dem anwendbaren Tarifvertrag rückforderbare Anteil der betrieblichen Sonderzahlung 86 nicht zurückgefordert.

8. Mitteilung von der Kündigungsabsicht
Arbeitnehmer, denen gekündigt werden soll, werden hiervon so frühzeitig wie möglich in Kenntnis gesetzt.

9. Urlaubsanspruch
Den Arbeitnehmern wird der ihnen zustehende Urlaubsanspruch im Falle der Kündigung innerhalb der Kündigungsfrist bzw. Freistellungszeit gewährt.

Der Urlaubsanspruch besteht unabhängig vom Zeitpunkt des Ausscheidens über den vertraglich entstandenen Teil hinaus in anteiliger Höhe für dieses Kalenderjahr.
Ist eine Gewährung innerhalb der Kündigungsfrist bzw. der Freistellungszeit nicht möglich, so verlängert sich das Arbeitsverhältnis um die Zeit des Urlaubs.
Das zusätzliche Urlaubsgeld wird jedoch lediglich anteilig für den im Zeitpunkt des Ausscheidens entstandenen Teil des vertraglichen Urlaubsanspruches gezahlt.

10. Vermögenswirksame Leistungen
Vermögenswirksame Leistungen des Arbeitgebers werden gemäß den vertraglich und gesetzlichen Regelungen bis zum Monatsende des Ausscheidens fortgesetzt.

11. Altersversorgung
Nach dem Gesetz der Verbesserung der betrieblichen Altersversorgung werden die Anwartschaften der aus dem Unternehmen ausscheidenden Arbeitnehmer auf betriebliche Altersversorgung vom Unternehmen nach Vollendung des 35. Lebensjahres bei Beendigung des Arbeitsverhältnisses aufrechterhalten.
Alle Arbeitnehmer, die zum Zeitpunkt des Ausscheidens die gesetzlichen Bestimmungen erfüllt hätten, erhalten die Zusage hinsichtlich der betrieblichen Altersversorgung.
Bei Ausscheiden aus dem Arbeitsverhältnis erhalten diese Arbeitnehmer eine schriftliche Bestätigung über die zu diesem Zeitpunkt bestehende Höhe der unverfallbaren Anwartschaft auf betriebliche Altersversorgung.

12. Arbeitspapiere und Zeugnisse
Allen betroffenen Arbeitnehmern werden die Arbeitspapiere so rechtzeitig, wie dies verwaltungstechnisch möglich ist, zugesandt, spätestens einen Monat nach dem Ausscheiden. Arbeitnehmer, die ein Zeugnis wünschen, können dies bei der Personalabteilung anfordern.

13. Neueinstellungen
Bewirbt sich bei Neueinstellungen ein aus betrieblichen Gründen entlassener Arbeitnehmer, so ist diesem dann der Vorrang einzuräumen, wenn seine fachliche Qualifikation der zu besetzenden Arbeitsstelle entspricht und im übrigen die Qualifikation der Erstellungsbewerber gleich ist.

14. Härteregelung
In Härtefällen wird die betriebliche Unterstützungskasse nach Maßgabe ihres Gesellschaftsvertrages vom ... September 19.. wohlwollend prüfen, um in Not geratene frühere Arbeitnehmer bei einer von ihnen unver-

schuldeten Notlage zu unterstützen. Die Darlegung der Notsituation obliegt dem ausgeschiedenen Arbeitnehmer.

15. Schlußbestimmungen
Bei Differenzen, die sich bei der Anwendung dieser Vereinbarung ergeben, wird die Geschäftsleitung mit dem jeweiligen Betriebsrat und dem betroffenen Arbeitnehmer eine Einigung anstreben.
Wird eine Einigung nicht erzielt, so wird vereinbart, daß eine Einigungsstelle gemäß § 76 Abs. 5 BetrVG entscheidet.

....
(Geschäftsführung) (Betriebsrat)

BETRIEBSVEREINBARUNG

Zwischen der Geschäftsleitung der Firma
vertreten durch den Finanzdirektor und
den Personaldirektor

und
dem Betriebsrat der Firma
vertreten durch den Betriebsratsvorsitzenden und
den stellvertretenden Betriebsratsvorsitzenden

wird folgender

INTERESSENAUSGLEICH

zur Sicherung der Arbeitsverhältnisse bei der Firma .... beschäftigten Arbeitnehmer wird gemäß §§ 111 und 112 Betriebsverfassungsgesetz abgeschlossen.

...., den .... 19..........

INTERESSENAUSGLEICH
Wegen der anhaltenden schlechten Markt- und Ertragssituation der Industrie und der daraus resultierenden wirtschaftlichen Schwierigkeiten des Unternehmens sieht sich die Geschäftsleitung gezwungen, Umorganisationsmaßnahmen und zusätzlich zum Interessenausgleich vom ... Juni 19.. notwendige Personalreduzierungen durchzuführen.
Zwecks der Regelung der damit verbundenen Fragen, schließen die Parteien diese Betriebsvereinbarung, die dem Interessenausgleich dient.

1. Der Betriebsrat nimmt die auf wirtschaftlichen Erwägungen beruhende Notwendigkeit der von der Geschäftsleitung beabsichtigten Reduzierung von 51 Arbeitsplätzen im gesamten Unternehmen, sowie 76 Arbeitsplätzen im X-Bereich, zur Kenntnis. Die Rechte des Betriebsrates nach § 102 BetrVG bleiben unberührt.
Der Abbau der Arbeitsplätze erfolgt nach folgender Struktur und in folgendem Zeitplan:

a) durch Umorganisation im Gesamtunternehmen werden aufgrund des Wegfalles von Tätigkeiten insgesamt 51 Arbeitsplätze wegfallen. Dazu werden 28 Kündigungen im März 1997 und 23 Kündigungen vorsorglich zum 31. Oktober 1997 ausgesprochen. Die Information an die betroffenen Mitarbeiter erfolgt nach Abschluß des Interessenausgleiches.
b) Innerhalb der Kundendienstorganisation wird im Rahmen eines MANAGEMENT-BUYOUTS der gesamte Kundendienst neu gestaltet, so daß 76 Arbeitsplätze in der Zentralreparatur in ...., in den Kundendienststationen und in der Kundendienstverwaltung wegfallen. Die dadurch notwendigen Kündigungen werden vorsorglich frühestens zum ... Juni 19.. und spätestens zum 30. September 1997 ausgesprochen.

2. Mit Arbeitnehmern, die sich im Kalenderjahr 1997 im letzten Berufsjahr vor ihrer Pensionierung befinden, kann auf Wunsch des Mitarbeiters über eine Vorruhestandsregelung verhandelt werden. Eine generelle Vorruhestandsregelung wird zwischen Geschäftsleitung und Betriebsrat diskutiert, wenn die rechtlichen Grundlagen zum Thema Vorruhestandsregelung im politischen Bereich geklärt worden sind.

3. Die natürliche Fluktuation (Kündigungen, Tod, Arbeitsunfähigkeit) in den Betriebsbereichen, die von Personalreduzierungen betroffen sind, wird auf die Zahl der auszusprechenden Kündigungen angerechnet, sofern die Qualifikation des zu versetzenden Mitarbeiters den Anforderungen der Position entspricht oder Trainingsmaßnahmen entsprechend verändert werden kann.

4. Um die Arbeitsplätze im Gesamtunternehmen abzusichern, wird die Unternehmensleitung durch entsprechende Vertragsgestaltung sicherstellen, daß die Servicequalität in Zukunft gleichbleibt, bzw. mittelfristig verbessert wird.

5. In Form der Gesamtzusage wird eine allgemeine Lohnerhöhung von 2,5 %, die zum 1. Juli 1997 erfolgt, zugesagt.

6. Eine weitere Arbeitszeitverkürzung auf 38 Stunden mit vollem Lohnausgleich erfolgt zum 1. Januar 1998.

7. Die Geschäftsleitung verpflichtet sich, zum 1. Juli 1998 eine allgemeine Lohn- und Gehaltserhöhung durchzuführen. Die Höhe der Lohn- und Gehaltserhöhung wird im Zeitraum zwischen Februar und März 1998 mit dem Betriebsrat ausgehandelt.

8. Die Geschäftsleitung verpflichtet sich, ab 1. Januar 1999 eine Arbeitszeitverkürzung mit vollem Lohnausgleich durchzuführen. Der Umfang der Arbeitszeitverkürzung wird zwischen Februar und Mai 1998 mit dem Betriebsrat ausgehandelt.

9. Solange die Firma .... Mitarbeiter im Gebäude am Standort beschäftigt, wird die Kantine im Gebäude erhalten bleiben. Bei einem möglichen Umzug zu einem späteren Zeitpunkt wird das Unternehmen für eine entsprechende Verpflegungsmöglichkeit Sorge tragen.

10. Für Mitarbeiter, die aufgrund einer Kündigung und/oder eines Aufhebungsvertrages ihren Arbeitsplatz im Hause verlieren, wird mit Hilfe eine externen Unternehmensberaters Bewerberberatung, Bewerbertraining durchgeführt, um die ausscheidenden Mitarbeiter in ihren Bewerbungsaktionen aktiv zu unterstützen.

11. Die Buslinie für Mitarbeiter in Normalschicht vom Standort .... zum Werk . . . bleibt auf jeden Fall erhalten, solange der Standort .... von .... genutzt wird. Sollte danach weiterhin Bedarf für diese Busverbindung bestehen, wird die Buslinie auch weiterhin bestehen bleiben.

12. Das Unternehmen möchte seine Aktivitäten in Aus-, Weiter- und Fortbildung intensivieren. In diesem Zusammenhang erhält der Betriebsrat einerseits ein Vorschlagsrecht zur Durchführung von Maßnahmen, und die Personalleitung verpflichtet sich andererseits, Bildungskonzepte und Bildungsprojekte von erheblicher Tragweite mit dem Betriebsrat bzw. mit dem Personalausschuß bezüglich der Personalauswahl und der Themen der Weiterbildungsveranstaltungen ein Mitbestimmungsrecht. Die Ausgestaltung dieses Mitbestimmungsrechtes erfolgt über eine Betriebsvereinbarung, die bis zum . . . September 19.. abzuschließen ist. Im übrigen gilt der Beschäftigungsplan vom ....

13. Im Rahmen der neuen Layout-Planung in .... und der neuen Gesamtorganisation des Unternehmens sollen in allen Unternehmensbereichen spezielle Arbeitsplätze für ältere Mitarbeiter, Schwerbehinderte oder sonstige in ihrer Leistungsfähigkeit geminderte Arbeitnehmergruppen definiert werden. Der Betriebsrat hat ein Mitbestimmungsrecht bezüglich der Gestaltung dieser Arbeitsplätze. Bei der Besetzung solcher Positionen sind leistungsgeminderte Mitarbeiter vorzugsweise zu berücksichtigen.

14. Zwischen Personalleitung und Betriebsrat wird vereinbart, daß bis zum 31. Dezember 1997 über ein System zur Stellenbeschreibung entschieden werden soll, das danach im Gesamtunternehmen eingeführt wird, um bei

zukünftigen organisatorischen und personellen Überlegungen eine bessere Transparenz als Basis für Personalentscheidungen zu haben.
In diesem Zusammenhang sollen auch Auswahlrichtlinien für interne und externe Stellenbesetzungen abgeschlossen werden.

15. Dieser Interessenausgleich hat Gültigkeit bis zum ... Juni 19...

16. Zur Regelung der Nachteile der Arbeitnehmer, die von Kündigung aufgrund dieses Interessenausgleiches betroffen sind, kommt der Sozialplan vom ... Juni 19.. in seiner abgeänderten Form vom ... März 19.. zur Anwendung.
Gleichzeitig wird die Gültigkeitsdauer dieses Sozialplanes bis zum ... Juni 19.. verlängert.

....	....
Personaldirektor, Finanzdirektor	Betriebsrat

SOZIALPLAN zum Interessenausgleich vom 18. März 1997.

§ 1 Geltungsbereich
Diese Vereinbarung gilt für sämtliche Arbeitnehmer des Unternehmens im Sinne des Betriebsverfassungsgesetzes (§ 5 Abs. 1), die von den Reorganisationsmaßnahmen betroffen sind, gleichgültig, in welcher Betriebsabteilung sie beschäftigt sind, und die zum Zeitpunkt des Abschlusses dieser Vereinbarung in einem ungekündigten Arbeitsverhältnis in einer der beiden Betriebsstätten stehen und die von den geplanten personellen Maßnahmen während der Laufdauer des Sozialplanes betroffen werden.

§ 2 Laufdauer des Sozialplanes
30. Juni 1998

§ 3 Abfindung
1. Arbeitnehmer, deren Arbeitsverhältnis von der Geschäftsleitung aus Anlaß der den Gegenstand dieser Vereinbarung bildenden Betriebsänderung gekündigt wird oder deren Arbeitsverhältnis aus diesem Anlaß einvernehmlich aufgehoben wird, erhalten die Abfindung.
2. Höhe
a) Die Höhe der Abfindung bestimmt sich nach folgender Formel:

$$\text{Abfindung} = \frac{\text{Lebensalter} \times \text{Betriebszugehörigkeit} \times \text{Monatseinkommen}}{60}$$

aa) Dabei bedeutet »Lebensalter« die Zahl der am Tag des Ausscheidens vollendeten Lebensjahre.

bb) »Betriebszugehörigkeit« bedeutet die Zahl der am Tag des Ausscheidens vollendeten vollen Jahre der letzten ununterbrochenen Betriebstätigkeit.
Am Tag des Ausscheidens angefangene, aber nicht vollendete Dienstjahre werden nicht berücksichtigt. Auch frühere Arbeitsverhältnisse werden bei der Berechnung der Betriebszugehörigkeit nicht berücksichtigt.

cc) »Monatseinkommen« bedeutet das vertraglich geschuldete Gehalt bzw. der vertraglich geschuldete Monatslohn, jedoch nicht mehr als 4 000,– DM.

b) Die nach Maßgabe der Sozialplanreformen zu zahlende Abfindung erhöht sich für jedes auf der Lohnsteuerkarte des Arbeitnehmers zum Tag des Abschlusses des Interessenausgleichs vom 18. März 1988 berücksichtigte Kind um 3 000,– DM.

c) Bei Arbeitnehmern, die zum Zeitpunkt des Ausscheidens älter als 50 Jahre sind, erhöht sich die Abfindung um 1 Monatsgehalt, jedoch beschränkt auf 4 000,– DM.
Den Alterszuschlag erhalten die Teilzeitarbeitnehmer nicht anteilig, sondern in voller Höhe.

d) Die aufgrund der Formel ermittelte Abfindung versteht sich als Bruttobetrag, der nach den einschlägigen Bestimmungen der Lohnsteuerdurchführungsverordnung und des Einkommensteuergesetzes innerhalb der festgelegten Höchstgrenzen lohn- bzw. einkommensteuerfrei ist.

e) Im Falle des Abschlusses eines Aufhebungsvertrages wird der Arbeitnehmer mit einer geringeren Kündigungsfrist als einem Monat so gestellt, als sei er unter Einhaltung einer Kündigungsfrist von 1 Monat gekündigt worden.

f) Wird von der Geschäftsleitung ein vom Arbeitnehmer abgegebenes Aufhebungsverbot abgelehnt, mit der Begründung, daß nicht beabsichtigt sei, den Arbeitnehmer zu kündigen, so erhält dieser Arbeitnehmer eine Abfindung nach dem Sozialplan, sofern ihm nach Ablehnung eines Aufhebungsvertrages dennoch gekündigt wird.

g) Dem Betriebsrat wird vor Abschluß eines Aufhebungsvertrages eine Kopie übergeben.

h) Sollte der Abschluß eines Aufhebungsvertrages abgelehnt werden, so ist dies dem Arbeitnehmer schriftlich mit Durchschlag an den Betriebsrat mitzuteilen.

§ 4 Nichtbestehen eines Abfindungsanspruchs

Keinen Anspruch auf diese in Vereinbarung begründeten Zahlungen haben:

1. Arbeitnehmer, deren Arbeitsverhältnis aufgrund Kündigung aus wichtigem Grund endet, soweit dies rechtskräftig gerichtlich festgestellt ist.

2. Erhebt ein Arbeitnehmer gegen die ihm gegenüber ausgesprochene Kündigung Kündigungsschutzklage, so ist die Fälligkeit seines Anspruchs auf Abfindung bis zu einem rechtskräftigen Abschluß des Verfahrens gehemmt.

3. Evtl. in diesem Verfahren ausgehandelte oder festgesetzte Abfindungen werden auf den Abfindungsanspruch nach Maßgabe dieses Sozialplanes angerechnet.

§ 5 Fälligkeit des Abfindungsanspruchs und Ausgleichsquittung

Der Abfindungsanspruch wird am Tage des Ausscheidens fällig. Die Auszahlung erfolgt bargeldlos durch Überweisung nach Unterzeichnung einer Ausgleichsquittung folgenden Wortlauts:

»Ich bestätige, daß mein Arbeitsverhältnis mit der Firma .... durch Kündigung aus Anlaß der Reorganisation mit dem Tage der Wirksamwerdung der Kündigung beendet ist. Die mir aus dem Sozialplan zustehende Abfindung erkenne ich als richtig an. Ich erkläre hiermit, daß mir vorbehaltlich des Eingangs des Abfindungsbetrages sowie der Richtigkeit der Endabrechnung des Restgehalts bzw. der Lohnzahlung sowie evtl. Erlöse aus noch laufenden Verbesserungsvorschlägen keinerlei Ansprüche aus dem Arbeitsverhältnis und seiner Beendigung mehr zustehen.

Mir ist bewußt, daß ich mir anvertrautes Firmeneigentum in ordnungsgemäßem Zustand zurückzugeben habe. Bei einem Wert, der DM 1 000,– übersteigt, kann die Auszahlung der Abfindung von der vorherigen Rückgabe abhängig gemacht werden.«

§ 6 Fortzahlung der Bezüge und Freistellung von der Arbeit

Alle von dem Interessenausgleich und Sozialplan betroffenen Arbeitnehmer können auf eigenen Wunsch und soweit die betrieblichen Belange es zulassen, bis zum Ablauf ihrer jeweiligen Kündigungsfristen freigestellt werden und erhalten bis zu diesem Zeitpunkt die vereinbarten Bezüge. Der während der Freistellungszeit anderweitig erzielte Verdienst ist auf die Lohn- und Gehaltsansprüche während der Freistellungszeit nicht anzurechnen.

§ 7 Mitteilung von der Kündigungsabsicht

Arbeitnehmer, denen gekündigt werden soll, werden hiervon so frühzeitig wie möglich unter Mitteilung der Abfindungsberechnung sowie der Abfindungshöhe in Kenntnis gesetzt.

§ 8 Urlaubsanspruch

Den Arbeitnehmern wird der ihnen zustehende Urlaubsanspruch im Falle der Kündigung oder eines Aufhebungsvertrages innerhalb der Kündigungsfrist bzw. Freistellungszeit gewährt.

Der Urlaubsanspruch besteht im Hinblick auf den Zeitpunkt des Ausscheidens in Höhe des vertraglich entstandenen Teils.
Ist eine Gewährung innerhalb der Kündigungsfrist bzw. der Freistellungszeit nicht möglich, so verlängert sich das Arbeitsverhältnis um die Zeit des Urlaubs.
Das zusätzliche Urlaubsgeld wird ebenfalls lediglich anteilig für den im Zeitpunkt des Ausscheidens entstandenen Teil des vertraglichen Urlaubsanspruches gezahlt.

§ 9 Vermögenswirksame Leistungen
Vermögenswirksame Leistungen des Arbeitgebers werden gemäß den vertraglichen und gesetzlichen Regelungen bis zum Monatsende des Ausscheidens fortgesetzt.

§ 10 Sonderzahlungen
Für noch im Jahre 1997 ausscheidende Arbeitnehmer wird ein Weihnachtsgeld nicht gezahlt.

§ 11 Altersversorgung
Nach dem Gesetz zur Verbesserung der betrieblichen Altersversorgung werden die Anwartschaften der aus dem Unternehmen ausscheidenden Arbeitnehmer auf betriebliche Altersversorgung vom Unternehmen nach Vollendung des 35. Lebensjahres bei Beendigung des Arbeitsverhältnisses aufrechterhalten.
Alle Arbeitnehmer, die am ... 12. 19.. die gesetzlichen Bestimmungen erfüllt hätten, erhalten die Zusage hinsichtlich der betrieblichen Altersversorgung. Bei Ausscheiden aus dem Arbeitsverhältnis erhalten diese Arbeitnehmer eine schriftliche Bestätigung über die zu diesem Zeitpunkt bestehende Höhe der unverfallbaren Anwartschaft auf betriebliche Altersversorgung.

§ 12 Arbeitspapiere und Zeugnisse
Allen betroffenen Arbeitnehmern werden die Arbeitspapiere so rechtzeitig, wie dies verwaltungstechnisch möglich ist, zugesandt, spätestens einen Monat nach dem Ausscheiden. Arbeitnehmer, die ein Zeugnis wünschen, können dies bei der Personalabteilung anfordern.

§ 13 Wiedereinstellung
1. Sofern Arbeitnehmer nach dem Ausscheiden und dem Erhalt der Abfindung durch den Sozialplan zu einem späteren Zeitpunkt wieder in die Dienste des Unternehmens eintreten sollten, wird die frühere Betriebszugehörigkeit nach dem vollendeten 30. Lebensjahr zu 50 % für den Erwerb einer Pensionsanwartschaft in Anrechnung gebracht.
2. War der Mitarbeiter bei seinem Austritt noch keine 30 Jahre alt und damit noch nicht im Versorgungswerk aufgenommen, so bleibt diese Zeit auch für die Anrechnung unberücksichtigt.

3. Mitarbeiter, die vor einem erneuten Wiedereintritt schon zwei Betriebszugehörigkeitszeiten zusammengerechnet bekommen hatten, wird diese Gesamtbetriebszugehörigkeit zu 50 % angerechnet, also nicht nur die Betriebszugehörigkeit der letzten Periode. Es werden aber auch hier nur die Zeiträume berücksichtigt, die tatsächlich nach vollendetem 30. Lebensjahr absolviert wurden.
4. Hatte der Mitarbeiter bei seinem Ausscheiden unter dem Geltungsbereich des Sozialplans noch keine unverfallbare Anwartschaft erworben, so werden die Zeiten, die der Mitarbeiter nach Vollendung des 30. Lebensjahres absolviert hat, zu 50 % ausschließlich bei der Ermittlung der Rentenhöhe berücksichtigt. Es tritt somit keine vertragliche Unverfallbarkeit vor der gesetzlichen ein, d.h. es gelten in jedem Fall die gesetzlichen Vorschriften für die Unverfallbarkeit (§§ 1, 2 BetrAVG).
5. Hatte der Mitarbeiter bei seinem Ausscheiden 1997 unter dem Geltungsbereich des Sozialplanes schon eine unverfallbare Anwartschaft erworben, so ist dieser Anspruch ganz separat zu behandeln und wird auch nicht nochmals mit 50 % berücksichtigt.
Das heißt, maßgebliches Datum für die Berechnung der Rentenhöhe, der Wartezeit, der Fristen der gesetzlichen Unverfallbarkeit usw. ist der Wiedereintritt.
Der wieder eintretende Mitarbeiter wird bezüglich seiner 2. Anwartschaft also genauso behandelt wie der Arbeitnehmer, der zum gleichen Zeitpunkt erstmals in die Dienste der Firma eintritt.

§ 14 Schlußbestimmungen
Bei Differenzen, die sich bei der Anwendung dieser Vereinbarung ergeben, wird die Geschäftsleitung mit dem Betriebsrat und dem betroffenen Arbeitnehmer eine Einigung anstreben.

....
Geschäftsführung Betriebsrat

15. Vorbereitung der personellen Maßnahmen

a) Entlassungsanzeige an das Arbeitsamt gem. § 17 KSchG unter Beifügung einer Stellungnahme des Betriebsrates (dabei Hinweis auf die vorangegangene Mitteilung nach § AFG); ggf. Anschlußanzeige nach § 18 Abs. 4 KSchG. Anzeigepflichtige Entlassungen werden nach § 18 KSchG in der Regel nicht vor Ablauf eines Monats nach Eingang der Anzeige beim Arbeitsamt wirksam. Im Einzelfall kann das hierfür zuständige Landesarbeitsamt bestimmen, daß die Entlassungen nicht vor Ablauf von längstens zwei Monaten nach Eingang der Anzeige beim Arbeitsamt wirksam werden. **903**

904 Muster einer Entlassungsanzeige nach § 17 KSchG

An das Arbeitsamt[1] ...., den .... 19...

Betr.: Entlassungsanzeige gemäß § 17 KSchG[2]

Für unseren Betrieb .... (Art) in .... (Ort) zeigen wir Ihnen (vorsorglich) folgende Entlassungen[3] an:

1. Vorgesehene Entlassungen insgesamt: ....
   darunter .... Schwerbehinderte, ... werdende Mütter,

   a) zum .... 19... insgesamt: ....
   Aufschlüsselung
   Arbeiter nach Berufen Angestellte nach Berufen
   Alter Geschlecht (m/w) Nationalität

   b) zum .... 19... insgesamt: ....
   Aufschlüsselung
   Arbeiter nach Berufen Angestellte nach Berufen
   Alter Geschlecht (m/w) Nationalität

   c) zum .... 19... insgesamt: ....
   Aufschlüsselung
   Arbeiter nach Berufen Angestellte nach Berufen
   Alter Geschlecht (m/w) Nationalität

2. Entlassungen in den letzten 30 Tagen vor Anzeigeneingang[4]
   insgesamt ....

   a) am .... 19... insgesamt: ....
   Aufschlüsselung
   Arbeiter nach Berufen Angestellte nach Berufen
   Alter Geschlecht (m/w) Nationalität

   b) am .... 19... insgesamt: ....
   Aufschlüsselung
   Arbeiter nach Berufen Angestellte nach Berufen
   Alter Geschlecht (m/w) Nationalität

3. Gründe für die Entlassungen

4. Im Betrieb sind in der Regel beschäftigt:
   - Arbeiter ....
     davon männlich ....
     davon weiblich ....
   - Angestellte
     davon männlich ....

davon weiblich ....
- Auszubildende ....

Gesamtzahl ....

5. Wir erklären, daß die zur Aufschlüsselung der betroffenen Arbeitnehmer gemachten Angaben für uns nicht verbindlich sein sollen[5].
6. Eine Abschrift der Mitteilung über die geplanten Entlassungen an den Betriebsrat[6] und die Stellungnahme des Betriebsrates[7] sind beigefügt.
7. Wir beantragen Zustimmung zur Entlassung
   - unter Einhaltung einer Sperrfrist[2] von

     .... einem Monat

     .... zwei Monaten
   - unter Verkürzung der Sperrfrist[2] gemäß § 18 KSchG auf den ....

   Begründung für den Antrag auf Verkürzung:
8. Die Mitteilung nach § Arbeitsförderungsgesetz[2] wurde
   - erstattet am ....
   - unterlassen, weil ....
9. Bemühungen zur Vermittlung der betroffenen Arbeitnehmer in andere Arbeitsstellen sollten
   - sofort
   - frühestens ab ....
   - vorerst nicht eingeleitet werden.

Anlagen Mit freundlichen Grüßen

....
(Firma)

Erläuterungen zu dem Musterformular einer Entlassungsanzeige gemäß § 17 KSchG:

1. Die Anzeige ist bei dem für den Betrieb zuständigen Arbeitsamt (bei Zweigbetrieben ggf. bei dem für den Zweigbetrieb zuständigen Arbeitsamt) einzureichen. Eine an ein unzuständiges Arbeitsamt gerichtete Anzeige ist rechtsunwirksam. Wird diese Anzeige durch das unzuständige Arbeitsamt dem zuständigen Arbeitsamt zugeleitet, so läuft die Sperrfrist gemäß § 18 KSchG erst vom Tage des Eingangs der Anzeige beim zuständigen Arbeitsamt.
2. Nach § 17 Abs. 3 KSchG hat die Anzeige Angaben über den Namen des Arbeitgebers, den Sitz und die Art des Betriebes, die Zahl der in der Regel beschäftigten Arbeitnehmer, die Zahl der zu entlassenden Arbeitnehmer, die Gründe für die Entlassungen und den Zeitraum, in dem die Entlassungen vorgenommen werden sollen, zu enthalten. Ferner sollen in der Anzeige im Einver-

nehmen mit dem Betriebsrat Angaben über Geschlecht, Alter, Beruf und Staatsangehörigkeit der zu entlassenden Arbeitnehmer gemacht werden.

3. Die gemäß § 17 KSchG angezeigten Entlassungen werden nach § 18 Abs. 1 KSchG grundsätzlich erst nach Ablauf eines Monats wirksam. Die Frist beginnt am Tag des Eingangs der ordnungsgemäßen Anzeige beim zuständigen Arbeitsamt. Die Sperrfrist von einem Monat kann durch das Landesarbeitsamt auf bis zu zwei Monate verlängert werden. Es empfiehlt sich daher, die Anzeige möglichst zwei Monate vor dem Entlassungszeitpunkt zu erstatten. In Ausnahmefällen kann das Landesarbeitsamt die Sperrfrist auf Antrag des Betriebes verkürzen, und zwar höchstens bis auf den Tag des Eingangs der Anzeige beim Arbeitsamt. Der Antrag muß eingehend begründet werden. Insbesondere ist darauf einzugehen, warum die Anzeige nicht rechtzeitig erstattet worden oder warum die Einhaltung der Sperrfrist nicht möglich ist. Somit erscheint es angebracht, konkret darzulegen, welche – vorrangig wirtschaftlichen Gründe – einer Beschäftigung der zur Entlassung vorgesehenen Kräfte während der Regelsperrzeit entgegenstehen.
Wenn der Arbeitgeber in wirtschaftlich unübersichtlicher Lage die Notwendigkeit von Entlassungen nicht sicher voraussehen kann, so kann er die Anzeige vorsorglich erstatten. Eine vorsorgliche Anzeige setzt die Sperrfrist nach § 18 KSchG ebenfalls in Lauf und erspart dem Betrieb Nachteile, die sich aus einem nicht stattgegebenen Abkürzungsantrag ergeben können. Zeigt sich später, daß die Entlassungen nicht erforderlich werden, kann die Anzeige jederzeit ohne Folgen für den Betrieb zurückgenommen werden.

4. Anzeigepflichtig sind alle Entlassungen, die innerhalb von 30 Tagen erfolgen und die zulässigen Mindestzahlen nach § 17 KSchG überschreiten. Hierbei ist es unerheblich, ob die Entlassungen bereits erfolgt sind oder ob sie noch vorgenommen werden. Es können demnach an sich wirksame Entlassungen unwirksam werden, wenn weitere Entlassungen innerhalb des 30-Tage-Zeitraumes erfolgen und dadurch die in § 17 angeführten Größenordnungen überschritten werden.

5. Da nach der Entscheidung des Bundesarbeitsgerichtes vom 6. Oktober 1960 (in AP Nr. 7 zu § 15 KSchG) die Betriebe grundsätzlich an ihre Angaben in der Anzeige gebunden sind, erscheint es angebracht, mögliche Rechtsnachteile bei detaillierten Angaben durch einen solchen – vom Bundesarbeitsgericht für wirksam erachteten – Vorbehalt auszuschließen.

6. Gemäß § 17 Abs. 2 KSchG hat der Arbeitgeber, der anzeigepflichtige Entlassungen beabsichtigt, den Betriebsrat rechtzeitig über die Gründe für die Entlassungen, die Zahl der zu entlassenden Arbeitnehmer, die Zahl der in der Regel beschäftigten Arbeitnehmer und den Zeitraum, in dem die Entlassungen vorgenommen werden sollen, schriftlich zu unterrichten sowie weitere zweckdienliche Auskünfte zu erteilen. Arbeitgeber und Betriebsrat haben insbesondere die Möglichkeiten zu beraten, Entlassungen zu vermeiden oder einzuschränken und ihre Folgen zu mildern. Eine Abschrift der Mitteilung an den Betriebsrat hat der Arbeitgeber gleichzeitig dem Arbeitsamt zuzuleiten (§ 17 Abs. 3 Satz 1 KSchG).

7. Der Anzeige an das Arbeitsamt über die geplanten Entlassungen ist eine Stellungnahme des Betriebsrates beizufügen. Wird die Anzeige des Arbeitgebers

ohne Stellungnahme des Betriebsrates beim Arbeitsamt eingereicht, etwa weil der Betriebsrat nicht zu erreichen war oder weil er die Stellungnahme abgelehnt oder schuldhaft verzögert hat, ist sie dennoch wirksam, wenn der Arbeitgeber glaubhaft macht, daß er den Betriebsrat mindestens 2 Wochen vor Erstattung der Anzeige unterrichtet hat (siehe dazu Ziff. 6) und er den Stand der Beratungen darlegt (§ 17 Abs. 3 KSchG).

8. Der Arbeitgeber ist nach § 8 AFG verpflichtet, dem Präsidenten des Landesarbeitsamtes schriftlich mitzuteilen, wenn erkennbare Veränderungen des Betriebes innerhalb der nächsten 12 Monate voraussichtlich dazu führen, Entlassungen oder mit Vergütungskürzung verbundene Umsetzungen i.R. der Zahlen des § 17 Abs. 1 KSchG vorzunehmen. Der Mitteilung ist ebenfalls eine Stellungnahme des Betriebsrates beizufügen (§ 8 Abs. 1 Satz 2 AFG). Soweit Schwerbehinderte betroffen sind, ist hierauf hinzuweisen (§ 10 Abs. 6 SchwbG). Unterläßt der Arbeitgeber die Mitteilung vorsätzlich oder grob fahrlässig, können ihm erhebliche finanzielle Nachteile entstehen (vgl. § 8 Abs. 3 AFG).

b) Antrag auf Zustimmung der Hauptfürsorgestelle zur Kündigung Schwerbe- **905**
hinderter gem. §§ 15 ff. SchwbG. Wenn zwischen dem Tag der Kündigung und dem Tag, bis zu dem Lohn oder Gehalt gezahlt wird, mindestens drei Monate liegen, kann die Hauptfürsorgestelle die Zustimmung gem. § 19 SchwbG bei Betriebsstillegung überhaupt nicht und bei wesentlichen Betriebseinschränkungen nur unter engen Voraussetzungen verweigern. Im Hinblick auf § 18 SchwbG, wonach die Hauptfürsorgestelle innerhalb eines Monats entscheiden soll, empfiehlt es sich für den Arbeitgeber, den Antrag mindestens vier Monate vor dem vorgesehenen Auslaufen der Lohn- oder Gehaltszahlung einzureichen.

c) Unterrichtung des Vertrauensmannes der Schwerbehinderten nach § 25 **906**
Abs. 2 letzter Satz SchwbG über die Durchführung der Betriebsänderung.

d) Antrag auf Zustimmung des Gewerbeaufsichtsamtes zur Kündigung unter **907**
Mutterschutz stehender Frauen (§ 9 Abs. 3 MuSchG) sowie zur Kündigung von Arbeitnehmern während des Erziehungsurlaubs (§ 18 BErzGG).

e) Antrag auf Zustimmung der zuständigen Stelle zur Kündigung von Inhabern **908**
von Bergmannsversorgungsscheinen (nach Ländergesetzen).

f) Unterrichtung und Anhörung des Betriebsrates nach den §§ 99 und 102 **909**
BetrVG mit dem Ziel seiner Zustimmung zur Kündigungen und Versetzungen solcher Arbeitnehmer, denen kraft Gesetzes oder Tarifvertrages nur aus wichtigem Grund gekündigt werden kann, z.B. Wehrdienstleistende (§ 2 Abs. 1 des ArbPlSchG), Auszubildende (§ 15 Abs. BBiG), politische Mandatsträger (nach Ländergesetzen) und ältere Arbeitnehmer mit tariflicher Alterssicherung (soweit nicht schon im Rahmen des Interessenausgleichs geschehen). In diesen Fällen kommt die Beendigung oder Änderung des Arbeitsverhältnisses durch außerordentliche Kündigung aus wichtigem Grund in Betracht, wenn dem Arbeitgeber die Weiterbeschäftigung nicht zuzumuten ist (*BAG* DB 1976, 1066; *ArbG Bochum* DB 1972, 44).

Im Falle der tariflichen Alterssicherung ist die gesetzliche bzw. tarifvertragliche Kündigungsfrist einzuhalten, die gelten würde, wenn die außerordentliche Kündigung nicht ausgeschlossen wäre (*BAG* NZA 1986, 743).

910 g) Unterrichtung und Anhörung des Betriebsrates nach den §§ 99 und 102 BetrVG mit dem Ziel seiner Zustimmung zur Kündigung von Mitgliedern des Betriebsrates, der Jugendvertretung – jeweils ggf. auch von Ersatzmitgliedern – und des Wahlvorstandes oder von Wahlbewerbern (soweit nicht schon im Rahmen des Interessenausgleiches geschehen).
Dieser Personenkreis kann bei Betriebsstillegung nach § 15 Abs. 4 KSchG im Wege der ordentlichen Kündigung entlassen werden, allerdings erst zum Zeitpunkt der Stillegung, es sei denn, daß zwingende betriebliche Erfordernisse die Kündigung zu einem früheren Zeitpunkt notwendig machen.
Bei Stillegung einer Betriebsabteilung gilt diese Regelung nach § 15 Abs. 5 KSchG entsprechend, sofern die Übernahme in eine andere Abteilung aus betrieblichen Gründen nicht möglich ist.

911 Die Kündigung muß ausdrücklich als außerordentliche Kündigung bezeichnet werden. Auch ist die Ausschlußfrist des § 626 Abs. 2 BGB zu beachten, wonach die Kündigung innerhalb von zwei Wochen nach dem Zeitpunkt ausgesprochen werden muß, in dem der Kündigungsberechtigte endgültig von der Unausweichlichkeit der Kündigung Kenntnis hat, in der Regel also bei Abschluß des Interessenausgleichs.

16. Durchführung von Interessenausgleich und Sozialplan

912 a) Voraussetzungen innerhalb des Betriebes oder in anderen Betrieben des Unternehmens.
b) Kündigungen entsprechend der Belegschaftsliste und nach Maßgabe des Interessenausgleichs, falls ein solcher zustande gekommen ist.
c) Übertragung von Ausbildungsverhältnissen auf andere Unternehmen unter Einschaltung der Industrie- und Handelskammer, sofern nicht eine vorzeitige Zulassung zur Prüfung nach § 40 Abs. 2 BBiG in Betracht kommt.
d) Berechnung der jeweiligen Abfindungen.

17. Mitteilung an Behörden und andere Stellen bei Betriebsstillegung

913 a) Betriebsstillegungen sind kraft Gesetzes anzuzeigen
- der Berufsgenossenschaft (§ 666 RVO),
- der Gewerbemeldestelle der Gemeinde oder Stadt (§ 14 GewO)
- dem Finanzamt (§ 138 AO).

b) Ratsam ist auch eine Mitteilung an
- die Krankenkassen (unter Angabe der Betriebsnummer),
- das Statistische Landesamt,
- die Industrie- und Handelskammer,
- das Gewerbeaufsichtsamt.

X. Nachteilsausgleich (§ 113 BetrVG)

1. Allgemeines

Die Vorschrift behandelt die Rechtswirkungen, die eintreten, wenn der Unternehmer die Beteiligungsrechte des Betriebsrats hinsichtlich des Interessenausgleichs nach § 112 BetrVG verletzt. Ist ein Betriebsrat nicht gebildet, scheidet ein Abfindungsanspruch aus (*LAG Berlin* DB 1973, 2097). Der Gesetzgeber hat davon abgesehen, dem Betriebsrat unmittelbar Möglichkeiten zur Erzwingung der Einhaltung eines freiwillig zustande gekommenen Interessenausgleichs zu geben. Der Unternehmer hat vielmehr grundsätzlich die Möglichkeit behalten, von einem Interessenausgleich abzuweichen, ohne daß dies seine Maßnahmen unwirksam macht. Der Betriebsrat kann auch nicht verlangen, daß Maßnahmen, die unter Verstoß gegen seine Beteiligungsrechte vorgenommen wurden, wieder rückgängig gemacht werden. Der Unternehmer hat dann allerdings zusätzlich die wirtschaftlichen Risiken zu tragen, die ihm § 113 BetrVG auferlegt. Durch diese **mittelbaren Sanktionen** soll einerseits die Einhaltung der Beteiligung des Betriebsrats bei unternehmerischen Maßnahmen abgesichert werden. Zum anderen soll aber auch erreicht werden, daß Arbeitnehmer, die von solchen – ohne Beachtung des in § 112 BetrVG vorgesehenen Verfahren – durchgeführten Maßnahmen nachteilig betroffen werden, zumindest einen Ausgleich erhalten (*BAG* WM 1979, 172). **914**

2. Abweichungen vom Interessenausgleich (§ 113 Abs. 1 BetrVG)

§ 113 Abs. 1 BetrVG trifft Regelungen für den Fall, daß der **Unternehmer ohne zwingenden Grund von einem vereinbarten Interessenausgleich abweicht**. **915**

Die Rechtsfolgen des § 113 Abs. 1 BetrVG treten nicht ein, wenn der Unternehmer zwingende Gründe für die Abweichung hat. Zwingende Gründe sind im allgemeinen nur nach der Vereinbarung über den Interessenausgleich entstandene oder zutage getretene – erkennbar gewordene – Umstände, die die Parteien eben mit Rücksicht auf die nachträgliche Entstehung oder Erkennbarkeit noch nicht oder nicht genügend berücksichtigt haben. Es genügt nicht schon, wenn die ausgesprochenen Kündigungen betriebsbedingt i.S.v. § 1 KSchG sind. Das *BAG* hat ausdrücklich offengelassen, ob bei **offensichtlich unrichtiger Beurteilung der Wirtschaftslage**, bei Vorliegen sonstiger plausibler **Beweggründe** »zwingende Gründe« i.S.d. Vorschrift vorliegen können. An die Beurteilung, ob ein zwingender **Abweichungsgrund** vorliegt, sind, wie an alle Ausnahmeregelungen, strenge Maßstäbe anzulegen. Dabei ist vom Standpunkt eines verständigen, verantwortungsbewußten Unternehmers auszugehen. Es reicht nicht aus, daß die Maßnahme nur zweckmäßig war. Als **zwingende Gründe** können in Betracht kommen, z.B. Scheitern von im Zeitpunkt der Einigung schwebenden Kreditverhandlungen, Ausbleiben von in diesem Zeitpunkt sicher erwarteten, für das Unternehmen entscheidenden Aufträgen, plötzlicher Rohstoffmangel auf dem Weltmarkt, Gesetzesänderungen, Einfuhrbeschränkungen, Konkurs eines bedeutenden Warenabnehmers, Störungen der Betriebseinrichtungen, Wettbewerbsrücksichten, nachträgliche Veränderung der Marktlage.

916 Es muß sich um die Abweichung von einem vereinbarten Interessenausgleich handeln, ohne Rücksicht darauf, ob er nach § 112 Abs. 1, Abs. 2 oder Abs. 3 BetrVG zustande gekommen ist.

917 Die Regelung des § 113 Abs. 1 BetrVG ist beschränkt auf den Fall, daß es infolge der Abweichung zu **Entlassungen** kommt. **Änderungskündigungen** sind nur ausreichend, wenn sie tatsächlich zu einer Entlassung führen oder andere wirtschaftliche Nachteile eintreten. Wird das Arbeitsverhältnis aber unter geänderten Bedingungen fortgesetzt, ist nur § 113 Abs. 2 BetrVG anwendbar. Die Entlassungen **müssen durch die Abweichungen vom Interessenausgleich in adäquater Weise verursacht und rechtswirksam sein**. Rechtsunwirksam sind die Kündigungen insbesondere, wenn sie nicht sozial gerechtfertigt i.S.d. § 1 KSchG sind. Meist sind Kündigungen aufgrund von Betriebsänderungen jedoch auch betriebsbedingt i.S.d. § 1 Abs. 2 KSchG und daher wirksam. Hält der Arbeitnehmer eine Kündigung für sozial ungerechtfertigt, so muß er Feststellungsklage nach dem Kündigungsschutzgesetz erheben. Er kann diese Klage aber hilfsweise für den Fall, daß das Arbeitsgericht die Kündigung für wirksam hält, mit einer Leistungsklage nach § 113 BetrVG verbinden, wenn er der Ansicht ist, daß dann jedenfalls die Voraussetzungen des § 113 BetrVG erfüllt sind. Im Gegensatz zu der fristgebundenen Klage nach dem KSchG (§§ 4, 7) ist **für** die **Klage nach § 113 BetrVG keine Ausschlußfrist** gesetzt, d.h. es gelten die Verjährungsfristen der §§ 194 ff. BGB. Stellt das Arbeitsgericht die Rechtsunwirksamkeit der Kündigung fest, so ist für eine Anwendung des § 113 BetrVG kein Raum mehr. Die Rechtsfolgen richten sich dann allein nach dem Kündigungsschutzgesetz. Andererseits hat die Anwendung des § 113 BetrVG keinen Einfluß auf die Wirksamkeit der Kündigung.

918 Der Arbeitnehmer trägt die Beweislast dafür, daß der Unternehmer von dem vereinbarten Interessenausgleich abgewichen ist und dies adäquat kausal für seine Entlassung war (*Hess/Schlochauer/Glaubitz* BetrVG, § 113 Rdn. 7). Der Unternehmer hat bei Berufung auf einen zwingenden Grund diesen zu beweisen.

919 Die **Abfindungsklage** ist eine Leistungsklage und darauf gerichtet, den Arbeitgeber zur Zahlung von Abfindungen zu verurteilen. Der Arbeitgeber ist regelmäßig identisch mit dem Unternehmer.

920 Hinsichtlich der **Höhe der Abfindungen** ist dem Arbeitsgericht nur ein Rahmen nach **§ 10 KSchG** gesetzt (*Dietz/Richardi* BetrVG, § 113 Rz. 38). Hiernach kann die Abfindung grundsätzlich bis zu einem Betrag von 12 Monatsverdiensten festgesetzt werden. Hat der klagende Arbeitnehmer das 50. Lebensjahr vollendet und hat das Arbeitsverhältnis mindestens 15 Jahre bestanden, so ist ein Betrag bis zu 15 Monatsverdiensten, hat der Arbeitnehmer das 55. Lebensjahr vollendet und hat das Arbeitsverhältnis mindestens 20 Jahre bestanden, so ist ein Betrag bis zu 18 Monatsverdiensten festsetzbar.

921 Bei der **Festsetzung der Abfindung** hat das Gericht die Dauer der Betriebszugehörigkeit des betroffenen Arbeitnehmers sowie die wirtschaftliche Lage des Arbeitnehmers und des Unternehmens gebührend zu berücksichtigen. In diesem Rahmen ist das Gericht jedoch in seiner Entscheidung frei und setzt die Abfindungshöhe nach freiem richterlichem und billigem Ermessen (entsprechend § 287 ZPO) fest.

Der Arbeitnehmer muß grundsätzlich seinen **Klageantrag** nicht beziffern, da das Gericht die Abfindungssumme von Amts wegen festzusetzen hat. Bei solchen unbezifferten Anträgen besteht aber die Gefahr, daß der Kläger gegen die Festsetzung durch das Arbeitsgericht keine Rechtsmittel einlegen kann, da es an der erforderlichen **Beschwer** fehlt. Eine Beschwer ist nämlich zu verneinen, wenn der Arbeitnehmer lediglich behauptet, daß der zugesprochene Betrag hinter seinen im übrigen nicht erkennbar gewordenen Erwartungen zurückgeblieben ist. Es ist daher zu empfehlen, zumindest in der Begründung der Klageschrift einen gewissen Rahmen für die vorgestellte Abfindungssumme anzugeben. **922**

Die **Abfindungen wegen Verlustes des Arbeitsplatzes** sind steuerrechtlich, sozialversicherungsrechtlich, pfändungsrechtlich usw. wie die Abfindungen nach § 10 KSchG zu beurteilen. Sie sind insbesondere **keine Lohnbestandteile** und unterliegen daher nicht dem Lohnsteuerabzug. Sie sind im Rahmen des § 3 Nr. 9 EStG 1990 steuerfrei und unterfallen nicht der Beitragspflicht zur Sozialversicherung. Wird die Abfindung wegen des Verlusts des Arbeitsplatzes gepfändet, greift hinsichtlich der Pfandfreigabebeschränkungen § 850 i ZPO ein. **923**

Soweit die **Abfindung Lohn- und Gehaltseinbußen** ausgleichen soll, ist die geschuldete Lohnsteuer ebenso abzuführen wie die Sozialversicherungsbeiträge. Hinsichtlich der Pfändungsbeschränkungen greift § 850 c ZPO ein. **924**

3. Ausgleich anderer wirtschaftlicher Nachteile (§ 113 Abs. 2 BetrVG)

§ 113 Abs. 2 BetrVG sieht eine **auf 12 Monate zeitlich begrenzte Verpflichtung** des Unternehmers zum Ausgleich anderer wirtschaftlicher Nachteile der Arbeitnehmer vor, wenn der Unternehmer von dem vereinbarten Interessenausgleich abweicht, und zwar selbst dann, wenn der Nachteil über den Zeitraum von 12 Monaten hinausgeht. **925**

Nach § 113 Abs. 2 BetrVG können **nur solche Arbeitnehmer Ansprüche** geltend machen, **die nicht entlassen worden sind**. Für die entlassenen Arbeitnehmer findet gem. § 113 Abs. 2 BetrVG ein globaler Ausgleich ihrer wirtschaftlichen Nachteile statt. Folgerichtig unterscheidet deshalb auch § 113 Abs. 3 BetrVG zwischen Arbeitnehmern, die entlassen werden und solchen, die nur andere wirtschaftliche Nachteile erleiden. **926**

Andere wirtschaftliche Nachteile können z.B. in geringerem Arbeitsverdienst, größeren Fahrtkosten bestehen, ohne daß der Arbeitnehmer seinen Arbeitsplatz verliert. **927**

Der Unternehmer muß diese Nachteile, solange sie bestehen, längstens aber **für** einen **Zeitraum von 12 Monaten, ausgleichen**. Die **Frist** beginnt in dem Augenblick, in dem die Abweichung vom Interessenausgleich wirksam wird, d.h. tatsächliche Auswirkungen in dem Unternehmen entfaltet, ohne daß dadurch der einzelne Arbeitnehmer schon wirtschaftlich nachteilig betroffen sein muß. **928**

Die Beweislast für eingetretene wirtschaftliche Nachteile trägt der **Arbeitnehmer**. Er muß konkret darlegen und beweisen, welche Nachteile für ihn durch die Abweichung eingetreten sind. Diese Nachteile hat der Unternehmer entsprechend §§ 249 ff. BGB auszugleichen, obgleich es sich dabei nach Ansicht des **929**

BAG nicht um eine Schadenersatzverpflichtung handeln dürfte. Können die auszugleichenden Nachteile nicht genau ermittelt werden, kann das Gericht entsprechend § 287 ZPO einen angemessenen Betrag festsetzen.

4. Maßnahmen ohne Versuch eines Interessenausgleichs (§ 113 Abs. 3 BetrVG)

930 Diese Vorschrift greift die von der Rechtsprechung entwickelten Grundsätze auf, daß der gesetzwidrig handelnde Unternehmer, der überhaupt erst gar keinen Interessenausgleich nach § 112 BetrVG mit dem Betriebsrat versucht, sich so behandeln lassen muß, als ob eine Einigung vorläge, nach der die geplante und durchgeführte wirtschaftliche Maßnahme nicht hätte durchgeführt werden dürfen (*BAG* WM 1975, 431). Gleichgestellt wurde der Unternehmer, der gesetzliche Verfahren nicht völlig ausgeschöpft hatte (*BAG* NJW 1971, 771). Auf § 113 Abs. 3 BetrVG übertragen bedeutet dies, daß der Versuch eines Interessenausgleichs erst dann gemacht ist, wenn in der Verhandlung mit dem Betriebsrat (§ 112 Abs. 1 BetrVG), im Vermittlungsgespräch beim Präsidenten des Landesarbeitsamtes (§ 112 Abs. 2 BetrVG) und auch vor der Einigungsstelle (§ 112 Abs. 3 BetrVG) keine Einigung erzielt werden konnte oder wenn ein Interessenausgleich nicht zustandegekommen ist und beide Parteien davon abgesehen haben, den Präsidenten des Landesarbeitsamtes um Vermittlung zu bitten oder die Einigungsstelle anzurufen.

931 **Auf** ein **Verschulden** seitens **des Unternehmers oder** eine **Vorwerfbarkeit kommt es** dabei **nicht an** (*BAG* DB 1969, 1706). Das aber bedeutet, daß der Unternehmer in allen Zweifelsfällen über ein bestehendes Beteiligungsrecht des Betriebsrats unter den Voraussetzungen des § 111 BetrVG vorsorglich das im Gesetz vorgesehene Verfahren einhalten und es bei **Untätigkeit des Betriebsrats** selbst betreiben muß, um den etwaigen Konsequenzen des § 113 BetrVG von vornherein zu entgehen. Zur Einhaltung der Formalitäten gehört u.a. auch, daß die Einigung zwischen den Parteien schriftlich niedergelegt wird (*BAG* WM 1986, 299).

932 Auf die Entstehung der Ansprüche aus § 113 BetrVG ist es ohne Einfluß, wenn später, insbesondere nach Ausspruch der Kündigungen, noch ein Interessenausgleich versucht oder sogar herbeigeführt wird. Der **nachträgliche Wegfall des Betriebsrats** beseitigt den Anspruch aus § 113 BetrVG nicht (*LAG Düsseldorf* BB 1976, 602).

933 Beim Vorliegen der Voraussetzungen des § 113 Abs. 3 BetrVG kann der Unternehmer in entsprechender Anwendung des Abs. 1 aber geltend machen, daß er aus einem zwingenden Grund von der Einigung ohnehin hätte abweichen dürfen (*BAG* DB 1971, 534).

934 Hat der Unternehmer einen Betrieb stillgelegt, ohne vorher einen Interessenausgleich versucht zu haben, so können die infolge der Betriebsstillegung entlassenen Arbeitnehmer Abfindungsansprüche nach § 113 Abs. 3 BetrVG i. V. m. Abs. 1 dann nicht erheben, wenn Ereignisse eingetreten sind, die eine sofortige Schließung des Betriebs unausweichlich gemacht haben und ein Hinausschieben

der Betriebsstillegung zum Zwecke des Versuchs eines Interessenausgleichs den betroffenen Arbeitnehmern nur weitere Nachteile hätte bringen können.

Nach § 16 Abs. 1 BRTV-Bau verfallen alle beiderseitigen Ansprüche aus dem **935** Arbeitsverhältnis und solche, die mit dem Arbeitsverhältnis in Verbindung stehen, wenn sie nicht innerhalb von zwei Monaten nach der Fälligkeit gegenüber der anderen Vertragspartei schriftlich erhoben werden.

Diese **Ausschlußklausel** findet auch auf Abfindungsansprüche nach § 113 Abs. 3 **936** BetrVG Anwendung (*BAG* DB 1978, 2034).

Es bleibt offen, ob die **Verfallfrist** des § 16 Abs. 1 BRTV-Bau unterbrochen wird, **937** wenn während des Laufs der Frist über das Vermögen des Schuldners der Konkurs eröffnet und der geltend gemachte Anspruch dadurch zu einer Konkursforderung wird.

Die Frist des § 16 Abs. 1 BRTV-Bau ist in einem solchen Fall aber jedenfalls dann **938** gewahrt, wenn der Anspruch innerhalb der Frist des § 16 Abs. 2 BRTV-Bau als Konkursforderung zur Konkurstabelle angemeldet wird. Die **Anmeldung zur Konkurstabelle** erfüllt die Voraussetzungen einer schriftlichen Geltendmachung i.S.d. § 16 Abs. 1 BRTV-Bau (*BAG* DB 1983, 236).

XI. Die Grundsätze der betriebsbedingten Kündigung

Literatur

Ascheid Betriebsbedingte Kündigung – Unternehmerentscheidung und außerbetriebliche Gründe, DB 1987, 1144
Hillebrecht Dringende betriebliche Erfordernisse (§ 1 Abs. 2 KSchG) zur Kündigung von Arbeitsverhältnissen durch den Konkursverwalter, ZIP 1985, 257
Rost Die betriebliche Kündigung in der Unternehmenskrise und bei Insolvenz, RWS Skript 178, 1985
Schaub Die betriebsbedingte Kündigung in der Rechtsprechung des Bundesarbeitsgerichts, NZA 1987, 217.

1. Allgemeines

Nach § 1 Abs. 2 Satz 1 KSchG wird die Kündigung von Arbeitsverhältnissen, die **939** **auf dringenden betrieblichen Gründen** beruht, anerkannt und damit incidenter das absolut geschützte Recht am Arbeitsplatz verneint.

Da unternehmerische Maßnahmen (zum Grundsatz der **freien Unternehmensentscheidung** *BAG* DB 1983, 1822) in technischer und organisatorischer Hinsicht **940** im Kündigungsschutzprozeß nicht auf ihre Zweckmäßigkeit nachgeprüft werden können, ist von folgenden **Grundsätzen** auszugehen, die für den **Prüfungsmaßstab des Gerichts** und für die **Darlegungslast des Arbeitgebers** bei einer Kündigung gelten, die mit dringenden betrieblichen Erfordernissen i.S.d. § 1 Abs. 2 KSchG begründet werden.

941 Eine ordentliche Kündigung ist nach § 1 Abs. 2 Satz KSchG u.a. dann **sozial ungerechtfertigt**, wenn sie nicht durch **dringende betriebliche Erfordernisse** bedingt ist, die einer Weiterbeschäftigung des Arbeitnehmers im Betrieb entgegenstehen. Betriebliche Erfordernisse für eine Kündigung können sich aus **innerbetrieblichen Umständen** (z.B. Rationalisierungsmaßnahmen oder Umstellung oder Einschränkung der Produktion) oder durch **außerbetriebliche Gründe** (z.B. Auftragsmangel, Umsatzrückgang, Rezessionen, branchenbedingte Strukturveränderungen, technologische Entwicklung) ergeben. Arbeitnehmeraustausch aus sozialpolitischen Aspekten ist kein kündigungsrechtlich anzuerkennender externer Faktor (*BAG* DB 1987, 1443).
Dabei ist zu beachten, daß das Kündigungsschutzgesetz **nicht konzernbezogen** ist (*BAG* ZIP 1983, 1492; *BAG* NZA 1987, 125; *BAG* DB 1992, 1247).

942 Die betrieblichen Erfordernisse müssen **»dringend«** sein und eine Kündigung im Interesse des Betriebes notwendig machen. Diese weitere Voraussetzung ist erfüllt, wenn es dem Arbeitgeber nicht möglich ist, der betrieblichen Lage durch andere Maßnahmen auf technischem, organisatorischem oder wirtschaftlichem Gebiet als durch eine Kündigung zu entsprechen. Dabei ist auch zu prüfen, ob durch **Änderungskündigungen** Beendigungskündigungen vermieden werden können. Die Kündigung muß wegen der betrieblichen Lage unvermeidbar sein (*BAG* DB 1964, 1303; DB 1969, 1110; *BAG* DB 1986, 2236).

943 Ein **Umsatzrückgang** kann dann eine betriebsbedingte Kündigung rechtfertigen, wenn dadurch der Arbeitsanfall soweit zurückgeht, daß für einen oder mehrere Arbeitnehmer das Bedürfnis zur Weiterbeschäftigung entfällt (*BAG* DB 1986, 232; *LAG Düsseldorf* DB 1982, 1118).

944 Bei einem **Gewinnverfall** kann ein betriebsbedingter Personalabbau gerechtfertigt sein, wenn für den Arbeitgeber keine anderen zumutbaren Maßnahmen zur Senkung der Kosten bestehen (*BAG* AP Nr. 10 zu § 1 KSchG Betriebsbedingte Kündigung; *BAG* NJW 1981, 301). Der Entschluß, die **Lohnkosten zu senken**, stellt noch keine die Gerichte grundsätzlich bindende Unternehmerentscheidung dar (*BAG* DB 1986, 2442). Erst wenn der Unternehmer aufgrund des Motivs, Lohnkosten einzusparen, konkrete Maßnahmen im betrieblichen Bereich beschließt, liegt eine unternehmerische Entscheidung vor, die u.U. zum Wegfall von Arbeitsplätzen führen kann.

945 Der Beschluß zur **Betriebseinschränkung** bzw. zur Teilbetriebseinschränkung, die eine Betriebsänderung i.S.d. §§ 111 ff. BetrVG darstellt, kann eine Kündigung aus dringenden betrieblichen Gründen rechtfertigen (*BAG* NJW 1977, 1846).

946 Eine auf den Entschluß des Unternehmers beruhende Betriebsstillegung ist eine Unternehmerentscheidung, die nicht auf ihre Zweckmäßigkeit nachzuprüfen ist (*BAG* DB 1986, 2547). Eine Betriebsstillegung setzt den ernstlichen und endgültigen Entschluß des Unternehmers voraus, die Betriebs- und Produktionsgemeinschaft zwischen Arbeitgeber und Arbeitnehmer für einen seiner Dauer nach unbestimmten wirtschaftlich nicht unerheblichen Zeitraum aufzuheben (*BAG* NJW 1986, 91; BAG DB 1987, 991).

947 Die Stillegung des gesamten Betriebes stellt ein **dringendes betriebliches Erfordernis** i.S.d. § 1 Abs. 2 Satz 1 KSchG dar (*BAG* DB 1987, 1896). Eine wegen Betriebsstillegung erklärte ordentliche Kündigung ist nur dann sozial gerechtfertigt, wenn die auf eine **Betriebsstillegung** gerichtete unternehmerische Entscheidung zum Zeitpunkt des Zugangs der Kündigung bereits greifbare Formen angenommen hatte (*BAG* DB 1986, 2547).

Die »greifbaren Formen« können je nach den Umständen des Einzelfalles die Gründe für die Stillegung oder auch ihre Durchführungsformen betreffen (*BAG* DB 1989, 430; *BAG* ZIP 1989, 1012; *BAG* ZIP 1991, 1374). **948**

Rationalisierungsmaßnahmen, die auf die Verbesserung der betrieblichen Ertragslage gerichtet sind, stellen grundsätzlich einen betriebsbedingten Kündigungsgrund dar. Unzulässig ist dagegen eine sog. **betriebsübergreifende Austauschkündigung** in den Fällen der Umorganisation des Unternehmens (*LAG* DB 1975, 554). Auch ohne Widerspruch des Betriebsrats hat der Arbeitgeber bei Rationalisierungsmaßnahmen zu prüfen, ob eine anderweitige Beschäftigung, sei es mit oder ohne Umschulungsmaßnahmen, im Betrieb oder in einem anderen Betrieb des Unternehmens in Frage kommt. **949**

Soweit Arbeitnehmern in sog. **Rationalisierungsschutzabkommen** über den gesetzlichen Kündigungsschutz des § 1 Abs. 2 und Abs. 3 KSchG hinaus ein qualifizierter Kündigungsschutz eingeräumt wird, wie z.B. die **Unkündbarkeit** bei Erreichen einer bestimmten Altersgrenze und/oder bei der bestimmten Dauer der Betriebszugehörigkeit, bestehen gegen die Wirksamkeit derartiger Regelungen wegen des insoweit geltenden **Günstigkeitsprinzips** keine Bedenken (*BAG* AP Nr. 1 zu § 4 TVG Rationalisierungsschutz). Den Arbeitnehmern steht es in diesen Fällen frei, die Wirksamkeit von rationalisierungsbedingten Kündigungen nach Maßgabe des § 1 Abs. 2 und 3 KSchG gerichtlich überprüfen zu lassen und sich darüber hinaus auf die Rechte nach dem Rationalisierungsschutzabkommen zu berufen. **950**

Ist die ordentliche Kündigung nach dem Rationalisierungsschutzabkommen ausgeschlossen, so sind ordentliche Kündigungen, die unter Verstoß gegen die **tarifvertragliche Unkündbarkeitsvorschrift** nach § 134 BGB ausgesprochen werden, unwirksam. Es handelt sich insoweit um einen sonstigen Unwirksamkeitsgrund i.S.d. § 13 Abs. 3 KSchG, für den die dreiwöchige Klagefrist des § 4 KSchG nicht gilt. **951**

Die **außerordentlichen Umstände** können aber eine betriebsbedingte Kündigung dann rechtfertigen, wenn sie der Arbeitgeber zum Anlaß nimmt, zum Zwecke der Kostenersparnis durch Rationalisierungsmaßnahmen innerbetriebliche Veränderungen durchzuführen, durch die die Zahl der Arbeitsplätze verringert wird, oder wenn für den Arbeitgeber keine Möglichkeit besteht, durch andere Maßnahmen als durch eine Änderung der Vertragsbedingungen der Arbeitnehmer die Kosten zu senken (*BAG* DB 1969, 1110). **952**

Auch wenn durch **außer- oder innerbetriebliche Gründe** der bisherige Arbeitsplatz seines Arbeitnehmers wegfällt, ist eine Kündigung nur dann durch dringende betriebliche Erfordernisse bedingt, wenn dem Arbeitgeber eine andere Weiterbeschäftigung nicht möglich oder nicht zumutbar ist (*BAG* NJW 1977, 1846). **953**

Bei **außerbetrieblichen Gründen** ist darüber hinaus zu prüfen, ob Kündigungen nicht durch andere innerbetriebliche Maßnahmen (insbesondere Arbeitsstreckung) vermieden werden können (*BAG* DB 1964, 1303). **954**

955 In diesem Zusammenhang hat der Arbeitgeber auch zu prüfen, ob und unter welchen Gesichtspunkten die Kürzung von Arbeitsleistungen in Frage kommt.

956 Die organisatorischen, technischen und wirtschaftlichen Maßnahmen, die der Arbeitgeber trifft, um seinen Betrieb dem **Umsatzrückgang** oder der **verschlechterten Ertragslage** anzupassen, sind nicht auf ihre Notwendigkeit und Zweckmäßigkeit, wohl aber daraufhin nachzuprüfen, ob sie offenbar unsachlich, unvernünftig oder willkürlich sind (vgl. *BAG* DB 1974, 438; *BAG* DB 1983, 1822; *BAG* DB 1987, 2303).

957 Aufgrund der **Mißbrauchs- und Willkürkontrolle** besteht keine Verpflichtung zur betriebseinheitlichen Arbeitszeitverkürzung (*LAG Hamm* ZIP 1983, 212). Umstritten ist, ob zur Vermeidung betriebsbedingter Kündigungen die **Kurzarbeit** einzuführen ist, jedoch kann im Kündigungsschutzprozeß nicht überprüft werden, ob die Kündigung durch Kurzarbeit hätte vermieden werden können (*BAG* BB 1987, 1884).

2. Kurzarbeit

958 Im Falle eines Sanierungsbedarfs, insbesondere dann, wenn ein Personalüberhang besteht, ist vor betriebsbedingter Kündigung schon im Hinblick auf das **Verhältnismäßigkeitsprinzip** die Einführung von Kurzarbeit zu erwägen.

959 Die Verkürzung der regelmäßigen betrieblichen Arbeitszeit – in welcher Form auch immer – soll bei Absatzschwierigkeiten, Produktionsstörungen und sonstigen vom Unternehmer nicht zu vertretenden Ereignissen unter Senkung der Lohnkosten Arbeitslosigkeit vermeiden und gleichzeitig dem Unternehmer die eingearbeiteten Arbeitskräfte erhalten. Die Kurzarbeit kann jedoch nur bei einem **vorübergehenden Arbeitsausfall** zum Tragen kommen und kann nicht dazu dienen, zu Lasten der Solidargemeinschaft der Beitragszahler zur Arbeitslosengeldversicherung Wirtschaftsreformen zu subventionieren.

960 **Kurzarbeitergeld** wird Arbeitnehmern gezahlt, für die durch einen vorübergehenden auf wirtschaftlichen Ursachen und unabwendbaren Ereignissen beruhenden Arbeitsausfall in einem Betrieb den Arbeitnehmern ein Arbeitsentgeltausfall entsteht (§ 63 AFG) und der Arbeitsausfall dem Arbeitsamt angezeigt worden ist (§ 64 Abs. 1 Nr. 4 AFG).

961 Es gilt sowohl der im AFG erweiterte Arbeitnehmer- und der arbeitsrechtliche Betriebsbegriff.

962 **Arbeitnehmer** ist derjenige, der eine der Beitragspflicht unterliegende Beschäftigung ungekündigt fortsetzt, einschließlich der Auszubildenden (§ 168 Abs. 1 AFG) und derjenige, der nach § 169 Abs. 2 AFG von der Beitragspflicht zur Arbeitslosenversicherung befreit ist. Keinen Anspruch auf Kurzarbeitergeld haben die geringfügig Beschäftigten (§ 102 AFG), die Schüler und Studierenden, die in § 169 AFG aufgeführten Arbeitnehmer mit Ausnahme derer, die in § 169 Abs. 2 AFG aufgeführt sind, diejenigen, die keine feste Arbeitszeit haben, mit Ausnahme der Heimarbeiter, solche Arbeitnehmer, die an einer Berufsbildungsmaßnahme teilnehmen und Unterhalts- oder Übergangsgeld beziehen und Hauswirtschaftskräfte (§ 65 Abs. 2 AFG).

Betrieb ist die technisch organisierte Einheit, in der eine Vereinigung von Personen mit sachlichen und immateriellen Mitteln die vom Betriebsinhaber gewünschten arbeitstechnischen Zwecke verfolgt, wobei für die Frage des Kurzarbeitergelds nach der Legaldefinition des § 63 Abs. 3 AFG die Betriebsabteilung – abgegrenzte örtliche organisatorische Einheit mit eigener Leitung und eigenen technischen Betriebsmitteln – dem Begriff des Betriebes gleichzusetzen ist. **963**

Der **Betrieb** muß nicht nur wirtschaftliche Ziele haben, sondern kann auch kulturelle, humanitäre, soziale und sonstige Zwecke verfolgen (s. hierzu *Schmidt* KG-AFG, § 63 Rdn. 2 m.w.N.). **964**

Keine Betriebe i.S.d. Kurzarbeitergeldes sind **Haushalte**, Betriebe, die keine regelmäßige Arbeitszeit haben, sowie Betriebe des **Schaustellergewerbes**. **965**

Der **Arbeitsausfall** muß auf wirtschaftlichen Ursachen, betrieblichen **Strukturveränderungen** und auf unabwendbaren Ereignissen beruhen. **966**

Als **wirtschaftliche Ursachen** kommen **Kapital-, Betriebsmittel- und Rohstoffmangel**, soweit sie nicht dem Unternehmerrisiko zuzurechnen sind, in Betracht. Auch der **Auftragsmangel** und der **Absatzrückgang** kann ein solcher wirtschaftlicher Grund sein. **967**

Betriebliche Strukturveränderungen sind z.B. die Fertigungseinstellung, die Fertigungseinschränkung, die Fertigungsumstellung, die Automatisation, die Umstellung auf neue Absatzwege. **968**

Unabwendbare Ereignisse sind solche Umstände, die von dem Betriebsinhaber auch bei der Anwendung äußerster Sorgfalt nicht zu beherrschen sind, wie **Energiesperren** (Strom, Gas, Wasser), **gesetzliche Verbote**, witterungsbedingte Produktions- und Lagerbehinderungen, **Naturkatastrophen** (Brände, Explosionen, Überschwemmungen, Stürme), **Epidemien** und **Seuchen**. Sie rechtfertigen Kurzarbeitergeld, wenn der Arbeitsausfall unmittelbar auf dem unabwendbaren Ereignis beruht. **969**

Für branchen-, betriebsübliche sowie die üblichen saisonbedingten Arbeitsausfälle, die dem **Betriebsrisiko des Arbeitgebers** zuzuordnen sind, kann kein Kurzarbeitergeld gezahlt werden. Betriebsüblich ist der Arbeitsausfall dann, wenn er wegen der Eigenart des Betriebs mit einer gewissen Regelmäßigkeit entsteht (*Schmidt* KG-AFG, § 64 Rdnr. 18). **970**

Kurzarbeitergeld kann auch dann nicht gewährt werden, wenn der Arbeitgeber nicht alle geeigneten Vorkehrungen unternommen hat, um den Arbeitsausfall unvermeidbar erscheinen zu lassen (s. hierzu *Schmidt* KG-AFG, § 64 Rdn. 23 mit einer eingehenden Darstellung der in Frage kommenden Maßnahmen). **971**

Der Mindestumfang des Arbeitsausfalles, bei dem Kurzarbeitergeld gewährt wird, muß in einem zusammenhängenden Zeitraum von mindestens 4 Wochen für mindestens 1/3 der tatsächlich im Betrieb beschäftigten Arbeitnehmer mehr als 10 % der betriebsüblichen, höchstens tariflichen Arbeitszeit betragen, wobei mindestens die Gesamtarbeitszeit aller in dem Betrieb beschäftigten Arbeitnehmer 3 % niedriger sein muß als die regelmäßige betriebliche Arbeitszeit des Gesamtbetriebes (§ 64 Abs. 1 Nr. 3 Abs. 4 AFG). **972**

973 Weitere zwingende Voraussetzung ist, daß der **Arbeitsausfall vorübergehend** ist. Dies ist dann anzunehmen, wenn nach den Gesamtumständen des Einzelfalles damit gerechnet werden kann, daß mit einer gewissen Wahrscheinlichkeit in absehbarer Zeit die überwiegende Zahl der kurzarbeitenden Arbeitnehmer wieder zur Vollarbeit übergehen wird.

974 Als »vorübergehend« gilt in jedem Fall ein Arbeitsausfall, der sechs Monate nicht überschreitet (§ 67 AFG).

975 In Ausnahmefällen kann die Bezugsfrist für das Kurzarbeitergeld durch Rechtsverordnung des Bundesministers für Arbeit allerdings auf 12 oder 24 bzw. 36 Monate verlängert werden, wenn außergewöhnliche Umstände in Wirtschaftszweigen, Bezirken oder dem gesamten Arbeitsmarkt vorliegen.

976 Die **schriftliche Anzeige** des Arbeitsausfalles ist bei dem Arbeitsamt zu erstatten, in dessen Bezirk der Betrieb liegt (zu dem Verfahren s. § 72 AFG und die Anordnung des Verwaltungsrats der BA über das Verfahren bei der Gewährung von Kurzarbeitergeld vom 30. 6. 1971, abgedruckt in *GK-AFG* Anhang 1 zu § 72).

977 Frühestens von dem Tag an, an dem die Anzeige beim Arbeitsamt eingegangen ist, beim unabwendbaren Ereignis vom ersten Tag des Ereignisses, wenn die Anzeige unverzüglich erstattet wird, kann Kurzarbeitergeld gewährt werden (§ 66 AFG).

978 Das Kurzarbeitergeld wird für die **Ausfallstunden** gewährt und bemißt sich nach dem Arbeitsentgelt, das der Arbeitnehmer ohne den Arbeitsausfall in der Arbeitsstunde erzielt hätte, und beträgt 68 % des um die gesetzlichen Abzüge verminderten Arbeitsentgelts (§ 68 AFG) (vgl. zu den Einzelheiten *Schmidt* KG-AFG § 68 mit Berechnungsbeispielen).

3. Die Justiziabilität der betriebsbedingten Kündigung

979 Vom Gericht voll nachzuprüfen ist dagegen immer, ob die zur Begründung dringender betrieblicher Erfordernisse angeführten **innerbetrieblichen oder außerbetrieblichen Gründe** (z.B. Einschränkung der Produktion, Arbeitsmangel oder bestimmte Rationalisierungsmaßnahmen, Auftragsmangel, Rohstoffmangel, Absatzschwierigkeiten, Verluste, schlechte Finanzlage) **tatsächlich vorliegen** und wie sich diese Umstände im betrieblichen Bereich auswirken, d.h. in welchem Umfang dadurch Arbeitsplätze ganz oder teilweise wegfallen (*BAG* DB 1979, 650; *BAG* NZA 1985, 455). Ausreichend ist ein kausaler Zusammenhang zwischen den außer- und innerbetrieblichen Gründen und einem Arbeitskräfteüberhang.

980 Die nach § 1 Abs. 2 Satz 1 KSchG vorzunehmende **einzelfallbezogene Interessenabwägung** kann sich bei der betriebsbedingten Kündigung nur in seltenen Ausnahmefällen zugunsten des Arbeitnehmers auswirken (*BAG* DB 1987, 2207), so daß nur noch in sozialen Härtefällen dem Arbeitgeber eine noch vorübergehende Weiterbeschäftigung zuzumuten ist.

981 In Frage kommt die Weiterbeschäftigung auf einem freien Arbeitsplatz bei unveränderten Arbeitsbedingungen, auf einem freien Arbeitsplatz nach zumutbaren Schulungs- und Fortbildungsmaßnahmen und/oder zu veränderten Ar-

beitsbedingungen. Es besteht jedoch keine Verpflichtung, für die **Weiterbeschäftigung** einen **neuen Arbeitsplatz** zu schaffen (*BAG* NJW 1977, 1846).

Auf die Weiterbeschäftigung eines Arbeitnehmers nach zumutbaren Umschulungs- oder Fortbildungsmaßnahmen (§ 1 Abs. 2 Satz 3 KSchG) kann der Arbeitgeber jedenfalls dann nicht verwiesen werden, wenn bei Ausspruch der Kündigung kein entsprechender anderweitiger Arbeitsplatz frei ist und auch nicht mit hinreichender Sicherheit voraussehbar ist, daß nach Abschluß der Maßnahmen eine Beschäftigungsmöglichkeit aufgrund der durch die Fortbildung oder Umschulung erworbenen Qualifikation besteht. **982**

Zur Prüfung der Frage, ob die betriebsbedingte Kündigung sozialwidrig ist, ist auf den Zugang der Kündigungserklärung und auf die betrieblichen Verhältnisse im Beschäftigungsbetrieb abzustellen. Fallen nach Zugang der Kündigung die betriebsbedingten Kündigungsgründe weg, wird die Kündigung nicht unwirksam, vielmehr kann dem Arbeitnehmer ein **Wiedereinstellungsanspruch** zustehen (*LAG Baden-Württemberg* DB 1987, 543). **983**

Da das **Kündigungsschutzgesetz nicht konzernbezogen** ist, ist auch die Pflicht zur sozialen Auswahl betriebsbezogen. Bei Vermittlung von Arbeitnehmern eines stillgelegten Betriebs auf freie Arbeitsplätze anderer Konzernunternehmen finden die Grundsätze der sozialen Auswahl keine Anwendung (*BAG* NZA 1987, 125). Lediglich die für den Kündigungsschutz erforderliche sechsmonatige Wartezeit sowie für die Frage der Weiterbeschäftigung wird unternehmensbezogen beurteilt. **984**

Im Kündigungsschutzprozeß trifft den **Arbeitgeber** nach § 1 Abs. 2 Satz 4 KSchG in vollem Umfang die **Darlegungs-** und **Beweislast** dafür, daß die Kündigung durch dringende betriebliche Erfordernisse bedingt ist, ohne daß eine andere Beschäftigung möglich oder zumutbar ist (vgl. *BAG* DB 1977, 1320). Dabei hängt der Umfang der Darlegungslast davon ab, wie sich der gekündigte Arbeitnehmer auf die Begründung der Kündigung einläßt (vgl. *BAG* DB 1974, 438). **985**

Wenn sich der Arbeitgeber auf **»Umsatzrückgang«, »Gewinnverlust«** oder »einschneidende **Rationalisierungsmaßnahmen**« beruft, darf er sich nicht auf schlagwortartige Umschreibungen beschränken (*BAG* DB 1986, 2236). Er muß seine tatsächlichen Aufgaben vielmehr so im einzelnen darlegen (substantiieren), daß sie vom Arbeitnehmer mit Gegentatsachen bestritten und vom Gericht überprüft werden können. **986**

Vom **Arbeitgeber** ist darüber hinaus insbesondere darzulegen, wie sich die von ihm **behaupteten Umstände** unmittelbar oder mittelbar auf den Arbeitsplatz des gekündigten Arbeitnehmers **auswirken**. Der Vortrag des Arbeitgebers muß erkennen lassen, ob durch eine innerbetriebliche Maßnahme oder einen außerbetrieblichen Anlaß der Arbeitsplatz des gekündigten Arbeitnehmers wegfällt oder ob hierdurch unmittelbar zwar ein anderer Arbeitnehmer betroffen wird, dieser aber aus betrieblichen oder persönlichen Gründen (§ 1 Abs. 2 KSchG) auf den Arbeitsplatz oder in die Abteilung des gekündigten Arbeitnehmers versetzt werden soll (*BAG* DB 1976, 2213). **987**

Da im Falle der betriebsbedingten Kündigung das Gericht die organisatorischen oder technischen Maßnahmen des Arbeitgebers zur Einsparung von Arbeits- **988** plätzen nicht auf seine **Notwendigkeit oder Zweckmäßigkeit** überprüfen darf, sondern die Maßnahmen des Arbeitgebers nur einer **Mißbrauchskontrolle** unterliegen (*BAG* DB 1979, 650), hat das *BAG* (DB 1980, 1400) die **Grundsätze** aufgestellt, die für die Mißbrauchskontrolle gelten.

989 Der Arbeitgeber übt sein betriebliches **Gestaltungsrecht** rechtsmißbräuchlich aus, wenn seine Entscheidung offensichtlich unsachlich oder willkürlich ist. Hierbei trägt der Arbeitnehmer die Darlegungs- und Beweislast, ggf. mit der Erleichterung des Anscheinsbeweises (*BAG* DB 1974, 438).

990 Offensichtlich unsachliche (unvernünftige) oder willkürliche Rationalisierungsmaßnahmen sind Tatbestände der **unzulässigen Ausübung** des betrieblichen Gestaltungsrechts durch den Arbeitgeber, die keine dringenden betrieblichen Erfordernisse für eine Kündigung bedingen können.

991 Um die Personalmaßnahmen durchsichtiger zu machen und eine gerechtere Behandlung der Arbeitnehmer zu sichern, können mit Zustimmung des Betriebsrats **Entlassungsrichtlinien** aufgestellt werden (*Zöller* Auswahlrichtlinien für Personalmaßnahmen, Festschrift für Gerhard Müller 1981, S. 665 ff.; zu den Auswahlrichtlinien im Interessenausgleich, *BAG* DB 1984, 563; zu den Auswahlrichtlinien, Sozialauswahl und dem Beurteilungsspielraum *BAG* DB 1984, 563; *Meyses* Auswahlkriterien, Auswahlschema und Auswahlrichtlinien bei betriebsbedingter Kündigung, DB 1983, 2412).

992 Die **Mißbrauchskontrolle** darf jedoch nicht dazu führen, mit einer anderen Begründung in Wahrheit die den Gerichten verwehrte Prüfung der Notwendigkeit und Zweckmäßigkeit der organisatorischen Maßnahmen nachzuholen. Es reicht deswegen nicht aus, daß eine Maßnahme offenbar unzweckmäßig ist. Der Anwendungsbereich der Mißbrauchskontrolle beschränkt sich im wesentlichen auf die Fälle, in denen die Kündigung nicht durch die Betriebsänderung, sondern die Betriebsänderung durch den Wunsch des Arbeitgebers bedingt ist, sich von einem mißliebigen Arbeitnehmer zu trennen.

993 Da für eine beschlossene und tatsächlich durchgeführte Betriebsänderung die Vermutung spricht, daß sie aus sachlichen Gründen erfolgt ist und auch sonst die für einen Rechtsmißbrauch angeführten Tatsachen von der Partei nachzuweisen sind, die sich darauf beruft, ist die fehlende Verbindlichkeit der Unternehmensentscheidung vom Arbeitnehmer darzulegen und zu beweisen (*BAG* DB 1980, 1400, 1402).

994 Hat der Arbeitgeber die zu erwartende Entwicklung fehleingeschätzt, so reicht dies in der Regel nicht aus, um eine durchgeführte betriebliche Organisationsänderung als willkürlich zu bewerten.

4. Die soziale Auswahl

Literatur

Achenbach Datenschutzrechtliche Probleme anläßlich der Bekanntgabe und Berücksichtigung sozialer Daten im Kündigungsschutzprozeß, NZA 1984, S. 278

Berkowsky Aktuelle Probleme im Recht der betriebsbedingten Kündigung, NJW 1983, S. 1292
Boewer Probleme der Sozialauswahl im Kündigungsschutzprozeß unter betriebsverfassungsrechtlichen Aspekten, NZA 1988, S. 1
Dudenbostel Vergleichbarkeit und Leistungsbeurteilung bei der sozialen Auswahl nach § 1 Abs. 3 KSchG, DB 1984, S. 826
ders. Beibringungsgrundsatz und Darlegungslast bei der sozialen Auswahl nach § 1 Abs. 3 KSchG, AuR 1984, S. 298
ders. Verhandlungsmaxime und Amtsprüfung bei der Sozialauswahl nach § 1 Abs. 3 KSchG, DB 1986, S. 1175
Ehmann Zur Sozialauswahl, bei betriebsbedingter Kündigung, BlStSozArbR 1984, S. 209
Falkenberg Die Darlegungs- und Beweislast in Kündigungsschutzprozessen und betriebsbedingte Kündigungen, DB 1984, S. 1984
Färber Die horizontale und vertikale Vergleichbarkeit von Arbeitnehmern im Rahmen der Sozialauswahl NZA 1985, S. 175
v. Hoyningen-Huene Die Sozialauswahl nach § 1 Abs. 3 KSchG bei sogenannten Doppelverdienern, NZA 1986, S. 449
Jobs Soziale Auswahl bei betriebsbedingter Kündigung, DB 1986, S. 538
Neyses Auswahlkriterien, Auswahlschema und Auswahlrichtlinien bei betriebsbedingter Kündigung, DB 1983, S. 2414
Preis Sozialdaten und Beurteilungsspielraum, DB 1986, S. 746
ders. Rahmen und Grenzen der Sozialauswahl, DB 1984, S. 2244
Rasch Zur Darlegungs- und Beweislast für die Richtigkeit der sozialen Auswahl bei der betriebsbedingten Kündigung unter kündigungs- und datenschutzrechtlichen Gesichtspunkten, DB 1982, S. 2296
Rost Die Sozialauswahl bei betriebsbedingter Kündigung, ZIP 1982, S. 1396
Schaub Die betriebsbedingte Kündigung in der Rechtsprechung des Bundesarbeitsgerichts, NZA 1987, S. 217
Schwerdtner Offene Probleme des Kündigungsschutzes bei betriebsbedingten Kündigungen, ZIP 1984, S. 10
Vogt Soziale Auswahlkriterien und betriebliche Bedürfnisse bei betriebsbedingter Kündigung, DB 1984, S. 1467
ders. Aktuelle Probleme bei Massenkündigungen und -entlassungen, BB 1985, S. 1141
Weber Rechtsprobleme beim Massenkündigungsschutz, RdA 1986, S. 341
Weller Betriebliche und tarifvertragliche Regelungen, die sich auf die soziale Auswahl nach § 1 Abs. 3 KSchG auswirken, RdA 1986, S. 222
ders. Kündigungsschutz in Betrieb und Unternehmen, AuR 1986, S. 225
Weng Die soziale Auswahl bei der betriebsbedingten Kündigung, DB 1978, S. 884

Die soziale Auswahl der betriebsbedingt zu entlassenden Arbeitnehmer hat **995** grundsätzlich nach der Dauer der Betriebszugehörigkeit, dem Lebensalter und den Unterhaltspflichten des Arbeitnehmers zu erfolgen (§ 1 Abs. 3 Satz 1 KSchG).

Nach der Neufassung des § 3 Abs. 2 Satz 2 KSchG durch das arbeitsrechtliche **996** Beschäftigungsförderungsgesetz (BGBL I 1996, S. 1478) sind in die soziale Auswahl nach Satz 1 die Arbeitnehmer nicht einzubeziehen, deren Weiterbeschäftigung, insbesondere wegen ihrer Kenntnisse, Fähigkeiten und Leistungen oder zur Sicherung einer ausgewogenen Personalstruktur des Betriebes im berechtigten betrieblichen Interesse des Arbeitgebers liegt.

997 Der sozial schutzbedürftigste Arbeitnehmer hat nur ausnahmsweise gegenüber vergleichbaren sozial stärkeren Arbeitnehmern zurückzustehen, und zwar dann, wenn deren Weiterbeschäftigung für den Betrieb aus betriebstechnischen, wirtschaftlichen oder sonstigen berechtigten betrieblichen Bedürfnissen notwendig ist.

998 Das Verhältnis der in § 1 Abs. 3 KSchG geregelten Verpflichtung zur sozialen Auswahl zu der im Rahmen der Interessenabwägung nach § 1 Abs. 2 Satz 1 KSchG zu prüfenden Möglichkeit der anderweitigen Beschäftigung des Arbeitnehmers ist wie folgt zu bestimmen: Die Verpflichtung des Arbeitgebers zur sozialen Auswahl dient dem Ziel, aus dem **Kreis der vergleichbaren Arbeitnehmer** den sozialstärksten Arbeitnehmer ausfindig zu machen. Dies ist grundsätzlich derjenige Arbeitnehmer, der aufgrund seiner Sozialdaten am wenigsten auf seinen Arbeitsplatz angewiesen ist. Die Möglichkeit einer anderweitigen Beschäftigung im Betrieb oder in einem anderen Betrieb des Unternehmens betrifft dagegen die Frage, ob und ggf. in welchem Umfang betriebsbedingte Kündigungen durch innerbetriebliche Umsetzungen oder überbetriebliche Versetzungen vermieden werden können. Sofern nicht die Ausnahmevorschrift des § 1 Abs. 3 Satz 2 KSchG eingreift, hat der Arbeitgeber dabei die sozial schutzbedürftigsten Arbeitnehmer – sei es mit oder ohne **Umschulung** – auf freie Arbeitsplätze umzusetzen.

999 Zu dem auswahlrelevanten Personenkreis gehören alle von einem betriebsbedingten Personalabbau betroffenen **vergleichbaren Arbeitnehmer** des Betriebs (*BAG* DB 1986, 2547).

1000 Der Arbeitgeber ist nach § 1 Abs. 3 Satz 1 KSchG aber nicht verpflichtet, einem sozial schutzwürdigeren Arbeitnehmer eine Weiterbeschäftigung zu geänderten (günstigeren oder ungünstigeren) Bedingungen anzubieten, um für ihn durch Kündigung eines anderen sozial bessergestellten Arbeitnehmers, mit dem der Gekündigte erst durch die Vertragsänderung vergleichbar wird, eine Beschäftigungsmöglichkeit zu schaffen (*BAG* EzA § 1 KSchG Soziale Auswahl Nr. 29).

1001 In einem Betrieb des **Baugewerbes** erstreckt sich die soziale Auswahl nicht auf Arbeitnehmer, die für eine **Arbeitsgemeinschaft** freigestellt worden sind. Im **Konzernbereich** finden die Grundsätze der sozialen Auswahl keine Anwendung. Vom Arbeitgeber berücksichtigte **Neueinstellungen** sind bei der sozialen Auswahl ebenfalls nicht zu berücksichtigen, wie auch der Arbeitgeber nicht verpflichtet ist, bei Neu- oder Wiedereinstellungen von Arbeitnehmern das Gebot der sozialen Auswahl zu beachten.

1002 Die soziale Auswahl nach § 1 Abs. 3 Satz 1 KSchG erstreckt sich innerhalb des Betriebes nur auf Arbeitnehmer, die miteinander verglichen werden können. Die **Vergleichbarkeit** der in die soziale Auswahl einzubeziehenden Arbeitnehmer richtet sich in erster Linie nach **objektiven**, d.h. **arbeitsplatzbezogenen Merkmalen** (*BAG* NJW 1986, 2336). Dabei ist zunächst festzustellen, ob und ggf. welche Arbeitsplätze durch innerbetriebliche Maßnahmen oder durch außerbetriebliche Ursachen ganz oder teilweise zum Wegfall kommen. Nach Ermittlung der konkret betroffenen Arbeitsplätze ist zu untersuchen, ob im Betrieb Arbeitsplätze mit identischen oder mit vergleichbaren Aufgabenbereichen vorhanden sind, so daß eine **Austauschbarkeit** der Arbeitnehmer möglich ist.

Eine **wechselseitige** Austauschbarkeit ist jedoch nicht erforderlich. Es kommt **1003**
vielmehr darauf an, ob derjenige Arbeitnehmer, dessen Arbeitsplatz aus betriebsbedingten Gründen ganz oder teilweise zum Fortfall gekommen ist, aufgrund seiner beruflichen Qualifikation sowie aufgrund seiner seitherigen Tätigkeiten im Betrieb dazu in der Lage ist, die andersartige, aber gleichwertige Arbeit von anderen Arbeitnehmern mit vergleichbaren Aufgaben auszuüben. Der **Vergleich** vollzieht sich insoweit auf **derselben** Ebene der Betriebshierarchie. Die **tarifliche Eingruppierung** kann für die Frage, ob der Arbeitnehmer austauschbar ist, in engen Grenzen herangezogen werden (*BAG* NJW 1986, 274).

Bei einer Anzahl von betrieblichen Gründen (z.B. beim Übergang vom Mehr- **1004**
schicht-Betrieb zum Einschicht-Betrieb oder bei einer produktionsbezogenen Einschränkung des Fertigungsbetriebes) lassen sich die unmittelbar betroffenen Arbeitnehmer nicht ohne weiteres ermitteln. Feststellbar ist bei diesen Fallgestaltungen regelmäßig eine **quantitative Gruppenbetroffenheit** (*LAG Düsseldorf* DB 1982, 1935), so daß bei den rein **quantitativen Anpassungsprozessen** auf die bestimmten Arbeitnehmergruppen, wie z.B. Abteilungsleiter, Meister, Vorarbeiter, Facharbeiter, Hilfsarbeiter, abzustellen ist.

Zu der umstrittenen Frage der sog. **vertikalen Vergleichbarkeit** auf verschiedenen **1005**
Ebenen der Betriebshierarchie steht das *BAG* auf dem Standpunkt, daß der Arbeitgeber im Rahmen der sozialen Auswahl nach § 1 Abs. 3 Satz 1 KSchG jedenfalls nicht verpflichtet ist, von sich aus an den für eine Kündigung in Betracht kommenden Arbeitnehmer wegen einer Weiterbeschäftigung zu geänderten Arbeitsbedingungen heranzutreten.

Aus dem **auswahlrelevanten Personenkreis** scheiden trotz bestehender Ver- **1006**
gleichbarkeit solche Arbeitnehmer aus, bei denen eine ordentliche arbeitgeberseitige Kündigung aufgrund Gesetzes, Tarifvertrages oder Einzelvertrages ausgeschlossen ist (*ArbG Kassel* DB 1976, 1675), wie z.B. die unter § 15 KSchG fallenden betriebsverfassungsrechtlichen Funktionsträger, die Wehr- und Zivildienstleistenden (§ 2, 10 ArbPlSchG; § 2 EignungsübungsG; § 78 Abs. 1 Nr. 1 ZivildienstG), die unter den mutterschutzrechtlichen Kündigungsschutz (§ 9 MuSchG) fallenden Arbeitnehmerinnen, die Arbeitnehmer, die unter den besonderen Kündigungsschutz nach § 18 BErzGG fallen, sowie die schwerbehinderten Arbeitnehmer, für die der besondere Kündigungsschutz des SchwbG anzuwenden ist.

Für die **Darlegungs-** und **Beweislast**, für die Richtigkeit bzw. Unrichtigkeit der **1007**
sozialen Auswahl der betriebsbedingten Kündigungen gelten folgende **Grundsätze**: Bestreitet bei der betriebsbedingten Kündigung der Arbeitnehmer nur den **Wegfall seines Arbeitsplatzes**, genügt der allgemeine Vortrag des Arbeitgebers, wegen der notwendigen Betriebsänderung sei eine Weiterbeschäftigung des Arbeitnehmers nicht möglich. Er muß nicht unter Darlegung genauer Einzelheiten behaupten, eine anderweitige Beschäftigungsmöglichkeit sei nicht vorhanden.

Es obliegt dann vielmehr dem Arbeitnehmer darzulegen, wie er sich eine an- **1008**
derweitige Beschäftigung vorstellt, wenn sein bisheriger Arbeitsplatz tatsächlich weggefallen ist. Erst danach muß der Arbeitgeber entsprechend erläutern, aus

welchen Gründen eine Umsetzung auf einen entsprechenden freien Arbeitsplatz nicht möglich gewesen sei (*BAG* DB 1976, 2307; *BAG* DB 1977, 1320 und *BAG* DB 1977, 2455).

1009 Das gilt für die **Umsetzung** innerhalb eines Betriebes ebenso wie für die von dem Arbeitnehmer angesprochene **Versetzung** in einen anderen Betrieb (*BAG* DB 1976, 2307).

1010 Für den **Tatsachenvortrag** und die **Beweislast** im **Kündigungsschutzprozeß** gilt folgendes:
Nach § 1 Abs. 3 Satz 3 KSchG hat der Arbeitnehmer die Tatsachen zu beweisen, die die Kündigung als sozial ungerechtfertigt erscheinen lassen. Um ihm diesen Beweis zu ermöglichen, normiert § 1 Abs. 3 Satz 1 2. Halbsatz KSchG die Verpflichtung des Arbeitgebers, dem Arbeitnehmer auf Verlangen die Gründe anzugeben, die zu der getroffenen sozialen Auswahl geführt haben. Die **Auskunftserteilung** hat den Zweck, es dem Arbeitnehmer zu ermöglichen, die Erfolgsaussichten seines Kündigungsprozesses abzuschätzen.

1011 Allerdings kann vom Arbeitgeber im Rahmen des § 1 Abs. 3 KSchG nicht verlangt werden, daß er vollständige Auflistung der Sozialdaten aller objektiv vergleichbaren Arbeitnehmer seines Betriebes vorlegt. Das Gesetz spricht lediglich von der Angabe der **Gründe**, die zur Sozialauswahl geführt haben.

1012 Der Arbeitgeber hat also insbesondere Angaben darüber zu machen, welche Arbeitnehmer seiner Meinung nach zum **auswahlrelevanten Personenkreis** gehören, und zwar unter Angabe der **Auswahlkriterien**, zu denen in erster Linie Lebensalter, Dauer der Betriebszugehörigkeit und Unterhaltsverpflichtungen zählen. Er muß außerdem angeben, nach welchen **Bewertungsmaßstäben** er die soziale Auswahl vorgenommen hat (*BAG* DB 1978, 2367).

1013 Wie die Regelungen über die **Beweislast** von der ihr entsprechenden **Darlegungslast** des Arbeitnehmers (§ 1 Abs. 3 Satz 3 KSchG) und die **Auskunftspflicht des Arbeitgebers** aufeinander abzustimmen sind, ist umstritten.

1014 Während nach verbreiteter Literaturmeinung die Mitteilungspflicht sich nicht auf die Darlegungslast auswirkt, diese der Arbeitnehmer also nach wie vor allein zu tragen habe, bewirkt die in § 1 Abs. 3 Satz 1 2. Halbsatz KSchG eingefügte **Auskunftspflicht** des Arbeitgebers nach einer neuerdings stärker vertretenen Auffassung eine **Verschiebung der Darlegungslast** (*LAG Hamm* DB 1981, 1575).

1015 Nach Auffassung des *BAG* (DB 1983, 1822), bestätigt durch *BAG* (DB 1984, 2303), führt die Auskunftspflicht des Arbeitgebers zu einer abgestuften Verteilung der Darlegungslast zwischen Arbeitgeber und Arbeitnehmer; anderenfalls verlöre die materiell-rechtliche Mitteilungspflicht weitgehend ihren Sinn.

1016 Das bedeutet, daß der **Arbeitgeber** im Kündigungsschutzprozeß die Gründe darzulegen hat, die ihn zu der von ihm getroffenen Sozialauswahl veranlaßt haben. Im übrigen trägt der Arbeitnehmer die Darlegungs- und Beweislast für die objektive Unrichtigkeit der Sozialauswahl. Legt der Arbeitgeber die Auswahlüberlegungen nicht offen, so ist der Arbeitnehmer von seiner Darlegungs- und Beweislast insoweit befreit, als er ihr gerade wegen dieses Umstandes nicht genügen kann.

Wären aus der materiell-rechtlichen Auskunftspflicht des Arbeitgebers keine unmittelbaren Konsequenzen für die Darlegungslast des Arbeitnehmers zu ziehen, würde das gleiche Ergebnis auf Umwegen und unnötigen Verzögerungen erreicht. Der Arbeitnehmer müßte dann den Arbeitgeber notfalls verklagen, ihm die Gründe für die soziale Auswahl mitzuteilen. Nach der Verkündung eines entsprechenden Urteils und Erfüllung der Mitwirkungspflicht könnte der Arbeitnehmer schließlich die sich aus der Auskunft ergebenden Tatsachen in den Kündigungsschutzprozeß einführen. **1017**

Diese Verzögerung wird durch folgende abgestufte Verteilung der Darlegungslast vermieden, die wegen der gesetzlich begründeten **Mitteilungspflicht des Arbeitgebers** auch mit dem **Datenschutz** nach dem Bundesdatenschutzgesetz (BDSG) vereinbar ist. **1018**

Da die Darlegungs- der Beweislast folgt, hat allerdings zunächst der Arbeitnehmer zu bestreiten, daß die soziale Auswahl zutreffend ist. Unterläßt er dies, hat der Arbeitgeber keine Veranlassung, zur sozialen Auswahl Stellung zu nehmen. **1019**

Bestreitet der Arbeitnehmer die Richtigkeit der sozialen Auswahl und benennt er andere Arbeitnehmer, die weniger schutzbedürftig sein sollen, hat er im Falle des Bestreitens die entsprechenden Behauptungen zu beweisen. **1020**

Nur wenn er nicht in der Lage ist, substantiiert zur sozialen Auswahl Stellung zu nehmen, und er aus diesem Grunde den Arbeitgeber auffordert, die Gründe mitzuteilen, die ihn zu der Auswahl veranlaßt haben, geht insoweit zunächst die Darlegungslast auf den Arbeitgeber über. **1021**

Ist der Arbeitgeber dem Auskunftsverlangen des Arbeitnehmers nachgekommen, trifft den Arbeitnehmer wieder die volle Darlegungslast, so daß er vorzutragen hat, welche vom Arbeitgeber in die Auswahl einbezogenen Arbeitnehmer weniger schutzbedürftig sein sollen und welche weiteren vom Arbeitgeber nicht benannten Arbeitnehmer bei der Auswahl zusätzlich zu berücksichtigen sind. **1022**

Das Gericht hat dabei die erforderliche Feststellung und die Abwägung der konkreten **sozialen Schutzbedürftigkeit** nach den Besonderheiten des Einzelfalles zu entscheiden. Es ist eine **Gesamtabwägung** aller im Einzelfall erheblichen Umstände erforderlich (*BAG* DB 1961, 377; *BAG* DB 1976, 1387). **1023**

§ 1 Abs. 3 Satz 1 KSchG enthält einen Katalog der für die bei einer betriebsbedingten Kündigung erheblichen Sozialdaten. Sie sind daher als nicht mehr sozial beachtenswerte Umstände in die soziale Auswahl und bei deren Überprüfung einzubeziehen. **1024**

Zu den sozialen Gesichtspunkten i.S.d. § 1 Abs. 3 Satz 1 KSchG zählen das **Lebensalter** und die **Dauer der Betriebszugehörigkeit**. Der Vorrang dieser beiden sozialen Grunddaten ergibt sich aus der in § 10 KSchG für die Bemessung der Abfindung zum Ausdruck gekommenen Wertung des Gesetzgebers. Entsprechend der in § 10 KSchG enthaltenen Wertung hat der Arbeitgeber der Dauer der Betriebszugehörigkeit noch einen höheren Stellenwert beizumessen als dem Lebensalter, wobei der **Arbeitgeber** bei der sozialen Auswahl zwar keinen **Ermessens**-, wohl aber einen **Bewertungsspielraum** hat (*BAG* NJW 1985, 2046). **1025**

1026 Ein weiterer unerläßlicher sozialer Gesichtspunkt i.S.d. § 1 Abs. 3 Satz 1 KSchG sind die **Unterhaltspflichten** des Arbeitnehmers. Da das Ausmaß der Unterhaltspflichten ein wichtiges Indiz für die soziale Schutzbedürftigkeit eines Arbeitnehmers darstellt, ist es gerechtfertigt, dieses Merkmal ebenfalls zu den stets zu berücksichtigenden sozialen Grunddaten zu zählen (siehe *Schaub* NZA 1987, 222; *Weller* AuR 1986, 231; *Wank* ZIP 1986, 215).

1027 Dem Alter und der Dauer der Betriebszugehörigkeit kommt gegenüber dem Auswahlkriterium der Unterhaltsverpflichtungen weder ein genereller noch ein absoluter Vorrang zu. Auch bei den stets zu beachtenden sozialen Grunddaten findet keine **schematisierende Betrachtung** statt. Es bedarf vielmehr auch hier einer **einzelfallbezogenen Abwägung** (*BAG* DB 1986, 1577).

1028 Als weitere soziale Auswahlgesichtspunkte i.S.d. § 1 Abs. 3 Satz 1 KSchG kommen in Betracht: Familienstand, Vorhandensein von Vermögen, Verschuldung, Gesundheitszustand des Arbeitnehmers sowie die Ursachen einer etwaigen Gesundheitsbeeinträchtigung, etwaige Erkrankung oder Pflegebedürftigkeit von nahen Familienangehörigen sowie arbeitsmarktpolitische Aspekte.

1029 Das Erfordernis einer **einzelfallbezogenen Gesamtabwägung** aller auswahlrelevanten Sozialdaten bereitet insbesondere bei **Massenänderungs-** und **Massenbeendigungskündigungen** besondere Schwierigkeiten, da die mit der Massenänderungs- und Massenbeendigungskündigungen verbundenen praktischen Schwierigkeiten den Arbeitgeber nicht von dem Gebot einer einzelfallbezogenen Prüfung der auswahlrelevanten Sozialdaten befreien können (*BAG* DB 1985, 2205). Zur Begründung wird darauf hingewiesen, daß § 1 Abs. 3 KSchG nicht zwischen Einzel- und Massenkündigungen unterscheidet. Die mit Massenkündigungen verbundenen praktischen Schwierigkeiten können auch nicht generell als **berechtigte betriebliche Bedürfnisse** i.S.d. § 1 Abs. 3 Satz 2 KSchG angesehen werden. Den praktischen Schwierigkeiten bei Massenkündigungen kann dadurch Rechnung getragen werden, daß dem Arbeitgeber ein **erweiterter Bewertungsspielraum** zusteht mit der Folge, daß nur deutlich schutzbedürftigere Arbeitnehmer mit Erfolg die soziale Auswahl rügen können. Es ist auch vertretbar, daß bei Massenkündigungen eine **gruppenbezogene Sozialauswahl** in den **einzelnen Qualifikationsstufen** der **austauschbaren Arbeitnehmer** erfolgt.

1030 **Leistungsgesichtspunkte** können nunmehr nach der Neufassung des § 3 KSchG im Rahmen des § 1 Abs. 3 Satz 2 KSchG berücksichtigt werden.

1031 Nach der bisherigen Fassung des § 1 Abs. 3 Satz 2 KSchG schied bei der betriebsbedingten Kündigung mehrerer Arbeitnehmer eine Sozialauswahl aus, wenn betriebstechnische, wirtschaftliche oder sonstige betrieblichen Bedürfnisse die Weiterbeschäftigung einzelner Arbeitnehmer bedingten. Ob zu den betrieblichen Bedürfnissen die Leistungsfähigkeit des Arbeitnehmers, die Alterstruktur der Belegschaft oder krankheitsbedingte Fehlzeiten gehören, war streitig. Nunmehr sind in die Sozialauswahl der zu kündigenden Arbeitnehmer diejenigen nicht mehr mit einzubeziehen, deren Weiterbeschäftigung wegen ihrer Kenntnisse, Fähigkeiten und Leistungen oder zur Sicherung einer ausgewogenen Personalstruktur im betrieblichen Interesse liegt.

Zur Sozialauswahl und dem **Wertungsspielraum des Arbeitgebers** (*BAG* DB 1985, 1083; *BAG* DB 1985, 2205; s. auch für den Fall der etappenweisen Betriebsstillegung *LAG Hamm* NZA 1987, 636). **1032**

Das Gebot der ausreichenden Berücksichtigung sozialer Gesichtspunkte bei der Auswahl des zu kündigenden Arbeitnehmers gilt auch für betriebsbedingte **Änderungskündigungen**. **1033**

Für die Frage der in die Sozialauswahl einzubeziehenden vergleichbaren Arbeitnehmer kommt es bei einer **Änderungskündigung** nicht nur darauf an, ob die betreffenden Arbeitnehmer nach ihren bisherigen Tätigkeiten miteinander verglichen werden können und damit auf ihren innegehabten Arbeitsplätzen gegeneinander austauschbar sind. Hinzukommen muß, daß diese Arbeitnehmer auch für die vorgesehene Tätigkeit wenigstens annähernd gleich geeignet sind. Die **Austauschbarkeit** muß sich also auch auf den mit der Änderungskündigung angebotenen Arbeitsplatz beziehen. **1034**

Bei Änderungskündigungen ist im Rahmen der sozialen Auswahl auch zu prüfen, welcher der vergleichbaren Arbeitnehmer durch die angebotenen neuen Arbeitsbedingungen schwerer belastet wird. Insoweit können u.a. Vorbildung und persönliche Eigenschaften wie Wendigkeit, schnelle Auffassungsgabe, Anpassungsfähigkeit und Gesundheitszustand von Bedeutung sein. **1035**

§ 17 Abs. 2 KSchG, wonach der Arbeitgeber den Betriebsrat über **Massenentlassungen** zu unterrichten hat, verlangt im Gegensatz zu § 102 Abs. 1 BetrVG nicht die Anzeige der konkreten Kündigung. § 17 Abs. 2 KSchG will lediglich bewirken, daß das Ausmaß der betrieblichen Entscheidung deutlich gemacht wird. Diesen Anforderungen wird der Arbeitgeber gerecht, wenn er den Grund für die Betriebseinschränkung (hier: Zahlungsunfähigkeit/Betriebsstillegung) darlegt und aufzeigt, in welchem Zeitraum und in welcher Höhe jeweils Entlassungen anstehen. **1036**

Nimmt der **Konkursverwalter** auf Drängen des Landwirtschaftsministeriums, das einen landesverbürgten Kredit gewährt, einen Teil der eingestellten Produktion im Interesse eines Industriezweiges mit reduzierter Arbeitnehmerzahl schnellstmöglich wieder auf und steht zur Auswahl der benötigten Arbeitnehmer nur wenig Zeit zur Verfügung (Wochenende), entfällt gem. § 1 Abs. 3 Satz 2 KSchG die Pflicht zur sozialen Auswahl, da betriebliche Belange vorgehen. Es ist nicht zu beanstanden, wenn der Konkursverwalter die Arbeitnehmer primär nach beruflicher Qualifikation und Flexibilität aussucht, um das vom Ministerium vorgegebene Ziel zu erreichen (*LAG Hamm* ZIP 1986, 246). **1037**

Krankheitsbedingte Fehlzeiten sind nach der Neufassung des § 1 Abs. 3 Satz 2 KSchG zu beachten, wenn die Voraussetzungen einer krankheitsbedingten Kündigung vorliegen, also eine **negative Prognose** für die gesundheitliche Entwicklung des Arbeitnehmers vorliegt und sich daraus eine unzumutbare betriebsorganisatorische oder wirtschaftliche Beeinträchtigung ergibt (so zutr. schon *LAG Hamm* DB 1976, 1822). **1038**

Es ist deshalb davon auszugehen, daß auf Kündigungen des Konkursverwalters im Konkurs das KSchG uneingeschränkt anzuwenden ist (*Kuhn/Uhlenbruck* KO, § 22 Rz 19 m w. N.). Für die Arbeitnehmer bedeutet dies, daß sie die Kündigung **1039** des Konkursverwalters mit der **Kündigungsschutzklage** vor dem Arbeitsgericht angreifen können.

1040 Ergeht im Kündigungsschutzprozeß ein Urteil, das die Unwirksamkeit der Kündigung und damit den Fortbestand des Arbeitsverhältnisses vorläufig feststellt, so steht dem Arbeitnehmer nach der Entscheidung des Großen Senats des *BAG* grundsätzlich ein Anspruch auf **Weiterbeschäftigung** zu. Rein tatsächlich bedeutet dies, daß der Arbeitnehmer mit dem Zugang der außerordentlichen Kündigung bzw. mit dem Ablauf der Kündigungsfrist zunächst einmal nicht weiterbeschäftigt werden muß. Obsiegt er in erster Instanz, so wird ihm im Grundsatz die Chance eröffnet, in den Betrieb zurückzukehren. Wird das erstinstanzliche Urteil auf die Berufung hin aufgehoben, so endet die Weiterbeschäftigung. Wird auf die Revision das erstinstanzliche Urteil wiederhergestellt, kehrt der Arbeitnehmer erneut in das Unternehmen zurück. Dieser Sachverhalt ist in den Leitsätzen des *BAG* (ZIP 1985, 1214 = DB 1985, 2197 = NJW 1985, 2698 = BB 1985, 1978) wie folgt festgehalten.

1041 Außer im Falle einer offensichtlich unwirksamen Kündigung begründet die Ungewißheit über den Ausgang des Kündigungsschutzprozesses ein schutzwertes Interesse des Arbeitgebers an der **Nichtbeschäftigung** des gekündigten **Arbeitnehmers** für die Dauer des Kündigungsschutzprozesses. Dieses überwiegt in der Regel das Beschäftigungsinteresse des Arbeitnehmers bis zu dem Zeitpunkt, in dem im Kündigungsprozeß ein die Unwirksamkeit der Kündigung feststellendes Urteil ergeht. Solange ein solches Urteil besteht, kann die Ungewißheit des Prozeßausgangs für sich allein ein überwiegendes Gegeninteresse des Arbeitgebers nicht mehr begründen. Hinzukommen müssen dann vielmehr zusätzliche Umstände, aus denen sich im Einzelfall ein überwiegendes Interesse des Arbeitgebers ergibt, den Arbeitnehmer nicht zu beschäftigen. Der arbeitsvertragliche Beschäftigungsanspruch kann im Klagewege geltend gemacht werden. Eine Aussetzung des Verfahrens bis zum rechtskräftigen Abschluß eines anhängigen Rechtsstreits über die Wirksamkeit der Kündigung ist nicht zwingend. Ist die Wirksamkeit einer Kündigung nach den Vorschriften des KSchG zu beurteilen, so darf einer Beschäftigungsklage nur stattgegeben werden, wenn ein Gericht für Arbeitssachen auf eine entsprechende Kündigungsschutzklage des Arbeitnehmers hin festgestellt hat oder gleichzeitig feststellt, daß das Arbeitsverhältnis durch die Kündigung nicht aufgelöst worden ist.

5. Die Änderungskündigung im Konkurs

1042 Eine typische Folge des Konkursverfahrens tritt ein, wenn der **Konkursverwalter sich** entschließt, den **Betrieb** ganz oder teilweise **fortzuführen**. In der Regel ist damit – neben der Freisetzung eines Teils von Arbeitskräften – eine umfassende Umorganisation des Betriebs verbunden. Den Arbeitnehmern müssen damit in der Regel andere Aufgaben zugewiesen werden, als sie im Arbeitsvertrag vereinbart sind.

1043 In diesem Zusammenhang stellt sich daher die Frage, wie eine Umorganisation zu erreichen ist, insbesondere wie eine Änderungskündigung im Konkurs zu behandeln ist. Da durch die Konkurseröffnung das **Direktionsrecht** des Arbeitgebers (Konkursverwalter) **nicht erweitert** und andererseits aber die Arbeitnehmer schon nach allgemeinen arbeitsrechtlichen Grundsätzen in Notfällen verpflichtet sind, eine andere als die vereinbarte Tätigkeit zu verrichten, kann davon ausgegangen werden, daß der Konkursverwalter um so eher die Möglichkeit hat, dem Arbeitnehmer eine neue Arbeit zuzuweisen, je weniger exakt die geschuldete Arbeitsleistung im Arbeitsvertrag niedergelegt ist.

Erfahrungsgemäß geht es dem Konkursverwalter bei der Fortführung des Be- **1044** triebes regelmäßig darum, besonders **qualifizierte Arbeitskräfte** weiterzubeschäftigen. Gerade bei diesen aber ist dann wiederum regelmäßig die zu erbringende Arbeitsleistung im Arbeitsvertrag exakt formuliert. Will daher der Konkursverwalter sein Ziel, einem qualifizierten Arbeitnehmer eine andere Tätigkeit zuzuweisen, erreichen, wird er häufig eine Änderungskündigung aussprechen müssen.

Dies kommt insbesondere auch dann in Betracht, wenn der Konkursverwalter **1045** **Arbeitsbedingungen ändern**, z.B. von übertariflichen Löhnen zu tariflichen gelangen oder aber Nebenleistungen wie Gratifikationen, Urlaubsgeld etc. beseitigen möchte.

Auszugehen ist davon, daß auch auf Änderungskündigungen im Konkurs das **1046** **Kündigungsschutzgesetz uneingeschränkt Anwendung findet**, also die Änderungskündigung darauf überprüft werden kann, ob sie **sozial gerechtfertigt** ist.

Die Frage, ob ein Arbeitgeber als Folge des durch eine organisatorische Maß- **1047** nahme entstandenen Arbeitskräfteüberhangs eine Mehrzahl von Änderungskündigungen zur Verkürzung der Arbeitszeit anstelle einzelner Beendigungskündigungen aussprechen darf, hat das *BAG* (DB 1993, 1879) entschieden.
Danach läßt sich aus dem Kündigungsschutzgesetz, insbesondere § 1 Abs. 2 und 3, nicht die Wertung entnehmen, der Arbeitgeber müsse aufgrund einer Rationalisierung im Dienstleistungsbereich ohne Rücksicht auf eine einschlägige Organisationsentscheidung in jedem Fall anstelle mehrerer Änderungskündigungen (z.B. zwei Änderungskündigungen mit dem Ziel von Halbtagsbeschäftigungen) eine geringere Anzahl von Beendigungskündigungen (z.B. nur eine Beendigungskündigung) aussprechen.
Das Bedürfnis, eine unselbständige Betriebsabteilung (Werkstatt) wegen hoher Kostenbelastung zu sanieren, begründet allein noch kein dringendes betriebliches Erfordernis für eine Änderungskündigung zum Zwecke der Streichung außertariflicher Zulagen gegenüber den in einer Werkstatt beschäftigten Arbeitnehmern; abzustellen ist vielmehr auf die wirtschaftlichen Verhältnisse im Bereich des Betriebes.
Unterrichtet der Arbeitgeber den Betriebsrat im Anhörungsverfahren nach § 102 BetrVG nur über die wirtschaftlichen Verhältnisse des unselbständigen Betriebsteiles, nicht aber zugleich auch über die Ertragslage des Betriebes, dann kann er sich im Kündigungsschutzprozeß jedenfalls nicht auf ein dingliches Sanierungsbedürfnis im Bereich des Betriebes berufen (*BAG* EzA § 1 KSchG Betriebsbedingte Kündigung Nr. 64).

Die Überprüfung dieser Frage erleidet bei einer Kündigung im Konkurs nach **1048** h.M. eine **Einschränkung** dahingehend, daß angenommen wird, Änderungen von Arbeitsbedingungen seien den Arbeitnehmern im Konkurs eher zumutbar als die

Beendigung des Arbeitsverhältnisses. Es werden deshalb an die soziale Rechtfertigung der Änderungskündigung geringere Anforderungen als an die das Arbeitsverhältnis beendende Kündigung gestellt.
Gleichwohl ist in jedem einzelnen Fall zu prüfen, ob die vom Konkursverwalter angestrebte Änderung der Arbeitsbedingungen dem Arbeitnehmer **zuzumuten** ist.
Daß dabei das Ausmaß der angebotenen Änderung im Verhältnis zum bisherigen Arbeitsverhältnis stets eine Rolle spielt, ist selbstverständlich. Man wird dem Arbeitnehmer eher zumuten können, etwa in einer anderen Betriebsabteilung als bisher tätig zu werden, als eine Kürzung des Lohnes hinzunehmen.
Eine genauere Abgrenzung ist nicht möglich, da jeweils die Umstände des Einzelfalles maßgebend sind.

6. Die gesetzlichen Kündigungsfristen

Literatur

Adomeit/Thau Das Gesetz zur Vereinheitlichung der Kündigungsfristen von Arbeitern und Angestellten, NJW 1994, S. 11
Feldkamp Die ordentliche Kündigung unter Berücksichtigung des neuen Kündigungsfristengesetzes, NWB Fach 26, S. 2457
Hoyningen-Huene Von Kündigungsschutzvorschriften im Arbeitsrecht, 2. Aufl. 1994
ders. Das neue Kündigungsfristengesetz, WB 1994, S. 51
Hromadka Rechtsfragen zum Kündigungsfristengesetz, BB 1993, S. 2372
Preis/Kramer Das neue Kündigungsfristengesetz, DB 1993, S. 2125
Wank Die neuen Kündigungsfristen für Arbeitnehmer, § 622 BGB, NZA 1993, S. 961
Widlak Einheitliche gesetzliche Kündigungsfristen für Arbeiter und Angestellte, AuA 1993, S. 353
Worzalla Auswirkungen des Kündigungsfristengesetzes auf Regelungen in Tarif- und Einzelarbeitsverträgen, NZA 1994, S. 145

1049 Die Kündigungsfrist, die sowohl der Arbeitgeber als auch der Arbeitnehmer einzuhalten haben, ist die gesetzliche.
Eine kürzere Frist kommt nur in Betracht, wenn sie im Arbeitsvertrag vereinbart ist. Die gesetzlichen Kündigungsfristen ergeben sich aus den außerhalb der Konkursordnung liegenden Vorschriften, so insbesondere aus den §§ 621, 622 BGB.

1050 Mit dem Gesetz über die Vereinheitlichung der Kündigungsfristen von Arbeitern und Angestellten (Kündigungsfristengesetz – KündFG) vom 7. Oktober 1993 (BGBl. I S. 1668), das am 15. 10. 1993 einheitlich im gesamten Bundesgebiet in Kraft getreten ist, ist der Gesetzgeber den Auflagen des *Bundesverfassungsgerichts* (NZA 1990, 721) gerecht geworden.
Durch dieses Gesetz sind die §§ 622 BGB, 63, 65, 78 SeemG, § 29 HAG geändert worden. Aufgehoben wurde § 55 AGB-DDR und das Angestelltenkündigungsgesetz aus dem Jahre 1926.

Nach § 622 Abs. 1 BGB kann nunmehr das Arbeitsverhältnis eines Arbeiters und Angestellten mit einer Frist von 4 Wochen zum 15. oder zum Ende eines Kalendermonats gekündigt werden. **1051**

Die vorstehende, für den Arbeitgeber geltende Grundkündigungsfrist – der Arbeitnehmer braucht nur die Vierwochenfrist einzuhalten – verlängert sich für die länger beschäftigten Arbeitnehmer nach Maßgabe folgender Staffelung, wenn das Arbeitsverhältnis in dem Betrieb oder Unternehmen: **1052**

1. zwei Jahre bestanden hat, einen Monat zum Ende eines Kalendermonats,
2. fünf Jahre bestanden hat, zwei Monate zum Ende eines Kalendermonats,
3. acht Jahre bestanden hat, drei Monate zum Ende eines Kalendermonats,
4. zehn Jahre bestanden hat, vier Monate zum Ende eines Kalendermonats,
5. zwölf Jahre bestanden hat, fünf Monate zum Ende eines Kalendermonats,
6. fünfzehn Jahre bestanden hat, sechs Monate zum Ende eines Kalendermonats,
7. zwanzig Jahre bestanden hat, sieben Monate zum Ende eines Kalendermonats,

wobei bei der Berechnung der Beschäftigungsdauer Zeiten, die vor der Vollendung des fünfundzwanzigsten Lebensjahres des Arbeitnehmers liegen, nicht berücksichtigt werden.

Anzumerken ist, daß nach § 622 Abs. 6 BGB für die Kündigung des Arbeitsverhältnisses durch den Arbeitnehmer keine längere Frist vereinbart werden darf als für die Kündigung durch den Arbeitgeber. **1053**

Grundsätzlich ist es zulässig, vertragliche
längere Kündigungsfristen
und/oder
weniger Kündigungstermine
zu vereinbaren, was jedoch im Konkursfall nach der Regelung des § 22 Abs. 1 Satz 2 KO keine Wirkung entfaltet.

Werden nach § 622 Abs. 5 zulässigerweise kürzere als die gesetzlichen Kündigungsfristen vereinbart, beanspruchen sie auch im Konkurs Geltung. **1054**

Nach § 622 Abs. 5 Nr. 1 BGB kann die gesetzliche Kündigungsfrist während der ersten 3 Monate des Aushilfsverhältnisses verkürzt werden. Dies bedeutet, daß auch die fristlose ordentliche Kündigung vereinbart werden kann.

Für die Einhaltung der Frist ist auf den Kündigungszeitpunkt abzustellen, so daß die vereinbarte kürzere Kündigungsfrist bis zum Ablauf von 3 Monaten ausgesprochen werden kann, und zwar selbst dann, wenn das Ende der Kündigungsfrist nach diesem Zeitpunkt liegen sollte (*Preis* DB 1993, 2125, 2126). **1055**

Nach § 622 Abs. 3 BGB können unbefristete Arbeitsverhältnisse, für die eine Probezeit vereinbart worden ist, mit einer kürzeren Kündigungsfrist von 2 Wochen gekündigt werden. **1056**

Eine solche Kündigungsfrist entfällt dann, wenn einem unbefristeten Arbeitsverhältnis – wie in der Praxis häufig – ein vertraglich befristetes Probearbeitsverhältnis vorgeschaltet ist. Bei dem befristeten Arbeitsverhältnis wird auch in Zukunft die ordentliche Kündigung ausgeschlossen sein (vgl. hierzu *Preis* DB 1993, 2125, 2127 m.w.N.). **1057**

1058 Bei Kleinunternehmen, bei denen nicht auf den Betrieb, sondern auf die vom Arbeitgeber beschäftigten Arbeitnehmer abzustellen ist, kann nach § 622 Abs. 5 Nr. 2 BGB eine kürzere Kündigungsfrist vereinbart werden, wenn nicht mehr als 20 Arbeitnehmer ausschließlich der zu ihrer Berufsausbildung beschäftigt werden.

1059 Zu beachten ist, daß bei der Ermittlung der Beschäftigtenzahl nur die Arbeitnehmer berücksichtigt werden, deren wöchentliche Arbeitszeit 10 oder monatlich 45 Stunden übersteigt (vgl. hier *Preis* DB 1993, 2125, 2127).

1060 In § 622 EGBGB als der Übergangsregelung ist u.a. auch der Bestandsschutz für die Altverträge geregelt. Angesprochen sind die Verträge, die auf die gesetzlichen oder tariflichen Kündigungsfristen verweisen. Es handelt sich um Verweisungsklauseln, die z.B. folgenden Inhalt haben:
Für die Kündigung gelten die gesetzlichen Fristen
oder
die Kündigung kann mit einer Frist von 6 Wochen zum Quartalsende ausgesprochen werden
oder
für die Kündigung gilt die gesetzliche Frist von 6 Wochen zum Quartalsende
oder
die Kündigungsfrist beträgt mindestens 2 Wochen (entspricht § 55 (1) AGB-DDR)
oder
hat der Arbeitsvertrag in demselben Betrieb oder Unternehmen 5 Jahre bestanden, erhöht sich für die Kündigung durch den Arbeitgeber die Kündigungsfrist auf einen Monat bis zum Monatsende, hat er 10 Jahre bestanden, erhöht sich die Kündigungsfrist auf 2 Monate zum Monatsende, hat er 20 Jahre bestanden, erhöht sich die Kündigungsfrist auf 3 Monate bis zum Ende des Kalendervierteljahres; bei der Berechnung der Beschäftigungsdauer werden Zeiten, die vor der Vollendung des 25. Lebensjahres des Arbeitnehmers liegen, nicht berücksichtigt (entspricht § 55 (2) AGB-DDR).

1061 Insbesondere die Verweisung auf die aufgehobenen Vorschriften über die Kündigungsfristen im AGB-DDR hat für die Praxis erhebliche Bedeutung. Bei Fortgeltung der alten gesetzlichen Bestimmungen, auf die verwiesen ist, beträgt die längere Kündigungsfrist 3 Monate, während nach dem neuen Kündigungsfristengesetz – wenn hierauf die Verweisung zu beziehen wäre – die längste Kündigungsfrist 7 Monate beträgt.

1062 Nach der Entscheidung des *BAG* (AP Nr. 133 zu § 1 TVG-Auslegung) ist bei tarifvertraglichen Bestimmungen, die inhaltlich mit außertariflichen Normen übereinstimmen oder auf sie verweisen, jeweils durch Auslegung zu ermitteln, ob die Tarifvertragsparteien durch sie eine selbständige, d.h. in ihrer normativen Wirkung von der außertariflichen Norm unabhängige Regelungen treffen wollten.

1063 Dieser Wille muß im Wortlaut des Tarifvertrages einen erkennbaren Ausdruck gefunden haben (ständige Rechtsprechung des *BAG* (AP Nr. 126 zu § 1 TVG-Auslegung)). Im Regelfall findet dieser Normsetzungswille seinen hinreichenden Ausdruck darin, daß die Tarifvertragsparteien eine im Gesetz nicht oder anders enthaltene Regelung treffen oder eine gesetzliche Regelung übernehmen, die ohne diese Übernahme nicht für die betroffenen Arbeitsnehmerverhältnisse gelten würde.

Anders ist es bei der wörtlich oder inhaltlich unveränderten Übernahme ein- **1064**
schlägiger gesetzlicher Vorschriften, denn diese Übernahme kann auch rein deklaratorischen Charkter haben. An einem Normsetzungswillen bzw. seinem hinreichenden Ausdruck im Wortlaut des Tarifvertrages fehlt es deshalb in aller Regel namentlich dann, wenn der Tarifvertrag in mehreren eng zusammenhängenden Fragen bezüglich der einen eine vom Gesetzesrecht abweichende Regelung trifft, bezüglich der anderen aber wörtlich den Gesetzestext wiedergibt. In einem derartigen Falle ist mangels gegenteiliger Anhaltspunkte davon auszugehen, daß es den Tarifvertragsparteien bei der wörtlichen Übernahme des Gesetzestextes allein darum ging, im Tarifvertrag eine unvollständige Darstellung der Rechtslage zu vermeiden, und daß deshalb im Interesse der Klarheit und Übersichtlichkeit die unverändert gebliebenen gesetzlichen Regelungen in den Tarifvertrag aufgenommen wurden, um die Tarifunterworfenen möglichst umfassend über die zu beachtenden Rechtsvorschriften zu unterrichten.

Bei den hier in Frage stehenden Tarifverträgen ist in bezug auf die Kündigungs- **1065**
fristen regelmäßig eine inhaltliche Wiedergabe von gesetzlichen Grundfristen und der verlängerten gesetzlichen Fristen oder die inhaltliche Wiedergabe der gesetzlichen Grundfrist und der Hinweis auf verlängerte gesetzliche Fristen oder nur die inhaltliche Wiedergabe der gesetzlichen Grundfristen geregelt, so daß einiges dafür spricht, daß es sich bei den tarifvertraglichen Kündigungsregeln nicht um eigenständige Lösungen handeln könnte. Allerdings betonen die Arbeitgeberverbände und die Gewerkschaften, daß sie regelmäßig einen eigenständigen Normsetzungswillen hätten, und daß die Regelung für die Arbeitsverhältnisse solange verbindlich sei, bis eine neue Tarifregelung die alte ersetze.
Dies soll selbst dann gelten, wenn im Tarifvertrag für Angestellte und Arbeiter unterschiedlich lange Kündigungsfristen gelten (s. hierzu auch *Wank* NZA 1993, 961, 965 f.).

Art. 222 EGBGB bezieht in die Neuregelung des Kündigungsfristengesetzes **1066**
diejenigen Fälle ein, in denen dem Arbeitnehmer die Kündigung vor dem Inkrafttreten des Gesetzes zugegangen ist, der kündigungsrechtliche Sachverhalt am 15.10. noch nicht abgeschlossen ist und die Neuregelung für den Arbeitnehmer günstiger ist.

Nach der Auffassung des *OLG Hamm* (ZIP 1992, 418) kann der Konkursver- **1067**
walter das Dienstverhältnis des Gesellschafter-Geschäftsführers nicht durch Ausübung seines Wahlrechts gem. § 17 KO beenden, sondern nur durch Kündigung nach § 22 KO.

Das Dienstverhältnis eines GmbH-Geschäftsführers, der mit 96 % am Stamm- **1068**
kapital der GmbH beteiligt ist, ist gem. § 621 Nr. 3 BGB mit Halbmonatsfrist zum Monatsende kündbar.

Ein Berufsausbildungsverhältnis ist grundsätzlich nicht kündbar, es sei denn, in **1069**
der Probezeit (§ 15 Abs. 1 BBiG), bei Berufsaufgabe des Auszubildenden (§ 15 Abs. 2 BBiG) und aus wichtigem Grund.
Wird das Ausbildungsverhältnis über einen Zeitraum von 3 Monaten hinaus fortgesetzt, so gelten die gesetzlichen Mindestkündigungsfristen.

1070 Die ordentliche Kündigung eines Schwerbehinderten bedarf der vorherigen Zustimmung der Hauptfürsorgestelle. Eine ohne Zustimmung ausgesprochene Kündigung ist nichtig. Die Kündigungsfrist des Schwerbehinderten beträgt mindestens 4 Wochen. Sie beginnt mit Zugang der Kündigung beim Schwerbehinderten.

7. Die Massenentlassungen

7.1 Sanierungsspezifische Aspekte der Massenentlassung

1071 Häufig führt die Eröffnung des Konkursverfahrens dazu, daß der Konkursverwalter Massenentlassungen vornehmen muß.

1072 § 17 KSchG normiert bei Massenentlassungen eine **Anzeigepflicht** gegenüber dem **Arbeitsamt**. Zugleich ist nach § 17 Abs. 2 KSchG der **Betriebsrat zu unterrichten**. Anzeige- und Unterrichtungspflicht sind auch vom Konkursverwalter zu beachten (*BSG* MDR 1979, 611 = BB 1979, 1660 = DB 1979, 1283; *BAG* NJW 1984, 2910).

1073 Nach § 18 KSchG werden anzeigepflichtige Entlassungen vor Ablauf eines Monats nach Eingang der Anzeige beim Arbeitsamt nur mit **Zustimmung des Landesarbeitsamtes** wirksam; die Zustimmung kann auch rückwirkend auf den Tag der Antragsstellung erteilt werden. Im Einzelfall kann das Landesarbeitsamt bestimmen, daß Entlassungen nicht vor Ablauf von längstens 2 Monaten nach Eingang der Anzeige beim Arbeitsamt wirksam werden.

1074 Auch diese Vorschriften gelten uneingeschränkt im Konkursverfahren.
In welcher Weise allerdings diese Vorschriften, insbesondere § 18 KSchG, im Konkursverfahren sach- und ermessensgerecht zu handhaben sind, muß aus dem Zweck dieser Vorschriften entwickelt werden.

1075 Das **Landesarbeitsamt** kann auch nach diesen Vorschriften weder Entlassungen vermeiden oder einschränken noch die Folgen der Entlassung mindern. Dies können nur der Arbeitgeber bzw. der Konkursverwalter im Zusammenwirken mit dem Betriebsrat, die bei Massenentlassungen gemeinsam beraten sollen, damit Entlassungen vermieden oder die Folgen gemindert werden.

1076 Das Landesarbeitsamt kann lediglich über die Dauer der **Sperrfrist** entscheiden (§ 18 KSchG). Dabei hat allerdings das Landesarbeitsamt auch die Interessen der zu entlassenden Arbeitnehmer zu berücksichtigen (§ 20 Abs. 3 KSchG).
Daraus hat sich die von der h.M. gebilligte Praxis entwickelt, die Zustimmung zu Massenentlassungen nur unter Auflagen zu erteilen, insbesondere unter der Auflage der **Zahlung einer Abfindung**.

1077 Fraglich ist, ob dies auch bei **Massenentlassungen im Konkurs** zulässig ist. Daß dies den Interessen der Konkursgläubiger widerstreitet, braucht nicht besonders hervorgehoben werden.

1078 Im konkursrechtlichen Schrifttum wird die Auffassung vertreten, daß die **Zustimmung nur unter Auflagen**, insbesondere von Abfindungszahlungen, nicht rechtmäßig ist. Denn die Arbeitsverwaltung habe nicht die Interessen der einzelnen betroffenen Arbeitnehmer an der Erhaltung der Arbeitsplätze zu schützen, sondern ihre Entscheidung lediglich daran auszurichten, wie sich die Massenentlassung auf den Arbeitsmarkt auswirkt.

Damit sei ihr **Entscheidungsermessen** für den Fall des Konkurses eingeschränkt. **1079**
Insbesondere dürfte die Arbeitsverwaltung nicht darüber entscheiden, ob eine von den nach der Konkursordnung zuständigen Organen (§ 129 Abs. 2 KO) beschlossene Betriebsstillegung gerechtfertigt oder auf den richtigen Zeitpunkt angesetzt ist.

Die Arbeitsverwaltung habe lediglich zu entscheiden, wenn die im Rahmen der **1080**
Konkursabwicklung gebotene Massenentlassung unter **Gesichtspunkten des Arbeitsmarktes** wirksam werden soll, wobei sie auch zu berücksichtigen haben, daß die Verhängung von Sperrfristen die Konkursmasse mit weiteren Masseschulden belastet, soweit die Sperrfrist über die gesetzlichen Kündigungsfristen hinausgreift. Im Ergebnis übe deshalb das Landesarbeitsamt sein Ermessen grundsätzlich nur dann richtig aus, wenn es darauf achtet, daß die Sperrfrist nicht länger läuft als die nach § 22 KSchG zu beachtenden gesetzlichen Kündigungsfristen.

Inwieweit auch darüber hinausgehende Sanktionen wegen **Verletzung der An-** **1081**
zeigepflicht nach § 8 AFG durch den Gemeinschuldner schon vor Eröffnung des Konkursverfahrens zulässig sind, ist mit Rücksicht auf die Interessen der Konkursgläubiger, die dadurch eine Schmälerung der Masse erleiden, zweifelhaft. Richtiger Auffassung nach können die Konkursgläubiger nicht die Leidtragenden dafür sein, daß der Gemeinschuldner seine Pflichten verletzt hat.

Soweit die Pflichtverletzung dem Konkursverwalter anzulasten ist, können **1082**
Sanktionen erfolgen. Eine dadurch bedingte Schmälerung der Masse können die betroffenen Konkursgläubiger über § 82 KO durch **Geltendmachung eines Schadenersatzanspruchs** gegen den Konkursverwalter ggf. ausgleichen.

7.2 Die allgemeinen Grundsätze der Massenentlassung

Literatur

Löwisch Änderung des Kündigungsschutzgesetzes, NJW 1978, S. 1237

Marschall Neuregelung der Anzeigepflicht bei Massenentlassungen, DB 1978, S. 981

ders. Kollektiver Kündigungsschutz verbessert, BArbBl. 1978, S. 264

Preis Rahmen und Grenzen der Sozialauswahl, DB 1984, S. 2244; zu Massenkündigungen und allgemeinen Kündigungsschutz, vorübergehender Betriebsstillegung *BAG* vom 27. 9. 1984 – 2 AZR 309/83 = AP Nr. 39 zu § 613 a BGB = EzA § 613 a BGB Nr. 40 = BB 85, 1333 = DB 85, 1399 = NZA 85, 493; zu Massenkündigung und Sozialauswahl BAG vom 25. 4. 1985 – 2 AZR 140/84 = AP Nr. 17 zu § 1 KSchG Soziale Auswahl = EzA § 1 KSchG Betriebsbedingte Kündigung Nr. 35 = DB 1985, S. 2205

Pulte Änderung des Kündigungsschutzgesetzes bei Massenentlassungen, BB 1978, S. 1268

Der in §§ 17 – 22 KSchG geregelte **Schutz** will **Massenentlassungen nicht ver-** **1083**
bieten, sondern arbeitsmarktpolitisch insofern mildern, als der Arbeitgeber verpflichtet wird, seine Absicht, eine größere Anzahl von Arbeitnehmern innerhalb kurzer Zeit zu entlassen, dem **Arbeitsamt** zuvor anzuzeigen. Dieses soll hierdurch

die Möglichkeit erhalten, rechtzeitig Maßnahmen zur Vermeidung oder Verzögerung umfangreicher **Arbeitslosigkeit** einzuleiten.

1084 Die Vorschriften des Dritten Abschnitts des KSchG über »Anzeigepflichtige Entlassungen« **gelten für Betriebe und Verwaltungen** des privaten Rechts sowie für **Betriebe**, die von **einer öffentlichen Verwaltung** geführt werden, soweit sie wirtschaftliche Zwecke verfolgen (§ 23 Abs. 2 Satz 1 KSchG).

1085 Abweichend von § 23 Abs. 1 Satz 1 KSchG, der den betrieblichen Geltungsbereich für die Vorschriften des Ersten und Zweiten Abschnitts regelt, wird also nicht der gesamte Bereich des öffentlichen Dienstes, sondern nur dessen wirtschaftliche Zwecke verfolgende Betriebe erfaßt. Das sind die sog. **Regiebetriebe** (z.B. Gas-, Wasser-, Elektrizitätswerke, Verkehrsbetriebe, Theater, Krankenhäuser und die in der Form einer juristischen Person geführten Betriebe, z.B. AG, GmbH), sofern diese wirtschaftliche Zwecke verfolgen.

1086 Nicht unter den Massenentlassungsschutz fallen folglich alle **öffentlichen Betriebe mit Hoheitsverwaltung** oder **ideeller Zielsetzung** (z.B. Schulen, Universitäten, Museen, Forschungsinstitute, vgl. hierzu *BAG* NJW 1970, 2045 = BB 1970, 1302).

1087 Notwendig ist ebenso bei den privaten Betrieben und Verwaltungen wie bei den öffentlichen Betrieben, daß sie in der Regel mehr als 20 Arbeitnehmer beschäftigen. Denn das ist die in § 17 Abs. 1 Nr. 1 KSchG allgemein festgelegte Mindestbeschäftigtenzahl.

1088 Die Vorschriften über den Massenentlassungsschutz gelten nicht für **Seeschiffe** und ihre **Besatzung** (§ 23 Abs. 2 Satz 2 KSchG). Die **Landbetriebe** der Seeschifffahrt (z.B. Werften, Docks) werden hingegen erfaßt, ebenso **Binnenschiffe**, Luftfahrzeuge und deren Besatzungen.

1089 Nach § 22 Abs. 1 KSchG finden die §§ 17 ff. KSchG ferner keine Anwendung auf **Saisonbetriebe** und **Kampagne-Betriebe** bei Entlassungen, die durch diese Eigenart der Betriebe bedingt sind.

1090 Von der Ermächtigung des § 22 Abs. 2 KSchG, durch Rechtsverordnung Vorschriften zu erlassen, welche Betriebe als Saison- und Kampagne-Betriebe gelten, hat der Bundesminister für Arbeit und Sozialordnung keinen Gebrauch gemacht.

1091 **Saisonbetriebe** sind alle Betriebe, in denen zwar das ganze Jahr hindurch gearbeitet wird, aber regelmäßig verstärkt in einer bestimmten Jahreszeit, wobei die periodisch wiederkehrenden Schwankungen des Personalbedarfs witterungs-, absatz- oder standortbedingt sein können. Beispiele sind Steinbrüche, Kies- und Sandgruben, Ziegeleien, Hotels und Gaststätten in Kur- und Erholungsgebieten, nicht jedoch Unternehmen des Baugewerbes (vgl. *BSG* BB 1961, 569).

1092 **Kampagne-Betriebe** sind Betriebe, in denen regelmäßig nur einige Monate im Jahr gearbeitet wird. Zu denken ist etwa an Zuckerfabriken, Gemüse- und Obstkonservenfabrik, Freibäder, Strandhotels und Freizeitzentren.

1093 Bedingt durch die Eigenart der Betriebe sind Entlassungen dann, wenn zwischen beiden ein kausaler Zusammenhang besteht. Das ist stets der Fall bei Massenentlassungen wegen des Endes der Saison oder Kampagne.

Dagegen sind Entlassungen während der Saison bzw. Kampagne (z.B. aus strukturellen oder konjunkturellen Gründen) anzeigepflichtig, wenn die Voraussetzungen des § 17 Abs. 1 KSchG erfüllt sind. **1094**

Der Massenentlassungsschutz gilt grundsätzlich auch für deutsche Arbeitnehmer bei den **Stationierungsstreitkräften** (*BAG* NJW 1970, 2045 = BB 1970, 1302). **1095**

Der **Massenentlassungsschutz** erstreckt sich ohne Rücksicht auf Lebensalter und Betriebszugehörigkeit auf alle **Arbeitnehmer** einschließlich der **Auszubildenden und Volontäre.** **1096**

Nicht als Arbeitnehmer gelten vertretungsberechtigte **Organmitglieder juristischer Personen** (Nr. 1), **vertretungsberechtigte Personen von Personengesamtheiten** (Nr. 2), Geschäftsführer, Betriebsleiter und ähnlich leitende Personen, soweit diese zur selbständigen Einstellung oder Entlassung von Arbeitnehmern berechtigt sind (§ 17 Abs. 5 Nr. 3 KSchG) sowie die **arbeitnehmerähnlichen Personen**, also beispielsweise Heimarbeiter, freie Mitarbeiter und Handelsvertreter. **1097**

Der Schutz bezieht sich auf anzeigepflichtige »Entlassungen«. Unter **Entlassung** ist die tatsächliche Beendigung des Arbeitsverhältnisses zu verstehen, die auf eine ordentliche Kündigung durch den Arbeitgeber zurückgeht. Auf den Kündigungsgrund kommt es nicht an (*BAG* NJW 1974, 1263 = BB 1984, 603 = DB 1974, 119). **1098**

Dagegen fällt grundsätzlich nicht unter den Begriff der Entlassungen der Fall, daß der **Arbeitnehmer aufgrund einer von ihm ausgesprochenen Kündigung ausscheidet**. Etwas anderes gilt jedoch dann, wenn der Arbeitnehmer deshalb selbst gekündigt hat, weil seiner Kündigung die Erklärung des Arbeitgebers vorausgegangen ist, er werde dem Arbeitnehmer zum gleichen Zeitpunkt kündigen, wenn dieser der Aufforderung zur Kündigung nicht nachkomme. **1099**

Fristlose Entlassungen werden bei der Berechnung der Mindestzahl der Entlassungen nicht mitgerechnet (§ 17 Abs. 4 Satz 2 KSchG). Das Recht des Arbeitgebers zur fristlosen Entlassung bleibt von dem Massenentlassungsschutz unberührt (§ 17 Abs. 4 Satz 1 KSchG). **1100**

Bei **Änderungskündigungen** kommt es, da nicht die Kündigung, sondern erst die Entlassung anzeigepflichtig ist, auf die Entscheidung des Arbeitnehmers an. Nimmt er das Angebot auf Änderung der Arbeitsbedingungen an, unterbleibt eine Beendigung des Arbeitsverhältnisses; lehnt er es ab, wird aus der Änderungs- eine Beendigungskündigung und damit eine Entlassung. **1101**

Der Massenentlassungsschutz des § 17 KSchG gilt nicht für **Änderungskündigungen**, die von den Arbeitnehmern unter dem **Vorbehalt ihrer sozialen Rechtfertigung** ausgenommen sind (*BAG* NJW 1982, 2839 = DB 1982, 1529). **1102**

Dagegen sind massenhafte Änderungskündigungen, wenn sie infolge **Nichtannahme der angebotenen neuen Arbeitsbedingungen** durch die Arbeitnehmer zu deren Entlassung führen, anzeigepflichtig (*BAG* BB 1963, 1424 = DB 1963, 1776). **1103**

Zur Vermeidung von Rechtsnachteilen für den Arbeitgeber kann es zweckmäßig sein, die Anzeige unmittelbar nach den Kündigungen zu erstatten. Jedenfalls muß **1104** die Anzeige, um wirksam zu werden, vor Beginn der aus den Änderungskündigungen herrührenden Massenentlassung erstattet werden.

1105 Eine Massenentlassung liegt vor, wenn der Arbeitgeber in Betrieben mit in der Regel
- mehr als 20 und weniger als 60 Arbeitnehmern mehr als 5 Arbeitnehmer
- mindestens 60 und weniger als 500 Arbeitnehmern 10 v. H. der im Betrieb regelmäßig beschäftigten Arbeitnehmer oder aber mehr als 25 Arbeitnehmer,
- mindestens 500 Arbeitnehmern mindestens 30 Arbeitnehmer

innerhalb von 30 Kalendertagen entläßt (§ 17 Abs. 1 Nr. 1 – 3 KSchG).

1106 Bei der Ermittlung der **regelmäßigen Beschäftigungszahl** (§ 17 Abs. 1 KSchG) ist auf den Zeitpunkt der Entlassung, d.h. der Beendigung des Arbeitsverhältnisses, abzustellen. Maßgeblich ist jedoch nicht die tatsächliche Beschäftigtenzahl zu diesem Zeitpunkt, sondern die normale Beschäftigungszahl des Betriebes, d.h. diejenige Personalstärke, die für den Betrieb im allgemeinen kennzeichnend ist.

1107 Der Begriff **»Betrieb«** deckt sich mit dem der §§ 1, 4 BetrVG (*BAG* BB 1969, 997 = DB 1969, 1298).

1108 Der Begriff »in der Regel« entspricht dem in § 23 Abs. 1 Satz 2 KSchG. Entscheidend ist daher die **Zahl der Beschäftigten bei regelmäßigem Gang des Betriebes**. Zur Feststellung der regelmäßigen Beschäftigungszahl bedarf es eines Rückblicks auf die bisherige personelle Stärke des Betriebes und auch einer Einschätzung der zukünftigen Entwicklung (*BAG* NJW 1984, 323 = DB 1983, 1447; *BAG* DB 1987, 1591 = NZA 1987, 587; *BSG* ZIP 1980, 122).

1109 Im Falle einer Betriebsstillegung kommt jedoch nur ein Rückblick auf die bisherige Belegschaftsstärke in Frage. Entscheidend ist dann, wann der Arbeitgeber noch eine regelmäßige Betriebstätigkeit entwickelt und wie viele Arbeitnehmer er hierfür eingesetzt hat (im Anschluß an *BAG* DB 1987, 1591).

1110 Bei der Berechnung der Zahl der zu entlassenden Arbeitnehmer bleiben solche unberücksichtigt, die infolge nicht dem Massenentlassungsschutz unterliegender Tatbestände ausscheiden (z.B. fristlose Entlassung, Befristung, Anfechtung, Aufhebungsvertrag).

1111 Die Anzeigepflicht entfällt nicht deshalb, weil der Arbeitgeber im gleichen Zeitraum **Neueinstellungen** durchführt, selbst wenn hierdurch die Zahl der Entlassungen erreicht oder gar überschritten wird.

1112 Maßgebender Zeitpunkt für die Berechnung der Zahlen ist nicht die Kündigung, sondern das Ausscheiden. Es werden jedoch alle Entlassungen innerhalb von 30 Kalendertagen zusammengerechnet, auch wenn sie sukzessive erfolgen (BB 1959, 451 = DB 1960, 1274).

1113 Das kann bei kurzen Kündigungsfristen dazu führen, daß zunächst keine Anzeigepflicht besteht, eine solche jedoch bei weiteren Entlassungen rückwirkend entsteht. Denn die Frist von 30 Kalendertagen kann an jedem Tag zu laufen beginnen.

1114 Vermindert sich durch Rücknahme von Kündigungen die Zahl der zu Entlassenden derart, daß keine Massenentlassung mehr vorliegt, dann bedarf es keiner Anzeige (*BAG* BB 1960, 826 = DB 1960, 956).

Steht eine Massenentlassung i.S.d. § 17 Abs. 1 KSchG bevor, hat der Arbeitgeber dem Arbeitsamt, in dessen Bezirk der Betrieb liegt, eine **Anzeige** zu erstatten (§ 17 Abs. 3 Satz 2 KSchG). **1115**

Die Anzeige bedarf der **Schriftform**. Sie hat Angaben über den Namen des Arbeitgebers, den Sitz und die Art des Betriebes, die Zahl der in der Regel beschäftigten Arbeitnehmer, die Zahl der zu entlassenden Arbeitnehmer, die Gründe für die Entlassungen und den Zeitraum, in dem die Entlassungen vorgenommen werden sollen, zu enthalten (§ 17 Abs. 3 Satz 4 KSchG). **1116**

Bei einer gestaffelten Massenentlassung reicht es aus, wenn die Einzelangaben in der ersten Anhörung enthalten sind. Auch eine weitere Stellungnahme des Betriebsrats braucht nicht vorgelegt zu werden, wenn nicht erhebliche neue Umstände eingetreten sind. **1117**

Der Zweck des § 17 KSchG zielt darauf, die Arbeitsverwaltung in die Lage zu versetzen, sich rechtzeitig auf zu erwartende Entlassungen größeren Umfanges einzustellen, insbesondere Maßnahmen zu treffen mit dem Ziel, Entlassungen ganz oder teilweise zu vermeiden und/oder entsprechend neue Arbeitsplätze nachzuweisen, damit eine längere Arbeitslosigkeit der von der Massenentlassung betroffenen Arbeitnehmer möglichst vermieden wird. Unter Berücksichtigung des Sinnes des § 17 KSchG kann die Anzeige nur den Sinn haben, die BA davon in Kenntnis zu setzen, daß Wesentliches sich zwischenzeitlich nicht geändert hatte. Denn schon vorher standen der Arbeitsvermittlung alle erforderlichen Informationen zur Verfügung, insbesondere war sie wegen der Freistellung der Arbeitnehmer schon mit dem Problem als solchem, auf das mit der Anzeige hingewiesen werden sollte, befaßt. Die Anzeigepflicht hinsichtlich aller Einzelangaben wäre insofern weitgehend sinnentleert. **1118**

Ferner hat der Arbeitgeber dem Arbeitsamt eine Abschrift seiner in § 17 Abs. 2 KSchG näher vorgeschriebenen Mitteilung an den Betriebsrat und dessen Stellungnahme zu den Entlassungen zuzuleiten (§ 17 Abs. 3 Satz 1 und 2 KSchG). Liegt letztere nicht vor, so ist die Anzeige nur wirksam, wenn der Arbeitgeber glaubhaft macht, daß er den Betriebsrat mindestens 2 Wochen vor Erstattung der Anzeige unterrichtet hat, und er den Stand seiner – ebenfalls notwendigen – Beratungen mit dem Betriebsrat darlegt (§ 17 Abs. 3 Satz 3 KSchG; vgl. *BAG* NJW 1970, 2045 = BB 1970, 1302; *LAG Hamm* DB 1983, 49). **1119**

In der Anzeige braucht nicht gesagt zu werden, ob nur Arbeiter oder Angestellte oder beide Arten von Arbeitnehmern entlassen werden sollen. Erstreckt sich die Anzeige jedoch nur auf eine Art von Arbeitnehmern, darf der Arbeitgeber die andere Art nicht in die Massenentlassung einbeziehen (*BAG* NJW 1961, 187 = BB 1960, 1328 = DB 1960, 1460). **1120**

Allerdings sollen – im Einvernehmen mit dem Betriebsrat – auch **Angaben über den Beruf** der zu entlassenden Arbeitnehmer gemacht werden (§ 17 Abs. 3 Satz 5 KSchG). **1121**

Die schriftliche Anzeige muß vor der tatsächlichen Entlassung erstattet werden (*BAG* BB 1960, 826 = DB 1960, 956). **1122**

1123 Kann der Arbeitgeber die Zahl der notwendigen Entlassungen nicht voraussehen, ist eine **vorsorgliche Anzeige** möglich (*BAG* BB 1963, 1424 = DB 1963, 1776); sie kann jederzeit wieder zurückgenommen werden.

1124 Die schriftliche Unterrichtung des Betriebsrats durch den Arbeitgeber (Abs. 2 Satz 2), die Beratung von Arbeitgeber und Betriebsrat über Entlassungen und deren Folgen (Abs. 2 Satz 2) und die Stellungnahme des Betriebsrats zu den Entlassungen (Abs. 3 Satz 2) entbinden den Arbeitgeber nicht von seiner Verpflichtung gem. § 102 Abs. 1 BetrVG, den Betriebsrat vor Ausspruch jeder einzelnen Kündigung anzuhören.

1125 Schließlich hat der Arbeitgeber, wenn erkennbare Veränderungen des Betriebes innerhalb der nächsten 12 Monate voraussichtlich zu einer Massenentlassung führen werden, das Landesarbeitsamt unverzüglich schriftlich zu benachrichtigen (§ 8 Abs. 1 AFG).

1126 Hat der Arbeitgeber die Anzeige nicht, nicht rechtzeitig, nicht in der gesetzlichen Form oder ohne Stellungnahme des Betriebsrats erstattet, so sind alle anzeigepflichtigen Entlassungen **unwirksam** (*BAG* BB 1969, 997 = DB 1969, 1298; *BAG* NJW 1974, 1263 = BB 1974, 603 = DB 1974, 119).
Dies trifft auch auf die Entlassungen zu, die unterhalb der anzeigepflichtigen Zahlen des § 17 Abs. 1 KSchG liegen.

1127 Allerdings sind die Kündigungen selbst zunächst wirksam, was bedeutsam sein kann, wenn die Kündigungsfrist länger als die Sperrfrist ist, die Anzeige nachgeholt wird oder das Landesarbeitsamt die Zustimmung rückwirkend erteilt. Läuft hingegen die Kündigungsfrist vor Erstattung der Anzeige ab, kann die Kündigung das Arbeitsverhältnis nicht beenden.

1128 Die Rechtswirksamkeit der Entlassung tritt indes nicht automatisch ein. Der Arbeitnehmer hat ein Wahlrecht: Er kann die Unwirksamkeit geltend machen oder davon absehen, d.h. die Entlassung hinnehmen.

1129 Die Kündigung gegenüber einem Arbeitnehmer, die unter Verletzung der Vorschriften der §§ 17 ff. KSchG geschieht, ist nämlich nur dann unwirksam, wenn sich der gekündigte Arbeitnehmer **auf den Gesetzesverstoß** gegenüber dem Arbeitgeber beruft (*BAG* NJW 1959, 1197 = BB 1960, 216 = DB 1960, 1274).

1130 Arbeitnehmer, deren fristgemäße Kündigung aufgrund von groben **Treuepflichtverletzungen** oder von strafbaren Handlungen gegen den Arbeitgeber erfolgt ist, können sich jedoch auf eine Verletzung der Anzeigepflicht nicht berufen, wenn die gegen sie erhobenen Vorwürfe gerechtfertigt sind.

1131 Mit dem Eingang der Anzeige beim Arbeitsamt beginnt eine einmonatige sog. **Sperrfrist**, vor deren Ablauf anzeigepflichtige Entlassungen nur mit Zustimmung des Landesarbeitsamtes wirksam werden (§ 18 Abs. 1 1. Halbsatz KSchG). Das bedeutet, daß die ausgesprochenen Kündigungen zwar wirksam sind, aber ihre das Arbeitsverhältnis beendende Wirkung bis zum Ende der Frist gehemmt ist.

1132 Das **Landesarbeitsamt** kann die **Sperrfrist verkürzen**, wobei die Zustimmung auch rückwirkend bis zum Tag der Antragstellung erteilt werden kann (§ 18 Abs. 1 2. Halbs. KSchG). Eine Verkürzung der Entlassungssperre muß vom Arbeitgeber beantragt werden (*BSG* DB 1979, 1283). Im Falle der Verkürzung endet das Arbeitsverhältnis mit Ablauf der Kündigungsfrist, frühestens jedoch zum Zeitpunkt der Antragstellung.

Das Landesarbeitsamt kann im Einzelfall, d.h. bei einer konkreten Anzeige, die **1133**
Sperrfrist bis zu längstens 2 Monaten nach ihrem Eingang beim Arbeitsamt verlängern (§ 18 Abs. 2 KSchG). Der Bescheid ergeht innerhalb der normalen Sperrfrist und betrifft dann grundsätzlich alle angezeigten Entlassungen.

Nach Ablauf der gesetzlich verkürzten oder verlängerten Sperrfrist können die **1134**
Entlassungen durchgeführt werden, sofern die Kündigungsfristen eingehalten sind und Kündigungsschutzvorschriften nicht entgegenstehen. Auch die Zustimmung des Landesarbeitsamtes zur Massenentlassung nimmt den gekündigten Arbeitnehmern nicht den Kündigungsschutz nach § 1 KSchG (*BAG* NJW 1958, 1156 = BB 1958, 451 = DB 1958, 491).

Die beabsichtigten Entlassungen müssen innerhalb eines Monats seit Ablauf der **1135**
Sperrfrist (sog. **Freifrist**) durchgeführt werden. Andernfalls bedarf es unter den Voraussetzungen des § 17 Abs. 1 KSchG einer erneuten Anzeige (§ 18 Abs. 4 KSchG).

Auch die Massenentlassungen unterliegen, wie jede betriebsbedingte Kündigung, **1136**
den Grundsätzen der Sozialauswahl nach § 1 Abs. 3 KSchG.

Gem. § 1 Abs. 3 KSchG ist grundsätzlich bei betriebsbedingten Kündigungen **1137**
eine Auswahl nach sozialen Gesichtspunkten zu treffen. Dies gilt auch für Kündigungen im Konkurs, bei z.B. stufenweisem Abbau der Belegschaft (*BAG* DB 1983, 504). Dies gilt sogar bei der Auswahl derjenigen Mitarbeiter, die zu den Abwicklungsarbeiten im Konkurs herangezogen werden. Diese Verpflichtung hat der Arbeitgeber ebenso bei Massenentlassungen (*BAG* DB 1985, 1029 = ZIP 1985, 1410).

Grundsätzlich ist der Arbeitgeber demnach gehalten, vor der Entlassung soziale **1138**
Gesichtspunkte zu berücksichtigen, denn Sinn und Zweck des KSchG erfordern es, dem von einer betrieblichen Maßnahme betroffenen Arbeitnehmer den Arbeitsplatz solange als möglich zu erhalten. Dies gilt selbst dann, wenn es sich nur um eine befristete Möglichkeit zur Weiterbeschäftigung handelt.

Das *BAG* hat auch seine Ansicht aufgegeben, ein Arbeitnehmer, der noch nicht **1139**
länger als 6 Monate beschäftigt ist, könne bei der Auswahl der zu Kündigenden nach § 1 Abs. 3 KschG wegen größerer sozialer Schutzbedürftigkeit den Vorzug vor Arbeitnehmern erhalten, die bereits den allgemeinen Kündigungsschutz erworben haben (*BAG* ZIP 1985, 1410).

Weiter führt das *BAG* (DB 1985, 2205) aus, daß die mit jeder sozialen Auswahl bei **1140**
einer Massenkündigung im Rahmen der Stillegung eines Betriebsteils verbundenen Schwierigkeiten zwar berechtigte betriebliche Bedürfnisse i.S.v. § 1 Abs. 3 Satz 2 KSchG sein können; diese Schwierigkeiten erlauben es dem Arbeitgeber aber nicht, völlig von einer Auswahl nach sozialen Gesichtspunkten abzusehen. Er muß vielmehr darlegen und ggf. unter Beweis stellen, inwieweit der Austausch vergleichbarer Arbeitnehmer zwischen den verschiedenen Betriebsteilen möglich ist, ohne daß der ordnungsgemäße Ablauf des Betriebs gestört wird. Auf diese Zahl von Arbeitnehmern beschränkt sich die soziale Auswahl.

1141 Zu den verschiedenen Formen des Sonderkündigungsschutzes vgl. *Hess/Knörig* Rz. 239 ff. m.w.N.

XII. Handlungsregeln und Informationspolitik

1. Taktische Regeln für den Umgang mit Belegschaft, Betriebsrat und Führungsmannschaft

1.1 Informieren und Ziele setzen

1142 Trotz vielfach anzutreffender, manchmal fast krampfhafter Versuche der Unternehmensführung, die krisenhafte Entwicklung zu beschönigen, wissen die Mitarbeiter in der Regel recht gut über die negative Entwicklung des Unternehmens Bescheid.
Besonders bei leistungsfähigen, mobilen und gesuchten Kräften sind Abwanderungspläne entstanden, und deren Realisation ist oft schon eingeleitet.
In einer solchen Situation ist es erforderlich, aktiv zu informieren. Jeder weitere Versuch, die wirkliche Lage des Unternehmens zu verschleiern, verstärkt bei den Mitarbeitern das Gefühl, »an der Nase herumgeführt« zu werden. Die Notwendigkeit zu aktiver Information ist besonders dringlich, wenn das Management des Unternehmens neu formiert wurde oder wird.

1143 Ein solches Verhalten wird vom Management erwartet. Die Fortsetzung der früher vielleicht betriebenen Verschleierungspolitik würde Skepsis und erhöhtes Mißtrauen hervorrufen. Information darf niemals zur Bloßstellung der früher Verantwortlichen führen. Allzuleicht unterliegen die »neuen Besen« der Gefahr, die Leistung ihrer Vorgänger unterzubewerten, indem sie deren Erfolge übersehen. Solches Verhalten erweckt leicht den Eindruck der Überheblichkeit.

1144 Vielmehr ist es angebracht, in ganz sachlicher Form, völlig losgelöst von Personen, die **Problembereiche aufzuzeigen** und damit die oft noch vorhandenen **emotionalen Bindungen** an die früheren Vorgesetzten zu respektieren. Die früheren Erfolge, die ja auch die Erfolge der Belegschaft und nicht nur die des Managements waren, sind zu würdigen, um dadurch der Situationsbeschreibung den Stempel der »Miesmacherei« zu nehmen. **Gerüchte sind die treuesten Weggenossen der Krisen**. Ihnen kann nur durch sachliche und offene Information begegnet werden, nur dadurch wird dem »Herumtratschen« der Nährboden entzogen.

1.1.1 Der Betriebsrat

1145 Der Betriebsrat ist ein vom Gesetzgeber mit besonderen Rechten ausgestatteter Informationsempfänger. Er stellt erfahrungsgemäß keinen »Hemmschuh«, sondern einen der wichtigsten Helfer bei der Unternehmenssanierung dar, wenn das Management gewisse **Grundregeln** beachtet:

1146 Der Betriebsrat ist vollständig und wahrheitsgetreu zu informieren (für viele *Groß* 1988, S. 268 f.). Besonders wenn in der Vergangenheit unzureichende oder falsche Informationen gegeben wurden, läßt sich durch eine offene Haltung von seiten des Managements viel zum Abbau von Konfliktpotentialen beitragen. Was den Inhalt der Information anbetrifft, so sind zunächst die von Gesetz und

Rechtsprechung gesetzten Regeln zu beachten. *Baur* (S. 116) empfiehlt, »**mehr Information zu geben als gesetzlich vorgeschrieben** ist«. Entscheidend ist nicht die Menge der Information, sondern welche Information der Betriebsrat erhält. Der Betriebsrat sollte insbesondere dort einen ausgezeichneten Wissensstand erhalten, wo er kraft seiner Erfahrung und seines Einflusses an der richtigen Weichenstellung mitwirken kann. Dies sind alle Bereiche des **Personaleinsatzes**, der **Personalauswahl** und **-führung**. Auch bei der Besetzung von mittleren Führungspositionen und der Lösung von Organisationsproblemen ist die Mitwirkung des Betriebsrates oft hilfreich.

Dem Betriebsrat ist mit einem anspruchsvollen, aber realistischen Konzept die **1147** Überzeugung zu geben, daß die Probleme richtig erkannt und die zu ihrer Lösung erforderlichen Schritte zielgerecht vorgedacht sind. Nur durch ein solches Konzept erwirkt die Geschäftsleitung den erforderlichen Vertrauensvorschuß. Dabei sind wegen der besonderen Interessenlage des Betriebsrates die zum Schutz der Belegschaftsinteressen vertretbaren Maßnahmen hervorzuheben, ohne daß unter Vernachlässigung wirtschaftlicher Zwänge wohlfeile Zusagen gemacht werden. Betriebsräte sind Interessenvertreter, sie schätzen ihre Verhandlungspartner durchaus, wenn diese in grundsätzlichen Fragen eine harte Position in der Sache beziehen, dabei aber moderat und verbindlich im Ton bleiben. Erfahrungsgemäß respektieren die Betriebsräte solche Führungskräfte eher als weiche und nachgiebige, weil erstere, so kann unterstellt werden, die Interessen des Unternehmens auch an anderer Stelle besser vertreten.

Das Management muß glaubwürdig sein. Es muß in jeglicher Hinsicht bei- **1148** spielgebend wirken.

1.1.2 Die Belegschaft

Die Belegschaft sollte auf zwei Arten über Situation und Ziele informiert wer- **1149** den. Dies sind die **Betriebsversammlung** und das **persönliche Gespräch**.

Der **Verlauf einer Betriebsversammlung** ist in einer kritischen Unternehmens- **1150** situation kaum zu antizipieren. Es hängt ab von der Thematik und Rhetorik der Vortragenden, wobei Arbeitnehmervertreter und Management gleichermaßen bestimmend sein können wie die Konfliktbereitschaft der Belegschaft. Während manche Autoren der Geschäftsleitung Zurückhaltung in der verbalen Aussage empfehlen (*Woeste* ZfB 1977, 266, empfiehlt, das Wort »Krise« nicht zu gebrauchen), scheint es geboten, in einer akuten Krise nicht um den »heißen Brei« herumzureden. Vielmehr sollten die Probleme des Unternehmens genannt werden, um das geschlossene Mitwirken aller bei deren Bewältigung einzuleiten. Selbstverständlich, und das ist eine unabdingbare Voraussetzung für das Entstehen einer »Aufbruchstimmung«, sind Reizworte, und damit die **Emotionalisierung** des Themas, unter allen Umständen zu **vermeiden**.

Wenn agitatorische Arbeitnehmervertreter diesen Weg beschreiten (glück- **1151** licherweise sind die Arbeitnehmervertreter in der Regel sachlich orientiert und vermeiden Agitationen), so kann das Management eine kühle, klare und sachliche Gegenposition beziehen. Die Informationsversammlung der Belegschaft sollte niemals in erregte Diskussionen münden. Bei den Mitarbeitern muß sich statt dessen die Überzeugung bilden, daß das Management die Unternehmensprobleme

erkannt und kühl analysiert hat,
in naher Zukunft in den Griff bekommt,
und in der Lage ist, die erforderlichen Sanierungsmaßnahmen zu planen und durchzusetzen, um das Unternehmen und damit die Arbeitsplätze (wenn auch nicht unbedingt alle) dauerhaft zu sichern.

1152 Letztlich geht es für das Management in der Betriebsversammlung darum, das **Vertrauen der Belegschaft** zu gewinnen (vgl. *Dazert* MM 1977, 77: »Unternehmenskrisen sind vor allem Vertrauenskrisen ... Das Vertrauen muß so schnell wie möglich wiederhergestellt werden.« »Die erforderlichen Diskussionen mit dem Betriebsrat sind vorher zu führen«, vgl. *Baur* S. 117). Idealerweise treten Arbeitnehmer- und Arbeitgebervertreter dann in weitgehender, zuvor gefundener Übereinstimmung vor die Belegschaft. **Vor Wortwechseln in der Versammlung kann nur gewarnt werden**. Das große Publikum verführt Diskutanten zum Beharren auf kontroversen Standpunkten. Ein Vertrauensgewinn läßt sich dadurch nicht erzielen.

1153 **Persönliche Gespräche** mit den Mitarbeitern sollten am Arbeitsplatz des Mitarbeiters geführt werden. Die Geschäftsleitungsmitglieder sollten bereit sein, sich kritischen Fragen zu stellen und in menschlicher und sachlicher Hinsicht qualifiziert darauf eingehen können. Allein die Bereitschaft des Managements, sich aus den abgeschirmten Büroetagen in die Werkshallen zu begeben (natürlich ohne Troß!), schafft Vertrauen. Wenn es darüber hinaus gelingt, die oft unbequemen Fragen und latenten Zweifel der Mitarbeiter mit fachlichem Verständnis und der Stärke der Persönlichkeit zu beantworten und zu beseitigen, dann schafft dies jene starke Vertrauensbasis, die Voraussetzung zur Durchführung der meist schmerzhaften Sanierungsmaßnahmen ist.

1154 Die Auswahl der Gesprächspartner sollte so erfolgen, daß positive Multiplikatoreffekte ermöglicht werden. Es gibt in jeder sozialen Gruppe **Meinungsführer**. Im Betrieb sind das nicht nur die formell bestimmten, die Betriebsratsmitglieder, sondern oft auch andere informell wirkende Personen. Ihr Einfluß auf die Meinungsbildung der Belegschaft kann größer sein als der des Betriebsrates. Sie sind vorrangige Gesprächspartner, wenn die gute Chance besteht, dadurch die positive Meinungsbildung zu forcieren. Wenn diese Chance nicht besteht, empfiehlt sich eine deutliche Zurückhaltung.

1155 Sofern sich die Möglichkeit zeigt, zum Konsens zu kommen, sollte man den sich vor Ort entwickelten Diskussionen nicht ausweichen. Meist sind jene sich in Betriebsversammlungen lauthals vordrängenden Personen im kleinen Gesprächskreis sehr viel moderater und lassen dort eher Sachargumente gelten.

1.1.3 Die Führungskräfte

1156 Die Information der Führungskräfte über **Ausgangssituation** und **Zielsetzung** ist immer ein besonders wichtiges und zugleich heikles Vorhaben. Drei Gründe sind dafür verantwortlich:

a) Der Informationsstand der Führungskräfte ist gut, sie kennen meist die Entwicklungsgeschichte, die gegenwärtige Situation und die Chancen zur Bekämpfung der Krise.
b) Sie sind größtenteils besonders involviert, teilweise mitverantwortlich für die ungünstige Entwicklung.

c) Einerseits ist ihre **aktive Mitwirkung** bei der Sanierung **unerläßlich**, andererseits müssen sie oft **Kompetenzen, Privilegien, Einflüsse** oder gar ihren **Arbeitsplatz aufgeben**.

Aus diesen besonderen Gründen kann es sinnvoll sein, die Führungskräfte in besonderer Weise in den Zielsetzungsprozeß einzubinden. Dies schafft gute Voraussetzungen für ein einheitliches und loyales Handeln und Auftreten der Führungsmannschaft.

1.2 Entscheiden und Handeln

Am Einsatz dieser beiden Aktivitäten entscheidet sich oft in einem früheren **1157**
Stadium das Schicksal der Sanierung.

Die Sanierungsverantwortlichen müssen beweisen, daß sie den **Mut** und die **Kraft** besitzen, **Entscheidungen zu treffen** und diese auch gegen Widerstände **durchzusetzen**.

Über Fragen der Entscheidungsfindung, der Entscheidungsbefugnisse und des Entscheidungsverhaltens in Krisensituationen gibt es zahlreiche Publikationen, die in sehr differenzierter Weise die verschiedenen Gesichtspunkte beleuchten und die Modelle darstellen (für viele *Krystek* 1981; *Müller* jeweils mit umfangreichen weiteren Nachweisen).

Leider helfen sie in der konkreten Situation einer akuten Krise kaum weiter, weil immer

Zeitdruck besteht,
die Problemstellungen äußerst komplex und
die zur Verfügung stehenden Informationen lückenhaft sind.

Die theoretischen Ansätze sind weitgehend ungeeignet, und es empfiehlt sich **1158**
statt dessen die Beachtung weniger einfacher, praktischer Regeln:

a) Das Krisenmanagement muß deutlich machen, **wo entschieden** wird und **wer entscheidet**.
b) Entscheidungen müssen **zügig gefällt und durchgesetzt** werden.
c) Die **Reihenfolge** der Entscheidungsfelder wird von deren Dringlichkeit und strategischen Bedeutung bestimmt.

Ein einfaches Schema zur Darstellung der personellen Beteiligung an Entschei- **1159**
dungen, abhängig vom Zeitdruck und Informationsgrad, ist nachfolgend dargestellt:

Wer soll entscheiden?	wenig Zeit	viel Zeit
wenige Informationen	Einzelner mit Schwerpunkterfahrung	Gremium mit Schwerpunkterfahrung
viele Informationen	Einzelner nach Beratung	Gremium nach Beratung

Bei der Auswahl der Entscheidungsfelder empfiehlt es sich aus psychologischen **1160**
Gründen, im Anfangsstadium der Sanierung schnelle, wenn auch kleine Erfolge anzupeilen.

Die ausgewählten Maßnahmen müssen »machbar« sein, mit knappen Terminen versehen werden und sollten als **rasche Fortschritte** den Mitarbeitern das Gefühl vermitteln, das neue Management, das geänderte Konzept oder die neuen Part-

ner verdienten ihr Vertrauen und führten das Unternehmen in eine **sichere Zukunft**.
Solche Erfolge stellen sich am raschesten durch aufwandssenkende Maßnahmen ein. Es sollten differenzierte, gezielte und selbständig realisierbare Maßnahmen sein. Bei der Terminvorgabe sind Worte wie »sofort« oder »eiligst« zu vermeiden, weil diese »Termine« heute so aktuell sind wie in einem Jahr. Statt dessen sind präzise Daten zu nennen.

1161 Wichtig ist, gerade auch im Anfangsstadium der Sanierung, eine **solide Tagesarbeit**. Insbesondere die schwierigen, unangenehmen Aufgaben (Reklamationen, Kontakte zu Problemkunden) bleiben erfahrungsgemäß leicht liegen. Gerade aber dort ist es möglich, ruhiges, entscheidungsentschlossenes Handeln zu demonstrieren. Es darf weder der Eindruck der Lethargie noch der Hysterie entstehen.

1162 Psychologisch wirkungsvoll und leistungsfördernd ist die Schaffung eines Auftragsdruckes. Praktiker wissen, daß Auftragsmangel zu Produktivitätsverlusten führt und umgekehrt die spezifische Leistung eines Betriebes ansteigt, wenn volle Auslastung erreicht wird. Sofern dies nicht durch Kundenaufträge möglich ist, kann der **Auftragsdruck** künstlich, z.B. durch Hereinnahme fremdvergebender Arbeiten, durch selbst ausgeführte Verknappung der Kapazität im Wege der Kurzarbeit herbeigeführt werden.

1163 Schnelle Erfolge lassen sich auch durch Verwirklichung der **»5-Schleusen-Regel«** herbeiführen. Nach dieser Regel »besetzt« ein verantwortliches Mitglied des Krisenmanagements (in der Regel der Finanzverantwortliche oder der Vorsitzende) fünf **»Geldschleusen«** des Unternehmens und trifft die Entscheidungen, wenn möglich auch über kleinste Beträge, selbst. Dies führt zu einer erheblichen Arbeitsbelastung und kann deshalb nur vorübergehend praktiziert werden. Allerdings stellen sich oft beachtliche Vorteile ein:
Der betreffender Manager gewinnt einen **totalen Überblick** über die »Geldströme«, auch wenn das Controllingsystem (noch) nicht die erforderlichen Daten liefert.
Er bekommt durch Nachfassen und Rückfragen eine Fülle von **Detailinformationen**, die er sonst kaum bekäme.
Das Krisenmanagement kann die **Sparprinzipien** permanent und unmittelbar und dadurch wirkungsvoller demonstrieren. Dies ergibt sich daraus, daß bei großen Beträgen jedermann es als selbstverständlich erachtet, wenn die Entscheidungen dem Topmanagement vorbehalten sind. Bei Kleinbeträgen entsteht zunächst Verwunderung über die »Kleinkariertheit«. Dadurch können aber leichter **(Um-) Denkprozesse** eingeleitet und durchgesetzt werden.

1164 Die fünf zu besetzenden »Schleusen« sind:
a) **Verkaufspreiskontrollen** durch Vorgabe von Preisuntergrenzen, Höchstrabatten usw.,
b) Kontrolle aller **Gutschriftsbuchungen**,
c) Kontrolle der **Personalkosten**, insbesondere aller Einstellungen, Lohnerhöhungen, Überstunden,
d) Kontrolle aller **Bestellaufträge**,
e) Kontrolle aller **Auszahlungsanweisungen**, insbesondere der Schecks, Überweisungen, Barauszahlungen.

Abschließend seien einige Praktiker mit Äußerungen zum Komplex »Entscheiden und Handeln« zitiert: 1165
Dazert (MM 1977, 79) »Im Unternehmen muß man wieder wissen, wo die Daten zusammenlaufen, die Entscheidungen getroffen werden, wer was im Rahmen der Gesamtkonzeption zu tun hat . . .«.
»Nur durch solche klaren Entscheidungen lassen sich auch Führungsansprüche gegenüber den Mitarbeitern durchsetzen« (o.V., Industriemagazin 9/1984, 20, 32. Der Artikel berichtet über das »AEG-Turnaround«):
»Und auch das brachte die Vergleichssituation mit sich: Niemand widersprach, keiner integriert. Solche Entscheidungen wurden angesichts der schwierigen Lage, in der sich der Konzern befand, nicht nur akzeptiert, sie wurden geradezu erwartet« . . . »Bei der konzernweit durchgeführten Umfrage wollten die AEG-Demoskopen auch die Meinung der Mitarbeiter erkunden, was sie von ihrem Top-Management erwarten. Die zusammengefaßt Antwort: **Straff führen, rasch und eindeutig entscheiden**.«
Britt (IO 1973, 443):
»Nichts ist deprimierender, als wenn in Krisensituationen nichts geschieht. In solchen Situationen ist etwas weniger präzis, aber rasches Handeln nützlicher als die präzise Maßnahme, welche zu spät kommt.«

1.3 Motivieren und Führen

In der Krisensituation besteht meist nicht die Möglichkeit, durch finanzielle Anreizsysteme ein Leistungsklima zu schaffen. Deshalb kommt es entscheidend darauf an, die **innere Leistungsbereitschaft**, den **Erfolgswillen und die Loyalität** der Mitarbeiter zu stärken. Sowohl im Hinblick auf die leistungsfähigen als auch auf leistungsschwache Mitarbeiter ist dies zwingend erforderlich. **Leistungsfähige Mitarbeiter** können, wie oben erwähnt, aus naheliegenden Gründen kaum mit finanziellen Anreizen gehalten werden. Sie sind oft in besonderem Maße aufgaben- und ergebnisorientiert. Das eröffnet die Möglichkeit, ihnen durch aktive Einbindung in den Sanierungsprozeß, durch Übertragung von Aufgaben, Verantwortung und Kompetenzen, ein hohes Maß an Arbeitszufriedenheit, an »Erfüllung« zu geben, daß das Fehlen finanzieller Anreize kompensiert. 1166
Bei **leistungsschwachen Mitarbeitern** kommt es darauf an, die Leistungsreserven zu mobilisieren.

In Wissenschaft und Praxis haben sich zahllose Theorien und Methoden herausgebildet, die sich um die Erreichung dieses Zieles bemühen. Bei Krisenunternehmen sind aber häufig folgende Merkmale verstärkt: 1167
- Diese Mitarbeiter **»klammern«** sich geradezu an ihren Arbeitsplatz, weil dessen Verlust für sie langandauernde Arbeitslosigkeit bedeutet.
- Sie sind **übervorsichtig**, wollen möglichst nicht auffallen und bemühen sich deshalb eher darum, Fehler zu vermeiden als positive Ergebnisse anzustreben.
- Sie neigen zum **»Dienst nach Vorschrift«**, zur Passivität, zu unkritischer Übernahme der Arbeitsanordnung.

Es ist deshalb erforderlich, zunächst diese Hemmnisse soweit als möglich abzubauen. Dazu sind vertrauensbildende Maßnahmen einzuleiten und glaubwürdig durchzuführen. Wege hierzu wurden oben beschrieben.

Bei organisationstheoretischer Betrachtung der Aufgabenbereiche »Motivieren« und »Führen« kommt man zwangsläufig zu der bereits in Teil A diskutierten 1168

Frage, ob ein **kooperativer oder ein autoritärer Führungsstil** besser zur Führung in Krisen- und Sanierungsphasen geeignet ist.
Töpfer (in *Schimke/Töpfer* 1986, S. 77 ff.) empfiehlt für die »Unternehmenspraxis« den **kooperativ-partizipativen Führungsstil** als Konsequenz der Notwendigkeit, die Führungskräfte zu »höherer Motivation und größerem Engagement« zu führen. Wir können dieser Meinung nicht ohne Vorbehalte zustimmen, weil keine Krisenbewältigung und Unternehmenssanierung nach einem festgefügten Schema mit universell einsetzbaren Instrumenten ablaufen wird.
Vielmehr wird es für dringend erforderlich gehalten, immer wieder darauf hinzuweisen, daß das **Führungsverhalten situationsgerecht** sein muß. Die Situation kann aber zu einem autoritären Führungsstil zwingen, wenn auch wegen der wirkungsvolleren Motivationsweckung in den meisten Sanierungsfällen ein kooperativ-partizipativer Führungsstil angebracht sein wird.
Letztlich kommt es darauf an, jene bewährten Tugenden zu vertreten, die oft Merkmale von charismatischen Unternehmensführern sind:
- **Fachkompetenz**, die Vertrauen schafft,
- **Integrität**, die Glaubwürdigkeit erzeugt,
- **Überzeugungskraft**, die die erforderlichen Maßnahmen durchsetzt.

2. Kunden

1169 Besonders wichtig für das weitere Schicksal des Unternehmens ist die Entwicklung der Kundenbeziehungen in der akuten Krisenphase. Die Kunden beginnen sich umzuorientieren und suchen nach alternativen Anbietern, um ihre Versorgungssicherheit zu erhalten. Es sind zwar auch Fälle bekannt, in denen sich aus dem Kreis der Abnahmen Initiativen zur Erhaltung des Krisenunternehmens entwickeln, diese stellen aber Ausnahmen darf. Sie sind dort anzutreffen, wo das Krisenunternehmen ein besonderes technisches Know-how oder andere strategische Vorteile für den Abnehmer bietet und dieser nur mit erheblichem Zeitverlust oder großem Aufwand die drohenden Lieferausfälle ersetzen kann.
In den meisten Fällen jedoch bereiten sich die Kunden auf die Aufnahme neuer Geschäftsbeziehungen vor, wenn es dem Krisenunternehmen nicht gelingt, das **Vertrauen in die wirtschaftliche Zukunft des Unternehmens und den Erhalt seiner Lieferfähigkeit wiederherzustellen**.

1170 Sofern die wirtschaftlichen Schwierigkeiten nicht offenkundig werden, indem beispielsweise vorlieferungsbedingte Fertigungsverzögerungen auftreten, genügt es oft, durch sachliche Information in Form eines Rundschreibens und durch Außendienstbesuche auf eine andere Schwerpunktsetzung in der Geschäftspolitik, eine Umorganisation oder auf die Umbesetzung der Führungsspitze hinzuweisen. Ziel der Information muß es sein, das (angeschlagene) Vertrauen neu zu wecken, indem Sachinformationen gegeben werden, die den Empfänger nicht durch beunruhigende Neuigkeiten verunsichern, sondern ihm **positive, in die Zukunft weisende Perspektiven eröffnen**.
Falls die wirtschaftlichen Probleme evident sind, bedarf es meist eingehender Unterrichtung, am besten durch persönliche Besuche der Sanierungsverantwortlichen, um die Kunden von der **Tragfähigkeit und Realisierbarkeit** des Sanie-

rungskonzeptes zu überzeugen. Diese Aufgabe ist leider sehr zeitaufwendig. Sie darf aber keinesfalls vernachlässigt werden, wenn die internen Sanierungsbemühungen mangels Absatzchancen nicht ins Leere gehen sollen.
Da ein Lieferantenwechsel für die Kunden meist auch mit Risiken verbunden ist, sind sie in aller Regel gern bereit, auf ein schlüssiges Konzept und die persönliche Durchsetzungskraft des Krisenmanagers zu vertrauen, wenn es ihm gelingt, glaubwürdig und überzeugend zu argumentieren.

3. Banken und Lieferanten

Eine offene und vertrauensvolle **Zusammenarbeit** mit den Banken ist in der **1171** Krise unverzichtbar (vgl. *Krahnen* 1974; *Woeste* ZfB 1977, 232; *Hielscher* 1979; *Herrhausen* Die Bank 1979, S. 358–363; *Kuhlmann* 1984; *Schaaf/Schimke* in *Schimke/Töpfer* 1986, 41). Ohne ein solches Verhalten bestehen keine Chancen, die Banken zur Mitwirkung an den Sanierungsbemühungen, sei es durch aktives Eingreifen oder durch Stillhalten, zu bewegen. Dabei gilt es, die gleichen Ziele, wie oben bereits im Hinblick auf Belegschaft und Kunden erläutert, zu erreichen und die Schlüssigkeit und Realisierbarkeit des Sanierungskonzeptes darzulegen.

Besonderes Geschick verlangt die **Gestaltung der Lieferantenbeziehungen**. Ei- **1172** nerseits haben die Lieferanten meist sehr großes Interesse am Fortbestand des Unternehmens, andererseits sind sie diejenige Gläubigergruppe, die regelmäßig am stärksten durch den Zusammenbruch des Krisenunternehmens gefährdet würde.

Die Lieferanten haben kaum erzwingbare Informationsrechte, sind aber faktisch **1173** in der Lage, den Produktionsbetrieb des Krisenunternehmens kurzfristig stillzulegen.
Deshalb empfiehlt sich auch hier eine **offensive Informationspolitik**, die aber unter allen Umständen einer Verunsicherung der Lieferanten entgegenwirken muß und die den Schwerpunkt auf die positiven Zukunftsaussichten legt. Selbst bei einer akuten Gefährdung der bestehenden Lieferverbindlichkeiten sind die Lieferanten oft zu weiterer Versorgung bereit, wenn sie erwarten können, mit zukünftigen Geschäften ihre Gegenwartsverluste ausgleichen zu können.
Die Informationen sollten gezielt und individuell ausgewählt erfolgen. Rundschreiben sind nur angebracht, wenn durch Konkurs- oder Vergleichsanmeldung die prekäre Situation des Unternehmens öffentlich bekannt ist und **konkrete Sanierungsstrategien** vorstellungsreif sind.
Wichtige Lieferanten sollten im persönlichen Gespräch informiert werden.

Die größte Bedrohung geht oft von wertmäßig unbedeutenden Lieferanten aus, **1174** deren Produkte aber unsubstituierbar sind. Sie sind in der Lage, ihre Machtposition souverän auszuspielen, weil ihr eigenes **Delkredererisiko** gering ist. Solche Lieferanten müssen von der Führungsspitze des Krisenunternehmens persönlich betreut werden. Oft müssen, unter Beachtung der rechtlichen Grenzen, besondere Privilegien zugestanden werden.

4. Behörden, Presse und Öffentlichkeit

1175 Auch im Hinblick auf diese Adressaten empfiehlt sich eine aktive Informationspolitik. Dabei sollte auf die **Weitergabe von Interna** verzichtet und nur soviel veröffentlicht werden, wie es erforderlich ist, um das Sprießen von Gerüchten zu unterbinden. Die Situation des Unternehmens ist sachlich und ohne Dramatik darzustellen, um nicht noch eine Steigerung des publizistischen Interesses herbeizureden. So schnell wie möglich ist deshalb zu Alltagsthemen überzugehen. Das Unternehmen darf nicht wochenlang im Mittelpunkt von Diskussionen stehen, weil dadurch die eigenen Mitarbeiter nur von der Bewältigung ihrer Tagesaufgaben abgehalten werden. Eine Unternehmenssanierung darf nicht zur spannenden Fortsetzungsgeschichte im Lokalteil einer Zeitschrift werden. Lokalpolitiker und Behördenvertreter sollten weitergehende Informationen in persönlichen Gesprächen erhalten, sofern sie ein berechtigtes Interesse daran haben und dem Unternehmen und seinen Arbeitsplätzen damit gedient werden kann. Offensive Informationsschritte von seiten des Krisenmanagements können äußerst hilfreich sein, wenn die Auswahl der Gesprächspartner und Art und Umfang der Informationshingabe keinen Zweifel an der Sachbezogenheit und Seriosität des Vorgehens aufkommen lassen (vgl. hierzu *Groß* 1988, S. 321 ff.: »Zur Mobilisierung von Subventionen«).

XIII. Der Vergleich

1. Allgemeines

1176 Sind alle Sanierungsbemühungen vor Eintritt der Insolvenz gescheitert, hat der Gesetzgeber zwei völlig unterschiedliche Möglichkeiten von »Gesamtvollstreckungsverfahren« geschaffen, die im Fall der Zahlungsunfähigkeit bzw. Überschuldung die gleichen Eröffnungsvoraussetzungen haben, jedoch grundlegend verschiedene Ziele verfolgen.

1177 Gleichberechtigt neben dem Konkursverfahren steht das Vergleichsverfahren zur Abwendung des Konkurses (§ 1 VglO). Verfolgt das Konkursverfahren grundsätzlich die Liquidierung des Schuldnervermögens, so kann nach den Bestimmungen der Vergleichsordnung ein »vergleichswürdiger« Schuldner bei gleichzeitiger und gleichmäßiger Kürzung der Gläubigerrechte saniert werden.

1178 Dieser Dualismus von Konkurs- und Vergleichsverfahren wird noch um die Möglichkeit des Zwangsvergleichs erweitert, so daß auch im Verlaufe eines bereits eröffneten Konkursverfahrens eine Chance zur Sanierung des Gemeinschuldners zu realisieren ist (§§ 173 ff. KO).

1179 Eine Gleichstellung des Vergleichs nach der Vergleichsordnung mit dem Zwangsvergleich nach §§ 173 ff. KO ist allerdings – trotz der Parallelität der Rechtsfolgen – nicht angebracht. Bringt auch der Zwangsvergleich, der die volle Durchführung des Konkursverfahrens entbehrlich macht, sowohl für die Gläubiger als auch den Gemeinschuldner Vorteile, verhindert er aber gerade nicht die Schäden, die schon durch die Konkurseröffnung eintreten. »Der Gemeinschuldner erleidet zunächst alle Rechtsminderungen, welche mit der Konkurseröffnung verbunden sind. Ihm wird das Geschäft aus der Hand genommen, was immer schwere wirtschaftliche Schäden zur Folge hat, auch wenn der Konkursverwalter es noch so bedeutsam »weiterführt«.

2. Das Vergleichsverfahren

Die beiden in unterschiedlichen Gesetzen geregelten Insolvenzverfahren, das **1180** Konkurs- und Vergleichsverfahren, haben eine unterschiedliche Zielsetzung, wobei jedoch nicht zu erkennen ist, daß zwischen beiden Verfahren Wechselwirkungen bestehen. Im Hinblick auf die Diskussion um die Insolvenzrechtsform, die eine Vereinheitlichung der beiden Verfahren anstrebt, ist es angezeigt, die Wechselwirkungen und die Grundzüge der Vergleichsordnung darzustellen.

Im Vergleichsverfahren soll einer Vielzahl von Gläubigern unter Berück- **1181** sichtigung des Grundsatzes der Gläubigergleichbehandlung und der Einhaltung des Schuldnerunternehmens zur Ablösung der Verbindlichkeiten ein Mindestbetrag gewährt werden.

Im Gegensatz hierzu führt das Konkursverfahren im Regelfall zur Liquidation **1182** des Unternehmens, es sei denn, der Konkursverwalter strebt unter Fortführung des Unternehmens (§ 117 KO) eine Sanierung des Unternehmens an oder aber es ist der Abschluß eines Zwangsvergleichs (§ 173 KO) beabsichtigt.

Es ist zulässig, einen Zwangsvergleich über den Umweg des Vergleichsverfahrens **1183** und des Abschlußkonkurses anzustreben (*BGH* ZIP 1983, 1472).

Während der Konkursantrag sowohl vom Gläubiger als auch vom Schuldner ge- **1184** stellt werden kann, kann der Vergleichsantrag nur vom Schuldner bei Gericht eingereicht werden und kann auch dazu dienen, einen Gläubigerantrag auf Eröffnung des Konkursverfahrens abzuwehren (§ 46 VglO).

Im Vergleichsverfahren gibt es keine »Vergleichsmasse«, die der Konkursmasse **1185** (§ 1 KO) entsprechen würde.

Im Konkursverfahren verliert der Gemeinschuldner das Verwaltungs- und Ver- **1186** fügungsrecht über das zur Konkursmasse gehörige Vermögen (§ 6 KO), während im Vergleichsverfahren der Vergleichsschuldner das Verwaltungs- und Verfügungsrecht behält, und zwar selbst dann, wenn im Vergleichsantragsverfahren Verfügungsbeschränkungen (§§ 11, 58 VglO) erlassen worden sind (*BGH* ZIP 1981, 410).

Der Antrag auf Eröffnung eines Vergleichsverfahrens stellt keinen Insolvenz- **1187** zeitpunkt i.S.d. Kaug dar, so daß die Arbeitnehmer wegen rückständigen Arbeitsentgeltes keinen Anspruch auf Kaug geltend machen können.

Die Gläubiger des Vergleichsverfahrens gehören u.U. (vgl. §§ 25, 26, 36 VglO) zu **1188** dem Kreis der Konkursgläubiger.

Außerhalb des Vergleichsverfahrens sind vorab in voller Höhe zu befriedigen: **1189**

a) Aussonderungsansprüche, Ersatzaussonderungsansprüche (z.B. Eigentumsvorbehalt, Gerichtskosten, Verwaltungshonorar, § 26 VglO),

b) Ansprüche auf abgesonderte Befriedigung (z.B. Pfandrechte, Sicherungsübereignung, § 27 VglO),
c) bevorrechtigte Ansprüche für das letzte Jahr vor Verfahrenseröffnung wie Löhne und Gehälter, Steuern usw. (§§ 61 Abs. 1 Nr. 1 – 5 KO).

3. Die wesentlichen Verfahrensprinzipien des Vergleichsverfahrens

3.1 Antragstellung

1190 Wie bei dem Konkursverfahren können Kapitalgesellschaften im Falle der Überschuldung oder Zahlungsunfähigkeit, Personengesellschaften und Einzelkaufleute bei eingetretener Zahlungsunfähigkeit, den Antrag auf Eröffnung des Vergleichsverfahrens stellen. Die Vergleichsantragstellung entbindet von der Verpflichtung zur Konkursantragstellung.

3.2 Ablehnungsgründe

1191 Die Eröffnung des Vergleichsverfahrens ist nach der strengen Regelung der Vergleichsordnung (§§ 3 – 7, 17, 18) abzulehnen, wenn

- der Vergleichsschuldner die Vergleichsantragsunterlagen nicht vollständig einreicht,
- der Vergleichsschuldner flüchtig ist oder sich verborgen hält,
- er wegen Bankrotts strafrechtlich verurteilt ist oder deshalb ein Strafverfahren gegen ihn anhängig ist,
- innerhalb der letzten 5 Jahre ein Konkurs- oder Vergleichsverfahren über sein Vermögen durchgeführt oder ein Konkursantrag mangels Masse abgewiesen wurde,
- innerhalb von 5 Jahren die eidesstattliche Versicherung abgegeben oder verweigert hat,
- das Vermögen nicht ausreicht, um die Kosten des Verfahrens zu decken (*BGH* ZIP 1981, 365),
- der Vergleichsschuldner dem Verwalter keine Einsicht in seine Bücher gewährt oder die verlangte Auskunft verweigert,
- die Buchhaltung so mangelhaft ist, daß sie keinen Überblick über die Vermögenslage gewährt,
- der Vermögensverfall durch Unredlichkeit oder Preisschleuderei verursacht ist,
- der Vergleichsvorschlag der Vermögenslage des Schuldners nicht entspricht,
- der Schuldner den Vergleichsantrag verzögert hat,
- im Falle der Geschäftsfortführung mit der Erhaltung des Unternehmens nicht zu rechnen ist.

3.3 Die Stellung des Vergleichsgerichts

1192 Das Vergleichsgericht ernennt für das Vergleichsantragsverfahren den vorläufigen Verwalter (§ 11 VglO) und ordnet ggf. Maßnahmen an, um eine nachteilige Veränderung der Vermögenslage des Schuldners im Interesse der Gläubiger zu verhindern (§ 12 VglO).

Es kann dem Schuldner aufgegeben werden, vor einer Verfügung über sein Ver- **1193**
mögen oder zur Eingebung neuer Verbindlichkeiten die Zustimmung des vorläufigen Verwalters einzuholen (§§ 57 – 59 VglO).

Auf Antrag des vorläufigen Verwalters kann das Vergleichsgericht anordnen, daß **1194**
anhängige Einzelzwangsvollstreckungen von Vergleichsgläubigern bis zur Entscheidung des Gerichts über die Vergleichseröffnung – längstens für die Dauer von 6 Wochen – einstweilen eingestellt werden (§ 13 VglO).

Vor der Entscheidung über die Eröffnung oder Ablehnung des Vergleichsver- **1195**
fahrens fordert das Vergleichsgericht bei der Berufsvertretung (Industrie- und Handelskammer) eine Stellungnahme zum Vergleichsantrag und wird den schriftlichen Bericht des vorläufigen Verwalters zu einer maßgeblichen Entscheidungsgrundlage machen.

Das Vergleichsgericht hat die Eröffnung des Vergleichsverfahrens abzulehnen im **1196**
Falle
- der Vergleichsunwürdigkeit,
- der Nichterreichung der 35%igen Mindestquote,
- der beabsichtigten Fortführung des Schuldnerunternehmens, wenn seine Erhaltung offenbar nicht zu erwarten ist.

Lehnt das Gericht die Eröffnung des Vergleichsverfahrens ab, hat es von Amts **1197**
wegen über die Eröffnung des Anschlußkonkursverfahrens zu entscheiden.

Eröffnet das Gericht das Vergleichsverfahren, ernennt es einen Vergleichsver- **1198**
walter und fordert sämtliche Gläubiger unter Übersendung des Eröffnungsbeschlusses auf, ihre Forderungen schriftlich anzumelden (§ 20 VglO).

3.4 Der Vergleichstermin

Bei einem Vergleichstermin – einer vom Gericht geleiteten Versammlung der **1199**
Gläubiger, bei dem der Schuldner und der Vergleichsverwalter anwesend sein müssen (§ 68 VglO) – wird über den Vergleichsvorschlag verhandelt und abgestimmt.

Nach Eröffnung der Verhandlung verliest das Gericht den Vergleichsvorschlag **1200**
und gibt die Stellungnahme der Berufsvertretung bekannt (§ 66 VglO).

Der Vergleichsverwalter hat über die Sachlage, die Ursachen der Insolvenz, die **1201**
Angemessenheit des Vergleichsvorschlags und die Aussichten der Vergleichserfüllung zu berichten (§ 40 Abs. 3 VglO).

Anschließend werden die schriftlich bei Gericht angemeldeten und vom Gericht **1202**
in ein Gläubigerverzeichnis eingetragenen Forderungen geprüft und die Stimmrechte der Gläubiger festgestellt (§§ 66, 67, 70 VglO).

Das berichtigte Gläubigerverzeichnis des Gerichts ist zugleich die Stimmliste für **1203**
die Abstimmung über den Vergleichsvorschlag (§ 71 Abs. 4 VglO).

Eine Forderung gilt als festgestellt, wenn weder der Vergleichsschuldner, der **1204**
Vergleichsverwalter noch ein Vergleichsgläubiger sie bestreitet (§ 71 Abs. 1 VglO). Eine festgestellte Forderung ist im Vergleichstermin stimmberechtigt.

1205 Bei Meinungsverschiedenheiten zwischen Vergleichsschuldner, Vergleichsverwalter und Gläubiger über die Höhe des Stimmrechts entscheidet das Gericht (§ 71 Abs. 2 VglO).
Die Höhe des Stimmrechts ist vom Gericht in das berichtigte Gläubigerverzeichnis (Stimmliste) einzutragen.

1206 Für die Annahme des Vergleichsvorschlages muß die Abstimmung folgende Zustimmungsmehrheiten der im Vergleichstermin anwesenden oder schriftlich zustimmenden Vergleichsgläubiger ergeben:

a) bei einem Vergleichsvorschlag unter der 50 %-Quote: mehr als 50 % nach der Anzahl der Gläubiger
und
mindestens 80 % der im Termin zugelassenen Forderungsbeträge;
b) bei einem Vergleichsvorschlag mit einer Quote von mindestens 50 %: mehr als 50 % nach der Anzahlung der Gläubiger
und
mindestens 75 % der im Termin zugelassenen Beträge (§ 74 VglO).

1207 Kommt eine der erforderlichen Mehrheiten im Vergleichstermin nicht zustande, kann der Termin auf Antrag des Schuldners vom Gericht vertagt werden (§ 77 VglO).

3.5 Die Aufgaben des Vergleichsverwalters

1208 Da der Vergleichsverwalter keine Verfügungsmacht über das Schuldnervermögen erhält, obliegt dem vorläufigen Verwalter bzw. dem Vergleichsverwalter nur eine Überwachungspflicht gegenüber dem Vergleichsschuldner, d.h. der Schuldner kann nur mit Zustimmung des Verwalters handeln (§§ 39, 40 VglO).

1209 Die Verwertung des Schuldnervermögens kann jedoch durch Vertrag zwischen dem Vergleichsschuldner und dem Verwalter auf diesen übertragen werden.
Der Verwalter kann darüber hinaus verlangen, daß sämtliche Zahlungseingänge und Zahlungsausgänge nur über seine Sonderkonten erfolgen.
Er hat weiterhin zu überwachen, daß die am Vergleich **nicht** beteiligten Gläubiger vorab befriedigt werden.

1210 Die wesentlichen Aufgaben des vorläufigen Verwalters bzw. des Vergleichsverwalters bestehen darin, dem Vergleichsgericht und in dem Vergleichstermin über den Sachstand zu berichten (§ 40 VglO), weiterhin die Prüfung der Gläubigerforderungen vorzubereiten und im Vergleichstermin die angemeldeten Forderungen anzuerkennen bzw. zu bestreiten. Seine Prüfung ist damit ausschlaggebend für das vom Gericht zuerkannte Stimmrecht im Vergleichstermin.

3.6 Bestätigung und Aufhebung des Vergleichsverfahrens

1211 Sind im Vergleichstermin die erforderlichen Stimmenmehrheiten für die Annahme des Vergleichsverfahrens zustande gekommen, hat das Vergleichsgericht den Vergleich zu bestätigen, um die Vergleichswirkungen eintreten zu lassen (§ 78 VglO).

1212 Nur in besonderen Fällen kann die Bestätigung des Vergleichs versagt werden (§ 79 VglO).

Aufgrund des bestätigten Vergleichs kann jeder Vergleichsgläubiger einen Auszug aus dem berichtigten Gläubigerverzeichnis vom Gericht verlangen und seine Vergleichsforderung ggf. zwangsweise gegenüber dem Schuldner betreiben (§ 85 VglO). **1213**

Das Gericht hat das Vergleichsverfahren mit der Bestätigung aufzuheben, wenn dies von den Gläubigern im Vergleichstermin mit den für die Annahme des Vergleichs erforderlichen Mehrheiten beantragt wird, sofern die Aufhebung nicht dem gemeinsamen Interesse der Vergleichsgläubiger widerspricht (§ 90 VglO). **1214**

Das Gericht hat das Vergleichsverfahren ferner aufzuheben, wenn sich der Vergleichsschuldner bis zur Erfüllung des Vergleichs der Aufsicht eines Sachverwalters unterwirft (§ 91 VglO). **1215**
Als Sachverwalter wird vom Gericht üblicherweise der bisherige Vergleichsverwalter bestellt.
Die Überwachung endet, wenn der Sachverwalter dem Gericht die Erfüllung des Vergleichs angezeigt hat (§ 95 VglO).

Das Vergleichsverfahren kann durch Entscheidung des Gerichts bis zur Erfüllung des Vergleichs fortgesetzt und erst nach Erfüllung des Vergleichs aufgehoben werden (§ 96 VglO). **1216**
Der gerichtliche Aufhebungsbeschluß wird öffentlich bekannt gemacht.

4. Das Konkursverfahren

4.1 Insolvenzvoraussetzungen

Gründe, die zur Stellung eines Insolvenzantrages verpflichten bzw. berechtigen, sind Zahlungsunfähigkeit und Überschuldung. **1217**
Der Konkursantrag kann sowohl vom Schuldner als auch von jedem Gläubiger gestellt werden; ein Vergleichsantrag kann dagegen nur vom Schuldner selbst gestellt werden. Voraussetzung ist, daß einer der beiden nachstehenden Insolvenzgründe vorliegt.

Die **Zahlungsunfähigkeit** allein ist Konkursgrund bei **1218**
- natürlichen Personen (§ 102 KO),
- offenen Handelsgesellschaften und Kommanditgesellschaften (§ 209 KO und § 109 VglO), wenn eine natürliche Person haftet,
- der Gütergemeinschaft von Eheleuten, wenn sie das Gesamtgut gemeinschaftlich verwalten (§ 236 KO, § 114 a VglO),
- der eingetragenen Genossenschaft mit unbeschränkter Haftpflicht (§ 98 GenG, s. auch § 111 VglO).

Nur die **Überschuldung** ist Konkursgrund bei dem Nachlaßkonkurs (§ 215 KO) oder dem Nachlaß-Vergleichsverfahren (§ 113 VglO) und dem Konkurs- (§ 236 KO) oder Vergleichsverfahren (§ 114 VglO) über das Gesamtgut einer fortgesetzten Gütergemeinschaft. **1219**
Sowohl **Zahlungsunfähigkeit** als auch **Überschuldung** gelten als Konkursgrund bei
- der Aktiengesellschaft (§ 207 KO, § 198 VglO), der Kommanditgesellschaft auf Aktien (§ 209 Abs. 1 Satz 2 KO, § 108 VglO);

- Gesellschaften mit beschränkter Haftung (§ 63 GmbHG, § 108 VglO),
- offenen Handelsgesellschaften oder Kommanditgesellschaften, wenn keine natürliche Person als persönlich haftender Gesellschafter vorhanden ist, »es sei denn, daß zu den persönlich haftenden Gesellschaftern eine andere offene Handelsgesellschaft gehört, bei der ein persönlich haftender Gesellschafter eine natürliche Person ist« (§ 209 Abs. 1 Satz 3 KO),
- sonstigen juristischen Personen und Vereine, die als solche verklagt werden können (§ 213 KO, § 108 VglO),
- Genossenschaften nach deren Auflösung sowie Genossenschaften mit beschränkter Haftpflicht, wenn die Überschuldung die Haftung aller Genossen um ¼ übersteigt (§ 98 GenG, s. auch § 111 VglO).

Weder konkurs- noch vergleichsfähig sind Gesellschaften bürgerlichen Rechts und stille Gesellschaften; nur die einzelnen Mitglieder sind es.

1220 **Zahlungsunfähigkeit** (§ 102 KO) ist das auf dem Mangel an Zahlungsmitteln beruhende **dauernde** Unvermögen des Schuldners, seine fälligen Geldschulden ganz oder teilweise zu erfüllen. Sie muß auf irgendeine Weise in Erscheinung getreten sein und ist nicht gegeben, wenn der Schuldner bloß zahlungsunwillig ist oder sich scheut, seine Vermögenswerte zur Befriedigung seiner Gläubiger zu versilbern.

1221 Die Zahlungsunfähigkeit ist insbesondere anzunehmen, wenn **Zahlungseinstellung** erfolgt ist. Bloße Zahlungsstockung reicht nicht aus (§ 102 Abs. 2 KO).

1222 Die Zahlungseinstellung liegt vor, wenn ein Schuldner wegen eines nicht nur vorübergehenden Mangels an Zahlungsmitteln, nach außen erkennbar, im allgemeinen nicht mehr in der Lage ist, seine fälligen Geldschulden zu erfüllen. Wenn z.B. ein Schuldner an das Finanzamt und die AOK laufend soviel zahlt, daß diese Stellen zunächst von energischen Zwangsmaßnahmen absehen, und er seine Wechsel und Schecks im wesentlich bezahlt, bei Protesten die Zahlung in vielen Fällen nachholt und auch sonst seine Gläubiger durch Teilzahlungen davon abhält, gegen ihn gerichtlich vorzugehen, so leistet er nach der Verkehrsanschauung einen wesentlichen Teil seiner Zahlungen und schließt so die Annahme der Zahlungseinstellung aus (*OLG Hamburg* MDR 1972, 959).

1223 Indizien, die für die Zahlungseinstellung sprechen:

- Einstellung des **Geschäftsbetriebes**;
- Erklärung der **Zahlungseinstellung durch den Schuldner**; die objektive Richtigkeit muß überprüft werden, denn oft will der Schuldner nicht mehr zahlen, obwohl er es objektiv noch könnte, dann reicht seine Erklärung nicht aus;
- **Nichtzahlung von Energielieferungen** (Gas, Strom, Kohle, Wasser) kann Zahlungseinstellung bedeuten, wenn die zwangsläufige Folge die Einstellung der Belieferung ist und die Fortführung des Betriebes damit unmöglich wird;
- **Nichtzahlung der Löhne und Gehälter** (andererseits spricht die Fortzahlung der Löhne nicht gegen die Zahlungseinstellung, wenn alle anderen fälligen Schulden unbezahlt bleiben);
- **erlassene Haftbefehle** zur Erzwingung der eidesstattlichen Versicherung. Ein Haftbefehl allein reicht nicht aus, die Häufung von Haftbefehlen ist jedoch Indiz für die Zahlungseinstellung;
- **Nichtabführung von Krankenkassenbeiträgen** ist allein nicht ausreichend, wenn andere Verbindlichkeiten – wenn auch schleppend – bezahlt werden;

- **Nichtzahlung von Steuern** (wie Krankenkassenbeiträge) ist allein nicht ausreichend, schleppende Steuerzahlung wird vom Finanzamt oft geduldet;
- **Wechselproteste**; ein einziger Protest allein ist nicht ausreichend, jedoch mehrere Proteste, die sich über einen gewissen Zeitraum erstrecken, schmälern die Kreditfähigkeit;
- **Zwangsvollstreckungen**; entscheidend sind Umfang und Dauer der Vollstrekkungsmaßnahmen. Einmalige Vollstreckung ist kein Indiz, dagegen sind häufige Vollstreckungen (wegen unstreitiger Forderungen – Lieferantenforderungen) starkes Indiz, insbesondere wenn die Pfändung fruchtlos bleibt.

Überschuldung liegt vor, wenn die Passiva die Aktiva übersteigen, also das vor- **1224**
handene Vermögen des Schuldners seine Verbindlichkeiten nicht mehr deckt. Die Überschuldung ist demnach die negative Differenz zwischen dem Betrag des Vermögens und dem der Schulden.
Um die Überschuldung zu ermitteln, ist ein Vermögensstatus zu erstellen, der die tatsächlichen Werte enthält, also nicht nach handels- und steuerrechtlichen Bilanzgrundsätzen aufzustellen ist. Für die Liquiditätsbilanz, insbesondere für die Bewertung, hat der Gesetzgeber keine Vorschriften erlassen.

Bei **Personen-Handelsgesellschaften** mit variablen Eigenkapitalkonten ist Über- **1225**
schuldung dann gegeben, wenn das Eigenkapital auf der Passivseite der Bilanz durch Verluste vollständig aufgezehrt ist und auf der Aktivseite weitere Verluste ausgewiesen werden.

Bei der **GmbH oder AG** liegt Überschuldung oder Unterbilanz in dem Augen- **1226**
blick vor, in dem Verluste größeren Umfangs das Eigenkapital aufzehren und als Korrekturposten zum Kapital auf der Aktivseite der Bilanz ausgewiesen werden.

Die Überschuldung läßt sich nur aufgrund einer Liquidationsbilanz ermitteln. **1227**
Dabei sind sämtliche Vermögenswerte und Schulden mit dem Zeitwert anzusetzen. Es ist scharf zu trennen, ob das Unternehmen fortgeführt oder geschlossen werden soll. Bestehen keine Anhaltspunkte, daß ein Unternehmen wegen fehlender Rentabilität nicht lebensfähig ist, so kann der Unternehmer von der Fortführung ausgehen und entsprechend bewerten.

Führt die Prüfung aller maßgeblichen Umstände dagegen zu dem Ergebnis, daß **1228**
das Unternehmen auf Dauer nicht lebensfähig ist, oder ist die Liquidation schon beschlossen, so sind Liquidationswerte einzusetzen, d.h. in aller Regel die erwarteten Einzelveräußerungserlöse.

Es ist nicht Aufgabe des Überschuldungsstatus, festzustellen, ob genug Masse zur **1229**
Befriedigung **aller denkbaren** Gläubiger vorhanden ist. Eine Kapitalisierung oder Passivierung nicht fälliger Verbindlichkeiten ist daher ebensowenig erforderlich wie die Berücksichtigung der voll gesicherten Gläubiger, und schon gar nicht sind erst durch das Verfahren zu erwartende Forderungen zu berücksichtigen (z.B. Sozialplan). Kapitalersetzende Gesellschaftsdarlehen sind daher im Überschuldungsstatus – genau wie Eigenkapital – weder zu aktivieren noch zu passivieren. Das gilt auch für Darlehen Dritter, die kapitalersetzenden Charakter haben und die durch Gesellschafter abgesichert sind (§ 32 a GmbHG; *OLG Düsseldorf* ZIP 1983, 786 = NJW 1983, 2887; vgl. auch *OLG Hamburg* ZIP 1987, 977).

1230 Anders ist im Regelfall zu entscheiden, wenn ein Kreditinstitut einen Kontokorrentkredit einräumt, der üblicherweise durch die Gesellschafter verbürgt wird; solche Verbindlichkeiten sind zu passivieren, da der Geldgeber »keine unternehmerischen Ziele« verfolgt, sondern ein »typisches Bankgeschäft« tätigt.

1231 **Der Unternehmer hat eine ständige Pflicht zur Prognose**, d.h. er hat sich laufend über seine wirtschaftlichen Verhältnisse zu informieren, also eine Eigenprüfung, eine Insolvenzanalyse vorzunehmen. Diese **Pflicht zur Eigenprüfung folgt aus dem Merkmal der »Krise«** im **Konkursstrafrecht**. Insoweit ist also die Überschuldung auch für Einzelkaufleute und Personenhandelsgesellschaften von Bedeutung.

1232 In der Regel wird bei Überschuldung auch Zahlungsunfähigkeit vorliegen. Wenn diese auch als Konkursgrund angegeben ist, wird man sich mit den oft schwierigen Bewertungsfragen zur Überschuldung nicht auseinanderzusetzen brauchen. Der Konkursgrund der Überschuldung hat daher in der Praxis wenig Bedeutung erlangt. Das gilt aber nur für das Konkurs- und Vergleichsverfahren, nicht für das Konkursstrafrecht (§ 283 ff. StGB).

4.2 Organe des Konkursverfahrens

4.2.1 Gericht

1233 Zuständig für das Konkursverfahren ist das Amtsgericht der gewerblichen Niederlassung des Gemeinschuldners (§ 71 KO).

1234 Die Entscheidungen des Gerichts ergehen durch Verfügung oder durch Beschluß (jedoch niemals durch Urteil). Das **Rechtsmittel** gegen die gerichtlichen Entscheidungen ist die **sofortige Beschwerde**, die mit einer Notfrist von zwei Wochen versehen ist. Der Amtsrichter kann die Entscheidung, falls sie vom Rechtspfleger erlassen ist, abändern; stimmt der Richter jedoch mit dem Rechtspfleger überein, so muß er die sofortige Beschwerde dem Landgericht zur Entscheidung vorlegen (§ 73 KO).

1235 Das Konkursverfahren wird zwar **nur auf Antrag eingeleitet**, es wird aber von Amts wegen durchgeführt.

1236 Zur Durchführung des Verfahrens kann das Gericht alle erforderlichen Ermittlungen anstellen (z.B. Laden von Zeugen, Bestellen von Sachverständigen; § 75 KO).

1237 Die **Zustellung** erfolgen im Konkursverfahren **durch öffentliche Bekanntmachung**; üblicherweise in Form der Veröffentlichung in der örtlichen Tageszeitung.

1238 Das Antragsverfahren bearbeitet der Richter, nach Konkurseröffnung geht das Verfahren im Regelfall auf den Rechtspfleger über.

1239 Die Durchführung des Verfahrens erfolgt durch die Konkursbeteiligten selbst, das Gericht übt nur eine Kontrolltätigkeit aus.

4.2.2 Verwalter

1240 Der Konkursverwalter ist die Zentralfigur jeden Konkursverfahrens.
Er wird vom **Gericht ernannt** (§ 78 KO) und bei Unfähigkeit entlassen (§ 84 KO).

Die erste **Gläubigerversammlung** kann einen anderen Konkursverwalter wählen; das Gericht kann diesem neu gewählten Verwalter u. U. jedoch die Bestätigung versagen (§ 80 KO). **1241**

Der Konkursverwalter **übt sein Amt** unter Aufsicht des Gerichts **selbständig** aus, er ist der eigentliche Herr des Verfahrens. Das Gericht prüft nicht die Zweckmäßigkeit von Handlungen des Konkursverwalters, sondern darf nur bei Pflichtwidrigkeiten gegen ihn vorgehen (§ 83 KO). **1242**

Der Konkursverwalter **haftet** allen Beteiligten bei einer schuldhaften Pflichtverletzung (§ 82 KO). **1243**

Der Konkursverwalter hat einen **Vergütungsanspruch** (§ 85 KO). Die Höhe der Vergütung setzt das Gericht nach Antrag fest (geregelt in VO vom 22. 12. 1967). Die Gebühr richtet sich nach seinem bestimmten Prozentsatz der Teilungsmasse; die Mindestgebühr beträgt DM 400,00. **1244**

Bei Beendigung seines Amtes hat der Konkursverwalter der Gläubigerversammlung **Schlußrechnung** zu legen (§ 86 KO). **1245**

4.2.3 Gläubigerversammlung

Die Gläubigerversammlung ist ein **notwendiges Organ**. Sie wird vom Gericht einberufen und geleitet. Die Einberufung erfolgt durch öffentliche Bekanntmachung (§§ 93, 94 KO). **1246**

Die Beschlüsse der Gläubigerversammlung sind bindend, und zwar auch für die nicht erschienenen Gläubiger (§ 97 KO). **1247**

Die Beschlüsse werden mit **absoluter Mehrheit** der Stimmen gefaßt; diese Mehrheit errechnet sich nach den Forderungsbeträgen (§ 94 Abs. 2 KO). **1248**

Das Gericht kann die **Ausführung** eines **Beschlusses** verbieten, wenn er dem Gläubigerinteresse widerspricht (§ 99 KO). **1249**

4.2.4 Gläubigerausschuß

Gläubigerausschuß ist ein fakultatives Organ. Er dient der Unterstützung des Konkursverwalters (§ 88 KO). **1250**

Der Gläubigerausschuß wird **vor** der ersten Gläubigerversammlung **vom Gericht**, nach der ersten Gläubigerversammlung von der **Gläubigerversammlung** selbst bestellt (§ 87 KO). **1251**

Die Mitglieder des Gläubigerausschusses führen ihr Amt unabhängig von den Anweisungen der Gläubiger. **1252**

Sie haften bei Pflichtverletzung (§ 89 KO) und haben einen Vergütungsanspruch (§ 91 KO). **1253**

4.3 Stationen des Verfahrens

Regelmäßig verläuft das Verfahren in drei Abschnitten: **1254**
Eröffnungsverfahren:
das Gericht entscheidet über den gestellten Antrag;
Bereinigung der Masse:
a) Feststellung und Verwertung der Aktivmasse,

b) Feststellung der Passivmasse
Verteilung des Erlöses und Aufhebung des Verfahrens.

1255 **Ausnahmsweise** kommt es zur vorzeitigen Einstellung:
bei ungenügender Masse (§ 204 KO), d.h. die Masse reicht nicht einmal aus, um die Verfahrenskosten zu decken;
bei Konkursverzicht (§ 202 KO), d.h. der Gemeinschuldner beantragt Einstellung und sämtliche Konkursgläubiger stimmen zu.

1256 Gleichfalls ausnahmsweise ist auch die Beendigung des Verfahrens durch Zwangsvergleich möglich (§ 173 ff. KO).

4.4 Eröffnungsverfahren

1257 Die **sachliche Voraussetzung** für die Eröffnung des Konkursverfahrens ist die **Zahlungsunfähigkeit** des Gemeinschuldners. Zahlungsunfähigkeit liegt vor, wenn jemand **auf Dauer** seine Geldschulden nicht mehr bezahlen kann. Davon zu unterscheiden ist die **Überschuldung**, die nur ausnahmsweise Konkursgrund ist (bei juristischen Personen und Nachlaß).

1258 **Trotz Überschuldung** braucht keine **Zahlungsunfähigkeit** zu bestehen (z.B. bei Krediteinräumung). Ohne Überschuldung kann dennoch Zahlungsunfähigkeit vorliegen (z.B. der Schuldner hat wertvolle, aber unveräußerliche Vermögensstücke).

1259 **Formelle Voraussetzung ist der Konkursantrag** des Gemeinschuldners oder eines Gläubigers (§ 103 KO).

4.4.1 Schuldnerantrag

1260 Stellt der **Gemeinschuldner** (§ 104 KO) den Antrag, so hat er ein Gläubiger- und Schuldnerverzeichnis sowie eine Vermögensübersicht vorzulegen.

1261 Der Gemeinschuldner braucht seine Zahlungsfähigkeit nicht glaubhaft zu machen; sie wird als richtig unterstellt, wenn ein formell richtiger Antrag vorliegt. (Ausnahme: §§ 208 Abs. 2, 210 Abs. 2, 213, 217 Abs. 2 KO; § 63 GmbHG; 100 GenG – wird der Antrag bei einer juristischen Person oder bei einer Personengesellschaft nicht von allen Vorstandsmitgliedern bzw. nicht von allen persönlich haftenden Gesellschaftern gestellt, ist die Glaubhaftmachung erforderlich).

1262 Die **Vermögensübersicht** muß einen vollständigen Überblick über die Vermögenslage des Schuldners gewähren; Herausgabeansprüche und Absonderungsansprüche sowie dubiose Forderung müssen angegeben werden.

1263 Das **Gläubiger- und Schuldnerverzeichnis** ist erforderlich, damit der spätere Beschluß gem. § 111 Abs. 3 KO zugestellt werden kann.

1264 Die Verpflichtung zur Vorlage der Unterlagen ist nicht strafbewehrt; das Konkursgericht muß die Vorlage notfalls mit Vorführung oder Beugehaft erzwingen. Steht aufgrund der Ermittlungen des Gerichts der Konkursgrund fest, so ist das Verfahren zu eröffnen, selbst wenn keine Unterlagen vorgelegt werden.

4.4.2 Gläubigerantrag

Stellt ein Gläubiger (§ 105 KO) den Konkursantrag, so muß er seine Forderung und die Zahlungsunfähigkeit des Gemeinschuldners glaubhaft machen. Fehlt diese Glaubhaftmachung, so wird der Antrag des Gläubigers zurückgewiesen. **1265**

Glaubhaftmachung ist eine mindere Form des Beweises, d.h. es muß eine erhöhte Wahrscheinlichkeit bestehen. **1266**

Die Zahlungsunfähigkeit kann glaubhaft gemacht werden durch die Vorlage eines Fruchtlosigkeitsattestes, der Bestätigung des Gerichtsvollziehers, daß eine Pfändung keinen Erfolg gehabt hat; durch Vorlage des Protokolls über die Abgabe der eidesstattlichen Versicherung; Zeugenaussagen über Mahnungen. **1267**

Wird die Gläubigerforderung vom Schuldner bestritten, und kann der Gläubiger sie nicht glaubhaft machen, so entscheidet nicht das Konkursgericht über die Forderung, sondern der Antrag ist zurückzuweisen. **1268**

Jeder Konkursantrag setzt **Rechtsschutzinteresse** voraus. **1269**
Das Rechtsschutzinteresse fehlt bei verjährten und gestundeten Forderungen, und wenn konkursfremde Zwecke verfolgt werden. Das Rechtsschutzinteresse für ein Konkursantragsverfahren entfällt auch bei verhältnismäßig geringfügiger Forderung des Antragstellers nicht (*BGH* WM 1986, 652).

Der *BGH* bestätigt zu Recht die h.M., wonach das Rechtsschutzinteresse für einen Konkursantrag nicht von der Höhe der Forderung abhängig gemacht werden kann, da auch Gläubiger mit einer geringeren Forderung nicht von einer wirksamen Zwangsvollstreckungsmaßnahme ausgeschlossen werden können. **1270**

Auch unter dem Gesichtspunkt des Verhältnismäßigkeitsgrundsatzes bejaht das Gericht die Zulässigkeit des Konkursantrages, so daß zu hoffen bleibt, daß nunmehr auch von den Instanzgerichten eine einheitliche Linie angestrebt wird. **1271**

Beispiele für fehlendes Rechtsschutzinteresse: **1272**
Druckmittel für Ratenzahlungen; Ersparung eigener Vollstreckungsmaßnahmen; Benutzung des Konkursantrages, um Verträge kündigen zu können; Antrag trotz bestehender und verwertbarer Sicherheiten (*AG Burgwedel* ZIP 1984, 475).

Ein Konkursrichter, der das Rechtsschutzinteresse des Antragstellers verkennt und das Verfahren eröffnet, macht den Fiskus dem Schuldner gegenüber schadenersatzpflichtig (*LG Dortmund* KTS 1984, 147). **1273**

Sind Forderung und Konkursgrund glaubhaft gemacht worden, so ist der Schuldner zu hören und, soweit er den Gläubigerantrag nicht anerkennt, von Amts wegen zu ermitteln. **1274**

Anhörungspflicht ist zwingend vorgeschrieben (§ 105 Abs. 2 KO = Art. 103 Abs. 1 GG). Bei OHG und KG sind **alle** persönlich haftenden Gesellschafter zu hören, es reicht aber auch, wenn der Schuldner Gelegenheit zur Stellungnahme hatte. Nach dem Ermessen des Gerichts kann auch die Vorführung erfolgen. Die Unterlassung der Anhörung ist Verfahrensmangel und führt zwingend zur Aufhebung des Eröffnungsbeschlusses. Die Anhörung kann auch nicht im Beschwerdeverfahren nachgeholt werden, da der Schuldner nach § 46 Abs. 2 VglO Gelegenheit haben muß, den Konkursantrag des Gläubigers durch eigenen Vergleichsantrag abzuwenden. **1275**

1276 Falls der Schuldner seine Zahlungsunfähigkeit nicht einräumt, besteht eine Ermittlungspflicht des Gerichts, z.B. durch Zeugenvernehmung oder Sachverständige (§ 75 KO).

1277 Während der Ermittlungen hat das Gericht durch einstweilige Maßnahmen (§ 106 KO) dafür zu sorgen, daß die Masse nicht geschmälert wird (allgemeines Veräußerungsverbot und Sequestration; siehe hierzu unter 6.).

4.5 Entscheidungsmöglichkeiten

1278 Das Gericht entscheidet danach auf:
Abweisung – Aussetzung – Eröffnung.
Die **Abweisung** erfolgt, wenn
- eine sachliche Voraussetzung fehlt (z.B. der Schuldner ist nach den Ermittlungen nicht zahlungsunfähig oder der Gläubiger macht seine Forderung nicht glaubhaft);
- die Masse die Verfahrenskosten nicht deckt = **Abweisung mangels Masse** (§ 108 KO).
- Abweisung mangels Masse unterbleibt jedoch, wenn ein Vorschuß eingezahlt wird.

4.5.1 Schuldnerliste bei § 107 KO

1279 Bei Abweisungen mangels Masse wird der Gemeinschuldner in die Schuldnerliste eingetragen (§ 107 Abs. 2 KO und § 915 ZPO), die **zwecks Einsichtnahme jedermann zur Verfügung steht**.

1280 Die Schuldnerliste ist nicht sehr wirksam, da sie nur für jeweils ein Amtsgericht geführt wird; durch einen Umzug kann der Gemeinschuldner die Wirkungen der Liste ausschalten. In die Schuldnerliste wird nur der Name des Schuldners eingetragen, d.h. bei einer GmbH tritt der Verantwortliche nicht in Erscheinung, da nicht der Geschäftsführer, sondern die juristische Person Schuldner ist.

1281 Durch Namenswechsel bei Heirat wird die Schuldnerliste ebenfalls »überlistet« (gilt auch für den Mann).

1282 Die Löschung erfolgt nach drei bzw. fünf Jahren, ohne Rücksicht auf Schuldentilgung.

1283 Die **Aussetzung** (§ 46 VglO) erfolgt, wenn der Gemeinschuldner den Konkursantrag des Gläubigers mit einem Vergleichsantrag beantwortet. Zuerst muß über den Vergleichsantrag entschieden werden.

1284 Die Eröffnung erfolgt somit dann, wenn keine Abweisung oder Aussetzung stattfindet.

4.5.2 Rechtsmittel gegen die Entscheidung

1285 Gegen die Abweisung seines Konkursantrages hat der Gläubiger das Rechtsmittel der sofortigen Beschwerde (§ 109 KO). Dagegen steht dem bei der Abweisung eines Gläubigerantrages grundsätzlich kein Beschwerderecht zu (Ausnahme: bei Aktiengesellschaften, Kommanditgesellschaften auf Aktien oder Gesellschaften mit beschränkter Haftung). Ebensowenig kann ein Gläubiger sofortige Beschwerde erheben, wenn ein Eigenantrag des Schuldners abgewiesen worden ist.

Gegen den Konkurseröffnungsbeschluß steht ausschließlich dem Gemeinschuldner die sofortige Beschwerde gem. § 109 KO zu. Andere Beteiligte können den Konkurseröffnungsbeschluß nicht angreifen. Bei der GmbH haben die Gesellschaften kein Beschwerderecht gegen den Eröffnungsbeschluß. Der Gemeinschuldner kann die Beschwerde auf formelle und materielle Gründe stützen. **1286**

Streitig ist, ob die Beschwerde auch dann begründet ist, wenn die Forderung eines antragstellenden Gläubigers in der Zeit nach der Konkurseröffnung bis zur Rechtskraft des Beschlusses weggefallen ist. Die eine Auffassung führt aus, daß mit der Befriedigung des antragstellenden Gläubigers dessen Konkursantragsrecht erloschen ist und es somit an einem wirksamen Antrag fehlt (*OLG Celle* KTS 1972, 264). **1287**
Demgegenüber nimmt die h.M. richtigerweise an, daß die dem Antrag zugrundeliegende Forderung verfahrensrechtlich bedeutungslos wird, wenn der Konkursgrund zur Überzeugung des Gerichts gegeben ist; es kommt nur darauf an, ob im Zeitpunkt der Entscheidung des Konkursgerichts ein ordnungsgemäßer Konkursantrag und ein Konkursgrund vorlag; waren diese Voraussetzungen gegeben, so ist mit dem Erlaß des Eröffnungsbeschlusses das Verfahren vom als Parteienstreit gestaltetes Eröffnungsverfahren in ein Amtsverfahren übergegangen (*Dempewolf* in Anm. zu *LG Düsseldorf* NJW 1977, 813).

Die Beschwerde ist innerhalb der zweiwöchigen Notfrist gem. § 577 Abs. 2 ZPO einzulegen. Die Frist beginnt mit der Zustellung des Beschlusses bzw. mit der öffentlichen Bekanntmachung. Das Konkursgericht selbst kann die angefochtene Entscheidung nicht ändern (§ 577 Abs. 3 ZPO), entscheidungsbefugt ist ausschließlich das Beschwerdegericht. Die sofortige Beschwerde des § 109 KO hat grundsätzlich keine aufschiebende Wirkung, jedoch finden die Vorschriften des § 572 Abs. 2, 3 ZPO Anwendung, wonach im Einzelfall die Aussetzung der Vollziehung vom Gericht angeordnet werden kann. **1288**

Gegen die Entscheidung des Beschwerdegerichts ist die sofortige weitere Beschwerde gegeben, wenn ein selbständiger Beschwerdegrund vorliegt (§§ 568 Abs. 2, 577 ZPO). Dies ist bei übereinstimmenden Entscheidungen von Amtsgericht und Landgericht (»dua conformes«) grundsätzlich nicht der Fall. **1289**

4.6 Kosten

Die dem Antragsteller entstehenden Kosten werden nach der Gläubigerforderung berechnet, es sei denn es steht fest, daß die Masse geringer ist. **1290**

Es sind keine Kostenvorschüsse zu entrichten. Wird das Verfahren eröffnet, so hat der Antragsteller nichts zu zahlen. Wird der Gläubigerantrag abgewiesen oder zurückgenommen, so hat der Gläubiger die Verfahrenskosten zu tragen. **1291**

Der Konkursantrag kann auch auf eine Teilforderung gestützt werden. **1292**

Erfolgt Abweisung nach § 107 KO, dürfte die Masse immer fast Null sein; dann hat der Gläubiger nur die Mindestgebühr von DM **200**,– zu zahlen. **1293**
Hinzukommen noch:
Zustellungskosten von (evtl.) ca. DM 11,–
(falls nach § 107 Abweisung erfolgt) ca. DM 80,–
Gutachterkosten (Stundensatz DM 50,–) ca. DM 300,–

Vorführungskosten (evtl.) bis DM 500,–
(im Einzelfall noch höher).
Beim Gemeinschuldner bleiben die Antragskosten bei Abweisung nach § 107 KO wegen Aussichtslosigkeit außer Ansatz.

4.7 Pflicht zur Antragstellung

1294 Eine Verpflichtung zum Konkursantrag haben die Gläubiger niemals; regelmäßig auch der Gemeinschuldner nicht (vgl. jedoch über die Folgen nicht rechtzeitiger Konkursanmeldung § 187 KO = Verwerfung des Zwangsvergleichs). Die Konkurseröffnung zu beantragen sind aber verpflichtet:
die Erben und der Nachlaßverwalter bei Überschuldung des Nachlasses (§§ 1980, 1985 BGB);
der überlebende Ehegatte, der die Gütergemeinschaft fortsetzt, bei Überschuldung des Gesamtgutes (§§ 1489 Abs. 2 mit 1980 BGB);
die Vorstandsmitglieder und Abwickler einer juristischen Person des bürgerlichen und öffentlichen Rechts bei Überschuldung (§§ 42 Abs. 2, 48, 53, 86, 88, 89 Abs. 2 BGB);
die Vorstandsmitglieder und Abwickler einer AG, die persönlich haftenden Gesellschafter und Abwickler einer Kommanditgesellschaft auf Aktien, die Geschäftsführer und Abwickler einer GmbH wegen Zahlungsunfähigkeit oder Überschuldung (§§ 92 Abs. 2, 268 Abs. 2, 278 Abs. 3, 283 Nr. 14 AktG; §§ 64, 71, 84 GmbHG). Für Vorstandsmitglieder und Geschäftsführer entfällt diese Pflicht nicht dadurch, daß bereits ein Gläubiger der Gesellschaft Konkursantrag gestellt hat;
die Vorstandsmitglieder und Liquidatoren einer eingetragenen Genossenschaft bei Zahlungsunfähigkeit über Überschuldung nach Maßgabe der §§ 99, 148 GenG;
bei einer offenen Handelsgesellschaft, deren Gesellschafter ausschließlich aus juristischen Personen bestehen, haben die organschaftlichen Vertreter der zur Vertretung der OHG ermächtigten juristischen Personen und Liquidatoren (§ 130 a HGB) bei Vorliegen des Konkursgrundes Konkurs- oder Vergleichsantrag zu stellen; das gleiche gilt bei einer Kommanditgesellschaft und einer Kommanditgesellschaft auf Aktien, wenn bei ihr kein persönlich haftender Gesellschafter eine natürliche Person ist, auch dann, wenn unter ihren Kommanditisten eine natürliche Person ist (§ 177 a HGB, § 278 Abs. 2 AktG).

4.7.1 Dreiwochenfrist ab Kenntnis

1295 Der Konkursantrag bei einer GmbH ist ohne schuldhaftes Zögern, spätestens aber drei Wochen nach Eintritt der Zahlungsunfähigkeit oder nachdem sich eine Überschuldung bei der Bilanzaufstellung ergeben hat, zu stellen (§ 64 Abs. 1 GmbHG; vgl. hierzu die Regelungen in § 92 Abs. 2 AktG; § 899 Abs. 1 GenG; § 130 a Abs. 1 HGB = kein Bilanzerfordernis bei der Überschuldung). **Bei Bilanzaufstellung** heißt nicht **aus der** Bilanz, es reicht aus, wenn die ausgeglichene oder gar positive Vermögensübersicht beim Ansatz richtiger Werte die Überschuldung ausweisen würde (*BGHSt* 15, 306 = GmbHR 81, 85).

1296 Scheidet der Geschäftsführer einer GmbH vor Ablauf der Dreiwochenfrist des § 64 Abs. 2 GmbHG aus, so genügt er seiner Pflicht, den Konkursantrag zu stellen, nur dann, wenn er entweder den Antrag noch vor seinem Ausscheiden stellt, oder wenn er dahin wirkt, daß der neue Geschäftsführer den Antrag innerhalb der Frist stellt.

Die Pflicht zur Konkursanmeldung wegen Überschuldung entfällt für den Geschäftsführer einer GmbH, wenn die Überschuldung, von welcher der Geschäftsführer durch die Bilanz Kenntnis erhält, im Zeitpunkt der Erlangung dieser Kenntnis behoben ist oder vor Ablauf der Dreiwochenfrist behoben wird. **1297**

Die Antragspflicht trifft **jeden einzelnen** Geschäftsführer, auch wenn die Geschäftsführer nur gesamtvertretungsberechtigt sind. Stellt ein anderer Geschäftsführer Konkursantrag, so ist der Unterlassende strafbar, wenn er sich innerhalb der Dreiwochenfrist nicht anschließt. **1298**

Der Antrag ist nicht schuldhaft verzögert, wenn der Antragspflichtige die Eröffnung des gerichtlichen Vergleichsverfahrens mit der Sorgfalt eines ordentlichen und gewissenhaften Geschäftsleiters betreibt (§ 92 Abs. 2 Satz 3 AktG; § 64 Abs. 1 Satz 2 GmbHG; § 130 a Abs. 1 Satz 4 HGB; § 99 Abs. 1 Satz 3 GenG). **1299**

Unzulänglichkeit der Masse (§ 107 KO) enthebt nicht von der Anmeldepflicht, denn nicht das Ermessen der zur Anmeldung des Konkurses Verpflichteten, sondern das Ermessen des Gerichts ist dafür maßgebend, ob der Konkurs zu eröffnen ist. **1300**

Zur Anmeldung verpflichtet ist nicht nur der im Register eingetragene Geschäftsführer, sondern auch der **faktische Geschäftsführer.** Unter faktischer Geschäftsführung versteht man vor allem die Kombination »Strohmanngeschäftsführer« und »wahrer Geschäftsführer« der also als Hintermann dem im Register Eingetragenen Anweisungen erteilt. Trotz der Anmeldepflicht des faktischen Geschäftsführers bleibt der im Register Eingetragene daneben weiter verpflichtet. **1301**

Eine faktische Geschäftsführung kann auch dadurch entstehen, daß die zivilrechtliche Bestellung nichtig oder anfechtbar ist. **1302**

Weisungen der Gesellschafter können einen Geschäftsführer niemals von seiner Antragspflicht entbinden; auch die Zustimmung der Gläubiger zur verspäteten oder unterlassenen Antragstellung ist unbeachtlich, da die Pflicht zur Antragstellung im öffentlichen Interesse liegt (anders dagegen, wenn die Gläubiger ihre Forderungen stunden oder auf sie verzichten, damit entfallen die Antragsvoraussetzungen). **1303**

Die Unterlassung der Konkursanmeldung eines dazu Verpflichteten hat bei Verschulden Schadensersatzpflicht und Bestrafung zur Folge. Die Anmeldepflichtigen müssen also die Überschuldung oder Zahlungsunfähigkeit erkannt haben oder hätten sie bei gehöriger Sorgfalt erkennen können. So wird mit Freiheitsstrafe bis zu drei Jahren bestraft, wer es entgegen § 130 a Abs. 1 oder 4 HGB unterläßt, als organschaftlicher Vertreter oder Liquidator bei Zahlungsunfähigkeit oder Überschuldung der Gesellschaft die Eröffnung des Konkursverfahrens oder des gerichtlichen Vergleichsverfahrens zu beantragen (§ 130 b HGB). Handelt der Täter fahrlässig, so ist Freiheitsstrafe bis zu einem Jahr oder Geldstrafe angedroht (§ 130 b Abs. 2 HGB). Eine gleiche Strafandrohung enthält auch § 84 GmbHG und § 401 AktG. **1304**

4.7.2 Unterschiedliche Antragspflichten bei GmbH und GmbH & Co KG

1305 Nach der Rechtsprechung des *BGH* bestehen hinsichtlich GmbH und der GmbH & Co KG unterschiedliche strafrechtliche Sanktionen bei der Überschuldung. Die Verpflichtung nach §§ 130 a und 130 b HGB, bei Überschuldung einen Konkurs- oder Vergleichsantrag zu stellen, setzt nicht voraus, daß sich die Überschuldung bei der Aufstellung einer Jahres- oder Zwischenbilanz ergibt (*BGH* ZIP 1984,1244).

1306 Nach § 130 a HGB ist bei Handelsgesellschaften, bei denen kein Gesellschafter eine natürliche Person ist, die Eröffnung des Konkursverfahrens oder des Vergleichsverfahrens zu beantragen, wenn das Vermögen der Gesellschaft nicht mehr die Schulden deckt. Der Antrag ist ohne schuldhaftes Zögern, spätestens aber drei Wochen nach Eintritt der Überschuldung der Gesellschaft zu stellen. Ein Unterlassen wird nach § 130 b HGB mit Freiheitsstrafe bis zu drei Jahren oder mit Geldstrafe bestraft. Nach dem GmbHG dagegen tritt hinsichtlich des Tatbestandes der Überschuldung nach § 64 GmbHG die Konkursantragspflicht erst dann ein, wenn sich »bei der Aufstellung der Jahresbilanz ergibt, daß das Vermögen nicht mehr die Schulden deckt«. Nach § 84 GmbH ist eine Verletzung der Antragspflicht bei Überschuldung ebenfalls mit Freiheitsstrafe bis zu drei Jahren oder mit Geldstrafe zu ahnden.

4.7.3 Bilanzerfordernis bei GmbH

1307 Der *BGH* widerspricht in seinem Urteil einer verbreiteten Meinung, daß auch bei der GmbH unter Übergehung des im Tatbestand des § 64 GmbHG geforderten Bilanzierungserfordernisses auf eine schriftliche Bilanz als Voraussetzung der Strafbarkeit zu verzichten und nur darauf abzustellen sei, daß der Geschäftsführer die Überschuldung kannte oder kennen mußte. Angesichts des klaren Wortlautes von § 64 GmbHG hält der BGH eine solche Auslegung für eine verbotene Analogie. Die Vorschrift des § 130 a HGB verzichte dagegen ausdrücklich auf das im GmbHG vorgesehene Bilanzerfordernis. Der *BGH* besteht darauf, daß der § 130 a HGB nicht wie der § 64 GmbHG in dem Sinne ausgelegt werden könne, daß an das Vorliegen einer Vermögensbildung anzuknüpfen sei. Der *BGH* besteht darauf, daß der § 130 a HGB konzediert, daß diese Unterscheidung antiquiert sei. Die »modernen Gesetze«, nämlich das schon 1937 neu gefaßte Aktiengesetz (§ 99 Abs. 1 i.d.F. des Gesetzes vom 30. 9. 1973) machen das Aufstellen einer Bilanz nicht mehr zur Voraussetzung der Antragspflicht sei Überschuldung. Zwar führe nach Ansicht des BGH die unterschiedliche Fassung des § 64 GmbHG und des § 130 a HGB zu einer wenig sinnvollen unterschiedlichen rechtlichen Bewertung ähnlicher Lebenssachverhalte, der Gesetzgeber sei aber bei der Neufassung von Vorschriften nicht immer zu gleichzeitiger Anpassung vergleichbarer Regelungen in der Lage. Bis zur vorgesehenen Harmonisierung von § 64 GmbHG und § 130 a HGB seien die Gerichte an die Auslegung gebunden, die durch den eindeutigen und unterschiedlichen Wortlaut der Vorschriften gegeben sei. Das bedeutet hinsichtlich der strafrechtlichen Sanktion, daß bei gleichen Sachverhalten der Geschäftsführer einer GmbH nicht unter dem Risiko einer Freiheitsstrafe von bis zu drei Jahren steht, während der nach dem HGB verantwortliche Geschäftsführer dieses Risiko tragen muß (*BGH* ZIP 1984, 1244).

4.7.4 Zivilrechtliche Haftung

Die Vorschriften über die Antragspflicht sind Schutzgesetze i.S.d. § 823 Abs. 2 BGB. Den Schutz genießt nicht nur die jeweilige juristische Person, sondern auch die Gläubiger dieser juristischen Person, und zwar auch diejenigen, die erst nach dem fraglichen Zeitpunkt Gläubiger geworden sind. Die anmeldepflichtigen Personen machen sich persönlich schadensersatzpflichtig. Die Strafandrohung und die persönliche Haftung für einen verspäteten bzw. unterlassenen Antrag betrifft auch Personen, die sich tatsächlich wie Geschäftsführer verhalten haben. **1308**

4.8 Veräußerungsverbot, Sequestration

Das Gericht kann nach § 106 KO schon im Antragsverfahren Sicherungsmaß- **1309** nahmen treffen, wie die zwangsweise Vorführung bzw. die Haft des Gemeinschuldners anordnen und alle sonstigen, der Sicherung der Masse dienlichen einstweiligen Anordnungen treffen, insbesondere ein **allgemeines Veräußerungsverbot** gegen den Schuldner erlassen.

Das Veräußerungsverbot wird mit der Zustellung an den Schuldner wirksam (§ 73 **1310** Abs. 2 KO).
Öffentliche Bekanntmachung ist zwar nicht vorgeschrieben, aber zu empfehlen, um nach Möglichkeit gutgläubigen Dritterwerb zu verhindern. Das Veräußerungsverbot ist ins Grundbuch, Schiffsregister und Schiffsbauregister einzutragen und nach seiner Aufhebung zu löschen (§§ 113, 114, 116 KO).

Die verbotswidrig vorgenommene Verfügung ist relativ, d.h. den Konkurs- **1311** gläubigern gegenüber unwirksam mit der Folge, daß eine dem Verbot zuwiderlaufende Verfügung des Schuldners im Verhältnis zur Konkursmasse kein Recht begründet.

Vollstreckungsmaßnahmen der Gläubiger in die dem Veräußerungsverbot un- **1312** terliegenden Gegenstände sind unwirksam. Die Vorschriften über den gutgläubigen Erwerb bleiben in vollem Umfang bestehen. Die Gutglaubensvorschriften schützen nur den rechtsgeschäftlichen Erwerb, nicht die Beitreibung durch Zwangsvollstreckung. Fahrlässige Unkenntnis des Veräußerungsverbotes schließt nicht den guten Glauben aus. Zur Ermöglichung der Fortführung eines Betriebs, zur Verwaltung von Grundbesitz und zur Sicherung der Masse kann **Sequestration** angeordnet werden, meist zusammen mit einem allgemeinen Veräußerungsverbot. Der Sequester ist insbesondere dann erforderlich, wenn sich im Vermögen des Gemeinschuldners ein Betrieb befindet, der durch das Veräußerungsverbot lahmgelegt würde.

4.8.1 Rechtsstellung des Sequesters

Die Rechtsstellung des Sequesters ist gesetzlich nicht geregelt, was in der Praxis **1313** häufig zu Rechtsunsicherheit führt. Nach der Rechtsprechung des *BGH* (ZIP 1983, 191) soll durch die Sequestration als vorläufiges Sicherungsmittel eine Sicherung der künftigen Konkursmasse erreicht werden; d.h. der Sequester ist nur berechtigt, die zur Masseerhaltung notwendigen Maßnahmen zu treffen, ohne daß ihm Verwaltungs- und Verfügungsrechte zustehen. Diese einengende Auffassung des *BGH* ist für die Praxis nicht ausreichend, weil durch die fehlende Verwaltungs- und Verfügungskompetenz des Sequesters die Masse Schaden erleiden kann was ja gerade durch die Anordnung der Sequestration vermieden

werden soll. Um diese Unsicherheit zu beseitigen, sollte das Gericht den Wirkungskreis des Sequesters im Anordnungsbeschluß genau beschreiben, insbesondere dann, wenn eine ausdehnende Auslegung geboten erscheint.
Ob das Gericht freilich befugt ist, dem Sequester die Rechtsstellung eines »Vor Konkursverwalters« zuzubilligen, ist fraglich. Wohl kann das Konkursgericht anordnen, daß der Sequester sich in den Besitz der Masse setzt, wenn dies zur Sicherstellung derselben notwendig erscheint. Aufgrund solcher Anordnung kann sich der Sequester ggf. mit Hilfe des Gerichtsvollziehers aufgrund des Beschlusses des Gerichts in den Besitz setzen lassen. Letzten Endes dürfte das Institut der Sequestration nur zu den Befugnissen die Ermächtigung geben, die durch das allgemeine Veräußerungsverbot dem bisher Berechtigten genommen werden. Nur **zusammen** mit dem Gemeinschuldner kann der Sequester das Geschäft schließen, Aus- und Absonderungsansprüche befriedigen, mit dem Betriebsrat einen Sozialplan vereinbaren oder gar Betriebsteile verändern. Liquidationsrechte dürfen dem Sequester niemals zustehen (s. hierzu auch *Hess* KO, § 106 Rz. 4).

1314 Der Sequester steht unter der Aufsicht des Konkursgerichts, das auch seine Vergütung und Auslagen festzusetzen hat. Der Sequester haftet allen Beteiligten gem. § 82 KO. Der Sequester ist in praxi ein »vorläufiger Konkursverwalter«, der nach Eröffnung in aller Regel zum Konkursverwalter ernannt wird.

1315 Rechtsgeschäfte während der Sequestration sind Geschäfte vor Konkurseröffnung, berechtigen daher, falls daraus Forderungen erwachsen, den Gläubiger nur zur Anmeldung einer einfachen Konkursforderung. Der Sequester hat also die Befriedigung der Neugläubiger stets sicherzustellen. Reicht die Masse zur Befriedigung der Neugläubiger nicht aus, so ist der Sequester im Regelfall persönlich schadensersatzpflichtig (*OLG Düsseldorf* ZIP 1984, 728 = DB 1984, 1571).

1316 Nur die Kosten der Sequestration sind im späteren Konkurs Massekosten.

1317 Der spätere Konkursverwalter kann Handlungen des Sequesters genau so anfechten wie die des Gemeinschuldners, und das sogar dann, wenn Personengleichheit zwischen Sequester und Konkursverwalter besteht (*BGH* ZIP 1986, 448).
Diese Rechtsprechung hat sich auch durchgesetzt, wenn der Gläubiger keine Monopolstellung hat (LG *Freiburg* ZIP 1983, 1358).

4.8.2 Mißbrauch der Sequestration

1318 In jüngster Zeit wird die Sequestration immer mehr dazu benutzt, um die Belegschaft ohne Bezahlung aus der Masse noch drei Monate weiterarbeiten zu lassen, indem die Bezahlung so erfolgt, daß ein Kreditinstitut die künftigen Kauf–Forderungen gegen Abtretung bevorschußt; auf diese Weise wird die Masse von den Masseschulden gem. § 59 Abs. 1 Nr. 3 KO entlastet, da sich die auf die BA übergegangene Ansprüche umwandeln in Konkursforderungen mit dem Rang gem. § 61 Abs. 1 Nr. 1 KO. Dieses Verfahren ist dann nicht zu beanstanden, wenn der Konkursverwalter Zeit benötigt, um einen Überblick zu erlangen, oder wenn eine Sanierung erstrebt wird, oder überhaupt erst die Voraussetzung für die Verfahrenseröffnung geschaffen werden (So ausdrücklich *BSG* Sgb 1996, 126 und ausführlich Anmerkung von *Hess* Sgb 1996, 131).

Gegen die Vorfinanzierung des Kaug sind verschiedentlich Einwendungen geltend gemacht worden. So besteht Einigkeit, daß die Kaug-Anträge der vorfinanzierenden Bank dann nicht positiv beschieden werden können, wenn die Bank Gläubigerin des insolventen Unternehmens ist und der Ankauf der Lohn- und Gehaltsansprüche durch das Kreditinstitut lediglich dazu dient, durch die Vorfinanzierung der Löhne für den Kaug-Zeitraum die Weiterführung des konkursreifen Betriebs auf Kosten der übrigen Gläubiger mit dem Ergebnis zu veranlassen, daß das Kreditinstitut die aus der Weiterführung des Betriebs erzielten Gewinne ganz oder teilweise zur Tilgung seiner Forderungen gegen das Unternehmen vereinnahmt oder seine Sicherheiten erhöht. **1319**

In diesem Falle liegt auch ein Anfechtungsgrund vor, da die Zahlung durch das Arbeitsamt dem vorfinanzierenden Kreditinstitut eine inkongruente Deckung gewährt. **1320**

Obermüller hat anhand praxisorientierter Fallgestaltungen dargelegt, daß in der Krise häufig die Gefahr besteht, daß eine bestehende Konkursreife verschleiert und die Konkurseröffnung verzögert werden soll, um nach der Abtretung von Arbeitsentgeltansprüchen die Gläubigerstellung des den Arbeitsentgeltanspruch vorfinanzierenden Bankinstituts zu verbessern oder während der Krise andere Gläubiger zu begünstigen (*Obermüller* s. Literaturverz.) **1321**

Es sind daher die Kaug-Anträge von den Arbeitnehmern bzw. der vorfinanzierenden Bank abzuweisen, bei denen sich aus den Umständen des Einzelfalles ergibt, daß der Arbeitgeber, in der Absicht, Anspruches einer ihm nahestehenden Arbeitnehmer auf Kaug zur Entstehung zu bringen, die gebotene Konkursanmeldung verzögert oder zu verhindern sucht (*Uhlenbruck* KTS 1980, 81, 86). **1322**

Daneben kann auch ein Schadensersatzanspruch aus dem Gesichtspunkt der Konkursverschleppung in Frage kommen (§§ 823, 826 BGB), wenn um eigener Vorteile willen die Konkurseröffnung hinausgezogen wird und damit die Gefahr einer Schädigung anderer Gläubiger in Betracht kommt (*BGH* Urt. vom 14. 4. 1964 – V1 ZR 219/62 – WM 1964, 671, 672; vgl. zu der Frage der Konkursausfallgeldfinanzierung eingehend *Gagel* AFG, § 141 k. Rz. 4 ff.) **1323**

4.9 Der Eröffnungsbeschluß

Der Eröffnungsbeschluß enthält **1324**
die Stunde der Eröffnung (§ 108 KO),
die Ernennung des Konkursverwalters (§ 110 KO),
die Terminbestimmung für die erste Gläubigerversammlung (die einen neuen Verwalter wählen und den Gläubigerausschuß bestellen kann),
die Anmeldefrist, innerhalb derer die Forderungen anzumelden sind,
den Prüfungstermin, der mit der ersten Gläubigerversammlung verbunden werden kann,
den offenen Arrest (§ 118 KO).

Der Eröffnungsbeschluß wird **öffentlich bekannt** gemacht und den bekannten Gläubigern und Schuldnern des Gemeinschuldners zugestellt (§ 111 KO). **Mitgeteilt** wird er dem **Handelsregister** (§ 112 KO), das darauf eine Eintragung im Register veranlaßt (§ 32 HGB). Die Eintragung des Konkursvermerks erfolgt immer im Grundbuch (§ 113 KO).

4.10 Teilungsmasse

1325 Die Feststellung und Sicherung der Masse ist Sache des Konkursverwalters. Er hat das Konkursvermögen (auch das im Ausland befindliche) in Besitz zu nehmen, zu verwalten und zu verwerten (§ 117 KO).

1326 Der Gemeinschuldner ist auskunftspflichtig. Verweigert der Gemeinschuldner die Herausgabe so kann der Konkursverwalter ihn mit Hilfe eines Gerichtsvollziehers zur Herausgabe zwingen denn der Eröffnungsbeschluß stellt einen vollstreckbaren Titel dar.

1327 Erkennt das Ausland den Konkurseröffnungsbeschluß nicht an, ist der Gemeinschuldner verpflichtet, eine Vollmacht zu erteilen, damit der Konkursverwalter das Auslandsvermögen in Besitz nehmen kann (*LG Köln* KTS 1986, 362; *OLG Köln* ZIP 1986, 384 = KTS 1986, 359; *BVerfG* ZIP 1986, 1336 = KTS 1987, 97, a.A. *OLG Koblenz* KTS 1980, 68).

1328 Der Konkursverwalter kann außerdem, falls erforderlich, die Postsperre (§121 KO) und die Verhaftung des Gemeinschuldners beantragen. Der Gemeinschuldner darf seinen Wohnsitz nicht verlassen (§ 101 KO). Der Konkursverwalter hat die Massegegenstände aufzuzeichnen, ein Inventarverzeichnis und eine Eröffnungsbilanz aufzustellen (§§ 123, 124 KO). Der Gemeinschuldner muß die eidesstattliche Versicherung abgeben, daß das Inventar vollständig ist (§ 125 KO).

4.10.1 Offener Arrest

1329 Der Unterstützung des Konkursverwalters bei Feststellung und Sicherung der Masse dient vor allem der offene Arrest (§ 118 KO), der einen doppelten Inhalt hat:
Er gebietet allen Besitzern von Massesachen, dem Konkursverwalter innerhalb einer bestimmten Frist den Besitz der Sache und das etwa beanspruchte Absonderungsrecht anzuzeigen. Durch dieses Gebot soll erreicht werden, daß möglichst alle Massesachen in den Besitz des Konkursverwalters gelangen. Die Verletzung der Anzeigepflicht macht den Besitzer der Sache ersatzpflichtig.
Er verbietet allen Besitzern von Massesachen und allen Schuldnern des Gemeinschuldners, an diesen Gemeinschuldner zu leisten. Durch dieses Verbot sollen die Schuldner dagegen geschützt werden, eine den Konkursgläubigern gegenüber unwirksame Leistung an den Gemeinschuldner zu erbringen.

1330 **Die Verwertung der Masse** obliegt grundsätzlich dem Konkursverwalter, der nach pflichtgemäßem Ermessen handelt. In der Regel erfolgt die Verwertung durch freien Verkauf.

4.10.2 Verwertung bei Pfandrechten

1331 Auch bei Pfandrechten (heute nur noch gesetzliches Pfandrecht ohne Besitz) hat der Konkursverwalter das Verwertungsrecht (§ 127 KO). Anders jedoch, wenn der Gläubiger befugt ist, sich aus dem Pfandgegenstand ohne gerichtliches Verfahren zu befriedigen (§ 127 KO; das gilt für alle durch Rechtsgeschäft bestellten Pfandrechte und alle fiduziarischen Sicherungsrechte), dann darf der Gläubiger selber verwerten. Tut er das innerhalb einer ihm vom Gericht zu setzenden Frist nicht, so verwertet der Konkursverwalter. Unter das Selbstverwertungsrecht der Gläubiger fallen insbesondere das Vertragspfandrecht (§ 1204ff. BGB), das

Pfändungspfandrecht, alle gesetzlichen Pfandrechte, soweit der Gläubiger im Besitz der Sache ist, alle Immobiliarpfandrechte (Hypotheken, Grundschulden) und alle fiduziarischen Rechte (Sicherungseigentum, Sicherungsabtretung, Sicherungsgrundschuld).

4.10.3 Mitwirkung der Gläubigerorgane

Ungeachtet der selbständigen Tätigkeit des Konkursverwalters benötigt dieser zu **1332**
bestimmten **wichtigen Geschäften die** Zustimmung des Gläubigerausschusses oder der Gläubigerversammlung, beispielsweise:
zur Erhebung eines Prozesses und zum Abschluß von Vergleichen sowie zur Anerkennung von Ab- und Absonderungsrechten (§ 133 KO Gläubigerausschuß);
für Unterhaltszahlungen an den Gemeinschuldner (§129 KO Gläubigervers.);
zur Schließung oder Fortführung des Geschäftes (§ 130 KO Gläubigervers.);
zur Veräußerung des Geschäftes oder Warenlagers im ganzen, Darlehensaufnahme, Grundstückserwerb (§ 134 KO Gläubigerausschuß ggf. Gläubigervers.).

Fehlt die vorgeschriebene Genehmigung, so ist die Rechtshandlung des Kon- **1333**
kursverwalters dritten Personen gegenüber gleichwohl gültig (§ 136 KO).

4.11 Rechtsstellung des Konkursverwalters – Rechte und Pflichten

4.11.1 Ernennung durch das Gericht

Der Konkursverwalter wird vom Gericht ernannt (§ 78 KO). Die erste Gläubi- **1334**
gerversammlung kann einen anderen Verwalter wählen, der allerdings der Bestätigung durch das Gericht bedarf. Eine Versagung darf jedoch nur aus triftigen Gründen in der Person des gewählten Verwalters erfolgen. Allein die Annahme, daß ein Gläubiger durch die Wahl des Konkursverwalters von eigennützigen Interesse unter Mißachtung der Interessen der Gesamtgläubiger geleitet worden sei in der Hoffnung, diese seine eigennützigen Interessen mit Hilfe eines mit den Verhältnissen vertrauten Konkursverwalters besser verwirklichen zu können, rechtfertigt nicht die Versagung der Ernennung des zum Konkursverwalter Gewählten.

Auch die Tatsache, daß sich ein neuer Verwalter in die Sache einarbeiten muß **1335**
und dieser Wechsel mit Mehrkosten verbunden ist, stellt keinen triftigen Versagungsgrund dar, da sonst das Wahlrecht der Gläubigerversammlung praktisch ausgeschlossen werden würde (*LG Lübeck* WM 1986, 532).

Der Gesetzgeber hat zu Recht der Gläubigerversammlung die Aufgabe zuge- **1336**
wiesen, den Konkursverwalter zu wählen. Die Gläubiger haben aufgrund ihrer Geschäftsbeziehungen zu dem Gemeinschuldner weitergehende Einblicke in die Geschäftsverhältnisse als das Konkursgericht, so daß zu erwarten ist, daß die Gläubiger die sachgerechtere Entscheidung zu treffen vermögen.

Steht nach der begründeten Auffassung der Gläubiger beispielsweise eine Be- **1337**
triebsfortführung im Raum, für die ein nicht unerheblicher Massekredit eines Großgläubigers erforderlich ist, wird in dieser kritischen Konkurseröffnungsphase der Kredit mit an Sicherheit grenzender Wahrscheinlichkeit nur dem Konkursverwalter gewährt, der bei dem Großgläubiger das hinreichende Vertrauen genießt, daß er den Leitungsaufgaben gerecht wird.

1338 Ein weiser Konkursrichter wird deshalb schon im Hinblick darauf, dem vorläufig gewählten Konkursverwalter eine Abwahl zu ersparen, sachgerechten Anregungen der Gläubiger zur Besetzung des Konkursverwalteramtes nachgehen, ohne daß hierin ein formales Vorschlagsrecht der Gläubiger gesehen wird. Widersetzt sich das Konkursgericht einem Vorschlag aus der Gläubigerschaft und wählen die Gläubiger in der ersten Gläubigerversammlung einen anderen Konkursverwalter, so kann das Gericht die Ernennung des Gewählten nur versagen, wenn Tatsachen vorliegen, die den Schluß rechtfertigen, daß es dem gewählten Konkursverwalter an der Eignung, den Fähigkeiten und/oder der Zuverlässigkeit mangelt, oder aber, wenn Tatsachen die Besorgnis rechtfertigen, daß der Gewählte nicht die Gewähr für eine objektive Wahrnehmung der Interessen der Gläubigerschaft bietet.

1339 Das Konkursgericht kann bei der Ablehnung der Ernennung des Gewählten unter anderen Gründen auch nicht darauf abstellen, daß der Gewählte auf Vorschlag eines Gläubigers gewählt worden ist, deren Geschäftsführer personengleich mit dem Komplementär-Geschäftsführer der Gemeinschuldnerin ist, daß sich also faktisch die Gemeinschuldnerin den Konkursverwalter selbst ausgesucht habe.

1340 Diese Tatsache vermag für sich allein nicht die Besorgnis begründen, daß der gewählte Konkursverwalter keine hinreichende Gewähr für die objektive Wahrnehmung der Interessen aller Gläubiger und der Gemeinschuldnerin bietet. Es kann nicht darauf ankommen, welche Erwartungen die wahlberechtigten Gläubiger mit der Wahl eines bestimmten Konkursverwalters möglicherweise verbinden, sondern es kann nur darauf abgestellt werden, ob objektive Gründe gegeben sind, die Zweifel an der Unparteilichkeit des gewählten Konkursverwalters rechtfertigen. Es müssen somit konkrete Anhaltspunkte dafür vorliegen, daß der gewählte Konkursverwalter, an dessen persönlicher Integrität keine Zweifel geäußert werden, in irgendeiner Form von den Konkursgläubigern abhängig ist, oder aber es müssen sachliche Gründe dafür vorliegen, daß der gewählte Konkursverwalter die Interessen der Gläubiger, die keine besondere Verbindung zum Gemeinschuldner haben, nicht in der notwendigen objektiven Weise vertreten wird.

1341 Die Ernennung des gewählten Konkursverwalters darf auch nicht mit dem Hinweis versagt werden, das Gericht selbst habe einen geeigneten Konkursverwalter eingesetzt. Die Eignung und die bisherige Amtsführung des vom Gericht ernannten Konkursverwalters steht in dem Verfahren. in dem es um die Ernennung des gewählten Konkursverwalters geht, nicht zur Diskussion. Das Gericht hat nur die Eignung und die Objektivität des gewählten Konkursverwalters zu überprüfen.

1342 Die Entscheidung über die Ernennung des gewählten Konkursverwalters darf auch nicht durch Zweckmäßigkeitserwägungen beeinflußt werden. Insbesondere kann nicht darauf abgestellt werden, daß der vom Gericht ernannte Konkursverwalter bereits eingearbeitet ist, und daß durch die Ernennung des neuen Konkursverwalters zeitliche Verzögerungen und höhere Kosten entstehen. Diese Nachteile sind zwangsläufige Folgen der gesetzlichen Bestimmung des § 80 Satz 1 KO, die in graduell unterschiedlicher Weise Begleiterscheinungen jedes Konkursverwalterwechsels sind.

4.11.2 Übergang des Verfügungsrechts auf Konkursverwalter

§ 6 KO bringt in zwei Sätzen knapp und klar zum Ausdruck, daß vom Augenblick **1343**
der Konkurseröffnung an das Verwaltungs- und Verfügungsrecht in bezug auf die Masse an Stelle des Gemeinschuldners jetzt vom Konkursverwalter ausgeübt wird. Diese Wirkung tritt unmittelbar mit der Konkurseröffnung ein (§ 108 KO) und nicht erst mit der öffentlichen Bekanntmachung oder Zustellung.

Der Verlust der Verfügungsbefugnis hat nicht den Verlust der Geschäftsfähigkeit **1344**
zur Folge. Der Gemeinschuldner kann auch weiter verfügen, sofern die Verfügungen nicht die Konkursmasse betreffen. Der Gemeinschuldner behält auch die Prozeß- und die Wechselfähigkeit. Wechselverpflichtungen, die er nach Konkurseröffnung eingeht, berühren allerdings die Konkursmasse nicht.

Der Konkursverwalter erwirbt vom Gemeinschuldner in bezug auf die Masse alle **1345**
Verwaltungs- und Verfügungsrechte, d.h. der Konkursverwalter erwirbt grundsätzlich nicht mehr und keine anderen Rechte, als der Gemeinschuldner hatte. Deshalb muß der Konkursverwalter alle Lasten und Beschränkungen der Masse beachten; er muß die Rechtslage übernehmen, die er bei Eröffnung des Verfahrens vorfindet.

4.11.3 Die Rechte des Konkursverwalters im einzelnen (§ 117 Abs. 1 KO)

Der Konkursverwalter hat die Masse zu sammeln und in Besitz zu nehmen. **1346**
Hierbei kommen ihm zu Hilfe:

- der vom Gericht erlassene offene Arrest, §§ 118–120 KO,
- die Post- und Telegrafensperre, §121 KO,
- die Siegelung, § 122 KO,
- die Verpflichtung des Gemeinschuldners zur Abgabe der eidesstattlichen Versicherung (§ 125 KO) und
- zur Auskunftserteilung (§ 100 KO).

Der Konkursverwalter hat die Geschäftsbücher des Gemeinschuldners in Besitz **1347**
und Verwaltung zu nehmen (§§ 117 und 122, Abs. 2 KO), die Konkursmasse im einzelnen unter genauer Wertangabe aufzuzeichnen (§ 123 KO), und er hat ein Inventar nebst Eröffnungsbilanz aufzustellen und auf der Geschäftsstelle niederzulegen (§ 124 KO). Er muß weiter prüfen, ob anfechtbare Rechtshandlungen vorliegen; er muß Prozesse wieder aufnehmen, sofern sie einen für die Masse günstigen Ausgang versprechen und muß nach § 17 KO entscheiden, ob er in laufende Verträge des Gemeinschuldners eintreten will oder nicht.

Der Konkursverwalter ist auch berechtigt, Gegenstände aus der Masse freizuge- **1348**
ben, wenn sie unverwertbar sind oder die Verwertung wegen der Belastungen keinen Gewinn für die Masse bringt.

Der Konkursverwalter darf niemals Einzelinteressen wahrnehmen, sondern hat **1349**
nur die Gesamtinteressen aller Konkursgläubiger zu wahren; er darf daher nicht die Ansprüche einzelner Gläubiger gegen Dritte wahrnehmen, dazu ist er nicht befugt. Wohl aber darf er Ansprüche gegen Dritte verfolgen, die die Konkursmasse geschädigt haben, denn insoweit schützt er ein berechtigtes Interesse aller Konkursgläubiger. Auch die Interessen des Gemeinschuldners hat der Konkursverwalter zu wahren.

4.11.4 Unwirksame Handlungen des Konkursverwalters

1350 Rechtshandlungen des Konkursverwalters, die offensichtlich dem Konkurszweck zuwiderlaufen, sind unwirksam und verpflichten die Masse nicht (z.B. die Anerkennung einer Konkursforderung als Masseschuld oder die gesetzwidrige Anerkennung von Aussonderungs- oder Absonderungsansprüchen oder Börsenspekulationsgeschäfte mit Massemitteln).
Handlungen, die nur unzweckmäßig sind, aber im Rahmen der Befugnisse des Konkursverwalters liegen, sind für die Masse verbindlich, lösen aber u.U. die persönliche Haftung des Konkursverwalters nach § 82 KO aus, so z.B. Verwertung des Unternehmens in übergroßer Eile, so daß ein möglicher Vermögensüberschuß für den Gemeinschuldner verhindert wird; da auch der Gemeinschuldner »Beteiligter« ist, haftet der Konkursverwalter auch ihm gegenüber für pflichtwidriges Verhalten (*BGH* ZIP 1985, 423).

1351 Der Konkursverwalter hat auch alle die Masse betreffenden öffentlich-rechtlichen Verpflichtungen des Gemeinschuldners zu erfüllen; das betrifft vor allem das Kaug, die Sozialabgaben und auch die steuerlichen Pflichten.

4.11.5 Steuerliche Pflichten

1352 Den Konkursverwalter trifft die Pflicht zur Abgabe von Steuererklärungen (§ 34 AO), und zwar auch für Steuerabschnitte vor Konkurseröffnung. Der Konkursverwalter hat dafür zu sorgen, daß alle Steuern aus den von ihm verwalteten Mittel entrichtet werden, bei schuldhafter Verletzung dieser Pflicht haftet er persönlich (§§ 34 Abs. und 69 AO). Die bei der Verwertung der Masse entstehenden Veräußerungsgewinne (§§ 16 Abs. 3 und 34 EStG) sind, soweit sie zur Konkursmasse fließen, zu versteuern; die Steuerforderung gehört zu den Massekosten. Die Pflichten des Konkursverwalters nach § 34 AO sind öffentlich-rechtlicher Natur; sie sind deshalb weder abdingbar noch kann sich der Konkursverwalter der Finanzbehörde gegenüber auf mangelnde Befugnis oder fehlende tatsächliche Einflußmöglichkeit berufen. Der Konkursverwalter ist auch verpflichtet, unvollständige oder unrichtige Steuererklärungen des Gemeinschuldners zu berichtigen (so ausdrücklich § 153 Abs. 1 Satz 2 KO).

4.11.6 Pflicht zur Buchführung und Erstellung der Jahresabschlüsse

1353 Aus der Verpflichtung des Konkursverwalters zur Abgabe von Steuererklärungen folgt für ihn auch die Pflicht zur Buchführung nach handelsrechtlichen Grundsätzen, die gem. § 5 EStG auch für die Besteuerung maßgebend ist, sowie die Pflicht zur Erstellung von Jahresabschlüssen. Der Konkursverwalter ist auch verpflichtet, Mängel hinsichtlich der Buchführung und der Jahresabschlüsse zu berichtigen, insoweit er sie erkennen konnte. Kann die mangelhafte Buchführung im Hinblick auf die steuerlichen Anforderungen nach Konkurseröffnung in Ordnung gebracht werden, dann muß der Konkursverwalter das im Rahmen des ihm Zumutbaren tun. Liegt z.B. keine oder nur eine grob fehlerhafte Buchführung des Gemeinschuldners vor, so kann es oft unmöglich sein, eine richtige Bilanz nebst Gewinn- und Verlustrechnung für den jeweiligen Veranlagungsraum aufzustellen. In solchem Fall ist der Konkursverwalter verpflichtet, die ihm bekannten Mängel dem Finanzamt sofort anzuzeigen. Gem. § 148 AO kann das Finanzamt dem Konkursverwalter Erleichterungen bewilligen, wenn die Besteuerung durch die Erleichterung nicht beeinträchtigt wird. Die Erleichterung kann z.B. darin bestehen, daß die Finanzbehörde dem Konkursverwalter gestattet, trotz früherer Buchführungspflicht des Gemeinschuldners, die Gewinne durch einfache Überschußrechnung zu ermitteln. Der Konkursverwalter braucht dann nicht mehr zu bilanzieren, sondern nur noch die Einnahmen und Ausgaben aufzuzeichnen, was für ihn eine erhebliche Vereinfachung bedeutet.

Der Konkursverwalter kann auch mit dem Finanzamt vereinbaren, daß dieses **1354** von der Abgabe für die Zeit vor oder während des Konkursverfahrens absieht und dafür schätzt, wenn dadurch die Massegläubiger und die Konkursgläubiger nicht geschädigt werden. Der Konkursverwalter sollte das aber tun, wenn der Gemeinschuldner oder deren Gesellschafter dadurch keine Verlustvorträge verlieren oder ausdrücklich damit einverstanden sind, sonst macht er sich insoweit schadensersatzpflichtig, denn er hat auch die Interessen des Gemeinschuldners zu wahren (*BGH* BB 1979, 1599).

Der Konkursverwalter ist nicht nur dem Finanzamt, sondern auch dem Gemein- **1355** schuldner gegenüber verpflichtet, für die ordnungsgemäße Erfüllung der steuerlichen Buchführungs- und Steuererklärungspflichtigen zu sorgen. Denn alle Fehler, die dem Konkursverwalter in steuerlicher Hinsicht anzulasten sind, benachteiligen auch den Gemeinschuldner, da er während des Konkursverfahrens steuerlich mit verhaftet bleibt. Das gilt grundsätzlich auch für Buchführungsverpflichtungen wegen Steuertatbeständen **vor** Konkurseröffnung, weil ja der Konkursverwalter die Geschäftsbücher in Besitz zu nehmen hat und der Gemeinschuldner deshalb diese Pflichten nicht mehr erfüllen kann.

Aus diesem Grunde ist der Konkursverwalter auch dem Gemeinschuldner ge- **1356** genüber zur Nacherklärung gem. § 153 AO verpflichtet, weil er allein die Bücher verwaltet und der Gemeinschuldner aus diesem Grunde die Bücher nicht mehr vervollständigen kann. Der Konkursverwalter ist in solchen Fällen nicht nur gehalten, mit dem Finanzamt Verbindung aufzunehmen, sondern er muß sich auch mit dem Gemeinschuldner ins Benehmen setzen.

Die Pflichten des Konkursverwalters zur ordnungsgemäßen Buchführung er- **1357** geben sich dem Finanzamt gegenüber aus den Regeln der AO und dem Gemeinschuldner gegenüber aus § 82 KO, wobei zwischen dem Gemeinschuldner und dem Konkursverwalter ein gesetzliches Schuldverhältnis begründet wird. Bei schuldhafter Verletzung seiner Pflichten hat der Konkursverwalter persönlich dem Gemeinschuldner für die dadurch verursachten Steuernachteile einzustehen.

Die KO enthält nur wenige Rechnungslegungspflichten (§§ 123, 124, 132 Abs. 2, **1358** 86 und 162 = Eröffnungs- und Schlußbilanz sowie evtl. Berichte an den Gläubigerausschuß). Weitere Rechnungslegungspflichten enthält die KO nicht. Für den Konkurszweck reicht die Erfassung der laufenden Geschäftsvorfälle durch einfache Einnahmen/Ausgaben-Rechnung aus. Da der Konkursverwalter aber sowohl handelsrechtlich als auch steuerrechtlich verpflichtet ist, die Bücher unter Beachtung der Grundsätze ordnungsgemäßer Buchführung zu führen, werden auch die von der KO vorgeschriebenen Rechnungslegungspflichten heute nur noch ordnungsgemäß erfüllt, wenn die handelsrechtlichen Buchführungs- und Bilanzierungspflichten beachtet werden.

1359 Kommt der Konkursverwalter seinen konkurs- und handelsrechtlichen Pflichten schuldhaft nicht nach, so **haftet** er allen Beteiligten gem. § 82 KO. Das Konkursgericht kann in Ausübung seiner Aufsichtspflicht nach §§ 83 und 84 KO gegen den säumigen Konkursverwalter nach vorheriger Androhung ein Zwangsgeld festsetzen. Ein Konkursverwalter, der bis zur ersten Gläubigerversammlung keine Anstalten macht, die Masse aufzuzeichnen und zu inventarisieren, ist vom Gericht seines Amtes zu entheben. Die Aufbewahrungspflicht hinsichtlich der kaufmännischen Unterlagen wird von der Konkurseröffnung nicht berührt, sie besteht also fest.

4.12 Forderungsanmeldung und Prüfung

4.12.1 Tabelle

1360 Die Gläubiger, die an dem Verfahren teilnehmen wollen, müssen ihre Forderungen bei Gericht zur Tabelle anmelden. Das gilt auch für bevorrechtigte Konkursforderungen.
Die Frist für diese Anmeldung beträgt zwei Wochen bis drei Monate (§ 138 KO).

1361 Jede Forderung wird sofort nach ihrer Anmeldung in eine Tabelle eingetragenen (§ 140 KO). Wird die **Anmeldefrist versäumt,** so wird dennoch eingetragen (es besteht keine Ausschlußfrist); der Gläubiger muß dann allerdings die Mehrkosten für den besonderen Prüfungstermin bezahlen. Diese Kosten betragen DM 15,– pro Gläubiger. Sonstige Auslagen werden nicht erhoben (§ 11 Abs. 1 GKG i.V.m. Kostenverzeichnis 1430).

1362 Die Forderungen werden von der Gläubigerversammlung geprüft (= Prüfungstermin § 141 KO).
Die Prüfung erfolgt auch, wenn der angemeldete Gläubiger im Termin fehlt (§ 143 KO).

1363 Der Prüfungstermin dient dazu, die angemeldeten Forderungen nach Grund, Betrag und Vorrecht zu erörtern und festzustellen, welche anerkannt und welche bestritten werden, und für eine streitige Forderung evtl. ein Stimmrecht zu gewähren (§ 95 Abs. 1 KO). Bevor in die Erörterung eingetreten wird, hat das Gericht eine Vorprüfung vorzunehmen; diese Prüfung bezieht sich nur auf die formale Zulässigkeit (Prozeßfähigkeit, Nachweis der Vertretungsmacht, Forderung in ausländischer Währung).

4.12.2 Bestreiten durch die Konkursbeteiligten

1364 Eine Forderung gilt als festgestellt, wenn sie im Prüfungstermin weder vom Konkursverwalter noch von einem Konkursgläubiger bestritten wird oder wenn ein evtl. Widerspruch wieder beseitigt wird. Die Feststellung ist in die Tabelle einzutragen und wirkt gegen die Konkursgläubiger wie ein rechtskräftiges Urteil (§ 145 Abs. 2 KO). Hat auch der Gemeinschuldner nicht widersprochen, dann wirkt die Feststellung auch ihm gegenüber wie ein rechtskräftiges Urteil; § 164 Abs. 2 KO. Ein Widerspruch des Konkursverwalters oder eines Konkursgläubigers hindert die Feststellung. Der Widerspruch kann sich richten:

- gegen den Grund der angemeldeten Forderung, dann ist alles bestritten;
- gegen den Betrag, dann kann eine Teilfeststellung erfolgen;
- gegen ein beanspruchtes Vorrecht;
- gegen die Anmeldbarkeit als Konkursforderung.

Hat ein absonderungsberechtigter Gläubiger seine ganze Forderung angemeldet, wozu er berechtigt ist, so muß die Forderung unbeschränkt festgestellt werden. Bei der Verteilung wird seine Forderung aber nur in Höhe des Ausfalls berücksichtigt, falls er nicht auf die abgesonderte Befriedigung verzichtet. **1365**

Widerspruch kann nur im Prüfungstermin erfolgen, und zwar mündlich. Ein schriftlicher Widerspruch eines im Termin nicht anwesenden Gläubigers ist wirkungslos. Nicht bestreiten bedeutet stillschweigendes Anerkenntnis. Der Widerspruch ist in der Tabelle zu vermerken. Der Widerspruch kann zurückgenommen werden gegenüber dem Konkursgericht; dann ist die Tabelle zu berichtigen. Die Beseitigung des Widerspruchs erfolgt, indem durch Urteil die Forderung festgestellt wird oder der Widerspruch für unbegründet erklärt wird (§ 147 KO). Die obsiegende Partei hat nach § 146 Abs. 7 KO die Berichtigung der Tabelle zu bewirken. **1366**

4.12.3 Bestreiten durch den Gemeinschuldner

Der **Widerspruch des Gemeinschuldners** hindert die konkursrechtliche Feststellung der angemeldeten Forderung nicht; er hat nur die Wirkung, daß der Gläubiger nach Aufhebung des Konkursverfahrens nicht mit dem Tabellenauszug die Zwangsvollstreckung gegen den Gemeinschuldner betreiben kann (§ 164 Abs. 2 KO). Der Gläubiger kann einen Widerspruch des Gemeinschuldners durch Klage beseitigen, bzw., wenn eine anhängige Klage durch den Konkurs unterbrochen war, kann der Gläubiger diesen Rechtsstreit wieder aufnehmen. Da die Beseitigung des Widerspruchs des Gemeinschuldners nur außerkonkursliche Wirkung hat, also das Konkursverfahren nicht berührt, kann der Gläubiger schon während des Laufs des Konkursverfahrens seine Feststellungsklage betreiben. **1367**

Für das Konkursverfahren ist also nur der Widerspruch des Konkursverwalters oder eines Gläubigers beachtlich. **Da der Widerspruch nicht begründet werden muß,** kann einem Gemeinschuldner der Rat gegeben werden, möglichst umfangreichen Widerspruch einzulegen, soweit Zweifel an dem Bestand der Forderung bestehen, da er sich durch diese Praxis schuldenfrei machen kann, wenn der Gläubiger nicht alsbald nach Beendigung des Konkursverfahrens Klage erhebt, und durch diese Unterlassung die Forderung verjährt. Wird durch die Konkurseröffnung ein Rechtsstreit unterbrochen, der eine Konkursforderung gem. § 3 KO zum Gegenstand hat, so kann er erst wieder aufgenommen werden, wenn die Forderung nach den Vorschriften der KO angemeldet und geprüft ist und bei der Prüfung Widerspruch eingelegt worden ist (§ 12 i.V.m. § 146 Abs. 3 und 4 KO). Das gilt auch dann, wenn in der Sache bereits ein Urteil ergangen ist und darum der Widerspruch von dem Widersprechenden selbst zu verfolgen ist (§ 146 Abs. 4 KO) . Eine nicht angemeldete, nicht geprüfte oder nicht bestrittene Forderung kann deshalb im Prozeß nicht weiterverfolgt oder bekämpft werden. **1368**

4.12.4 Nichtanmeldung durch Gläubiger

Der Gläubiger, der auf Befriedigung aus der Konkursmasse verzichtet, kann seine Forderung ungehindert durch das Konkursverfahren gegen den Gemeinschuldner einklagen, denn er verlangt nicht Befriedigung aus der Masse. Er kann allerdings während der Dauer des Verfahrens nicht gegen den Gemeinschuldner vollstrecken (§ 14 KO) und er nimmt, obwohl er seine Forderung nicht angemeldet hat, dennoch in vollem Umfang an einem Zwangsvergleich teil (§ 193 **1369**

KO). Aber er ist nicht gehindert, sich während des Verfahrens einen Titel zu verschaffen.

1370 Jede Anmeldung kann bis zur Feststellung zurückgenommen werden; nach Feststellung ist eine Rücknahme nicht mehr möglich. Die Rücknahme hat zur Folge, daß die Verjährung als nicht unterbrochen gilt (§ 214 Abs. 2 BGB). Möglich ist aber nach Feststellung der Forderung noch der Verzicht auf die Geltendmachung der Forderung im Konkursverfahren. Dieser Verzicht auf die Geltendmachung muß sich aus der Tabelle ergeben, damit gewährleistet ist, daß der Gläubiger bei Abstimmung und bei der Verteilung ausgeschlossen ist. Nach Abschluß des Konkursverfahrens erhält der Verzichtende ebenfalls einen Auszug aus der Tabelle zwecks Vollstreckung.

4.13 Verteilung und Vollstreckung

1371 So oft hinreichende Masse vorhanden ist, soll die Verteilung an die Gläubiger erfolgen (§ 149 KO).

1372 **Bestrittene Forderungen** werden nur **berücksichtigt,** wenn eine Feststellungsklage nachgewiesen wird, in diesem Fall wird die auf diese Forderungen entfallende Quote zurückgehalten.

1373 Ist die Masse voll verwertet, so erfolgt die **Schlußverteilung** (§ 161 KO). Bis dahin sollten alle offenen Fragen geklärt sein, wie z.B.:
- aufschiebende Bedingungen (**sonst** erfolgt **Sicherstellung**);
- Absonderungsberechtigte müssen ihren Ausfall nachweisen, anderenfalls wird der für sie reservierte Betrag verteilt;
- bestrittene Forderungen (ist dieserhalb ein Prozeß anhängig, wird die entsprechende Summe hinterlegt).

1374 Die **Schlußverteilung,** die nach vollständiger Verwertung der Masse erfolgt, **muß vom Gericht genehmigt** werden (§ 161 KO). Das Gericht setzt dafür einen **Schlußtermin** an (§ 162 KO).

1375 Nach Abhaltung des Schlußtermins wird das Verfahren vom Gericht aufgehoben. Dieser **Beschluß** ist **unanfechtbar** (§ 163 KO).

1376 Die **Wirkung** dieses Beschlusses ist:
- das Amt des Konkursverwalters endet;
- der Gemeinschuldner kann wieder frei verfügen;
- die Gläubiger können jetzt ihre Forderungen gegen den Gemeinschuldner wieder unbeschränkt geltend machen (Auszug aus der Tabelle als Titel; § 164 KO).

1377 Eine **Nachtragsverteilung** erfolgt, wenn nachträglich noch Masse auftaucht; wenn z.B. der für eine bestrittene Forderung hinterlegte Betrag frei wird (§ 166 KO).

5. Zwangsvergleich (§ 173 KO)

1378 Der Konkurs befreit den Gemeinschuldner von seinen Schulden nur, soweit Befriedigung der Gläubiger erfolgt. Eine vollständige Befreiung kann der Gemeinschuldner nur durch einen Zwangsvergleich erreichen.

Der Zwangsvergleich im Konkurs ist ein gerichtlich bestätigtes Abkommen über eine bestimmte, an die Stelle der Konkursverteilung tretende Befriedigung der Gläubiger, das zwischen dem Gemeinschuldner und der Mehrheit der nicht bevorrechtigten Konkursgläubiger abgeschlossen wird und auch für die nicht zustimmende Minderheit bindend ist. **1379**

Zweck des Zwangsvergleichs ist die Befriedigung der Konkursgläubiger ohne Ausschüttung der Masse. Diese Art der Befriedigung ist für die Beteiligten vielfach günstiger als die Durchführung des Konkurses. **1380**
Die Konkursgläubiger erhalten durch einen Zwangsvergleich vielfach mehr und werden rascher befriedigt als bei Durchführung des kostspieligen Konkursverfahrens. Sie werden deshalb häufig geneigt sein, zur Ermöglichung des Zwangsvergleichs auf einen Teil ihrer Forderungen zu verzichten.
Der Gemeinschuldner erhält früher unter Vermeidung erheblicher Wertverluste die Verfügung über sein Vermögen zurück. Auch wird ihm die Neubegründung seiner Existenz dadurch wesentlich erleichtert, da er wegen der Konkursforderungen nicht mehr über den Zwangsvergleich hinaus in Anspruch genommen werden kann. Diese Vorteile veranlassen oft Freunde oder Verwandte des Gemeinschuldners, den Abschluß des Zwangsvergleichs durch Erlaß ihrer Forderungen oder Übernahme von Bürgschaften zu ermöglichen.
Der Zwangsvergleich ist unzulässig, wenn der Gemeinschuldner flüchtig ist oder die Abgabe der eidesstattlichen Versicherung verweigert oder wenn er wegen betrügerischen Bankrotts rechtskräftig verurteilt ist oder gegen ihn eine Untersuchung läuft (§ 175 KO).

5.1 Voraussetzungen des Zwangsvergleichs

Der Zwangsvergleich ist nur zulässig in der Zeit nach dem allgemeinen Prüfungstermin und vor der Genehmigung der Schlußverteilung; er kann aber bereits im Prüfungstermin nach Prüfung der Forderungen vereinbart werden §§ 173, 180 KO). **1381**

Der Gemeinschuldner muß einen bestimmten Vergleichsvorschlag unterbreiten. Der Vorschlag kann auch auf eine bloße Stundung abzielen (§ 174 KO). **1382**

Eine Mindestquote ist nicht vorgeschrieben. Hat der Gemeinschuldner allerdings durch Unredlichkeit die Konkurseröffnung verzögert, muß er eine Quote von mindestens 20 % bieten (§ 187 KO). Hat der Gemeinschuldner nicht unredlich, sondern nur leichtsinnig gehandelt, bleibt das in der Regel ohne Belang. (Diese Bestimmung wird von den Gerichten in der Regel sehr großzügig ausgelegt.) **1383**

Vom Zwangsvergleich betroffen werden nur die nicht bevorrechtigten Konkursgläubiger. Alle anderen Gläubiger, also Massegläubiger und bevorrechtigte Konkursgläubiger, müssen voll befriedigt werden (§ 173 KO). Deshalb bestimmt § 191 KO, daß der Verwalter die Masseansprüche berichtigen und bestrittene sicherstellen muß. Ebenso muß er festgestellte bevorrechtigte Konkursforderungen befriedigen und, soweit sie nicht festgestellt, aber glaubhaft gemacht sind, sicherstellen. **1384**

Der Vergleichsvorschlag wird vom Gericht und vom Gläubigerausschuß vorgeprüft (§§ 176, 177 KO). **1385**

5.2 Abstimmung

1386 Der Vergleichsabschluß erfolgt durch die Abstimmung der nicht bevorrechtigten Konkursgläubiger (§ 182 KO).

1387 Eine doppelte Mehrheit ist dafür erforderlich:
die absolute Kopfmehrheit der erschienenen Gläubiger (z.B.: von 100 Gläubigern sind 30 erschienen; 16 von ihnen müssen mindestens für den Vergleich stimmen); und drei Viertel der Gesamtsumme **aller stimmberechtigten** Forderungen, also nicht nur der im Termin vertretenen (z.B.: betragen die Forderungen insgesamt DM 100 000,–, so müssen die vorerwähnten 16 Gläubiger mindestens DM 75 000,– Forderungen vertreten).

1388 Wird nur eine der Mehrheiten erreicht, so kann in einem neuen Termin die Abstimmung wiederholt werden (§ 182 II KO).

1389 Der angenommene Zwangsvergleich muß vom **Gericht bestätigt** werden (§ 184 KO; Versagungsgründe s. §§ 186–188 KO). Nach der Bestätigung hat der Konkursverwalter soweit noch nicht geschehen – alle Massegläubiger und alle bevorrechtigten Gläubiger zu befriedigen.

1390 Ist der Zwangsvergleich rechtskräftig, wird das Konkursverfahren aufgehoben. Der Beschluß kann nicht angefochten werden (wenn Rechtspfleger entscheidet, befristete Erinnerung; § 190 KO).

5.3 Wirkungen des Zwangsvergleichs

1391 Mit der Aufhebung des Konkursverfahrens endet das Amt des Konkursverwalters und der Gemeinschuldner erhält die Verfügung über sein Vermögen zurück (§ 192 KO).

1392 Der Zwangsvergleich **wirkt für und gegen alle nicht** bevorrechtigten Konkursgläubiger; auch für und gegen diejenigen, die gegen den Vergleich gestimmt haben, zum Termin nicht erschienen sind oder überhaupt nicht am Konkursverfahren teilgenommen haben (§ 193 KO).

1393 Die im Zwangsvergleich zugesagte Befriedigung können die Konkursgläubiger von dem Gemeinschuldner und etwaigen Dritten, welche die Erfüllung versprochen haben (Vergleichsgaranten), verlangen.

1394 Der Zwangsvergleich i.V.m. der Feststellung der Forderung in der Konkurstabelle ist ein gegen den Schuldner und die Vergleichsgaranten vollstreckbarer Titel (§ 194 KO).

1395 Über den Zwangsvergleich hinaus können die Gläubiger von dem Schuldner keine Befriedigung verlangen.

1396 Die Rechte der Gläubiger gegen Mitschuldner und Bürgen bleiben unberührt, d.h. sie haften nach wie vor in Höhe der ursprünglichen Forderung. Alle sonstigen Gläubiger (Masse- und bevorrechtigten Gläubiger) werden vom Zwangsvergleich nicht berührt.

5.4 Aufhebung

1397 Eine Aufhebung des Zwangsvergleichs findet nur ausnahmsweise und nur in den gesetzlich bestimmten Fällen statt.

Es gibt keine **Aufhebungsklage wegen Nichterfüllung;** dabei ist es gleichgültig, aus welchem Grund der Schuldner oder die Garanten nicht zahlen (§ 195 KO) Wollen die Gläubiger sich gegen einen böswilligen Schuldner sichern, so müssen sie eine kassatorische Klausel in den Zwangsvergleich aufnehmen. **1398**
Enthält der Zwangsvergleich die Klausel nicht, so können die Gläubiger im neuen Konkurs nur die geminderten Forderungen anmelden.

Es gibt auch **keine Anfechtung** des Zwangsvergleichs **wegen Irrtums** der Gläubiger. **Ist der Vergleich durch Betrug zustande gekommen,** so kann jeder Gläubiger den vergleichsmäßigen Erlaß seiner Forderung anfechten, unbeschadet der ihm durch den Vergleich gewährten Rechte (§ 196 KO). **1399**

Die Anfechtung wird **nur zu Gunsten des anfechtenden Gläubigers,** im übrigen bleibt der Zwangsvergleich bestehen. **1400**

Die Anfechtung ist nur zulässig, wenn der Gläubiger in dem Bestätigungsverfahren den Anfechtungsgrund nicht geltend machen konnte. Die Anfechtung ist also unzulässig, wenn der Gläubiger im Bestätigungsverfahren von dem Betrug Kenntnis hatte, mangels Beweise aber geschwiegen hat. **1401**

Ein Gläubiger, der im Bestätigungsverfahren erfolglos einen Betrug des Gemeinschuldners behauptet, aber überstimmt wurde, kann die Wirksamkeit des bestätigten Zwangsvergleichs nicht mit einem auf das gleiche Verhalten gestützten Schadensersatzanspruch gem. § 826 BGB beseitigen. **1402**

Als Betrugshandlungen, die die Täuschungsanfechtung rechtfertigen, könnten z.B. in Frage kommen: **1403**
- Verheimlichung oder Beiseiteschaffen von Vermögensstücken;
- erdichten von Schulden;
- heimlicher Abschluß von Verträgen, die einzelne Gläubiger begünstigen;
- unwahre Angaben des Konkursverwalters über die Höhe des Massebestandes.

Der anfechtende Gläubiger hat die volle Beweislast für den behaupteten Betrug und für die Kausalität, d.h., daß der Vergleich durch den Betrug zustande gekommen ist. **1404**

Wird der Schuldner rechtskräftig wegen betrügerischen Bankrotts verurteilt, so wird kraft Gesetzes zugunsten aller Gläubiger der vergleichsmäßige Erlaß der Forderungen aufgehoben, unbeschadet der den Gläubigern durch den Vergleich gewährten Rechte (§ 197 KO). Die Aufhebung tritt ohne weiteres ein und wirkt zugunsten aller durch den Vergleich beschränkten Gläubiger. **1405**

Bei genügender Masse wird auf Antrag eines Konkursgläubigers das Konkursverfahren durch Beschluß des Gerichts wieder aufgenommen (Nachkonkurs, §§ 198–201 KO). **1406**

6. Materielles Konkursrecht

6.1 Konkursmasse

Die Konkursmasse besteht aus dem gesamten Vermögen des Gemeinschuldners im Zeitpunkt der Konkurseröffnung. **1407**

Vermögen ist nicht die Person und Arbeitskraft des Gemeinschuldners: die Gläubiger haben also kein Recht die Arbeitskraft des Gemeinschuldners auszunutzen (z.B. Arztpraxis; § 1 KO).

1408 **Das Vorliegen muß der Zwangsvollstreckung unterliegen.** Deshalb gehören nicht zur Konkursmasse:
- Persönlichkeitsrechte (Namensrecht),
- Recht auf Ehescheidung (falls die Ehefrau vermögend ist Auseinandersetzungsansprüche § 1378 BGB),
- Recht, selber Konkursantrag zu stellen als persönlich haftender Gesellschafter,
- unpfändbare Sachen und Forderungen (Hausrat pp. § 811 ZPO, Lohnbezüge pp. §§ 850ff. ZPO)

6.1.1 Zeitpunkt

1409 Der Zeitpunkt der Konkurseröffnung ist wichtig. Neuerwerb des Gemeinschuldners, d.h. Erwerb nach Konkurseröffnung ist **konkursfrei;** z.B. Erbschaft (wichtig Todeszeitpunkt) oder Gehalt nach Konkurseröffnung (falls Arbeit nach der Eröffnung geleistet wird).

1410 Als Neuerwerb gelten dabei nur solche **Vermögensgegenstände,** bei denen der Rechtsgrund für den Erwerb erst nach der Konkurseröffnung eingetreten ist. Bestand eine Forderung bereits zum Zeitpunkt der Konkurseröffnung, sei es auch nur als bedingt oder betagt, fällt der Erlös auch dann in die Konkursmasse, wenn der Zufluß erst danach erfolgt, so etwa nach Konkurseröffnung billige Mietzinsen für einen schon vorher vom Gemeinschuldner vermieteten Gegenstand oder nach Konkurseröffnung ausgezahlte Versicherungsleistung für einen schon zuvor eingetretenen Versicherungsfall.

6.1.2 Konkursfreies Vermögen

1411 Zum konkursfreien Vermögen zählen schließlich solche Gegenstände, die zwar im Zeitpunkt der Konkurseröffnung zum Vermögen des Gemeinschuldners gehören, aber danach vom Konkursverwalter durch Erklärung gegenüber dem Gemeinschuldner aus der Konkursmasse freigegeben werden. Hierzu wird sich der Konkursverwalter vor allem dann entschließen, wenn die Verwaltung eines Gegenstandes Kosten verursacht, der Gegenstand aber in einem Umfang mit Drittrechten belastet ist, daß bei einer Verwertung kein Erlös für die Konkursmasse zu erwarten wäre, wie etwa bei weit über dem Wert mit Grundpfandrechten belasteten Grundstücken.

6.2 Konkursgläubiger

1412 Konkursgläubiger sind alle persönlichen Gläubiger, die im Zeitpunkt der Eröffnung eine Forderung gegen den Gemeinschuldner haben (§ 3 KO). Es muß ein **persönlicher Anspruch** sein, **deshalb bleiben dingliche Ansprüche unberücksichtigt.** Wer einen dinglichen Anspruch hat, ist kein Konkursgläubiger, sondern macht sein Recht außerhalb des Konkurses geltend (Aussonderungs- oder Absonderungsrecht).

1413 **Der Anspruch** muß auf eine **geldwerte Leistung** gerichtet sein. Höchstpersönliche Ansprüche, wie z.B. der Anspruch **auf Vornahme einer Operation** oder auf

Vollendung eines Bildnisses, können nicht geltend gemacht werden; ebenfalls nicht der Anspruch auf einen **Spielgewinn,** da dieser nicht einklagbar ist. Da der Konkurs alle vermögenswerten Forderungen einbeziehen will, sind auch betagte (§ 65 KO), **auflösend** (§ 56 KO) oder **aufschiebend** (§ 67 KO) bedingte und im Zeitpunkt der Konkurseröffnung noch **unbestimmte** oder **ungewisse Vermögensansprüche** (§ 69 KO) Konkursforderungen. Der Wert der Forderungen, die zwar einen Vermögenswert haben, aber nicht auf einen Geldbetrag gerichtet sind, wie z.B. der Anspruch auf Warenlieferung, wird geschätzt (§ 69 KO).

Im Konkurs nicht geltend gemacht werden können (§ 63 KO): **1414**
- die seit der Eröffnung des Verfahrens laufenden Zinsen,
- die Kosten, die den einzelnen Gläubigern durch ihre Teilnahme an dem Verfahren erwachsen,
- Geldstrafen, Geldbußen, Ordnungsgeld und Zwangsgeld sowie solche Nebenfolgen einer Straftat oder Ordnungswidrigkeit, die zu einer Geldzahlung verpflichtet,
- Forderungen aus unentgeltlichen Zuwendungen des Gemeinschuldners unter Lebenden oder von Todes wegen.

7. Wirkungen der Konkurseröffnung

Die Fähigkeit des Konkursverwalters, an Stelle des Gemeinschuldners zu handeln, ergibt sich durch die Wirkungen des Konkursbeschlags. Durch die Konkurseröffnung wird das Vermögen des Gemeinschuldners als »Konkursmasse« zugunsten der Konkursgläubiger beschlagnahmt. Die Konkursmasse bildet jetzt ein Sondervermögen, das zwar nach wie vor dem Gemeinschuldner gehört, aber seiner Einwirkung entzogen ist. **1415**

Mit der Konkurseröffnung verliert der Gemeinschuldner hinsichtlich der Konkursmasse sein Verwaltungs- und Verfügungsrecht, und dieses geht in gleichem Umfang auf den Konkursverwalter über (§ 6 KO). Der Gemeinschuldner bleibt zwar Vermögensinhaber, er bleibt auch **voll geschäftsfähig,** er darf jedoch nicht mehr über die Konkursmasse verfügen. **1416**

7.1 Rechtshandlungen des Gemeinschuldners

Rechtshandlungen des Gemeinschuldners **sind gegenüber den Konkursgläubigern unwirksam,** sie sind jedoch **nicht absolut** unwirksam, sondern können gegenüber Nicht-Konkursgläubigern Geltung haben (§ 7 Abs. 1 KO). **1417**

Die Unwirksamkeit muß vom Konkursverwalter geltend gemacht werden; daraufhin muß der Erwerber herausgeben und erhält nach Bereicherungsrecht die entsprechende Gegenleistung aus der Masse zurück (§ 7 Abs. 2 KO). **1418**

§ 7 Abs. 3 KO enthält die Vermutung, daß Rechtshandlungen nach der Konkurseröffnung erfolgt sind. Der gute Glaube an das **Verfügungsrecht** des Gemeinschuldners **bei Grundstücken,** solange der Konkursvermerk noch nicht in das Grundbuch eingetragen ist. **1419**

7.2 Leistungen an Gemeinschuldner

1420 Leistungen an den Gemeinschuldner **nach Konkurseröffnung** befreien den Leistenden nur ausnahmsweise, nämlich nur dann, wenn die Leistung zur Konkursmasse gelangt ist (§ 8 KO).

7.3 Vollstreckungssperre

1421 Aus dem Konkursbeschlag ergibt sich auch die **Unzulässigkeit der Einzelvollstreckung** (§ 14 I KO). **Konkursgläubiger können während** des Verfahrens **keinerlei Einzelvollstreckungen** vornehmen, **auch nicht** in das konkursfreie Vermögen (z.B. der Gemeinschuldner macht nach **Konkurseröffnung** eine Erbschaft); dem Gemeinschuldner soll dadurch Gelegenheit gegeben werden, sich eine neue Existenz aufzubauen.

1422 Die Gläubiger des Gemeinschuldners, die nicht Konkursgläubiger sind (z.B. erst nach Konkurseröffnung eine Forderung erwerben), **können nur in das konkursfreie** Vermögen, nicht in die Masse vollstrecken; die Masse haftet nur den Konkursgläubigern (§ 15 KO).

7.4 Einwirkungen auf schwebende Prozesse

1423 Durch Konkurseröffnung werden die anhängigen Prozesse unterbrochen (§ 240 ZPO).

1424 Für die **Aktivprozesse** (d.h. der Gemeinschuldner ist der Kläger) gilt folgendes: Der Konkursverwalter kann den Prozeß aufnehmen und fortführen; der Konkursverwalter kann aber auch die Aufnahme ablehnen; in einem solchen Fall wird der streitige Anspruch konkursfreies Vermögen (§ 10 KO).

1425 Für die **Passivprozesse** (d.h. der Gemeinschuldner ist Beklagter) gilt folgendes: Ist der Kläger ein Aussonderungsberechtigter, so kann der Konkursverwalter den Prozeß aufnehmen oder den Anspruch anerkennen. Ist der Kläger nur einfacher Konkursgläubiger, so bleibt der Prozeß unterbrochen bis zum Prüfungstermin; wird dann die Forderung bestritten, so kann der Prozeß gegen den Bestreitenden aufgenommen werden (§ 11 KO).

7.5 Einwirkungen auf schwebende Verträge

1426 Ist ein gegenseitiger Vertrag im Zeitpunkt der Eröffnung **von beiden Seiten** noch nicht völlig erfüllt, so hat der Konkursverwalter ein Wahlrecht, ob er **Erfüllung** verlangen oder ablehnen will (§ 17 I KO).
Verlangt der Konkursverwalter Erfüllung, so muß er auch selbst aus der Masse erfüllen.

1427 Die Erklärung des Konkursverwalters gem. § 17 KO, mit der er die Erfüllung des Vertragsverhältnisses verlangt, **ist eine einseitige empfangsbedürftige Willenserklärung,** die an keine Form gebunden ist; selbst bei einem Eintritt in Grundstückskaufverträge gilt nicht die Formvorschrift des § 313 BGB. Die Erklärung kann auch stillschweigend abgegeben werden.

1428 Ein wirksam gestelltes Erfüllungsverlangen nach § 17 KO kann nicht einseitig vom Konkursverwalter widerrufen werden. Eine Anfechtung der Erklärung nach §§ 119ff. BGB ist jedoch möglich.

§ 17 KO gilt nicht bei den sog. Wiederkehrschuldverhältnissen (z.B. Energieversorgungsverträgen). Der Konkursverwalter kann vielmehr gem. § 17 KO die weitere Erfüllung ablehnen; damit wird das **Energieversorgungsunternehmen** aufgrund seiner Monopolstellung gezwungen, mit dem Konkursverwalter neu zu kontrahieren (vgl. § 6 EnergWG, ZIP 1981, 878 ff.). **1429**

Etwas anderes gilt nur für den sog. **Sonderabnahmevertrag.** Dessen günstigen Tarif kann der Verwalter der Konkursmasse – etwa im Falle der Betriebsfortführung – nur sichern, wenn er die Erfüllung wählt und die Rückstände als Masseschulden übernimmt. **1430**

7.6 Miet, Pacht und Leasingverträge

Ist der Gemeinschuldner Mieter oder Pächter und war ihm der Mietgegenstand bereits vor der Eröffnung des Konkursverfahrens überlassen worden, können gem. § 19 KO sowohl der Vermieter als auch der Konkursverwalter das Mietverhältnis unter Einhaltung der gesetzlichen Frist kündigen, sofern nicht vertraglich eine kürzere Frist vereinbart worden ist. **1431**
Die Kündigung ist grundsätzlich während der gesamten Dauer des Konkursverfahrens zulässig. Das Kündigungsrecht gilt für sämtliche Mietverhältnisse, also für Mietverträge über Grundstücke, Gebäude und über bewegliche Sachen.

Bei einem **einheitlichen Mietverhältnis,** an dem neben dem Gemeinschuldner weitere Mieter beteiligt sind, kann der Konkursverwalter den gesamten Vertrag aufkündigen. Für die Zeit nach der Konkurseröffnung bis zur Beendigung des Mietverhältnisses steht dem Vermieter die vereinbarte Miete als **Masseschuldanspruch** gem. § 59 Abs. 1 Nr. 2 KO zu. **1432**

Hat der Konkursverwalter den Vertrag gekündigt, kann der Vermieter nach § 19 Satz 3 KO **Schadensersatzansprüche** geltend machen, sofern vertraglich eine längere als die gesetzliche Kündigungsfrist vereinbart war. Der Schadensersatzanspruch stellt jedoch lediglich eine einfache Konkursforderung dar. Wegen dieses Schadensersatzanspruches kann der Vermieter auch nicht sein gesetzliches Vermieterpfandrecht nach § 559 BGB geltend machen (§ 49 Nr. 2 KO). **1433**

Kündigt der Vermieter den Vertrag gem. § 19 KO, steht der Konkursmasse kein Schadensersatzanspruch zu. Die Mietzinsen für die Zeit vor der Konkurseröffnung kann der Vermieter lediglich als einfache Konkursforderungen gem. § 61 Abs. 1 Nr. 6 KO geltend machen. Allerdings kann er sich für den Mietzins für das letzte Jahr vor Konkurseröffnung auf sein gesetzliches **Vermieterpfandrecht** gem. § 559 BGB berufen. **1434**

Auf alle **Leasingverträge** wendet die h.M. ebenfalls § 19 KO uneingeschränkt an (Operatingleasing = Vertrag auf unbestimmte Zeit; der Leasingunternehmer will den Gegenstand nur vorübergehend nutzen; Finanzierungsleasing = Vertrag auf bestimmte Zeit, da die Finanzierung der Investition im Vordergrund steht). Ein derartiger Vertrag kann mit oder ohne Kauf- oder Verlängerungsoption abgeschlossen werden. Ohne Option liegt ein reiner Gebrauchsüberlassungsvertrag vor, d.h. uneingeschränkte Anwendung von § 19 KO. Bei Finanzierungsleasing mit Kaufoption kann der Leasinggeber den Vertrag jedoch nicht uneingeschränkt kündigen und damit dem Konkursverwalter das Optionsrecht vereiteln; dem Leasinggeber steht das Kündigungsrecht nur zu, wenn der Konkursverwalter mit **1435** den Leasingraten in Verzug gerät. Der Leasinggeber kann den Verwalter gem. § 17 Abs. 2 KO allerdings zwingen, sich im Hinblick auf die Option zu erklären.

7.7 Dienst- und Arbeitsverhältnisse

1436 Ein Dienst- oder Arbeitsverhältnis kann von jedem Teil **mit der gesetzlichen Frist** gekündigt werden. Der Schadensersatzanspruch des Gekündigten ist nur eine einfache Konkursforderung (§ 22 KO).

1437 Bei der Kündigung von Arbeitsverträgen hat der Konkursverwalter die gesetzlichen **Kündigungsschutzbestimmungen** zu beachten, da er in die Rechte und Pflichten des Arbeitgebers eintritt. Der Konkursverwalter muß daher vor Ausspruch einer Kündigung den Betriebsrat, sofern ein solcher besteht, anhören (§ 102 BetrVG). Verstößt er hiergegen, ist eine dennoch ausgesprochene Kündigung unheilbar unwirksam. Darüber hinaus muß der Konkursverwalter die **Massenentlassungsbestimmungen** (§§ 17, 18 KSchG; § 8 AFG) beachten. Weiterhin sind die Kündigungsschutzbestimmungen des **Schwerbehindertengesetzes** und des **Mutterschutzgesetzes** zu beachten. Schließlich darf eine vom Konkursverwalter ausgesprochene Kündigung nicht sozialwidrig sein. Hierbei ist zu beachten, daß eine Kündigung nicht wegen des eingeleiteten Konkurses »automatisch« betriebsbedingt ist (*BAG* ZIP 1985, 698).

1438 Übersicht, wie Vergütungsansprüche je nach dem Zeitpunkt ihres Entstehens im Konkurs zu behandeln sind:

1. Zeit von der Eröffnung des Konkursverfahrens bis zur Kündigung = Masseanspruch (§ 59 Abs. 2 KO).
2. Zeit nach Kündigung = Schadensersatz wegen Nichterfüllung = einfache Konkursforderung.
3. Die letzten sechs Monate vor Eröffnung = Masseanspruch (§ 59 Abs. 3 KO).
4. Die letzten sieben bis zwölf Monate vor Eröffnung = bevorrechtigte Konkursforderungen (§ 61 Abs. 1 KO).
5. Mehr als ein Jahr vor Eröffnung = einfache Konkursforderung.

8. Konkursanfechtung

1439 Die Anfechtung gibt dem Konkursverwalter die Möglichkeit, gewisse **Rechtshandlungen des Gemeinschuldners vor Eröffnung anzufechten** und Vermögensstücke zur Masse zu ziehen (§§ 29 ff. KO).

1440 Die Anfechtung dient dem gemeinsamen Interesse aller Gläubiger. **Daher kann nur der Konkursverwalter anfechten.** Bei der Konkursanfechtung gibt es vier Anfechtungsgründe:

1. die spezielle Konkursanfechtung (§ 30 KO)
2. die Absichtsanfechtung (§ 31 KO)
3. die Schenkungsanfechtung (§ 32 KO)
4. die Anfechtung der Rückgewähr kapitalersetzender Darlehen (§ 32 a KO).

8.1 Spezielle Konkursanfechtung

1441 Der speziellen Konkursanfechtung gem. § 30 Nr. I KO unterfallen die nach der Zahlungseinstellung oder dem Antrag auf Konkurseröffnung abgeschlossenen unmittelbar benachteiligenden Rechtsgeschäfte des Gemeinschuldners sowie alle anderen Konkursgläubiger auch mittelbar benachteiligenden Rechtshandlungen nicht nur des Gemeinschuldners die einem Konkursgläubiger Sicherstellung oder Befriedigung gewähren, auf die er in dieser Form keinen Anspruch hatte (kongruente Deckung). Voraussetzung ist jedoch, daß dem anderen Teil die Zahlungseinstellung oder die Konkursantragstellung bekannt waren. Die Beweislast für die Kenntnis und für die Gläubigerbenachteiligung trägt im Streitfall der Konkursverwalter.

In § 30 Nr. 2 KO kehrt das Gesetz die Beweislast in den Fällen der inkongruenten **1442**
Deckung um. Danach sind die nach der Zahlungseinstellung oder dem Antrag auf Eröffnung des Verfahrens oder die in den letzten zehn Tagen davor erfolgten Rechtshandlungen, die einem Konkursgläubiger Sicherung oder Befriedigung gewähren, die er nicht oder nicht in der Art oder nicht zu der Zeit zu beanspruchen hatte, anfechtbar, wenn er nicht beweist, daß ihm zur Zeit der Handlung weder die Zahlungseinstellung oder der Eröffnungsantrag noch eine Absicht des Gemeinschuldners, ihn vor den übrigen Gläubigern zu begünstigen, bekannt war.
Beispiel für inkongruente Deckung:
- Verkauf von Waren unter Wert
- Bezahlung einer Schuld vor Fälligkeit
- Erfüllung in Ware statt Geld
- freiwillige Pfandbestellung

8.2 Absichtsanfechtung

Der Absichtsanfechtung unterliegen Rechtshandlungen, die der Gemeinschuld- **1443**
ner in den letzten 30 Jahren vor Geltendmachung des Anfechtungsanspruches (§ 41 Abs. 1 Satz 3 KO) in der dem anderen Teil bekannten Absicht vorgenommen hat, die Gläubiger zu benachteiligen.

Der Konkursverwalter hat im Streitfalle die benachteiligende Rechtshandlung, **1444**
die Benachteiligungsabsicht des Schuldners sowie die Kenntnis der Benachteiligungsabsicht seitens des anderen Teils zu beweisen. Erleichtert wird dem Konkursverwalter die Absichtsanfechtung bei im letzten Jahr vor Konkurseröffnung geschlossenen entgeltlichen Geschäften des Gemeinschuldners mit seinem Ehegatten oder mit Verwandten, sofern die Gläubiger durch diese Geschäfte benachteiligt werden. Die Anfechtung greift in diesen Fällen nur dann nicht ein, wenn der Ehegatte bzw. die Verwandten beweisen, daß ihnen die Benachteiligungsabsicht des Gemeinschuldners nicht bekannt war (§ 31 Nr. 2 KO).
Beispiele:
a) Eheverträge, durch die ein Teil des Vermögens auf den anderen Ehegatten übertragen wird, um es vor dem Gläubigerzugriff zu sichern,
b) Veräußerung der Geschäftseinrichtung, um sie dem Gläubigerzugriff zu entziehen,
c) Zusammenwirken von Gemeinschuldner und Gläubiger zur Herbeiführung baldiger Vollstreckung.

Im Konkurs einer GmbH sind i.S.d. § 31 Satz 2 KO die Gesellschafter und ihre **1445**
Angehörigen wie Angehörige des Gemeinschuldners zu behandeln. Im Konkurs der OHG und der KG gilt das gleiche für die Gesellschafter und deren Angehörige.

1446 Mit Urteil vom 12. 12. 1985 hat der *BGH* den Begriff des »nahen Angehörigen« bei der Konkursanfechtung noch weiter ausgedehnt und entschieden, daß auch eine GmbH unter bestimmten Voraussetzungen als naher Angehöriger des Gemeinschuldners gelten kann. Der Gemeinschuldner, eine natürliche Person, hatte wenige Tage vor Konkurseröffnung benachteiligende Rechtsgeschäfte mit einer GmbH geschlossen, deren Geschäftsführerin und Mehrheitsgesellschafterin seine Schwester war; der *BGH* hat diese GmbH als »nahe Angehörige« angesehen (*BGH* ZIP 1986, 170).

8.3 Schenkungsanfechtung

1447 Anfechtbar sind **alle unentgeltlichen Verfügungen** im letzten Jahr vor der Konkurseröffnung bei Geschäften mit Ehegatten beträgt die Frist zwei Jahre (§ 32 KO).
Ausnahme: die üblichen Gelegenheitsgeschenke, also auch das Weihnachtsgeschenk an den Ehegatten. (Die alleinige Benachteiligung des Ehegatten dürfte gem. Art. 6 GG verfassungswidrig sein; Geschenke an den Ehepartner sind zwei Jahre lang anfechtbar, Geschenke an die oder den Geliebten nur ein Jahr lang).

8.4 Anfechtung der Rückgewähr kapitalersetzender Darlehen

1448 Durch die GmbH-Novelle 1980 ist das GmbHG um den § 32 a ergänzt worden, der bestimmt, daß kapitalersetzende Darlehen der Gesellschafter im Insolvenzfall nicht geltend gemacht werden können. § 32 a KO erklärt die Sicherstellung oder Befriedigung dieser Gläubiger für anfechtbar, wobei für die Befriedigung die Frist von einem Jahr gilt (§ 32 a KO).

8.5 Allgemeine Anfechtungsbestimmungen

1449 Die Anfechtung erfolgt durch den Konkursverwalter, und zwar nur im Prozeß (Klage, Widerklage, Erhebung einer Einrede; § 39 KO).

1450 Die Anfechtung kann nur binnen einer Frist von einem Jahr erfolgen (§ 41 KO). Die Frist läuft ab Konkurseröffnung. Für alle Anfechtungsrechte, die sich auf eine Kenntnis der Zahlungseinstellung gründen, gilt eine Ausschlußfrist von sechs Monaten, d.h. wegen Kenntnis der Zahlungseinstellung anfechtbaren Rechtshandlungen dürfen nicht länger als sechs Monate vor Konkurseröffnung zurückliegen (§ 33 KO).

1451 Für die Erhebung der Einrede der Anfechtung gilt keine Ausschlußfrist (§ 41 Abs. 2 KO).

1452 Aufgrund der Gutglaubensvorschriften kann auch **nach** Konkurseröffnung über Immobilien noch wirksam verfügt werden; derartige Rechtshandlungen unterliegen ebenfalls der Anfechtung (§ 42 KO).

1453 Die **Wirkung der Anfechtung** ist nicht dinglich, sondern schuldrechtlich; der Anfechtungsgegner muß die Sache herausgeben (§ 37 KO). Ist die Rückgabe in Natur nicht möglich, so ist Wertersatz zu leisten.

1454 Mit **der Rückgewähr** des anfechtbar Empfangenen zur Masse tritt **die alte Forderung wieder in Kraft** mit allen Beschränkungen und Vorrechten (§ 39 KO).

9. Forderungen gegen die Masse

9.1 Aussonderung

Aussonderungsberechtigt ist, wer einen Anspruch auf Herausgabe eines in der Masse befindlichen Gegenstandes hat, **der dem Gemeinschuldner nicht gehört** (§ 43 KO). Der Hauptfall der Aussonderung ist das Eigentum des Aussondernden. **1455**

9.1.1 Erweitertes Aussonderungsrecht § 44 KO

Der Verkäufer kann Waren, die der Gemeinschuldner gekauft, aber noch nicht vollständig bezahlt hat, und die im Zeitpunkt der Konkurseröffnung noch nicht beim Gemeinschuldner angekommen sind, selbst dann zurückfordern, wenn der Gemeinschuldner hieran schon Eigentum erlangt hatte (§ 44 KO). **1456**

Die Geltendmachung des Aussonderungsrechtes erfolgt unabhängig vom Konkursverfahren. **1457**

Die Herausgabe wird vom Konkursverwalter verlangt; verweigert er sie, so muß geklagt werden. **1458**

9.1.2 Ersatzaussonderung

Ersatzaussonderung kommt dann in Frage, wenn der Gegenstand rechtswidrig veräußert ist (§ 46 KO). In diesem Fall wird der Gegenwert ausgesondert. **1459**

9.2 Absonderung

Absonderungsberechtigt ist, wer zur Zeit der Konkurseröffnung einen **Anspruch auf vorzugsweise Befriedigung** aus einem **bestimmten** Massegegenstand hat (§ 47 KO). **1460**

Während die **Aussonderung Gegenstände** betrifft, die nicht zur Masse gehören, betrifft **Absonderung Gegenstände,** die zur Masse gehören, aber mit Sonderrechten belastet sind. **1461**

Die wichtigsten Absonderungsrechte sind: **1462**
Das Immobilienpfandrecht (Hypothek, Grundschuld).
Das Pfandrecht:
Vertragspfandrecht,
gesetzliches Pfandrecht – Vermieter, Verpächter u.a. –,
Sicherungsübereignung – wird von der Rechtsprechung wie Vertragspfandrecht angesehen – hierher gehört nicht der Eigentumsvorbehalt; er gibt einen Aussonderungsanspruch,
das Zurückbehaltungsrecht; jedoch nur das kaufmännische, nicht das bürgerlichrechtliche Zurückbehaltungsrecht.

9.2.1 Geltendmachung der Absonderung

Das Absonderungsrecht wird geltend gemacht unabhängig vom Verfahren, z.B. durch: **1463**

- Zwangsversteigerung,
- Pfandverkauf oder Verwertung durch den Gerichtsvollzieher,
- freihändiger Verkauf des Sicherungseigentums.

1464 Hat der **Absonderungsberechtigte auch einen persönlichen** Anspruch (das ist in aller Regel der Fall), so meldet er diesen als Konkursforderung an, erhält die Konkursdividende jedoch nur für den Ausfall (§ 64 KO)

1465 Neben dem Absonderungsberechtigten kann ggf. auch der Konkursverwalter die Verwertung betreiben. Dies gilt für Grundvermögen uneingeschränkt (vgl. § 126 KO). Bei Mobiliarvermögen räumt das Gesetz dem Absonderungsberechtigten regelmäßig die Priorität ein; allerdings kann der Konkursverwalter dem Absonderungsberechtigten vom Konkursgericht eine Frist zur Verwertung setzen lassen und nach deren Ablauf die Verwertung selbst betreiben (§ 127 Abs. 2 KO).

9.2.2 Ersatzabsonderung

1466 Ist die Verwertung durch den Konkursverwalter erfolgt, kann der Absonderungsberechtigte im Wege der Ersatzabsonderung vorzugsweise Befriedigung aus dem Erlös verlangen, sofern dieser noch unterscheidbar in der Masse vorhanden ist (§ 127 Abs. 1 Satz 2 KO, § 46 KO analog); ansonsten besteht ein Ersatzanspruch gegen die Masse gem. § 59 Abs. 1 Nr. 1, Nr. 4 KO.

9.3 Aufrechnung

1467 Das Aufrechnungsrecht des BGB in § 387 wird durch den Konkurs nicht berührt (§ 53 KO).
Das Gesetz behandelt den Aufrechnungsberechtigten so als ob er wegen seiner Forderung ein Absonderungsrecht an der Gegenforderung des Gemeinschuldners hätte.

1468 Ob der Aufrechnungsverzicht im Konkurs gilt, ist meistens zu verneinen, da dem Verzichtenden im Konkurs seines Kontrahenten der Verzicht im Regelfall nicht zuzumuten ist. Barzahlungsabrede ist Aufrechnungsverzicht; dürfte aber im Konkurs immer unwirksam sein.

1469 Ist durch AGB die Aufrechnung ausgeschlossen, so wird dieses Aufrechnungsverbot unwirksam im Konkurs des Klauselverwenders. Die vor Konkurseröffnung abgegebene unwirksame Aufrechnungserklärung muß jedoch nach Konkurseröffnung wiederholt werden (*BGH* ZIP 1983, 1473).
Für den Aufrechnungsberechtigten gelten im Konkurs **gewisse Besonderheiten.**

9.3.1 Erweiterung der Aufrechnung

1470 **Gleichartigkeit und Fälligkeit** der Forderung ist nicht erforderlich, d.h. die Aufrechnung ist erweitert (§ 54 KO).
Ist die **Forderung des Gläubigers** nicht auf Geld gerichtet (sondern wird z.B. ein Anspruch auf Lieferung von Waren geltend gemacht), so wird der Schätzwert in Geld errechnet.

1471 Betagte Forderungen gelten als fällig Bedingte Forderungen gelten als unbedingt (bei einer aufschiebenden Bedingung tritt die Wirkung der Aufrechnung erst nach Bedingungseintritt ein; § 54 Abs. 3 KO). Bis dahin muß der Konkursverwalter Sicherheit leisten.

9.3.2 Einschränkung der Aufrechnung

Mit Forderungen, die erst **nach** Konkurseröffnung aufrechenbar gegenübertreten, kann nicht aufgerechnet werden (§ 55 KO). Dabei ist es gleichgültig, welche Forderung erst nach der Eröffnung entstanden ist. **1472**
Die Aufrechnungsbefugnis des Konkursverwalters richtet sich allein nach den Vorschriften der §§ 389 ff. BGB.

9.4 Masseansprüche

Masseansprüche sind solche Ansprüche, die aus der Masse vorab **voll zu befriedigen** sind (§ 57 KO) **1473**
Es gibt zwei Arten von Masseansprüchen:
- Massekosten (§ 58 KO),
- Masseschulden (§ 59 KO).

Massekosten sind: **1474**
- Gerichtskosten,
- Vergütung an den Konkursverwalter für seine Tätigkeit während des Verfahrens und die
- Verfahrenskosten,
- Unterstützung des Gemeinschuldners.

Masseschulden sind: **1475**
- Ansprüche aus Geschäften des Konkursverwalters,
- Ansprüche aus schwebenden Verträgen, deren Erfüllung der Konkursverwalter verlangt hat,
- Ansprüche aus rechtloser Bereicherung der Masse,
- Ansprüche auf rückständigen Lohn für die letzten sechs Monate vor Konkurseröffnung.

Falls volle Befriedigung aller Masseansprüche nicht möglich ist, gilt eine Rangordnung, mit der Maßgabe, daß zunächst jede Rangklasse voll zu befriedigen ist, ehe die nächste Klasse etwas erhält (§ 60 KO). **1476**

Diese Rangordnung stellt sich wie folgt dar: **1477**
Ansprüche aus Handlungen des Konkursverwalters sowie
Ansprüche aus der Erfüllung schwebender Verträge (§ 59 Abs. 1 Nr. 1, 2 KO)
Gerichtskosten und Vergütung für den Konkursverwalter (§ 58 Nr. 1, 2 KO)
Arbeitslohn für die letzten sechs Monate vor Eröffnung sowie Ansprüche aus ungerechtfertigter Bereicherung der Masse (§ 59 Abs. 1 Nr. 3, 4 KO)
Unterstützung des Gemeinschuldners (§ 58 Nr. 3 KO).

Die Verteilung der Masse und Quotenerrechnung obliegt dem Konkursverwalter. **1478**

10. Konkursforderungen

Falls nach Erledigung aller Masseansprüche noch Masse vorhanden ist, werden die Konkursforderungen bedient; berücksichtigt werden nur die angemeldeten Forderungen. Auch hier gilt ein Rangverhältnis. **1479**

Die bevorrechtigten Forderungen werden in **fünf Klassen** eingeteilt (§ 61 KO): **1480**
1. Lohn- und Gehaltsforderungen für das letzte Jahr vor Konkurseröffnung,

2. die **öffentlichen Abgaben** des letzten Jahres (hierzu gehören auch die **Steuern**),
3. Forderungen öffentlicher Verbände für das letzte Jahr (z.B. Kammerbeiträge, Beiträge an Berufsgenossenschaften),
4. Kur- und Pflegekosten für das letzte Jahr (z.B. Arzt, Apotheker usw.),
5. Mündelansprüche aus der Verwaltung ihres Vermögens gegen den Gemeinschuldner (z.B. Haftung des Vormunds nach § 1833 BGB, Haftung der Eltern nach § 1664 HGB).

10.1 Bevorrechtigte Forderungen

1481 Forderungen aufgrund eines Sozialplans rangieren in der 1. Klasse.
Falls der Konkursverwalter nicht ausreichende Mittel hat, muß er die Forderungen nach dieser Rangordnung bedienen. Die nächste Rangklasse wird erst bedient, wenn die vorhergehende **voll** befriedigt ist. Innerhalb der einzelnen Rangklasse wird anteilmäßig befriedigt. Erst wenn alle **bevorrechtigten Forderungen voll befriedigt** sind, erhalten die gewöhnlichen Konkursgläubiger ihre Quote. Sie werden alle anteilmäßig bedient. In der Praxis bedeutet das, daß nach voller Befriedigung der Masseansprüche und der bevorrechtigten Gläubiger normalerweise die Masse erschöpft ist und keine Mittel mehr vorhanden sind für die einfachen Konkursgläubiger.

10.2 Besonderheiten für Konkursforderungen

1482 Für alle diese Konkursforderungen gilt:
Betagte Forderungen gelten als fällig (§ 65 KO).
Auflösend bedingte Forderungen gelten als unbedingt (§ 66 KO).
Aufschiebend bedingte Forderungen berechtigen zur Sicherstellung (§ 67 KO).
Unbestimmte Forderungen (z.B. Warenlieferung) werden mit Schätzwert angerechnet (§ 69 KO).
Wiederkehrende Leistungen (z.B. Rentenzahlungen) werden kapitalisert (§ 70 KO).
Forderungen gegen den Gesamtschuldner werden bei jedem voll geltend gemacht bis zur vollen Befriedigung (§ 68 KO).

XIV. Konkursstraftaten

1483 Das 1. WiKG vom 29. 7. 1976 hat die seit Inkrafttreten der Konkursordnung aus dem StGB entfernten Tatbestände des Konkursstrafrechts wieder in diesen Abschnitt zurückgeführt.
Die auf eine Empfehlung der Sachverständigenkommission zurückgehende Lösung der jetzigen Form des § 283 StGB hat die Feststellung des konkreten Eintritts einer Gefahr durch das Erfolgsurteil über die typische, generelle Gefährlichkeit bestimmter Bankrotthandlungen ersetzt, mit der Folge, daß der Richter die Gefährdungseignung nicht mehr zu prüfen, sondern nur das Vorliegen der Krise festzustellen hat. Da damit die Vorschrift weder den Eintritt einer konkreten Gefahr noch eines Schadens voraussetzt, handelt es sich um ein abstraktes Gefährdungsdelikt.
Eine Verurteilung nach den §§ 283–283 d StGB hat zur Folge, daß der Verurteilte auf Dauer von 5 Jahren seit der Rechtskraft des Urteils weder Geschäftsführer

einer GmbH noch Mitglied des Vorstands einer AG sein kann (vgl. §§ 5 Abs. 2 Satz 2 GmbHG; 76 Abs. 2 Satz 3 AktG).

§ 283 StGB (Bankrott).

(1) Mit Freiheitsstrafe bis zu fünf Jahren oder mit Geldstrafe bestraft wird, wer bei Überschuldung oder bei drohender oder eingetretener Zahlungsunfähigkeit

1. Bestandteile seines Vermögens, die im Falle der Konkurseröffnung zur Konkursmasse gehören, beiseite schafft oder verheimlicht oder in einer den Anforderungen einer ordnungsgemäßen Wirtschaft widersprechenden Weise zerstört, beschädigt oder unbrauchbar macht.

2. in einer den Anforderungen einer ordnungsgemäßen Wirtschaft widersprechenden Weise Verlust- oder Spekulationsgeschäfte oder Differenzgeschäfte mit Waren oder Wertpapieren eingeht oder durch unwirtschaftliche Ausgaben, Spiel oder Wette übermäßige Beträge verbraucht oder schuldig wird,

3. Waren oder Wertpapiere auf Kredit beschafft und sie oder die aus diesen Waren hergestellten Sachen erheblich unter ihrem Wert in einer den Anforderungen einer ordnungsgemäßen Wirtschaft widersprechenden Weise veräußert oder sonst abgibt,

4. Rechte anderer vortäuscht oder erdichtete Rechte anerkennt,

5. Handelsbücher, zu deren Führung er gesetzlich verpflichtet ist, zu führen unterläßt oder so führt oder verändert, daß die Übersicht über seinen Vermögensstand erschwert wird,

6. Handelsbücher oder sonstige Unterlagen, zu deren Aufbewahrung ein Kaufmann nach Handelsrecht verpflichtet ist, vor Ablauf der für Buchführungspflichtige bestehenden Aufbewahrungsfristen beiseite schafft, verheimlicht, zerstört oder beschädigt und dadurch die Übersicht über seinen Vermögensstand erschwert,

7. entgegen dem Handelsrecht

a) Bilanzen so aufstellt, daß die Übersicht über seinen Vermögensstand erschwert wird, oder

b) es unterläßt, die Bilanz seines Vermögens oder das Inventar in der vorgeschriebenen Zeit aufzustellen, oder

8. in einer anderen, den Aufforderungen einer ordnungsgemäßen Wirtschaft grob widersprechenden Weise seinen Vermögensstand verringert oder seine wirklichen geschäftlichen Verhältnisse verheimlicht oder verschleiert.

(2) Ebenso wird bestraft, wer durch eine der in Absatz 1 bezeichneten Handlungen seine Überschuldung oder Zahlungsunfähigkeit herbeiführt.

(3) Der Versuch ist strafbar.

(4) Wer in den Fällen

1. des Absatzes 1 die Überschuldung oder die drohende oder eingetretene Zahlungsunfähigkeit fahrlässig nicht kennt oder

2. des Absatzes 2 die Überschuldung oder Zahlungsunfähigkeit leichtfertig verursacht,

wird mit Freiheitsstrafe bis zu zwei Jahren oder mit Geldstrafe bestraft.

(5) Wer in den Fällen

1. des Absatzes 1 Nr. 2, 5 oder 7 fahrlässig handelt und die Überschuldung oder die drohende oder eingetretene Zahlungsunfähigkeit wenigstens fahrlässig nicht kennt oder

2. des Absatzes 2 in Verbindung mit Absatz 1 Nr. 2, 5 oder 7 fahrlässig handelt und die Überschuldung oder Zahlungsunfähigkeit wenigstens leichtfertig verursacht,

wird mit Freiheitsstrafe bis zu zwei Jahren oder mit Geldstrafe bestraft.

(6) Die Tat ist nur dann strafbar, wenn der Täter seine Zahlungen eingestellt hat oder über sein Vermögen das Konkursverfahren eröffnet oder der Eröffnungsantrag mangels Masse abgewiesen worden ist.

1. Allgemeines

1484 Die Vorschrift ist die **zentrale Bestimmung des Konkursstrafrechts** und enthält in Abs. 1 und 2 zwei Gruppen von Vorsatztatbeständen, denen in Abs. 4 eine Kombination mit einem Fahrlässigkeitselement und in Abs. 5 reine Fahrlässigkeitstatbestände folgen.

1485 In den Fällen des § 283 StGB Abs. 1 müssen alle Tathandlungen während einer wirtschaftlichen Krise des Schuldners die das Gesetz als Überschuldung oder **drohende** oder **eingetretene Zahlungsunfähigkeit** beschreibt, begangen sein.

1486 **Überschuldung** liegt vor, wenn das Vermögen des Schuldners seine Verbindlichkeiten nicht mehr deckt, wenn also die Passiven (alle gegenwärtigen, im Falle der Konkurseröffnung aus der Masse zu begleichenden Schulden) die Aktiven (alle mit ihren wirklichen Gegenwartswerten einzusetzenden Vermögensgüter) überwiegen. Ob der Bewertung die sog. Zerschlagungswerte (so *Franzheim* NJW 1980, 2051) oder die Betriebsfortführungswerte (so *Schlüchter* MDR 1978, 265) zugrunde zu legen sind, ist umstritten. Wegen dieser Bewertungsunsicherheit ist das Merkmal der Überschuldung nur dann zu bejahen, wenn das negative Ergebnis nach allen betriebswirtschaftlich anerkannten Bewertungsmethoden eindeutig ist.

1487 **Zahlungsunfähigkeit** liegt vor, wenn der Schuldner wirklich und voraussichtlich dauernd ganz oder im wesentlichen außerstande ist, seine sofort zu berichtigenden Verbindlichkeiten zu erfüllen. Die Meinungen darüber, bis zu welchem Prozentsatz der Betrag an ungedeckten Schulden noch als »unwesentlich« anzusehen ist, gehen auseinander Jedenfalls wird überwiegend eine Unterdeckung von mehr als 25 % der fälligen Verbindlichkeiten als wesentlich erachtet. Welcher Zeitraum zugrunde zu legen ist, um »voraussichtlich dauernde« Zahlungsunfähigkeit anzunehmen, ist ebenfalls umstritten. Dauert der Mangel länger als 6 Wochen an, so wird Zahlungsunfähigkeit anzunehmen sein.

1488 **Zahlungsunfähigkeit droht,** wenn die konkrete Gefahr ihres Eintritts besteht, ihr alsbaldiger Eintritt somit nach den Umständen des Einzelfalles wahrscheinlich ist. In der Praxis sind Indizien für eine drohende Zahlungsunfähigkeit, wenn sich z.B. ein Unternehmen in raschem Ertragsverfall ohne ausreichende Reserven befindet, keinen Bankkredit mehr erhält, wenn es zu Wechselprotesten, erfolglosen Pfändungen, Ladung zur Abgabe der Versicherung nach § 807 ZPO kommt, je nach Sachlage auch schon in einem früheren Stadium, z.B. wenn ein Unternehmer eine nicht mehr zu deckende hohe Steuernachforderung oder Schadensersatzforderung zu erwarten hat, wenn nicht einlösbare hohe Altschuldenwechsel zahlbar gestellt werden (*BGH* JZ 1979, 77) oder ein wichtiger Kunde zusammengebrochen ist.

Die Bankrotthandlungen ergeben sich aus den Tatbeständen des § 283 Abs. 1 StGB. **1489**

Das **Beiseiteschaffen, Verheimlichen, Zerstören, Beschädigen** oder **[Unbrauchbarmachen]** von Vermögensbestandteilen des Täters, die im Falle der Konkurseröffnung zur Konkursmasse gehören (§ 283 Abs. 1 Nr. 1). Erfaßt werden hier Handlungen, die zur Verminderung der Konkursmasse führen oder jedenfalls führen können. **1490**

Vermögensbestandteile sind alle beweglichen und unbeweglichen geldwerten Gegenstände wenn sie für den Fall der Konkurseröffnung zur Konkursmasse (§ 1 KO) gehören. Ausgenommen sind Gegenstände, die nicht gepfändet werden sollen (§ 1 Abs. 4 KO), z.B. bestimmte Gegenstände des Hausrats (§ 812 ZPO). Vermögensbestandteile sind auch Sachen, die einem anderen zur Sicherheit übereignet wurden (BGHSt 3, 32), Anwartschaften auf Eigentumserwerb an Sachen, die unter Eigentumsvorbehalt gekauft wurden, unredlich durch anfechtbares Rechtsgeschäft erlangte Sachen und Forderungen, selbst wenn sie in ihrem wirtschaftlichen Wert zweifelhaft sind, nicht aber, wenn ihre Wertlosigkeit feststeht. **1491**

Beiseiteschaffen ist jede Handlung, die einen Vermögensbestandteil durch räumliches Verschieben oder durch Veränderung der rechtlichen Lage dem Zugriff der Gläubiger entzieht (RGSt 64, 140) oder diesen Zugriff erheblich erschwert (RGSt 66, 131). Sie umfaßt die rechtlichen und tatsächlichen Verfügungen, z.B. eine nicht gerechtfertigte Sicherungsübereignung (*Holtz* MDR 1979, 457) oder die Veräußerung ohne einen entsprechenden, alsbald greifbaren Gegenwert (BGH NJW 1953, 1152), auch die Scheinveräußerung. **1492**

Im Wege der Veräußerung sind Vermögensbestandteile noch nicht mit Vertragsschluß, sondern erst mit ihrer dinglichen Veränderung beiseite geschafft. Bei Grundstücken muß daher die Eintragung im Grundbuch erfolgt sein. Vor Eintritt einer wirksamen dinglichen Änderung liegt nur ein Versuch vor. Nimmt der Täter von der Herbeiführung der dinglichen Rechtslage Abstand, so kommt ein Rücktritt in Betracht (RGSt 61, 109). Die Eintragung einer Auflassungsvormerkung genügt bereits, da hierdurch die Verwertung des Grundstücks erschwert wird. Voraussetzung ist, daß die Vermögensverschiebungen den Rahmen einer ordnungsgemäßen Wirtschaftsführung überschreiten. Dies ist nicht beim Verbrauch von Geld oder Gegenständen zum angemessenen Lebensstandard aufzunehmen sowie beim einfachen Bewirken der geschuldeten Leistung (*Hendel* NJW 1977, 1946). **1493**

Die Eintragung einer nicht valutierten Hypothek ist kein vollendetes Beiseiteschaffen, da eine Eigentümerhypothek entsteht; deren Verschweigen ist jedoch gegenüber dem Konkursverwalter ein Verheimlichen (RGSt 67, 366). Ein Beiseiteschaffen kann auch darin liegen, daß der Schuldner ihm zufließende Gelder über ein auf einen fremden Namen lautendes Konto laufen läßt, sofern er nicht ausschließlich über das Guthaben zugunsten der Gläubiger verfügt (vgl. *BGH* ZIP 1987, 2242). **1494**

1495 Unter Nr. 1 fällt das Veruntreuen von Gesellschaftsgeld durch den Geschäftsführer einer GmbH, der sämtliche Geschäftsanteile besitzt, nur, wenn er für die Gesellschaft und wenigstens auch in deren Interesse tätig wird (BGHSt 28, 374). Handelt der Geschäftsführer eigennützig, so kommt Untreue (§ 266 StGB) bzw. Unterschlagung (§ 246 StGB) in Betracht.

1496 Nach dem *BGH* (DB 1987, 425) ist ein Geschäftsführer, der im Einverständnis mit dem Komplementär Vermögen der KG beiseite schafft, auch dann nach § 283 Abs. 1 Nr. I StGB strafbar, wenn er eigennützig handelt, Das gleiche gilt für einen Geschäftsführer einer Handelsgesellschaft, der zugleich deren Gläubiger ist und sich selbst inkongruente Deckung gewährt.

1497 **Verheimlichen** ist ein Verhalten (Tun oder pflichtwidriges Unterlassen), durch das der Vermögensbestandteil oder seine Zugehörigkeit zur Konkursmasse der Kenntnis der Gläubiger oder des Konkursverwalters entzogen wird (RGSt 64, 138), z.B. falsche Auskünfte gegenüber dem Konkursverwalter, Ableugnen des Besitzes. Ein bloßes Verschweigen reicht aus, wenn eine Auskunftspflicht (vgl. §§ 100, 125 KO) verletzt wird (BGHSt 11, 146).

1498 Das **Zerstören** ist eine so weitgehende Beschädigung einer Sache, daß ihre Gebrauchsfähigkeit völlig aufgehoben ist (RGSt 39, 224).
Beschädigen ist eine nicht ganz unerhebliche Verletzung der Substanz, der äußeren Erscheinung oder der Form einer Sache, durch welche die Brauchbarkeit der Sache in ihrem bestimmten Zweck beeinträchtigt wird (RGSt 74, 14).

1499 **Unbrauchbar gemacht** ist ein Vermögensbestandteil, wenn seine Eignung für den bestimmungsgemäßen Zweck beseitigt wird. Der Eingriff widerspricht ordnungsgemäßer Wirtschaft dann nicht, wenn der Gegenstand im Rahmen des Vermögens einer anderen sinnvollen Verwendung zugeführt werden soll oder wenn er überflüssig geworden ist und nicht nutzbringend oder nur in veränderter Form (z.B. als Schrott) verwertbar ist.

1500 Nach der **ersten Alternative** des § 283 Abs. 1 Nr. 2 StGB ist strafbar das **Eingehen** eines **Verlust-** oder **Spekulationsgeschäfts** oder eines **Differenzgeschäfts** mit Waren oder Wertpapieren in einer den Anforderungen einer ordnungsgemäßen Wirtschaft widersprechenden Weise.
Ein **Verlustgeschäft** liegt nur vor, wenn es von vornherein auf eine Vermögensminderung angelegt ist und zu einer Vermögenseinbuße führt, das Geschäft also schon nach der Vorauskalkulation bei Gegenüberstellung der Einnahmen und Ausgaben einen Vermögensverlust bewirkt. Geschäfte, die erst im nachhinein einen Verlust bringen, scheiden aus.

1501 **Spekulationsgeschäfte** sind Geschäfte mit einem besonders großen Risiko, die in der Hoffnung, einen größeren Gewinn als den sonst üblichen zu erzielen, und um den Preis, möglicherweise einen größeren Verlust zu erleiden, eingegangen werden. Hierunter kann auch die Beteiligung an einem unseriösen Unternehmen fallen.

1502 Differenzgeschäfte sind Geschäfte i.S.d. § 764 BGB. Dem Täter muß es bei Vertragsabschluß auf die Zahlung der Differenz zwischen An- und Verkaufspreis, nicht auf die Lieferung der Waren ankommen. Auch Devisengeschäfte können Differenzgeschäfte sein. Ausländische Geldsorten fallen insoweit unter den Begriff der Ware. Werden solche Geschäfte mit Wechseln oder mit Schecks abgewickelt, so handelt es sich um Geschäfte mit Wertpapieren.

Das Eingehen der genannten Geschäfte ist nur dann tatbestandsmäßig, wenn es im Widerspruch zu den Grundsätzen einer ordnungsgemäßen Wirtschaft steht. Dabei scheiden solche Geschäfte aus, die auch ein seriöser Geschäftsmann in einer Ausnahmesituation eingehen kann, etwa um während eines Konjunkturtiefs Arbeitsplätze zu erhalten, während der bloße Versuch, das dem Zusammenbruch zutreibende Unternehmen durch riskante Geschäfte noch einige Zeit über Wasser zu halten, den Tatbestand erfüllt. Die Tat ist vollendet, wenn das Geschäft eingegangen, d.h. abgeschlossen ist, so daß es auf den Erfolg an sich nicht ankommt; jedoch wird man Spekulations- und Differenzgeschäfte, die günstig ausgehen und die Gläubigerposition verbessern, auszuscheiden haben, da diese den Schutzzweck der Norm nicht verletzten (BGHSt 22, 361). **1503**

Nach § 283 Abs. 1 Nr. 2 StGB zweite Alternative ist der **Verbrauch** oder das Schuldigwerden **übermäßiger Beträge** durch unwirtschaftliche Ausgaben, Spiel oder Wette strafbar. **Übermäßigkeit** des Verbrauchs liegt vor, wenn er der Leistungsfähigkeit des Schuldners nicht angemessen ist und über seine wirtschaftlichen Kräfte geht. Ob dies vorliegt, entscheidet sich nach dem Vermögensstand des Täters zur kritischen Zeit, erst in zweiter Linie nach seinem Einkommen (RGSt 14, 87). Der Beurteilung ist die gesamte Vermögenslage des Täters zugrunde zu legen, auch wenn er mehrere selbständige Geschäfte hat (RGSt 70, 261); dabei ist ein Vergleich mit Umsatz, Roheinkünften, Unkosten und Unternehmerchancen anzustellen (*BGH* NJW 1953, 1480). **1504**

Verbrauchen ist i.S.v. Ausgeben zu verstehen. Schuldigwerden ist Belastung des Vermögens mit einer Verbindlichkeit, jedoch nicht mit einer Naturalobligation (BGHSt 22, 360). Der Verbrauch und das Schuldigwerden müssen durch unwirtschaftliche Ausgaben, Spiel oder Wette erfolgt sein. Spiel und Wette sind i.S.v. § 762 BGB zu verstehen, auch Beteiligungen an Lotterien, Fußballtoto oder Zahlenlotto kommen in Frage. **1505**

Unwirtschaftlich sind die das Notwendige und Übliche übersteigenden **Ausgaben,** die für den in Betracht kommenden Zeitraum zum Vermögen des Täters in keinem angemessenen Verhältnis stehen. Gleichgültig ist es, ob die Ausgaben für private oder Geschäftszwecke gemacht werden, z.B. Kosten für Werbung, Repräsentationsausgaben. Auch für solche Ausgaben seiner Familienangehörigen und Angestellten haftet der Täter, wenn er die mögliche Beaufsichtigung unterläßt. In Betracht kommen aussichtslose Investitionen, Luxusanschaffungen, überhöhter Spesenverbrauch, nicht hingegen übliche Löhne oder Betriebskosten oder angemessene Lebensversicherungsprämien. **1506**

Nach § 283 Abs. 1 Nr. 3 StGB ist Beschaffen von Wertpapieren auf Kredit und **Veräußerung unter Wert** strafbar. Der Täter muß sich zunächst Waren oder Wertpapiere auf Kredit beschafft haben. **Beschaffen** bedeutet rechtsgeschäftlicher Erwerb; er liegt erst bei Besitzübernahme vor, nicht schon beim Vertragsabschluß (RGSt 72, 190). Auch Waren, die unter Eigentumsvorbehalt gekauft wurden, fallen unter Nr. 3 (vgl. BGHSt 9, 84). Die Gegenstände oder aus ihnen hergestellte Sachen, wobei auch anderes Material mit verarbeitet werden kann, müssen vor ihrer Bezahlung erheblich unter ihrem dann bestehenden Marktwert **1507** veräußert oder sonst abgegeben, z.B. verpfändet worden sein (RGSt 48, 217). Doch mußte es sich jeweils um ein Verschleudern handeln, das den Anforderungen einer ordnungsgemäßen Wirtschaft widerspricht, so daß z.B. Räumungsverkäufe, um Waren für die neue Saison Platz zu machen, sog. Lockvogelangebote, vor allem bei sog. Mischkalkulation, Verkäufe, um einen neuen Markt zu gewinnen, einen Konkurrenzkampf durchzustehen oder einen Preissturz zuvorzukommen ausscheiden. Die einschränkenden Merkmale von Nr. 3 werden jedoch dadurch entwertet, daß Nr. 2 (Verlustgeschäfte) und Nr. 8 Generalklauseln enthalten, bei denen es auf solche Einschränkungen nicht ankommt.

1508 Nach § 283 Abs. 1 Nr. 4 StGB ist **Vortäuschen von Rechten anderer** oder **Anerkennen erdichteter Rechte** strafbar. Als Rechte anderer kommen sowohl Verbindlichkeiten als auch dingliche Rechte in Betracht. Dabei kann sich die Tat auch auf ein teilweises Bestehen oder das Fingieren eines Konkursvorrechts beziehen. Es geht um eine fiktive Vermehrung der Schuldenmasse und damit um eine Verkürzung der Befriedigungsquote der Gläubiger. Ohne Bedeutung ist, ob das Recht später im Konkursverfahren geltend gemacht wird (RGSt 62, 288).

1509 **Vortäuschen** ist gegeben, wenn der Täter nach außen z.B. durch eine falsche Versicherung nach § 125 KO, insbesondere gegenüber dem Konkursverwalter, ein nicht oder nicht in dieser Form bestehendes Recht – mit Erfolg oder nicht – als bestehend ausgibt, z.B. durch das Zurückdatieren eines Arbeitsvertrages, oder unverzinsliche Forderungen als verzinslich hinstellt.

1510 **Erdichtete Rechte,** d.h. erfundene, nie bestandene Rechte, werden anerkannt, wenn der Täter durch eine in irgendeiner Form abgegebenen Erklärung kundtut, daß sie ihm gegenüber bestehen. Weitere Voraussetzung ist, daß er mit dem angeblichen Gläubiger zusammenarbeitet. Nicht darunter fällt, wenn der Täter aus Kulanz verjährte Forderungen oder solche aus Spiel oder Wette anerkennt. Meldet der Geschäftsführer einer GmbH eine eigene erdichtete Gehaltsforderung zur Konkursmasse an, so handelt er nicht als Vertreter der Gesellschaft, so daß nicht Nr. 4, sondern Betrug (§ 263 StGB) in Betracht kommt. Die Tat nach Nr. 4 ist der Sache nach vielfach nur eine Vorbereitungshandlung zu Nr. 1.

1511 Das **Nichtführen** oder **mangelhafte Führung von Handelsbüchern** ist nach § 283 Abs. 1 Nr. 5 strafbar.

Voraussetzung ist die **gesetzliche Pflicht** zum Führen von Handelsbüchern, und zwar die handelsrechtliche Pflicht, nicht die steuerrechtliche. Eine solche obliegt Mußkaufleuten (§§ 1, 238 HGB), Sollkaufleuten, wenn sie nach § 2 Satz 2 HGB verpflichtet sind, sich in das Handelsregister eintragen zu lassen, und zwar vom Zeitpunkt der Verpflichtung an (§ 74 b HGB), sämtliche Handelsgesellschaften (§ 6 HGB), Kannkaufleuten nach Registereintragung (§§ 3 Abs. 2, 238 HGB), nicht aber Minderkaufleuten (§ 4 Abs. 1 HGB), z.B. kleinen Gastwirten, Hausierern, Blumenverkäuferinnen. Je nach der Entwicklung des Geschäfts kann eine Buchführungspflicht entstehen (RGSt 45, 6) oder entfallen. Keine Handelsbücher sind das Tagebuch des Handelsmaklers (§ 100 HGB), das Aktienbuch (§ 67 AktG) und das Baubuch des Unternehmers nach § 2 BauFdgG, wohl aber das Depotnummernbuch nach § 14 DepotG.

1512 **Buchführungspflichtig** sind in erster Linie der Geschäftsführer, bei den Handelsgesellschaften alle persönlich haftenden Gesellschafter (OHG, KG, KGaA), selbst wenn vertragsgemäß die Buchführung nur einzelnen von ihnen übertragen ist, dagegen nicht die von der Geschäftsführung ausgeschlossenen Gesellschafter (RGSt 5, 359), auch nicht die Kommanditisten, da sie keine Kaufleute sind. Gibt eine Ehefrau nur ihren Namen her, damit ihr Ehemann unter ihrer Scheinfirma ein eigenes Geschäft betreibt, so ist er selbst buchführungspflichtig (RGSt 49, 321). Zu beachten ist weiter § 14 StGB, nach dessen Abs. 2 Nr. 2 auch ein Buchhalter oder ein beauftragter Steuerberater strafbar werden kann. Daneben kann der Geschäftsinhaber strafbar sein, wenn er die beauftragten Kräfte nicht gehörig auswählt und beaufsichtigt (RGSt 4, 418).

Die Führung von Handelsbüchern wird unterlassen, wenn überhaupt keine Bücher geführt werden. Unterbleibt nur die Führung einzelner Handelsbücher, so kommt die zweite Tatmodalität der mangelhaften Buchführung in Betracht. **1513**

Mangelhafte Buchführung liegt vor, wenn der Täter die Bücher so führt, d.h. durch Art und Form der Eintragungen, Weglassungen, Behandlung der Belege, Veränderungen an vorher vorgenommenen Eintragungen und dgl., daß die von § 238 HGB geforderte klare Übersicht über seinen Vermögensstand zur Zeit der Zahlungseinstellung oder Konkurseröffnung (RGSt 40, 106) erschwert wird, d.h. nicht mehr oder nur mit ungewöhnlicher Mühe und Zeitaufwand festgestellt werden kann BGHSt 4, 274). **1514**

Unübersichtlichkeit kommt in Betracht, wenn Geschäftspartner eine Art von Geschäften verschleiert (RGSt 39, 222), die Geschäftsbelege nicht ordentlich aufbewahrt werden (*BGH* bei *Herlan* GA 61, 358) oder die ziffernmäßigen Eintragungen das zugrunde liegende Geschäft nicht erkennen lassen. Nr. 5 ist von praktisch besonderer Bedeutung, da 90 % der Zahlungseinstellungen und Konkurseröffnungen mit mangelhafter Buchführung verbunden sind. **1515**

Nach § 283 Abs. 1 Nr. 6 StGB ist das **Entziehen von Handelsbüchern** oder sonstigen geschäftlichen Unterlagen strafbar. Die Vorschrift unterscheidet sich von Nr. 5 vor allem dadurch, daß der Schuldner nicht buchführungspflichtig sein muß. Die Regelung ist daher auch auf Minderkaufleute und andere Personen, die freiwillig Handelsbücher führen, anwendbar. **1516**
Neben den Handelsbüchern können Tatgegenstand sonstige Unterlagen sein, zu deren Aufbewahrung ein Kaufmann nach Handelsrecht verpflichtet ist, nämlich die Handelskorrespondenz und die Buchungsbelege. Die Handlungen müssen vor Ablauf der für Buchführungspflichtige bestehenden Aufbewahrungsfristen, 10 Jahre für Handelsbücher, Inventare und Bilanzen und 6 Jahre für sonstige Unterlagen, jeweils vom Schluß des Kalenderjahres an gerechnet, in dem die Unterlagen entstanden sind (§ 257 Abs. 4, 5 HGB), begangen worden sein.

Die **Tathandlung** besteht im Beiseiteschaffen, Verheimlichen, Zerstören oder Beschädigen der Unterlagen. Zu den einzelnen Merkmalen vgl. o. Rz. 1175 ff. Durch die Handlung muß die Übersicht über den Vermögensstand des Täters erschwert werden. **1517**

Bei § 283 Abs. 1 Nr. 7 StGB ist **mangelhafte** oder **nicht rechtzeitige Bilanzaufstellung** strafbar. **1518**
Die Pflicht zur Aufstellung von Bilanz und Inventar trifft nach § 240 HGB nur die **Vollkaufleute.** Sie ist an sich Teil der allgemeinen Buchführungspflicht (vgl. Nr. 5), hier aber speziell geregelt. Die Bilanz ist zusammen mit einem Inventar

(§§ 241, 4 HGB) **aufzustellen,** so daß sich aus ihr allein ohne Zuziehung der Bücher eine summarische Übersicht über den Stand des Vermögens für jeden Buchsachverständigen ergibt; die Bilanz muß dartun, aus welchen Einzelposten die Aktiven und Passiven bestehen.

1519 Eine **Eröffnungsbilanz** wird von § 242 HGB beim Beginn des Handelsgewerbes vorgeschrieben; jedoch genügt die Aufstellung »binnen angemessener Zeit« (RGSt 28, 428). Eine Verpflichtung dazu besteht auch beim Erwerb eines Geschäftes (auch durch Erbschaft), beim Eintritt eines Gesellschafters in das Geschäft eines Einzelkaufmanns oder beim Austritt des einzigen Mitgesellschafters (RGSt 26, 222).

1520 Eine **Jahresbilanz** (einschließlich **Gewinn-** und **Verlustrechnung**) ist für den Schluß des Geschäftsjahres (nicht notwendig des Kalenderjahres) aufzustellen, und zwar innerhalb der einem ordnungsmäßigen Geschäftsgang entsprechenden Zeit (§ 243 Abs. 3 HGB), die für die AG und KGaA (§§ 148, 283 Nr. 9 AktG) und für die GmbH auf 3 Monate (für diese aber möglicherweise auf 6 oder 9 Monate, § 41 GmbHG) und für die Genossenschaften auf 6 Monate (§ 33 GenG) gesetzlich festgelegt ist. Das Inventar erfordert in der Regel alle 3 Jahre eine körperliche Bestandsaufnahme (§ 241 HGB). Im übrigen fehlt es an bestimmten gesetzlichen Fristen.

1521 Tathandlungen können darin bestehen, daß eine Bilanz zwar rechtzeitig aufgestellt wird, aber so, daß die **Übersicht** über den Vermögensstand **erschwert** wird. In Betracht kommen Einstellen fiktiver Beträge, Weglassen von Posten, falsche Wertansätze, Bilanzieren erfolgwirksamer Umgehungshandlungen wie Konzernschiebungen, fehlerhafte oder ungenaue Bezeichnung und Vermischung von Posten, wobei die Grenze zwischen zulässigem und unzulässigem »Frisieren« einer Bilanz schwer zu ziehen ist.

1522 Die Tathandlung kann auch darin bestehen, daß es der Täter unterläßt, die Bilanz oder das Inventar in **der vorgeschriebenen Zeit aufzustellen.** Für die Aufstellung von Bilanz und Inventar bestimmt das Handelsrecht keine bestimmte Frist, sondern stellt auf die »einem ordnungsgemäßem Geschäftsgang entsprechende Zeit« ab (§ 243 Abs. 3 HGB), für deren Bemessung die in einzelnen Spezialgesetzen vorgesehenen Fristen Anhaltspunkte bieten können (*OLG Düsseldorf* NJW 1980, 1292). Die Pflicht kann auch schon dann verletzt sein, wenn der Endtermin für die rechtzeitige Bilanzaufstellung zwar nach der Zahlungseinstellung liegt, zuvor aber keine notwendigen Vorbereitungen getroffen wurden.

1523 Die Vorschrift gilt nur für das völlige Unterlassen rechtzeitiger Aufstellung.

1524 Eine Bankrotthandlung begeht schließlich noch, wer in **anderer,** den Anforderungen einer ordnungsgemäßen Wirtschaft grob widersprechenden **Weise** seinen **Vermögensstand verringert** oder seine wirklichen **geschäftlichen Verhältnisse verheimlicht** oder **verschleiert** (§ 283 Abs. 1 Nr. 8 StGB).

1525 Die Vorschrift schließt die Nrn. 1–7 durch eine Generalklausel ab. Das Erfordernis des groben Widerspruchs zu einer ordnungsgemäßen Wirtschaft ist schon aus Gründen der überzeugenden Abgrenzung gegen die Nrn. 1–7 auf alle

Begehungsformen der Generalklausel zu beziehen, weil nur so die Auffangfunktion der Vorschrift auf gravierende Eingriffe beschränkt werden kann.

Ein **Verringern** i.S.v. Nr. 8 kann darin liegen, daß der Täter, anders als in Nr. 3 **1526** vorausgesetzt, nicht auf Kredit beschaffte Waren oder Wertpapiere oder Produkte eigener, z.B. landwirtschaftlicher Gewinnung (oder sonstiger Urproduktion), der Rechte, wie z.B. Patentrechte, in grob unwirtschaftlicher Weise verschleudert.

Als **Verheimlichen** oder **Verschleiern** kommen etwa das verheimlichte Unter- **1527** halten eines Tochterunternehmens im Ausland, die Umwandlung eines notleidenden Unternehmens in eine »Auffang- oder Sanierungsgesellschaft« oder Kapitalanwerbung durch Prospekte mit falschen oder irreführenden Angaben in Betracht.

Die **Bankrotthandlungen** des § 283 Abs. 2 StGB unterscheiden sich von § 283 **1528** Abs. 1 dadurch, daß die Krise zur Zeit der Bankrotthandlung noch nicht besteht, daß sie aber in Form von Überschuldung oder Zahlungsunfähigkeit vorsätzlich herbeigeführt wird. Die Herbeiführung eines Zustandes nur drohender Zahlungsunfähigkeit genügt nicht. Während in den Fällen von Abs. 1 Kausalität zwischen Bankrotthandlung und Krise nicht zu bestehen braucht, ist es für Abs. 2 gerade wesentlich, daß eine oder mehrere Bankrotthandlungen für die Krise kausal sind. Allerdings können andere Umstände mitwirken, vor allem weitere Bankrotthandlungen, die der Täter begeht, nachdem bereits die Zahlungsunfähigkeit droht. Und die als solche unter Abs. 1 fallen (vgl. *BGH* JZ 1979, 76).

§ 283 Abs. 1 und 2 StGB erfordern **vorsätzliches Handeln,** wobei bedingt vor- **1529** sätzliches Handeln ausreichend ist. Bei Abs. 1 muß sich der Vorsatz darauf beziehen, daß schon eine Krise besteht, bei Abs. 2 darauf, daß der Taterfolg eintritt. Auch die Bankrotthandlungen selbst müssen bei Abs. 1 und 2 vorsätzlich begangen werden (RGSt 45, 48). Bei den normativen Merkmalen »in einer ordnungsgemäßen Wirtschaft (grob) widersprechenden Weise« (Nrn. 13, 8) und »unwirtschaftliche« (Nr. 2) genügt es, wenn der Täter die Beurteilung tragenden Tatsachen kennt. Gläubigerbenachteiligungsabsicht braucht der Täter nicht zu haben. Die Strafbarkeitsbedingung nach Abs. 6 **vollendet,** sondern schon mit der Vollendung der Bankrotthandlung selbst, während der Bedingungseintritt erst die Beendigung der Tat und den Beginn der Verjährung darstellt (RGSt 7, 931). Ein Versuch kommt z.B. in Betracht, wenn im Fall von Abs. 1 Nr. 1 oder Nr. 2 erst ein schuldrechtlicher Vertrag über das Beiseiteschaffen geschlossen ist, der aber nicht ausgeführt wird; beispielsweise wenn der Konkursverwalter den Täter dabei ertappt, wie er einen Vermögensbestandteil beiseite zu schaffen beginnt; wenn der Täter ein erdichtetes Recht gegenüber einem Drittel anzuerkennen versucht, dieser aber ablehnt. Auch ein untauglicher Versuch ist möglich, so, wenn der Täter einen Vermögensbestandteil beiseite schafft, den er für konkursbefangen hält, der aber in Wirklichkeit unpfändbar ist.

Nach § 283 Abs. 4 StGB ist strafbar, wer bei seiner Bankrotthandlung das Vor- **1530** handensein der Krise fahrlässig nicht kennt oder mit der Bankrotthandlung leichtfertig die Krise verursacht. **Fahrlässigkeit** bzw. **Leichtfertigkeit** genügen nur hinsichtlich des Merkmals der Krise; die Bankrotthandlung selbst muß vorsätzlich begangen werden. § 283 Abs. 4 StGB kann anwendbar sein, wenn jemand, der überschuldet ist, vorsätzlich Vermögensbestandteile beiseite schafft oder Handelsbücher nicht führt, ohne sich Gedanken über seinen Vermögensstand zu machen. Soweit die Bankrotthandlung die Krise erst auslöst, reicht nur Leichtfertigkeit aus. Dies kommt z.B. in Betracht, wenn der Täter sich bewußt an einem unseriösen Unternehmen beteiligt.

1531 In § 283 Abs. 5 StGB werden zudem bestimmte **fahrlässige Bankrotthandlungen** mit Strafe bedroht, sofern der Täter wenigstens fahrlässig seine Krise nicht kennt oder mit seiner Handlung wenigstens leichtfertig die Krise verursacht. Als Fahrlässigkeitstaten genügen das Eingehen von Verlust- oder Spekulationsgeschäften usw. i.S.d. Abs. 1 Nr. 27 die unterlassene oder mangelhafte Buchführung i.S.d. Abs. 1 Nr. 5 sowie Verstöße gegen die Bilanzierungspflicht i.S.d. Abs. 1 Nr. 7.

1532 Gegen die Buchführungspflicht kann z.B. jemand fahrlässig verstoßen, wenn er einen anderen mit der Führung der Handelsbücher beauftragt und bei der Auswahl oder der Kontrolle die nötige Sorgfalt verabsäumt oder seinen Buchhalter mit anderen Aufgaben so beschäftigt, daß dieser zur ordnungsgemäßen Buchführung nicht in der Lage ist. Eine Fahrlässigkeitstat liegt auch vor, wenn die Fahrlässigkeit sich nur auf eines der Tatbestandsmerkmale erstreckt und im übrigen Vorsatz gegeben ist, so etwa, wenn der Täter bewußt ein Verlustgeschäft eingeht und fahrlässig meint, sein Verhalten entspreche noch den Anforderungen einer ordnungsgemäßen Wirtschaft, oder wenn er bewußt seine Handelsbücher verändert und fahrlässig erkennt, daß hierdurch die Übersicht über seinen Vermögensstand erschwert wird.

1533 Wenigstens Fahrlässigkeit bzw. Leichtfertigkeit ist hinsichtlich der Krise erforderlich. Es kann insoweit auch Vorsatz vorliegen. Ein solcher Fall ist z.B. denkbar, wenn der Täter in Kenntnis seiner Überschuldung die Buchführung eines Angestellten oder dessen Aufgaben für den Betrieb nicht hinreichend überwacht.

1534 Weitere Voraussetzung für die Erfüllung der objektiven Strafbarkeitsbedingung (§ 283 Abs. 6 StGB) ist es, daß der Täter seine **Zahlungen eingestellt** hat oder über sein Vermögen das **Konkursverfahren eröffnet** oder der **Eröffnungsantrag mangels Masse abgewiesen worden ist.**

1535 § 283 Abs. 6 StGB schränkt die Strafbarkeit sämtlicher Bankrotthandlungen ein. Seine Voraussetzungen sind objektive Bedingungen der Strafbarkeit, d.h., daß sich der Vorsatz oder die Fahrlässigkeit nicht auf die Zahlungseinstellung usw. zu beziehen brauchen (BGHSt 1, 191). Das mißbilligte Geschehen ist die Bankrotthandlung i.V.m. der wirtschaftlichen Krise des Täters; Zahlungseinstellung, die Konkurseröffnung oder die Abweisung des Konkursantrages mangels Masse, lösen nur die Strafbarkeit aus. Der Gesetzgeber hat bei der Neuregelung berücksichtigt, daß das Strafbedürfnis an Erheblichkeit verliert, wenn es dem Schuldner gelingt, die Krise, die mit der Zahlungseinstellung usw. offen zutage tritt, abzuwenden.

1536 Ein **ursächlicher Zusammenhang** zwischen der Bankrotthandlung und der Zahlungseinstellung braucht nicht zu bestehen. Es genügt vielmehr ein äußerer Zusammenhang, der darauf hinweist, daß die Krise, in welcher die Handlung vorgenommen wurde, nicht behoben werden konnte, sondern sich bis zur Verwirklichung auch der Strafbarkeitsbedingung fortentwickelt hat (BGHSt 28, 231, 233; *BGH* JZ 1979, 75; *OLG Düsseldorf* NJW 1980, 1292).

Der Zusammenhang kann z.B. darin bestehen, daß die Gläubiger oder ein Teil von ihnen sowohl durch die Bankrotthandlung benachteiligt als auch durch den Eintritt der Zahlungseinstellung betroffen sind, daß Forderungen von Gläubigern schon zur Zeit der Bankrotthandlung bestanden haben und bei Zahlungseinstellung noch nicht getilgt waren, daß die Konkursmasse durch die Bankrotthandlung geschmälert wird oder daß Mängel der Buchführung bis zur Zahlungseinstellung usw. fortwirken (BGHSt 28, 371). **1537**

Ist ein solcher Zusammenhang ausgeschlossen, so verliert das Strafbedürfnis ebenso an Erheblichkeit wie bei Abwendung der Zahlungseinstellung usw. Zu denken ist an den Fall, in dem der Täter nach der Bankrotthandlung seine Zahlungsfähigkeit wieder herstellt oder seine Überschuldung behoben hat und erst spätere Ereignisse die Zahlungseinstellung wieder auslösen. Der Ausschluß des erforderlichen Zusammenhangs muß feststehen; Zweifel gehen zu Lasten des Täters. Die Bankrotthandlung braucht der Zahlungseinstellung nicht voranzugehen, sie kann ihr auch nachfolgen (BGHSt 1, 191). **1538**

Zahlungseinstellung des Täters liegt vor, wenn er aufhört, seine fälligen Geldschulden wegen des tatsächlichen oder angeblichen dauernden Mangels an Mitteln zu begleichen (*Hoffmann* MDR 1979, 713, 715). Eine vorübergehende **Zahlungsstockung** genügt nicht. Die Zahlungseinstellung ist nicht dasselbe wie die Zahlungsunfähigkeit, wenn diese in der Regel auch die Ursache für sie ist. Während die Zahlungsunfähigkeit die wirtschaftliche Lage des Täters darstellt, ist die Zahlungseinstellung zwar kein formeller Akt von seiner Seite (RGSt 41, 309), wohl aber ein faktisches Verhalten, nämlich das generelle Aufhören mit der Begleichung seiner Schulden, deren Erfüllung seine Gläubiger ernsthaft, aber erfolglos fordern Nicht erforderlich ist die Einstellung aller Zahlungen, sondern nur Einstellung im wesentlichen (RGSt 41, 309). Ob der Täter seine Zahlungen einstellt, richtet sich nach dem wirklichen Sachverhalt, nicht nach einem mit diesem in Widerspruch stehenden Schein. Ob Zahlungseinstellung gegeben ist, hat der Strafrichter selbständig zu prüfen (BGHSt 7, 146). **1539**

Für die **Konkurseröffnung** ist die Rechtskraft des Eröffnungsbeschlusses maßgebend (§§ 108 KO; 19 VerglO); ohne Bedeutung ist, ob die nachträgliche Einstellung (§§ 202, 204 KO) in Betracht kommt oder eintritt. Dagegen wird die Konkurseröffnung durch erfolgreiche Beschwerde beseitigt (§ 23 KO). Der Strafrichter darf die Berechtigung der Konkurseröffnung nicht nachprüfen (RGSt 26, 37). **1540**

Ob über **das Vermögen des Täters** das Konkursverfahren eröffnet worden ist, hängt davon ab, ob der Täter formal Inhaber des Geschäfts ist, auf das sich die Konkurseröffnung erstreckt. Der Unterschied zur Zahlungseinstellung wirkt sich jedoch selten aus, da bei der Konkurseröffnung in der Regel zugleich Zahlungseinstellung vorliegt. **1541**

Beim Konkurs einer OHG ist die Eigenschaft als Gesellschafter maßgebend (RGSt 46, 77), bei einer KG nur die eines Komplementärs, nicht die eines Kommanditisten (RGSt 69, 69). Das Ausscheiden eines Gesellschafters vor Konkurseröffnung führt nicht zur Straflosigkeit, da auf den ursächlichen Zusammenhang zwischen Bankrotthandlung und Konkurseröffnung nicht ankommt. Beim Konkurs einer GmbH ist § 283 StGB auf die Geschäftsführung anwendbar, wenn **1542**

sie in dieser Eigenschaft die Bankrotthandlung begangen haben (*BGH* NJW 1969, 1469), nicht auf nichtvertretungsberechtigte Gesellschafter, auch nicht bei einer Ein-Mann-GmbH.
Gleiches gilt, wenn eine KG in Konkurs fällt, deren einziger Komplementär eine GmbH ist, für deren Geschäftsführer (BGHSt 19, 174). Das gilt auch für die Zeit vor Eintragung der Gesellschaft in das Handelsregister (BGHSt 3, 25).

1543 Die **Abweisung des Eröffnungsantrags mangels Masse** (§ 107 KO) betrifft den Täter, wenn die Eröffnung des Konkursverfahrens über sein Vermögen beantragt war. Das für die Konkurseröffnung Ausgeführte gilt demgemäß entsprechend. An den rechtskräftigen Abweisungsbeschluß ist der Strafrichter gebunden.

1544 Die Delikte der §§ 283 a bis 283 d StGB sind Sonderdelikte des Grundtatbestandes.
§ 283 a: Besonders schwerer Fall des Bankrotts, weil der Täter aus Gewinnsucht handelt oder wissentlich viele Personen in wirtschaftliche Gefahr bringt.
§ 283 b: Verletzung der Buchführungspflicht durch Kaufleute auch außerhalb der Krise.
§ 283 c: Gläubigerbegünstigung in Kenntnis der Zahlungsunfähigkeit durch Gewährung inkongruenter Deckung.
§ 283 d: Schuldnerbegünstigung durch einen Außenstehenden in Kenntnis der Krise. Der Täter handelt entweder mit Einwilligung des Krisenbefangenen oder zu dessen Gunsten. Strafbar ist auch »mit Einwilligung« die Begünstigung eines einzelnen Gläubigers.

2. Unterlassener Insolvenzantrag

1545 Nach § 64 Abs. 1 GmbHG haben die Geschäftsführer (entsprechend nach §71 Abs. 2 GmbHG auch die Liquidatoren) ohne schuldhaftes Zögern, spätestens aber innerhalb von drei Wochen bei Vermögensverfall, Konkurs- oder Vergleichsantrag zu stellen . Die Antragspflicht obliegt jedem einzelnen Geschäftsführer, die Pflicht entfallt nicht durch Amtsniederlegung (§ 84 GmbHG).

1546 Die Überschuldung muß sich bei der Aufstellung der Bilanz ergeben (die entsprechende Bestimmung des § 99 Abs. 2 AktG kennt das Bilanzerfordernis nicht). Die 3-Wochen-Frist ist dem Geschäftsführer eingeräumt, um zu entscheiden, welchen Insolvenzantrag er stellt, bzw. um eine Sanierung versuchen zu können. Überschreiten der Frist ist immer schuldhaftes Zögern.
Die Unterlassung der Stellung eines Insolvenzantrages bzw. die verspätete Stellung ist strafbar.

3. Unterlassene Verlustanzeige

1547 Nach Abs. 1 Nr. 1 des § 84 GmbHG ist nunmehr ein Geschäftsführer auch strafbar, wenn er es unterlaßt, den Gesellschaftern einen Verlust in Höhe der Hälfte des Stammkapitals anzuzeigen. Strafbar ist die mangelnde Unterrichtung der Gesellschafter. Der Geschäftsführer, der zwar seine Verpflichtung nach § 49 Abs. 3 GmbHG zur Einberufung einer Gesellschafterversammlung verletzt, macht sich gleichwohl nicht strafbar, wenn er die Gesellschafter in anderer Weise unterrichtet.

Inhaltlich gleichlautende Bestimmungen für AG und Genossenschaft enthalten **1548**
§ 401 AktG und § 148 GenG und (nur hinsichtlich der unterlassenen Insolvenzanmeldung) § 130 b HGB für diejenigen GmbH & Co KGs, bei denen keine natürliche Person persönlich haftender Gesellschafter ist.

4. Gründungsschwindel (§ 82 GmbHG)

Der Vollständigkeit halber sei hier noch auf § 82 GmbHG hingewiesen. Nach **1549**
Abs. 1 wird der sog. »Gründungsschwindel« bestraft, d.h. falsche Angaben gegenüber dem Registergericht zum Zwecke der Eintragung. Eine Falschangabe liegt auch dann vor, wenn im Augenblick der Versicherung das eingebrachte Kapital bereits verbraucht ist, ohne daß dem gleichwertige Sachwerte gegenüberstehen. Die Stammeinlagen müssen »effektiv« erbracht werden; eine Aufrechnung mit etwaigen Gegenforderungen oder Leistung aus einem Darlehen der Gesellschaft wäre also eine falsche Versicherung.

Abs. 2 bestraft die sog. »Geschäftslagentäuschung«; das sind z.B. Angaben über eine beabsichtigte Fusion, über aussichtsreiche Kreditverhandlungen, erwartete neue Aufträge u.ä. Solche an die Öffentlichkeit gerichteten Erklärungen sind sehr häufig die Vorstufe des kommenden Insolvenzverfahrens. Wird ein Steuerberater oder Rechtsanwalt in einem Sanierungsverfahren in dieser Weise tätig, so ist der Geschäftsführer als Täter und der »Sanierer« als Gehilfe tätig.

Strafbar sind die falschen Angaben an sich, auch wenn kein anderer dadurch einen Schaden erlitten hat.

Teil H
Überwachung der Sanierungsmaßnahmen

Inhaltsübersicht **Rz.**

I. Grundsätzliches zur Überwachungsaufgabe

1. Rechtliche Pflichten

Außerhalb des Konkurses, im Grenzbereich von Überschuldung und Zahlungsunfähigkeit, hat die Unternehmensleitung dafür Sorge zu tragen, daß sie ihren **Buchführungs- und Bilanzierungspflichten** sowie der evtl. bestehenden **Konkursantragspflicht** nachkommt. 1
Im Rahmen eines Konkursverfahrens hat der Konkursverwalter unter der Prämisse der Vermögensmehrung zu handeln und demgemäß alle Maßnahmen zu unterlassen, die zu einer Vermögensminderung führen könnten. Drohen Verluste, muß eine Betriebsfortführung eingestellt werden.

2. Managementzyklus und Sanierungsphasen

In Teil A wurde der Managementzyklus nach *Wild* beschrieben und als kybernetischer Denkansatz zur Systematisierung des Sanierungsprozesses herangezogen. Die letzten Stufen des logisch-genetischen Zyklus waren **Kontrolle und Abweichungsanalyse.** 2

Die Kontrolle der Sanierungsergebnisse ist Gegenstand des Teiles H, die Abweichungsanalyse markiert den Beginn eines neuen Zyklus (Mikrozyklus). **Damit schließt sich der kybernetische Regelkreis.**
Die Ergebnisse der Kontrollen gemäß Teil H münden ein in Identifizierungs-, Analyse- und erneute Zielsetzungsprozesse, wie sie in Teil B, C und D beschrieben wurden.

3 Im Verlaufe einer Unternehmenssanierung **können solche Zyklen mehrfach durchlaufen werden.** Ihre Zeitdauer wird bestimmt von der Komplexität und Intensität der zugrundeliegenden Probleme und Maßnahmen. Außerdem laufen die Zyklen verschiedener Einzelmaßnahmen gleichzeitig ab. Beispiele für gleichzeitig, aber asynchron ablaufende Zyklen sind Maßnahmen zur
- Reduzierung von Personalaufwendungen,
- Erneuerung des Produktportfolios und
- Sicherung der Zahlungsfähigkeit.

4 Als integraler Bestandteil des Managementzyklus ist Teil H (»Überwachung der Sanierungsmaßnahmen«) deshalb nicht als abschließende letzte Aktivität im Sanierungsprozeß zu verstehen, sondern als **permanente Aufgabe der Sanierungsverantwortlichen.**

3. Überwachungskomplexe

5 Zwei Überwachungskomplexe sind zu unterscheiden:
a) Die **Fortschritte bei der Neugestaltung** der Unternehmensstrategie (sofern eine Strategieänderung eingeleitet wurde) und
b) die **Entwicklung des Tagesgeschäfts.**

6 Aus den PIMS-Erhebungen (vgl. oben Teil C IV 1.10) ist bekannt, daß 70 % des Unternehmenserfolges (»70 % der Varianz der Rentabilitätsentwicklung«, *Müller,* S. 31) vom »Strategischen Profil« des Unternehmens bestimmt wird (Schaubild 92).

II. Strategische Überwachung

7 Strategische Überwachung ist wie Strategisches Controlling (zum Begriff auch *Mann,* S. 31 f.: »dem strategischen Controlling obliegt die nachhaltige Existenzsicherung der Unternehmung«) in erster Linie ein **methodisches Problem.**
Die besonderen Schwierigkeiten bei der strategischen Überwachung liegen sowohl in der Soll-Darstellung als auch in der Ist-Erfassung und haben u.a. folgende Ursachen:

8 a) **Meßprobleme**
Strategische Ziele und Positionen lassen sich nur in Ausnahmefällen eindeutig quantifizieren. Ausnahmen sind z.B. Marktanteile und Bekanntheitsgrad. Meist müssen die betrachteten Erfolgsfaktoren skaliert werden.

Schaubild 92: Bestimmungsfaktoren der Überlebensfähigkeit

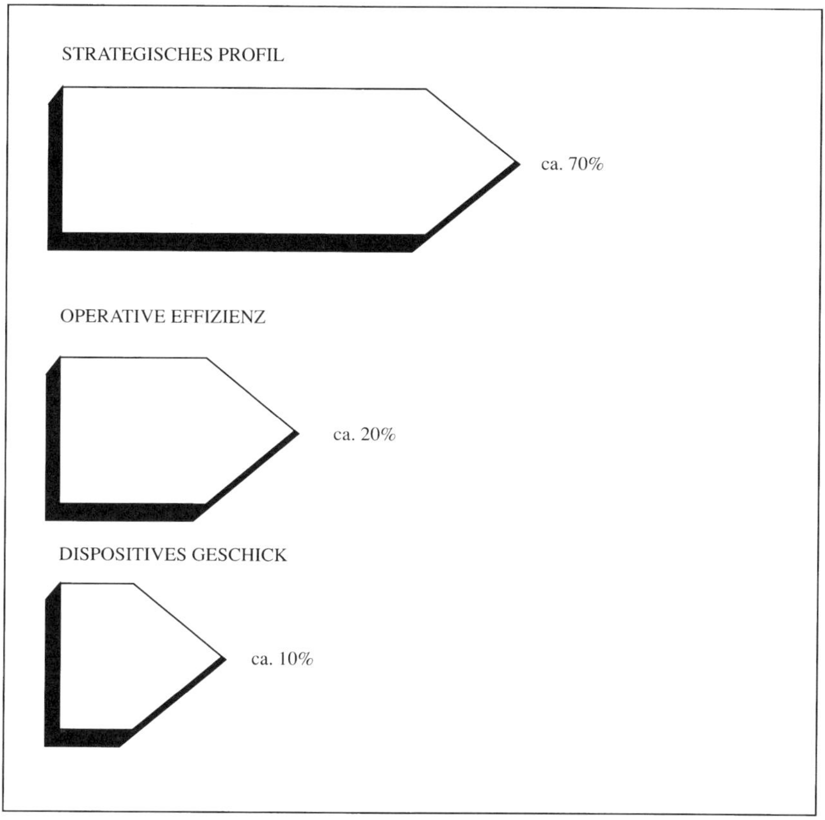

Quelle: PIMS – Datenbank, abgebildet bei Müller, S. 30

b) **Zeithorizont** 9

Der Zeithorizont eines strategischen Überwachungssystems ist wesentlich größer als jener der operativen Controllingfelder. Darüber hinaus ist es wenig hilfreich, auf starre Periodenergebnisse oder Stichtagsaufnahmen erpicht zu sein, weil diese stark von Zufallsentwicklungen bei Wettbewerbern und im Markt bestimmt sind. Nahezu alle strategischen Faktoren müssen in relativen Größen ausgedrückt werden.

Die Entwicklung eines Erfolgsfaktors muß deshalb immer auch dahingehend interpretiert werden, ob der gewählte Zeithorizont noch geeignet ist. Als Folge dieser Unschärfen entstehen Interpretationsrisiken.

c) **Organisation, Führung und persönliche Interessen**

Die Beurteilung vieler strategischer Erfolgsfaktoren beruht auf der Einschät- 10
zung einzelner Personen oder abgegrenzter Unternehmensbereiche. Deshalb ist es nahezu unvermeidbar, daß diese Einschätzungen von Organisations- oder Individualinteressen geprägt werden.

Objektivität ist nicht gesichert, das Fehlen allgemein gültiger Regeln (wie im Falle operationaler Größen, die durch die GoB kodifiziert sind und von Wirtschaftsprüfern unter die Lupe genommen werden können) tut ein übriges, um die Ergebnisse angreifbar zu machen.

Die für ein Krisenunternehmen individuell geeignete Art der strategischen Überwachung wird bestimmt vom Ausmaß der **strategischen Neuausrichtung,** vom **Unternehmensumfeld,** von der **Unternehmensgröße** und von den **Trägern des Krisenmanagements.** Sie kann deshalb nicht allgemeingültig dargestellt werden.

Zur Erarbeitung eines angepaßten Verfahrens wird vertiefende Literatur, insbesondere die sehr praxisorientierte Arbeit von *Mann* m.w.N. empfohlen.

III. Überwachung des Tagesgeschäftes

1. Grundvoraussetzungen

11 Nachfolgend werden einige wesentliche Elemente zur Überwachung des Tagesgeschäftes genannt.

1.1 Aktuelle Daten

12 Die Kontrolldaten müssen aktuell sein. Aktuell heißt bei Liquiditäts-, Umsatz- und Auftragseingangsdaten, daß sie täglich zur Verfügung stehen.

1.2 Transparente Daten

13 Die Daten müssen klar verständlich und nachvollziehbar sein. Insbesondere, wenn die Sanierungsverantwortung von einem Konkurs- oder Vergleichsverwalter getragen wird, ist diese Forderung unabdingbar.

1.3 Einfache Daten

14 Die Kontrolldaten müssen leicht interpretierbar und einfach zu lesen sein. Komplizierte Datengebilde verstellen den Blick auf das Wesentliche, verbergen Fehler und Risiken und beanspruchen erhöhten Zeitaufwand beim Empfänger.

1.4 Wesentliche Daten

15 Die Beschränkung auf wesentliche Daten spart Zeit und läßt Gefährdungspotentiale leichter erkennen.

1.5 Korrekte Daten

16 Damit ist nicht nur gefordert, daß die Daten im rechnerischen Sinne korrekt sind. Sie dürfen vor allem keinen falschen Genauigkeitsgrad vortäuschen. Bei der Betrachtung der Daten muß unmittelbar erkennbar sein, welches Maß an Genauigkeit ihnen zugrundeliegt.

2. Informationsaufbereitung

Die Aufbereitung von Informationen und Daten sollte an einer der Unternehmensleitung direkt zugeordneten Stelle vorgenommen werden. Dort sollte die Aufbereitung konzentriert werden, eine **Zersplitterung schafft Abstimmungsprobleme** und führt meist zu verspätetem Zugang vollständiger Daten beim Sanierungsverantwortlichen. **17**
Spätestens wenn es gilt, die Kontrollinstrumente zur Unternehmenssanierung zu schaffen, ist die **Einrichtung einer Controllingstelle** (vgl. Teil B II, Erkenntnisquellen) unverzichtbar.
Diese Stelle sollte die klassischen Funktionen des Finanz- und Rechnungswesens (betriebliches Rechnungswesen und Finanzbuchhaltung) mit den Aufgaben eines modernen (zukunftsorientierten) Controllingsystems verbinden.

Es kommt im Sanierungsfall entscheidend darauf an, die Gegenwarts- und Vergangenheitsdaten mit den Zukunftsdaten zusammenzuspielen. **18**
Die **Interpretation der Gegenwartsdaten** ist erforderlich, um das (ex definitione) drohende Eintreten der Konkurstatbestände zu erkennen, der **Vergleich mit Zukunftsdaten** (= Zieldaten) dient der Beurteilung des Sanierungsfortschrittes.
Das **Persönlichkeitsprofil** des Datenverantwortlichen (Controllers) sollte besondere Schwerpunkte zeigen in den Bereichen
- Sachlichkeit,
- Urteilsfähigkeit,
- Nüchternheit.

Häufig muß er Annahmen treffen, die entscheidende Auswirkungen auf das Ergebnis seiner Arbeit haben (Beispiel: die Bewertung von Warenbeständen und Forderungsrisiken).
Die oben genannten Eigenschaften sind zwingend erforderlich, um das Einfließen von Wunschvorstellungen in Zahlenwerke auszuschließen.

3. Beobachtungsbereiche

Die **unverzichtbaren Beobachtungsbereiche** sind: **19**
- **Liquidität**
- **Umsatz**
- **Auftragseingang**
- **Auftragsbestand**

Teilbereiche hieraus bzw. Verfeinerungen sind ebenfalls wichtig:
- Forderungsbestand
- Verbindlichkeiten
- Fälligkeiten
- Finanzierungsgrenzen
- Teilumsätze
- Erlöse
- Auftragsreichweiten
- alle Kostenarten

Weitere Beobachtungsbereiche
- Kostenstruktur

– Umsatzstruktur
– Personalentwicklung

Mit der Frage der Beobachtungsbereiche und **»Frühindikatoren«** hat sich u.a. *Hahn* (in *Albach,* S. 25–46) beschäftigt.

Seine systematischen Ansätze und konkreten Vorschläge können, obwohl ausdrücklich auf »latente Unternehmenskrisen beschränkt«, Hinweise und Anregungen geben zur Gestaltung von Kontrollsystemen auch im Falle akuter Krisen.

4. Toleranzgrenzen

20 Die Definition von »Toleranzgrenzen« ist sinnvoll, um vorzeitige und möglicherweise **übertriebene Reaktionen zu vermeiden.** Mit Hilfe solcher Grenzen kann der Sanierungsverantwortliche einen Teil seiner Kontrollfunktion delegieren (beispielsweise an den Controller) und sich dadurch entlasten.

Besonders externe Verantwortliche (Konkurs- und Vergleichsverwalter, Vertreter von Gesellschaften) können davon sinnvollen Gebrauch machen, ohne ihre Kontrollfunktion zu vernachlässigen.

Krystek (S. 204) hat die Zusammenhänge von Meßgrößen, Sollwerten, Toleranzbereich, **Warnbereich, Warngrenze** und **überlebenskritischem Bereich** dargestellt (Schaubild 93).

Schaubild 93:

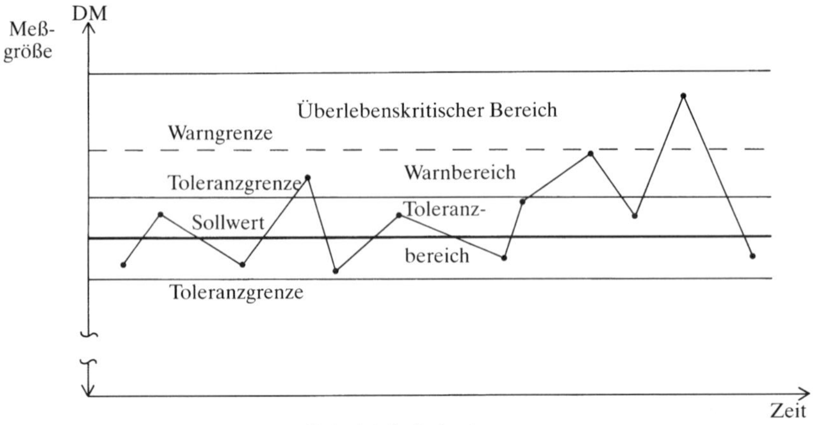

Beispiel: Lohnkosten

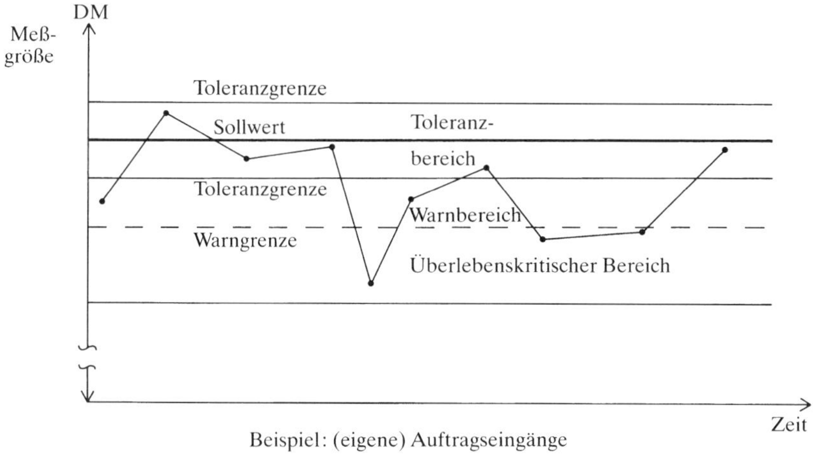

Quelle: Krystek, S. 204

5. Informationsrhythmen

Die Häufigkeit der Informationsaufbereitung wird bestimmt von 21
- den Krisenmerkmalen,
- dem Realisierungsstadium eingeleiteter Maßnahmen und
- dem Beobachtungsbereich.

Der Rhythmus muß nach den Beobachtungsbereichen konkret definiert werden. Wie oben bereits erwähnt, ist die Kontrolle von Liquidität, Umsatz und Auftragseingang täglich vorzunehmen, während beispielsweise die tägliche Kontrolle von Marktanteilen sicher nicht sinnvoll ist.
Generell kann gesagt werden, daß der Kontrollrhythmus **um so höher ist, je »geldnäher« der Beobachtungsbereich** liegt, d.h. je näher er am Insolvenztatbestand Zahlungsunfähigkeit liegt.
Strategische Merkmale wie Marktanteil, Fertigungstiefe oder Produktportfolio müssen höchstens im Monatsrhythmus kontrolliert werden.

6. Zwischenabschlüsse

Bilanz und Gewinn- und Verlustrechnung können als geschlossene Rechenwerke 22
den Stand der Sanierungsbemühungen in rechtlich kodifizierter Form darstellen. Diese Abschlüsse sind keine spezifischen Kontrollinstrumente zur Überwachung des Sanierungsfortschrittes. Wenn in der Literatur (z.B. *Heinen*, S. 494) die Erstellung von »Sanierungszwischenbilanzen« vorgeschlagen wird, so handelt es sich hierbei nicht um eigenständige Kontrollmaßnahmen, sondern um **Verkürzungen des Bilanzierungsrhythmus.**

23 Zusätzliche Informationen im Sinne von Soll-Ist-Vergleichen lassen sich gewinnen, wenn zuvor geschlossene Planbilanzen und -ergebnisrechnungen erstellt worden sind.

Darüber hinaus sind Kontrollmöglichkeiten gegeben, wenn vom Going-Concern-Prinzip abgegangen und eine Bilanz unter Liquidationsgesichtspunkten erstellt wird. Die Schwierigkeiten bei der Bilanzierung zu Liquidationswerten wurden oben erläutert. Letztlich führt diese Bilanzierung zu Ergebnissen, die wegen des bestimmenden Einflusses der zu treffenden Verwertungsannahmen nur mit großen Einschränkungen interpretierbar sind.

Teil I
Die Gesamtvollstreckung

Konkurs und Vergleich sowie die Sanierung auf dem Gebiet der früheren DDR (Thüringen, Sachsen-Anhalt, Mecklenburg-Vorpommern, Brandenburg, Sachsen)

Literatur zur GesO und zum Recht der neuen Bundesländer

Gottwald (Hrsg.) Nachtrag Gesamtvollstreckungsordnung zit.: Gottwald/Bearbeiter; Nachtrag GesO

Haarmeyer/Wutzke/Förster Kommentar zur Gesamtvollstreckungsordnung, 3. Aufl., Köln 1995

Hess, Binz, Wienberg Gesamtvollstreckungsordnung, Neuwied/Kriftel/Berlin 3. Aufl. 1997

Smid, Stefan/Zeuner, Mark (Hrsg.) Gesamtvollstreckungsordnung, Kommentar; Das Insolvenzrecht der fünf neuen Bundesländer und Ostberlins unter Berücksichtigung des Hemmnisbeseitigungsgesetzes, Baden-Baden 1994, 2. Aufl.

dies. Gesamtvollstreckung Arbeitsbuch, München 1992

dies. Das Insolvenzrecht in den neuen Bundesländern, 1994

Inhaltsübersicht **Rz.**

I. Die Gesamtvollstreckung

Das unter G XIII dargestellte Vergleichs- und Konkursrecht, das auf dem Gebiet der alten Bundesländer gilt, wird ergänzt durch die für die neuen Bundesländer geltende Gesamtvollstreckungsordnung nach der vom Konkurs- und Vergleichsrecht erheblich abweichende Regelungen gelten. **1**

Nach den Erläuterungen zu den Anlagen zum Einigungsvertrag (BR-Druck 605/90) sollten die Konkursordnung, die Vergleichsordnung und die dazugehörigen Nebengesetze in den Ländern der früheren DDR nicht eingeführt werden. Dort sollte vielmehr das bisherige Insolvenzrecht der Deutschen Demokratischen Republik fortgelten. Dieses ist in Gestalt der Verordnung über die Gesamtvollstreckung vom 6. Juni 1990 (GBl. Nr. 32, S. 285) an die Bedürfnisse einer sozialen Marktwirtschaft angepaßt worden. Dieses Insolvenzrecht soll mit seinen knappen Regelungen einfacher zu handhaben sein als das bundesdeutsche Insolvenzrecht, das zudem in hohem Maße reformbedürftig erkannt worden ist. Die Rechtseinheit wird durch die ab dem 01. 01. 1999 in Kraft tretende Insolvenzordnung verwirklicht (siehe hierzu I). **2**

A. Gesamtvollstreckungsverordnung (GesO)

§ 1 Allgemeine Bestimmungen

(1) Die Gesamtvollstreckung erfolgt bei Zahlungsunfähigkeit einer natürlichen oder juristischen Person sowie einer nicht rechtsfähigen Personengesellschaft oder eines Nachlasses, bei einer juristischen Person oder einem Nachlaß auch im Falle der Überschuldung. Sie erfaßt das gesamte Vermögen des Schuldners mit Ausnahme der Sachen und Forderungen, die nach den Bestimmungen der Zivilprozeßordnung und anderer Rechtsvorschriften nicht der Vollstreckung unterliegen.
(2) Für die Gesamtvollstreckung ist das Kreisgericht zuständig, in dessen Bereich der Schuldner seinen Wohnsitz oder Sitz hat.
(3) Auf das Verfahren der Gesamtvollstreckung sind die Vorschriften der Zivilprozeßordnung entsprechend anzuwenden, soweit nachfolgend nichts anderes bestimmt ist.
(4) Soweit in Vorschriften des Handels- und Wirtschaftsrechts für Personen- und Kapitalgesellschaften besondere Bestimmungen über Konkursverfahren enthalten sind, ergänzen diese für ihren Bereich die Vorschriften der vorliegenden Gesamtvollstreckungsordnung. Wird in anderen Rechtsvorschriften auf das Konkursverfahren verwiesen, treten an deren Stelle die Vorschriften dieses Gesetzes.

§ 2 Antragstellung

(1) Das Verfahren wird auf Antrag eröffnet. Antragsberechtigt sind der Schuldner und jeder Gläubiger. Der Gläubiger hat in seinem Antrag die Zahlungsunfähigkeit oder Überschuldung des Schuldners glaubhaft zu machen.
(2) Nach Eingang des Antrages ist die Einleitung der Gesamtvollstreckung durch das Gericht zu prüfen. Das Gericht hat alle Umstände zu ermitteln, die für die Gesamtvollstreckung von Bedeutung sind. Es kann insbesondere Zeugen und Sachverständige vernehmen und den Schuldner hören. Entscheidungen des Gerichts können ohne mündliche Verhandlung ergehen.
(3) Das Gericht kann durch Beschluß vorläufige Maßnahmen zur Sicherung einer Gesamtvollstreckung, insbesondere die Sicherung einzelner Vermögenswerte, Guthaben oder Forderungen des Schuldners anordnen sowie die Verfügungsbefugnis des Schuldners von der Zustimmung des Gerichts abhängig machen oder auf andere Weise beschränken.
(4) Gegen den Schuldner eingeleitete anderweitige Vollstreckungsmaßnahmen sind vorläufig einzustellen.

§ 3 Pflichten des Schuldners

(1) Der Schuldner hat dem Gericht
1. ein vollständiges Verzeichnis seines Vermögens,
2. ein Verzeichnis seiner Gläubiger unter Angabe der bestehenden Verpflichtungen,
3. ein Verzeichnis seiner Schuldner unter Angabe der bestehenden Forderungen vorzulegen.

(2) Der Schuldner hat die Richtigkeit und Vollständigkeit des Verzeichnisses zu versichern; er ist über die strafrechtlichen Folgen einer wissentlich falschen Versicherung zu belehren.

§ 4 Entscheidung über die Eröffnung des Verfahrens

(1) Vor der Entscheidung über die Eröffnung der Gesamtvollstreckung ist der Schuldner zu hören. Soweit der Schuldner ein Unternehmen betreibt, kann das Gericht die zuständige Wirtschafts- und Finanzbehörde sowie Banken, mit denen der Schuldner in Verbindung steht, zur Verfahrenseröffnung hören.
(2) Die Gesamtvollstreckung ist abzulehnen, wenn das Vermögen des Schuldners so gering ist, daß die Kosten des Verfahrens nicht gedeckt werden können, oder wenn durch die in Absatz 1 genannten Stellen die Gewähr für die Beseitigung der Zahlungsunfähigkeit gegeben ist.
(3) Der Beschluß über die Ablehnung des Antrages auf Eröffnung der Gesamtvollstreckung ist dem Schuldner und dem antragstellenden Gläubiger zuzustellen.

§ 5 Eröffnungsbeschluß

Die Gesamtvollstreckung ist durch Beschluß zu eröffnen (Eröffnungsbeschluß). In dem Beschluß ist
1. dem Schuldner die Verfügung über sein Vermögen zu verbieten;
2. die Verwaltung des Vermögens des Schuldners anzuordnen und eine geschäftskundige, vom Schuldner und von den Gläubigern unabhängige Person als Verwalter zu bestellen;
3. allen Gläubigern des Schuldners aufzugeben, innerhalb einer vom Gericht festgelegten Frist (Anmeldefrist) ihre Forderungen beim Verwalter anzumelden, anderenfalls sie bei der Erlösverteilung unberücksichtigt bleiben können;
4. allen denjenigen aufzugeben, die ein Eigentums- oder Pfandrecht an einer im Vermögen des Schuldners befindlichen beweglichen Sache beanspruchen, dieses Recht innerhalb der Anmeldefrist beim Verwalter geltend zu machen, da anderenfalls die Gefahr besteht, daß dieses Recht infolge der Verwertung der Sache erlischt;
5. allen denjenigen, die eine zum Vermögen des Schuldners gehörende Sache besitzen oder dem Schuldner zu einer Leistung verpflichtet sind, die Leistung an den Schuldner zu verbieten und aufzugeben, nur noch an den Verwalter zu leisten.

§ 6 Bekanntmachung des Eröffnungsbeschlusses

(1) Der Eröffnungsbeschluß ist in einer Tageszeitung und auszugsweise im Bundesanzeiger öffentlich bekanntzumachen. Er ist an den Schuldner und an den vom Gericht bestellten Verwalter zuzustellen.
(2) Der Eröffnungsbeschluß ist zu übersenden an
1. die zuständige Industrie- und Handelskammer bzw. Handwerkskammer;

2. das Zustellpostamt für den Fall, daß die Entgegennahme der Sendungen nur durch den Verwalter erfolgen soll;
3. die Kreditinstitute des Schuldners;
4. die registerführenden Behörden mit dem Ersuchen um Eintragung der Eröffnung der Gesamtvollstreckung in das Register, soweit das Unternehmen oder Grundstücke oder Gebäude des Schuldners in einem Register eingetragen sind.

(3) Der Verwalter hat denjenigen den Eröffnungsbeschluß zu übersenden, von denen bis zum Ablauf der Anmeldefrist bekannt wird, daß ihnen Forderungen oder sonstige Rechte gegen den Schuldner zustehen oder daß sie dem Schuldner zu einer Leistung verpflichtet sind.

§ 7 Pfändungswirkung

(1) Die Pfändung des Vermögens des Schuldners wird mit dem im Eröffnungsbeschluß genannten Zeitpunkt bewirkt.
(2) Der Pfändung unterliegen das gesamte pfändbare Vermögen des Schuldners und alle im Besitz des Schuldners befindlichen Sachen sowie die vom Schuldner genutzten Grundstücke oder Gebäude.
(3) Vor Eröffnung der Gesamtvollstreckung gegen den Schuldner eingeleitete Vollstreckungsmaßnahmen zugunsten einzelner Gläubiger verlieren ihre Wirksamkeit. Die Vollstreckungsverfahren sind an das Gericht zu verweisen, das die Gesamtvollstreckung durchführt.
(4) Eine nach der öffentlichen Bekanntmachung des Eröffnungsbeschlusses an den Schuldner erfolgte Leistung ist unwirksam, wenn sie nicht in das verwaltete Vermögen gelangt.
(5) War ein Gläubiger zum Zeitpunkt der Eröffnung des Verfahrens der Gesamtvollstreckung zur Aufrechnung berechtigt, so kann die Aufrechnung auch noch im Verfahren erklärt werden.

§ 8 Aufgaben des Verwalters

(1) Dem vom Gericht bestellten Verwalter ist eine Ernennungsurkunde auszustellen, aus der der Umfang seiner Befugnisse ersichtlich wird. Er ist für die Erfüllung der ihm obliegenden Pflichten allen Beteiligten verantwortlich.
(2) Der Verwalter ist berechtigt und verpflichtet, das der Pfändung unterliegende Vermögen unverzüglich in Besitz zu nehmen, zu verwalten und durch Verkauf oder in anderer Weise darüber zu verfügen.
(3) Die Vermögensverwaltung unterliegt der Aufsicht des Gerichts. Das Gericht kann bei Vorliegen eines wichtigen Grundes den Verwalter abberufen und einen anderen Verwalter einsetzen.

§ 9 Beendigung gegenseitiger Verträge

(1) Ist ein gegenseitiger Vertrag zur Zeit der Eröffnung der Gesamtvollstreckung vom Schuldner und vom anderen Teil nicht oder nicht vollständig erfüllt, so kann

der Verwalter wählen, ob er die Erfüllung des Vertrages fordert oder ablehnt. Im letzteren Fall steht dem anderen Teil eine nicht bevorrechtigte Forderung zu. Ist zur Sicherung eines Anspruchs eine Vormerkung eingetragen, so kann der Gläubiger vom Verwalter die Erfüllung des Anspruchs verlangen, auch wenn der Schuldner dem Gläubiger gegenüber weitere Verpflichtungen übernommen hat und diese nicht oder nicht vollständig erfüllt sind.

(2) Mit dem Unternehmen des Schuldners bestehende Arbeitsverhältnisse können vom Verwalter und von den Arbeitnehmern, unabhängig von einer vereinbarten Kündigungsfrist, unter Einhaltung der gesetzlichen Frist gekündigt werden.

(3) Miet- und Pachtverhältnisse des Schuldners bestehen fort. Ist der Schuldner der Mieter oder Pächter, so kann das Miet- oder Pachtverhältnis vom Verwalter, unabhängig von einer vereinbarten Kündigungsfrist, unter Einhaltung der gesetzlichen Frist gekündigt werden.

§ 10 Anfechtung von Rechtshandlungen

(1) Der Verwalter kann Rechtshandlungen des Schuldners anfechten, wenn

1. sie in der Absicht vorgenommen wurden, die Gläubiger zu benachteiligen, und dem Dritten diese Absicht bekannt war;
2. durch sie im letzten Jahr vor Eröffnung der Gesamtvollstreckung zum Nachteil der Gläubiger entgeltliche Leistungen an dem Schuldner nahestehende Personen erbracht worden sind, sofern diese nicht beweisen, daß ihnen die Absicht der Benachteiligung nicht bekannt war;
3. sie innerhalb des letzten Jahres vor Eröffnung der Gesamtvollstreckung vorgenommen wurden und eine unentgeltliche Übertragung von Vermögenswerten zum Gegenstand hatten; gegenüber dem Schuldner nahestehenden Personen beträgt die Frist zwei Jahre vor Eröffnung der Gesamtvollstreckung;
4. sie nach der Zahlungseinstellung oder dem Antrag auf Eröffnung der Gesamtvollstreckung gegenüber Personen vorgenommen wurden, denen zur Zeit der Handlung die Zahlungsunfähigkeit oder der Antrag auf Eröffnung der Gesamtvollstreckung bekannt war oder den Umständen nach bekannt sein mußte.

(2) Die Anfechtung kann nur innerhalb von zwei Jahren seit Eröffnung der Gesamtvollstreckung erfolgen.

(3) Ist für das Wirksamwerden einer Rechtshandlung eine Eintragung im Grundbuch erforderlich, so gilt die Handlung als in dem Zeitpunkt vorgenommen, in dem die übrigen Voraussetzungen für das Wirksamwerden erfüllt sind, die vom Schuldner abgegebene Willenserklärung für ihn bindend geworden ist und der andere Teil die Eintragung beantragt hat.

§ 11 Vermögensverzeichnis

(1) Der Verwalter hat ein Verzeichnis des Vermögens und der Verpflichtungen des Schuldners aufzustellen. Das Verzeichnis ist nach Ablauf der Anmeldefrist abzuschließen.

(2) Danach ist ein Prüfungstermin abzuhalten, in dem den Gläubigern und dem Verwalter Gelegenheit zur Stellungnahme und zum Bestreiten angemeldeter Forderungen gegeben wird. Der Schuldner hat sich zu den Forderungen zu erklären. Der Verwalter hat angemeldete Forderungen oder sonstige Rechte im Umfang des Anerkenntnisses in das Verzeichnis aufzunehmen und den Anmeldenden mitzuteilen.
(3) Ein Gläubiger, dessen Forderung vom Verwalter oder einem anderen Gläubiger ganz oder teilweise nicht anerkannt wurde, kann seine Forderung nur durch eine Klage gegen den Bestreitenden geltend machen. Beruht die bestrittene Forderung auf einem vollstreckbaren Titel, muß der Verwalter oder der bestreitende Gläubiger Klage erheben. Für die Klage ist ausschließlich das Gericht zuständig, bei dem die Gesamtvollstreckung durchgeführt wird.

§ 12 Eigentums- und Pfandrechte Dritter

(1) Gegenstände, an denen Dritten ein Eigentums- oder Pfandrecht zusteht, sind vom Verwalter an die Berechtigten herauszugeben, wenn er nicht das Pfandrecht durch Zahlung ablöst. Verweigert der Verwalter die Herausgabe eines Gegenstands oder die Anerkennung eines Pfandrechts, kann der Berechtigte auf Herausgabe oder auf Feststellung seines Rechts klagen.
(2) Die Verwertung der Gegenstände, die von Dritten beansprucht werden, ist bis zur Entscheidung über das Bestehen eines Eigentums- oder Pfandrechts auszusetzen.
(3) Der Verwalter hat auch die zur Deckung weiterer Verwaltungsausgaben sowie die zur Erfüllung nicht anerkannter Forderungen erforderlichen Geldbeträge bis zur Einstellung der Gesamtvollstreckung bzw. bis zur Entscheidung über das Bestehen bestrittener Ansprüche zurückzubehalten. Ein bei Einstellung der Gesamtvollstreckung verbleibender Überschuß ist nachträglich zu verteilen.

§ 13 Vorab zu begleichende Ansprüche

(1) Aus den vorhandenen Mitteln hat der Verwalter mit Einwilligung des Gerichts vorab in folgender Reihenfolge zu begleichen:
1. die durch die Verwaltung entstandenen notwendigen Ausgaben einschließlich derjenigen, die durch den Abschluß oder die Erfüllung von Verträgen, durch die Geltendmachung von Forderungen und Rechten des Schuldners sowie durch die Ablösung von Pfandrechten entstehen;
2. die Gerichtskosten für das Verfahren einschließlich der vom Gericht festgesetzten Vergütung des Verwalters und der Mitglieder des Gläubigerausschusses;
3. mit gleichem Rang
   a) Lohn- oder Gehaltsforderungen von Arbeitnehmern, die im Unternehmen des Schuldners beschäftigt waren, höchstens für einen nicht länger als sechs Monate vor der Eröffnung der Gesamtvollstreckung zurückliegenden Zeitraum sowie für den Zeitraum, für den sie von ihrer Beschäftigung infolge einer Kündigung durch den Verwalter freigestellt sind;

b) die Ansprüche der Träger der Sozialversicherung und der Bundesanstalt für Arbeit auf Beiträge einschließlich Säumniszuschläge und auf Umlagen wegen der Rückstände für die letzten sechs Monate vor Eröffnung der Gesamtvollstreckung.

(2) Gehen in Absatz 1 Nr. 3 Buchstabe a bezeichnete Ansprüche für einen vor der Eröffnung der Gesamtvollstreckung liegenden Zeitraum nach § 141 m Abs. 1 des Arbeitsförderungsgesetzes oder nach § 9 Abs. 3 Satz 1 des Vorruhestandsgesetzes auf die Bundesanstalt für Arbeit über, so werden sie mit dem Rang gemäß § 17 Abs. 3 Nr. 1 berichtigt. Das gleiche gilt für die in Absatz 1 Nr. 3 Buchstabe b bezeichneten Ansprüche auf Beiträge, die nach § 141 n Abs. 2 Satz 1 des Arbeitsförderungsgesetzes gegenüber dem Schuldner bestehenbleiben.

§ 14 Verspätet angemeldete Forderungen

(1) Der Verwalter hat nach Ablauf der Anmeldefrist eingehende Forderungsanmeldungen noch anzuerkennen und in das Vermögensverzeichnis aufzunehmen, wenn die Verspätung unverschuldet war und das Gericht zustimmt. Nach Bestätigung des Verteilungsvorschlags gemäß § 18 Abs. 1 ist eine Anerkennung verspätet angemeldeter Forderungen nicht mehr zulässig.

(2) Unterlagen über verspätet angemeldete und nicht anerkannte Forderungen sind mit dem Hinweis zurückzugeben, daß die Forderung nach Beendigung der Gesamtvollstreckung nach Maßgabe des § 18 Abs. 2 Satz 3 gegen den Schuldner geltend gemacht werden kann.

§ 15 Gläubigerversammlung und Gläubigerausschuß

(1) Die Gläubigerversammlung wird durch das Gericht einberufen. Sie muß einberufen werden, wenn das vom Verwalter, vom Gläubigerausschuß oder von Gläubigern beantragt wird, die mindestens ein Fünftel der angemeldeten Forderungsbeträge vertreten.

(2) Die Gläubigerversammlung kann aus dem Kreis der Gläubiger einen Gläubigerausschuß wählen. Zu Mitgliedern können auch sachkundige andere Personen gewählt werden. Bis zur Wahl kann das Gericht, soweit erforderlich, einen vorläufigen Gläubigerausschuß bestellen.

(3) In der ersten Gläubigerversammlung, die auf die Bestellung des Verwalters folgt, kann ein anderer Verwalter gewählt werden, welcher der Bestellung durch das Gericht bedarf. Das Gericht kann die Bestellung des gewählten Verwalters versagen, wenn er nicht geeignet erscheint.

(4) Die Gläubigerversammlung findet unter Leitung des Gerichts statt. Beschlüsse werden mit einfacher Mehrheit der anwesenden Gläubiger gefaßt, diese müssen jedoch mehr als die Hälfte der Summe der Forderungsbeträge dieser Gläubiger auf sich vereinigen.

(5) Die Gläubigerversammlung beschließt über die Fortführung oder Schließung des Unternehmens des Schuldners und berät über den Abschluß eines Vergleichs. Sie kann festlegen, in welchem Umfang ihr oder dem Gläubigerausschuß durch den Verwalter Bericht zu erstatten bzw. Rechnung zu legen ist.

(6) Der Gläubigerausschuß hat den Verwalter bei seiner Geschäftsführung zu unterstützen und zu überwachen. Er ist berechtigt, vom Verwalter Berichterstat-

tungen zu verlangen und Rechnungslegung zu fordern. Er kann dazu unmittelbare Kontrollen vornehmen. Bedeutsame Rechtsgeschäfte des Verwalters, wie Kreditaufnahmen, Übernahme von Verbindlichkeiten, Erwerb und Veräußerung von Grundstücken und andere Rechtshandlungen, die erhebliche Auswirkungen auf den Bestand des verwalteten Vermögens haben, bedürfen der Zustimmung des Gläubigerausschusses, soweit ein solcher bestellt ist. Beschlüsse des Gläubigerausschusses erfolgen mit einfacher Mehrheit der anwesenden Mitglieder.

§ 16 Vergleich

(1) Das Verfahren der Gesamtvollstreckung kann auf Antrag des Schuldners aufgrund eines Vergleichs beendet werden.
(2) Der Vergleich ist zwischen dem Schuldner und den nicht bevorrechtigten Gläubigern nach Abhaltung des allgemeinen Prüfungstermins und vor Genehmigung der Schlußverteilung abzuschließen.
(3) Der Vergleichsvorschlag muß angeben, in welcher Weise die Befriedigung der Gläubiger erfolgen sowie ob und in welcher Art eine Sicherstellung derselben bewirkt werden soll. Die vorab zu befriedigenden und die bevorrechtigten Gläubiger müssen dabei voll befriedigt werden; allen anderen Gläubigern sind gleiche Rechte zu gewähren.
(4) Zur Abstimmung über den Vergleichsvorschlag ist eine Gläubigerversammlung (Vergleichstermin) durchzuführen. Prüfungstermin und Vergleichstermin können verbunden werden. Die Annahme des Vergleichsvorschlags erfordert einfache Stimmenmehrheit der anwesenden Gläubiger und eine dreiviertel Mehrheit der Forderungsbeträge dieser Gläubiger. Stimmberechtigt sind nur die nicht bevorrechtigten Gläubiger.
(5) Der Vergleich bedarf der Bestätigung durch Beschluß des Gerichts. Dieser wirkt auch für und gegen die Gläubiger, die sich nicht am Verfahren beteiligt haben. Die Bestätigung kann versagt werden, wenn der Vergleich auf unlautere Weise zustande gekommen ist oder einen Teil der Gläubiger unangemessen benachteiligt.
(6) Aus dem rechtskräftigen Vergleich findet die Vollstreckung statt. Hierzu sind den Gläubigern vollstreckbare auszugsweise Ausfertigungen des Vergleichs zu erteilen.

§ 17 Verwertung des Vermögens und Erfüllung der Forderungen

(1) Der Verwalter hat das gepfändete Vermögen des Schuldners zu verwerten und den Erlös der Verteilung zuzuführen.
(2) Nach Abschluß der Verwertung hat der Verwalter auf der Grundlage der in den Verzeichnissen ausgeführten anerkannten und angemeldeten Forderungen einen Vorschlag über die Reihenfolge ihrer Erfüllung aufzustellen.
(3) Die Erfüllung hat nach folgender Rangordnung und innerhalb eines Ranges im gleichen Verhältnis zu erfolgen:
1. mit gleichem Rang
   a) Lohn- oder Gehaltsforderungen für die Zeit bis zu zwölf Monaten vor der Eröffnung der Gesamtvollstreckung,

b) die Forderungen der Träger der Sozialversicherung und der Bundesanstalt für Arbeit wegen der Rückstände für die letzten zwölf Monate vor der Eröffnung der Gesamtvollstreckung auf Beiträge einschließlich Säumniszuschläge und auf Umlagen,

c) Forderungen aus einem vom Verwalter vereinbarten Sozialplan, soweit die Summe der Sozialplanforderungen nicht größer ist als der Gesamtbetrag von drei Monatsverdiensten der von einer Entlassung betroffenen Arbeitnehmer und ein Drittel des zu verteilenden Erlöses nicht übersteigt; entsprechendes gilt für außerhalb eines Sozialplans zu gewährende Leistungen,

soweit die in den Buchstaben a und b genannten Forderungen nicht gemäß § 13 vorab zu begleichen sind;

2. Forderungen auf Zahlung von Unterhalt oder Familienaufwand für einen nicht länger als zwölf Monate vor der Eröffnung der Gesamtvollstreckung zurückliegenden Zeitraum;
3. Steuern und Abgaben, die im letzten Jahr vor der Eröffnung der Gesamtvollstreckung fällig geworden sind, sowie Umlagen auf die Erzeugung von Kohle und Stahl und ähnliche Forderungen internationaler Organisationen;
4. alle übrigen Forderungen.

§ 18 Verteilung

(1) Der Verteilungsvorschlag ist mit den Gläubigern und dem Verwalter in einem Schlußtermin zu erörtern. Im Ergebnis des Schlußtermins ist der Verteilungsvorschlag zu ändern oder zu ergänzen und danach zu bestätigen.

(2) Nach Bestätigung des Verteilungsvorschlages durch das Gericht hat der Verwalter die Verteilung vorzunehmen und den Gläubigern, deren Forderungen ganz oder teilweise nicht erfüllt wurden, unter Rücksendung eingereichter Unterlagen mitzuteilen, daß die nichterfüllte Forderung gegen den Schuldner im Wege der Vollstreckung geltend gemacht werden kann. Den Gläubigern sind vollstreckbare auszugsweise Ausfertigungen aus dem bestätigten Verzeichnis der Forderungen zu erteilen. Eine Vollstreckung findet nur statt, soweit der Schuldner über ein angemessenes Einkommen hinaus zu neuem Vermögen gelangt; dies gilt nicht, wenn der Schuldner vor oder während des Verfahrens vorsätzlich oder grob fahrlässig zum Nachteil seiner Gläubiger gehandelt hat.

(3) Nicht verwertbare Sachen können Gläubigern zum Schätzwert unter Anrechnung auf anerkannte Forderungen überlassen werden. Anderenfalls sind sie dem Schuldner herauszugeben.

(4) Nach der Verteilung ist vom Verwalter darüber ein Abschlußbericht anzufertigen, der vom Gericht zu prüfen ist.

§ 19 Einstellung der Gesamtvollstreckung

(1) Die Gesamtvollstreckung ist einzustellen:

1. nach Verteilung des Erlöses und nach Prüfung des Abschlußberichts des Verwalters;
2. nach Eintritt der Rechtskraft des Vergleichsbeschlusses;

3. wenn sich während des Verfahrens ergibt, daß die Kosten des Verfahrens nicht gedeckt werden können;
4. wenn der Schuldner während des Verfahrens die Einstellung beantragt und entweder alle Gläubiger zustimmen oder der Eröffnungsgrund (§ 1 Abs. 1) beseitigt ist.

(2) Der Einstellungsbeschluß ist dem Schuldner und dem Verwalter zuzustellen und öffentlich bekanntzumachen. Die in § 6 Abs. 2 genannten Behörden sind von der Einstellung zu benachrichtigen.
(3) Der Beschluß ist unanfechtbar, wenn die Einstellung nach Absatz 1 Nr. 1 oder 2 erfolgt.
(4) Den registerführenden Behörden ist der Einstellungsbeschluß mit dem Ersuchen zu übersenden, die erforderlichen Eintragungen vorzunehmen.

§ 20 Rechtsmittel

Gegen Entscheidungen des Gerichts steht dem Schuldner und allen Betroffenen die sofortige Beschwerde zu.

§ 21 Ergänzende Vorschriften

(1) Die Vergütung und die Erstattung von Auslagen des Verwalters und der Mitglieder des Gläubigerausschusses richten sich nach der Verordnung über die Vergütung des Konkursverwalters, des Vergleichsverwalters, der Mitglieder des Gläubigerausschusses und der Mitglieder des Gläubigerbeirats in der im Bundesgesetzblatt Teil III, Gliederungsnummer 311–6, veröffentlichten bereinigten Fassung, zuletzt geändert durch Verordnung vom 11. Juni 1979 (BGBl. I S. 637), in der jeweils geltenden Fassung.
(2) Die Landesregierungen werden ermächtigt, durch Rechtsverordnung die Gesamtvollstreckungssachen einem Kreisgericht für die Bezirke mehrerer Kreisgerichte zuzuweisen, sofern die Zusammenfassung für eine sachliche Förderung und schnellere Erledigung der Verfahren zweckmäßig ist. Die Landesregierungen können die Ermächtigung durch Rechtsverordnung auf die Landesjustizverwaltungen übertragen. Die Erste Durchführungsbestimmung zur Verordnung über die Gesamtvollstreckung vom 31. Juli 1990 (GBl. I Nr. 54 S. 1152) gilt bis zu ihrer Änderung nach Maßgabe des Landesrechts in dem in Artikel 3 des Einigungsvertrages genannten Gebiet als Rechtsverordnung im Sinne des Satzes 1 fort.

§ 22 Gesamtvollstreckung bei Auslandsberührung

(1) Ein ausländisches Gesamtvollstreckungs- oder Konkursverfahren erfaßt auch das im Inland befindliche Vermögen des Schuldners. Dies gilt nicht,
1. wenn das Gericht des Staates der Verfahrenseröffnung nach inländischem Recht nicht zuständig ist;
2. wenn das ausländische Verfahren den Grundprinzipien des inländischen Rechts widerspricht.

(2) Die Anerkennung eines ausländischen Verfahrens schließt nicht aus, daß im Inland ein gesondertes Verfahren der Gesamtvollstreckung eröffnet wird, das nur das im Inland befindliche Vermögen des Schuldners erfaßt.
(3) Ist im Ausland gegen den Schuldner ein Gesamtvollstreckungs- oder Konkursverfahren eröffnet, so bedarf es zur Eröffnung des inländischen Verfahrens der Gesamtvollstreckung nicht des Nachweises der Zahlungsunfähigkeit oder der Überschuldung.
(4) Absatz 1 gilt entsprechend für ein Konkursverfahren, das im Geltungsbereich der Konkursordnung eröffnet wird. Die Absätze 2 und 3 sind in diesem Fall nicht anzuwenden.

§ 23 Übergangsbestimmungen

Am 1. Juli 1990 noch nicht abgeschlossene Verfahren der Gesamtvollstreckung sind nach bisher geltendem Recht fortzuführen.

B. Gesetz über die Unterbrechung von Gesamtvollstreckungsverfahren

(Gesamtvollstreckungs-Unterbrechungsgesetz-GUG)
(Zweite Verordnung über die Gesamtvollstreckung
– Unterbrechung des Verfahrens –)
in der Fassung vom 23. Mai 1991 (BGBl. I S. 1191)

§ 1 Geltungsbereich

Dieses Gesetz regelt die Unterbrechung des Verfahrens der Gesamtvollstreckung im Rahmen vorläufiger Maßnahmen gemäß § 2 Abs. 3 der Gesamtvollstreckungsordnung.

§ 2 Wirkung der Unterbrechung

Die Unterbrechung bewirkt eine befristete Aussetzung des Verfahrens zum Zwecke
1. der Sanierung durch Beseitigung der Zahlungsunfähigkeit oder der Überschuldung einer natürlichen oder juristischen Person sowie einer nicht rechtsfähigen Personengesellschaft,
2. der Sanierung eines Unternehmens, Betriebs oder Betriebsteils durch dessen Übertragung auf einen anderen Rechtsträger.

§ 3 Unterbrechungsbeschluß

(1) Auf Antrag eines Garantiegebers beschließt das zuständige Gericht über die Unterbrechung des Verfahrens, wenn ein Antrag auf Eröffnung der Gesamtvollstreckung gestellt, über die Eröffnung aber noch nicht entschieden ist. Der stattgebende Beschluß ist unanfechtbar.

(2) Garantiegeber sind die Treuhandanstalt sowie Banken und andere natürliche oder juristische Personen, die die Gewähr dafür bieten, daß sie die von ihnen übernommenen Verpflichtungen gemäß § 7 Abs. 1 erfüllen können.
(3) Die Unterbrechung kann nur für einen Zeitraum von drei Monaten beantragt und beschlossen werden. Die Frist für den Antrag beträgt zwei Wochen ab Zustellung gemäß § 4 Abs. 1 Satz 2. Der Antrag kann unbeschadet des § 8 Abs. 2 nur einmal gestellt werden.
(4) Der Garantiegeber darf den Antrag nach Absatz 1 nicht stellen, wenn er die Sanierung für aussichtslos hält.
(5) Der Beschluß nach Absatz 1 ist öffentlich bekanntzumachen und dem Garantiegeber zuzustellen. Abschriften des Beschlusses sind zu übersenden an:
1. den Schuldner,
2. den Gläubiger, der die Eröffnung der Gesamtvollstreckung beantragt hat,
3. die Banken des Schuldners.

§ 4 Unterrichtung der Treuhandanstalt

(1) Wird die Eröffnung der Gesamtvollstreckung über das Vermögen einer treuhänderisch verwalteten Wirtschaftseinheit (nachfolgend Treuhandunternehmen genannt) beantragt, ist die Treuhandanstalt zur Verfahrenseröffnung zu hören. Ihr ist eine Abschrift des Antrages zuzustellen.
(2) Treuhandunternehmen sind:
die gemäß § 11 Abs. 2 des Treuhandgesetzes vom 17. Juni 1990 (GBl. I Nr. 33 S. 300) in eine Aktiengesellschaft oder in eine Gesellschaft mit beschränkter Haftung umgewandelten Wirtschaftseinheiten,
die gemäß Verordnung vom 1. März 1990 zur Umwandlung von volkseigenen Kombinaten, Betrieben und Einrichtungen in Kapitalgesellschaften (GBl. I Nr. 14 S. 107) bereits in eine Kapitalgesellschaft umgewandelten Wirtschaftseinheiten (§ 1 Abs. 4 des Treuhandgesetzes).

§ 5 Antragspflicht für Teuhandunternehmen

Aufgehoben durch Gesetz vom 22. 3. 1991.

Für die Treuhandunternehmen gemäß § 44 Abs. 2 gilt die Stellung des Antrages auf Eröffnung der Gesamtvollstreckung bis zum Ablauf des 31. Dezember 1990 nicht als verzögert im Sinne von § 92 Abs. 2 Sätze 1 und 2 des Aktiengesetzes und von § 64 Abs. 1 Sätze 1 und 2 des Gesetzes betreffend die Gesellschaften mit beschränkter Haftung, wenn der Vorstand oder die Geschäftsführer bei der Treuhandanstalt die Unterstützung der Gesellschaft beantragt haben und die Entscheidung über den Antrag mit der Sorgfalt eines ordentlichen und gewissenhaften Geschäftsmannes betreiben oder der Treuhandanstalt mitgeteilt haben, daß die Überschuldung durch eine Ausgleichsforderung ausgeglichen werden soll.

§ 6 Verlängerung der Unterbrechung

(1) Auf Antrag des Garantiegebers, dem ein Konzept zur Sanierung beizufügen ist, beschließt das Gericht eine Verlängerung der Unterbrechung gemäß § 3. Der

Antrag auf Verlängerung kann nur bis zum Ablauf der Unterbrechung nach § 3 Abs. 3 und nur einmal gestellt werden. Die Verlängerung kann nur für einen Zeitraum von drei Monaten beantragt und beschlossen werden.
(2) Die Bestimmung des § 3 Abs. 5 gilt entsprechend.
(3) Gegen den Beschluß steht dem Gläubiger, der Antrag auf Eröffnung der Gesamtvollstreckung gestellt hat, die sofortige Beschwerde zu. Sie kann nur darauf gestützt werden, daß das vorgelegte Sanierungskonzept offensichtlich nicht realisierbar ist.

§ 7 Rechtsfolgen aus der Unterbrechung

(1) Von der Zustellung des Beschlusses nach § 3 oder § 6 an ist der Garantiegeber verpflichtet, die während der Unterbrechung entstehenden Forderungen gegen den Schuldner aus bestehenden oder neu eingegangenen Verträgen zu garantieren. Er ist berechtigt, die dem Schuldner gegen die Forderungen zustehenden Einwände geltend zu machen. Wird der Garantiegeber aus seiner Verpflichtung nach Satz 1 in Anspruch genommen, so steht ihm gegen den Schuldner ein Anspruch auf Ersatz seiner aus der Inanspruchnahme erbrachten Leistungen zu. Dieser Anspruch ist im Falle der Eröffnung der Gesamtvollstreckung zum Verzeichnis der Forderungen (§ 11 Abs. 1 der Gesamtvollstreckungsordnung) anzumelden und im Rang nach § 17 Abs. 3 Nr. 4 der Gesamtvollstreckungsordnung zu berücksichtigen.
(2) Während der Unterbrechung ist eine Verjährungsfrist, die durch Anmeldung der Forderung im Gesamtvollstreckungsverfahren unterbrochen werden kann, gehemmt.
(3) Nach Ablauf der Unterbrechung ist nach Anhörung des Schuldners unverzüglich über die Eröffnung der Gesamtvollstreckung zu entscheiden. Von der Anhörung der in § 4 Abs. 1 Satz 2 der Gesamtvollstreckungsordnung genannten Stellen kann in diesem Falle abgesehen werden.

§ 8 Aufhebung der Unterbrechung

(1) Auf Antrag des Garantiegebers beschließt das Gericht die Aufhebung einer nach § 3 oder § 6 angeordneten Unterbrechung mit sofortiger Wirkung. Dieser Beschluß ist unanfechtbar. § 7 Abs. 3 gilt entsprechend.
(2) Nach Aufhebung einer Unterbrechung kann eine erneute Unterbrechung nur einmal und nur unter den in § 6 Abs. 1 Satz 1 genannten Voraussetzungen erfolgen.

§ 9 Sicherungsmaßnahmen

(1) In dem Beschluß gemäß § 3 oder § 6 bestimmt das Gericht auch Maßnahmen nach § 2 Abs. 3 und 4 der Gesamtvollstreckungsordnung. Soweit noch nicht geschehen, ordnet es für die Dauer der Unterbrechung die vorläufige Einstellung von Zwangsvollstreckungsmaßnahmen gemäß § 2 Abs. 4 der Gesamtvollstreckungsordnung sowie ein vorläufiges Verbot, Vermögensgegenstände des Schuld-

ners außer im Rahmen des gewöhnlichen Geschäftsbetriebes zu veräußern, an. Es überträgt die Verfügungsbefugnis auf einen vorläufigen Verwalter, wenn Anhaltspunkte dafür bestehen, daß die Ausübung dieser Befugnis durch den Vorstand oder die Geschäftsführer des Schuldners das Unternehmen oder die Durchführung der Gesamtvollstreckung gefährden würde, und dies nach Lage des Unternehmens angemessen ist.
(2) In dem Antrag nach § 3 oder § 6 hat sich der Garantiegeber zur Notwendigkeit von Maßnahmen nach Absatz 1 Satz 3 zu äußern.

II. Erläuterungen zur Gesamtvollstreckung

1. Allgemeines

3 Die Gesamtvollstreckungsordnung enthält 24 Paragraphen, die sich im wesentlichen an den Vorschriften der Konkursordnung orientieren.
Materiell wurden die wesentlichen Grundsätze der KO übernommen. Es wurden jedoch offene Regelungslücken in Kauf genommen und selbst dort, wo eine Regelung unumgänglich war, wurden nur die Grundelemente der KO angesprochen. Aus der nachfolgenden Aufstellung ergibt sich, welche Regelungsbereiche der KO in der Gesamtvollstreckung angesprochen wurden.

§ 1 GesO	§§ 71, 72, 102, 207, 209, 213, 214, 215 KO
§ 2 GesO	§§ 75, 103, 105, 106 KO
§ 3 GesO	§§ 104, 125 KO
§ 4 GesO	§§ 73, 105 Abs. 2, 107, 109 KO
§ 5 GesO	§§ 6, 78, 108, 110, 118, 119, 120, 138 KO
§ 6 GesO	§§ 76, 77, 111, 112, 113, 121 KO
§ 7 GesO	§§ 1, 2, 6, 8, 14, 53, 54, 55 KO
§ 8 GesO	§§ 81, 82, 83, 84, 117, 126 KO
§ 9 GesO	§§ 17, 18, 19, 20, 21, 22, 23, 24, 26, 27 KO
§ 10 GesO	§§ 29, 30, 31, 32, 32a, 33, 34, 35, 36, 37, 38, 39, 40, 41, 42 KO
§ 11 GesO	§§ 123, 124, 140, 141, 142, 143, 144, 145, 146, 147, 148 KO
§ 12 GesO	§§ 43, 44, 45, 46, 48, 49, 127 KO
§ 13 GesO	§§ 58, 59, 60 KO
§ 14 GesO	§§ 142, 162 KO
§ 15 GesO	§§ 80, 87, 88, 90, 93, 94, 132, 133, 134 KO
§ 16 GesO	§§ 173, 174, 179, 181, 182, 184, 187, 191, 193 KO
§ 17 GesO	§§ 61, 151, 161 KO
§ 18 GesO	§§ 158, 161, 162, 164, 167 KO
§ 19 GesO	§§ 111, 112, 113, 163, 202, 204, 205 KO
§ 20 GesO	§§ 73, 74 KO
§ 21 GesO	§§ 71, 85 KO,
§ 7 GesO	§§ 1–16 der Verordnung über die Vergütung des Konkursverwalters, des Vergleichsverwalters, der Mitglieder des Gläubigerausschusses und der Mitglieder des Gläubigerbeirats vom 25. 5. 1960
§ 22 GesO	§§ 1, 237, 238 KO

Das Gesetz enthält einige interessante Neuerungen, insbesondere im Rahmen der Abwicklung massearmer Verfahren, beim Nachforderungsrecht der Gläubiger nach der Beendigung des Insolvenzverfahrens. **4**

2. Die Gesetzesauslegung

In der Literatur besteht Einigkeit darüber, daß die GesO in großem Umfang lückenhaft ist (*Hess* KKZ 1991, 221 ff., *ders.* KKZ 1992, 1 ff.). **5**

Die Lückenhaftigkeit beruht nach den Gesetzesmaterialien darauf, daß am Gesetzgebungsverfahren Beteiligte durch die Schaffung einer lückenhaften GesO den Zweck verfolgt haben, den Reformprozeß zur Schaffung eines neuen Insolvenzrechts wiederzuerwecken und zu beschleunigen. **6**

2.1 Die Auslegungskriterien

Die Gesamtvollstreckungsordnung ist mit ihren insgesamt nur 23 Vorschriften erheblich knapper formuliert als die Konkursordnung, die insgesamt 238 Paragraphen umfaßt. **7**

Wegen der knappen Regelung bleiben in der GesO viele Einzelfragen offen, die in der Konkursordnung ausdrücklich geregelt worden sind. **8**

In der Literatur wird überwiegend – wenn auch mit teilweise unterschiedlicher und sich widersprechender Begründung – die Auffassung vertreten, daß die Vorschriften der Konkursordnung zur Auslegung herangezogen werden, bzw. wenn die GesO keine Regelung enthält, die KO entsprechende Anwendung finden kann (siehe auch *BezG Leipzig* ZIP 1992, 1507). **9**

3. Der Begriff Gesamtvollstreckung

Im Gesamtvollstreckungsverfahren wird der Verwalter vom Gericht beauftragt, das der Vollstreckung unterliegende Vermögen des Schuldners in Besitz zu nehmen, es zu verwerten und den Verwertungserlös nach Maßgabe der gesamtvollstreckungsrechtlichen Vorschriften an die am Verfahren teilnehmenden Gläubiger zu verteilen. **10**

4. Die Gesamtvollstreckungsfähigkeit

4.1 Allgemeines

Wie die Eröffnung des Konkurses die Konkursfähigkeit, so setzt die Eröffnung der Gesamtvollstreckung die Gesamtvollstreckungsfähigkeit voraus. Gesamtvollstreckungsfähig sind nach § 1 Abs. 1 S. 1 GesO alle natürlichen und juristischen Personen sowie nicht rechtsfähige Personengesellschaften und der Nachlaß. **11**

Gesamtvollstreckungsfähig sind weiter alle natürlichen Personen (Kaufleute, Nichtkaufleute), gleich, ob geschäftsfähig oder geschäftsunfähig; die juristischen Personen des Privatrechts (AG, KG auf Aktien, GmbH, §§ 213, 207 KO, 63 **12**

Abs. 2 GmbHG; Genossenschaften (§§ 213, 207 KO, 98 GenG); nicht rechtsfähiger Verein (§ 213 KO, 50 Abs. 2 ZPO); OHG und KG (§ 209 KO); Nachlaß (§ 214 KO). Auch die volkseigenen Betriebe sind, soweit sie nicht nach § 11 Abs. 2 TreuhandG in GmbH i.A. oder AG i.A umgewandelt wurden, nach § 31 Abs. 2 S. 2 der fortgeltenden Kombinatsverordnung gesamtvollstreckungsfähig. Gesamtvollstreckungsfähig sollen nach Auffassung des LG Berlin (EWiR § 1 GesO 1/91, 575 (*Tintelnot*)) auch Außenhandelsbetriebe der früheren DDR sein, sofern der Minister für Wirtschaft der DDR unter Berufung auf § 2 Abs. 1 Satz 2 ClearingVO die sofortige Liquidation des AHB statt seiner Abwicklung angeordnet hat.
Die GmbH i.A. und die AG i.A. sowie die Vorgesellschaften, sind deshalb gesamtvollstreckungsfähig, weil es sich regelmäßig um vollkaufmännische Gewerbe handelt.

4.2 BGB-Gesellschaft

13 Gesamtvollstreckungsfähig sind nach § 1 Abs. 1 Satz 2 GesO nicht rechtsfähige Personengesellschaften. Damit sind neben der BGB-Gesellschaft die nach § 209 Abs. 1 KO nicht konkursfähigen Gesellschaften gesamtvollstreckungsfähig.

4.3 Offene Handelsgesellschaft

14 Die Zulässigkeit des Gesamtvollstreckungsverfahrens über das Vermögen einer OHG ergibt sich aus §§ 1 Abs. 4 GesO; 131 Nr. 3 HGB.

15 Die Gesamtvollstreckungsfähigkeit beginnt regelmäßig mit der Eintragung der Gesellschaft in das Handelsregister (§§ 123 Abs. 1, 161 Abs. 2 HGB). Trotz Eintragung ins Handelsregister, ist die Gesamtvollstreckungsfähigkeit nicht gegeben, wenn die Gesellschaft überhaupt kein Gewerbe oder infolge Stillegung oder Verpachtung ein solches nicht mehr betreibt (*BGH* BGHZ 32, 313).

16 Auch die fehlerhafte OHG ist gesamtvollstreckungsfähig. Gesamtvollstreckungsfähig ist auch eine Vorgesellschaft, d.h. eine gegründete, aber noch nicht in das Handelsregister eingetragene OHG, wenn sie ihren kaufmännischen Geschäftsbetrieb aufgenommen hat, nach außen im Geschäftsleben in Erscheinung getreten ist und bereits ein Sondervermögen gebildet hat.

17 Die Vorgründungsgesellschaft, d.h. eine zum Zweck der Gründung einer OHG zwischen einzelnen oder allen künftigen Gründern eingegangene Personenvereinigung zur Vorbereitung und Herbeiführung der Gründung, ist nicht gesamtvollstreckungsfähig. Betreibt die Vorgründungsgesellschaft jedoch entgegen ihrer Zwecksetzung ein Handelsgeschäft, so liegt eine faktische OHG vor, die als solche gesamtvollstreckungsfähig ist.

4.4 Kommanditgesellschaft

18 Die KG ist keine juristische Person, dennoch kann das Gesamtvollstreckungsverfahren über ihr Vermögen durchgeführt werden. Dies folgt aus §§ 1 Abs. 4 GesO; § 161 Abs. 2, 131 Nr. 3 HGB.

19 Träger der Schuldnerrolle sind bei der KG nur die persönlich haftenden Gesellschafter, nicht auch die Kommanditisten (*OLG Hamm* MDR 1972, 59).

4.5 Die stille Gesellschaft

Die sog. stille Gesellschaft ist in den §§ 230–237 HGB geregelt. Sie enthalten Sondervorschriften für den Fall des Konkurses. Diese Vorschriften ergänzen daher gem. § 1 Abs. 4 die Vorschriften der GesO. Die stille Gesellschaft ist als reine Innengesellschaft nicht gesamtvollstreckungsfähig, da der stille Gesellschafter nicht als Gesamthänder am Gesellschaftsvermögen beteiligt ist. 20

4.6 Gesellschaft mit beschränkter Haftung

Die GmbH ist gesamtvollstreckungsfähig. Dies ergibt sich aus § 13 Abs. 1 GmbHG. Auch über das Vermögen der aufgelösten und in der Abwicklung begriffenen GmbH kann das Gesamtvollstreckungsverfahren eröffnet werden. Umstritten ist, ob eine im Handelsregister gelöschte GmbH noch gesamtvollstreckungsfähig ist. Auch die nichtige Gesellschaft ist gesamtvollstreckungsfähig. Gesamtvollstreckungsfähig ist die bereits errichtete, aber im Handelsregister noch nicht eingetragene GmbH (Vorgesellschaft), (vgl. *BayOblG* NJW 1965, 2255, 2257). Die Vorgründungsgesellschaft, d.h. eine zum Zweck der Gründung einer GmbH eingegangene Verpflichtung mehrerer künftiger Gesellschafter ist nicht gesamtvollstreckungsfähig. Betreibt jedoch die Vorgründungsgesellschaft bereits ein Handelsgeschäft, so kann sie zur OHG werden und als solche gesamtvollstreckungsfähig sein. 21

4.7 Die GmbH & Co KG

Bei der GmbH & Co KG handelt es sich um eine Sonderform einer KG. Bei ihr ist persönlich haftender Gesellschafter nicht eine natürliche Person, sondern eine juristische Person, nämlich die GmbH. Die Gesamtvollstreckungsfähigkeit der GmbH & Co KG ergibt sich aus §§ 1 Abs. 4 GesO; 161 Abs. 2, 131 Nr. 3 HGB. Für die Gesamtvollstreckung bei der GmbH & Co KG gelten grundsätzlich die gleichen Regeln wie bei der KG. 22

4.8 Die Aktiengesellschaft

Gem. § 1 Abs. 1 findet über das Vermögen einer AG das Gesamtvollstreckungsverfahren sowohl bei Zahlungsunfähigkeit als auch bei Überschuldung statt. Sowohl die Vorgesellschaft, d.h. die gegründete, aber noch nicht in das Handelsregister eingetragene AG, als auch die aufgelöste AG und sogar die nichtige AG sind gesamtvollstreckungsfähig. 23

4.9 Die Genossenschaft

Gem. § 17 Abs. 2 GenG kann die eingetragene Genossenschaft als solche selbständig Rechte und Pflichten haben, sie kann Eigentum und andere dingliche Rechte an Grundstücken erwerben, vor Gericht klagen und verklagt werden. Die Genossenschaft ist juristische Person und damit gem. § 1 Abs. 1 GesO gesamtvollstreckungsfähig. Gesamtvollstreckungsfähig ist auch die Vorgenossenschaft, selbst wenn sie ihre Eintragung nicht mehr betreibt (*BGH* WM 1965, 246), die fehlerhafte Genossenschaft und die Nachgenossenschaft, und zwar bis zu dem Zeitpunkt, zu dem die Vermögensverteilung beendet ist. 24

In den neuen Bundesländern gibt es noch Sonderformen genossenschaftlicher Zusammenschlüsse. Es handelt sich um landwirtschaftliche Produktionsgenossenschaften (LPG), Produktionsgenossenschaften des Handwerks (PGH), 25

Einkaufs- und Liefergenossenschaften des Handwerks (ELG), gemeinnützige Wohnungsbaugenossenschaften (GWG) und Arbeiterwohnungsbaugenossenschaften (AWG).
Nach dem Einigungsvertrag bleibt das LPG-G bis zum Ablauf des 31. 12. 1991 in Kraft. Eine LPG ist nach § 9 Abs. 1 LPG-G juristische Person und damit gesamtvollstreckungsfähig.
Bei den PGH handelt es sich um freiwillige Zusammenschlüsse von Handwerkern, die auf der Grundlage des genossenschaftlichen Eigentums arbeiten und juristisch selbständig sind.
Nach § 3 VOPGH findet das GenG auf diese Produktionsgenossenschaften Anwendung, die Gesamtvollstreckungsfähigkeit richtet sich damit nach § 98 Abs. 1 Nr. 1 und 2 GenG.
Die ELG sind freiwillige Zusammenschlüsse von Handwerkern und Gewerbetreibenden. Auch ihre Gesamtvollstreckungsfähigkeit richtet sich nach § 98 Abs. 1 Nr. 1 und 2 GenG.
Bei den gemeinnützigen Wohnungsbaugenossenschaften findet gem. § 1 Abs. 2 des Gesetzes über die Umwandlung volkseigener Wohnungswirtschaftsbetriebe in gemeinnützige Wohnungsbaugesellschaften und zur Übertragung des Grundeigentums an die Wohnungsgenossenschaften vom 22. 07. 1990 das GenG Anwendung.
Gleiches gilt für die Arbeiterwohnungsbaugenossenschaften.

4.10 Der Nachlaß

26 Gem. § 1 Abs. 1 kann ein Gesamtvollstreckungsverfahren im Falle der Überschuldung auch über einen Nachlaß durchgeführt werden.

5. Der Gesamtvollstreckungsgrund

5.1 Zahlungsunfähigkeit

27 Für einen bestimmten Kreis potentieller Schuldner, nämlich
- den natürlichen Personen
- den juristischen Personen
- den nicht rechtsfähigen Personengesellschaften
- den Nachlaß,

ist materieller Grund für die Eröffnung des Gesamtvollstreckungsverfahrens die Zahlungsunfähigkeit.

28 Unter Zahlungsunfähigkeit wird überwiegend das auf Mangel an Zahlungsmitteln beruhende, voraussichtlich dauernde Unvermögen verstanden, die fälligen, sofortige Befriedigung erheischenden Geldschulden wenigstens zu einem wesentlichen Teil zu erfüllen.

29 Die Zahlungsunfähigkeit wird nicht unbedingt von ihrer Entstehung an publik. § 102 Abs. 2 KO erklärt daher die Zahlungseinstellung als ein Erkennungsmerkmal der Zahlungsunfähigkeit. Die GesO enthält eine dem § 102 Abs. 2 KO entsprechende Vorschrift nicht.
Dennoch werden bei der Feststellung der Zahlungsunfähigkeit die Grundsätze des § 102 Abs. 2 KO zur Zahlungseinstellung sinngemäß anzuwenden sein, da auf diesem Weg die gesetzliche Lücke sachdienlich geschlossen werden kann. Das

Vorliegen der Zahlungsunfähigkeit ist damit auch dann anzunehmen, wenn die Zahlungseinstellung erfolgt ist.

5.2 Die Zahlungseinstellung

Zahlungseinstellung liegt nach ständiger Rechtsprechung dann vor, wenn der Schuldner wegen eines voraussichtlich dauernden Mangels an Zahlungsmitteln seine fälligen und von den jeweiligen Gläubigern ernsthaft eingeforderten Verbindlichkeiten im allgemeinen nicht mehr erfüllen kann und wenn dieser Zustand mindestens für die beteiligten Verkehrskreise erkennbar wird (*BGH* WM 1975, 6; *BGH* WM 1974, 570). **30**

Die Zahlungen hat (z.B.) eingestellt, wer zwar noch geringe Zahlungen leistet, aber einem Großgläubiger, der die wirtschaftlichen Verhältnisse kennt, erklärt, daß er dessen ernsthaft eingeforderte, einen wesentlichen Teil seiner fälligen Verpflichtungen bildenden Forderung, auch nicht mehr teilweise erfüllen könne (*BGH* BB 1985, 1295). **31**

Im allgemeinen wird Zahlungseinstellung dann anzunehmen sein, wenn folgende Indizien vorliegen: **32**
- Einstellung des Geschäftsbetriebes
- Erklärung der Zahlungseinstellung durch den Schuldner
- Nichtzahlung von Energielieferungen
- Nichtzahlung von Löhnen und Gehältern
- Nichtabführung von Krankenkassenbeiträgen
- Anträge auf Abgabe der eidesstattlichen Versicherung bzw. Haftbefehle zur Erzwingung der eidesstattlichen Versicherung.

5.3 Die Überschuldung

Der Begriff der Überschuldung ist in der GesO nicht näher definiert. Zur Lückenschließung kann die Legaldefinition in § 92 Abs. 2 Satz 2 AktG, § 64 Abs. 1 Satz 1 GmbHG und § 98 Abs. 1 Nr. 2 GenG herangezogen werden, da diese Vorschriften aufgrund von Art. 3 i.V.m. Anl. II Nr. III, 4–6, des Staatsvertrages vom 18. 5. 1990 für die frühere DDR eingeführt worden sind. Danach liegt Überschuldung vor, wenn die Schulden das Vermögen des Schuldners übersteigen. **33**

Überschuldung ist das nach betriebswirtschaftlichen Regeln durch eine Vermögensbilanz zu ermittelnde Überwiegen der Passiven über die Aktiven, so daß kein für die Befriedigung der Gläubiger ausreichender »Haftungsstock« verbleibt. Die Überschuldung ist begrifflich zu trennen von der Unterbilanz und der sog. Unterkapitalisierung (dazu *Kuhn/Uhlenbruck* KO, § 102 Rz. 4; *Wagner* Konkursrecht, S. 62). **34**

Ähnlich wie bei der Feststellung der Zahlungsunfähigkeit ist der Nachweis der Überschuldung mit Schwierigkeiten, insbesondere bewertungsrechtlicher Art, verbunden; vor allem reicht zur Feststellung der Überschuldung die normale Jahresbilanz nicht aus, da zum einen die Aktiva und Passiva mit dem wahren Wert anzusetzen, andererseits auf der Passivseite vorab Grundkapital und Rücklagen wegzulassen sind. **35**

6. Das der Gesamtvollstreckung unterliegende Vermögen

36 Der Gesamtvollstreckung unterliegt gem. § 1 Abs. 1 Satz 2 das gesamte Vermögen des Schuldners, welches ihm zur Zeit der Eröffnung des Verfahrens gehört.
Ausgenommen sind Sachen und Forderungen, die nach der Bestimmung der ZPO und anderer Rechtsvorschriften nicht der Zwangsvollstreckung unterliegen. Die Gegenstände die einer Vollstreckung nicht zugänglich sind, ergeben sich namentlich aus den §§ 850 ff. ZPO.

7. Neuerwerb

37 Der Gesamtvollstreckung unterliegt nach dem Wortlaut des § 1 Abs. 1 das gesamte Vermögen des Schuldners. Eine Einschränkung, wie sie § 1 Abs. 1 der KO enthält, daß zur Konkursmasse nur das zum Zeitpunkt der Konkurseröffnung vorhandene Vermögen des Gemeinschuldners gehört, enthält § 1 Abs. 1 nicht.

38 Da sich insbesondere aus der Vorschrift des § 18 Abs. 2 ableiten läßt, daß dem Schuldner die Möglichkeit gegeben werden soll, über ein angemessenes Einkommen hinaus zu neuem Vermögen zu gelangen ist § 1 Abs. 1 einschränkend dahingehend auszulegen, daß entsprechend den Vorschriften der KO der sog. Neuerwerb während des Gesamtvollstreckungsverfahrens nicht der Gesamtvollstreckung unterliegt.

8. Zuständiges Gericht

39 Für die Gesamtvollstreckung zuständiges Gericht ist gem. § 1 Abs. 2 GesO das Gericht, in dessen Bereich der Schuldner seinen Wohnsitz oder Sitz hat.

40 Aufgrund der Neuordnung der Gerichtsorganisation in den 5 neuen Bundesländern sind grundsätzlich die Amtsgerichte für die Entscheidungen im Gesamtvollstreckungsverfahren zuständig geworden. Das Land Brandenburg hat zur Konzentration der Gesamtvollstreckungsangelegenheiten die Amtsgerichte Cottbus, Frankfurt/Oder, Neuruppin und Potsdam benannt. In Sachsen sind die Amtsgerichte Dresden, Chemnitz und Leipzig Gesamtvollstreckungsgerichte. Im Land Mecklenburg Vorpommern sind es die Amtsgerichte Neubrandenburg, Rostock, Schwerin und Stralsund. In Thüringen sind die Amtsgerichte am Sitz der Landgerichte für Gesamtvollstreckungssachen zuständig. Dies sind die Amtsgerichte Erfurt, Gera, Meiningen und Mühlhausen, in Sachsen Anhalt die Amtsgerichte Dessau, Halle-Saalkreis, Magdeburg und Stendal.

9. Der Gesamtvollstreckungsantrag

9.1 Antragsgrundsatz

41 Die Eröffnung der Gesamtvollstreckung erfolgt nur auf Antrag, den der Schuldner und jeder Gläubiger stellen kann (§ 2 Abs. 1 S. 1 GesO); § 2 Abs. 1 entspricht im wesentlichen § 103 KO. Der Antrag ist nicht an eine bestimmte Form ge-

bunden. Er kann schriftlich oder zu Protokoll der Geschäftsstelle des Gerichts erklärt werden (§ 496 Abs. 2 S. 1 ZPO). Unzulässig ist ein befristeter oder bedingter Antrag.

9.2 Antragsberechtigung

Gewillkürte Stellvertreter haben eine besondere Vollmacht vorzulegen, dies gilt nicht für Rechtsanwälte. Prokura und Handlungsvollmacht berechtigen nicht zum Konkursantrag, da es sich insoweit nicht um Geschäfte und Rechtshandlungen handelt, die der Betrieb eines Handelsgewerbes gewöhnlich mit sich bringt. **42**

Bei der BGB-Gesellschaft steht das Antragsrecht jedem einzelnen Gesellschafter zu, wird der Konkursantrag nicht von allen Gesellschaftern gemeinsam gestellt, bedarf es aber in sinngemäßer Anwendung der §§ 210, 217, 236 KO, der Glaubhaftmachung des Konkursgrundes. **43**

Bei Personenhandelsgesellschaften ist jeder persönlich haftende Gesellschafter und jeder Liquidator zur Stellung des Antrags berechtigt. **44**

Bei der AG ist jedes Mitglied des Vorstandes und jeder Liquidator zur Antragstellung berechtigt, dies gilt auch, wenn Gesamtvertretung besteht. Nicht antragsberechtigt bei der AG sind die Aktionäre, der Aufsichtsrat, Verwaltungsräte oder die Hauptversammlung. **45**

Bei der GmbH sind der oder die Geschäftsführer sowie die Liquidatoren zur Antragstellung berechtigt (§ 63 Abs. 2 GmbHG). Das Antragsrecht steht jedem Geschäftsführer zu, und zwar unabhängig von der internen Regelung der Vertretungsmacht in der GmbH. **46**

Bei der GmbH & Co KG ist, da die Komplementär-GmbH als persönlich haftende Gesellschafterin fungiert, der oder die Geschäftsführer der GmbH zur Antragstellung berechtigt. **47**

Nach § 100 Abs. 1 GenG ist zum Antrag auf Eröffnung des Gesamtvollstreckungsverfahrens über das Vermögen der Genossenschaft jedes Mitglied des Vorstandes berechtigt. Das Antragsrecht des einzelnen Vorstandsmitgliedes kann weder durch Statut beschränkt noch aufgehoben werden. Nicht antragsberechtigt sind Mitglieder des Aufsichtsrates oder die General- oder Vertreterversammlung. **48**

Zur Stellung des Antrags auf Eröffnung des Gesamtvollstreckungsverfahrens über den Nachlaß ist jeder Erbe, jeder Nachlaßgläubiger (§ 2 Abs. 1) und – obwohl die GesO entsprechende Vorschriften nicht enthält – auch der Nachlaßverwalter und der Testamentsvollstrecker in entsprechender Anwendung des § 217 KO berechtigt. Für die Antragsberechtigung des Nachlaßverwalters und des Testamentsvollstreckers spricht, daß mit der Einsetzung eines Nachlaßverwalters beide das Recht haben, den Nachlaß zu verwalten (§§ 1984 Abs. 1, 2205 Satz 1 BGB). **49**

Gem. § 2 Abs. 1 GesO ist zum Antrag auf Eröffnung des Gesamtvollstreckungsverfahrens nicht nur der Schuldner, sondern jeder Gläubiger berechtigt. Dies bedeutet, daß alle persönlichen Gläubiger des Schuldners, die zur Zeit der Antragstellung bzw. zum Zeitpunkt der Verfahrenseröffnung einen begründeten Vermögensanspruch gegen den Schuldner haben, einen Antrag stellen können. **50**

51 Zur Antragstellung sind berechtigt auch durch Aus- oder Absonderungsrechte dinglich gesicherte Gläubiger, und zwar wegen ihrer persönlichen Forderung gegen den Schuldner.

9.3 Das Rechtsschutzinteresse

52 Das Gericht hat von Amts wegen das Rechtsschutzinteresse für einen Gesamtvollstreckungsantrag zu prüfen. Das Rechtsschutzinteresse kann nicht von der Höhe der dem Gläubiger zustehenden Forderungen abhängig gemacht werden (vgl. *BGH* WM 1986, 652; *LG Köln* MDR 1986, 507.)

53 Bei Verfolgung der der Gesamtvollstreckung fremden Zwecke kann das Rechtsschutzinteresse entfallen; so z.B. wenn ein Antrag gestellt wird, um die schnelle und günstige Abwicklung bzw. die Beendigung eines lästigen Vertragsverhältnisses zu erreichen.

54 Ein Gesamtvollstreckungsantrag darf vom Gläubiger auch nicht als Druckmittel verwendet werden, um eine Ratenzahlung oder die Anerkennung einer zweifelhaften Forderung zu erreichen.

9.4 Pflicht zur Antragstellung

55 Eine Pflicht zur Antragstellung besteht im allgemeinen weder für den Schuldner noch für den Gläubiger.

56 Beim Schuldner liegt es in seinem Interesse, rechtzeitig einen Antrag zu stellen, weil ansonsten kaum noch die Möglichkeit für einen Vergleich besteht und weil die Beschränkung des Nachforderungsrechtes der Gläubiger nach § 18 Abs. 2 Satz 3 GesO davon abhängig ist, daß der Schuldner nicht vor oder während des Verfahrens vorsätzlich oder grob fahrlässig zum Nachteil seiner Gläubiger gehandelt hat.

57 Zumindest grob fahrlässiges Verhalten zum Nachteil der Gläubiger dürfte im allgemeinen dann anzunehmen sein, wenn bei Vorliegen eines Verfahrensgrundes (Zahlungsunfähigkeit, Überschuldung) nicht rechtzeitig Gesamtvollstrekkungsantrag gestellt wird.

58 Weitergehend sehen zahlreiche Vorschriften des BGB und des Gesellschaftsrechts für die Organe juristischer Personen, vor allem für beschränkt haftende Gesellschaften des Handelsrechts, spezifische Antragspflichten vor, wenn Überschuldung oder Zahlungsunfähigkeit eingetreten ist, und zwar z.B.

- für Erben und Nachlaßverwalter bei Überschuldung des Nachlasses §§ 1980, 1985 BGB;
- für juristische Personen allgemein §§ 42 Abs. 2, 48, 53, 86, 88, 89 Abs. 2 BGB;
- für die fortgesetzte Gütergemeinschaft §§ 1489 Abs. 2, 1980 BGB;
- für OHG und KG ohne natürliche Personen als persönlich haftende Gesellschafter §§ 209 Abs. 1 Satz 3 KO; 130a HGB;
- für Vorstandsmitglieder und Abwickler einer AG §§ 92 Abs. 2, 268 Abs. 2, 278 Abs. 3, 283 Nr. 14 AktG;
- für Geschäftsführer und Abwickler einer GmbH §§ 64, 71, 84 GmbHG;
- für eingetragene Genossenschaften § 99 GenG

59 Die Pflicht nach den §§ 130a, 130b HGB, bei Überschuldung einen Gesamtvollstreckungsantrag zu stellen, setzt – anders als die Pflicht aus den §§ 64, 84

GmbHG – nicht voraus, daß sich die Überschuldung bei der Aufstellung einer Jahres- oder Zwischenbilanz ergibt (*BGH* ZIP 1984, 1244).

Normen, die die Pflicht zur Stellung des Gesamtvollstreckungsantrags beinhalten, können Schutzgesetze i.S.d. § 823 Abs. 2 BGB sein, den Antragsverpflichteten daher einer persönlichen Haftung unterfallen lassen; zumindest hinsichtlich der Bestimmungen des § 64 GmbHG ist dies seit der Entscheidung des *BGH* BGHZ 29, 100 f.; *BGH* KTS 1962, 169 f.) herrschende Auffassung; entsprechendes gilt für die §§ 42 Abs. 2 BGB; 92 AktG; 99 Abs. 1 GenG. Entscheidend ist jeweils die Schutzrichtung des in Frage stehenden Gesetzes (vgl. auch *OLG Celle* OLGZ 71, 367). **60**

9.5 Verletzung der Antragspflichten

Die schuldhafte Verletzung gesetzlicher Pflichten zur Stellung des Antrags auf Eröffnung des Gesamtvollstreckungsverfahrens kann sowohl strafrechtliche als auch zivilrechtliche, d.h. haftungsrechtliche Folgen haben. Die privatrechtlichen Sanktionen bestehen in der Regel in einer Verpflichtung zum Schadensersatz. **61**

9.6 Glaubhaftmachung

Gem. § 2 Abs. 1 S. 2 GesO hat ein Gläubiger, wenn er einen Antrag auf Einleitung des Gesamtvollstreckungsverfahrens stellt, die Zahlungsunfähigkeit oder die Überschuldung glaubhaft zu machen. **62**

Die Voraussetzungen der Glaubhaftmachung richten sich nach § 294 ZPO, es sind insoweit alle präsenten Beweismittel sowie die eidesstattliche Versicherung zulässig. Die Forderung ist schlüssig darzutun und möglichst durch Urkunden, Wechsel oder Schuldschein zu unterlegen. Die eidesstattliche Versicherung des Bestehens der Forderung reicht nicht aus; nicht ausreichend für den Nachweis rückständiger Sozialversicherungsbeiträge ist die Vorlage eines Kontoauszuges (*LG Stade* ZIP 1993, 1036). Die Glaubhaftmachung muß sich auf die tatsächlichen Grundlagen des Anspruchs beziehen. Entsprechendes gilt auch bei Forderungen der Finanzbehörden, die ordnungsgemäße Unterlagen vorzulegen haben. Die Zahlungsunfähigkeit kann durch eine sog. Fruchtlosigkeitsbescheinigung über die Erfolglosigkeit der Zwangsvollstreckung durch den Gerichtsvollzieher glaubhaft gemacht werden; diese sollte tunlichst nicht älter als 6 Monate sein, da ihre indizielle Wirkung mit dem Zeitablauf nachläßt. **63**

9.7 Amtsermittlungsgrundsatz

Gem. § 2 Abs. 2 S. 2 GesO hat das Gericht alle Umstände zu ermitteln, die für die Gesamtvollstreckung von Bedeutung sind. Das Gericht hat also von Amts wegen Ermittlungen anzustellen. Der Umfang der Ermittlungen ergibt sich aus den Umständen des jeweiligen Einzelfalles. **64**

Räumt der Schuldner das Vorliegen des Gesamtvollstreckungsgrundes, also Zahlungsunfähigkeit und/oder Überschuldung ein, werden weitere Ermittlungen im allgemeinen nicht erforderlich sein. **65**

Eine Ermittlungspflicht des Gerichts wird insbesondere dann bestehen, wenn der Schuldner seine Zahlungsunfähigkeit oder Überschuldung bestreitet oder sich überhaupt nicht äußert. Das Gericht kann den Schuldner hören; in diesem Stadium des Verfahrens ist es jedoch zur Anhörung des Schuldners, wie sich auch aus **66**

§ 4 Abs. 1 GesO ergibt, nicht verpflichtet. Schweigt der Schuldner im Rahmen seiner Anhörung, bedeutet dies nicht, daß er einen Insolvenzgrund einräumt.

9.8 Vorläufige Sicherungsmaßnahmen

67 Da die Prüfung, ob die Voraussetzungen einer Gesamtvollstreckung vorliegen, eine gewisse Zeit dauern kann, ist das Gericht berechtigt, bereits nach Eingang des Antrags auf Einleitung des Gesamtvollstreckungsverfahrens, vorläufige Maßnahmen zur Sicherung einzelner Vermögenswerte, Guthaben oder Forderungen des Schuldners anzuordnen, sowie die Verfügungsbefugnis des Schuldners von der Zustimmung des Gerichts abhängig zu machen oder sonst einzuschränken. Die Entscheidung des Gerichts erfolgt durch Beschluß. Der Beschluß kann vom Schuldner und allen Betroffenen gem. § 20 GesO mit der sofortigen Beschwerde angegriffen werden.

68 Sinn dieser Maßnahme ist es, den Schuldner an »masseschädigenden« Handlungen in der Zeit bis zur Eröffnung des Verfahrens zu hindern. Denn es entspricht allgemeiner Erfahrung, daß mit zunehmender Nähe eines Gesamtvollstreckungsverfahrens die Versuchung wächst, Bilanzmanipulationen vorzunehmen oder Vermögenswerte beseite zu schaffen.

9.8.1 Allgemeines Veräußerungsverbot

69 Das allgemeine Veräußerungsverbot ist die wirksamste Maßnahme zur Sicherung der Masse. Es bezieht sich auf Verfügungen des Schuldners, z.B. auf die Einziehung von Forderungen, auf die Erklärung eines Verzichts, auf den Erlaß, die Veräußerung oder die Belastung von Vermögensgegenständen.

70 Die Anordnung des Veräußerungsverbotes steht im pflichtgemäßen Ermessen des Gerichtes, der Grundsatz der Verhältnismäßigkeit ist zu beachten (*BGH* WM 1986, 652). Eine vorherige Anhörung des Schuldners ist nicht erforderlich, ansonsten könnte der Zweck der Maßnahme verfehlt werden.

71 Nach h.M. stellt ein allgemeines Veräußerungsverbot ein gerichtliches Verbot i.S.d. §§ 135, 136 BGB dar (*Hess* KO, § 106 Rz. 4).

72 Gegen das Veräußerungsverbot verstoßende Verfügungen sind den Gläubigern gegenüber relativ unwirksam (*BGH* BGHZ 19, 355, 359) mit der Folge, daß eine dem Veräußerungsverbot zuwiderlaufende Verfügung des Schuldners im Verhältnis zur Masse kein Recht begründet.

9.8.2 Sequestration

73 In der Praxis der Insolvenzeröffnungsverfahren hat die Sequestration in den letzten Jahren besondere Bedeutung gewonnen. Die Sequestration beruht auf der Regelung in § 938 Abs. 2 ZPO.

74 Durch die Anordnung der Sequestration werden die der Gesamtvollstreckung unterliegenden Vermögensgegenstände des Schuldners der Sicherung und bei Erfordernis auch der Verwaltung einer vom Gericht eingesetzten Vertrauensperson unterworfen.

75 Gängige und bewährte Praxis ist es, den vom Gericht vorgesehenen späteren Verwalter zum Sequester und zugleich zum Gutachter zu bestellen mit dem Auftrag, zu prüfen, ob Vermögen vorhanden ist, das die Kosten des Verfahrens deckt (vgl. *OLG Köln* ZIP 1986, 1261). Dem vom Gericht ernannten Sequester steht gegen die Ernennung kein Beschwerderecht zu. Er muß das ihm angetragene Amt nicht annehmen und ist deshalb durch seine »Ernennung« nicht beschwert. Eine gleichzeitige Bestellung als Gutachter hat, wenn kein ausreichendes Vermögen zur Deckung der Kosten vorhanden ist, zur Folge, daß die Gutachterkosten von der Staatskasse ersetzt werden.

Der Sequester ist kein »Vorkonkursverwalter«. Verwaltungshandlungen des Sequesters sind nur zulässig, soweit es erforderlich ist, um das Schuldnervermögen zu sichern. **76**

9.9 Die Einstellung von Vollstreckungsmaßnahmen (§ 2 Abs. 4 GesO)

§ 2 Abs. 4 GesO bestimmt, daß gegen den Schuldner eingeleitete anderweitige Vollstreckungsmaßnahmen vorläufig einzustellen sind. Anderweitige Vollstreckungsmaßnahmen sind solche, die nicht mit dem Gesamtvollstreckungsverfahren in Zusammenhang stehen. **77**

Die einstweilige Einstellung der Vollstreckungsmaßnahmen ist zwingend anzuordnen, u.z. dann, wenn ein Antrag auf Eröffnung des Gesamtvollstreckungsverfahrens bei Gericht eingeht. Die Einstellung hat ohne Sicherheitsleistung zu erfolgen, § 107 ZPO ist nicht anzuwenden. **78**

10. Pflichten des Schuldners (§ 3 GesO)

10.1 Das Vermögensverzeichniss

Beantragt der Schuldner die Eröffnung des Gesamtvollstreckungverfahrens, so hat er dem Gericht ein vollständiges Vermögensverzeichnis sowie ein Gläubiger- und Schuldnerverzeichnis vorzulegen. **79**

Nähere Angaben wie das Vermögensverzeichnis auszusehen hat, enthält das Gesetz nicht; § 3 Nr. 1 GesO bestimmt lediglich, daß das Verzeichnis vollständig sein muß. Hieraus kann abgeleitet werden, daß das Vermögensverzeichnis so beschaffen sein muß, daß es einen vollständigen Überblick über die Vermögenslage des Schuldners gewährt. **80**

10.2 Gläubiger- und Schuldnerverzeichnis

Gem. § 2 Abs. 1 Nr. 2 und 3 GesO hat der Schuldner ein Verzeichnis der Gläubiger unter Angabe der bestehenden Verpflichtungen, sowie ein Verzeichnis der Schuldner unter Angabe der bestehenden Forderungen vorzulegen. Nähere Angaben über die inhaltliche Gestaltung der Verzeichnisse enthält das Gesetz nicht. **81**

Aus § 3 GesO i.V.m. (§§ 5 Nr. 3, 6 Abs. 3, 11 GesO) läßt sich ableiten, daß in den Verzeichnissen alle Gläubiger und alle Schuldner mit genauer ladungsfähiger Anschrift aufzunehmen sind. **82**

Bei jeder Forderung und Verbindlichkeit ist der Betrag der Höhe nach und der Schuldgrund anzugeben. Nebenrechte, insbesondere zur Sicherung übertragenes Eigentum, Eigentumsvorbehalte, Pfandrechte, Bürgschaften sowie Ansprüche aus zur Deckung erhaltenen oder begebenen Wechseln sind zu bezeichnen. Ist eine Forderung oder Schuld streitig, ist dies ebenfalls anzugeben. **83**

84 Gläubiger, die nicht Gesamtvollstreckungsgläubiger sind, müssen gesondert aufgeführt werden, z.B. Gesellschafter, die eigenkapitalersetzende Darlehen gewährt haben.

10.3 Die eidesstattliche Versicherung

85 § 3 Abs. 2 Satz 3 GesO schreibt zwingend vor, daß der Schuldner sowohl die Richtigkeit als auch die Vollständigkeit des von ihm vorgelegten Verzeichnisses an Eides Statt zu versichern hat. Vor Abgabe einer entsprechenden Versicherung des Schuldners ist dieser über die strafrechtlichen Folgen einer falschen eidesstattlichen Versicherung zu belehren.

86 Im Geltungsbereich der KO ist zur Abnahme der eidesstattlichen Versicherung ausschließlich zuständig das Amtsgericht, bei dem das Konkursverfahren anhängig ist, u.z. nicht das Konkursgericht, sondern das Amtsgericht als Vollstreckungsgericht (vgl. *LG Frankfurt* KTS 1955, 191). Nach dem Wortlaut von § 3 und dem Sinn dieser Vorschrift spricht einiges dafür, daß zur Abnahme der eidesstattlichen Versicherung das Gesamtvollstreckungsgericht zuständig ist.

87 Im Falle der Verweigerung der eidesstattlichen Versicherung kann das Gericht Haft anordnen (§§ 901, 913 ZPO).

88 Bei juristischen Personen wird die eidesstattliche Versicherung von denjenigen Personen abgegeben, die zur Zeit der Verfahrenseröffnung gesetzliche Vertreter waren. Sind mehrere organschaftliche Vertreter vorhanden, ist grundsätzlich jeder zur Auskunft und damit auch zur Abgabe der eidesstattlichen Versicherung verpflichtet; sinnvoll ist jedoch die eidesstattliche Versicherung nur von demjenigen Organ, das das Vermögensverzeichnis oder die Schuldner- und Gläubigerliste angefertigt hat.

11. Die Entscheidung über die Eröffnung des Gesamtvollstreckungsverfahrens (§ 4 GesO)

11.1 Die Anhörung des Schuldners

89 § 4 Abs. 1 S. 1 GesO schreibt zwingend vor, daß der Schuldner vor der Entscheidung über die Eröffnung des Gesamtvollstreckungsverfahrens anzuhören ist. Bei einem gegen eine OHG gerichteten Antrag sind alle Gesellschafter, nicht nur die geschäftsführenden, zu hören (*BGH* KTS 1978, 24, 27). Bei einer GmbH sind sämtliche Geschäftsführer und bei einer AG sämtliche Vorstandsmitglieder zu hören.

90 Die Anhörung kann sowohl mündlich als auch schriftlich erfolgen. In der Regel wird es genügen, wenn dem Schuldner ein Fragebogen übersandt wird, der die wesentlichen Fragen nach den Vermögensverhältnissen des Schuldners enthält.

91 Im Rahmen des Anhörungsverfahrens kann der Schuldner alle Einwendungen vorbringen, die einer Eröffnung des Gesamtvollstreckungsverfahrens entgegenstehen; der Schuldner kann die Unzuständigkeit des angerufenen Gerichts, den Mangel der Prozeßfähigkeit des Antragstellers, die ordnungsgemäße Bevollmächtigung eines Vertreters rügen oder z.B. vorbringen, daß sein Vermögen die Kosten des Verfahrens nicht deckt.

Wird es versäumt, den Schuldner anzuhören, ist dies ein Verfahrensmangel, der für sich allein die Aufhebung des Eröffnungsbeschlusses rechtfertigt (*OLG Düsseldorf* KTS 1959, 175). **92**

11.2 Die Ablehnung der Gesamtvollstreckung

Das Verfahren über die Eröffnung der Gesamtvollstreckung endet in der Regel mit einer verfahrensabschließenden Entscheidung des Vollstreckungsgerichtes, wenn nicht der Antrag zurückgenommen oder das Verfahren durch eine Erledigungserklärung abgeschlossen wird. **93**

Nach § 4 Abs. 2 GesO ist die Eröffnung des Gesamtvollstreckungsverfahrens abzulehnen, wenn das Vermögen des Schuldners die Kosten des Verfahrens nicht deckt oder wenn durch die in § 4 Abs. 1 GesO genannten Stellen die Gewähr für die Beseitigung der Zahlungsunfähigkeit gegeben ist. Darüber hinaus ist der Gesamtvollstreckungsantrag als unzulässig zurückzuweisen, wenn es z.B. an der örtlichen Zuständigkeit des Gerichts, am Rechtsschutzinteresse für den Konkursantrag, an der Konkursfähigkeit, an der Glaubhaftmachung oder an der Antragsberechtigung fehlt. **94**

11.3 Die Ablehnung wegen geringen Vermögens

Die Gesamtvollstreckung ist abzulehnen, d.h. ein Antrag ist als unbegründet zurückzuweisen, wenn sich nach Durchführung der vom Gericht von Amts wegen anzustellenden Ermittlungen ergibt, daß das Vermögen des Schuldners so gering ist, daß die Kosten des Verfahrens nicht gedeckt werden können. **95**

11.4 Die Ablehnung wegen Beseitigung der Zahlungsunfähigkeit

Die Eröffnung des Gesamtvollstreckungsverfahrens ist gem. § 4 Abs. 2, 2. Halbsatz GesO auch abzulehnen, wenn durch die in § 4 Abs. 1 genannten Stellen (zuständige Wirtschafts- und Finanzbehörden sowie Banken) die Gewähr für die Beseitigung der Zahlungsunfähigkeit gegeben ist. Auffällig an dieser Vorschrift ist zunächst, daß lediglich von der Beseitigung der »Zahlungsunfähigkeit« gesprochen wird, jedoch der Begriff der Überschuldung nicht genannt wird. Hierbei dürfte es sich um ein Redaktionsversehen handeln. Da kein Grund ersichtlich ist, der es erklären würde, daß die Zahlungsunfähigkeit, nicht aber auch die Überschuldung beseitigt werden könnte, ist § 4 Abs. 2, 2. Halbsatz GesO so zu lesen, daß durch die in § 4 Abs. 1 GesO genannten Stellen sowohl die Zahlungsunfähigkeit als auch die Überschuldung beseitigt werden kann. **96**

12. Die Eröffnung des Gesamtvollstreckungsverfahrens (§ 5 GesO)

12.1 Eröffnung des Verfahrens

Ist das Gericht zu der Auffassung gelangt, daß Zahlungsunfähigkeit und/oder Überschuldung vorliegen, und hält es die Verfahrenskosten für gedeckt oder zahlt ein Gläubiger einen Kostenvorschuß, ist das Verfahren zu eröffnen. **97**

Ohne daß dies in § 5 GesO näher geregelt ist, muß der Eröffnungsbeschluß die genaue Bezeichnung des Schuldners enthalten, d.h. dessen bürgerlichen Namen, bei Kaufleuten den Firmennamen, bei Handelsgesellschaften und bei juristischen Personen deren Namen bzw. Firma und ihre gesetzlichen Vertreter. **98**

Außerdem ist der Wohnsitz bzw. die gewerbliche Niederlassung anzugeben (*Smid/Zenner* GesO-Kommentar, § 5 Rz. 12). Weiter muß angegeben werden, auf wessen Antrag hin das Verfahren eröffnet worden ist (*Smid/Zenner* GesO-Kommentar, § 5 Rz. 10) und aus welchem Grund (Zahlungsunfähigkeit, Überschuldung) die Eröffnung erfolgt. Zwingend notwendig ist es auch, den Tag und die Stunde der Verfahrenseröffnung anzugeben (§ 7 Abs. 1 GesO). Die genaue Zeitangabe ist wichtig wegen der weitreichenden Wirkungen, die mit der Verfahrenseröffnung verbunden sind.

99 Der Eröffnungsbeschluß wird wirksam, sobald der Richter ihn unterschrieben und in den Geschäftsgang gegeben hat (vgl. *BGH* NJW 1968, 2106; NJW 1974, 1707) oder wenn er im Einverständnis des Konkursverwalters dem Gemeinschuldner, dem Verwalter oder einem Gläubiger mitgeteilt oder dem Grundbuchamt oder Registergericht ein Eintragungsersuchen übersandt wird. Dabei genügt für das Wirksamwerden die fernmündliche Mitteilung des Beschlusses an einen Verfahrensbeteiligten (*Hess* KO, § 108 Rz. 1).

12.2 Stellung des Schuldners

100 Die personenrechtliche Stellung des Schuldners wird durch die Eröffnung des Verfahrens in verhältnismäßig geringem Umfang betroffen. Zunächst wird seine Rechts- und Geschäftsfähigkeit nicht berührt, namentlich ist der Schuldner weder materiell-rechtlich noch verfahrensrechtlich gehindert, sich durch Rechtsgeschäfte neu zu verpflichten und auf der anderen Seite neue Vermögensrechte zu erwerben.

101 Die vermögensrechtliche Stellung des Schuldners erfährt demgegenüber – dem Zweck der Bestimmung entsprechend – weitergehende Einschränkungen: Wegen des Entzugs der Verwaltungs- und Verfügungsbefugnis sind Rechtshandlungen des Schuldners, soweit sie sich auf das insolvenzbefangene Vermögen beziehen, den Gläubigern gegenüber unwirksam, wenngleich der Schuldner Rechtsträger hinsichtlich seines Vermögens bleibt.

102 An die Wirkungen der von dem Verwalter vorgenommenen Rechtshandlungen ist er als Vermögensträger unmittelbar gebunden, auch soweit es sich um über die Dauer des Verfahrens hinausreichende Verpflichtungen handelt, u.z. in gleicher Weise, als hätte er die fraglichen Rechtsgeschäfte selbst abgeschlossen (vgl. *Hess* KO, § 6 Rz. 9).

12.3 Verwalter

103 Der Verwalter wird von dem Gericht ernannt, und zwar durch den Richter. Die Ernennung erfolgt zugleich bei Eröffnung des Verfahrens im Eröffnungsbeschluß.

104 Der Verwalter soll geschäftskundig sein. In der Regel werden Rechtsanwälte, aber auch Wirtschaftsprüfer und Steuerberater ernannt, dies bedeutet jedoch nicht, daß nicht auch andere Personen über ausreichende Geschäftskunde verfügen und zur Ausübung bzw. zur Übernahme des Amtes in der Lage sein können.

12.4 Forderungsanmeldung

12.4.1 Anmeldung

Bei der Eröffnung des Verfahrens hat das Gericht den Gläubigern aufzugeben, ihre Forderung beim Verwalter innerhlab der vom Gericht bestimmten Frist anzumelden. **105**

Im Eröffnungsbeschluß ist ausdrücklich darauf hinzuweisen, daß Gläubiger, die ihre Forderungen nicht anmelden, bei der Erlösverteilung unberücksichtigt bleiben können. **106**

Im Unterschied zur KO ist Adressat der Forderungsanmeldung nicht das Gericht, sondern der Verwalter. **107**
Anmeldungen beim Gericht entfalten daher keine Rechtswirkung; es wird jedoch davon ausgegangen werden müssen, daß das Gericht verpflichtet ist, Forderungsanmeldungen an den Verwalter weiterzuleiten.

12.4.2 Inhalt der Anmeldung

Eine Forderungsanmeldung ist dann wirksam, wenn der geltend gemachte Anspruch hinsichtlich der Rechtszuständigkeit, des Grundes, des Betrages und des Vorrechts hinreichend bestimmt ist. **108**

Die pauschale Anmeldung eines »Sozialplanvolumens« durch eine Gewerkschaft ist keine ordnungsgemäße Anmeldung der einzelnen Arbeitnehmerforderungen (*BAG* ZIP 1986, 518 = NJW 1986, 1896; *Haarmeyer/Wutzke/Förster* GesO, § 11 Rz. 48; allgemein zu den Poolanmeldungen *Smid/Zeuner* GesO-Kommentar, 11 Rz. 22 f.). Jedoch kann der Betriebsrat in Vollmacht der Arbeitnehmer die Sozialplanansprüche im Rahmen einer Sammelanmeldung, bei der die Ansprüche der einzelnen Arbeitnehmer individualisiert und konkretisiert sein müssen, zur Tabelle anmelden (*BAG* AP Nr. 10 zu § 112 BetrVG 1972; AP Nr. 6 zu § 112 BetrVG 1972). **109**

12.4.3 Die Form der Anmeldung

Die Anmeldung der Forderung vom Gläubiger, gegebenenfalls dessen gesetzlichen Vertreter, ist schriftlich beim Verwalter einzureichen. Sie kann auch telegrafisch erfolgen. Die Anmeldung muß nicht unterschrieben sein, es muß lediglich der Anmeldende erkennbar sein. Anmeldungen, die nicht in deutscher Sprache abgefaßt sind, können zurückgewiesen werden. **110**

12.4.4 Die Wirkung einer Forderungsanmeldung

Mit der ordnungsgemäßen Anmeldung erwirbt der Gläubiger vorläufig das Recht, in der Gläubigerversammlung abzustimmen, und zwar so lange, bis vom Verwalter oder einem Gläubiger Widerspruch erhoben wird. **111**

Die gesetzliche Forderungsanmeldung unterbricht die Verjährung (§ 209 Abs. 2 BGB). Ist die Anmeldung mangelhaft, so wird die Verjährung nicht unterbrochen, es sei denn, vor dem Verjährungseintritt wird die Forderungsanmeldung berichtigt bzw. ergänzt. Zu beachten ist, daß die Anmeldung einer Forderung zur Tabelle, die bei dem späteren Verwalter zwar nach dem Verfahrensantrag des Schuldners jedoch noch vor Verfahrenseröffnung eingegangen ist, nicht rechtswirksam ist und daher nicht die Verjährung unterbricht (*LSG Baden-Württemberg* KTS 1985, 566). **112**

12.4.5 Die mangelhafte Forderungsanmeldung

113 Eine Anmeldung ist mangelhaft, wenn die wesentlichen Voraussetzungen für eine Forderungsanmeldung nicht vorliegen, sei es, weil z.B. die Höhe der Forderung in fremder Währung oder der den Schuldgrund bildende Sachverhalt für die Forderung nicht angegeben wurde. Zur Rüge des Mangels der Anmeldung ist der Verwalter und jeder Gläubiger berechtigt, aber nicht verpflichtet (*RG* RGZ 39, 46). Durch die Eintragung in der Tabelle wird der Anmeldungsmangel nicht geheilt.
Wird die Forderung trotz Anmeldungsmangel zur Prüfung zugelassen und festgestellt, so ist der Anmeldungsmangel geheilt.

12.4.6 Die Rücknahme der Anmeldung

114 Die zur Tabelle angemeldete Forderung kann bis zur Feststellung zurückgenommen werden. Nach Feststellung der Forderung zur Tabelle kann der Gläubiger lediglich auf seine Rechte auf Teilnahme am Gesamtvollstreckungsverfahren verzichten. Nimmt der Gläubiger seine Anmeldung zurück, verzichtet er grundsätzlich nicht auf seine Forderung, sondern auf die Teilnahme am Gesamtvollstreckungsverfahren. Er kann seine Forderung jederzeit wieder anmelden. Hat die Anmeldung die Verjährung des Anspruchs unterbrochen, so gilt im Falle der Rücknahme die Unterbrechung als nicht eingetreten (§§ 214 Abs. 2, 212 Abs. 1 BGB).

12.5 Geltendmachung von Eigentums- oder Pfandrechten (§ 5 Satz 2 GesO)

115 Nach § 5 S. 4 GesO ist im Eröffnungsbeschluß allen denjenigen aufzugeben, die ein Eigentums- oder Pfandrecht an einer im Vermögen des Schuldners befindlichen beweglichen Sache beanspruchen, dieses Recht innerhalb der Anmeldefrist beim Verwalter geltend zu machen, da anderenfalls die Gefahr besteht, daß dieses Recht infolge der Verwertung der Sache erlischt.
Hintergrund dieser Vorschrift ist, daß im Gesamtvollstreckungsverfahren alle im Besitz des Schuldners befindlichen Sachen zunächst beschlagnahmt werden (§ 7 Abs. 1 GesO).
Gegenstände, an denen Dritten ein Eigentums- oder Pfandrecht zusteht, sind gem. § 12 Abs. 1 GesO herauszugeben, wenn das Pfandrecht nicht durch Zahlung abgelöst wird. Durch die Aufforderung zur Geltendmachung der Nichtzugehörigkeit eines Gegenstandes zur Masse soll binnen einer bestimmten Frist der Masseumfang festgestellt werden können. Dies ist erforderlich, damit der Verwalter seiner Verpflichtung zur Erstellung eines Verzeichnisses gem. § 11 Abs. 1 GesO nachkommen kann.

12.6 Offener Arrest (§ 5 Satz 2 Nr. 5 GesO)

116 Nach § 5 Satz 2 Nr. 5 GesO ist allen denjenigen, die eine zum Vermögen des Schuldners gehörende Sache besitzen oder dem Schuldner zu einer Leistung verpflichtet sind, die Leistung an den Schuldner zu verbieten und aufzugeben, nur noch an den Verwalter zu leisten. Dieser offene Arrest hat keine dingliche Wirkung, sondern lediglich Warnfunktion (*Hess* KO, § 118 Rz. 1). Da die Forderung bereits mit Eröffnung des Gesamtvollstreckungsverfahrens gem. §§ 7 Abs. 1, 2 Abs. 1 Satz 2 von dem Beschlag zugunsten den Gesamtvollstreckungsgläubiger erfaßt worden ist, darf der Schuldner ohnehin nur noch an den Verwalter leisten.

Andernfalls setzt er sich der Gefahr aus, gem. § 7 Abs. 4 GesO nochmals leisten zu müssen (*BGH* NJW 1963, 2019).

13 Bekanntmachung des Eröffnungsbeschlusses (§ 6 GesO)

13.1 Öffentliche Bekanntmachung

Der Beschluß über die Eröffnung des Gesamtvollstreckungsverfahrens ist in **117** einer Tageszeitung und auszugsweise im Bundesanzeiger bekanntzumachen (§ 6 Abs. 1 Satz 1 GesO). In analoger Anwendung des § 76 Abs. 3 KO ersetzt die öffentliche Bekanntmachung die Zustellung.

Gemäß § 121 KO analog sind die Post- und Telegrafenanstalten verpflichtet, auf **118** Anordnung des Konkursgerichtes alle für den Gemeinschuldner eingehenden Sendungen, Briefe und Depeschen dem Verwalter auszuhändigen. Der Verwalter ist zur Öffnung dieser Sendungen berechtigt, der Gemeinschuldner kann Einsicht in die Postsendungen verlangen und wenn ihr Inhalt die Masse nicht betrifft, Herausgabe fordern.

13.2 Registermitteilungen

Die öffentliche Bekanntmachung des Eröffnungsbeschlusses reicht nicht aus, um **119** die notwendige, insbesondere im Hinblick auf die verschiedenen öffentlichen Register bedeutsame Publizität der Verfahrenseröffnung zu gewährleisten. § 6 Abs. 2 Nr. 4 GesO sieht deshalb vor, daß der Eröffnungsbeschluß vom Gesamtvollstreckungsgericht, d.h. der Geschäftsstelle des Gerichtes, den zuständigen registerführenden Behörden mit dem Ersuchen um Eintragung der Eröffnung der Gesamtvollstreckung in das Register zu übersenden ist. Die Eröffnung des Gesamtvollstreckungsverfahrens über das Vermögen eines Kaufmanns oder einer Handelsgesellschaft ist nach §§ 6, 32 HGB in das Handelsregister einzutragen. Im übrigen ist bei einem Gesamtvollstreckungsverfahren über das Vermögen einer Genossenschaft dies im Genossenschaftsregister (§ 102 GenG), das eines eingetragenen Vereins von Amts wegen ins Vereinsregister einzutragen (§ 75 BGB). Nach dem Wortlaut von § 6 Abs. 2 Nr. 4 GesO hat das Insolvenzgericht ein Eintragungsersuchen auch an die Register zu richten, bei denen Grundstücke oder Gebäude, die im Eigentum des Schuldners stehen, eingetragen sind.

Analog § 113 KO gilt dies auch für eingetragene Schiffe und Schiffsbauwerke, die **120** im Schiffsregister oder im Schiffsbauregister eingetragen werden können, sowie möglicherweise für den Schuldner eingetragene Rechte an Grundstücken, eingetragenen Schiffen oder Schiffsbauwerken oder an eingetragenen Rechten.

In analoger Anwendung des § 114 KO werden Eintragungen nach § 6 GesO, die **121** in bezug auf Grundstücke, Schiffe, Schiffsbauwerke oder Rechte bewirkt wurden, gelöscht, wenn sie vom Verwalter freigegeben oder veräußert worden sind.

13.3 Die Übersendung des Eröffnungsbeschlusses

Gem. § 6 Abs. 3 GesO hat der Verwalter denjenigen den Eröffnungsbeschluß zu **122** übersenden, von denen bis zum Ablauf der Anmeldefrist (§ 5 Nr. 3 GesO) bekannt wird, daß ihnen Forderungen oder sonstige Rechte gegen den Schuldner zustehen, oder daß sie dem Schuldner zu einer Leistung verpflichtet sind. Der

Verwalter wird sich dabei an das vom Schuldner eingereichte Gläubiger- und Schuldnerverzeichnis, sowie die innerhalb der Anmeldefrist eingegangenen Forderungsanmeldungen halten.

14. Die Pfändungswirkung

14.1 Die Wirkungen des eröffneten Gesamtvollstreckungsverfahrens (§ 7 Abs. 1 GesO).

14.1.1 Allgemeines

123 Die öffentliche Bekanntmachung des Eröffnungsbeschlusses bewirkt nach § 7 Abs. 1 GesO die Pfändung des gesamten Vermögens des Schuldners. § 7 Abs. 1 GesO entspricht nach dem Sinn und Zweck der Vorschrift dem § 6 Abs. 1 KO, der bestimmt, daß der Schuldner mit der Eröffnung des Verfahrens die Befugnis verliert, sein der Gesamtvollstreckung unterliegendes Vermögen zu verwalten und darüber zu verfügen.

124 Der Schuldner verliert die Verwaltungs- und Verfügungsbefugnis kraft Gesetzes, einer besonderen Anordnung des Gerichts bedarf es nicht. Mit der Aufhebung oder Einstellung des Gesamtvollstreckungsverfahrens erlangt der Schuldner seine Verwaltungs- und Verfügungsfreiheit zurück.

125 Trotz des Verlustes der Verwaltungs- und Verfügungsbefugnis bleibt der Schuldner Eigentümer des der Gesamtvollstreckung unterliegenden Vermögens; soweit der Verwalter die Gegenstände in Besitz nimmt (§ 854 BGB), ist er unmittelbarer Besitzer, der Schuldner mittelbarer Besitzer.

14.1.2 Die Prozeßfähigkeit

126 Der Schuldner behält die Prozeßfähigkeit (§ 52 ZPO). Er verliert nur die Prozeßführungsbefugnis in bezug auf das der Gesamtvollstreckung unterliegende Vermögen, die insoweit auf den Verwalter übergeht (*RG* RGZ 26, 68; RGZ 47, 374).

14.1.3 Die Wechselfähigkeit

127 Der Schuldner bleibt wechselfähig. Wechselverpflichtungen, die er nach Verfahrenseröffnung eingeht, berühren die Masse nicht.

14.1.4 Die Kaufmannseigenschaft

128 Der Schuldner behält seine Kaufmannseigenschaft, bis der Verwalter das Unternehmen aufgibt oder es im ganzen veräußert, der Verwalter wird nicht Kaufmann, auch wenn er das Unternehmen eines Schuldners zeitweise fortführt.

14.1.5 Das gesamtvollstreckungsfreie Vermögen

129 Der Schuldner behält die Verwaltungs- und Verfügungsbefugnis über sein der Gesamtvollstreckung nicht unterliegendes Vermögen. Hierbei handelt es sich um solche Vermögensgegenstände, die der Zwangsvollstreckung nicht unterliegen, die vom Schuldner nach Verfahrenseröffnung erworben oder die vom Verwalter freigegeben worden sind.

14.1.6 Die Bindung an Verwalterhandlungen

Alle Rechtshandlungen, die der Verwalter innerhalb seines Aufgabenkreises **130** vornimmt, wirken für und gegen den Schuldner. Der Schuldner ist damit auch über die Verfahrensbeendigung hinaus an die vom Verwalter eingegangenen Verpflichtungen, z.B. aus Miet-, Pacht- oder Dienstverträgen, gebunden.

14.2 Die Pfändung aller im Besitz des Schuldners befindlichen Sachen (§ 7 Abs. 2 GesO)

Der Pfändung unterliegen alle im Besitz des Schuldners befindlichen Sachen **131** wenn sie zum pfändbaren Vermögen des Schuldners gehören.

14.3 Vollstreckungsmaßnahmen vor Eröffnung des Gesamtvollstreckungsverfahrens (§ 7 Abs. 3 GesO)

14.3.1 Allgemeines

§ 7 Abs. 3 GesO bestimmt, daß Vollstreckungsmaßnahmen, die vor Eröffnung **132** des Gesamtvollstreckungsverfahrens gegen den Schuldner eingeleitet sind, ihre Wirksamkeit verlieren. Eingeleitet ist eine Zwangsvollstreckung, bei der der Vollstreckungstitel zugestellt und ein Vollstreckungsorgan begonnen hat zu handeln und die Vollstreckungsmaßnahme noch nicht beendet ist. Beendet ist die Vollstreckungsmaßnahme, wenn der titulierte Anspruch erfüllt ist. Die gegen den Schuldner eingeleitete Vollstreckungsmaßnahme verliert ihre Wirksamkeit selbst dann, wenn sie bereits zu einem Pfändungspfandrecht geführt hat (*BGH* ZIP 1995, 480). Dieser Grundsatz gilt auch für die Zwangsvollstreckung in Grundstücke. Die »Eintragung einer Sicherungshypothek« ist erst beendet, wenn die Zwangsversteigerung und Zwangsverwaltung durchgeführt ist. Diese Grundsätze gelten auch für Zwangshypotheken (*BGH* ZIP 1995, 1426) und Vormerkungen zur Eintragung von Sicherungshypotheken, die im Wege der einstweiligen Verfügung vor Eröffnung des Gesamtvollstreckungsverfahrens im Grundbuch eingetragen worden sind.

14.3.2 Betroffene Gläubiger

Das Vollstreckungsverbot des § 7 GesO richtet sich an alle Gläubiger ohne **133** Rücksicht auf ein etwaiges Vorrecht der Forderung. Jegliche Einzelzwangsvollstreckung aufgrund einer Gesamtvollstreckungforderung ist unzulässig. Ein Gläubiger kann auch nicht durch einen Verzicht auf Teilnahme am Verfahren die Sperre des § 7 GesO umgehen.

Gläubiger von nicht im Insolvenzverfahren anmeldbaren Forderungen, Ausson- **134** derungsberechtigte und Absonderungsberechtigte, Massegläubiger ohne Rücksicht auf den Entstehungszeitpunkt der Forderung (*BFH* KTS 1971, 111, 113) können auch während des laufenden Verfahrens gegen den Schuldner vollstrekken.

14.3.3 Betroffene Maßnahmen

Unzulässig sind die Pfändung beweglicher Sachen nach §§ 804 ff. ZPO sowie von **135** Forderungen und sonstigen Rechten gem. §§ 828 ff. ZPO, letztere auch dann, wenn vor der Eröffnung des Verfahrens eine Vorpfändung nach § 845 ZPO vorgenommen worden war.

Auch Vollstreckungsmaßnahmen wegen anderer Forderungen als Geldforderungen gem. §§ 883 ff. ZPO sind ausgeschlossen, soweit es sich um zu vollstreckende Ansprüche von Insolvenzgläubigern handelt. Die Abgabe der eidesstattlichen Versicherung nach Maßgabe der §§ 807, 883, 899 ZPO scheidet als Form der Einzelzwangsvollstreckung ebenfalls aus und kann vom Schuldner nur unter den besonderen Voraussetzungen des § 13 GesO erzwungen werden.
Im Falle der Eintragung einer Zwangs- oder Arresthypothek ist das Grundbuch wegen der Verbotswidrigkeit oder Maßnahme und des daraus folgenden Nichtentstehens des Grundpfandsrechtes unrichtig geworden.

14.3.4 Wirkung des Vollstreckungsverbots

136 Eine unter Mißachtung des § 7 Abs. 3 GesO beantragte Zwangsvollstreckungsmaßnahme darf nicht ergehen, muß vom Vollstreckungsorgan daher ohne weitere Prüfung von Amts wegen abgelehnt werden. Die Unzulässigkeit einer dennoch eingeleiteten Zwangsvollstreckung kann, soweit es sich bei dem jeweiligen Vollstreckungsobjekt um Bestandteile der Masse handelt, der Verwalter, bei der Vollstreckung in konkursfreies Vermögen der Schuldner mit der Erinnerung gem. § 766 ZPO bzw. dem nach allgemeinen Vorschriften gegen die Vollstreckungsmaßnahme gegebenen Rechtsbehelf geltend machen.

14.4 Der Gutglaubensschutz

137 § 8 Abs. 2 und 3 KO, der den guten Glauben des Leistenden schützt, ist auch im Rahmen der GesO analog anwendbar.
§ 8 Abs. 2 KO lautet:
War die Leistung vor der öffentlichen Bekanntmachung der Eröffnung erfolgt, so ist der Erfüllende befreit, wenn nicht bewiesen wird, daß ihm zu der Zeit der Leistung die Eröffnung des Verfahrens bekannt war.
§ 8 Abs. 3 KO lautet:
War die Leistung nach der öffentlichen Bekanntmachung erfolgt, so wird der Erfüllende befreit, wenn er beweist, daß ihm zur Zeit der Leistung, die Eröffnung des Verfahrens nicht bekannt war.

14.5 Die Aufrechnung (§ 7 Abs. 5 GesO)

138 Nach § 7 Abs. 5 GesO kann ein Gläubiger, wenn er im Zeitpunkt der Eröffnung der GesO zur Aufrechnung berechtigt war, die Aufrechnung auch noch im Verfahren erklären.

14.5.1 Allgemeine Aufrechnungsvoraussetzungen

139 Um aufrechnen zu können, müssen die allgemeinen Voraussetzungen erfüllt sein, d.h. die Forderung des Gläubigers muß wirksam entstanden und voll durchsetzbar sein, Einreden dürfen ihr nach § 390 Satz 1 BGB nicht entgegenstehen.
Ist eine Forderung verjährt, schließt dies eine Aufrechnung nicht aus, wenn die Aufrechnungslage bereits vor Eintritt der Verjährung gegeben war (§ 390 S. 2 BGB).
Die Anfechtung wegen Irrtums (§§ 119 ff. BGB) steht einer Aufrechnung nicht entgegen, solange die Anfechtung nicht erklärt ist. Schließlich muß die Gegenforderung bestehen und erfüllbar sein, sie braucht nicht selbständig durchsetzbar zu sein.

Die Aufrechnung setzt die Gegenseitigkeit der Forderungen voraus. Fehlt es daran, scheitert eine Aufrechnung gem. § 387 BGB. Gegenseitigkeit liegt vor, wenn der Gläubiger der einen Forderung Schuldner der anderen ist. **140**

Wer nicht selbst Schuldner ist, darf zwar leisten (§ 267 BGB), aber nicht aufrechnen, es sei denn, er ist berechtigt (§§ 268 Abs. 2, 1142 Abs. 2, 1150, 1224, 1249 BGB), die Schuld eines anderen zu tilgen. **141**

Der Schuldner darf nur mit eigenen Forderungen aufrechnen, nicht mit fremden, selbst wenn er über sie verfügen kann. Darum kann ein Gesamtschuldner nicht mit Forderungen eines anderen Gesamtschuldners aufrechnen (§ 422 Abs. 2 BGB), ein Gesellschafter nicht mit einer Gesellschaftsforderung, ein Miterbe nicht mit einer Erbschaftsforderung, auch nicht, wenn die Mitgesellschafter oder Miterben zustimmen. **142**

14.5.2 Das Aufrechnungsverbot

Gesetzliche Aufrechnungsverbote bestehen auch in der Insolvenz fort. **143**
Unzulässig ist die Aufrechnung gegen eine Forderung aus vorsätzlicher unerlaubter Handlung (§ 393 BGB), gegen eine unpfändbare Forderung (§ 394 BGB) und gegen öffentlich-rechtliche Forderungen anderer Kassen (§ 395 BGB).

Im Gesellschaftsrecht besteht ein Aufrechnungsverbot gegen Einlageforderungen von Gesellschaften (§§ 19 Abs. 2 GmbHG; 66 Abs. 1 Satz 2, 278 Abs. 3 AktG; 22 Abs. 5 GenG). Dieses Aufrechnungsverbot gilt dagegen nicht bei Personengesellschaften. **144**

Ein GmbH-Gesellschafter kann auch nicht mit einem Anspruch auf Rückzahlung seiner Einlage aufrechnen, die durch § 30 GmbHG verboten ist. Auch der Grundsatz der unzulässigen Rechtsausübung § 242 BGB kann einer Aufrechnung entgegenstehen (vgl. *OLG Hamm* ZIP 1988, 253, 254). **145**

Ein vertragliches Aufrechnungsverbot gilt im Zweifel in der Insolvenz nicht, selbst wenn es in Kenntnis der Krise verabredet wurde (vgl. *BGH* NJW 1975, 442). **146**
Unwirksam ist auch ein in allgemeinen Geschäftsbedingungen des Schuldners enthaltenes Aufrechnungsverbot (vgl. *BGH* NJW 1984, 357).

14.5.3 Die Aufrechnungserklärung

Die Aufrechnungserklärung ist dem Verwalter gegenüber abzugeben (*BGH* NJW 1984, 357, 358). Eine besondere Form ist für die Aufrechnung nicht erforderlich, die Aufrechnungserklärung ist eine rechtsgeschäftliche, empfangs-, aber nicht annahmebedürftige Willenserklärung, sie setzt die Verfügungsbefugnis über die Gegenforderung voraus. **147**

15. Die Aufgaben des Verwalters (§ 8 GesO)

15.1 Verwaltung der Masse

Der Verwalter ist berechtigt und verpflichtet, unverzüglich das der Gesamtvollstreckung unterliegende Vermögen des Schuldners in Besitz zu nehmen. Er **148**

braucht nur solche Gegenstände zu übernehmen, die einen Vermögenswert haben (*RG* RGZ 94, 55 ff.).
Dies sind u.a. Sparkassenbücher, Versicherungsscheine, Schecks, Wechsel, das gilt auch für Inhaberpapiere oder bares Geld.
Gibt der Schuldner den Besitz nicht freiwillig heraus, kann der Verwalter aufgrund einer vollstreckbaren Ausfertigung des Eröffnungsbeschlusses den Gerichtsvollzieher mit der Wegnahme beauftragen (vgl. *BGH* NJW 1962, 1392).

15.2 Verwaltung des Vermögens

149 Der Verwalter ist verpflichtet, das der Pfändung unterliegende Vermögen zu verwerten, und zwar so, daß ein höchstmöglicher Erlös erzielt wird. Die Art und Weise der Verwertung ist in das Ermessen des Verwalters gestellt, er kann die Vermögensgegenstände freihändig veräußern, zwangsversteigern oder in der Form des Pfandverkaufs verwerten.

150 Bei Betriebsänderungen i.S.d. BetrVG hat der Verwalter die Rechte des Betriebsrats zu wahren.

15.3 Geschäftsfortführung und Unternehmenssanierung

151 Ist kein Gläubigerausschuß bestellt, entscheidet vor der ersten Gläubigerversammlung der Verwalter allein darüber, ob das Geschäft des Schuldners geschlossen oder weitergeführt wird. Er wird regelmäßig, wenn die erforderliche Liquidität zur Verfügung steht, das Geschäft des Schuldners eine gewisse Zeit fortzuführen, wenn die Aussicht besteht, das Geschäft vorteilhafter im ganzen veräußern zu können, und sich die Verkaufsverhandlungen einige Zeit hinziehen.

15.4 Haftung des Verwalters

152 Der Verwalter ist nach § 8 Abs. 1 S. 2 GesO für die Erfüllung der ihm obliegenden Pflichten allen Beteiligten verantwortlich. Die Bestimmung entspricht § 82 KO.

153 Voraussetzung für die persönliche Haftung des Verwalters ist, daß der entstandene Schaden sich adäquat auf ein bestimmtes Verhalten (Tun oder Unterlassen) des Verwalters zurückführen läßt und daß der Verwalter durch sein Verhalten schuldhaft eine sich aus der GesO ergebende, gesamtvollstreckungsspezifische Pflicht gegenüber dem Geschädigten verletzt hat (*BGH* NJW 1987, 844; NJW 1987, 3133). Solche Pflichten hat der Verwalter gegenüber dem Schuldner, insbesondere gegenüber den Gläubigern sowie gegenüber Aus- und Absonderungsberechtigten (§ 12 GesO).

154 Verletzt der Verwalter nichtgesamtvollstreckungsspezifische Pflichten, haftet er nicht gem. § 8 Abs. 1 GesO persönlich, kann aber nach allgemeinen Rechtsgrundsätzen eine Haftung der Masse als deren Interessenträger begründen (*BGH* NJW 1988, 209).

155 Gesamtvollstreckungsspezifisch sind nicht die Pflichten, die dem Verwalter wie jedem Verwalter fremder Interessen, z.B. gegenüber einem Geschäftspartner, bei oder nach Vertragsabschluß obliegen (*Mohrbutter* a.a.O. Rz. 949a).

156 Eine persönliche Haftung trifft den Verwalter in nicht gesamtvollstrekkungsspezifischen Angelegenheiten nur ausnahmsweise unter besonderen Voraussetzungen. Die Haftung kann eintreten, wenn der Verwalter einen Vertrauenstatbestand schafft, an den er sich festhalten lassen muß, also ausdrücklich und eigens übernommene Pflichten schuldhaft verletzt hat und der Schaden hierauf zurückzuführen ist, oder wenn der Verwalter eine unerlaubte Handlung begeht (*BGH* NJW 1987, 844; NJW 1987, 3133).

15.4.1 Die Haftung für den Einzelschaden

Die Haftung des Verwalters gegenüber den einzelnen Beteiligten ergibt sich nicht **157**
aus einem gesetzlichen Schuldverhältnis (*BGH* BB 1958, 678; *BGH* BB 1958, 899; *BGH* NJW 1985, 1161), sondern ist als Amtsverwalterhaftung deliktischer Natur, da eine Sonderrechtsverbindung zwischen dem Verwalter und den Beteiligten nicht besteht.

15.4.2 Das Verschulden

Die Haftung des Verwalters setzt Verschulden voraus, wobei leichte Fahrlässig- **158**
keit ausreichend ist. Fahrlässig handelt, wer die im Verkehr erforderliche Sorgfalt außer acht läßt. Bei dem Haftungsmaßstab sind alle Umstände des Einzelfalles zu berücksichtigen, so daß nicht jede unzweckmäßige Handlung eine fahrlässige Schadensverursachung darstellt.

15.4.3 Pflichtwidrigkeiten

Der Verwalter begeht eine Pflichtverletzung, wenn er dem Liquidationszweck **159**
und dem Gläubigerbefriedigungsinteresse zuwiderhandelt. Bei seinem Handeln hat der Verwalter Sorge zu tragen, daß er auch die Belange des Schuldners berücksichtigt. So handelt der Verwalter pflichtwidrig, wenn er es unterläßt, nach handelsrechtlichen Grundsätzen Bücher zu führen und Bilanzen zu erstellen, wozu er im gleichen Umfang wie der Schuldner verpflichtet ist. Der Verwalter verstößt insofern gegen seine Rechnungslegungs- und Aufzeichnungspflichten oder gegen Verpflichtungen nach der AO. Der Verwalter ist dem Schuldner gegenüber gem. § 8 GesO verpflichtet, während des Verfahrens für die ordnungsgemäße Erfüllung der steuerlichen Buchführungspflicht Sorge zu tragen. Im Rahmen des ihm Zumutbaren muß er sich auch um die Vervollständigung einer bei Verfahrenseröffnung mangelhaften Buchführung bemühen, wenn diese im Blick auf die steuerlichen Anforderungen noch in Ordnung gebracht werden kann (*BGH* WM 1979, 775). Der Verwalter haftet, wenn er gegen die gegenüber dem Schuldner bestehende Verpflichtung, einen ihm zugegangenen Steuerbescheid auf seine Richtigkeit zu überprüfen und Einspruch einzulegen, falls der Steuerbescheid von falschen Voraussetzungen ausgeht (*OLG Köln* ZIP 1980, 94), verstößt.

16. Die Beendigung gegenseitiger Verträge (§ 9 GesO)

16.1 Allgemeines

Nach § 9 Abs. 1 GesO kann der Verwalter, wenn ein gegenseitiger Vertrag zum **160**
Zeitpunkt der Eröffnung des Verfahrens vom Schuldner und von dessen Vertragspartner nicht oder nicht vollständig erfüllt worden ist, wählen, ob er die Erfüllung des Vertrages fordert oder sie ablehnt. § 9 GesO deckt sich im wesentlichen mit § 17 KO.

Nach der gefestigten Rechtsprechung des Bundesgerichtshofs (*BGH* NJW 1989, 1282; NJW 1992, 507) gilt folgendes:
Ist ein vor Eröffnung des Verfahrens geschlossener Vertrag weder vom Schuldner noch vom Vertragspartner erfüllt, fällt der Erfüllungsanspruch mit der Verfahrenseröffnung weg.
Anstelle des gegenseitigen Schuldverhältnisses tritt der einseitige Anspruch des Vertragspartners auf Schadensersatz wegen Nichterfüllung, dieser Anspruch kann nur als einfache Insolvenzforderung geltend gemacht werden. Erst die Entscheidung des Verwalters den Vertrag zu erfüllen, läßt den untergegangenen Anspruch wieder entstehen und begründet ihn aus dem Schuldverhältnis – mit dem bisherigen Inhalt – neu.

161 Wählt der Verwalter die Erfüllung, so sind die vertraglichen Ansprüche nach § 13 Nr. 1 GesO vorab mit erstem Rang zu erfüllen. Lehnt der Verwalter die Erfüllung ab, so ist die Forderung des anderen Teils nach § 9 Abs. 2 GesO eine nichtbevorrechtigte Forderung, die im Rang nach § 17 Abs. 3 Nr. 5 GesO zu erfüllen ist.

16.2 Der Begriff des gegenseitigen Vertrages

162 Der Begriff des gegenseitigen Vertrages ist in §§ 320ff. BGB enthalten, gemeint sind die vollkommen zweiseitig verpflichtenden Verträge (*BGH* NJW 1980, 226, 227).

163 Beispiele für zweiseitige Verträge sind: Kauf- und Tauschverträge nach §§ 433, 515 BGB, auch in der Form des Factoring-Vertrages; Werkverträge, soweit sie nicht eine Geschäftsbesorgung zum Gegenstand haben; Verwahrungsverträge, wenn die Verwahrung gegen Entgelt erfolgt, da es sich ansonsten um einen nur unvollkommen zweiseitigen Vertrag handelt (§ 688 BGB), einschließlich der Sonderform als Lagergeschäft nach §§ 416ff. HGB; Darlehensverträge über verzinsliche Darlehen; Frachtverträge; Dienstverträge; Versicherungsverträge des Versicherungsnehmers (*RG* RGZ 52, 49, 53) in der Insolvenz des Versicherers, Maklerverträge; wirksam vereinbarte Wettbewerbsverbote (§ 74 HGB).

164 Auf Tarifverträge findet § 9 GesO keine Anwendung, da der normative Teil des Tarifvertrages, ohne daß es einer Willenserklärung bedarf, seine Bindungswirkung entfaltet und der schuldrechtliche Teil im Regelfall keine vermögensrechtlichen Ansprüche beinhaltet.

165 Nicht anwendbar ist § 9 GesO auf einseitig voll erfüllte gegenseitige Verträge, einseitig verpflichtende Verträge, die nur für eine Partei eine Leistungspflicht begründen, wie Schenkungsversprechen (§ 518 BGB), Darlehensversprechen (§ 610 BGB) und i.d.R. Bürgschaft (§ 765 BGB) oder einseitige Rechtsgeschäfte wie Auslobung (§ 657 BGB); unvollkommen zweiseitige Verträge, bei denen nur eine Partei die vertragstypische Leistung erbringen muß, zu der die den anderen Teil treffende Pflicht in keinem Gegenseitigkeitsverhältnis steht, wie unverzinsliche (nicht also verzinsliche) Darlehen (§ 688 BGB) mit Ausnahme jedoch des Auftrags; unvollkommene Verbindlichkeiten (Naturalobligationen) wie Spiel und Wette (§ 762 BGB); konkursfreie Schuldverhältnisse, insbesonders Neuerwerb sowie höchstpersönliche Verpflichtungen des Schuldners, z.B. die Leistung von persönlichen Diensten oder die nur von ihm selbst durchführbare Herstellung eines Werkes; Grundstückserwerb in der Zwangsversteigerung, weil er sich nicht aufgrund eines gegenseitigen Vertrages, sondern eines konstitutiv wirkenden Staatshoheitsaktes, mithin originär vollzieht.

Das Auftragsverhältnis unterfällt nicht der Regelung des § 9 Abs. 1 GesO, da diese Vorschrift einen beiderseits nicht erfüllten gegenseitigen Vertrag voraussetzt. Bei dem Auftragsverhältnis handelt es sich um ein unvollkommen zweiseitiges Schuldverhältnis. Dennoch ist es dem Verwalter nach der allgemeinen Vorschrift des § 671 BGB möglich, das Auftragsverhältnis nach Feststellung jederzeit zu widerrufen und etwa erteilte Vollmachten in der jeweils dafür vorgesehenen Form nach den allgemeinen Vorschriften zu beseitigen. **166**

16.3 Fehlende Vertragserfüllung

§ 9 GesO findet nur Anwendung, wenn keiner der Vertragspartner seine Leistung vollständig erfüllt hat; liegt eine nicht nur teilweise Leistungserfüllung mindestens eines der beiden Vertragspartner vor, gilt an Stelle des § 9 GesO die allgemeine Regelung (*BGH* NJW 1980, 226, 227). Im Falle der Erfüllung durch den Schuldner kann der Verwalter die vollständige Gegenleistung zur Masse ziehen, ohne daß die Verfahrenseröffnung darauf weitere Auswirkungen hätte. Bei einer vor der Verfahrenseröffnung erfolgten Erfüllung seitens des Geschäftspartners des Schuldners erhält dieser auf seine Forderung lediglich die Quote. Unerheblich ist, aus welchem Grund die Erfüllung des Vertrages unterblieben ist. **167**

Erfüllung i.S.d. § 9 GesO tritt ein, wenn der vertraglich intendierte Leistungserfolg eingetreten ist, nicht schon, wenn die seitens der Vertragspartner geschuldeten Leistungshandlungen vorgenommen wurden (vgl. *BGH* WM 1983, 559), aber auch bei Annahme einer anderen als der vereinbarten Leistung an Erfüllungs Statt. Leistung erfüllungshalber reicht zur Erfüllung, ebenso Leistungen unter Vorbehalt und Leistungen in Form von Erfüllungssurrogaten wie Hinterlegung, Aufrechnung. **168**

16.4 Das Wahlrecht

Der Verwalter kann – soweit nicht nach den Grundsätzen von Treu und Glauben eine diesbezügliche Einschränkung besteht (vgl. dazu *BGH* NJW 1962, 2296; *RG* RGZ 140, 156, 162) grundsätzlich frei wählen, ob er die Durchführung des gegenseitigen Vertrages wünscht oder nicht, solange er selbst in der Lage ist, die Vertragserfüllung herbeizuführen (vgl. *OLG Hamm* NJW 1977, 768). **169**

Das Erfüllungsverlangen des Verwalters ist eine einseitige, bedingungsfeindliche empfangsbedürftige Willenserklärung (*BGH* WM 1958, 430, 432), deren Wirksamkeit sich nach §§ 130ff. BGB richtet. Das Verlangen kann ausdrücklich oder konkludent (*RG* RGZ 96, 292, 295), etwa durch ein vorbehaltloses Erfüllungsverlangen, erfolgen und ist von der Kenntnis des Verwalters, damit eine Erklärung nach Maßgabe des § 9 GesO abzugeben, nicht abhängig. Veräußert der Verwalter ein Warenlager des Schuldners im Wege des Ausverkaufs, so ist im Zweifel anzunehmen, daß er damit die Erfüllung des Vertrages gegenüber dem Vorbehaltslieferanten wählt (*OLG Celle* WM 1987, 1569). Die Anfechtung des Erfüllungsverlangens gem. §§ 119ff., 142, 123 BGB kommt nach allgemeinen Rechtsgrundsätzen in Betracht, wenn ein beachtlicher Inhalts- oder Erklärungsirrtum vorliegt oder wenn der Verwalter in anfechtbarer Weise getäuscht worden ist. **170**

16.5 Die Rechtsfolgen des Vertragserfüllungsverlangens

171 Wählt der Verwalter die Vertragserfüllung, so muß der Vertrag von beiden Seiten voll erfüllt werden; die Verpflichtung des Schuldners stellt nunmehr einen Anspruch gem. § 13 Abs. 1 Nr. 1 GesO dar. Verwalter und Vertragspartner stehen sich wie die ursprünglichen Parteien des Vertrages gegenüber, für den Inhalt des Schuldverhältnisses und den Umfang der sich aus ihm ergebenden Verpflichtungen ist jedoch der Zeitpunkt der Verfahrenseröffnung maßgebend. §§ 320 ff. BGB finden, da der Verwalter die zur Zeit der Verfahrenseröffnung bestehende Rechtslage zu übernehmen hat, in gleicher Weise Anwendung wie bei einem durch die Verfahrenseröffnung nicht berührten Vertrag. Entsprechendes gilt für Vorleistungspflichten der Parteien. Vor Verfahrenseröffnung eingetretener Verzug oder wirksam vorgenommene Abtretungen und Pfändungen des Anspruchs auf die Gegenleistung muß der Verwalter gegen die Masse gelten lassen. Zieht der Verwalter die Gegenleistung zur Masse ein, macht er sich schadensersatzpflichtig.

16.6 Die Nichtausübung des Wahlrechts

172 § 9 Abs. 1 GesO enthält keine Regelung darüber, wann das Wahlrecht auszuüben ist, eine dem § 17 Abs. 2 KO entsprechende Vorschrift fehlt. Den bestehenden Schwebezustand und die Unklarheiten kann der Vertragspartner dadurch beenden, daß er den Verwalter auffordert mitzuteilen, ob der Vertrag weiter erfüllt wird oder die Vertragserfüllung abgelehnt wird. Schweigt der Verwalter, muß dies als Ablehnung der Vertragserfüllung bewertet werden. Im Falle der beiderseitigen Untätigkeit, wenn also der Verwalter die Vertragserfüllung weder ablehnt noch verlangt und auch der Vertragspartner nicht reagiert, werden Bestand und Bedingungen des Schuldverhältnisses durch das Verfahren nicht berührt.

16.7 Miet- und Pachtverträge

173 Eine besondere Regelung für Miet- und Pachtverhältnisse ist durch Art. 5 des Gesetzes zur Beseitigung von Hemmnissen bei der Privatisierung von Unternehmen und zur Förderung von Investitionen vom 22. 03. 1991 (BGBl. I S. 766) in die GesO aufgenommen worden.
Nach der Neuregelung bestehen Miet- und Pachtverhältnisse des Schuldners grundsätzlich fort. Der Verwalter kann jedoch dann, wenn der Schuldner der Mieter oder der Pächter ist, das Miet- oder Pachtverhältnis – unabhängig von einer vertraglich vereinbarten Kündigungsfrist – unter Einhaltung der gesetzlichen Fristen kündigen.

174 § 9 Abs. 3 GesO bezieht sich auf Miet- oder Pachtverträge sowie auf solche Vertragsverhältnisse, auf welche die für die Miete und Pacht geltenden Bestimmungen unmittelbar oder entsprechend anzuwenden sind, also Beherbergungsverträge (*RG* RGZ 169, 84, 87), das Fernsprechteilnehmerverhältnis (*BGH* BGHZ 39, 35, 36), Jagdpacht, Gastaufnahmevertrag, den Patentlizenzvertrag und den Filmlizenzvertrag.
Hinsichtlich der Leasing-Verträge muß differenziert werden. Beim Operating-Leasing, der entgeltlichen mittel- oder langfristigen Gebrauchsüberlassung von Sachen, die vom Leasingnehmer jederzeit ordentlich gekündigt werden können, ist § 9 Abs. 3 GesO anwendbar.

Beim Finanzierungsleasing in der Form der Voll- oder Teilarmortisation ohne Kaufoption ist ebenfalls § 9 Abs. 3 GesO anwendbar.
Für die Finanzierungsleasingverträge mit Kaufoption könnte ebenfalls § 9 Abs. 3 GesO angewendet werden (vgl. BGH BGHZ 71, 189 ff.).

16.8 Durch Vormerkung gesicherte Ansprüche

Durch Gesetz vom 22. 03. 1991 (BGBl. I S. 766) ist § 9 Abs. 2 GesO durch einen **175** dritten Satz ergänzt worden; die Vorschrift entspricht nunmehr § 24 Abs. 2 KO. Beim Grundstückskauf ist das Wahlrecht des § 9 Abs. 1 Satz 1 GesO erst dann ausgeschlossen, wenn der Käufer als Eigentümer in das Grundbuch eingetragen worden ist. § 9 Abs. 1 Satz 3 GesO macht von diesem Grundsatz eine Ausnahme und gewährt dem durch eine Vormerkung abgesicherten Grundstückserwerber einen Anspruch auf Übereignung auch dann, wenn über das Vermögen des Grundstücksverkäufers das Insolvenzverfahren eröffnet worden ist.

Die Vormerkung (§§ 883 ff. BGB) sichert als Sicherungsmittel eigener Art **176** schuldrechtliche Ansprüche auf dingliche Rechtsänderungen, indem sie solche Verfügungen, die den Anspruch gefährden, dem Vormerkungsberechtigten gegenüber unwirksam sein läßt (§ 883 Abs. 2 BGB). Gesichert werden können durch die Vormerkung nur Ansprüche auf eintragungsfähige Rechte (*BayObLG* Rpfleger 1972, 442), wie Eigentum, Hypothek und Nießbrauch, nicht aber Pacht oder Miete.

Die Eintragung einer Vormerkung ist auch zur Sicherung eines künftigen oder **177** eines bedingten Anspruchs zulässig (§ 883 Abs. 2 S. 2 BGB). Neben aufschiebend befristeten Ansprüchen können auch noch nicht entstandene Ansprüche durch eine Vormerkung gesichert werden.

17. Anfechtung von Rechtshandlungen (§ 10 GesO)

17.1 Zweck der Anfechtung

Das Gesamtvollstreckungsverfahren soll den Bestand der Masse sichern, u.z. für **178** die Zeit nach der Eröffnung des Verfahrens. Es verbietet von diesem Zeitpunkt an Verfügungen des Schuldners (§ 5 Nr. 1 GesO) sowie Vollstreckungsmaßnahmen zugunsten einzelner Gläubiger (§ 7 Abs. 3 GesO). Da es jedoch allgemeiner Erfahrung entspricht, daß schon im Zeitpunkt der Verfahrenseröffnung die Masse verkürzt worden ist, weil insbesondere der Schuldner angesichts des drohenden Zusammenbruchs Vermögensstücke verschoben oder verschleudert hat, um entweder sich selbst oder Dritte, vorzugsweise nahestehende Gläubiger zu begünstigen, besteht ein besonderes Schutzbedürfnis der Gläubiger, diese in einem bestimmten Zeitraum vor Verfahrenseröffnung vorgenommenen Rechtshandlungen zu überprüfen.

Zweck der Anfechtung ist es, sachlich ungerechtfertigte Vermögensverschiebun- **179** gen, durch die die spätere Masse geschmälert worden ist, rückgängig zu machen. Die Anfechtung ist mithin ein Mittel zur Anreicherung der Masse und ein Gegenmittel, um die Massearmut im Gesamtvollstreckungsverfahren zu vermeiden.

17.2 Die Rechtsnatur der Anfechtung

180 Nach der h.M. bedeutet das Anfechtungsrecht einen schuldrechtlichen Anspruch auf Rückgewähr (§ 37 KO) des weggegebenen Vermögensgegenstandes. Die Haftung des Anfechtungsgegners entsteht unmittelbar kraft Gesetzes, sobald alle Voraussetzungen des Anfechtungstatbestandes erfüllt sind, wobei alle Tatbestände des § 10 GesO selbständig nebeneinanderstehen.

17.3 Der Inhalt des Rückgewährschuldverhältnisses

181 Das Rückgewährschuldverhältnis stellt weder eine Bereicherungshaftung (*BGH* KTS 1964, 230, 233) dar, da es nicht auf den fehlenden Erwerbsgrund ankommt und die Rückgewähr nicht auf eine Bereicherung beschränkt ist, noch handelt es sich um eine Haftung aus unerlaubter Handlung (*BGH* WM 1962, 1316, 1317), da der Rückgewähranspruch inhaltlich nicht auf eine Schadensersatzpflicht gerichtet ist. Aus dem Umstand, daß der Rückgewähranspruch nicht deliktischer Natur ist und deshalb ohne Hinzutreten weiterer Umstände die §§ 823 Abs. 2, 826, 134, 138 BGB nicht anwendbar sind (*RG* RGZ 56, 229; *BGH* WM 1963, 526, 527; WM 1968, 1057), kann jedoch nicht geschlossen werden, daß der Tatbestand der unerlaubten Handlung oder der sittenwidrigen Schädigung nicht vorliegen kann. Ist der anfechtbare Vorgang zugleich eine sittenwidrige Schädigung, dann stehen zwei Haftungstatbestände nebeneinander, von denen jeder eigene Voraussetzungen und Rechtsfolgen hat (*OLG Hamm* MDR 1966, 764; *RG* RGZ 74, 224, 226).

182 Mit dem Rückgewähranspruch wird das in Natur zurückgefordert, was mißbilligenderweise aus der Masse ausgeschieden ist. Bei beweglichen Gegenständen wird die Rückübertragung des Besitzes oder des Eigentums gefordert, bei Grundstücken hat die Rückauflassung und die Eintragung des Schuldners als Eigentümer zu erfolgen (*BGH* ZIP 1982, 856, 857).

17.4 Der Inhaber des Anfechtungsanspruchs

183 Inhaber des Anfechtungsanspruchs ist der Schuldner als Rechtsträger der Masse und nicht der Verwalter. Dies ergibt sich daraus, daß bei Verfahrenseröffnung der Schuldner Träger der Masse bleibt, jedoch in der Verfügungsmacht beschränkt wird.

184 Dem Verwalter obliegt es, die Masse zur gemeinschaftlichen Befriedigung der Gläubiger zu sammeln und zu verwerten. Deshalb hat der Verwalter auch das Anfechtungsrecht auszuüben und die auf anfechtbare Art und Weise ausgeschiedenen Vermögensgegenstände in die Masse zurückzuführen.

17.5 Anfechtbare Rechtshandlungen

185 Es können bestimmte Rechtshandlungen als den Gläubigern gegenüber unwirksam angefochten werden. Unter einer Rechtshandlung ist jedes Handeln zu verstehen, das eine rechtliche Wirkung auslöst (*BGH* WM 1975, 1182).

186 Bei den Handlungen mit rechtlicher Wirkung ist es gleich, ob die Handlungen gewollt oder nicht gewollt sind, insbesondere also Willenserklärungen als Bestandteile dinglicher oder obligatorischer Rechtsgeschäfte sowie Rechtshandlungen im engsten Sinne als Äußerung eines auf die Herbeiführung eines tatsächlichen Erfolgs gerichteten Willens, u.z. sowohl materiellrechtlicher (z.B.

Mahnung, Mängelrüge) als auch prozessualer Art (z.B. Verzicht, Anerkenntnis, Klagerücknahme) angesehen werden.

Positivem Tun steht Unterlassen gleich, wenn es bewußt und gewollt erfolgt ist. **187**
Nach dem Wortlaut des § 10 Abs. 1 GesO sind nur Rechtshandlungen des Schuldners anfechtbar. Hieraus wird für den Bereich der GesO abgeleitet, daß Handlungen Dritter nicht angefochten werden können.

Als Unterlassungstatbestände im Bereich des materiellen Rechts kommen bei- **188**
spielsweise in Betracht die Unterlassung der Mängelrüge und die Unterlassung, die Verjährung zu unterbrechen.
Auch prozessuale Unterlassungen sind anfechtbar, wie z.B. die Unterlassung des Widerspruchs gegen den Mahnbescheid (*RG* RGZ 169, 161, 163), das Unterlassen des Widerspruchs gegen einen Arrestbefehl (*RG* RGZ 6, 367), des Einspruchs gegen ein Versäumnisurteil (*RG* JW 1914, 106), die Nichterhebung der Einrede der Verjährung.

17.6 Der Anfechtungsgrund

Kern aller Anfechtungstatbestände ist die Benachteiligung der Gläubiger durch **189**
Handlungen in bezug auf Vermögensgegenstände des Schuldners. Voraussetzung für die Anfechtung ist die Benachteiligung der Gläubiger in ihrer Gesamtheit, so daß die Benachteiligung einzelner Gläubiger nicht ausreicht (*BGH* ZIP 1981, 1229, 1230, 1231).
Ausreichend ist die Benachteiligung der bevorrechtigten Gläubiger (*BGH* WM 1962, 1316), nicht aber die Benachteiligung der Aus- und Absonderungsgläubiger.

Die objektive Benachteiligung der Gläubiger (vgl. *RG* RGZ 60, 107, 109; *RG* **190**
RGZ 94, 305, 307; *BGH* BGHZ 28, 344, 347; WM 1980, 409; WM 1980, 598) ist von der Absicht und dem Planen des Schuldners unabhängig. Es kommt nur darauf an, ob die Aktivmasse durch belastende Verfügungen, durch Eingehung von Verbindlichkeiten oder auch nur durch die bloße Erschwerung des Zugriffs (*BGH* BGHZ 12, 238, 240) – z.B. die Überlassung des Besitzes – oder auch durch Erhöhung der Schuldenmasse (*RG* RGZ 81, 144, 145) geschädigt wird.

Die Frage, ob eine Vermögensbenachteiligung vorliegt, ist allein nach wirt- **191**
schaftlichen Gesichtspunkten zu entscheiden. Eine Benachteiligung liegt objektiv dann nicht vor, wenn die Masse auch ohne Rückgewähr der ausgeschiedenen Vermögensgegenstände ausreicht, die Gläubiger zu befriedigen.

Weiter liegt eine Benachteiligung dann nicht vor, wenn Vermögensgegenstände **192**
veräußert werden, deren Rückgewähr nicht zu einer Mehrung der Masse führt. Dies ist beispielsweise der Fall bei der Veräußerung eines Grundstücks, das über den Verkehrswert hinaus dinglich belastet ist (*RG* RGZ 39, 89, 92).

Eine Benachteiligung scheidet auch dann aus, wenn ein Vermögensgegenstand **193**
veräußert wird und ein angemessener Kaufpreis in die Masse fließt, und zwar selbst dann, wenn der spätere Schuldner den Kaufpreis nach Erhalt auf die Seite schafft (*BGH* NJW 1977, 718; NJW 1980, 1961).

17.7 Die Geltendmachung der Anfechtung

194 Geltendmachung der Anfechtung bedeutet nicht die Ausübung eines Gestaltungsrechts; insbesondere ist nicht, wie im Falle der bürgerlich-rechtlichen Anfechtung, die Abgabe einer formlosen Anfechtungserklärung ausreichend. Die Anfechtung muß durch Klage auf Erfüllung des Rückgewähranspruchs erfolgen oder falls der Verwalter einen gegen die Masse gerichteten, in anfechtbarer Weise erlangten Anspruch abwehren will, durch Einrede (prozessual oder außerprozessual; vgl. *RG* RGZ 95, 225). Es handelt sich um eine Leistungsklage, die nur unter den besonderen Voraussetzungen des § 256 ZPO (*RG* RGZ 133, 46, 49) durch eine Feststellungsklage ersetzt werden kann.

18. Die Prüfung angemeldeter Forderungen (§ 11 GesO)

18.1 Der Prüfungstermin

195 Der Prüfungstermin dient dazu, die angemeldeten Forderungen nach Grund, Betrag und Vorrecht zu erörtern und festzustellen, welche Forderungen anerkannt und welche bestritten werden (*Berscheid* Gesamtvollstreckung, Rz. 212; *Kilger/Karsten Schmidt* KO, § 11 GesO Anm. 3).

196 Der Prüfungstermin ist ein mündlicher Termin. Beteiligt an der Erörterung sind der Verwalter, die Gläubiger und der Schuldner.

197 Zu dem mündlichen Prüfungstermin sind die angemeldeten Forderungen nach Grund, Betrag und Vorrecht zu erörtern und festzustellen. Erörtert wird auch, welche Forderungen anerkannt und welche bestritten werden.

18.2 Die Forderungsfeststellung

198 Gem. § 11 Abs. 2 S. 3 GesO hat der Verwalter angemeldete Forderungen oder sonstige Rechte im Umfang des Anerkenntnisses in das Verzeichnis aufzunehmen und dem Anmeldenden mitzuteilen. Diese Vorschrift entspricht im Ergebnis § 144 Abs. 1 KO, nach der eine Forderung als festgestellt gilt, wenn gegen sie im Prüfungstermin weder vom Verwalter noch von einem Gläubiger Widerspruch erhoben oder ein erhobener Widerspruch beseitigt worden ist.

18.3 Der Inhalt des Widerspruchs

199 Der Prüfungstermin ist ein mündlicher Termin, in diesem Termin haben Verwalter und Gläubiger die Möglichkeit, angemeldete Forderungen zu bestreiten. Dies bedeutet, daß der Widerspruch im Prüfungstermin mündlich erklärt werden muß, ein schriftlich erhobener Widerspruch ist wirkungslos.

200 Der Widerspruch muß nicht im einzelnen begründet werden, aus dem Widerspruch muß sich jedoch ergeben, wogegen er gerichtet ist. Der Widerspruch kann sich gegen die Anspruchsberechtigung, den Anspruchsgrund, die Anspruchshöhe, das Vorrecht und die Anmeldbarkeit der Forderung richten (vgl. *Hess* KO, § 144 Rz. 4). Wird eine Forderung nicht bestritten, wird sie damit stillschweigend anerkannt (*RG* RGZ 55, 157, 160). Eine Forderung kann auch unter dem Vorbehalt, beispielsweise der Wechselvorlage (Art. 38 WG), des Nachweises des Forderungsübergangs oder des Nachweises eines Ausfalls anerkannt werden (vgl. *Hess* KO, § 144 Rz. 5).

Der Widerspruch kann zurückgenommen werden (*BGH* WM 1957, 1226). Die Rücknahme ist gegenüber dem Gläubiger und gegenüber dem Verwalter zu erklären, der Verwalter hat die Rücknahme in das Verzeichnis aufzunehmen. **201**

18.4 Die Eintragung in das Verzeichnis

Das Ergebnis der Prüfungsverhandlungen ist nach dem eindeutigen Wortlaut des § 11 Abs. 2 Satz 3 GesO vom Verwalter in das Verzeichnis aufzunehmen. Zu vermerken sind nicht nur die Ergebnisse der Erörterung über den Grund, Betrag und Vorrechte der Forderung, sondern auch bestreitende Erklärungen des Schuldners, Rücknahme oder Änderungen von Anmeldungen, sowie sonstige Vorgänge, die für den Inhalt der Tabelle von Erheblichkeit sind. Bei festgestellten Forderungen genügt der Vermerk »Festgestellt«. Bei angemeldeten Ausfallforderungen, die nicht bestritten wurden, kann der Vermerk »Festgestellt als Gesamtvollstreckungsforderung für den Ausfall« lauten. **202**

Bei streitig gebliebenen Forderungen und Vorrechten ist anzuzeigen, von welchen Personen Widerspruch erhoben ist und ob er sich gegen den Bestand (Grund), den Betrag, das Vorrecht oder die Gesamtvollstreckungsforderungseigenschaft richtet. Die Angabe des Grundes des Widerspruchs kann zweckmäßig sein, ist aber nicht notwendig. **203**

18.5 Die Forderungsfeststellungsklage

Nach § 11 Abs. 3 GesO kann ein Gläubiger, dessen Forderung vom Verwalter oder einem anderen Gläubiger ganz oder teilweise nicht anerkannt worden ist, seine Forderung nur durch eine Klage gegen den Bestreitenden geltend machen. **204**

Je nach Umfang des Bestreitens betrifft der Rechtsstreit die Forderung nach Grund und/oder Höhe oder nur in bezug auf das beanspruchte Vorrecht. **205**

Ohne, daß dies im Gesetz ausdrücklich erwähnt ist, handelt es sich bei der Klage um eine Feststellungsklage, der Klageantrag kann wie folgt lauten: **206**
»Es wird festgestellt, daß dem Kläger im Gesamtvollstreckungsverfahren über das Vermögen des . . . eine (in Rangklasse . . . bevorrechtigte) Forderung in Höhe von . . . DM zusteht.«

Für die Klage ausschließlich zuständig ist das Gericht, bei dem die Gesamtvollstreckung durchgeführt wird. Es ist streitig, ob diese Vorschrift neben der örtlichen auch die sachliche Zuständigkeit regelt. Verspätet angemeldete Forderungen sind nach § 14 GesO anzuerkennen und in das Vermögensverzeichnis aufzunehmen, wenn die Verspätung unverschuldet war und das Gericht zustimmt. **207**

19. Eigentums- und Pfandrechte Dritter (§ 12 GesO)

19.1 Die Aussonderung

Gem. § 12 Abs. 1 GesO sind Gegenstände, an denen Dritten ein Eigentums- oder Pfandrecht zusteht, vom Verwalter an die Berechtigten herauszugeben, wenn er nicht das Pfandrecht durch Zahlung ablöst. § 12 Abs. 1 GesO modifiziert § 127 KO insoweit, als dem Verwalter ein primäres Ablösungsrecht bezüglich der Pfandrechte zusteht. **208**

19.1.1 Das Eigentum

209 In der Insolvenz des Besitzers (Eigen-, Fremd-, mittelbarer oder unmittelbarer Besitz) eines Gegenstandes kann der Eigentümer die Herausgabe des Eigentums gem. § 985 BGB verlangen, soweit dem Schuldner kein Recht zum Besitz (§ 986 BGB) zusteht.

210 Da der Aussonderung nur individuell bestimmte körperliche Sachen oder Rechte unterliegen, kann Geld als Zahlungsmittel – von einzelnen konkret ausscheidbaren Geldstücken abgesehen – regelmäßig keinen Gegenstand der Aussonderung bilden (*RG* RGZ 94, 191; *BGH* NJW 1972, 872).

19.1.2 Der Besitz

211 Da das Besitzrecht in der Rechtsordnung als ein ausschließliches Recht behandelt wird, das von jedermann beachtet werden muß und auch als sonstiges Recht i.S.d. § 823 BGB angesehen wird (*RG* RGZ 59, 326 ff.; *RG* RGZ 91, 61, 64, 65; *RG* RGZ 102, 344, 347; *RG* RGZ 105, 213, 218; *RG* RGZ 170, 1, 6), kann eine Aussonderung auf den Anspruch auf Wiedereinräumung des Besitzes (§ 861 BGB), den Anspruch auf Beseitigung einer Besitzstörung (§ 862 BGB) oder auf den Herausgabeanspruch des früheren Besitzers (§ 1007 BGB) gestützt werden.

19.1.3 Der Erbschaftsanspruch

212 Die in §§ 2018, 2019 BGB geregelten Ansprüche des Erben auf Herausgabe der Erbschaft gegen den Erbschaftsbesitzer einschließlich dessen, was mit Mitteln der Erbschaft erworben wurde, berechtigen zur Aussonderung, da diese Ansprüche dinglicher Natur sind.

19.1.4 Begrenzte dingliche Rechte

213 Begrenzte dingliche Rechte können ebenfalls den Gegenstand eines Aussonderungsanspruchs bilden wie beispielsweise der Nießbrauch (§§ 1030 ff. BGB), das Erbbaurecht (§§ 1012 ff. BGB), die Grunddienstbarkeit (§§ 1018 ff. BGB), Wohnrechte (§ 1090 BGB), die Grundpfandrechte (Hypotheken, Grundschulden, Rentenschuld, Reallast), Pfandrechte an Rechten und Sachen, dingliche Vorkaufsrechte (§§ 1094 BGB; 11, 14 RSiedlG; 11, 14 HeimstG; s. auch, dingliche Wiederkaufsrechte (§§ 20, 21 RSiedlG; RGZ 110, 327), das Recht des Erbbauberechtigten auf Erneuerung seines Rechts (§ 31 ErbbauRVO), das Pfandrecht (§§ 1205 ff. BGB), sofern das dingliche Recht selbst den Gegenstand der Aussonderung bildet und nicht die Sache oder das Recht, auf dem das dingliche Recht lastet (*RG* RGZ 98, 143, 145).

19.1.5 Der Eigentumsvorbehalt

19.1.5.1 Der einfache Eigentumsvorbehalt

214 Bei dem einfachen Eigentumsvorbehalt wird die Übereignung einer Sache an die aufschiebende Bedingung der vollständigen Zahlung des Kaufpreises gebunden, während der Besitz an den Sachen dem Käufer schon vorher übertragen wird.

215 Der einfache Eigentumsvorbehalt berechtigt den Vorbehaltsverkäufer in der Insolvenz des Vorbehaltskäufers zur Aussonderung (*BGH* BGHZ 10, 69, 72; BGHZ 54, 214, 218, 219). Erfüllt der Verwalter durch Zahlung des Restkaufpreises den Vertrag, so erlischt der Eigentumsvorbehalt. Der Eigentumsvorbehalt erlischt im Falle des Verzichts, im Falle der Verbindung, Vermischung und

Verarbeitung (§§ 946 ff. BGB; *BGH* WM 1977, 1454), im Falle des gutgläubigen Dritterwerbs (*BGH* WM 1959, 117, 118; WM 1961, 150, 151; WM 1963, 1186; WM 1964, 814, 817), im Falle der erlaubten Weiterveräußerung (*BGH* BGHZ 27, 306, 308; BGHZ 30, 176, 181).

19.1.5.2 Der erweiterte Eigentumsvorbehalt

Im Falle des erweiterten Eigentumsvorbehalts wird die Übereignung einer Sache **216** nicht nur an die aufschiebende Bedingung der vollständigen Zahlung des Kaufpreises, sondern an weitere Bedingungen geknüpft.
Den erweiterten Eigentumsvorbehalt gibt es in den verschiedensten Ausgestaltungen.

Eine Form des erweiterten Eigentumsvorbehalts ist der Saldovorbehalt oder **217** Kontokorrentvorbehalt. Dieser Vorbehalt, der im Regelfall bei einer laufenden Geschäftsverbindung vereinbart wird, bleibt bestehen, bis nicht nur der Kaufpreis, sondern sämtliche aus der Geschäftsverbindung mit dem Käufer bestehenden bzw. erst künftig entstehenden (*BGH* WM 1977, 1422) Forderungen des Verkäufers vollständig bezahlt sind.

Diese Form des erweiterten Eigentumsvorbehalts setzt das Bestehen eines echten **218** Kontokorrentverhältnisses i.S.d. § 335 HGB nicht voraus. Unabhängig davon, ob ein Kontokorrentverhältnis besteht oder nicht, entfällt der Grundsatz der niedrigsten Saldohaftung mit der Folge, daß die Vorbehaltssache für die gesamte Forderung aus der Geschäftsverbindung in ihrer jeweiligen Höhe haftet (*BGH* WM 1971, 347).

Da die Warenlieferanten, deren Lieferungen nicht bezahlt sind, ein Schutz- **219** bedürfnis vor dem Verlust der Kaufpreiszahlung haben, können sie aufgrund des im Schuldrecht geltenden Grundsatzes der Vertragsfreiheit die Bedingungen für den Abschluß von Kaufverträgen sowie Art und Umfang der Austauschverträge mit den Käufern ihrer Interessenlage entsprechend vereinbaren (*LG Stuttgart* MDR 1958, 100, 101). Dies kann auch in allgemeinen Lieferungs- und Zahlungsbedingungen, sog. typischen Vertragsbedingungen, erfolgen, d.h. Bedingungen, die dazu bestimmt sind, die vertraglichen Beziehungen des Lieferanten zu den Käufern einheitlich festzulegen.

19.1.5.3 Der verlängerte Eigentumsvorbehalt

Für die Fälle, daß dem Käufer gestattet ist, die unter Eigentumsvorbehalt gelie- **220** ferte Sache weiterzuveräußern bzw. weiterzuverarbeiten, werden häufig die Formen des verlängerten Eigentumsvorbehalts gewählt. So kann der Vorbehaltsverkäufer die Gestattung zur Weiterveräußerung davon abhängig machen, daß die künftigen Forderungen des Vorbehaltsverkäufers, die diesem aus der Weiterveräußerung zustehen, im voraus an ihn abgetreten werden.

19.1.5.4 Der Sicherheiten-Pool

Eine Kollision von Sicherungsrechten soll durch sog. Poolvereinbarungen von **221** Sicherungsnehmern vermieden werden (*Smid/Zenner* GesO-Kommentar § 12 Rz. 16), die ihre Sicherungsrechte in eine BGB-Gesellschaft (den Pool) einbringen mit dem Ziel, die Sicherungsrechte gemeinsam geltend zu machen. Zweck des Pool soll es sein, rechtliche und tatsächliche Schwierigkeiten zu beseitigen, die bei der individuellen Durchsetzung der Sicherheiten (z.B. Sicherungsübereignungen, Eigentumsvorbehalte) bestehen. Die Rechte werden dabei entweder von dem alleinvertretungsberechtigten Gesellschafter der Poolgesellschaft oder durch einen Treuhänder geltend gemacht.

19.1.6. Die Rechte des Sicherungsnehmers in der Insolvenz des Sicherungsgebers

222 Während im Rahmen der Einzelzwangsvollstreckung der Sicherungseigentümer gegen die Pfändung des Sicherungsgutes mit der Drittwiderspruchsklage (§ 771 ZPO) vorgehen kann, steht dem Sicherungsnehmer in der Insolvenz des Sicherungsgebers kein Aussonderungsrecht, sondern nur ein Absonderungsrecht zu (*BGH* WM 1965, 84, 85; *BGH* WM 1965, 1250, 1251; *BGH* WM 1962, 1316; *BGH* WM 1977, 1422; *BGH* NJW 1959, 939; *BGH* BGHSt 3, 32, 35; *OLG Düsseldorf* DB 1966, 2018, 2019).

223 Die unterschiedliche Behandlung des Sicherungseigentums in der Einzelzwangsvollstreckung und in der Gesamtvollstreckung beruht darauf, daß das Sicherungsgut dem Sicherungseigentümer nicht endgültig gehören soll, sondern aufgrund der bestehenden Treuabrede nur dazu dient, die dem Sicherungsnehmer gegen den Sicherungsgeber zustehende persönliche Forderung zu sichern (*RG* RGZ 124, 73, 75; *BGH* BGHSt 3, 32, 35; *OLG Karlsruhe* KTS 1962, 116, 118).

19.1.6.1 Die Rechte des Sicherungsgebers in der Insolvenz des Sicherungsnehmers

224 Da aufgrund der Treuabrede im Rahmen der Sicherungsübereignung das Sicherungsgut nicht endgültig dem Vermögen des Sicherungsnehmers zugeführt werden soll, sondern der Sicherungsnehmer lediglich gegenüber dem Sicherungsgeber dinglich gesichert sein soll, bis eine Forderung des Sicherungsnehmers gegen den Sicherungsgeber ausgeglichen ist, steht dem Sicherungsgeber in der Insolvenz des Sicherungsnehmers ein Aussonderungsrecht zu (*BGH* WM 1959, 372; *BGH* WM 1962, 180, 1981; *BGH* WM 1965, 85), wenn der Sicherungsnehmer ausnahmsweise unmittelbarer Besitzer ist, mit der Maßgabe, daß das Aussonderungsrecht erst dann durchgesetzt werden kann, wenn das Recht des Verwalters zum Besitz erloschen ist.

19.1.7 Schuldrechtliche Aussonderungsansprüche

225 Persönliche Rechte gewähren nur dann einen Aussonderungsanspruch, wenn sie auf Herausgabe gerichtet sind (*RG* RGZ 63, 307, 308; RGZ 84, 214, 215, 216), z.B. der Anspruch des Pächters auf Rückgabe der Pachtsache, des Vermieters auf Rückgabe der Mietsache.

226 Keinen Aussonderungsanspruch gewähren die Verschaffungsansprüche, z.B. Ansprüche auf Erfüllung schuldrechtlicher Verträge, Bereicherungsansprüche, Rückgewähransprüche nach erfolgter Anfechtung, wenn die Anfechtung nicht das dingliche Rechtsgeschäft erfaßt hat (*RG* RGZ 70, 57) oder die Ansprüche des Auftraggebers auf Herausgabe des durch einen Auftrag Erlangten (*BGH* WM 1962, 180, 181).

19.2 Pfandrechte (§ 12 Abs. 1 GesO)

19.2.1 Allgemeines

Gem. § 12 Abs. 1 GesO sind Gegenstände, an denen Dritten ein Pfandrecht zusteht, vom Verwalter an die Berechtigten herauszugeben, wenn er nicht das Pfandrecht durch Zahlung ablöst. Da die Vorschrift nicht zwischen rechtsgeschäftlichen und gesetzlichen Pfandrechten unterscheidet, bezieht sie sich auf beide Arten von Pfandrechten. **227**

Soweit an Sachen ein Pfandrecht bestellt worden ist, sind diese vom Verwalter herauszugeben. Soweit Pfandrechte an Rechten bestehen, sind diese Rechte freizugeben bzw. hat der Verwalter zu erklären, daß er hinsichtlich der verpfändeten Rechte keine eigenen Rechte geltend macht. Der Pfandgläubiger ist der Prototyp des Absonderungsberechtigten (§ 1204 Abs. 1 BGB). **228**

Als Inhaber einer persönlichen Forderung ist der absonderungsberechtigte Gläubiger im Gesamtvollstreckungsverfahren und muß die ihm zustehende Forderung zum Verzeichnis anmelden und feststellen lassen. Daneben kann er den Pfandgegenstand aufgrund seines dinglichen Verwertungsrechtes auch nach Eröffnung des Gesamtvollstreckungsverfahrens unabhängig von diesem nach den Regeln über den Pfandverkauf (§§ 1234 ff. BGB) veräußern und sich aus dem Erlös befriedigen (§ 1247 BGB). Ein etwaiger Überschuß ist an den Verwalter abzuliefern, da der Schuldner aufgrund der nach § 1247 Satz 2 BGB eintretenden dinglichen Surrogation dessen Eigentümer ist. **229**

Gegenstand des Pfandrechts können sein Sachen (§§ 90, 1204 ff. BGB), übertragbare Rechte (§§ 1273 ff. BGB), Forderungen (§§ 1279 ff. BGB), Order- und Inhaberpapiere (§§ 1292, 1293 BGB). **230**

Wie rechtsgeschäftliche Pfandrechte werden nach der Rechtsprechung alle dinglichen Rechte behandelt, die zur Sicherung einer Forderung übertragen werden. Dazu gehören **231**

a) der erweiterte Eigentumsvorbehalt in der Form des sog. Kontokorrentvorbehalts nach der Befriedigung der eigentlichen Kaufpreisforderung,
b) der verlängerte Eigentumsvorbehalt,
c) die Sicherungsabtretung, Globalzession, unechtes Factoring,
d) die Sicherungsübereignung.

19.2.2 Die Pfandrechtsbestellung an beweglichen Sachen

Voraussetzung für ein wirksames Absonderungsrecht ist die wirksame Pfandrechtsbestellung, die nach den Regeln der §§ 1205 – 1207, 932, 934, 935 BGB; 366 HGB erfolgt. **232**
Voraussetzung einer wirksamen Verpfändung ist die Einigung zwischen dem Verpfänder und dem Pfandgläubiger sowie die Besitzübertragung mit dem Willen, Pfandbesitz zu begründen.

19.2.3 Die Pfandrechtsbestellung an Rechten

§ 12 GesO regelte in seiner ursprünglichen Gestalt die Berücksichtigung des Eigentumsrechts oder des Pfandrechts eines Dritten an Sachen, die der Verwertung im Rahmen der GesO zu unterfallen drohten. Durch die Verwendung des Wortes »Gegenstand« an Stelle »Sache« ist gesichert, daß auch Pfandrechte an Forderungen vom Verwalter zu respektieren sind. Ein wirksames Absonde- **233** rungsrecht durch Verpfändung von Forderungen kann nur dergestalt entstehen, daß der Gläubiger als Pfandnehmer und der Schuldner als Pfandgeber einigen und der Pfandgeber die Verpfändung vor Verfahrenseröffnung dem Drittschuldner anzeigt (§ 1280 BGB). Eine schuldrechtlich wirkende Kontosperre ist nicht ausreichend (*BGH* WM 1986, 749).

19.2.4 Gesetzliche Pfandrechte

234 Gesetzliche Pfandrechte können dem Vermieter und Verpächter (§§ 559, 581, 592 BGB), dem Pächter bei Mitverpachtung von Inventar (§ 590 BGB), dem Gastwirt bei Beherbergungsverträgen (§ 704 BGB), dem Sicherungsberechtigten aus der Hinterlegung (§ 232 BGB), dem Kommissionär am Kommissionsgut (§§ 397 ff. HGB), dem Spediteur am Speditionsgut (§§ 410, 411 HGB), dem Lagerhalter am Lagergut (§ 421 HGB) und dem Frachtführer am Frachtgut (§§ 430 ff. HGB) zustehen.

235 Die besitzlosen gesetzlichen Pfandrechte können nicht gutgläubig erworben werden (*RG* RGZ 108, 165; *BGH* BGHZ 34, 153, 158).
Die gesetzlichen Besitzpfandrechte (§§ 647, 590 BGB; 397, 410, 421, 440, 623 HGB) sowie die handelsrechtlichen Pfandrechte können gutgläubig erworben werden (§§ 1207 BGB, 366 HGB).

236 Den gesetzlichen Pfandrechten des Vermieters und Verpächters, die, um ein Absonderungsrecht zu begründen, vor Verfahrenseröffnung entstanden sein müssen (*RG* RGZ 71, 76), unterliegen alle pfändbaren vom Mieter bzw. Pächter eingebrachten, ihm gehörigen Sachen (*RG* RGZ 60, 70, 73).

19.2.5 Pfändungspfandrechte

237 Ein Absonderungsrecht begründet ein vor der Verfahrenseröffnung wirksam entstandenes Pfändungspfandrecht (§§ 803 ff., 928 ff. ZPO; 463 StPO), wobei grundsätzlich Titelzustellung und Pfändungsbeschluß vor dem allgemeinen Veräußerungsverbot liegen müssen (*RG* RGZ 151, 239, 256). Hier muß jedoch § 7 Abs. 3 GesO beachtet werden.

19.3 Allgemeine Absonderungsrechte

238 Eine dem § 47 KO entsprechende Vorschrift enthält die GesO nicht. Es muß angenommen werden, daß es sich insoweit um ein Reaktionsversehen handelt. Die Regelungslücke kann bzw. muß durch entsprechende Abwendung des § 47 KO geschlossen werden.

239 Absonderungsberechtigt ist nach § 47 KO, wer ein Befriedigungsrecht aus unbeweglichen Gegenständen nach dem Sachenrecht und dem Immobiliarzwangsvollstreckungsrecht hat. Welche Gegenstände der Immobiliarzwangsvollstrekkung unterliegen, bestimmen die §§ 864, 865 i.V.m. §§ 93 ff., 1120 ff., 1265 BGB. Die §§ 10 bis 14 ZVG regeln dagegen, wer absonderungsberechtigt ist, welchen Inhalt das Absonderungsrecht hat und in welcher Rangfolge mehrere Berechtigte zu befriedigen sind.

240 Der abgesonderten Befriedigung unterliegen Grundstücke und grundstücksgleiche Rechte (§§ 864 Abs. 1, 870 ZPO). Hierzu zählen z.B. das Erbbaurecht, das Wohnungseigentum und das Teileigentum. Weiter unterliegen ihr die im Schiffsregister eingetragenen Schiffe und Schiffsbauwerke, die eingetragen sind oder eingetragen werden können (§§ 864, 870a ZPO). Luftfahrzeuge unterliegen der Zwangsversteigerung wenn sie in die Luftfahrzeugrolle eingetragen sind oder wenn für sie ein Pfandrecht im Register für Pfandrechte an Luftfahrzeugen eingetragen ist (§§ 171a, 171c ZVG).

19.4 Die Verwertungsmaßnahmen des Verwalters (§ 12 Abs. 2 GesO)

Die Verwertung der Gegenstände, die von Dritten beansprucht werden, ist bis zur Entscheidung über das Bestehen eines Eigentums- oder Pfandrechts auszusetzen. Dies bedeutet, daß der Verwalter keine Verfügungen über diese Gegenstände treffen darf. **241**

Verstößt der Verwalter gegen seine Verpflichtung gem. § 12 Abs. 2 GesO hat dies auf die Wirksamkeit der Rechtshandlung Dritten gegenüber keinen Einfluß (vgl. *RG* RGZ 63, 203). Der Verwalter kann sich aber persönlich haftbar machen (§ 8 Abs. 1 Satz 2 GesO). **242**

20. Masseansprüche (§ 13 GesO)

20.1. Einleitung

§ 13 GesO enthält eine Regelung über die vorab zu befriedigenden Masseansprüche sowie die Festlegung, in welcher Reihenfolge in massearmen Verfahren diese Verbindlichkeiten von dem Verwalter mit Zustimmung des Gerichts zu befriedigen sind. **243**

20.2 Masseansprüche

Die Masseansprüche sind in § 13 Nr. 1–3 GesO erschöpfend aufgezählt, wobei die Positionen innerhalb der einzelnen Nummern den gleichen Rang haben. Eine erweiternde Auslegung des Masseschuldbegriffs und des Massekostenbegriffs ist unzulässig. **244**

Masseansprüche sind keine Gesamtvollstreckungsforderungen und werden deshalb nicht in das von dem Verwalter aufzustellende Vermögensverzeichnis (§ 11 Abs. 1 GesO) aufgenommen. **245**

Wird ein solcher Masseanspruch irrtümlich in das Vermögensverzeichnis aufgenommen, verliert die Forderung nicht ihr Vorrecht. **246**

Bezahlt der Verwalter irrtümlich eine Gesamtvollstreckungsforderung als Masseanspruch, kann er den Betrag aus dem Gesichtspunkt der ungerechtfertigten Bereicherung zurückverlangen. **247**

20.3 Vorabbefriedigung

Die Masseansprüche sind »vorab« zu berichtigen; dies bedeutet, daß die Masseansprüche gegenüber dem Verwalter geltend gemacht werden müssen und unabhängig von einem Verteilungsverfahren und vor allen Gläubigern aus der Masse zu befriedigen sind. Den Masseansprüchen gehen lediglich Eigentums- und Pfandrechte Dritter (§ 12 GesO) vor. **248**

Erfüllt der Verwalter einen anerkannten Masseanspruch nicht, so kann der Gläubiger seine Forderung mit einer Zahlungsklage gegen den Verwalter geltend **249** machen, und sobald er über einen Titel verfügt, in die Masse vollstrecken. Öffentlich-rechtliche Körperschaften und das Finanzamt können die Masseansprüche durch Leistungs- bzw. Beitragsbescheide geltend machen.

250 Ein Massegläubiger kann mit einem vor Eröffnung des Verfahrens erwirkten Titel nicht gegen den Verwalter vollstrecken, und zwar auch dann nicht, wenn er die Vollstreckungsklausel gegen den Verwalter hat umschreiben lassen.

251 Stellt der Verwalter fest, daß die verfügbare Masse nicht ausreicht, um alle Masseansprüche zu befriedigen, muß er die Masseunzulänglichkeit feststellen und unverzüglich die Beteiligten unterrichten.

20.4 Schuldner der Masseansprüche

252 Die Masseansprüche richten sich gegen den Schuldner, da die Masse selbst kein Rechtssubjekt ist. Die Geltendmachung erfolgt durch Klage gegen den Verwalter, was der Sache nach nichts anderes ist, als eine Klage gegen den durch den Verwalter vertretenen Schuldner.

20.5 Die Masseansprüche des § 13 Abs. 1 Nr. 1 GesO

20.5.1 Die Kosten der Verwaltung

253 Die notwendigen Kosten der Verwaltung sind diejenigen Kosten, die im Interesse aller Gläubiger entstehen und die erforderlich sind, um das Befriedigungsverfahren durchzuführen. Es sind die notwendigen Verbindlichkeiten und Kosten, damit der Zweck des Verfahrens, das Vermögen des Gemeinschuldners zu verwerten und zu verteilen, erreicht werden kann.

254 Bei Grundstücken sind die laufenden öffentlichen Ausgaben, wie Grundsteuern, Kanalisationsgebühren, Brandversicherungsbeiträge, Schornsteinfegergebühren und dergleichen mehr Aufwendungen der Verwaltung.

255 Die Einkommensteuer auf den Veräußerungsgewinn von Massegegenständen stellt nur insoweit Massekosten dar, als der Veräußerungsgewinn der Masse zugeflossen ist und nicht an die Pfandgläubiger abgeführt wurde (*BFH* NJW 1985, 511).

256 Die Grunderwerbsteuer, die bei der Veräußerung durch den Verwalter anfällt, gehört zu den Verwaltungskosten.

257 Soweit durch Maßnahmen des Verwalters Gesellschaftssteuer anfällt, handelt es sich um Verwaltungskosten. Das gleiche gilt für die bei Fortführung des Betriebs anfallende Gewerbesteuer.

258 Hinsichtlich der Umsätze, die der Verwalter nach der Verfahrenseröffnung tätigt, ist der Verwalter umsatzsteuerpflichtig, so daß die Umsatzsteuer insoweit zu den Verwaltungskosten gehört.

259 Die Umsatzsteuer, die dadurch entsteht, daß der Verwalter (Sicherungsgeber) sicherungsübereignete Gegenstände an den Sicherungsnehmer herausgibt, gehört zu den Verwaltungskosten, wobei zu beachten ist, daß der Verwalter gegen den Sicherungsnehmer keinen Anspruch auf Freigabe des Umsatzsteueranteils aus dem Erlös hat. Der Anfall der Umsatzsteuer kann vermieden werden, wenn der Verwalter die Gegenstände aus dem Massebeschlag freigibt.

Die in der Zeit der Sequestration vor der Verfahrenseröffnung begründeten Umsatzsteuerforderungen sind keine Verwaltungskosten. **260**

20.5.2 Ansprüche, die durch den Abschluß oder die Erfüllung von Verträgen entstehen

Verwaltungskosten sind insbesondere Verbindlichkeiten, die der Verwalter durch Rechtsgeschäfte und Rechtshandlungen im Rahmen seiner Tätigkeit nach der Verfahrenseröffnung in seiner Eigenschaft als Verwalter begründet. **261**

Die Verwaltungskosten werden nicht auf die Geschäfte beschränkt, die unmittelbar der Verwertung dienen, sondern weitergehend auf alle Geschäfte mit Dritten, die der Verwaltung und der Verwertung der Masse zu dienen geeignet sind, z.B. die Aufnahme eines Darlehens für die Betriebsfortführung. Demnach gehören zu den Verwaltungskosten beispielsweise die Miete aus abgeschlossenen Mietverträgen, Löhne für die Kosten der zu Lasten der Masse weiterbeschäftigten Arbeitnehmer, die Darlehensrückzahlungsansprüche aus Massedarlehen, Wechsel- und Scheckverbindlichkeiten einschließlich der Wechselkosten, die der Verwalter eingegangen ist, Gewährleistungsansprüche gegen die Masse aus der Verwertung von Massegütern, Gerichts- und Anwaltskosten für Masseprozesse, die nach der Verfahrenseröffnung begonnen wurden oder zumindest insoweit als sie nach Wiederaufnahme der Rechtsstreite nach Verfahrenseröffnung entstanden sind. **262**

Auch die Ansprüche des Geschäftsführers ohne Auftrag, der für den Verwalter handelt, auf Ersatz seiner Aufwendungen stellen Verwaltungskosten dar. Das gleiche gilt für Schadensersatzansprüche aus Vertragsverletzungen und unerlaubten Handlungen, die der Verwalter bei der ihm obliegenden Verwaltung begangen hat, unabhängig davon, daß insoweit auch eine persönliche Haftung des Verwalters gegeben ist. **263**

Bei den Gegenseitigkeitsschuldverhältnissen i.S.d. § 13 Abs. 1 Nr. 1 GesO handelt es sich um Verträge, deren Erfüllung zur Masse verlangt wird und für die Zeit nach der Verfahrenseröffnung erfolgen muß. Wird die Erfüllung eines Vertrages verlangt, sind alle Ansprüche des Vertragspartners, auch eventuell rückständige Forderungen, Masseansprüche (*BGH* KTS 1961, 8, 9), und zwar nicht nur die Hauptforderungen, sondern auch alle Neben-, Schadensersatzansprüche wegen Verzugs oder des Unvermögens zu erfüllen, und zwar einschließlich der Gewährleistungsansprüche. **264**

Bei den Verträgen, deren Erfüllung für die Zeit nach der Verfahrenseröffnung erfolgen muß, handelt es sich im wesentlichen um Dienst- und Arbeitsverträge sowie Miet- und Pachtverträge. **265**

20.5.3 Forderungen aus der Geltendmachung von Forderungen und Rechten

Zu den Forderungen aus der Geltendmachung von Forderungen und Rechten des Schuldners gehören alle Prozeßkosten, die in der Verfolgung von Forderungen und Rechten entstehen, einschließlich eventueller Sachverständigengebühren. **266**

20.5.4 Ablösung von Pfandrechten

Zu den Masseansprüchen gehören alle vom Verwalter zu zahlenden Beträge mit denen berechtigte Pfandrechte Dritter abgelöst werden. Dies gilt auch, wenn der **267**

Verwalter sicherungsübereignete Gegenstände unter Ablösung der Forderung des Sicherungsnehmers zur Masse zurückerwirbt.

20.6 Der Masseanspruch des § 13 Abs. 1 Nr. 2 GesO

268 Masseansprüche i.S.d. § 13 Abs. 1 Nr. 2 GesO sind alle Gerichtsgebühren und Auslagen, die der Schuldner zu tragen hat, wie z.B. die Gebühren für das Verfahren und die Durchführung des Verfahrens. Zahlt ein Gläubiger einen Kostenvorschuß, so ist er insoweit in dem nachfolgenden Verfahren Massegläubiger.

269 Ebenfalls Masseansprüche sind die vom Gericht nach Maßgabe der Vergütungsverordnung (§ 21 GesO) festgesetzten Vergütungsansprüche des Verwalters und des Gläubigerausschusses.
Auch die Kosten einer Sequestration (§ 2 Abs. 3 GesO) fallen unter die Massekosten nach Nr. 2.

20.7 Die Masseansprüche des § 13 Abs. 1 Nr. 3 GesO

270 Nach § 13 Abs. 1 Nr. 3 GesO werden unter Berücksichtigung einer zeitlichen Beschränkung von 6 Monaten vor dem Gesamtvollstreckungsverfahren die Ansprüche aus dem Arbeitsverhältnis als Masseansprüche erfaßt.
§ 13 Nr. 3a GesO regelt die rückständigen Lohn- und Gehaltsforderungen der Arbeitnehmer für einen Zeitraum von sechs Monaten vor Eröffnung des Gesamtvollstreckungsverfahrens. Nach dem Gesetzeswortlaut besteht zumindest ein sprachlicher Unterschied zu der Regelung des § 59 Abs. 1 Nr. 3 KO. Diese Vorschrift stellt auf die Bezüge aus einem Arbeitsverhältnis ab.

20.8 § 13 Abs. 2 GesO

271 Nach § 13 Abs. 2 GesO werden die durch § 13 Abs. 1 Nr. 3a und 3b GesO zu Masseschulden erhobenen Ansprüche der Arbeitnehmer und Sozialversicherungsträger zum Teil zu Konkursforderungen herabgestuft. Es handelt sich dabei um die Ansprüche der Arbeitnehmer und der Sozialversicherungsträger, die die BA als Trägerin der Kaug-Versicherung anstelle des in Konkurs gegangenen Arbeitgebers zu erfüllen hat und die deshalb nach § 141 m AFG auf die BA übergingen oder von den Sozialversicherungsträgern zugunsten der BA gegen die Masse geltend zu machen sind (§ 141 n AFG).

21. Verspätet angemeldete Forderung (§ 14 GesO)

272 Der Verwalter hat nach Ablauf der Anmeldefrist eingehende Forderungsanmeldungen noch anzuerkennen und in das Vermögensverzeichnis aufzunehmen, wenn die Verspätung unverschuldet (siehe hierzu eingehend *Hess/Binz/Wienberg* GesO, § 14 Rz. 65 ff.) war und das Gericht zustimmt.

273 Wird eine Forderung verspätet, also nach Ablauf der Anmeldefrist angemeldet, hat der Verwalter zunächst selbst zu prüfen, ob die Verspätung verschuldet ist. Kommt der Verwalter zu dem Ergebnis, daß das Verschulden fehlt, muß das Gesamtvollstreckungsgericht zustimmen, bevor die nachträgliche Aufnahme in das Vermögensverzeichnis möglich ist.

Ist der Verwalter bereit, die Forderung in das vorläufige Verzeichnis aufzunehmen, verweigert das Gericht jedoch die Zustimmung, kann der hiervon betroffene Gläubiger gegen die Entscheidung des Gerichtes mit der sofortigen Beschwerde (§ 20 GesO) vorgehen (*BGH* ZIP 1994, 157). **274**

22. Gläubigerversammlung und Gläubigerausschuß (§ 15 GesO)

22.1 Einberufung der Gläubigerversammlung

Die Gläubigerversammlung kann als Organ der Gläubigerverwaltung nur von dem Gericht einberufen werden. **275**

Aus der Formulierung des § 15 Abs. 1 Satz 2 GesO, daß die Gläubigerversammlung einberufen werden muß, wenn dies von dem Verwalter, vom Gläubigerausschuß oder von Gläubigern verlangt wird, deren Forderung mindestens ⅕ der Schuldenmasse umfaßt, ergibt sich, daß das Gericht von Amts wegen die Gläubigerversammlung einberufen kann, wenn es dies für erforderlich erachtet. Bei der Einberufung der Gläubigerversammlung sind Ort, Zeit und Tagesordnung bekanntzugeben und die Ladungsfristen einzuhalten (§§ 217, 219, 227 ZPO). **276**

22.2 Leitung und Beschlußfassung der Gläubigerversammlung

In der unter der Leitung des Gerichts stattfindenden Sitzung der Gläubigerversammlung obliegt es dem Richter oder dem Rechtspfleger, die Aufgabe der Sitzungspolizei wahrzunehmen (§ 176 GVG). **277**

Da die Sitzung der Gläubigerversammlung nicht vor dem erkennenden Gericht i.S.d. § 169 GVG erfolgt, ist die Verhandlung nicht öffentlich. **278**

An den nichtöffentlichen Gläubigerversammlungen können teilnehmen der Verwalter, Massegläubiger bzw. deren Vertreter (§§ 80 ff. ZPO) und Beistände (§ 90 ZPO), die Mitglieder des Gläubigerausschusses und die gem. § 175 Abs. 2 GVG vom Gericht zugelassenen Personen, wie Pressevertreter (*LG Frankfurt* ZIP 1983, 344). **279**

Die teils vertretene Auffassung, Gläubiger, deren Ansprüche gem. § 13 GesO vorab aus der Masse zu befriedigen seien, oder die Rechte an bestimmten Gegenständen nach § 12 GesO hätten, dürften nicht an der Gläubigerversammlung teilnehmen, trifft nicht zu. **280**

Nach § 15 GesO sind die Gläubiger durch das Gericht einzuberufen. Nach der gängigen juristischen Terminologie ist Gläubiger derjenige, der aus einem Schuldverhältnis berechtigt ist, vom Schuldner eine Leistung zu fordern (§ 241 BGB). Sowohl auf Berechtigte gem. § 13 GesO, die auf Herausgabe oder auf Feststellung einer Forderung klagen können, als auch auf Massegläubiger treffen diese Voraussetzungen zu, alle diese Personen sind berechtigt, eine Leistung zu fordern. **281**

Wird Massegläubigern, Absonderungsberechtigten und Pfandrechtsgläubigern die Teilnahme an der Gläubigerversammlung verwehrt, kann ein entsprechender Gerichtsbeschluß wegen »greifbarer Gesetzeswidrigkeit« angefochten werden (vgl. *BGH* vom 19. 10. 1989 – III ZR 111/88 – NJW 1990, 838, 840). **282**

283 Nicht geregelt ist, welche Forderungen zur Teilnahme an den Abstimmungen berechtigen. Entgegen den §§ 95, 96 KO ist aus dem Gesetz nicht zu entnehmen, ob neben den bereits festgestellten Forderungen auch den angemeldeten, aber noch nicht geprüften oder auch den bestrittenen Forderungen ein Stimmrecht zu gewähren ist.

284 Zweifelsfrei steht den Gläubigern, deren Forderungen festgestellt worden sind, das Stimmrecht zu, denn ihre Gläubigerstellung besteht nach § 15 Abs. 4 GesO sowohl dem Grunde als auch nach der Höhe der Forderung fest.

285 Bei noch nicht festgestellten oder bei bestrittenen Forderungen ist in entsprechender Anwendung des § 95 KO zu verfahren. Das Gericht hat unter summarischer Würdigung der für und gegen den Bestand der Forderung vorgebrachten Tatsachen und Beweismittel über das Stimmrecht zu befinden, sofern nicht gem. § 95 Abs. 1 Nr. 2 KO eine Einigung mit den Parteien herbeigeführt werden kann.

286 Massegläubiger sind zwar berechtigt an der Gläubigerversammlung teilzunehmen, haben jedoch kein Stimmrecht.

287 Absonderungsberechtigte Gläubiger haben in entsprechender Anwendung des § 96 KO Stimmrecht nur in Höhe des mutmaßlichen Ausfalls, wobei maßgebend zunächst die eigenen Angaben des Gläubigers sind. Widerspricht der Verwalter oder ein Gläubiger dem Stimmrecht, entscheidet das Gericht.

288 Aufschiebend bedingte Forderungen sind, falls kein Widerspruch erfolgt, zum vollen Betrag stimmberechtigt, andernfalls hat das Gericht zu entscheiden.

289 Das Gericht hat die Vertretungsmacht der anwesenden Gläubigervertreter zu prüfen und über den Gang der Gläubigerversammlung ein Protokoll zu führen (§§ 56, 79, 88 Abs. 2, 159, 165 ZPO).

290 Da die Beschlüsse der Gläubigerversammlung mit einfacher Mehrheit der anwesenden Gläubiger gefaßt werden, bedeutet dies, daß nur die erschienenen bzw. diejenigen Gläubiger, die einen Vertreter in die Gläubigerversammlung entsandt haben, stimmberechtigt sind, wobei die Beschlußfassung der Versammlung nicht von der Mindestzahl der erschienenen Gläubiger abhängig ist.

291 Ist kein Gläubiger erschienen, so liegt darin ein Verzicht der Gläubiger, einen anderen Verwalter zu wählen und ein Verzicht über die Bestellung eines Gläubigerausschusses zu beschließen.

292 Bei der Beschlußfassung ist die einfache Mehrheit der anwesenden Gläubiger ausreichend, wobei jedoch neben der Kopfmehrheit die absolute Mehrheit der Forderungsbeträge erreicht sein muß, d.h. neben der Kopfmehrheit muß mehr als die Hälfte der Summe der Forderungsbeträge dieser Gläubiger vereinigt werden.

22.3 Die Aufgaben der Gläubigerversammlung

22.3.1 Die Wahl eines anderen Verwalters

293 In der ersten auf die Ernennung des Verwalters folgenden Gläubigerversammlung können die Gläubiger einen neuen Verwalter wählen (§ 15 Abs. 3 Satz 1 GesO), der, wenn keine Versagungsgründe vorliegen, zu ernennen ist.

294 Das Gericht kann die Bestellung des gewählten Verwalters versagen, wenn er nicht geeignet erscheint (§ 15 Abs. 3 Satz 2 GesO). Dies ist dann der Fall, wenn zu befürchten ist, daß der Gewählte unzuverlässig oder unfähig ist oder wenn die Besorgnis besteht, daß der Gewählte die erforderliche Objektivität bei der Amtsführung vermissen läßt.

22.3.2 Die Wahl eines Gläubigerausschusses

Die Gläubigerversammlung kann aus dem Kreis der Gläubiger einen Gläubigerausschuß wählen (§ 15 Abs. 2 Satz 1 GesO). Dieser Gläubigerausschuß ist ein Selbstverwaltungsorgan zur Unterstützung und Überwachung des Verwalters. Die Rechte und Pflichten des Gläubigerausschusses ergeben sich aus § 15 Abs. 6 GesO. **295**

Der Gläubigerausschuß untersteht nicht der Aufsicht des Gerichts. Er erfüllt seine Aufgabe selbständig. **296**

Die Bestellung eines Gläubigerausschusses ist mit Ausnahme einer Gesamtvollstreckung über das Vermögen einer Genossenschaft (§ 103 GenG) freigestellt. Mehrere Gläubigerausschüsse sind unzulässig, und zwar auch dann, wenn mehrere Masseverwalter bestellt sind. **297**

Der Gläubigerausschuß muß aus mehreren natürlichen Personen bestehen. Wird ein Mitarbeiter des örtlichen Arbeitsamtes von der Gläubigerversammlung in den Gläubigerausschuß gewählt, so ist er grundsätzlich persönlich Mitglied des Gläubigerausschusses und nicht die BA (*OLG Köln* ZIP 1988, 992). Die Bestellung juristischer Personen zu Mitgliedern des Gläubigerausschusses ist nicht zulässig. **298**
Die Anzahl der Gläubigerausschußmitglieder ist nicht vorgeschrieben, zweckmäßig ist eine ungerade Anzahl, da dadurch eine Mehrheitsbildung gesichert ist.

Die Rechtsstellung eines Mitgliedes des Gläubigerausschusses endet durch Tod, Beendigung des Gesamtvollstreckungsverfahrens oder durch Kündigung aus wichtigem Grund. **299**

Die Kündigung des Gläubigerausschußmitgliedes darf nicht zur Unzeit erfolgen und kann in analoger Anwendung auf §§ 627, 671 BGB gestützt werden, da das Auftragsverhältnis zwischen Gläubiger und Gläubigerausschußmitglied beendbar ist und der Übernahme des Amtes eine Kündigung entgegensteht. **300**

22.3.3 Weitere Aufgaben der Gläubigerversammlung

Nach § 15 Abs. 5 GesO beschließt die Gläubigerversammlung über die Fortführung oder Schließung des Unternehmens des Schuldners und berät über den Abschluß eines Vergleichs. Dies bedeutet, daß über diese Maßnahmen die Gläubigerversammlung endgültig zu beschließen hat. **301**

Obwohl die Befugnisse der Gläubigerversammlung hinsichtlich der bezeichneten Maßnahmen umfassend sind, kann die Gläubigerversammlung die ihr eingeräumte Ermächtigung auf den Gläubigerausschuß und auch auf den Verwalter übertragen. **302**

22.4 Aufgaben des Gläubigerausschusses

22.4.1 Überwachung des Verwalters

Der Gläubigerausschuß hat den Verwalter bei seiner Geschäftsführung zu unterstützen und zu überwachen. Hierzu kann der Gläubigerausschuß eine Berichter- **303** stattung verlangen und Rechnungslegung fordern. Der Gläubiger kann auch unmittelbar selbst Kontrollen vornehmen. Der Gläubigerausschuß muß grundsätzlich nicht nur in seiner Gesamtheit handeln, sondern jedes einzelne Mitglied des Gläubigerausschusses kann tätig werden.

304 Es bleibt dem Gläubigerausschuß überlassen, ob und in welchem Zeitraum er ggf. eine Buchhaltungsprüfung durchführt.

305 Dem Gläubigerausschuß steht gegenüber dem Verwalter im Hinblick auf die Verwaltungsaufgaben kein Weisungsrecht zu.

306 Die Mitglieder des Gläubigerausschusses können die Interessen der Gläubiger auch gegenüber dem Vergütungsanspruch des Verwalters vertreten, wenn die Anhörung der Gläubiger nicht realisierbar ist.

22.4.2 Bedeutsame Rechtsgeschäfte

307 Bedeutsame Rechtsgeschäfte des Verwalters, wie Kreditaufnahmen, Übernahme von Verbindlichkeiten, Erwerb und Veräußerung von Grundstücken und andere Rechtshandlungen, die erhebliche Auswirkungen auf den Bestand des verwalteten Vermögens haben, bedürfen der Zustimmung des Gläubigerausschusses, soweit ein solcher bestellt ist.

308 Ein ohne Zustimmung des Gläubigerausschusses vom Verwalter eigenmächtig abgeschlossenes Rechtsgeschäft ist wirksam, kann jedoch ggf. Schadensersatzansprüche gegen den Verwalter auslösen.

309 Wird ein ohne Zustimmung des Gläubigerausschusses ausgeführtes Rechtsgeschäft genehmigt, kann dem Verwalter ein eigenmächtiges Handeln nicht mehr vorgeworfen werden.

310 Gebietet ein Eilfall sofortiges Handeln, so kann der Verwalter das Rechtsgeschäft unter der aufschiebenden Bedingung der nachfolgenden Genehmigung des Gläubigerausschusses abschließen.

311 Der Gläubigerausschuß kann die Zustimmung zu den zustimmungsbedürftigen Geschäften generell erteilen. Dies kann jedoch im Einzelfall zu einer Haftung führen, wenn sich die generelle Zustimmung als eine Pflichtverletzung herausstellt.

312 Die Zustimmung des Gläubigerausschusses beseitigt nicht die Verantwortlichkeit des Verwalters.

313 Nach der Formulierung des § 15 Abs. 6 Satz 3 GesO bedarf schon der schuldrechtliche Kaufvertrag, nicht nur das Erfüllungsgeschäft, über die Übertragung von Massegegenständen der Zustimmung des Gläubigerausschusses.

314 Als bedeutsame Rechtsgeschäfte kommen in Frage:

- das Erfüllungsbegehren des Verwalters gegenüber Vertragspartnern des Schuldners,
- Rechtsstreite, die der Verwalter anhängig macht,
- die Ablehnung der Aufnahme von Aktiv- und Passivrechtsstreiten,
- der Verzicht auf eine Klage oder der Verzicht auf die Einlegung von Rechtsmitteln,
- die Freigabe eines Anspruchs,

- der Abschluß eines gerichtlichen oder außergerichtlichen Vergleichs,
- der Abschluß eines Schiedsvertrages,
- die Anerkennung von Aus- und Absonderungsansprüchen sowie Masseansprüchen.

Ausdrücklich bedarf der Verwalter der Zustimmung zum freihändigen Erwerb **315**
bzw. Veräußerung eines unbeweglichen Gegenstandes. Zur Veräußerung von Früchten und Zubehör bedarf es nicht der Zustimmung des Gläubigerausschusses.
Zustimmungsfrei ist auch die Zwangsversteigerung und die freiwillige öffentliche Versteigerung von Grundstücken.

Die Zustimmung des Gläubigerausschusses wird regelmäßig auch benötigt bei **316**
der Veräußerung des Geschäftes als Ganzem oder des Warenlagers in seiner Gesamtheit.

Neben einer Darlehensaufnahme bedarf auch eine Schuldübernahme, die Über- **317**
nahme einer Bürgschaft, die Verpfändung beweglicher Gegenstände, die dingliche Belastung von Grundstücken der Zustimmung des Gläubigerausschusses.

22.5 Beschlußfassung des Gläubigerausschusses

Beschlüsse des Gläubigerausschusses erfolgen mit einfacher Mehrheit der anwe- **318**
senden Mitglieder. Dies bedeutet, daß die Beschlußfassung nicht auf dem schriftlichen Wege erfolgen kann.

Bei der Stimmabgabe hat jedes Gläubigerausschußmitglied eine Stimme. Bei **319**
Stimmengleichheit gilt der Antrag als abgelehnt.

Ein Gläubigerausschußmitglied ist an der Stimmabgabe gehindert, wenn ein mit **320**
ihm abzuschließendes Rechtsgeschäft erörtert wird. Dies gilt auch für Rechtsgeschäfte zwischen dem Verwalter und einem von dem Ausschußmitglied vertretenen Unternehmen.

23. Der Vergleich (§ 16 GesO)

23.1. Der Begriff des Vergleichs

23.1.1 Allgemeines

In den alten Bundesländern der Bundesrepublik Deutschland steht zur Regulie- **321**
rung der Insolvenzen neben dem in der KO geregelten Konkursverfahren aus dem Jahre 1871 das in der VglO aus dem Jahre 1935 geregelte Vergleichsverfahren zur Verfügung.
Das Vergleichsverfahren mit den in der VglO geregelten strengen Voraussetzungen, z.B. an die Vergleichswürdigkeit und die Mindestquote, hat keine weitreichende Bedeutung mehr.

Nach der GesO gibt es kein eigenständiges Vergleichsverfahren mehr, jedoch **322**
kann nach Maßgabe des § 16 GesO ein Vergleich abgeschlossen werden. Dieses Verfahren ist weitgehend den Vorschriften über den Zwangsvergleich in der KO nachgebildet (§§ 173 ff. KO).

323 Der Vergleich gibt die Möglichkeit, den Interessen aller Beteiligten weitestgehend gerecht zu werden; insbesondere verbunden mit einem – allerdings nicht notwendigen – Teilerlaß bietet er die Gewähr dafür, daß nach Verfahrensabschluß keine nicht von vornherein feststehenden Nachforderungen erhoben werden, und zwar ohne Rücksicht auf eine eventuelle günstige wirtschaftliche Entwicklung des Schuldners.

324 Den Gläubigerinteressen ist dadurch gedient, daß sie zumeist – durch Bereitstellung von Drittmitteln – mit einer höheren Quote auf ihre Forderung rechnen können, als im Falle der vollständigen Abwicklung des Gesamtvollstrekkungsverfahrens und daß die Möglichkeit besteht, von unabhängiger Seite Sicherheiten für die Durchführung des Vergleichs zu erhalten.

325 Unberührt von dem Vergleich bleiben die Rechte der Massegläubiger, der bevorrechtigten Gläubiger, der Aus- und Absonderungsberechtigten, letztere allerdings unterliegen hinsichtlich ihres Ausfalls nach Realisierung der Sicherungsrechte dem Vergleich. Ist eine vollständige Befriedigung der Masseansprüche und der bevorrechtigten Forderungen nicht möglich und erklären diese Gläubiger keinen Vorrangsverzicht, scheidet ein Zwangsvergleich aus.

23.1.2 Die Rechtsnatur des Vergleichs

326 Nach der gesetzlichen Formulierung, daß der Vergleich auf einem Vorschlag des Schuldners beruht, und der Tatsache, daß das Gericht in seinen Möglichkeiten auf Verwerfung bei Vorliegen eng abgegrenzter Voraussetzungen oder Bestätigung beschränkt ist, spricht vieles dafür, daß der Vergleich Vertragscharakter hat. Der an die Gläubiger gerichtete, im Vergleichstermin erklärte Vergleichsvorschlag des Schuldners stellt das Vertragsangebot dar, die mehrheitliche Zustimmung der Gläubiger die Annahme. Gegen das Zustandekommen des Vergleichs im Wege eines Vertrages spricht nicht, daß den Wirkungen des Vergleichs Zwangscharakter zukommt.

23.1.3 Die zeitliche Abfolge

327 Nach § 16 Abs. 2 GesO kann der Abschluß des Vergleichs erfolgen nach Abhaltung des allgemeinen Prüfungstermins (§ 11 Abs. 2 GesO) und vor Genehmigung der Schlußverteilung (§ 18 Abs. 1 GesO).

328 Damit die Abstimmung über den Vergleich und insbesondere die Feststellung der Mehrheiten erfolgen kann, müssen die Stimmrechte rechtzeitig feststehen. Dies schließt jedoch nicht aus, daß gem. § 16 Abs. 4 Satz 2 GesO der Prüfungstermin und der Vergleichstermin verbunden werden können.

329 Die zeitlich letzte Möglichkeit zur Einreichung eines Vergleichsvorschlages liegt vor der Genehmigung der Schlußverteilung, d.h. der Zustellung des Genehmigungsbeschlusses an den Verwalter. Selbst ein Vergleichsvorschlag unmittelbar vor der Genehmigung der Schlußverteilung führt zu einer notwendigen Aussetzung dieser Genehmigung, um die verfahrensmäßig vorgegebene Behandlung eines Vergleichsvorschlages zu gewährleisten.

330 Ein nach der Genehmigung der Schlußverteilung eingereichter Vergleichsvorschlag ist unzulässig. Das Gericht hat allerdings im Hinblick auf die Interessen

der Gläubiger die Befugnis, eine bereits erteilte Genehmigung der Schlußverteilung zu widerrufen.

23.2 Der Vergleichsvorschlag und sein Inhalt

Der Vergleich kann nach § 16 Abs. 1 GesO nur auf Vorschlag des Schuldners abgeschlossen werden. Bei einer Personenmehrheit von Schuldnern ist nur ein einheitlicher Vorschlag beachtlich. **331**

Der Vorschlag selbst stellt noch nicht das bindende Vertragsangebot des Schuldners dar, sondern lediglich die inhaltlich substantiierte Ankündigung, im Vergleichstermin einen inhaltsgleichen Antrag zu stellen. **332**

Der Vergleichsvorschlag muß nach § 16 Abs. 3 GesO angeben, in welcher Weise die Befriedigung der Gläubiger erfolgen soll, sowie ob und in welcher Art eine Sicherstellung der Gläubigerforderungen bewirkt wird. **333**

Der Quotenvergleich kann vorsehen, daß die Gläubiger eine bestimmte Quote auf die angemeldeten Forderungen erhalten. Zwingend ist ein derartiger Teilerlaß der Forderungen allerdings nicht, mag er auch im Regelfall vereinbart werden. Eine Mindestquote, wie sie in der VerglO vorgesehen ist, gibt es nicht. **334**

Statt eines Teilerlasses oder verbunden mit ihm kann eine Stundung der Forderungen bzw. der verbleibenden Restforderungen vereinbart werden, regelmäßig verbunden mit einer besonderen Sicherung. **335**

Der Liquidationsvergleich (*RG* RGZ 1972, 116, 119) sieht vor, daß der Schuldner die gesamte Aktivmasse den Gläubigern zur anteilmäßigen Befriedigung hingibt, und zwar gegen Erlaß der nach der Verwertung verbleibenden Restforderungen, um das Recht jeder Nachforderung auszuschließen. Die Zulässigkeit derartiger Vergleiche, insbesondere im Hinblick auf das Gebot der Bestimmtheit des Vergleichsvorschlags, kann nicht in Frage gestellt werden. **336**

Auch eine Verbindung von Quoten- und Liquidationsvergleich ist grundsätzlich zulässig. **337**

Unzulässig ist allerdings die Verbindung des Liquidations- und Quotenvergleichs in der Form, daß bei Nichterfüllung eines als Soll-Ziel festgelegten Quotenvergleichs nachfolgend die Liquidation des Schuldnervermögens durchzuführen ist. Hier wird gegen den Bestimmtheitsgrundsatz verstoßen, da in einem derartigen Fall für die Gläubiger nicht voraussehbar ist, ob und wann die Liquidation eintreten wird und welche Vermögenswerte zugrunde gelegt werden. **338**

23.3 Vergleichsgläubiger

Nach § 16 Abs. 3 Satz 2 GesO müssen die vorab zu befriedigenden Gläubiger (§ 13 GesO) sowie die bevorrechtigten Gläubiger (§ 17 Abs. 1–4 GesO) voll befriedigt werden. Dies bedeutet, daß alle persönlichen Gläubiger des Schuldners beteiligt sind, die einen zur Zeit der Eröffnung des Verfahrens begründeten Vermögensanspruch haben. Demnach sind keine Vergleichsforderungen die Gestaltungsrechte (wie das Recht auf Anfechtung, zum Widerruf oder auf Wandlung eines Vertrages), die Ansprüche auf Vornahme von Handlungen, welche nur vom Schuldner persönlich vorgenommen werden können, Unterlassungsansprüche, **339**

Ansprüche auf deren Einklagbarkeit und Eintreibbarkeit der Gläubiger verzichtet hat, die Mitgliedschaftsrechte der Teilhaber einer Gesellschaft.

340 Keine Vergleichsgläubiger sind die Gläubiger, denen in der Gesamtvollstreckung Eigentums- und Pfandrechte zustehen (§ 12 GesO).

341 Keine Vergleichsgläubiger sind auch die Gläubiger, deren Forderungen nach § 13 GesO vorab zu begleichen sind oder nach § 17 GesO bevorrechtigte Befriedigung erlangen können.

23.4 Die Gläubigergleichbehandlung

342 Der Vergleich muß allen persönlichen Gläubigern des Schuldners gleiche Rechte gewähren. Die Notwendigkeit dieser Regelung ergibt sich schon aus dem Zwangscharakter des Vergleichs: Wenn eine überstimmte Minderheit schon an die Mehrheitsentscheidung gebunden sein soll, muß zumindest sichergestellt sein, daß nicht ein Teil der Gläubiger anderen gegenüber Vorteile erhält.

23.5 Der Vergleichstermin

343 Zur Abstimmung über den Vergleichsvorschlag ist nach § 16 Abs. 4 GesO eine Gläubigerversammlung durchzuführen. In dem Vergleichstermin wird über den Vergleichsvorschlag des Schuldners verhandelt, das Stimmrecht der Forderungen, soweit es bestritten wird, festgestellt und über den Vergleichsvorschlag abgestimmt.

344 Der Vergleichstermin ist grundsätzlich nicht öffentlich, das Gericht kann jedoch nach § 175 Abs. 2 GVG Presseberichterstatter zulassen, wenn es sich um ein für die gesamte deutsche Wirtschaft bedeutsames Verfahren handelt und Pressemitteilungen der Justizverwaltung nicht ausreichend sind (vgl. *LG Frankfurt* ZIP 1983, 344).

23.6 Die Abstimmung über den Vergleichsvorschlag

345 Nach § 16 Abs. 4 Satz 2 GesO erfordert die Annahme des Vergleichsvorschlags die einfache Stimmenmehrheit der anwesenden Gläubiger und eine Dreiviertelmehrheit der Forderungsbeträge dieser Gläubiger. Mit dieser Regelung soll eine differenzierte und möglichst gerechte Gestaltung der Abstimmungsmodalitäten erreicht werden, um den weitreichenden Konsequenzen der Zwangswirkung eines Vergleichs gerecht zu werden. Namentlich muß sowohl eine Überstimmung der Mehrzahl kleiner Gläubiger durch wenige Große als auch die der Hauptgläubiger mit nominal hohen Forderungen durch die Mehrheit der kleinen Gläubiger verhindert werden. Erreicht wird dieses Ziel durch eine Kombination der Kopf- und Summenmajorität.

346 Kommen in dem Vergleichstermin die kumulativ erforderlichen Mehrheiten nicht zustande, gilt der Vergleich als abgelehnt. Eine Wiederholung des Abstimmungstermins ist nicht vorgeschrieben und damit nicht zulässig.

347 Stimmberechtigt sind nur die Personen, welche am Vergleich teilnehmen, also nichtbevorrechtigte Gläubiger oder die Vorrechtsgläubiger, deren Forderungen angemeldet sind, nach einem Vorrechtsverzicht.
Nur die mündlich abgegebenen Stimmen der im Vergleichstermin anwesenden oder ordnungsgemäß vertretenen Gläubiger werden gezählt, während schriftliche

Erklärungen auch dann nicht berücksichtigt werden, wenn sie von Gläubigern mit festgestelltem Stimmrecht herrühren.

Aufgrund des Erfordernisses einer ausdrücklichen Zustimmung gelten Stimm- **348**
enthaltungen als Ablehnungen. Stehen einem Gläubiger mehrere eigenständige Forderungen zu, muß die Stimmabgabe dieses Gläubigers einheitlich erfolgen.

23.7 Bestätigung des Vergleichs

Nach § 16 Abs. 5 GesO bedarf der Vergleich der Bestätigung durch Beschluß des **349**
Gerichts. Der Zwangsvergleich kommt damit materiell-rechtlich durch die Abstimmung der Gläubiger über den Vergleichsvorschlag zustande. Wirksam wird er jedoch erst durch die Bestätigungsentscheidung des Gerichts, und zwar unabhängig davon, ob alle Gläubiger oder nur ein Teil von ihnen dem Vergleich zugestimmt haben, ob alle nicht bevorrechtigten Gesamtvollstreckungsgläubiger am Verfahren teilgenommen haben oder ob andere möglicherweise noch unbekannte Gläubiger die Vergleichswirkung gegen sich gelten lassen müssen.

Das Gericht hat hinsichtlich der Entscheidung, ob die Bestätigung erteilt oder **350**
versagt wird, keine Möglichkeit zur Ausübung eines Ermessens. Wenn alle für den Vergleichsabschluß maßgeblichen formellen und materiellen Vorschriften beachtet worden sind, besteht keine Verwerfungsmöglichkeit.

Der Bestätigungsbeschluß kann auch keine Modifizierung des Vergleichsvor- **351**
schlags, der Gegenstand der Abstimmung war, vorsehen und bewirken. Die Entscheidung kann neben der Verwerfung des Vergleichs im ganzen nur auf Bestätigung des Vergleichs in der Form lauten, wie er materiell-rechtlich zustande gekommen ist. Ebensowenig ist es möglich, eine partielle Bestätigung auszusprechen, da dies einer Abänderung des Vergleichsinhalts entspräche.

Mit der Rechtskraft des Bestätigungsbeschlusses sind die Möglichkeiten der Be- **352**
teiligten, dem Vergleich die Wirkung zu nehmen, erheblich eingeschränkt, weder den Gläubigern noch dem Vergleichsbürgen ist die Möglichkeit eröffnet, den Vergleich nach den Bestimmungen der §§ 119 ff. BGB wegen Irrtums anzufechten.

23.8 Die Versagungsgründe

Nach § 16 Abs. 5 Satz 3 GesO kann die gerichtliche Bestätigung versagt werden, **353**
wenn der Vergleich auf unlautere Weise zustande gekommen ist oder einen Teil der Gläubiger unangemessen benachteiligt. Mit dieser Bestimmung wird unredliches Verhalten des Schuldners sanktioniert, wobei die gesetzliche Regelung keine Voraussetzungen dafür enthält, wann das Verhalten des Schuldners unredlich war. Eine Unredlichkeit wird dann anzunehmen sein, wenn Vermögensstücke beiseite geschafft oder unterdrückt worden sind, wenn z.B. erdichtete Forderungen anerkannt wurden oder wenn der Schuldner bewußt die Verfahrenseröffnung verzögert hat. Unredlich ist insbesondere nach der gesetzlichen Regelung auch ein Verstoß gegen die Gläubigergleichbehandlung.

23.9 Die Wirkungen des bestätigten Vergleichs

Nach § 16 Abs. 5 Satz 2 GesO wirkt der Vergleich auch für und gegen die Gläu- **354**
biger, die nicht am Verfahren teilgenommen haben. Wenn der Vergleich gegen die Gläubiger wirkt, die nicht an ihm teilgenommen haben, muß er auch gegen

diejenigen gelten, die gegen den Vergleich gestimmt haben. Dies bedeutet, daß sämtliche nichtbevorrechtigten Gesamtvollstreckungsforderungen von dem rechtskräftig bestätigten Zwangsvergleich erfaßt und der Höhe nach nach Maßgabe der Vergleichsabrede begrenzt werden.

23.10 Die Zwangsvollstreckung aus dem Vergleich

355 Nach § 16 Abs. 6 GesO findet aus dem rechtskräftigen Vergleich die Vollstreckung statt. Hierzu sind den Gläubigern vom Amtsgericht vollstreckbare auszugsweise Ausfertigungen des Vergleichs zu erteilen.

24. Die Verwertung des Vermögens (§ 17 GesO)

24.1 Die Verwertung der Masse

356 Der Verwalter hat die Gesamtvollstreckungsmasse zu verwerten (§ 17 Abs. 1 GesO), d.h. bestmöglich in Geld umzusetzen. Sodann hat der Verwalter dieses Geld an die Insolvenzgläubiger zu verteilen, Hierzu ist die Aufstellung eines Verteilungsplanes und die Bestätigung eines Verteilungsvorschlages (§ 18 Abs. 2 GesO) erforderlich. Der Verwalter kann die Gegenstände freihändig veräußern, zwangsversteigern und auch im Wege des Pfandverkaufs verwerten. Die Verwertungserlöse sind mehrwertsteuerpflichtig. Die Steuerforderung gehört zu den vorab zu befriedigenden Massekosten (§ 13 GesO).

24.2 Das Schlußverzeichnis

357 Nach Abschluß der Verwertung hat der Verwalter das Schlußverzeichnis aufzustellen, in dem auf der Grundlage der anerkannten Forderungen ein Vorschlag über die Reihenfolge ihrer Befriedigung erfolgt. Das Schlußverzeichnis hat die in § 17 Abs. 3 Nr. 1–4 GesO aufgestellte Rangordnung zu berücksichtigen.

24.3 Die Rangordnung der Forderungen

24.3.1 Allgemeines

358 Der allgemeine Grundsatz der gleichmäßigen Gläubigerbefriedigung wird nicht nur dadurch durchbrochen, daß einzelnen Gläubigern ein Absonderungsrecht zusteht, die Masseschulden und Massekosten bevorzugt zu befriedigen sind, und die Zulässigkeit eines Aufrechnungsrechts weiterbesteht, sondern auch dadurch, daß bestimmten Gläubigern innerhalb der aufgeführten Rangklassen eine vorzugsweise Befriedigung gewährt wird.

359 Die bevorrechtigte Forderung ist eine Forderung, die zur Tabelle anzumelden und festzustellen ist. Das Vorrecht ist nur zu berücksichtigen, wenn es beantragt ist.

360 Neben den Vorrechten des § 17 Abs. 3 Nr. 1–3 GesO gibt es noch eine Vielzahl spezialgesetzlicher Vorrechte, die mit den Absonderungsrechten Ähnlichkeit haben wie:

a) das Vorrecht der Pfandbrief- und Schuldverschreibungsgläubiger im Konkurs der Hypothekenbank (§§ 5, 35 HypBank),
b) das Vorrecht der Versicherungsnehmer im Konkurs des Versicherungsvereins auf Gegenseitigkeit (§§ 66, 77 VAG),

c) das Vorrecht der Einkaufs-, Bezugs- und Umtauschkommittenten, Hinterleger und Verpfänder im Konkurs der Verwahrer, Pfandgläubiger und Kommissionäre nach §§ 1, 17, 18, 32 DepotG.

24.3.2 Die Rangfolge der Vorrechte nach § 17 Abs. 3 GesO

Die in § 17 Abs. 3 Nr. 1–3 GesO aufgeführten Forderungen sind in der vorgegebenen Rangfolge zu befriedigen. Die unter einer Nummer aufgeführten Forderungen teilen den gleichen Rang. **361**

24.3.3 Das Vorrecht des § 17 Abs. 3 Nr. 1a GesO

§ 17 Abs. 3 Nr. 1 GesO betrifft die Lohn- und Gehaltsforderungen der Arbeitnehmer wegen der Rückstände für das letzte Jahr vor der Verfahrenseröffnung oder dem Ableben des Schuldners, soweit die Forderungen nicht nach § 13 GesO Masseschulden sind. **362**
Als Rechtsgrund kann ein Arbeitsverhältnis, ein faktisches Arbeitsverhältnis oder ein anderes arbeitnehmerähnliches Rechtsverhältnis in Frage kommen, wobei es wesentlich ist, daß ein persönliches und rechtliches Abhängigkeitsverhältnis zum Schuldner bestehen muß (*BAG* MDR 1967, 953).

24.3.4 Der Umfang der bevorrechtigten Forderungen nach § 17 Abs. 3 Nr. 1a

Zu den Bezügen aus dem Arbeitsverhältnis, d.h. zu den Lohn- und Gehaltsforderungen im weitesten Sinne, gehören alle Entgelte und Naturalleistungen als Vergütung für die Arbeitsleistung. Kein Arbeitsentgelt ist der Anspruch auf Rückerstattung eines vom Arbeitnehmer dem Arbeitgeber gewährten Darlehens (*BAG* AP Nr. 3 zu § 61 KO). **363**

Ebenfalls nicht zu dem Arbeitsentgelt gehören die Ansprüche des Betriebsrats gegen den Arbeitgeber auf Erstattung des Sachaufwandes und der notwendigen Kosten nach § 40 BetrVG. Selbst wenn der Aufwand im Rahmen des Arbeitsverhältnisses seinen Anlaß darin findet, daß ein Arbeitnehmer Aufwendungen während seiner Betriebsratstätigkeit machen muß, sind die Aufwendungen nicht als Vergütung für die arbeitsvertraglich geschuldete Tätigkeit anzusehen. Diese Auffassung wird auch vom *BAG* (ZIP 1987, 1000) geteilt, mit der das BAG die frühere Rechtsauffassung, wonach dem Anspruch auf Erstattung notwendiger Betriebsratskosten das Vorrecht des § 61 Abs. 1 Nr. 1 KO zuerkannt worden war (*BAG* DB 1986, 711), aufgegeben hat. **364**

24.4 Das Vorrecht des § 17 Abs. 3 Nr. 1b

§ 17 Abs. 3 Nr. 1b GesO betrifft die rückständigen Sozialversicherungsbeiträge und Säumniszuschläge. Diese sind für die letzten 6 Monate vor der Verfahrenseröffnung Masseschulden nach § 13 GesO, soweit der Sozialversicherungsträger nicht Kaug in Anspruch nimmt. Wird Kaug in Anspruch genommen, können diese Sozialversicherungsbeiträge nur als bevorrechtigte Forderungen i.S.d. § 17 GesO geltend gemacht werden. Dies gilt jedoch nicht für die Winterbau-Umlage, auf die die §§ 141m und 141n AFG nicht anwendbar sind (*BSG* ZIP 1984, 465; *BSG* ZIP 1983, 707), so daß es bei der allgemeinen Regelung bleibt. Für die letzten 6 Monate vor der Verfahrenseröffnung ist die Forderung auf Zahlung von Winterbau-Umlage nach § 186a AFG i.V.m. der Winterbau-UmlageVO einschließlich Pauschale (§ 186a Abs. 2 Satz 3 AFG i.V.m. § 6 Winterbau-Um- **365** lageVO), eines Säumniszuschlages (§ 397 Abs. 1 RVO), Verzugszinsen (§ 397 a Abs. 2 RVO) sowie Kosten und Gebühren als Masseschuld und für den 6. bis 12. Monat vor Verfahrenseröffnung als bevorrechtigte Forderung gem. § 17 GesO festzustellen.

366 Rückständige Beiträge zur Berufsgenossenschaft sind Masseschulden, während die Ansprüche für den 7. bis 12. Monat vor Eröffnung bevorrechtigte Forderung i.S.d. § 17 GesO sind (*BSG* ZIP 1981, 998; *BVerfG* ZIP 1982, 1457).

24.5 Das Sozialplanvorrecht des § 17 Abs. 3 Nr. 1c GesO

367 § 17 Abs. 3 Nr. 1c GesO betrifft die Behandlung der nach der Verfahrenseröffnung aufgestellten Sozialpläne, d.h. die Einigung zwischen Unternehmer und Betriebsrat über den Ausgleich oder die Milderung der wirtschaftlichen Nachteile aus einer geplanten Betriebsänderung. Der Abschluß eines Sozialplanes setzt die Geltung der §§ 111 ff. BetrVG voraus. Es gelten damit alle für den Abschluß von Sozialplänen relevanten Vorschriften des BetrVG nach Maßgabe der §§ 112, 112a BetrVG.
Dies bedeutet aber auch, daß in betriebsratslosen Betrieben Sozialpläne nicht abgeschlossen werden können.

24.5.1 Der Sozialplanumfang

368 Der Umfang des berücksichtigungsfähigen, d.h. anmeldbaren und feststellungsfähigen Sozialplanes darf den Gesamtbetrag von 3 Monatsverdiensten der von Entlassung betroffenen Arbeitnehmer nicht übersteigen. Mit dieser Regelung, mit der die Rechtsmacht des Betriebsrats beschränkt wird, sollen die Interessen der übrigen Gläubiger geschützt werden, deren Befriedigungschancen durch einen unangemessenen Sozialplan beeinträchtigt würden.

24.6 Der rückständige Familienunterhalt des § 17 Abs. 3 Nr. 2

369 § 17 Abs. 3 Nr. 2 betrifft die Unterhaltsansprüche und den Familienaufwand für die letzten der Gesamtvollstreckung vorausgehenden 12 Monate.

370 Da der Personenkreis der Berechtigten nicht näher festgelegt ist, werden die Ansprüche der Ehefrau, der geschiedenen Ehefrau, der Kinder (Abkömmlinge 1. Grades), Mündel (unter Vormundschaft des Schuldners stehende Personen) sowie der Pflegebefohlenen (§ 1909 BGB) erfaßt.

24.7 Die Abgabenforderung des § 17 Abs. 3 Nr. 3 GesO

371 § 17 Abs. 3 Nr. 3 GesO betrifft das Vorrecht der öffentlichen Abgabenforderungen. Öffentliche Abgaben sind die Steuern und ähnliche steuerartige Abgaben sowie Zölle, deren Merkmal es ist, daß der Leistung des Steuerpflichtigen keine konkreten Vorteile zugeordnet werden können.

24.8 Die nichtbevorrechtigten Forderungen des § 17 Abs. 3 Nr. 4 GesO

372 Die verbleibende Masse nach Ausführung der Aus- und Absonderungsrechte, der Masseschulden, der Massekosten und der bevorrechtigten Forderungen dient der gleichmäßigen Befriedigung aller nichtbevorrechtigten Gesamtvollstreckungsgläubiger gem. § 17 Abs. 3 Nr. 4 GesO, wobei darauf hinzuweisen ist, daß es noch einige spezialgesetzlich geregelte zusätzliche Vorrechtsforderungen gibt (vgl. §§ 77 Abs. 4, 80 VAG; 32 DepotG; 35, 41, HypBankG).

Zu den nicht bevorrechtigten Forderungen gehören u.a. die Arbeitnehmeransprüche auf Arbeitsentgelt, die mehr als 12 Monate vor der Eröffnung des Gesamtvollstreckungsverfahrens rückständig sind. Das gleiche gilt für die Karenzentschädigung und für die Schadensersatzansprüche nach § 628 Abs. 2 BGB unabhängig, ob sie vor oder nach der Verfahrenseröffnung entstanden sind. **373**

24.9 Ausgeschlossene Forderungen

Obwohl das Gesetz keine Hinweise gibt, welche Forderungen im Gesamtvollstreckungsverfahren nicht geltend gemacht werden können, sind in entsprechender Anwendung des § 63 KO **374**

1. die seit der Eröffnung des Verfahrens laufenden Zinsen;
2. die Kosten, welche den einzelnen Gläubigern durch ihre Teilnahme an dem Verfahren erwachsen;
3. Geldstrafen, Geldbußen, Ordnungsgelder und Zwangsgelder sowie solche Nebenfolgen einer Straftat oder Ordnungswidrigkeit, die zu einer Geldzahlung verpflichten;
4. Forderungen aus einer Freigiebigkeit des Schuldners unter Lebenden oder von Todes wegen

von der Geltendmachung im Gesamtvollstreckungsverfahren ausgeschlossen. Für Forderungen, die nach Eröffnung des Verfahrens entstehen, folgt dies bereits aus der Intention des Gesamtvollstreckungsverfahrens. Danach sollen die persönlichen Gläubiger, welche einen zur Zeit der Eröffnung des Gesamtvollstreckungsverfahrens begründeten Vermögensanspruch an den Gemeinschuldner haben, gleichmäßig aus der Masse befriedigt werden. Eine Durchbrechung dieses Prinzips erfolgt nur durch die in § 13 GesO bzw. § 17 GesO normierten Ausnahmen.
Die ausgeschlossenen Forderungen können aus dem gesamtvollstreckungsfreien oder dem nach Beendigung des Gesamtvollstreckungsverfahrens freigewordenen Vermögen des Gemeinschuldners uneingeschränkt beigetrieben werden (*Kuhn/Uhlenbruck* KO, § 63 Rz. 1b m.w.N.).

25. Die Verteilung der Masse (§ 18 GesO)

25.1 Die Verteilung der Masse

25.1.1 Allgemeines

Die Vorschrift regelt das Verfahren der Verteilung des nach Verwertung des Schuldnervermögens erzielten Erlöses sowie die Verteilung des gepfändeten Vermögens, soweit es nicht veräußerbar ist. **375**
Darüber hinaus regelt die Vorschrift die Rechtsfolgen der Gesamtvollstreckung für die Gläubiger, die keine vollständige Befriedigung erfahren haben (»Restschuldbefreiung«).
Schlußtermin und Schlußverteilung sind in Anlehnung an §§ 161, 162 KO geregelt.

Grundlage der Verteilung ist der Verteilungsvorschlag des Verwalters (§ 17 Abs. 2 GesO). Dieser hat seine Grundlage im Verzeichnis der Verbindlichkeiten. Regeln über die Voraussetzungen einer Aufnahme in das Verzeichnis, wie sie die §§ 152, 153 KO darstellen, bestehen nicht. **376**

377 Im Schlußtermin wird der Verteilungsvorschlag mit den Gläubigern und dem Verwalter erörtert. Die Gläubiger können gegen den Vorschlag Einwendungen erheben, sofern sie durch ihn beschwert sind. Über Einwendungen entscheidet das Gericht, die Einwendungen werden entweder zurückgewiesen oder das Gericht ordnet eine Änderung oder Ergänzung des Vorschlags an.
Im übrigen entscheidet über die Billigung, Ergänzung oder Abänderung des Vorschlags die Gläubigerversammlung mit Kopf- und Summenmehrheit, stimmberechtigt sind nur die Gläubiger mit festgestellter und anerkannter Forderung.

378 Obwohl von § 18 nicht gefordert, soll in analoger Anwendung des § 151 KO der Verwalter vor der Vornahme einer Verteilung ein Verzeichnis der bei derselben zu berücksichtigenden Forderungen auf der Geschäftsstelle des Gerichts zur Einsicht der Beteiligten niederlegen und die Summe der Forderungen sowie den zur Verteilung verfügbaren Massebestand öffentlich bekanntmachen. Damit ist sichergestellt, daß alle Gläubiger als über die zur Verteilung anstehende Masse informiert gelten.

379 Die Niederlegung des Verzeichnisses soll dem Gläubiger die Möglichkeit bieten, wenn notwendig, Änderungen und Ergänzungen zu erwirken, falls die ihm zustehende Forderung unrichtig aufgenommen wurde.

380 Forderungen, die in das Verzeichnis nicht aufgenommen sind, bleiben bei der Verteilung ausgeschlossen, sobald die für Erhebung von Einwendungen gesetzte Ausschlußfrist abgelaufen ist.

381 Grundlage des Verzeichnisses ist die Tabelle einschließlich der Berichtigungen. Aufzunehmen sind die nachfolgend aufgeführten Forderungen, und zwar in voller Höhe ohne Berücksichtigung eventueller Abschlagsverteilungen und auch ohne Unterscheidung hinsichtlich der Forderungen, die durch Auszahlung und solchen, welche durch Zurückhaltung der Anteile zu berichtigen sind:

a) die zur Tabelle festgestellten Forderungen, auch wenn der Schuldner widersprochen hat und auch dann, wenn die Forderung nach der Feststellung erloschen ist, falls keine Vollstreckungsabwehrklage (§ 767 ZPO) erhoben wurde (*OLG Karlsruhe* ZIP 1981, 1231);
b) vom Verwalter bestrittene Forderungen, bei denen im Prüfungstermin ein vollstreckbarer Schuldtitel, ein Endurteil oder ein Vollstreckungsbefehl vorliegt (§ 146 Abs. 6 KO); § 12 Abs. 3 Satz 1 GesO schreibt die Zurückbehaltung der erforderlichen Beträge bis zur Entscheidung über das Bestehen bestrittener Ansprüche vor. Weil aber eine dem § 152 KO vergleichbare Regelung fehlt, besteht für den Anmelder kein Zwang zur Klageerhebung innerhalb eines bestimmten Zeitraums. Nach Auffassung von *Gottwald* (InsolvenzRHdb, Nachtrag GesO, S. 99) kann eine Lösung nur darin gefunden werden, daß die Gläubigerversammlung im Schlußtermin Fristen bestimmt, innerhalb deren die Klagen des § 11 Abs. 3 GesO zu erheben und anzuzeigen sind.
   Eine analoge Anwendung von § 152 KO erscheint sachgerechter.
c) andere streitige Forderungen, wenn dem Verwalter die Betreibung der Feststellung bei Niederlegung des Verzeichnisses nachgewiesen ist. Entsprechendes gilt, wenn er das Vorrecht bestritten hat.
d) für bedingte und Ausfallforderungen müssen die Voraussetzungen a–c vorliegen mit der Maßgabe, daß

aa) bei der auflösend bedingten Forderung die Bedingung nicht eingetreten ist,
bb) bei aufschiebend bedingten Forderungen die Anwartschaft nicht aussichtslos ist,
cc) bei Ausfallforderungen für die Abschlagsverteilung die Glaubhaftmachung und vor der Schlußverteilung der Nachweis des Ausfalles erbracht ist.

Der Verwalter haftet für die Richtigkeit und Vollständigkeit des Verteilungsverzeichnisses. So ist der Verwalter verpflichtet, bei Erstellung des Schlußverzeichnisses den Inhalt der Tabelle mit den übrigen Unterlagen zu vergleichen und auf seine Richtigkeit und Vollständigkeit hin zu überprüfen (vgl. *OLG Hamm* ZIP 1983, 341). **382**

25.1.2 Die Zustimmung des Gerichts

Die Schlußverteilung bedarf der Zustimmung des Gerichts. Eine ohne Zustimmung des Gerichts vorgenommene Schlußverteilung des Verwalters macht aber die Schlußverteilung nicht nichtig. **383**

25.2 Die Abschlagsverteilung

25.2.1 Allgemeines

Nicht geregelt ist in § 18 GesO, ob eine Abschlagsverteilung, vorgenommen werden kann. Es sind keine Hinderungsgründe ersichtlich, die eine entsprechende Anwendung des § 149 KO verbieten würden. **384**
Nach dieser Vorschrift soll nach Abhaltung des allgemeinen Prüfungstermins, so oft hinreichende bare Masse vorhanden ist, eine Verteilung an die Gesamtvollstreckungsgläubiger erfolgen.
Gem. § 150 KO hat der Verwalter, wenn ein Gläubigerausschuß bestellt ist, zur Vornahme einer Verteilung dessen Genehmigung einzuholen.

Eine Abschlagsverteilung steht letztlich im Ermessen des Verwalters, diesem obliegt es nämlich festzustellen, ob hinreichend Masse zur Verfügung steht. **385**

25.3 Die Nachtragsverteilung

Aus § 12 Abs. 3 GesO ergibt sich, daß die Zulässigkeit der Nachtragsverteilung vorausgesetzt wird, wenn sie als solche auch gesetzlich nicht geregelt wurde. Die insoweit bestehende Gesetzeslücke kann durch analoge Anwendung des § 166 KO geschlossen werden. Danach findet eine Nachtragsverteilung statt, wenn nach der Schlußverteilung Beträge, welche von der Masse zurückbehalten sind, für dieselbe frei werden, oder Beträge, welche aus der Masse gezahlt sind, zur Masse zurückfließen. Diese sind von dem Verwalter nach Anordnung des Gerichts aufgrund des Schlußverzeichnisses zur nachträglichen Verteilung zu bringen. Die über die Verwaltung und Verteilung solcher Beträge abzulegende Rechnung unterliegt der Prüfung des Gerichts. **386**
Dasselbe gilt auch, wenn nach der Schlußverteilung oder der Aufhebung des Verfahrens zur Masse gehörige Vermögensstücke ermittelt werden.

Solche Geldmittel stehen zur Nachtragsverteilung zur Verfügung: **387**
a) wenn von der Masse zurückbehaltene Beträge frei werden (*BGH* WM 1973, 642),

b) wenn Beträge, die aus der Masse gezahlt werden, zurückfließen, beispielsweise weil der Empfänger aus dem Gesichtspunkt der ungerechtfertigten Bereicherung in Anspruch genommen werden konnte oder weil die Vergütung des Verwalters vom Gericht herabgesetzt und ihm aufgegeben wurde, die zuviel gezahlten Beträge zu erstatten (*OLG Celle* KTS 1972, 1972, 265);
c) wenn weitere Massebestandteile ermittelt werden. Hierzu gehören die Gegenstände, die der Schuldner verheimlicht hat, die Gegenstände, von denen der Verwalter irrtümlich ausging, daß sie nicht zur Masse gehören, die Gegenstände, bei denen der Verwalter zwar davon ausging, daß sie zur Masse gehören, deren Verwertung aber unterblieben ist sowie die Gegenstände, die nachträglich durch Anfechtung zur Masse gezogen werden konnten. Auch der Schadensersatzanspruch gegen den Verwalter ist ein solcher Massebestandteil.

388 Gegenstände, die der Verwalter freigegeben hat, können nachträglich nicht mehr zur Masse gezogen werden. Hat der Schuldner freigegebene Gegenstände veräußert, kann der Veräußerungserlös nicht mehr zur Masse gezogen worden, da die Freigabe als solche als einseitige empfangsbedürftige Willenserklärung unwiderruflich und grundsätzlich wegen Irrtums nicht anfechtbar ist und darüber hinaus eine Surrogation gesetzlich nicht vorgesehen ist.

389 Für die Nachtragsverteilung bleibt die Verwaltungs- und Verfügungsbefugnis des Verwalters bestehen (*BGH* WM 1973, 642). Kann der bisherige Verwalter mit der Nachtragsverteilung nicht mehr betraut werden, weil beispielsweise ein Schadensersatzanspruch gegen ihn geltend zu machen ist, ist ein neuer Verwalter zu bestellen.

390 Die Nachtragsverteilung findet auf Anordnung des Gerichts statt; die Anordnung steht im Ermessen des Gerichts (*LG Osnabrück* KTS 1957, 142, 143). Der Beschluß ist beschwerdefähig.

25.4 Der Vollzug der Verteilung

391 Die Abschlags-, Schluß- und Nachtragsverteilung nimmt der Verwalter unter Aufsicht des Gerichts vor.
Der Vollzug der Verteilung erfolgt durch die Auszahlung oder Zurückbehaltung der Anteile. Streitigkeiten, ob die Zurückbehaltung der Quote berechtigt ist, entscheidet das Prozeßgericht.

392 Gemäß § 18 Abs. 2 Satz 3 Hs 1 GesO kann nach der Vermögensverteilung bzw. nach Einstellung des Verfahrens ein Insolvenzgläubiger wegen einer Forderung, mit der er im Verfahren über das Vermögen einer natürlichen Person ganz oder teilweise ausgefallen ist, die Einzelzwangsvollstreckung nur betreiben, wenn der Schuldner über ein angemessenes Einkommen hinaus zu neuem Vermögen gelangt ist (zum Gesamtkomplex eingehend *Wenzel* Restschuldbefreiung in den neuen Bundesländern, RWS-Beiträge zum Insolvenzrecht, Bd. 14).
Die Vorschrift steht im Widerspruch zu § 164 Abs. 1 KO; § 164 Abs. 1 KO geht von einem unbegrenzten Nachforderungsrecht der Gläubiger gegen den früheren Gemeinschuldner nach Abschluß des Verfahrens aus.
Mit dieser Vorschrift wollte der Gesetzgeber in den neuen Bundesländern Verbrauchern und Selbständigen, die wirtschaftlich gescheitert und unter der Last ihrer Schulden ein Leben lang leiden würden, einen wirtschaftlichen Neuanfang ermöglichen (vgl. *Wenzel* a.a.O. S. 228).

26. Die Einstellung des Verfahrens (§ 19 GesO)

Nach Abhaltung des Schlußtermins (§ 18 Abs. 1 GesO), nach Verteilung des Erlöses an die Gläubiger (§ 18 Abs. 2 GesO) und nach Prüfung des Abschlußberichtes des Verwalters hat das Gericht von Amts wegen das Gesamtvollstreckungsverfahren einzustellen. **393**

Mit der Einstellung des Verfahrens erlangt der Schuldner das Verwaltungs- und Verfügungsrecht über das bisher der Gesamtvollstreckung unterliegende Vermögen zurück. **394**
Geschäftsunterlagen sind, soweit sie nicht mehr benötigt werden, an den Schuldner herauszugeben. Diesen trifft insoweit eine Rücknahmepflicht (*LG Hannover* KTS 1973, 191; vgl. auch *OLG Stuttgart* ZIP 1984, 1385).

27. Die sonstigen Vorschriften

Zur Zulässigkeit der Beschwerde gegen Entscheidungen des Gesamtvollstreckungsgerichts (§ 20 GesO) vgl. *Hess/Binz/Wienberg* GesO § 20 Rz. 1 ff.). Zur Vergütung des Gesamtvollstreckungsverwalter ist über § 21 GesO die Verordnung über die Vergütung des Konkursverwalters, des Vergleichsverwalters, der Mitglieder des Gläubigerausschusses und der Mitglieder des Gläubigerbeirats heranzuziehen (siehe hierzu die Kommentierung von *Hess/Binz/Wienberg* GesO Anhang I). Zu den Fragen der Gesamtvollstreckung bei Auslandsberührung (siehe *Hess/Binz/Wienberg* GesO, § 22 Rz. 1 ff.). **395**

Verordnung über die Beantragung und die Gewährung von Investitionszulagen für Anlageinvestitionen – Investitionszulagenverordnung – vom 4. Juli 1990

§ 1 Anspruchsberechtigter

Steuerpflichtige im Sinne des Einkommensteuergesetzes und des Körperschaftsteuergesetzes, die begünstigte Investitionen im Sinne der §§ 2 und 3 vornehmen, haben Anspruch auf eine Investitionszulage. Bei Gesellschaften im Sinne des § 15 des Einkommensteuergesetzes tritt an die Stelle des Steuerpflichtigen die Gesellschaft als Anspruchsberechtigter.

§ 2 Art der Investitionen

Begünstigte Investitionen sind die Anschaffung und die Herstellung von abnutzbaren beweglichen Wirtschaftsgütern,

1. die nicht zu den geringwertigen Wirtschaftsgütern im Sinne des § 6 Abs. 2 des Einkommensteuergesetzes gehören,
2. für die keine Sonderabschreibungen vorgenommen werden,
3. die im Zeitpunkt der Anschaffung oder Herstellung neu sind,

4. die nicht Personenkraftwagen sind,
5. die mindestens 3 Jahre nach ihrer Anschaffung oder Herstellung
   a) zum Anlagevermögen eines Betriebes oder einer Betriebsstätte in der Deutschen Demokratischen Republik gehören,
   b) in einer Betriebsstätte in der Deutschen Demokratischen Republik verbleiben und
   c) in jedem Jahr zu nicht mehr als 10 vom Hundert privat genutzt werden.

§ 3 Investitionszeiträume

Die Investitionen müssen
1. nach dem 30. Juni 1990 und vor dem 1. Juli 1991,
2. nach dem 30. Juni 1990 und vor dem 1. Juli 1992

abgeschlossen werden. Investitionen sind in dem Zeitpunkt abgeschlossen, in dem die Wirtschaftsgüter angeschafft oder hergestellt worden sind.

§ 4 Bemessungsgrundlage

Bemessungsgrundlage für die Investitionszulage ist die Summe der Anschaffungs- und Herstellungskosten der im Wirtschaftsjahr abgeschlossenen begünstigten Investitionen. In die Bemessungsgrundlage können die im Wirtschaftsjahr geleisteten Anzahlungen auf Anschaffungskosten und entstandenen Teilherstellungskosten einbezogen werden. In den Fällen des Satzes 2 dürfen im Wirtschaftsjahr der Anschaffung oder Herstellung der Wirtschaftsgüter die Anschaffungs- oder Herstellungskosten bei der Bemessung der Investitionszulage nur berücksichtigt werden, soweit sie die Anzahlungen oder Teilherstellungskosten übersteigen.

§ 5 Höhe der Investitionszulage

Die Investitionszulage beträgt

1. bei Investitionen im Sinne des § 3 Nr. 1	12 vom Hundert
2. bei Investitionen im Sinne des § 3 Nr. 2	8 vom Hundert

der Bemessungsgrundlage.

§ 6 Antrag auf Investitionszulage

(1) Der Antrag auf Investitionszulage ist bis zum 30. September des Kalenderjahres zu stellen, das auf das Wirtschaftsjahr folgt, in dem die Investitionen abgeschlossen wurden. Anzahlungen geleistet wurden oder Teilherstellungskosten entstanden sind.

(2) Der Antrag ist bei dem für die Besteuerung des Anspruchsberechtigten nach dem Einkommen zuständigen Finanzamt zu stellen. Ist eine Gesellschaft im Sinne des § 15 des Einkommensteuergesetzes Anspruchsberechtigter, so ist der

Antrag bei dem Finanzamt zu stellen, das für die einheitliche und gesonderte Feststellung der Einkünfte zuständig ist.
(3) Der Antrag ist auf einem amtlichen Vordruck, der von dem zuständigen Finanzamt anzufordern ist, zu erstellen und muß vom Anspruchsberechtigten eigenhändig unterschrieben sein. In dem Antrag müssen die Investitionen, für die eine Investitionszulage beansprucht wird, innerhalb der Antragsfrist so genau bezeichnet werden, daß ihre Feststellung bei einer Nachprüfung möglich ist.

§ 7 Besteuerung der Investitionszulage

Die Investitionszulagen gehören nicht zu den Einkünften im Sinne des Einkommensteuergesetzes. Sie mindern nicht die steuerlichen Anschaffungs- und Herstellungskosten.

§ 8 Festsetzung und Auszahlung der Investitionszulage

Auf die Investitionszulage sind die für Steuervergütungen geltenden Vorschriften der Abgabenordnung entsprechend anzuwenden. Dies gilt nicht für § 163 der Abgabenordnung. Die Investitionszulage ist innerhalb von 3 Monaten nach Bekanntgabe des Bescheides auszuzahlen.

§ 9 Verzinsung des Rückforderungsanspruchs

Ist der Bescheid über die Investitionszulage aufgehoben oder zu Ungunsten des Anspruchsberechtigten geändert worden, so ist der Rückzahlungsanspruch nach § 238 der Abgabenordnung vom Tag der Auszahlung der Investitionszulage, in den Fällen des § 175 der Abgabenordnung vom Tag des Eintritts des Ereignisses an, zu verzinsen. Die Festsetzungsfrist beginnt mit Ablauf des Kalenderjahres, in dem der Bescheid aufgehoben oder geändert worden ist.

§ 10 Verfolgung von Straftaten

Für die Verfolgung einer Straftat, die sich auf die Investitionszulage bezieht, sowie der Begünstigung einer Person, eine solche Straftat begangen hat, gelten die Vorschriften der Abgabenordnung über die Verfolgung von Steuerstraftaten entsprechend.

§ 11 Inkrafttreten

Diese Verordnung tritt mit ihrer Veröffentlichung in Kraft.

Die per September 1990 zur Verfügung stehenden Quellen für Investitionsmittel **395**
ergeben sich aus der nachfolgenden Zusammenstellung (aus Handelsblatt vom 12. 9. 1990):

- Kredite aus dem ERP-Sondervermögen
  Gefördert werden Investitionen von mehrheitlich in privatem oder genossenschaftlichem Besitz befindlichen und in selbständiger unternehmerischer Verantwortung geführten gewerblichen Unternehmen in der DDR, sowie Investitionen von Angehörigen der freien Berufe in der DDR. Die Kredithöchstgrenze ist auf 300 000 DM für westdeutsche Unternehmen und 1 Mill. DM für DDR-Unternehmen festgesetzt. Der Finanzierungsanteil soll in der Regel nicht über 50 % hinausgehen. Westdeutsche Unternehmen werden in der Regel nur berücksichtigt, sofern ihr Jahresumsatz 50 Mill. DM nicht übersteigt. Gesprächspartner und – im Falle der Kreditbewilligung – Vertragspartner des Antragstellers ist die von ihm gewählte Hausbank.
- Mittel aus dem KfW-Mittelstandsprogramm und dem KfW-Umweltprogramm
  Die beiden Programme der Kreditanstalt für Wiederaufbau können ebenfalls – ergänzend – für Investitionsfinanzierungen in der DDR in Anspruch genommen werden. Die Laufzeit der KfW-Kredite ist allerdings auf 10 Jahre begrenzt; der Zinssatz liegt zur Zeit im Mittelstandsprogramm bei 8,25 %, im Umweltprogramm bei 7,75 %. Der Auszahlungskurs beträgt in beiden Fällen 95 %. Der Kredithöchstbetrag ist auf 10 Mill. DM festgesetzt. Antragsberechtigt sind ausschließlich mehrheitlich private Unternehmen und Genossenschaften, deren Umsatz im allgemeinen 500 Mill. DM nicht übersteigen soll. Die Antragstellung erfolgt über die Hausbank.
- Kredite aus dem KfW-Anschubprogramm
  Die KfW gewährt Direktkredite an Unternehmen der gewerblichen Wirtschaft in der DDR, die sich (noch) in Staatseigentum befinden. Der Zinssatz ist von der jeweiligen Kapitalmarktsituation abhängig; als Regelfall ist eine Laufzeit von 10 Jahren vorgesehen. Finanzierungsanteil: max. 50 %.
- Kredite der Deutschen Ausgleichsbank
  Aus den Ergänzungsprogrammen der Deutschen Ausgleichsbank können von kleinen und mittleren Unternehmen in der DDR Kredite zur Finanzierung von Investitionen in Anspruch genommen werden. Die Förderung erstreckt sich auf Existenzgründungen und -festigungen, Betriebsverlagerungen, Innovationen sowie Investitionen im Bereich des Umweltschutzes. Der Kreditbetrag soll im allgemeinen 50 % der Investitionssumme nicht überschreiten. Die Laufzeit beträgt bis zu 10 Jahren, bei Umweltschutzinvestitionen gegebenenfalls auch 20 Jahre. Die Konditionen entsprechen denen der KfW-Programme. Die Antragstellung erfolgt über die Hausbank.
- Eigenkapitalhilfe zur Förderung selbständiger Existenzen in der DDR
  Zur Gründung und Festigung selbständiger Existenzen in der DDR werden im Rahmen des Eigenkapitalhilfeprogramms der Bundesregierung langfristige Darlehen mit eigenkapital-ähnlichem Charakter bereitgestellt. Die Darlehen haben eine Laufzeit von 20 Jahren, wovon die ersten 10 Jahre tilgungsfrei sind. Für die ersten 3 Jahre sind keine Zinszahlungen zu leisten; für das 4. bis 6. Jahr werden die Zinsen vom Bund stark verbilligt. Es ist ein Garantieentgelt in Höhe von 0,5 % p.a. vom jeweils in Anspruch genommenen Eigenkapitalhilfebetrag zu entrichten. Der Förderhöchstbetrag liegt bei 350 000 DM, in besonderen Fällen bei 400 000 DM. Die eingesetzten eigenen Mittel sollen 15 % der Bemessungsgrundlage nicht unterschreiten. Die Anträge können über jedes Kreditinstitut bei der Deutschen Ausgleichsbank gestellt werden.

- Kredite der EGKS und EIB
  Die Europäische Gemeinschaft für Kohle und Stahl gewährt für Investitionen in der DDR-Montanregionen, die mit der Schaffung neuer Arbeitsplätze verbunden sind, zinsgünstige Darlehen (Zinssubvention 2 bis 3 % p. a.). Mittelständischen DDR-Firmen stehen Kredite der Europäischen Investitionsbank zur Verfügung.
- Investitionszulage für Investitionen in der DDR
  Mit Wirkung vom 1. Juli dieses Jahres wird für die Anschaffung neuer beweglicher Wirtschaftsgüter des Anlagevermögens in der DDR eine Investitionszulage in Höhe von 12 % der Investitionsaufwendungen gewährt. Ab dem 1. Juli 1991 soll der Zulagensatz auf 8 % reduziert werden. Die Maßnahme ist befristet bis zum 30. Juni 1992. Der Antrag ist beim zuständigen Finanzamt bis zum 30. September des Jahres zu stellen, das dem Jahr der Investition folgt.
- Zuschüsse zur Förderung der wirtschaftsnahen Infrastruktur in Grenzkreisen zur Bundesrepublik
  Zur Förderung der wirtschaftsnahen Infrastruktur in den Grenzkreisen zur Bundesrepublik werden Mittel aus den öffentlichen Haushalten bereitgestellt. Die Zuwendungen werden im Wege der Vollfinanzierung als nichtrückzahlbare Zuschüsse gewährt. Antragsberechtigt sind neben öffentlich-rechtlichen Institutionen privatrechtliche juristische Personen mit Sitz in der DDR. Anträge sind schriftlich über die Kreis- und Bezirksverwaltungsbehörden an das Ministerium für Wirtschaft zu richten.
- Zuschüsse im Rahmen der Regionalförderung
  Geplant ist eine Förderung von Investitionen in der DDR, die nach dem 30. Juni 1990 begonnen worden sind, im Rahmen der Bund-Länder-Gemeinschaftsaufgabe »Verbesserung der regionalen Wirtschaftsstruktur«. Dabei soll für eine Übergangszeit von fünf Jahren das gesamte Gebiet der DDR zum Fördergebiet erklärt werden. Die Zuschüsse, die bis zu 23 % der Investitionsaufwendungen ausmachen können, werden für die Errichtung, Erweiterung, Umstellung oder grundlegende Rationalisierung, Erwerb und Verlagerung einer gewerblichen Betriebsstätte gewährt. Voraussetzung ist ein überwiegend überregionaler Absatz der hergestellten Produkte sowie die Schaffung bzw. Sicherung einer ausreichenden Zahl Dauerarbeitsplätzen.
- Bürgschaften des Bundes
  Der Einigungsvertrag sieht vor, daß zur leichteren Finanzierung der Modernisierung und Umstrukturierung von Unternehmen, die nicht oder nicht mehr zur Treuhandanstalt gehören, Bürgschaften des Bundes gemäß § 11 Abs. 1 des Haushaltsgesetzes in Anspruch genommen werden können. Voraussetzung ist, daß eine anderweitige Absicherung nicht möglich ist. Die Absicherung soll in Anlehnung an das NRW-Bürgschaftsprogramm erfolgen. Anträge können über die Hausbanken bei der Treuarbeit AG, Düsseldorf, eingereicht werden.
- Kredit- und Bürgschaftsprogramme der Länder für die DDR
  Bayern: Darlehen aus dem bayerischen DDR-Mittelstandsprogramm:
  Es werden an mittelständische Unternehmen mit Sitz in Bayern, die in der DDR investieren, Kredite mit einer Laufzeit von 7 oder 15 Jahren gewährt. Zinssatz 6,5 %, Auszahlung 98 %, Finanzierungsanteil 25 %.
- Ergänzungsdarlehen der Bayerischen Landesanstalt für Aufbaufinanzierung (LfA):

Die LfA ist bereit, den Finanzierungsanteil im DDR-Mittelstandsprogramm von 25 % auf 66 2/3 % anzuheben. Der Zinssatz dieser Kredite beträgt zur Zeit 8 %. Auszahlung 96 %.

- Ergänzungsdarlehen der LfA für sonstige DDR-Investitionen:
  Firmen, die das bayerische Mittelstandsprogramm nicht in Anspruch nehmen können, bietet die LfA Darlehen mit einer Laufzeit von 10 Jahren an. Zinssatz 8 %, Auszahlung 95 %. Höchstbetrag 4 Mill. DM.
- Bürgschaften im Rahmen des LfA-Bürgschaftsprogramms:
  Vorhaben mittelständischer bayerischer Unternehmen in der DDR können zu 80 % durch eine Bürgschaft abgesichert werden. Höchstbetrag 6 Mill. DM. Antragstellung jeweils über Kreditinstitut/LfA.

Hessen: Garantien für Beteiligungen an Unternehmen in Thüringen:
Das Land Hessen übernimmt Garantien zur Besicherung von Kapitalbeteiligungen und Gesellschafterdarlehen an gewerbliche Unternehmen in Thüringen. Antragsberechtigt sind kleine und mittlere Unternehmen, die ihren Sitz oder betrieblichen Schwerpunkt in Hessen haben. Der Umfang der Garantie beträgt bis zu 60 % der Einlage, höchstens aber 60 % des nachgewiesenen Schadens. Die Höhe der garantierten Einlage soll 1 Mill. DM je Unternehmen nicht übersteigen. Maximale Laufzeit 10 Jahre. Antrag über die Hessische Landesentwicklungs- und Treuhandgesellschaft mbH.

Baden-Württemberg: Darlehen im Rahmen des Mittelstandsförderungsprogramms Sachsen:
Privatgewerbliche Unternehmen und Angehörige freier Berufe sowie Existenzgründer im Raum Sachsen können zinsverbilligte Darlehen bis 20 000 DM, in Ausnahmefällen bis zu 50 000 DM in Anspruch nehmen. Gefördert werden Investitionen zur Existenzgründung, Modernisierung, Kapazitätserweiterung und Produktivitätssteigerung sowie Vorhaben im Bereich des Fremdenverkehrs. Zinssatz 7,5 %, Auszahlung 100 %. Laufzeit 15 bis 20 Jahre (max. 5 tilgungsfreie Jahre). Antragstellung über Kreditinstitut, Landeskreditbank Baden-Württemberg.

Niedersachsen: Bürgschaften zur Absicherung von Krediten an DDR-Unternehmen:
Privaten Unternehmen, die ihren Sitz in den Bezirken Magdeburg und Halle sowie in den Kreisen Heiligenstadt, Worbis, Nordhausen, Perleberg, Ludwigslust und Hagenow haben, werden Bürgschaften zur Finanzierung von Investitionen und zur Beschaffung von Waren und Material eingeräumt. Die Absicherung erstreckt sich auf bis zu 90 % des Ausfalles. Verbürgt werden Kredite bis zu 300 000 DM, gegebenenfalls bis zu 500 000 DM, mit Laufzeiten bis zu 10 Jahren. Antragstellung über Kreditinstitut/Treuarbeit AG.

Nordrhein-Westfalen: Bürgschaften für Investitionen in der DDR:
Verbürgt werden Kredite, die nordrhein-westfälische Unternehmen zur Teilfinanzierung von Joint Ventures-Beteiligungen sowie Betriebsstätten, Niederlassungen in der DDR in Anspruch nehmen. Die Finanzierung mit landesverbürgten Krediten ist bis zu 75 % des jeweiligen Investitions- und Betriebsmittelbedarfs möglich. Der Eigenkapitaleinsatz des Investors muß mindestens 25 % betragen. Dabei ist eine Anrechnung von Investitionszulagen und -zuschüssen (max. 15 %) möglich. Das Ausfallrisiko der Kreditinstitute ist auf 10 % begrenzt. Bei der Teilfinanzierung von Joint Ventures Beteiligungen können in NRW ansässige Projektgesellschaften als Kredit-

nehmer eingeschaltet werden; in diesen Fällen wird auf eine persönliche Haftung der Anteilseigner für das Kreditrisiko verzichtet. Antragstellung über Kreditinstitut: TreuarbeitAG (über 1 Mill. DM) bzw. Bürgschaftsbank NRW (unter 1 Mill. DM).
Rheinland-Pfalz: Bürgschaften für Kredite an rheinland-pfälzische Unternehmen zur Finanzierung von Investitionen und Beteiligungen in der DDR: Die Bürgschaften decken höchstens 80 % des Kreditbetrages ab. Es gelten die allgemeinen Bürgschaftsrichtlinien der Finanzierungs-Aktiengesellschaft Rheinland-Pfalz (Finag). Antrag über Kreditinstitut/Finag.

- Garantien für Beteiligungen und Gesellschafterdarlehen:
  Die Finag übernimmt Garantien (Laufzeit max. 10 Jahre) zur Absicherung von Kapitalbeteiligungen und Gesellschafterdarlehen rheinland-pfälzischer Unternehmen an mittelständischen Unternehmen in der DDR, insbesondere in Thüringen. Antragsberechtigt sind auch Projektgesellschaften, die ausschließlich zum Zweck einer Beteiligung in der DDR gegründet worden sind. Die Höhe der Garantie beträgt bis zu 60 % der Kapitaleinlage: sie erstreckt sich auf einen Betrag von max. 2 Mill. DM je Unternehmen. Antragstellung über Finag.
- Bürgschaften zur Förderung von Unternehmen in Thüringen:
  Kleine und mittlere Unternehmen in Thüringen, die sich mehrheitlich in Privateigentum befinden, können Bürgschaften zur Besicherung von Krediten zur Finanzierung von Investitionen beantragen. Die Höhe der Bürgschaft beträgt bis zu 80 %; die Obergrenze der zu verbürgenden Kredite liegt bei 300 000 DM, unter Umständen bei 500 000 DM. Antragstellung über Kreditinstitut/Finag.

Bei dem Erwerb früherer volkseigener Betriebe treten erhebliche Bewertungs- **396**
probleme auf. Da wegen der früheren Planwirtschaft nicht auf die Vergangenheitsergebnisse zurückgegriffen werden kann, hat der Hauptfachausschuß des Instituts der Wirtschaftsprüfer auf dem Gebiet der Rechnungslegung und Prüfung die Grundsätze zur Durchführung von Unternehmensbewertungen in der früheren DDR nach Maßgabe der nachfolgenden Stellungnahme modifiziert.

Teil K
Die Insolvenzordnung

Inhaltsübersicht **Rz.**

I. Einleitung

1 Die Insolvenzordnung (InsO) faßt ab dem 1. 1. 1999 das gesamte Konkurs-, Vergleichs- und Gesamtvollstreckungsrecht zu einem einheitlichen Verfahren zusammen. Ein Teil der arbeitsrechtlichen Vorschriften (§§ 113, 120–122, 125–128 InsO) findet aufgrund Art. 6 des arbeitsrechtlichen Gesetzes zur Förderung von Wachstum und Beschäftigung (BGBl. I 1996, 1476) in den alten Bundesländern, also dem Geltungsbereich der Konkursordnung schon jetzt Anwendung (siehe

hierzu *Hess/Weis* InVO 1996, 309). Da das Gesetz durch die lange Reformdiskussion schon jetzt Vorwirkungen zeigt und für die Sanierung mit den Regeln über den Insolvenzplan ein neuartiges Instrumentarium schafft, müssen sich Schuldner und Gläubiger rechtzeitig auf die Neuregelung einstellen.

1. Ziele der Insolvenzrechtsreform

Der Bundestag hat am 21. 04. 1994 eine neue Insolvenzordnung (InsO) verabschiedet, die voraussichtlich zum 01. 01. 1999 in Kraft treten wird. Damit wird eine mehr als 18jährige intensive Reformdiskussion beendet (vgl. *Kilger* Konkurs des Konkurses, KTS 1975, 142; *K. Schmidt* Das Insolvenzverfahren neuer Art – Kernprobleme der Insolvenzrechtsreform nach dem Kommissionsbericht, ZGR 1986, 178; *Uhlenbruck* Zum Regierungsentwurf einer Insolvenzordnung und dem Entwurf eines Einführungsgesetzes, KTS 1992, 499). **2**

Auslöser der Reformbemühungen war vor allem der Umstand, daß immer mehr Konkursverfahren mangels einer die Verfahrenskosten deckenden Masse abgewiesen und in weniger als 1 % der Insolvenzfälle das Vergleichsverfahren durchgeführt wurde (1992 wurden in den alten Bundesländern 73,7 % der Konkursanträge mangels Masse abgelehnt und in nur 0,2 % der Insolvenzfälle das Vergleichsverfahren durchgeführt. Vgl. *Doehring* Insolvenzstatistik Bundesrepublik Deutschland 1992, ZIP 1992, 1124). **3**

Wegen dieser angeblichen Funktionsunfähigkeit der KO und der VglO ist anläßlich der Wiedervereinigung in den 5 neuen Bundesländern anstelle der KO und der VglO die nur 23 Paragraphen umfassende Gesamtvollstreckungsordnung (GesO) in Kraft gesetzt worden. **4**

In ihrer Gliederung weicht die InsO von dem in der KO verfolgten Aufbau erheblich ab. Während in der KO das materielle Recht (§§ 1–71) als generelle Bestimmungen vorangezogen wird und das formelle Recht in den §§ 72 ff. geregelt ist, folgt die Paragraphenkette der InsO weitgehend dem verfahrensmäßigen Ablauf. **5**

Sinn und Zweck der neuen InsO ist wie bei den bisherigen Verfahren der KO, VerglO und GesO die Sammlung, Verteilung und optimale Verwertung des schuldnerischen Vermögens in einem gerichtlich kontrollierten Liquidationsverfahren. Im Vordergrund steht hierbei – anders als bei der Einzelzwangsvollstreckung – der Gedanke einer möglichst gerechten anteilmäßigen Befriedigung aller Gläubiger. Die Zielsetzung der VglO, ein Insolvenzverfahren zu vermeiden, wurde aufgegeben, indem der Insolvenzplan in das Insolvenzverfahren integriert wurde. **6**

Alle Ziele des Insolvenzrechts sollen in einem einheitlichen Insolvenzverfahren, in dem Liquidation, Sanierung und Restschuldbefreiung geregelt sind, erreicht werden. **7**

II. Verfahrensprinzipien der InsO

1. Erleichterte Verfahrenseröffnung

8 Durch die Schaffung des neuen Insolvenzgrundes der drohenden Zahlungsunfähigkeit (§ 18 InsO) soll eine frühzeitige Insolvenzantragsstellung durch den Schuldner gefördert werden. Drohende Zahlungsunfähigkeit ist nach der Legaldefinition des § 18 InsO gegeben, wenn der Schuldner voraussichtlich nicht in der Lage sein wird, die bestehenden Zahlungspflichten im Zeitpunkt der Fälligkeit zu erfüllen. Gläubiger können sich in ihrem Insolvenzantrag allerdings nicht auf den Eröffnungsgrund der drohenden Zahlungsunfähigkeit berufen. Damit soll verhindert werden, daß der Schuldner bereits im Vorfeld der Insolvenz durch einen Insolvenzantrag unter Druck gesetzt wird (vgl. Begr. RegE zu § 2 EInsO [= § 2 InsO], BR-Drucks. 1/92, abgedruckt in *Uhlenbruck* Das neue Insolvenzrecht, Insolvenzordnung und Einführungsgesetz nebst Materialien, 1994).

9 Dem Ziel, eine frühzeitige Antragsstellung zu fördern, dient auch § 26 Abs. 3 InsO, wonach derjenige, der einen Insolvenzantrag als gesetzlicher Vertreter einer insolventen Gesellschaft verzögert oder unterlassen hat, für einen Verfahrenskostenvorschuß haftet.

10 Eine Stärkung der Schuldnerposition und damit eine Motivation zur frühzeitigen Stellung des Insolvenzantrages stellt die Möglichkeit der Eigenverwaltung durch den Schuldner unter der Aufsicht eines Sachwalters dar. Bei dieser Neuregelung behält der Schuldner im wesentlichen die Verwaltungs- und Verfügungsbefugnis über sein Vermögen.

11 Die Möglichkeit, die Restschuldbefreiung im Falle der Insolvenzverzögerung (§ 290 Abs. 1 Nr. 4 InsO) zu versagen, soll den Schuldner mittelbar zu einem frühzeitigem Handeln animieren.

2. Die Einheitlichkeit des Insolvenzverfahrens

12 Die InsO stellt eine Synthese der bisherigen Regelungen des Insolvenzrechts dar. Sie faßt die Gesetzesmaterien der KO, der GesO und der VerglO in einem Gesetz in dem sog. einheitlichen Verfahren zusammen und beendet damit die seit dem Inkraftsetzen der GesO in den neuen Bundesländern bestehende Rechtsunsicherheit durch zwei unterschiedliche deutsche Insolvenzrechte. Durch die Insolvenzordnung wird das Insolvenzrecht in den »alten« und »neuen« Bundesländer vereinheitlicht.

13 Allerdings werden die bis zum 31. 12. 1998 nach der KO und der VerglO sowie der GesO eingeleiteten Verfahren nach den bisherigen Gesetzesregelungen abgewickelt.

3. Deregulierung des Verfahrens

14 Die InsO strebt in stärkerem Maße als bisher die Konkurs- und Gesamtvollstreckungsordnung eine flexible Insolvenzabwicklung an, bei der weniger die hoheitliche Regulierung, als eine einvernehmliche Bewältigung der Insolvenz auf der Grundlage privatautonomer Entscheidungen im Vordergrund stehen soll (vgl. Allg. Begr. RegE, abgedruckt in *Balz/Landfermann* Die neuen Insolvenzgesetze 1995, S. 12).

Dieses Ziel der InsO, eine Deregulierung des Insolvenzverfahrens zu erreichen, **15** hat sich besonders in den Regelungen über den Insolvenzplan niedergeschlagen, bei dem die Beteiligten in fast jeder Hinsicht von der gesetzlichen Regelung abweichen dürfen.

4. Die Abschaffung der Insolvenzvorrechte

Durch die Abschaffung der – sehr umstrittenen – Konkursvorrechte gemäß § 61 **16** KO, die bisher eine bestimmte Gläubigerklasse bevorzugten, soll eine gerechtere Verteilung der vorhandenen Masse und damit eine Verstärkung des Gleichbehandlungsgrundsatzes der Gläubiger erzielt werden. Durch die Abschaffung dieser Vorrechte können die bisher nicht privilegierten Gläubiger eine wesentlich höhere Quote erwarten.

5. Einbeziehung des Neuerwerbs

Gem. § 35 InsO gehört auch Vermögen, das der Schuldner während des Insol- **17** venzverfahrens erlangt, zur Insolvenzmasse. Die Einbeziehung des Neuerwerbs stellt eine wesentliche Neuerung gegenüber der KO dar, wonach nur das zur Zeit der Konkurseröffnung vorhandene Vermögen in die Konkursmasse fiel (§ 1 KO).

6. Einführung des Restschuldbefreiungsverfahrens

Die Möglichkeit, gemäß § 286 InsO die Restschuldbefreiung zu beantragen, soll **18** den betroffenen Schuldnern einen wirtschaftlichen Neubeginn ermöglichen und damit das Nachforderungsrecht der Gläubiger nach § 164 KO beenden. In den Genuß der Restschuldbefreiung kommen nur redliche Schuldner. Hierdurch soll ein Mißbrauch weitgehend vermieden werden. In der siebenjährigen Wohlverhaltensphase muß der Schuldner den abtretbaren Teil seiner Bezüge einem Treuhänder überlassen, der damit die Gläubiger quotal befriedigt. Nachteil dieser Regelung ist, daß nur ein Schuldner, der in der Lage ist, die Kosten des Treuhänders zu decken, die Möglichkeit der Restschuldbefreiung nutzen kann.

7. Eigenverwaltung unter Aufsicht eines Sachwalters

Das Insolvenzgericht kann die Eigenverwaltung unter Aufsicht eines Sachwalters **19** anordnen, wenn dies vor der Verfahrenseröffnung vom Schuldner beantragt worden ist oder wenn der Eröffnungsantrag vom Gläubiger gestellt worden ist, der Gläubiger einem entsprechenden Antrag des Schuldners zugestimmt hat (§ 270 Abs. 2 Nr. 1 und 2 InsO) und nicht zu erwarten ist, daß die Anordnung der

Eigenverwaltung zu einer Verzögerung des Verfahrens oder zu sonstigen Nachteilen für die Gläubiger führen wird (§ 270 Abs. 2 Nr. 3 InsO).

20 Das Gericht muß bei der Anordnung der Eigenverwaltung keine besonderen Nachforschungen anstellen. Wenn der Schuldner einen Antrag stellt, bzw. der antragstellende Gläubiger ihn für vertrauenswürdig hält, bestehen grundsätzlich keine Bedenken, daß der Schuldner bis zur Entscheidung der ersten Gläubigerversammlung das Verfahren unter Eigenverwaltung führt.

21 Wurde seitens des Gerichts die Anordnung der Eigenverwaltung abgelehnt, hat es nachträglich die Eigenverwaltung anzuordnen, wenn in der ersten Gläubigerversammlung die Anordnung beantragt wird. Dies ist ein Ausfluß aus der Autonomie der Gläubiger, denen es obliegt, die Abwicklungsform zu bestimmen.

22 Glaubt eine Minderheit in der Gläubigerversammlung, daß ihre Interessen durch die Anordnung der Eigenverwaltung gefährdet sind, so können die Beschlüsse der Gläubigerversammlung, die einen Teil der Gläubiger unangemessen benachteiligen, vom Gericht aufgehoben werden (§ 78 InsO).

8. Verschärfung des Anfechtungsrechts

23 Durch eine Verschärfung des Insolvenzanfechtungsrechts sollen in größerem Maße als bisher Rückgewähransprüche zur Masseanreicherung führen.

24 So ist eine Anfechtung von Schenkungen des Schuldners gem. § 134 InsO dann möglich, wenn sie in den letzten 4 Jahren vor Insolvenzantrag erfolgten, während bisher nach der KO eine Anfechtung nur bezüglich von Schenkungen aus dem letzten Jahr vor Konkurseröffnung bzw. von Schenkungen an den Ehegatten in den letzten 2 Jahren vor Konkursantrag möglich war. Hierbei hat sich zudem die Beweislast dahingehend geändert, daß der Beschenkte nachweisen muß, daß die Schenkung vor dem Anfechtungszeitraum lag.

25 Auch im Bereich der Absichtsanfechtung wurde der anfechtbare Zeitraum von einem auf zwei Jahre vor Insolvenzantrag ausgedehnt. Wenn der andere Teil den Benachteiligungsvorsatz des Schuldners kannte, ist eine Anfechtung allerdings nur noch innerhalb von zehn Jahren, statt bisher dreißig Jahren, möglich.

26 Der bisherige § 30 KO wurde durch die Neufassung des §§ 130, 131, 132 InsO erheblich verschärft. So sind zukünftig Rechtshandlungen, die Sicherheit oder Befriedigung gewähren, im Bereich der kongruenten Deckung innerhalb eines Zeitraums von bis zu 3 Monaten vor Insolvenzantragstellung anfechtbar, wobei die fahrlässige Unkenntnis des Anfechtungsgegners von der Zahlungsunfähigkeit für die Anfechtung ausreicht. Im Fall der inkongruenten Deckung wird die Beweislast dahingehend verändert, daß eine unwiderlegbare Vermutung der Kenntnis des Anfechtungsgegners fingiert wird, wenn es sich bei dem anderen Teil um eine dem Schuldner nahestehende Person handelte (§ 131 Abs. 2 InsO). In den Fällen, in denen die anfechtbare Handlung innerhalb eines Monats vor Insolvenzantragstellung lag oder innerhalb der letzten zwei bis drei Monate vor Antragstellung – sofern der Schuldner zu diesem Zeitpunkt bereits zahlungsunfähig war – ist eine Kenntnis des Anfechtungsgegners sogar ganz entbehrlich.

9. Verstärkung der Gläubigerautonomie

Der Gang des Insolvenzverfahrens wird in größerem Maß als bisher von den Gläubigern mitbestimmt. 27

Bereits im ersten Berichtstermin können die Gläubiger über den Fortgang des Verfahrens entscheiden (§ 157 InsO). 28

In Betracht kommt die Fortführung oder die Stillegung des schuldnerischen Betriebes. Außerdem kann die Gläubigerversammlung den Insolvenzverwalter mit der Ausarbeitung eines Insolvenzplanes beauftragen, dessen Ziele sie vorgibt. Der Insolvenzplan kann in erheblichem Umfang von den gesetzlichen Vorgaben abweichen, z.B. durch die Aufnahme von gesellschaftsrechtlichen Regelungen, Stundungen, etc.. 29
Die Entscheidung über die Annahme eines Insolvenzplans obliegt ebenfalls den Gläubigern (§ 235 ff. InsO).

10. Verwertungsrecht des Insolvenzverwalters

Die Insolvenzordnung sieht in § 166 Abs. 1 InsO eine Umkehrung des bisherigen Regel-Ausnahme-Verhältnisses der Konkursordnung vor, wonach grundsätzlich die Gläubiger zur Verwertung berechtigt waren. 30

Anstelle der Gläubiger ist nunmehr der Verwalter zur freihändigen Verwertung der Sicherungsgegenstände befugt, wenn er sie in Besitz hat. Dies wird bei besitzlosen Sicherungsrechten meistens der Fall sein, da der zunächst vom Schuldner ausgeübte Besitz ab dem Augenblick der Insolvenzeröffnung vom Insolvenzverwalter ausgeübt wird. Dagegen werden diejenigen Gegenstände, welche Gläubiger oder Dritte bereits vor Verfahrenseröffnung in unmittelbarem Besitz hatten, für eine Fortführung des schuldnerischen Unternehmens nicht erforderlich sein, so daß der Gläubiger verwerten kann. 31

Die Regelung des § 166 Abs. 1 InsO erlaubt es dem Insolvenzverwalter, unter Beibehaltung der bestehenden wirtschaftlichen Einheit, den Betrieb fortzuführen, sofern das Unternehmen eine Sanierungschance hat. Aber selbst im Fall der Liquidation ist diese Regelung wesentlich günstiger als die Verwertung durch die einzelnen Absonderungsberechtigten, da der Insolvenzverwalter die Möglichkeit hat, zusammengehörige Betriebsmittel, die zugunsten unterschiedlicher Gläubiger belastet sind, gemeinsam zu einem besseren Preis zu veräußern oder das gesamte schuldnerische Unternehmen als Einheit zu verwerten (vgl. Begr. RegE zu § 166 InsO, abgedruckt bei *Balz/Landfermann* Die neuen Insolvenzgesetze, 1995). 32

11. Abführung von Verfahrenskostenbeiträgen

Eine entscheidende Neuregelung gegenüber dem geltenden Recht enthält § 170 InsO. Danach ist der Insolvenzverwalter berechtigt, im Fall der Verwertung von Sicherungsgut von dem erzielten Verwertungserlös zunächst die Kosten der Feststellung und der Verwertung zu entnehmen. Als Feststellungskosten sind 33 pauschal 4 % des Verwertungserlöses anzusetzen (§ 171 Abs. 1 InsO). Bei den Verwertungskosten ist in der Regel ebenfalls von einer Pauschale – 5 % des Erlöses – auszugehen. Sofern die tatsächlichen Verwertungskosten jedoch erheblich darüber oder darunter liegen, können die tatsächlich entstandenen Kosten angesetzt werden (§ 171 Abs. 2 InsO).

34 Entgegen der ursprünglichen Konzeption im Regierungsentwurf (§§ 195, 196 EGInsO) ist in der Endfassung der InsO die Regelung, wonach dem Insolvenzverwalter auch die Erhaltungskosten erstattet werden, gestrichen worden. Zur Begründung führt der Ausschußbericht des Bundestages an, daß Streitigkeiten zwischen Insolvenzverwalter und Gläubigern über die Notwendigkeit und den Umfang von Erhaltungsmaßnahmen vermieden werden sollen.

35 Eine erhebliche Entlastung der Masse wird die Regelung des § 171 Abs. 2 InsO mit sich bringen, wonach der auf die Umsatzsteuer entfallende Betrag im Fall einer Verwertung aus dem Erlös zu entnommen werden kann. Nach bisherigem Recht ist der Gläubiger dagegen berechtigt, den Erlös samt des Umsatzsteueranteils zu behalten, während die Masse durch die Umsatzsteuerforderung des Finanzamtes – die bei einer Verwertung nach Konkurseröffnung eine Masseforderung darstellt – zusätzlich belastet wird.

12. Integration des Insolvenzarbeitsrechts

36 Das Insolvenzarbeitsrecht wurde in die Insolvenzordnung zum Teil integriert. (vgl. dazu *Warrikoff* Die Stellung der Arbeitnehmer nach der neuen Insolvenzordnung, BB 1994, 2338). So enthalten die §§ 113, 123 ff. InsO Regelungen über Sozialpläne, Interessenausgleich und Kündigungen. Durch § 126 InsO wird ein Beschlußverfahren zum Kündigungsschutz für den Fall ermöglicht, daß nicht innerhalb einer 3wöchigen Frist ein Interessenausgleich zustandekommt. Die Regelung des § 613 a BGB hat weiterhin Geltung im Insolvenzverfahren. Ergänzende Bestimmungen zum Betriebsübergang sind jedoch in den §§ 122 ff. InsO enthalten.

37 Der Bestand der Arbeitsverhältnisse wird durch die Eröffnung des Insolvenzverfahrens nicht berührt. Die Insolvenzeröffnung stellt auch keinen Grund zur fristlosen Kündigung dar.

38 § 113 InsO ermöglicht jedoch Insolvenzverwalter und Arbeitnehmern, ein Dienstverhältnis innerhalb einer Drei-Monats-Frist zu kündigen. Im Fall der Kündigung durch den Verwalter hat der Arbeitnehmer einen Anspruch auf Schadensersatz.

39 Gemäß § 123 InsO kann in einem Sozialplan, der nach der Insolvenzeröffnung aufgestellt wird, ein Gesamtbetrag von bis zu zweieinhalb Monatsverdiensten der zu entlassenden Arbeitnehmer für den Nachteilsausgleich vorgesehen werden. Für die Berichtigung von Sozialplanforderungen dürfen allerdings höchstens zwei Drittel der zur Verfügung stehenden Masse verwendet werden. Wird diese Obergrenze überschritten, so erfolgt eine anteilige Kürzung der Sozialplanansprüche.

Der Kündigungsschutz im Rahmen von Kündigungsschutzklagen wird dahingehend verkürzt, daß gemäß § 125 InsO im Fall des Zustandekommens eines Interessenausgleichs zwischen Insolvenzverwalter und Betriebsrat nur noch eine eingeschränkte Prüfung der Sozialauswahl nach § 1 KSchG möglich ist. **40**

Mit diesen Regelungen soll der Insolvenzverwalter von langfristigen Arbeitsrechtsprozessen im Interesse einer zügigen Insolvenzabwicklung verschont bleiben. **41**

Dem dient auch das Beschlußverfahren nach § 126 InsO, wonach in Betrieben ohne Betriebsrat das Arbeitsgericht festzustellen hat, daß die Kündigung bestimmter namentlich bezeichneter Arbeitnehmer durch dringende betriebliche Interessen bedingt und erforderlich ist. Diese Entscheidung ist in einem anschließenden Kündigungsschutzprozeß bindend (§ 127 InsO). **42**

III. Das Insolvenzgericht

1. Zuständigkeit des Insolvenzgerichts

Nach der InsO sind Insolvenzgerichte nur noch die Amtsgerichte am Sitz eines Landgerichtes. Die Konzentration der Gerichtszuständigkeit soll nach dem Willen des Gesetzgebers mit einer höheren Qualifikation der mit Insolvenzen befaßten Richter und Rechtspfleger verbunden sein (vgl. Begr. RegE zu § 2 InsO, abgedruckt bei *Balz/Landfermann* Die neuen Insolvenzgesetze, 1995). **43**

Nachteil dieser Regelung ist der Umstand, daß im Wege einer Zentralisierung der Insolvenzgerichte auch die Sachnähe der bisher mit Insolvenzen vertrauten kleineren Amtsgerichte vor allem in ländlichen Gegenden verlorengeht. Auf der anderen Seite werden gerade diese Gerichte durch die Zuweisung der Insolvenzsachen an zentrale Amtsgerichte erheblich entlastet, da die bestehenden Konkursdezernate aufgelöst und die bisher damit betrauten Richter und Rechtspfleger in anderen Bereichen eingesetzt werden können. **44**

Die Landesregierungen haben gemäß § 2 Abs. 2 InsO die Möglichkeit, die Zuständigkeiten abweichend festzulegen. **45**

Für die örtliche Zuständigkeit ist wie nach bisherigem Recht der Geschäfts- bzw. Wohnsitz des Schuldners maßgeblich (§ 3 InsO; § 71 KO). Auch an der funktionellen Zuständigkeit des Richters bzw. Rechtspflegers im Insolvenzverfahren ändert sich nach der Reform nichts (vgl. Art. 14 EGInsO § 18 RPflG). **46**

2. Das Verfahren vor dem Insolvenzgericht

Das Insolvenzverfahren nach der InsO ist dem Vollstreckungsrecht und damit der streitigen Gerichtsbarkeit zuzuordnen (*Hess/Obermüller* Die Rechtsstellung der Verfahrensbeteiligten nach der Insolvenzordnung, 1995, Rz. 1 ff.; zur KO: *Jaeger/Weber* KO § 72 Vorbem. 3 m.w.N.; *Pawlowski/Smid* Freiwillige Gerichtsbarkeit, 1993, S. 4; a.A. *Häsemeyer* Insolvenzrecht, 1992, S. 59; *Münzel* ZZP 66 (1953) 334 ff.; *Brehm* Freiwillige Gerichtsbarkeit, 1993, S. 40, die das Insolvenzrecht der **47**

Freiwilligen Gerichtsbarkeit zuordnen wollen). Entsprechend bestimmt § 4 InsO, daß die Regeln der ZPO im Insolvenzverfahren gelten, sofern keine abweichenden Vorschriften normiert sind (vgl. in diesem Zusammenhang die Zusammenstellung der einzelnen ZPO-Vorschriften, die in einem Insolvenzverfahren nach der InsO entsprechend anwendbar sind bei *Hess/Obermüller* Die Rechtsstellung der Verfahrensbeteiligten nach der Insolvenzordnung, 1996, Rz. 431).

48 Eine solche abweichende Regelung stellt die Anwendung des Amtsermittlungsgrundsatzes (§ 5 InsO) dar, die durch die besonderen Interessenlagen in der Insolvenz gerechtfertigt ist.

49 Die Entscheidungen des Insolvenzgerichts unterliegen anders als nach der KO nur in den Fällen der sofortigen Beschwerde, in denen das Gesetz dies vorsieht (§ 6 InsO). Nach der Begründung des Regierungsentwurfes zu § 6 InsO (abgedruckt in *Balz/Landfermann* Die neuen Insolvenzgesetze, 1995) soll hierdurch eine zügige Verfahrensabwicklung gewährleistet werden. Dementsprechend wird auch die weitere Beschwerde in eine Zulassungsbeschwerde umgewandelt (§ 7 InsO).

3. Aufgaben des Insolvenzgerichts

3.1 Eröffnungsverfahren

50 Zu den wesentlichen Aufgaben des Insolvenzgerichts gehört nach wie vor die Durchführung des Eröffnungsverfahrens (§§ 13–34 InsO). Innerhalb des Eröffnungsverfahrens sind die Befugnisse des Insolvenzgerichts zur Ergreifung von Sicherungsmaßnahmen im Interesse der Rechtssicherheit wesentlich detaillierter geregelt als in der Konkursordnung (§§ 21, 22 InsO). Eine wesentliche Neuregelung stellt in diesem Zusammenhang die Möglichkeit der Bestellung eines vorläufigen Insolvenzverwalters mit oder ohne allgemeine Verfügungsbefugnis dar. Er soll den Sequester nach bisherigem Recht ersetzen. Während das Rechtsinstitut der Sequestration im Wege der richterlichen Rechtsfortbildung entstanden war, ohne im Konkursrecht einen gesetzlichen Niederschlag gefunden zu haben, ist die Rechtsstellung des vorläufigen Insolvenzverwalters durch § 22 InsO genau definiert.

51 Gegenüber dem Schuldner kann das Insolvenzgericht ein allgemeines Verfügungsverbot verhängen und Zwangsvollstreckungsmaßnahmen untersagen (§ 2 Abs. 4 InsO).

52 Das Gericht hat bei Massearmut den Eröffnungsantrag abzuweisen oder bei ausreichender Masse einen Eröffnungsbeschluß zu erlassen, in dem u.a. der Insolvenzverwalter bestellt wird. Es hat die Frist für die Anmeldung der Forderungen durch die Gläubiger zu bestimmen, die Gläubiger zur Anmeldung ihrer Forderungen und Mitteilung der geltendgemachten Sicherungsrechte aufzufordern und den Eröffnungbeschluß gegebenenfalls an das zuständige Registergericht und das Grundbuchamt zu übermitteln.

3.2 Sicherungsmaßnahmen

Zur Sicherung der Masse hat das Insolvenzgericht alle Maßnahmen zu treffen, die erforderlich erscheinen, um bis zur Entscheidung über den Eröffnungsantrag eine den Gläubigern nachhaltige Veränderung der Vermögenslage des Schuldners zu verhindern (§ 21 Abs. 1 InsO). **53**

Das Insolvenzgericht kann **54**

a) dem Schuldner ein allgemeines Verfügungsverbot auferlegen oder Anordnungen treffen, daß Verfügungen des Schuldners nur mit Zustimmung eines vorläufigen Insolvenzverwalters zulässig sind (§ 21 Abs. 2 Nr. 2 InsO)
b) Maßnahmen der Zwangsvollstreckung in das bewegliche Vermögen gegen den Schuldner untersagen oder einstweilen einstellen (§ 21 Abs. 2 Nr. 3 InsO)
c) als ultima ratio den Schuldner zwangsweise vorführen und nach Anhörung in Haft nehmen lassen
d) einen vorläufigen Insolvenzverwalter bestellen (§ 21 Abs. 2 Nr. 1 InsO)

3.2.1 Das allgemeine Verfügungsverbot

Das Insolvenzgericht kann dem Schuldner ein allgemeines Verfügungsverbot auferlegen oder anordnen, daß Verfügungen des Schuldners nur mit Zustimmung des vorläufigen Insolvenzverwalters wirksam sind (§ 21 Abs. 2 Nr. 2 InsO). **55**

Verstößt der Schuldner gegen eine Verfügungsbeschränkung, so ist diese Verfügung nach §§ 24 Abs. 1, 81 Abs. 1 Satz 1 InsO unwirksam. Wird an den Schuldner geleistet und hat der Leistende das Verfügungsverbot nicht gekannt, wird er nur befreit, wenn er im Eröffnungsverfahren an den Schuldner leistet (§ 524 Abs. 1, 82 Satz 1 InsO). Hat er vor der öffentlichen Bekanntmachung der Verfügungsbeschränkung geleistet, so wird vermutet, daß er die Eröffnung nicht kannte (§ 82 Satz 2 InsO). **56**

Das Verfügungsverbot ist wie jede andere Verfügungsbeschränkung des § 21 Abs. 2 Nr. 2 InsO öffentlich bekanntzumachen (§ 23 InsO) und im Grundbuch einzutragen (§ 32 InsO). **57**

3.2.2 Das Vollstreckungsverbot

Nach herrschender Meinung werden grundsätzlich Zwangsvollstreckungen der Gläubiger durch die Anordnung des Verfügungsverbots nicht gehindert. Der Schutz der künftigen Insolvenzgläubiger geht dahin, daß die entgegen dem allgemeinen Verfügungsverbot betriebenen Zwangsvollstreckungen nicht zu einer Verwertung oder zur Befriedigung des Vollstreckungsgläubigers führen dürfen. **58**

§ 21 Abs. 2 Ziffer 3 InsO läßt zu, daß das Gericht die Zwangsvollstreckung in das bewegliche Vermögen untersagt bzw. einstellt, so daß die Gegenstände nach der Insolvenzeröffnung ggf. in die Masse fallen. **59**

Die Regelung war deshalb erforderlich, weil das allgemeine Vollstreckungsverbot des § 89 InsO nur für das eröffnete Insolvenzverfahren gilt. **60**

Das Vollstreckungsverbot soll dem Zweck dienen, zu vermeiden, daß das Schuldnervermögen zerschlagen wird und eine spätere Sanierung zu ermöglichen. **61**

3.2.3 Die Zwangsvorführung und die Haftanordnung

62 Als ultima ratio können die Vorführung und die Haft vom Richter angeordnet werden. Für die Anordnung der Haft gelten die §§ 904 bis 910, 913 ZPO. Haft kann nur angeordnet werden, wenn der angestrebte Zweck nicht mit anderen Mitteln zu erreichen ist.

63 Haft kann auch nur dann angeordnet werden, wenn der Schuldner gehört worden ist.

64 Ist der Schuldner keine natürliche Person so gilt entsprechendes für die organschaftlichen Vertreter, d.h. auch sie können gegebenenfalls nach Anhörung in Haft genommen werden, wenn dies zur Verwirklichung des Insolvenzzweckes geboten ist.

3.2.4 Der vorläufige Verwalter

65 Mit der Regelung der vorläufigen Insolvenzverwaltung in §§ 21 Abs. 2 Nr. 2, 22 InsO ist eine gesetzliche Regelung der Verwaltung des Vermögens des Schuldners vor der Eröffnung des Insolvenzverfahrens geschaffen worden. Dies beendet die Rechtsunsicherheit, die durch das Fehlen einer gesetzlichen Grundlage für die Sequestration im Konkursverfahren und im Gesamtvollstreckungsverfahren in der Vergangenheit entstanden ist und zu Zweifelsfragen Anlaß gegeben hat.

66 § 22 InsO unterscheidet zwei Arten der Handlungsbefugnis des vorläufigen Insolvenzverwalters.

1. Die Befugnis des Verwalters, wenn ein allgemeines Verfügungsverbot angeordnet ist und
2. die Befugnis des Verwalters ohne eine Anordnung eines solchen Verfügungsverbots.

67 Bei letzterem hat das Gericht die Pflichten des vorläufigen Insolvenzverwalters explizit zu bestimmen. Diese dürfen aber nicht über die des Insolvenzverwalters hinausgehen, wenn gleichzeitig ein allgemeines Verfügungsverbot an den Schuldner ergangen ist.

68 Fraglich ist, unter welchen Voraussetzungen das Gericht ein allgemeines Verfügungsverbot erläßt und die Verwaltungsbefugnis des vorläufigen Verwalters anordnet oder die Form wählt, in der dem vorläufigen Verwalter nur eingeschränkte Befugnisse gewährt werden.

69 Als ein Entscheidungsmaßstab kann die Wahrscheinlichkeit des Eintritts der Insolvenz gelten.

70 Wenn im Rahmen eines Gläubigerantrages die Forderung und der Insolvenzgrund schlüssig dargelegt und glaubhaft gemacht sind oder im Falle des Eigenantrages wird das Gericht ein allgemeines Verfügungsverbot verhängen.

71 In den Fällen der Kleinverfahren (§ 304 InsO) wird das Gericht von einem Verfügungsverbot Abstand nehmen.

72 Nach dem Wortlaut des § 22 InsO, der sich auf den Fall bezieht, daß ein vorläufiger Insolvenzverwalter bestellt wird, und dem Schuldner ein allgemeines Verfügungsverbot auferlegt wurde, könnte man meinen, es handele sich um die klassische Form der Sequestration. Wie der Sequester hat der vorläufige Insolvenzverwalter das Vermögen des Schuldners zu sichern und zu erhalten. Auch kann der vorläufige Insolvenzverwalter von sich aus ein Unternehmen, das der Schuldner betreibt, stillegen. Er bedarf dazu der Zustimmung des Gerichts gemäß § 22 Abs. 1 Nr. 2 InsO.

Allerdings ist zu beachten, daß nach § 22 Abs. 1 Satz 1 InsO, wenn dem Schuldner ein allgemeines Verfügungsverbot auferlegt wurde, die Verwaltungs- und Verfügungsbefugnis auf den vorläufigen Insolvenzverwalter übergeht. Der Sequester hingegen hat weder Verfügungs- noch Verwaltungsbefugnis; er ist nur berechtigt, die zur Masseerhaltung notwendigen Maßnahmen zu treffen. Auch ist der Sequester nur in außerordentlichen Sonderfällen für die Durchführung von Rechtsstreitigkeiten aktiv- und passivlegitimiert. Demgegenüber ist der vorläufige Insolvenzverwalter ab der Übernahme der Verwaltungs- und Verfügungsbefugnis nach § 24 InsO in Verbindung mit §§ 85 Abs. 1 Satz 1, 86 InsO berechtigt, anhängige Aktiv- und Passiv-Rechtsstreite aufzunehmen. **73**

3.2.4.1 Der vorläufige Insolvenzverwalter mit Verwaltungs- und Verfügungsbefugnis

Der vorläufige Insolvenzverwalter ist wie der endgültige Insolvenzverwalter zu bestellen, d.h., es gelten für ihn die §§ 56, 58 bis 66 InsO entsprechend. Dies bedeutet, daß der vorläufige Insolvenzverwalter eine natürliche Person sein muß, die unter der Aufsicht des Insolvenzgerichts steht (§ 58 InsO) und aus wichtigem Grund aus dem Amt entlassen werden kann (§ 59 InsO). **74**

Der vorläufige Insolvenzverwalter haftet für die Verletzung seiner Pflichten gemäß § 60 InsO und die Nichterfüllung von Masseverbindlichkeiten nach § 61 InsO. **75**

Der Anspruch gegen den vorläufigen Insolvenzverwalter auf Schadensersatz verjährt nach § 21 Abs. 2 Nr. 1 InsO i.V. m. § 62 InsO nach 3 Jahren. **76**

Die Vergütung des vorläufigen Insolvenzverwalters richtet sich nach den Vorschriften für den Insolvenzverwalter (§ 21 Abs. 2 Nr. 1 i.V. mit § 63 InsO). **77**

Nach § 21 Abs. 2 Nr. 1 i.V. mit § 66 InsO hat der vorläufige Insolvenzverwalter vor Beendigung seines Amtes einer Gläubigerversammlung Rechnung zu legen. **78**

Wenn der vorläufige Insolvenzverwalter seine Aufgaben aus tatsächlichen oder rechtlichen Gründen nicht ausführen kann, ist wie bisher die Bestellung eines Sonder-Insolvenzverwalters möglich. **79**

Wird dem vorläufigen Insolvenzverwalter nach § 22 Abs. 1 InsO die Verwaltungs- und Verfügungsbefugnis über das Schuldnervermögen übertragen, so hat er die vorrangige Aufgabe, das Vermögen des Schuldners zu sichern und zu erhalten. Ihm obliegt es, dafür Sorge zu tragen, daß die Aus- und Absonderungsrechte nicht vor der Verfahrenseröffnung verwirklicht werden. **80**

In seiner Eigenschaft als vorläufiger Insolvenzverwalter ist dieser berechtigt, die Geschäftsräume des Schuldners zu betreten und dort Nachforschungen anzustellen (§ 22 Abs. 3 Satz 1 InsO). **81**

82 Der Schuldner hat dem vorläufigen Insolvenzverwalter Einsicht in die Bücher und Geschäftsunterlagen zu gestatten und ihm alle erforderlichen Auskünfte zu erteilen (§ 22 Abs. 3 Satz 3 InsO).
Hierzu kann der Schuldner mit den Zwangsmitteln des § 98 InsO angehalten werden (§ 21 Abs. 3 InsO).

83 Der vorläufige Insolvenzverwalter mit Verwaltungs- und Verfügungsbefugnis hat nicht nur für die Vermögenssicherung zu sorgen, sondern gleichzeitig die Pflicht, alle Maßnahmen zu ergreifen, um das Schuldnervermögen in seinem Wert zu erhalten.
Daraus folgt, daß der vorläufige Insolvenzverwalter in der Regel nicht berechtigt ist, in diesem Stadium des Verfahrens die spätere Insolvenzmasse zu verwerten.

84 Nach der gesetzlichen Regelung ist der vorläufige Insolvenzverwalter mit der Verwaltungs- und Verfügungsbefugnis grundsätzlich verpflichtet, das Schuldnerunternehmen einstweilen fortzuführen (§ 22 Abs. 1 Nr. 2 InsO).

85 Im Rahmen der Vermögenssicherung ist der vorläufige Insolvenzverwalter berechtigt und verpflichtet, verderbliche Ware zu veräußern. War der Geschäftsbetrieb vor der Bestellung des vorläufigen Insolvenzverwalters eingestellt worden, braucht der vorläufige Insolvenzverwalter den Betrieb nicht wieder aufzunehmen.

86 Falls bei einer Betriebsfortführung hohe Verluste entstehen und dieAussichten für eine Sanierung gering sind, kann es erforderlich sein, daß der vorläufige Insolvenzverwalter schon im Eröffnungsverfahren den Betrieb ganz oder teilweise stillegt. Hierzu hat er die Zustimmung des Insolvenzgerichts einzuholen.

3.2.4.2 Der vorläufige Insolvenzverwalter ohne Verwaltungs- und Verfügungsbefugnis

87 Wird ein vorläufiger Insolvenzverwalter bestellt, ohne daß dem Schuldner ein allgemeines Verfügungsverbot auferlegt wird, so bestimmt das Gericht die Pflichten des Verwalters. Das Gericht kann dem vorläufigen Insolvenzverwalter alle Befugnisse einräumen, die erforderlich sind, um das Schuldnervermögen zu sichern und nachteilige Veränderungen in der Vermögenslage zu verhindern. Die vom Gericht festgelegten Pflichten dürfen nicht über diejenigen hinausgehen, die einem vorläufigen Insolvenzverwalter mit Verfügungsbefugnis zustehen.

3.2.4.3 Der vorläufige Insolvenzverwalter als Sachverständiger

88 Das Insolvenzgericht kann den vorläufigen Insolvenzverwalter mit Verfügungsbefugnis zugleich auch als **Sachverständigen** einsetzen und ihn beauftragen zu prüfen, ob ein Eröffnungsgrund vorliegt (§ 22 Abs. 1 Nr. 3 InsO).

89 Darüber hinaus kann dem vorläufigen Insolvenzverwalter auch aufgegeben werden zu prüfen, ob die Kosten des Insolvenzverfahrens gedeckt sind. Die Kosten des Verwalters umfassen nach § 54 InsO die Gerichtskosten für das gesamte Insolvenzverfahren sowie die Vergütung und die Auslagen des vorläufigen Insolvenzverwalters, des Insolvenzverwalters und der Mitglieder des Gläubigerausschusses. Sonstige Masseverbindlichkeiten sind nicht in Ansatz zu bringen.

90 Nicht zuletzt kann das Gericht den Insolvenzverwalter beauftragen zu prüfen, ob und welche Aussichten für eine Fortführung des Schuldnerunternehmens be-

stehen (§ 22 Abs. 1 Nr. 3 InsO). Ein solcher Auftrag kann nur einem vorläufigen Insolvenzverwalter erteilt werden, der über erhebliche betriebswirtschaftliche Kenntnisse verfügt und eine gründliche Durchleuchtung des schuldnerischen Unternehmens vornimmt. Im Rahmen dieses Auftrages wird es erforderlich sein, eine Unternehmensanalyse zu erstellen. Diese muß eine Analyse der Krisenursachen sowie eine aktuelle Lagebeurteilung beinhalten, aus der sich ergibt, ob das Unternehmen im Markt Aussicht auf Erfolg hat. Es handelt sich um Vorarbeiten zur Prüfung der Frage, ob eine Sanierung möglich ist. Deshalb sind alle finanzwirtschaftlichen Maßnahmen und/oder leistungswirtschaftlichen Maßnahmen zu beschreiben. Der vorläufige Insolvenzverwalter wird Vermögensübersichten aufstellen, Finanzpläne erstellen, Plan-Bilanzen und Plan-Liquiditätsrechnungen vorlegen müssen. Auch eine Plan-Gewinn- und Verlustrechnung wird unabdingbar sein.

Zur Verwirklichung dieser Aufgaben ist der vorläufige Insolvenzverwalter nach **91** § 22 Abs. 3 Satz 1 InsO berechtigt, die Geschäftsräume des Schuldners zu betreten und dort Nachforschungen anzustellen. Die Legitimation für den Zutritt ergibt sich aus dem gerichtlichen Beschluß über die Einsetzung als vorläufiger Insolvenzverwalter.

Der vorläufige Insolvenzverwalter kann nicht nur die Geschäftsbücher und die **92** Geschäftspapiere an sich nehmen und sich über die finanz- und leistungswirtschaftliche Situation des Unternehmens informieren, er ist auch berechtigt, Auskünfte von Behörden und sonstigen Stellen einzuholen, um den Umfang der Insolvenzmasse festzustellen.

Darüber hinaus sind der Schuldner oder die organschaftlichen Vertreter des **93** Schuldnerunternehmens verpflichtet, dem vorläufigen Insolvenzverwalter alle erforderlichen Auskünfte zu erteilen. Die Auskunftspflicht des Schuldners kann der vorläufige Insolvenzverwalter mit Zwangsmitteln durchsetzen (§§ 22 Abs. 3 Satz 3, 98 InsO). Die Auskunftspflicht bezieht sich nicht nur auf inländisches, sondern auch auf ausländisches Schuldnervermögen.

3.2.4.4 Die vom vorläufigen Insolvenzverwalter begründeten Verbindlichkeiten

Begründet der vorläufige Insolvenzverwalter, der mit der Verwaltung und Ver- **94** fügungsbefugnis ausgestattet ist, Verbindlichkeiten, so sind diese nach der Verfahrenseröffnung als Masseverbindlichkeiten zu berichtigen (§ 55 Abs. 2 Satz 1 InsO). Gleiches gilt für Verbindlichkeiten aus einem Dauerschuldverhältnis, soweit der vorläufige Insolvenzverwalter für das von ihm verwaltete Vermögen die Gegenleistung in Anspruch genommen hat (§ 55 Abs. 2 Satz 2 InsO). Für den Fall der Masseunzulänglichkeit sind die vom vorläufigen Insolvenzverwalter begründeten Masseverbindlichkeiten gemäß §§ 209 Abs. 1 Nr. 3 InsO im dritten Rang zu befriedigen.

Die Verbindlichkeiten, die der vorläufige Insolvenzverwalter begründet, dem die **95** Verwaltungs- und Verfügungsbefugnis nicht übertragen worden ist, sind in dem eröffneten Insolvenzverfahren nur in dem Rang einer Insolvenzforderung zu berichtigen.

3.3 Aufgaben des Insolvenzgerichts im eröffneten Insolvenzverfahren

96 Hinsichtlich der Aufgaben des Insolvenzgerichts sind die Änderungen durch die InsO hervorzuheben, da sich an der wesentlichen Aufgabe des Gerichts – Leitung des Verfahrensfortgangs und Überwachung des Verfahrens durch das Insolvenzgericht – nichts geändert hat.

97 Zu einer Arbeitsentlastung der Gerichte sollen Zuständigkeitsverlagerungen vom Insolvenzgericht auf den Insolvenzverwalter führen. Dabei handelt es sich u.a. um

- die Möglichkeit, Zustellungen an die Verfahrensbeteiligten durch den Insolvenzverwalter zu bewirken (§ 8 Abs. 3 InsO)
- die Entgegennahme der Forderungsanmeldungen und die Führung der Insolvenztabelle obliegt dem Verwalter (§§ 174, 175 InsO)
- der Verwalter hat dem Insolvenzgericht eine bestehende Masseunzulänglichkeit anzuzeigen; das Gericht hat diese Anzeige lediglich öffentlich bekanntzumachen (§ 208 InsO)

98 Der Schuldner ist gegenüber dem Insolvenzgericht, dem Insolvenzverwalter, dem Gläubigerausschuß und auf Anordnung des Gerichts auch gegenüber der Gläubigerversammlung auskunftsverpflichtet (§ 97 InsO). Diese Regelung ist in Anlehnung an § 100 KO entstanden. Ergänzend wird in § 97 InsO im Anschluß an die Entscheidung des Bundesverfassungsgerichts (*BVerfG* ZIP 1981, 361) klargestellt, daß sich die Auskunftspflicht auch auf solche Tatsachen erstreckt, die den Schuldner der Gefahr einer Strafverfolgung aussetzen, daß insofern allerdings ein Verwertungsverbot besteht, wenn der Schuldner der Verwendung dieser Informationen nicht zustimmt. Sinn und Zweck dieser Regelung erfordern es, in das Verwertungsverbot auch diejenigen Tatsachen einzubeziehen, die der Ermittlungsbehörde erst aufgrund der Auskunft bekannt werden konnten (vgl. Begr. RegE zu § 97 InsO, abgedruckt in *Bald/Landfermann* Die neuen Insolvenzgesetze, 1995).

99 Das Insolvenzgericht kann zur Durchsetzung der Pflichten des Schuldners gemäß § 98 Abs. 1 InsO anordnen, daß der Schuldner an Eides Statt die Vollständigkeit und Richtigkeit der erteilten Auskunft versichert. Die eidesstattliche Erklärung wird vor dem Insolvenzgericht selbst abgegeben und bezieht sich anders als die Erklärung nach § 125 KO nicht nur auf die Vollständigkeit der Inventarliste, sondern auf alle im Insolvenzverfahren zu erteilenden Auskünfte (vgl. *Hess/Obermüller* Die Rechtsstellung der Verfahrensbeteiligten nach der Insolvenzordnung, 1996, Rz. 560). Weigert sich der Schuldner die Auskunft oder eidesstattliche Versicherung abzugeben oder sonstige Mitwirkungspflichten zu erfüllen, so kann das Gericht die zwangsweise Vorführung und Verhaftung gemäß § 98 Abs. 2 InsO anordnen.

3.4 Aufgaben des Insolvenzgerichts bei Beendigung des Insolvenzverfahrens

100 Wie bisher obliegt dem Insolvenzgericht die Aufhebung des Insolvenzverfahrens nach Durchführung sowie die Einstellung mangels Masse (§§ 200, 207 InsO).

101 Neu ist hingegen die Regelung des § 212 InsO, wonach der Schuldner bei Wegfall des Eröffnungsgrundes die Einstellung des Verfahrens beantragen kann, ohne daß es – wie im geltenden Recht (§ 202 KO) – einer Zustimmung der Gläubiger bedarf. Den Wegfall des Eröffnungsgrundes hat der Schuldner glaubhaft zu machen.

Eine Verfahrenseinstellung erfolgt nach der InsO auch dann, wenn ein Insolvenzplan rechtskräftig bestätigt ist (§ 258 InsO). **102**

3.5 Überwachung des Insolvenzverwalters

Eine wesentliche Kompetenzausweitung ist in bezug auf die Überwachung und Abberufung des Insolvenzverwalters erfolgt. Bislang hatte das Konkursgericht nach der ersten Gläubigerversammlung lediglich die Möglichkeit, den Konkursverwalter auf Antrag des Gläubigerausschusses bzw. der Gläubigerversammlung zu entlassen. Dies führte in einigen Fällen dazu, daß das Gericht trotz evidenter Pflichtverstöße keine Möglichkeit hatte, den Verwalter abzuberufen, wenn die Gläubiger nicht aktiv wurden. Um dies zu vermeiden, hat der Gesetzgeber bereits in der Neufassung der Gesamtvollstreckungsordnung im Vorgriff auf die neue Regelung des § 59 InsO InsO eine Norm geschaffen, wonach das Gericht auch von Amts wegen die Entlassung betreiben kann, sofern ein wichtiger Grund vorliegt (§ 8 Abs. 3 GesO). Wichtige Gründe stellen z.B. Ungeeignetheit, Unfähigkeit, schwere Krankheit und grobe Pflichtverletzungen des Insolvenzverwalters dar. Insoweit wird die zur GesO entwickelte Rechtsprechung größtenteils übernommen werden können (vgl. z.B. *LG Halle* ZIP 1993, 1739 = DZWiR 1994, 74; dazu *Carl* Die Abberufung des Gesamtvollstreckungsverwalters, DZWiR 1994, 78 ff.). **103**

Ausdrücklich normiert wurde in § 66 InsO die Prüfungspflicht des Insolvenzgerichts in bezug auf die vom Verwalter zu erstellende Schlußrechnung, die bislang aus der allgemeinen Aufsichtspflicht des Konkursgerichts abgeleitet wurde (*Hess* KO, § 86 Rz. 7; *Bähner* Die Prüfung der Schlußrechnung des Konkursverwalters, KTS 1991, 347 ff.), obwohl dies in den Zuständigkeitsbereich der Gläubigerversammlung bzw. des Gläubigerausschusses gehört. **104**

4. Materielle Eröffnungsvoraussetzungen – Eröffnungsgründe

Nach § 16 InsO setzt die Eröffnung des Insolvenzverfahrens voraus, daß ein Eröffnungsgrund gegeben ist und der Schuldner insolvenzfähig ist. **105**

Insolvenzfähig sind nach § 11 InsO natürliche und juristische Personen (AG, GmbH, rechtsfähiger Verein, Stiftung, Genossenschaft), nichtrechtsfähige Vereine, Gesellschaften ohne Rechtspersönlichkeit (OHG, KG, BGB-Gesellschaft, Partenreederei, EWIV), der Nachlaß, das Gesamtgut einer fortgesetzten Gütergemeinschaft bzw. das Gesamtgut einer gemeinschaftlich verwalteten Gütergemeinschaft. **106**

Als Insolvenzeröffnungsgründe kommen **107**
- Zahlungsunfähigkeit
- drohende Zahlungsunfähigkeit
- Überschuldung

in Frage.

108 Die zum Teil ähnlichen, mit den Regelungen der Konkursordnung übereinstimmenden Begriffe dürfen nicht darüber hinwegtäuschen, daß sich hinsichtlich der auftretenden Einzelfragen eine Reihe von Änderungen ergeben haben, auf die im folgenden eingegangen werden soll.

4.1 Die Zahlungsunfähigkeit (§ 17 KO)

109 Nach § 17 Abs. 2 InsO ist der Schuldner zahlungsunfähig, wenn er nicht mehr in der Lage ist, die fälligen Zahlungspflichten zu erfüllen. Dies ist in der Regel anzunehmen, wenn der Schuldner seine Zahlungen eingestellt hat.

110 Nach der Begründung zum Gesetzesentwurf (vgl. Begr. RegE zu § 17 InsO, abgedruckt bei *Balz/Landfermann* Die neuen Insolvenzgesetze, 1995, S. 90) soll damit die Definition zugrunde gelegt werden, die sich in Rechtsprechung und Literatur zur KO durchgesetzt hat.

111 In Rechtsprechung und Literatur zur KO hat sich die Definition des Reichsgerichts (vgl. *RG* RGZ 50, 39; *RG* RGZ 51, 412; *RG* RGZ 100, 62; *Plate* Eignung von Zahlungsunfähigkeit und Überschuldung als Indikatoren für die Insolvenzreife einer Unternehmung, DB 1980, 217, 218; vgl. dazu auch *Hoffmann* Zahlungsunfähigkeit und Zahlungseinstellung, MDR 1979, 713) durchgesetzt, wonach Zahlungsunfähigkeit dahingehend verstanden wird als das auf einem Mangel an Zahlungsmitteln beruhende voraussichtlich dauernde Unvermögen des Schuldners, die fälligen, sofortige Befriedigung erheischenden und nachhaltig eingeforderten (vgl. dazu *Hoffmann*, MDR 1979, 713) Geldschulden wenigstens zu einem wesentlichen Teil zu erfüllen.

112 Der Gesetzeswortlaut des § 17 InsO weicht damit von dem bisherigen Begriff der Zahlungsunfähigkeit ab.
Der Begriff ist enger gefaßt, um durch die Vorverlagerung des Eröffnungsgrundes eine frühzeitigere Verfahrenseröffnung zu erreichen.

113 In Zukunft kommt es darauf an, ob der Schuldner die fälligen Verbindlichkeiten begleichen kann. Weniger bedeutsam ist es, ob
- das Zahlungsunvermögen dauerhaft ist (so auch schon *Meyer-Cording* Mehr Klarheit für die Insolvenztatbestände, BB 1985, 1925 und *Burger* Zahlungsschwierigkeiten und ihre insolvenzrechtliche Bedeutung, AG 1988, 286, 291, die eine Abkehr von dem Merkmal des dauerhaften Zahlungsunvermögens forderten)
- ob die Forderungen ernsthaft eingefordert wurden oder
- ob die Liquiditätslücken einen wesentlichen Teil der Verbindlichkeiten betreffen.

114 Gemäß § 17 Abs. 2 InsO besteht eine unwiderlegliche Vermutung für das Vorliegen der Zahlungsunfähigkeit im Fall der Zahlungseinstellung.

115 Unter Zahlungseinstellung ist die auf einem Mangel an Zahlungsmitteln beruhende, nach außen erkennbar gewordene, Nichterfüllung der fälligen Verbindlichkeiten zu verstehen (vgl. *Hess* KO, § 102 Rz. 12; *Kuhn/Uhlenbruck* KO, § 102 Rz. 2 f.).

116 Die Zahlungen hat nach der Rechtsprechung des *BGH* eingestellt, wer zwar noch geringe Zahlungen leistet, aber gegenüber einem Großgläubiger, der die wirt-

schaftlichen Verhältnisse des schuldnerischen Unternehmen kennt, erklärt, daß er nicht in der Lage sei, dessen ernsthaft eingeforderte Forderung, die einen Großteil seiner fälligen Verpflichtungen ausmacht, zu begleichen (*BGH* WM 1985, 396; *BGH* WM 1991, 150; vgl. auch *Hess* KO, § 102 Rz. 12).

Indizien für die Zahlungseinstellung können u.a. sein: **117**
(vgl. *Hess/Obermüller* Die Rechtsstellung der Verfahrensbeteiligten nach der Insolvenzordnung, 1996, Rz. 54).
- die Einstellung des Geschäftsbetriebs
- die Erklärung der Zahlungseinstellung durch den Schuldner
- die Nichtzahlung von Energielieferungen (Gas, Strom, Kohle, etc.)
- die Nichtzahlung der Löhne und Gehälter
- mehrere Haftbefehle zur Erzwingung der Eidesstattlichen Versicherung
- die Nichtzahlung von Krankenkassenbeiträgen oder Steuern (diese Kriterien sind alleine nicht ausreichend, um die Annahme der Zahlungseinstellung zu begründen)
- eine Häufung von Wechselprotesten
- häufige Zwangsvollstreckungen

Eine Zahlungsunfähigkeit und eine Zahlungseinstellung entfällt in den Fällen der kurzfristigen Zahlungsstockung (vgl. Begr. RegE zu § 17 OnsO, abgedruckt bei *Balz/Landfermann* Die neuen Insolvenzgesetze, 1995, 111). **118**

Hier kann an die Definition des Reichsgerichts angeknüpft werden, wonach Zahlungsstockung vorliegt, wenn der Schuldner lediglich einzelnen Verbindlichkeiten vorübergehend nicht nachkommt, sich aber ungeachtet seiner Vermögenslage (kurzfristig) ausreichende Mittel auf Kredit beschaffen kann (*RG* RGZ 50, 39; vgl. auch *BGH* WM 1957, 67; Begr. RegE zu § 17 InsO, abgedruckt bei *Balz/Landfermann* Die neuen Insolvenzgesetze, 1995; vgl. dazu auch *Burger/Schellberg* Die Auslösetatbestände im neuen Insolvenzrecht, BB 1995, 261, 262, die von einem Zeitraum von maximal zwei Wochen für die Behebung der Zahlungsschwierigkeiten ausgehen). **119**

4.2 Die drohende Zahlungsunfähigkeit (§ 18 InsO)

Mit dem neuen Insolvenzgrund der drohenden Zahlungsunfähigkeit trägt der Gesetzgeber dem Reformziel der möglichst frühzeitigen Verfahrenseröffnung Rechnung. Der Begriff der drohenden Zahlungsunfähigkeit wird heute bereits im Konkursstrafrecht verwendet (vgl. §§ 283, 283d StGB), ohne dort eine gesetzliche Definition gefunden zu haben (vgl. *Matzen* Der Begriff der drohenden und eingetretenen Zahlungsunfähigkeit im Konkursstrafrecht, Diss. 1993, S. 54). **120**

Eine Vorverlagerung der Insolvenzeröffnung ist sowohl im Konkursstrafrecht als auch im Geltungsbereich des § 18 InsO nur bei drohender Zahlungsunfähigkeit möglich, nicht bei drohender Überschuldung (kritisch zu dieser bewußten Regelungslücke im Konkursstrafrecht *Matzen* Der Begriff der drohenden und eingetretenen Zahlungsunfähigkeit im Konkursstrafrecht, Diss. 1993, S. 57). **121**

Antragsberechtigt ist im Fall der drohenden Zahlungsunfähigkeit nur der Schuldner selbst. Hierdurch soll vermieden werden, daß außenstehende Gläubiger den Schuldner bereits im Vorfeld einer Insolvenz unter Druck setzen (vgl. Begr. RegE zu § 18 InsO, abgedruckt bei *Balz/Landfermann* Die neuen In- **122** solvenzgesetze, 1995). Dementsprechend können nach § 18 Abs. 3 InsO bei juristischen Personen oder Gesellschaften ohne Rechtspersönlichkeit nur die Vertretungsberechtigten einen Insolvenzantrag wegen drohender Zahlungsunfähigkeit allein stellen. Antragsberechtigt ist daneben die Gesamtheit der Mitglieder des Vertretungsorgans, die Gesamtheit der persönlich haftenden Gesellschafter oder der Abwickler.

123 Anders als bei den Insolvenzgründen der Zahlungsunfähigkeit und Überschuldung ist der Schuldner im Fall der drohenden Zahlungsunfähigkeit zur Antragstellung berechtigt, aber nicht verpflichtet (vgl. *Uhlenbruck* Probleme des Eröffnungsverfahrens nach dem Insolvenzrechts-Reformgesetz 1994, KTS 1994, 169, 171 auch zur Problematik der Rücknahme eines Insolvenzantrages in diesem Fall).

124 Die Zahlungsunfähigkeit droht nach der Legaldefinition des § 17 Abs. 2 InsO, wenn der Schuldner voraussichtlich nicht in der Lage sein wird, die bestehenden Zahlungspflichten im Zeitpunkt der Fälligkeit zu erfüllen. Die Feststellung der drohenden Zahlungsunfähigkeit erfolgt mittels eines Finanzplanes (*Burger/Schellberg* Die Auslösetatbestände im neuen Insolvenzrecht, BB 1995, 261, 264). Anders als bei der Frage der bereits eingetretenen Zahlungsunfähigkeit müssen hier auch die bestehenden, aber noch nicht fällig gewordenen Verbindlichkeiten in die Prüfung miteinbezogen werden (*Hess/Obermüller* Die Rechtsstellung der Verfahrensbeteiligten nach der Insolvenzordnung, 1996, Rz. 59). Bei der Bestimmung der drohenden Zahlungsunfähigkeit wird eine Zukunftsprognose für einen bestimmten Zeitpunkt angestellt.

125 In diese Prognose muß die gesamte Entwicklung der Finanzlage des Schuldners bis zur Fälligkeit aller bestehenden Schulden miteinbezogen werden – neben den zu erwartenden Einnahmen sind hierbei auch die zukünftigen, noch nicht begründeten, Zahlungspflichten mitzuberücksichtigen und in einem Liquiditätsplan gegenüber zu stellen (vgl. Begr. RegE zu § 18 InsO, abgedruckt in *Balz/Landfermann* Die neuen Insolvenzgesetze, 1995: kritisch zu der Einbeziehung der noch nicht begründeten Verbindlichkeiten *Burger/Schellberg* Die Auslösetatbestände im neuen Insolvenzrecht, BB 1995, 261, 264). Die bilanziellen Rückstellungen, bei denen es sich um noch ungewisse Verbindlichkeiten handelt, können in dieser Prüfung nicht einbezogen werden (*Hess/Obermüller* Die Rechtsstellung der Verfahrensbeteiligten nach der Insolvenzordnung, 1996, Rz. 59; vgl. dazu auch *Uhlenbruck* Probleme des Eröffnungsverfahrens nach dem Insolvenzrechts-Reformgesetz 1994, KTS 1994, 169, 171).

126 Durch die Zukunftsorientierung des Tatbestandes der drohenden Zahlungsunfähigkeit ergeben sich zum Teil Unsicherheitsfaktoren bei der Bewertung der einzelnen Einnahmen und Ausgaben. Dem trägt der Gesetzgeber Rechnung, indem er auf die voraussichtliche Zahlungsunvermögen abstellt. Der Begriff »voraussichtlich« ist dabei dergestalt zu verstehen, daß der Eintritt der Zahlungsunfähigkeit wahrscheinlicher sein muß, als deren Vermeidung (so die Begr. RegE zu § 18 InsO, abgedruckt in *Bald/Landfermann* Die neuen Insolvenzgesetze, 1995). Damit geht der Gesetzgeber offenbar von einer mehr als 50 %igen Wahrscheinlichkeit der Nichterfüllung aus – diese Grenze dürfte sich in vielen Fällen aber als zu starr erweisen (*Burger/Schellberg* Die Auslösetatbestände im neuen Insolvenzrecht, BB 1995, 261, 264).

4.3 Der Insolvenzgrund der Überschuldung (§ 19 InsO)

Die Überschuldung als zusätzlicher Insolvenzgrund bei den juristischen Personen soll nach der gesetzlichen Begriffsbestimmung des § 19 Abs. 2 InsO vorliegen, wenn das Vermögen des Schuldners die bestehenden Verbindlichkeiten nicht mehr deckt. **127**

Maßgeblich ist damit ein Vergleich des Vermögens, das im Falle der Eröffnung des Verfahrens als Insolvenzmasse zur Verfügung steht, mit den Verbindlichkeiten, die im Falle der Verfahrenseröffnung gegenüber den Insolvenzgläubigern bestehen. **128**

Damit das Vermögen in dem zu erstellenden Überschuldungsstatus realistisch bewertet wird, schreibt § 19 Abs. 2 Satz 2 InsO vor, daß bei der Bewertung des Vermögens die Fortführung des Unternehmens zu grunde zu legen ist, wenn dies nach den Umständen überwiegend wahrscheinlich ist. **129**
Anders ausgedrückt: Das Ergebnis der Fortführungsprognose wird das dem Überschuldungsstatus zugrundeliegende Ansatz- und Bewertungskonzept bestimmen.

Durch den Gesetzeswortlaut des § 19 Abs. 2 InsO hat der Gesetzgeber klargestellt, daß die bisher zur Konkursordnung vertretenen Theorien der zweistufigen Überschuldungsprüfung bzw. der zweistufigen modifizierten Überschuldungsprüfung im Geltungsbereich der Insolvenzordnung keine Anwendung mehr finden können. Nach der zweistufigen Überschuldungsprüfung sollte der Erstellung der Fortführungsprognose eine Bilanz auf der Basis von Liquidationswerten vorangehen, die im Fall der positiven Fortführungsprognose durch eine Bilanz, in der die going-concern-Werte ausgewiesen wurden, ersetzt wurde (vgl. *Kuhn/ Uhlenbruck* KO, § 102 Rz. 6d). Im Gegensatz dazu ging die modifizierte zweistufige Überschuldungsprüfung von der Gleichwertigkeit zwischen Bilanz und Fortführungsprognose aus und forderte im Fall der positiven Prognose gar keine Bilanz. **130**

Im Verfahren nach der Insolvenzordnung kommen bei einer positiven Fortbestehensprognose, d.h. wenn die Finanzkraft der Gesellschaft mittelfristig zur Fortführung des Unternehmens ausreicht (vgl. *BGH* BGHZ 106, 201 = KTS 1993, 106 ff.), je nach dem Unternehmensplan die Fortführungs- bzw. Veräußerungswerte in Betracht, wobei auch grundsätzlich nicht bilanzierungsfähige selbständig verwertbare Vermögenswerte in den Überschuldungsstatus aufgenommen werden können. Auch immaterielle Werte (Markenrechte, das Unternehmens-know-how) können als Vermögenspositionen aufgenommen werden. Kostenvorteile, z.B. aus günstig-langfristigen Mietverträgen sind ebenso ansetzbar, wie ein auf objektivierbarer Grundlage ermittelter Firmenwert. **131**

Bei einer negativen Fortbestehensprognose sind die Vermögenswerte und die Verbindlichkeiten unter Zerschlagungsgesichtspunkten zu Liquidationswerten anzusetzen. **132**

Ist nach den vorstehenden Grundsätzen das Reinvermögen im Unterschuldungsstatus negativ, liegt der Insolvenzgrund vor, und zwar unabhängig davon, ob eine positive oder negative Fortführungsprognose der Beurteilung zugrundegelegen hat. **133**

134 Bei einem positiven Reinvermögen aber negativer Fortbestehensprognose liegt ebensowenig eine Insolvenzantragspflicht vor, wie bei positivem Reinvermögen und einer positiven Fortbestehensprognose.

135 Bei der Fortbestehensprognose handelt es sich um eine in die Zukunft gerichtete, wertende Betrachtung bei der die Besonderheiten des schuldnerischen Unternehmens berücksichtigt werden müssen (*Schaub* Die GmbH in der Krise – Kriterien für die Feststellung von Zahlungsunfähigkeit, Überschuldung und Kreditunwürdigkeit, DStR 1993, 1483; kritisch zum Merkmal der Fortbestehensprognose *Burger/Schellberg* Die Auslösetatbestände im neuen Insolvenzrecht, BB 1995, 262, 266).

5. Das Insolvenzantragsverfahren

136 Nach § 13 Abs. 1 InsO kann das Insolvenzverfahren nur auf Antrag, also nicht von Amts wegen eröffnet werden.

137 Antragsberechtigt sind nach § 13 Abs. 1 Satz 2 InsO der Gläubiger und der Schuldner.

5.1 Antragsvoraussetzungen

5.1.1 Natürliche Personen

138 Jede natürliche Person kann die Eröffnung eines Insolvenzverfahrens über ihr Vermögen beantragen. Verbraucher müssen zunächst das Schuldenbereinigungsverfahren vorschalten; wirtschaftlich Selbständige können den Insolvenzantrag mit dem Antrag auf Restschuldbefreiung verbinden. Eine Antragspflicht besteht nicht.

5.1.2 Nachlaß

139 Zum Antrag auf Eröffnung eines Insolvenzverfahrens über einen Nachlaß sind berechtigt jeder Erbe, der Nachlaßverwalter sowie ein anderer Nachlaßpfleger, ein Testamentsvollstrecker, dem die Verwaltung des Nachlasses zusteht, und jeder Nachlaßgläubiger (§ 317 Abs. 1 InsO). Wird der Antrag nicht von allen Erben gestellt, so ist er zulässig, wenn der Eröffnungsgrund glaubhaft gemacht wird (§ 317 Abs. 2 InsO). Außer bei dem Antrag eines Nachlaßgläubigers stellt auch die drohende Zahlungsunfähigkeit einen Eröffnungsgrund dar (§ 320 InsO).

140 Erben und Nachlaßverwalter sind zum Insolvenzantrag verpflichtet (§§ 1980 Abs. 1, 1985 Abs. 2 BGB), wenn sie von der Zahlungsunfähigkeit oder Überschuldung Kenntnis erlangen.

5.1.3 Gesamtgut

141 Die Eröffnung eines Insolvenzverfahrens über das gemeinschaftlich verwaltete Gesamtgut kann jeder Ehegatte beantragen (§ 333 Abs. 2 InsO). Wird der Antrag nicht von beiden Ehegatten gestellt, so ist er zulässig, wenn die Zahlungsunfähigkeit des Gesamtguts glaubhaft gemacht wird (§ 333 Abs. 2 InsO). Wird der Antrag von beiden Ehegatten gestellt, so ist auch die drohende Zahlungsunfähigkeit Eröffnungsgrund (§ 333 Abs. 2 InsO).

5.1.4 Personengesellschaften

Neben den Gläubigern ist bei den Personengesellschaften insolvenzantragsberechtigt jeder Gesellschafter der Gesellschaft bürgerlichen Rechts, der offenen Handelsgesellschaft und jeder persönlich haftende Gesellschafter der Kommanditgesellschaft (§ 15 Abs. 1 InsO). Wird der Antrag nicht von allen persönlich haftenden Gesellschaftern gestellt, so ist er zulässig, wenn der Eröffnungsgrund glaubhaft gemacht wird (§ 15 Abs. 2 InsO). **142**

Eine Verpflichtung zur Antragstellung besteht für diesen Personenkreis nicht. **143**

Ist bei einer OHG oder KG kein persönlich haftender Gesellschafter eine natürliche Person, so haben die organschaftlichen Vertreter und die Abwickler der zur Vertretung der OHG bzw. KG ermächtigten Gesellschafter nicht nur das Antragsrecht (§ 15 Abs. 3 InsO), sondern auch eine Antragspflicht bei eingetretener Zahlungsunfähigkeit oder Überschuldung (§§ 130 a, 177 a HGB). **144**

Der Antrag ist ohne schuldhaftes Zögern, spätestens aber 3 Wochen nach Eintritt der Zahlungsunfähigkeit oder Überschuldung zu stellen (§§ 130 a Abs. 1 S. 3, 177 a HGB). **145**

5.1.5 Kapitalbezogene Unternehmen

Den Antrag auf Eröffnung eines Insolvenzverfahrens über das Vermögen kapitalbezogener Gesellschaften können stellen: Der Vorstand als Organ sowie jedes Vorstandsmitglied einer Aktiengesellschaft (§§ 92 Abs. 2 AktG, 15 Abs. 1 InsO), Genossenschaft (§§ 99 Abs. 1 GenG), eines Vereins (§ 42 Abs. 2 BGB) und der Stiftung (§§ 86, 42 Abs. 2 BGB), die Geschäftsführung als Organ sowie jeder Geschäftsführer einer GmbH (§ 64 Abs. 1 GmbHG) – dazu zählt auch der sog. tatsächliche Geschäftsführer (*BGH* ZIP 1983, 173) – und der persönlich haftende Gesellschafter einer Kommanditgesellschaft auf Aktien (§§ 283 Nr. 14, 92 Abs. 2 AktG). **146**

Wird der Antrag nicht von allen Mitgliedern des Vorstandes gestellt, so hat das Gericht die übrigen Mitglieder zu hören (§ 15 Abs. 2 S. 2 InsO). Dies gilt auch für den Fall, daß bei einer GmbH der alleinvertretungsberechtigte Geschäftsführer den Antrag stellt (*LG Baden-Baden* ZIP 1983, 205). **147**

5.2 Gläubigerantrag

Nach dem Wortlaut des § 13 Abs. 1 Satz 2 InsO ist jeder Gläubiger, also der Insolvenzgläubiger als auch der nachrangige Gläubiger, i.S. des § 39 InsO antragsberechtigt, wenn ein rechtliches Interesse gegeben ist (§ 14 Abs. 1 InsO) und der Gläubiger seine Forderung glaubhaft gemacht hat. **148**

Ein Rechtsschutzbedürfnis fehlt nicht, wenn der Insolvenzantrag aufgrund einer nur geringfügigen Forderung gestellt wird. **149**

Nach allgemeinen Grundsätzen fehlt das Rechtsschutzbedürfnis nur dann, wenn der Gläubiger aufgrund anderer Möglichkeiten in der Lage ist, auf einfachere, schnellere, leichtere oder billigere Weise den Ausgleich seiner Forderung zu erlangen, so etwa bei einer Absicherung durch erstrangige Grundpfandrechte oder Pfändungspfandrechte bei einer Individualzwangsvollstreckung. **150**

151 Verjährung oder Stundung der Forderung lassen das Rechtsschutzbedürfnis entfallen. Für rechtsmißbräuchlich gestellte Insolvenzanträge, insbesondere solche mit Schädigungsabsicht, fehlt das Rechtsschutzbedürfnis ebenso wie bei der Verfolgung von insolvenzfremden Zwecken. Ein insolvenzfremder Zweck ist insbesondere darin zu sehen, daß der Antragsteller mit Hilfe des Insolvenzverfahrens einen Konkurrenten ausschalten will.

152 Die den Insolvenzantrag auslösende Forderung muß nicht tituliert sein. Die Forderung muß lediglich glaubhaft gemacht werden. Die Voraussetzungen der Glaubhaftmachung richten sich nach § 294 ZPO. Hierzu sind alle präsenten Beweismittel sowie die eidesstattliche Versicherung geeignet.

153 Die Forderung ist schlüssig darzulegen, möglichst durch Urkunden, Wechsel oder Schuldschein zu unterlegen. Lediglich die eidesstattliche Versicherung des Bestehens der Forderung reicht nicht aus. Die Glaubhaftmachung muß sich auf die tatsächlichen Grundlagen des Anspruchs beziehen.

154 Der Eröffnungsgrund der Zahlungsunfähigkeit kann durch eine Fruchtlosigkeitsbescheinigung des Gerichtsvollziehers glaubhaft gemacht werden, woraus sich ergibt, daß die Einzelzwangsvollstreckung erfolglos war. Diese sollte tunlichst nicht älter als 6 Monate sein, da die indizielle Wirkung mit dem Zeitablauf nachläßt.

155 Bei einer nicht titulierten Forderung, deren Entstehung oder Fortbestand der Schuldner bestreitet, muß der Gläubiger auf den ordentlichen Rechtsweg verwiesen werden, da das Insolvenzeröffnungsverfahren als Eilverfahren nicht dazu geeignet ist, den Bestand einer bestrittenen Forderung zu klären.

156 Da nach § 14 Abs. 1 InsO nur der Gläubiger seine Forderung glaubhaft zu machen und ein rechtliches Interesse dartun muß, braucht der Schuldner, wenn er eine natürliche Person ist, beim Eigenantrag ein rechtliches Interesse nicht darzulegen und den Insolvenzgrund nicht glaubhaft zu machen.

157 Nach § 13 Abs. 2 InsO kann der Insolvenzantrag zurückgenommen werden, bis das Insolvenzverfahren eröffnet oder der Antrag rechtskräftig abgewiesen wird. Nach Eröffnung des Insolvenzverfahrens kann der Antrag nicht mehr zurückgenommen werden, selbst wenn die Verfahrenseröffnung noch nicht rechtskräftig ist. Somit kommt eine Rücknahme in der Beschwerdeinstanz nicht mehr in Betracht.

158 Nimmt der Antragsteller den Insolvenzantrag zurück, so hat er die Kosten des Verfahrens und die Auslagen zu tragen (§§ 4 InsO, 269 Abs. 3 Satz 2 ZPO). Dies gilt auch, wenn der Gläubiger, nachdem die Forderung beglichen ist, den Insolvenzantrag zurücknimmt.

159 In diesem Fall sollte der Gläubiger die Hauptsache für erledigt erklären, weil nach §§ 4 InsO, 91 a ZPO das Insolvenzgericht im Rahmen der Kostenentscheidung dem Schuldner die Kosten auferlegen kann, weil er durch seine Säumigkeit, die Forderung zu begleichen, für das Insolvenzverfahren Veranlassung gegeben hat.

5.3 Antragspflicht

Die oben genannten Organe und Personen von kapitalbezogenen Unternehmen sind nicht nur berechtigt, sondern auch verpflichtet, unverzüglich, spätestens aber drei Wochen nach Eintritt der Zahlungsunfähigkeit oder Überschuldung Insolvenzantrag zu stellen. Die Frist für die Antragspflicht beginnt in dem Zeitpunkt zu laufen, in dem die Vorstandsmitglieder bzw. Geschäftsführer positive Kenntnis von der Zahlungseinstellung oder Überschuldung erlangen (*BGH* NJW 1979, 1823). **160**

Diese Kenntnis können die Geschäftsführer bzw. Vorstandsmitglieder nicht nur aus einer abgeschlossenen Bilanz gewinnen, die Antragspflicht entsteht, vielmehr schon dann, wenn sich die Überschuldung »bei Aufstellung« der Bilanz oder einer Zwischenbilanz ergibt (*BGH* NStZ 1981, 353; differenzierend *BayObLG* ZIP 192, 444 für die Frage der Strafbarkeit). Maßgeblich ist nämlich nicht die schriftliche Bilanz, sondern die Vorstellung des Geschäftsführers von der wirklichen Vermögenslage. **161**

Die notwendige Kenntnis muß sich der Geschäftsführer u.U. durch Aufstellung einer Zwischenbilanz verschaffen. Die Rechnungslegungsvorschriften verlangen zwar nicht die Aufstellung von Zwischenabschlüssen während des Geschäftsjahres, jedoch dürfte an die Stelle dieser fehlenden unmittelbaren gesetzlichen Verpflichtungen in bestimmten Situationen die Pflicht des ordentlichen Geschäftsmannes zur Sorgfalt und Gewissenhaftigkeit treten (*Menger* GmbH-Rdsch. 1982, 221). Unter diesem Aspekt werden Zwischenabschlüsse zu erstellen sein, wenn die Jahresbilanz für das vorangegangene Geschäftsjahr eine Überschuldung erkennen läßt oder Umstände eingetreten sind, die im allgemeinen zu den typischen Entstehungsursachen der Überschuldung gehören; anhaltende oder sich verschärfende Liquiditätsprobleme stehen hierbei im Vordergrund, denn die erwähnten Sorgfaltspflichten werden verletzt, wenn sich die Geschäftsführung im »Vorfeld der Insolvenz« keine Vermögensübersicht verschafft (*Menger* GmbH-Rdsch. 1982, 221). Demgemäß ist es für die Antragspflicht von Vorständen von Aktiengesellschaften und Genossenschaften sowie der Geschäftsführer einer GmbH (*BGH* ZIP 1984, 1244; *BGH* WM 1987, 556) schon ausreichend, wenn die Überschuldung bei pflichtgemäßem Ermessen anzunehmen ist. **162**

Hat der Vorstand bzw. Geschäftsführer die Insolvenz fahrlässig zu spät entdeckt und sich insoweit schadensersatzpflichtig gemacht, so hindert ihn dies nicht, die 3-Wochen-Frist nach pflichtgemäßem Ermessen für Sanierungsbemühungen in Anspruch zu nehmen (*BGH* BGHZ 75, 96; zur Haftung wegen verspäteter Antragstellung vgl. ausführlich *Ulmer* KTS 1981, 496). Die Antragspflicht entfällt auch dann nicht, wenn der Geschäftsführer bzw. Vorstand weiß, daß die Insolvenzeröffnung mangels Masse abgelehnt (§ 26 InsO) werden muß (*Karsten Schmidt* ZIP 1982, 9), sie trifft auch den »tatsächlichen« Geschäftsführer (*BGH* ZIP 1983, 173). **163**

6. Die Entscheidung des Insolvenzgerichts

Als Entscheidungen des Insolvenzgerichts in bezug auf die Eröffnung und die Beendigung des Insolvenzverfahrens kommen in Betracht: **164**

1. die Verfahrensabweisung mangels Masse (§ 26 InsO)
2. die Verfahrenseröffnung (§ 27 InsO)
3. die Einstellung des Verfahrens mangels Masse (§ 207 InsO)
4. die Aufhebung des Verfahrens nach Schlußverteilung (§ 200 InsO)
5. die Aufhebung des Verfahrens nach Bestätigung des Insolvenzplanes (§ 258 InsO)

6.1 Die Verfahrensabweisung mangels Masse (§ 26 InsO)

165 Die Insolvenzordnung hat die Verfahrenseröffnungsvoraussetzungen im Verhältnis zur Konkursordnung abgesenkt, um zu verhindern, daß die überwiegende Zahl von Insolvenzverfahren mangels Masse abgewiesen wird, weil die Verfahrenskosten nicht gedeckt sind.

166 Das Insolvenzgericht weist nach § 26 Abs. 1 InsO den Antrag auf Eröffnung des Insolvenzverfahrens ab, wenn das Vermögen des Schuldners voraussichtlich nicht ausreicht, um die Kosten des Verfahrens zu decken. Die Abweisung unterbleibt, wenn ein ausreichender Kostenvorschuß geleistet wird (§ 26 Abs. 1 Satz 2 InsO).

167 Die zu deckenden Verfahrenskosten sind nach § 54 InsO die Gerichtskosten des Insolvenzverfahrens sowie die Vergütungen und die Auslagen für den vorläufigen Insolvenzverwalter, den Insolvenzverwalter und die Mitglieder des Gläubigerausschusses.

168 Dementsprechend darf der vom Gericht zu fordernde **Massekostenvorschuß** die in § 54 InsO bezeichneten Kostenarten umfassen. Dabei wird zu berücksichtigen sein, daß der Begriff der »Gerichtskosten« weit auszulegen sein wird. Es können nicht nur die Gerichtsgebühren für die Kosten des Insolvenzverfahrens sein, sondern es müssen auch die Kosten für die Verwaltung, Verwertung und die Verteilung der Insolvenzmasse umfaßt sein. Dies ergibt sich daraus, daß ansonsten das eröffnete Verfahren mangels der Verfahrenskosten deckenden Masse wieder eingestellt werden müßte (§ 207 InsO).

169 Um einen Anreiz zu geben, Massekostenvorschüsse zu leisten, kann der Vorschußleistende nach § 26 Abs. 3 InsO die Erstattung des vorgeschossenen Betrages vom Gemeinschuldner bzw. von den vertretungsberechtigten Organen verlangen, die entgegen den Vorschriften des Gesellschaftsrechts den Antrag auf Eröffnung des Insolvenzverfahrens pflichtwidrig und schuldhaft nicht gestellt haben. Ist es streitig, ob der Schuldner pflichtwidrig und schuldhaft gehandelt hat, so trifft ihn die Beweislast, daß er nicht pflichtwidrig gehandelt hat. Der Anspruch auf Erstattung des Vorschusses verjährt in 5 Jahren.

170 Das Gericht hat die Schuldner, bei denen der Eröffnungsantrag mangels Masse abgewiesen worden ist, in ein Verzeichnis einzutragen. Die Vorschriften über das **Schuldnerverzeichnis** nach der ZPO gelten entsprechend, jedoch beträgt die Löschungsfrist 5 Jahre.

171 Wird die Eröffnung des Insolvenzverfahrens abgelehnt, so steht dem Antragsteller und, wenn die Abweisung des Antrages mangels Masse nach § 26 InsO erfolgt, dem Schuldner die **sofortige Beschwerde** zu (§ 34 Abs. 1 InsO).

Die **Beschwerdefrist** beginnt mit der Verkündung der Entscheidung oder – wenn diese nicht verkündet wird – mit deren Zustellung (§ 6 Abs. 2 InsO). **172**

Ist der Schuldner im Handels-, Genossenschafts- oder Vereinsregister eingetragen, hat das Registergericht im Falle der Abweisung des Eröffnungsantrages mangels Masse eine Ausfertigung des abweisenden Beschlusses dem Registergericht zu übermitteln, wenn es sich bei dem Schuldner um eine juristische Person oder eine Gesellschaft ohne Rechtspersönlichkeit handelt, die durch die Abweisung des Antrages mangels Masse aufgelöst wird (§ 31 InsO). **173**

6.2 Die Verfahrenseröffnung (§ 27 InsO)

Das Insolvenzverfahren wird durch einen Beschluß des Gerichts eröffnet. Die Eröffnung ist mit der Unterschriftsleistung durch den Richter bewirkt, nicht erst mit der Verkündung, Zustellung, Veröffentlichung oder Rechtskraft des Eröffnungsbeschlusses. **174**

Wirksam wird der Eröffnungsbeschluß in dem Augenblick, in dem er aufhört, innere Angelegenheit des Gerichts zu sein, nämlich dann, wenn er im Einverständnis mit dem Insolvenzrichter förmlich oder formlos, auch fernmündlich, einem Verfahrensbeteiligten bekanntgegeben wird. **175**

6.3 Die Einstellung des Verfahrens mangels Masse

Stellt sich nach der Eröffnung des Insolvenzverfahrens heraus, daß die Insolvenzmasse nicht ausreicht, um die Verfahrenskosten zu decken, so stellt das Insolvenzgericht das Verfahren ein (§ 207 Abs. 1 InsO). Die Einstellung unterbleibt, wenn ein ausreichender Geldbetrag vorgeschossen wird. Es müssen über die in § 54 Nr. 1 InsO bezeichneten Gerichtskosten auch die Kosten für die Verwaltung und Verwertung der Insolvenzmasse gesichert sein. Derjenige, der den **Kostenvorschuß** zur Verfügung stellt, kann nach § 26 Abs. 3 InsO die Erstattung des Vorschusses von demjenigen verlangen, der die Verfahrenseröffnung verspätet beantragt hat. **176**

Vor der Einstellung des Verfahrens mangels Masse sind der Insolvenzverwalter, die Gläubigerversammlung und die Massegläubiger zu hören (§ 207 Abs. 2 InsO). **177**

Soweit Barmittel in der Masse vorhanden sind, hat der Verwalter vor der Einstellung die Kosten des Verfahrens und von diesen zuerst die Auslagen nach dem Verhältnis ihrer Beträge zu berichtigen (§ 207 Abs. 3 Satz 1 InsO). Zur Verwertung der Massegegenstände ist der Verwalter nicht mehr verpflichtet (§ 207 Abs. 3 Satz 2 InsO). **178**

Ist das Verfahren nicht masselos, sondern nur masseunzulänglich, so erfolgt die Abwicklung des Insolvenzverfahrens nach §§ 208 ff. InsO. **179**

Masseunzulänglichkeit liegt dann vor, wenn die Kosten des Insolvenzverfahrens gedeckt sind, jedoch die Insolvenzmasse nicht ausreicht, um die fälligen sonstigen Masseverbindlichkeiten zu erfüllen (§ 208 Abs. 1 Satz 1 InsO). **180**

Liegt eine solche Masseunzulänglichkeit vor, hat der Insolvenzverwalter dies dem Insolvenzgericht anzuzeigen. Der Insolvenzverwalter ist zur Anzeige der **181**

Masseunzulänglichkeit auch verpflichtet, wenn die Masse voraussichtlich nicht ausreichen wird, um die bestehenden sonstigen Masseverbindlichkeiten im Zeitpunkt der Fälligkeit zu erfüllen (§ 208 Abs. 1 InsO).

182 Das Gericht hat die Anzeige der Masseunzulänglichkeit öffentlich bekanntzumachen (§ 208 Abs. 2 Satz 1 InsO). Die Anzeige der Massearmut ist den Massegläubigern besonders zuzustellen (§ 208 Abs. 2 Satz 2 InsO).

183 Nach Anzeige der Masseunzulänglichkeit ist der Insolvenzverwalter weiterhin verpflichtet, die Insolvenzmasse zu verwalten und zu verwerten (§ 208 Abs. 3 InsO).

184 Nachdem der Insolvenzverwalter die Masseunzulänglichkeit nach § 208 Abs. 1 InsO angezeigt hat, ist die Vollstreckung wegen einer Masseverbindlichkeit i.S. von § 209 Abs. 1 Nr. 3 InsO unzulässig (§ 210 InsO). Dies bedeutet, daß auch nach Anzeige der Masseunzulänglichkeit die Vollstreckung wegen der Masseverbindlichkeiten i.S. von § 209 Abs. 1 Nr. 1 InsO, nämlich den Kosten des Insolvenzverfahrens (§ 54 InsO), und den Masseverbindlichkeiten, die nach der Anzeige der Masseunzulänglichkeit begründet worden sind, ohne zu den Kosten des Verfahrens zu gehören (§ 209 Abs. 1 Nr. 2 InsO), weiterhin zulässig ist.

185 Für den Fall der Masseunzulänglichkeit regelt § 209 InsO die Befriedigung der Massegläubiger. Die Masseverbindlichkeiten sind nach folgender Rangordnung zu berichtigen, bei gleichem Rang nach dem Verhältnis ihrer Beträge

- die Kosten des Insolvenzverfahrens (§ 209 Abs. 1 Nr. 1 InsO)
- die Masseverbindlichkeiten, die nach Anzeige der Masseunzulänglichkeit begründet worden sind, ohne zu den Verfahrenskosten zu gehören (§ 209 Abs. 1 Nr. 2 InsO)
- die übrigen Masseverbindlichkeiten und unter diesen zuletzt der nach §§ 100, 101 Abs. 1 Satz 3 InsO bewilligte Unterhalt (§ 209 Abs. 1 Nr. 3 InsO)

186 Als Masseverbindlichkeiten i.S. von § 209 Abs. 1 Nr. 2 InsO gelten auch die Verbindlichkeiten aus einem gegenseitigen Vertrag, dessen Erfüllung der Verwalter nach Anzeige der Masseunzulänglichkeit gewählt hat, sowie aus einem Dauerschuldverhältnis für die Zeit nach dem ersten Termin, zu dem der Verwalter nach der Anzeige der Masseunzulänglichkeit hätte kündigen können und die Verbindlichkeiten aus einem Dauerschuldverhältnis, soweit der Verwalter nach der Anzeige der Masseunzulänglichkeit für die Insolvenzmasse die Gegenleistung in Anspruch genommen hat.

187 Sobald der Insolvenzverwalter die Insolvenzmasse nach Maßgabe des § 209 InsO verteilt hat, stellt das Insolvenzgericht das Insolvenzverfahren ein (§ 211 Abs. 1 InsO).

188 Der Verwalter hat für seine Tätigkeit nach der Anzeige der Masseunzulänglichkeit gesondert Rechnung zu legen (§ 211 Abs. 2 InsO).

189 Werden nach der Einstellung des Verfahrens Gegenstände der Insolvenzmasse ermittelt, so ordnet das Gericht auf Antrag des Verwalters oder eines Massegläubigers oder von Amts wegen eine Nachtragsverteilung an (§ 211 Abs. 3 Satz 1 InsO).

7. Die Eröffnung des Verfahrens

Die §§ 27–32 InsO legen den Inhalt des Eröffnungsbeschlusses explizit fest. Mit eingeflossen sind die Anforderungen, die schon bisher im Rahmen der Konkursordnung von der Praxis als Voraussetzung für den Eröffnungsbeschluß angesehen wurden, aber nicht in § 110 KO niedergelegt sind. **190**

Wird das Insolvenzverfahren eröffnet, so ernennt das Insolvenzgericht einen Insolvenzverwalter (§ 27 Abs. 1 InsO). **191**

Der Insolvenzbeschluß enthält des weiteren: **192**
- Firma oder Name und Vorname des Schuldners,
- Geschäftszweig oder Beschäftigung des Schuldners,
- die Anschrift über die gewerbliche Niederlassung oder Wohnung des Schuldners,
- Namen und Anschrift des Insolvenzverwalters,
- die Stunde der Verfahrenseröffnung (§ 27 Abs. 2 InsO).

Ist die Stunde der Verfahrenseröffnung nicht angegeben, so gilt als Zeitpunkt der Eröffnung die Mittagsstunde des Tages, an dem der Beschluß erlassen worden ist (§ 27 Abs. 3 InsO). **193**

7.1 Bestellung des Insolvenzverwalters

Das Insolvenzgericht ernennt nach § 27 Abs. 1 InsO einen Insolvenzverwalter, bei dem es sich um eine für den jeweiligen Einzelfall geeignete, insbesondere geschäftskundige und von den Gläubigern und dem Schuldner unabhängige natürliche Person handeln muß (§ 56 InsO). **194**

7.2 Aufforderungen an die Gläubiger und den Schuldner

Des weiteren sind im Eröffnungsbeschluß die Gläubiger aufzufordern, ihre Forderungen innerhalb einer bestimmten Frist, unter Beachtung des § 174 InsO beim Insolvenzverwalter anzumelden. Die Frist ist auf einen Zeitraum von mindestens 2 Wochen und höchstens 3 Monaten festzusetzen (§ 28 Abs. 1 InsO). **195**

Im Eröffnungsbeschluß werden die Gläubiger aufgefordert, dem Verwalter unverzüglich mitzuteilen, welche Sicherungsrechte sie an beweglichen Sachen oder an Rechten des Schuldners in Anspruch nehmen. Der Gegenstand, an dem das Sicherungsrecht beansprucht wird, die Art und der Entstehungsgrund des Sicherungsrechts sowie die gesicherte Forderung sind zu bezeichnen (§ 28 Abs. 2 InsO). **196**

Nicht zuletzt sind in dem Eröffnungsbeschluß die Personen, die Verpflichtungen gegenüber dem Schuldner haben, aufzufordern, nicht mehr an den Schuldner zu leisten, sondern nur noch an den Verwalter (§ 28 Abs. 3 InsO). **197**

7.3 Terminsbestimmung (§ 29 InsO)

Im Eröffnungsbeschluß bestimmt das Insolvenzgericht Termine für eine Gläubigerversammlung, in der auf der Grundlage eines Berichtes des Insolvenzverwalters über den Fortgang des Insolvenzverfahrens beschlossen wird (Berichtstermin). Dieser Termin soll nicht über 6 Wochen und darf nicht über 3 Monate hinaus angesetzt werden (§ 29 Abs. 1 Ziff.1 InsO). **198**

199 Darüber hinaus bestimmt das Insolvenzgericht einen Termin für eine Gläubigerversammlung, in der die angemeldeten Forderungen geprüft werden (Prüfungstermin). Der Zeitraum zwischen dem Ablauf der Anmeldefrist und dem Prüfungstermin soll mindestens eine Woche und höchstens zwei Monate betragen (§ 29 Abs. 1 Ziff. 2 InsO).

200 Berichtstermin und Prüfungstermin können verbunden werden. Die Verbindung der beiden Termine ist nicht davon abhängig, ob es sich um ein Insolvenzverfahren mit einem erkennbar geringen Umfang handelt. Vielmehr kann das Gericht von Amts wegen oder auf Antrag (Anregung) eines Beteiligten nach billigem Ermessen die Verbindung der beiden Termine festlegen.

201 § 29 InsO erfordert bei der Verbindung von erster Gläubigerversammlung und allgemeinem Prüfungstermin, daß der gemeinsame Termin nicht über die 3 Monate nach der Verfahrenseröffnung hinaus angesetzt werden kann.

7.4 Öffentliche Bekanntmachung des Eröffnungsbeschlusses

202 Die Geschäftsstelle des Insolvenzgerichts hat den Eröffnungsbeschluß sofort öffentlich bekanntzumachen (§ 30 InsO). Die öffentliche Bekanntmachung der Insolvenzeröffnung soll dem Insolvenzverfahren nach außen hin Geltung verschaffen.

203 Den Gläubigern und den Schuldnern des Schuldners sowie dem Schuldner selbst ist der Eröffnungsbeschluß besonders zuzustellen.

204 Ist der Schuldner eine natürliche Person, so soll das Gericht ihn bei der Eröffnung des Insolvenzverfahrens darauf hinweisen, daß er nach Maßgabe der §§ 286–303 InsO Restschuldbefreiung erlangen kann.

7.5 Mitteilungspflichten (§ 31 InsO)

205 Ist der Schuldner im Handels-, Genossenschafts- oder Vereinsregister eingetragen, so hat die Geschäftsstelle des Insolvenzgerichts dem Registergericht im Falle der Eröffnung des Insolvenzverfahrens eine Ausfertigung des Eröffnungsbeschlusses bzw. im Falle der Abweisung des Eröffnungsantrages mangels Masse eine Ausfertigung des abweisenden Beschlusses zu übermitteln.

206 Die öffentliche Bekanntmachung des Insolvenzeröffnungsbeschlusses reicht nicht aus, um die notwendige, insbesondere im Hinblick auf die verschiedenen öffentlichen Register bedeutsame, Publizität der Verfahrenseröffnung zu gewährleisten. § 31 InsO sieht demnach vor, daß der Eröffnungsbeschluß von der Geschäftsstelle des Insolvenzgerichtes den zuständigen Register- oder sonstigen Behörden mitgeteilt wird. Organisatorisch wird die Insolvenzabteilung des Amtsgerichts als eigenständige Behörde angesehen, so daß die Mitteilungspflicht auch dann besteht, wenn die Registerbehörde – etwa das Handelsregister – dem gleichen Gericht angehört.

207 Notwendig sind Mitteilungen an folgende Behörden
- Handelsregister (§ 32 InsO)
- Genossenschaftsregister (§ 102 GenG)
- Vereinsregister (§ 75 BGB).

Ergänzend kommt eine Mitteilung des Insolvenzgerichts gemäß § 50 FGG in Betracht, wenn infolge des Insolvenzverfahrens eine Tätigkeit des Vormundschaftsgerichts erforderlich ist; dies ist stets dann der Fall, wenn über das Vermögen eines Elternteils mit minderjährigen Kindern eines Vormunds oder eines Pflegers das Insolvenzverfahren eröffnet wird oder werden soll bzw. die Insolvenzeröffnung mangels Masse abgelehnt wird. **208**

Außerhalb der Insolvenzordnung bestehen weitere Bestimmungen über Mitteilungspflichten; vgl. zu den notwendigen Mitteilungen nach der Anordnung über Mitteilungen in Zivilsachen (MiZi) vom 1. 10. 1967 (BAnz Nr. 218 vom 18. 11. 1967), siehe auch die Aufzählung der infrage kommenden Behörden als Mitteilungsempfänger (*Kuhn/Uhlenbruck* KO, § 112 Rz. 3). **209**

7.6 Grundbucheintragungen (§ 32 InsO)

Die Eröffnung des Insolvenzverfahrens ist in das Grundbuch einzutragen bei Grundstücken, als deren Eigentümer der Schuldner eingetragen ist, sowie bei den für den Schuldner eingetragenen Rechten an Grundstücken und eingetragenen Rechten, wenn nach der Art des Rechts und den Umständen zu befürchten ist, daß ohne die Eintragung die Insolvenzgläubiger benachteiligt würden (§ 32 Abs. 1 InsO). Das gleiche gilt für die Eintragungen in das Schiffsregister, das Schiffsbauregister und das Register für Pfandrechte an Luftfahrzeugen (§ 33 Satz 1 InsO). **210**

Da Eintragungen im Grundbuch und im Schiffsregister den gutgläubigen Erwerb von zur Insolvenzmasse gehörigen Vermögensgegenständen ermöglichen, dient die Eintragung des Insolvenzvermerks der Zerstörung des guten Glaubens und damit der Verhinderung des Rechtserwerbs Dritter zu Lasten der Insolvenzmasse. **211**

8. Wirkungen der Verfahrenseröffnung

8.1 Übergang der Verwaltungs- und Verfügungsbefugnis

Wie schon im geltenden Recht geht die Verwaltungs- und Verfügungsmacht des Schuldners durch den Insolvenzbeschlag auf den Insolvenzverwalter über (§ 80 Abs. 1 InsO). Der Schuldner bleibt aber weiterhin Eigentümer seines Vermögens, kann nur nicht mehr darüber verfügen. Auch entfaltet ein Veräußerungsverbot, das nur den Schutz bestimmter Personen bezweckt, keine Wirkung im Insolvenzverfahren (§ 80 Abs. 2 InsO). **212**

8.2 Verfügungen des Schuldners nach Verfahrenseröffnung

Obwohl entgegen dem Wortlaut von § 7 Abs. 1 KO nach § 81 InsO Verfügungen des Schuldners nach Eröffnung des Insolvenzverfahrens unwirksam sind und nicht wie in der Konkursordnung als unwirksam gegenüber den Konkursgläubigern bezeichnet werden, besteht hierin keine Abweichung zur geltenden Rechtslage. Nach der Entscheidung des Reichsgerichts bedeutet die Formulierung des § 7 KO nämlich eine Unwirksamkeit gegenüber allen, beschränkt auf die Zwecke des Konkursverfahrens. Eine Nichtigkeit von Verfügungen des Schuldners nach der Insolvenzeröffnung im Sinne des BGB liegt auch nach der Insolvenzordnung nicht vor, weil die Unwirksamkeit durch Genehmigung des Insolvenzverwalters geheilt werden kann. Anzumerken bleibt, daß die Insolvenz- **213** ordnung sich nur auf Verfügungen des Schuldners bezieht, also auf Rechtsgeschäfte, die unmittelbar darauf gerichtet sind, auf ein bestehendes Recht einzuwirken, es zu verändern, es zu übertragen oder aufzuheben. Dies sind private Willensbetätigungen, mit denen das Gesetz einen rechtlichen Erfolg verknüpft ohne Rücksicht darauf, ob dieser Erfolg vom Handelnden gewollt ist oder nicht (*Kuhn/Uhlenbruck* KO, § 7 Rz. 2, 3). Dieser Begriff umfaßt nicht nur Verfügungen, sondern auch Realakte und geschäftsähnliche Handlungen. Weiterhin können Dritte an unbeweglichen Sachen gutgläubig Eigentum erwerben (§ 81 Abs. 1 Satz 2 InsO).

214 § 81 Abs. 1 InsO gilt auch für künftige Forderungen aus einem Dienstverhältnis des Schuldners oder an deren Stelle tretende laufende Bezüge insoweit, als die Bezüge für die Zeit nach Beendigung des Insolvenzverfahrens betroffen sind. Diese Regelung weicht von der heutigen Rechtslage ab, wonach Arbeitseinkommen für nach der Eröffnung des Konkurses geleistete Tätigkeiten konkursfreier Neuerwerb ist und somit der Schuldner auch verfügungsberechtigt bleibt.

215 Allerdings darf der Schuldner Einkünfte aus seinem Dienstverhältnis im Zusammenhang mit einer angestrebten Restschuldbefreiung an einen Treuhänder abtreten (§ 81 Abs. 2 Satz 2 InsO).

8.3 Leistungen an den Schuldner

216 Auch nach der Insolvenzordnung ist ein Schuldner, wenn er nach Insolvenzeröffnung an den Insolvenzschuldner leistet, obwohl die Leistung als Verbindlichkeit der Masse zu erfüllen war, nur dann befreit, wenn er die Eröffnung des Verfahrens nicht kannte. Wenn die Leistung vor der öffentlichen Bekanntmachung des Insolvenzverfahrens erfolgte, wird vermutet, daß der Leistende die Eröffnung nicht kannte (§ 82 Satz 2 InsO).

8.4 Vollstreckungssperre

217 Einzelzwangsvollstreckungen für einzelne Insolvenzgläubiger sind während der Dauer des Insolvenzverfahrens nicht zulässig (§ 89 Abs. 1 InsO). Dies gilt auch für das insolvenzfreie Vermögen.

218 Zweck der Vorschrift ist es, keinem Insolvenzgläubiger die Möglichkeit zu geben, das konkursrechtliche Prinzip der gleichmäßigen Befriedigung aller Insolvenzgläubiger durch Einzelzwangsvollstreckungsmaßnahmen in die Insolvenzmasse zu unterlaufen und so das als Haftungsmasse zugewiesene Vermögen des Schuldners zu schmälern.

219 Unzulässig ist die **Pfändung beweglicher Sachen** nach §§ 804 ff. ZPO sowie von Forderungen und sonstigen Rechten gemäß §§ 828 ff. ZPO.

220 Auch Vollstreckungsmaßnahmen wegen anderer **Forderungen** als Geldforderungen gemäß §§ 883 ff. ZPO sind ausgeschlossen, soweit es sich um zu vollstreckende Ansprüche von Insolvenzgläubigern handelt. Die Abgabe der eidesstattlichen Versicherung nach Maßgabe der §§ 807, 883, 899 ZPO scheidet als Form der Einzelzwangsvollstreckung ebenfalls aus.

221 Die Eintragung einer **Zwangshypothek** kommt nicht in Betracht, wenn sie zur Sicherung einer Insolvenzforderung dienen soll.

Entsprechendes gilt für die Vollziehung eines Arrestes aufgrund eines Anspruchs, der seinerseits zu den Insolvenzforderungen zählt. War der **Arrestbefehl** zum Zeitpunkt der Insolvenzeröffnung zwar schon erlassen, aber noch nicht vollzogen (§ 999 ZPO), ist er auf Widerspruch (§ 924 Abs. 1 ZPO) des Insolvenzverwalters ohne Sachprüfung aufzuheben. **222**

Die Zwangsvollstreckung lediglich vorbereitende Maßnahmen (z.B. Vollstreckbarkeitserklärungen, Erteilung der Zwangsvollstreckungsklausel) sind, soweit ihnen keine eigene Vollstreckungswirkung zukommt, nicht unzulässig. **223**

Eine unter Mißachtung des § 89 InsO beantragte Zwangsvollstreckungsmaßnahme darf nicht ergehen, muß vom Vollstreckungsorgan daher ohne weitere Prüfung von Amts wegen abgelehnt werden. **224**

Die Unzulässigkeit einer dennoch eingeleiteten Zwangsvollstreckung kann – soweit es sich bei dem jeweiligen Vollstreckungsobjekt um Bestandteile der Insolvenzmasse handelt – der Insolvenzverwalter bei der Vollstreckung in die Insolvenzmasse bzw. der Schuldner bei Vollstreckung in das insolvenzfreie Vermögen mit der Erinnerung gemäß § 766 ZPO bzw. dem nach allgemeinen Vorschriften gegen die Vollstreckungsmaßnahmen gegebenen Rechtsbehelf geltend machen. **225**

Über Einwendungen gegen die Zulässigkeit von Vollstreckungsmaßnahmen entscheidet nach § 89 Abs. 3 InsO das Insolvenzgericht. **226**

Rechte an den Gegenständen der Insolvenzmasse können grundsätzlich nach der Verfahrenseröffnung nicht wirksam erworben werden. § 91 Abs. 2 InsO stellt klar, daß der gutgläubige Erwerb nicht ausgeschlossen ist. **227**

Zwangsvollstreckungen wegen Masseverbindlichkeiten, die nicht durch Rechtshandlungen des Insolvenzverwalters begründet worden sind, sind für die Dauer von 6 Monaten ab Verfahrenseröffnung unzulässig (§ 90 Abs. 1 InsO). Dies gilt allerdings nach § 90 Abs. 2 InsO nicht für Verbindlichkeiten **228**
- aus einem gegenseitigen Vertrag, dessen Erfüllung von dem Verwalter verlangt wird
- aus einem Dauerschuldverhältnis für die Zeit nach dem ersten Termin, zu dem der Verwalter kündigen konnte (aber wohl nicht gekündigt hat)
- aus einem Dauerschuldverhältnis, soweit der Verwalter für die Insolvenzmasse die Gegenleistung in Anspruch nimmt

8.5 Schwebende Rechtsstreite

Mit der Eröffnung des Insolvenzverfahrens werden die die Masse betreffenden Prozesse unterbrochen i.S. von § 240 ZPO. Aktivprozesse kann der Insolvenzverwalter in der Lage, in der sie sich befinden, aufnehmen (§ 85 InsO). **229**

Es muß sich um einen Rechtsstreit über das zur Insolvenzmasse gehörige Vermögen handeln, die Insolvenzmasse (Sollmasse) muß davon betroffen sein, sei es, daß ein der Masse zustehendes Recht geltend gemacht wird, sei es, daß die Masse in Anspruch genommen wird; auch Aussonderungsklagen betreffen die Sollmasse. Weder die Klageart, noch die Parteirolle des Schuldners ist entscheidend. Unterbrochen werden **Klageverfahren, Arrest- oder einstweilige Verfügungsverfahren**, das **Kostenfestsetzungsverfahren**, das **Beschwerdeverfahren**. Es kommt allein **230** darauf an, ob in dem fraglichen Verfahren der Schuldner auf Leistung aufgrund eines zur Masse gehörigen Anspruchs klagt bzw. wegen einer solchen Forderung verklagt wird, die sich als Masseforderung oder als Insolvenzforderung darstellt oder ob Schuldner oder Gegner die Feststellung eines Rechts begehren, das zur Masse gehören oder nicht gehören soll.

231 **Passivprozesse**, die die Aussonderung, die abgesonderte Befriedigung oder eine Masseverbindlichkeit betreffen, können sowohl vom Insolvenzverwalter, als auch vom Gegner aufgenommen werden (§ 86 Abs. 1 InsO).

232 Erkennt der Verwalter den Anspruch sofort an, so kann der Gegner einen Anspruch auf Erstattung der Kosten des Rechtsstreits nur als Insolvenzgläubiger geltend machen (§ 86 Abs. 2 InsO).

233 Bei anderen Insolvenzverbindlichkeiten bleibt der Prozeß bis zum Prüfungstermin unterbrochen. Wird die Forderung dann bestritten, so muß der Rechtsstreit mit dem Bestreitenden aufgenommen werden.

8.6 Einwirkungen auf schwebende Verträge

234 Der Insolvenzverwalter hat ein **Wahlrecht bei gegenseitigen Verträgen**, die zur Zeit der Eröffnung des Verfahrens vom Schuldner und vom anderen Teil nicht oder nicht vollständig erfüllt worden sind. Er kann aus der Masse erfüllen und von der anderen Seite Erfüllung verlangen. Wenn der Insolvenzverwalter die Erfüllung unberechtigterweise ablehnt, steht dem Insolvenzgläubiger nur ein Schadensersatzanspruch wegen Nichterfüllung zu, der nur eine einfache Insolvenzforderung darstellt (§ 103 Abs. 2 InsO).

235 Ansprüche, die aufgrund des **Erfüllungsverlangens** des Verwalters entstehen, sind Masseverbindlichkeiten i.S. von § 55 Abs. 1 Nr. 2 InsO.

236 Der Insolvenzverwalter hat sich unverzüglich auf Aufforderung des Insolvenzgläubigers über sein Wahlrecht zu erklären. Wenn der Verwalter dies unterläßt, kann er nicht mehr auf Erfüllung bestehen (§ 103 Abs. 2 InsO). Die Erklärung des Insolvenzverwalters ist eine empfangsbedürftige Willenserklärung (*BGH* BGHZ 15, 333, 335); sie unterliegt keinem Formzwang, auch nicht beim Eintritt in einen Grundstückskaufvertrag. Die Erklärung kann auch stillschweigend abgegeben werden (*RG* RGZ 96, 292, 295).

237 Ein wirksam erfolgtes Erfüllungsverlangen kann nicht einseitig vom Verwalter widerrufen werden; er kann aber unter Umständen diese Erklärung nach §§ 119 ff. BGB anfechten.

238 § 104 InsO, der mit der Veröffentlichung des Gesetzes in Kraft getreten ist, beschränkt die Möglichkeit des Verwalters, bei Finanztermingeschäften Erfüllung zu verlangen.

239 Wenn der Schuldner Mieter oder Pächter eines unbeweglichen Gegenstandes oder von Räumen ist, kann der Verwalter jederzeit den Vertrag kündigen (§ 109 InsO). Kündigt der Verwalter, so kann der andere Teil wegen der vorzeitigen Beendigung des Vertragsverhältnisses als Insolvenzgläubiger Schadensersatz verlangen (§ 119 Abs. 1 Satz 2 InsO).

Entgegen § 19 Abs. 1 KO steht dem Vermieter nur ein Recht zum Rücktritt vom Vertrag mit dem Schuldner zu, wenn der Gegenstand oder die Räume zur Zeit der Eröffnung des Insolvenzverfahrens dem Schuldner noch nicht überlassen waren. Dem Vermieter oder Verpächter steht somit kein **Kündigungsrecht** zu. Auch kann der Vermieter künftig wie der Insolvenzverwalter sein **Rücktrittsrecht** verlieren, wenn er sich nicht unverzüglich auf das Verlangen des anderen Teils zum Rücktritt erklärt (§ 109 Abs. 2 InsO). Dies stellt eine Verschärfung im Verhältnis zur Konkursordnung dar, da nach § 20 KO nur der Konkursverwalter sein Recht zum Rücktritt verlieren kann. Weiterhin kann das Kündigungsrecht des Vermieters oder Verpächters aus anderen Gründen als der Insolvenzeröffnung nach Maßgabe des § 112 InsO eingeschränkt sein, und zwar kann dem Schuldner wegen des Verzugs mit der Entrichtung des Miet- und Pachtzinses, der in der Zeit vor dem Eröffnungsantrag eingetreten ist, oder wegen einer Verschlechterung der Vermögenslage des Schuldners entstanden ist, nicht gekündigt werden. **240**

Die Rechtslage bezüglich der Veräußerung eines Grundstücks bei Vermietung und Verpachtung von Gegenständen durch den Schuldner (§§ 110, 111 InsO) entspricht den Regelungen der KO. **241**

8.7 Insolvenzforderungen (§ 38 InsO)

Insolvenzgläubiger sind die persönlichen Gläubiger des Schuldners, die zum Zeitpunkt der Verfahrenseröffnung einen Vermögensanspruch an den Schuldner haben. **242**

Der Zweck des § 38 InsO liegt in der Abgrenzung des Kreises der am Insolvenzverfahren Beteiligten; es sollen nicht die Gläubiger von den Nichtgläubigern abgegrenzt werden. **243**

Der Anspruch des Gläubigers muß zum Zeitpunkt der Insolvenzeröffnung begründet gewesen sein. Dies bedeutet nicht, daß er zu diesem Zeitpunkt bereits durchsetzbar in Form einer fälligen Forderung bestanden haben muß. Ausreichend ist, wenn der den Anspruch sachlich-rechtlich begründende Tatbestand bei Verfahrenseröffnung gegeben, d.h. abgeschlossen war. **244**

Qualitativ muß es sich bei der Forderung um einen Vermögensanspruch handeln (§ 38 InsO), eine Forderung also, die eine Geldleistungspflicht zum Gegenstand hat oder zwar nicht auf Geldzahlung gerichtet ist, sich aber inhaltlich nach Maßgabe des § 45 InsO in einen Geldleistungsanspruch umwandeln läßt. **245**

Das Bestehen der Forderung ist nicht Voraussetzung für die Stellung des angeblich oder tatsächlich Berechtigten als Insolvenzgläubiger. Für die Teilnahme am Insolvenzverfahren genügt die Glaubhaftmachung einer Forderung, die, ihr Bestehen unterstellt, die Voraussetzungen einer Insolvenzforderung erfüllt. Auch wenn sie nicht besteht, aber schon vor der Verfahrenseröffnung rechtskräftig anerkannt worden ist, wird sie bei der Verteilung berücksichtigt, sofern sie nur geprüft und unbestritten geblieben, bzw. streitig festgestellt worden ist. **246**

Unvollkommene Verbindlichkeiten (Spiel, Wette §§ 762–764 BGB), Ehemaklerlohn (§ 656 BGB), unverbindliche Börsentermingeschäfte können mangels Forderungseigenschaft nicht als Insolvenzforderungen anerkannt werden. **247**

248 Verjährte Ansprüche können als Insolvenzforderungen angemeldet werden. Die Tragweite der Verjährung (etwa §§ 223, 224, 390 Satz 2, 425 Abs. 2, 478, 821, 852 Abs. 2, 853, 886, 1028 Abs. 1 Satz 2, 2026 BGB) ist beschränkt: Der Anspruch ist nicht erloschen, sondern nur nicht mehr durchsetzbar und kann deshalb noch als causa im Sinne des § 812 Abs. 1 BGB wirken, wenn der Verpflichtete gleichwohl geleistet hat. Insbesondere hindert die Verjährung eines Anspruchs den Berechtigten nicht, Hypotheken oder Pfandrechte zu verwerten, die für diesen Anspruch bestehen (§ 223 Abs. 1 BGB).

249 Gestaltungsrechte (z.B. das Recht zur Anfechtung oder zum Rücktritt vom Vertrag) gleich welchen Rechtsgrundes sind keine Vermögensansprüche und daher keine Insolvenzforderungen.

250 Unterlassungsansprüche sind ebenfalls keine Insolvenzforderungen. Ansprüche aus nur durch den Schuldner selbst zu leistenden nicht vertretbaren Handlungen stellen keine Insolvenzforderungen dar, auch wenn sie einen berechenbaren Vermögenswert haben.

251 Aussonderungsansprüche begründen keine Insolvenzforderungen. Ein neben der Forderung bestehendes Absonderungsrecht nimmt dagegen dem absonderungsberechtigten Gläubiger nicht die Stellung als Insolvenzgläubiger hinsichtlich seiner gesamten Forderung. Der Rechtsgrund der den Gemeinschuldner treffenden Verbindlichkeit ist unerheblich, die Forderung kann sich aus Vertrag oder Gesetz ergeben, wobei das Forderungsrecht nicht nur aus einem Schuldverhältnis sondern auch aus sachen-, familien- und erbrechtlichen Verhältnissen begründet sein kann.

9. Verwaltung und Verwertung der Masse

9.1 Siegelung von Vermögensgegenständen (§ 150 InsO

252 Der Insolvenzverwalter kann zur Sicherung der Sachen, die zur Insolvenzmasse gehören, durch den Gerichtsvollzieher oder eine andere dazu gesetzlich ermächtigte Person Siegel anbringen lassen (§ 150 Satz 1 InsO).

9.2 Erstellung eines Masseverzeichnisses (§ 151 InsO)

253 Der Insolvenzverwalter hat ein Verzeichnis der einzelnen Gegenstände der Insolvenzmasse aufzustellen (§ 151 Abs. 1 Satz 1 InsO). Das Verzeichnis der Massegegenstände ist zusammen mit dem Gläubigerverzeichnis (§ 152 InsO) Grundlage für die Vermögensübersicht (§ 153 InsO), die den Insolvenzgläubigern eine Beurteilung der Vermögenslage des Schuldners ermöglichen soll.

254 Bei der Inventarisierung sind alle Gegenstände der Masse genau zu bezeichnen. Zum Beispiel sind Grundstücke mit Angabe des Grundbuchblattes aufzunehmen. Auch Ansprüche, die sich aus den Vorschriften über die Insolvenzanfechtung ergeben, gehören zur Masse und sind in das Verzeichnis aufzunehmen.

255 Bei jedem aufzunehmenden Gegenstand ist dessen Wert anzugeben. Hängt der Wert davon ab, ob das Unternehmen fortgeführt oder stillgelegt wird, sind beide Werte anzugeben (§ 151 Abs. 2 InsO). Maßgeblich ist der Wert, der im Rahmen der Verwertung zu erzielen ist. Fehlt dem Insolvenzverwalter für die Schätzung der Gegenstände die Sachkunde oder handelt es sich aus sonstigen Gründen um

eine schwierige Bewertungsaufgabe, so ist ein geeigneter Sachverständiger mit der Schätzung zu beauftragen.

Auf Antrag des Verwalters kann das Insolvenzgericht gestatten, daß die Aufstellung des Verzeichnisses unterbleibt. Da eine wertgerechte Veräußerung der Masse nur möglich ist, wenn die Insolvenzmasse ordnungsgemäß erfaßt ist, sollte von der Ausnahmevorschrift des § 151 Abs. 3 InsO nur restriktiv Gebrauch gemacht werden. **256**

9.3 Die Erstellung eines Gläubigerverzeichnisses (§ 152 InsO)

Der Insolvenzverwalter hat ein Verzeichnis aller Gläubiger des Schuldners aufzustellen, die ihm aus den Büchern und Geschäftspapieren des Schuldners oder durch sonstige Angaben oder durch die Anmeldung ihrer Forderungen oder auf andere Weise bekannt geworden sind. Das Gläubigerverzeichnis, das der Insolvenzverwalter nach dieser Vorschrift aufzustellen hat, ist von der Forderungstabelle zu unterscheiden, in die die Forderungen eingetragen werden, die die Insolvenzgläubiger anmelden. **257**

Das Gläubigerverzeichnis des Verwalters erfaßt auch die absonderungsberechtigten Gläubiger, denen keine persönliche Forderung gegen den Schuldner zusteht, und die Insolvenzgläubiger, die ihre Forderungen nicht oder noch nicht angemeldet haben. Wie das Verzeichnis der Massegegenstände einen möglichst vollständigen Überblick über das Vermögen verschaffen soll, das zur Befriedigung der Gläubiger zur Verfügung steht, so soll das Gläubigerverzeichnis die diesem Vermögen gegenüberstehenden Belastungen und Verbindlichkeiten so vollständig wie möglich aufzeigen. **258**

Wegen der unterschiedlichen Stellung der verschiedenen Gläubigerkategorien im Verfahren schreibt § 152 Abs. 2 InsO vor, daß im Gläubigerverzeichnis die absonderungsberechtigten Gläubiger und die verschiedenen Rangklassen der nachrangigen Insolvenzgläubiger (§§ 39, 327 InsO) gesondert von den übrigen Insolvenzgläubigern aufzuführen sind. **259**

Die aussonderungsberechtigten Gläubiger können bei der Aufstellung des Gläubigerverzeichnisses außer Betracht bleiben, weil die auszusondernden Gegenstände in dem Verzeichnis der Massegegenstände ebenfalls nicht aufzunehmen sind. **260**

Jede Forderung, die in das Gläubigerverzeichnis aufgenommen wird, ist nach der Anschrift des Gläubigers, dem Grund der Forderung und der Höhe des Betrages genau zu bezeichnen. **261**

9.4 Die Erstellung einer Vermögensübersicht (§ 153 InsO)

Der Insolvenzverwalter hat auf den Zeitpunkt der Eröffnung des Insolvenzverfahrens eine geordnete Übersicht aufzustellen, in der die Gegenstände der Insolvenzmasse und die Verbindlichkeiten des Schuldners aufgeführt und einander gegenübergestellt werden (§ 153 Abs. 1 Satz 1 InsO). Für die Bewertung der Gegenstände gilt § 151 Abs. 2 InsO entsprechend und für die Gliederung der Verbindlichkeiten § 122 Abs. 2 Satz 1 InsO entsprechend (§ 153 Abs. 1 Satz 2 InsO). **262**

In der Vermögensübersicht werden damit die Gegenstände der Insolvenzmasse und die Verbindlichkeiten des Schuldners, ähnlich wie in einer Bilanz zusam- **263** mengefaßt und gegenübergestellt. Allerdings ist der Ansatz der Buchwerte nicht mehr zulässig. Der Verwalter kann sich deshalb nicht auf eine vorhandene Handelsbilanz beziehen, sondern muß die Vermögensübersicht auf der Grundlage des Verzeichnisses der Massegegenstände und des Gläubigerverzeichnisses neu erstellen. Die Vermögensübersicht ähnelt damit der »Konkurseröffnungsbilanz« nach § 124 KO, dem Vermögensverzeichnis nach § 11 Abs. 1 GesO und der Vermögensübersicht nach § 5 Abs. 1 VglO.

264 Auf der Aktivseite des Vermögensverzeichnisses sind sämtliche zur Insolvenzmasse gehörigen Gegenstände (Anlage- und Umlaufvermögen) unter Umständen auch die Gegenstände anzugeben, die aufgrund einer Anfechtung der Insolvenzmasse zurückzugewähren sind.

265 Die Aussonderungsrechte sind auf der Aktivseite und auf der Passivseite mit demselben Betrag anzunehmen, da die Gegenstände aus der Ist-Masse ausgeschieden werden sollen. Hinsichtlich der Absonderungsrechte ist in dem Vermögensverzeichnis auf der Aktivseite darzustellen, inwieweit Vermögenswerte beispielsweise mit Hypotheken und Pfandrechten belastet sind, auf der Passivseite wird die korrespondierende Gläubigerforderung angesetzt.

266 Entsprechend den Absonderungsrechten werden die Aufrechnungsbefugnisse behandelt. Nach den Aus- und Absonderungsrechten sind auf der Passivseite die geschätzten Masseverbindlichkeiten aufzunehmen. Danach werden auf der Passivseite die übrigen Insolvenzgläubiger, und zwar entsprechend ihrem Rang und in der Höhe ihrer Insolvenzforderung aufgenommen.

9.5 Die Berichtserstattungspflicht des Verwalters (§ 156 InsO)

267 In den neu eingeführten Berichtstermin sollen die verschiedenen Möglichkeiten für den Fortgang des Verfahrens auf der Grundlage eines Berichtes des Insolvenzverwalters umfassend erörtert werden. Die Gläubigerversammlung soll entscheiden, welches Abwicklungs- und Verwertungsmodell wahrgenommen oder näher untersucht werden soll. Der Insolvenzverwalter hat deshalb über die wirtschaftliche Lage des Schuldners und ihre Ursachen zu berichten. Er hat darzulegen, ob Aussichten bestehen, das Unternehmen des Schuldners im Ganzen oder in Teilen zu erhalten, welche Möglichkeiten für einen Insolvenzplan bestehen und welche Auswirkungen jeweils für die Befriedigung der Gläubiger eintreten würden (§ 156 Abs. 2 InsO). Falls der Insolvenzverwalter nicht die Abwicklung nach den gesetzlichen Regeln sondern die Aufstellung eines Insolvenzplanes empfiehlt, wird er insbesondere auf die Frage der Fortführung des Unternehmens des Schuldners, der Liquidation dieses Unternehmens oder der Regulierung der Verbindlichkeiten eines nicht unternehmerisch tätigen Schuldners eingehen müssen (§ 217 InsO). Bei der Darstellung der verschiedenen Möglichkeiten für den Fortgang des Verfahrens hat sich der Verwalter im Hinblick auf das vorrangige Verfahrensziel, die bestmöglichste Befriedigung der Gläubiger zu erreichen, auch dazu zu äußern, wie sich diese Möglichkeiten auf die Befriedigung der Gläubiger auswirken.

9.6 Die Erstellung der Forderungstabelle (§§ 174, 175 InsO)

268 Die Insolvenzgläubiger haben ihre Forderungen schriftlich beim Insolvenzverwalter anzumelden (§ 174 Abs. 1 Satz 1 InsO).

Die Anmeldung der nachrangigen Gläubiger (§§ 39, 327 InsO) ist in § 174 Abs. 3 InsO besonders geregelt, weil die nachrangigen Gläubiger nur in Ausnahmefällen mit einer Befriedigung rechnen können, nämlich dann, wenn alle nicht nachrangigen Insolvenzgläubiger voll befriedigt werden können und dann noch ein Überschuß in der Masse verbleibt oder wenn ein Insolvenzplan vorgelegt wird, der insbesondere im Zusammenhang mit einer Sanierung des Schuldners auch Zahlungen an nachrangige Gläubiger vorsieht. Die Insolvenzverfahren, in denen keiner dieser Ausnahmefälle vorliegt, brauchen mit der Anmeldung und Prüfung von nachrangigen Forderungen nicht belastet zu werden. Deshalb kann eine Aufforderung zur Anmeldung solcher Forderungen nicht nur bei der Verfahrenseröffnung sondern auch zu einem späteren Zeitpunkt erfolgen, wenn die Höhe der vorhandenen Masse bekannt ist. **269**

Der Insolvenzverwalter hat jede angemeldete Forderung mit den in §§ 174 Abs. 2 und 3 InsO genannten Angaben in eine Tabelle einzutragen. Die Tabelle ist mit den Anmeldungen sowie den beigefügten Urkunden innerhalb des ersten Drittels des Zeitraumes, der zwischen dem Ablauf der Anmeldefrist und dem Prüfungstermin liegt, in der Geschäftsstelle des Insolvenzgerichts zur Einsicht der Beteiligten niederzulegen (§ 175 InsO). **270**

9.7 Die Forderungsprüfung (§§ 176, 178 InsO)

Im Prüfungstermin werden die angemeldeten Forderungen ihrem Betrag und ihrem Rang nach geprüft (§ 176 InsO). **271**

Nach vorangegangener Vorprüfung durch den Insolvenzverwalter werden die angemeldeten und nicht als unzulässig zurückgewiesenen Forderungen im Prüfungstermin ihrem Grunde, ihrem Betrag und ihrem Vorrecht nach einzeln geprüft, und zwar unabhängig davon, ob die zugelassene Forderung schon zur Tabelle aufgenommen wurde oder nicht. **272**

Gibt der Insolvenzverwalter im Rahmen der Erörterung einer streitigen Forderung keine Erklärung ab, so gilt sein Schweigen als Anerkenntnis. **273**

Der Verwalter und jeder einzelne Gläubiger, dessen Forderung zur Prüfung zugelassen ist, kann Widerspruch gegen die Forderung an sich, die Höhe der Forderung, die Anwendbarkeit bzw. die Inhaberschaft erheben. **274**

Eine Forderung gilt als festgestellt, soweit gegen sie im Prüfungstermin oder im schriftlichen Verfahren (§ 177 InsO) ein Widerspruch weder vom Insolvenzverwalter noch von einem Insolvenzgläubiger erhoben wird oder soweit ein erhobener Widerspruch beseitigt ist (§ 178 Abs. 1 Satz 1 InsO). Ein Widerspruch des Schuldners steht der Feststellung der Forderung nicht entgegen (§ 178 abs. 1 Satz 2 InsO). Unabhängig davon kann der Gläubiger, dessen Forderung vom Schuldner bestritten wurde, klageweise geltend machen, daß der Widerspruch gegen die Feststellung der Forderung zur Tabelle unbegründet ist. **275**

Das Prüfungsergebnis ist in die Tabelle einzutragen, da die in die Tabelle eingetragene Feststellung der Forderung ihrem Betrag und ihrem Rang nach wie ein rechtskräftiges Urteil gegenüber dem Insolvenzverwalter und allen Gläubigern wirkt (§ 178 Abs. 3 InsO). **276**

9.8 Die Verwertung der Insolvenzmasse (§§ 159, 160, 165, 166, 168 InsO)

277 Nach dem Berichtstermin hat der Insolvenzverwalter bei der weiteren Verwaltung der Insolvenzmasse die Beschlüsse der Gläubigerversammlung zu beachten, also gegebenenfalls das Unternehmen stillzulegen oder einen Sanierungs-, Schuldenregulierungs- oder Liquidationsplan auszuarbeiten. Auch ohne daß die Gläubigerversammlung ihn ausdrücklich dazu auffordert, hat er unverzüglich die Insolvenzmasse zu verwerten, soweit die Beschlüsse der Gläubigerversammlung nicht entgegenstehen (§ 159 InsO).

278 Nach § 160 InsO, einer Vorschrift die flexibler gestaltet ist als die §§ 133 Nr. 2, 134 KO, hat der Insolvenzverwalter die Zustimmung des Gläubigerausschusses einzuholen, wenn er Rechtshandlungen vornehmen will, die für das Insolvenzverfahren von besonderer Bedeutung sind (§ 160 Abs. 1 Satz 1 InsO). Ist ein Gläubigerausschuß nicht bestellt, so ist die Zustimmung der Gläubigerversammlung einzuholen (§ 160 Abs. 1 Satz 2 InsO).

279 Zur Verwertung unbeweglicher Gegenstände kann der Insolvenzverwalter beim zuständigen Gericht die Zwangsversteigerung oder die Zwangsverwaltung betreiben (§ 165 InsO).

280 Mit Absonderungsrechten belastete bewegliche Sachen kann der Insolvenzverwalter freihändig verwerten, wenn er die Sachen in Besitz hat (§ 166 Abs. 1 InsO). Bevor der Insolvenzverwalter jedoch einen Gegenstand, zu dessen Verwertung er nach § 166 InsO berechtigt ist, an einen Dritten veräußert, hat er dem absonderungsberechtigten Gläubiger mitzuteilen, auf welche Weise der Gegenstand veräußert werden soll. Er hat insbesondere dem Gläubiger Gelegenheit zu geben, binnen einer Woche auf eine andere, für den Gläubiger günstigere Möglichkeit der Verwertung des Gegenstandes hinzuweisen (§ 168 Abs. 1 InsO). Dem Gläubiger steht gegebenenfalls nach § 168 Abs. 3 InsO die Möglichkeit zu, den fraglichen Gegenstand selbst zu übernehmen.

9.9 Verteilung der Masse (§§ 187 ff. InsO)

281 § 187 InsO sieht vor, daß der Insolvenzverwalter nach dem allgemeinen Prüfungstermin Abschlagsverteilungen vornimmt, so oft hinreichende Barmittel in der Masse vorhanden sind.

282 Die Abschlagsverteilung erfolgt mit Zustimmung des Gläubigerausschusses (§ 187 Abs. 3 Satz 2 InsO) nach dem Ermessen des Insolvenzverwalters, soweit hinreichend Masse zur Verfügung steht.

283 Der Verwalter kann im Rahmen des von ihm auszuübenden Ermessens Abschlagsverteilungen aufschieben, wenn vorhandene Barmittel für eine zeitweilige Fortführung des insolventen Unternehmens benötigt werden. Im Einzelfall kann es auch sinnvoll sein, anstelle einer Abschlagsverteilung gesicherte Gläubiger abzufinden, um hohe Zinszahlungen an diese Gläubiger wegen der Nutzung des Sicherungsguts für die Insolvenzmasse zu vermeiden (§ 169 InsO).

284 Die nachrangigen Insolvenzgläubiger sollen bei Abschlagszahlungen nicht berücksichtigt werden, da sie nur im Falle der vollen Befriedigung der übrigen Insolvenzgläubiger überhaupt Zahlungen aus der Masse beanspruchen können (§ 187 Abs. 2 Satz 2, 39 InsO).

Vor der Vornahme einer Verteilung hat der Verwalter ein Verzeichnis der zu berücksichtigenden Forderungen aufzustellen und das Verzeichnis auf der Geschäftsstelle des Insolvenzgerichts zur Einsicht der Beteiligten niederzulegen. Der Verwalter hat die Summe der Forderungen und den für die Verteilung verfügbaren Betrag aus der Insolvenzmasse öffentlich bekanntzumachen. **285**

Die Niederlegung des Verzeichnisses soll dem Gläubiger die Möglichkeit bieten, wenn notwendig Änderungen und Ergänzungen zu erwirken, falls die ihm zustehende Forderung unrichtig aufgenommen wurde. **286**

Forderungen, die in das Verzeichnis nicht aufgenommen wurden, bleiben bei der Verteilung ausgeschlossen, sobald die für die Erhebung von Einwendungen gesetzte Ausschlußfrist abgelaufen ist (§ 189 InsO). **287**

Grundlage des Verzeichnisses ist die Insolvenztabelle einschließlich der Berichtigungen. Aufzunehmen sind die nachfolgend aufgeführten Forderungen, und zwar in voller Höhe ohne Berücksichtigung eventueller Abschlagsverteilungen und auch ohne Unterscheidung hinsichtlich der Forderungen, die durch Auszahlung und solchen, welche durch Zurückhaltung der Anteile zu berücksichtigen sind: **288**

- die zur Insolvenztabelle festgestellten Forderungen, auch wenn der Schuldner widersprochen hat, auch dann, wenn die Forderung nach der Feststellung erloschen ist, falls keine Vollstreckungsabwehrklage (§ 767 ZPO) erhoben wurde (*OLG Karlsruhe* ZIP 1981, 1231).
- Vom Insolvenzverwalter bestrittene Forderungen, bei denen im Prüfungstermin ein vollstreckbarer Schuldtitel, ein Endurteil oder ein Vollstreckungsbefehl vorliegt (§ 189 Abs. 1 InsO).
- Andere streitige Forderungen, wenn dem Verwalter die Betreibung der Feststellung (§ 189 Abs. 1 InsO) bei Niederlegung des Verzeichnisses nachgewiesen ist.
- Für bedingte und Ausfallforderungen müssen die vorgenannten allgemeinen Voraussetzungen vorliegen, mit der Maßgabe, daß
  - bei der auflösend bedingten Forderung die Bedingung nicht eingetreten ist,
  - bei aufschiebend bedingten Forderungen die Anwartschaft nicht aussichtslos ist (§ 191 InsO),
  - bei Ausfallforderungen für die Abschlagsverteilung der Nachweis, daß die Verwertung des Gegenstandes betrieben wird, an dem ein Absonderungsrecht besteht und der Betrag des mutmaßlichen Ausfalls glaubhaft gemacht ist (§ 190 Abs. 2 InsO) und vor der Schlußverteilung der Nachweis des Ausfalls erbracht ist (§ 190 Abs. 1 InsO).

§ 189 InsO regelt die Berücksichtigung bestrittener Forderungen in der Verteilung. Titulierte Forderungen werden solange berücksichtigt, bis der Widerspruch des Insolvenzverwalters für begründet erklärt ist. Nicht titulierte Forderungen werden in der Verteilungsliste aufgeführt, wenn die klageweise Feststellung zur Insolvenzmasse im Zeitpunkt der Aufstellung der Liste schon betrieben wurde. **289**

Das Verteilungsverzeichnis ist zu ändern (§ 193 InsO), wenn der Nachweis, daß die Feststellung zur Insolvenztabelle klageweise betrieben wird, nicht innerhalb der Ausschlußfrist gegenüber dem Insolvenzverwalter nachgewiesen wird (§ 189 **290**

Abs. 3 InsO). Der Nachweis, daß die Feststellung zur Insolvenztabelle betrieben wird, ist bis zum Ablauf einer Frist von 2 Wochen nach der öffentlichen Bekanntmachung zu führen. Für die Fristberechnung gelten die §§ 222 Abs. 1 ZPO, §§ 187 Abs. 1, 188 Abs. 2 BGB.

291 Hat der Gläubiger die Frist versäumt, so hat die Fristversäumnis zunächst den Ausschluß der Forderung im Hinblick auf die anstehende Verteilung zur Folge. Wird der Nachweis, daß die Voraussetzungen zur Aufnahme der Forderung in die Verteilungsliste vorliegen, nach Ablauf der Ausschlußfrist erbracht, so besteht die Möglichkeit der nachträglichen Berücksichtigung (§ 192 InsO). Die Versäumung der Ausschlußfrist für die Schlußverteilung bewirkt den endgültigen Ausschluß der Forderung, und zwar auch für die Nachtragsverteilung.

292 Nach § 190 Abs. 1 InsO kann die zur Insolvenztabelle festgestellte Forderung des absonderungsberechtigten Gläubigers, dem der Gemeinschuldner persönlich haftet, nur insoweit Berücksichtigung finden, als der Gläubiger auf die abgesonderte Befriedigung aus dem Gegenstand verzichtet oder den wirklichen Ausfall nachgewiesen hat. Wird der Nachweis nicht rechtzeitig geführt, wird die Forderung bei der Verteilung nicht berücksichtigt.

293 Für die Berücksichtigung bei einer Abschlagsverteilung genügt es, wenn der Gläubiger spätestens innerhalb der Ausschlußfrist dem Verwalter nachweist, daß er die Verwertung des Gegenstandes betrieben hat, an dem das Absonderungsrecht besteht, und den Betrag des mutmaßlichen Ausfalls glaubhaft macht (§ 190 Abs. 2 InsO). In diesem Fall wird der auf die Forderung entfallende Anteil bei der Verteilung zurückbehalten. Wird der Ausfall bei der Schlußverteilung nicht nachgewiesen, so wird der zurückbehaltene Anteil für die Schlußverteilung frei.

294 In § 190 Abs. 3 InsO wird klargestellt, daß die Obliegenheiten des Gläubigers zum Nachweis des Ausfalles nur dann bestehen, wenn der Gläubiger selbst zur Verwertung berechtigt ist. Steht bei einem Absonderungsrecht an einem beweglichen Gegenstand das Verwertungsrecht dem Verwalter zu (§ 166 InsO), so hat der Verwalter dafür zu sorgen, daß der Gegenstand vor der Schlußverteilung verwertet wird und der Ausfall des Gläubigers damit rechtzeitig feststeht. Bei der Abschlagsverteilung hat der Verwalter in diesem Fall den Ausfall des Gläubigers zu schätzen.

295 Gläubiger, die bei einer Abschlagsverteilung nicht berücksichtigt worden sind, die aber die Voraussetzungen der §§ 189, 190 InsO nachträglich erfüllen, erhalten bei der folgenden Verteilung aus der restlichen Insolvenzmasse vorab einen Betrag, der sie mit den übrigen Gläubigern gleichstellt.

296 Nach § 196 InsO nimmt der Verwalter die Schlußverteilung vor, sobald die Verwertung der Insolvenzmasse beendet ist und die Zustimmung des Insolvenzgerichts vorliegt.

297 Die Schlußverteilung stellt die Ausschüttung der nach der endgültigen Verwertung der Insolvenzmasse noch vorhandenen Teilungsmasse an die Gläubiger dar. Sie hat deshalb nach Beendigung der Verwertungsmaßnahmen zu erfolgen. Die Anhängigkeit noch einzelner Feststellungsprozesse, das Vorhandensein unverwertbarer Massegegenstände oder noch nicht fälliger zur Masse gehöriger Forderungen hindert die Schlußverteilung nicht, da insoweit die Möglichkeit der Nachtragsverteilung besteht (§ 203 InsO).

Die Schlußverteilung bedarf der Zustimmung des Insolvenzgerichts. Eine ohne Zustimmung des Gerichts vorgenommene Schlußverteilung des Insolvenzverwalters macht die Schlußverteilung nicht nichtig, der Insolvenzverwalter macht sich jedoch den Beteiligten gegenüber persönlich verantwortlich gemäß § 60 InsO (*Kuhn/Uhlenbruck* KO, § 161 Rz. 6). **298**

Beträge, die bei der Schlußverteilung zurückzubehalten sind, hat der Insolvenzverwalter mit Zustimmung des Insolvenzgerichts für Rechnung der Beteiligten bei einer geeigneten Stelle zu hinterlegen (§ 198 InsO). **299**

Können bei der Schlußverteilung die Forderungen aller Insolvenzgläubiger in voller Höhe berichtigt werden, so hat der Insolvenzverwalter einen verbleibenden Überschuß dem Schuldner herauszugeben (§ 199 Satz 1 InsO). **300**

Ist der Schuldner keine natürliche Person, so hat der Insolvenzverwalter auch für die Verteilung des Überschusses an die einzelnen, am Schuldner beteiligten Personen zu sorgen. Auf diese Weise wird vermieden, daß sich dem Insolvenzverfahren noch eine gesellschaftsrechtliche Liquidation anschließen muß (§ 199 Satz 2 InsO). **301**

Eine Nachtragsverteilung findet statt, wenn aus den in § 203 Abs. 1 Ziff. 1–3 InsO bezeichneten Gründen nach dem Schlußtermin weitere Geldmittel zur Verteilung zur Verfügung stehen, z.B. weil, **302**

- von der Masse zurückbehaltene Beträge frei werden (§ 203 Abs. 1 Ziff. 1 InsO),
- Beträge, die aus der Masse gezahlt werden, zurückfließen, beispielsweise, weil der Empfänger aus dem Gesichtspunkt der ungerechtfertigten Bereicherung in Anspruch genommen werden konnte oder weil die Vergütung des Insolvenzverwalters vom Gericht herabgesetzt und ihm aufgegeben wurde, die zuviel gezahlten Beträge zu erstatten (*OLG Celle* KTS 1972, 265 (§ 203 Abs. 1 Ziff. 1 InsO).
- weitere Massebestandteile ermittelt werden. Hierzu gehören die Gegenstände, die der Schulder verheimlicht hat, die Gegenstände bei denen der Insolvenzverwalter irrtümlich davon ausging, daß sie nicht zur Insolvenzmasse gehören, die Gegenstände bei denen der Insolvenzverwalter zwar davon ausging, daß sie zur Insolvenzmasse gehören, deren Verwertung aber unterblieben ist, sowie die Gegenstände, die nachträglich durch Anfechtung zur Insolvenzmasse gezogen werden konnten. Auch der Schadensersatzanspruch gegen den Insolvenzverwalter ist ein solcher Massebestandteil.

Gegenstände, die der Insolvenzverwalter freigeben hat, können nachträglich nicht mehr zur Masse gezogen werden. Hat der Schuldner freigegebene Gegenstände veräußert, kann der Veräußerungserlös nicht mehr zur Insolvenzmasse gezogen werden, da die Freigabe als solche als einseitige empfangsbedürftige Willenserklärung unwiderruflich und grundsätzlich wegen Irrtums nicht anfechtbar und darüber hinaus eine Surrogation gesetzlich nicht vorgesehen ist. **303**

Für die Nachtragsverteilung bleibt die Verwaltungs- und Verfügungsbefugnis des Insolvenzverwalters bestehen, da insoweit der Insolvenzbeschlag fortbesteht be- **304** ziehungsweise durch nachträgliche Anordnung des Insolvenzgerichts begründet wird, wenn Vermögensgegenstände erst nach Verfahrenseröffnung ermittelt werden (*BGH* WM 1973, 642). Kann der bisherige Insolvenzverwalter mit der Nachtragsverteilung nicht mehr betraut werden, weil beispielsweise ein Schadensersatzanspruch gegen ihn geltend zu machen ist, ist ein neuer Insolvenzverwalter zu bestellen.

305 Von einer Nachtragsverteilung kann abgesehen werden, wenn nur eine geringfügige Masse für die Verteilung zur Verfügung steht (§ 203 Abs. 3 Satz 1 InsO).

10. Der Insolvenzplan

10.1 Einleitung

306 Das bisherige Vergleichsrecht nach der VerglO und der in der Konkursordnung geregelte Zwangsvergleich sowie der Vergleich nach § 16 GesO werden in dem Insolvenzplan geregelt.

307 Das einheitliche Insolvenzrecht ist zweispurig aufgebaut. Bei Eröffnung des neuen einheitlichen Insolvenzverfahrens auf Antrag eines Gläubigers oder des Schuldners wird im Berichtstermin (§ 187 InsO) die Entscheidung über den Verfahrensfortgang getroffen, nämlich entweder die Vermögensverwertung und -verteilung nach Maßgabe der gesetzlichen Vorschriften (§ 159 InsO) durch Liquidation und Befriedigung der Gläubigeransprüche aus der Insolvenzmasse oder Vermögensverwertung und Verteilung gemäß einem Insolvenzplan und Befriedigung der Gläubigeransprüche aus den Überschüssen des fortgeführten Unternehmens.
Nach dem von *Groß* entwickelten Schema läßt sich der Ablauf des Insolvenzverfahrens wie folgt darstellen:

Schaubild 94

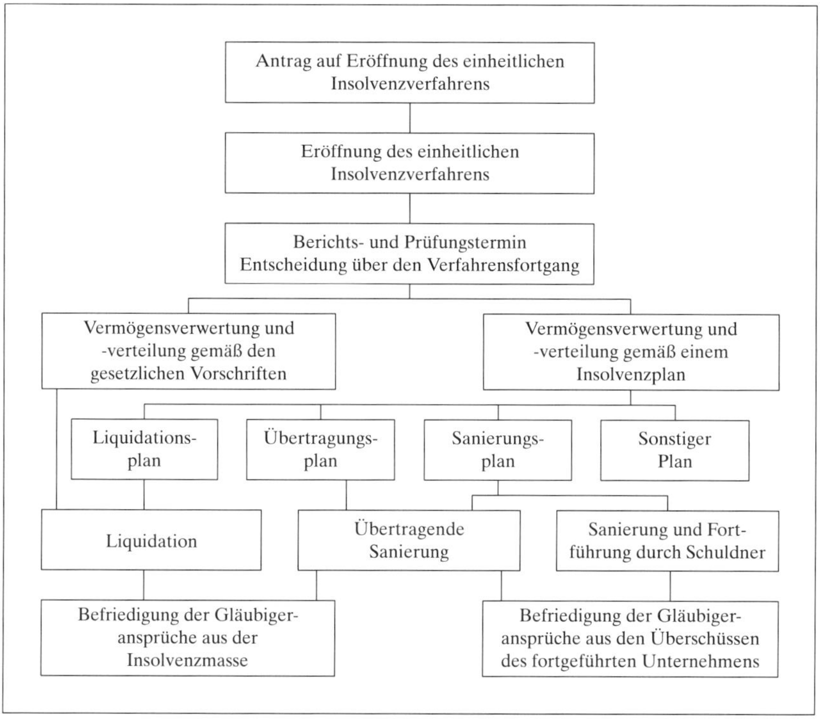

Der Insolvenzplan kann ein Übertragungsplan oder ein sonstiger Plan, bei dem es **308**
sich auch um einen Liquidationsplan handeln kann, sein.
Nach dem von *Früh* für die Arbeitstagung des IDW im Jahre 1996 entwickeltem Schema lassen sich die Insolvenzpläne wie folgt zusammenfassen:

- ❑ Liquidationspläne
  - ❑ Abarbeitung des Auftragsbestandes mit nachfolgender Totaleinstellung des Betriebes
  - ❑ Teilbetriebseinstellung
  - ❑ Sofortige Einstellung und Liquidation des Vermögens
- ❑ Übertragungspläne
  - ❑ Die klassische übertragende Sanierung
  - ❑ Asset Deal und Verpachtungsmodelle

- ❑ Fortführungpläne
  - ❑ Finanzwirtschaftliche Reorganisationspläne
    - ❑ Zufuhr neuen Kapitals
    - ❑ Forderungsverzicht
    - ❑ Debt-Equity Swap
    - ❑ Stundung
    - ❑ Vorrang Finanzierung
  - ❑ Leistungswirtschaftliche Reorganisationspläne
    - ❑ Sachverhaltserfassung
    - ❑ Krisenursachenanalyse
    - ❑ Strategische Vision des sanierten Unternehmens
    - ❑ Leistungswirtschaftlicher Maßnahmenkatalog
    - ❑ Verprobungsrechnung

309 Der Übertragungsplan und der Sanierungsplan können zu einer übertragenden Sanierung führen. Die Sanierung kann auch im Rahmen einer Betriebsfortführung durch den Schuldner erfolgen.

310 Selbst der Liquidationsplan kann eine vorläufige Betriebsfortführung (§ 157 InsO) beinhalten, damit das Unternehmen als ganzes verwertet werden kann.

311 Im Insolvenzplan kann die Befriedigung der Gläubiger (sowohl der absonderungsberechtigten als auch der ungesicherten Gläubiger) die Verwertung der Insolvenzmasse, die Verteilung der Insolvenzmasse und die Haftung des Schuldners nach Beendigung des Verfahrens abweichend von der gesetzlichen Regelung geregelt werden (§ 217 InsO).

312 Dies bedeutet, daß dem Verwalter nach Maßgabe des Insolvenzplanes aufgegeben werden kann, das zur Insolvenzmasse gehörende Vermögen nicht zu verwerten und z.B. statt einen Betrieb stillzulegen, den Betrieb durch den Schuldner fortführen zu lassen.

313 Es kann den Interessen der Gläubiger entgegenkommen, im Rahmen des Insolvenzplanes vorzusehen, das Unternehmen zu sanieren und es vom Insolvenzverwalter, dem Schuldner oder durch eine Sanierungsgesellschaft fortführen zu lassen, so daß die Gläubiger am erzielten Überschuß beteiligt werden.

314 Da der Insolvenzplan weiterhin Regelungen über die Haftung des Schuldners vorsehen kann, kann dem Schuldner die Restschuldbefreiung unabhängig von den Regelungen der §§ 235 ff. InsO gewährt werden. Dies kann z.B. bedeuten, daß selbst dem »unredlichen« Schuldner die Restschuldbefreiung gewährt wird und darüber hinaus zusätzlich die gesetzliche Wohlverhaltensphase von 7 Jahren abgekürzt wird, mit der Maßgabe, daß der Schuldner nicht die monatlich pfändbaren Lohnbestandteile abführen muß, sondern einen »Einmalbetrag« bezahlt oder gar nicht zahlungspflichtig ist.

315 Falls es sich bei dem Schuldner um eine KG handelt, kann in dem Insolvenzplan die Haftung des persönlich haftenden Gesellschafters mit geregelt werden, weil eine weitgehende Regelungsbefugnis der Gläubiger gewollt ist. Dem steht nicht entgegen, daß in § 217 InsO nicht mehr ausdrücklich vorgesehen ist, daß durch den Insolvenzplan auch in die Rechtsstellung persönlich haftender Gesellschafter eingegriffen werden darf.

Die Gläubiger der Gesellschaft sind legitimiert, auf die Forderung der Gesellschaft gegen den persönlich haftenden Gesellschafter anteilig oder gänzlich zu verzichten. Ist die Haftung streitig, wird eine ohne Mitwirkung des Gesellschafters erfolgende Festlegung des Haftungsumfangs ebensowenig möglich sein, wie der Ausschluß des Gesellschafters aus seiner Gesellschafterstellung. **316**

10.2 Das Verfahren und die Rechtswirkungen des Insolvenzplans
10.2.1 Die Planinitiative (§§ 218, 240 InsO)
10.2.1.1 Die Vorlage des Insolvenzplanes durch den Insolvenzverwalter

Der Insolvenzverwalter ist berechtigt, dem Insolvenzgericht einen Insolvenzplan vorzulegen (§ 218 Abs. 1 Satz 1 InsO), wobei der Insolvenzverwalter den Insolvenzplan aus eigenem Antrieb und/oder im Auftrag der Gläubigerversammlung (§§ 157 Satz 2, 218 Abs. 2 InsO) erstellen kann. **317**

Nach dem Wortlaut des § 218 Abs. 1 Satz 3 InsO muß der vom Verwalter vorgelegte Insolvenzplan spätestens bis zum Ende des Schlußtermins vorgelegt werden, wenn er noch beachtet werden soll. **318**

Soweit der Verwalter von der Gläubigerversammlung beauftragt ist, muß der Verwalter den Plan in angemessener Frist vorlegen. Dabei ist dem Verwalter die Zeit zuzubilligen, die üblicherweise für die Erarbeitung eines Sanierungskonzepts erforderlich ist, d.h. nach Größe und Unternehmen zwischen zwei und maximal sechs Monaten. Sechs Monate wird die Vorlage des Insolvenzplanes dann dauern dürfen, wenn die Krisenursachen ermittelt und schlüssige Sanierungskonzepte erarbeitet werden müssen. **319**

Stellt der Verwalter den Insolvenzplan auf, wirken ein eventuell bestellter Gläubigerausschuß, der Betriebsrat, der Sprecherausschuß der leitenden Angestellten und der Schuldner beratend mit (§ 218 Abs. 3 InsO). **320**

Diese Formulierung bedeutet, daß die Mitwirkenden bei der Insolvenzplanerstellung nicht nur angehört werden müssen, sondern daß eine echte Unterrichtungspflicht und ein Konsultationsprozeß erforderlich ist. Die an der Aufstellung des Insolvenzplans mitwirkenden Personen müssen jedoch nicht tätig werden, sondern dürfen sich äußern. **321**

Unterläßt der Verwalter die Vorlage des Insolvenzplanes, obwohl er von der Gläubigerversammlung beauftragt ist, stellt dies eine Pflichtwidrigkeit des Verwalters dar, die das Insolvenzgericht veranlassen kann, nach vorheriger Androhung ein Zwangsgeld festzusetzen (§ 58 Abs. 2 InsO) oder den Verwalter aus wichtigem Grund zu entlassen (§ 59 Abs. 1 InsO). **322**

Ist der Schuldner eine juristische Person wirken nicht nur der Geschäftsführer oder der Vorstand der juristischen Person an der Aufstellung des Insolvenzplanes mit, sondern alle Gesellschafter, und zwar ohne daß eine Mindestbeteiligung verlangt werden kann. **323**

10.2.1.2 Die Vorlage des Insolvenzplanes durch den Schuldner

324 Auch der Schuldner, der nach dem geltenden Recht – nach der Vergleichsordnung einen Vergleich, nach der Konkursordnung einen Zwangsvergleich und nach der Gesamtvollstreckung einen Vergleich vorschlagen kann – darf schon mit dem Antrag auf Eröffnung eines Insolvenzverfahrens einen Insolvenzplan vorlegen.

325 Bei dem vom Schuldner vorgelegten Plan wird das Insolvenzgericht prüfen, ob der Insolvenzplan unter den Voraussetzungen des § 231 InsO zurückzuweisen ist.

10.2.1.3 Die Vorlage des Insolvenzplans durch den Sachwalter

326 Im Rahmen der Eigenverwaltung des Schuldners kann die Gläubigerversammlung den Auftrag, einen Insolvenzplan zu erstellen, sowohl an den Schuldner als auch an den Sachwalter richten (§ 283 Abs. 1 InsO).

327 Für den Fall, daß der Schuldner mit der Insolvenzplanerstellung beauftragt ist, wirkt der Sachwalter beratend mit (§ 284 Abs. 1 Satz 2 InsO) und ihm obliegt die Überwachung der Planerfüllung (§ 284 Abs. 2 InsO).

10.2.2 Die Vorprüfung des Insolvenzplanes durch das Insolvenzgericht (§ 231 InsO)

328 § 231 InsO verlangt eine Vorprüfung des Insolvenzplans durch das Insolvenzgericht, welches den Insolvenzplan unter den nach § 231 Abs. 1 Ziff. 1–3 InsO bezeichneten Voraussetzungen von Amts wegen zurückweisen muß.

10.2.2.1 § 231 Abs. 1 Ziff. 1 InsO

329 Der Insolvenzplan ist nach § 231 Abs. 1 Ziff. 1 InsO zurückzuweisen, wenn die Vorschriften über das Recht zur Vorlage und die gesetzlichen Vorgaben über den Inhalt nicht beachtet sind. Dies bedeutet, daß der Plan nur vom Schuldner und dem Verwalter vorgelegt werden kann (§ 218 InsO). Ein vom Gläubiger vorgelegter Insolvenzplan muß zurückgewiesen werden.

330 Damit der Insolvenzplan nicht zurückgewiesen wird, muß er inhaltlich den Vorschriften der InsO entsprechen. Dies bedeutet, daß die Gliederung in einen darstellenden und einen gestaltenden Teil (§§ 220, 221 InsO) erfolgt sein muß. Auch die von § 222 InsO geforderte Gruppenbildung muß eingehalten sein. Sind die Gruppen nicht sachgerecht abgegrenzt, kann ebenfalls eine Zurückweisung erfolgen. Auch die von § 223 InsO geforderten Angaben bei Eingriffen in die Rechte der absonderungsberechtigten Gläubiger müssen angegeben sein. Das gleiche gilt auch für die anderen Gläubigergruppen (§§ 224, 225 InsO).

331 Werden den Beteiligten einer Gruppe abweichend von dem Gleichbehandlungsgrundsatz unterschiedliche Rechte eingeräumt, ist die Zustimmungserklärung eines jeden betroffenen Beteiligten beizufügen (§ 226 Abs. 2 Satz 2 InsO).

332 Die Plananlagen nach §§ 229, 230 InsO sind ebenfalls zur Vermeidung einer Zurückweisung des Planes mit vorzulegen.

333 Sind die gesetzlichen Vorgaben für den Insolvenzplan nicht beachtet, hat das Insolvenzgericht dem Schuldner aufzugeben, den Mangel des Plans zu beheben und kann dafür eine angemessene Frist setzen. Für die Ergänzung des Insolvenzplans sollte keine längere Frist als 1 Monat gewährt werden.

10.2.2.2 § 231 Abs. 1 Ziff. 2 InsO

Der Insolvenzplan des Schuldners ist zurückzuweisen, wenn offensichtlich keine Aussicht besteht, daß die Gläubiger den Plan annehmen oder nicht damit zu rechnen ist, daß das Gericht den Plan bestätigt. Offensichtlich bedeutet, daß es für den Richter, der sich mit dem Sachverhalt vertraut gemacht hat, eindeutig ist, daß mit an Sicherheit grenzender Wahrscheinlichkeit die Gläubiger dem Insolvenzplan nicht zustimmen werden. **334**

Mit einer Zurückweisung des Insolvenzplanes muß gerechnet werden, wenn die Gläubigerversammlung sich schon einmal gegen eine Betriebsfortführung ausgesprochen hat und eine solche erneut vorgeschlagen wird. **335**

Der Insolvenzplan ist auch dann zurückzuweisen, wenn das im darstellenden Teil des Plans enthaltene Sanierungskonzept unplausibel ist. Unplausibel ist das Sanierungskonzept zumindest dann, wenn keine hinreichenden Angaben zu den Krisenursachen und deren Behebung gemacht werden und/oder keine schlüssige Darlegung der Finanz- und Ertragslage erfolgt. **336**

Nach dem ausdrücklichen Wortlaut des § 231 Abs. 1 Ziff. 2 InsO kann ein vom Verwalter vorgelegter Insolvenzplan selbst dann nicht von Amts wegen zurückgewiesen werden, wenn er keine Aussicht auf Annahme durch die Gläubiger oder auf Bestätigung durch das Gericht hat. **337**

10.2.2.3 § 231 Abs. 1 Ziff. 3 InsO

Der Insolvenzplan ist schließlich dann von Amts wegen zurückzuweisen, wenn die im gestaltenden Teil des Insolvenzplans festgelegten Ansprüche offensichtlich nicht erfüllt werden können. Hier muß das Insolvenzgericht prüfen oder durch einen Sachverständigen prüfen lassen, ob die in dem Insolvenzplan vorgesehenen Verwertungsmaßnahmen tatsächlich dazu führen werden, daß die Ansprüche der Gläubiger bedient werden können. **338**

Nach den Materialien zu § 275 RegInsO ist der Plan auch dann zurückzuweisen, wenn dem Schuldner nicht das Existenzminimum belassen wird. **339**

10.2.2.4 § 231 Abs. 2 InsO

Um bei einer wiederholten Insolvenzplanvorlage eine Verfahrens- und Verwertungsverschleppung zu vermeiden, gebietet § 231 Abs. 2 InsO, daß in den Fällen in denen der Schuldner einen Plan vorgelegt hat, **340**
- der entweder von den Gläubigern abgelehnt,
- oder vom Gericht nicht bestätigt,
- oder vom Schuldner nach der öffentlichen Bekanntmachung des Erörterungstermins zurückgezogen worden ist

der neue Plan des Schuldners zurückzuweisen ist, wenn der Insolvenzverwalter mit Zustimmung des eventuell bestellten Gläubigerausschusses die Zurückweisung beantragt. Ist kein Gläubigerausschuß gebildet, kann der neue Plan zurückgewiesen werden, wenn der Verwalter die Zurückweisung beantragt.

10.2.2.5 § 231 Abs. 3 InsO

Gegen den Beschluß, mit dem der Insolvenzplan aufgrund richterlicher Vorprüfung zurückgewiesen worden ist, steht demjenigen, der den Insolvenzplan vorgelegt hat, das Recht zur sofortigen Beschwerde zu. **341**

10.2.3 Der darstellende Teil des Insolvenzplanes (§ 220 InsO)

342 Im darstellenden Teil werden die Maßnahmen aufgeführt, die nach der Eröffnung des Insolvenzverfahrens getroffen worden sind oder noch getroffen werden sollten, um die Grundlage für die geplante Gestaltung der Rechte der Beteiligten zu schaffen (§ 220 InsO). Hier ist darzustellen, ob beispielsweise geplant ist, den Betrieb oder einen Teilbetrieb auf eine Sanierungsauffanggesellschaft zu übertragen, um nach Veräußerung des sanierten Betriebes oder Teilbetriebes den Kaufpreis an die Gläubiger zu verteilen.

343 Auch kann in dem darstellenden Teil darüber nachgedacht werden, ob ein Sanierungsplan erstellt wird, mit der Maßgabe, daß entweder eine Sanierungsgesellschaft oder der Schuldner die sanierenden Maßnahmen vornimmt, den Betrieb weiterführt und die nach Sanierung des Unternehmens erzielten Überschüsse aus den Erträgen des fortgeführten Unternehmens an die Gläubiger verteilt werden.

344 Der darstellende Teil des Insolvenzplanes bezieht sich insbesondere auf alle Betriebsänderungen und organisatorischen sowie personellen Maßnahmen, vereinfachend auf das Sanierungskonzept.

345 Um ein Sanierungskonzept prüfen zu können, ist es erforderlich, daß die wirtschaftlichen Daten des Unternehmens der Branche und der gesamten Wirtschaft angegeben werden.

346 Der Schuldner muß zumindest in den Fällen der Betriebsfortführung im Rahmen des Sanierungskonzepts die Krisenursachen und die Krisensymptome des Unternehmens herauskristallisieren, damit durch zielgerichtete Sanierungsmaßnahmen dafür Sorge getragen werden kann, daß die Krise (z.B. Produktkrise, Absatzkrise, Leistungskrise, Strukturkrise, Käuferkrise, Personalkrise, Managementkrise, Führungskrise, Liquiditätskrise) beseitigt werden.

347 Des weiteren wird der Schuldner auf die Finanzlage, die Ertragslage, die Schwachstellenanalyse sowie auf die Sanierungschancen des Unternehmens auf der Basis des erarbeiteten Konzepts eingehen müssen.

348 Ein wirtschaftliches Interesse der Gläubiger an einem Insolvenzplan besteht dann, wenn sie durch den Plan besser stehen, als sie stehen würden, wenn eine Zerschlagung des Unternehmens erfolgen würde. Auch an der Fortsetzung der Geschäftsbeziehung können die Gläubiger ein Interesse haben, weil sie künftige Gewinne erwarten. Der Plan sollte auf dem Vermögensverzeichnis aufbauen, in dem die Massegegenstände unter Zugrundelegung von Zerschlagungswerten angegeben sind, und darstellen, inwieweit durch den Insolvenzplan die Befriedigungschancen der Gläubiger verbessert werden.

349 Im darstellenden Teil des Insolvenzplanes müssen selbst dann Insolvenzstraftaten (§§ 283 a–c StGB) bzw. Ermittlungsstraftaten nicht angegeben werden, wenn der Schuldner den Geschäftsbetrieb fortführen soll. Etwas anderes kann nur dann gelten, wenn dies für die Gläubiger von Bedeutung ist z.B. dann, wenn der Schuldner eine längere Haftstrafe verbüßen muß oder zu erwarten hat und deshalb eine Betriebsfortführung durch den Schuldner scheitert.

Für die Entscheidung der Gläubiger wird es von Bedeutung sein, Kenntnisse zu erlangen, in welchem Umfang die Gläubiger am Unternehmen beteiligt sind, z.B. wird der Aktionär einer Aktiengesellschaft, der ein erhebliches Aktienpaket besitzt, an der Sanierung des Schuldners mehr interessiert sein, als ein Gläubiger dem keine Aktien gehören. Auch mittelbare Beteiligungen sollen im Insolvenzplan angegeben werden. **350**

Kernstück des darstellenden Teils eines Insolvenzplans sind die Angaben, wie im Rahmen einer Sanierung des Schuldners die gesellschaftsrechtliche Struktur und die Beteiligungsverhältnisse z.B. durch neue Kapitalgeber verändert werden soll, wobei der Schuldner zu solchen Maßnahmen zustimmen muß. **351**

Hängt die Durchführung eines Planes davon ab, daß eine behördliche Genehmigung erteilt wird, wie z.B. im Falle eines Unternehmenszusammenschlusses durch das Kartellamt, so ist darzulegen, ob und mit welchem Wahrscheinlichkeitsgrad damit gerechnet werden kann, daß die Genehmigung erteilt wird. **352**

10.2.4 Der gestaltende Teil des Insolvenzplanes (§ 221 InsO)

10.2.4.1 Allgemeines zur Änderung der Rechtsstellung der Beteiligten

Im gestaltenden Teil des Insolvenzplanes wird u.a. festgelegt, wie die Rechtsstellung der Beteiligten durch den Plan geändert werden soll (§ 228 InsO). Bei der Festlegung der Rechte müssen Gruppen mit gleicher Rechtsstellung und gleichartigen wirtschaftlichen Interessen gebildet werden. Diese Gruppen müssen sachgerecht voneinander abgegrenzt werden (§ 222 Abs. 2 Satz 2 InsO). Bei den Gläubigern wird zwischen den absonderungsberechtigten Gläubigern (§ 233 InsO), den nicht nachrangigen Insolvenzgläubigern (§ 224 InsO) und einzelnen Rangklassen der nachrangigen Insolvenzgläubigern (§ 225 InsO) unterschieden werden müssen. Innerhalb der Gruppe der absonderungsberechtigten Gläubiger können orientiert an den Sicherheiten, z. B. Grundpfandrechte, Forderungsabtretung oder Sicherungsübereignung, Untergruppen gebildet werden. Die Arbeitnehmer werden eine besondere Gruppe bilden, wenn sie als Insolvenzgläubiger mit nicht unterheblichen Forderungen beteiligt sind (§ 222 Abs. 3 InsO). Für Kleingläubiger kann eine besondere Gruppe geschaffen werden. **353**

Im gestaltenden Teil des Insolvenzplanes muß der Schuldner Angaben machen über die Modalitäten, die hinsichtlich der Forderungen nicht nachrangiger Insolvenzgläubiger gelten sollen (§ 224 InsO). Die §§ 223 ff. InsO enthalten Regelungen, die gelten sollen, wenn im Insolvenzplan nichts anderes bestimmt ist. Nach § 226 Abs. 2 InsO kann von dem Grundsatz abgewichen werden, daß innerhalb jeder Gruppe allen Beteiligten gleiche Rechte anzubieten sind, wenn die Beteiligten einer Gruppe dem zustimmen. In diesem Fall ist im Insolvenzplan die zustimmende Erklärung eines jeden Betroffenen beizufügen. Im gestaltenden Teil des Insolvenzplanes kann ferner bestimmt werden, daß der Schuldner von seinen restlichen Verbindlichkeiten durch die im Insolvenzplan vorgesehene Befriedigung der Gläubiger diesen gegenüber nicht befreit wird (§ 227 InsO). Nach § 228 InsO können ferner in dem gestaltenden Teil des Insolvenzplans die erforderlichen Willenserklärungen für die Änderung sachenrechtlicher Verhältnisse aufgenommen werden. **354**

Des weiteren kann der Schuldner gem. § 260 InsO im gestaltenden Teil vorschlagen, daß die Erfüllung des Plans überwacht wird. Im Fall der Über- **355** wachung der Planerfüllung kann im Insolvenzplan die Nachrangigkeit von Insolvenzgläubigern gegenüber Darlehens- und sonstigen Kreditgläubigern, die der Schuldner oder die Übernahmegesellschaft während der Überwachungsdauer aufnimmt, vereinbart werden (§§ 264 ff. InsO). Eine Übernahmegesellschaft ist eine juristische Person oder eine Gesellschaft ohne Rechtspersönlichkeit, die nach der Eröffnung des Insolvenzverfahrens gegründet worden ist, um das Unternehmen des Schuldners, einen Unternehmensteil, einen Betrieb oder Betriebsteil zu übernehmen und weiterzuführen (§ 260 Abs. 3 InsO).

356 Die inhaltlichen Gestaltungsmöglichkeiten des gestaltenden Teils des Insolvenzplans sind vielfältig. Zum Beispiel können die absonderungsberechtigten Gläubiger auf Zinsen verzichten (§ 169 InsO), sie können sich verpflichten, höhere als die gesetzlichen Verwertungskosten (§ 171 InsO) gegen Besserungsschein zu zahlen oder auf den Ausgleich eines Wertverlustes bei Absonderungsrechten zu verzichten.

357 Der Schuldner kann vorschlagen, daß die Insolvenzgläubiger sich zu einem Forderungserlaß in jeder Höhe bereiterklären, den nicht erlassenen Teil ihrer Forderung stunden oder sich an der Auffanggesellschaft beteiligen. Die Arbeitnehmer können zugunsten der Gesellschaft auf den nicht durch das Insolvenzausfallgeld gesicherten Teil der rückständigen Gehälter verzichten.

358 Der Schuldner kann einer Vielzahl von gesellschaftsrechtlichen Maßnahmen wie einer Kapitalherabsetzung und/oder der Aufnahme neuer Gesellschafter zustimmen, wenn ihm dies nützlich erscheint.

10.2.4.2 Änderung sachenrechtlicher Verhältnisse (§ 228 InsO)

359 Sollen Rechte an Gegenständen begründet, geändert, übertragen oder aufgehoben werden, so können die erforderlichen Willenserklärungen der Beteiligten im gestaltenden Teil des Insolvenzplans aufgenommen werden (§ 228 Satz 1 InsO).

360 Dies bedeutet, daß nicht nur schuldrechtliche Verpflichtungen, wie z.B. die Stundung von Forderungen oder die Aufgabe von Sicherheiten sondern auch die Änderung sachenrechtlicher Verhältnisse, wie z.B. die Übereignung von beweglichen Sachen, die Bestellung von Grundpfandrechten, oder die Übereignung von Grundstücken in den Insolvenzplan aufgenommen können. Die hierauf gerichteten Willenserklärungen gelten mit der Bestätigung des Insolvenzplans als abgegeben, wobei die tatsächlichen Rechtshandlungen, wie z.B. die Besitzverschaffung durch Übergabe der Sache gesondert erfolgen muß.
Gesellschaftsverträge, wie Aufspaltungen, Verschmelzungen oder formwandelnde Umwandlungen müssen vertragsmäßig vorbereitet werden, damit die Maßnahmen im Falle der Bestätigung des Plans vollzogen werden können.

361 Sind Grundstücke im Rahmen sachenrechtlicher Übertragungen betroffen, so sind die Rechte genau zu bezeichnen (§ 228 Satz 2 InsO).

362 Es kann die für das Rechtsgeschäft erforderliche Einigung und die Eintragungsbewilligung nach § 19 Grundbuchordnung in dem gestaltenden Teil mit aufgenommen werden, wobei die Rechtsänderung jedoch erst mit der Grundbucheintragung erfolgt.

10.2.5 Plananlagen (§§ 229, 230, 232 InsO)

10.2.5.1 Allgemeines

Bei einem Insolvenzplan, der die Sanierung eines Unternehmens zum Gegenstand hat, mit der Folge, daß gegebenenfalls ein Teil dieser Verbindlichkeiten aus künftigen Erträgen des Unternehmens erfüllt werden soll, ist es sachdienlich, den Gläubigern die Grundlage für die Beurteilung der künftigen Entwicklung des Unternehmens mitzuteilen. Deshalb ist eine Vermögensübersicht vorzulegen. **363**

Des weiteren ist für den Zeitraum, in dem die Gläubiger befriedigt werden sollen, eine Plan-, Gewinn- und Verlustrechnung, ein Liquiditätsplan und eine Planbilanz vorzulegen. **364**

10.2.5.2 Die Vermögensübersicht

In der Vermögensübersicht sollen die Aktiva und Passiva dargestellt werden, wie sie sich im Falle einer Planbestätigung gegenüberstehen. **365**

Die vorstehenden Plananlagen, die je nach Größe der Unternehmen komplexer Natur sein können, sollten durch Wirtschaftsprüfungsgesellschaften auf ihre Plausibilität geprüft werden. **366**

10.2.5.3 Weitere Plananlagen (§ 230 InsO)

Über die vorstehenden Planrechnungen (§ 229 InsO) hinaus sind in besonderen Fällen z.B. bei einer Betriebsfortführung weitere Anlagen erforderlich. **367**

Ist der Schuldner eine natürliche Person oder eine Gesellschaft ohne Rechtspersönlichkeit, ist im ersten Fall die Erklärung des Schuldners und im zweiten Fall die Erklärung des persönlich haftenden Gesellschafters vorzulegen, daß er bereit ist, den Betrieb fortzuführen (§ 230 Abs. 1 Satz 1, 2 InsO). **368**

Die Erklärung des Schuldners ist entbehrlich, wenn der Schuldner den Plan selbst vorgelegt hat. Nicht entbehrlich ist die Erklärung des persönlich haftenden Gesellschafters. **369**

Bei den Gesellschaften, die durch die Eröffnung des Insolvenzverfahrens aufgelöst sind und nach Maßgabe des Insolvenzplanes fortgeführt werden sollen, kann mit einem Fortsetzungsbeschluß der Gesellschafter die Gesellschaft als werbende fortgesetzt werden (§§ 131 Nr. 3, 144 Abs. 1 HGB; 262 Abs. 1 Nr. 3, 274 Abs. 1, 2 Nr. 1 AktG; 60 Abs. 1 Nr. 4 GmbHG). Der Fortsetzungsbeschluß muß nicht als Anlage beigefügt werden. Das Gericht darf den Plan aber erst bestätigen, wenn der Fortsetzungsbeschluß vorgelegt wurde (§ 249 InsO). Die Gesellschafter können sich in einer vertraglichen Vereinbarung verpflichten, einen Fortsetzungsbeschluß zu fassen und diese Erklärung dem Plan beizufügen. **370**

Für den Fall, daß Gläubiger Arbeitsverhältnisse oder Mitgliedschaftsrechte an einer juristischen Person, einem nicht rechtsfähigen Verein oder einer Gesellschaft ohne Rechtspersönlichkeit übernehmen sollen, die ihnen ohne Einwilligung nicht aufgedrängt werden können, bestimmt § 230 Abs. 2 InsO, daß die zustimmende Erklärung jedes dieser Gläubiger vorgelegt werden muß. **371**

Hat ein Dritter für den Fall der Planbestätigung Verpflichtungen gegenüber Dritten übernommen, so ist zur Unterrichtung der Gläubiger die dahingehende **372**

Erläuterung dem Plan beizufügen. Dritter kann eine natürliche Person oder eine Gesellschaft sein.

373 Die Vorschrift des § 230 Abs. 3 InsO schließt die Übernahme von Verpflichtungen Dritter noch bis zum Abstimmungstermin nicht aus.

10.2.6 Die Abstimmung über den Insolvenzplan

10.2.6.1 Die Vorbereitung des Erörterungs- und Abstimmungstermins (§§ 232, 233, 234 InsO)

373 Wird der Insolvenzplan nicht zurückgewiesen, hat das Insolvenzgericht den Insolvenzplan

- dem Gläubigerausschuß, wenn ein solcher bestellt ist,
- dem Betriebsrat, wenn ein solcher besteht,
- dem Sprecherausschuß, wenn ein solcher besteht,
- dem Schuldner, wenn der Verwalter den Plan vorgelegt hat,
- dem Verwalter, wenn der Schuldner den Plan vorgelegt hat,
- gegebenenfalls auch der für den Schuldner zuständigen amtlichen Berufsvertretung der Industrie, des Handels, des Handwerks oder der Landwirtschaft oder einer anderen sachkundigen Stelle zur Stellungnahme zuzuleiten (§ 232 Abs. 1, 2 InsO) und eine Frist zur Vorlage der Stellungnahme zu setzen (§ 232 Abs. 3 InsO) die ebenfalls einen Monat nicht überschreiten sollte.

10.2.6.2 Der einheitliche Erörterungs- und Abstimmungstermin (§§ 235, 236, 240, 241 InsO)

374 Da durch die Vorlage des Insolvenzplanes die Prüfung und Feststellung der Insolvenzforderungen nicht entbehrlich wird, zumal meist erst nach Feststellung der Verbindlichkeiten verläßlich zu beurteilen ist, ob der Insolvenzplan durchgeführt werden kann, darf der Erörterungs- und Abstimmungstermin über den Plan nicht vor dem Prüfungstermin stattfinden (§ 236 Satz 1 InsO). Allerdings kann der vom Amtsgericht gemäß § 235 Abs. 1 InsO zu bestimmende Erörterungs- und Abstimmungstermin mit dem Prüfungstermin verbunden werden (§ 236 Satz 2 InsO).

10.2.6.3 Das Stimmrecht (§ 237 InsO)

375 § 237 InsO legt das Stimmrecht der Gläubiger in bezug auf die Abstimmung über den Insolvenzplan fest. Für das Stimmrecht der Gläubiger gelten die Grundsätze über das Stimmrecht in der Gläubigerversammlung entsprechend (§§ 237 Abs. 1, 77 Abs. 1, Satz 1 Abs. 2 und Abs. 3 Nr. 3 InsO).

10.2.6.4 Der Gleichbehandlungsgrundsatz (§ 226 InsO)

10.2.6.4.1 Allgemeines

376 Wenn – wie nach § 222 Abs. 2 InsO in jeder Gläubigergruppe – Beteiligte mit gleicher Rechtsstellung und gleichartigen wirtschaftlichen Interessen zusammengefaßt werden, hat jeder Beteiligte einen Anspruch darauf, daß er und die übrigen Beteiligten seiner Gruppe gleichbehandelt werden (§ 226 Abs. 1 InsO). Abweichungen sind mit Zustimmung der Betroffenen zulässig (§ 226 Abs. 2 InsO). Allerdings sind nach § 226 Abs. 3 InsO Sonderabkommen des Verwalters, des Schuldners oder anderer Personen mit einzelnen Beteiligten über das Ab-

stimmungsverhalten, die im Zusammenhang mit dem Insolvenzverfahren einen Vorteil gewähren, nichtig.

10.2.6.4.2 Bedeutung des Gleichbehandlungsgrundsatzes

Der Gleichbehandlungsgrundsatz hat formal zur Folge, daß das Insolvenzgericht **377** in den Fällen, in denen die Gläubiger nicht gleichbehandelt werden sollen, die Zustimmung der zurückversetzten Gläubiger zu prüfen hat. Deshalb ist in dem Insolvenzplan für diesen Fall eine schriftliche Zustimmungserklärung der betroffenen Beteiligten vorzulegen (§ 226 Abs. 2 Satz 2 InsO).

Die geforderte Gleichbehandlung gebietet, daß die Gläubiger wirtschaftlich **378** gleichwertig behandelt werden. Eine wirtschaftlich gleichwertige Behandlung kann z.B. dann vorliegen, wenn für Forderungen unterschiedlicher Höhe verschiedene Planquoten ausbedungen werden, oder ein Ausgleich durch längere oder kürzere Bemessung der Zahlungsfristen erzielt wird (*Bley/Mohrbutter* VerglO, § 8 Rz. 18).

10.2.6.4.3 Verbotene Sonderbegünstigungen

Das Verbot des Sonderabkommens des Insolvenzverwalters, des Schuldners oder **379** anderer Personen mit einzelnen Beteiligten (§ 226 Abs. 3 InsO), durch das das Abstimmungsverhalten beeinflußt werden soll oder mit dem im Zusammenhang mit dem Insolvenzplan nicht vorgesehene Vorteile gewährt werden, betrifft die Tatbestände der rein objektiven Begünstigung. Nicht erforderlich ist, daß die Begünstigung den am Sonderabkommen Beteiligten bewußt gewesen sein muß.

Die Sonderabkommen können einzelne Gläubiger aber auch Gläubigergruppen **380** betreffen, wobei die Sonderbegünstigung offen oder heimlich geschehen kann.

Eine Bevorzugung ist jede Besserstellung der Gläubiger z.B. **381**

- die Einräumung eines Besserungsscheines,
- eine Sicherheitsleistung der Muttergesellschaft an die Hausbank, die der Tochtergesellschaft einen Kredit gewährt hat (vgl. *Obermüller* DB 1976, 904),
- das Versprechen, eine Zahlung vorfristig zu leisten,
- Zahlungen an Dritte zum Ausgleich eines durch den Sozialplan erlittenen Verlustes,
- Finanzierungshilfen durch Vorauszahlungen auf zukünftige Lieferungen,
- Versprechen eines Wechselakzeptes für die Beträge eines Forderungsnachlasses,
- Verkauf von Waren unter Wert,
- Schaffung eines neuen Schuldgrundes.

Sonderabkommen sind nicht nur Verträge, auch Gestaltungsakte, Ermächtigun- **382** gen (*Obermüller* DB 1976, 901, 902), Verpflichtungs- und Verfügungsgeschäfte, wie z.B. die insolvenzplanwidrige Erfüllung von Ansprüchen oder die weitergehende zusätzliche dingliche Sicherstellung aller Absonderungsrechte können Sonderbegünstigungen sein. Keine Sonderbegünstigung liegt in einer Leistung durch einen Dritten vor, wenn dieser zusätzlich haftet.

Das Sonderabkommen muß entweder geschlossen werden, um das Abstim- **383** mungsverhalten eines Beteiligten zu beeinflussen oder im Zusammenhang mit dem Insolvenzplan stehen. Dies bedeutet, daß das Sonderabkommen neben dem Insolvenzplan gelten soll (*BGH* NJW 1952, 1009; *OLG Karlsruhe* KTS 1972, 111, 113). Nicht erforderlich, daß im Zeitpunkt des Abschlusses des Sonderabkommens schon ein Insolvenzplan oder ein Insolvenzantrag vorliegt. Es reicht aus, daß das Sonderabkommen im Hinblick auf einen künftigen Insolvenzplan geschlossen wird.

384 Ein relevantes Sonderabkommen liegt demnach schon dann vor, wenn ein Insolvenzplan in Erwägung gezogen wird.

385 Nichtig sind die Sonderabkommen, nicht der Insolvenzplan selbst und die Sonderabkommen nur, wenn der Insolvenzplan gerichtlich bestätigt wird. Dies hat zur Folge, daß es an einer Bevorzugung im Zusammenhang mit dem Insolvenzplan fehlt, wenn der Insolvenzplan nicht rechtswirksam zustande kommt.

386 Bis zur Bestätigung des Insolvenzplanes sind die Vorzugsabkommen schwebend unwirksam. Dies deshalb, weil die Zustimmung der zurückversetzten Gläubiger nachgeholt werden kann, z.B. wenn das Sonderabkommen zum Gegenstand des Insolvenzplanes selbst gemacht wird (§ 226 Abs. 2 InsO). Dies kann geschehen bis zum Schluß der Abstimmung über den Insolvenzplan.

10.2.6.5 Die Gruppenbildung (§ 222 InsO)

10.2.6.5.1 Allgemeines

387 Da der Insolvenzplan die jeweilige vermögensrechtliche Situation der Gläubiger berücksichtigen soll, muß der Plan entsprechend der Rechtsstellung der Beteiligten hinsichtlich der verschiedenen Gläubigergruppen differenzieren (§ 222 Abs. 1 S. 1 InsO).

388 Der Plan muß zumindest hinsichtlich der
- Absonderungsberechtigten, wenn durch den Plan in ihre Rechte eingegriffen wird,
- den nicht nachrangigen Gläubigern, die mit einer Quote rechnen können,
- den nachrangigen Gläubigern, die regelmäßig nicht mit einer Quote rechnen können

unterscheiden.

389 Aber auch innerhalb der Beteiligten gleicher Rechtsstellung, können Gruppen gebildet werden, in denen die Gläubiger gleicher wirtschaftlicher Interessen zusammengefaßt werden (§ 222 Abs. 2 InsO). Die Kriterien für die geforderte sachgerechte Abgrenzung (§ 222 Abs. 2 Satz 2 InsO) ist im Insolvenzplan selbst anzugeben (§ 222 Abs. 2 Satz 2 InsO). Wird die sachgerechte Aufteilung der Gruppen nicht erläutert, hat das Insolvenzgericht auf eine entsprechende Ergänzung hinzuwirken (§ 231 InsO). Sind die Gruppen sachgerecht abgegrenzt entscheiden die Beteiligten über die Angemessenheit der Regelung.

390 Für den Pensionssicherungs-Verein wird eine eigene Gruppe gebildet, wobei über Art. 91 Nr. 2 und 4 EGInsO die §§ 7 Abs. 4, 9 Abs. 4 Satz 1 BetrAVG in der neuen Fassung gelten und damit nicht mehr die quotale Befriedigung in den Vordergrund gesetzt wird.

391 Auch für die Arbeitnehmer ist eine eigene Gruppe zu bilden, wenn sie mit einer erheblichen Forderung beteiligt sind. Das ist der Fall bei rückständigen Löhnen und Gehältern, die außerhalb des Insolvenzausfallgeldzeitraumes liegen sowie für die Löhne und Gehälter, die nach der Verfahrenseröffnung anfallen und nicht bedient werden können.

Für die Kleingläubiger kann ebenfalls eine eigene Gruppe gebildet werden. **392**

Keine eigene Gruppe muß gebildet werden, wenn der Plan die Rechte der gesicherten Gläubiger nicht tangiert und nach dem Plan die Forderungen der nachrangigen Gläubiger als erlassen gelten (§ 225 InsO). **393**

10.2.6.5.2 Die Rechte der Absonderungsberechtigten (§ 223 InsO)

§ 223 Abs. 1 InsO bestätigt, daß die Rechte absonderungsbrechtigter Gläubiger nicht durch Mehrheitsentscheidung der übrigen Gläubiger gekürzt werden können. **394**

Dies auch deshalb, weil im Rahmen der insolvenzbedingten Zerschlagung, also wenn kein Insolvenzplan zustande kommt, die Absonderungsberechtigten in der Regel voll befriedigt werden (§§ 49, 50 InsO), zumal kein Gläubiger, der dem Plan widerspricht, schlechter gestellt werden darf, als er ohne einen Plan stehen würde (§ 251 InsO). **395**

Werden im Insolvenzplan Regeln für die absonderungsberechtigten Gläubiger vorgesehen, sind die Eingriffe im gestaltenden Teil des Planes anzugeben und zwar in welchem Bruchteil die Rechte gekürzt, die Verbindlichkeiten gestundet oder welche sonstigen Regelungen getroffen werden. Gegebenenfalls müssen für die Änderungen sachenrechtlicher Verhältnisse, also wenn Rechte an Gegenständen begründet, geändert, übertragen oder aufgehoben werden, der Bestimmtheitsgrundsatz beachtet werden (§ 228 InsO). **396**

Werden die Grundsätze des § 228 Satz 2 Inso beachtet, hat die rechtskräftige Bestätigung des Planes durch das Gericht die Wirkung, daß die Erklärungen als abgegeben gelten, und zwar auch in bezug auf die Beteiligten, die dem Plan nicht zugestimmt haben (§ 254 Abs. 1 Satz 2, 3 InsO). **397**

Durch die Neuregelung in Art. 33 Nr. 20 EGInsO wird § 925 BGB dahingehend ergänzt, daß die Auflassung, d.h. die dingliche Einigung, die grundsätzlich vor einem Notar abzugeben ist, ebenso wie die Eintragungsbewilligung (§ 19 GBO) im Insolvenzplan erklärt werden kann. Die Rechtsänderung tritt aber erst mit der Eintragung im Grundbuch, im Schiffsregister, Schiffsbauregister bzw. dem Register für Pfandrechte von Luftfahrzeugen ein. **398**

10.2.6.5.3 Die Rechte der Insolvenzgläubiger (§ 224 InsO)

Die Gestaltung der Rechte der nicht nachrangigen Gläubiger (Kürzung der Forderung, Stundung, Besicherung oder vollständiger Verzicht) ist der wesentliche Inhalt des Insolvenzplans. Die vorgesehenen Rechtsänderungen müssen im Plan genau angegeben werden, auf eventuelle Unklarheiten ist hinzuweisen und auf Beseitigung der Unklarheiten hat das Insolvenzgericht hinzuwirken (§ 231 Abs. 1 Ziff. 1 InsO). **399**

10.2.6.5.4 Die Rechte der nachrangigen Gläubiger (§ 225 InsO)

In Abweichung von dem noch maßgeblichen Vergleichsrecht gelten die in § 39 InsO bezeichneten nachrangigen Forderungen, nämlich **400**

- die seit der Eröffnung des Insolvenzverfahrens laufenden Zinsen,
- die Kosten der Teilnahme am Verfahren,
- Geldstrafen, Geldbußen, Ordnungsgelder und Zwangsgelder, sowie Nebenfolgen von Straftaten und Ordnungswidrigkeiten die zur Geldzahlung verpflichten,
- Leistungen aus Schenkungsversprechen,
- Leistungen aus kapitalersetzenden Darlehen

als erlassen, wenn im Insolvenzplan nichts anderes vorgesehen ist (§ 225 Abs. 1 InsO). Wird im Plan eine abweichende Regelung getroffen, müssen im gestaltenden Teil für jede Gruppe der nachrangigen Gläubiger Angaben gemacht werden, mit welchem Bruchteil die Forderung gekürzt, für welchen Zeitraum sie gestundet oder welche anderen spezifischen Regeln sie unterworfen werden (§§ 225 Abs. 2, 224 InsO). Damit ist für die Gläubiger die Chance gegeben, für jeden Einzelfall sachgerechte Lösungen anzustreben, zumal es z.B. gerechtfertigt sein kann, für die Gläubiger kapitalersetzender Darlehen Leistungen vorzusehen.

10.2.6.5.4.1 Die seit der Eröffnung des Insolvenzverfahrens laufenden Zinsen

401 Die seit Eröffnung des Verfahrens laufenden Zinsen, und zwar einschließlich der auf die Zeit nach der Planbestätigung entfallenden Zinsen sind ausgeschlossen, sofern es sich um Zinsen von Kapitalansprüchen handelt (§§ 225, 39 Abs. 1 Nr. 1 InsO). Für absonderungsberechtigte Gläubiger, denen der Schuldner auch persönlich haftet und die entweder auf abgesonderte Befriedigung verzichten oder bei ihr ausgefallen sind, wird, sofern die Sicherheiten für alle Forderungen haften, das Absonderungsrecht sich also auch auf die Zinsen der jeweils bestehenden Forderung erstreckt, dies erst bedeutsam, wenn die Sicherheiten verwertet sind (§ 225 InsO).

402 § 225 InsO trifft auch die vertraglichen Zinsen. Weiter fallen die sogenannten Provisionen, falls sie nicht etwa eine Vergütung für eine Mühewaltung darstellen, unter die Bestimmung, ebenso die Verwaltungskostenzuschläge, die als Zinserweiterungen anzusehen sind (vgl. dazu *Obermüller* BB 1954, 521).

403 Hat ein Bürge die Zinsen seit der Verfahrenseröffnung bezahlt, so ist die insoweit auf ihn übergegangene Forderung (§ 774 BGB) vom Ausschluß betroffen. Anderes gilt, wenn der Bürge auf Grund eines zwischen ihm und dem Vergleichsschuldner bestehenden Rechtsverhältnisses, etwa als Geschäftsbesorger einen ihm zustehenden Anspruch auf Aufwandserstattung (§§ 670, 675 BGB) geltend macht. Dieser Anspruch ist keine Zinsforderung.

10.2.6.5.4.2 Die Kosten der Teilnahme am Verfahren

404 Zu den dem einzelnen Gläubiger durch die Teilnahme am Verfahren erwachsenden Kosten, die nach §§ 225 InsO ausgeschlossen sind, gehören z.B. die Anwaltskosten für die Vertretung im Verfahren.

405 Von den den einzelnen Gläubigern durch ihre Teilnahme am Verfahren erwachsenden Kosten sind die Ansprüche zu trennen, die durch Schuldnerverzug entstanden sind. Diese hat der Gläubiger substantiiert darzulegen und streitigenfalls zu beweisen.

10.2.6.5.4.3 Geldstrafen, Geldbußen, Ordnungsgelder und Zwangsgelder sowie Nebenfolgen von Straftaten und Ordnungswidrigkeiten, die zur Geldzahlung verpflichten.

Geldstrafen würden, könnten sie im Planverfahren geltend gemacht werden, **406**
Gläubiger härter treffen als den Schuldner. Sie sind mithin nach §§ 225, 39 Abs. 1 Nr. 3 InsO ausgeschlossen. Als Geldstrafen sind nur die eigentlichen kriminellen Strafen, auch Disziplinarstrafen, nicht aber Vertragsstrafen (§§ 339 ff. BGB) anzusehen. Hinsichtlich der Geldbußen ist auf §§ 17 ff. OWiG zu verweisen. Zu den Zwangsgeldern gehören nicht die Steuersäumniszuschläge (*BFH* NJW 1974, 719/720). »Nebenfolgen« sind z.B. die Abführung des Mehrerlöses (§ 8 WiStG) und die Einziehung des Wertersatzes (§ 25 OWiG).

10.2.6.5.4.4 Leistungen aus Schenkungsversprechen

Leistungen aus Schenkungsversprechen des Schuldners sind ausgeschlossen **407**
(§§ 225, 39 Abs. 1 Nr. 4 InsO) ohne Rücksicht darauf, ob sie nach der Stellung des Insolvenzantrages oder bereits zuvor begründet wurden. Insbesondere fallen hierunter Forderungen auf Erfüllung eines Schenkungsversprechens (§ 518 BGB). Freigebig kann auch eine abstrakte Schuldverpflichtung, insbesondere auch ein schenkungsweise gegebenes Wechselakzept sein, es sei denn, es ist in die Hand eines redlichen Indossatars gelangt. Eine Freigebigkeit liegt nicht vor, wenn der Schuldner in Anerkennung gesetzlicher Pflichten ein Unterhaltsversprechen gegeben hat. Die Bestimmung des § 225 InsO greift auch nicht ein, wenn der Schuldner als Bürge des Schenkers in Anspruch genommen wird.

10.2.6.5.4.5 Leistungen aus kapitalersetzenden Darlehen

Ausgeschlossen sind nach §§ 225, 39 Abs. 1 Nr. 5 InsO die Forderungen aus ka- **408**
pitalersetzenden Darlehen, die von den Gesellschaftern selbst gewährt worden sind. Soweit dem Darlehen eines Dritten durch die Bürgschaft eines Gesellschafters Kapitalersatzfunktion zukommt, kann der Dritte nur mit der Ausfallforderung als nicht nachrangiger Gläubiger am Insolvenzverfahren teilnehmen.

Darlehen Dritter können aber nach § 39 Abs. 1 Nr. 5 InsO als »gleichgestellte **409**
Forderungen« erfaßt werden, wenn sie nach § 32 a Abs. 1, 3 GmbHG der Darlehensgewährung durch einen Gesellschafter entsprechen, wie z.B. das Darlehen verbundener Unternehmen bei Gesellschafteridentität.

10.2.6.6 Die Abstimmung nach Gruppen (§ 243 InsO)

Nach § 243 InsO stimmt jede Gruppe der stimmberechtigten Gläubiger gesondert **410**
über den Insolvenzplan ab, was bedeutet, daß eine Gesamtabstimmung aller stimmberechtigten Gläubiger unterbleibt. Im Hinblick auf die Gruppenabstimmung ist es wichtig, daß bei einem Plan bei dem Gläubiger mit einer unterschiedlichen Rechtsstellung einbezogen sind differenziert wird, damit den unterschiedlichen Interessen Rechnung getragen wird. Daher ist darauf zu achten, daß die Gruppen sachgerecht abgegrenzt werden.

10.2.6.7 Die Bestätigung des Insolvenzplans durch das Insolvenzgericht (§ 248 InsO)

Nach der Annahme des Insolvenzplanes durch die Gläubiger (§§ 244–246 InsO) **411**
und der Zustimmung des Schuldners (§ 247 InsO) entscheidet das Gericht über

die Bestätigung des Insolvenzplanes, nachdem es dem Insolvenzverwalter, dem Schuldner und gegebenenfalls den Gläubigerausschuß gehört hat (§ 248 InsO).

412 Die zwingend gebotene Anhörung des Insolvenzverwalters, des Schuldners und gegebenenfalls des Gläubigerausschusses wird regelmäßig im Abstimmungstermin erfolgen können.

413 Die Bestätigung des Plans ist zu versagen, wenn Verstöße gegen Verfahrensvorschriften dargetan werden oder die Annahme des Plans unlauter herbeigeführt worden ist (§ 250 InsO).

414 Beteiligte, die dem Insolvenzplan widersprochen haben, können den Antrag auf Versagung der Planbestätigung stellen (§ 251 InsO).

415 Die Bestätigung des Insolvenzplanes ist von Amts wegen zu versagen, wenn die Vorschriften

- über den Inhalt
- die verfahrensmäßige Behandlung
- über die Annahme und
- über die Zustimmung des Schuldners

in einem wesentlichen Punkt nicht beachtet worden sind und der Mangel nicht behoben werden kann oder die Annahme des Plans unlauter, insbesondere durch die Begünstigung eines Gläubigers herbeigeführt worden ist.

416 Die von Amts wegen zu beachtenden Versagungsgründe sind zwingender Natur. Die Gläubiger können nicht auf die Beachtung der Versagungsgründe verzichten. Anstelle des Versagungsbeschlusses kann das Gericht jedoch einen neuen Verkündungstermin bestimmen, bis zu dem die Versagungsgründe behoben werden können.

10.2.7 Wirkungen des Plans

10.2.7.1 Allgemeines (§ 254 InsO)

417 Mit der Rechtskraft der Bestätigung des Insolvenzplans treten die im gestaltenden Teil festgelegten Wirkungen für und gegen alle Beteiligten also gegenüber

- den Insolvenzgläubigern,
- dem Schuldner bzw. den am Schuldner beteiligten Personen,
- den absonderungsberechtigten Gläubigern

ein.

418 Dies gilt unabhängig davon, ob die genannten Personen tatsächlich am Verfahren teilgenommen haben.

10.2.7.1.1 Betroffene Forderungen

419 Sämtliche Insolvenzforderungen einschließlich der Steuerforderungen werden vom rechtskräftig bestätigten Insolvenzplan der Höhe nach im – allerdings nicht notwendigen – Falle der Vereinbarung eines Teilerlasses und/oder bzgl. des Fälligkeitszeitpunktes (bei vereinbarter Stundung) begrenzt; die ursprüngliche Forderung wird nicht durch eine neue Forderung etwa aus Schuldanerkenntnis, ersetzt.

10.2.7.1.2 Nicht betroffene Forderungen

Nicht betroffen von dem Insolvenzplan sind die unstreitigen Masseansprüche, die der Verwalter zu berichtigen hat (§ 258 Abs. 2 InsO). **420**

Persönliche Ansprüche des Gläubigers gegen Dritte etwa aus einer Bürgschaft und dingliche Sicherungsrechte der Gläubiger am Vermögen Dritter werden durch den Plan nicht berührt (§ 254 Abs. 2 InsO). **421**

Ebensowenig können die Wirkungen einer Vormerkung beeinträchtigt werden, die den Anspruch eines Gläubigers auf Einräumung oder Aufhebung eines Rechts an einem Grundstück eines Dritten sichert (§ 254 Abs. 2 Satz 2 InsO). **422**

10.2.7.1.3 Rechtsänderungen

Soweit der Insolvenzplan Rechte an Gegenständen begründet, ändert, überträgt oder die Aufhebung dinglicher Rechte vorsieht, bzw. Geschäftsanteile einer GmbH abgetreten werden sollen, gelten die in dem Plan aufgenommenen Willenserklärungen der Beteiligten als in der vorgeschriebenen Form abgegeben. Entsprechendes gilt für Verpflichtungserklärungen, die auf die vorgenannten Rechtsgeschäfte bezogen sind. **423**

Damit gilt auch die rechtsgeschäftlich vorgesehene Form als gewahrt. Zu diesem Zweck ist im Hinblick auf die Veräußerung von Eigentum an Grundstücken durch Art. 33 Nr. 26 InsO die Vorschrift des § 925 Abs. 1 Satz 3 BGB dahingehend ergänzt worden, daß die Auflassung auch im Insolvenzplan erklärt werden kann. **424**

Rein tatsächliche Rechtshandlungen, wie die Besitzverschaffung oder die Eintragung der Rechtsänderung z.B. im Grundbuch, können durch den Insolvenzplan nicht ersetzt werden. **425**

10.2.8 Haftung des Schuldners (§ 227 InsO)

Ist in einem Insolvenzplan nichts anderes bestimmt, so wird der Schuldner mit dem im gestaltenden Teil vorgesehenen Befriedigung der Insolvenzgläubiger von seinen restlichen Verbindlichkeiten befreit (§ 227 Abs. 1 InsO). Hintergrund der Regelung ist, daß dem Schuldner durch den Insolvenzplan regelmäßig keine wirtschaftlichen Werte zugewiesen werden. **426**

Im Plan kann auch die Haftung des Schuldners individuell geregelt werden, wobei allerdings der Schuldner ebenfalls nicht schlechter gestellt werden darf, als er ohne Plan stünde. **427**

Ein Plan, der dem Schuldner eine weitergehende Haftung auferlegt, darf vom Gericht nicht bestätigt werden (§§ 247, 248 InsO). **428**

Ein Schuldner, der nach §§ 286 ff. InsO eine Restschuldbefreiung beantragen kann, darf durch den Plan nicht im geringeren Umfang von Verbindlichkeiten befreit werden. **429**

Ist in einem Plan nur geregelt, daß der Schuldner die Forderungen der Gläubiger innerhalb eines Jahres zu 60 % zu erfüllen hat, sind die restlichen Forderungsteile erlassen. **430**

431 Eine entsprechende Regelung (§ 227 Abs. 2 InsO) gilt für die persönlich haftenden Gesellschafter. Dies bedeutet, daß der Forderungserlaß nicht nur gegenüber dem Schuldner sondern auch gegenüber dem persönlich haftenden Gesellschafter gilt.

11. Das Verbraucherinsolvenzverfahren

432 Im Rahmen der Insolvenzrechtsreform hat der Gesetzgeber erstmals spezielle Vorschriften für das Verbraucherinsolvenzverfahren geschaffen. Hintergrund dieser Neuregelung ist die Überlegung, daß sich das reguläre Verfahren bei Kleinstinsolvenzen in der Vergangenheit als wenig praktikabel erwiesen hat, weil es bei geringen Teilungsmassen als zu formalistisch und zu kostenintensiv erachtet wird.

433 Ziel des Verbraucherinsolvenzverfahrens ist es, die Gerichte von Kleinverfahren dadurch zu entlasten, daß außerhalb eines gerichtsmäßigen Verfahrens die Regulierung der Verbindlichkeiten des Schuldners im Rahmen eines außergerichtlichen Schuldenbereinigungsplanes erfolgt (vgl. den Ausschußbericht zu § 304 ff. InsO, abgedruckt in *Balz/Landfermann* Die neuen Insolvenzgesetze 1995). Aus diesem Grund hat der Schuldner mit der Stellung des Insolvenzantrages die Bescheinigung einer geeigneten Stelle vorzulegen, aus der sich ergibt, daß in den letzten Monaten erfolglos versucht wurde, auf der Basis eines Schuldenbereinigungsplans eine außergerichtliche Einigung mit den Gläubigern herbeizuführen (§ 305 Abs. 1 Nr. 1 InsO).

11.1 Der Ablauf des Verbraucherinsolvenzverfahrens

434 Der Ablauf des Verbraucherinsolvenzverfahrens ist dreistufig konzipiert.
In der ersten Stufe wird ein außergerichtlicher Schuldenbereinigungsplan erstellt. Schlägt der Versuch einer außergerichtlichen Einigung fehl, so schließt sich das gerichtliche Schuldenbereinigungsverfahren an. Erst wenn auch auf dieser Stufe keine Einigung zwischen Schuldner und Gläubigern erreicht werden kann, wird das vereinfachte Insolvenzverfahren durchgeführt. Bei den einzelnen Stufen handelt es sich um:

11.1.1. Außergerichtliche Schuldenbereinigung

435 Der Versuch einer außergerichtliche Schuldenbereinigung muß innerhalb der letzten sechs Monate vor der Einleitung des gerichtlichen Verfahrens erfolgt sein (§ 305 Abs. 1 Nr. 1 InsO). Dabei muß seitens des Schuldners bereits ein Schuldenbereinigungsplan vorgelegt werden. Die außergerichtlichen Einigungsbemühungen müssen mit Unterstützung einer nach Landesrecht zu bestimmenden geeigneten Person erfolgen.

11.1.2 Gerichtlicher Schuldenbereinigungsplan

436 In der zweiten Stufe findet der gerichtliche Versuch einer Einigung mit den Gläubigern statt. Überblickartig läßt sich das Verfahren dergestalt umreißen, daß zunächst seitens des Schuldners ein Insolvenzantrag gestellt wird, dem als Anlage u.a. ein Schuldenbereinigungsplan beizufügen ist. Bis zur Entscheidung der Gläubiger über den Schuldenbereinigungsplan ruht das Verfahren. Sofern die

Gläubiger dem Plan zustimmen, stellt das Gericht dies mit Beschluß fest. Dieser Beschluß hat die Wirkung eines vollstreckbaren Prozeßvergleichs. Stimmen nicht alle Gläubiger zu, so kann das Gericht die Zustimmung in bestimmten Fällen ersetzen.

11.1.3 Vereinfachtes Insolvenzverfahren

437 Kommt es auch in der zweiten Stufe zu keiner Einigung zwischen dem Schuldner und dem Gläubiger, so wird das Insolvenzeröffnungsverfahren wieder aufgenommen. Im Fall der Eröffnung erfolgt die Verfahrensdurchführung unter vereinfachten Bedingungen. Das vereinfachte Insolvenzverfahren ist sowohl in Verbindung mit als auch ohne Restschuldbefreiung möglich.

11.2 Die Voraussetzungen des gerichtlichen Schuldenbereinigungsverfahrens

11.2.1 Anwendungsbereich des Verbraucherinsolvenzverfahrens (§ 304 InsO)

438 Anwendbar ist das Verbraucherinsolvenzverfahren gemäß § 304 InsO nur auf natürliche Personen, die keine oder nur eine geringfügige selbständige wirtschaftliche Tätigkeit ausüben. Geringfügig ist die selbständige Tätigkeit in Anlehnung an die Regelungen des HGB über Minderkaufleute gemäß § 304 Abs. 2 InsO, wenn sie keinen in kaufmännischer Weise eingerichteten Gewerbebetrieb erfordert.
Als Insolvenzeröffnungsgründe kommen Zahlungsunfähigkeit (§ 17 InsO) und drohende Zahlungsunfähigkeit (§ 18 InsO) in Betracht.

11.2.2 Rechtzeitige Vorlage der erforderlichen Unterlagen (§ 305 InsO)

439 Bereits mit der Stellung des Insolvenzantrages oder in unmittelbarem Anschluß daran hat der Schuldner dem Insolvenzgericht eine Reihe von Unterlagen vorzulegen, ohne die eine Entscheidung im Verbraucherinsolvenzverfahren nicht möglich ist.

11.2.2.1 Bescheinigung einer geeigneten Person oder Stelle über den Versuch der außergerichtlichen Einigung

440 Bei den vorzulegenden Unterlagen handelt es sich zum einen um die Bescheinigung einer geeigneten Person oder Stelle, aus der sich der erfolglose Versuch der außergerichtlichen Einigung mit den Gläubigern ergibt. Um zu vermeiden, daß der Einigungsversuch nur pro forma ohne ernsthafte Absicht betrieben wurde, schreibt das Gesetz vor, daß der Einigungsvorschlag aufgrund eines Planes erfolgt sein muß (vgl. den Ausschußbericht zu § 305 InsO, abgedruckt in *Balz/Landfermann* Die neuen Insolvenzgesetze, 1995).

441 Die Länder haben die Möglichkeit, zu bestimmen, welche Personen oder Stellen als geeignet anzusehen sind. Hierbei soll unter anderem gewährleistet werden, daß keine Gefälligkeitsbescheinigungen ausgestellt werden (vgl. den Ausschußbericht zu § 304 ff. InsO, abgedruckt in *Balz/Landfermann* Die neuen Insolvenzgesetze, 1995). In Betracht kommen in diesem Zusammenhang vor allem Schuldnerberatungsstellen und Verbraucherberatungszentralen, aber auch Rechtsanwälte und Notare. Bei letzteren ist das Vergütungsinteresse zu beachten, so daß zu erwarten ist, daß diese Personen in der Praxis eine eher geringe Bedeutung im Zusammenhang mit Verbraucherinsolvenzverfahren erlangen werden.

11.2.2.2 Erklärung über Restschuldbefreiung

442 Bei der Antragstellung hat sich der Schuldner bereits darüber zu erklären, ob er für den Fall eines Scheiterns des Schuldenbereinigungsplans den Antrag auf Restschuldbefreiung stellt. Obgleich die Mehrheit der Schuldner wahrscheinlich versuchen wird, durch den Restschuldbefreiungsantrag der 30jährigen Nachhaftung zu entgehen, ist die Durchführung des Verbraucherinsolvenzverfahrens auch in den Fällen möglich, in denen der Schuldner keine Möglichkeit hat, in den Genuß der Restschuldbefreiung zu gelangen. Die frühzeitige Äußerung des Schuldners zur Restschuldbefreiung soll dem Gericht lediglich Klarheit über den weiteren Verfahrensfortgang verschaffen.

11.2.2.3 Verzeichnisse über Vermögen, Gläubiger und Forderungen

443 Beizufügen sind dem Insolvenzantrag weiterhin ein Vermögens- und ein Gläubigerverzeichnis sowie eine Aufstellung der gegen den Schuldner gerichteten Forderungen. Das Gläubigerverzeichnis soll auch die Anschriften der Gläubiger enthalten, damit eine Zustellung ohne weitere Ermittlungen des Gerichts möglich ist. Die Gläubiger sind gemäß § 305 Abs. 2 InsO verpflichtet, bei der Vorbereitung des Forderungsverzeichnisses mitzuwirken und auf Aufforderung des Schuldners schriftliche detaillierte Forderungsaufstellungen zu erteilen. Bei der Aufforderung muß der Schuldner auf den laufenden bzw. beabsichtigten Insolvenzantrag hinweisen. Die Kosten der Forderungsaufstellungen gehen zu Lasten der Gläubiger (§ 305 Abs. 2 InsO).

444 Durch die Vorlagepflichten bei Insolvenzantragstellung sollen in erster Linie die Gerichte entlastet werden (vgl. den Ausschußbericht zu § 305 InsO, abgedruckt in *Balz/Landfermann* Die neuen Insolvenzgesetze, 1995).

11.2.2.4 Schuldenbereinigungsplan

445 Der vom Schuldner bei Antragstellung beizufügende Schuldenbereinigungsplan bildet die Basis des Verbraucherinsolvenzverfahrens. Er wird in der Praxis oftmals mit dem außergerichtlichen Plan übereinstimmen. Bei der Erstellung des Plans kann der Schuldner daher häufig auf die Hilfe der oben genannten Stellen zurückgreifen.

11.2.2.5 Rechtsfolge der verspäteten Vorlage der erforderlichen Unterlagen

446 Die verspätete Vorlage der vorgenannten Unterlagen sanktioniert die Insolvenzordnung in § 305 Abs. 3 InsO mit der Fiktion der Antragsrücknahme. Zuvor hat das Gericht den Schuldner jedoch unter Fristsetzung von einem Monat zur Vorlage aufzufordern. Zweck dieser Regelung ist eine Verfahrensbeschleunigung und -vereinfachung (vgl. den Ausschußbericht zu § 305 InsO, abgedruckt bei *Balz/Landfermann* Die neuen Insolvenzgesetze, 1995)

11.2.3 Inhalt des Schuldenbereinigungsplans

447 Das Gesetz überläßt die inhaltliche Gestaltung des Schuldenbereinigungsplanes weitgehend der Parteiautonomie. Der Plan soll lediglich zu einer angemessenen Berücksichtigung der widerstreitenden Interessen führen. In Betracht kommen nach den Motiven zur Insolvenzordnung vor allem Stundungen, Ratenzahlungen und Teilerlasse. In den Schuldenbereinigungsplan kann aber beispielsweise auch der gutverdienende Ehegatte des Schuldners einbezogen werden, genau wie Un-

terhaltspflichten des Schuldners berücksichtigt werden sollen (vgl. den Ausschußbericht zu § 305 InsO, abgedruckt bei *Balz/Landfermann* Die neuen Insolvenzgesetze, 1995).

Der in § 305 Abs. 1 Nr. 4 InsO vorgeschriebene Hinweis darauf, ob und in welchem Umfang Bürgschaften, Pfandrechte und andere Sicherheiten von dem Plan berührt werden, dient dem Schutz der Gläubiger, die erkennen sollen, welche Auswirkungen der Plan auf ihre Rechtsstellung hat. **448**

11.2.4 Verfahren bis zur Annahme des Schuldenbereinigungsplans

Das Insolvenzgericht stellt zunächst die von dem Schuldner eingereichten Verzeichnisse und den Schuldenbereinigungsplan den Gläubigern zu und fordert sie zur Stellungnahme binnen einer Monatsfrist auf (§ 307 Abs. 1 InsO). Innerhalb dieser Frist haben die Gläubiger darüber hinaus die Möglichkeit, die Angaben zu ihren jeweiligen Forderungen zu überprüfen und gegebenenfalls zu ergänzen. Das Gericht muß die Gläubiger darauf hinweisen (§ 307 Abs. 1 S. 2 InsO), daß, sofern die Forderungsaufstellung nicht ergänzt wird, die Forderung bei einer Annahme des Plans in dem Umfang erlischt, in dem sie zu diesem Zeitpunkt bereits entstanden war (§ 308 Abs. 3 InsO). **449**

Während der Entscheidung über den Schuldenbereinigungsplan – maximal aber drei Monate – ruht das Insolvenzantragsverfahren. Allerdings haben die Gläubiger in dieser Zeit nach wie vor die Möglichkeit, einen Insolvenzantrag zu stellen, und zwar selbst dann, wenn der Schuldner selbst einen Insolvenzantrag gestellt hat (vgl. dazu die verschiedenen Fallgestaltungen unter Ziffer 5.). **450**

Äußert sich ein Gläubiger nicht innerhalb der Monatsfrist, so fingiert das Gesetz sein Einverständnis mit dem Schuldenbereinigungsplan (§ 307 Abs. 2 InsO). Auf diese Rechtsfolge muß das Gericht den Gläubiger hinweisen. Werden innerhalb der Äußerungsfrist von keinem Gläubiger Einwände erhoben, so gilt der Schuldenbereinigungsplan als angenommen (§ 308 InsO). **451**

Das Gericht hat aber auch die Möglichkeit, die von Gläubigern geltend gemachten Einwendungen gemäß § 309 InsO durch eine Zustimmung zu ersetzen. Diese Variante kommt aber nur dann in Betracht, wenn mehr als die Hälfte der Gläubiger dem Plan zugestimmt haben, sofern die zustimmenden Gläubiger gleichzeitig mehr als die Hälfte der erhobenen Ansprüche repräsentieren. **452**

Eine Zustimmungsersetzung scheidet dann aus, wenn der widersprechende Gläubiger durch den Schuldenbereinigungsplan benachteiligt wird – sei es, daß er nicht in angemessenem Verhältnis zu den anderen Gläubigern berücksichtigt wird oder daß er durch den Plan schlechter gestellt wird, als er bei einer Durchführung des Insolvenzverfahrens stünde. **453**

Vor der Entscheidung über die Ersetzung der Zustimmung ist der Gläubiger gemäß § 309 Abs. 3 InsO anzuhören. Außerdem hat er die geltendgemachten Gründe glaubhaft zu machen. Gegen die Entscheidung des Insolvenzgerichts können sowohl der Antragsteller als auch der betroffene Gläubiger die sofortige Beschwerde erheben. **454**

11.3 Das Verfahren beim Zusammentreffen von Schuldner- und Gläubigerantrag

455 Im Zusammenhang mit dem in § 306 InsO angeordneten Ruhen des Verfahrens ist eine Vielzahl von Fallgestaltungen möglich, in denen jeweils ein Gläubigerantrag während der Entscheidungsphase über den Schuldenbereinigungsplan gestellt wird oder umgekehrt.

11.3.1 Der dem Schuldnerantrag nachfolgende Gläubigerantrag

11.3.1.1 Der weitere Schuldnerantrag

456 Stellt zunächst der Schuldner einen Insolvenzeröffnungsantrag im Verbraucherinsolvenzverfahren und legt er gleichzeitig den Schuldenbereinigungsplan vor, so ruht das Eröffnungsverfahren (s.o.).

457 Stellt dann ein Gläubiger einen Insolvenzantrag, hat das Insolvenzgericht nach § 306 Abs. 3 InsO dem Schuldner die Gelegenheit zu geben, ebenfalls einen Antrag zu stellen. Diese Vorschrift ist nach ihrem Sinn und Zweck dahingehend zu verstehen, daß nicht ein neuer Insolvenzantrag (nebst den umfangreichen Anlagen) erforderlich ist, sondern, daß es ausreicht, wenn der Schuldner das Gericht von dem ruhenden Parallelverfahren unterrichtet. Der Gläubigerantrag ruht dann ebenfalls bis zu einer Entscheidung des Gerichts.

11.3.1.2 Scheitern des Schuldenbereinigungsplanes

458 Scheitert der Schuldenbereinigungsplan, so muß das Gericht wieder über das ruhende Insolvenzeröffnungsverfahren, d.h. über den Insolvenzantrag des Schuldners entscheiden. In diesem Fall erledigt sich der Gläubigerantrag, es sei denn, der Schuldner nimmt seinen eigenen Insolvenzantrag zurück. Die Zurücknahme des Schuldnerantrages hätte dann zur Folge, daß über den Gläubigerantrag entschieden werden müßte.

459 Sofern der Schuldnerantrag allerdings mangels Masse abgewiesen wird, besteht die Möglichkeit für den Gläubiger, nach Einzahlung eines Kostenvorschusses die Entscheidung über seinen Insolvenzantrag herbeizuführen.

11.3.1.3 Abschluß eines Schuldenbereinigungsplans

460 Sofern in der zweiten Stufe des Verbraucherinsolvenzverfahrens ein Schuldenbereinigungsplan abgeschlossen wird, erledigen sich sowohl der Schuldner- als auch Gläubigerantrag. Sie gelten gemäß § 308 Abs. 2 InsO »als zurückgenommen« mit der Kostenfolge des § 4 ZPO i.V.m. § 269 ZPO. In diesem Zusammenhang ist es möglich, dem Schuldner hinsichtlich der Kosten des Verfahrens Prozeßkostenhilfe zu gewähren.

11.3.2 Der dem Gläubigerantrag nachfolgende Schuldnerantrag

461 Stellt der Schuldner im Verbraucherinsolvenzverfahren einen Eröffnungsantrag unter Vorlage des Schuldenbereinigungsplans, nachdem bereits ein Gläubigerantrag vorliegt, so ruht der Gläubigerantrag, bis über die Annahme des Schuldenbereinigungsplans entschieden ist. Dies folgt aus der Intention des Gesetzgebers, im Verbraucherinsolvenzverfahren möglichst eine Einigung nach Maßgabe eines Schuldenbereinigungsplans herbeizuführen.

Scheitert der Schuldenbereinigungsplan, so hat das Gericht zunächst über den Gläubigerantrag zu entscheiden. Nimmt der Gläubiger den Antrag zurück, so muß über den Schuldnerantrag entschieden werden. **462**

11.4 Die Rechtswirkungen des Schuldenbereinigungsplans (§ 308 InsO)

Der angenommene Schuldenbereinigungsplan hat die Rechtsfolgen eines Vergleichs gemäß im Sinne des § 794 Abs. 1 Nr. 1 ZPO. Durch diese Verweisung wird u.a. zum Ausdruck gebracht, daß für den Fall der Täuschung oder Drohung die Regelungen des BGB herangezogen werden können (vgl. den Ausschußbericht zu § 308 InsO, abgedruckt in *Balz/Landfermann* Die neuen Insolvenzgesetze, 1995). **463**

Sowohl den Gläubigern, als auch dem Schuldner ist jeweils eine Ausfertigung des Plans zuzustellen. Die Insolvenzanträge und der Restschuldbefreiungsantrag gelten gemäß § 308 Abs. 2 InsO als zurückgenommen. Nachträglich entstandene Forderungen werden von dem Plan nicht erfaßt. **464**

11.5 Kosten des Schuldenbereinigungsplans (§ 310 InsO)

Die im Zusammenhang mit dem Schuldenbereinigungsplan anfallenden Kosten können von den Gläubiger nicht gegenüber dem Schuldner geltend gemacht werden. **465**

11.6 Rechtsfolgen bei Ablehnung des Schuldenbereinigungsplans

Der Schuldenbereinigungsplan gilt gemäß § 311 InsO als abgelehnt, wenn von Gläubigern Einwendungen erhoben worden sind, deren Ersetzung nicht über § 309 InsO möglich ist. **466**
In diesem Fall muß das Insolvenzeröffnungsverfahren von Amts wegen wieder aufgenommen werden, ohne daß es eines neuen Insolvenzantrages bedarf.

11.7 Das vereinfachte Verbraucherinsolvenzverfahren

11.7.1 Verfahrensvereinfachungen

Sofern das Gericht das Insolvenzverfahren über das Vermögen des Verbrauchers eröffnet, gelten einige Besonderheiten, die der Verfahrensvereinfachung und der Verfahrensbeschleunigung dienen (§ 312 InsO). **467**

Abweichend von § 29 InsO wird kein Berichtstermin bestimmt, sondern nur ein Prüfungstermin. Ein Berichtstermin wäre in diesem Fall weitgehend überflüssig, da die Möglichkeiten einer einvernehmlichen Lösung bereits im Vorfeld fehlgeschlagen sind. **468**

Bei Kleininsolvenzen mit überschaubaren Vermögensverhältnissen und einer geringen Anzahl von Gläubigern und Verbindlichkeiten kann das Insolvenzgericht gemäß § 312 Abs. 2 InsO anordnen, daß Teile des Verfahrens schriftlich durchgeführt werden. **469**

11.7.2 Bestellung eines Treuhänders (§ 313 InsO)

Anstelle des Insolvenzverwalters wird in Verbraucherinsolvenzverfahren bereits bei Verfahrenseröffnung ein Treuhänder bestellt. Die Rechtsstellung des Treuhänders entspricht nur teilweise der des Insolvenzverwalters. Die Verweisung des § 313 InsO auf § 292 InsO muß in den Fällen, in denen nicht gleichzeitig das **470**

Restschuldbefreiungsverfahren betrieben wird, zum Teil sinngemäß eingeschränkt werden, da es sich um eine Rechtsgrundverweisung handelt.

471 Wie der Insolvenzverwalter, so steht auch der Treuhänder unter der Aufsicht des Insolvenzgerichts und muß auf Verlangen jederzeit Sachstandsberichte und Auskünfte erteilen (§§ 313, 58 InsO). Bei schuldhafter Nichterfüllung seiner Pflichten kann der Treuhänder mit einem Zwangsgeld belegt werden.

472 Als Treuhänder kommt gemäß §§ 313, 56 InsO eine für den jeweiligen Einzelfall geeignete geschäftskundige natürliche Person in Betracht. Von ihrer Qualifikation her betrachtet sind damit wie beim Insolvenzverwalter vor allem Rechtsanwälte, Steuerberater, Wirtschaftsprüfer und vereidigte Buchprüfer angesprochen. Allerdings muß bedacht werden, daß das Vermögen des Verbrauchers regelmäßig die normale Vergütung eines Verwalters kaum zu decken vermag, so daß überlegt werden muß, ob nicht auch andere Personen, wie z.B. Mitarbeiter von Schuldnerberatungszentren als Treuhänder in Betracht gezogen werden müssen.

473 Der Treuhänder kann wie der Insolvenzverwalter in der ersten Gläubigerversammlung, d.h. regelmäßig dem Prüfungstermin (s.o.), von den Gläubigern abgewählt werden. Außerdem kann das Gericht von Amts wegen oder auf Antrag seine Entlassung veranlassen, wenn ein wichtiger Grund vorliegt (§§ 313, 59 InsO).

474 Auch bezüglich der Schadensersatzansprüche gegenüber dem Treuhänder gelten die Vorschriften für den Insolvenzverwalter entsprechend, d.h. er haftet für die Erfüllung seiner insolvenzspezifischen Pflichten gegenüber den Gläubigern (§§ 313, 60 ff. InsO).

475 Seine Vergütung berechnet sich nach dem Wert der Insolvenzmasse zum Zeitpunkt der Beendigung des Insolvenzverfahrens und wird vom Insolvenzgericht festgesetzt.

476 Mit der Beendigung seines Amtes hat der Treuhänder Rechnung gegenüber der Gläubigerversammlung zu legen (§§ 313, 66 InsO).

477 Wichtige Abweichungen der Rechtsstellung des Treuhänders ergeben sich auf dem Gebiet des insolvenzmäßigen Anfechtungsrechts und den Absonderungsrechten: Gemäß § 313 Abs. 2 InsO wird die Anfechtung von Rechtshandlungen nicht vom Treuhänder durchgeführt, sondern kann von jedem Insolvenzgläubiger geltend gemacht werden. Dem anfechtenden Gläubiger sind in diesem Fall die bei ihm entstandenen Kosten aus dem Erlangten vorweg zu erstatten. Der Restbetrag fließt der Insolvenzmasse zu. Sofern ein Gläubiger von den übrigen Gläubigern mit der Anfechtung beauftragt wurde, sind ihm seine überschießenden Kosten aus der Insolvenzmasse zu erstatten, wenn das aus der Anfechtung Erlangte nicht ausreichend ist.

478 Die Verwertung von mit Absonderungsrechten belasteten Gegenständen steht im Verbraucherinsolvenzverfahren den Gläubigern zu. Dadurch soll der Treuhänder entlastet werden.

11.7.3 Vereinfachte Verteilung (§ 314 InsO)

479 Um den verfahrensmäßigen Aufwand und die Kosten auch bei der Verteilung möglichst gering zu halten, sieht § 314 InsO die Möglichkeit vor, von einer Verwertung der Insolvenzmasse auf Antrag des Treuhänders abzusehen. Das Gericht hat in diesem Fall dem Schuldner aufzugeben, an den Treuhänder einen dem Wert der Insolvenzmasse entsprechenden Betrag zu zahlen. Dies wird vor allem dann in Betracht kommen, wenn der Schuldner in der Lage ist, eine solche Summe aus dem eigenen pfändungsfreien Vermögen oder aus Zuwendungen Dritter aufzubringen (vgl. den Ausschußbericht zu § 314 InsO, abgedruckt bei *Balz/Landfermann* Die neuen Insolvenzgesetze, 1995). Zahlt der Schuldner nicht innerhalb der vom Gericht gesetzten Frist, so kann das Gericht ihm die Restschuldbefreiung versagen.

12. Restschuldbefreiung

Die gesetzliche Restschuldbefreiung ist den Gläubigern nur zuzumuten, wenn **480**
das gesamte Vermögen des Schuldners bereits verwertet worden ist. Daraus folgt, daß zunächst eine die pfändbaren Vermögenswerte im Wege des Insolvenzverfahrens verteilt worden sein müssen, ohne daß dies zu einer vollständigen Befriedigung der Gläubiger geführt hätte. Für die danach verbleibenden Verbindlichkeiten kann die Restschuldbefreiung durchgeführt werden.

12.1 Einleitung des Verfahrens

Die Restschuldbefreiung kann entweder innerhalb eines bereits laufenden In- **481**
solvenzverfahrens beantragt oder mit dem Antrag auf Eröffnung eines Insolvenzverfahrens verbunden werden. Den Antrag auf Restschuldbefreiung kann nur der Schuldner stellen (§ 287 InsO). Wenn der Schuldner den Insolvenzantrag selbst stellt, kann er ihn mit dem Antrag auf Restschuldbefreiung verbinden. Wird das Insolvenzverfahren von einem Dritten beantragt, so muß der Schuldner seinen Antrag auf Restschuldbefreiung spätestens im Berichtstermin einreichen.

12.2 Zulassungsvoraussetzungen

Der Antrag auf Restschuldbefreiung kann nur zugelassen werden, wenn ihm der **482**
Schuldner die Erklärung beifügt, daß er seine pfändbaren Forderungen auf Bezüge aus einem Dienstverhältnis für die Zeit von 7 Jahren an einen vom Gericht zu bestimmenden Treuhänder abtritt (§ 287 Abs. 2 InsO). Der Wert dieser Abtretung hängt nicht nur davon ab, ob und mit welchen Einkünften der Schuldner weiter arbeitet. Vielmehr ist auch von Bedeutung, ob der Schuldner der Lohnforderung deren Abtretung unterbinden oder ob einzelne Personen Vorrechte an den Forderungen auf Arbeitsentgelt erwerben können. Die InsO versucht dies weitgehend zu verhindern.

Die Insolvenzordnung trifft Vorkehrungen gegen Vereinbarungen, die die Ab- **483**
tretung erschweren oder unmöglich machen. So sind Abtretungsverbote in Dienst- oder Arbeitsverträgen insoweit unwirksam, als sie einer Abtretung zum Zwecke der Restschuldbefreiung entgegenstehen (§ 287 Abs. 3 InsO).

Auch die Aufrechnungsbefugnis des Arbeitgebers ist eingeschränkt. Mit Forde- **484**
rungen, die der Arbeitgeber schon z.Zt. der Eröffnung des Insolvenzverfahrens erworben hatte, kann er nur gegen die Forderungen auf die Bezüge für rd. 3 Jahre nach der Verfahrenseröffnung aufrechnen (§§ 294 Abs. 3, 114 Abs. 2 InsO): Erwirbt der Arbeitgeber neue Forderungen gegen den Schuldner, so ist die

Aufrechnung bis zum Ende der 3-Jahresperiode ganz ausgeschlossen (§§ 132 Abs. 2 Satz 2 in Verbindung mit § 108 Nr. 4 InsO).

485 Lohnzessionen, die der Schuldner vor dem Antrag auf Restschuldbefreiung vorgenommen hat, schmälern den Wert der nunmehr notwendigen Abtretung an den Treuhänder. Deshalb begrenzt die InsO die Wirkung dieser Lohnzession auf einen Zeitraum von 3 Jahren (§ 114 Abs. 1 InsO). Gerechnet wird die 3-Jahresfrist von dem Ende des z.Zt. der Eröffnung des Verfahrens laufenden Kalendermonats. Dies bedeutet, daß der Inhaber einer Lohnzession seine Forderungen noch 3 Jahre lang aus dem pfändbaren Teil des Arbeitseinkommens des Schuldners befriedigen kann. Von den auf diese Weise vereinnahmten Beträgen muß er, anders als im Insolvenzverfahren, keinen Kostenbeitrag (§§ 170, 171 InsO) abführen. Die Kostenbeitragspflicht gilt nämlich nur im Insolvenzverfahren zugunsten des Insolvenzverwalters; eine analoge Anwendung auf den Treuhänder sieht das Gesetz nicht vor. Soweit die Forderungen des Zessionars während dieser 3 Jahre nicht abgedeckt werden, reiht er sich in den Kreis der übrigen am Restschuldbefreiungsverfahren beteiligten Gläubiger ein.

486 Andere Sicherheiten als die Abtretungen von Ansprüchen auf Arbeitsentgelt werden durch das Restschuldbefreiungsverfahren nicht berührt. Die Banken können ihre Rechte zum Beispiel aus Sicherungsübereignungen oder Grundschulden in vollem Umfang wahrnehmen. Aus dem Sicherheitenerlös müssen sie auch keinen Kostenbeitrag für das Restschuldbefreiungsverfahren abführen. Die einschlägigen Vorschriften (§§ 170, 171 InsO, 10 Abs. 1 Nr. 1a ZVG) finden auf das Restschuldbefreiungsverfahren keine Anwendung. Mit einem etwaigen Ausfall bei der Sicherheitenverwertung sind sie im Restschuldbefreiungsverfahren bei der Verteilung zu berücksichtigen.

487 Um den Wert der Abtretung an den Treuhänder zu erhalten, erklärt die InsO Pfändungen in Bezüge aus einem Dienstverhältnis, die vor Verfahrenseröffnung ausgebracht wurden, mit Ende des Kalendermonats, in dem das Verfahren eröffnet wird (– bei Eröffnung nach dem 15. eines Monats mit dem Ende des Folgemonats –) für unwirksam (§ 114 Abs. 3). Ferner werden auch solchen Gläubigern, die keine Insolvenzgläubiger sind, Zwangsvollstreckungen in künftige Forderungen auf Bezüge aus einem Dienstverhältnis des Schuldners untersagt (§ 89 Abs. 2 InsO).

488 Nach Eröffnung des Insolvenzverfahrens ist es dem Schuldner außerdem verwehrt, neue Lohnabtretungen vorzunehmen, selbst wenn sie Bezüge für die Zeit nach der Beendigung des Insolvenzverfahrens betreffen.

489 Dagegen bleiben Zwangsvollstreckungen in das sonstige Vermögen durch Massegläubiger und Neugläubiger zulässig. Insolvenzgläubiger sind jedoch von der Eröffnung des Verfahrens bis zum Ablauf von 7 Jahren an der Zwangsvollstreckung in das sonstige Vermögen gehindert (§ 294 Abs. 1 InsO). Dies bedeutet jedoch nicht etwa, daß ein Schuldner Vermögensgegenstände, die vor der Eröffnung des Verfahrens weder gepfändet noch vertraglich einem Gläubiger zur Sicherung übertragen worden waren, durch rechtzeitigen Antrag auf Restschuldbefreiung dem Zugriff seiner Gläubiger entziehen und diese auf sein Arbeitseinkommen verweisen könnte. Die Restschuldbefreiung setzt nämlich voraus, daß sämtliche verfügbaren Vermögensgegenstände verwertet worden sind (§ 286 InsO).

12.3 Ablehnungsgründe

Ähnlich wie die Vergleichsordnung, die einem nicht »vergleichswürdigen« Schuldner den Zugang zum gerichtlichen Vergleich verwehrte (§§ 17, 18 VglO), will auch die InsO das Restschuldbefreiungsverfahren nur einem redlichen Schuldner zugestehen. Das Gesetz nennt deshalb eine Reihe von Versagungsgründen. Diese hat das Gericht jedoch nicht wie im Vergleichsverfahren von Amts wegen, sondern nur auf Antrag eines Insolvenzgläubigers zu berücksichtigen. Die Insolvenzgläubiger haben es also in der Hand, zu entscheiden, ob sie auch einem unredlichen Schuldner die Restschuldbefreiung ermöglichen oder verweigern wollen. **490**

Den Antrag eines Gläubigers auf Versagung der Restschuldbefreiung kann das Gericht nur dann ablehnen, wenn einer der im Gesetz (§ 290 InsO) abschließend aufgezählten Versagungsgründe vorliegt: **491**
- rechtskräftige Verurteilung des Schuldner wegen Konkursdelikten (§§ 283–283 c StGB),
- Konkursverschleppung oder Vermögensverschleuderung durch den Schuldner im letzten Jahr vor dem Eröffnungsantrag,
- vorangegangener Kreditbetrug,
- vorsätzliche oder grob fahrlässige Verletzung von Auskunfts- oder Mitwirkungspflichten während des Insolvenzverfahrens oder unrichtige Angaben in dem Vermögensverzeichnis nach § 305 Abs. 1 Nr. 3 InsO,
- Erteilung einer Restschuldbefreiung innerhalb der letzten 10 Jahre vor dem jetzigen Antrag auf Restschuldbefreiung.

12.4 Wohlverhaltenspflichten des Schuldners

Wenn der Schuldner die Abtretungserklärung für sein Arbeitsentgelt abgegeben hat und keiner der oben angeführten Versagungsgründe vorliegt, hat das Gericht einen Beschluß des Inhalts zu erlassen, daß der Schuldner Restschuldbefreiung erlangt, wenn er bestimmte Obliegenheiten erfüllt. **492**

Diese bestehen während der nunmehr anschließenden 7-Jahresperiode im wesentlichen darin, den pfändbaren Teil seiner Einkünfte über einen Treuhänder den Gläubigern zukommen zu lassen. Die Last des Schuldners durch Beschränkung auf den pfändungsfreien Betrag seines Arbeitseinkommens wird sukzessive erleichtert. Von den Beträgen, die der Treuhänder aufgrund der Zession einzieht, hat er nach Ablauf von 4 Jahren 10 %, nach 5 Jahren 15 % und nach 6 Jahren 20 % dem Schuldner zu überlassen. **493**

Der Schuldner muß eine angemessene Erwerbstätigkeit ausüben. Wählt er eine selbständige Tätigkeit, muß er die Insolvenzgläubiger so stellen, als wenn er ein angemessenes Dienstverhältnis eingegangen wäre. Das Risiko einer Arbeitslosigkeit des Schuldners geht zwar grundsätzlich zu Lasten der Gläubiger. Wenn der Schuldner aber ohne Beschäftigung ist, muß er sich um eine solche bemühen und darf keine zumutbare Tätigkeit ablehnen (§ 295 Abs. 1 Nr. 1 InsO). An die Zumutbarkeit sind strenge Anforderungen zu stellen. Anzunehmen ist zum Bei- **494** spiel auch eine berufsfremde Arbeit, eine auswärtige Arbeit, notfalls auch eine Aushilfs- oder Gelegenheitstätigkeit.

495 Erbschaften, die er in dieser Zeit antritt, muß er zur Hälfte den Gläubigern überlassen (§ 295 Abs. 1 Nr. 2 InsO).

12.5 Wirkung der Restschuldbefreiung

496 Sofern der Schuldner gegen die Obliegenheiten nicht schuldhaft verstößt, kommt es nach Ablauf der 7 Jahre unabhängig davon, ob und in welcher Höhe die Gläubiger befriedigt wurden, zur Restschuldbefreiung. Sie wirkt gegen alle Insolvenzgläubiger, auch wenn sie ihre Forderungen nicht angemeldet haben (§ 301 InsO). Die Rechte der Insolvenzgläubiger gegen Mitschuldner und Bürgen sowie Absonderungsrechte werden durch die Restschuldbefreiung nicht geschmälert (§ 301 Abs. 2 InsO).

12.6 Treuhänder

497 Gleichzeitig mit der Ankündigung der Restschuldbefreiung bestimmt das Gericht einen Treuhänder, auf den die pfändbaren Bezüge des Schuldners übergehen. Die eingezogenen Beträge erhalten die Gläubiger nur einmal jährlich. Dies bedeutet, daß der Treuhänder während des laufenden Jahres die aufgrund der Abtretung eingezogenen Gelder einbehalten kann.

498 Besondere Richtlinien für den Umgang mit diesen Geldern stellt die InsO nicht auf. Dem Wesen des Treuhandverhältnisses entspricht es jedoch, daß der Treuhänder die Gelder zinsbringend anlegt. Er ist dabei zwar nicht den gleichen Beschränkungen unterworfen wie ein Vormund, jedoch gebietet es die dem Treuhandverhältnis immanente Pflicht zur Wahrnehmung der Interessen seiner Treugeber, daß er keine riskanten Geschäfte eingeht.

499 Die Kosten des Treuhänders muß grundsätzlich der Schuldner tragen. Lediglich wenn die Gläubiger ihm über den Einzug der Lohnforderungen hinaus noch Überwachungsmaßnahmen übertragen, müssen sie für seine Kosten aufkommen. Auch bei Arbeitslosigkeit muß der Schuldner allerdings in der Lage sein, wenigstens die Mindestvergütung des Treuhänders aufzubringen (§ 298 InsO). Andernfalls versagt das Insolvenzgericht die Restschuldbefreiung, sofern der Treuhänder dies beantragt. Hier hat es also der Treuhänder in der Hand, ob er dem Schuldner trotz fehlender Einkünfte die Restschuldbefreiung ermöglicht, die Gläubiger haben dagegen keinen Einfluß.

12.7 Verborgenes Vermögen

500 Die Restschuldbefreiung bietet unredlichen Schuldnern gewisse Möglichkeiten, sich auch ohne Verlust ihres gesamten pfändbaren Vermögens ihrer Schulden zu entledigen. Dies ist umso leichter, je länger es dem Schuldner gelingt, während des Verfahrens Vermögensstücke verborgen zu halten.
Die Restschuldbefreiung ist wie oben erwähnt u.a. auch dann zu versagen, wenn der Schuldner gegen seine Auskunfts- und Mitwirkungspflichten gem. § 97 InsO verstößt. Das Verschweigen bzw. Verstecken von Vermögenswerten stellt einen derartigen Verstoß dar. Wenn ein Gläubiger dies entdeckt, kann er den Beschluß des Insolvenzgerichts über die Zulassung zum Restschuldbefreiungsverfahren

(§ 291 InsO) verhindern, indem er glaubhaft macht (§ 290 Abs. 2 InsO), daß der Schuldner der Insolvenzmasse Vermögenswerte vorenthalten hat.

Stellt sich demgegenüber ein solcher Sachverhalt erst heraus, nachdem ein Beschluß mit der Zulassung der Restschuldbefreiung ergangen ist, so können die Insolvenzgläubiger den weiteren Fortgang des Verfahrens allein wegen des Verbergens von Vermögenswerten nicht mehr verhindern. Die InsO sieht nämlich weder die Möglichkeit einer Aufhebung dieses Beschlusses vor, noch stehen die Versagungsgründe des § 290 InsO der Erteilung einer Restschuldbefreiung (§ 300 InsO) entgegen. Vielmehr kann diese, sobald ein Zahlungsbeschluß ergangen ist, nur noch aus den in den §§ 296 ff. InsO genannten Gründen versagt werden, wohingegen es auf das Verhalten des Schuldners in der Vergangenheit (= Versagungsgründe gem. § 290 InsO) dann nicht mehr ankommen soll (vgl. hierzu Bundestagsdrucksache 12/2443 zu § 240). **501**

Daher stellt sich für den Insolvenzgläubiger die Frage, inwieweit ein Zugriff auf der Masse gehörende Vermögenswerte des Schuldners noch möglich ist. Ein Zugriff im Wege der Einzelzwangsvollstreckung scheitert an der Vorschrift des § 294 Abs. 1 InsO. Diese verbietet Vollstreckungsmaßnahmen einzelner Insolvenzgläubiger während der Laufzeit einer vom Insolvenzschuldner für die Dauer der Wohlverhaltensfrist von sieben Jahren abzugebenden Abtretungserklärung. **502**

Demgegenüber bleibt ihnen die Möglichkeit, die Anordnung einer Nachtragsverteilung (§ 203 Abs. 1 Nr. 3 InsO) zu beantragen, wenn nachträglich Gegenstände der Masse ermittelt werden. Anders als die Geltendmachung von Rechten durch einzelne Gläubiger gem. § 201 InsO wird die Anordnung einer Nachtragsverteilung nicht durch die Vorschriften über die Restschuldbefreiung, insbesondere durch § 294 InsO ausgeschlossen. Dies ergibt sich zunächst daraus, daß ein dem § 201 Abs. 3 InsO entsprechender Passus in § 203 InsO fehlt. Darüberhinaus entspricht auch eine solche Auslegung allein dem Regelungszweck der Vorschriften über die Restschuldbefreiung. Insbesondere soll § 294 Abs. 1 InsO nicht etwa den Schuldner davor schützen, daß nach Einleitung des Restschuldbefreiungsverfahrens noch in zur Masse gehörende Vermögenswerte vollstreckt wird. Vielmehr besteht seine Aufgabe – wie aus seiner amtlichen Überschrift eindeutig hervorgeht – allein darin, die Gleichbehandlung der Insolvenzgläubiger zu gewährleisten (vgl. auch Bundestagsdrucksache 12/2443 zu 243). **503**

Da nach Beendigung des Restschuldbefreiungsverfahrens das Verbot der Einzelzwangsvollstreckung gem. § 294 InsO nicht mehr gilt, kommt zwar eine Einzelzwangsvollstreckung wieder in Betracht. Ein Vollstreckungstitel liegt in Form der Eintragung des Gläubigers in die Insolvenztabelle vor (§ 201 Abs. 2 InsO). Der Schuldner kann aber eine Vollstreckung aus diesem Titel im Wege einer Vollstreckungsgegenklage gem. § 767 ZPO verhindern. Im Rahmen einer solchen Klage kann er sich nämlich darauf berufen, daß die titulierte Forderung aufgrund der erteilten Restschuldbefreiung nicht mehr durchsetzbar ist. Eine Einrede greift zwar nicht durch, wenn ihre Erhebung als arglistig anzusehen und deshalb gemäß § 242 BGB unbeachtlich ist. Arglist könnte man einmal unter dem Gesichtspunkt annehmen, daß sich der Schuldner seine auf der Restschuldbefreiung beruhende Rechtsposition unter Verstoß gegen seine Informations- und Mitwirkungspflichten aus § 97 InsO verschafft hat. Bei einer derartigen Betrachtungsweise würde jedoch die gesetzliche Wertung der §§ 291 ff. InsO unterlaufen, **504** derzufolge das Verhalten des Schuldners in der Vergangenheit für die Frage der Restschuldbefreiung keine Rolle mehr spielen soll, sobald ein Beschluß nach § 291 InsO einmal in der Welt ist. Die Insolvenzgläubiger können nämlich in diesem Fall in alle einschließlich der neuerworbenen pfändbaren Vermögenswerte des Schuldners vollstrecken, ohne daß dieser sich auf die ihm erteilte Restschuldbefreiung berufen könnte. Durchaus möglich ist allerdings, daß eine Berufung auf die erfolgte Restschuldbefreiung dann als arglistig ausgeschlossen wird, wenn das Verhalten des Schuldners im Insolvenzverfahren den Tatbestand einer vorsätzlichen sittenwidrigen Schädigung (§ 826 BGB) erfüllt, da in solchen Fällen sogar die Rechtskraft von Urteilen durchbrochen werden kann (vgl. *Palandt/Thomas* BGB § 826 Rz. 46 m.w.N.), was erst recht für die Wirkungen eines Beschlusses gem. § 300 InsO gelten müßte.

505 Dagegen bleibt aber auch nach Restschuldbefreiung noch eine Nachtragsverteilung nachträglich zur Masse ermittelter Vermögenswerte gem. § 203 Abs. 1 Nr. 3 InsO zulässig. Dem könnte zwar – wie auch einer Einzelzwangsvollstreckung – der Umstand entgegenstehen, daß die durch die Nachtragsverteilung zu befriedigenden Forderungen der Insolvenzgläubiger gar nicht mehr durchsetzbar sind. Gegen eine solche Annahme spricht jedoch der Umstand, daß der Vollzug der Nachtragsverteilung gem. § 205 InsO aufgrund des Schlußverzeichnisses des Insolvenzverfahrens erfolgt. Danach nehmen also auch solche Forderungen an einer Nachtragsverteilung teil, die zwischenzeitlich aufgrund von Verjährung undurchsetzbar geworden sind. Nichts anderes kann dann aber für Forderungen gelten, die aus einem anderen Grund – etwa einem Beschluß nach § 300 Abs. 1 InsO – nicht mehr durchsetzbar sind. Etwas anderes ergibt sich auch nicht aus dem Zweck der Regelungen über die Restschuldbefreiung, die letztlich nur dazu dienen, die Haftung des redlichen Schuldners mit solchem Vermögen auszuschließen, das nach der Restschuldbefreiung erworben wurde.

12.8 Insolvenzplan

506 Der Schuldner ist keineswegs gezwungen, sich den Mühen der Restschuldbefreiung zu unterziehen und sich für 7 Jahre mit dem pfändungsfreien Teil seines Einkommens zu begnügen. Das Restschuldbefreiungsverfahren wird nämlich nur auf seinen Antrag hin durchgeführt. Wenn es ihm gelingt, seine Gläubiger von einer anderen Lösung zu überzeugen, kann er statt dessen einen Insolvenzplan vorlegen, der ihm zum Beispiel eine Abkürzung der 7-Jahresfrist oder einen höheren Freibetrag zubilligt.

Sachregister

C = Kapitel
139 = Randnummer

Erfolgreiches Sanierungs-management

Fechner
Erfolgreiches
Sanierungs-
management
1998, ca. 300 Seiten,
gebunden,
ca. DM 60,–
öS 438,– / sFR 60,–
ISBN 3-472-03259-6
Erscheint
I. Quartal 1998

neu

Umfassend und zugleich auf das Wesentliche komprimiert bietet dieser Leitfaden einen Überblick über die sanierungsentscheidenden Schritte bei existenzbedrohenden Unternehmens-krisen.

Krisenursachen und Krisenarten werden zunächst praxisnah und anschaulich beschrieben. Dann **wird der Leser über die schwierigen Hürden der Zielbestimmung geführt:**

- Kann die Sanierung gelingen?
- Welches Ergebnis ist zu erreichen?
- Muß Vergleich oder Konkurs angemeldet werden?

Hinweise zu den wichtigsten rechtlichen und taktischen Problemen erhöhen den praktischen Nutzen dieses Werkes.

Luchterhand
Verlag

Zu beziehen über Ihre Fachbuchhandlung oder beim Verlag.

97 11 21 0177

Kommentar zur Konkursordnung

Hess
Kommentar
zur Konkursordnung
mit Gesamtvollstreckungsordnung
6. neu bearbeitete und erweiterte Auflage 1998,
ca. 2.800 Seiten,
gebunden,
Subskriptionspreis
bis 31. 3. 98 DM 398,–
öS 2.905,– / sFR 398,–,
danach DM 438,–
öS 3.197,– / sFR 438,–
ISBN 3-472-03220-0

neu

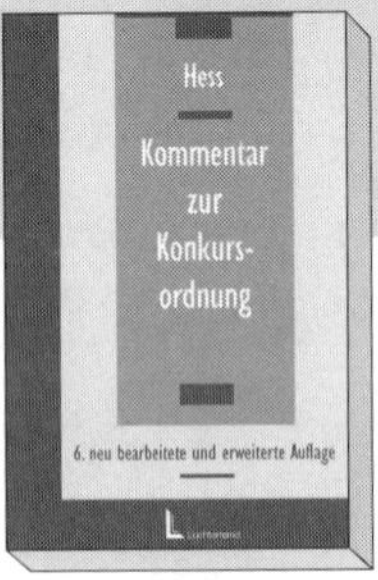

Die Konkursordnung von Hess gilt schon seit langem als Standardwerk auf diesem Rechtsgebiet. **Die nunmehr erscheinende 6. Auflage ist notwendig, da die neue Insolvenzordnung erst am 1. 1. 1999 in Kraft treten wird und die Konkursordnung noch weit über das Jahr 2000 hinaus Gültigkeit hat.** Aus diesem Grund werden die bis zum 1.1.1999 registrierten Konkurse nach »altem« Recht behandelt.

Die 6. Auflage des Kommentars ist hinsichtlich der Rechtsprechung und Literatur auf aktuellstem Stand.

Die Grundzüge der neuen Insolvenzordnung sowie deren Auswirkungen auf arbeitsrechtliche Vorschriften werden in einem gesonderten Kapitel dargestellt. Das internationale Konkursrecht wurde durch weitere Länder, z. B. Bulgarien, ergänzt.

Berücksichtigung finden ferner das Konkursausfallgeld, das Gesetz zur Verbesserung der betrieblichen Altersversorgung, die konkursrechtlich relevanten Vorschriften des StGB und Steuerrechts sowie die Vergütungsordnung. Das Arbeitsrecht im Konkurs wird in § 22 KO und das internationale Konkursrecht in § 237 KO behandelt.

Alle zitierten Entscheidungen – seit dem Reichsgesetz – **sind in einem ausführlichen Fundstellenverzeichnis aufgeführt.**

Zum Autor:

Dr. Harald Hess ist Rechtsanwalt, Fachanwalt für Arbeitsrecht und vereidigter Buchprüfer in Mainz. Er ist in zahlreichen Insolvenzverfahren als Konkursverwalter tätig.

Luchterhand Verlag

Zu beziehen über Ihre Fachbuchhandlung oder beim Verlag.

971121 0178